SINAIS
E
SISTEMAS LINEARES

Sobre o Autor

B.P. Lathi é professor emérito de Engenharia Elétrica da California State University, Sacramento. É autor de *Signal Processing and Linear Systems* (OUP, 2000) e *Modern Digital and Analog Communication Systems*, 3/e (OUP, 1998).

L352s	Lathi, B.P.
	    Sinais e sistemas lineares / B.P. Lathi ; tradução Gustavo Guimarães Parma. – 2. ed. – Porto Alegre : Bookman, 2007.
	    856 p. : il. ; 25 cm.
	
	    ISBN 978-85-60031-13-9
	
	    1. Engenharia elétrica – Comunicação elétrica – Sinais. I. Título.
	
	    CDU 621.391

Catalogação na publicação: Júlia Angst Coelho – CRB 10/1712

B. P. LATHI

SINAIS E SISTEMAS LINEARES

SEGUNDA EDIÇÃO

Tradução:
Gustavo Guimarães Parma
Doutor em Engenharia Elétrica (CPDEE – UFMG)
Professor Adjunto do Departamento de Engenharia Eletrônica da UFMG

Consultoria, supervisão e revisão técnica desta edição:
Antonio Pertence Júnior
Engenheiro Eletrônico e de Telecomunicações
Especialista em Processamento de Sinais (Ryerson University – Canadá)
Professor de Telecomunicações da FUMEC (MG)
Professor Titular da Faculdade de Sabará/MG

Reimpressão 2014

2007

Obra originalmente publicada sob o título
Linear Systems and Signals, Second Edition

ISBN 0-19-515833-4

Copyright © 2004 by Oxford University Press
Tradução do original *Linear Systems and Signals*, 2E, publicado em 2004 em língua inglesa autorizada por acordo assinado com Oxford University Press, Inc.

Capa: *Gustavo Demarchi*, arte sobre a capa original

Supervisão editorial: *Arysinha Jacques Affonso* e *Denise Weber Nowaczyk*

Colaboradores na revisão desta reimpressão: *Professor Dr. Evandro de Oliveira Araújo (UFMG)*
Engenheiro Filipe Dias de Oliveira (UFMG)

Editoração eletrônica: *Laser House*

Reservados todos os direitos de publicação, em língua portuguesa, à
ARTMED® EDITORA S.A.
(BOOKMAN® COMPANHIA EDITORA é uma divisão da ARTMED® EDITORA S. A.)
Av. Jerônimo de Ornelas, 670 – Santana
90040-340 – Porto Alegre – RS
Fone: (51) 3027-7000   Fax: (51) 3027-7070

É proibida a duplicação ou reprodução deste volume, no todo ou em parte, sob quaisquer
formas ou por quaisquer meios (eletrônico, mecânico, gravação, fotocópia, distribuição na Web
e outros), sem permissão expressa da Editora.

Unidade São Paulo
Av. Embaixador Macedo Soares, 10.735 – Pavilhão 5 – Cond. Espace Center
Vila Anastácio – 05095-035 – São Paulo – SP
Fone: (11) 3665-1100   Fax: (11) 3667-1333

SAC 0800 703-3444

IMPRESSO NO BRASIL
PRINTED IN BRAZIL

Prefácio

Este livro, *Sinais e Sistemas Lineares*, apresenta uma tratamento abrangente de sinais e sistemas lineares em um nível introdutório. Assim como em meus outros livros, é enfatizada a apreciação física dos conceitos através de razões heurísticas, além do uso de metáforas, analogias e explicações criativas. Tal abordagem é muito diferente de técnicas puramente dedutivas que utilizam meramente manipulações matemáticas de símbolos. Existe uma tentativa de tratar assuntos de engenharia como um simples ramo da matemática aplicada. Essa abordagem colabora perfeitamente com a imagem pública da engenharia como sendo uma disciplina seca e tola. Ela ignora o significado físico por trás de vários resultados e priva o aluno de um entendimento intuitivo e da maravilhosa experiência de descobrir o real significado do tópico estudado. Neste livro, utilizei a matemática não somente para provar a teoria, mas também para fornecer o suporte necessário e para promover o entendimento físico e intuitivo. Sempre que possível, os resultados teóricos são interpretados heuristicamente e apoiados por exemplos e analogias cuidadosamente escolhidas.

Esta segunda edição, a qual segue a organização da primeira, foi melhorada pela incorporação de sugestões e alterações de vários revisores. Os tópicos incluídos abrangem diagramas de Bode, utilização de filtros digitais em um método de invariância ao impulso para o projeto de sistemas analógicos, convergência de séries infinitas, sistemas passa-faixa, atraso de grupo e fase e aplicações de Fourier em sistemas de comunicação. Uma contribuição significativa e considerável na área do MATLAB® (marca registrada da The Math Works, Inc.) foi fornecida pelo Dr. Roger Green da North Dakota State University. O Dr. Green discute sua contribuição ao fim deste prefácio.

Organização

O livro pode ser concebido como sendo dividido em cinco partes:

1. Introdução (Background e Capítulo 1)
2. Análise no domínio do tempo de sistemas lineares invariantes no tempo (LIT) (Capítulos 2 e 3)
3. Análise no domínio da frequência (transformada) de sistemas LIT (Capítulos 4 e 5)
4. Análise de sinais (Capítulos 6, 7, 8 e 9)
5. Análise por espaço de estados de sistemas LIT (Capítulo 10)

A organização do livro permite muita flexibilidade no ensino de conceitos em tempo contínuo e tempo discreto. A sequência natural dos capítulos é mantida para integrar a análise em tempo contínuo e tempo discreto. Também é possível utilizar uma abordagem sequencial na qual toda a análise de tempo contínuo é feita inicialmente (Capítulos 1, 2, 4, 6, 7 e 8), seguida pela análise em tempo discreto (Capítulos 3, 5 e 9).

Sugestões para a Utilização deste Livro

O livro pode ser facilmente formatado para uma variedade de cursos, em uma faixa de 30 a 50 horas/aula. A maior parte do material nos primeiros oito capítulos pode ser rapidamente apresentada em, aproximadamente, 45 horas. O livro também pode ser utilizado em um curso de 30 horas/aula apresentando apenas material analógico (Capítulos 1, 2, 4, 6, 7 e, possivelmente, tópicos selecionados do Capítulo 8). Alternativamente, pode-se também selecionar os Capítulos 1 a 5 para um curso puramente dedicado à análise de sistemas ou técnicas de transformada. Para tratar de sistemas em tempo contínuo e discreto usando uma abordagem integrada (ou paralela), a sequência apropriada de Capítulos é 1, 2, 3, 4, 5, 6, 7 e 8. Para uma abordagem sequencial, na qual a análise em tempo contínuo é seguida pela análise em tempo discreto, a sequência apropriada de capítulos é 1, 2, 4, 6, 7, 8, 3, 5 e, possivelmente, 9 (dependendo da disponibilidade de tempo).

Em termos lógicos, a transformada de Fourier deveria preceder a transformada de Laplace. Utilizei essa abordagem no livro *Signal Processing and Linear Systems* (Oxford, 1998). Entretanto, uma quantidade considerável de instrutores sente que é mais fácil para os estudantes aprender Fourier após Laplace. Tal abordagem tem um certo apelo, devido à progressão gradual de dificuldade, no sentido dos conceitos relativamente mais difíceis de Fourier serem tratados após a área mais simples de Laplace. Este livro é escrito para atender a esse ponto de vista. Para aqueles que querem ver Fourier antes de Laplace, existe o *Signal Processing and Linear Systems*.

CARACTERÍSTICAS NOTÁVEIS

As características dignas de nota deste livro incluem:

1. A compreensão intuitiva e heurística dos conceitos e o significado físico dos resultados matemáticos são enfatizados durante todo o livro. Tal abordagem não apenas leva a uma apreciação mais profunda e entendimento mais fácil dos conceitos, como também torna o aprendizado mais agradável para os estudantes.

2. Vários estudantes são prejudicados pela falta de conhecimento prévio (*background*) em áreas como números complexos, senoides, como rascunhar rapidamente funções, regra de Cramer, expansão em frações parciais e álgebra matricial. Adicionei um capítulo que enfoca esses tópicos básicos e constantes na engenharia elétrica. A resposta dos estudantes tem sido, por unanimidade, entusiástica.

3. Existem mais de 200 exemplos trabalhados, além de exercícios (geralmente com respostas) para que os estudantes testem se eles compreenderam os assuntos. Também há um grande número de problemas selecionados com níveis de dificuldade variados ao final de cada capítulo.

4. Para instrutores que gostam que seus estudantes trabalhem com computadores, vários exemplos são trabalhados através do MATLAB, o qual tem se tornado um pacote de *software* padrão no currículo da engenharia elétrica. Também existe uma seção sobre o MATLAB ao final de cada capítulo. O conjunto de problemas contém vários problemas de computador. O exercício nos exemplos de computador ou problemas, apesar de não ser essencial para o uso deste livro, é altamente recomendado.

5. Sistemas em tempo discreto e tempo contínuo podem ser tratados em sequência ou ser integrados usando uma abordagem paralela.

6. O resumo ao final de cada capítulo é útil aos alunos ao referenciar os desenvolvimentos essenciais do capítulo.

7. Existem várias notas históricas para aumentar o interesse dos estudantes no assunto. Essas informações apresentam os estudantes ao pano de fundo histórico que influenciou o desenvolvimento da engenharia elétrica.

CRÉDITOS

As figuras de Gauss (p. 19), Laplace (p. 322), Heaviside (p. 322), Fourier (p. 544) e Michelson (p. 552) foram impressas como cortesia das Smithsonian Institution Libraries. As imagens de Cardano (p. 19) e Gibbs (p. 552) foram impressas como cortesia da Library of Congress (Biblioteca do Congresso). A pintura de Napoleão (p. 544) foi impressa como cortesia de Bettmann/Corbis.

AGRADECIMENTOS

Várias pessoas me ajudaram na preparação deste livro. Sou grato pelas sugestões úteis de vários revisores. Sou especialmente grato ao Prof. Yannis Tsividis da Columbia University, o qual forneceu um *feedback* completamente perfeito e criterioso do livro. Também estimo outra revisão geral feita pelo Prof. Roger Green. Agradeço aos Profs. Joe Anderson da Tennessee Technological University, Kay S. Yeung da University of Texas em Arlington e Alexander Poularikis da University of Alabama em Huntsville pelas valiosas revisões. Agradeço pelas sugestões úteis dos Profs. Babajide Familoni da University of Memphis, Leslie Collins da Duke University, R. Rajgopalan da University of Arizona e William Edward Pierson da U. S. Air Force Research Laboratory. Apenas aqueles que escrevem um livro compreendem que escrever um livro como este é uma atividade que consome um tempo enorme, o que resulta em muito sofrimento para os membros da família, dentre os quais a esposa é quem mais sofre. Portanto, o que eu posso dizer, exceto agradecer a minha esposa, Rajani, pelos enormes mas invisíveis sacrifícios.

B. P. Lathi

MATLAB

O MATLAB é uma linguagem sofisticada que serve como uma poderosa ferramenta para um melhor entendimento de uma miríade de tópicos, incluindo a teoria de controle, projeto de filtros e, obviamente, sistemas lineares e sinais. A estrutura de programação flexível do MATLAB promove um rápido desenvolvimento e análise. A capacidade impressionante de visualização possibilita uma apreciação única do comportamento do sistema e caracterização do sinal. Explorando conceitos com o MATLAB, você ficará substancialmente mais confortável e melhorará sua compreensão de tópicos do curso.

Como em qualquer linguagem, o aprendizado do MATLAB é incremental e requer prática. Este livro possibilita dois níveis de exposição ao MATLAB. Inicialmente, pequenos exemplos de computador são entremeados ao longo do texto para reforçar os conceitos e executar vários cálculos. Esses exemplos utilizam funções padrões do MATLAB, além de funções dos toolboxes de controle de sistemas, processamento de sinais e matemática simbólica. O MATLAB possui diversos outros toolboxes disponíveis, mas esses três geralmente são disponibilizados em vários departamentos de engenharia.

Um segundo e mais profundo nível de exposição ao MATLAB é proporcionado na conclusão de cada capítulo, com uma seção separada para o MATLAB. Em conjunto, essas onze seções fornecem uma introdução autocontida ao ambiente do MATLAB, permitindo que mesmo usuários novatos rapidamente ganhem proficiência e competência. Essas seções fornecem instruções detalhadas de como utilizar o MATLAB para resolver problemas de sistemas lineares e sinais. Exceto pelo último capítulo, foi tomado um cuidado especial para que funções de toolboxes não fossem utilizadas nas seções do MATLAB, ao contrário, é mostrado ao leitor como fazer para desenvolver seus próprios códigos. Dessa forma, os leitores sem acesso aos toolboxes não ficam em desvantagem.

Todo código de computador está disponível online (www.mathworks.com/support/books). O código para os exemplos de computador em um dado capítulo, digamos, Capítulo xx, é chamado de CExx.m. O programa yy da seção xx do MATLAB é chamado de MsxxPyy.m. Além disso, o código completo para cada seção individual do MATLAB é chamado de Msxx.m.

Roger Green

SUMÁRIO

BACKGROUND

B.1 Números Complexos 17
    B.1-1 Nota Histórica 17
    B.1-2 Álgebra de Números Complexos 20

B.2 Senoides 30
    B.2-1 Adição de Senoides 31
    B.2-2 Senoides em Termos de Exponenciais: A Fórmula de Euler 35

B.3 Rascunhando Sinais 35
    B.3-1 Exponenciais Monotônicas 35
    B.3-2 Senoides Variando Exponencialmente 36

B.4 Regra de Cramer 38

B.5 Expansão em Frações Parciais 39
    B.5-1 Método de Eliminação de Frações 40
    B.5-2 Método de Heaviside 41
    B.5-3 Fatores Repetidos de $Q(x)$ 44
    B.5-4 Mistura dos Métodos de Heaviside e Eliminação de Frações 45
    B.5-5 $F(x)$ Imprópria com $m = n$ 47
    B.5-6 Frações Parciais Modificado 47

B.6 Vetores e Matrizes 48
    B.6-1 Algumas Definições e Propriedades 49
    B.6-2 Álgebra Matricial 50
    B.6-3 Derivadas e Integrais de Matrizes 53
    B.6-4 Equação Característica de uma Matriz: Teorema de Cayley-Hamilton 55
    B.6-5 Determinação da Exponencial e Potenciação de uma Matriz 56

B.7 Miscelâneas 57
    B.7-1 Regra L'Hôpital 57
    B.7-2 Séries de Taylor e Maclaurin 58
    B.7-3 Séries de Potência 58
    B.7-4 Somatórios 58
    B.7-5 Números Complexos 58
    B.7-6 Identidades Trigonométricas 59
    B.7-7 Integrais Indefinidas 59
    B.7-8 Fórmulas Comuns de Derivação 60
    B.7-9 Algumas Constantes Úteis 61
    B.7-10 Solução de Equações Quadráticas e Cúbicas 61

Referências 62
MATLAB Seção B: Operações Elementares 62
Problemas 71

CAPÍTULO 1 SINAIS E SISTEMAS

1.1 Tamanho do Sinal   75
    1.1-1 Energia do Sinal   76
    1.1-2 Potência do Sinal   76

1.2 Algumas Operações Úteis com Sinais   81
    1.2-1 Deslocamento Temporal   81
    1.2-2 Escalamento Temporal   83
    1.2-3 Reversão Temporal   85
    1.2-4 Operações Combinadas   86

1.3 Classificação de Sinais   87
    1.3-1 Sinais Contínuos e Discretos no Tempo   87
    1.3-2 Sinais Analógicos e Digitais   88
    1.3-3 Sinais Periódicos e Não Periódicos   88
    1.3-4 Sinais de Energia e Potência   90
    1.3-5 Sinais Determinísticos e Aleatórios   90

1.4 Alguns Modelos Úteis de Sinais   90
    1.4-1 Função Degrau Unitário $u(t)$ 90
    1.4-2 A Função Impulso Unitário $\delta(t)$ 91
    1.4-3 Função Exponencial e^{st} 96

1.5 Funções Pares e Ímpares   98
    1.5-1 Algumas Propriedades de Funções Pares e Ímpares   98
    1.5-2 Componentes Pares e Ímpares de um Sinal   99

1.6 Sistemas   101

1.7 Classificação de Sistemas   102
    1.7-1 Sistemas Lineares e Não Lineares   102
    1.7-2 Sistemas Invariantes e Variantes no Tempo   106
    1.7-3 Sistemas Instantâneos e Dinâmicos   107
    1.7-4 Sistemas Causal e Não Causal   108
    1.7-5 Sistemas em Tempo Contínuo e em Tempo Discreto   110
    1.7-6 Sistemas Analógicos e Digitais   111
    1.7-7 Sistemas Inversíveis e Não Inversíveis   111
    1.7-8 Sistemas Estáveis e Instáveis   111

1.8 Modelo de Sistema: Descrição Entrada-Saída   112
    1.8-1 Sistemas Elétricos   112
    1.8-2 Sistemas Mecânicos   115
    1.8-3 Sistemas Eletromecânicos   118

1.9 Descrição Interna e Externa de um Sistema   119

1.10 Descrição Interna: Descrição em Espaço de Estado   121

1.11 Resumo   125

Referências   127
MATLAB Seção 1: Trabalhando com Funções   127
Problemas   133

CAPÍTULO 2 ANÁLISE DO DOMÍNIO DO TEMPO DE SISTEMAS EM TEMPO CONTÍNUO

2.1 Introdução   145

2.2 Resposta do Sistema a Condições Internas: Resposta de Entrada Nula   146
    2.2-1 Algumas Informações sobre o Comportamento de Entrada Nula de um Sistema   155

2.3 A Resposta $h(t)$ ao Impulso Unitário 156

2.4 Resposta do Sistema à Entrada Externa: Resposta de Estado Nulo 160
    2.4-1 A Integral de Convolução 162
    2.4-2 Entendimento Gráfico da Operação de Convolução 169
    2.4-3 Sistemas Interconectados 180
    2.4-4 Uma Função muito Especial para Sistemas LCIT: a Exponencial de Duração Infinita e^{st} 182
    2.4-5 Resposta Total 184

2.5 Solução Clássica de Equações Diferenciais 185
    2.5-1 Resposta Forçada: Método de Coeficientes Indeterminados 185

2.6 Estabilidade do Sistema 193
    2.6-1 Estabilidade Interna (Assintótica) 194
    2.6-2 Relação entre Estabilidade BIBO e Assintótica 195

2.7 Visão Intuitiva sobre o Comportamento de Sistemas 198
    2.7-1 Dependência do Comportamento do Sistema com os Modos Característicos 198
    2.7-2 Tempo de Resposta de um Sistema: a Constante de Tempo do Sistema 200
    2.7-3 A Constante de Tempo e Tempo de Subida de um Sistema 201
    2.7-4 A Constante de Tempo e Filtragem 201
    2.7-5 A Constante de Tempo e Dispersão (Espalhamento) do Pulso 203
    2.7-6 A Constante de Tempo e Taxa de Transmissão de Informação 203
    2.7-7 O Fenômeno da Ressonância 203

2.8 Apêndice 2.1: Determinação da Resposta ao Impulso 205

2.9 Resumo 206

Referências 208
MATLAB Seção 2: Arquivos .M 208
Problemas 214

CAPÍTULO 3 ANÁLISE NO DOMÍNIO DO TEMPO DE SISTEMAS EM TEMPO DISCRETO

3.1 Introdução 224
    3.1-1 Tamanho de um Sinal em tempo discreto 225

3.2 Operações Úteis com Sinais 227

3.3 Alguns Modelos Úteis em Tempo Discreto 230
    3.3-1 Função Impulso $\delta[n]$ Discreta no Tempo 231
    3.3-2 Função Degrau Unitário Discreta no Tempo $u[n]$ 231
    3.3-3 Exponencial Discreta no Tempo γ^n 232
    3.3-4 Senoide Discreta no Tempo $\cos(\Omega n + \theta)$ 233
    3.3-5 Exponencial Complexa Discreta no Tempo $e^{j\Omega n}$ 236

3.4 Exemplos de Sistemas em Tempo Discreto 237
    3.4-1 Classificação de Sistemas em tempo discreto 244

3.5 Equações de Sistemas em Tempo Discreto 246
    3.5-1 Solução Recursiva (Interativa) da Equação Diferença 246

3.6 Resposta do Sistema a Condições Internas: Resposta de Entrada Nula 251

3.7 Resposta $h[n]$ ao Impulso Unitário 256

3.8 Resposta do Sistema à Entrada Externa: a Resposta de Estado Nulo 259
    3.8-1 Procedimento Gráfico para o Somatório de Convolução 266
    3.8-2 Sistemas Interconectados 271
    3.8-3 Uma Função Muito Especial para Sistemas LDIT: a Exponencial de Duração Infinita z^n 273
    3.8-4 Resposta Total 274

3.9 Solução Clássica de Equações Diferença Lineares 275

3.10 Estabilidade do Sistema: Critério de Estabilidade Externa (BIBO) 281
    3.10-1 Estabilidade Interna (Assintótica) 282
    3.10-2 Relação entre Estabilidade BIBO e Assintótica 282

3.11 Visão Intuitiva sobre Comportamento de Sistemas 286

3.12 Apêndice 3.1: Resposta ao Impulso para um Caso Especial 286

3.13 Resumo 287

MATLAB Seção 3: Sinais e Sistemas em Tempo Discreto 288
Problemas 293

Capítulo 4 Análise de Sistemas em Tempo Contínuo Usando a Transformada de Laplace

4.1 Transformada de Laplace 307
    4.1-1 Determinando a Transformada Inversa 314

4.2 Algumas Propriedades da Transformada de Laplace 324
    4.2-1 Deslocamento no Tempo 324
    4.2-2 Deslocamento na Frequência 327
    4.2-3 Propriedade de Diferenciação no Tempo† 328
    4.2-4 Propriedade de Integração no Tempo 330
    4.2-5 Convolução no Tempo e Convolução na Frequência 332

4.3 Solução de Equações Diferenciais e Integro-Diferenciais 335
    4.3-1 Resposta de Estado Nulo 339
    4.3-2 Estabilidade 344
    4.3-3 Sistemas Inversos 346

4.4 Análise de Circuitos Elétricos: o Circuito Transformado 346
    4.4-1 Análise de Circuitos Ativos 354

4.5 Diagramas de Blocos 357

4.6 Realização de Sistemas 360
    4.6-1 Realização na Forma Direta I 360
    4.6-2 Realização na Forma Direta II 361
    4.6-3 Realizações em Cascata e Paralelo 364
    4.6-4 Realização Transposta 367
    4.6-5 Utilização de Amplificadores Operacionais para a Realização de Sistemas 369

4.7 Aplicação em Realimentação e Controle 374
    4.7-1 Análise de um Sistema de Controle Simples 376

4.8 Resposta em Frequência de um Sistema LCIT 380
    4.8-1 Resposta em Regime Permanente para Entradas Senoidais Causais 386

4.9 Diagramas de Bode 387
    4.9-1 Constante Ka_1a_2/b_1b_3 388
    4.9-2 Polo (ou Zero) na Origem 388
    4.9-3 Polo (ou Zero) de Primeira Ordem 390
    4.9-4 Polo (ou Zero) de Segunda Ordem 392
    4.9-5 Função de Transferência da Resposta em Frequência 400

4.10 Projeto de Filtros pela Alocação de Polos e Zeros de $H(s)$ 400
    4.10-1 Dependência da Resposta em Frequência com os Polos e Zeros de $H(s)$ 400
    4.10-2 Filtros Passa-Baixas 403
    4.10-3 Filtros Passa-Faixa 404

4.10-4 Filtros Notch (Rejeita-Faixa) 405
4.10-5 Filtros Práticos e Suas Especificações 407
4.11 Transformada de Laplace Bilateral 408
    4.11-1 Propriedades da Transformada de Laplace Bilateral 414
    4.11-2 Usando a Transformada Bilateral para a Análise de Sistemas Lineares 415
4.12 Resumo 417

Referências 418
MATLAB Seção 4: Filtros em Tempo Contínuo 419
Problemas 428

CAPÍTULO 5 ANÁLISE DE SISTEMAS EM TEMPO DISCRETO USANDO A TRANSFORMADA Z

5.1 A Transformada z 442
    5.1-1 Determinação da Transformada Inversa 448

5.2 Algumas Propriedades da Transformada z 453

5.3 Solução de Equações Diferença Lineares pela Transformada z 460
    5.3-1 Resposta de Estado Nulo de Sistemas LDIT: A Função de Transferência 464
    5.3-2 Estabilidade 467
    5.3-3 Sistemas Inversos 468

5.4 Realização de Sistemas 469

5.5 Resposta em Frequência de Sistemas em Tempo Discreto 474
    5.5-1 Natureza Periódica da Resposta em Frequência 480
    5.5-2 Aliasing e Taxa de Amostragem 483

5.6 Resposta em Frequência a Partir da Posição dos Polos-Zeros 485

5.7 Processamento Digital de Sinais Analógicos 493

5.8 Conexão entre a Transformada de Laplace e a Transformada z 499

5.9 A Transformada z Bilateral 501
    5.9-1 Propriedades da Transformada z Bilateral 505
    5.9-2 Utilização da Transformada z Bilateral para a Análise de Sistemas LDIT 506

5.10 Resumo 508

Referências 508
MATLAB Seção 5: Filtros IIR em Tempo Discreto 508
Problemas 516

CAPÍTULO 6 ANÁLISE DE SINAIS NO TEMPO CONTÍNUO: A SÉRIE DE FOURIER

6.1 Representação de Sinais Periódicos pela Série Trigonométrica de Fourier 528
    6.1-1 Espectro de Fourier 532
    6.1-2 Efeito da Simetria 541
    6.1-3 Determinação da Frequência e Período Fundamental 543

6.2 Existência e Convergência da Série de Fourier 545
    6.2-1 Convergência de uma Série 546
    6.2-2 Papel do Espectro de Amplitude e Fase na Forma da Onda 547

6.3 Série Exponencial de Fourier 553
    6.3-1 Espectro Exponencial de Fourier 556
    6.3-2 Teorema de Parseval 561

6.4 Resposta de Sistema LCIT a Entradas Periódicas 563

6.5 Série de Fourier Generalizada: Sinais como Vetores† 566
    6.5-1 Componente de um Vetor 567
    6.5-2 Comparação de Sinal e Componente de Sinal 568
    6.5-3 Extensão para Sinais Complexos 570
    6.5-4 Representação de Sinais por um Conjunto de Sinais Ortogonais 571

6.6 Determinação Numérica de D_n 582

6.7 Resumo 584

Referências 584
MATLAB Seção 6: Aplicações de Série de Fourier 585
Problemas 590

CAPÍTULO 7 ANÁLISE DE SINAIS NO TEMPO CONTÍNUO: A TRANSFORMADA DE FOURIER

7.1 Representação de Sinais não Periódicos pela Integral de Fourier 599
    7.1-1 Avaliação Física da Transformada de Fourier 605

7.2 Transformadas de Algumas Funções Úteis 606
    7.2-1 Conexão entre as Transformadas de Fourier e Laplace 615

7.3 Algumas Propriedades da Transformada de Fourier 616

7.4 Transmissão de Sinal Através de Sistemas LCIT 632
    7.4-1 Distorção do Sinal Durante a Transmissão 633
    7.4-2 Sistemas Passa-Faixa e Atraso de Grupo 636

7.5 Filtros Ideais e Práticos 639

7.6 Energia do Sinal 642

7.7 Aplicação em Comunicações: Modulação em Amplitude 644
    7.7-1 Modulação em Faixa Lateral Dupla, Portadora Suprimida (DSB-SC)* 645
    7.7-2 Modulação em Amplitude (AM) 649
    7.7-3 Modulação em Faixa Lateral Simples (SSB) 652
    7.7-4 Multiplexação por Divisão na Frequência 655

7.8 Truncagem de Dados: Funções de Janela 656
    7.8-1 Usando Janelas no Projeto de Filtros 660

7.9 Resumo 662

Referências 663
MATLAB Seção 7: Tópicos sobre Transformada de Fourier 663
Problemas 668

CAPÍTULO 8 AMOSTRAGEM: A PONTE ENTRE CONTÍNUO E DISCRETO

8.1 Teorema da Amostragem 678
    8.1-1 Amostragem Prática 682

8.2 Reconstrução do Sinal 685
    8.2-1 Dificuldades Práticas na Reconstrução do Sinal 688
    8.2-2 Algumas Aplicações do Teorema da Amostragem 695

8.3 Conversão Analógico para Digital (A/D) 697

8.4 Dual da Amostragem no Tempo: Amostragem Espectral 700

8.5 Cálculo Numérico da Transformada de Fourier: a Transformada Discreta de Fourier (TDF) 702
    8.5-1 Algumas Propriedades da TDF 714
    8.5-2 Algumas Aplicações da TDF 716

8.6 A Transformada Rápida de Fourier (FFT)   719

8.7 Resumo   723

Referências   723
MATLAB Seção 8: Transformada Discreta de Fourier   724
Problemas   730

Capítulo 9 Análise de Fourier de Sinais em Tempo Discreto

9.1 Série de Fourier em Tempo Discreto (SFTD)   738
    9.1-1 Representação de um Sinal Periódico pela Série de Fourier em Tempo Discreto   738
    9.1-2 Espectro de Fourier de um Sinal Periódico $x[n]$ 740

9.2 Representação de Sinal Não Periódico pela Integral de Fourier   747
    9.2-1 Natureza do Espectro de Fourier   749
    9.2-2 Conexão entre a TFTD e a Transformada z 757

9.3 Propriedades da TFTD   757

9.4 Análise de Sistema LIT em Tempo Discreto pela TFTD   766
    9.4-1 Transmissão sem Distorção   768
    9.4-2 Filtros Ideais e Práticos   769

9.5 Conexão da TFTD com a TFTC   771
    9.5-1 Utilização da TDF e FFT para o Cálculo Numérico da TFTD   772

9.6 Generalização da TFTD para a Transformada z 773

9.7 Resumo   775

Referência   776
MATLAB Seção 9: Trabalhando com a SFTD e a TFTD   776
Problemas   783

Capítulo 10 Análise no Espaço de Estados

10.1 Introdução   792

10.2 Procedimento Sistemático para a Determinação das Equações de Estado   794
    10.2-1 Circuitos Elétricos   794
    10.2-2 Equações de Estado a partir da Função de Transferência   796

10.3 Solução de Equações de Estado   803
    10.3-1 Solução pela Transformada de Laplace de Equações de Estado   803
    10.3-2 Solução no Domínio do Tempo de Equações de Estado   809

10.4 Transformação Linear do Vetor de Estado   815
    10.4-1 Diagonalização da Matriz A   818

10.5 Controlabilidade e Observabilidade   822
    10.5-1 Incapacidade da Descrição por Função de Transferência de um Sistema   826

10.6 Análise por Espaço de Estados de Sistemas em Tempo Discreto   827
    10.6-1 Solução no Espaço de Estados   828
    10.6-2 Solução pela Transformada z 833

10.7 Resumo   834

Referências   835
MATLAB Seção 10: Toolboxes e Análise por Espaço de Estados   835
Problemas   841

ÍNDICE   847

CAPÍTULO B

BACKGROUND

Os tópicos discutidos neste capítulo não são totalmente novos. Você provavelmente já deve ter estudado grande parte deles em cursos anteriores ou deve conhecer o assunto de treinamentos anteriores. Apesar disso, este material básico merece uma revisão, devido a sua importância na área de sinais e sistemas. Investir algum tempo nesta revisão renderá grandes dividendos posteriormente. Além disso, este material é útil não apenas a este curso, mas também a vários outros que se seguirão. Este material também será útil posteriormente, como um material de referência na sua carreira profissional.

B.1 NÚMEROS COMPLEXOS

Números complexos são uma extensão de números ordinários e são uma parte integral do moderno sistema numérico. Os números complexos, particularmente os *números imaginários*, algumas vezes parecem misteriosos e irreais. Esse sentimento de irrealidade é mais função de sua não familiaridade e novidade do que de sua suposta não existência! Matemáticos erraram em chamar estes números de "imaginários", pois esse termo claramente prejudica sua percepção. Se esses números fossem chamados por qualquer outro nome, eles teriam sido desmistificados há muito tempo, tal como os números irracionais ou os números negativos foram. Entretanto, esse esforço é desnecessário. Na matemática, associamos a símbolos e operações qualquer significado que quisermos, desde que a consistência interna seja mantida. A história da matemática é cheia de entidades com as quais não temos familiaridade e que nos aborrece, até que a utilização as torna aceitáveis. Esse fato ficará mais claro com a seguinte nota histórica.

B.1-1 Nota Histórica

Para as pessoas de tempos remotos, o sistema numérico era constituído apenas dos números naturais (inteiros positivos), necessários para expressar o número de crianças, de animais e de flechas. Estas pessoas não tinham necessidade de frações. Quem já ouviu algo como duas e meia crianças ou três e um quarto de vaca?

Entretanto, com o advento da agricultura, as pessoas necessitaram medir quantidades continuamente crescentes, tais como o tamanho de um campo e o peso de uma certa quantidade de manteiga. O sistema numérico, portanto, foi ampliado para incluir as frações. Os antigos Egípcios e Babilônios sabiam como trabalhar com frações, mas *Pitágoras* descobriu que alguns números (tais como a diagonal de um quadrado unitário) não podiam ser expressados como um número inteiro ou fração. Pitágoras, um místico dos números, que associava aos números a essência e o princípio de todas as coisas do universo, ficou tão desconcertado com sua descoberta que ele jurou aos seus seguidores segredo e impôs uma pena de morte para aquele que divulgasse o segredo.[1] Esses números, entretanto, foram incluídos no sistema numérico na época de Descartes, sendo conhecidos como números irracionais.

Até recentemente, os *números negativos* não eram parte do sistema numérico. O conceito de números negativos devia parecer um absurdo para os homens. Entretanto, Hindus medievais tinham um claro conhecimento do significado de números positivos e negativos.[2,3] Eles também foram os primeiros a reconhecer a existência de quantidades absolutamente negativas.[4] Os trabalhos de *Bhaskar* (1114–1185) em aritmética (*Lilavaiti*) e álgebra (*Bijaganit*) não apenas utilizavam o sistema decimal, mas também forneciam as regras para trabalhar com quantidades negativas. Bhaskar reconheceu que os números positivos possuíam raízes quadradas.[5] Muito tempo depois, na Europa, os homens que desenvolveram o sistema bancário surgido em Florença e Veneza durante a parte final do Renascimento (século quinze) possuem o crédito de apresentar uma forma rudimentar de números negativos. A aparente subtração absurda de 7 de 5 pareceu razoável quando os banqueiros começaram a permitir que os clientes retirassem sete ducados de ouro enquanto que em suas contas bancárias haviam apenas cinco. Tudo o que foi necessário para este propósito foi escrever a diferença, 2, na coluna de débito do livro contábil.[6]

Portanto, o sistema numérico foi mais uma vez ampliado (generalizado) para incluir os números negativos. A adoção dos números negativos possibilitou a resolução de equações tais como $x + 5 = 0$, a qual não possuía solução. Apesar disso, equações tais como $x^2 + 1 = 0$, resultando em $x^2 = -1$, ainda não possuíam solução no sistema de numeração real. Portanto, foi necessário definir um número totalmente novo, cujo quadrado fosse igual a -1. Durante o tempo de Descartes e Newton, os números imaginários (ou complexos) se tornaram aceitáveis como parte do sistema de numeração, mas eles ainda eram considerados como ficção algébrica. O matemático suíço Leonhard Euler introduziu a notação i (para imaginário), nos idos de 1777, para representar $\sqrt{-1}$. Engenheiros eletricistas utilizam a notação j no lugar de i para evitar confusão com a notação i geralmente utilizada para corrente elétrica. Portanto,

$$j^2 = -1$$

e

$$\sqrt{-1} = \pm j$$

Essa notação nos permite determinar a raiz quadrada de qualquer número negativo, por exemplo,

$$\sqrt{-4} = \sqrt{4} \times \sqrt{-1} = \pm 2j$$

Quando os números imaginários são incluídos no sistema numérico, os números resultantes são chamados de números complexos.

Origens dos Números Complexos

Ironicamente (e ao contrário da crença popular), não foi a solução de uma equação quadrática, tal como $x^2 + 1 = 0$, mas sim uma equação cúbica com raízes reais, que tornou os números imaginários plausíveis e aceitáveis aos matemáticos. Eles podiam considerar $\sqrt{-1}$ como uma pura falta de senso quando foi introduzida como uma solução de $x^2 + 1 = 0$, pois esta equação não possui solução real. Mas, em 1545, Gerolamo Cardano de Milão, publicou a *Ars Magna (A Grande Arte)*, o mais importante trabalho algébrico da Renascença. Em seu livro ele propôs um método para a resolução de uma equação cúbica genérica na qual a raiz de um número negativo aparecia em um passo intermediário. De acordo com o seu método, a solução de uma equação de terceira ordem[†]

$$x^3 + ax + b = 0$$

é dada por

$$x = \sqrt[3]{-\frac{b}{2} + \sqrt{\frac{b^2}{4} + \frac{a^3}{27}}} + \sqrt[3]{-\frac{b}{2} - \sqrt{\frac{b^2}{4} + \frac{a^3}{27}}}$$

Por exemplo, para encontrar a solução de $x^3 + 6x - 20 = 0$, substituímos $a = 6, b = -20$ na equação anterior para obtermos

$$x = \sqrt[3]{10 + \sqrt{108}} + \sqrt[3]{10 - \sqrt{108}} = \sqrt[3]{20{,}392} - \sqrt[3]{0{,}392} = 2$$

[†] Esta equação é conhecida como equação cúbica reduzida. Uma equação cúbica genérica

$$y^3 + py^2 + qy + r = 0$$

pode sempre ser reduzida a uma forma cúbica reduzida pela substituição de $y = x - (p/3)$. Portanto, qualquer equação cúbica pode ser resolvida se soubermos a solução da cúbica reduzida. A cúbica reduzida foi resolvida independentemente, primeiro por Scipione del Ferro (1465–1526) e, então, por Niccolo Fontana (1499–1557). O último é mais conhecido na história da matemática como Tartaglia. Cardano aprendeu o segredo da solução de cúbicas reduzidas de Tartaglia. Ele, então, mostrou que utilizando a substituição $y = x - (p/3)$, uma cúbica genérica pode ser reduzida a uma cúbica reduzida.

Gerolamo Cardano   Karl Friedrich Gauss

Pode-se facilmente verificar que 2 realmente é solução de $x^3 + 6x - 20 = 0$. Mas, quando Cardano tentou resolver a equação $x^3 - 15x - 4 = 0$ por sua fórmula, sua solução foi

$$x = \sqrt[3]{2 + \sqrt{-121}} + \sqrt[3]{2 - \sqrt{-121}}$$

O que Cardano fez com esta equação no ano de 1545? Naqueles dias, os números negativos ainda eram suspeitos e a raiz quadrada de um número negativo era um absurdo.
Atualmente sabemos que

$$(2 \pm j)^3 = 2 \pm j11 = 2 \pm \sqrt{-121}$$

Portanto, a fórmula de Cardano resulta em

$$x = (2 + j) + (2 - j) = 4$$

Podemos facilmente verificar que $x = 4$ é realmente uma solução de $x^3 - 15x - 4 = 0$. Cardano tentou explicar sem muito entusiasmo a presença de $\sqrt{-121}$ e finalmente descartou toda a tentativa como sendo "tão obscura quanto sem sentido". Em uma geração posterior, entretanto, Raphael Bombelli (1526–1573), após examinar os resultados de Cardano, propôs aceitar os números imaginários como um veículo necessário que poderia transportar os matemáticos da equação cúbica real para sua solução real. Em outras palavras, apesar de começar e terminar com números reais, vemos a necessidade de nos movermos para o mundo não familiar de imaginários para completar nossa jornada. Para os matemáticos da época, esta proposta parecia inacreditavelmente estranha.[7] Apesar disso, eles não podiam descartar a ideia dos números imaginários tão facilmente, pois seu conceito resultava na solução real da equação. Foram necessários mais de dois séculos para que a importância total dos números complexos se tornasse evidente nos trabalhos de Euler, Gauss e Cauchy. Mesmo assim, Bombelli merece o crédito por reconhecer que tais números possuíam um importante papel na álgebra.

Em 1799, o matemático alemão Karl Friedrich Gauss, no auge dos seus 22 anos, provou um teorema fundamental da álgebra, no qual toda equação algébrica de uma incógnita possui uma raiz na forma de um número complexo. Ele mostrou que toda equação de n-ésima ordem possui exatamente n soluções (raízes), não mais e não menos. Gauss também foi um dos primeiros a fornecer uma coerente análise de números complexos e a interpretá-los como pontos no plano complexo. Foi ele quem apresentou o termo "números complexos" e formou a base para o uso geral e sistemático. O sistema numérico, mais uma vez foi ampliado ou generalizado para incluir os números imaginários. Os números ordinários (ou reais) se tornaram um caso especial dos números generalizados (ou complexos).

A utilidade dos números complexos pode ser facilmente compreendida através da analogia com dois países X e Y vizinhos, como apresentado na Fig. B.1. Se quisermos viajar da cidade a para a cidade b (as duas no país

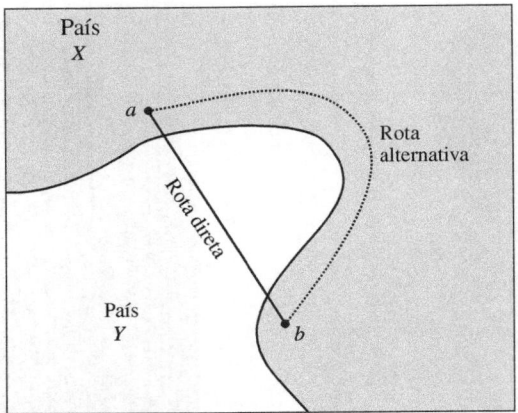

Figura B.1 A utilização de números complexos pode reduzir o trabalho.

X), o caminho mais curto é através do país Y, apesar da jornada começar e terminar no país X. Podemos, se quisermos, fazer uma rota alternativa que fique exclusivamente em X, mas esta rota alternativa será maior. Na matemática temos situações similares com números reais (país X) e números complexos (país Y). Todos os problemas do mundo real podem começar com números reais, e todos os resultados finais também podem ser números reais. Mas a obtenção dos resultados será consideravelmente simplificada se utilizarmos números complexos como um intermediário. Também é possível resolver qualquer problema do mundo real por um método alternativo, usando apenas números reais, mas tais procedimentos irão aumentar desnecessariamente o trabalho.

B.1-2 Álgebra de Números Complexos

O número complexo (a, b) ou $a + jb$ pode ser representado graficamente por um ponto cujas coordenadas cartesianas são (a, b) em um plano complexo (Fig. B.2). Vamos chamar esse número complexo de z, tal que

$$z = a + jb \qquad (B.1)$$

Os números a e b (a abscissa e a ordenada) de z são a *parte real* e a *parte imaginária*, respectivamente, de z. Eles também podem ser expressos por

$$\mathrm{Re}\, z = a$$
$$\mathrm{Im}\, z = b$$

Note que neste plano todos os números reais permanecem no eixo horizontal e todos os números imaginários permanecem no eixo vertical.

Os números complexos também pode ser expressos em termos de coordenadas polares. Se (r, θ) são as coordenadas polares de um ponto $z = a + jb$ (veja Fig. B.2), então

$$a = r \cos \theta$$
$$b = r \,\mathrm{sen}\, \theta$$

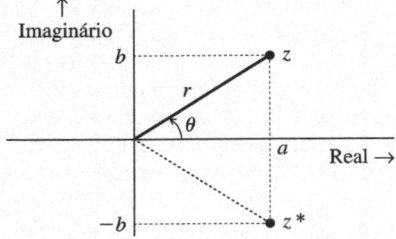

Figura B.2 Representação de um número no plano complexo.

e
$$z = a + jb = r\cos\theta + jr\sen\theta$$
$$= r(\cos\theta + j\sen\theta) \tag{B.2}$$

A *fórmula de Euler* afirma que

$$e^{j\theta} = \cos\theta + j\sen\theta$$

Para provar a fórmula de Euler, utilizamos a série de Maclaurin para expandir $e^{j\theta}$, $\cos\theta$ e $\sen\theta$:

$$e^{j\theta} = 1 + j\theta + \frac{(j\theta)^2}{2!} + \frac{(j\theta)^3}{3!} + \frac{(j\theta)^4}{4!} + \frac{(j\theta)^5}{5!} + \frac{(j\theta)^6}{6!} + \cdots$$

$$= 1 + j\theta - \frac{\theta^2}{2!} - j\frac{\theta^3}{3!} + \frac{\theta^4}{4!} + j\frac{\theta^5}{5!} - \frac{\theta^6}{6!} - \cdots$$

$$\cos\theta = 1 - \frac{\theta^2}{2!} + \frac{\theta^4}{4!} - \frac{\theta^6}{6!} + \frac{\theta^8}{8!} \cdots$$

$$\sen\theta = \theta - \frac{\theta^3}{3!} + \frac{\theta^5}{5!} - \frac{\theta^7}{7!} + \cdots$$

Portanto, temos que[†]

$$e^{j\theta} = \cos\theta + j\sen\theta \tag{B.3}$$

Usando a Eq. (B.3) em (B.2), teremos

$$z = a + jb$$
$$= re^{j\theta} \tag{B.4}$$

Portanto, um número complexo pode ser expresso na forma Cartesiana $a + jb$ ou na forma polar $re^{j\theta}$, sendo

$$a = r\cos\theta, \qquad b = r\sen\theta \tag{B.5}$$

e

$$r = \sqrt{a^2 + b^2}, \qquad \theta = \tan^{-1}\left(\frac{b}{a}\right) \tag{B.6}$$

Observe que r é a distância do ponto z a origem. Por esta razão, r é chamado de *módulo* (ou *valor absoluto*) de z, sendo representado por $|z|$. Similarmente, θ é chamado de ângulo de z e representado por $\angle z$. Portanto,

$$|z| = r, \qquad \angle z = \theta$$

e

$$z = |z|e^{j\angle z} \tag{B.7}$$

Tem-se também,

$$\frac{1}{z} = \frac{1}{re^{j\theta}} = \frac{1}{r}e^{-j\theta} = \frac{1}{|z|}e^{-j\angle z} \tag{B.8}$$

[†] Pode ser mostrado que quando impomos as seguintes três propriedades desejáveis para a exponencial e^z, onde $z = x + jy$, chegamos à conclusão que $e^{jy} = \cos y + j\sen y$ (equação de Euler). As propriedades são:
1. e^z é uma função de valor único e analítica de z.
2. $de^z/dz = e^z$
3. e^z é reduzida para e^x se $y = 0$.

Conjugado de um Número Complexo

Define-se z^*, o *conjugado* de $z = a + jb$ por

$$z^* = a - jb = re^{-j\theta} \tag{B.9a}$$
$$= |z|e^{-j\angle z} \tag{B.9b}$$

A representação gráfica de um número z e seu conjugado z^* é mostrada na Fig. B.2. Observe que z^* é uma imagem refletida de z com relação ao eixo horizontal. *Para determinar o conjugado de qualquer número, precisamos apenas substituir j por $-j$ no número* (sendo o mesmo que alterar o sinal de seu ângulo).

A soma de um número complexo com o seu conjugado é um número real igual a duas vezes a parte real do número.

$$z + z^* = (a + jb) + (a - jb) = 2a = 2\operatorname{Re} z \tag{B.10a}$$

O Produto de um número complexo z por seu conjugado é um número real $|z|^2$, o quadrado do módulo do número:

$$zz^* = (a + jb)(a - jb) = a^2 + b^2 = |z|^2 \tag{B.10b}$$

Compreendendo Algumas Identidades Úteis

No plano complexo, $re^{j\theta}$ representa um ponto a uma distância r da origem e com um ângulo θ do eixo horizontal, como mostrado na Fig. B.3a. Por exemplo, o número -1 está a uma distância unitária da origem e possui um ângulo π ou $-\pi$ (de fato, qualquer múltiplo ímpar de $\pm\pi$), como visto na Fig. B.3b.
Portanto,

$$1e^{\pm j\pi} = -1$$

de fato,

$$e^{\pm jn\pi} = -1 \quad n \text{ inteiro ímpar} \tag{B.11}$$

O número 1, por outro lado, também está a uma distância unitária da origem, mas possui ângulo 2π (de fato, $\pm 2n\pi$, para qualquer valor inteiro de n). Portapnto,

$$e^{\pm j2n\pi} = 1 \quad n \text{ inteiro} \tag{B.12}$$

O número j está a uma distância unitária da origem e seu ângulo é $\pi/2$ (veja Fig. B.3b). Portanto,

$$e^{j\pi/2} = j$$

Similarmente,

$$e^{-j\pi/2} = -j$$

Logo,

$$e^{\pm j\pi/2} = \pm j \tag{B.13a}$$

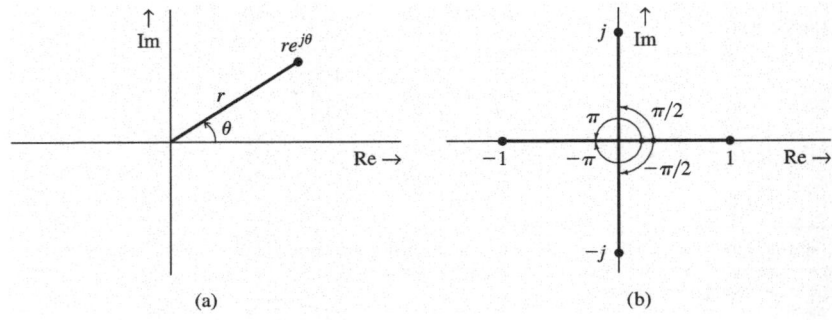

(a)   (b)

Figura B.3 Compreendendo algumas identidades úteis em termos de $re^{j\theta}$.

De fato,

$$e^{\pm jn\pi/2} = \begin{cases} \pm j & n = 1, 5, 9, 13, \ldots \\ \mp j & n = 3, 7, 11, 15, \ldots \end{cases} \quad (B.13b)$$

Esta discussão mostra a utilidade do gráfico de $re^{j\theta}$. Esta figura também é útil em várias outras aplicações. Por exemplo, para determinar o limite de $e^{(\alpha + j\omega)t}$, quando $t \to \infty$, observamos que

$$e^{(\alpha+j\omega)t} = e^{\alpha t} e^{j\omega t}$$

Agora, o módulo de $e^{j\omega t}$ é unitário, independente do valor de ω ou t, pois $e^{j\omega t} = re^{j\theta}$ com $r = 1$. Portanto, $e^{\alpha t}$ determina o comportamento de $e^{(\alpha + j\omega)t}$, quando $t \to \infty$ e

$$\lim_{t\to\infty} e^{(\alpha+j\omega)t} = \lim_{t\to\infty} e^{\alpha t} e^{j\omega t} = \begin{cases} 0 & \alpha < 0 \\ \infty & \alpha > 0 \end{cases} \quad (B.14)$$

Em futuras discussões, você irá descobrir que é muito útil lembrar $re^{j\theta}$ como um número a distância r da origem e com ângulo θ do eixo horizontal do plano complexo.

UM AVISO SOBRE A UTILIZAÇÃO DE CALCULADORAS ELETRÔNICAS NA DETERMINAÇÃO DE ÂNGULOS

A partir da forma Cartesiana de $a + jb$, podemos facilmente determinar a forma polar $re^{j\theta}$ [veja a Eq. (B.6)]. Calculadoras eletrônicas fornecem uma conversão fácil da forma retangular para a polar e vice versa. Entretanto, se uma calculadora calcular um ângulo de um número complexo usando a função trigonométrica inversa $\theta = \tan^{-1}(b/a)$, deve-se ter uma atenção adequada com relação ao quadrante no qual o número está localizado. Por exemplo, θ correspondendo ao número $-2 - j3$ é $\tan^{-1}(-3/-2)$. Este resultado não é o mesmo que $\tan^{-1}(3/2)$. O primeiro é $-123{,}7°$, e o segundo é $56{,}3°$. Uma calculadora eletrônica não pode fazer esta distinção e pode fornecer uma resposta correta apenas para ângulos no primeiro e quarto quadrantes. Ela irá entender $\tan^{-1}(-3/-2)$ como $\tan^{-1}(3/2)$, o que está claramente errado. Quando você estiver determinando funções trigonométricas inversas, se o ângulo estiver no segundo ou terceiro quadrante a resposta da calculadora estará deslocada de 180°. A resposta correta é obtida somando ou subtraindo 180° do valor encontrado pela calculadora (a soma ou subtração resultará na resposta correta). Por essa razão, é desejável que você desenhe o ponto no plano complexo e determine o quadrante no qual o ponto está contido. Esta dica será melhor ilustrada pelos seguintes exemplos.

EXEMPLO B.1

Determine os seguintes números na forma polar:
(a) $2 + j3$
(b) $-2 + j1$
(c) $-2 - j3$
(d) $1 - j3$

(a)
$$|z| = \sqrt{2^2 + 3^2} = \sqrt{13} \qquad \angle z = \tan^{-1}\left(\tfrac{3}{2}\right) = 56{,}3°$$

Neste caso, o número está no primeiro quadrante e a calculadora irá fornecer o valor correto de $56{,}3°$. Portanto (veja Fig. B.4a), podemos escrever

$$2 + j3 = \sqrt{13}\, e^{j56{,}3°}$$

(b)
$$|z| = \sqrt{(-2)^2 + 1^2} = \sqrt{5} \qquad \angle z = \tan^{-1}\left(\tfrac{1}{-2}\right) = 153{,}4°$$

Neste caso, o ponto está no segundo quadrante (veja Fig. B.4b) e, portanto, a resposta data pela calculadora, $\tan^{-1}(1/-2) = -26,6°$ está deslocada de 180°. A resposta correta é $(-26,6\pm180)° = 153,4°$ ou $-206,6°$. Ambos valores estão corretos, pois eles representam o mesmo ângulo.

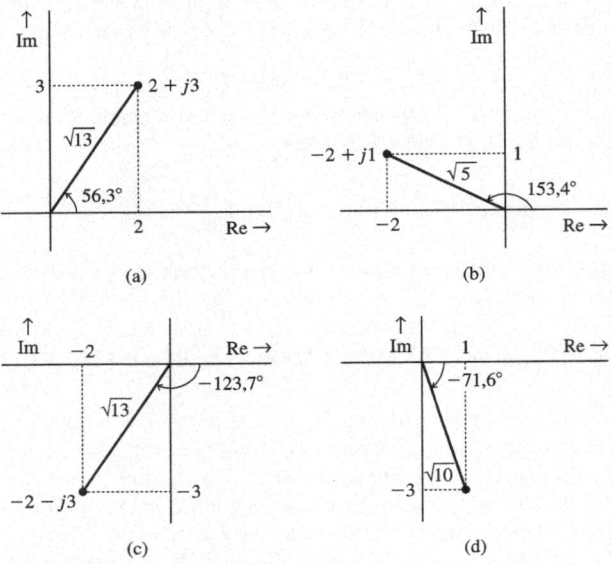

Figura B.4 Da forma Cartesiana para a forma polar.

É uma prática comum escolher um ângulo cujo valor numérico seja menor do que 180°. Esse tipo de valor é chamado de *valor principal* do ângulo, o qual, neste caso, é 153,4°. Portanto,

$$-2 + j1 = \sqrt{5}e^{j153,4°}$$

(c)
$$|z| = \sqrt{(-2)^2 + (-3)^2} = \sqrt{13} \qquad \angle z = \tan^{-1}\left(\tfrac{-3}{-2}\right) = -123,7°$$

Neste caso, o ângulo está no terceiro quadrante (veja Fig. B.4c) e, portanto, a resposta obtida pela calculadora ($\tan^{-1}(-3/-2) = 56,3°$) esta deslocada de 180°. A resposta correta é $(56,3 \pm 180)° = 236,3°$ ou $-123,7°$. Escolhemos o valor principal $-123,7°$ tal que (veja a fig. B.4c),

$$-2 - j3 = \sqrt{13}e^{-j123,7°}$$

(d)
$$|z| = \sqrt{1^2 + (-3)^2} = \sqrt{10} \qquad \angle z = \tan^{-1}\left(\tfrac{-3}{1}\right) = -71,6°$$

Neste caso o ângulo está no quarto quadrante (veja Fig. B.4d) e, portanto, a resposta dada pela calculadora, $\tan^{-1}(-3/1) = -71,6°$ esta correta (veja a Fig. B.4d):

$$1 - j3 = \sqrt{10}e^{-j71,6°}$$

EXEMPLO DE COMPUTADOR CB.1

Usando a função `cart2pol` do MATLAB, converta os seguintes números da forma Cartesiana para a forma polar:
- (a) $z = 2 + j3$
- (b) $z = -2 + j1$

(a)
```
>> [z_rad, z_mag] = cart2pol(2,3);
>> z_deg = z_rad*(180/pi);
>> disp[['(a) z_mag = ', num2str(z_mag), '; z_rad = ', num2str(z_rad),...
>>       '; z_deg = ', num2str(z_deg)]);
(a) z_mag = 3.6056; z_rad = 0.98279; z_deg = 56.3099
```

Portanto, $z = 2 + j3 = 3.6056 e^{j0.98279} = 3.6056 e^{j56.3099°}$

(b)
```
>> [z_rad, z_mag] = cart2pol(º2,1);
>> z_deg = z_rad*(180/pi);
>> disp[['(b) z_mag = ', num2str(z_mag), '; z_rad = ', num2str(z_rad),...
>>       '; z_deg = ', num2str(z_deg)]);
(b) z_mag = 2.2361; z_rad = 2.6779; z_deg = 153.4349
```

Portanto, $z = -2 + j1 = 2.2361 e^{j2.6779} = 2.2361 e^{j153.4349°}$

EXEMPLO B.2

Represente os seguintes números no plano complexo e expresse-os na forma Cartesiana:
- (a) $2e^{j\pi/3}$
- (b) $4e^{-j3\pi/4}$
- (c) $2e^{j\pi/2}$
- (d) $3e^{-j3\pi}$
- (e) $2e^{j4\pi}$
- (f) $2e^{-j4\pi}$

(a) $2e^{j\pi/3} = 2(\cos \pi/3 + j \operatorname{sen} \pi/3) = 1 + j\sqrt{3}$ (veja a Fig. B.5a)

(b) $4e^{-j3\pi/4} = 3(\cos 3\pi/4 - j \operatorname{sen} 3\pi/4) = -2\sqrt{2} - j2\sqrt{2}$ (veja a Fig. B.5b)

(c) $2e^{j\pi/2} = 2(\cos \pi/2 + j \operatorname{sen} \pi/2) = 2(0 + j1) = j2$ (veja a Fig. B.5c)

(d) $3e^{-j3\pi} = 3(\cos 3\pi - j \operatorname{sen} 3\pi) = 3(-1 + j0) = -3$ (veja a Fig. B.5d)

(e) $2e^{j4\pi} = 3(\cos 4\pi + j \operatorname{sen} 4\pi) = 2(1 + j0) = 2$ (Veja a Fig. B.5e)

(f) $2e^{-j4\pi} = 3(\cos 4\pi - j \operatorname{sen} 4\pi) = 2(1 - j0) = 2$ (Veja a Fig. B.5f)

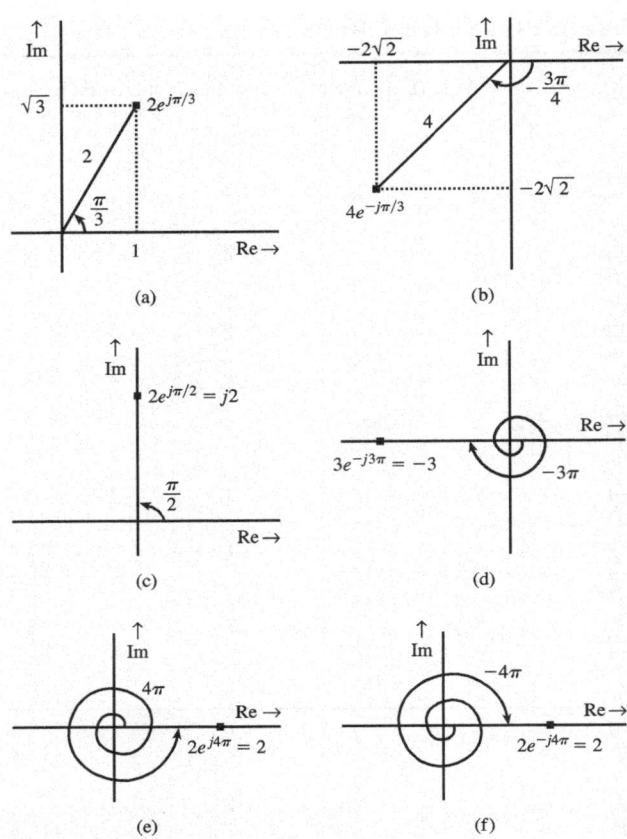

Figura B.5 Forma polar para a forma Cartesiana.

EXEMPLO DE COMPUTADOR CB.2

Usando a função `pol2cart` do MATLAB, converta o número $z = 4e^{-j(3\pi/4)}$ da forma polar para a forma Cartesiana.

```
>>[z_real, z_imag] = pol2cart (-3*pi/4, 4);
disp(['z_real = ', num2str(z_real), '; z_imag = ', num2str(z_imag)]);
z_real = -2.8284; z_imag = -2.8284
```

Portanto, $z = 4e^{-j(3\pi/4)} = -2{,}8284 - j2{,}8284$.

OPERAÇÕES ARITMÉTICAS, POTENCIAÇÃO E RADICIAÇÃO DE NÚMEROS COMPLEXOS

Para executar a adição e a subtração, os números complexos devem estar expressos na forma Cartesiana. Portanto, se

$$z_1 = 3 + j4 = 5e^{j53{,}1°}$$

e

$$z_2 = 2 + j3 = \sqrt{13}e^{j56{,}3°}$$

Então
$$z_1 + z_2 = (3 + j4) + (2 + j3) = 5 + j7$$

se z_1 e z_2 estão na forma polar, precisamos convertê-los para a forma Cartesiana para podermos somá-los (ou subtraí-los). A multiplicação e divisão, entretanto, podem ser executadas tanto na forma Cartesiana quanto na forma polar, apesar da forma polar ser muito mais conveniente. Isso ocorre porque se z_1 e z_2 estiverem na forma polar como

$$z_1 = r_1 e^{j\theta_1} \quad \text{e} \quad z_2 = r_2 e^{j\theta_2}$$

então

$$z_1 z_2 = (r_1 e^{j\theta_1})(r_2 e^{j\theta_2}) = r_1 r_2 e^{j(\theta_1 + \theta_2)} \tag{B.15a}$$

e

$$\frac{z_1}{z_2} = \frac{r_1 e^{j\theta_1}}{r_2 e^{j\theta_2}} = \frac{r_1}{r_2} e^{j(\theta_1 - \theta_2)} \tag{B.15b}$$

Além disso,

$$z^n = (re^{j\theta})^n = r^n e^{jn\theta} \tag{B.15c}$$

e

$$z^{1/n} = (re^{j\theta})^{1/n} = r^{1/n} e^{j\theta/n} \tag{B.15d}$$

Isso mostra que as operações de multiplicação, divisão, potenciação e radiciação podem ser efetuadas de maneira consideravelmente simples se os números estiverem na forma polar.

Estritamente falando, existem n valores para $z^{1/n}$ (com n-ésimas raízes de z). Para determinar todas as n raízes, reexaminamos a Eq. (B.15d).

$$z^{1/n} = [re^{j\theta}]^{1/n} = \left[re^{j(\theta + 2\pi k)}\right]^{1/n} = r^{1/n} e^{j(\theta + 2\pi k)/n} \quad k = 0, 1, 2, \ldots, n - 1 \tag{B.15e}$$

O valor de $z^{1/n}$ dado pela Eq. (B.15d) é o *valor principal* de $z^{1/n}$, obtido através da n-ésima raiz do valor principal de z, correspondendo ao caso de $k = 0$ na Eq. (B.15e).

EXEMPLO B.3

Determine $z_1 z_2$ e z_1 / z_2 para os números

$$z_1 = 3 + j4 = 5e^{j53,1°}$$
$$z_2 = 2 + j3 = \sqrt{13} e^{j56,3°}$$

Nós devemos resolver este problema tanto na forma polar quanto na forma Cartesiana.

MULTIPLICAÇÃO: FORMA CARTESIANA

$$z_1 z_2 = (3 + j4)(2 + j3) = (6 - 12) + j(8 + 9) = -6 + j17$$

MULTIPLICAÇÃO: FORMA POLAR

$$z_1 z_2 = (5e^{j53,1°})(\sqrt{13} e^{j56,3°}) = 5\sqrt{13} e^{j109,4°}$$

DIVISÃO: FORMA CARTESIANA

$$\frac{z_1}{z_2} = \frac{3 + j4}{2 + j3}$$

Para eliminar o número complexo no denominador, multiplicamos tanto o numerador quanto o denominador do lado direito por $2 - j3$, ou seja, pelo conjugado do denominador. Isso resulta em

$$\frac{z_1}{z_2} = \frac{(3+j4)(2-j3)}{(2+j3)(2-j3)} = \frac{18 - j1}{2^2 + 3^2} = \frac{18 - j1}{13} = \frac{18}{13} - j\frac{1}{13}$$

Divisão: Forma polar

$$\frac{z_1}{z_2} = \frac{5e^{j53,1°}}{\sqrt{13}e^{j56,3°}} = \frac{5}{\sqrt{13}} e^{j(53,1° - 56,3°)} = \frac{5}{\sqrt{13}} e^{-j3,2°}$$

Fica claro a partir deste exemplo que a multiplicação e divisão são mais fáceis de serem determinadas na forma polar.

EXEMPLO B.4

Para $z_1 = 2e^{j\pi/4}$ e $z_2 = 8e^{j\pi/3}$, determine:
(a) $2z_1 - z_2$
(b) $1/z_1$
(c) z_1/z_2^2
(d) $\sqrt[3]{z_2}$

(a) como a subtração não pode ser executada diretamente na forma polar, precisamos converter z_1 e z_2 para a forma Cartesiana:

$$z_1 = 2e^{j\pi/4} = 2\left(\cos\frac{\pi}{4} + j\,\text{sen}\,\frac{\pi}{4}\right) = \sqrt{2} + j\sqrt{2}$$

$$z_2 = 8e^{j\pi/3} = 8\left(\cos\frac{\pi}{3} + j\,\text{sen}\,\frac{\pi}{3}\right) = 4 + j4\sqrt{3}$$

Portanto,

$$2z_1 - z_2 = 2(\sqrt{2} + j\sqrt{2}) - (4 + j4\sqrt{3})$$
$$= (2\sqrt{2} - 4) + j(2\sqrt{2} - 4\sqrt{3})$$
$$= -1{,}17 - j4{,}1$$

(b)

$$\frac{1}{z_1} = \frac{1}{2e^{j\pi/4}} = \frac{1}{2}e^{-j\pi/4}$$

(c)

$$\frac{z_1}{z_2^2} = \frac{2e^{j\pi/4}}{(8e^{j\pi/3})^2} = \frac{2e^{j\pi/4}}{64e^{j2\pi/3}} = \frac{1}{32} e^{j(\pi/4 - 2\pi/3)} = \frac{1}{32} e^{-j(5\pi/12)}$$

(d) Existem três raízes cúbicas de $8e^{j(\pi/3)} = 8e^{j(\pi/3 + 2\pi k)}$, $k = 0, 1, 2$.

$$\sqrt[3]{z_2} = z_2^{1/3} = \left[8e^{j(\pi/3 + 2\pi k)}\right]^{1/3} = 8^{1/3}\left(e^{j[(6\pi k + \pi)/3]}\right)^{1/3} = 2e^{j\pi/9}, 2e^{j7\pi/9}, 2e^{j13\pi/9}$$

O valor principal (valor correspondente a $k = 0$) é $2e^{j\pi/9}$.

EXEMPLO DE COMPUTADOR CB.3

Determine $z_1 z_2$ e z_1/z_2 se $z_1 = 3 + j4$ e $z^2 = 2 + j3$

```
>>z_1 = 3 + j*4; z+2 = 2 + j*3;
>>z_1z_2 = z_1*z_2;
>>z1divz_2 = z_1/z_2;
>>disp(['z_1*z_2 = ', num2str(z_1z_2), '; z_1/z_2 = ', num2str(z_1divz_2)]);
z_1*z_2 = -6 + 17i; z_1/z_2 = 1.3846 - 0.076923i
```

Portanto, $z_1 z_2 = (3 + j4)(2 + j3) = -6 + j17$ e $z_1/z_2 = (3 + j4)/(2 + j3) = 1{,}3486 - j0{,}076923$.

EXEMPLO B.5

Considere $X(\omega)$ uma função complexa de uma variável real ω:

$$X(\omega) = \frac{2 + j\omega}{3 + j4\omega}$$

(a) Determine $X(\omega)$ na forma Cartesiana e determine sua parte real e imaginária
(b) Determine $X(\omega)$ na forma polar e determine seu módulo $|X(\omega)|$ e seu ângulo $X(\omega)$.

(a) Para determinar a parte real e imaginária de $X(\omega)$, devemos eliminar os termos imaginários do denominador de $X(\omega)$. Pode-se facilmente eliminá-lo multiplicando tanto o numerador quanto o denominador de $X(\omega)$ por $3 - j4\omega$, o conjugado do denominador $3 + j4\omega$, tal que

$$X(\omega) = \frac{(2 + j\omega)(3 - j4\omega)}{(3 + j4\omega)(3 - j4\omega)} = \frac{(6 + 4\omega^2) - j5\omega}{9 + 16\omega^2} = \frac{6 + 4\omega^2}{9 + 16\omega^2} - j\frac{5\omega}{9 + \omega^2}$$

Esta é a forma Cartesiana de $X(\omega)$. Observa-se facilmente que a parte real de imaginária, $X_r(\omega)$ e $X_i(\omega)$, são dadas por

$$(\omega) = \frac{6 + 4\omega^2}{9 + 16\omega^2} \quad \text{e} \quad X_i(\omega) = \frac{-5\omega}{9 + 16\omega^2}$$

(b)

$$X(\omega) = \frac{2 + j\omega}{3 + j4\omega} = \frac{\sqrt{4 + \omega^2}\, e^{j\tan^{-1}(\omega/2)}}{\sqrt{9 + 16\omega^2}\, e^{j\tan^{-1}(4\omega/3)}}$$

$$= \sqrt{\frac{4 + \omega^2}{9 + 16\omega^2}}\, e^{j[\tan^{-1}(\omega/2) - \tan^{-1}(4\omega/3)]}$$

Esta é a representação polar de $X(\omega)$. Observe que

$$|X(\omega)| = \sqrt{\frac{4 + \omega^2}{9 + 16\omega^2}} \qquad \angle X(\omega) = \tan^{-1}\left(\frac{\omega}{2}\right) - \tan^{-1}\left(\frac{4\omega}{3}\right)$$

Logaritmo de Números Complexos
Temos que

$$\log(z_1 z_2) = \log z_1 + \log z_2 \quad \text{(B.16a)}$$
$$\log(z_1/z_2) = \log z_1 - \log z_2 \quad \text{(B.16b)}$$
$$a^{(z_1+z_2)} = a^{z_1} \times a^{z_2} \quad \text{(B.16c)}$$
$$z^c = e^{c \ln z} \quad \text{(B.16d)}$$
$$a^z = e^{z \ln a} \quad \text{(B.16e)}$$

Se

$$z = r e^{j\theta} = r e^{j(\theta \pm 2\pi k)} \quad k = 0, 1, 2, 3, \ldots$$

então

$$\ln z = \ln\left(r e^{j(\theta \pm 2\pi k)}\right) = \ln r \pm j(\theta + 2\pi k) \quad k = 0, 1, 2, 3, \ldots \quad \text{(B.16f)}$$

O valor de $\ln z$ para $k = 0$ é chamado de *valor principal* de $\ln z$, sendo representando por $\text{Ln } z$.

$$\ln 1 = \ln(1 e^{\pm j 2\pi k}) = \pm j 2\pi k \quad k = 0, 1, 2, 3, \ldots \quad \text{(B.17a)}$$
$$\ln(-1) = \ln[1 e^{\pm j\pi(2k+1)}] = \pm j(2k+1)\pi \quad k = 0, 1, 2, 3, \ldots \quad \text{(B.17b)}$$
$$\ln j = \ln\left(e^{j\pi(1 \pm 4k)/2}\right) = j\frac{\pi(1 \pm 4k)}{2} \quad k = 0, 1, 2, 3, \ldots \quad \text{(B.17c)}$$
$$j^j = e^{j \ln j} = e^{-\pi(1 \pm 4k)/2} \quad k = 0, 1, 2, 3, \ldots \quad \text{(B.17d)}$$

Em todas essas expressões, o caso de $k = 0$ é o valor principal da expressão.

B.2 Senoides

Considere a senoide

$$x(t) = C \cos(2\pi f_0 t + \theta) \quad \text{(B.18)}$$

Sabemos que

$$\cos \varphi = \cos(\varphi + 2n\pi) \quad n = 0, \pm 1, \pm 2, \pm 3, \ldots$$

Portanto, $\cos \varphi$ se repete a cada mudança de 2π do ângulo φ. Para a senoide da Eq. (B.18), o ângulo $2\pi f_0 t + \theta$ é alterado de 2π quando t varia de $1/f_0$. Claramente, essa senoide se repete a cada $1/f_0$ segundos. Como resultado, existem f_0 repetições por segundo. Essa é a *frequência* da senoide e o intervalo de repetição T_0 dado por

$$T_0 = \frac{1}{f_0} \quad \text{(B.19)}$$

é o *período*. Para a senoide da Eq. (B.18), C é a *amplitude*, f_0 é a *frequência* (em hertz) e θ é a fase. Vamos considerar dois casos especiais da senoide quando $\theta = 0$ e $\theta = -\pi/2$, mostrados a seguir:

(a) $x(t) = C \cos 2\pi f_0 t \quad (\theta = 0)$
(b) $x(t) = C \cos(2\pi f_0 t - \pi/2) = C \sen 2\pi f_0 t \quad (\theta = -\pi/2)$

O ângulo ou a fase pode ser expresso em unidades de graus ou radianos. Apesar de radianos ser uma unidade adequada, neste livro iremos utilizar frequentemente a unidade de graus porque os estudantes, geralmente, possuem um melhor sentimento para valores de ângulos expressos em graus do que em radianos. Por exemplo, relacionamos melhor o ângulo 24° do que 0,419 radianos. Lembre-se, entretanto, quando em dúvida, utilize a unidade de radianos e, acima de tudo, seja consistente. Em outras palavras, em um dado problema ou expressão, não podemos misturar as duas unidades.

É conveniente utilizar a variável ω_0 (frequência angular) para expressar $2\pi f_0$:

$$\omega_0 = 2\pi f_0 \tag{B.20}$$

Com esta notação, a senoide da Eq. (B.18) pode ser expressa por

$$x(t) = C \cos(\omega_0 t + \theta)$$

na qual o período T_0 é dado por [veja as Eqs.(B.19) e (B.20)]

$$T_0 = \frac{1}{\omega_0/2\pi} = \frac{2\pi}{\omega_0} \tag{B.21a}$$

e

$$\omega_0 = \frac{2\pi}{T_0} \tag{B.21b}$$

Em discussões futuras, geralmente utilizaremos ω_0 como frequência do sinal $\cos(\omega_0 t + \theta)$, mas deve estar claro que a frequência dessa senoide é f_0 Hz ($f_0 = \omega_0/2\pi$) e ω_0 é na realidade a frequência angular.

Os sinais $C \cos \omega_0 t$ e $C \operatorname{sen} \omega_0 t$ estão mostrados na Fig. B.6a e B.6b, respectivamente. A senoide genérica $C \cos(\omega_0 t + \theta)$ pode ser rapidamente rascunhada deslocando o sinal $C \cos \omega_0 t$ da Fig. B.6a pelo total apropriado. Considere, por exemplo,

$$x(t) = C \cos(\omega_0 t - 60°)$$

Esse sinal pode ser obtido deslocando (atrasando) o sinal $C \cos \omega_0 t$ (Fig. B.6a) para a direita com uma fase (ângulo) de 60°. Sabemos que a senoide executa uma mudança de fase de 360° em um ciclo. Um quarto de ciclo corresponde a uma mudança de ângulo de 90°. Portanto, deslocamos (atrasamos) o sinal da Fig. B.6a por dois terços de um quarto de ciclo para obter $C \cos(\omega_0 t - 60°)$, como mostrado na Fig. B.6c.

Observe que se atrasarmos $C \cos \omega_0 t$ da Fig. B.6a por um quarto de ciclo (ângulo de 90° ou $\pi/2$ radianos), obtemos o sinal $C \operatorname{sen} \omega_0 t$, mostrado na Fig. B.6c. Isso verifica a bem conhecida identidade trigonométrica

$$C \cos(\omega_0 t - \pi/2) = C \operatorname{sen} \omega_0 t \tag{B.22a}$$

Alternativamente, se avançarmos $C \operatorname{sen} \omega_0 t$ por um quarto de ciclo, obtemos $C \cos \omega_0 t$, portanto,

$$C \operatorname{sen}(\omega_0 t + \pi/2) = C \cos \omega_0 t \tag{B.22b}$$

Essa observação implica que $\operatorname{sen} \omega_0 t$ está atrasado de $\cos \omega_0 t$ por 90° ($\pi/2$ radianos) ou $\cos \omega_0 t$ está adiantado de $\operatorname{sen} \omega_0 t$ por 90°.

B.2-1 Adição de Senoides

Duas senoides com a mesma frequência mas diferentes ângulos de fase se somam para formar uma única senoide de mesma frequência. Esse fato é facilmente comprovado a partir da bem conhecida identidade trigonométrica

$$\begin{aligned} C \cos(\omega_0 t + \theta) &= C \cos\theta \cos\omega_0 t - C \operatorname{sen}\theta \operatorname{sen}\omega_0 t \\ &= a \cos\omega_0 t + b \operatorname{sen}\omega_0 t \end{aligned} \tag{B.23a}$$

na qual

$$a = C \cos\theta \quad \text{e} \quad b = -C \operatorname{sen}\theta$$

Portanto,

$$C = \sqrt{a^2 + b^2} \tag{B.23b}$$

$$\theta = \tan^{-1}\left(\frac{-b}{a}\right) \tag{B.23c}$$

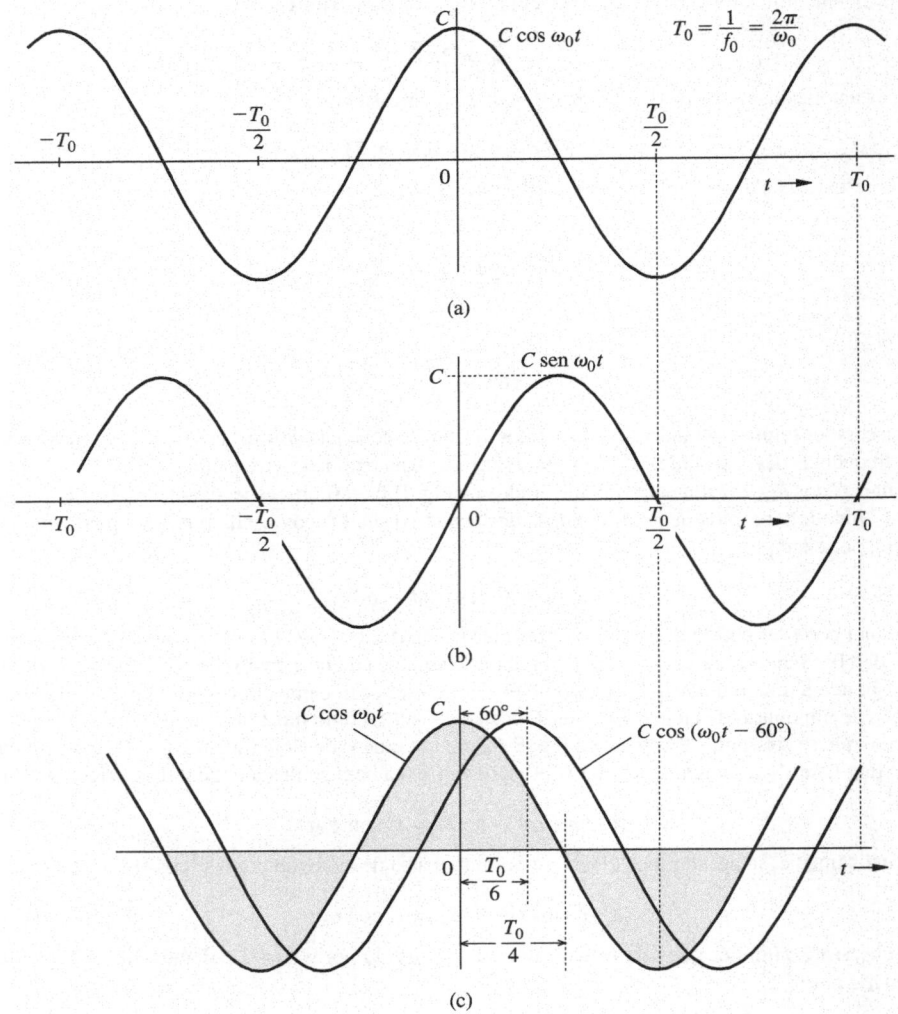

Figura B.6 Rascunhando uma senoide.

As equações (B.23b) e (B.23c) mostram que C e θ são o módulo e o ângulo, respectivamente, de um número complexo $a - jb$. Em outras palavras, $a - jb = ce^{j\theta}$. Portanto, para determinar C e θ, convertemos $a - jb$ para a forma polar e o módulo e ângulo do número polar resultante será C e θ, respectivamente.

Resumindo,

$$a \cos \omega_0 t + b \operatorname{sen} \omega_0 t = C \cos(\omega_0 t + \theta) \tag{B.23d}$$

na qual C e θ são dados pelas Eqs. (B.23b) e (B.23c), respectivamente. Estes números, por sua vez, são o módulo e ângulo, respectivamente, de $a - jb$.

O processo de adição de duas senoides de mesma frequência pode ser melhor explicado usando *fasores* para representar as senoides. Representamos a senoide $C \cos(\omega_0 t + \theta)$ por um fasor de comprimento C e ângulo θ com o eixo horizontal. Claramente, a senoide $a \cos \omega_0 t$ é representada por um fasor horizontal de tamanho a ($\theta = 0$), enquanto $b \operatorname{sen} \omega_0 t = b \cos(\omega_0 t - \pi/2)$ é representado por um fasor vertical de tamanho b no ângulo $-\pi/2$ com a horizontal (Fig. B.7). A soma desses dois fasores resulta em um fasor de tamanho C e no ângulo θ, como mostrado na Fig. B.7. A partir desta figura, comprovamos os valores de C e θ determinados pelas Eqs. (b.23b) e (B.23c), respectivamente.

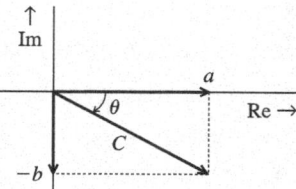

Figura B.7 Adição fasorial de senoides.

Deve-se ter um cuidado especial na determinação de θ, como explicado na página 24 (Um Aviso sobre a utilização de Calculadoras Eletrônicas na Determinação de Ângulos).

EXEMPLO B.6

Nos casos a seguir, expresse $x(t)$ como uma única senoide:
(a) $x(t) = \cos \omega_0 t - \sqrt{3}\,\text{sen}\,\omega_0 t$
(b) $x(t) = -3\cos \omega_0 t + 4\,\text{sen}\,\omega_0 t$

(a) Neste caso, $a = 1$, $b = -\sqrt{3}$, das Eqs. (B.23)

$$C = \sqrt{1^2 + (\sqrt{3})^2} = 2$$
$$\theta = \tan^{-1}\left(\frac{\sqrt{3}}{1}\right) = 60°$$

Portanto,

$$x(t) = 2\cos(\omega_0 t + 60°)$$

Podemos verificar este resultado desenhando os fasores correspondentes às duas senoides. A senoide $\cos \omega_0 t$ é representada pelo fasor de comprimento unitário no ângulo zero com a horizontal. O fasor $\text{sen}\,\omega_0 t$ é representado pelo fasor unitário no ângulo de $-90°$ com a horizontal. Portanto, $-\sqrt{3}\,\text{sen}\,\omega_0 t$ é representado pelo fasor de comprimento $-\sqrt{3}$ em 90° com a horizontal, como mostra do na Fig. B.8a. Os dois fasores somados resultam em um fasor de comprimento 2 em 60° com a horizontal (também mostrado na Fig. B.8a).

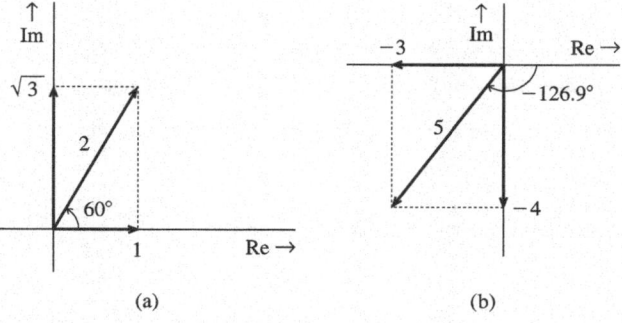

Figura B.8 Adição fasorial de senoides.

Alternativamente, observamos que $a - jb = 1 + j = 2e^{j\pi/3}$. Portanto, $C = 2$ e $\theta = \pi/3$.

Observe que o deslocamento de fase de $\pm\pi$ resulta na multiplicação de -1. Portanto, $x(t)$ também pode ser expressado, alternativamente, por

$$x(t) = -2\cos(\omega_0 t + 60° \pm 180°)$$
$$= -2\cos(\omega_0 t - 120°)$$
$$= -2\cos(\omega_0 t + 240°)$$

Na prática, o valor principal, ou seja, $-120°$ é preferido.

(b) Neste caso, $a = -3$, $b = 4$, e das Eqs. (B.23), temos

$$C = \sqrt{(-3)^2 + 4^2} = 5$$
$$\theta = \tan^{-1}\left(\frac{-4}{-3}\right) = -126,9°$$

Observe que

$$\tan^{-1}\left(\frac{-4}{-3}\right) \neq \tan^{-1}\left(\frac{4}{3}\right) = 53,1°$$

Portanto,

$$x(t) = 5\cos(\omega_0 t - 126,9°)$$

Este resultado é facilmente verificado no diagrama fasorial da Fig. B.8b. Alternativamente, $a - jb = -3 - j4 = 5e^{-j126,9°}$. Logo, $C = 5$ e $\theta = -126,9°$.

EXEMPLO DE COMPUTADOR CB.4

Expresse $f(t) = -3\cos(\omega_0 t) + 4\,\text{sen}(\omega_0 t)$ como uma única senoide.

Note que $a\cos(\omega_0 t) + b\,\text{sen}(\omega_0 t) = C\cos[\omega_0 t + \tan^{-1}(-b/a)]$. Logo, a amplitude C e o ângulo θ da senoide resultante são o módulo e o ângulo do número complexo $a - jb$.

```
>>a = -3; b=4;
>>[theta,C] = cart2pol(a, -b);
>>theta_deg = (180/pi)*theta;
>>disp(['C = ', num2str(C), '; theta = ', num2str(theta),...
>>        '; theta_deg = ', num2str(theta_deg)]);
C = 5; theta = -2.2143; theta_deg = -126.8699
```

Portanto, $f(t) = -3\cos(\omega_0 t) + 4\,\text{sen}(\omega_0 t) = 5\cos(\omega_0 t - 2,2143) = 5\cos(\omega_0 t - 126,8699°)$.

Podemos, também, efetuar a operação inversa, expressando

$$x(t) = C\cos(\omega_0 t + \theta)$$

em termos de $\cos\omega_0 t$ e $\text{sen}\,\omega_0 t$ através da identidade trigonométrica

$$C\cos(\omega_0 t + \theta) = C\cos\theta\cos\omega_0 t - C\,\text{sen}\,\theta\,\text{sen}\,\omega_0 t$$

Por exemplo,

$$10\cos(\omega_0 t - 60°) = 5\cos \omega_0 t + 5\sqrt{3}\sen \omega_0 t$$

B.2-2 Senoides em Termos de Exponenciais: A Fórmula de Euler

Senoides podem ser expressas em termos de exponenciais utilizando a fórmula de Euler [veja a Eq. (B.3)]

$$\cos \varphi = \frac{1}{2}(e^{j\varphi} + e^{-j\varphi}) \tag{B.24a}$$

$$\sen \varphi = \frac{1}{2j}(e^{j\varphi} - e^{-j\varphi}) \tag{B.24b}$$

A inversão dessas equações resulta em

$$e^{j\varphi} = \cos \varphi + j \sen \varphi \tag{B.25a}$$

$$e^{-j\varphi} = \cos \varphi - j \sen \varphi \tag{B.25b}$$

B.3 RASCUNHANDO SINAIS

Nesta seção, iremos discutir o rascunho de alguns sinais úteis, começando com a exponencial

B.3-1 Exponenciais Monotônicas

O sinal e^{-at} decai monotonicamente, e o sinal e^{at} cresce monotonicamente com t (assumindo $a > 0$), como mostrado na Fig. B.9. Por questões de simplicidade, iremos considerar uma exponencial e^{-at} começando de $t = 0$, como mostrado na Fig. B.10a.

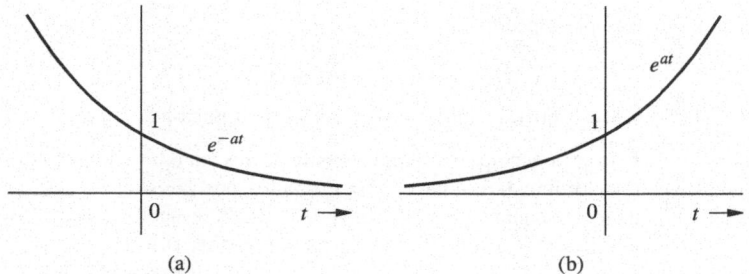

Figura B.9 Exponenciais monotônicas.

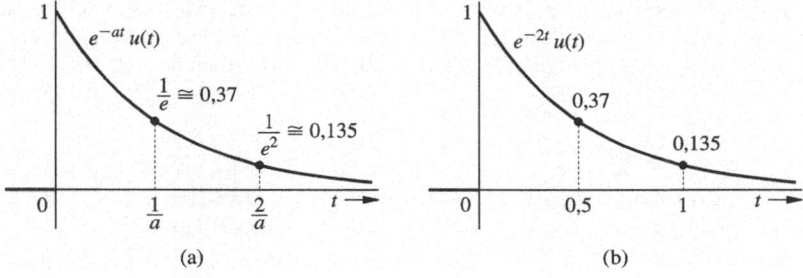

Figura B.10 (a) Rascunho de e^{-at}. (b) Rascunho de e^{-2t}.

O sinal e^{-at} possui valor unitário para $t = 0$. Para $t = 1/a$, o valor cai para $1/e$ (aproximadamente 37% de seu valor inicial), como mostrado na Fig. B.10a. Este intervalo de tempo no qual a exponencial reduz por um fator e (isto é, cai para aproximadamente 37% de seu valor) é chamado de *constante de tempo* da exponencial. Portanto, a constante de tempo de e^{-at} é $1/a$. Observe que a exponencial é reduzida para 37% de seu valor inicial para qualquer intervalo de tempo de duração $1/a$. Este fato pode ser mostrado considerando-se qualquer conjunto de instantes t_1 e t_2 separados por uma constante de tempo, tal que

$$t_2 - t_1 = \frac{1}{a}$$

Agora, a razão de e^{-at_2} para e^{-at_1} é dada por

$$\frac{e^{-at_2}}{e^{-at_1}} = e^{-a(t_2-t_1)} = \frac{1}{e} \approx 0{,}37$$

Nós podemos utilizar este fato para desenhar rapidamente a exponencial. Por exemplo, considere

$$x(t) = e^{-2t}$$

A constante de tempo deste caso é 0,5. O valor de $x(t)$ para $t = 1$. Para $t = 0{,}5$ (uma constante de tempo), o valor de $x(t)$ é $1/e$ (aproximadamente 0,37). O valor de $x(t)$ continua caindo por um fator de $1/e$ (37%) a cada intervalo de tempo de meio segundo (uma constante de tempo). Portanto, $x(t)$ para $t = 1$ é $(1/e)^2$. Continuando desta forma, observamos que $x(t) = (1/e)^3$ para $t = 1{,}5$ e assim por diante. O conhecimento dos valores de $x(t)$ para $t = 0; 0{,}5; 1$ e 1,5 nos permite traçar o sinal desejado como mostrado na Fig. B.10b.[†]

Para a exponencial monotonicamente crescente e^{at}, a forma de onda aumenta por um fator e a cada intervalo de $1/a$ segundos.

B.3-2 Senoides Variando Exponencialmente

Agora, discutiremos como traçar uma senoide com variação exponencial de amplitude

$$x(t) = Ae^{-at}\cos(\omega_0 t + \theta) \tag{B.26}$$

Vamos considerar um exemplo específico:

$$x(t) = 4e^{-2t}\cos(6t - 60°) \tag{B.27}$$

Devemos traçar $4e^{-2t}$ e $\cos(6t - 60°)$ separadamente e, então, multiplicá-los:

(i) **Traçando $4e^{-2t}$.** Esta exponencial monotonicamente decrescente possui uma constante de tempo de 0,5 segundos e um valor inicial de 4 para $t = 0$. Portanto, seus valores para $t = 0{,}5; 1; 1{,}5$ e 2 são $4/e$, $4/e^2$, $4/e^3$, $4/e^4$, ou, aproximadamente, 1,47; 0,54; 0,2 e 0,07, respectivamente. Utilizando estes valores como um guia, podemos traçar $4e^{-2t}$ como mostrado na Fig. B.11a.

(ii) **Traçando $\cos(6t - 60°)$.** O procedimento de desenhar $\cos(6t - 60°)$ é discutido na seção B.2 (Fig. B.6c). Neste caso o período da senoide é $T_0 = 2\pi/6 \approx 1$, existindo um atraso de fase de 60°, ou dois terços de um quarto de ciclo, o qual é equivalente a um atraso de, aproximadamente, $(60/360)(1) \approx 1/6$ segundos (veja Fig. B.11b).

(iii) **Traçando $4e^{-2t}\cos(6t - 60°)$.** Devemos, agora, multiplicar as formas de onda dos passos **i** e **ii**. Esta multiplicação resulta em forçar a senoide $4\cos(6t - 60°)$ a decair exponencialmente com uma constante de tempo de 0,5. A amplitude inicial (para $t = 0$) é 4, decaindo para $4/e$ ($=1{,}47$) para $t = 0{,}5$,

---

[†] Se desejarmos refinar ainda mais o rascunho, podemos considerar intervalos de meia constante de tempo, no qual o sinal decai por um fator $1/\sqrt{e}$. Portanto, para $t = 0{,}25$, $x(t) = 1/\sqrt{e}$, e para $t = 0{,}75$, $x(t) = 1/e\sqrt{e}$, e assim por diante.

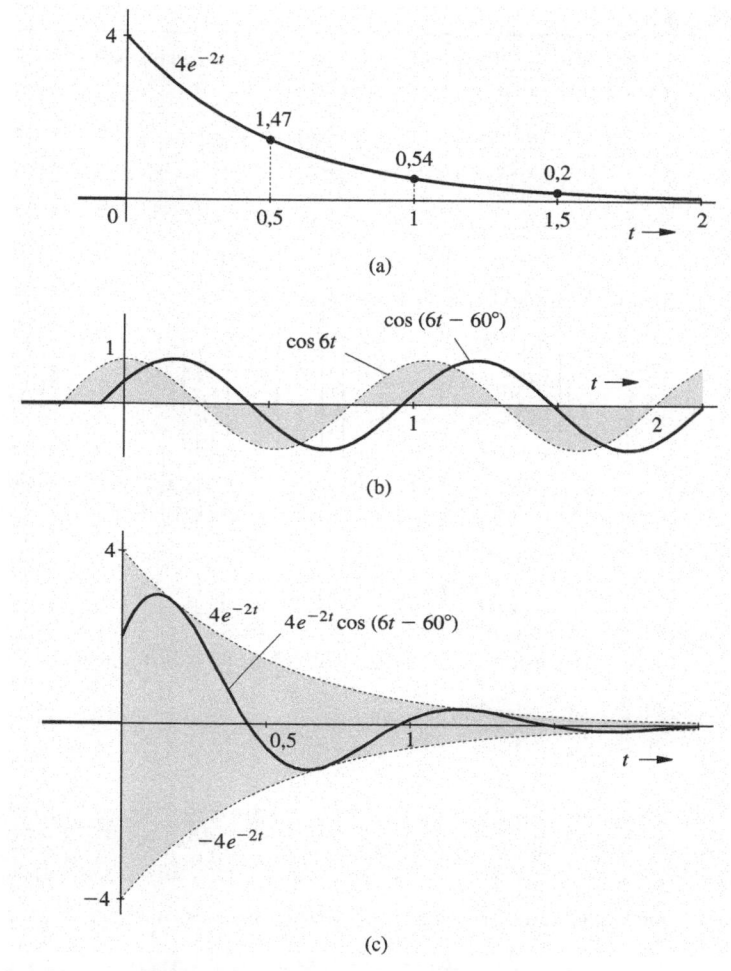

Figura B.11 Desenhando uma senoide variando exponencialmente.

para 1,47/e (= 0,54) para $t = 1$ e assim por diante. Este gráfico é mostrado na Fig. B.11c. Note que quando $\cos(6t - 60°)$ possui um valor unitário (amplitude de pico),

$$4e^{-2t}\cos(6t - 60°) = 4e^{-2t} \tag{B.28}$$

Portanto, $4e^{-2t}\cos(6t - 60°)$ alcança $4e^{-2t}$ nos instantes nos quais a senoide $\cos(6t - 60°)$ está em seus picos positivos. Claramente $4e^{-2t}$ é um envelope para as amplitudes positivas de $4e^{-2t}\cos(6t - 60°)$. Argumentos similares mostram que $4e^{-2t}\cos(6t - 60°)$ atinge $-4e^{-2t}$ em seus picos negativos. Portanto, $-4e^{-2t}$ é um envelope para as amplitudes negativas de $4e^{-2t}\cos(6t - 60°)$. Logo, para traçar $4e^{-2t}\cos(6t - 60°)$, primeiro devemos desenhar os envelopes $4e^{-2t}$ e $-4e^{-2t}$ (imagem refletida de $4e^{-2t}$ considerando o eixo horizontal) e, então, desenhar a senoide $\cos(6t - 60°)$, com estes envelopes funcionando como restrições da amplitude da senoide (veja Fig. B.11c).

Em geral, $Ke^{-at}\cos(\omega_0 t+\theta)$ pode ser desenhada desta maneira, com Ke^{-at} e $-Ke^{-at}$ restringindo a amplitude de $\cos(\omega_0 t+\theta)$.

B.4 Regra de Cramer

A regra de Cramer é uma forma muito conveniente para resolver equações lineares simultâneas. Considere um conjunto de n equações lineares simultâneas com n incógnitas $x_1, x_2, ..., x_n$:

$$a_{11}x_1 + a_{12}x_2 + \cdots + a_{1n}x_n = y_1$$
$$a_{21}x_1 + a_{22}x_2 + \cdots + a_{2n}x_n = y_2$$
$$\vdots$$
$$a_{n1}x_1 + a_{n2}x_2 + \cdots + a_{nn}x_n = y_n$$

(B.29)

Estas equações podem ser colocadas na forma matricial como

$$\begin{bmatrix} a_{11} & a_{12} & \cdots & a_{1n} \\ a_{21} & a_{22} & \cdots & a_{2n} \\ \vdots & \vdots & \cdots & \vdots \\ a_{n1} & a_{n2} & \cdots & a_{nn} \end{bmatrix} \begin{bmatrix} x_1 \\ x_2 \\ \vdots \\ x_n \end{bmatrix} = \begin{bmatrix} y_1 \\ y_2 \\ \vdots \\ y_n \end{bmatrix}$$

(B.30)

Chamamos a matriz do lado esquerdo, formada pelos elementos a_{ij} de **A**. O determinante de **A** é representado por $|\mathbf{A}|$. Se o determinante $|\mathbf{A}|$ for não nulo, o conjunto de equações (B.29) possui uma única solução dada pela fórmula de Cramer

$$x_k = \frac{|\mathbf{D}_k|}{|\mathbf{A}|} \quad k = 1, 2, \ldots, n$$

(B.31)

onde $|\mathbf{D}_k|$ é obtido substituindo a k-ésima coluna de $|\mathbf{A}|$ pela coluna do lado direito da Eq. (B.30) (com elementos $y_1, y_2, ..., y_n$).

Demonstraremos esta regra através de um exemplo.

EXEMPLO B.7

Utilize a Regra de Cramer para resolver as seguintes equações lineares simultâneas com três incógnitas.

$$2x_1 + x_2 + x_3 = 3$$
$$x_1 + 3x_2 - x_3 = 7$$
$$x_1 + x_2 + x_3 = 1$$

A forma matricial dessas equações pode ser escrita por

$$\begin{bmatrix} 2 & 1 & 1 \\ 1 & 3 & -1 \\ 1 & 1 & 1 \end{bmatrix} \begin{bmatrix} x_1 \\ x_2 \\ x_3 \end{bmatrix} = \begin{bmatrix} 3 \\ 7 \\ 1 \end{bmatrix}$$

onde

$$|\mathbf{A}| = \begin{vmatrix} 2 & 1 & 1 \\ 1 & 3 & -1 \\ 1 & 1 & 1 \end{vmatrix} = 4$$

Como $|\mathbf{A}| = 4 \neq 0$, uma única solução existe para x_1, x_2 e x_3. Esta solução é dada pela regra de Cramer [Eq. (B.31)], mostrada a seguir:

$$x_1 = \frac{1}{|\mathbf{A}|} \begin{vmatrix} 3 & 1 & 1 \\ 7 & 3 & -1 \\ 1 & 1 & 1 \end{vmatrix} = \frac{8}{4} = 2$$

$$x_2 = \frac{1}{|\mathbf{A}|} \begin{vmatrix} 2 & 3 & 1 \\ 1 & 7 & -1 \\ 1 & 1 & 1 \end{vmatrix} = \frac{4}{4} = 1$$

$$x_3 = \frac{1}{|\mathbf{A}|} \begin{vmatrix} 2 & 1 & 3 \\ 1 & 3 & 7 \\ 1 & 1 & 1 \end{vmatrix} = \frac{-8}{4} = -2$$

B.5 Expansão em Frações Parciais

Durante a análise de sistemas lineares invariantes no tempo encontramos funções que são razões de dois polinômios de uma certa variável, digamos x. Tais funções são chamadas de *funções racionais*. Uma função racional $F(x)$ pode ser descrita por

$$F(x) = \frac{b_m x^m + b_{m-1} x^{m-1} + \cdots + b_1 x + b_0}{x^n + a_{n-1} x^{n-1} + \cdots + a_1 x + a_0} \qquad (B.32)$$

$$= \frac{P(x)}{Q(x)} \qquad (B.33)$$

A função $F(x)$ é *imprópria* se $m \geq n$ e *própria* se $m < n$. Uma função imprópria pode ser sempre separada na soma de um polinômio em x e uma função própria. Considere, por exemplo, a função

$$F(x) = \frac{2x^3 + 9x^2 + 11x + 2}{x^2 + 4x + 3} \qquad (B.34a)$$

Como essa é uma função imprópria, dividimos o numerador pelo denominador até que o resto possua um grau menor do que o denominador.

$$\begin{array}{r} 2x + 1 \\ x^2 + 4x + 3 \overline{\smash{\big)}\, 2x^3 + 9x^2 + 11x + 2} \\ \underline{2x^3 + 8x^2 + 6x} \\ x^2 + 5x + 2 \\ \underline{x^2 + 4x + 3} \\ x - 1 \end{array}$$

Portanto, $F(x)$ pode ser escrita por

$$F(x) = \frac{2x^3 + 9x^2 + 11x + 2}{x^2 + 4x + 3} = \underbrace{2x + 1}_{\text{polinômio em } x} + \underbrace{\frac{x - 1}{x^2 + 4x + 3}}_{\text{função própria}} \qquad (B.34b)$$

Uma função própria pode ser expandida, posteriormente, em frações parciais. O restante desta seção irá discutir as diversas formas de se fazer isto.

B.5-1 Método de Eliminação de Frações

Uma função racional pode ser escrita como a soma de frações parciais apropriadas com coeficientes desconhecidos, os quais são determinados pela eliminação de frações e igualando os coeficientes de potência similar dos dois lados. Este procedimento é demonstrado pelo exemplo a seguir.

Apesar deste método poder ser aplicado diretamente em todas as situações, ele não é necessariamente o mais eficiente. Discutiremos outros métodos que podem reduzir consideravelmente o trabalho numérico.

EXEMPLO B.8

Expanda a seguinte função racional $F(x)$ em frações parciais:

$$F(x) = \frac{x^3 + 3x^2 + 4x + 6}{(x+1)(x+2)(x+3)^2}$$

Esta função pode ser escrita como a soma de frações parciais com denominadores $(x+1)$, $(x+2)$, $(x+3)$ e $(x+3)^2$, como mostrado a seguir:

$$F(x) = \frac{x^3 + 3x^2 + 4x + 6}{(x+1)(x+2)(x+3)^2} = \frac{k_1}{x+1} + \frac{k_2}{x+2} + \frac{k_3}{x+3} + \frac{k_4}{(x+3)^2}$$

Para determinar as incógnitas k_1, k_2, k_3 e k_4, eliminamos as frações multiplicando os dois lados por $(x+1)(x+2)(x+3)^2$ obtendo

$$x^3 + 3x^2 + 4x + 6 = k_1(x^3 + 8x^2 + 21x + 18) + k_2(x^3 + 7x^2 + 15x + 9)$$
$$+ k_3(x^3 + 6x^2 + 11x + 6) + k_4(x^2 + 3x + 2)$$
$$= x^3(k_1 + k_2 + k_3) + x^2(8k_1 + 7k_2 + 6k_3 + k_4)$$
$$+ x(21k_1 + 15k_2 + 11k_3 + 3k_4) + (18k_1 + 9k_2 + 6k_3 + 2k_4)$$

Igualando os coeficientes de mesma potência dos dois lados teremos

$$k_1 + k_2 + k_3 = 1$$
$$8k_1 + 7k_2 + 6k_3 + k_4 = 3$$
$$21k_1 + 15k_2 + 11k_3 + 3k_4 = 4$$
$$18k_1 + 9k_2 + 6k_3 + 2k_4 = 6$$

A solução dessas quatro equações simultâneas resulta em

$$k_1 = 1, \quad k_2 = -2, \quad k_3 = 2, \quad k_4 = -3$$

Logo,

$$F(x) = \frac{1}{x+1} - \frac{2}{x+2} + \frac{2}{x+3} - \frac{3}{(x+3)^2}$$

B.5-2 Método de Heaviside

FATORES DISTINTOS DE $Q(x)$

Iremos, inicialmente, considerar a expansão em frações parciais de $F(x) = P(x)/Q(x)$, na qual todos os fatores de $Q(x)$ são distintos (não repetidos). Considere a seguinte função própria

$$F(x) = \frac{b_m x^m + b_{m-1} x^{m-1} + \cdots + b_1 x + b_0}{x^n + a_{n-1} x^{n-1} + \cdots + a_1 x + a_0} \qquad m < n$$

$$= \frac{P(x)}{(x - \lambda_1)(x - \lambda_2) \cdots (x - \lambda_n)}$$

(B.35a)

Podemos mostrar que $F(x)$ da Eq. (B.35a) pode ser escrita como a soma das frações parciais

$$F(x) = \frac{k_1}{x - \lambda_1} + \frac{k_2}{x - \lambda_2} + \cdots + \frac{k_n}{x - \lambda_n}$$

(B.35b)

Para determinar o coeficiente k_1, multiplicamos os dois lados da Eq. (B.35b) por $x - \lambda_1$ e, então, fazemos $x = \lambda_1$, resultando em

$$(x - \lambda_1) F(x)|_{x=\lambda_1} = k_1 + \frac{k_2 (x - \lambda_1)}{(x - \lambda_2)} + \frac{k_3 (x - \lambda_1)}{(x - \lambda_3)} + \cdots + \frac{k_n (x - \lambda_1)}{(x - \lambda_n)} \bigg|_{x=\lambda_1}$$

No lado direito, todo os termos exceto k_1 desaparecem. Portanto,

$$k_r = (x - \lambda_r) F(x)|_{x=\lambda_r}$$

(B.36)

Similarmente, podemos mostrar que

$$k_r = (x - \lambda_r) F(x)|_{x=\lambda_r} \qquad r = 1, 2, \ldots, n$$

(B.37)

Este procedimento também recebe o nome de *método dos resíduos*.

EXEMPLO B.9

Expanda a seguinte função racional $F(x)$ em frações parciais:

$$F(x) = \frac{2x^2 + 9x - 11}{(x + 1)(x - 2)(x + 3)} = \frac{k_1}{x + 1} + \frac{k_2}{x - 2} + \frac{k_3}{x + 3}$$

Para determinar k_1, fazemos $x = -1$ em $(x + 1)F(x)$. Note que $(x + 1)F(x)$ é obtido de $F(x)$ omitindo o termo $(x + 1)$ de seu denominador. Portanto, para calcular k_1 correspondente ao fator $(x + 1)$, escondemos o termo $(x + 1)$ do denominador de $F(x)$ e, então, substituímos $x = -1$ na expressão restante. [Mentalmente oculte o termo $(x + 1)$ de $F(x)$ com um dedo e, então, faça $x = -1$ na expressão restante.] Os passos para trabalhar a função

$$F(x) = \frac{2x^2 + 9x - 11}{(x + 1)(x - 2)(x + 3)}$$

estão mostrados a seguir.

Passo 1. Esconda o fator $(x + 1)$ de $F(x)$:

$$\frac{2x^2 + 9x - 11}{\boxed{(x + 1)} (x - 2)(x + 3)}$$

Passo 2. Substitua $x = -1$ na expressão restante para obter k_1:

$$k_1 = \frac{2 - 9 - 11}{(-1 - 2)(-1 + 3)} = \frac{-18}{-6} = 3$$

De forma equivalente, para determinar k_2 escondemos o fator $(x - 2)$ em $F(x)$ e fazemos $x = 2$ na função restante, como mostrado a seguir:

$$k_2 = \left. \frac{2x^2 + 9x - 11}{(x + 1)\,(x - 2)\,(x + 3)} \right|_{x=2} = \frac{8 + 18 - 11}{(2 + 1)(2 + 3)} = \frac{15}{15} = 1$$

e

$$k_3 = \left. \frac{2x^2 + 9x - 11}{(x + 1)(x - 2)\,(x + 3)} \right|_{x=-3} = \frac{18 - 27 - 11}{(-3 + 1)(-3 - 2)} = \frac{-20}{10} = -2$$

Portanto,

$$F(x) = \frac{2x^2 + 9x - 11}{(x + 1)(x - 2)(x + 3)} = \frac{3}{x + 1} + \frac{1}{x - 2} - \frac{2}{x + 3}$$

FATORES COMPLEXOS DE $Q(x)$

O procedimento recém apresentado funciona independentemente se os fatores de $Q(x)$ são reais ou complexos. Considere, por exemplo,

$$F(x) = \frac{4x^2 + 2x + 18}{(x + 1)(x^2 + 4x + 13)}$$

$$= \frac{4x^2 + 2x + 18}{(x + 1)(x + 2 - j3)(x + 2 + j3)} \quad \text{(B.38)}$$

$$= \frac{k_1}{x + 1} + \frac{k_2}{x + 2 - j3} + \frac{k_3}{x + 2 + j3}$$

onde

$$k_1 = \left[\frac{4x^2 + 2x + 18}{(x + 1)\,(x^2 + 4x + 13)} \right]_{x=-1} = 2$$

Similarmente,

$$k_2 = \left[\frac{4x^2 + 2x + 18}{(x + 1)\,(x + 2 - j3)\,(x + 2 + j3)} \right]_{x=-2+j3} = 1 + j2 = \sqrt{5}e^{j63,43°}$$

$$k_3 = \left[\frac{4x^2 + 2x + 18}{(x + 1)(x + 2 - j3)\,(x + 2 + j3)} \right]_{x=-2-j3} = 1 - j2 = \sqrt{5}e^{-j63,43°}$$

Portanto,

$$F(x) = \frac{2}{x + 1} + \frac{\sqrt{5}e^{j63,43°}}{x + 2 - j3} + \frac{\sqrt{5}e^{-j63,43°}}{x + 2 + j3} \quad \text{(B.39)}$$

Os coeficiente k_2 e k_3 correspondentes aos fatores complexos conjugados também são conjugados. Este fato geralmente é verdadeiro quando os coeficientes da função racional são reais. Em tais casos, precisamos determinar apenas um dos coeficientes.

Fatores Quadráticos

Geralmente precisamos combinar dois termos resultantes de fatores complexos conjugados em um único fator quadrático. Por exemplo, $F(x)$ da Eq. (B.38) pode ser escrita por

$$F(x) = \frac{4x^2 + 2x + 18}{(x+1)(x^2 + 4x + 13)} = \frac{k_1}{x+1} + \frac{c_1 x + c_2}{x^2 + 4x + 13}$$

O coeficiente k_1 é determinado pelo método de Heaviside, sendo igual a 2. Portanto,

$$\frac{4x^2 + 2x + 18}{(x+1)(x^2 + 4x + 13)} = \frac{2}{x+1} + \frac{c_1 x + c_2}{x^2 + 4x + 13} \tag{B.40}$$

Os valores de c_1 e c_2 são determinados eliminando as frações e igualando os coeficientes de mesma potência de x dos dois lados da equação resultante. A eliminação das frações nos dois lados da Eq. (B.40) resulta em

$$\begin{aligned} 4x^2 + 2x + 18 &= 2(x^2 + 4x + 13) + (c_1 x + c_2)(x+1) \\ &= (2 + c_1)x^2 + (8 + c_1 + c_2)x + (26 + c_2) \end{aligned} \tag{B.41}$$

Igualando os termos de mesma potência temos $c_1 = 2$, $c_2 = -8$ e,

$$\frac{4x^2 + 2x + 18}{(x+1)(x^2 + 4x + 13)} = \frac{2}{x+1} + \frac{2x - 8}{x^2 + 4x + 13} \tag{B.42}$$

Atalhos

Os valores de c_1 e c_2 da Eq. (B.40) também podem ser determinados utilizando atalhos. Após determinar $k_1 = 2$ pelo método de Heaviside, fazemos $x = 0$ nos dois lados da Eq. (B.40) para eliminar c_1, resultando em

$$\frac{18}{13} = 2 + \frac{c_2}{13}$$

Portanto,

$$c_2 = -8$$

Para determinar c_1, multiplicamos os dois lados da Eq. (B.40) por x e, então, fazemos $x \to \infty$. Lembre-se de que quando $x \to \infty$ apenas os termos de potência mais alta são significativos. Portanto,

$$4 = 2 + c_1$$

e

$$c_1 = 2$$

No procedimento discutido, fizemos $x = 0$ para determinar c_2 e, então, multiplicamos os dois lados por x e fizemos $x \to \infty$ para determinar c_1. Entretanto, esses valores não são sagrados ($x = 0$ ou $x = \infty$). Utilizamo-nos porque eles reduziram a quantidade de cálculo envolvida. Poderíamos utilizar, também, outros valores convenientes para x, tal como $x = 1$. Considere o caso

$$\begin{aligned} F(x) &= \frac{2x^2 + 4x + 5}{x(x^2 + 2x + 5)} \\ &= \frac{k}{x} + \frac{c_1 x + c_2}{x^2 + 2x + 5} \end{aligned}$$

Determinamos $k = 1$ normalmente pelo método de Heaviside. Como resultado,

$$\frac{2x^2 + 4x + 5}{x(x^2 + 2x + 5)} = \frac{1}{x} + \frac{c_1 x + c_2}{x^2 + 2x + 5} \tag{B.43}$$

Para determinar c_1 e c_2, se tentarmos fazer $x = 0$ na Eq. (B.43) iremos obter ∞ nos dois lados. Portanto, iremos escolher $x = 1$, resultando em

$$\frac{11}{8} = 1 + \frac{c_1 + c_2}{8}$$

ou

$$c_1 + c_2 = 3$$

Podemos, agora, escolher algum outro valor para x, tal como o $x = 2$ para obter mais uma relação a ser utilizada para determinar c_1 e c_2. Neste caso, entretanto, um método simples é multiplicar os dois lados da Eq. (B.43) por x e, então, fazermos $x \to \infty$, resultando em

$$2 = 1 + c_1$$

de tal forma que

$$c_1 = 1 \quad \text{e} \quad c_2 = 2$$

Portanto,

$$F(x) = \frac{1}{x} + \frac{x+2}{x^2 + 2x + 5}$$

B.5-3 Fatores Repetidos de $Q(x)$

Se uma função $F(x)$ possui fatores repetidos em seu denominador, ela terá a forma

$$F(x) = \frac{P(x)}{(x - \lambda)^r (x - \alpha_1)(x - \alpha_2) \cdots (x - \alpha_j)} \tag{B.44}$$

Sua expansão em frações parciais é dada por

$$F(x) = \frac{a_0}{(x - \lambda)^r} + \frac{a_1}{(x - \lambda)^{r-1}} + \cdots + \frac{a_{r-1}}{(x - \lambda)} \\ + \frac{k_1}{x - \alpha_1} + \frac{k_2}{x - \alpha_2} + \cdots + \frac{k_j}{x - \alpha_j} \tag{B.45}$$

Os coeficientes $k_1, k_2, \ldots, k_j$ correspondentes aos fatores não repetidos nesta equação são determinados pelo método Heaviside, como mostrado anteriormente [Eq. (B.37)]. Para determinar os coeficientes $a_0, a_1, a_2, \ldots, a_{r-1}$, multiplicamos os dois lados da Eq. (B.45) por $(x - \lambda)^r$, resultando em

$$(x - \lambda)^r F(x) = a_0 + a_1(x - \lambda) + a_2(x - \lambda)^2 + \cdots + a_{r-1}(x - \lambda)^{r-1} \\ + k_1 \frac{(x - \lambda)^r}{x - \alpha_1} + k_2 \frac{(x - \lambda)^r}{x - \alpha_2} + \cdots + k_n \frac{(x - \lambda)^r}{x - \alpha_n} \tag{B.46}$$

Se fizermos $x = \lambda$ nos dois lados da Eq. (B.46) iremos obter

$$(x - \lambda)^r F(x)|_{x=\lambda} = a_0 \tag{B.47a}$$

Portanto, a_0 é obtido escondendo o fator $(x - \lambda)^r$ em $F(x)$ e fazendo $x = \lambda$ na expressão restante (método de Heaviside). Se fizermos a derivada (com relação a x) dos dois lados da Eq. (B.46), o lado direito será a_1 + termos contendo o fator $(x - \lambda)$ em seus numeradores. Fazendo $x = \lambda$ nos dois lados desta equação, iremos obter

$$\frac{d}{dx}[(x - \lambda)^r F(x)]\bigg|_{x=\lambda} = a_1$$

Portanto, a_1 é obtido ocultando o fator $(x - \lambda)^r$ em $F(x)$, determinando a derivada da expressão restante e, então, fazendo $x = \lambda$. Continuando desta maneira, iremos obter

$$a_j = \frac{1}{j!} \frac{d^j}{dx^j}[(x - \lambda)^r F(x)]\bigg|_{x=\lambda} \tag{B.47b}$$

Observe que $(x-\lambda)^r F(x)$ é obtido de $F(x)$ omitindo o fator $(x-\lambda)^r$ de seu denominador. Portanto, o coeficiente a_1 é obtido ocultando o fator $(x-\lambda)^r$ de $F(x)$, determinando a j-ésima derivada da expressão restante e, então, fazendo $x = \lambda$ (enquanto dividimos por $j!$).

EXEMPLO B.10

Expanda $F(x)$ em frações parciais se

$$F(x) = \frac{4x^3 + 16x^2 + 23x + 13}{(x+1)^3(x+2)}$$

As frações parciais são

$$F(x) = \frac{a_0}{(x+1)^3} + \frac{a_1}{(x+1)^2} + \frac{a_2}{x+1} + \frac{k}{x+2}$$

O coeficiente k é obtido ocultando o fator $(x+2)$ dpe $F(x)$ e, então, substituindo $x = -2$ na expressão restante:

$$k = \left.\frac{4x^3 + 16x^2 + 23x + 13}{(x+1)^3\;\cancel{(x+2)}}\right|_{x=-2} = 1$$

Para determinar a_0, ocultamos o fator $(x+1)^3$ em $F(x)$ e fazemos $x = -1$ na expressão restante:

$$a_0 = \left.\frac{4x^3 + 16x^2 + 23x + 13}{\cancel{(x+1)^3}\,(x+2)}\right|_{x=-1} = 2$$

Para determinar a_1, ocultamos o fator $(x+1)^3$ em $F(x)$, determinamos a derivada da expressão restante e, então, fazemos $x = -1$:

$$a_1 = \frac{d}{dx}\left[\frac{4x^3 + 16x^2 + 23x + 13}{\cancel{(x+1)^3}\,(x+2)}\right]_{x=-1} = 1$$

Similarmente,

$$a_2 = \frac{1}{2!}\frac{d^2}{dx^2}\left[\frac{4x^3 + 16x^2 + 23x + 13}{\cancel{(x+1)^3}\,(x+2)}\right]_{x=-1} = 3$$

Portanto,

$$F(x) = \frac{2}{(x+1)^3} + \frac{1}{(x+1)^2} + \frac{3}{x+1} + \frac{1}{x+2}$$

B.5-4 Mistura dos Métodos de Heaviside e Eliminação de Frações

Para várias raízes, especialmente para ordens mais altas, o método de expansão de Heaviside, o qual necessita de repetidas diferenciações, pode ser trabalhoso. Para uma função que contém diversas raízes repetidas e não repetidas, um método híbrido dos dois procedimentos é melhor. Os coeficientes simples são determinados pelo método de Heaviside e os coeficientes restantes são determinados pelo método de eliminação de frações ou atalhos, incorporando, portanto, o melhor dos dois métodos. Demonstraremos este procedimento resolvendo o Exemplo B.10 novamente usando esta metodologia.

No Exemplo B.10, os coeficientes k e a_0 são relativamente simples de serem determinados pelo método de expansão de Heaviside. Estes valores foram determinados como $k_1 = 1$ e $a_0 = 2$. Portanto,

$$\frac{4x^3 + 16x^2 + 23x + 13}{(x+1)^3(x+2)} = \frac{2}{(x+1)^3} + \frac{a_1}{(x+1)^2} + \frac{a_2}{x+1} + \frac{1}{x+2}$$

Agora, multiplicaremos os dois lados desta equação por $(x+1)^3(x+2)$ para eliminar as frações. Essa multiplicação resulta em

$$4x^3 + 16x^2 + 23x + 13$$
$$= 2(x+2) + a_1(x+1)(x+2) + a_2(x+1)^2(x+2) + (x+1)^3$$
$$= (1 + a_2)x^3 + (a_1 + 4a_2 + 3)x^2 + (5 + 3a_1 + 5a_2)x + (4 + 2a_1 + 2a_2 + 1)$$

Igualando os coeficientes de potência dois e três de x dos dois lados obtemos

$$\left.\begin{array}{r}1 + a_2 = 4 \\ a_1 + 4a_2 + 3 = 16\end{array}\right\} \implies \begin{array}{l}a_1 = 1 \\ a_2 = 3\end{array}$$

Podemos parar aqui se quisermos, pois os dois coeficientes, a_1 e a_2 já foram determinados. Entretanto, igualando os coeficientes das duas potências restantes de x resulta em uma conveniente verificação da resposta. Igualando os coeficientes dos termos de x^1 e x^0, obtemos

$$23 = 5 + 3a_1 + 5a_2$$
$$13 = 4 + 2a_1 + 2a_2 + 1$$

Essas equações são satisfeitas pelos valores $a_1 = 1$ e $a_2 = 3$, determinados anteriormente, funcionando como uma verificação de nossas respostas. Portanto,

$$F(x) = \frac{2}{(x+1)^3} + \frac{1}{(x+1)^2} + \frac{3}{x+1} + \frac{1}{x+2}$$

a qual é a mesma resposta obtida anteriormente.

UMA MISTURA DO MÉTODO DE HEAVISIDE E DE ATALHOS

No Exemplo B.10, após determinarmos os coeficientes $a_0 = 2$ e $k = 1$ pelo método de Heaviside. Dessa forma temos

$$\frac{4x^3 + 16x^2 + 23x + 13}{(x+1)^3(x+2)} = \frac{2}{(x+1)^3} + \frac{a_1}{(x+1)^2} + \frac{a_2}{x+1} + \frac{1}{x+2}$$

Existem apenas dois coeficientes a serem determinados, a_1 e a_2. Se multiplicarmos os dois lados desta equação por x e fizermos $x \to \infty$, poderemos eliminar a_1, resultando em

$$4 = a_2 + 1 \implies a_2 = 3$$

Portanto,

$$\frac{4x^3 + 16x^2 + 23x + 13}{(x+1)^3(x+2)} = \frac{2}{(x+1)^3} + \frac{a_1}{(x+1)^2} + \frac{3}{x+1} + \frac{1}{x+2}$$

Existe, agora, apenas uma incógnita a_1, a qual pode ser facilmente determinada se fizermos x igual a qualquer valor conveniente, digamos $x = 0$.

$$\frac{13}{2} = 2 + a_1 + 3 + \frac{1}{2} \implies a_1 = 1$$

a qual é a mesma resposta encontrada anteriormente.

Existem outros possíveis atalhos. Por exemplo, podemos determinar a_0 (coeficiente da potência de mais alta ordem da raiz repetida) subtraindo este termo dos dois lados e, então, repetindo o procedimento.

B.5-5 $F(x)$ Biprópria com $m = n$

Um método genérico para trabalhar com uma função imprópria é mostrado no começo desta seção. Entretanto, para o caso especial dos polinômios do numerador e denominador de $F(x)$ terem o mesmo grau ($m = n$), o procedimento é o mesmo do utilizado para uma função própria. Pode-se mostrar que para

$$F(x) = \frac{b_n x^n + b_{n-1} x^{n-1} + \cdots + b_1 x + b_0}{x^n + a_{n-1} x^{n-1} + \cdots + a_1 x + a_0}$$

$$= b_n + \frac{k_1}{x - \lambda_1} + \frac{k_2}{x - \lambda_2} + \cdots + \frac{k_n}{x - \lambda_n}$$

Os coeficientes $k_1, k_2, \ldots, k_n$ são determinados se $F(x)$ fosse própria. Portanto,

$$k_r = (x - \lambda_r) F(x)|_{x=\lambda_r}$$

Para fatores quadráticos ou repetidos, os procedimentos apropriados mostrados nas Seções B.5-2 ou B.5-3 devem ser utilizados se $F(x)$ for própria. Em outras palavras, quando $m = n$, a única diferença entre o caso próprio e impróprio está no aparecimento de uma constante extra b_n no último caso. O procedimento permanece o mesmo. A prova é deixada como um exercício ao leitor.

B.5-6 Frações Parciais Modificado

Na determinação da transformada z inversa (Capítulo 5), será necessário determinar as frações parciais da forma $kx/(x - \lambda_i)^r$ em vez de $k/(x - \lambda_i)^r$. Pode-se obter as frações parciais expandindo $F(x)/x$. Considere, por exemplo,

$$\frac{F(x)}{x} = \frac{5x^2 + 20x + 18}{x(x+2)(x+3)^2}$$

EXEMPLO B.11

Expanda $F(x)$ em frações parciais se

$$F(x) = \frac{3x^2 + 9x - 20}{x^2 + x - 6} = \frac{3x^2 + 9x - 20}{(x-2)(x+3)}$$

Onde $m = n = 2$ com $b_n = b_2 = 3$. Portanto,

$$F(x) = \frac{3x^2 + x - 20}{(x-2)(x+3)} = 3 + \frac{k_1}{x-2} + \frac{k_2}{x+3}$$

na qual

$$k_1 = \frac{3x^2 + 9x - 20}{(x-2)(x+3)}\bigg|_{x=2} = \frac{12 + 18 - 20}{(2+3)} = \frac{10}{5} = 2$$

e

$$k_2 = \frac{3x^2 + 9x - 20}{(x-2)(x+3)}\bigg|_{x=-3} = \frac{27 - 27 - 20}{(-3-2)} = \frac{-20}{-5} = 4$$

Portanto,

$$F(x) = \frac{3x^2 + 9x - 20}{(x-2)(x+3)} = 3 + \frac{2}{x-2} + \frac{4}{x+3}$$

Dividindo os dois lados por x teremos

$$\frac{F(x)}{x} = \frac{5x^2 + 20x + 18}{x(x+2)(x+3)^2}$$

A expansão do lado direito em frações parciais resulta em

$$\frac{F(x)}{x} = \frac{5x^2 + 20x + 18}{x(x+2)(x+3)^2} = \frac{a_1}{x} + \frac{a_2}{x+2} + \frac{a_3}{(x+3)} + \frac{a_4}{(x+3)^2}$$

Usando o procedimento discutido anteriormente, determinamos $a_1 = 1$, $a_2 = 1$, $a_3 = -2$ e $a_4 = 1$. Portanto,

$$\frac{F(x)}{x} = \frac{1}{x} + \frac{1}{x+2} - \frac{2}{x+3} + \frac{1}{(x+3)^2}$$

Agora, multiplicando os dois lados por x, obtemos

$$F(x) = 1 + \frac{x}{x+2} - \frac{2x}{x+3} + \frac{x}{(x+3)^2}$$

Esta equação descreve $F(x)$ como a soma de frações parciais tendo a forma $kx/(x-\lambda_i)^r$.

B.6 Vetores e Matrizes

Uma entidade especificada por n-números em uma certa ordem (n-uplo ordenado) é um *vetor n-dimensional*. Portanto, uma n-uplo ordenado ($x_1, x_2,..., x_n$) representa um vetor **x** n-dimensional. Um vetor pode ser representado em uma linha (*vetor linha*):

$$\mathbf{x} = [x_1 \quad x_2 \quad \cdots \quad x_n]$$

ou em uma coluna (*vetor coluna*):

$$\mathbf{x} = \begin{bmatrix} x_1 \\ x_2 \\ \vdots \\ x_n \end{bmatrix}$$

Equações lineares simultâneas podem ser vistas como a transformação de um vetor em outro. Considere, por exemplo, as n equações lineares simultâneas

$$\begin{aligned} y_1 &= a_{11}x_1 + a_{12}x_2 + \cdots + a_{1n}x_n \\ y_2 &= a_{21}x_1 + a_{22}x_2 + \cdots + a_{2n}x_n \\ &\vdots \\ y_m &= a_{m1}x_1 + a_{m2}x_2 + \cdots + a_{mn}x_n \end{aligned} \quad (B.48)$$

Se definirmos dois vetores coluna **x** e **y** como

$$\mathbf{x} = \begin{bmatrix} x_1 \\ x_2 \\ \vdots \\ x_n \end{bmatrix} \quad \text{e} \quad \mathbf{y} = \begin{bmatrix} y_1 \\ y_2 \\ \vdots \\ y_m \end{bmatrix} \quad (B.49)$$

então, as Eqs. (B.48) podem ser entendidas como a relação ou função que transforma o vetor **x** no vetor **y**. Tal transformação é chamada de *transformação linear* de vetores. Para executar uma transformação linear, precisamos definir um arranjo de coeficientes a_{ij}, mostrada nas Eqs. (B.48).

Esse arranjo é chamado de *matriz*, sendo representando por **A** por conveniência:

$$\mathbf{A} = \begin{bmatrix} a_{11} & a_{12} & \cdots & a_{1n} \\ a_{21} & a_{22} & \cdots & a_{2n} \\ \vdots & \vdots & \cdots & \vdots \\ a_{m1} & a_{m2} & \cdots & a_{mn} \end{bmatrix} \quad (B.50)$$

uma matriz com m linhas e n colunas é chamada de matriz de ordem (m, n) ou uma matriz $(m \times n)$. Para o caso especial de $m = n$, a matriz é chamada de *matriz quadrada* de ordem n.

Devemos ressaltar, neste ponto, que uma matriz não é um número tal como o determinante, mas um arranjo de números organizados em uma ordem particular. É conveniente abreviar a representação da matriz **A** da Eq. (B.50) para a forma $(a_{ij})_{m \times n}$, implicando em uma matriz de ordem $m \times n$ com a_{ij} como seu ij-ésimo elemento. Na prática, quando a ordem $m \times n$ é conhecida ou não precisa ser especificada, a notação pode ser abreviada para (a_{ij}). Note que o primeiro índice i de a_{ij} indica a linha e o segundo índice j indica a coluna do elemento a_{ij} na matriz **A**.

As equações simultâneas (B.48) podem, agora, ser escritas na forma simbólica por

$$\mathbf{y} = \mathbf{A}\mathbf{x} \quad (B.51)$$

ou

$$\begin{bmatrix} y_1 \\ y_2 \\ \vdots \\ y_m \end{bmatrix} = \begin{bmatrix} a_{11} & a_{12} & \cdots & a_{1n} \\ a_{21} & a_{22} & \cdots & a_{2n} \\ \vdots & \vdots & \cdots & \vdots \\ a_{m1} & a_{m2} & \cdots & a_{mn} \end{bmatrix} \begin{bmatrix} x_1 \\ x_2 \\ \vdots \\ x_n \end{bmatrix} \quad (B.52)$$

A Equação (B.51) é a representação simbólica da Eq. (B.48). Ainda não definimos a operação de multiplicação de uma matriz por um vetor. A quantidade **Ax** não possui significado até que a operação tenha sido definida.

B.6-1 Algumas Definições e Propriedades

Uma matriz quadrada cujos elementos são zero em todas as posições menos na diagonal principal é chamada de *matriz diagonal*. Um exemplo de uma matriz diagonal é

$$\begin{bmatrix} 2 & 0 & 0 \\ 0 & 1 & 0 \\ 0 & 0 & 5 \end{bmatrix}$$

Uma matriz diagonal com todos os elementos da diagonal iguais a um é chamada de *matriz identidade* ou *matriz unitária*, representada por **I**. Ela é uma matriz quadrada:

$$\mathbf{I} = \begin{bmatrix} 1 & 0 & 0 & \cdots & 0 \\ 0 & 1 & 0 & \cdots & 0 \\ 0 & 0 & 1 & \cdots & 0 \\ \vdots & \vdots & \vdots & \cdots & \vdots \\ 0 & 0 & 0 & \cdots & 1 \end{bmatrix} \quad (B.53)$$

A ordem de uma matriz unitária é algumas vezes indicado por um subscrito. Portanto, $\mathbf{I}_n$ representa uma matriz unitária (ou matriz identidade) $n \times n$. Entretanto, podemos omitir o subscrito. A ordem da matriz unitária será entendida do contexto.

Uma matriz tendo todos os elementos iguais a zero é uma *matriz nula*.

Uma matriz quadrada **A** é uma *matriz simétrica* se $a_{ij} = a_{ji}$ (simetria com relação a diagonal principal).

Duas matrizes de mesma ordem são ditas *iguais* se elas forem iguais elemento por elemento. Portanto, se

$$\mathbf{A} = (a_{ij})_{m \times n} \quad e \quad \mathbf{B} = (b_{ij})_{m \times n}$$

então **A** = **B** somente se $a_{ij} = b_{ij}$ para todo i e j.

Se as linhas e colunas de uma matriz $m \times n$ **A** são intercambiáveis de tal forma que os elementos da i-ésima linha se tornam os elementos da i-ésima coluna (para $i = 1, 2,..., m$), a matriz resultante é chamada de *transposta* de **A**, sendo representada por $\mathbf{A}^T$. É evidente que $\mathbf{A}^T$ é uma matriz $n \times m$. Por exemplo, se

$$\mathbf{A} = \begin{bmatrix} 2 & 1 \\ 3 & 2 \\ 1 & 3 \end{bmatrix} \quad \text{então} \quad \mathbf{A}^T = \begin{bmatrix} 2 & 3 & 1 \\ 1 & 2 & 3 \end{bmatrix}$$

então, se

$$\mathbf{A} = (a_{ij})_{m \times n}$$

então

$$\mathbf{A}^T = (a_{ji})_{n \times m} \tag{B.54}$$

Observe que

$$(\mathbf{A}^T)^T = \mathbf{A} \tag{B.55}$$

B.6-2 Álgebra Matricial

Agora, definiremos as operações com matrizes, tais como adição, subtração, multiplicação e divisão de matrizes. As definições devem ser formuladas de tal forma que elas sejam úteis na manipulação de matrizes.

ADIÇÃO DE MATRIZES

Para duas matrizes **A** e **B**, ambas de mesma pordem $(m \times n)$,

$$\mathbf{A} = \begin{bmatrix} a_{11} & a_{12} & \cdots & a_{1n} \\ a_{21} & a_{22} & \cdots & a_{2n} \\ \vdots & \vdots & \cdots & \vdots \\ a_{m1} & a_{m2} & \cdots & a_{mn} \end{bmatrix} \quad \text{e} \quad \mathbf{B} = \begin{bmatrix} b_{11} & b_{12} & \cdots & b_{1n} \\ b_{21} & b_{22} & \cdots & b_{2n} \\ \vdots & \vdots & \cdots & \vdots \\ b_{m1} & b_{m2} & \cdots & b_{mn} \end{bmatrix}$$

define-se a soma $\mathbf{A} + \mathbf{B}$ por

$$\mathbf{A} + \mathbf{B} = \begin{bmatrix} (a_{11} + b_{11}) & (a_{12} + b_{12}) & \cdots & (a_{1n} + b_{1n}) \\ (a_{21} + b_{21}) & (a_{22} + b_{22}) & \cdots & (a_{2n} + b_{2n}) \\ \vdots & \vdots & \cdots & \vdots \\ (a_{m1} + b_{m1}) & (a_{m2} + b_{m2}) & \cdots & (a_{mn} + b_{mn}) \end{bmatrix}$$

ou

$$\mathbf{A} + \mathbf{B} = (a_{ij} + b_{ij})_{m \times n}$$

Note que as duas matrizes podem ser somadas somente se elas tiverem a mesma ordem.

MULTIPLICAÇÃO DE UMA MATRIZ POR UM ESCALAR

Multiplicamos uma matriz **A** por um escalar c como mostrado a seguir:

$$c\mathbf{A} = c \begin{bmatrix} a_{11} & a_{12} & \cdots & a_{1n} \\ a_{21} & a_{22} & \cdots & a_{2n} \\ \vdots & \vdots & \cdots & \vdots \\ a_{m1} & a_{m2} & \cdots & a_{mn} \end{bmatrix} = \begin{bmatrix} ca_{11} & ca_{12} & \cdots & ca_{1n} \\ ca_{21} & ca_{22} & \cdots & ca_{2n} \\ \vdots & \vdots & \cdots & \vdots \\ ca_{m1} & ca_{m2} & \cdots & ca_{mn} \end{bmatrix} = \mathbf{A}c$$

Observe que o escalar c e a matriz **A** comutam, ou seja,

$$c\mathbf{A} = \mathbf{A}c$$

Multiplicação Matricial
Define-se o produto

$$AB = C$$

no qual c_{ij}, o elemento de **C** da i-ésima linha e j-ésima coluna, é determinado somando os produtos dos elementos de **A** da i-ésima linha com os correspondentes elementos de **B** da j-ésima coluna. Portanto,

$$c_{ij} = a_{i1}b_{1j} + a_{i2}b_{2j} + \cdots + a_{in}b_{nj}$$
$$= \sum_{k=1}^{n} a_{ik}b_{kj} \tag{B.56}$$

Este resultado é descrito como mostrado a seguir:

$$\underbrace{\begin{bmatrix} a_{i1} & a_{i2} & \cdots & a_{in} \end{bmatrix}}_{\mathbf{A}_{(m \times n)}} \underbrace{\begin{bmatrix} b_{1j} \\ b_{2j} \\ \vdots \\ \cdots & b_{ij} & \cdots \\ \vdots \\ b_{nj} \end{bmatrix}}_{\mathbf{B}_{(n \times p)}} = \underbrace{\begin{bmatrix} \cdots & c_{ij} & \cdots \end{bmatrix}}_{\mathbf{C}_{(m \times p)}}$$

Observe cuidadosamente que para este procedimento funcionar corretamente, o número de colunas de **A** deve ser igual ao número de linhas de **B**. Em outras palavras, **AB**, o produto das matrizes **A** e **B** é definido apenas se o número de colunas de **A** for igual ao número de linhas de **B**. Se esta condição não for satisfeita, o produto **AB** não é definido, ficando sem sentido. Quando o número de colunas de **A** é igual ao número de linhas de **B**, a matriz **A** é dita estar em *conformidade* com a matriz **B** para o produto **AB**. Observe que se **A** é uma matriz $m \times n$ e **B** é uma matriz $n \times p$, **A** e **B** estão em conformidade para o produto e **C** será uma matriz $m \times p$.

Iremos demonstrar a regra da Eq. (B.56) com os seguintes exemplos.

$$\begin{bmatrix} 2 & 3 \\ 1 & 1 \\ 3 & 1 \end{bmatrix} \begin{bmatrix} 1 & 3 & 1 & 2 \\ 2 & 1 & 1 & 1 \end{bmatrix} = \begin{bmatrix} 8 & 9 & 5 & 7 \\ 3 & 4 & 2 & 3 \\ 5 & 10 & 4 & 7 \end{bmatrix}$$

$$\begin{bmatrix} 2 & 1 & 3 \end{bmatrix} \begin{bmatrix} 2 \\ 1 \\ 1 \end{bmatrix} = 8$$

Nos dois casos, as duas matrizes estão em conformidade. Entretanto, se alterarmos a ordem das matrizes, como mostrado a seguir,

$$\begin{bmatrix} 1 & 3 & 1 & 2 \\ 2 & 1 & 1 & 1 \end{bmatrix} \begin{bmatrix} 2 & 3 \\ 1 & 1 \\ 3 & 1 \end{bmatrix}$$

as matrizes não mais estarão em conformidade para o produto. Fica, portanto, evidente que em geral,

$$AB \neq BA \tag{B.57}$$

De fato, **AB** pode existir e **BA** pode não existir, e vice-versa, como em nossos exemplos. Iremos estudar mais tarde que para algumas matrizes especiais **AB** = **BA**. Quando isto ocorre, dizemos que as matrizes **A** e **B** *comutam*. Iremos enfatizar novamente que, de forma geral as matrizes não comutam.

No produto **AB**, a matriz **A** é dita ser *pós-multiplicada* pela matriz **B**, ou a matriz **B** é dita ser *pré-multiplicada* por **A**. Também podemos verificar as seguintes relações:

$$(A + B)C = AC + BC \tag{B.58}$$
$$C(A + B) = CA + CB \tag{B.59}$$

Podemos verificar que qualquer matriz **A** pré–multiplicada ou pós–multiplicada pela matriz identidade **I** permanece não alterada:

$$\mathbf{AI} = \mathbf{IA} = \mathbf{A} \tag{B.60}$$

Obviamente, devemos garantir que a ordem de **I** seja tal que as matrizes estejam em conformidade para o produto.

Iremos apresentar aqui, sem qualquer prova, outra importante propriedade de matrizes:

$$|\mathbf{AB}| = |\mathbf{A}||\mathbf{B}| \tag{B.61}$$

Onde $|\mathbf{A}|$ e $|\mathbf{B}|$ representam os determinantes das matrizes **A** e **B**.

MULTIPLICAÇÃO DE UMA MATRIZ POR UM VETOR

Considere a matriz da Eq. (B.52), a qual representa a Eq. (B.48). O lado direito da Eq. (B.52) é um produto de uma matriz **A** $m \times n$ pelo vetor **x**. Se consideramos o vetor **x** como uma sendo uma matriz $n \times 1$, então o produto **Ax**, de acordo com a regra de multiplicação de matrizes, resulta no lado direito da Eq. (B.48). Portanto, podemos multiplicar uma matriz por um vetor tratando o vetor como se ele fosse uma matriz $n \times 1$. Observe que a restrição de conformidade ainda permanece. Portanto, neste caso **xA** não é definida, permanecendo sem sentido.

INVERSÃO DE MATRIZ

Para definir a inversa de uma matriz, vamos considerar um conjunto de equações representados pela Eq. (B.52),

$$\begin{bmatrix} y_1 \\ y_2 \\ \vdots \\ y_n \end{bmatrix} = \begin{bmatrix} a_{11} & a_{12} & \cdots & a_{1n} \\ a_{21} & a_{22} & \cdots & a_{2n} \\ \vdots & \vdots & \cdots & \vdots \\ a_{n1} & a_{n2} & \cdots & a_{nn} \end{bmatrix} \begin{bmatrix} x_1 \\ x_2 \\ \vdots \\ x_n \end{bmatrix} \tag{B.62a}$$

Podemos resolver esse conjunto de equações para $x_1, x_2, ..., x_n$ em termos de $y_1, y_2, ..., y_n$ utilizando a regra de Cramer [veja a Eq. (b.31)], resultando em

$$\begin{bmatrix} x_1 \\ x_2 \\ \vdots \\ x_n \end{bmatrix} = \begin{bmatrix} \frac{|\mathbf{D}_{11}|}{|\mathbf{A}|} & \frac{|\mathbf{D}_{21}|}{|\mathbf{A}|} & \cdots & \frac{|\mathbf{D}_{n1}|}{|\mathbf{A}|} \\ \frac{|\mathbf{D}_{12}|}{|\mathbf{A}|} & \frac{|\mathbf{D}_{22}|}{|\mathbf{A}|} & \cdots & \frac{|\mathbf{D}_{n2}|}{|\mathbf{A}|} \\ \vdots & \vdots & \cdots & \vdots \\ \frac{|\mathbf{D}_{1n}|}{|\mathbf{A}|} & \frac{|\mathbf{D}_{2n}|}{|\mathbf{A}|} & \cdots & \frac{|\mathbf{D}_{nn}|}{|\mathbf{A}|} \end{bmatrix} \begin{bmatrix} y_1 \\ y_2 \\ \vdots \\ y_n \end{bmatrix} \tag{B.62b}$$

na qual $|\mathbf{A}|$ é o determinante da matriz **A** e $|\mathbf{D}_{ij}|$ é o *cofator* do elemento a_{ij} da matriz **A**. O cofator do elemento a_{ij} é dado por $(-1)^{i+j}$ vezes o determinante da matriz $(n-1) \times (m-1)$ obtida quando a i-ésima linha e j-ésima coluna da matriz **A** são removidas.

Podemos descrever a Eq. (B.62a) na forma matricial por

$$\mathbf{y} = \mathbf{Ax} \tag{B.63}$$

Definimos, agora, $\mathbf{A}^{-1}$, a inversa da matriz quadrada **A** com a propriedade

$$\mathbf{A}^{-1}\mathbf{A} = \mathbf{I} \quad \text{(matriz unitária)} \tag{B.64}$$

Então, pré–multiplicando os dois lados da Eq. (B.63) por $\mathbf{A}^{-1}$ teremos

$$\mathbf{A}^{-1}\mathbf{y} = \mathbf{A}^{-1}\mathbf{Ax} = \mathbf{Ix} = \mathbf{x}$$

ou

$$\mathbf{x} = \mathbf{A}^{-1}\mathbf{y} \tag{B.65}$$

A comparação da Eq. (B.65) com a Eq. (B.62b) mostra que

$$\mathbf{A}^{-1} = \frac{1}{|\mathbf{A}|} \begin{bmatrix} |\mathbf{D}_{11}| & |\mathbf{D}_{21}| & \cdots & |\mathbf{D}_{n1}| \\ |\mathbf{D}_{12}| & |\mathbf{D}_{22}| & \cdots & |\mathbf{D}_{n2}| \\ \vdots & \vdots & \cdots & \vdots \\ |\mathbf{D}_{1n}| & |\mathbf{D}_{2n}| & \cdots & |\mathbf{D}_{nn}| \end{bmatrix} \tag{B.66}$$

Uma das condições necessárias para uma solução única da Eq. (B.62a) é que o número de equações deve ser igual ao número de incógnitas. Isto implica em que a matriz $\mathbf{A}$ seja uma matriz quadrada. Além disto, observe que a solução dada pela Eq. (B.62b) só existirá se $|\mathbf{A}| \neq 0$.[†] Portanto, a inversa existe somente para matrizes quadradas e somente na condição de determinante da matriz ser diferente de zero. Uma matriz cujo determinante seja não nulo é uma matriz *não singular*. Portanto, a inversa somente existe para matrizes quadradas não singulares.

Pela definição temos,

$$\mathbf{A}^{-1}\mathbf{A} = \mathbf{I} \tag{B.67a}$$

Pós-multiplicando esta equação por $\mathbf{A}^{-1}$ e, então, pré-multiplicando por $\mathbf{A}$, podemos mostrar que

$$\mathbf{A}\mathbf{A}^{-1} = \mathbf{I} \tag{B.67b}$$

Claramente, as matrizes $\mathbf{A}$ e $\mathbf{A}^{-1}$ comutam.

A operação de divisão matricial pode ser efetuada através da inversão matricial.

B.6-3 Derivadas e Integrais de Matrizes

Os elementos de uma matriz não precisam ser necessariamente constantes, eles podem ser funções de uma variável. Por exemplo, se

$$\mathbf{A} = \begin{bmatrix} e^{-2t} & \text{sen } t \\ e^t & e^{-t} + e^{-2t} \end{bmatrix} \tag{B.68}$$

então os elementos da matriz são funções de t. Logo, é útil representar $\mathbf{A}$ por $\mathbf{A}(t)$. Além disso, será útil definir a derivada e a integral de $\mathbf{A}(t)$.

A derivada da matriz $\mathbf{A}(t)$ (com relação a t) é definida como sendo a matriz cujo *ij*-ésimo elemento é a derivada (com relação a t) do *ij*-ésimo elemento da matriz $\mathbf{A}$. Portanto, se

$$\mathbf{A}(t) = [a_{ij}(t)]_{m \times n}$$

então

$$\frac{d}{dt}[\mathbf{A}(t)] = \left[\frac{d}{dt}a_{ij}(t)\right]_{m \times n} \tag{B.69a}$$

ou

$$\dot{\mathbf{A}}(t) = [\dot{a}_{ij}(t)]_{m \times n} \tag{B.69b}$$

Logo, a derivada da matriz da Eq. (B.68) é dada por

$$\dot{\mathbf{A}}(t) = \begin{bmatrix} -2e^{-2t} & \cos t \\ e^t & -e^{-t} - 2e^{-2t} \end{bmatrix}$$

De maneira equivalente, define-se a integral de $\mathbf{A}(t)$ (com relação a t) como sendo a matriz cujo *ij*-ésimo elemento é a integral (com respeito a t) do *ij*-ésimo elemento da matriz $\mathbf{A}$:

$$\int \mathbf{A}(t)\,dt = \left(\int a_{ij}(t)\,dt\right)_{m \times n} \tag{B.70}$$

[†] Essas duas condições implicam que o número de equações seja igual ao número de incógnitas e que todas as equações sejam independentes.

Portanto, para a matriz **A** da Eq. (B.68), temos

$$\int \mathbf{A}(t)\, dt = \begin{bmatrix} \int e^{-2t}\, dt & \int \operatorname{sen} dt \\ \int e^{t}\, dt & \int (e^{-t} + 2e^{-2t})\, dt \end{bmatrix}$$

Podemos facilmente provar as seguintes identidades:

$$\frac{d}{dt}(\mathbf{A} + \mathbf{B}) = \frac{d\mathbf{A}}{dt} + \frac{d\mathbf{B}}{dt} \tag{B.71a}$$

$$\frac{d}{dt}(c\mathbf{A}) = c\frac{d\mathbf{A}}{dt} \tag{B.71b}$$

$$\frac{d}{dt}(\mathbf{AB}) = \frac{d\mathbf{A}}{dt}\mathbf{B} + \mathbf{A}\frac{d\mathbf{B}}{dt} = \dot{\mathbf{A}}\mathbf{B} + \mathbf{A}\dot{\mathbf{B}} \tag{B.71c}$$

As provas das identidades (B.71a) e (B.71b) são triviais. Podemos provar a Eq. (B.71c) como mostrado a seguir. Seja **A** uma matriz $m \times n$ e **B** uma matriz $n \times p$. Então, se

$$\mathbf{C} = \mathbf{AB}$$

a partir da Eq. (B.56) temos

$$c_{ik} = \sum_{j=1}^{n} a_{ij} b_{jk}$$

e

$$\dot{c}_{ik} = \underbrace{\sum_{j=1}^{n} \dot{a}_{ij} b_{jk}}_{d_{ik}} + \underbrace{\sum_{j=1}^{n} a_{ij} \dot{b}_{jk}}_{e_{ik}} \tag{B.72}$$

EXEMPLO B.12

Vamos determinar $\mathbf{A}^{-1}$ se

$$\mathbf{A} = \begin{bmatrix} 2 & 1 & 1 \\ 1 & 2 & 3 \\ 3 & 2 & 1 \end{bmatrix}$$

Onde

$$|\mathbf{D}_{11}| = -4, \quad |\mathbf{D}_{12}| = 8, \quad |\mathbf{D}_{13}| = -4$$
$$|\mathbf{D}_{21}| = 1, \quad |\mathbf{D}_{22}| = -1, \quad |\mathbf{D}_{23}| = -1$$
$$|\mathbf{D}_{31}| = 1, \quad |\mathbf{D}_{32}| = -5, \quad |\mathbf{D}_{33}| = 3$$

e $|\mathbf{A}| = -4$. Portanto,

$$\mathbf{A}^{-1} = -\frac{1}{4} \begin{bmatrix} -4 & 1 & 1 \\ 8 & -1 & -5 \\ -4 & -1 & 3 \end{bmatrix}$$

ou

$$\dot{c}_{ij} = d_{ij} + e_{ik}$$

A Equação (B.72) juntamente com a regra da multiplicação indica claramente que d_{ik} é o ik–ésimo elemento da matriz e e_{ik} é o ik-ésimo elemento da matriz. A Equação (B.71c) está, desta forma, provada.
Se fizermos $\mathbf{B} = \mathbf{A}^{-1}$ na Eq. (B.71c) obteremos

$$\frac{d}{dt}(\mathbf{A}\mathbf{A}^{-1}) = \frac{d\mathbf{A}}{dt}\mathbf{A}^{-1} + \mathbf{A}\frac{d}{dt}\mathbf{A}^{-1}$$

Mas como

$$\frac{d}{dt}(\mathbf{A}\mathbf{A}^{-1}) = \frac{d}{dt}\mathbf{I} = 0$$

temos

$$\frac{d}{dt}(\mathbf{A}^{-1}) = -\mathbf{A}^{-1}\frac{d\mathbf{A}}{dt}\mathbf{A}^{-1} \tag{B.73}$$

B.6-4 Equação Característica de uma Matriz: Teorema de Cayley-Hamilton

Para uma matriz $\mathbf{A}$ ($n \times n$) quadrada, qualquer vetor $\mathbf{x}$ ($\mathbf{x} \neq 0$) que satisfaz a equação

$$\mathbf{A}\mathbf{x} = \lambda\mathbf{x} \tag{B.74}$$

é um *autovetor* (ou *vetor característico*) e λ é o *autovalor* correspondente (ou *valor característico*) de $\mathbf{A}$. A Equação (B.74) pode ser escrita por

$$(\mathbf{A} - \lambda\mathbf{I})\mathbf{x} = 0 \tag{B.75}$$

A solução deste conjunto de equações homogêneas existe se e somente se

$$|\mathbf{A} - \lambda\mathbf{I}| = |\lambda\mathbf{I} - \mathbf{A}| = 0 \tag{B.76a}$$

ou

$$\begin{vmatrix} a_{11} - \lambda & a_{12} & \cdots & a_{1n} \\ a_{21} & a_{22} - \lambda & \cdots & a_{2n} \\ \vdots & \vdots & \cdots & \vdots \\ a_{n1} & a_{n2} & \cdots & a_{nn} - \lambda \end{vmatrix} = 0 \tag{B.76b}$$

A Eq. (B.76a) [ou (B.76b)] é chamada de *equação característica* da matriz $\mathbf{A}$ e pode ser escrita por

$$Q(\lambda) = |\lambda\mathbf{I} - \mathbf{A}| = \lambda^n + a_{n-1}\lambda^{n-1} + \cdots + a_1\lambda + a_0\lambda^0 = 0 \tag{B.77}$$

$Q(\lambda)$ é chamado de *polinômio característico* da matriz $\mathbf{A}$. Os n zeros do polinômio característico são os autovalores de $\mathbf{A}$ e, correspondendo a cada autovalor, existe um autovetor que satisfaz a Eq. (B.74).

O *teorema de Cayley–Hamilton* afirma que toda matriz $\mathbf{A}$ $n \times n$ satisfaz sua própria equação característica. Em outras palavras, a Eq. (B.77) é válida se λ for substituído por $\mathbf{A}$:

$$Q(\mathbf{A}) = \mathbf{A}^n + a_{n-1}\mathbf{A}^{n-1} + \cdots + a_1\mathbf{A} + a_0\mathbf{A}^0 = 0 \tag{B.78}$$

FUNÇÕES DE UMA MATRIZ

Podemos, agora, demonstrar o uso do teorema de Cayley–Hamilton para calcular funções da matriz quadrada $\mathbf{A}$.
Considere uma função $f(\lambda)$ na forma de uma série infinita de potência:

$$f(\lambda) = \beta_0 + \beta_1\lambda + \beta_2\lambda_2^2 + \cdots + \cdots = \sum_{i=0} \beta_i\lambda^i \tag{B.79}$$

Como λ, sendo um autovalor (raiz característica) de **A**, satisfaz a equação característica [Eq. (B.77)], podemos escrever

$$\lambda^n = -a_{n-1}\lambda^{n-1} - a_{n-2}\lambda^{n-2} - \cdots - a_1\lambda - a_0 \qquad \text{(B.80)}$$

Se multiplicarmos os dois lados por λ, o lado direito é λ^{n+1} e o lado direito contém os termos $\lambda^n, \lambda^{n-1},\ldots, \lambda$. Usando a Eq. (B.80), substituímos λ^n em termos de $\lambda^{n-1}, \lambda^{n-2},\ldots, \lambda$ de tal forma que a maior potência do lado direito é reduzida para $n-1$. Continuando desta forma, vemos que λ^{n+k} pode ser escrito em termos de $\lambda^{n-1}, \lambda^{n-2},\ldots, \lambda$ para qualquer k. Logo, a série infinita do lado direito da Eq. (B.79) pode sempre ser expressa em termos de $\lambda^{n-1}, \lambda^{n-2},\ldots, \lambda$ e uma constante

$$f(\lambda) = \beta_0 + \beta_1\lambda + \beta_2\lambda^2 + \cdots + \beta_{n-1}\lambda^{n-1} \qquad \text{(B.81)}$$

Se assumirmos que existem n autovalores distintos, $\lambda_1, \lambda_2,\ldots, \lambda_n$, então a Eq. (B.81) é válida para os n valores de λ. A substituição destes valores na Eq. (B.81) resulta em n equações simultâneas

$$\begin{bmatrix} f(\lambda_1) \\ f(\lambda_2) \\ \vdots \\ f(\lambda_n) \end{bmatrix} = \begin{bmatrix} 1 & \lambda_1 & \lambda_1^2 & \cdots & \lambda_1^{n-1} \\ 1 & \lambda_2 & \lambda_2^2 & \cdots & \lambda_2^{n-1} \\ \vdots & \vdots & \vdots & \cdots & \vdots \\ 1 & \lambda_n & \lambda_n^2 & \cdots & \lambda_n^{n-1} \end{bmatrix} \begin{bmatrix} \beta_0 \\ \beta_1 \\ \vdots \\ \beta_{n-1} \end{bmatrix} \qquad \text{(B.82a)}$$

e

$$\begin{bmatrix} \beta_0 \\ \beta_1 \\ \vdots \\ \beta_{n-1} \end{bmatrix} = \begin{bmatrix} 1 & \lambda_1 & \lambda_1^2 & \cdots & \lambda_1^{n-1} \\ 1 & \lambda_2 & \lambda_2^2 & \cdots & \lambda_2^{n-1} \\ \vdots & \vdots & \vdots & \cdots & \vdots \\ 1 & \lambda_n & \lambda_n^2 & \cdots & \lambda_n^{n-1} \end{bmatrix}^{-1} \begin{bmatrix} f(\lambda_1) \\ f(\lambda_2) \\ \vdots \\ f(\lambda_n) \end{bmatrix} \qquad \text{(B.82b)}$$

Como **A** também satisfaz a Eq. (B.80), podemos utilizar um argumento similar para mostrar que se $f(\mathbf{A})$ é uma função de uma matriz quadrada **A** escrita como uma séria infinita de potência, então

$$f(\mathbf{A}) = \beta_0 \mathbf{I} + \beta_1 \mathbf{A} + \beta_2 \mathbf{A}^2 + \cdots + \cdots = \sum \beta_i \mathbf{A}^i \qquad \text{(B.83a)}$$

e, como argumentado antes, o lado direito pode ser escrito usando os termos de potência menores ou iguais a $n-1$,

$$f(\mathbf{A}) = \beta_0 \mathbf{I} + \beta_1 \mathbf{A} + \beta_2 \mathbf{A}^2 + \cdots + \beta_{n-1} \mathbf{A}^{n-1} \qquad \text{(B.83b)}$$

na qual os coeficientes β_i são determinados a partir da Eq. (B.82b). Se alguns dos autovalores são repetidos (raízes múltiplas), o resultado será, de alguma forma, modificado.

Demonstraremos a utilidade deste resultado nos seguintes dois exemplos.

B.6-5 Determinação da Exponencial e Potenciação de uma Matriz

Vamos determinar $e^{\mathbf{A}t}$ definida por

$$e^{\mathbf{A}t} = \mathbf{I} + \mathbf{A}t + \frac{\mathbf{A}^2 t^2}{2!} + \cdots + \frac{\mathbf{A}^n t^n}{n!} + \cdots$$

$$= \sum_{k=0}^{\infty} \frac{\mathbf{A}^k t^k}{k!}$$

A partir da Eq. (B.83b), podemos escrever

$$e^{\mathbf{A}t} = \sum_{i=1}^{n-1} \beta_i (\mathbf{A})^i$$

na qual os termos β_i são dados pela Eq. (B.82b), com $f(\lambda_i) = e^{\lambda_i t}$.

EXEMPLO B.13

Consideremos

$$A = \begin{bmatrix} 0 & 1 \\ -2 & -3 \end{bmatrix}$$

A equação característica é

$$|\lambda I - A| = \begin{vmatrix} \lambda & -1 \\ 2 & \lambda + 3 \end{vmatrix} = \lambda^2 + 3\lambda + 2 = (\lambda + 1)(\lambda + 2) = 0$$

Logo, os autovalores são $\lambda_1 = -1$, $\lambda_2 = -2$, e

$$e^{At} = \beta_0 I + \beta_1 A$$

na qual

$$\begin{bmatrix} \beta_0 \\ \beta_1 \end{bmatrix} = \begin{bmatrix} 1 & -1 \\ 1 & -2 \end{bmatrix}^{-1} \begin{bmatrix} e^{-t} \\ e^{-2t} \end{bmatrix}$$

$$= \begin{bmatrix} 2 & -1 \\ 1 & -1 \end{bmatrix} \begin{bmatrix} e^{-t} \\ e^{-2t} \end{bmatrix} = \begin{bmatrix} 2e^{-t} - e^{-2t} \\ e^{-t} - e^{-2t} \end{bmatrix}$$

e

$$e^{At} = (2e^{-t} - e^{-2t}) \begin{bmatrix} 1 & 0 \\ 0 & 1 \end{bmatrix} + (e^{-t} - e^{-2t}) \begin{bmatrix} 0 & 1 \\ -2 & -3 \end{bmatrix}$$

$$= \begin{bmatrix} 2e^{-t} - e^{-2t} & (e^{-t} - e^{-2t}) \\ -2e^{-t} + 2e^{-2t} & -e^{-t} + 2e^{-2t} \end{bmatrix} \tag{B.84}$$

DETERMINAÇÃO DE A^k

Como a Eq. (B.83b) indica, podemos escrever A^k por

$$A^k = \beta_0 I + \beta_1 A + \cdots + \beta_{n-1} A^{n-1}$$

na qual os β_i são dados pela Eq. (B.82b) com $f(\lambda_i) = \lambda_i^k$. Para um exemplo completo da determinação de A^k utilizando este método, veja o Exemplo 10.12.

B.7 MISCELÂNEAS

B.7-1 Regra L'Hôpital

Se $\lim f(x)/g(x)$ resulta em uma indeterminação na forma $0/0$ ou ∞/∞, então

$$\lim \frac{f(x)}{g(x)} = \lim \frac{\dot{f}(x)}{\dot{g}(x)}$$

B.7-2 Séries de Taylor e Maclaurin

$$f(x) = f(a) + \frac{(x-a)}{1!}\dot{f}(a) + \frac{(x-a)^2}{2!}\ddot{f}(a) + \cdots$$

$$f(x) = f(0) + \frac{x}{1!}\dot{f}(0) + \frac{x^2}{2!}\ddot{f}(0) + \cdots$$

B.7-3 Séries de Potência

$$e^x = 1 + x + \frac{x^2}{2!} + \frac{x^3}{3!} + \cdots + \frac{x^n}{n!} + \cdots$$

$$\operatorname{sen} x = x - \frac{x^3}{3!} + \frac{x^5}{5!} - \frac{x^7}{7!} + \cdots$$

$$\cos x = 1 - \frac{x^2}{2!} + \frac{x^4}{4!} - \frac{x^6}{6!} + \frac{x^8}{8!} - \cdots$$

$$\tan x = x + \frac{x^3}{3} + \frac{2x^5}{15} + \frac{17x^7}{315} + \cdots \qquad x^2 < \pi^2/4$$

$$\tanh x = x - \frac{x^3}{3} + \frac{2x^5}{15} - \frac{17x^7}{315} + \cdots \qquad x^2 < \pi^2/4$$

$$(1+x)^n = 1 + nx + \frac{n(n-1)}{2!}x^2 + \frac{n(n-1)(n-2)}{3!}x^3 + \cdots + \binom{n}{k}x^k + \cdots + x^n$$

$$\approx 1 + nx \qquad |x| \ll 1$$

$$\frac{1}{1-x} = 1 + x + x^2 + x^3 + \cdots \qquad |x| < 1$$

B.7-4 Somatórios

$$\sum_{k=m}^{n} r^k = \frac{r^{n+1} - r^m}{r-1} \qquad r \neq 1$$

$$\sum_{k=0}^{n} k = \frac{n(n+1)}{2}$$

$$\sum_{k=0}^{n} k^2 = \frac{n(n+1)(2n+1)}{6}$$

$$\sum_{k=0}^{n} k r^k = \frac{r + [n(r-1) - 1]r^{n+1}}{(r-1)^2} \qquad r \neq 1$$

$$\sum_{k=0}^{n} k^2 r^k = \frac{r[(1+r)(1-r^n) - 2n(1-r)r^n - n^2(1-r)^2 r^n]}{(1-r)^3} \qquad r \neq 1$$

B.7-5 Números Complexos

$$e^{\pm j\pi/2} = \pm j$$

$$e^{\pm jn\pi} = \begin{cases} 1 & n \text{ par} \\ -1 & n \text{ ímpar} \end{cases}$$

$$e^{\pm j\theta} = \cos\theta \pm j\operatorname{sen}\theta$$

$$a + jb = re^{j\theta} \qquad r = \sqrt{a^2 + b^2}, \theta = \tan^{-1}\left(\frac{b}{a}\right)$$

$(re^{j\theta})^k = r^k e^{jk\theta}$

$(r_1 e^{j\theta_1})(r_2 e^{j\theta_2}) = r_1 r_2 e^{j(\theta_1 + \theta_2)}$

B.7-6 Identidades Trigonométricas

$e^{\pm jx} = \cos x \pm j \operatorname{sen} x$

$\cos x = \frac{1}{2}[e^{jx} + e^{-jx}]$

$\operatorname{sen} x = \frac{1}{2j}[e^{jx} - e^{-jx}]$

$\cos(x \pm \frac{\pi}{2}) = \mp \operatorname{sen} x$

$\operatorname{sen}(x \pm \frac{\pi}{2}) = \pm \cos x$

$2 \operatorname{sen} x \cos x = \operatorname{sen} 2x$

$\operatorname{sen}^2 x + \cos^2 x = 1$

$\cos^2 x - \operatorname{sen}^2 x = \cos 2x$

$\cos^2 x = \frac{1}{2}(1 + \cos 2x)$

$\operatorname{sen}^2 x = \frac{1}{2}(1 - \cos 2x)$

$\cos^3 x = \frac{1}{4}(3 \cos x + \cos 3x)$

$\operatorname{sen}^3 x = \frac{1}{4}(3 \operatorname{sen} x - \operatorname{sen} 3x)$

$\operatorname{sen}(x \pm y) = \operatorname{sen} x \cos y \pm \cos x \operatorname{sen} y$

$\cos(x \pm y) = \cos x \cos y \mp \operatorname{sen} x \operatorname{sen} y$

$\tan(x \pm y) = \dfrac{\tan x \pm \tan y}{1 \mp \tan x \tan y}$

$\operatorname{sen} x \operatorname{sen} y = \frac{1}{2}[\cos(x - y) - \cos(x + y)]$

$\cos x \cos y = \frac{1}{2}[\cos(x - y) + \cos(x + y)]$

$\operatorname{sen} x \cos y = \frac{1}{2}[\operatorname{sen}(x - y) + \operatorname{sen}(x + y)]$

$a \cos x + b \operatorname{sen} x = C \cos(x + \theta) \qquad C = \sqrt{a^2 + b^2}, \theta = \tan^{-1}\left(\frac{-b}{a}\right)$

B.7-7 Integrais Indefinidas

$\displaystyle\int u \, dv = uv - \int v \, du$

$\displaystyle\int f(x) \dot{g}(x) \, dx = f(x)g(x) - \int \dot{f}(x) g(x) \, dx$

$\displaystyle\int \operatorname{sen} ax \, dx = -\frac{1}{a} \cos ax \qquad \int \cos ax \, dx = \frac{1}{a} \operatorname{sen} ax$

$\displaystyle\int \operatorname{sen}^2 ax \, dx = \frac{x}{2} - \frac{\operatorname{sen} 2ax}{4a} \qquad \int \cos^2 ax \, dx = \frac{x}{2} + \frac{\operatorname{sen} 2ax}{4a}$

$\displaystyle\int x \operatorname{sen} ax \, dx = \frac{1}{a^2}(\operatorname{sen} ax - ax \cos ax)$

$\displaystyle\int x \cos ax \, dx = \frac{1}{a^2}(\cos ax + ax \operatorname{sen} ax)$

$$\int x^2 \operatorname{sen} ax\, dx = \frac{1}{a^3}(2ax \operatorname{sen} ax + 2\cos ax - a^2x^2 \cos ax)$$

$$\int x^2 \cos ax\, dx = \frac{1}{a^3}(2ax \cos ax - 2\operatorname{sen} ax + a^2x^2 \operatorname{sen} ax)$$

$$\int \operatorname{sen} ax \operatorname{sen} bx\, dx = \frac{\operatorname{sen}(a-b)x}{2(a-b)} - \frac{\operatorname{sen}(a+b)x}{2(a+b)} \qquad a^2 \neq b^2$$

$$\int \operatorname{sen} ax \cos bx\, dx = -\left[\frac{\cos(a-b)x}{2(a-b)} + \frac{\cos(a+b)x}{2(a+b)}\right] \qquad a^2 \neq b^2$$

$$\int \cos ax \cos bx\, dx = \frac{\operatorname{sen}(a-b)x}{2(a-b)} + \frac{\operatorname{sen}(a+b)x}{2(a+b)} \qquad a^2 \neq b^2$$

$$\int e^{ax}\, dx = \frac{1}{a}e^{ax}$$

$$\int xe^{ax}\, dx = \frac{e^{ax}}{a^2}(ax - 1)$$

$$\int x^2 e^{ax}\, dx = \frac{e^{ax}}{a^3}(a^2x^2 - 2ax + 2)$$

$$\int e^{ax} \operatorname{sen} bx\, dx = \frac{e^{ax}}{a^2 + b^2}(a \operatorname{sen} bx - b \cos bx)$$

$$\int e^{ax} \cos bx\, dx = \frac{e^{ax}}{a^2 + b^2}(a \cos bx + b \operatorname{sen} bx)$$

$$\int \frac{1}{x^2 + a^2}\, dx = \frac{1}{a}\tan^{-1}\frac{x}{a}$$

$$\int \frac{x}{x^2 + a^2}\, dx = \frac{1}{2}\ln(x^2 + a^2)$$

B.7-8 Fórmulas Comuns de Derivação

$$\frac{d}{dx}f(u) = \frac{d}{du}f(u)\frac{du}{dx}$$

$$\frac{d}{dx}(uv) = u\frac{dv}{dx} + v\frac{du}{dx}$$

$$\frac{d}{dx}\left(\frac{u}{v}\right) = \frac{v\frac{du}{dx} - u\frac{dv}{dx}}{v^2}$$

$$\frac{dx^n}{dx} = nx^{n-1}$$

$$\frac{d}{dx}\ln(ax) = \frac{1}{x}$$

$$\frac{d}{dx}\log(ax) = \frac{\log e}{x}$$

$$\frac{d}{dx}e^{bx} = be^{bx}$$

$$\frac{d}{dx}a^{bx} = b(\ln a)a^{bx}$$

$$\frac{d}{dx}\operatorname{sen} ax = a\cos ax$$

$$\frac{d}{dx}\cos ax = -a\,\text{sen}\,ax$$

$$\frac{d}{dx}\tan ax = \frac{a}{\cos^2 ax}$$

$$\frac{d}{dx}(\text{sen}^{-1} ax) = \frac{a}{\sqrt{1-a^2x^2}}$$

$$\frac{d}{dx}(\cos^{-1} ax) = \frac{-a}{\sqrt{1-a^2x^2}}$$

$$\frac{d}{dx}(\tan^{-1} ax) = \frac{a}{1+a^2x^2}$$

B.7-9 Algumas Constantes Úteis

$\pi \approx 3.1415926535$

$e \approx 2.7182818284$

$\dfrac{1}{e} \approx 0.3678794411$

$\log_{10} 2 = 0.30103$

$\log_{10} 3 = 0.47712$

B.7-10 Solução de Equações Quadráticas e Cúbicas

Qualquer equação *quadrática* pode ser reduzida para a forma

$$ax^2 + bx + c = 0$$

A solução desta equação é dada por

$$x = \frac{-b \pm \sqrt{b^2 - 4ac}}{2a}$$

Uma equação *cúbica* genérica

$$y^3 + py^2 + qy + r = 0$$

pode ser reduzida para a forma *cúbica reduzida*

$$x^3 + ax + b = 0$$

pela substituição de

$$y = x - \frac{p}{3}$$

Resultando em

$$a = \tfrac{1}{3}(3q - p^2) \qquad b = \tfrac{1}{27}(2p^3 - 9pq + 27r)$$

Considere, agora

$$A = \sqrt[3]{-\frac{b}{2} + \sqrt{\frac{b^2}{4} + \frac{a^3}{27}}} \qquad B = \sqrt[3]{-\frac{b}{2} - \sqrt{\frac{b^2}{4} + \frac{a^3}{27}}}$$

A solução da cúbica reduzida é

$$x = A + B, \qquad x = -\frac{A+B}{2} + \frac{A-B}{2}\sqrt{-3}, \qquad x = -\frac{A+B}{2} - \frac{A-B}{2}\sqrt{-3}$$

e

$$y = x - \frac{p}{3}$$

Referências
1. Asimov, Isaac. *Asimov on Numbers.* Bell Publishing, New York, 1982.
2. Calinger, R., ed. *Classics of Mathematics.* Moore Publishing, Oak Park, IL, 1982.
3. Hogben, Lancelot. *Mathematics in the Making.* Doubleday, New York, 1960.
4. Cajori, Florian. *A History of Mathematics,* 4th ed. Chelsea, New York, 1985.
5. Encyclopaedia Britannica. *Micropaedia* IV, 15th ed., vol. 11, p. 1043. Chicago, 1982.
6. Singh, Jagjit. *Great Ideas of Modern Mathematics.* Dover, New York, 1959.
7. Dunham, William. *Journey Through Genius.* Wiley, New York, 1990.

Matlab Seção B: Operações Elementares

MB.1 Visão Geral do MATLAB

Apesar do MATLAB® (uma marca registrada pela *The MathWorks, Inc.*) ser fácil de ser utilizado, ele pode intimidar novos usuários. Ao longo dos anos, o MATLAB evoluiu para um sofisticado pacote computacional com milhares de funções e milhares de páginas de documentação. Esta sessão fornecerá uma rápida introdução ao ambiente do *software*.

Quando o MATLAB é iniciado, sua janela de comando aparece. Quando o MATLAB está pronto para aceitar uma instrução ou entrada, um prompt de comando (>>) é mostrado na janela de comando. Quase toda atividade do MATLAB é iniciada pelo prompt de comando.

A entrada de instruções no prompt de comando geralmente resulta na criação de um ou vários objetos. Várias classes de objetos são possíveis, incluindo funções e strings (textos), mas geralmente os objetos são apenas dados. Os objetos são colocados no que é chamado de espaço de trabalho (workspace) do MATLAB. Se não estiver visível, a área de trabalho pode ser vista em uma janela separada digitando *workspace* no prompt de comando. A área de trabalho fornece importantes informações sobre cada objeto, incluindo o nome, tamanho e classe do objeto.

Outra forma de ver a área de trabalho é através do comando whos. Quando whos é digitado no prompt de comando, um resumo das variáveis da área de trabalho é mostrado na janela de comando. O comando who é uma versão curta de whos e mostra apenas os nomes dos objetos da área de trabalho.

Várias funções existem para eliminar dados desnecessários e para ajudar a liberar recursos do sistema. Para remover variáveis específicas da área de trabalho, o comando clear é digitado, seguido pelos nomes das variáveis a serem removidas. Se digitarmos simplesmente clear removeremos todos os objetos da área de trabalho. Adicionalmente, o comando clc limpa a janela de comando e o comando clf limpa a janela de figura atual.

Geralmente, dados importantes e objetos criados em uma sessão precisam ser salvos para uso futuro. O comando save seguido pelo nome do arquivo desejado, salva todo a área de trabalho em um arquivo, o qual possui a extensão .mat. Também é possível selecionar os objetos a serem salvos digitando o comando save seguido pelo nome do arquivo e pelos nomes dos objetos a serem salvos. O comando load seguido pelo nome do arquivo é utilizado para carregar os dados e objetos contidos em um arquivo de dados do MATLAB (arquivo .mat).

Apesar de o MATLAB não salvar automaticamente os dados da área de trabalho de uma sessão para outra, as linhas digitadas no prompt de comando são gravadas no histórico de comando. Linhas de comando anteriores podem ser vistas, copiadas e executadas diretamente da janela de histórico de comando. A partir da janela de comando, pressionando as teclas de navegação para cima e para baixo percorremos a lista de comandos digitados, mostrando-os novamente no prompt de comando. Digitando os primeiros caracteres e depois pressionando as teclas de navegação percorremos os comandos anteriores que começam com os mesmos caracteres. As teclas de navegação permitem que sequências de comandos sejam repetidas sem digitá-los novamente.

Talvez o comando mais importante e útil para novos usuários seja o help. Para aprender mais sobre uma função, simplesmente digite help seguido pelo nome da função. Um texto de ajuda será, então, mostrado na janela de comando. A deficiência óbvia do comando help é que o nome da função tem que ser previamente conhecido. Este fato é especialmente limitante para iniciantes no MATLAB. Felizmente as janelas de ajuda geralmente terminam referenciando funções similares ou relacionadas. Estas referências são uma excelente maneira de conhecer novos comandos do MATLAB. Digitar `help help`, por exemplo, mostra informações detalhadas do comando `help` e também fornece referência a funções relevantes, tais com o comando `lookfor`. O comando `lookfor` localiza funções do MATLAB baseadas em uma busca por palavra-chave. Simplesmente digite `lookfor` seguido por uma palavra chave única e o MATLAB procurará por funções que contenham esta palavra-chave.

O MATLAB também possui um help compreensivo baseado em HTML. O help HTML é acessado utilizando um navegador de help integrado do MATLAB, o qual também funciona como um navegador padrão da web. As facilidades do help em HTLM incluem um índice por função e tópico, além da capacidade de busca por texto. Como os documentos HTML podem conter gráficos e caracteres especiais, o help em HTML pode fornecer mais informação do que o help de linha de comando. Com um pouco de prática, o MATLAB faz com que seja fácil encontrar informações.

Quando um gráfico do MATLAB é criado, o comando `print` pode salvar figuras em formatos de arquivo comuns, tais como postscript, postscript encapsulado, JPEG ou TIFF. O formato dos dados mostrados, tais como o número de dígitos apresentado, é selecionado usando o comando `format`. O help do MATLAB fornece todos os detalhes necessários para estas duas funções. Quando a sessão do MATLAB está completa, o comando `exit` finaliza o MATLAB.

MB.2 Operações de Calculadora

O MATLAB pode funcionar como uma simples calculadora, trabalhando tão facilmente com números complexos quanto com números reais. A adição, subtração, multiplicação, divisão e exponenciação escalares são efetuadas utilizando os tradicionais símbolos para as operações: `+`, `-`, `*`, `/` e `^`. Como o MATLAB predefine $\mathtt{i} = \mathtt{j} = \sqrt{-1}$, uma constante complexa é automaticamente criada utilizando coordenadas Cartesianas. Por exemplo,

```
>> z = -3-j*4
z = -3.0000 - 4.0000i
```

associa a constante $-3 - j4$ à variável z.

As componentes real e imaginária de z são extraídas usando os operadores `real` e `imag`. No MATLAB, a entrada de uma função é colocada após o nome da função, entre parênteses.

```
>> z_real = real(z); z_imag = imag(z);
```

Quando uma linha é terminada com ponto-e-vírgula, o comando é executado mas os resultados não são mostrados na tela. Esta característica é útil quando se está calculando valores intermediários, além de permitir várias instruções em uma única linha. Apesar de não ser mostrado, os resultados `z_real = -3` e `z_imag = -4` são calculados e disponibilizados para operações adicionais, tais como o cálculo de $|z|$.

Existem várias maneiras de determinar o módulo, ou amplitude, de uma grandeza complexa. A trigonometria confirma que $z = -3 - j4$, o qual corresponde a um triângulo $3 - 4 - 5$, possui um módulo $|z| = |-3 - j4| = \sqrt{(-3)^2 + (-4)^2} = 5$. O comando `sqrt` do MATLAB fornece uma maneira de se determinar a raiz quadrada necessária.

```
>> z_mag = sqrt(z_real^2 + z_imag^2)
z_mag = 5
```

No MATLAB, vários comandos, incluindo o `sqrt`, aceitam entradas em diversas formas, incluindo constantes, variáveis, funções, expressões e combinações entre estes.

O mesmo resultado também é obtido calculando $|z| = \sqrt{zz^*}$. Neste caso, o complexo conjugado é executado usando o comando `conj`.

```
>> z_mag = sqrt(z*conj(z))
z_mag = 5
```

Ou, de forma mais simples, o MATLAB calcula valores absolutos diretamente usando o comando `abs`.

```
>> z_mag = abs(z)
z_mag = 5
```

Além da magnitude, a notação polar necessita da informação de fase. O comando `angle` fornece o ângulo de um número complexo.

```
>> z_rad = angle(z)
z_rad = -2.2143
```

O MATLAB espera e retorna ângulos em radianos. Ângulos em graus necessitam de um fator de conversão apropriado.

```
>> z_deg = angle(z)*180/pi
z_deg = -126.8699
```

Observe que o MATLAB predefine a variável $\text{pi} = \pi$.

Também é possível obter o ângulo de z usando a função de dois argumentos de arco tangente, `atan2`.

```
>> z_rad = atan2(z_imag,z_real)
z_rad = -2.2143
```

Ao contrário da função de arco tangente de um argumento, a função arco-tangente de dois argumentos garante que o ângulo esteja no quadrante adequado. O MATLAB suporta todo um conjunto de funções trigonométricas: funções trigonométricas padrões `cos`, `sin`, `tan`; funções trigonométricas recíprocas `sec`, `csc`, `cot`; funções trigonométricas inversas `acos`, `asin`, `atan`, `asec`, `acsc`, `acot`; e variações hiperbólicas `cosh`, `sinh`, `tanh`, `sech`, `csch`, `coth`, `acosh`, `asinh`, `atanh`, `asech`, `acsch` e `acoth`. Obviamente, o MATLAB confortavelmente suporta argumentos complexos para qualquer função trigonométrica. Tal como o comando `angle`, as funções trigonométricas do MATLAB utilizam radianos como unidade.

O conceito de funções trigonométricas com argumentos complexos é bastante intrigante. Os resultados podem contradizer o que é geralmente pensado em cursos introdutórios de matemática. Por exemplo, um pensamento comum diz que $|\cos(x)| \leq 1$. Esta afirmativa é válida para um x real, mas não é necessariamente verdadeira para x complexo. Este fato é facilmente verificado usando o MATLAB e a função `cos`.

```
>> cos(j)
ans = 1.5431
```

O Problema B.19 investiga mais essa ideia.

Similarmente, a afirmativa que diz ser impossível determinar o logaritmo de um número negativo é falsa. Por exemplo, o valor principal de $\ln(-1)$ é $j\pi$, um fato facilmente verificado através da equação de Euler. No MATLAB, logaritmos de base 10 e base e são calculados usando os comandos `log10` e `log`, respectivamente.

```
>> log(-1)
ans = 0 + 3.1416i
```

MB.3 Operações Vetoriais

O poder do MATLAB fica evidente quando argumentos vetoriais substituem argumentos escalares. Ao contrário de calcular um valor por vez, uma única expressão calcula vários valores. Normalmente, vetores são classificados como vetores linha ou vetores coluna. Por enquanto iremos considerar a criação de vetores linha com elementos reais igualmente espaçados. Para criar tal vetor, a notação `a:b:c` é utilizada, onde `a` é o valor inicial, `b` determina o tamanho do passo e `c` é o valor final. Por exemplo, `0:2:11` cria um vetor de tamanho 6 de inteiros pares variando de 0 a 10.

```
>> k = 0:2:11
k =  0    2    4    6    8    10
```

Neste caso, o valor final não aparece como elemento do vetor. Tamanhos de passo negativos e fracionários também são permitidos.

```
>> k = 11:-10/3:0
k = 11.0000    7.6667    4.3333    1.0000
```

Se o tamanho do passo não for especificado, o valor "um" é considerado como padrão.

```
>> k = 0:11
k =  0   1   2   3   4   5   6   7   8   9   10   11
```

A notação vetorial possibilita a base para a resolução de uma grande variedade de problemas.

Por exemplo, considere a determinação das três raízes cúbicas de menos 1, $w^3 = -1 = e^{j(\pi+2\pi k)}$ para k inteiro. Determinando a raiz cúbica dos dois lados resulta em $w = e^{j(\pi/3+2\pi k/3)}$. Para determinar as três únicas soluções, utilize qualquer três valores inteiros consecutivos de k e a função exp do MATLAB.

```
>> k = 0:2;
>> w = exp(j*(pi/3 + 2*pi*k/3))
w = 0.5000 + 0.8660i  -1.0000 + 0.0000i   0.5000 - 0.8660i
```

As soluções, particularmente $w = -1$, são fáceis de serem verificadas.

A determinação das 100 raízes únicas de $w^{100} = -1$ é tão simples quanto o caso anterior.

```
>> k = 0:99;
>> w = exp(j*(pi/100 + 2*pi*k/100));
```

O ponto-e-vírgula no final da instrução impede que todas as 100 soluções sejam mostradas. Para ver uma solução particular, o usuário deverá especificar um índice. No MATLAB, índices inteiros positivos crescentes especificam elementos particulares de um vetor. Por exemplo, o quinto elemento de ω é extraído usando o índice 5.

```
>> w(5)
ans = 0.9603 + 0.2790i
```

Observe que esta solução corresponde a $k = 4$. A variável independente da função, neste caso k, raramente serve como índice. Como k também é um vetor, ele também pode ser indexado. Neste caso, podemos verificar que o quinto elemento de k realmente é 4.

```
>> k(5)
ans = 4
```

Também é possível utilizar um índice de vetor para acessar vários valores. Por exemplo, o vetor de índice 98:100 identifica as três últimas soluções correspondentes a $k = [97, 98, 99]$.

```
>> w(98:100)
ans = 0.9877 - 0.1564i   0.9956 - 0.0941i   0.9995 - 0.0314i
```

As representações vetoriais fornecem a base para a criação rápida e utilização de vários sinais. Considere a simples senoide de 10 Hz descrita por $f(t) = \text{sen}(2\pi \cdot 10t + \pi/6)$. Dois ciclos desta senoide estão dentro do intervalo $0 \leq t < 0{,}2$. Um vetor t é utilizado para representar uniformemente 500 pontos dentro deste intervalo.

```
>> t = 0:0.2/500:0.2-0.2/500;
```

A seguir, a função $f(t)$ é calculada para esses pontos.

```
>> f = sin(2*pi*10*t+pi/6);
```

o valor de $f(t)$ para $t = 0$ é o primeiro elemento do vetor e, portanto, obtido usando o índice 1.

```
>> f(1)
ans = 0.5000
```

Infelizmente, a sintaxe de indexação do MATLAB entra em conflito com a notação padrão de funções matemáticas.[†] Ou seja, o comando de indexação f(1) do MATLAB não é o mesmo que a notação padrão $f(1) = f(t)|_{t=1}$. Deve-se, portanto, ter cuidado para evitar confusão. Lembre-se de que o parâmetro de índice raramente reflete a variável independente de uma função.

MB.4 Gráficos Simples

O comando plot do MATLAB fornece uma maneira conveniente de visualizar dados, tal como o gráfico de $f(t)$ em função da variável independente t.

```
>> plot(t,f);
```

[†] Estruturas avançadas tais como objetos *inline* do MATLAB são uma exceção.

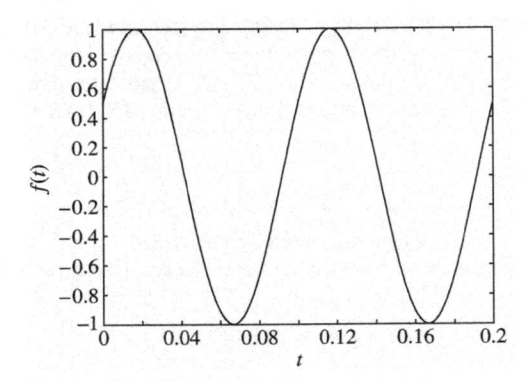

Figura MB.1 $f(t) = \text{sen}(2\pi t + \pi/6)$.

Os rótulos dos eixos são adicionados utilizando os comandos `xlabel` e `ylabel`, sendo que o texto desejado deve ser colocado entre aspas simples. O resultado é mostrado na Fig. MB.1.

```
>> xlabel('t'); ylabel('f(t)')
```

O comando `title` é utilizado para adicionar um título acima do eixo corrente.

Por padrão, o MATLAB conecta os pontos dos dados usando linha sólida. O gráfico de pontos discretos, tais como as 100 únicas raízes de $w^{100} = -1$ é obtido fornecendo ao comando `plot` argumentos adicionais. Por exemplo, o caractere `'o'` avisa ao MATLAB para marcar cada ponto com um círculo ao invés de conectá-los com uma linha. Uma descrição geral das opções suportadas pelo comando `plot` está disponível através das facilidades de ajuda do MATLAB.

```
>> plot(real(w),imag(w),'o');
>> xlabel('Re(w)'); ylabel('Im(w)');
>> axis equal
```

O comando `axis equal` garante que a escala utilizada pelo eixo horizontal seja igual a escala utilizada pelo eixo vertical. Sem `axis equal`, o gráfico iria parecer elíptico e não circular. A Figura MB.2 mostra que as 100 raízes únicas de $w^{100} = -1$ estão igualmente espaçadas no círculo unitário, um fato que não é facilmente observado dos dados numéricos puros.

O MATLAB também possui funções de gráfico especializadas. Por exemplo, os comandos `semilogx`, `semilogy` e `loglog` do MATLAB operam similarmente ao comando `plot`, mas utilizam escalas logarítmicas em base 10 como escala para o eixo horizontal, vertical e horizontal e vertical, respectivamente. Imagens monocromáticas ou coloridas podem ser mostradas usando o comando `image`, e gráficos de contorno são facilmente criados usando o comando `contour`. Além disso, uma variedade de rotinas para gráficos tridimensionais são dispo-

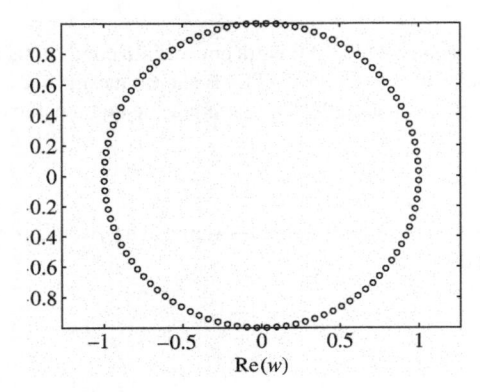

Figura MB.2 Raízes únicas de $\omega^{100} = -1$.

nibilizadas, tais como `plot3`, `contour3`, `mesh` e `surf`. Informações sobre estas instruções, incluindo exemplos e funções correlatas estão disponíveis a partir do help do MATLAB.

MB.5 Operações de Elemento por Elemento

Suponha que uma nova função $h(t)$ é necessária para forçar um envelope exponencial na senoide $f(t)$, $h(t) = f(t)g(t)$, onde $g(t) = e^{-10t}$. Primeiro, um vetor linha $g(t)$ é criado.

```
>> g = exp(-10*t);
```

Dada a representação vetorial do MATLAB de $g(t)$ e $f(t)$, o cálculo de $h(t)$ requer alguma forma de multiplicação de vetor. Existem três maneiras padrões de multiplicar vetores: produto interno, produto externo (ou produto vetorial) e produto elemento por elemento. Sendo uma linguagem orientada a matriz, o MATLAB define o operador padrão de multiplicação "*" de acordo com as regras da álgebra matricial: o multiplicando deve estar em conformidade com o multiplicador. Uma vetor linha $1 \times N$ vezes um vetor coluna $N \times 1$ resulta no produto interno (ou produto escalar). Um vetor coluna $N \times 1$ vezes um vetor linha $1 \times M$ resulta no produto externo, o qual é uma matriz $N \times M$. A álgebra matricial proíbe a multiplicação de dois vetores linha ou a multiplicação de dois vetores coluna. Portanto, o operador * não é utilizado para executar a multiplicação de elemento por elemento.[†]

Operações elemento por elemento requerem vetores que tenham as mesmas dimensões. Um erro ocorre se tentarmos realizar as operações de elemento por elemento entre vetores linha e coluna. Nestes casos, um vetor deve, primeiro, ser transposto para garantir que os dois operandos vetoriais tenha as mesmas dimensões. A multiplicação, divisão e exponenciação elemento por elemento são realizadas usando os operadores .*, ./ e .^, respectivamente. A adição e subtração vetorial são intrinsecamente elemento por elemento e não necessitam do ponto. Intuitivamente, sabemos que $h(t)$ deve ter o mesmo tamanho de $g(t)$ e $h(t)$. Portanto, $h(t)$ é calculado usando a multiplicação elemento por elemento.

```
>> h = f.*g;
```

O comando `plot` é capaz de traçar múltiplas curvas, além de permitir, também, modificações nas propriedades das linhas. Esta característica facilita a comparação de diferentes funções, tais como $h(t)$ e $f(t)$. As características de linha são especificadas usando opções que seguem cada par de vetor, contidas entre aspas simples.

```
>> plot(t,f,'-k',t,h,':k');
>> xlabel('t'); ylabel('Amplitude');
>> legend('f(t)','h(t)');
```

Aqui, '-k' informa para o MATLAB traçar $f(t)$ usando uma linha sólida preta, enquanto ':k' informa ao MATLAB para utilizar uma linha preta pontilhada para traçar $h(t)$. A legenda e os rótulos dos eixos completam o gráfico mostrado na Fig. MB.3. Também é possível, apesar de mais trabalhoso, utilizar os menus para modificar as propriedades das linhas e para adicionar rótulos e legendas diretamente a partir da janela da figura.

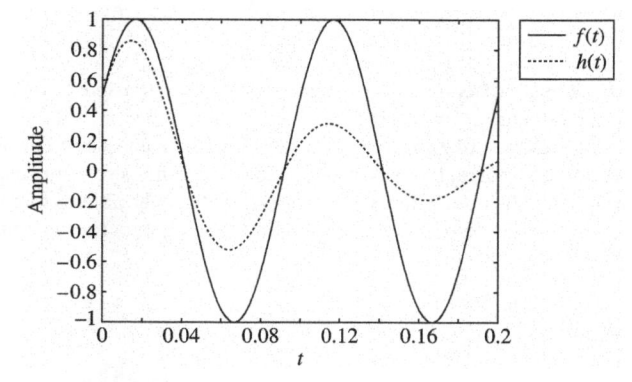

Figura MB.3 Comparação gráfica de $f(t)$ e $h(t)$.

[†] Apesar de ser muito ineficiente, a multiplicação elemento por elemento pode ser realizada extraindo a diagonal principal do produto externo de dois vetores de tamanho N.

MB.6 Operações Matriciais

Várias aplicações necessitam mais do que vetores linha com elementos igualmente espaçados; vetores linha, vetores coluna e matrizes com elementos arbitrários são tipicamente necessários.

O MATLAB possui diversas funções para gerar as matrizes mais comuns. Dado os inteiros m, n e o vetor x, a função `eye(m)` cria a matriz identidade $m \times m$, a função `ones(m,n)` cria a matriz $m \times n$ com elementos unitários, a função `zeros(m,n)` cria a matriz $m \times n$ de zeros e a função `diag(x)` utiliza o vetor x para criar uma matriz diagonal. A criação de matrizes e vetores genéricas, entretanto, necessita que cada elemento seja especificado.

Vetores e matrizes podem ser criados em um estilo de planilha usando o editor de vetor do MATLAB. Esta abordagem gráfica é geralmente mais trabalhosa, não sendo muito utilizada. Um método mais direto é preferível.

Considere um simples vetor linha **r**.

$$\mathbf{r} = [1 \ 0 \ 0]$$

A notação do MATLAB `a:b:c` não cria este vetor linha. No lugar dela, colchetes são utilizado para criar **r**.

```
>> r = [1 0 0]
r = 1    0    0
```

Colchetes limitam os elementos do vetor e espaços ou vírgulas são utilizados para separar os elementos da linha.

A seguir, considere a matriz **A** 3×2.

$$\mathbf{A} = \begin{bmatrix} 2 & 3 \\ 4 & 5 \\ 0 & 6 \end{bmatrix}$$

A matriz **A** pode ser vista como uma pilha de três andares de vetores linha de dois elementos. Com o ponto-e-vírgula para separar as linhas, colchetes são utilizados para criar a matriz.

```
>> A = [2 3;4 5;0 6]
A = 2    3
    4    5
    0    6
```

Cada vetor linha precisa ter o mesmo tamanho para criar uma matriz com sentido.

Além de fechar argumentos de texto, aspas simples também executam a operação de transposta de complexo conjugado. Desta forma, vetores linha se tornam vetores coluna e vice-versa. Por exemplo, o vetor coluna **c** é facilmente criado transpondo o vetor linha **r**.

```
>> c = r'
c = 1
    0
    0
```

Como o vetor **r** é real, a transposta complexo conjugado é somente a transposta. Se **r** fosse complexo, a transposta simples seria realizada usando `r.'` ou `(conj(r))'`.

Mais formalmente, colchetes são utilizados como operação de concatenação. A concatenação combina ou conecta pedaços pequenos em um total maior. A concatenação envolve números simples, tais como a concatenação utilizada para criar a matriz **A** 3×2. Também é possível concatenar objetos maiores, tais como vetores e matrizes. Por exemplo, o vetor **c** e a matriz **A** podem ser concatenados para formar a matriz **B** 3×3.

```
>> B = [c A]
B = 1    2    3
    0    4    5
    0    0    6
```

Irão ocorrer erros se as dimensões dos componentes não forem compatíveis; uma matriz 2×2 não pode ser concatenada com uma matriz 3×3, por exemplo.

Os elementos de uma matriz são indexados tal como vetores, exceto pelo fato de dois índices serem tipicamente utilizados para especificar a linha e a coluna.[†] O elemento (1, 2) da matriz **B**, por exemplo, é 2.

```
>> B(1,2)
ans = 2
```

Os índices podem ser vetores. Por exemplo, um índice vetor permite extrair os elementos da interseção entre as duas primeiras linhas e as duas primeiras colunas da matriz **B**.

```
>> B(1:2,2:3)
ans = 2   3
      4   5
```

Uma técnica de indexação é particularmente útil e merece atenção especial. Dois pontos pode ser utilizado para especificar todos os elementos ao longo de uma dimensão especificada. Por exemplo, B(2,:) seleciona os elementos de todas as colunas da segunda linha de **B**.

```
>> B(2,:)
ans = 0   4   5
```

Agora que compreendemos a criação básica de vetores e matrizes, iremos voltar nossa atenção para a utilização destas ferramentas em problemas reais. Considere a resolução de um conjunto de três equações lineares simultâneas com três incógnitas.

$$x_1 - 2x_2 + 3x_3 = 1$$
$$-\sqrt{3}x_1 + x_2 - \sqrt{5}x_3 = \pi$$
$$3x_1 - \sqrt{7}x_2 + x_3 = e$$

Este sistema de equações é representado na forma matricial de acordo com $\mathbf{Ax} = \mathbf{y}$, onde

$$\mathbf{A} = \begin{bmatrix} 1 & -2 & 3 \\ -\sqrt{3} & 1 & -\sqrt{5} \\ 3 & -\sqrt{7} & 1 \end{bmatrix}, \quad \mathbf{x} = \begin{bmatrix} x_1 \\ x_2 \\ x_3 \end{bmatrix} \quad e \quad \mathbf{y} = \begin{bmatrix} 1 \\ \pi \\ e \end{bmatrix}$$

Apesar da regra de Cramer poder ser utilizada para resolver $\mathbf{Ax} = \mathbf{y}$, é mais conveniente resolver este sistema pré-multiplicando os dois lados pela matriz inversa de **A**. Ou seja, $\mathbf{x} = \mathbf{A}^{-1}\mathbf{Ax} = \mathbf{A}^{-1}\mathbf{y}$. A determinação de **x** no papel ou na calculadora seria, no mínimo, entediante, de tal forma que o MATLAB será utilizado. Inicialmente criamos as matrizes **A** e **y**.

```
>> A = [1 -2 3;-sqrt(3) 1 -sqrt(5);3 -sqrt(7) 1];
>> y = [1;pi;exp(1)];
```

O vetor solução é determinado usando a função inv do MATLAB

```
>> x = inv(A)*y
x = -1.9999
    -3.8998
    -1.5999
```

Também é possível utilizar o operador de divisor a esquerda do MATLAB x = A\y para encontrar a mesma solução. A divisão a esquerda é geralmente mais eficiente computacionalmente do que a inversão de matriz. Tal como na multiplicação, a divisão a esquerda necessita que os dois argumentos estejam em conformidade.

Obviamente, a regra de Cramer também pode ser utilizada para determinar as soluções individuais, tal como x_1, usando a indexação de vetor, concatenação e o comando det do MATLAB para calcular os determinantes.

```
>> x1 = det([y,A(:,2:3)])/det(A)
x1 = -1.9999
```

[†] Os elementos da matriz também podem ser acessados com um único índice, o qual é numerado ao longo das colunas. Formalmente, o elemento da linha m e da coluna n de uma matriz $M \times N$ pode ser obtido usando o único índice $(n-1)M + m$. Por exemplo, o elemento (1, 2) da matriz **B** é acessado usando o índice $(2-1)3 + 1 = 4$. Ou seja, B(4) retorna 2.

Outra aplicação interessante de matrizes é a criação simultânea de uma família de curvas. Considere $h_\alpha(t) = e^{-\alpha t}\text{sen}(2\pi t + \pi/6)$ para $0 \le t \le 0,2$. A Figura MB.3 mostra $h_\alpha(t)$ para $\alpha = 0$ e $\alpha = 10$. Vamos investigar a família de curvas $h_\alpha(t)$ para $\alpha = [0, 1,..., 10]$.

Uma maneira ineficiente de resolver este problema é criar $h_\alpha(t)$ para cada α de interesse. Isto irá requerer 11 casos individuais. Em vez disso, a abordagem matricial permite que as 11 curvas sejam determinadas simultaneamente. Inicialmente, um vetor que contenha os valores desejados de α é criado.

```
>> alfa = (0:10);
```

Utilizando o intervalo de amostragem de um milissegundo, $\Delta t = 0,001$, um vetor de tempo também é criado

```
>> t = (0:0.001:0.2)';
```

O resultado é um vetor coluna de tamanho 201. Copiando o vetor de tempo para cada uma das 11 curvas necessárias, uma matriz de tempo **T** é criada. Esta cópia é realizada usando o produto externo entre t e um vetor de uns de 1×11.[†]

```
>> T = t*ones(1,11);
```

O resultado é uma matriz 201×11 que possui colunas idênticas. A multiplicação direta de **T** pela matriz diagonal criada a partir de α faz com que as colunas de **T** sejam individualmente escalonadas, calculando o resultado final.

```
>> H = exp(-T*diag(alfa)).*sin(2*pi*10*T+pi/6);
```

Logo, **H** é uma matriz 201×11, na qual cada coluna corresponde a um valor diferente de α. Ou seja, **H** = [$\mathbf{h}_0$, $\mathbf{h}_1$,..., $\mathbf{h}_{10}$], onde $\mathbf{h}_\alpha$ são vetores coluna. Como mostrado na Fig. MB.4, as 11 curvas desejadas são simultaneamente mostradas usando o comando *plot* do MATLAB, o qual permite um argumento matricial.

```
>> plot(t,H); xlabel('t'); ylabel('h(t)');
```

Este exemplo ilustra uma técnica importante chamada de vetorização, a qual aumenta a eficiência de execução para linguagens interpretadas como o MATLAB.[‡] Algoritmos de vetorização utilizam operações matriciais e vetoriais para evitar repetição manual e estruturas de laços (*loops*). É necessário prática e esforço para se tornar fluente em vetorização, mas o resultado é um código eficiente e compacto.

MB.7 Expansão em Frações Parciais

Existe uma grande variedade de técnicas e atalhos para calcular a expansão em frações parciais de uma função racional $F(x) = B(x)/A(x)$, mas poucas são mais simples do que o comando `residue` do MATLAB. A forma básica do comando é

```
>> [R, P, K] = residue(B, A)
```

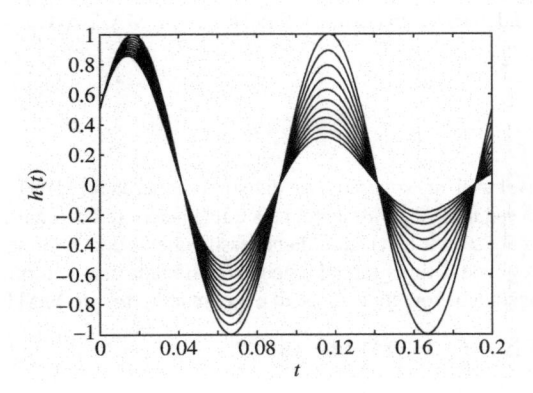

Figura MB.4 $h_\alpha(t)$ para $\alpha = [0, 1,..., 10]$.

[†] O comando `repmat` é um método mais flexível de copiar objetos. Podia ser utilizado, `T = repmat (t, 1, 11)`.
[‡] Os benefícios da vetorização são menos pronunciados nas versões mais recentes do MATLAB.

Os dois vetores de entrada B e A especificam os coeficientes do polinômio do numerador e do denominador, respectivamente. Estes vetores são ordenados em potência decrescente da variável independente. Três vetores são calculados. O vetor R contém os coeficientes de cada fração parcial, o vetor P contém as raízes correspondentes de cada fração parcial. Para a raiz repetida r vezes, as r frações parciais são ordenadas em potência crescente. Quando a função racional não é própria, o vetor K contém os termos diretos, os quais são ordenados em potências descendentes da variável independente.

Para demonstrar o poder do comando residue, considere determinar a expansão em frações parciais de

$$F(x) = \frac{x^5 + \pi}{(x+\sqrt{2})(x-\sqrt{2})^3} = \frac{x^5 + \pi}{x^4 - \sqrt{8}x^3 + \sqrt{32}x - 4}$$

Fazendo no papel, a expansão em frações parciais de $F(x)$ é difícil de ser determinada. O MATLAB, entretanto, faz com que o trabalho seja muito reduzido.

```
>> [R,P,K] = residue([1 0 0 0 0 pi],[1 -sqrt(8) 0 sqrt(32)
R = 7.8888      5.9713      3.1107      0.1112
P = 1.4142      1.4142      1.4142     -1.4142
K = 1.0000      2.8284
```

Escrevendo na forma padrão, a expansão em frações parciais de $F(x)$ é

$$F(x) = x + 2{,}8284 + \frac{7{,}8888}{x - \sqrt{2}} + \frac{5{,}9713}{(x-\sqrt{2})^2} + \frac{3{,}1107}{(x-\sqrt{2})^3} + \frac{0{,}1112}{x+\sqrt{2}}$$

A função residuez do toolbox de processamento de sinais é similar ao comando residue e oferece a expansão mais conveniente de certas funções racionais, tais como as frequentemente encontradas no estudo de sistemas em tempo discreto. Informações adicionais sobre os comandos residue e residuez estão disponíveis no help do MATLAB.

PROBLEMAS

B.1 Dado um número complexo $w = x + jy$, o complexo conjugado de w é definido em coordenadas retangulares como $w^* = x - jy$. Use este fato para determinar o complexo conjugado na forma polar.

B.2 Escreva os seguintes números na forma polar:
(a) $1 + j$
(b) $-4 + j3$
(c) $(1 + j)(-4 + j3)$
(d) $e^{j\pi/4} + 2e^{-j\pi/4}$
(e) $e^j + 1$
(f) $(1 + j)/(-4 + j3)$

B.3 Escreva os seguintes números na forma Cartesiana:
(a) $3e^{j\pi/4}$
(b) $1/e^j$
(c) $(1 + j)(-4 + j3)$
(d) $e^{j\pi/4} + 2e^{-j\pi/4}$
(e) $e^j + 1$
(f) $1/2^j$

B.4 Para a constante complexa w, prove:
(a) $\text{Re}(w) = (w + w^*)/2$
(b) $\text{Im}(w) = (w - w^*)/2j$

B.5 Dado $w = x - jy$, determine
(a) $\text{Re}(e^w)$
(b) $\text{Im}(e^w)$

B.6 Para as constantes complexas arbitrárias w_1 e w_2, verifique se as seguintes igualdades são verdadeiras ou falsas
(a) $\text{Re}(jw_1) = -\text{Im}(w_1)$
(b) $\text{Im}(jw_1) = \text{Re}(w_1)$
(c) $\text{Re}(w_1) + \text{Re}(w_2) = \text{Re}(w_1 + w_2)$
(d) $\text{Im}(w_1) + \text{Im}(w_2) = \text{Im}(w_1 + w_2)$
(e) $\text{Re}(w_1)\text{Re}(w_2) = \text{Re}(w_1 w_2)$
(f) $\text{Im}(w_1)/\text{Im}(w_2) = \text{Im}(w_1/w_2)$

B.7 Dado $w_1 = 3 + j4$ e $w_2 = 2e^{j\pi/4}$.
(a) Escreva w_1 na forma polar.
(b) Escreva w_2 na forma retangular.
(c) Determine $|w_1|^2$ e $|w_2|^2$.
(d) Escreva $w_1 + w_2$ na forma retangular.
(e) Escreva $w_1 - w_2$ na forma polar
(f) Escreva $w_1 w_2$ na forma retangular
(g) Escreva w_1/w_2, na forma polar.

B.8 Repita o Problema B.7 usando $w_1 = (3 + j4)^2$ e $w_2 = 2{,}5je^{-40\pi}$.

B.9 Repita o Problema B.7 usando $w_1 = j + e^{\pi/4}$ e $w_2 = \cos(j)$.

B.10 Utilize a identidade de Euler para resolver ou provar as seguintes proposições:
(a) Determine as constantes reais e positivas c e ϕ para todo real t tal que $2{,}5\cos(3t) - 1{,}5\,\text{sen}(3t + \pi/3) = c\cos(3t + \phi)$.
(b) Prove que $\cos(\theta \pm \phi) = \cos(\theta)\cos(\phi) \mp \text{sen}(\theta)\text{sen}(\phi)$.
(c) Dadas as constantes a, b e α, e a constante complexa w, e o fato de que
$$\int_a^b e^{wx}\,dx = \frac{1}{w}(e^{wb} - e^{wa})$$
Determine a integral
$$\int_a^b e^{wx}\,\text{sen}(\alpha x)\,dx$$

B.11 Além das tradicionais funções seno e cosseno, existem as funções de seno e cosseno *hiperbólicos*, as quais são definidas por $\text{senh}(w) = (e^w - e^{-w})/2$ e $\cosh(w) = (e^w + e^{-w})/2$. Em geral, o argumento é uma constante complexa $w = x + jy$.
(a) Mostre que $\cosh(w) = \cosh(x)\cos(y) + j\,\text{senh}(x)\text{sen}(y)$.
(b) Determine uma expressão similar para $\text{senh}(w)$ na forma retangular que utilize apenas funções de argumentos reais, tais como $\text{sen}(x)$, $\cosh(y)$ e assim por diante.

B.12 Usando o plano complexo:
(a) Calcule e localize as soluções distintas de $w^4 = -1$.
(b) Calcule e localize as soluções distintas de $(w - (1 + j2))^5 = (32/\sqrt{2})(1 + j)$.
(c) Trace a solução de $|w - 2j| = 3$.
(d) Faça o gráfico de $w(t) = (1 + t)e^{jt}$ para $(-10 \le t \le 10)$.

B.13 As soluções distintas de $(w - w_1)^n = w_2$ estão em um círculo no plano complexo, como mostrado na Fig. PB.13. Uma solução está localizada no eixo real em $\sqrt{3} + 1 = 2{,}732$ e uma solução está localizada no eixo imaginário em $\sqrt{3} - 1 = 0{,}732$. Determine w_1, w_2 e n.

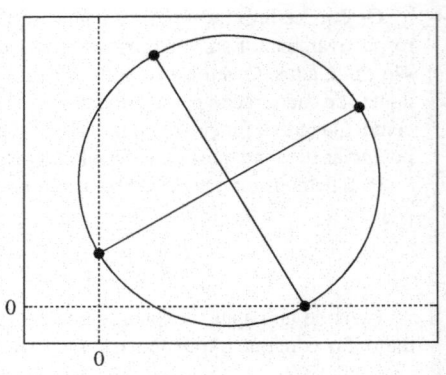

Figura PB.13 Soluções distintas de $(w - w_1)^n = w_2$.

B.14 Determine as soluções distintas de $(j - w)^{15} = 2 + j2$. Utilize o MATLAB para traçar o conjunto solução no plano complexo.

B.15 Se $j = \sqrt{-1}$, o que é $\sqrt{j}$?

B.16 Determine todos os valores de $\ln(-e)$, escrevendo sua resposta na forma cartesiana.

B.17 Determine todos os valores de $\log_{10}(-1)$, escrevendo sua resposta na forma Cartesiana. Observe que o logaritmo é na base 10 e não na base e.

B.18 Obtenha as seguintes expressões na forma de coordenadas retangulares:
(a) $\ln(1/(1+j))$
(b) $\cos(1+j)$
(c) $(1-j)^j$

B.19 Limitando w a imaginário puro, mostre que a equação $\cos(w) = 2$ pode ser representada como uma equação quadrática padrão. Resolva esta equação para w.

B.20 Determine uma expressão para uma senoide exponencialmente decrescente que oscila três vezes por segundo e cujo envelope de amplitude decai 50% a cada 2 segundos. Use o MATLAB para mostrar o gráfico do sinal no intervalo $-2 \le t \le 2$.

B.21 Faça o rascunho, no papel, das seguintes expressões em função da variável t:
(a) $x_1(t) = \text{Re}\left(2e^{(-1+j2\pi)t}\right)$
(b) $x_2(t) = \text{Im}\left(3 - e^{(1-j2\pi)t}\right)$
(c) $x_3(t) = 3 - \text{Im}\left(e^{(1-j2\pi)t}\right)$

B.22 Utilize o MATLAB para produzir os gráficos solicitados no Problema B.21.

B.23 Utilize o MATLAB para traçar o gráfico de $x(t) - \cos(t)\,\text{sen}(20t)$ em uma faixa adequada de t.

B.24 Utilize o MATLAB para traçar $x(t) = \sum_{k=1}^{10} \cos(2\pi k t)$ em uma faixa adequada de t. O comando `sum` do MATLAB pode ser útil.

B.25 Quando um sino é batido por uma baqueta, ele produz um som. Escreva uma equação que aproxime o som produzido por um pequeno e leve sino. Cuidadosamente identifique suas considerações. Como a sua equação seria alterada se o sino fosse grande e pesado? Você pode verificar a qualidade do seu modelo usando o comando `sound` do MATLAB para escutar o seu "sino".

B.26 Certas integrais, apesar de expressas em uma forma relativamente simples são difíceis de serem resolvidas. Por exemplo, $\int e^{-x^2}$ não pode ser calculada em termos de funções elementares: várias calculadoras que executam integração não podem trabalhar com esta integral indefinida. Felizmente, você é mais inteligente do que a maioria das calculadoras.
(a) Escreva e^{-x^2} usando a expansão em série de Taylor.
(b) Usando a sua expansão em série para e^{-x^2}, determine $\int e^{-x^2}\,dx$.
(c) Usando uma série adequadamente truncada, calcule o valor da integral definida $\int_0^1 e^{-x^2}\,dx$.

B.27 Repita o Problema B.26 para $\int e^{-x^3}\,dx$.

B.28 Repita o Problema B.26 para $\int \cos x^2\,dx$.

B.29 Para cada uma das seguintes funções, determine a expansão em série adequada:
(a) $f_1(x) = (2 - x^2)^{-1}$
(b) $f_2(x) = (0{,}5)^x$

B.30 Você está trabalhando em um receptor com uma modulação digital de amplitude em quadratura (QAM). O receptor QAM necessita de um par de sinais em quadratura: $\cos \omega n$ e $\text{sen}\,\omega n$. Estes sinais podem ser gerados simultaneamente através de um simples procedimento: (1) Escolha um ponto w no círculo unitário, (2) multiplique w por ele mesmo e armazene o resultado, (3) multiplique w pelo último resultado e armazene e (4) repita o passo 3.
(a) Mostre que este método pode gerar o par desejado de senoides em quadratura.
(b) Determine um valor adequado de w tal que sinais periódicos de boa qualidade de $2\pi \times 100.000$ rad/s sejam gerados. Quanto tempo é disponibilizado para que a unidade de processamento calcule cada amostra?
(c) Simule este procedimento usando o MATLAB e relate seus resultados.
(d) Identifique o maior número possível tanto de considerações quanto de limitações para esta técnica. Por exemplo, o seu sistema pode operar corretamente por um período de tempo indefinido?

B.31 Considere o seguinte sistema de equações

$$x_1 + x_2 + x_3 = 1$$
$$x_1 + 2x_2 + 3x_3 = 3$$
$$x_1 - x_2 = -3$$

Use a regra de Cramer para determinar:
(a) x_1
(b) x_2
(c) x_3

Os determinantes das matrizes podem ser calculados usando o comando `det` do MATLAB.

B.32 Um sistema de equações em termos de incógnitas x_1 e x_2 e constantes arbitrárias a, b, c, d, e e f é dado por

$$ax_1 + bx_2 = c$$
$$dx_1 + ex_2 = f$$

(a) Represente este sistema de equações na forma matricial.
(b) Identifique constantes específicas para a, b, c, d, e e f tal que $x_1 = 3$ e $x_2 = -2$. As constantes selecionadas são únicas?
(c) Identifique constantes não nulas para a, b, c, d, e e f tal que um número infinito de soluções para x_1 e x_2 existam.

B.33 Resolva o seguinte sistema de equações:
$$x_1 + x_2 + x_3 + x_4 = 4$$
$$x_1 + x_2 + x_3 - x_4 = 2$$
$$x_1 + x_2 - x_3 - x_4 = 0$$
$$x_1 - x_2 - x_3 - x_4 = -2$$

B.34 Resolva o seguinte sistema de equações:
$$x_1 - 2x_2 + 3x_3 = 2$$
$$x_1 - x_3 + 7x_4 = 3$$
$$x_1 - x_3 + 7x_4 = 3$$
$$-2x_2 + 3x_3 - 4x_4 = 4$$

B.35 Determine a expansão em frações parciais, no papel, das seguintes funções racionais:
(a) $H_1(s) = (s^2 + 5s + 6)/(s^3 + s^2 + s + 1)$, cujos polos do denominador estão em $s = \pm j$ e $s = -1$.
(b) $H_2(s) = 1/H_1(s) = (s^3 + s^2 + s + 1)/(s^2 + 5s + 6)$
(c) $H_3(s) = 1/((s+1)^2(s^2+1))$
(d) $H_4(s) = (s^2 + 5s + 6)/(3s^2 + 2s + 1)$

B.36 Usando o comando `residue` do MATLAB,
(a) Verifique os resultados do Problema B.35a
(b) Verifique os resultados do Problema B.35b
(c) Verifique os resultados do Problema B.35c
(d) Verifique os resultados do Problema B.35d

B.37 Determine as constantes a_0, a_1 e a_2 da expansão em frações parciais de $F(s) = s/(s+1)^3 = a_0/(s+1)^3 + a_1/(s+1)^2 + a_2/(s+1)$.

B.38 Seja $N = [n_7, n_6, n_5, ..., n_2, n_1]$ a representação dos sete últimos dígitos do seu número de telefone. Construa uma função racional de acordo com
$$H_N(s) = \frac{n_7 s^2 + n_6 s + n_5 + n_4 s^{-1}}{n_3 s^2 + n_2 s + n_1}$$

Utilize o comando `residue` do MATLAB para calcular a expansão em frações parciais de $H_N(s)$.

B.39 Quando traçada no plano complexo para $-\pi \le w \le \pi$, a função $f(w) = \cos(w) + j0,1 \operatorname{sen}(2w)$ resulta em uma figura chamada *figura de Lissajous* que se assemelha a uma hélice de um bimotor.
(a) No MATLAB, crie dois vetores linha `fr` e `fi` correspondentes a parte real e imaginária de $f(x)$, respectivamente, para uma número adequado de N amostras de w. Trace a parte real em função da parte imaginária e observe se o formato da figura lembra a hélice de um bimotor.
(b) Seja a constante complexa $w = x + jy$ representada na forma vetorial por
$$\mathbf{w} = \begin{bmatrix} x \\ y \end{bmatrix}$$
Considere a matriz **R** 2×2 de rotação:
$$\mathbf{R} = \begin{bmatrix} \cos\theta & -\operatorname{sen}\theta \\ \operatorname{sen}\theta & \cos\theta \end{bmatrix}$$
Mostre que **Rw** rotaciona o vetor **w** por θ radianos.
(c) Crie uma matriz de rotação **R** correspondente a 10° e a multiplique pela matriz $2 \times N$, `f = [fr; fi]`. Trace o resultado e verifique se a hélice foi realmente rotacionada em sentido anti-horário.
(d) Dada a matriz R, determinada na parte (c), qual é o efeito de executar `RRf`? E o cálculo de `RRRf`? Generalize o resultado.
(e) Investigue o comportamento da multiplicação de $f(w)$ pela função $e^{j\theta}$.

Sinais e Sistemas

Neste capítulo, discutiremos certos aspectos fundamentais dos sinais. Também apresentaremos conceitos básicos importantes e explicações qualitativas sobre as razões e os métodos da teoria de sistemas. Dessa forma, construiremos uma sólida base para a compreensão da análise quantitativa do restante do livro.

Sinais

Um *sinal* é um conjunto de dados ou informação. Como exemplo, temos um sinal de telefone ou televisão, o registro de vendas de uma corporação ou os valores de fechamento da bolsa de negócios (por exemplo, o valor médio do índice BOVESPA). Em todos esses exemplos, os sinais são funções da variável independente *tempo*, entretanto, este nem sempre é o caso. Quando uma carga elétrica é distribuída sobre um corpo, por exemplo, o sinal é a densidade de carga, uma função do *espaço* em vez do tempo. Neste livro, trabalharemos quase que exclusivamente com sinais que são função do tempo. A discussão, entretanto, se aplica de maneira equivalente para outros tipos de variáveis independentes.

Sistemas

Os sinais podem ser posteriormente processados por *sistemas*, os quais podem modificá-los ou extrair informação adicional. Por exemplo, um operador de artilharia antiaérea pode querer saber a posição futura de um alvo hostil que está sendo seguido por seu radar. Conhecendo o sinal do radar, ele sabe a posição passada e a velocidade do alvo. Através do processamento do sinal do radar (a entrada), ele pode estimar a posição futura do alvo. Portanto, um sistema é uma entidade que *processa* um conjunto de sinais (*entradas*) resultando em um outro conjunto de sinais (*saídas*). Um sistema pode ser construído com componentes físicos, elétricos, mecânicos ou sistemas hidráulicos (realização em *hardware*) ou pode ser um algoritmo que calcula uma saída de um sinal de entrada (realização em *software*).

1.1 Tamanho do Sinal

O tamanho de qualquer entidade é um número que indica a largura ou o comprimento da entidade. Genericamente falando, a amplitude do sinal varia com o tempo. Como um sinal que existe em um certo intervalo de tempo com amplitude variante pode ser medido por um número que irá indicar o tamanho ou a força do sinal? Tal medida deve considerar não apenas a amplitude do sinal, mas também sua duração. Por exemplo, se quisermos utilizar um único número V como medida do tamanho de um ser humano, devemos considerar não somente seu peso, mas também sua altura. Se fizermos uma consideração que a forma da pessoa é um cilindro cuja variável é o raio r (o qual varia com a altura h), então uma possível medida do tamanho de uma pessoa de altura H é o volume V da pessoa, dado por

$$V = \pi \int_0^H r^2(h)\,dh \qquad (1.1)$$

1.1-1 Energia do Sinal

Argumentando desta forma, podemos considerar a área abaixo do sinal $x(t)$ como uma possível medida de seu tamanho, pois a área irá considerar não somente a amplitude, mas também sua duração. Entretanto, esta medida ainda é defeituosa, pois mesmo para um sinal grande $x(t)$, suas áreas positivas e negativas podem se cancelar, indicando um sinal de tamanho pequeno. Esta dificuldade pode ser corrigida pela definição do tamanho do sinal como a área debaixo de $x^2(t)$ a qual é sempre positiva. Podemos chamar essa medida de *energia do sinal E_x*, definida (para um sinal real) por

$$E_x = \int_{-\infty}^{\infty} x^2(t)\, dt \qquad (1.2a)$$

Essa definição pode ser generalizada para um sinal complexo $x(t)$, sendo dada por

$$E_x = \int_{-\infty}^{\infty} |x(t)|^2\, dt \qquad (1.2b)$$

Também existem outras possíveis medidas do tamanho de um sinal, tal como a área sob $|x(t)|$. A medida de energia, entretanto, é mais fácil de ser trabalhada matematicamente e com mais sentido (como será mostrado posteriormente), com a ideia de ser um indicativo da energia que pode ser extraída do sinal.

1.1-2 Potência do Sinal

A energia do sinal deve ser finita para que seja uma medida significativa do tamanho do sinal. Uma condição necessária para que a energia seja finita é que a amplitude do sinal $\to 0$ quando $|t| \to \infty$ (Fig. 1.1a). Caso contrário a integral da Eq. (1.2a) não irá convergir.

Quando a amplitude do sinal $x(t)$ não $\to 0$ quando $|t| \to \infty$ (Fig. 1.1b), a energia do sinal é infinita. Uma medida mais significativa do tamanho do sinal neste caso é a energia média, se ela existir. Esta medida é chamada de *potência* do sinal. Para um sinal $x(t)$, definimos sua potência P_x por

$$P_x = \lim_{T \to \infty} \frac{1}{T} \int_{-T/2}^{T/2} x^2(t)\, dt \qquad (1.3a)$$

Podemos generalizar esta definição para um sinal complexo $x(t)$, sendo dada por,

$$P_x = \lim_{T \to \infty} \frac{1}{T} \int_{-T/2}^{T/2} |x(t)|^2\, dt \qquad (1.3b)$$

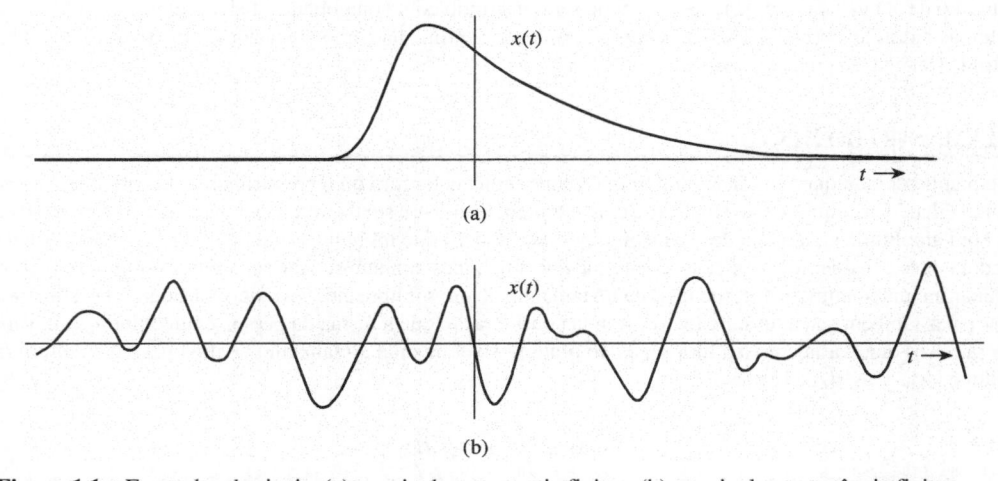

Figura 1.1 Exemplos de sinais: (a) um sinal com energia finita e (b) um sinal com potência finita

Observe que a potência do sinal P_x é uma média temporal do quadrado da amplitude do sinal, ou seja, o valor *médio quadrático* de $x(t)$. De fato, a raiz quadrada de P_x é o já conhecido valor *rms* (raiz média quadrática) de $x(t)$.

Geralmente, a média de uma entidade ao longo de um grande intervalo de tempo aproximando do infinito existe se a entidade for periódica ou possuir uma regularidade estatística. Se tal condição não for satisfeita, a média não existirá. Por exemplo, um sinal em rampa, $x(t) = t$, aumenta indefinidamente quando $|t| \to \infty$ e nem a energia nem a potência existirão para este sinal. Entretanto, a função degrau unitário, a qual não é periódica nem possui regularidade estatística, possui uma potência finita.

Quando $x(t)$ é periódica, $|x(t)|^2$ também é periódica. Portanto, a potência de $x(t)$ pode ser calculada da Eq. (1.3b) efetuando a média de $|x(t)|^2$ em um período.

Comentários. A energia do sinal, tal como definida pelas Eqs. (1.2) não indica a energia real (no sentido convencional) do sinal, pois a energia do sinal depende não somente do sinal, mas também da carga. Ela pode, entretanto, ser interpretada como a energia dissipada em uma carga normalizada de um resistor de 1-ohm, se a tensão $x(t)$ fosse aplicada ao resistor de 1-ohm (ou se a corrente $x(t)$ passasse através de um resistor de 1-ohm). A medida de "energia" é, portanto, indicativa da capacidade de energia do sinal, não da energia real. Por essa razão, os conceitos de conservação de energia não devem ser aplicados a "Energia do sinal". Uma observação paralela se aplica à "potência do sinal", definida pelas Eq. (1.3). Essas medidas são indicadores convencionais do tamanho do sinal, sendo bastante úteis em várias aplicações. Por exemplo, se aproximarmos um sinal $x(t)$ por outro sinal $g(t)$, o erro de aproximação é $e(t) = x(t) - g(t)$. A energia (ou potência) de $e(t)$ é um indicador conveniente de quão boa foi a aproximação. Ela nos fornece uma medida quantitativa para determinarmos quão perto está a aproximação. Em sistemas de comunicação, durante a transmissão em um canal, sinais de mensagem são corrompidos por sinais indesejados (ruído). A qualidade do sinal recebido é avaliada através dos tamanhos relativos do sinal desejado e do sinal indesejado (ruído). Nesse caso, a razão entre a potência do sinal de mensagem e do sinal de ruído (relação sinal ruído) é um bom indicador da qualidade do sinal recebido.

Unidades de Energia e Potência. As Eqs. (1.2) não estão dimensionalmente corretas. Isso ocorre porque estamos usando o termo *energia* não em seu sentido convencional, mas para indicar o tamanho do sinal. A mesma observação é aplicada às Eqs. (1.3) para potência. As unidades de energia e potência, como definidas aqui, dependem da natureza do sinal $x(t)$. Se $x(t)$ for um sinal de tensão, sua energia E_x possui unidades de volts quadrados-segundo (V^2s), e sua potência P_x possui unidade de volts quadrados. Se $x(t)$ for um sinal de corrente, suas unidades serão amperes quadrados-segundo (A^2s) e amperes quadrados, respectivamente.

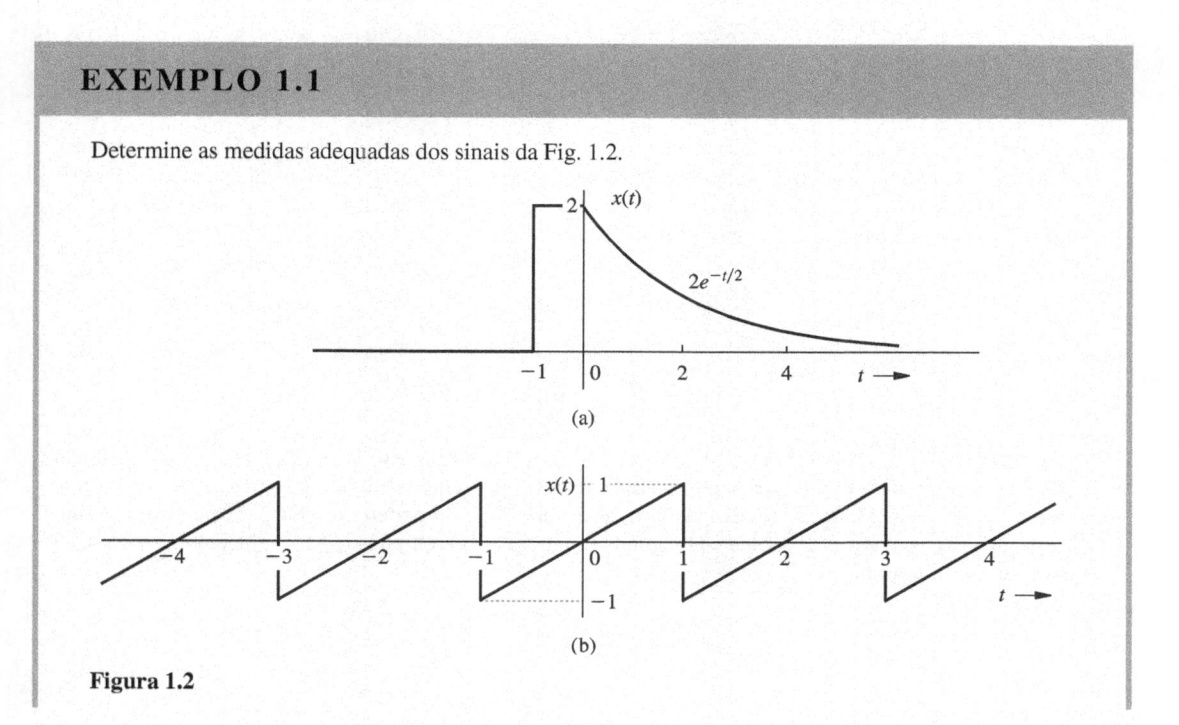

EXEMPLO 1.1

Determine as medidas adequadas dos sinais da Fig. 1.2.

Figura 1.2

Na Fig. 1.2a, a amplitude do sinal $\to 0$ quando $|t| \to \infty$. Portanto, a medida adequada para esse sinal é sua energia E_x, dada por

$$E_x = \int_{-\infty}^{\infty} x^2(t)\, dt = \int_{-1}^{0} (2)^2\, dt + \int_{0}^{\infty} 4e^{-t}\, dt = 4 + 4 = 8$$

Na Fig. 1.2b, a amplitude do sinal não $\to 0$ quando $|t| \to \infty$. Entretanto, ela é periódica e, portanto, sua potência existe. Podemos utilizar a Eq. (1.3a) para determinar sua potência. Podemos simplificar o procedimento para sinais periódicos observando que um sinal periódico se repete regularmente a cada período (2 segundos neste caso). Portanto, fazendo a média de $x^2(t)$ em um intervalo infinitamente grande é idêntico a calcular a média em um período (2 segundos neste caso). Portanto,

$$P_x = \tfrac{1}{2} \int_{-1}^{1} x^2(t)\, dt = \tfrac{1}{2} \int_{-1}^{1} t^2\, dt = \tfrac{1}{3}$$

Lembre-se de que o sinal de potência é o quadrado de seu valor rms. Portanto, o valor rms desse sinal é $1/\sqrt{3}$.

EXEMPLO 1.2

Determine a potência e o valor rms de

(a) $x(t) = C \cos(\omega_0 t + \theta)$
(b) $x(t) = C_1 \cos(\omega_1 t + \theta_1) + C_2 \cos(\omega_2 t + \theta_2) \quad \omega_1 \neq \omega_2$
(c) $x(t) = De^{j\omega_0 t}$

(a) Este é um sinal periódico com período $T_0 = 2\pi/\omega_0$. A medida adequada desse sinal é sua potência. Como ele é periódico, podemos calcular sua potência calculando a média de sua energia em um período $T_0 = 2\pi/\omega_0$. Entretanto, para efeito de demonstração, resolveremos este problema calculando a média em um intervalo infinitamente grande, usando a Eq. (1.3a).

$$P_x = \lim_{T \to \infty} \frac{1}{T} \int_{-T/2}^{T/2} C^2 \cos^2(\omega_0 t + \theta)\, dt = \lim_{T \to \infty} \frac{C^2}{2T} \int_{-T/2}^{T/2} [1 + \cos(2\omega_0 t + 2\theta)]\, dt$$

$$= \lim_{T \to \infty} \frac{C^2}{2T} \int_{-T/2}^{T/2} dt + \lim_{T \to \infty} \frac{C^2}{2T} \int_{-T/2}^{T/2} \cos(2\omega_0 t + 2\theta)\, dt$$

O primeiro termo do lado direito é igual a $C^2/2$. O segundo termo, entretanto, é igual a zero, pois a integral que aparece neste termo representa a área abaixo de uma senoide em um intervalo de tempo T muito grande, com $T \to \infty$. Essa área é, no máximo, igual a área de meio período, devido aos cancelamentos das áreas positivas e negativas da senoide. O segundo termo é a área multiplicada por $C^2/2T$ com $T \to \infty$. Claramente este termo é nulo e

$$P_x = \frac{C^2}{2} \tag{1.4a}$$

Essa equação mostra que uma senoide com amplitude C possui potência igual a $C^2/2$, independente do valor de sua frequência ω_0 ($\omega_0 \neq 0$) e fase θ. O valor rms é $C/\sqrt{2}$. Se a frequência do sinal fosse zero (um sinal CC ou um sinal constante de amplitude C), o leitor pode mostrar que a potência é C^2.

(b) No Capítulo 6, iremos mostrar que a soma de suas senoides pode ou não ser periódica, dependendo da relação ω_1/ω_2 ser um número racional ou não. Portanto, o período deste sinal não é conhecido. Logo, sua potência será determinada calculando a média da energia em T segundos, com $T \to \infty$. Portanto,

$$P_x = \lim_{T \to \infty} \frac{1}{T} \int_{-T/2}^{T/2} [C_1 \cos(\omega_1 t + \theta_1) + C_2 \cos(\omega_2 t + \theta_2)]^2 \, dt$$

$$= \lim_{T \to \infty} \frac{1}{T} \int_{-T/2}^{T/2} C_1^2 \cos^2(\omega_1 t + \theta_1) \, dt + \lim_{T \to \infty} \frac{1}{T} \int_{-T/2}^{T/2} C_2^2 \cos^2(\omega_2 t + \theta_2) \, dt$$

$$+ \lim_{T \to \infty} \frac{2C_1 C_2}{T} \int_{-T/2}^{T/2} \cos(\omega_1 t + \theta_1) \cos(\omega_2 t + \theta_2) \, dt$$

A primeira e a segunda integrais do lado direito são as potências das duas senoides, as quais são $C_1^2/2$ e $C_2^2/2$, como determinado no item (a). O terceiro termo, o produto das duas senoides, pode ser escrito como a soma de duas senoides $\cos[(\omega_1 + \omega_2)t + (\theta_1 + \theta_2)]$ e $\cos[(\omega_1 - \omega_2)t + (\theta_1 - \theta_2)]$, respectivamente. Agora, argumentando tal como no item (a), vemos que o terceiro termo é nulo. Logo, teremos[†]

$$P_x = \frac{C_1^2}{2} + \frac{C_2^2}{2} \tag{1.4b}$$

E o valor rms é $\sqrt{(C_1^2 + C_2^2)/2}$.

Podemos facilmente estender este resultado para uma soma de qualquer número de senoides com frequências distintas. Portanto, se

$$x(t) = \sum_{n=1}^{\infty} C_n \cos(\omega_n t + \theta_n)$$

assumindo que nenhuma das senoides tenham frequências idênticas e $\omega_n \neq 0$, então,

$$P_x = \frac{1}{2} \sum_{n=1}^{\infty} C_n^2 \tag{1.4c}$$

Se $x(t)$ também possuir um valor CC, tal como

$$x(t) = C_0 + \sum_{n=1}^{\infty} C_n \cos(\omega_n t + \theta_n)$$

Então

$$P_x = C_0^2 + \frac{1}{2} \sum_{n=1}^{\infty} C_n^2 \tag{1.4d}$$

(c) Neste caso, o sinal é complexo e utilizaremos a Eq. (1.3b) para calcular a potência.

$$P_x = \lim_{T \to \infty} \frac{1}{T} \int_{-T/2}^{T/2} |D e^{j\omega_0 t}|^2 \, dt$$

[†] Essa afirmativa é *verdadeira* somente se $\omega_1 \neq \omega_2$. Se $\omega_1 = \omega_2$, o integrando do terceiro termo irá conter a constante $\cos(\theta_1 - \theta_2)$ e o terceiro termo $\to 2C_1 C_2 \cos(\theta_1 - \theta_2)$ quando $T \to \infty$.

Lembre-se que $|e^{j\omega_0 t}| = 1$, tal que $|De^{j\omega_0 t}|^2 = |D|^2$ e

$$P_x = |D|^2 \qquad (1.4e)$$

O valor rms é $|D|$.

Comentário. Na parte (b) do Exemplo 1.2 mostramos que a potência de uma soma de duas senoides é igual à soma das potências das senoides. Pode parecer que a potência de $x_1(t) + x_2(t)$ é $P_{x1} + P_{x2}$. Infelizmente esta conclusão geralmente não é verdadeira. Ela é válida apenas para uma certa condição (ortogonalidade), discutida posteriormente (Seção 6.5-3).

EXERCÍCIO E1.1

Mostre que as energias dos sinais da Fig. 1.3a, 1.3b, 1.3c e 1.3d são 4, 1, 4/3 e 4/3, respectivamente. Observe que o dobro do sinal quadruplica sua energia e o deslocamento no tempo de um sinal não possui efeito em sua energia. Mostre também que a potência do sinal da Fig. 1.3e é 0,4323. Qual é o valor rms do sinal da Fig. 1.3e?

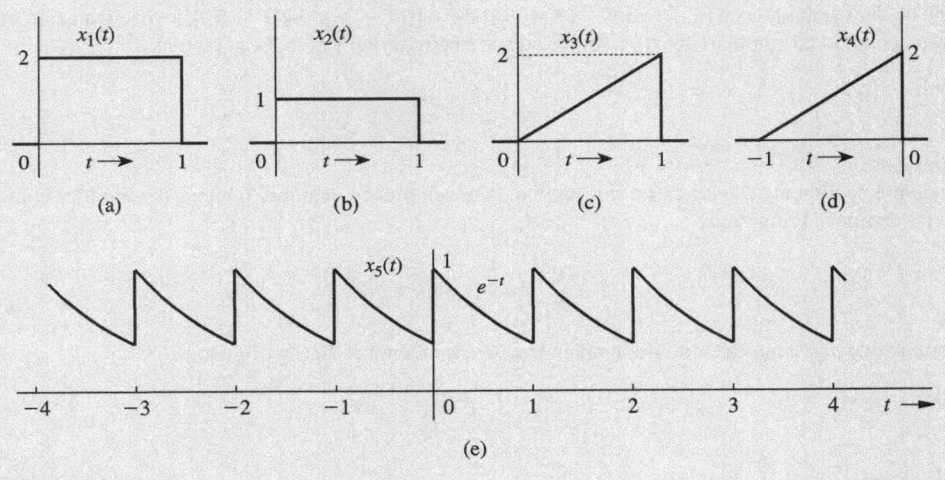

Figura 1.3

EXERCÍCIO E1.2

Refaça o Exemplo 1.2a para determinar a potência da senoide $C \cos(\omega_0 t + \theta)$ calculando a média da energia do sinal em um período $T_0 = 2\pi\omega_0$ (em vez de calcular a média em um intervalo infinitamente grande de tempo). Mostre também que a potência de um sinal CC $x(t) = C_0$ é C_0^2 e seu valor rms é C_0.

EXERCÍCIO E1.3

Mostre que se $\omega_1 = \omega_2$, a potência de $C_1 \cos(\omega_1 t + \theta_1) + C_2 \cos(\omega_2 t + \theta_2)$ é $[C_1^2 + C_2^2 + 2C_1 C_2 \cos(\theta_1 - \theta_2)]/2$, o qual não é igual a $(C_1^2 + C_2^2)/2$.

1.2 ALGUMAS OPERAÇÕES ÚTEIS COM SINAIS

Discutiremos aqui três operações úteis com sinais: deslocamento, escalamento e inversão. Como a variável independente na nossa descrição de sinal é o tempo, estas operações serão chamadas de *deslocamento temporal, escalamento temporal* e *reversão* (inversão) *temporal*. Entretanto, esta discussão é válida para funções tendo outras variáveis independentes que não o tempo (por exemplo, a frequência ou a distância).

1.2-1 Deslocamento Temporal

Considere um sinal $x(t)$ (Fig. 1.4a) e o mesmo sinal atrasado por T segundos (Fig. 1.4b), o qual chamaremos de $\phi(t)$. O que acontecer em $x(t)$ (Fig. 1.4a) em algum tempo t também acontecerá com $\phi(t)$ (Fig. 1.4b) T segundos após, no instante $t + T$. Portanto,

$$\phi(t + T) = x(t) \tag{1.5}$$

e

$$\phi(t) = x(t - T) \tag{1.6}$$

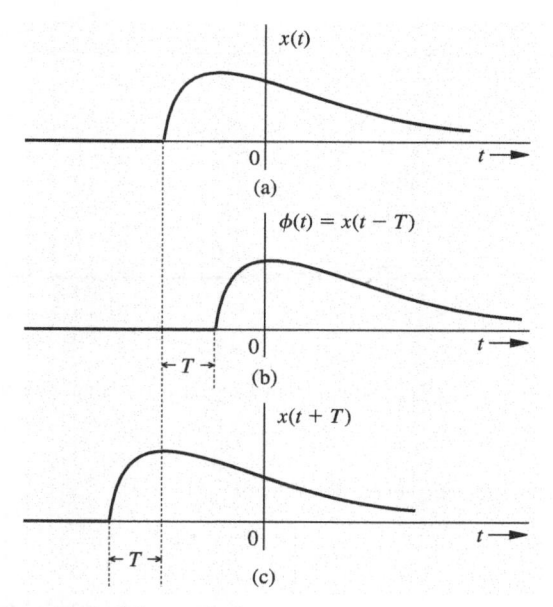

Figura 1.4 Deslocamento temporal de um sinal.

Logo, no deslocamento temporal de um sinal por T segundos, substituímos t por $t - T$. Logo $x(t - T)$ representa $x(t)$ deslocado no tempo por T segundos. Se T for positivo, o deslocamento é para a direita (atraso), como na Fig. 1.4b. Se T for negativo, o deslocamento é para a esquerda (avanço), como na Fig. 1.4c. Claramente, $x(t - 2)$ é $x(t)$ atrasado (deslocado para a direita) de 2 segundos e $x(t + 2)$ é $x(t)$ avançado (adiantado, deslocado para a esquerda) por 2 segundos.

EXEMPLO 1.3

A função exponencial $x(t) = e^{-2t}$ mostrada na Fig. 1.5a é atrasada por 1 segundo. Trace e descreva matematicamente a função atrasada. Repita o problema com $x(t)$ adiantado por 1 segundo.

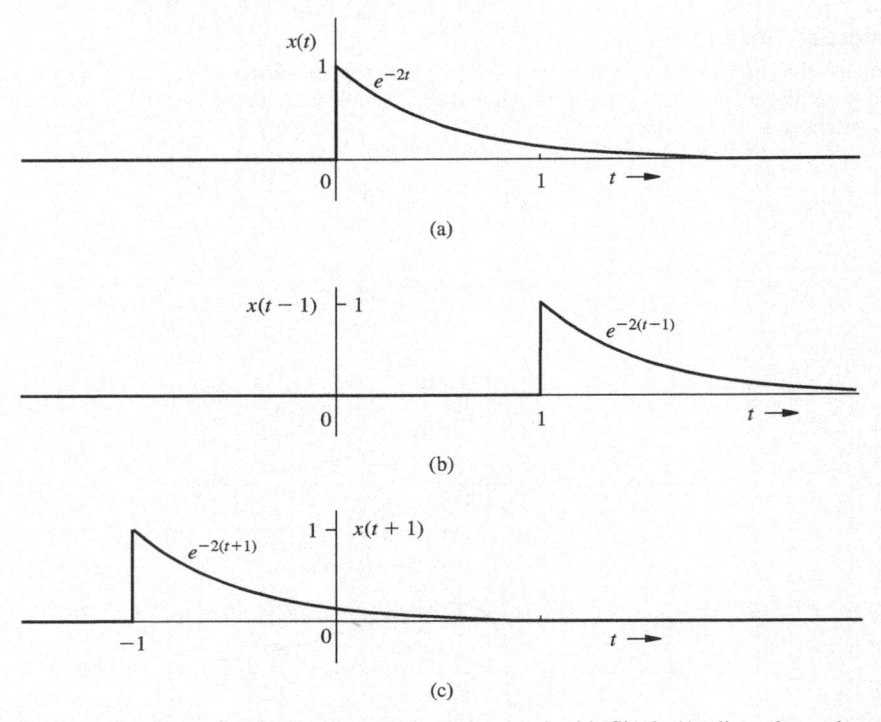

Figura 1.5 (a) Sinal $x(t)$. (b) Sinal $x(t)$ atrasado em 1 segundo. (c) Sinal $x(t)$ adiantado em 1 segundo.

A função $x(t)$ pode ser matematicamente descrita por

$$x(t) = \begin{cases} e^{-2t} & t \geq 0 \\ 0 & t < 0 \end{cases} \qquad (1.7)$$

Seja $x_d(t)$ a representação da função $x(t)$ atrasada (deslocada para direita) em 1 segundo, como ilustrado na Fig. 1.5b. Esta função é $x(t - 1)$. Sua descrição matemática pode ser obtida de $x(t)$ substituindo t por $t - 1$ na Eq. (1.7). Logo

$$x_d(t) = x(t-1) = \begin{cases} e^{-2(t-1)} & t-1 \geq 0 \quad \text{ou} \quad t \geq 1 \\ 0 & t-1 < 0 \quad \text{ou} \quad t < 1 \end{cases} \qquad (1.8)$$

Seja $x_a(t)$ a representação da função $x(t)$ adiantada (deslocada para esquerda) em 1 segundo, como mostrado na Fig. 1.5c. Esta função é $x(t + 1)$. Sua descrição matemática pode ser obtida de $x(t)$ substituindo t por $t + 1$ na Eq. (1.7). Logo

$$x_a(t) = x(t+1) = \begin{cases} e^{-2(t+1)} & t+1 \geq 0 \quad \text{ou} \quad t \geq -1 \\ 0 & t+1 < 0 \quad \text{ou} \quad t < -1 \end{cases} \qquad (1.9)$$

EXERCÍCIO E1.4

Escreva a descrição matemática do sinal $x_3(t)$ da Fig. 1.3c. Este sinal é atrasado em 2 segundos. Trace o sinal atrasado. Mostre que este sinal atrasado $x_d(t)$ pode ser descrito matematicamente por $x_d(t) = 2(t-2)$ para $2 \le t \le 3$ e igual a zero caso contrário. Repita, agora, o procedimento com o sinal adiantado (deslocado para a esquerda) em 1 segundo. Mostre que este sinal adiantado $x_a(t)$ pode ser descrito por $x_a(t) = 2(t+1)$, para $-1 \le t \le 0$ e igual a zero caso contrário.

1.2-2 Escalamento Temporal

A compressão ou expansão de um sinal no tempo é chamada de *escalamento temporal*. Considere o sinal $x(t)$ da Fig. 1.6a. O sinal $\phi(t)$ da Fig. 1.6b é $x(t)$ comprimido no tempo por um fator de 2. Portanto, o que acontecer com $x(t)$ em algum instante t também acontecerá com $\phi(t)$ no instante $t/2$, logo

$$\phi\left(\frac{t}{2}\right) = x(t) \tag{1.10}$$

e

$$\phi(t) = x(2t) \tag{1.11}$$

Observe que como $x(t) = 0$ para $t = T_1$ e T_2, temos que ter $\phi(t) = 0$ para $t = T_1/2$ e $T_2/2$, como mostrado na Fig. 1.6b. Se $x(t)$ for gravado em uma fita e reproduzido com o dobro da velocidade de gravação, iremos obter $x(2t)$. Em geral, se $x(t)$ for comprimido no tempo por um fator a ($a > 1$), o sinal resultante $\phi(t)$ é dado por

$$\phi(t) = x(at) \tag{1.12}$$

Usando um argumento similar, podemos mostrar que quando $x(t)$ é expandido (desacelerado) no tempo por um fator a ($a > 1$), temos

$$\phi(t) = x\left(\frac{t}{a}\right) \tag{1.13}$$

A Fig. 1.6c mostra $x(t/2)$, o qual é $x(t)$ expandido no tempo por um fator de 2. Observe que na operação de escalamento no tempo a origem $t = 0$ é um ponto fixo, o qual permanece sem alteração para uma operação de escalamento, pois para $t = 0$, $x(t) = x(at) = 0$.

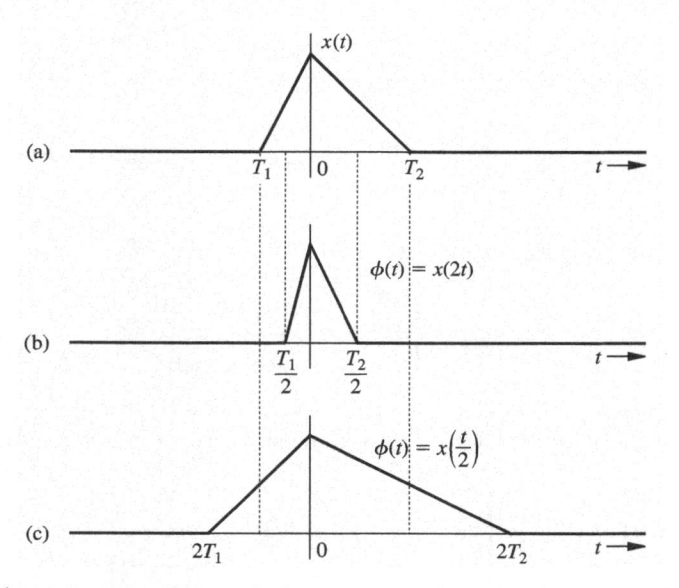

Figura 1.6 Escalamento temporal de um sinal.

Em resumo, para escalonarmos no tempo um sinal por um fator a, substituímos t por at. Se $a > 1$, o resultado de escalamento é uma compressão e se $a < 1$ o resultado do escalamento é uma expansão.

EXEMPLO 1.4

A Fig. 1.7a mostra um sinal $x(t)$. Trace e descreva matematicamente este sinal comprimido no tempo por um fator 3. Repita o problema para o mesmo sinal expandido no tempo por um fator 2.

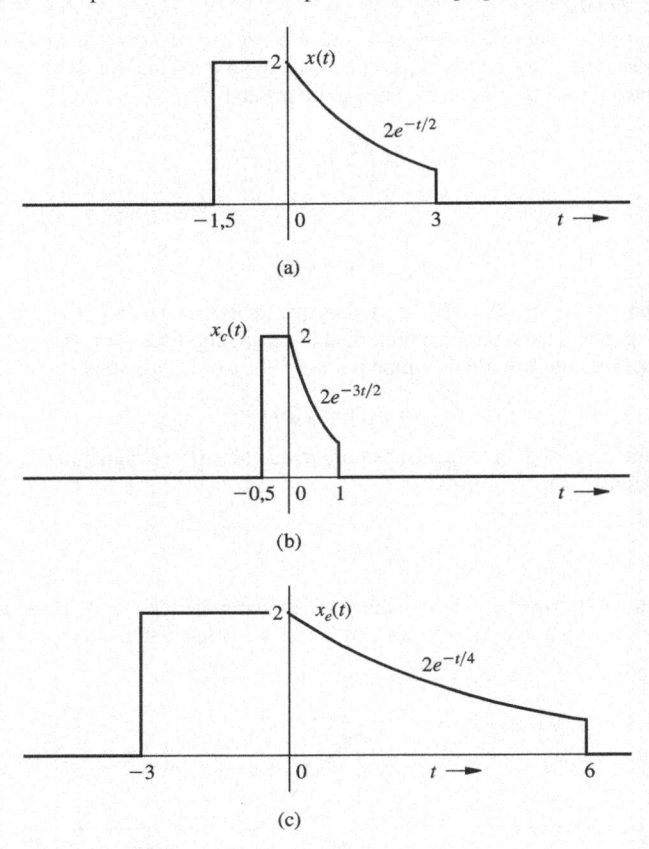

Figura 1.7 (a) Sinal $x(t)$. (b) Sinal $x(3t)$ e (c) sinal $x(t/2)$.

O sinal $x(t)$ pode ser descrito por

$$x(t) = \begin{cases} 2 & -1{,}5 \leq t < 0 \\ 2e^{-t/2} & 0 \leq t < 3 \\ 0 & \text{caso contrário} \end{cases} \tag{1.14}$$

A Fig. 1.7b mostra $x_c(t)$, o qual é $x(t)$ comprimido no tempo por um fator 3. Consequentemente, ele pode ser descrito matematicamente por $x(3t)$, o qual é obtido substituindo t por $3t$ no lado direito da Eq. (1.14). Logo

$$x_c(t) = x(3t) = \begin{cases} 2 & -1{,}5 \leq 3t < 0 \quad \text{ou} \quad -0{,}5 \leq t < 0 \\ 2e^{-3t/2} & 0 \leq 3t < 3 \quad \text{ou} \quad 0 \leq t < 1 \\ 0 & \text{caso contrário} \end{cases} \tag{1.15a}$$

Observe que os instantes $t = -1,5$ e 3 em $x(t)$ correspondem aos instantes $t = -0,5$ e 1 no sinal comprimido $x(3t)$.

A Fig. 1.7c mostra $x_e(t)$, o qual é $x(t)$ expandido no tempo por um fator 2. Consequentemente, ele pode ser descrito matematicamente por $x(t/2)$, o qual é obtido substituindo t por $t/2$ em $x(t)$.

$$x_e(t) = x\left(\frac{t}{2}\right) = \begin{cases} 2 & -1,5 \leq \frac{t}{2} < 0 \quad \text{ou} \quad -3 \leq t < 0 \\ 2e^{-t/4} & 0 \leq \frac{t}{2} < 3 \quad \text{ou} \quad 0 \leq t < 6 \\ 0 & \text{caso contrário} \end{cases} \quad (1.15b)$$

Observe que os instantes $t = -1,5$ e 3 em $x(t)$ correspondem aos instantes $t = -3$ e 6 no sinal expandido $x(t/2)$.

EXERCÍCIO E1.5

Mostre que a compressão temporal por um fator n ($n > 1$) de uma senoide resulta em uma senoide com mesma amplitude e fase, mas com uma frequência aumentada n vezes. Similarmente, a expansão no tempo por um fator n ($n > 1$) de uma senoide resulta em uma senoide com mesma amplitude e fase, mas com frequência reduzida por um fator n. Verifique sua conclusão traçando a senoide sen$2t$ e a mesma senoide comprimida por um fator 3 e expandida por um fator 2.

1.2-3 Reversão Temporal

Considere o sinal $x(t)$ da Fig. 1.8a. Podemos ver $x(t)$ como uma forma rígida presa ao eixo vertical. Na reversão temporal de $x(t)$, rotacionamos esta forma em 180° com relação ao eixo vertical. Essa reversão temporal [a reflexão de $x(t)$ com relação ao eixo vertical] nos fornece o sinal $\phi(t)$ (Fig. 1.8b). Observe que o que acontecer na Fig. 1.8a em algum instante t também acontecerá na Fig. 1.8b no instante $-t$, e vice-versa. Portanto,

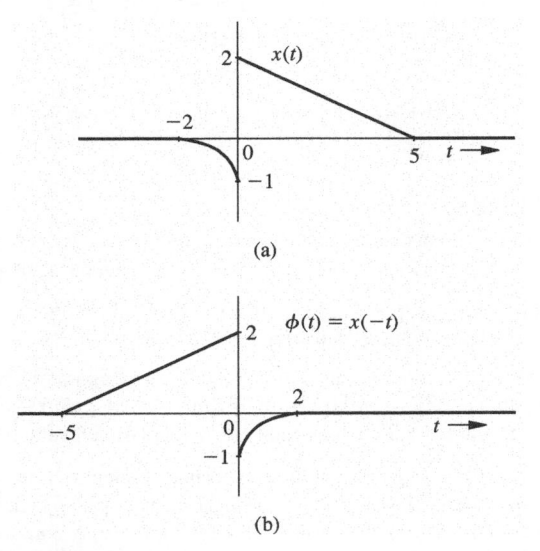

$$\phi(t) = x(-t) \quad (1.16)$$

Figura 1.8 Reversão temporal de um sinal.

Logo, para reverter no tempo um sinal, substituímos t por $-t$ e o sinal revertido $x(t)$ resultará no sinal $x(-t)$. Devemos lembrar que a reversão é realizada com relação ao eixo vertical, o qual funciona como uma âncora ou eixo de referência. Lembre-se também que a reversão de $x(t)$ com relação ao eixo horizontal resulta em $-x(t)$.

EXEMPLO 1.5

Para o sinal $x(t)$ mostrado na Fig. 1.9a, trace $x(-t)$, o qual é a reversão temporal de $x(t)$.

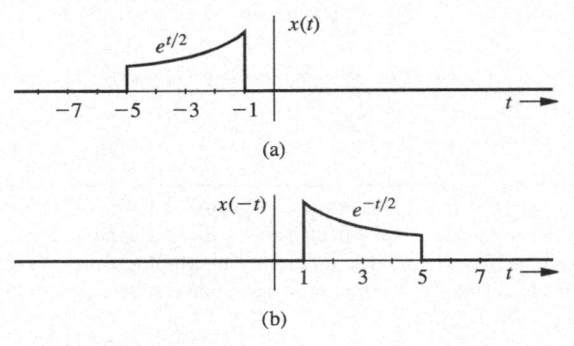

Figura 1.9 Exemplo de reversão temporal.

Os instantes -1 e -5 em $x(t)$ são mapeados nos instantes 1 e 5 em $x(-t)$. Como $x(t) = e^{t/2}$, temos $x(-t) = e^{-t/2}$. O sinal $x(-t)$ é mostrado na Fig. 1.9b. Podemos descrever $x(t)$ e $x(-t)$ por

$$x(t) = \begin{cases} e^{t/2} & -1 \geq t > -5 \\ 0 & \text{caso contrário} \end{cases}$$

e a versão revertida no tempo de $x(-t)$ é obtida substituindo t por $-t$ em $x(t)$, logo

$$x(-t) = \begin{cases} e^{-t/2} & -1 \geq -t > -5 \quad \text{ou} \quad 1 \leq t < 5 \\ 0 & \text{caso contrário} \end{cases}$$

1.2-4 Operações Combinadas

Certas operações complexas necessitam do uso simultâneo de mais de uma das operações descritas. A operação mais geral envolvendo todas as três operações é $x(at - b)$, a qual é realizada em duas possíveis sequências de operação:

1. Deslocamento temporal de $x(t)$ por b para obter $x(t - b)$. Realize, agora, o escalamento temporal do sinal deslocando $x(t - b)$ por a (isto é, substitua t por at) para obter $x(at - b)$.

2. Escalamento temporal de $x(t)$ por a para obter $x(at)$. Realize, agora, o deslocamento temporal de $x(at)$ por b/a (isto é, substitua t por $t - (b/a)$) para obter $x[a(t - b/a)] = x(at - b)$. Em qualquer um dos casos, se a for negativo, o escalamento no tempo também envolve uma reversão temporal.

Por exemplo, o sinal $x(2t - 6)$ pode ser obtido de duas formas. Podemos atrasar $x(t)$ por 6 para obter $x(t - 6)$ e, então, comprimir no tempo este sinal por um fator de 2 (substitua t por $2t$) para obter $x(2t - 6)$. Alternativamente, podemos primeiro comprimir $x(t)$ por um fator 2 para obter $x(2t)$ e, então, atrasar este sinal por 3 (substituindo t por $t - 3$) para obter $x(2t - 6)$.

1.3 CLASSIFICAÇÃO DE SINAIS

Existem diversas classes de sinais. Consideraremos aqui apenas as seguintes classes, as quais são adequadas para o escopo deste livro:

1. Sinais contínuos e discretos no tempo
2. Sinais analógicos e digitais
3. Sinais periódicos e não periódicos
4. Sinais de energia e potência
5. Sinais determinísticos e probabilísticos

1.3-1 Sinais Contínuos e Discretos no Tempo

Um sinal que é especificado para valores contínuos de tempo t (Fig. 1.10a) é um *sinal contínuo no tempo*, e um sinal especificado apenas para valores discretos de t (Fig. 1.10b) é um *sinal discreto no tempo*. A saída de um telefone ou câmera de vídeo é um sinal contínuo no tempo, enquanto que o produto interno bruto trimestral, as vendas mensais de uma corporação e as médias diárias do mercado de ação são sinais discretos no tempo.

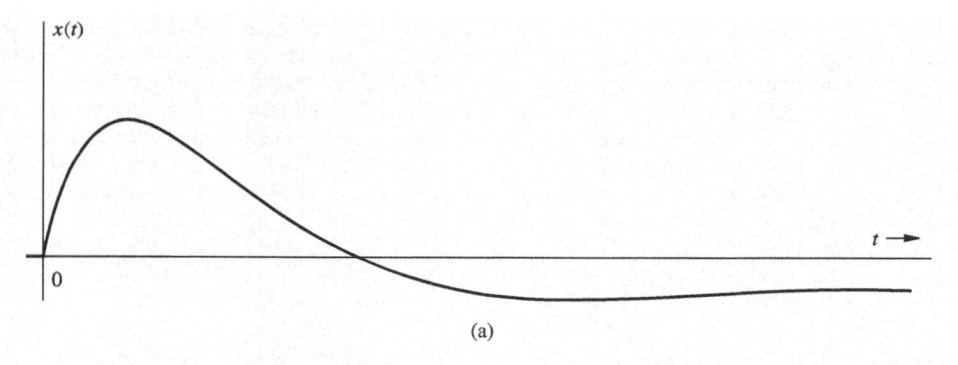

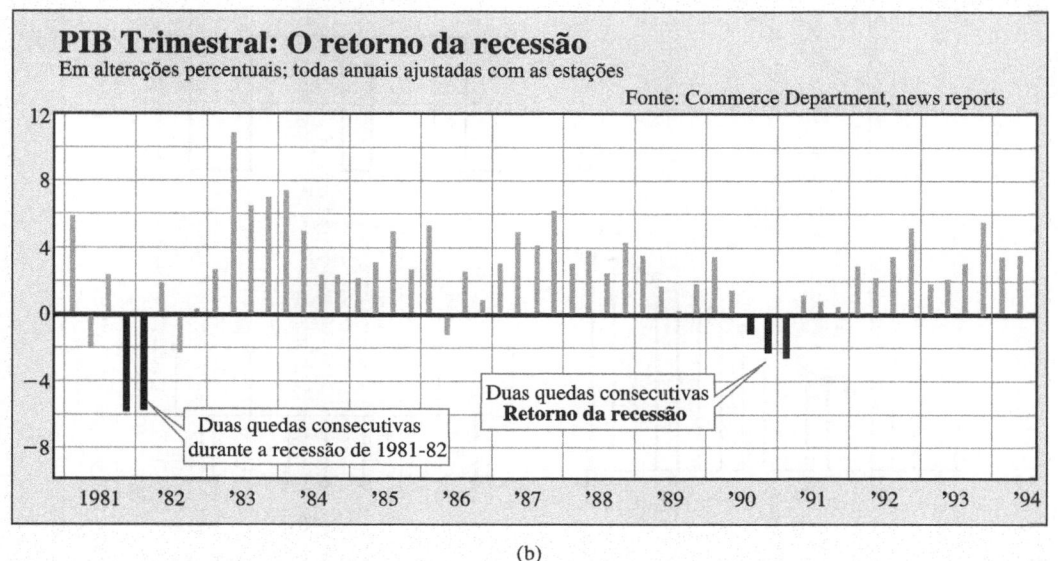

Figura 1.10 (a) Sinal contínuo no tempo e (b) sinal discreto no tempo.

1.3-2 Sinais Analógicos e Digitais

O conceito de tempo contínuo é geralmente confundido com o conceito de analógico. Os dois conceitos são diferentes. O mesmo é válido para os conceitos de tempo discreto e digital. Um sinal cuja amplitude pode assumir qualquer valor em uma faixa contínua é um *sinal contínuo*. Isto significa que a amplitude de um sinal analógico pode assumir infinitos valores. Um *sinal digital*, por outro lado, é aquele cuja amplitude pode assumir apenas alguns números finitos de valores. Sinais associados com um computador digital são digitais porque eles podem assumir apenas dois valores (sinais binários). Um sinal digital cuja amplitude pode assumir M valores é um sinal M-ário no qual o binário ($M = 2$) é um caso especial. Os termos *contínuo no tempo* e *discreto no tempo* qualificam a natureza do sinal ao longo do eixo de tempo (eixo horizontal). Os termos *analógico* e *digital*, por outro lado, qualificam a natureza da amplitude do sinal (eixo vertical). A Fig. 1.11 mostra exemplos de sinais de vários tipos. Fica claro que um sinal analógico não é necessariamente um sinal contínuo no tempo e que um sinal digital não é necessariamente um sinal discreto no tempo. A Fig. 1.11c mostra um exemplo de um sinal analógico discreto no tempo. Um sinal analógico pode ser convertido em um sinal digital [conversão analógico/digital (A/D)] através da quantização (arredondamento), como será explicado na Seção 8.3.

1.3-3 Sinais Periódicos e Não Periódicos

Um sinal $x(t)$ é dito *periódico* se para alguma constante positiva T_0

$$x(t) = x(t + T_0) \quad \text{para todo } t \tag{1.17}$$

O *menor* valor de T_0 que satisfaz a condição de periodicidade da Eq. (1.17) é o *período fundamental* de $x(t)$. Os sinais das Figs. 1.2b e 1.3e são sinais periódicos com períodos 2 e 1, respectivamente. Um sinal é *não periódico* se ele não possuir um período. Os sinais das Figs. 1.2a, 1.3a, 1.3b, 1.3c e 1.3d são todos não periódicos.

Pela definição, um sinal periódico $x(t)$ permanece não alterado quando deslocado no tempo por um período. Por esta razão, um sinal periódico deve começar em $t = -\infty$: se ele começar em algum instante de tempo finito, digamos $t = 0$, o sinal deslocado no tempo $x(t + T_0)$ começaria em $t = T_0$ e $x(t + T_0)$ não seria o mesmo que $x(t)$. Portanto, *um sinal periódico, por definição, deve começar em* $t = -\infty$ *e continuar para sempre*, como mostrado na Fig. 1.12.

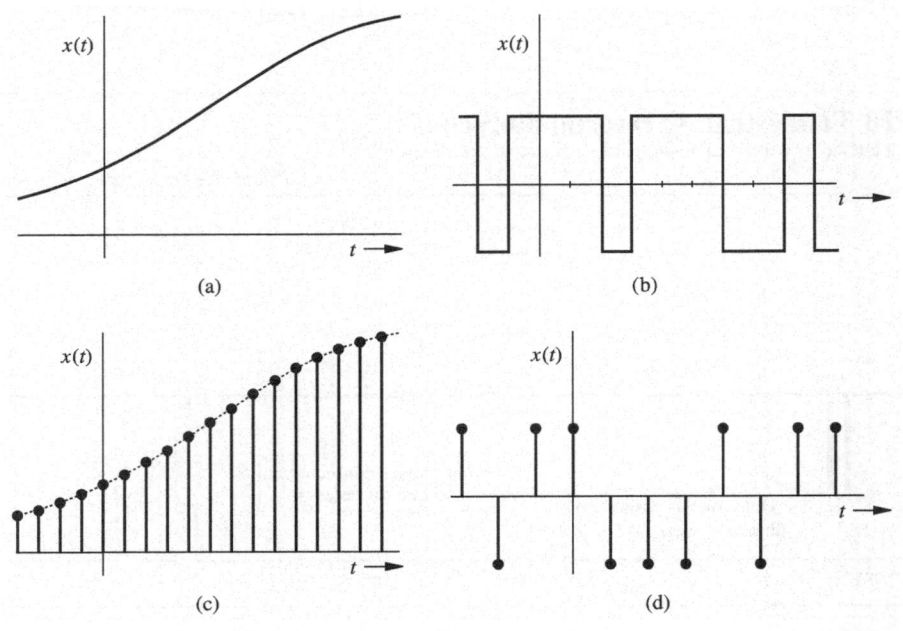

Figura 1.11 Exemplos de sinais: (a) analógico, contínuo no tempo, (b) digital, contínuo no tempo, (c) analógico, discreto no tempo e (d) digital, discreto no tempo.

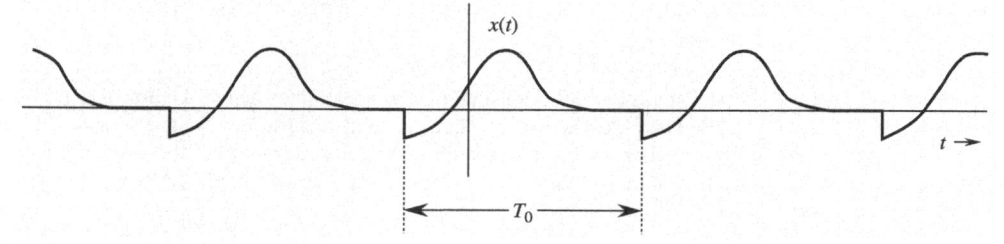

Figura 1.12 Um sinal periódico com período T_0.

Outra propriedade importante de um sinal periódico $x(t)$ é que $x(t)$ pode ser gerado pela *extensão periódica* de qualquer segmento de $x(t)$ com duração T_0 (o período). Como resultado, podemos gerar $x(t)$ de qualquer segmento de $x(t)$ contendo a duração de um período colocando a reprodução ao final do segmento e continuando desta forma indefinidamente dos dois lados do segmento. A Fig. 1.13 mostra um sinal periódico $x(t)$ com período $T_0 = 6$. A porção sombreada da Fig. 1.13a mostra um segmento de $x(t)$ começando em $t = -1$ e tendo a duração de um período (6 segundos). Esse segmento, quando repetido indefinidamente nas duas direções resulta no sinal periódico $x(t)$. A Fig. 1.13b mostra outro segmento sombreado de $x(t)$ com duração T_0 começando em $t = 0$. Novamente vemos que este segmento, quando repetido indefinidamente nos dois sentidos, resulta em $x(t)$. O leitor pode verificar que esta construção é possível com qualquer segmento de $x(t)$ começando em qualquer instante de tempo, desde que a duração do segmento seja de um período.

Uma propriedade útil adicional de um sinal periódico $x(t)$ com período T_0 é que a área abaixo de $x(t)$ em qualquer intervalo de duração T_0 é sempre a mesma. Ou seja, para quaisquer números reais a e b

$$\int_a^{a+T_0} x(t)\,dt = \int_b^{b+T_0} x(t)\,dt \tag{1.18}$$

Esse resultado vem do fato de que um sinal periódico assume os mesmos valores em intervalos de T_0. Logo, os valores em qualquer segmento de duração T_0 são repetidos em qualquer outro intervalo de mesma duração. Por conveniência, a área abaixo de $x(t)$ em qualquer intervalo de duração T_0 será representada por

$$\int_{T_0} x(t)\,dt$$

É útil identificar sinais que começam em $t = -\infty$ e continuam para sempre como *sinais de duração infinita*. Portanto, um sinal de duração infinita existe em todo o intervalo $-\infty < t < \infty$. Os sinais das Figs. 1.1b e 1.2b são exemplos de sinais de duração infinita. Claramente, um sinal periódico, por definição, é um sinal de duração infinita.

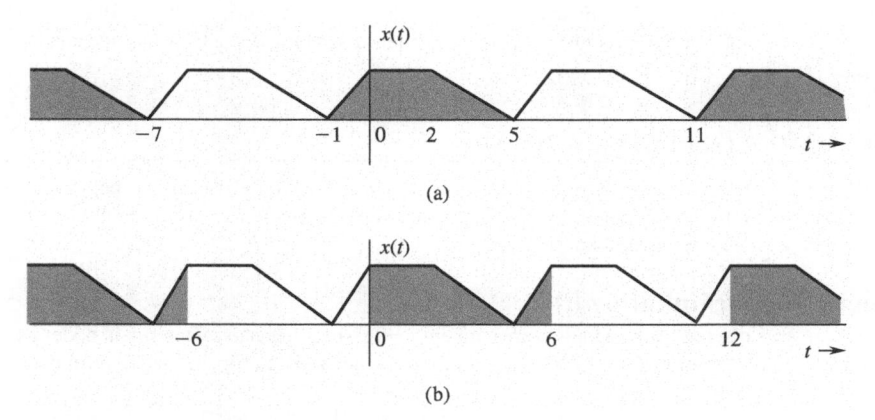

Figura 1.13 Geração de um sinal periódico através da extensão periódica de seu segmento com um período de duração.

Um sinal que não começar antes de $t = 0$ é um *sinal causal*. Em outras palavras, $x(t)$ é um sinal causal se

$$x(t) = 0 \qquad t < 0 \tag{1.19}$$

Os sinais da Fig. 1.3a-1.3c são sinais causais. Um sinal que começar antes de $t = 0$ é um *sinal não causal*. Todos os sinais da Fig. 1.1 e 1.2 são não causais. Observe que um sinal de duração infinita é sempre não causal, mas um sinal não causal não é necessariamente de duração infinita. O sinal de duração infinita da Fig. 1.2b é não causal, entretanto, o sinal não causal da Fig. 1.2a não é de duração infinita. Um sinal que é zero para todo $t \geq 0$ é chamado de *sinal anti-causal*.

Comentários. Um sinal de duração infinita verdadeiro não pode ser gerado na prática por razões óbvias. Por que devemos, então, nos preocupar em estudar tal sinal? Nos últimos capítulos veremos que certos sinais (por exemplo, um impulso e uma senoide de duração infinita) que não podem ser gerados na prática realmente são muito úteis no estudo de sinais e sistemas.

1.3-4 Sinais de Energia e Potência

Um sinal com energia finita é um *sinal de energia* e um sinal com potência não nula finita é um *sinal de potência*. Os sinais das Figs. 1.2a e 1.2b são exemplos de sinais de energia e potência, respectivamente. Observe que a potência é a média temporal da energia. Como a média é calculada em um intervalo infinitamente grande, um sinal com energia finita possui potência nula e um sinal com potência finita possui energia infinita. Portanto, um sinal não pode ser tanto de energia quanto de potência. Se ele for de um tipo, ele não pode ser do outro. Por outro lado, existem sinais que não são nem de energia nem de potência. O sinal em rampa é um desses casos.

Comentários. Todos os sinais práticos possuem energia finita e, portanto, são sinais de energia. Um sinal de potência deve necessariamente ter duração infinita, caso contrário sua potência, a qual é sua energia média em um intervalo de tempo infinitamente grande, não atingirá um limite (não nulo). Claramente, é impossível gerar um sinal puramente de potência na prática, pois tal sinal teria duração infinita e uma energia infinita.

Além disso, devido à repetição periódica, sinais periódicos, nos quais a área sob $|x(t)|^2$ em um período é finita, são sinais de potência. Entretanto, nem todos os sinais de potência são periódicos.

EXERCÍCIO E1.6

Mostre que a exponencial de duração infinita e^{-at} não é nem um sinal de energia nem de potência para qualquer valor real de a. Entretanto, se a for imaginário, ela é um sinal de potência por potência $P_x = 1$, independente do valor de a.

1.3-5 Sinais Determinísticos e Aleatórios

Um sinal cuja descrição física é completamente conhecida, seja na forma matemática ou na forma gráfica é um *sinal determinístico*. Um sinal cujos valores não podem ser preditos precisamente, mas são conhecidos apenas em termos de uma descrição probabilística, tal como o valor médio ou valor médio quadrático, são *sinais aleatórios*. Neste livro, trabalharemos exclusivamente com sinais determinísticos. Os sinais aleatórios estão além do escopo deste estudo.

1.4 ALGUNS MODELOS ÚTEIS DE SINAIS

Na área de sinais e sistemas, as funções degrau, impulso e exponencial possuem um papel muito importante. Elas não apenas servem como a base para a representação de outros sinais, mas também podem ser utilizadas para simplificar vários aspectos de sinais e sistemas.

1.4-1 Função Degrau Unitário $u(t)$

Em várias de nossas discussões, os sinais começam em $t = 0$ (sinais causais). Tais sinais podem ser convenientemente descritos em termos da função degrau unitário $u(t)$, mostrada na Fig. 1.14a. Esta função é definida por

$$u(t) = \begin{cases} 1 & t \geq 0 \\ 0 & t < 0 \end{cases} \tag{1.20}$$

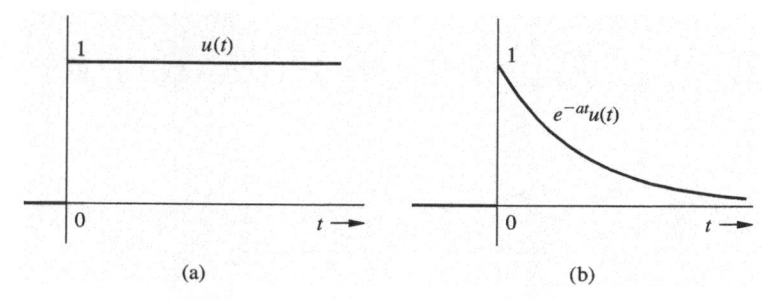

Figura 1.14 (a) Função degrau unitário $u(t)$. (b) Exponencial $e^{-at}u(t)$.

Se quisermos um sinal que comece em $t = 0$ (de tal forma que ele possua valor nulo para $t < 0$), precisamos apenas multiplicar o sinal por $u(t)$. Por exemplo, o sinal e^{-at} representa uma exponencial com duração infinita que começa em $t = -\infty$. A forma causal desta exponencial (Fig. 1.14b) pode ser descrita como $e^{-at}u(t)$.

A função degrau unitário também é muito útil para especificar uma função com diferentes descrições matemáticas em diferentes intervalos. Exemplos de tais funções são mostradas na Fig. 1.7. Essas funções possuem diferentes descrições matemáticas em diferentes segmentos de tempo, como visto nas Eqs. (1.14), (1.15a) e (1.15b). Tais descrições geralmente são trabalhosas e inconvenientes de serem matematicamente trabalhadas. Podemos utilizar a função degrau unitário para descrever tais funções por uma única expressão válida para todo t.

Considere, por exemplo, o pulso retangular mostrado na Fig. 1.15a. Podemos descrever este pulso em termos de funções degrau observando que o pulso $x(t)$ pode ser descrito como a soma de dois degraus unitários atrasados, como mostrado na Fig. 1.15b. A função degrau unitário $u(t)$ atrasada em T segundos é $u(t - T)$. A partir da Fig. 1.15b, é fácil ver que

$$x(t) = u(t - 2) - u(t - 4)$$

1.4-2 A Função Impulso Unitário $\delta(t)$

A função impulso unitário $\delta(t)$ é uma das mais importantes funções no estudo de sinais e sistemas. Esta função foi inicialmente definida por P. A. M. Dirac por

$$\delta(t) = 0 \quad t \neq 0$$
$$\int_{-\infty}^{\infty} \delta(t)\,dt = 1 \quad (1.21)$$

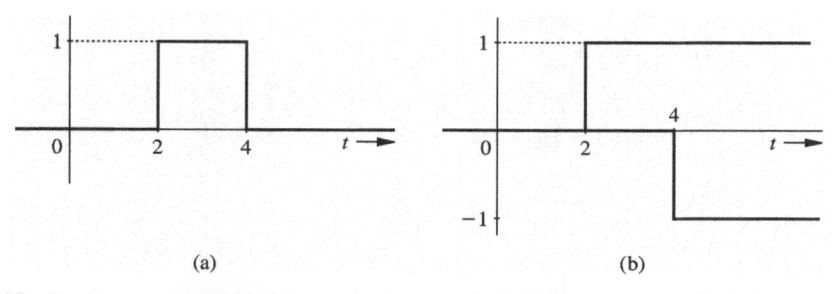

Figura 1.15 Representação de um pulso retangular através de funções degrau unitário.

EXEMPLO 1.6

Descreva o sinal da Fig. 1.16a.

(a)

(b)

(c)

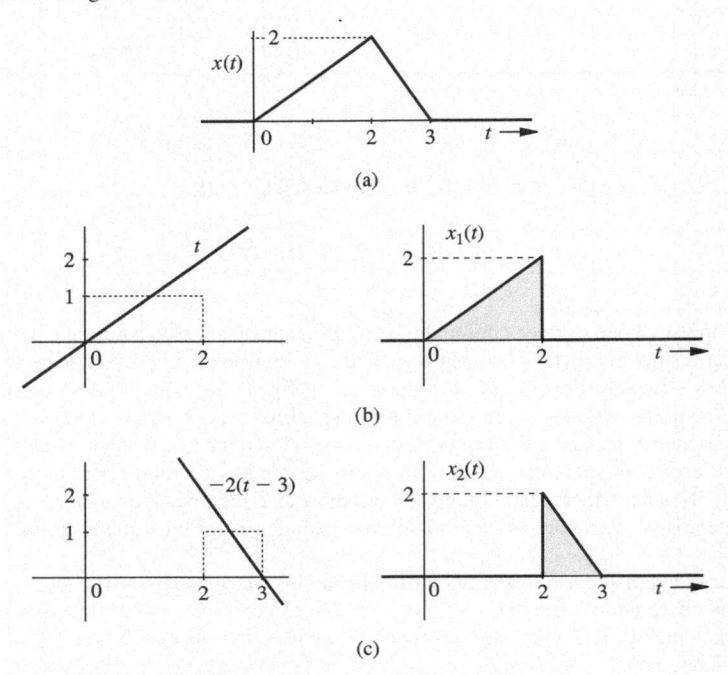

Figura 1.16 Representação de um sinal definido intervalo por intervalo.

O sinal ilustrado na Fig. 1.16a pode ser convenientemente trabalhado separando-o em duas componentes $x_1(t)$ e $x_2(t)$, mostradas na Fig. 1.16b e 1.16c, respectivamente. Desta forma $x_1(t)$ pode ser obtido pela multiplicação da rampa t pelo pulso $u(t) - u(t - 2)$, como mostrado na Fig. 1.16b. Logo

$$x_1(t) = t[u(t) - u(t-2)]$$

O sinal $x_2(t)$ pode ser obtido pela multiplicação de outra rampa pelo pulso ilustrado na Fig. 1.16c. Esta rampa possui inclinação -2, logo ela pode ser descrita por $-2t + c$. Agora, como a rampa possui valor zero para $t = 3$, então $c = 6$ e a rampa pode ser descrita por $-2(t - 3)$. Além disso, o pulso da Fig. 1.16c é $u(t - 2) - u(t - 3)$. Portanto,

$$x_2(t) = -2(t-3)[u(t-2) - u(t-3)]$$

e

$$\begin{aligned} x(t) &= x_1(t) + x_2(t) \\ &= t[u(t) - u(t-2)] - 2(t-3)[u(t-2) - u(t-3)] \\ &= tu(t) - 3(t-2)u(t-2) + 2(t-3)u(t-3) \end{aligned}$$

EXEMPLO 1.7

Descreva o sinal da Fig. 1.7a através de uma única expressão válida para todo t.

Considerando o intervalo de $-1,5$ a 0, o sinal pode ser descrito pela constante 2 e para o intervalo de 0 a 3, ele pode ser descrito por $2e^{-t/2}$. Logo,

$$x(t) = \underbrace{2[u(t+1,5) - u(t)]}_{x_1(t)} + \underbrace{2e^{-t/2}[u(t) - u(t-3)]}_{x_2(t)}$$

$$= 2u(t+1,5) - 2(1 - e^{-t/2})u(t) - 2e^{-t/2}u(t-3)$$

Compare esta expressão com a expressão para a mesma função encontrada na Eq. (1.14).

EXERCÍCIO E1.7

Mostre que os sinais apresentados na Fig. 1.17a e 1.17b podem ser descritos como $u(-t)$ e $e^{-at}u(-t)$, respectivamente.

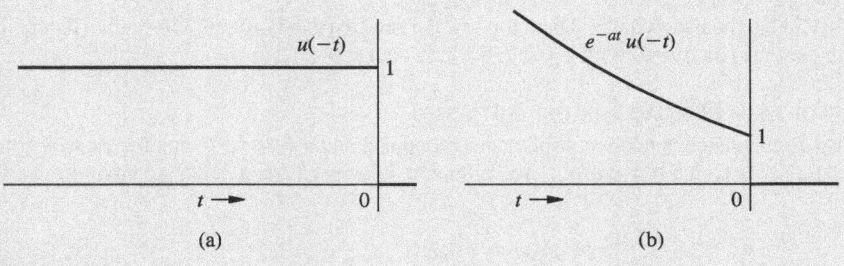

Figura 1.17

EXERCÍCIO E1.8

Mostre que o sinal da Fig. 1.18 pode ser descrito por

$$x(t) = (t-1)u(t-1) - (t-2)u(t-2) - u(t-4)$$

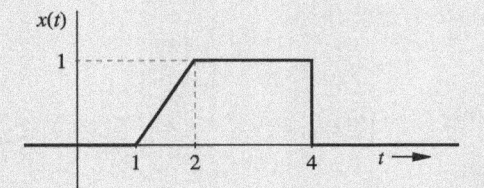

Figura 1.18

Podemos visualizar um impulso como um pulso retangular alto e estreito com área unitária, como ilustrado na Fig. 1.19b. A largura deste pulso retangular é um valor muito pequeno $\epsilon \to 0$. Consequentemente, sua altura é um valor muito grande $1/\epsilon \to \infty$. O impulso unitário pode, portanto, ser imaginado como um pulso retangular com largura infinitamente pequena e altura infinitamente grande e com uma área total que é mantida igual a um. Portanto, $\delta(t) = 0$ em todo tempo menos para $t = 0$, onde ele é indefinido. Por esta razão, um impulso unitário é representado pela seta da Fig. 1.9a.

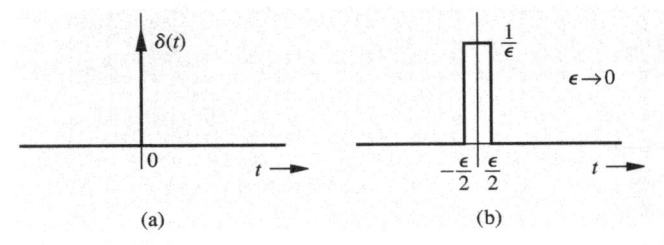

Figura 1.19 Um impulso unitário e sua aproximação.

Outros pulsos, tais como o exponencial, triangular ou Gaussiano também podem ser utilizados como uma aproximação do impulso. A característica importante da função impulso unitário não é sua forma, mas o fato de que sua duração efetiva (largura do pulso) tende para zero enquanto que a sua área permanece unitária. Por exemplo, o pulso exponencial $\alpha e^{-\alpha t} u(t)$ da Fig. 1.20a se torna alto e estreito quando α aumenta. No limite de $\alpha \to \infty$ a altura do pulso $\to \infty$ e sua largura ou duração $\to 0$. Ainda assim, a área debaixo do pulso é unitária, independente do valor assumido para α, pois

$$\int_0^\infty \alpha e^{-\alpha t}\, dt = 1 \tag{1.22}$$

Os pulsos da Fig. 1.20b e 1.20c possuem um comportamento similar. Obviamente, a função impulso exata não pode ser gerada na prática, ela pode apenas ser aproximada.

A partir da Eq. (1.21), temos que $k\delta(t) = 0$ para todo $t \neq 0$ e sua área é k. Portanto, $k\delta(t)$ é uma função impulso cuja área é k (ao contrário da função impulso unitário, cuja área é 1).

Multiplicação de uma Função por um Impulso

Vamos considerar o que acontece quando multiplicamos o impulso unitário $\delta(t)$ por uma função $\phi(t)$ que sabemos ser contínua para $t = 0$. Como o impulso possui valor não nulo apenas para $t = 0$, e o valor $\phi(t)$ para $t = 0$ é $\phi(0)$, obtemos

$$\phi(t)\delta(t) = \phi(0)\delta(t) \tag{1.23a}$$

Portanto, a multiplicação de uma função contínua no tempo $\phi(t)$ pelo impulso unitário localizado em $t = 0$ resulta em um impulso, o qual é localizado em $t = 0$ e possui força $\phi(0)$ [o valor de $\phi(t)$ na localização do impulso]. O uso do mesmo argumento resulta na generalização deste resultado, afirmando que dada $\phi(t)$ contínua em $t = T$, $\phi(t)$ multiplicado por um impulso $\delta(t - T)$ (impulso localizado em $t = T$) resulta em um impulso localizado em $t = T$ e com força $\phi(T)$ [o valor de $\phi(t)$ na localização do impulso].

$$\phi(t)\delta(t - T) = \phi(T)\delta(t - T) \tag{1.23b}$$

Propriedade de Amostragem da Função Impulso Unitário

A partir da Eq. (1.23a), temos que

$$\int_{-\infty}^{\infty} \phi(t)\delta(t)\, dt = \phi(0) \int_{-\infty}^{\infty} \delta(t)\, dt$$
$$= \phi(0) \tag{1.24a}$$

desde que $\phi(t)$ seja contínua para $t = 0$. Este resultado significa que *a área sob o produto de uma função com o impulso $\delta(t)$ é igual ao valor da função no instante no qual o impulso é localizado*. Esta propriedade é muito importante e útil, sendo conhecida como *propriedade de amostragem* do impulso unitário.

Utilizando a Eq. (1.23b), temos que

$$\int_{-\infty}^{\infty} \phi(t)\delta(t - T)\, dt = \phi(T) \tag{1.24b}$$

CAPÍTULO 1 SINAIS E SISTEMAS 95

(a) | **(b)** | **(c)**

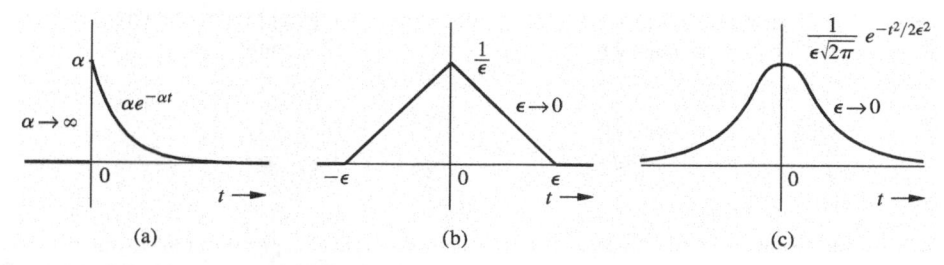

Figura 1.20 Outras possíveis aproximações do impulso unitário.

A Eq. (1.24b) é outra forma da propriedade de amostragem. No caso da Eq. (1.24b), o impulso $\delta(t - T)$ está localizado em $t = T$. Portanto, a área sob $\phi(t)\delta(t - T)$ é $\phi(T)$, o valor de $\phi(t)$ no instante no qual o impulso está localizado (para $t = T$). Na obtenção dessa equação, consideramos que a função é contínua no instante de localização do impulso.

IMPULSO UNITÁRIO COMO FUNÇÃO GENERALIZADA

A definição da função impulso unitário dada pela Eq. (1.21) não é matematicamente rigorosa, a qual resulta em sérias dificuldades. Inicialmente, a função impulso não define uma única função: por exemplo, pode ser mostrado que $\delta(t) + \dot{\delta}(t)$ também satisfaz a Eq. (1.21).[1] Além disso, $\delta(t)$ não é nem mesmo uma função verdadeira no sentido ordinário. Uma função ordinária é especificada por seus valores para todo o tempo t. A função impulso é zero em todo tempo exceto $t = 0$ e, mesmo na única parte interessante de sua faixa, ela é indefinida. Estas dificuldades são resolvidas pela definição do impulso como uma função generalizada no lugar de uma função ordinária. Uma *função generalizada* é definida por seu efeito em outras funções em vez de seus valores em todo instante de tempo.

Nessa abordagem, a função impulso é definida pela propriedade da amostragem [Eqs. (1.24)]. Desta forma não dizemos nada sobre o que é a função impulso ou como ela se parece. Em vez disso, a função impulso é definida em termos de seu efeito em uma função de teste $\phi(t)$. Definimos o impulso unitário como uma função na qual a área sob o seu produto com a função $\phi(t)$ é igual ao valor da função $\phi(t)$ no instante no qual o impulso está localizado. Assume-se que $\phi(t)$ é contínua na localização do impulso. Portanto, tanto a Eq. (1.24a) quanto a Eq. (1.24b) servem como definição da função impulso nesta abordagem. Lembre-se de que a propriedade de amostragem [Eqs. (1.24)] é consequência da definição clássica (Dirac) do impulso da Eq. (1.21). Em contraste, *a propriedade de amostragem [eqs.(1.24)] define a função impulso na abordagem de função generalizada*.

Agora, apresentaremos uma aplicação interessante da definição de função generalizada de um impulso. Como a função degrau unitário $u(t)$ é descontínua para $t = 0$, sua derivada du/dt não existe para $t = 0$ no sentido ordinário. Mostraremos, agora, que sua derivada existe no sentido generalizado e vale, de fato, $\delta(t)$. Como prova, vamos calcular a integral de $(du/dt)\phi(t)$, usando integração por partes

$$\int_{-\infty}^{\infty} \frac{du}{dt}\phi(t)\,dt = u(t)\phi(t)\Big|_{-\infty}^{\infty} - \int_{-\infty}^{\infty} u(t)\dot{\phi}(t)\,dt \quad (1.25)$$

$$= \phi(\infty) - 0 - \int_{0}^{\infty} \dot{\phi}(t)\,dt$$

$$= \phi(\infty) - \phi(t)\big|_{0}^{\infty}$$

$$= \phi(0) \quad (1.26)$$

Esse resultado mostra que du/dt satisfaz a propriedade de amostragem de $\delta(t)$. Portanto, ele é um impulso $\delta(t)$ no sentido generalizado, ou seja,

$$\frac{du}{dt} = \delta(t) \quad (1.27)$$

Consequentemente,

$$\int_{-\infty}^{t} \delta(\tau)\,d\tau = u(t) \quad (1.28)$$

Esses resultados também podem ser obtidos graficamente a partir da Fig. 1.19b. Observe que a área de $-\infty$ a t sob o limite imposto por $\delta(t)$ da Fig. 1.19b é zero se $t < -\epsilon/2$ e unitário se $t \geq \epsilon/2$ com $\epsilon \to 0$. Consequentemente,

$$\int_{-\infty}^{t} \delta(\tau) d\tau = \begin{cases} 0 & t < 0 \\ 1 & t \geq 0 \end{cases}$$

$$= u(t)$$

(1.29)

Esse resultado mostra que a função degrau unitário pode ser obtida integrando a função impulso unitário. Similarmente, a função rampa unitária $x(t) = tu(t)$ pode ser obtida integrando a função degrau unitário. Podemos continuar com a função parábola unitária $t^2/2$, obtida pela integração da rampa unitária e assim por diante. Por outro lado, temos as derivadas da função impulso, que podem ser definidas como funções generalizadas (veja o Problema 1.4-9). Todas essas funções, derivadas da função impulso unitário (sucessivas diferenciais e integrais) são chamadas de *funções de singularidade*.[†]

EXERCÍCIO E1.9

Mostre que

(a) $(t^3 + 3)\delta(t) = 3\delta(t)$

(b) $\left[\operatorname{sen}\left(t^2 - \dfrac{\pi}{2}\right)\right] \delta(t) = -\delta(t)$

(c) $e^{-2t}\delta(t) = \delta(t)$

(d) $\dfrac{\omega^2 + 1}{\omega^2 + 9} \delta(\omega - 1) = \dfrac{1}{5}\delta(\omega - 1)$

EXERCÍCIO E1.10

Mostre que

(a) $\displaystyle\int_{-\infty}^{\infty} \delta(t) e^{-j\omega t} dt = 1$

(b) $\displaystyle\int_{-\infty}^{\infty} \delta(t-2) \cos\left(\dfrac{\pi t}{4}\right) dt = 0$

(c) $\displaystyle\int_{-\infty}^{\infty} e^{-2(x-t)} \delta(2-t) dt = e^{-2(x-2)}$

1.4-3 Função Exponencial e^{st}

Outra importante função na área de sinais e sistemas é o sinal exponencial e^{st}, onde s é, geralmente, um número complexo, dado por

$$s = \sigma + j\omega$$

Logo,

$$e^{st} = e^{(\sigma + j\omega)t} = e^{\sigma t} e^{j\omega t} = e^{\sigma t}(\cos \omega t + j \operatorname{sen} \omega t)$$

(1.30a)

[†] Funções de singularidade foram definidas pelo Prof. S. J. Mason como mostrado a seguir: Uma singularidade é um ponto no qual uma função não possui derivada. Cada uma das funções de singularidade (se não for a própria função, então a função diferenciada um número finito de vezes) possui um ponto singular na origem, sendo nula em todas as demais posições.[2]

Como $s^* = \sigma - j\omega$ (o conjugado de s), então

$$e^{s^*t} = e^{\sigma - j\omega} = e^{\sigma t}e^{-j\omega t} = e^{\sigma t}(\cos \omega t - j \operatorname{sen} \omega t) \tag{1.30b}$$

e

$$e^{\sigma t} \cos \omega t = \tfrac{1}{2}(e^{st} + e^{s^*t}) \tag{1.30c}$$

Comparando esta equação com a Fórmula de Euler vemos que e^{st} é a generalização da função $e^{j\omega t}$, na qual a variável de frequência $j\omega$ é generalizada para a variável complexa $s = \sigma + j\omega$. Por esta razão, iremos chamar a variável s de *frequência complexa*. A partir das Eqs. (1.30), temos que a função e^{st} engloba uma grande classe de funções. As seguintes funções são um caso especial ou podem ser descritas em termos de e^{st}:

1. Uma constante $k = ke^{0t}$ ($s = 0$)
2. Uma exponencial monotônica $e^{\sigma t}$ ($\omega = 0, s = \sigma$)
3. Uma senoide $\cos \omega t$ ($\sigma = 0, s = \pm j\omega$)
4. Uma senoide variando exponencialmente $e^{\sigma t}\cos \omega t$ ($s = \sigma \pm j\omega$)

Essas funções estão mostradas na Fig. 1.21.

A frequência complexa s pode ser representada convenientemente em uma *plano de frequência complexa* (plano s), como mostrado na Fig. 1.22. O eixo horizontal é o eixo real (eixo σ) e o eixo vertical é o eixo imaginário (eixo $j\omega$). O valor absoluto da parte imaginária de s é $|\omega|$ (a frequência angular), a qual indica a frequência de oscilação de e^{st}. A parte real σ (frequência *neperiana*) possui informação sobre a taxa de crescimento ou decrescimento (decaimento) da amplitude de e^{st}. Para sinais cuja frequência complexa está no eixo real (eixo σ, no qual $\omega = 0$), a frequência de oscilação é zero. Consequentemente, esses sinais são exponenciais monotonicamente crescentes ou decrescentes (Fig. 1.21a). Para sinais cuja frequência está no eixo imaginário (eixo $j\omega$, com $\sigma = 0$), $e^{\sigma t} = 1$. Portanto, esses sinais são senoides convencionais com amplitude constantes (Fig. 1.21b). O caso $s = 0$ ($\omega = \sigma = 0$) corresponde a um sinal constante (CC) pois $e^{0t} = 1$. Para os sinais ilustrados na Fig. 1.21c e 1.21d, tanto σ quanto ω são não nulos, e a frequência s é complexa e não está sobre nenhum eixo. O sinal da Fig. 1.21c decai exponencialmente. Portanto, σ é negativo e s está a esquerda do eixo imaginário. Em contrapartida, o sinal da Fig. 1.21d cresce exponencialmente, logo σ é positivo e s está no lado direito do eixo imaginário. Portanto, o plano s (Fig. 1.22) pode ser separado em duas partes: o semiplano esquerdo (SPE), correspondendo a sinais exponencialmente decrescentes, e o semiplano direito (SPD), correspondendo a sinais exponencialmente crescentes. O eixo imaginário divide as duas regiões e corresponde a sinais de amplitude constante.

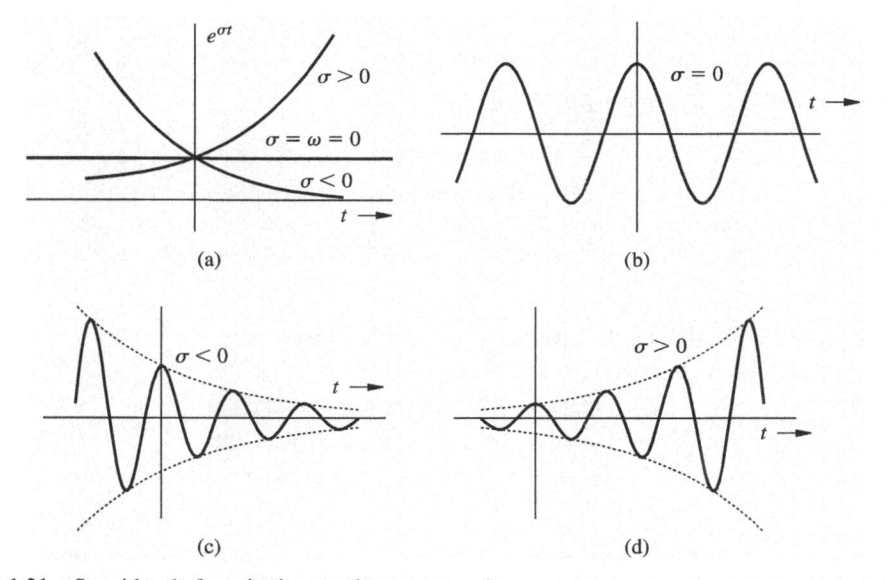

Figura 1.21 Senoides de frequência complexa $s = \sigma + j\omega$.

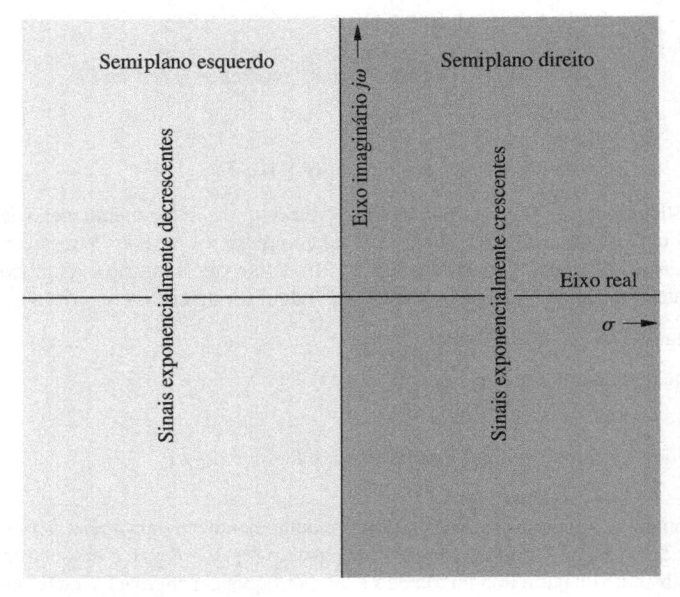

Figura 1.22 Plano da frequência complexa.

Uma senoide exponencialmente crescente $e^{2t} \cos 5t$, por exemplo, pode ser descrita como uma combinação linear das exponenciais $e^{(2+j5)t}$ e $e^{(2-j5)t}$ com frequências complexas $2 + j5$ e $2 - j5$, respectivamente, as quais estão no SPD. A senoide exponencialmente decrescente $e^{-2t} \cos 5t$ pode ser descrita pela combinação linear das exponenciais $e^{-(2+j5)t}$ e $e^{-(2-j5)t}$ com frequências complexas $-2 + j5$ e $-2 - j5$, respectivamente, as quais estão no SPE. A senoide com amplitude constante $\cos 5t$ pode ser expressa como a combinação linear das exponenciais e^{j5t} e e^{-j5t} com frequências complexas $\pm j5$, as quais estão sobre o eixo imaginário. Observe que exponenciais monotônicas $e^{\pm 2t}$ também são senoides generalizadas com frequências complexas ± 2.

1.5 FUNÇÕES PARES E ÍMPARES

Uma função real $x_e(t)$ é dita ser uma *função par* de t se[†]

$$x_e(t) = x_e(-t) \quad (1.31)$$

e uma função real $x_o(t)$ é dita ser uma *função ímpar* de t se

$$x_o(t) = -x_o(-t) \quad (1.32)$$

Uma função par possui o mesmo valor para os instantes t e $-t$ para todos os valores de t. Claramente, $x_e(t)$ é simétrico com relação ao eixo vertical, como mostrado na Fig. 1.23a. Por outro lado, o valor de uma função ímpar no instante t é o negativo de seu valor no instante $-t$. Portanto, $x_o(t)$ é antisimétrico com relação ao eixo vertical, como ilustrado na Fig. 1.23b.

1.5-1 Algumas Propriedades de Funções Pares e Ímpares

As funções pares e ímpares possuem as seguintes propriedades:

$$\text{função par} \times \text{função ímpar} = \text{função ímpar}$$
$$\text{função ímpar} \times \text{função ímpar} = \text{função par}$$
$$\text{função par} \times \text{função par} = \text{função par}$$

[†] Um sinal complexo $x(t)$ é dito ser *conjugado simétrico* se $x(t) = x^*(-t)$. Um sinal conjugado simétrico real é um sinal par. Um sinal é *conjugado antisimétrico* se $x(t) = -x^*(-t)$. Um sinal conjugado antisimétrico real é um sinal ímpar.

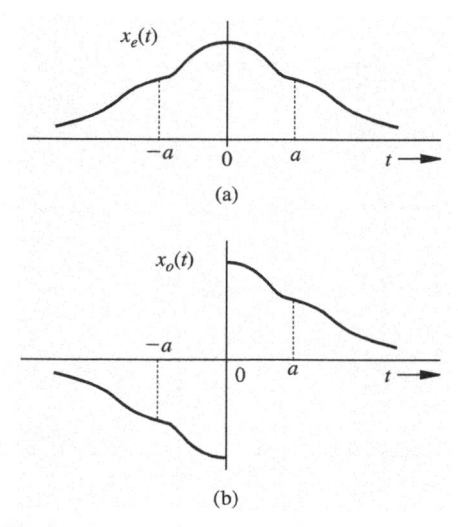

Figura 1.23 Funções de t: (a) função par e (b) função ímpar.

As provas são triviais e seguem diretamente da definição de funções ímpares e pares [Eqs. (1.31) e (1.32)].

ÁREA
Como $x_e(t)$ é simétrica com relação ao eixo vertical, a partir da Fig. 1.23a, temos

$$\int_{-a}^{a} x_e(t)\, dt = 2 \int_{0}^{a} x_e(t)\, dt \qquad (1.33a)$$

Também é claro a partir da Fig. 1.23b que

$$\int_{-a}^{a} x_o(t)\, dt = 0 \qquad (1.33b)$$

Esses resultados são válidos se considerarmos que não existe um impulso (ou suas derivadas) na origem. A prova destas afirmativas é óbvia a partir dos gráficos das funções par e ímpar. A prova formal, deixada como um exercício para o leitor, pode ser obtida usando as definições das Eqs. (1.31) e (1.32).

Em função de suas propriedades, o estudo de funções ímpares e pares se mostra útil em diversas aplicações, como será evidente nos capítulos seguintes.

1.5-2 Componentes Pares e Ímpares de um Sinal

Todo sinal $x(t)$ pode ser descrito como a soma de componentes pares e ímpares pois

$$x(t) = \underbrace{\tfrac{1}{2}[x(t) + x(-t)]}_{\text{par}} + \underbrace{\tfrac{1}{2}[x(t) - x(-t)]}_{\text{ímpar}} \qquad (1.34)$$

A partir das definições das Eqs. (1.31) e (1.32), podemos ver claramente que a primeira componente do lado direito é uma função par, enquanto que a segunda componente é ímpar. Isso é evidente pois a substituição de t por $-t$ na primeira componente resulta na mesma função. O mesmo artifício na segunda componente resulta no negativo da componente.

Considere a função

$$x(t) = e^{-at}u(t)$$

Escrevendo essa função como a soma de componentes pares e ímpares $x_e(t)$ e $x_o(t)$, obtemos

$$x(t) = x_e(t) + x_o(t)$$

onde [a partir da Eq. (1.34)]

$$x_e(t) = \tfrac{1}{2}[e^{-at}u(t) + e^{at}u(-t)] \qquad (1.35a)$$

e

$$x_o(t) = \tfrac{1}{2}[e^{-at}u(t) - e^{at}u(-t)] \qquad (1.35b)$$

A função $e^{-at}u(t)$ e suas componentes pares e ímpares são mostradas na Fig. 1.24

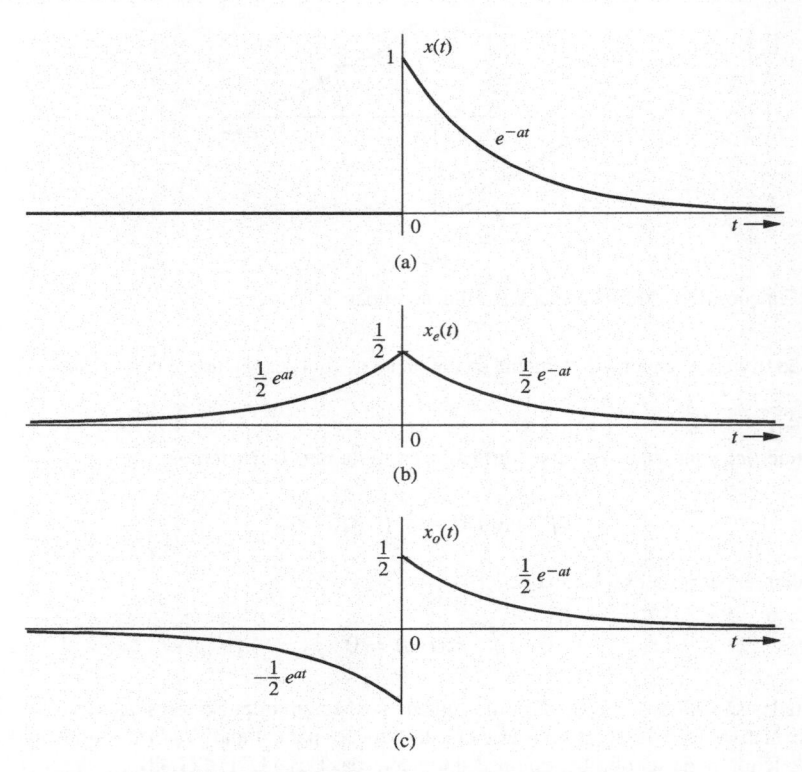

Figura 1.24 Determinação das componentes pares e ímpares de um sinal.

EXEMPLO 1.8

Determine as componentes pares e ímpares de e^{jt}.

A partir da Eq. (1.34)

$$e^{jt} = x_e(t) + x_o(t)$$

onde

$$x_e(t) = \tfrac{1}{2}[e^{jt} + e^{-jt}] = \cos t$$

e

$$x_o(t) = \tfrac{1}{2}[e^{jt} - e^{-jt}] = j \operatorname{sen} t$$

1.6 SISTEMAS

Como mencionado na Seção 1.1, sistemas são utilizados para processar sinais para permitir modificação ou extração de informação adicional dos sinais. Um sistema pode ser constituído por componentes físicos (implementação em *hardware*) ou pode ser um algoritmo que calcula o sinal de saída a partir de um sinal de entrada (implementação em *software*).

Falando genericamente, um sistema físico é constituído por componentes interconectados, os quais são caracterizados por sua relação terminal (entrada/saída). Além disso, o sistema é governado pelas leis de interconexão. Por exemplo, em sistemas elétricos, as relações terminais são as relações tensão/corrente que conhecemos para resistores, capacitores, indutores, transformadores, transistores e assim por diante, além das leis de interconexão (por exemplo, leis de Kirchhoff). Usando estas leis, podemos determinar equações matemáticas relacionando as saídas às entradas. Estas equações, então, representam o *modelo matemático* do sistema.

Um sistema pode ser convenientemente ilustrado por uma "caixa preta", como um conjunto de terminais acessíveis nos quais as variáveis de entrada $x_1(t)$, $x_2(t)$,..., $x_j(t)$ são aplicadas e outro conjunto de terminais acessíveis nos quais as variáveis de saída $y_1(t)$, $y_2(t)$,..., $y_k(t)$ são observadas (Fig. 1.25).

O estudo de sistemas consiste em três grandes áreas: modelagem matemática, análise e projeto. Apesar de estarmos trabalhando com modelagem matemática, nosso objetivo principal está na análise e projeto. A maior parte deste livro é dedicada ao problema de análise – como determinar as saídas do sistema para dadas entradas, dado o modelo matemático do sistema (ou regras que governam o sistema). Em uma proporção menor, também iremos considerar o problema de projeto ou síntese – como construir um sistema que irá produzir um determinado conjunto de saídas de dadas entradas.

DADOS NECESSÁRIOS PARA DETERMINAR A RESPOSTA DO SISTEMA

Para compreender quais dados são necessários para calcular a resposta de um sistema, considere um circuito *RC* simples com uma fonte de corrente $x(t)$ como entrada (Fig. 1.26). A tensão de saída $y(t)$ é dada por

$$y(t) = Rx(t) + \frac{1}{C} \int_{-\infty}^{t} x(\tau)\,d\tau \qquad (1.36a)$$

Os limites de integração do lado direito são de $-\infty$ a t, pois essa integral representa a carga do capacitor devido ao fluxo da corrente $x(t)$ no capacitor e sua carga é o resultado da corrente fluindo no capacitor desse $-\infty$. Dessa forma, a Eq. (1.36a) pode ser escrita como

$$y(t) = Rx(t) + \frac{1}{C} \int_{-\infty}^{0} x(\tau)\,d\tau + \frac{1}{C} \int_{0}^{t} x(\tau)\,d\tau \qquad (1.36b)$$

O 2º termo do lado direito é $v_C(0)$, a tensão do capacitor para $t = 0$. Portanto,

$$y(t) = v_C(0) + Rx(t) + \frac{1}{C} \int_{0}^{t} x(\tau)\,d\tau \qquad t \geq 0 \qquad (1.36c)$$

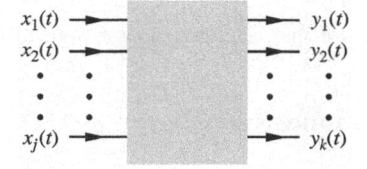

Figura 1.25 Representação de um sistema.

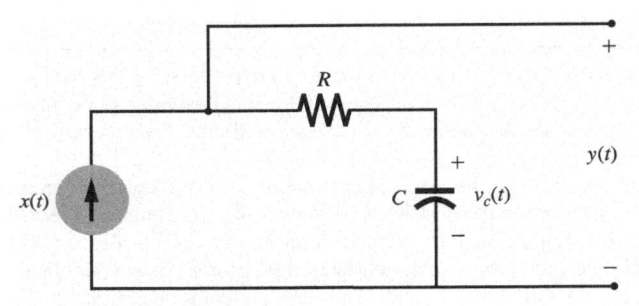

Figura 1.26 Exemplo de um sistema elétrico simples.

Essa equação pode ser facilmente generalizada para

$$y(t) = v_C(t_0) + Rx(t) + \frac{1}{C}\int_{t_0}^{t} x(\tau)\,d\tau \qquad t \geq t_0 \tag{1.36d}$$

A partir da Eq. (1.36a), a tensão de saída $y(t)$ no instante t pode ser calculada se soubermos a corrente de entrada fluindo no capacitor durante todo o seu passado ($-\infty$ a t). Alternativamente, se soubermos a corrente de entrada $x(t)$ em algum momento t_0, então ainda podemos calcular $y(t)$ para $t \geq t_0$ a partir do conhecimento da corrente de entrada, desde que saibamos $v_C(t_0)$, a tensão inicial do capacitor (tensão em t_0). Portanto $v_C(t_0)$ contém toda informação relevante sobre todo o passado do circuito ($-\infty$ a t_0) que precisamos para calcular $y(t)$ para $t \geq t_0$. Dessa forma, a resposta do sistema para $t \geq t_0$ pode ser determinada de sua entrada(s) durante o intervalo para t_0 a t e de certas *condições iniciais* em $t = t_0$.

No exemplo anterior, precisamos de apenas uma condição inicial. Entretanto, em sistemas mais complexos, várias condições iniciais podem ser necessárias. Sabemos, por exemplo, que em circuitos *RLC* passivos, os valores iniciais de todas as correntes nos indutores e todas as tensões nos capacitores[†] são necessárias para determinar a saída em qualquer instante $t \geq 0$ se as entradas forem fornecidas no intervalo [0, t].

1.7 Classificação de Sistemas

Os sistemas podem ser classificados genericamente nas seguintes categorias:

1. Sistemas lineares e não lineares
2. Sistemas com parâmetros constantes ou com parâmetros variando no tempo
3. Sistemas instantâneos (sem memória) ou dinâmicos (com memória)
4. Sistemas causais ou não causais
5. Sistemas contínuos ou discretos no tempo
6. Sistemas analógicos ou digitais
7. Sistemas inversíveis ou não inversíveis
8. Sistemas estáveis ou instáveis

Outras classificações, tais como sistemas determinísticos e probabilísticos, estão além do escopo deste livro e não serão consideradas.

1.7-1 Sistemas Lineares e Não Lineares

CONCEITO DE LINEARIDADE

Um sistema cuja saída seja proporcional a sua entrada é um *exemplo* de um sistema linear. Mas a linearidade implica em mais do que isto, ela também implica a *propriedade aditiva*. Ou seja, se várias entradas estão atuando em um

---

[†] Falando estritamente, isso implica correntes de indutores independentes e tensões de capacitores independentes.

sistema, então o efeito total no sistema devido a todas estas entradas pode ser determinado considerando uma entrada por vez e assumindo todas as outras entradas iguais a zero. O efeito total é, então, a soma de todas as componentes de efeito. Esta propriedade pode ser descrita por: para um sistema linear, se uma entrada x_1 está atuando sozinha e possui efeito y_1, e se outra entrada x_2 também atua sozinha e possui efeito y_2, então, quando as duas entradas estiverem atuando no sistema, o efeito total será $y_1 + y_2$. Portanto, se

$$x_1 \longrightarrow y_1 \quad \text{e} \quad x_2 \longrightarrow y_2 \tag{1.37}$$

então, para todo x_1 e x_2

$$x_1 + x_2 \longrightarrow y_1 + y_2 \tag{1.38}$$

Além disso, um sistema linear deve satisfazer a propriedade de *homogeneidade* ou escalamento, a qual afirma que para uma número real ou imaginário arbitrário k, se uma entrada aumentar k vezes, seu efeito também aumentará k vezes. Portanto, se

$$x \longrightarrow y$$

então para todo k real ou imaginário

$$kx \longrightarrow ky \tag{1.39}$$

Logo, a linearidade implica duas propriedades: homogeneidade (escalamento) e aditividade.[†] As duas propriedades podem ser combinadas em uma única propriedade (*superposição*), a qual é descrita como mostrado a seguir. Se,

$$x_1 \longrightarrow y_1 \quad \text{e} \quad x_2 \longrightarrow y_2$$

então para todos os valores de constantes k_1 e k_2,

$$k_1 x_1 + k_2 x_2 \longrightarrow k_1 y_1 + k_2 y_2 \tag{1.40}$$

Essa equação é válida para todo x_1 e x_2.

Pode parecer que a aditividade implica a homogeneidade. Infelizmente, a homogeneidade nem sempre é consequência da aditividade. O Exercício E1.11 demonstrará este caso.

EXERCÍCIO E1.11

Mostre que um sistema com entrada $x(t)$ e saída $y(t)$ relacionadas por $y(t) = Re\{x(t)\}$ satisfaz a propriedade de aditividade mas viola a propriedade de homogeneidade. Logo, tal sistema é não linear. [Dica: Mostre que a Eq. (1.39) não é satisfeita quando k é complexo.]

RESPOSTA DE UM SISTEMA LINEAR

Por questões de simplicidade, iremos discutir apenas sistemas *SISO* (*single-input, single-output**). Mas a discussão pode ser facilmente estendida para sistemas *MIMO* (*multiple-input, multiple-output***).

A saída de um sistema para $t \geq 0$ é o resultado de duas causas independentes: a condição inicial do sistema (ou o estado do sistema) para $t = 0$ e a entrada $x(t)$ para $t \geq 0$. Se um sistema é linear, a saída deve ser a soma das suas componentes resultantes destas duas causas: primeiro, a componente de *reposta a entrada nula* que resulta somente das condições iniciais para $t = 0$ com a entrada $x(t) = 0$ para $t \geq 0$ e, então, a componente de *resposta a estado nulo* que resulta apenas da entrada $x(t)$ para $t \geq 0$ quando as condições iniciais (para $t = 0$) são consideradas iguais a zero. Quando todas as condições iniciais apropriadas são nulas, o sistema é dito estar em *estado nulo*. A saída do sistema é nula quando a entrada é nula somente se o sistema estiver no estado nulo.

[†] Um sistema linear também deve satisfazer a condição adicional de *suavidade*, onde pequenas alterações nas entradas do sistema resultam em pequenas alterações em suas saídas.[3]

[*] N. de T.: Única entrada, única saída. Apesar de haver uma tradução para o termo, encontra-se mais frequentemente, na literatura, o termo em inglês, o qual será adotado neste livro.

[**] N. de T.: Várias entradas, várias saídas. Apesar de haver uma tradução para o termo, encontra-se mais frequentemente, na literatura, o termo em inglês, o qual será adotado neste livro.

Em resumo, a resposta de um sistema linear pode ser expressa como a soma das componentes de entrada nula e estado nulo:

resposta total = resposta entrada nula + resposta estado nulo (1.41)

Essa propriedade de sistemas lineares, a qual permite a separação de uma saída em componentes resultantes das condições iniciais e da entrada, é chamada de *propriedade de decomposição*.
Para o circuito RC da Fig. 1.26, a resposta $y(t)$ foi determinada como sendo [veja Eq. (1.36c)]

$$y(t) = \underbrace{v_C(0)}_{\text{componente entrada nula}} + \underbrace{Rx(t) + \frac{1}{C}\int_0^t x(\tau)\,d\tau}_{\text{componente estado nulo}} \qquad (1.42)$$

A partir da Eq. 1.42, fica claro que se a entrada $x(t) = 0$ para $t \geq 0$, a saída será $y(t) = v_C(0)$. Logo $v_C(0)$ é a componente de entrada nula da resposta $y(t)$. Similarmente, se o estado do sistema (a tensão v_C neste caso) for zero para $t = 0$, a saída é dada pela segunda componente do lado direito da Eq. (1.42). Claramente, esta é a componente de estado nulo da resposta $y(t)$.

Além da propriedade de decomposição, a linearidade implica que tanto a componente de entrada nula quanto estado nulo devem obedecer o princípio da superposição com relação a cada uma das respectivas causas. Por exemplo, se aumentarmos a condição inicial k vezes, a componente de entrada nula deve aumentar também k vezes. Similarmente, se aumentarmos a entrada k vezes, a componente de estado nulo deve aumentar também k vezes. Esses fatos são facilmente verificados a partir da Eq. (1.42) para o circuito RC da Fig. 1.26. Por exemplo, se dobrarmos a condição inicial $v_C(0)$, a componente de entrada nula também dobra. Se dobrarmos a entrada $x(t)$, a componente de estado nulo também dobrará.

EXEMPLO 1.9

Mostre que o sistema descrito pela equação

$$\frac{dy}{dt} + 3y(t) = x(t) \qquad (1.43)$$

é linear.[†]

Seja a resposta do sistema às entradas $x_1(t)$ e $x_2(t)$, $y_1(t)$ e $y_2(t)$, respectivamente. Então

$$\frac{dy_1}{dt} + 3y_1(t) = x_1(t)$$

e

$$\frac{dy_2}{dt} + 3y_2(t) = x_2(t)$$

multiplicando a primeira equação por k_1, a segunda por k_2 e somando os resultados teremos

$$\frac{d}{dt}[k_1 y_1(t) + k_2 y_2(t)] + 3[k_1 y_1(t) + k_2 y_2(t)] = k_1 x_1(t) + k_2 x_2(t)$$

[†] Equações tais como (1.43) e (1.44) são consideradas para representar sistemas lineares na definição clássica de linearidade. Alguns autores consideram tais equações para representar sistemas *incrementalmente lineares*. De acordo com esta definição, um *sistema linear* possui apenas a componente de estado nulo. A componente de entrada nula é ausente. Logo, a resposta de um sistema incrementalmente linear pode ser representada como a resposta de um sistema linear (linear nesta nova definição) mais a componente de entrada nula. Preferimos a definição clássica a esta nova definição. Isso é somente uma questão de definição e não afeta o resultado final.

mas essa é a equação do sistema [Eq. (1.43)] com

$$x(t) = k_1 x_1(t) + k_2 x_2(t)$$

e

$$y(t) = k_1 y_1(t) + k_2 y_2(t)$$

Portanto, quando a entrada é $k_1 x_1(t) + k_2 x_2(t)$, a resposta do sistema é $k_1 y_1(t) + k_2 y_2(t)$. Consequentemente, o sistema é linear. Usando esse argumento, podemos facilmente generalizar o resultado para mostrar que um sistema descrito por uma equação diferencial na forma

$$a_0 \frac{d^N y}{dt^N} + a_1 \frac{d^{N-1} y}{dt^{N-1}} + \cdots + a_N y(t) = b_{N-M} \frac{d^M x}{dt^M} + \cdots + b_{N-1} \frac{dx}{dt} + b_N x(t) \qquad (1.44)$$

é um sistema linear. Os coeficiente a_i e b_i desta equação são constantes ou funções do tempo. Apesar de termos provado apenas linearidade de estado nulo, pode ser mostrado que tais sistemas também são lineares para entrada nula e que possuem a propriedade da decomposição.

EXERCÍCIO E1.12

Mostre que o sistema descrito pela seguinte equação é linear:

$$\frac{dy}{dt} + t^2 y(t) = (2t + 3)x(t)$$

EXERCÍCIO E1.13

Mostre que o sistema descrito pela seguinte equação não é linear:

$$y(t)\frac{dy}{dt} + 3y(t) = x(t)$$

Mais Comentários sobre Sistemas Lineares

Quase todos os sistemas observados na prática se tornam não lineares quando sinais grandes o suficiente são aplicados a eles. Entretanto, é possível aproximar a maioria dos sistemas não lineares por sistemas lineares para análises de pequenos sinais. A análise de sistemas não lineares é geralmente difícil. Não linearidades podem aparecer de tantas formas que descrevê-las por uma forma matemática comum é praticamente impossível. Não somente cada sistema é uma categoria por si só, mas mesmo para um dado sistema, mudanças nas condições iniciais ou nas amplitudes das entradas podem alterar a natureza do problema. Por outro lado, a propriedade de superposição de sistemas lineares é um poderoso princípio unificador que permite uma solução geral. A propriedade de superposição (linearidade) simplifica em muito a análise de sistemas lineares. Devido à propriedade de decomposição, podemos calcular separadamente as duas componentes da saída. A componente de entrada nula pode ser calculada considerando a entrada igual a zero e a componente de estado nulo pode ser calculada assumindo condições iniciais nulas. Além disso, se descrevermos a entrada $x(t)$ pela soma de funções mais simples,

$$x(t) = a_1 x_1(t) + a_2 x_2(t) + \cdots + a_m x_m(t)$$

então, pela linearidade, a resposta $y(t)$ é dada por

$$y(t) = a_1 y_1(t) + a_2 y_2(t) + \cdots + a_m y_m(t) \tag{1.45}$$

onde $y_k(t)$ é a resposta de estado nulo a entrada $x_k(t)$. Esta observação aparentemente trivial possui profundas implicações. Como veremos repetidamente nos próximos capítulos, essa observação é extremamente útil e abrirá novos caminhos para a análise de sistemas lineares.

Por exemplo, considere uma entrada arbitrária $x(t)$ tal como a mostrada na Fig. 1.27a. Podemos aproximar $x(t)$ pela soma de pulsos retangulares de largura δt e alturas variáveis. A aproximação melhora quando $\delta t \to 0$, quando os pulsos retangulares se tornam impulsos δt segundos separados um dos outros (com $\delta t \to 0$).[†] Portanto, uma entrada arbitrária pode ser substituída pela soma ponderada de impulsos unitários espaçados δt ($\delta t \to 0$) segundos um dos outros. Portanto, se soubermos a resposta do sistema a um impulso unitário, podemos determinar imediatamente a resposta do sistema a uma entrada $x(t)$ arbitrária através da soma das respostas do sistema a cada componente impulso de $x(t)$. Uma situação similar é mostrada na Fig. 1.27b, na qual $x(t)$ é aproximada pela soma de funções degrau com amplitudes variando e espaçadas δt segundos uma da outra. A aproximação melhora quando δt se torna menor. Portanto, se conhecermos a resposta do sistema a entrada em degrau unitário, podemos calcular a resposta do sistema a qualquer entrada $x(t)$ arbitrária com relativa facilidade. A análise do domínio do tempo (discutida no Capítulo 2) utiliza essa abordagem.

Os Capítulos 4 a 7 utilizarão a mesma abordagem mas utilizarão senoides ou exponenciais como componentes de sinal básicas. Mostraremos que qualquer sinal de entrada arbitrário pode ser descrito como a soma ponderada de senoides (ou exponenciais) com várias frequências. Portanto, o conhecimento da resposta do sistema a uma senoide nos permite determinar a resposta do sistema a uma entrada $x(t)$ arbitrária.

1.7-2 Sistemas Invariantes e Variantes no Tempo

Sistemas cujos parâmetros não são alterados com o tempo são *invariantes no tempo* (também chamados de *sistemas com parâmetros constantes*). Para tais sistemas, se a entrada for atrasada por T segundos, a saída é a mesma anterior, porém atrasada também por T segundos (assumindo que as condições iniciais também sejam atrasadas T segundos). Esta propriedade é mostrada graficamente na Fig. 1.28. Também podemos ilustrar esta propriedade como apresentado na Fig. 1.29. Podemos atrasar a saída $y(t)$ de um sistema S aplicando um atraso de T segundos à saída $y(t)$ (Fig. 1.29a). Se o sistema for invariante no tempo, então a saída atrasada $y(t - T)$ pode ser obtida, também, atrasando primeiro a entrada $x(t)$ antes de aplicá-la ao sistema, como mostrado na Fig. 1.29b. Em outras palavras, o sistema S e o atraso de tempo são comutativos se o sistema for invariante no tempo. Essa característica não é válida para sistemas variantes no tempo. Considere, por exemplo, o sistema variante no tempo especificado por $y(t) = e^{-t}x(t)$. A saída desse sistema na Fig. 1.29a é $e^{-(t-T)}x(t-T)$, enquanto que a saída do sistema na Fig. 1.29b é $e^{-t}x(t-T)$.

É possível verificar que o sistema da Fig. 1.26 é invariante no tempo. Circuitos compostos por elementos *RLC* e outros componentes ativos tais como transistores são sistemas invariantes no tempo. Um sistema com uma relação de entrada/saída descrita por uma equação diferencial linear na forma dada no Exemplo 1.9 [Eq.

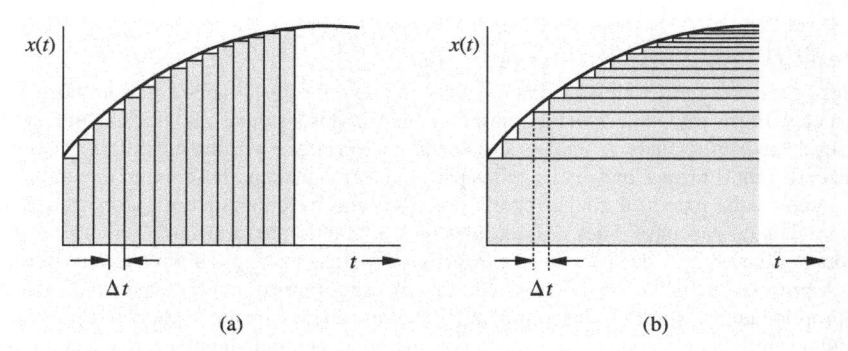

Figura 1.27 Representação de sinais em termos de componentes de impulso e degrau.

[†] Neste caso, a discussão de um pulso retangular se aproximando de um impulso quando $\delta t \to 0$ é de alguma forma imprecisa. Ela será explicada na Seção 2.4 com mais rigor.

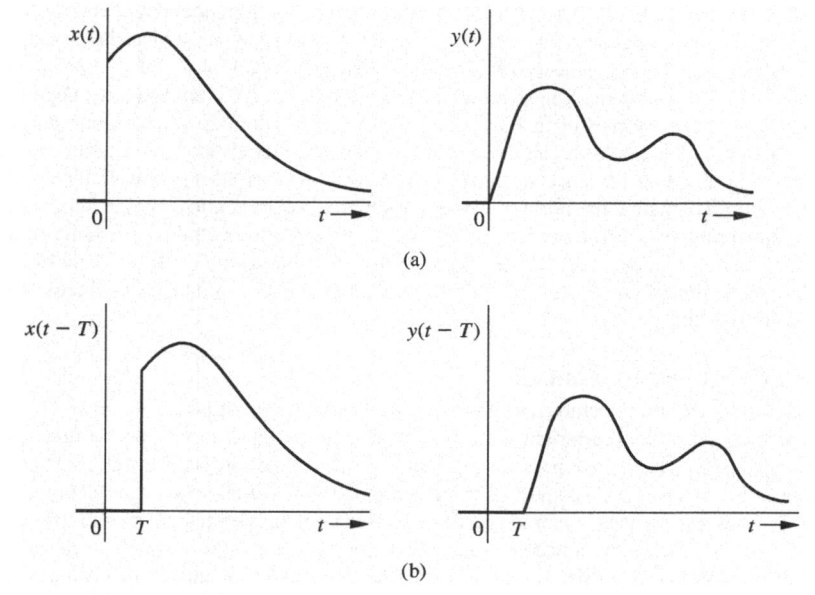

Figura 1.28 Propriedade de invariância no tempo.

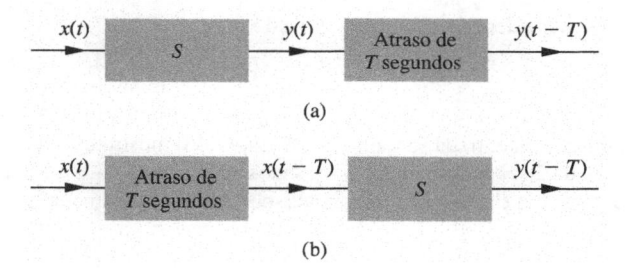

Figura 1.29 Ilustração da propriedade de invariância no tempo.

(1.44)] é um sistema linear invariante no tempo (LIT) quando os coeficientes a_i e b_i são constantes. Se estes coeficientes forem funções do tempo, então o sistema é um sistema linear variante no tempo.

O sistema descrito no Exercício E1.12 é linear variante no tempo. Outro exemplo familiar de um sistema variante no tempo é o microfone de carbono, no qual a resistência R é uma função da pressão mecânica gerada pelas ondas sonoras nos grãos de carbono do microfone. A corrente de saída do microfone é, portanto, modulada pelas ondas sonoras, como desejado.

EXERCÍCIO E1.14

Mostre que um sistema descrito pela seguinte equação é um sistema com parâmetros variantes no tempo:

$$y(t) = (\text{sen } t)x(t - 2)$$

[Dica: mostre que o sistema falha ao satisfazer a propriedade de invariância no tempo.]

1.7-3 Sistemas Instantâneos e Dinâmicos

Como observado anteriormente, a saída de um sistema em um instante t qualquer geralmente depende de todo o passado da entrada. Entretanto, em uma classe especial de sistemas, a saída a qualquer instante t depende apenas da entrada naquele instante. Em circuitos resistivos, por exemplo, qualquer saída do circuito em qualquer instante de tempo t depende apenas da entrada no instante t. Nestes sistemas, a história passada é irrelevante na determinação da resposta. Tais sistemas são chamados de *sistemas instantâneos* ou *sem memória*. Mais precisamente, um sistema é dito instantâneo (ou sem memória) se sua saída a qualquer instante t depender, no máximo, da força de sua(s) entrada(s) no mesmo instante t e não de qualquer valor passado ou futuro da(s) entrada(s). Caso contrário, o sistema é chamado de *dinâmico* (ou sistema com memória). Um sistema cuja resposta em t é completamente determinada pelos sinais de entrada nos T segundos passados [intervalo de $(t - T)$ a T] é um *sistema de memória finita* com uma memória de T segundos. Circuitos contendo elementos indutivos e capacitivos geralmente possuem memória infinita porque a resposta de tais circuitos a qualquer instante t é determinada por todo o passado de suas entradas $(-\infty, t)$. Essa característica é válida para o circuito RC da Fig. 1.26.

Neste livro geralmente trabalharemos com sistemas dinâmicos. Os sistemas instantâneos são um caso especial de sistemas dinâmicos.

1.7-4 Sistemas Causal e Não Causal

Um sistema *causal* (também conhecido como *físico* ou *não antecipativo*) é aquele no qual a saída em qualquer instante t_0 depende apenas do valor da entrada $x(t)$ para $t \leq t_0$. Em outras palavras, o valor da saída no instante presente depende apenas do valor presente e passado da entrada $x(t)$, e não de seus valores futuros. Para simplificar, em um sistema causal, a saída não pode começar antes da entrada ser aplicada. Se a resposta começar antes da entrada, significa que o sistema conhece a entrada no futuro e atua com base neste conhecimento antes da entrada ser aplicada. Um sistema que viola a condição de causalidade é chamado de sistema *não causal* (ou *antecipativo*).

Qualquer sistema prático que opera no tempo real[†] deve, necessariamente, ser causal. Ainda não sabemos como construir um sistema que possa responder a entradas futuras (entradas que ainda não foram aplicadas). Um sistema não causal é um sistema hipotético que conhece a entrada futura e atua nela no presente. Portanto, se aplicarmos uma entrada começando em $t = 0$ a um sistema não causal, a saída pode começar mesmo antes de $t = 0$. Por exemplo, considere o sistema especificado por

$$y(t) = x(t - 2) + x(t + 2) \tag{1.46}$$

Para a entrada $x(t)$ mostrada na Fig. 1.30a, a saída $y(t)$, calculada a partir da Eq. (1.46) (mostrada na Fig. 1.30b), começa antes mesmo da entrada ser aplicada. A Eq. (1.46) mostra que $y(t)$, a saída em t, é dada pela soma dos valores de entrada 2 segundos antes e 2 segundos após t (para $t - 2$ e $t + 2$, respectivamente). Mas se estivermos operando com um sistema no tempo real t, não sabemos ainda qual será o valor da entrada 2 se-

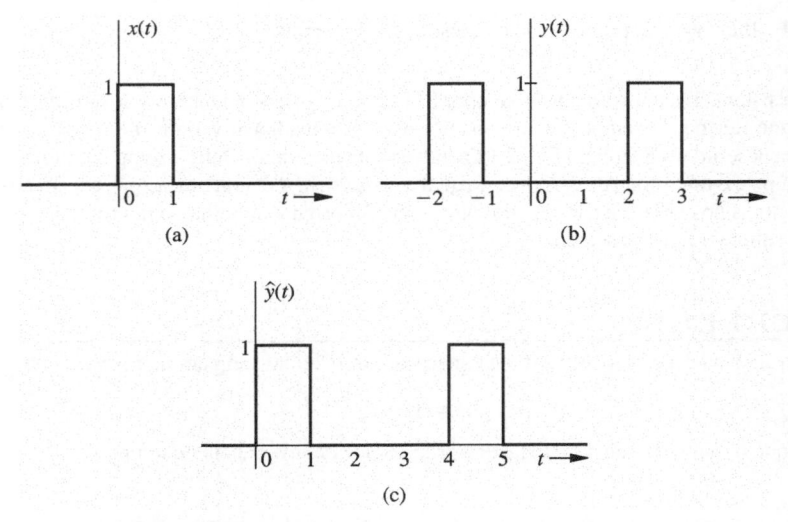

Figura 1.30 Um sistema não causal e sua realização por um sistema causal atrasado.

[†] Em operações de tempo real, a resposta a uma entrada é essencialmente simultânea (contemporânea) com a entrada.

gundos após t. Portanto, é impossível implementar este sistema em tempo real. Por essa razão, sistemas não causais não são realizáveis em *tempo real*.

POR QUE ESTUDAR SISTEMAS NÃO CAUSAIS?

A discussão anterior pode sugerir que sistemas não causais não possuem objetivos práticos. Este não é o caso. Eles são importantes no estudo de sistemas por diversas razões. Primeiro, sistemas não causais *são* realizáveis quando a variável independente for outra que não o "tempo" (por exemplo, o espaço). Considere, por exemplo, uma carga elétrica de densidade $q(x)$ colocada ao longo do eixo x para $x \geq 0$. Esta densidade de carga produz um campo elétrico $E(x)$ que está presente em todo ponto do eixo x de $x = -\infty$ a ∞. Neste caso, a entrada [isto é, a densidade de carga $q(x)$] começa em $x = 0$, mas sua saída [o campo elétrico $E(x)$] começa antes de $x = 0$. Claramente, este sistema de carga espacial é não causal. Esta discussão mostra que apenas sistemas temporais (sistemas com o tempo como variável independente) devem ser causais para serem realizáveis. Os termos "antes" e "depois" possuem uma conexão especial com a causalidade apenas quando a variável independente é o tempo. Essa conexão é perdida para variáveis diferentes do tempo. Sistemas não temporais, como aqueles que aparecem em óptica, podem ser não causais e mesmo assim realizáveis.

Além disso, mesmo para sistemas temporais, tais como os utilizados para o processamento de sinais, o estudo de sistemas não causais é importante. Em tais sistemas, temos todos os dados de entrada gravados anteriormente. (Isso geralmente ocorre com sinais de fala, geofísicos e meteorológicos e com sondas espaciais.) Em tais casos, os valores futuros da entrada estão disponíveis para nosso uso. Por exemplo, suponha que tenhamos um conjunto de sinais de entrada gravados disponíveis para o sistema descrito pela Eq. (1.46). Podemos calcular $y(t)$ pois, para qualquer t, precisamos apenas utilizar a gravação para encontrar o valor de entrada 2 segundos antes e 2 segundos após t. Portanto, um sistema não causal pode ser realizável, apesar de não ser em tempo real. Podemos, portanto, ser capazes de implementar um sistema não causal desde que estejamos dispostos a aceitar um atraso de tempo na saída. Considere um sistema cuja saída é a mesma que $y(t)$ da Eq. (1.46) atrasada por 2 segundos (Fig 1.30c), tal que

$$\hat{y}(t) = y(t-2)$$
$$= x(t-4) + x(t)$$

Neste caso, o valor da saída em qualquer instante t é a soma dos valores da entrada x em t e em 4 segundos anteriores [para $(t - 4)$]. Neste caso, a saída a qualquer instante t não depende de valores futuros da entrada e o sistema é causal. A saída do sistema, a qual é idêntica àquela da Eq. (1.46) ou Fig. 1.30b, exceto pelo atraso de 2 segundos. Portanto, um sistema não causal pode ser implementado ou satisfatoriamente aproximado no tempo real usando um sistema causal com um atraso.

Sistemas não causais são realizáveis com um atraso de tempo!

Uma terceira razão para o estudo de sistemas não causais é que eles fornecem um limite superior para o desempenho de sistemas causais. Por exemplo, se quisermos projetar um filtro para separar um sinal de ruído, então o filtro ótimo é, invariavelmente, um sistema não causal. Apesar de ele não poder ser implementado, o desempenho do sistema não causal funciona como um limite superior do que pode ser alcançado, nos fornecendo um padrão para a comparação do desempenho de filtros causais.

À primeira vista, sistemas não causais podem parecer difíceis de serem entendidos. Mas, de fato, não existe nada de misterioso sobre esses sistemas ou sobre suas implementações aproximadas através de sistemas físicos com atraso. Se quisermos saber o que acontecerá daqui a um ano, temos duas escolhas: ir a um profeta (uma pessoa não realizável) que nos dirá as respostas instantaneamente ou ir a um sábio e permitir a ele um atraso de um ano para nos dar as respostas! Se o sábio for realmente sábio, ele pode ser capaz, estudando tendências, de aproximar o futuro, com uma certa tolerância, com um atraso menor do que um ano. Esse é o caso com sistemas não causais, nada mais, nada menos.

EXERCÍCIO E1.15

Mostre que um sistema descrito pela seguinte equação é não causal:

$$y(t) = \int_{t-5}^{t+5} x(\tau)\, d\tau$$

Mostre que esse sistema pode ser implementado fisicamente se aceitarmos um atraso de 5 segundos da saída.

1.7-5 Sistemas em Tempo Contínuo e em Tempo Discreto

Sinais definidos ou especificados em uma faixa de valores contínua de tempo são *sinais contínuos no tempo*, representados pelos símbolos $x(t)$, $y(t)$ e assim por diante. Sistemas cujas entradas e saídas são sinais contínuos no tempo são *sistemas em tempo contínuo*. Por outro lado, sinais definidos apenas em instantes discretos de tempo $t_0, t_1, t_2, \ldots t_n, \ldots$ são *sinais discretos no tempo*, representados pelos símbolos $x(t_n)$, $y(t_n)$ e assim por diante, onde n é algum inteiro. Sistemas cujas entradas e saídas são sinais discretos no tempo são *sistemas em tempo discreto (ou sistemas discretos no tempo)*. Um computador digital é um exemplo comum desse tipo de sistema. Na prática, sinais discretos no tempo são oriundos da amostragem de sinais contínuos no tempo. Por exemplo, quando a amostragem é uniforme, os instantes $t_0, t_1, t_2, \ldots$ são uniformemente espaçados, de tal forma que

$$t_{k+1} - t_k = T \quad \text{para todo} \quad k$$

Nestes casos, os sinais discretos no tempo representados pelas amostras de sinais contínuos no tempo $x(t)$, $y(t)$ e assim por diante podem ser escritos por $x(nT)$, $y(nT)$ e assim por diante. Por conveniência, iremos simplificar esta notação para $x[n]$, $y[n]$,..., onde fica entendido que $x[n] = x(nT)$ e que n é algum inteiro. Um sinal discreto no tempo típico é mostrado na Fig. 1.31. Um sinal discreto no tempo pode também ser visto como uma sequência de números..., $x[-1]$, $x[0]$, $x[1]$, $x[2]$,... Portanto, um sistema discreto no tempo pode ser visto como processando uma sequência de números $x[n]$ e resultando na saída sem o de outra sequência de números $y[n]$.

Sinais discretos no tempo aparecem naturalmente em situações que são inerentemente em tempo discreto, tais como o estudo populacional, problemas de amortização, modelos de balança comercial e rastreamento por radar. Eles também podem aparecer como o resultado da amostragem de sinais contínuos no tempo em sistemas de dados amostrados ou filtragem digital. A filtragem digital é uma interessante aplicação particular na qual sinais contínuos no tempo são processados por sistemas em tempo discreto, como mostrado na Fig. 1.32. Um sinal contínuo no tempo $x(t)$ é inicialmente amostrado para convertê-lo em um sinal discreto no tempo $x[n]$, o qual é, então, processado por um sistema discreto no tempo, resultando em uma saída $y[n]$ em tempo discreto. Um sinal em tempo contínuo $y(t)$ é finalmente construído a partir de $y[n]$. Dessa forma, podemos processar um sinal contínuo no tempo com um sistema apropriado em tempo discreto, tal como um computador digital. Como sis-

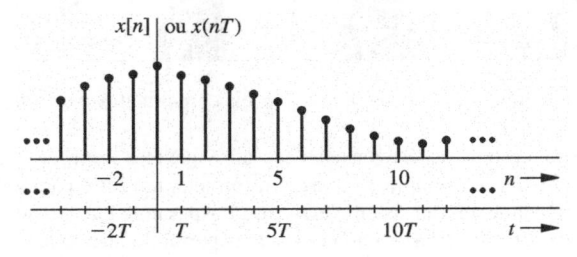

Figura 1.31 Um sinal em tempo discreto.

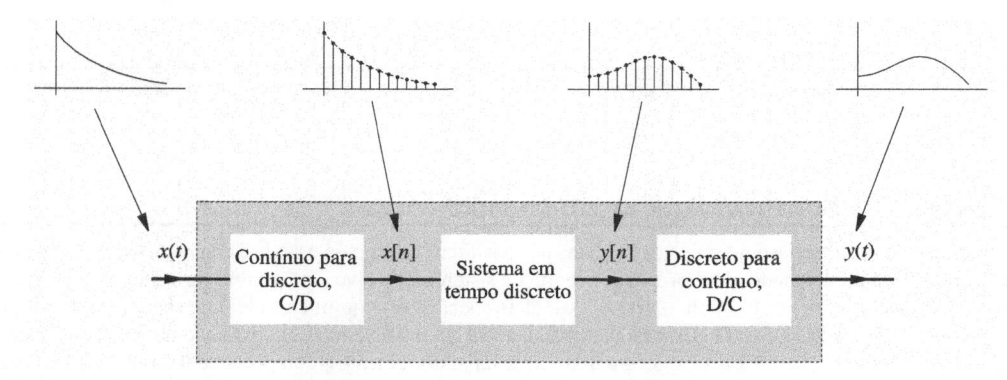

Figura 1.32 Processamento de sinais contínuos no tempo por sistemas discretos no tempo.

temas discretos no tempo possuem significantes vantagens quando comparados com sistemas em tempo contínuo, existe uma forte tendência na direção de processamento de sinais contínuos no tempo através de sistemas discretos no tempo.

1.7-6 Sistemas Analógicos e Digitais

Os sinais analógicos e digitais foram discutidos na Seção 1.3-2. Um sistema cujos sinais de entrada e saída são analógicos é um *sistema analógico*. Um sistema cujos sinais de entrada e saída são digitais é um *sistema digital*. Um computador digital é um exemplo de um sistema digital (binário). Observe que um computador digital é um sistema digital e em tempo discreto.

1.7-7 Sistemas Inversíveis e Não Inversíveis

Um sistema S executa uma certa operação em um sinal de entrada. Se pudermos obter a entrada $x(t)$ da saída $y(t)$ correspondente através de alguma operação, o sistema S é dito ser *invertível*. Quando várias entradas diferentes resultam na mesma saída (tal como em um retificador), é impossível obter a entrada da saída e o sistema é *não inversível*. Portanto, para um sistema inversível, é essencial que toda entrada possua uma única saída, de tal forma que exista um mapeamento de um-para-um entre a entrada e a saída correspondente. O sistema que efetua a operação inversa [de obtenção de $x(t)$ a partir de $y(t)$] é o *sistema inverso* de S. Por exemplo, se S é um integrador ideal, então o sistema inverso é um diferenciador ideal. Considere um sistema S conectado em série com o seu sistema inverso S_i, como mostrado na Fig. 1.33. A entrada $x(t)$ deste sistema série resulta no sinal $y(t)$ na saída de S e o sinal $y(t)$, agora a entrada de S_i, resulta novamente no sinal $x(t)$ na saída de S_i. Portanto, S_i, desfaz a operação de S em $x(t)$, retornando a $x(t)$, Um sistema cuja saída é igual a entrada (para todas as entradas possíveis) é um sistema *identidade*. O cascateamento de um sistema com sua inversa, como mostrado na Fig. 1.33, resulta em um sistema identidade.

1.7-8 Sistemas Estáveis e Instáveis

Os sistemas também podem ser classificados como *estáveis* ou *instáveis*. A estabilidade pode ser *interna* ou *externa*. Se cada *entrada limitada* aplicada ao terminal de entrada resultar em uma *saída limitada*, o sistema é dito ser *externamente* estável. A estabilidade externa pode ser verificada pela medição dos terminais externos (entrada e saída) do sistema. Este tipo de estabilidade também é conhecida como estabilidade no sentido BIBO (*bounded-input/bounded-output**). O conceito de estabilidade interna será deixado para o Capítulo 2, pois requer algum conhecimento do comportamento interno do sistema a ser apresentado no próximo capítulo.

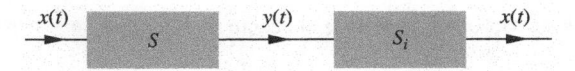

Figura 1.33 O cascateamento de um sistema com sua inversa resulta em um sistema identidade.

---

* N. de T.: Entrada limitada/saída limitada. Apesar de haver uma tradução para o termo, encontra-se mais frequentemente, na literatura, o termo em inglês, o qual será adotado neste livro.

EXERCÍCIO E1.16

Mostre que o sistema descrito pela equação $y(t) = x^2(t)$ é não inversível com estabilidade no sentido BIBO.

1.8 Modelo de Sistema: Descrição Entrada-Saída

A descrição de um sistema em termos de medidas nos terminais de entrada e saída é chamada de *descrição entrada-saída*. Como mencionado anteriormente, a teoria de sistemas envolve uma grande variedade de sistemas, tais como elétricos, mecânicos, hidráulicos, acústicos, eletromecânicos e químicos, além de sistemas sociais, políticos, econômicos e biológicos. O primeiro passo na análise de um sistema é a construção do modelo do sistema, o qual é a expressão matemática ou regra que aproxima satisfatoriamente o comportamento dinâmico do sistema. Neste capítulo consideraremos apenas sistemas contínuos no tempo. (A modelagem de sistemas discretos no tempo é apresentada no Capítulo 3.)

1.8-1 Sistemas Elétricos

Para construir um modelo de sistema, devemos estudar as relações entre as diferentes variáveis do sistema. Em sistemas elétricos, por exemplo, devemos determinar um modelo satisfatório para a relação tensão-corrente de cada elemento, tal como a lei de Ohm para o resistor. Além disso, devemos determinar as várias relações nas tensões e correntes quando vários elementos estão conectados. Estas são as leis de interconexão – as já conhecidas Leis de Kirchhoff para tensão e corrente (LKT e LKC). A partir de todas estas equações, eliminamos as variáveis indesejadas para obter a(s) equação(ões) relacionando a(s) variável(eis) de saída com a(s) de entrada(s). Os exemplos a seguir ilustram o procedimento de obtenção das relações de entrada-saída para alguns sistemas elétricos.

EXEMPLO 1.10

Para o circuito *RLC* série da Fig. 1.34, determine a equação de entrada-saída que relaciona a tensão de entrada $x(t)$ como a corrente de saída (corrente de malha) $y(t)$.

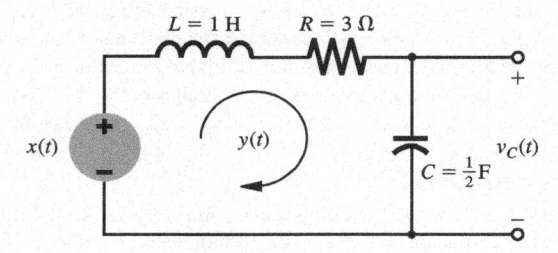

Figura 1.34

Aplicando a lei de Kirchhoff das tensões para a malha teremos,

$$v_L(t) + v_R(t) + v_C(t) = x(t) \tag{1.47}$$

Utilizando as leis de tensão-corrente de cada elemento (indutor, resistor e capacitor), podemos escrever esta equação como

$$\frac{dy}{dt} + 3y(t) + 2\int_{-\infty}^{t} y(\tau)\,d\tau = x(t) \tag{1.48}$$

Diferenciando os dois lados desta equação, obtemos

$$\frac{d^2 y}{dt^2} + 3\frac{dy}{dt} + 2y(t) = \frac{dx}{dt} \qquad (1.49)$$

Esta equação diferencial é a relação de entrada-saída entre a saída $y(t)$ e a entrada $x(t)$.

É conveniente utilizarmos a notação compacta D para o operador diferencial d/dt, logo,

$$\frac{dy}{dt} \equiv Dy(t) \qquad (1.50)$$

$$\frac{d^2 y}{dt^2} \equiv D^2 y(t) \qquad (1.51)$$

e assim por diante. Com esta notação a Eq. (1.49) pode ser escrita por

$$(D^2 + 3D + 2)y(t) = Dx(t) \qquad (1.52)$$

O operador diferencial é o inverso do operador integral, de tal forma que podemos utilizar o operador $1/D$ para representar a integração.[†]

$$\int_{-\infty}^{t} y(\tau)\, d\tau \equiv \frac{1}{D} y(t) \qquad (1.53)$$

Consequentemente, a equação de malha (1.48) pode ser escrita por

$$\left(D + 3 + \frac{2}{D}\right) y(t) = x(t) \qquad (1.54)$$

Multiplicando os dois lados por D, ou seja, diferenciando a Eq. (1.54), teremos

$$(D^2 + 3D + 2)y(t) = Dx(t) \qquad (1.55)$$

a qual é idêntica a Eq. (1.52).

Lembre-se de que a Eq. (1.55) não é uma equação algébrica e $D^2 + 3D + 2$ não é um termo algébrico que multplica $y(t)$. Este termo é um operador que opera em $y(t)$. Isto significa que devemos executar as seguintes operações em $y(t)$: calcular a segunda derivada de $y(t)$ e somá-la com 3 vezes a primeira derivada de $y(t)$ e 2 vezes $y(t)$. Claramente, um polinômio em D multiplicado por $y(t)$ representa uma certa operação diferencial em $y(t)$.

[†] O uso do operador $1/D$ para a integração gera algumas dificuldades matemáticas pois o operador D e $1/D$ não são comutativos. Por exemplo, sabemos que $D(1/D) = 1$ pois

$$\frac{d}{dt}\left[\int_{-\infty}^{t} y(\tau)\, d\tau\right] = y(t)$$

Entretanto, $(1/D)D$ não é necessariamente unitário. A utilização da regra de Cramer na resolução de equações simultâneas integro-diferenciais sempre resultará no cancelamento dos operadores $1/D$ e D. Este procedimento pode resultar em resultados errôneos quando o fator D ocorrer no numerador e no denominador. Isto ocorre, por exemplo, em circuitos com malhas compostas somente por indutores ou capacitores. Para eliminar este problema, evite a operação de integração em sistemas de equação de tal forma que as equações resultantes sejam diferenciais e não integro-diferenciais. Em circuitos elétricos, isto pode ser feito usando a variável carga (no lugar da corrente) para malhas contendo capacitores e escolhendo variáveis corrente para malhas sem capacitores. Na literatura, este problema de comutatividade de D e $1/D$ é amplamente ignorado. Como mencionado anteriormente, tal procedimento resulta em resultados errados apenas em sistemas especiais, tais como circuitos com malhas somente com indutores ou capacitores. Felizmente, tais sistemas constituem uma fração muito pequena dos sistemas com os quais trabalhamos. Para mais discussões sobre este tópico e um método correto de trabalhar com problemas envolvendo integrais, veja a Referência 4.

EXEMPLO 1.11

Determine a equação relacionando a entrada e a saída para o circuito RC série da Fig. 1.35 se a entrada for a tensão $x(t)$ e a saída for
  (a) a corrente de malha $i(t)$
  (b) a tensão do capacitor $y(t)$

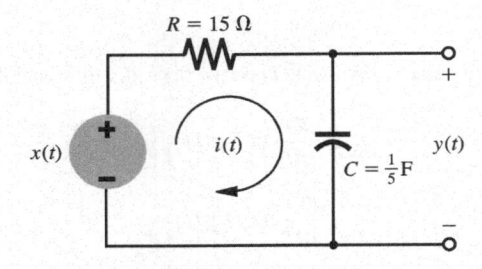

Figura 1.35

(a) A equação de malha para o circuito é

$$R\,i(t) + \frac{1}{C}\int_{-\infty}^{t} i(\tau)\,d\tau = x(t) \tag{1.56}$$

ou

$$15\,i(t) + 5\int_{-\infty}^{t} i(\tau)\,d\tau = x(t) \tag{1.57}$$

Com a notação operacional, essa equação pode ser expressa por

$$15\,i(t) + \frac{5}{D}i(t) = x(t) \tag{1.58}$$

(b) Multiplicando os dois lados da Eq. (1.58) por D (isto é, diferenciando a equação), obtemos

$$(15D + 5)\,i(t) = D x(t) \tag{1.59a}$$

ou

$$15\frac{di}{dt} + 5\,i(t) = \frac{dx}{dt} \tag{1.59b}$$

Além disso,

$$i(t) = C\frac{dy}{dt}$$
$$= \tfrac{1}{5}Dy(t)$$

Substituindo esta relação na Eq. (1.59a) resulta em

$$(3D + 1)y(t) = x(t) \tag{1.60}$$

ou

$$3\frac{dy}{dt} + y(t) = x(t) \tag{1.61}$$

EXERCÍCIO E1.17
Para o circuito RLC da Fig. 1.34, determine a relação de entrada-saída se a saída for a tensão $v_L(t)$ do indutor.

RESPOSTA

$(D^2 + 3D + 2)v_L(t) = D^2 x(t)$

EXERCÍCIO E1.18
Para o circuito RLC da Fig. 1.34, determine a relação de entrada-saída se a saída for a tensão $v_C(t)$ do capacitor.

RESPOSTA

$(D^2 + 3D + 2)v_C(t) = 2x(t)$

1.8-2 Sistemas Mecânicos

O movimento planar pode ser resolvido em movimento translacional (retilíneo) e movimento rotacional. O movimento translacional será considerado inicialmente. Iremos nos restringir a movimentos em uma dimensão.

SISTEMAS TRANSLACIONAIS

Os elementos básicos utilizados na modelagem de sistemas translacionais são massas ideais, molas lineares e amortecedores com amortecimento viscoso. As leis para vários elementos mecânicos serão discutidas agora.

Para a *massa M* (Fig. 1.36a), uma força $x(t)$ causa um movimento $y(t)$ e uma aceleração. A partir da lei de Newton para movimento,

$$x(t) = M\ddot{y}(t) = M\frac{d^2 y}{dt^2} = MD^2 y(t) \quad (1.62)$$

A força $x(t)$ necessária para alongar (ou comprimir) uma *mola linear* (Fig. 1.36b) por uma certa quantidade $y(t)$ é dada por

$$x(t) = Ky(t) \quad (1.63)$$

onde *K* é a *constante da mola*.

Para o *amortecedor linear* (Fig. 1.36c), o qual opera em função do atrito viscoso, a força movendo o amortecedor é proporcional a velocidade relativa de uma superfície em relação a outra. Logo,

$$x(t) = B\dot{y}(t) = B\frac{dy}{dt} = BDy(t) \quad (1.64)$$

onde *B* é o *coeficiente de amortecimento* do amortecedor por atrito viscoso.

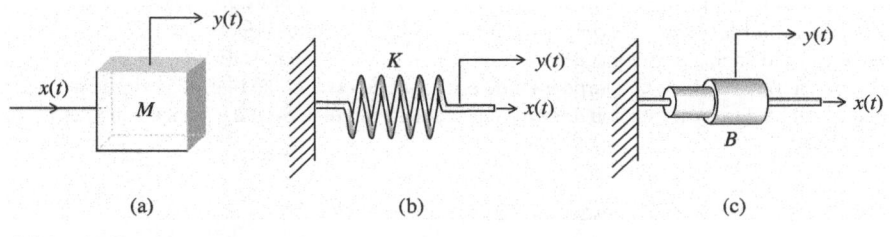

Figura 1.36 Alguns elementos em sistemas mecânicos translacionais.

EXEMPLO 1.12

Determine a relação entrada-saída para o sistema mecânico translacional mostrado na Fig. 1.37a ou seu equivalente da Fig. 1.37b. A entrada é a força $x(t)$ e a saída é a posição da massa $y(t)$.

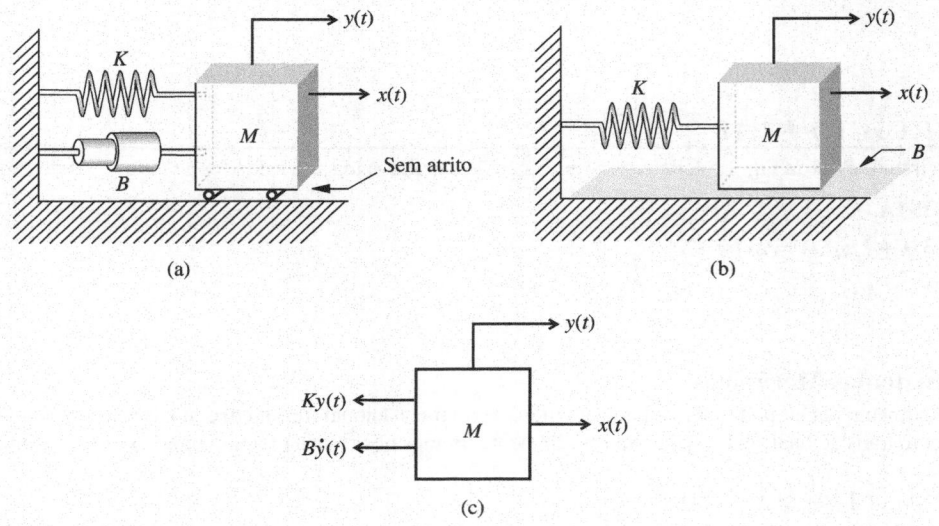

Figura 1.37

Em sistemas mecânicos é útil desenhar um diagrama de corpo livre de cada junção, o qual é um ponto no qual dois ou mais elementos estão conectados. Na Fig. 1.37, o ponto representando a massa é uma junção. O deslocamento da massa é representado por $y(t)$. A mola também é alongada por $y(t)$ e, portanto, exerce uma força $-Ky(t)$ na massa. O amortecedor exerce uma força $-B\dot{y}(t)$ na massa, como mostrado no diagrama de corpo livre (Fig. 1.37c). Usando a segunda lei de Newton, a força total deve ser M. Logo,

$$M\ddot{y}(t) = -B\dot{y}(t) - Ky(t) + x(t)$$

ou

$$(MD^2 + BD + K)y(t) = x(t) \tag{1.65}$$

SISTEMAS ROTACIONAIS

Em sistemas rotacionais, o movimento de um corpo pode ser definido como o movimento em um certo eixo. As variáveis utilizadas para descrever o movimento rotacional são o torque (no lugar da força), a posição angular (no lugar da posição linear), a velocidade angular (no lugar da velocidade linear) e a aceleração angular (no lugar da aceleração linear). Os elementos do sistema são a *massa rotacional* ou *momento de inércia* (no lugar da massa) e *molas de torção* e *amortecedores de torção* (no lugar de molas e amortecedores lineares). As equações terminais destes elementos são análogas às equações correspondentes para elementos translacionais. Se J é o momento de inércia (ou massa rotacional) de um corpo girando em um certo eixo, então o torque externo necessário para este movimento é igual a J (massa rotacional) vezes a aceleração angular. Se θ é a posição angular do corpo $\ddot{\theta}$ é sua aceleração angular e

$$\text{torque} = J\ddot{\theta} = J\frac{d^2\theta}{dt^2} = JD^2\theta(t) \tag{1.66}$$

Similarmente, se K é a constante de uma mola de torção (por unidade de torção angular), e θ é o deslocamento angular de um terminal da mola com relação ao outro, então,

$$\text{torque} = K\theta \qquad (1.67)$$

Por fim, o torque devido ao amortecimento viscoso de um amortecedor de torção com coeficiente de amortecimento B é

$$\text{torque} = B\dot{\theta}(t) = BD\theta(t) \qquad (1.68)$$

EXEMPLO 1.13

O movimento de uma aeronave pode ser controlado por três conjuntos de superfícies (mostradas sombreadas na Fig. 1.38): profundores, leme e ailerons. Manipulando essas superfícies, pode-se colocar a aeronave em uma rota de voo desejada. O ângulo de giro ϕ pode ser controlado pela deflexão em direções opostas da superfície dos dois ailerons como mostrado na Fig. 1.38. Considerando apenas o movimento de rotação, determine a equação relacionando o ângulo de giro φ com a entrada (deflexão) θ.

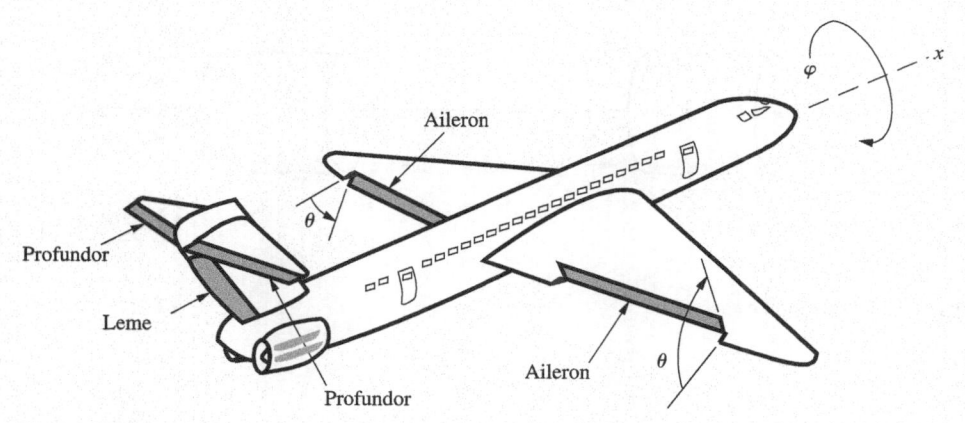

Figura 1.38

As superfícies do aileron geram um torque com relação ao eixo de rotação proporcional ao ângulo θ de deflexão do aileron. Vamos considerar este torque igual a $c\theta$, onde c é a constante de proporcionalidade. O atrito do ar provoca o torque $B\dot\varphi(t)$. O torque disponível para o movimento de rotação é, então, $c\theta(t) - B\dot\varphi(t)$. Se J é o momento de inércia do plano sobre o eixo x (eixo de rotação), então,

$$J\ddot\varphi(t) = \text{torque total}$$
$$= c\theta(t) - B\dot\varphi(t) \qquad (1.69)$$

e

$$J\frac{d^2\varphi}{dt^2} + B\frac{d\varphi}{dt} = c\theta(t) \qquad (1.70)$$

ou

$$(JD^2 + BD)\varphi(t) = c\theta(t) \qquad (1.71)$$

Esta é a equação desejada relacionando a saída (ângulo de rotação φ) com a entrada (ângulo θ do aileron). A velocidade de rotação ω é $\dot{\varphi}(t)$. Se a saída desejada for a velocidade de rotação ω em vez do ângulo de rotação φ, então a equação de entrada-saída será

$$J\frac{d\omega}{dt} + B\omega = c\theta \qquad (1.72)$$

ou

$$(JD + B)\omega(t) = c\theta(t) \qquad (1.73)$$

EXERCÍCIO E1.19

Um torque $\mathcal{T}(t)$ é aplicado ao sistema mecânico rotacional mostrado na Fig. 1.39a. A constante da mola é K, a massa rotacional (momento de inércia do cilindro com relação ao eixo) é J, o coeficiente de amortecimento viscoso entre o cilindro e a superfície é B. Determine a equação relacionando o ângulo θ de saída com o torque $\mathcal{T}$ de entrada. [Dica: Um diagrama de corpo livre é mostrado na Fig. 1.39b].

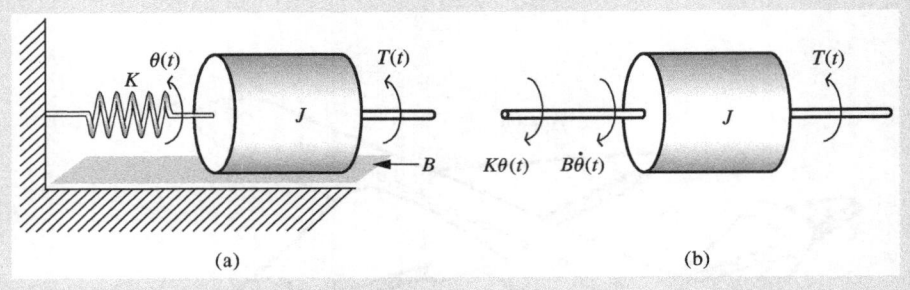

Figura 1.39 Sistema rotacional.

RESPOSTA

$$J\frac{d^2\theta}{dt^2} + B\frac{d\theta}{dt} + K\theta(t) = \mathcal{T}(t)$$

ou

$$(JD^2 + BD + K)\theta(t) = \mathcal{T}(t)$$

1.8-3 Sistemas Eletromecânicos

Uma grande variedade de sistemas eletromecânicos converte sinais elétricos em movimento mecânico (energia mecânica) e vice-versa. Consideraremos, aqui, um exemplo simples de um motor CC controlado pela armadura, alimentado por uma fonte de corrente $x(t)$, como mostrado na Fig. 1.40a. O torque $\mathcal{T}(t)$ gerado pelo motor é proporcional a corrente de armadura $x(t)$. Portanto,

$$\mathcal{T}(t) = K_T x(t) \qquad (1.74)$$

onde K_T é a constante do motor. Este torque alimenta uma carga mecânica cujo diagrama de corpo livre é mostrado na Fig. 1.40b. O amortecimento viscoso (com coeficiente B) dissipa um torque B. Se J é o momento de inércia da carga (incluindo o rotor do motor), então o torque total $\mathcal{T}(t) - B$ deve ser igual a $J\ddot{\theta}(t)$:

$$J\ddot{\theta}(t) = \mathcal{T}(t) - B\dot{\theta}(t) \qquad (1.75)$$

(a)   (b)

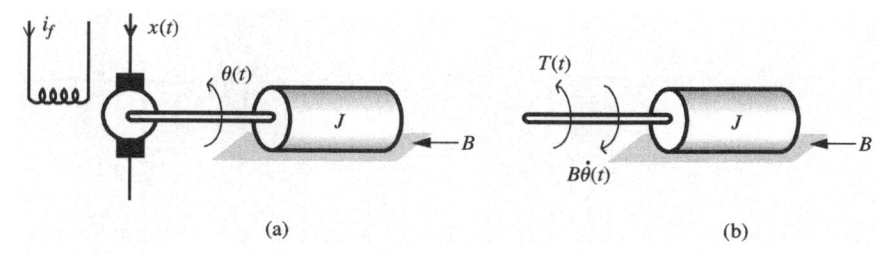

Figura 1.40 Motor CC controlado pela armadura.

Logo,

$$(JD^2 + BD)\theta(t) = \mathcal{T}(t)$$
$$= K_T x(t) \tag{1.76}$$

a qual pode ser expressa na forma convencional por

$$J\frac{d^2\theta}{dt^2} + B\frac{d\theta}{dt} = K_T x(t) \tag{1.77}$$

1.9 Descrição Interna e Externa de um Sistema

A relação de entrada-saída de um sistema é uma *descrição externa* do sistema. Determinamos a descrição externa (não a descrição interna) de sistemas em todos os exemplos discutidos até agora. Isto pode confundir o leitor, pois, em cada um dos casos, determinamos a relação entrada-saída analisando a estrutura interna do sistema. Por que esta não é uma descrição interna? O que é uma descrição interna? Apesar de verdadeiro o fato de termos determinado a relação de entrada-saída através da análise interna do sistema, nós o fizemos apenas por conveniência. Podíamos ter obtido a descrição entrada-saída fazendo observações nos terminais externos (entrada e saída), por exemplo, medindo a saída para uma certa entrada, tal como um impulso ou senoide. Uma descrição que pode ser obtida através de medições de terminais externos (mesmo quando o resto do sistema está selado dentro de uma caixa preta inacessível) é uma descrição externa. Claramente, a descrição de entrada-saída é uma descrição externa. O que, então, é uma descrição interna? Uma descrição interna é capaz de fornecer a informação completa sobre todos os possíveis sinais do sistema. Uma descrição externa pode não fornecer uma informação completa como esta. Uma descrição externa pode sempre ser determinada de uma descrição interna, mas o inverso não é necessariamente válido. Apresentaremos um exemplo para ilustrar a distinção entre uma descrição externa e uma descrição interna.

Considere o circuito da Fig. 1.41a com entrada $x(t)$ e saída $y(t)$ confinado dentro de uma "caixa preta" com apenas os terminais de entrada e saída acessíveis. Para determinar sua descrição externa iremos aplicar uma tensão $x(t)$ conhecida nos terminais de entrada e, então, mediremos a tensão de saída $y(t)$ resultante.

Vamos assumir, também, que existe alguma carga inicial Q_0 presente no capacitor. A tensão de saída geralmente depende tanto da entrada $x(t)$ quanto da carga inicial Q_0. Para calcular a saída resultante devido a carga Q_0 assuma a entrada $x(t) = 0$ (curto circuito na entrada).

Neste caso, as correntes nos dois resistores de 2Ω nos ramos superior e inferior nos terminais de saída são iguais e opostas, devido a natureza balanceada do circuito. Claramente, a carga do capacitor resulta em tensão nula na saída.[†]

Agora, para calcular a saída $y(t)$ resultante da tensão de entrada $x(t)$, assumimos carga inicial do capacitor nula (curto circuito nos terminais do capacitor). A corrente $i(t)$ (Fig. 1.41a), neste caso, se divide igualmente entre os dois ramos paralelos, pois o circuito está balanceado. Portanto, a tensão no capacitor continua igual a zero. Portanto, para o propósito de determinação da corrente $i(t)$, o capacitor pode ser removido ou substituído por um

---
[†] A tensão de saída $y(t)$ resultante devido a carga do capacitor [assumindo $x(t) = 0$] é a resposta de entrada nula, a qual, como argumentado é nula. A componente de saída devido à entrada $x(t)$ (assumindo carga inicial do capacitor nula) é a resposta de estado nulo. A análise completa deste problema é apresentada posteriormente no Exemplo 1.15.

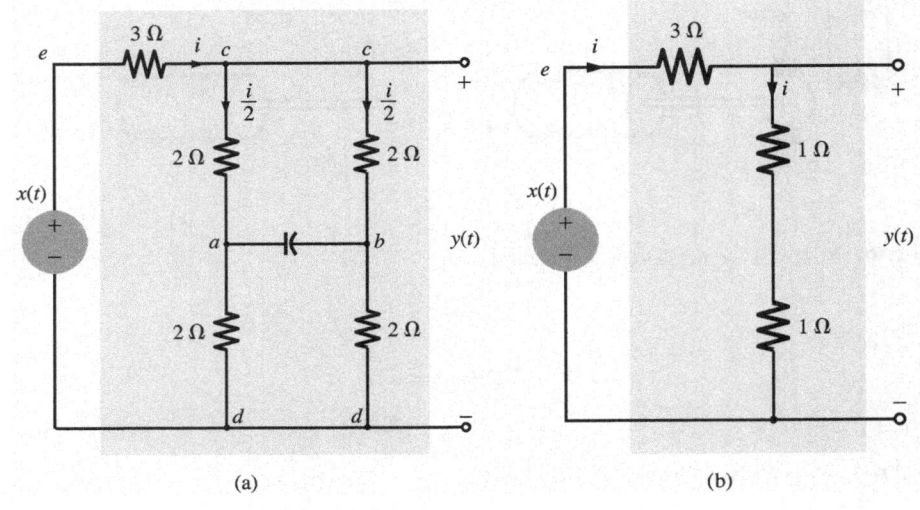

Figura 1.41 Um sistema que não pode ser descrito por medidas externas.

curto circuito. O circuito resultante é equivalente ao mostrado na Fig. 1.41b, o qual mostra que a entrada $x(t)$ enxerga uma carga de 5Ω e

$$i(t) = \tfrac{1}{5}x(t)$$

Além disso, como $y(t) = 2i(t)$,

$$y(t) = \tfrac{2}{5}x(t) \tag{1.78}$$

Essa é a resposta total. Claramente, para a descrição externa, o capacitor não existe. Nenhuma medição ou observação externa pode detectar a presença do capacitor. Além disso, se o circuito estiver encapsulado dentro de uma "caixa preta", de tal forma que apenas os terminais externos estejam acessíveis, é impossível determinar as correntes (ou tensões) dentro do circuito a partir de medições ou observações externas. Uma descrição interna, entretanto, pode fornecer todo sinal possível dentro do sistema. No Exemplo 1.15 iremos determinar a descrição interna deste sistema e mostraremos que é possível determinar cada possível sinal do sistema.

Para a maioria dos sistemas, as descrições interna e externa são equivalentes, mas existem algumas exceções, como no caso apresentado, nos quais a descrição externa fornece um quadro inadequado do sistema. Isso ocorre quando o sistema é *não controlável* ou *não observável*.

A Fig. 1.42 mostra representações estruturais de sistemas simples não controláveis e não observáveis. Na Fig. 1.42a, observamos que parte do sistema (subsistema S_2) dentro da caixa não pode ser controlada pela entrada $x(t)$. Na Fig. 1.42b, algumas das saídas do sistema (aquelas no subsistema S_2) não podem ser observadas a partir dos

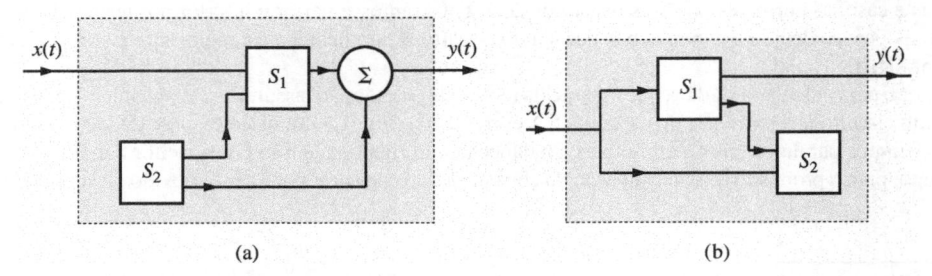

Figura 1.42 Estruturas de sistemas não controláveis e não observáveis.

terminais de saída. Se tentarmos descrever qualquer um destes sistemas aplicando uma entrada externa $x(t)$ e, então, medindo a saída $y(t)$, a medida não irá caracterizar completamente o sistema, apenas parte dele (neste caso S_1) que é tanto controlável quanto observável (conectada tanto à entrada quanto à saída). Tais sistemas não são desejáveis na prática e devem ser evitados no projeto de qualquer sistema. Pode-se mostrar que o sistema da Fig. 1.41 não é nem controlável nem observável. Ele pode ser representado estruturalmente como a combinação dos sistemas da Fig. 1.42a e 1.42b.

1.10 Descrição Interna: Descrição em Espaço de Estado

Agora, apresentaremos a descrição em *espaço de estado* de um sistema linear, a qual é uma descrição interna de um sistema. Nesta abordagem, identificamos certas variáveis chave, chamadas de *variáveis de estado*. Essas variáveis possuem a propriedade de que todo sinal possível no sistema pode ser expresso como a combinação linear destas variáveis de estado. Por exemplo, podemos mostrar que todo possível sinal em um circuito *RLC* passivo pode ser expresso como a combinação linear das tensões independentes dos capacitores e das correntes dos indutores, as quais são, por sua vez, variáveis de estado do circuito.

Para ilustrar este tópico, considere o circuito da Fig. 1.43. Identificamos duas variáveis de estado: a tensão do capacitor q_1 e a corrente do indutor q_2. Se os valores de q_1, q_2 e da entrada $x(t)$ forem conhecidos em algum instante t, podemos demonstrar que todo possível sinal (corrente ou tensão) no circuito pode ser determinado para t. Por exemplo, se $q_1 = 10$, $q_2 = 1$ e a entrada $x = 20$ em algum instante, as demais tensões e correntes no mesmo instante serão:

$$\begin{aligned}
i_1 &= (x - q_1)/1 = 20 - 10 = 10\,\text{A} \\
v_1 &= x - q_1 = 20 - 10 = 10\,\text{V} \\
v_2 &= q_1 = 10\,\text{V} \\
i_2 &= q_1/2 = 5\,\text{A} \\
i_C &= i_1 - i_2 - q_2 = 10 - 5 - 1 = 4\,\text{A} \\
i_3 &= q_2 = 1\,\text{A} \\
v_3 &= 5q_2 = 5\,\text{V} \\
v_L &= q_1 - v_3 = 10 - 5 = 5\,\text{V}
\end{aligned} \qquad (1.79)$$

Portanto, todos os sinais neste circuito são determinados. Claramente, variáveis de estados são *variáveis chave* em um sistema. O conhecimento das variáveis de estado permite que toda possível saída do sistema seja calculada. Note que a *descrição em espaço de estado é uma descrição interna* de um sistema pois ela é capaz de descrever todos os possíveis sinais do sistema.

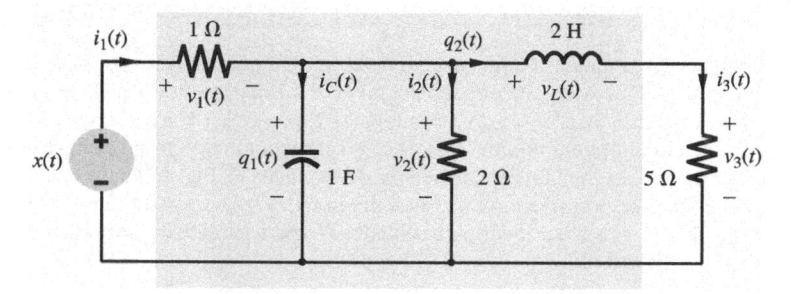

Figura 1.43 Escolhendo condições iniciais adequadas em um circuito.

EXEMPLO 1.14

Este exemplo ilustra como equações de estado podem ser naturais e mais fáceis de serem determinadas do que outras descrições, tais como equações de malha ou nó. Considere, novamente, o circuito da Fig. 1.43 com q_1 e q_2 como variáveis de estado e escreva as equações de estado.

Isso pode ser feito pela simples inspeção da Fig. 1.43. Como é a corrente através do capacitor,

$$\dot{q}_1 = i_C = i_1 - i_2 - q_2$$
$$= (x - q_1) - 0{,}5\,q_1 - q_2$$
$$= -1{,}5\,q_1 - q_2 + x$$

Além disso, $2\dot{q}_2$ a tensão do indutor, é dada por:

$$2\dot{q}_2 = q_1 - v_3$$
$$= q_1 - 5q_2$$

ou

$$\dot{q}_2 = 0{,}5\,q_1 - 2{,}5\,q_2$$

Portanto, as equações de estado são:

$$\dot{q}_1 = -1{,}5\,q_1 - q_2 + x$$
$$\dot{q}_2 = 0{,}5\,q_1 - 2{,}5\,q_2 \qquad (1.80)$$

Este é um conjunto de duas equações diferenciais simultâneas de primeira ordem. Este conjunto de equações é conhecido como *equações de estado*. Uma vez que estas equações tenham sido resolvidas para q_1 e q_2, todo o resto do circuito pode ser determinado usando as Eqs. (1.79). O conjunto de equações de saída (1.79) é chamado de *equações de saída*. Portanto, nesta abordagem, temos dois conjuntos de equações, as equações de estado e as equações de saída. Uma vez que as equações de estado sejam resolvidas, todas as possíveis saídas podem ser obtidas das equações de saída. Na descrição entrada-saída, um sistema de ordem N é descrito por uma equação de ordem N. Na técnica de variáveis de estado, o mesmo sistema é descrito por N equações de estado simultâneas de primeira ordem.[†]

EXEMPLO 1.15

Neste exemplo, investigaremos a natureza das equações de estado e a questão de controlabilidade e observabilidade para o circuito da Fig. 1.41a. Este circuito possui apenas um capacitor e nenhum indutor. Logo, existe apenas uma variável de estado, a tensão do capacitor $q(t)$. Como $C = 1$ F, a corrente do capacitor é $\dot{q}$. Existem duas fontes neste circuito: a entrada $x(t)$ e a tensão do capacitor $q(t)$. A resposta devido a $x(t)$ assumindo $q(t) = 0$ é a resposta de estado nulo, a qual pode ser determinada da Fig. 1.44a, na qual curto-circuitamos o capacitor $[q(t) = 0]$. A resposta devido a $q(t)$ assumindo $x(t) = 0$ é a resposta de entrada nula, a qual pode ser determinada da Fig. 1.44b, na qual curto-circuitamos $x(t)$ para garantir $x(t) = 0$. Desta forma é trivial determinar as duas componentes.

[†] Assumindo que o sistema é controlável e observável. Se não for o caso, a equação de descrição de entrada-saída terá uma ordem menor do que o número correspondente de equações de estado.

A Figura 1.44a mostra as correntes de estado nulo em cada ramo. É evidente que a entrada $x(t)$ enxerga uma resistência equivalente de 5Ω e, portanto, a corrente através de $x(t)$ é $x/5$ A, a qual se divide em dois ramos paralelos resultando em uma corrente de $x/10$ em cada ramo.

Examinando o circuito da Fig. 1.44b, para a resposta de entrada nula, observamos que a tensão do capacitor é q e a corrente é $\dot{q}$. Também observamos que o capacitor enxerga duas malhas em paralelo, cada uma com resistência de 4Ω e corrente $\dot{q}/2$. Curiosamente, o ramo de 3Ω está efetivamente curto-circuitado pois o circuito é balanceado e, portanto, a tensão nos terminais cd é zero. A corrente total em qualquer ramo é a soma das correntes do ramo da Fig. 1.44a e 1.44b (princípio da superposição).

Ramo	Corrente	Tensão
ca	$\dfrac{x}{10} + \dfrac{\dot{q}}{2}$	$2\left(\dfrac{x}{10} + \dfrac{\dot{q}}{2}\right)$
cb	$\dfrac{x}{10} - \dfrac{\dot{q}}{2}$	$2\left(\dfrac{x}{10} - \dfrac{\dot{q}}{2}\right)$
ad	$\dfrac{x}{10} - \dfrac{\dot{q}}{2}$	$2\left(\dfrac{x}{10} - \dfrac{\dot{q}}{2}\right)$
bd	$\dfrac{x}{10} + \dfrac{\dot{q}}{2}$	$2\left(\dfrac{x}{10} + \dfrac{\dot{q}}{2}\right)$
ec	$\dfrac{x}{5}$	$3\left(\dfrac{x}{5}\right)$
ed	$\dfrac{x}{5}$	x

(1.81)

Para determinar a equação de estado, observamos que a corrente no ramo ca é $(x/10) + \dot{q}/2$ e a corrente no ramo cb é $(x/10) - \dot{q}/2$. Logo, a equação da malha $acba$ é

$$q = 2\left[-\frac{x}{10} - \frac{\dot{q}}{2}\right] + 2\left[\frac{x}{10} - \frac{\dot{q}}{2}\right] = -2\dot{q}$$

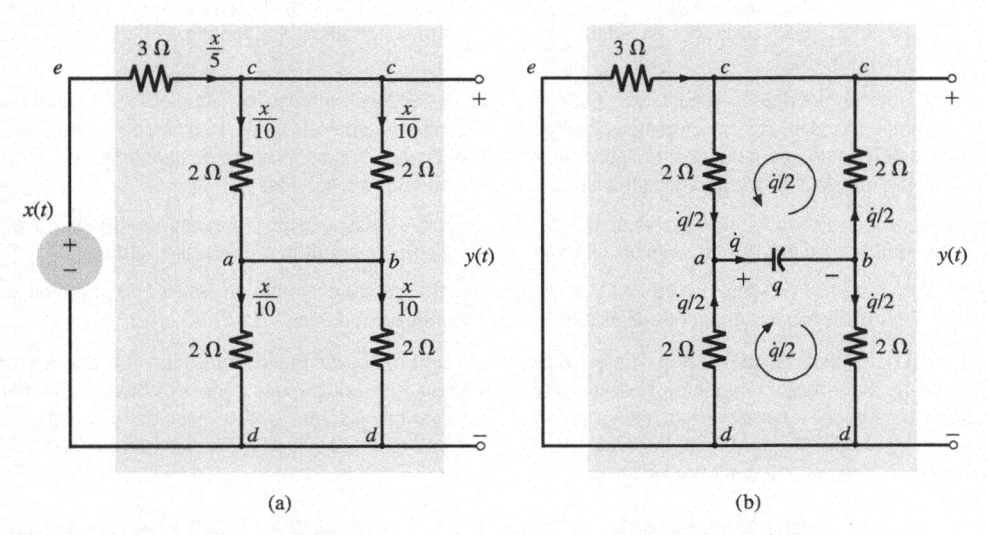

(a)   (b)

Figura 1.44 Análise de um sistema que não é nem controlável nem observável.

ou
$$\dot{q} = -0,5q \qquad (1.82)$$

Esta é a equação de estado desejada.

A substituição de $\dot{q} = -0,5q$ nas Eqs. (1.81) mostra que toda possível corrente e tensão do circuito pode ser expressa em termos da variável de estado q e da entrada x, como desejado. Logo, o conjunto de Eqs. (1.81) é a equação de saída para este circuito. Uma vez que tenhamos resolvido a equação de estado (1.82) para q, poderemos determinar cada possível saída do circuito.

A saída $y(t)$ é dada por

$$\begin{aligned} y(t) &= 2\left[\frac{x}{10} - \frac{\dot{q}}{2}\right] + 2\left[\frac{x}{10} + \frac{\dot{q}}{2}\right] \\ &= \frac{2}{5}x(t) \end{aligned} \qquad (1.83)$$

Um breve exame das equações de estado e saída indica a natureza deste sistema. A equação de estado (1.82) mostra que o estado $q(t)$ é independente da entrada $x(t)$ e, portanto, o estado do sistema q não pode ser controlado pela entrada. Além disso, a Eq. (1.83) mostra que a saída $y(t)$ não depende do estado $q(t)$. Logo, o estado do sistema não pode ser observado a partir dos terminais de saída. Desta forma, o sistema não é nem controlável e nem observável. Este não é o caso dos outros sistemas examinados anteriormente. Considere, por exemplo, o circuito da Fig. 1.43. A equação de estado (1.80) mostra que os estados são influenciados pela entrada, diretamente ou indiretamente. Logo, o sistema é controlável. Além disso, como as equações de saída (1.79) mostram, cada possível saída é expressa em termos das variáveis de estado e da entrada. Logo, os estados também são observáveis.

Técnicas de espaço de estado são úteis não somente devido à habilidade de fornecer a descrição interna do sistema, mas por várias outras razões, incluindo as seguintes:

1. Equações de estado de um sistema fornecem um modelo matemático de grande generalidade que pode descrever não somente sistemas lineares, mas também sistemas não lineares; não somente sistemas invariantes no tempo, mas também sistemas com parâmetros variantes no tempo; não somente sistemas SISO (*single-input/single-output**), mas também sistemas MIMO (*multiple-inputs/multiples-outputs***). De fato, equações de estado são idealmente adequadas para análise, síntese e otimização de sistemas MIMO.

2. A notação matricial compacta e as poderosas técnicas de álgebra linear facilitam em muito manipulações complexas. Sem tais características, muitos resultados importantes da moderna teoria de sistemas teriam sido difíceis de serem obtidos. Equações de estado podem resultar em uma grande quantidade de informação sobre um sistema, mesmo quando elas não são explicitamente resolvidas.

3. Equações de estado resultam em uma fácil situação para a simulação em computadores digitais de sistemas complexos de alta ordem, com ou sem não linearidades e com múltiplas entradas e saídas.

4. Para sistemas de segunda ordem ($N = 2$), um método gráfico chamado de *análise no plano de fase* pode ser utilizado nas equações de estado, sejam elas lineares ou não.

Os benefícios reais da abordagem de espaço de estado, entretanto, são mais óbvios para sistemas muito complexos ou de alta ordem. Grande parte deste livro é dedicada à introdução dos conceitos básicos de análise de sistemas lineares, os quais devem, necessariamente, começar com sistemas simples sem a utilização da técnica de espaço de estado. O Capítulo 10 trabalha com a análise em espaço de estados para sistemas lineares, invariantes no tempo, contínuos e discretos no tempo.

---

* N. de T.: Única entrada/única saída. Apesar de haver uma tradução para o termo, a sigla SISO é amplamente utilizada na literatura e será mantida ao longo do livro.

** N. de T.: Múltiplas entradas/múltiplas saídas. Apesar de haver uma tradução para o termo, a sigla MIMO é amplamente utilizada na literatura e será mantida ao longo do livro.

EXERCÍCIO E1.20

Escreva as equações de estado para o circuito RLC série mostrado na Fig. 1.45 utilizando a corrente do indutor $q_1(t)$ e a tensão do capacitor $q_2(t)$ como variáveis de estado. Expresse cada tensão e corrente deste circuito como a combinação linear de q_1, q_2 e x.

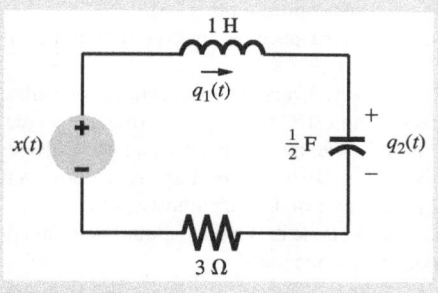

Figura 1.45

RESPOSTA

$\dot{q}_1 = -3q_1 - q_2 + x$

$\dot{q}_2 = 2q_1$

1.11 Resumo

Um *sinal* é um conjunto de dados ou informação. Um *sistema* processa um sinal de entrada, modificando-o ou extraindo informação adicional para produzir sinais de saída (resposta). Um sistema pode ser implementado utilizando componentes físicos (implementação em *hardware*) ou pode ser um algoritmo que calcula um sinal de saída a partir de um sinal de entrada (implementação em *software*).

Uma medida conveniente do tamanho de um sinal é sua energia, se ela for finita. Se a energia do sinal for infinita, a medida apropriada é sua potência, se ela existir. A potência do sinal é a média temporal de sua energia (média determinada em todo intervalo de tempo, de $-\infty$ a ∞). Para sinais periódicos, a média temporal pode ser determinada em apenas um período, em função da repetição periódica do sinal. A potência do sinal também é igual ao valor médio quadrático do sinal (média determinada em todo intervalo de tempo, de $t = -\infty$ a ∞).

Sinais podem ser classificados de diversas formas.

1. Um *sinal contínuo no tempo* é especificado para contínuos valores da variável independente (tal como o tempo t). Um sinal *discreto no tempo* é especificado apenas a conjuntos finitos ou contáveis de instantes de tempo.

2. Um *sinal analógico* é um sinal cuja amplitude assume qualquer valor contínuo. Por outro lado, um sinal cujas amplitudes só podem assumir um número finito de valores é um *sinal digital*. Os termos *discreto no tempo* e *contínuo no tempo* qualificam a natureza do sinal ao longo do eixo de tempo (eixo horizontal). Os termos *analógico* e *digital*, por outro lado, qualificam a natureza da amplitude do sinal (eixo vertical).

3. Um *sinal periódico* $x(t)$ é definido pelo fato de que $x(t) = x(t + T_0)$ para algum T_0. O menor valor de T_0 para o qual esta relação é satisfeita é chamado de *período fundamental*. Um sinal periódico permanece inalterado quando deslocado por um múltiplo inteiro de seu período. Um sinal periódico $x(t)$ pode ser gerado pela extensão periódica de qualquer segmento contínuo de $x(t)$ de duração T_0. Finalmente, um sinal periódico, por definição, deve existir em todo intervalo de tempo de $-\infty < t < \infty$. Um sinal é dito ser não periódico se ele não for periódico. Um sinal de duração infinita começa em $t = -\infty$ e continua para sempre até $t = \infty$. Logo, sinais periódicos são sinais de duração infinita. Um *sinal causal* é um sinal que é zero para $t < 0$.

4. Um sinal com energia finita é um *sinal de energia*. Similarmente, um sinal com potência (valor médio quadrático) finita e não nula é um *sinal de potência*. Um sinal pode ser um sinal de energia ou um sinal de potência, mas não os dois. Entretanto, existem sinais que não são nem de energia nem de potência.

5. Um sinal cuja descrição física é completamente conhecida de forma matemática ou gráfica é um *sinal determinístico*. Um *sinal aleatório* é conhecido apenas em termos de suas descrições probabilísticas, tais como valor médio ou valor médio quadrático, no lugar de sua forma matemática ou gráfica.

Um sinal $x(t)$ atrasado por T segundos (deslocamento para a direita) pode ser expresso por $x(t - T)$; por outro lado, $x(t)$ adiantado por T (deslocamento para a esquerda) é $x(t + T)$. Um sinal $x(t)$ comprimido no tempo por um fator a ($a > 1$) é expresso por $x(at)$, por outro lado, o mesmo sinal expandido no tempo por um fator a ($a > 1$) é $x(t/a)$. O sinal $x(t)$ quando revertido no tempo pode ser expresso por $x(-t)$.

A função degrau unitário $u(t)$ é muito útil na representação de sinais causais e sinais com diferentes descrições matemáticas em intervalos distintos.

Na definição clássica (Dirac), a função impulso unitário $\delta(t)$ é caracterizada por área unitária concentrada em um único instante $t = 0$. A função impulso possui a propriedade de amostragem, a qual afirma que a área sob o produto de uma função com o impulso unitário é igual ao valor da função no instante no qual o impulso está localizado (assumindo que a função seja contínua na localização do impulso). Na abordagem moderna, a função impulso é vista como uma função generalizada, sendo definida pela propriedade de amostragem.

A função exponencial e^{st}, onde s é complexo, engloba uma grande classe de sinais, incluindo o sinal constante, a exponencial monotônica, a senoide e a senoide com variação exponencial.

Um sinal real simétrico com relação ao eixo vertical ($t = 0$) é uma função *par* do tempo e um sinal que é anti-simétrico com relação ao eixo vertical é uma função *ímpar* do tempo. O produto de uma função par e uma função ímpar é uma função ímpar. Entretanto, o produto de duas funções pares ou duas funções ímpares é uma função par. A área sob uma função ímpar de $t = -a$ até a é sempre zero, independente do valor de a. Por outro lado, a área sob uma função par de $t = -a$ até a é duas vezes a área sob a mesma função de $t = 0$ até a (ou de $t = -a$ até 0). Todo sinal pode ser expresso como a soma de funções do tempo par e ímpar.

Um sistema processa sinais de entrada e produz sinais de saída (resposta). A entrada é a causa e a saída o seu efeito. Em geral, a saída é afetada por duas causas: a condição interna do sistema (tal como condições iniciais) e a entrada externa.

Os sistemas podem ser classificados de diversas formas.

1. Sistemas lineares são caracterizados pela propriedade da linearidade, a qual implica na superposição. Se várias causas (tais como várias entradas e condições iniciais) estão atuando em um sistema linear, a saída (resposta) total é a soma das respostas de cada causa, assumindo que todas as demais causas não estão presentes. Um sistema é não linear se a superposição não for válida.

2. Em sistemas invariantes no tempo, os parâmetros do sistema não são alterados com o tempo. Os parâmetros de sistemas com parâmetros variantes no tempo, obviamente, se alteram com o tempo.

3. Para sistemas sem memória (ou instantâneos), a resposta do sistema para qualquer instante t depende apenas do valor da entrada em t. Para sistemas com memória (também chamados de sistemas dinâmicos), a resposta do sistema para qualquer instante t depende não apenas do valor atual da entrada, mas também de seus valores passados (valores antes de t).

4. Em contraste, se a resposta de um sistema em t também depender dos valores futuros da entrada (valores de entrada além de t), o sistema é não causal. Em sistemas causais, a resposta não depende de valores futuros da entrada. Em função da dependência da resposta com valores futuros, o efeito (resposta) de um sistema não causal ocorre antes da causa. Quando a variável independente é o tempo (sistemas temporais), sistemas não causais são sistemas proféticos e, portanto, não realizáveis, apesar de uma aproximação próxima ser possível com algum atraso de tempo na resposta. Sistemas não causais com variáveis independentes diferentes do tempo (por exemplo, espaço) são realizáveis.

5. Sistemas cujas entradas e saída são sinais contínuos no tempo são sistemas em tempo contínuo (ou sistemas contínuos). Sistemas cujas entradas e saídas são sinais discretos no tempo são sistemas em tempo discreto (ou sistemas discretos). Se um sinal em tempo contínuo for amostrado, o sinal resultante é um sinal em tempo discreto. Podemos processar um sinal em tempo contínuo processando as amostras deste sinal em um sistema em tempo discreto.

6. Sistemas cujas entradas e saídas são sinais analógicos são sistemas analógicos. Aqueles cujas entradas e saídas são sinais digitais são sistemas digitais.

7. Se pudermos obter a entrada $x(t)$ a partir da saída $y(t)$ de um sistema S através de alguma operação, o sistema S é dito ser invertível. Caso contrário o sistema é não inversível.

8. Um sistema é estável se uma entrada limitada resultar em uma saída limitada. Isto define a estabilidade externa, pois ela pode ser obtida através de medições nos terminais externos do sistema. A estabilidade externa é também chamada de estabilidade no sentido BIBO (*bounded input/bounded output**). A estabilidade interna, discutida posteriormente no Capítulo 2, é medida em termos do comportamento interno do sistema.

O modelo de sistema determinado a partir do conhecimento da estrutura interna de um sistema é sua descrição interna. Em contraste, a descrição externa é a representação de um sistema visto através de seus terminais de entrada e saída. Ela pode ser obtida aplicando uma entrada conhecida e medindo a saída resultante. Na maioria dos sistemas práticos, uma descrição externa de um sistema assim obtida é equivalente a sua descrição interna. Algumas vezes, entretanto, a descrição externa falha ao descrever o sistema adequadamente. Isto ocorre com os chamados sistemas não observáveis e não controláveis.

Um sistema pode ser descrito, também, em termos de um certo conjunto de variáveis chaves chamadas de variáveis de estado. Nessa descrição, um sistema de ordem N pode ser caracterizado por um conjunto de N equações diferenciais de primeira ordem simultâneas com N variáveis de estado. Equações de estado de um sistema representam uma descrição interna do sistema.

REFERÊNCIAS
1. Papoulis, A. *The Fourier Integral and Its Applications*. McGraw-Hill, New York, 1962.
2. Mason, S. J. *Electronic Circuits, Signals, and Systems*. Wiley, New York, 1960.
3. Kailath, T. *Linear Systems*. Prentice-Hall, Englewood Cliffs, NJ, 1980.
4. Lathi, B. P. *Signals and Systems*. Berkeley-Cambridge Press, Carmichael, CA, 1987.

MATLAB Seção 1: Trabalhando com Funções

Saber trabalhar com funções é fundamental em aplicações de sinais e sistemas. O MATLAB oferece vários métodos para definir e calcular funções. O conhecimento e uso competente desses métodos é, portanto, necessário e benéfico.

M1.1 Funções Inline

Várias funções simples são facilmente representadas usando objetos *inline* do MATLAB. Um objeto *inline* fornece uma representação simbólica de uma função definida em termos de operadores e funções do MATLAB. Por exemplo, considere a definição da senoide exponencialmente amortecida $f(t) = e^{-t} \cos(2\pi t)$.

```
>> f = inline('exp(-t).*cos(2*pi*t)','t')
f =     Inline function:
        f(t) = exp(-t).*cos(2*pi*t)
```

O segundo argumento do comando `inline` identifica o argumento de entrada da função como sendo t. Argumentos de entradas, tais como `t`, são locais ao objeto *inline* e não estão relacionados a quaisquer outras variáveis da área de trabalho com os mesmos nomes.

Uma vez definida, $f(t)$ pode ser calculada passando, simplesmente, os valores de entrada de interesse. Por exemplo,

```
>> t = 0;
>> f(t)
ans = 1
```

---

* N. de T.: Entrada limitada/saída limitada.

determina $f(t)$ para $t = 0$, confirmando o resultado unitário esperado. O mesmo resultado é obtido passando $t = 0$ diretamente,

```
>> f(0)
ans = 1
```

Entradas na forma de vetores permitem o cálculo de múltiplos valores simultaneamente. Considere a tarefa de traçar $f(t)$ no intervalo $(-2 \leq t \leq 2)$. O rascunho da função é fácil de ser visualizado: $f(t)$ deve oscilar quatro vezes com um envelope de amortecimento. Como um gráfico detalhado é mais trabalhoso, gráficos gerados pelo MATLAB são uma alternativa atraente. Como os seguintes exemplos mostram, deve-se ter cuidado para garantir resultados confiáveis.

Suponha que o vetor t seja escolhido para incluir apenas os inteiros contidos em $(-2 \leq t \leq 2)$, ou seja, [–2, –1, 0, 1, 2].

```
>> t = (-2:2);
```

Este vetor de entrada é utilizado para determinarmos o vetor de saída.

```
>> f(t)
ans = 7.3891    2.7183    1.0000    0.3679    0.1353
```

O comando plot traça o gráfico do resultado, o qual está mostrado na Fig. M1.1.

```
>> plot(t,f(t));
>> xlabel('t'); ylabel('f(t)'); grid;
```

As linhas quadriculadas, inseridas com o comando grid, facilitam a visualização. Infelizmente, o gráfico não ilustra o comportamento oscilatório esperado. Mais pontos são necessários para representar adequadamente $f(t)$.

A questão é, então, quantos pontos são suficientes?[†] Se poucos pontos forem escolhidos perde-se informação. Se muitos pontos forem escolhidos, perderemos memória e tempo. É necessário atingir um equilíbrio. Para funções oscilatórias, a utilização de 20 a 200 pontos por oscilação geralmente é adequada. Para o caso em estudo, t é escolhido para fornecer 100 pontos por oscilação.

```
>> t = (-2:0.01:2);
```

Novamente, a função é determinada e traçada.

```
>> plot(t,f(t));
>> xlabel('t'); ylabel('f(t)'); grid;
```

O resultado, mostrado na Fig. M1.2 é uma figura fiel de $f(t)$.

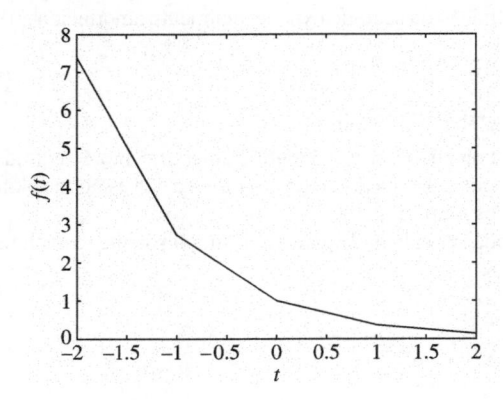

Figura M1.1 $f(t) = e^{-t}\cos(2\pi t)$ para t = (-2:2).

[†] A teoria da amostragem, a ser apresentada posteriormente, apresenta formalmente importantes aspectos desta questão.

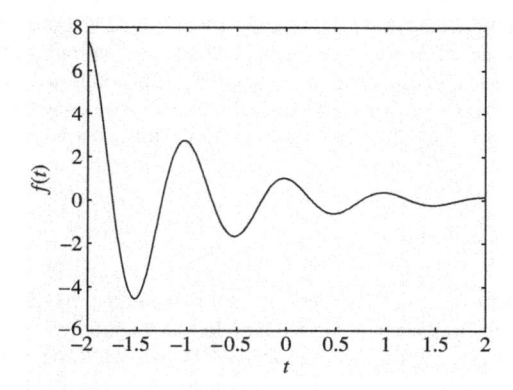

Figura M1.2 $f(t) = e^{-t}\cos(2\pi t)$ para t = (-2:0,01:2).

M1.2 Operadores Relacionais e a Função Degrau Unitário

A função degrau unitário $u(t)$ aparece naturalmente em diversas aplicações práticas. Por exemplo, um degrau unitário pode modelar a ação de se ligar um sistema. Com a ajuda de operadores relacionais, objetos *inline* podem representar a função degrau unitário.

No MATLAB, um operador relacional compara dois itens. Se a comparação for verdadeira, um verdadeiro lógico (1) é retornado. Se a comparação for falsa, um falso lógico (0) é retornado. Algumas vezes chamados de funções indicadores, operadores relacionais indicam se uma condição é verdadeira ou não. Seis operadores relacionais estão disponíveis: <, >, <=, >=, == e ~=.

A função degrau unitário é facilmente definida usando o operador relacional >=.

```
>> u = inline('(t>=0)','t')
u =    Inline function:
       u(t) = (t>=0)
```

Qualquer função com um salto de descontinuidade, tal como o degrau unitário, é difícil de ser traçada em um gráfico. Considere o gráfico de $u(t)$ usando t = (-2:2).

```
>> t = (-2:2);
>> plot(t,u(t));
>> xlabel('t'); ylabel('u(t)');
```

Dois problemas significativos são aparentes no gráfico resultante, mostrado na Fig. M1.3. Primeiro, o MATLAB automaticamente determina as escalas dos eixos para conter adequadamente a quantidade de dados. Nes-

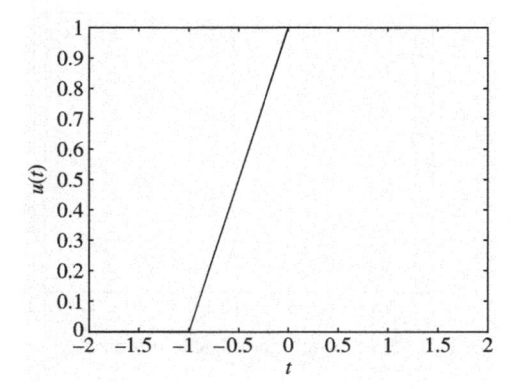

Figura M1.3 $u(t)$ para t = (-2:2).

te caso, esta característica geralmente desejada obscurece grande parte do gráfico. Segundo, o MATLAB conecta os dados do gráfico com linhas, fazendo com que um salto de descontinuidade seja difícil de ser conseguido. A fraca resolução do vetor *t* enfatiza este efeito mostrando uma linha inclinada, errada, entre $t = -1$ e $t = 0$.

O primeiro problema é corrigido aumentando verticalmente o limite do gráfico com o comando `axis`. O segundo problema é reduzido, mas não eliminado, adicionando pontos ao vetor `t`.

```
>> t = (-2:0.01:2);
>> plot(t,u(t));
>> xlabel('t'); ylabel('u(t)');
>> axis([-2 2 -0.1 1.1]);
```

O vetor de quatro argumentos de `axis` especifica o valor mínimo e máximo do eixo *x*, e o valor mínimo e máximo do eixo *y*, respectivamente. O resultado melhorado está mostrado na Fig. M1.4.

Operadores relacionais podem ser combinados usando AND lógico, OR lógico ou a negação lógica: `&`, `|`, `~`, respectivamente. Por exemplo, tanto `(t > 0) & (t < 1)` quanto `~((t <= 0)|(t>=1))` testam se $0 < t < 1$. Para demonstrar, considere a definição e o gráfico do pulso unitário $p(t) = u(t) - u(t-1)$, como mostrado na Fig. M1.5:

```
>> p = inline('(t>=0)&(t<1)','t');
>> t = (-1:0.01:2); plot(t,p(t));
>> xlabel('t'); ylabel('p(t) = u(t)-u(t-1)');
>> axis([-1 2 -.1 1.1]);
```

Para operadores escalares, o MATLAB também possui dois operadores lógicos de curto-circuito. O operador lógico de curto-circuito AND é executado usando `&&` e o curto-circuito OR é executado usando `||`. Operadores lógicos de curto-circuito são geralmente mais eficientes do que os tradicionais operadores lógicos porque eles testam a segunda porção da expressão apenas quando for necessário. Ou seja, quando a expressão escalar A for falsa em (A&&B), a expressão escalar B não é calculada, pois um resultado falso já está garantido. Similarmente, a expressão escalar B não é calculada quando a expressão escalar A for verdadeira em (A || B), pois um resultado verdadeiro já está garantido.

M1.3 Visualizando Operações na Variável Independente

Duas operações na variável independente são geralmente encontradas: deslocamento e escalamento. Objetos *inline* são úteis para investigar as duas operações.

Considere $g(t) = f(t)u(t) = e^{-t}\cos(2\pi t)u(t)$ uma versão realizável de $f(t)$.[†] Infelizmente, o MATLAB não pode multiplicar objetos *inline*. Ou seja, o MATLAB retorna um erro para `g = f*u` quando `f` e `u` são objetos *inline*. Ou seja, $g(t)$ precisa ser definido explicitamente.

```
>> g = inline('exp(-t).*cos(2*pi*t).*(t>=0)','t')
g =
     Inline function:
     g(t) = exp(-t).*cos(2*pi*t).*(t>=0)
```

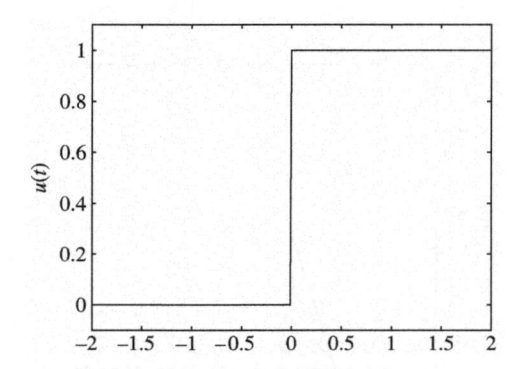

Figura M1.4 $u(t)$ para `t = (-2:0,01:2)` com modificação nos eixos.

[†] A função $f(t) = e^{-t}\cos(2\pi t)$ não pode ser realizada na prática, pois ela possui uma duração infinita e, para $t \to -\infty$, amplitude infinita.

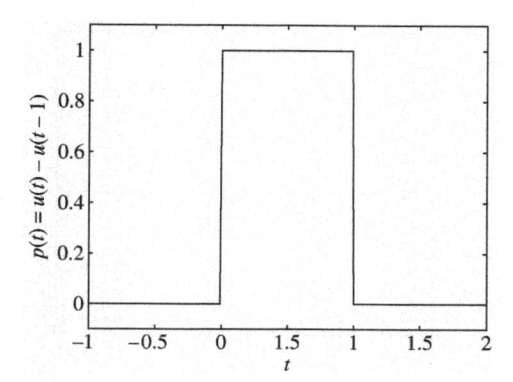

Figura M1.5 $p(t) = u(t) - u(t - 1)$ para $(-1 \leq t \leq 2)$.

Uma operação de deslocamento e escalamento combinadas é representada por $g(at + b)$, onde a e b são constantes arbitrárias reais. Por exemplo, considere o gráfico de $g(2t + 1)$ para $(-2 \leq t \leq 2)$. Com $a = 2$, a função é comprimida por um fator de 2, resultando no dobro de oscilações por unidade de t. Adicionando a condição $b > 0$, a forma de onda é deslocada para a esquerda. Dada a função *inline* g, um gráfico correto é trivial de ser obtido.

```
>>t = (-2:0.01:2);
>> plot(t,g(2*t+1)); xlabel('t'); ylabel('g(2t+1)'); grid;
```

A Fig. M1.6 confirma a compressão esperada da forma de onda e o deslocamento para a esquerda. Como verificação final, perceba que a função $g(\cdot)$ é ligada quando o argumento de entrada é zero. Portanto, $g(2t + 1)$ deve ser ligada quando $2t + 1 = 0$, ou seja $t = 0.5$. Um fato novamente confirmado na Fig. M1.6.

A seguir, considere o gráfico de $g(-t + 1)$ para $(-2 \leq t \leq 2)$. Como $a < 0$, a forma de onda será refletida. Acrescentando a condição $b > 0$, a forma de onda final será deslocada para a direita.

```
>> plot(t,g(-t+1)); xlabel('t'); ylabel('g(-t+1)'); grid;
```

A Fig. M1.7 confirma tanto a reflexão quando o deslocamento para a direita.

Até este momento, as Figs. M1.6 e M1.7 podiam ser razoavelmente rascunhadas no papel. Considere o gráfico de uma função mais complicada $h(t) = g(2t + 1) + g(-t + 1)$ para $(-2 \leq t \leq 2)$ (Fig. M1.8). Neste caso, um gráfico rascunhado no papel é bem complicado. Com o MATLAB o trabalho é muito menor.

```
> plot(t,g(2*t+1)+g(-t+1)); xlabel('t'); ylabel('h(t)'); grid;
```

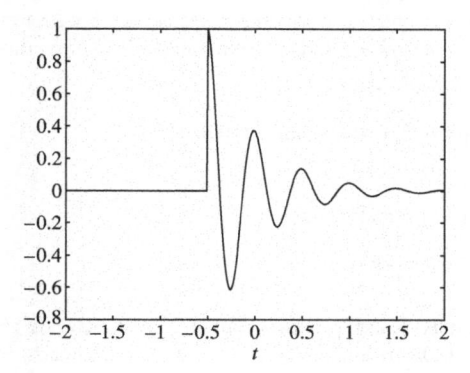

Figura M1.6 $g(2t + 1)$ para $(-2 \leq t \leq 2)$.

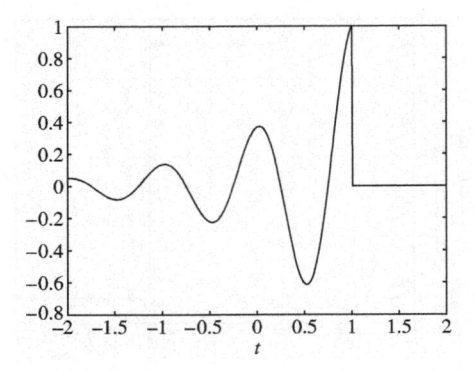

Figura M1.7 $g(-t + 1)$ para $(-2 \leq t \leq 2)$.

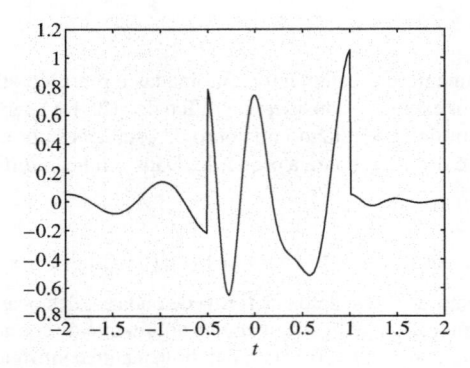

Figura M1.8 $h(t) = g(2t + 1) + g(-t + 1)$ para $(-2 \leq t \leq 2)$.

M1.4 Integração Numérica e Estimação da Energia do Sinal

Sinais interessantes geralmente possuem representações matemáticas não triviais. A determinação da energia do sinal, a qual envolve a integração do quadrado destas expressões, pode ser uma tarefa desencorajadora. Felizmente, várias integrais difíceis podem ser estimadas, com uma certa precisão, através de técnicas de integração numérica. Mesmo se a integração aparentemente for simples, a integração numérica é uma boa maneira de verificar resultados analíticos.

Para começar, considere o sinal simples $x(t) = e^{-t}(u(t) - u(t - 1))$. A energia de $x(t)$ é calculada por $E_x = \int_{-\infty}^{\infty} |x(t)|^2\, dt = \int_0^1 e^{-2t}\, dt$. Integrando, teremos $E_x = 0.5(1 - e^{-2}) \approx 0.4323$. A integral de energia também pode ser calculada numericamente. A Fig. 1.27 ajuda a ilustrar esse método simples de aproximação retangular: determine o integrando em pontos uniformemente espaçados por Δt, multiplique cada um por Δt para determinar a área do retângulo e, então, some todos os retângulos. Primeiro criamos a função $x(t)$,

```
>> x = inline('exp(-t).*((t>=0)&(t<1))','t');
```

Fazendo $\Delta t = 0.01$, um vetor tempo adequado é criado.

```
>> t = (0:0.01:1);
```

O resultado final é calculando usando o comando *sum*.

```
>> E_x = sum(x(t).*x(t)*0.01)
E_x = 0.4367
```

O resultado não é perfeito, mas ele está próximo com um erro relativo de 1%. Reduzindo Δt a aproximação é melhorada. Por exemplo, $\Delta t = 0,001$ resulta em `E_x = 0.4328`, ou um erro relativo de 0,1%.

Apesar de ser simples de visualizar, a aproximação retangular não é a melhor técnica de integração numérica. A função quad do MATLAB implementa uma técnica de integração melhor, chamada de *quadratura recursiva adaptativa de Simpson*.[†] Para operar, quad necessita de uma função descrevendo o integrando, o limite inferior de integração e o limite superior de integração. Note que Δt não precisa ser especificado.

Para utilizar quad para estimar E_x, o integrando deve, primeiro, ser descrito.

> x_squared = inline('exp(-2*t).*((t>=0)&(t<1))','t');

A estimação de E_x é feita usando

```
>> E_x = quad(x_squared,0,1)
E_x = 0.4323
```

Neste caso, o erro relativo é $-0,0026\%$.

As mesmas técnicas podem ser utilizadas para estimar a energia de sinais mais complexos. Considere $g(t)$ definido anteriormente. A energia é determinada por $E_g = \int_0^\infty e^{-2t} \cos^2(2\pi t)\, dt$. É possível obter uma forma fechada para a solução, mas isto requer algum esforço. O MATLAB fornece uma resposta rapidamente.

```
>> g_squared = inline('exp(-2*t).*(cos(2*pi*t).^2).*(t>=0)','t');
```

Apesar do limite superior da integração ser infinito, o envelope exponencial decrescente garante que $g(t)$ será efetivamente zero antes de $t = 100$. Portanto, um limite superior de $t = 100$ é utilizado, juntamente com $\Delta t = 0.001$.

```
>> t = (0:0.001:100);
>> E_g = sum(g_squared(t)*0.001)
E_g = 0.2567
```

Uma aproximação um pouco melhor é obtida usando a função quad.

```
>> E_g = quad(g_squared,0,100)
E_g = 0.2562
```

Como exercício, verifique que a energia do sinal $h(t)$ definido anteriormente é $E_h = 0.3768$.

PROBLEMAS

1.1-1 Determine a energia dos sinais mostrados na Fig. P1.1-1. Comente o efeito na energia da mudança de sinal, deslocamento temporal ou escalamento (dobro) do sinal. Qual é o efeito na energia se o sinal for multiplicado por k?

1.1-2 Refaça o Prob. 1.1-1 para os sinais da Fig. P1.1-2.

1.1-3 (a) Determine a energia do par de sinais $x(t)$ e $y(t)$ mostrados na Fig. P1.1-3a e P1.1-3b. Trace e determine a energia dos sinais $x(t) + y(t)$ e $x(t) - y(t)$. Você consegue fazer alguma observação a partir destes resultados?
(b) Repita a parte (a) para o par de sinais mostrados na Fig. P1.1-3c. A sua observação da parte (a) ainda é válida?

1.1-4 Determine a potência do sinal periódico $x(t)$ mostrado na Fig. P1.1-4. Determine, também, a potência e o valor rms de:
(a) $-x(t)$
(b) $2x(t)$
(c) $cx(t)$.
Comente.

1.1-5 Determine a potência e o valor rms para cada um dos seguintes sinais:
(a) $5 + 10\cos(100t + \pi/3)$
(b) $10\cos(100t + \pi/3) + 16\,\text{sen}(150t + \pi/5)$
(c) $10\cos 5t \cos 10t$
(d) $10\,\text{sen}\, 5t \cos 10t$
(e) $10\,\text{sen}\, 5t \cos 10t$
(f) $e^{j\alpha}\cos \omega_0 t$

[†] Um estudo detalhado de integração numérica está fora do escopo deste texto. Detalhes desse método particular não são importantes para a discussão atual. É suficiente dizer que ele é melhor do que a aproximação retangular.

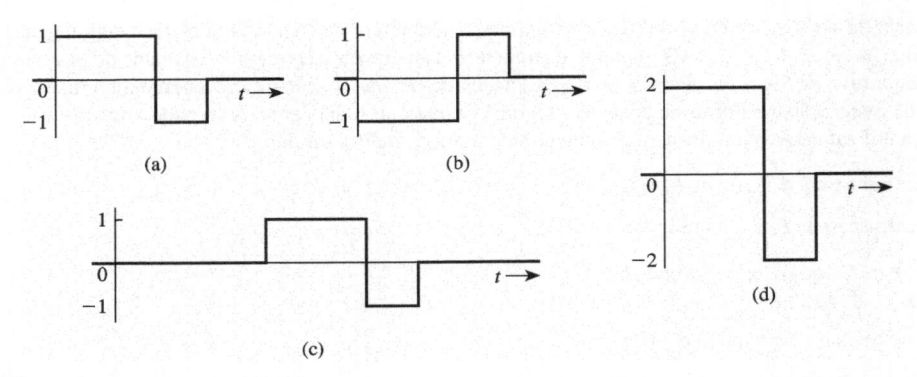

Figura P1.1-1

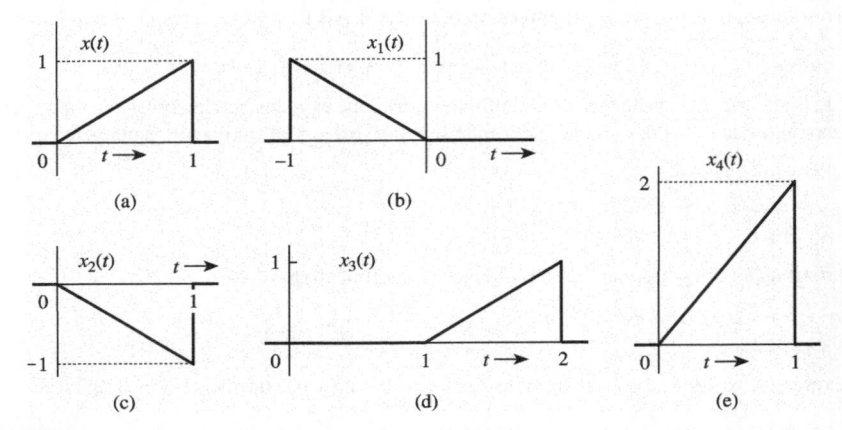

Figura P1.1-2

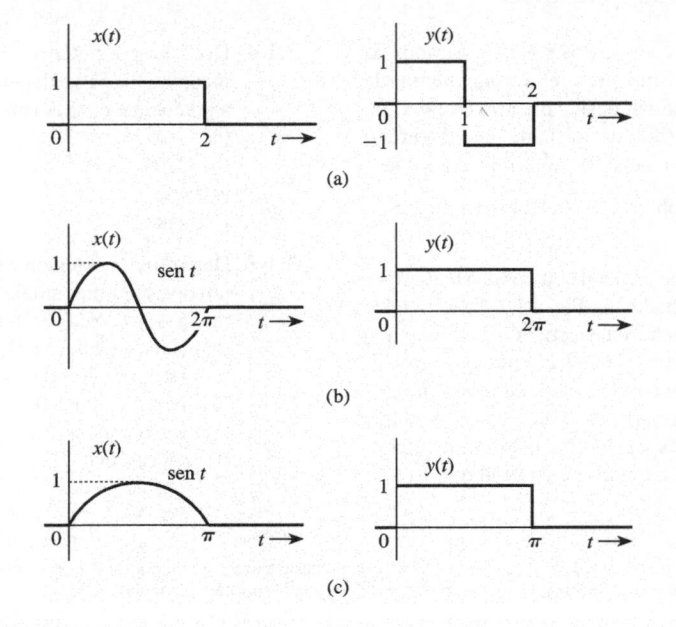

Figura P1.1-3

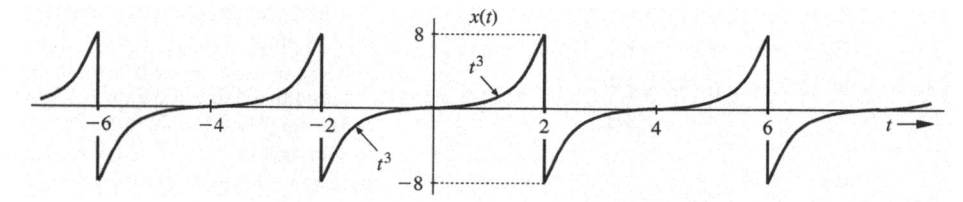

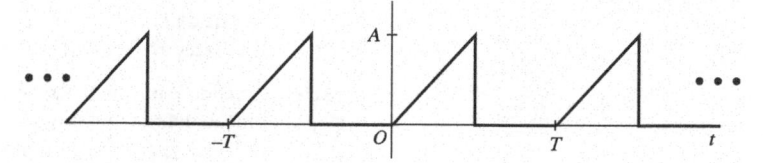

Figura P1.1-4

Figura P1.1-6 Forma de onda $x(t)$ dente de serra com *duty cicle* de 50% e *offset*.

1.1-6 A Fig. P1.1-6 mostra uma onda $x(t)$ dente de serra periódica com um *duty cicle** de 50% e *offset***, com amplitude de pico A. Determina a energia e potência de $x(t)$.

1.1-7 (a) Existem diversas propriedades úteis relacionadas a sinais de energia. Prove cada uma das seguintes afirmativas. Em cada caso, considere um sinal de energia $x_1(t)$ com energia $E[x_1(t)]$ e um sinal de energia $x_2(t)$ com energia $E[x_2(t)]$, e considere T uma constante real, não nula, finita.
  (i) Prove que $E[T x_1(t)] = T^2 E[x_1(t)]$. Ou seja, o escalamento da amplitude de um sinal por uma constante T escalona a energia do sinal por T^2.
  (ii) Prove que $E[x_1(t)] = E[x_1(t-T)]$. Ou seja, o deslocamento de um sinal não afeta sua energia.
  (iii) Se $(x_1(t) \neq 0) \Rightarrow (x_2(t) = 0)$ e $(x_2(t) \neq 0) \Rightarrow (x_1(t) = 0)$, então prove que $E[x_1(t) + x_2(t)] = E[x_1(t)] + E[x_2(t)]$. Ou seja, a energia da soma de dois sinais que não se sobrepõem é a soma das duas energias individuais.
  (iv) Prove que $E[x_1(Tt)] = (1/|T|) E[x_1(t)]$. Ou seja, o escalamento temporal de um sinal por T escalona, reciprocamente, a energia do sinal por $1/|T|$.

(b) Considere o sinal $x(t)$ mostrado na Fig. P1.1-7. Fora do intervalo mostrado $x(t)$ é zero. Determine a energia do sinal $E[x(t)]$.

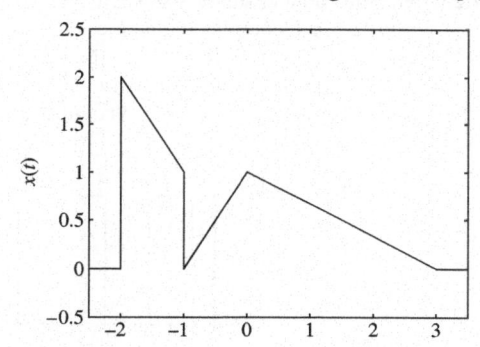

Figura P1.1-7 Sinal de energia $x(t)$.

1.1-8 (a) Mostre que a potência de um sinal
$$x(t) = \sum_{k=m}^{n} D_k e^{j\omega_k t} \quad \text{é} \quad P_x = \sum_{k=m}^{n} |D_k|^2$$
assumindo que todas as frequências são distintas, ou seja, $\omega_i \neq \omega_k$ para todo $i \neq k$.
(b) Usando o resultado da parte (a), determine a potência de cada um dos sinais do Problema 1.1-5.

1.1-9 Um sinal binário é $x(t) = 0$ para $t < 0$. Para tempos positivos, $x(t)$ altera entre um e zero da seguinte forma: um por 1 segundo, zero por 1 segundo, um por 1 segundo, zero por 2 segundos, um por 1 segundo, zero por 3 segundos e assim por diante. Ou seja, o tempo "ligado" é sempre um segundo, mas o tempo "desligado" aumenta sucessivamente por um segundo entre cada al-

---

* N. de T.: Ciclo de trabalho. Novamente, encontra-se na literatura brasileira o termo em inglês, o qual será mantido.
** N. de T.: Deslocamento no eixo vertical.

ternância. Uma parte de $x(t)$ é mostrada na Fig. 1.1-9. Determine a potência e energia de $x(t)$.

1.2-1 Para o sinal $x(t)$ mostrado na Fig. P1.2-1, trace os seguintes sinais
   (a) $x(-t)$
   (b) $x(t+6)$
   (c) $x(3t)$
   (d) $x(t/2)$

1.2-2 Para o sinal $x(t)$ mostrado na Fig. P1.2-2, trace,
   (a) $x(t-4)$
   (b) $x(t/1,5)$
   (c) $x(-t)$
   (d) $x(2t-4)$
   (e) $x(2-t)$

1.2-3 Na Fig. P1.2-3, expresse os sinais $x_1(t)$, $x_2(t)$, $x_3(t)$, $x_4(t)$ e $x_5(t)$ em termos do sinal $x(t)$ e suas versões deslocadas no tempo, escalonadas no tempo ou revertidas no tempo.

1.2-4 Para um sinal de energia $x(t)$ com energia E_x, mostre que a energia de qualquer um dos sinais $-x(t)$, $x(-t)$ e $x(t-T)$ é E_x. Mostre também que a energia de $x(at)$ e $x(at-b)$ é E_x/a, mas a energia de $ax(t)$ é $a^2 E_x$. Isto mostra que a inversão temporal e o deslocamento temporal não afetam a energia do sinal. Por outro lado, a compressão no tempo de um sinal ($a > 1$) reduz a energia e a expansão no tempo de um sinal ($a < 1$) aumenta a energia. Qual é o efeito na energia do sinal se o sinal for multiplicado por uma constante a?

1.2-5 Defina $2x(-3t+1) = t(u(-t-1)-u(-t+1))$, onde $u(t)$ é a função degrau unitário.
   (a) Trace $2x(-3t+1)$ para uma faixa adequada de t.
   (b) Trace $x(t)$ para uma faixa adequada de t.

1.2-6 Considere um sinal $x(t) = 2^{-tu(t)}$, onde $u(t)$ é a função degrau unitário.
   (a) Faça o gráfico de $x(t)$ para $(-1 \leq t \leq 1)$.
   (b) Faça o gráfico de $y(t) = 0,5x(1-2t)$ para $(-1 \leq t \leq 1)$.

1.3-1 Determine se cada uma das seguintes afirmativas é verdadeira ou falsa. Se a afirmativa for falsa, demonstre por prova analítica ou exemplo.
   (a) Todo sinal contínuo no tempo é um sinal analógico.
   (b) Todo sinal discreto no tempo é um sinal digital.

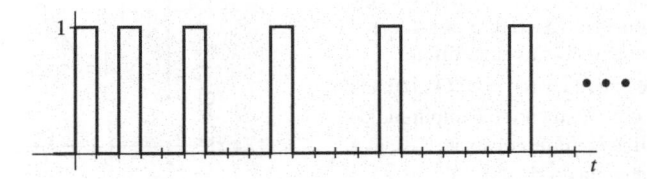

Figura P1.1-9 Sinal binário $x(t)$.

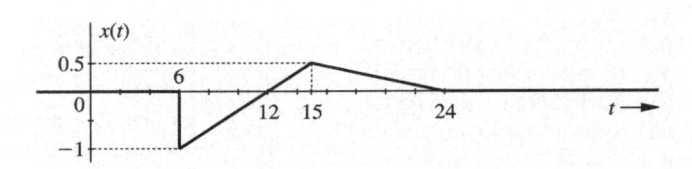

Figura P1.2-1

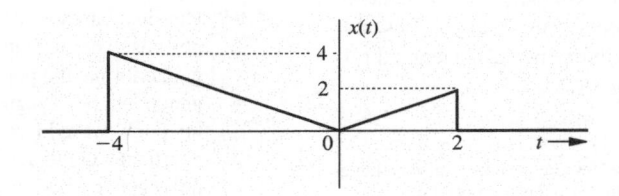

Figura P1.2-2

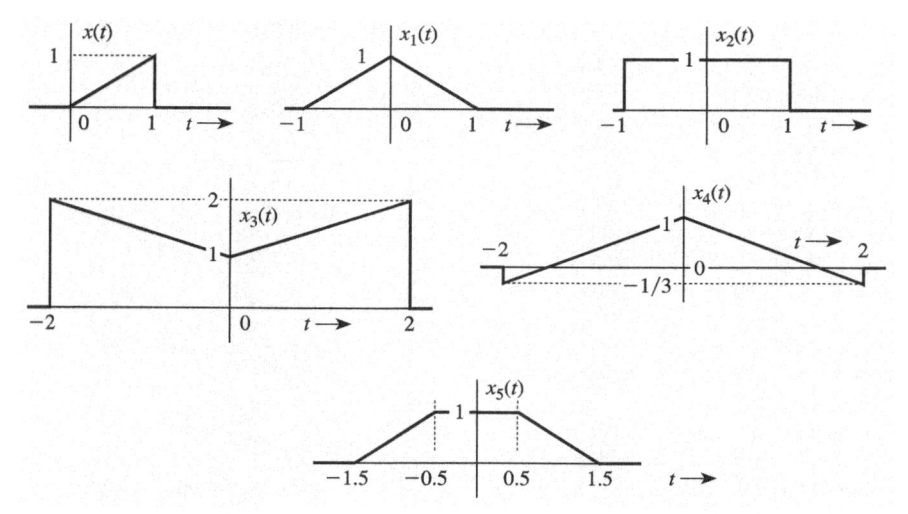

Figura P1.2-3

(c) Se um sinal não for um sinal de energia, então ele deve ser um sinal de potência e vice-versa.
(d) Um sinal de energia deve ter duração finita.
(e) Um sinal de potência não pode ser causal.
(f) Um sinal periódico não pode ser anticausal.

1.3-2 Determine se cada uma das seguintes afirmativas é verdadeira ou falsa. Se a afirmativa for falsa, demonstre por prova ou exemplo porque a afirmativa é falsa.
(a) Todo sinal periódico limitado é um sinal de potência.
(b) Todo sinal de potência limitado é um sinal periódico.
(c) Se um sinal de energia $x(t)$ possui energia E, então a energia de $x(at)$ é E/a. Considere a um número real positivo.
(d) Se um sinal de potência $x(t)$ possui potência P, então a potência de $x(at)$ é P/a. Considere a um número real positivo.

1.3-3 Dado $x_1(t) = \cos(t)$, $x_2(t) = \text{sen}(\pi t)$ e $x_3(t) = x_1(t) + x_2(t)$:
(a) Determine os períodos fundamentais T_1 e T_2 dos sinais $x_1(t)$ e $x_2(t)$.
(b) Mostre que $x_3(t)$ não é periódico, o que requer $T_3 = k_1 T_1 = k_2 T_2$ para algum inteiro k_1 e k_2.
(c) Determine as potências P_{x_1}, P_{x_2} e P_{x_3} dos sinais $x_1(t)$, $x_2(t)$ e $x_3(t)$.

1.3-4 Para qualquer constante ω, a função $f(t) = \text{sen}(\omega t)$ é uma função periódica da variável independente t? Justifique sua resposta.

1.3-5 O sinal mostrado na Fig. P1.3-5 é definido por

$$x(t) = \begin{cases} t & 0 \leq t < 1 \\ 0,5 + 0,5 \cos(2\pi t) & 1 \leq t < 2 \\ 3 - t & 2 \leq t < 3 \\ 0 & \text{caso contrário} \end{cases}$$

A energia de $x(t)$ é $E \approx 1{,}0417$.
(a) Qual é a energia de $y_1(t) = (1/3)x(2t)$?
(b) um sinal periódico $y_2(t)$ é definido por

$$y_2(t) = \begin{cases} x(t) & 0 \leq t < 4 \\ y_2(t+4) & \forall t \end{cases}$$

Qual é a potência de $y_2(t)$?
(c) Qual é a potência de $y_3(t) = (1/3)y_2(2t)$?

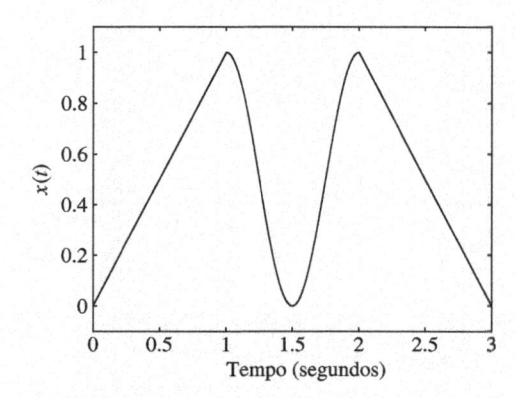

Figura P1.3-5 Sinal de energia $x(t)$.

1.3-6 Seja $y_1(t) = y_2(t) = t^2$ para $0 \leq t \leq 1$. Observe que esta afirmativa não implica em $y_1(t) = y_2(t)$ para todo t.
   (a) Defina $y_1(t)$ como um sinal par periódico com período $T_1 = 2$. Rascunhe $y_1(t)$ e determine sua potência.
   (b) Projete um sinal periódico ímpar $y_2(t)$ com período $T_2 = 3$ e potência igual a um. Descreva completamente $y_2(t)$ e rascunhe o sinal por, pelo menos, um período completo. [Dica: Existe um número infinito de possíveis soluções para este problema — você só precisa encontrar uma delas!].
   (c) Podemos criar uma função de valor complexo $y_3(t) = y_1(t) + jy_2(t)$. Determine se este sinal é periódico ou não. Se sim, determine o período T_3. Se não, justifique por que o sinal não é periódico.
   (d) Determine a potência de $y_3(t)$ definido na parte (c). A potência de uma função de valor complexo $z(t)$ é
$$P = \lim_{T \to \infty} \frac{1}{T} \int_{-T/2}^{T/2} z(\tau) z^*(\tau) \, d\tau$$

1.4-1 Rascunhe o seguinte sinal:
   (a) $u(t-5) - u(t-7)$
   (b) $u(t-5) + u(t-7)$
   (c) $t^2[u(t-1) - u(t-2)]$
   (d) $(t-4)[u(t-2) - u(t-4)]$

1.4-2 Expresse cada um dos sinais da Fig. P1.4-2 por uma única expressão para todo t.

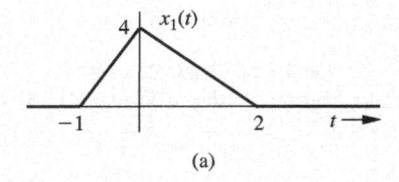

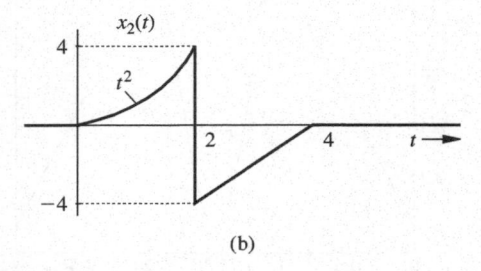

Figura P1.4-2

1.4-3 Simplifique as seguintes expressões
   (a) $\left(\dfrac{\text{sen } t}{t^2 + 2}\right)\delta(t)$
   (b) $\left(\dfrac{j\omega + 2}{\omega^2 + 9}\right)\delta(\omega)$
   (c) $[e^{-t}\cos(3t - 60°)]\delta(t)$
   (d) $\left(\dfrac{\text{sen}\left[\frac{\pi}{2}(t-2)\right]}{t^2 + 4}\right)\delta(1-t)$
   (e) $\left(\dfrac{1}{j\omega + 2}\right)\delta(\omega + 3)$
   (f) $\left(\dfrac{\text{sen } k\omega}{\omega}\right)\delta(\omega)$

1.4-4 Calcule as seguintes integrais:
   (a) $\displaystyle\int_{-\infty}^{\infty} \delta(\tau)x(t-\tau)\,d\tau$
   (b) $\displaystyle\int_{-\infty}^{\infty} x(\tau)\delta(t-\tau)\,d\tau$
   (c) $\displaystyle\int_{-\infty}^{\infty} \delta(t)e^{-j\omega t}\,dt$
   (d) $\displaystyle\int_{-\infty}^{\infty} \delta(2t-3)\,\text{sen}\,\pi t\,dt$
   (e) $\displaystyle\int_{-\infty}^{\infty} \delta(t+3)e^{-t}\,dt$
   (f) $\displaystyle\int_{-\infty}^{\infty} (t^3 + 4)\delta(1-t)\,dt$
   (g) $\displaystyle\int_{-\infty}^{\infty} x(2-t)\delta(3-t)\,dt$
   (h) $\displaystyle\int_{-\infty}^{\infty} e^{(x-1)} \cos\left[\tfrac{\pi}{2}(x-5)\right]\delta(x-3)\,dx$

1.4-5 (a) Determine e rascunhe dx/dt para o sinal $x(t)$ mostrado na Fig. P1.2-2.
   (b) Determine e rascunhe d^2x/dt^2 para o sinal $x(t)$ mostrado na Fig. P1.4-2a.

1.4-6 Determine e rascunhe para o sinal $x(t)$ ilustrado na Fig. P1.4-6.

1.4-7 Usando a definição de função generalizada do impulso [Eq. (1.24a)], mostre que $\delta(t)$ é uma função par de t.

1.4-8 Usando a definição de função generalizada do impulso [Eq. (1.24a)], mostre que
$$\delta(at) = \frac{1}{|a|}\delta(t)$$

(a)

(b)

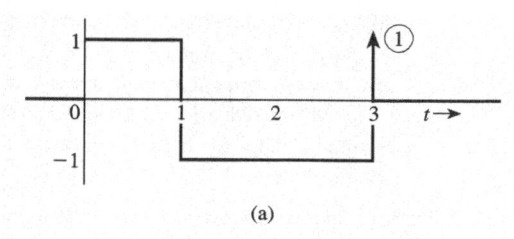

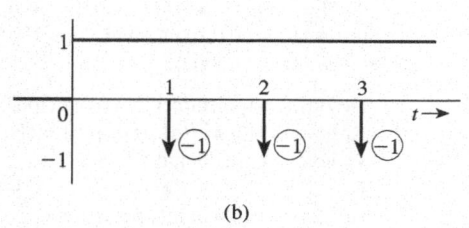

Figura P1.4-6

1.4-9 Mostre que

$$\int_{-\infty}^{\infty} \dot{\delta}(t)\phi(t)\,dt = -\dot{\phi}(0)$$

onde $\phi(t)$ e $\phi P(t)$ são contínuas para $t = 0$ e $\phi(t) \to 0$ quando $t \to \pm\infty$. Esta integral define $\dot{\delta}(t)$ como uma função generalizada. [Dica: Use integração por partes.]

1.4-10 Uma senoide $e^{\sigma t}\cos\omega t$ pode ser expressa como a soma das exponenciais e^{st} e e^{-st} [Eq. (1.30c)] com frequências complexas $s = \sigma + j\omega$ e $s = \sigma - j\omega$. Localize no plano complexo as frequências das seguintes senoides:
(a) $\cos 3t$
(b) $e^{-3t}\cos 3t$
(c) $e^{2t}\cos 3t$
(d) e^{-2t}
(e) e^{2t}
(f) 5

1.5-1 Determine e rascunhe as componentes pares e ímpares de:
(a) $u(t)$
(b) $tu(t)$
(c) sen $\omega_0 t$
(d) $\cos \omega_0 t$
(e) $\cos(\omega_0 t + \theta)$
(f) sen $\omega_0 t u(t)$
(g) $\cos \omega_0 t u(t)$

1.5-2 (a) Determine a componente par e ímpar do sinal $x(t) = e^{-2t}u(t)$.
(b) Mostre que a energia de $x(t)$ é a soma das energias de suas componentes par e ímpar determinadas na parte (a).

(c) Generalize o resultado da parte (b) para qualquer sinal de energia finita.

1.5-3 (a) Se $x_e(t)$ e $x_0(t)$ são componentes par e ímpar de um sinal real $x(t)$, então mostre que

$$\int_{-\infty}^{\infty} x_e(t)x_o(t)\,dt = 0$$

(b) Mostre que

$$\int_{-\infty}^{\infty} x(t)\,dt = \int_{-\infty}^{\infty} x_e(t)\,dt$$

1.5-4 Um sinal não periódico é definido por $x(t) = \text{sen}(\pi t)u(t)$, onde $u(t)$ é a função degrau contínua no tempo. A porção ímpar deste sinal, $x_0(t)$, é periódica? Justifique sua resposta.

1.5-5 Um sinal não periódico é definido por $x(t) = \cos(\pi t)u(t)$, onde $u(t)$ é a função degrau contínua no tempo. A porção par deste sinal, $x_0(t)$, é periódica? Justifique sua resposta.

1.5-6 Considere o sinal $x(t)$ mostrado na Fig. P1.5-6.

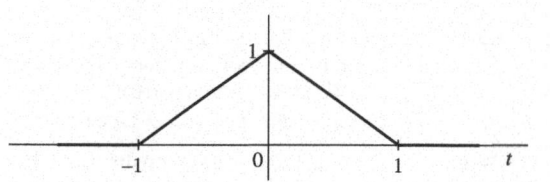

Figura P1.5-6 Entrada $x(t)$.

(a) Determine e cuidadosamente rascunhe $v(t) = 3x(-(1/2)(t+1))$
(b) Determine a energia e potência de $v(t)$.
(c) Determine e cuidadosamente rascunhe a porção par de $v(t)$, $v_e(t)$.
(d) Seja $a = 2$ e $b = 3$, rascunhe $v(at + b)$, $v(at) + b$, $av(t + b)$ e $av(t) + b$.
(e) Seja $a = -3$ e $b = -2$, rascunhe $v(at + b)$, $v(at) + b$, $av(t + b)$ e $av(t) + b$.

1.5-7 Considere o sinal $y(t) = (1/5)x(-2t - 3)$ mostrado na Figura P1.5-7.

(a) $y(t)$ possui uma parte ímpar, $y_0(t)$? Se sim, determine e cuidadosamente rascunhe $y_0(t)$. Caso contrário explique porque a parte ímpar não existe.
(b) Determine e cuidadosamente rascunhe o sinal original $x(t)$.

1.5-8 Considere o sinal $-(1/2)x(-3t + 2)$ mostrado na Fig. P1.5-8.

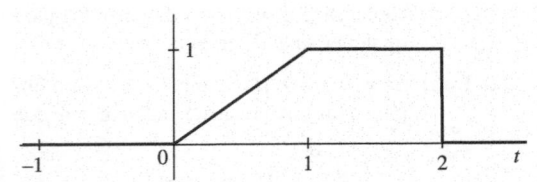

Figura P1.5-7 $y(t) = (1/5)x(-2t - 3)$

(a) Determine e cuidadosamente rascunhe o sinal original $x(t)$.
(b) Determine e cuidadosamente rascunhe a porção par do sinal original $x(t)$.
(c) Determine e cuidadosamente rascunhe a porção ímpar do sinal original $x(t)$.

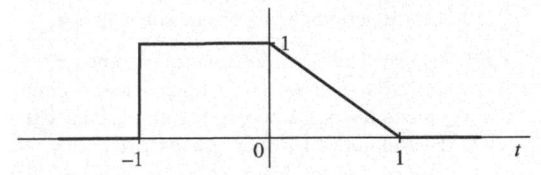

Figura P1.5-8 $-(1/2)x(-3t + 2)$.

1.5-9 A porção do conjugado simétrico (ou Hermitiano) de um sinal é definido por $w_{cs}(t) = (w(t) + w^*(-t))/2$. Mostre que a parte real de $w_{cs}(t)$ é par e a parte imaginária de $w_{cs}(t)$ é ímpar.

1.5-10 A porção do conjugado antisimétrico (ou skew-Hermitiano) de um sinal é definido por $w_{ca}(t) = (w(t) - w^*(-t))/2$. Mostre que a parte real de $w_{ca}(t)$ é ímpar e a parte imaginária de $w_{cs}(t)$ é par.

1.5-11 A Figura P1.5-11 apresenta um sinal complexo $w(t)$ no plano complexo para a faixa de tempo ($0 \le t \le 1$). O tempo $t = 0$ corresponde a origem, enquanto que o tempo $t = 1$ corresponde ao ponto (2,1).

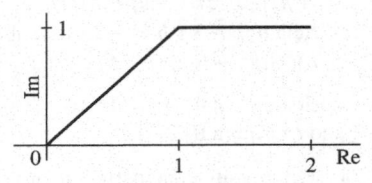

Figura 1.5-11 $w(t)$ para ($0 \le t \le 1$).

(a) No plano complexo, trace $w(t)$ para ($-1 \le t \le 1$) se:
  (i) $w(t)$ for um sinal par.
  (ii) $w(t)$ for um sinal ímpar.
  (iii) $w(t)$ for um sinal conjugado simétrico [Dica: Veja o Prob. 1.5-9.]
  (iv) $w(t)$ for um sinal conjugado antisimétrico [Dica: Veja o Prob. 1.5-10.]
(b) No plano complexo, trace o que você puder de $w(3t)$.

1.5-12 Defina o sinal complexo $x(t) = t^2(1 + j)$ no intervalo ($1 \le t \le 2$). A porção restante é definida de tal forma que $x(t)$ é um sinal skew-Hermitiano de mínima energia.

(a) Descreva completamente $x(t)$ para todo t.
(b) Rascunhe $y(t) = \text{Re}\{x(t)\}$ em função da variável independente t.
(c) Rascunhe $z(t) = \text{Re}\{jx(-2t + 1)\}$ em função da variável independente t.
(d) Determine a energia e potência de $x(t)$.

1.6-1 Escreva a relação entrada-saída para um integrador ideal. Determine as componentes de entrada nula e estado nulo da resposta.

1.6-2 Uma força $x(t)$ atua em uma bola de massa M (Fig. P1.6-2). Mostre que a velocidade $v(t)$ da bola em qualquer instante $t > 0$ pode ser determinada se conhecermos a força $x(t)$ durante todo o intervalos de 0 a t e a velocidade inicial da bola $v(0)$.

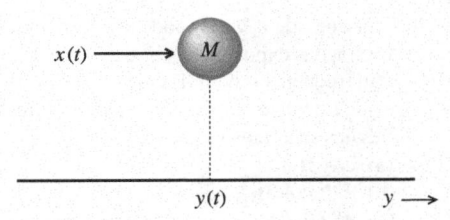

Figura P1.6-2

1.7-1 Para os sistemas descritos pelas seguintes equações, com entrada $x(t)$ e saída $y(t)$, determine quais sistemas são lineares e quais são não lineares.

(a) $\dfrac{dy}{dt} + 2y(t) = x^2(t)$
(b) $\dfrac{dy}{dt} + 3ty(t) = t^2 x(t)$
(c) $3y(t) + 2 = x(t)$
(d) $\dfrac{dy}{dt} + y^2(t) = x(t)$
(e) $\left(\dfrac{dy}{dt}\right)^2 + 2y(t) = x(t)$

(f) $\dfrac{dy}{dt} + (\text{sen } t)y(t) = \dfrac{dx}{dt} + 2x(t)$

(g) $\dfrac{dy}{dt} + 2y(t) = x(t)\dfrac{dx}{dt}$

(h) $y(t) = \displaystyle\int_{-\infty}^{t} x(\tau)\,d\tau$

1.7-2 Para os sistemas descritos pelas seguintes equações, com entrada $x(t)$ e saída $y(t)$, explique com razões quais dos sistemas são sistemas com parâmetros invariantes no tempo e quais são sistemas com parâmetros variantes no tempo.

(a) $y(t) = x(t-2)$
(b) $y(t) = x(-t)$
(c) $y(t) = x(at)$
(d) $y(t) = t\,x(t-2)$
(e) $y(t) = \displaystyle\int_{-5}^{5} x(\tau)\,d\tau$
(f) $y(t) = \left(\dfrac{dx}{dt}\right)^2$

1.7-3 Para um certo sistema LIT com entrada $x(t)$ e saída $y(t)$ e as duas condições iniciais $q_1(0)$ e $q_2(0)$, as seguintes observações foram realizadas:

$x(t)$	$q_1(0)$	$q_2(0)$	$y(t)$
0	1	−1	$e^{-t}u(t)$
0	2	1	$e^{-t}(3t+2)u(t)$
$u(t)$	−1	−1	$2u(t)$

Determine $y(t)$ quando as duas condições iniciais são zero e a entrada $x(t)$ é como mostrado na Fig. P1.7-3 [Dica: Existem três causas: a entrada e cada uma das duas condições iniciais. Devido a propriedade de linearidade, se uma causa for aumentada por um fator k, a resposta a aquela causa também aumenta pelo mesmo fator k. Além disso, se as causas forem somadas, as respostas correspondentes também serão somadas.]

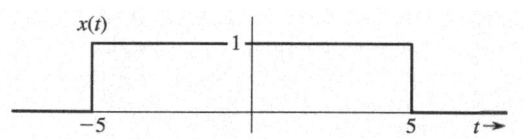

Figura P1.7-3

1.7-4 Um sistema é especificado pela seguinte relação entrada-saída

$$y(t) = \dfrac{x^2(t)}{dx/dt}$$

Mostre que o sistema satisfaz a propriedade de homogeneidade, mas não a propriedade aditiva.

1.7-5 Mostre que o circuito da Fig. 1.7-5 é linear de estado nulo, mas não é linear de entrada nula. Assuma que todos os diodos possuem características idênticas (casadas). A saída é a corrente $y(t)$.

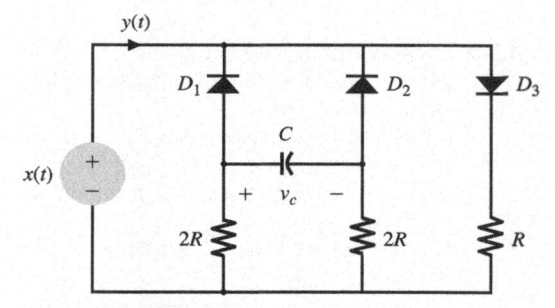

Figura P1.7-5

1.7-6 O indutor L e o capacitor C da Fig. P1.7-6 são não lineares, o que torna o circuito não linear. Os três elementos restantes são lineares. Mostre que a saída $y(t)$ deste circuito não linear satisfaz as condições de linearidade com relação a entrada $x(t)$ e condições iniciais (todas as correntes iniciais dos indutores e tensões iniciais dos capacitores).

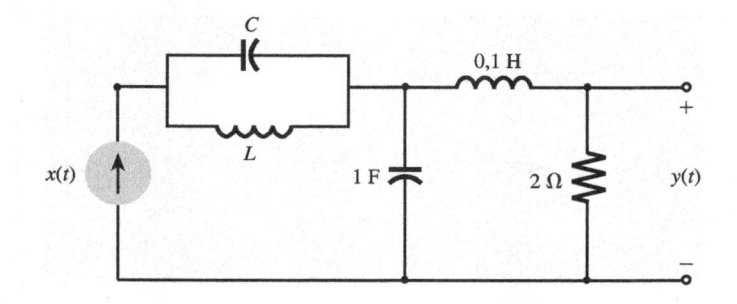

Figura P1.7-6

1.7-7 Para os sistemas descritos pelas seguintes equações, com entrada $x(t)$ e saída $y(t)$, determine quais são causais e quais são não causais.
(a) $y(t) = x(t-2)$
(b) $y(t) = x(-t)$
(c) $y(t) = x(at)$ $a > 1$
(d) $y(t) = x(at)$ $a < 1$

1.7-8 Para os sistemas descritos pelas seguintes equações, com entrada $x(t)$ e saída $y(t)$, determine quais são inversíveis e quais são não inversíveis. Para os sistemas inversíveis, determine a relação entrada-saída do sistema inverso.
(a) $y(t) = \int_{-\infty}^{t} x(\tau)\,d\tau$
(b) $y(t) = x^n(t)$ $x(t)$ real e n inteiro
(c) $y(t) = \dfrac{dx(t)}{dt}$
(d) $y(t) = x(3t-6)$
(e) $y(t) = \cos[x(t)]$
(f) $y(t) = e^{x(t)}$ $x(t)$ real

1.7-9 Considere um sistema que multiplica uma dada entrada por uma função rampa $r(t) = tu(t)$. Ou seja, $y(t) = x(t)r(t)$.
(a) Este sistema é linear? Justifique sua resposta.
(b) O sistema é sem memória? Justifique sua resposta.
(c) O sistema é causal? Justifique sua resposta.
(d) O sistema é invariante no tempo? Justifique sua resposta.

1.7-10 Um sistema em tempo contínuo é dado por

$$y(t) = 0{,}5 \int_{-\infty}^{\infty} x(\tau)[\delta(t-\tau) - \delta(t+\tau)]\,d\tau$$

Lembre-se que $\delta(t)$ representa a função delta de Dirac.
(a) Explique o que este sistema faz.
(b) O sistema é estável BIBO? Justifique sua resposta.
(c) O sistema é linear? Justifique sua resposta.
(d) O sistema é sem memória? Justifique sua resposta.
(e) O sistema é causal? Justifique sua resposta.
(f) O sistema é invariante no tempo? Justifique sua resposta.

1.7-11 Um sistema é dado por

$$y(t) = \frac{d}{dt}x(t-1)$$

(a) O sistema é estável BIBO? [Dica: Considere a entrada do sistema $x(t)$ uma onda quadrada.]
(b) O sistema é linear? Justifique sua resposta.
(c) O sistema é sem memória? Justifique sua resposta.
(d) O sistema é causal? Justifique sua resposta.
(e) O sistema é invariante no tempo? Justifique sua resposta.

1.7-12 Um sistema é dado por

$$y(t) = \begin{cases} x(t) & \text{se } x(t) > 0 \\ 0 & \text{se } x(t) \le 0 \end{cases}$$

(a) O sistema é estável BIBO? Justifique sua resposta.
(b) O sistema é linear? Justifique sua resposta.
(c) O sistema é sem memória? Justifique sua resposta.
(d) O sistema é causal? Justifique sua resposta.
(e) O sistema é invariante no tempo? Justifique sua resposta.

1.7-13 A Figura P1.7-13 mostra uma entrada $x_1(t)$ de um sistema H linear invariante no tempo (LIT), a saída correspondente $y_1(t)$ e uma segunda entrada $x_2(t)$.
(a) André sugere que $x_2(t) = 2x_1(3t) - x_1(t-1)$. André está correto? Se sim, prove. Se não, corrija seu erro.
(b) Esperando impressionar André, Samanta quer saber a resposta $y_2(t)$ para o sinal de entrada $x_2(t)$. Forneça a ela uma expressão para $y_2(t)$ em termos de $y_1(t)$. Utilize o MATLAB para traçar $y_2(t)$.

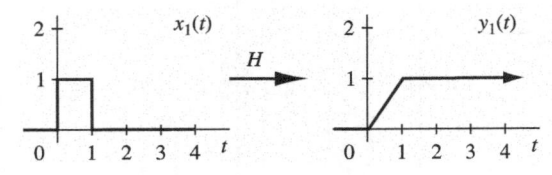

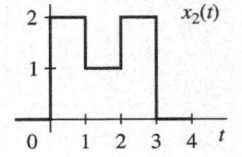

Figura P1.7-13 $x_1(t) \xrightarrow{H} y_1(t)$ e $x_2(t)$.

1.8-1 Para o circuito mostrado na Fig. P18.8-1, determine as equações diferenciais relacionando as saídas $y_1(t)$ e $y_2(t)$ com a entrada $x(t)$.

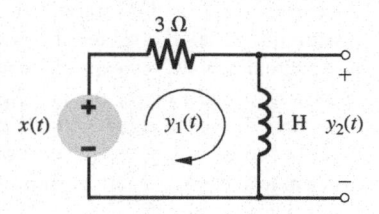

Figura P1.8-1

1.8-2 Repita o Problema 1.8-1 para o circuito da Fig. P1.8-2.

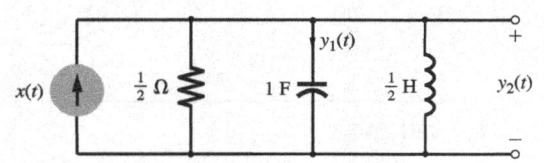

Figura P1.8-2

1.8-3 Um modelo unidimensional simplificado da suspensão de um automóvel está mostrado na Fig. P1.8-3. Neste caso, a entrada não é uma força, mas um deslocamento $x(t)$ (o contorno da rodovia). Determine a equação diferencial que relaciona a saída $y(t)$ (deslocamento do corpo do automóvel) com a entrada $x(t)$ (contorno da rodovia).

1.8-4 Um motor CC controlado pelo campo está mostrado na Fig. P.18-4. Sua corrente de armadura i_a é mantida constante. O torque gerado pelo motor é proporcional a corrente de campo i_f (torque $= k_f i_f$). Determine a equação diferencial relacionando a posição de saída θ com a tensão de entrada $x(t)$. O motor e a carga, juntos, possuem um momento de inércia J.

1.8-5 A água flui para um tanque com uma taxa de q_i unidades/s e fui através de uma válvula de saída a uma taxa de q_0 unidades/s (Fig. P1.8-5). Determine a equação relacionando o fluxo de saída q_0 com o fluxo de entrada q_i. O fluxo de saída é proporcional a altura h. Logo, $q_0 = Rh$, onde R é a resistência da válvula. Determine, também, a equação diferencial que relaciona a altura h com a entrada q_i. [Dica: O fluxo líquido de água no tempo Δt é $(q_i - q_0)\Delta t$. Es-

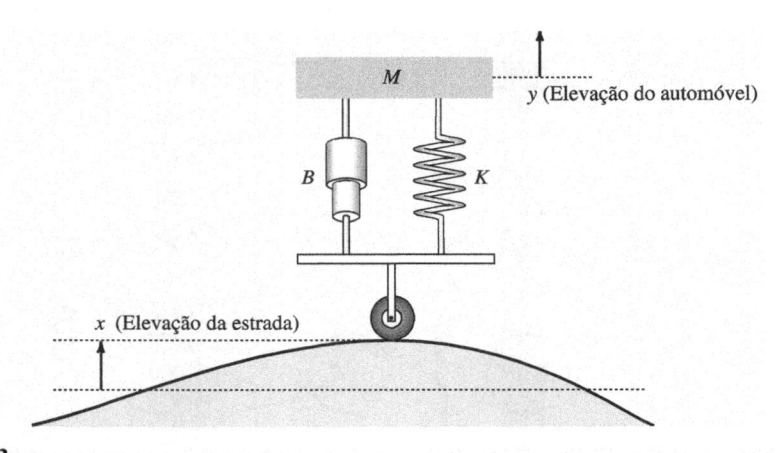

Figura P1.8-3

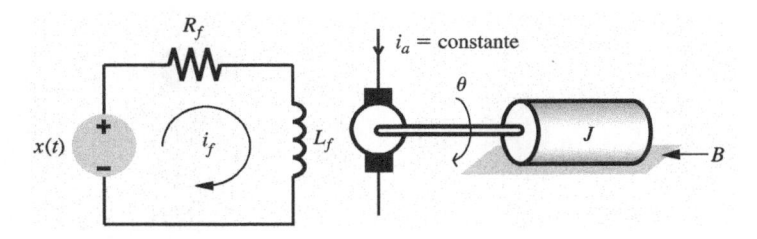

Figura P1.8-4

1.8-6 Considere o circuito mostrado na Fig. P1.8-6, com tensão de entrada $x(t)$ e correntes de saída $y_1(t)$, $y_2(t)$ e $y_3(t)$.
(a) Qual é a ordem deste sistema? Explique sua resposta.
(b) Determine a representação matricial deste sistema.
(c) Use a regra de Cramer para determinar a corrente de saída $y_3(t)$ para a tensão de entrada $x(t) = (2 - |\cos(t)|)u(t-1)$.

1.10-1 Escreva as equações de estado para o circuito *RLC* paralelo da Fig. P1.8-2. Use a tensão do capacitor q_1 e a corrente do indutor q_2 como suas variáveis de estado. Mostre que cada possível corrente ou tensão do circuito pode ser expressa em termos de q_1, q_2 e da entrada $x(t)$.

1.10-2 Escreva as equações de estado para o circuito de terceira ordem mostrado na Fig. P1.10-2, usando as correntes do indutor q_1, q_2 e a tensão do capacitor q_3 como variáveis de estado. Mostre que cada possível tensão ou corrente neste circuito pode ser expressa como uma combinação linear de q_1, q_2, q_3 e da entrada $x(t)$. Além disso, em algum instante t, foi observado que $q_1 = 5$, $q_2 = 1$, $q_3 = 2$ e $x = 10$. Determine a tensão e a corrente através de cada elemento do circuito.

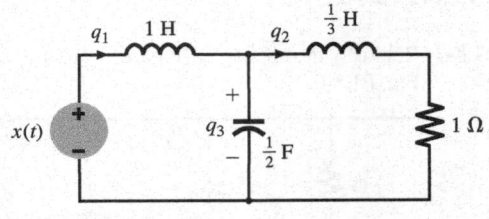

Figura P1.10-2

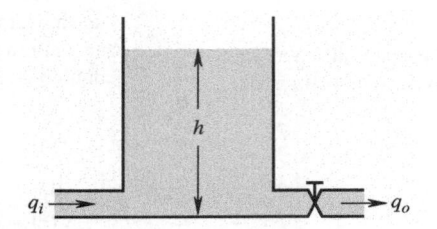

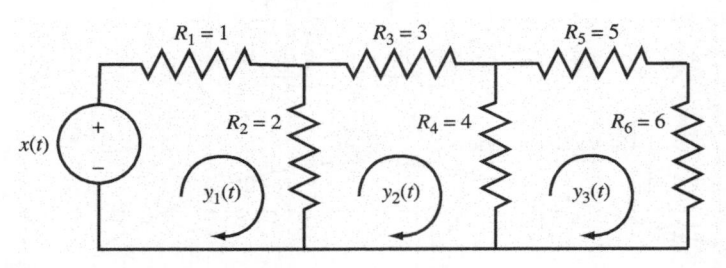

Figura P1.8-5

Figura P1.8-6 Circuito resistivo.

CAPÍTULO 2

ANÁLISE DO DOMÍNIO DO TEMPO DE SISTEMAS EM TEMPO CONTÍNUO

Neste livro, consideraremos dois métodos de análise de sistemas lineares invariantes no tempo (LIT): o método no domínio do tempo e o método no domínio da frequência. Neste capítulo, discutiremos a *análise no domínio do tempo* de sistemas lineares contínuos invariantes no tempo (LCIT).

2.1 INTRODUÇÃO

Para o propósito de análise, consideraremos *sistemas lineares diferenciais*. Esta é a classe de sistemas LCIT apresentados no Capítulo 1, para os quais a entrada $x(t)$ e a saída $y(t)$ estão relacionadas por equações diferenciais lineares na forma

$$\frac{d^N y}{dt^N} + a_1 \frac{d^{N-1} y}{dt^{N-1}} + \cdots + a_{N-1} \frac{dy}{dt} + a_N y(t)$$
$$= b_{N-M} \frac{d^M x}{dt^M} + b_{N-M+1} \frac{d^{M-1} x}{dt^{M-1}} + \cdots + b_{N-1} \frac{dx}{dt} + b_N x(t) \quad (2.1a)$$

onde todos os coeficientes a_i e b_i são constantes. Usando a notação do operador D para representar d/dt, podemos expressar essa equação por

$$(D^N + a_1 D^{N-1} + \cdots + a_{N-1} D + a_N) y(t)$$
$$= (b_{N-M} D^M + b_{N-M+1} D^{M-1} + \cdots + b_{N-1} D + b_N) x(t) \quad (2.1b)$$

ou

$$Q(D) y(t) = P(D) x(t) \quad (2.1c)$$

na qual os polinômios $Q(D)$ e $P(D)$ são

$$Q(D) = D^N + a_1 D^{N-1} + \cdots + a_{N-1} D + a_N \quad (2.2a)$$

$$P(D) = b_{N-M} D^M + b_{N-M+1} D^{M-1} + \cdots + b_{N-1} D + b_N \quad (2.2b)$$

Teoricamente, as potências M e N nas equações anteriores podem assumir qualquer valor. Entretanto, considerações práticas tornam $M > N$ não desejável por duas razões. Na Seção 4.3-2 iremos mostrar que um sistema LCIT especificado pela Eq. (2.1) funciona como um diferenciador de ordem $(M - N)$. Um diferenciador representa um sistema instável, pois uma entrada limitada tal como a a entrada em degrau resulta em uma saída não limitada $\delta(t)$. Segundo, o ruído é aumentado por um diferenciador. O ruído é um sinal de banda larga contendo componentes em todas as frequências, de 0 a frequências muito altas tendendo a ∞.[†] Logo, o ruído con-

---

[†] Ruído é qualquer sinal não desejado, natural ou produzido, que interfere com os sinais desejados de um sistema. Algumas fontes de ruído são a radiação eletromagnética espacial, o movimento aleatório de elétrons em componentes do sistema, a interferência devido a proximidade de estações de rádio e televisão, transitórios produzidos pelo sistema de ignição de veículos e iluminação fluorescente.

tém uma quantidade significativa de componentes que variam rapidamente. Sabemos que a derivada de um sinal que varia rapidamente é grande. Portanto, qualquer sistema especificado pela Eq. (2.1) na qual $M > N$ irá aumentar as componentes de alta frequência do ruído através da diferenciação. É muito possível que o ruído seja ampliado de tal forma que ele mascare completamente a saída do sistema, mesmo se o sinal de ruído na entrada do sistema for pequeno, dentro da tolerância. Desta forma, sistemas práticos geralmente utilizam $M \leq N$. No restante deste texto, iremos assumir implicitamente que $M \leq N$. Para efeito de generalização, iremos assumir $M = N$ na Eq. (2.1).

No Capítulo 1, demonstramos que um sistema descrito pela Eq. (2.1) é linear. Portanto, sua resposta pode ser expressa como a soma de duas componentes: a componente de entrada nula e a componente de estado nulo (propriedade da decomposição).[†] Portanto,

Resposta total = resposta entrada nula + resposta estado nulo (2.3)

A componente de entrada nula é a resposta do sistema quando a entrada $x(t) = 0$ e, portanto, é resultado somente das condições internas do sistema (tal como as energias armazenadas, as condições iniciais). Em contraste, a componente de estado nulo é a resposta do sistema a entrada externa $x(t)$ quando o sistema está em estado nulo, significando a ausência de qualquer energia interna armazenada: ou seja, todas as condições iniciais são zero.

2.2 Resposta do Sistema a Condições Internas: Resposta de Entrada Nula

A resposta de entrada nula $y_0(t)$ é a solução da Eq. (2.1) quando a entrada $x(t) = 0$, tal que

$$Q(D)y_0(t) = 0 \tag{2.4a}$$

ou

$$(D^N + a_1 D^{N-1} + \cdots + a_{N-1}D + a_N)y_0(t) = 0 \tag{2.4b}$$

A solução dessa equação pode ser obtida sistematicamente.[1] Entretanto, iremos adotar um atalho, usando a heurística. A Eq. (2.4) mostra que a combinação linear de $y_0(t)$ e suas N derivadas sucessivas é zero, não em *algum* valor de t, mas para *todo t*. Tal resultado é possível *se e somente se* $y_0(t)$ e todas as suas N derivadas sucessivas forem da mesma forma. Caso contrário, a soma não será zero para todos os valores de t. Sabemos que somente a função exponencial $e^{\lambda t}$ possui esta propriedade. Assim, vamos presumir que

$$y_0(t) = ce^{\lambda t}$$

é a solução da Eq. (2.4b). Então

$$Dy_0(t) = \frac{dy_0}{dt} = c\lambda e^{\lambda t}$$

$$D^2 y_0(t) = \frac{d^2 y_0}{dt^2} = c\lambda^2 e^{\lambda t}$$

$$\vdots$$

$$D^N y_0(t) = \frac{d^N y_0}{dt^N} = c\lambda^N e^{\lambda t}$$

[†] Podemos facilmente verificar que o sistema descrito pela Eq. (2.1) possui a propriedade da decomposição. Se $y_0(t)$ é a resposta de entrada nula, então, por definição

$$Q(D)y_0(t) = 0$$

Se $y(t)$ é a resposta de estado nula, então $y(t)$ é a solução de

$$Q(D)y(t) = P(D)x(t)$$

sujeita a condições iniciais nulas (estado nulo). Somando estas duas equações, temos

$$Q(D)[y_0(t) + y(t)] = P(D)x(t)$$

Claramente, $y_0(t) + y(t)$ é a solução geral da Eq. (2.1).

Substituindo esses resultados na Eq. (2.4b), obtemos

$$c(\lambda^N + a_1\lambda^{N-1} + \cdots + a_{N-1}\lambda + a_N)e^{\lambda t} = 0$$

Para uma solução não trivial dessa equação,

$$\lambda^N + a_1\lambda^{N-1} + \cdots + a_{N-1}\lambda + a_N = 0 \qquad (2.5a)$$

Esse resultado mostra que $ce^{\lambda t}$ realmente é a solução da Eq. (2.4), desde que λ satisfaça a Eq. (2.5a). Note que o polinômio da Eq. (2.5a) é idêntico ao polinômio $Q(D)$ da Eq. (2.4) com λ substituindo D. Portanto, a Eq. (2.5a) pode ser escrita como

$$Q(\lambda) = 0 \qquad (2.5b)$$

quando $Q(\lambda)$ é expressa em termos de fatores, a Eq. (2.5b) pode ser representada por

$$Q(\lambda) = (\lambda - \lambda_1)(\lambda - \lambda_2)\cdots(\lambda - \lambda_N) = 0 \qquad (2.5c)$$

Claramente λ possui N soluções, $\lambda_1, \lambda_2, \ldots, \lambda_N$, assumindo que todos os λ_i são distintos. Consequentemente, a Eq. (2.4) possui N possíveis soluções: $c_1 e^{\lambda_1 t}, c_2 e^{\lambda_2 t}, \ldots, c_N e^{\lambda_N t}$, com $c_1, c_2, \ldots, c_N$ sendo constantes arbitrárias. Podemos rapidamente mostrar que uma solução genérica é dada pela soma destas N soluções,[†] tal que

$$y_0(t) = c_1 e^{\lambda_1 t} + c_2 e^{\lambda_2 t} + \cdots + c_N e^{\lambda_N t} \qquad (2.6)$$

onde $c_1, c_2, \ldots, c_N$ são constantes arbitrárias determinadas pelas N restrições (condições auxiliares) da solução.

Observe que o polinômio $Q(\lambda)$, o qual é característico do sistema, não tem nada a ver com a entrada. Por esta razão, o polinômio $Q(\lambda)$ é chamado de *polinômio característico* do sistema. A equação

$$Q(\lambda) = 0 \qquad (2.7)$$

é chamada de *equação característica* do sistema. A Eq. (2.5c) claramente indica que $\lambda_1, \lambda_2, \ldots, \lambda_N$ são as raízes da equação característica. Consequentemente, eles são chamados de *raízes características* do sistema. Os termos *valores característicos*, *autovalores* e *frequências naturais* também são utilizados para as raízes características.[‡] As exponenciais $e^{\lambda_i t}$ ($i = 1, 2, \ldots, n$) da resposta de entrada nula são os *modos característicos* (também chamados de *modos naturais* ou simplesmente *modos*) do sistema. Existe um modo característico para cada raiz característica do sistema e *a resposta de entrada nula é a combinação linear dos modos característicos do sistema*.

Os modos característicos de um sistema LCIT incluem especialmente um de seus atributos mais importantes. Os modos característicos não apenas determinam a resposta de entrada nula, mas também possuem um importante papel na determinação da resposta de estado nulo. Em outras palavras, todo o comportamento de um sistema é ditado principalmente pelos modos característicos. No restante deste capítulo iremos perceber a presença constante dos modos característicos em todos os aspectos do comportamento dos sistemas.

RAÍZES REPETIDAS

A solução da Eq. (2.4), como mostrada na Eq. (2.6), assume que as N raízes características $\lambda_1, \lambda_2, \ldots, \lambda_N$ são distintas. Se existirem raízes repetidas (a mesma raiz ocorrendo mais de uma vez), a forma da solução será um pouco modificada. Através da substituição direta podemos mostrar que a solução da equação

$$(D - \lambda)^2 y_0(t) = 0$$

[†] Para provar esta afirmativa, assuma que $y_1(t), y_2(t), \ldots, y_N(T)$ são todas soluções da Eq. (2.4). Então,

$$Q(D)y_1(t) = 0$$
$$Q(D)y_2(t) = 0$$
$$\vdots$$
$$Q(D)y_N(t) = 0$$

Multiplicando essas equações por $c_1, c_2, \ldots, c_N$, respectivamente e somando-as, teremos

$$Q(D)[c_1 y_1(t) + c_2 y_2(t) + \cdots + c_N y_n(t)] = 0$$

Este resultado mostra que $c_1 y_1(t) + c_2 y_2(t) + \ldots + c_N y_n(t)$ também é solução da equação homogênea [Eq. (2.4)].
[‡] O termo *eigenvalue* (autovalor) é o termo alemão para "valor característico".

é dada por
$$y_0(t) = (c_1 + c_2 t)e^{\lambda t}$$

Neste caso, a raiz λ repete duas vezes. Observe que os modos característicos neste caso são $e^{\lambda t}$ e $te^{\lambda t}$. Continuando neste padrão, podemos mostrar que para a equação diferencial

$$(D - \lambda)^r y_0(t) = 0 \tag{2.8}$$

os modos característicos são $e^{\lambda t}, te^{\lambda t}, t^2 e^{\lambda t}, \ldots, t^{r-1} e^{\lambda t}$ e a solução será

$$y_0(t) = (c_1 + c_2 t + \cdots + c_r t^{r-1})e^{\lambda t} \tag{2.9}$$

Consequentemente, para um sistema com o polinômio característico

$$Q(\lambda) = (\lambda - \lambda_1)^r (\lambda - \lambda_{r+1}) \cdots (\lambda - \lambda_N)$$

os modos característicos são $e^{\lambda_1 t}, te^{\lambda_1 t}, \ldots, t^{r-1} e^{\lambda_1 t}, e^{\lambda_{r+1} t}, \ldots, e^{\lambda_N t}$ e a solução é

$$y_0(t) = (c_1 + c_2 t + \cdots + c_r t^{r-1})e^{\lambda_1 t} + c_{r+1} e^{\lambda_{r+1} t} + \cdots + c_N e^{\lambda_N t}$$

RAÍZES COMPLEXAS

O procedimento para lidar com raízes complexas é o mesmo para raízes reais. Para raízes complexas, o procedimento normal resulta em modos característicos complexos e em solução na forma complexa. Entretanto, é possível evitar a forma complexa selecionando a forma real da solução, como descrito a seguir.

Para um sistema real, as raízes complexas devem ocorrer em pares conjugados se os coeficientes do polinômio característico $Q(\lambda)$ forem reais. Portanto, se $\alpha + j\beta$ é uma raiz característica, então $\alpha - j\beta$ também deve ser uma raiz característica. A resposta de entrada nula correspondente a este par de raízes complexas conjugadas é

$$y_0(t) = c_1 e^{(\alpha + j\beta)t} + c_2 e^{(\alpha - j\beta)t} \tag{2.10a}$$

Para um sistema real, a resposta $y_0(t)$ também deve ser real. Isso é possível apenas se c_1 e c_2 forem conjugados. Seja

$$c_1 = \frac{c}{2} e^{j\theta} \quad \text{e} \quad c_2 = \frac{c}{2} e^{-j\theta}$$

O que resulta em

$$\begin{aligned} y_0(t) &= \frac{c}{2} e^{j\theta} e^{(\alpha + j\beta)t} + \frac{c}{2} e^{-j\theta} e^{(\alpha - j\beta)t} \\ &= \frac{c}{2} e^{\alpha t} \left[e^{j(\beta t + \theta)} + e^{-j(\beta t + \theta)} \right] \\ &= c e^{\alpha t} \cos(\beta t + \theta) \end{aligned} \tag{2.10b}$$

Portanto, a resposta de entrada nula correspondente às raízes complexas conjugadas $\alpha \pm j\beta$ pode ser expressa na forma complexa (2.10a) ou na forma real (2.10b).

EXEMPLO 2.1

(a) Determine $y_0(t)$, a componente de entrada nula da resposta de um sistema LCIT descrito pela seguinte equação diferencial:

$$(D^2 + 3D + 2)y(t) = Dx(t)$$

quando as condições iniciais são $y_0(0) = 0$, $\dot{y}_0(0) = -5$. Note que $y_0(t)$, sendo a componente de entrada nula [$x(t) = 0$] é a solução de $(D^2 + 3D + 2)y_0(t) = 0$.

O polinômio característico do sistema é $\lambda^2 + 3\lambda + 2$. Portanto, a equação característica do sistema é $\lambda^2 + 3\lambda + 2 = (\lambda + 1)(\lambda + 2) = 0$. As raízes características do sistema são $\lambda_1 = -1$ e $\lambda_2 = -2$, e os modos característicos do sistema são e^{-t} e e^{-2t}. Consequentemente, a resposta de entrada nula é

$$y_0(t) = c_1 e^{-t} + c_2 e^{-2t} \qquad (2.11a)$$

Para determinar as constantes arbitrárias c_1 e c_2, diferenciamos a Eq. (2.11a) para obter

$$\dot{y}_0(t) = -c_1 e^{-t} - 2c_2 e^{-2t} \qquad (2.11b)$$

Fazendo $t = 0$ nas Eqs. (2.11a) e (2.11b) e substituindo as condições iniciais $y_0(0) = 0$ e $\dot{y}_0(0) = -5$, obtemos

$$0 = c_1 + c_2$$
$$-5 = -c_1 - 2c_2$$

Resolvendo estas duas equações simultâneas para as suas incógnitas c_1 e c_2, teremos

$$c_1 = -5 \qquad c_2 = 5$$

Portanto,

$$y_0(t) = -5e^{-t} + 5e^{-2t} \qquad (2.11c)$$

Esta é a componente de entrada nula de $y(t)$. Como $y_0(t)$ está presente para $t = 0^-$, isto justifica considerar que ela existe para $t \geq 0$.[†]

(b) Um procedimento similar pode ser seguido para raízes repetidas. Por exemplo, para um sistema especificado por

$$(D^2 + 6D + 9)y(t) = (3D + 5)x(t)$$

vamos determinar $y_0(t)$, a componente de entrada nula da resposta se as condições iniciais forem $y_0(0) = 3$ e $\dot{y}_0(0) = -7$.

O polinômio característico é $\lambda^2 + 6\lambda + 9 = (\lambda + 3)^2$, e as raízes características são $\lambda_1 = -3$ e $\lambda_2 = -3$ (raízes repetidas). Consequentemente, os modos característicos do sistema são e^{-3t} e te^{-3t}. Como a resposta de entrada nula é a combinação linear dos modos característicos, temos

$$y_0(t) = (c_1 + c_2 t)e^{-3t}$$

Podemos determinar as constantes arbitrárias c_1 e c_2 a partir das condições iniciais $y_0(0) = 3$ e $\dot{y}_0(0) = -7$, adotando o mesmo procedimento da parte (a). O leitor pode mostrar que $c_1 = 3$ e $c_2 = 2$. Logo,

$$y_0(t) = (3 + 2t)e^{-3t} \qquad t \geq 0$$

(c) Para o caso de raízes complexas, vamos determinar a resposta de entrada nula de um sistema LCIT descrito pela equação

$$(D^2 + 4D + 40)y(t) = (D + 2)x(t)$$

com condições iniciais $y_0(0) = 2$ e $\dot{y}_0(0) = 16{,}78$.

O polinômio característico é $\lambda^2 + 4\lambda + 40 = (\lambda + 2 - j6)(\lambda + 2 + j6)$, e as raízes características são $-2 \pm j6$.[‡] A solução pode ser escrita na forma complexa [Eq. (2.10a)] ou na forma real [Eq. (2.10b)]. A forma

---

[†] $y_0(t)$ pode estar presente mesmo antes de $t = 0^-$. Entretanto, podemos ter a certeza de sua presença apenas de $t = 0$ para frente.
[‡] As raízes complexas conjugadas para um polinômio de segunda ordem podem ser determinadas usando a fórmula da Seção B.7-10 ou expressando o polinômio como a soma de dois quadrados. Pode-se conseguir a soma de dois quadrados completando o quadrado com os dois primeiros termos, como mostrado a seguir

$$\lambda^2 + 4\lambda + 40 = (\lambda^2 + 4\lambda + 4) + 36 = (\lambda + 2)^2 + (6)^2 = (\lambda + 2 - j6)(\lambda + 2 + j6)$$

complexa é $y_0(t) = c_1 e^{\lambda_1 t} + c_2 e^{\lambda_2 t}$, onde $\lambda_1 = -2 + j6$ e $\lambda_2 = -2 - j6$. Como $\alpha = -2$ e $\beta = 6$, a solução na forma real é [veja Eq. (2.10b)],

$$y_0(t) = ce^{-2t} \cos(6t + \theta) \tag{2.12a}$$

onde c e θ são constantes arbitrárias a serem determinadas a partir das condições iniciais $y_0(0) = 2$ e $\dot{y}_0(0) = 16{,}78$. Diferenciando a Eq. (2.12a), teremos

$$\dot{y}_0(t) = -2ce^{-2t} \cos(6t + \theta) - 6ce^{-2t} \operatorname{sen}(6t + \theta) \tag{2.12b}$$

Fazendo $t = 0$ nas Eqs. (2.12a) e (2.12b) e substituindo as condições iniciais obtemos

$$2 = c \cos \theta$$
$$16{,}78 = -2c \cos \theta - 6c \operatorname{sen} \theta$$

A solução destas duas equações simultâneas de duas incógnitas $c \cos \theta$ e $c \operatorname{sen} \theta$ resulta em

$$c \cos \theta = 2 \tag{2.13a}$$
$$c \operatorname{sen} \theta = -3{,}463 \tag{2.13b}$$

Fazendo o quadrado e somando os dois lados das Eqs. (2.13), teremos

$$c^2 = (2)^2 + (-3{,}464)^2 = 16 \implies c = 4$$

A seguir, dividindo a Eq. (2.13b) pela Eq. (2.13a), ou seja, dividindo $c \operatorname{sen} \theta$ por $c \cos \theta$, teremos

$$\tan \theta = \frac{-3{,}463}{2}$$

e

$$\theta = \tan^{-1}\left(\frac{-3{,}463}{2}\right) = -\frac{\pi}{3}$$

Logo,

$$y_0(t) = 4e^{-2t} \cos\left(6t - \frac{\pi}{3}\right)$$

Para o gráfico de $y_0(t)$ refira-se novamente à Fig. B.11c.

EXEMPLO DE COMPUTADOR C2.1

Determine as raízes λ_1 e λ_2 do polinômio $\lambda^2 + 4\lambda + k$ para três valores de k:
(a) $k = 3$
(b) $k = 4$
(c) $k = 40$

(a)
```
>> r = roots([1 4 3]);
>> disp(['Case (k=3): roots = ',num2str(r.'),']']);
Case (k=3): roots = [-3 -1]
```

para $k = 3$ as raízes do polinômio são, portanto, $\lambda_1 = -3$ e $\lambda_2 = -1$.

(b)
```
>> r = roots([1 4 4]);
>> disp(['Case (k=4): roots = [',num2str(r.'),']']);
Case (k=4): roots = [-2 -2]
```
para $k = 4$ as raízes do polinômio são, portanto, $\lambda_1 = \lambda_2 = -2$.

(c)
```
>> r = roots([1 4 40]);
>> disp(['Case (k=40): roots = [',num2str(r.',' %0.5g'),']']);
Case (k=40): roots = [-2+6i -2-6i]
```
para $k = 40$ as raízes do polinômio são, portanto, $\lambda_1 = -2 + j6$ e $\lambda_2 = -2 - j6$.

EXEMPLO DE COMPUTADOR C2.2

Considere um sistema LCIT especificado pela equação diferencial

$$(D^2 + 4D + k)y(t) = (3D + 5)x(t)$$

Usando as condições iniciais $y_0(0) = 3$ e $= dy_0/dt(0) = -7$, determine a componente de entrada nula da resposta para três valores de k:
(a) $k = 3$
(b) $k = 4$
(c) $k = 40$

(a)
```
>> y_0 = dsolve('D2y+4*Dy+3*y=0','y(0)=3','Dy(0)=-7','t');
>> disp(['(a) k = 3; y_0 = ',char(y_0)])
(a) k = 3; y_0 = 2*exp(-3*t)+exp(-t)
```
para $k = 3$ a resposta de entrada nula é, portanto, $y_0(t) = 2e^{-3t} + e^{-t}$.

(b)
```
>> y_0 = dsolve('D2y+4*Dy+4*y=0','y(0)=3','Dy(0)=-7','t');
>> disp(['(b) k = 4; y_0 = ',char(y_0)])
(b) k = 4; y_0 = 3*exp(-2*t)-exp(-2*t)*t
```
para $k = 4$ a resposta de entrada nula é, portanto, $y_0(t) = 2e^{-2t} - te^{-2t}$.

(c)
```
>> y_0 = dsolve('D2y+4*Dy+40*y=0','y(0)=3','Dy(0)=-7','t');
>> disp(['(c) k = 40; y_0 = ',char(y_0)])
(c) k = 40; y_0 = -1/6*exp(-2*t)*sin(6*t)+3*exp(-2*t)*cos(6*t)
```
para $k = 40$ a resposta de entrada nula é, portanto,

$$y_0(t) = -\tfrac{1}{6}e^{-2t}\,\text{sen}\,(6t) + 3e^{-2t}\cos(6t)$$

EXERCÍCIO E2.1

Determine a resposta de entrada nula para um sistema LCIT descrito por $(D + 5)y(t) = x(t)$ se a condição inicial for $y(0) = 5$.

RESPOSTA

$y_0(t) = 5e^{-5t} \quad t \geq 0$

EXERCÍCIO E2.2

Resolva
$$(D^2 + 2D)y_0(t) = 0$$
se $y_0(0) = 1$ e $\dot{y}_0(0) = 4$.

RESPOSTA

$y_0(t) = 3 - 2e^{-2t} \quad t \geq 0$

Condições Iniciais Práticas e o Significado de 0^- e 0^+

No Exemplo 2.1, as condições iniciais $y_0(0)$ e $\dot{y}_0(0)$ foram fornecidas. Em problemas práticos, devemos determinar tais condições a partir da situação física. Por exemplo, em um circuito *RLC*, podemos ter as condições iniciais diretamente (tensões iniciais dos capacitores, correntes iniciais dos indutores, etc.).

Destas informações, precisamos determinar $y_0(0)$, $\dot{y}_0(0)$,... para as variáveis desejadas, como demonstrado no próximo exemplo.

Em grande parte de nossa discussão, assume-se que a entrada começa em $t = 0$, a não ser que outra coisa seja mencionada. Logo, $t = 0$ é o ponto de referência. As condições imediatamente antes de $t = 0$ (exatamente antes da entrada ser aplicada) são as condições para $t = 0^-$, e as imediatamente após $t = 0$ (exatamente após a entrada ser aplicada) são as condições para $t = 0^+$ (compare essa referência com a referência histórica AC e DC). Na prática, provavelmente saberemos as condições para $t = 0^-$ ao invés de $t = 0^+$. Os dois conjuntos de condições geralmente são diferentes, apesar de, em alguns casos, eles serem idênticos.

A resposta total $y(t)$ é constituída de duas componentes: a componente de entrada nula $y_0(t)$ [resposta devido apenas às condições iniciais com $x(t) = 0$] e a componente de estado nulo resultante apenas da entrada e com todas as condições iniciais iguais a zero. Para $t = 0^-$, a resposta total $y(t)$ consiste apenas da componente de entrada nula $y_0(t)$, pois a entrada ainda não foi aplicada. Logo, as condições iniciais para $y(t)$ são idênticas àquelas para $y_0(t)$. Portanto, $y(0^-) = y_0(0^-)$, $\dot{y}(0^-) = \dot{y}_0(0^-)$, e assim por diante. Além disso, $y_0(t)$ é a resposta devido apenas às condições iniciais e não depende da entrada $x(t)$, logo, a aplicação da entrada em $t = 0$ não possui efeito em $y_0(t)$. Isso significa que as condições iniciais para $y_0(t)$ em $t = 0^-$ e 0^+ são idênticas, ou seja, $y_0(0^-)$, $\dot{y}_0(0^-)$,... são idênticos a $y_0(0^+)$, $\dot{y}_0(0^+)$,..., respectivamente. Desta forma fica claro que para $y_0(t)$ não existe distinção entre as condições iniciais para $t = 0^-$ e 0^+. Elas são iguais. Mas este não é o caso com a resposta total $y(t)$, a qual é constituída tanto da componente de entrada nula quanto da componente de estado nulo. Portanto, em geral, $y(0^-) \neq y(0^+)$, $dy/dt(0^-) \neq dy/dt(0^+)$ e assim por diante.

EXEMPLO 2.2

Uma tensão $x(t) = 10e^{-3t}u(t)$ é aplicada na entrada do circuito RLC mostrado na Fig. 2.1a. Determine a corrente de malha $y(t)$ para $t \geq 0$ se a corrente inicial no indutor for zero, ou seja, $y(0^-) = 0$ e a tensão inicial no capacitor for 5 volts, ou seja, $v_c(0^-) = 5$.

A equação diferencial de malha relacionando $y(t)$ com $x(t)$ foi determinada na Eq. (1.55) como sendo

$$(D^2 + 3D + 2)y(t) = Dx(t)$$

A componente de estado nula de $y(t)$ resultante da entrada $x(t)$, assumindo que todas as condições iniciais são zero, ou seja, $y(0^-) = v_c(0^-) = 0$, será obtida posteriormente no Exemplo 2.6. Neste exemplo iremos determinar a componente de entrada nula, $y_0(t)$. Para isso, precisamos de duas condições iniciais $y_0(0)$ e $\dot{y}_0(0)$. Estas condições podem ser obtidas das condições iniciais dadas, $y(0^-) = 0$ e $v_c(0^-) = 5$. Lembre-se que $y_0(t)$ é a corrente de malha quando os terminais de entrada estão curto-circuitados, de tal forma que a entrada seja $x(t) = 0$ (entrada nula), como mostrado na Fig. 2.1b.

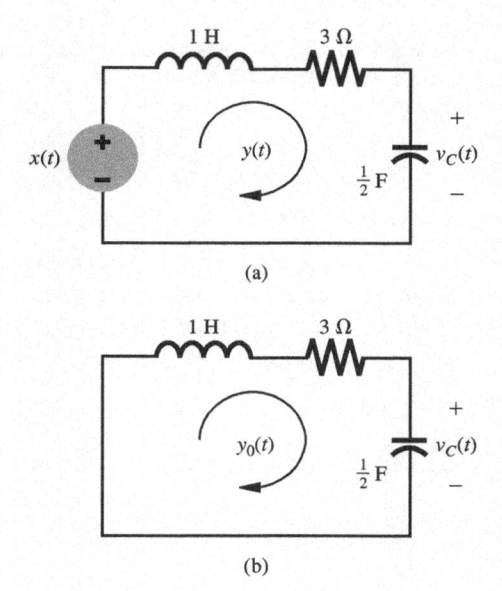

Figura 2.1

Podemos, agora, determinar $y_0(0)$ e os valores da corrente de malha e sua derivada para $t = 0$, a partir dos valores iniciais da corrente do indutor e da tensão do capacitor. Lembre que a corrente do indutor não pode variar instantaneamente na ausência de um impulso de tensão. Da mesma forma, a tensão do capacitor não pode variar instantaneamente na ausência de um impulso de corrente. Portanto, quando os terminais de entrada são curto-circuitados em $t = 0$, a corrente do indutor ainda será zero e a tensão do capacitor ainda será 5 volts. Logo,

$$y_0(0) = 0$$

Para determinar $\dot{y}_0(0)$ utilizaremos a equação de malha do circuito da Fig. 2.1b. Como a tensão do indutor é $L(dy_0/dt)$ ou $\dot{y}_0(t)$, esta equação pode ser escrita como

$$\dot{y}_0(t) + 3y_0(t) + v_C(t) = 0$$

Fazendo $t = 0$, obtemos

$$\dot{y}_0(0) + 3y_0(0) + v_C(0) = 0$$

Mas $y_0(0) = 0$ e $v_c(0) = 5$, consequentemente,p

$$\dot{y}_0(0) = -5$$

Portanto, as condições iniciais desejadas são

$$y_0(0) = 0 \quad \text{e} \quad \dot{y}_0(0) = -5$$

Desta forma o problema se reduz, agora, a determinar $y_0(t)$, a componente de entrada nula de $y(t)$ do sistema especificado pela equação $(D^2 + 3D + 2)y(t) = Dx(t)$, quando as condições iniciais $y_0(0) = 0$ e $\dot{y}_0(0) = -5$. Já resolvemos este problema no Exemplo 2.1a, no qual determinamos

$$y_0(t) = -5e^{-t} + 5e^{-2t} \quad t \geq 0 \tag{2.14}$$

Esta é a componente de entrada nula da corrente de malha $y(t)$.

É interessante determinar as condições iniciais para $t = 0^-$ e 0^+ para a resposta total $y(t)$. Vamos comparar $y(0^-)$ e $dy/dt(0^-)$ com $y(0^+)$ e $dy/dt(0^+)$. Os dois pares podem ser comparados escrevendo a equação de malha para o circuito da Fig. 2.1a para $t = 0^-$ e $t = 0^+$. A única diferença entre as duas situações é que para $t = 0^-$, a entrada é $x(t) = 0$, enquanto que para $t = 0^+$, a entrada é $x(t) = 10$ [porque $x(t) = 10e^{-3t}$]. Logo, as duas equações de malha são

$$\dot{y}(0^-) + 3y(0^-) + v_C(0^-) = 0$$
$$\dot{y}(0^+) + 3y(0^+) + v_C(0^+) = 10$$

A corrente de malha $y(0^+) = y(0^-) = 0$ porque ela não pode variar instantaneamente na ausência de uma tensão impulsiva. O mesmo argumento é válido para a tensão do capacitor. Logo, $v_C(0^+) = v_C(0^-) = 5$. Substituindo estes valores nas equações anteriores, obtemos $\dot{y}(0^-) = -5$ e $\dot{y}(0^+) = 5$.

Logo,

$$y(0^-) = 0, \quad \dot{y}(0^-) = -5 \quad \text{e} \quad y(0^+) = 0, \quad \dot{y}(0^+) = 5 \tag{2.15}$$

EXERCÍCIO E2.3

No circuito da Fig. 2.1a, a indutância $L = 0$ e a tensão inicial no capacitor $v_c(0) = 30$ volts. Mostre que a componente de entrada nula da corrente de malha é dada por $y_0(t) = -10e^{-2t/3}$ para $t \geq 0$.

INDEPENDÊNCIA DA RESPOSTA DE ENTRADA NULA E RESPOSTA DE ESTADO NULO

No Exemplo 2.2, calculamos a componente de entrada nula sem usar a entrada $x(t)$. A componente de estado nulo pode ser determinada apenas com o conhecimento da entrada $x(t)$, pois as condições iniciais são consideradas iguais a zero (sistema no estado zero). As duas componentes da resposta do sistema (componentes de entrada nula e estado nulo) são independentes uma da outra. *Os dois mundos de resposta de entrada nula e resposta de estado nulo coexistem lado a lado, um não sabe e nem se preocupa com o que o outro está fazendo. Para cada componente, a outra é totalmente irrelevante.*

CAPÍTULO 2 ANÁLISE NO DOMÍNIO DO TEMPO DE SISTEMAS EM TEMPO CONTÍNUO 155

PAPEL DE CONDIÇÕES AUXILIARES NA SOLUÇÃO DE EQUAÇÕES DIFERENCIAIS
A solução de equações diferenciais requer peças adicionais de informação (as *condições auxiliares*). Por quê? Mostraremos agora, heuristicamente, porque uma equação diferencial não possui, geralmente, uma única solução a não ser que alguma restrição (ou condição) adicional da solução seja conhecida.

A operação de diferenciação não é inversível a menos que uma informação sobre $y(t)$ seja dada. Para obter $y(t)$ de dy/dt, devemos conhecer uma informação, tal como $y(0)$. Portanto, a diferenciação é uma operação não inversível durante a qual certa informação é perdida. Para reverter esta operação é necessário que uma informação sobre $y(t)$ seja fornecida para restaurar $y(t)$ original. Usando um argumento similar, podemos mostrar que, dado d^2y/dt^2, podemos determinar $y(t)$ unicamente somente se duas informações (restrições) de $y(t)$ forem fornecidas. Em geral, para determinar unicamente $y(t)$ de sua N-ésima derivada, precisamos de N informações adicionais (restrições) sobre $y(t)$. Estas restrições também são chamadas de *condições auxiliares*. Quando estas condições são dadas para $t = 0$, elas são chamadas de *condições iniciais*.

2.2-1 Algumas Informações sobre o Comportamento de Entrada Nula de um Sistema

Por definição, a resposta de entrada nula é a resposta do sistema a suas condições internas, assumindo que a entrada é zero. A compreensão deste fenômeno fornece informações interessantes sobre o comportamento do sistema. Se um sistema for momentaneamente perturbado de seu estado de repouso e se a perturbação for removida, o sistema não irá retornar ao repouso instantaneamente. Em geral, ele demorará um certo período para retornar ao repouso e fará um caminho específico que é característico ao sistema.[†] Por exemplo, se pressionarmos o pára-lama de um automóvel momentaneamente e então o soltarmos em $t = 0$, não há força no automóvel em $t > 0$.[‡] O corpo do automóvel eventualmente irá retornar a sua posição de repouso (equilíbrio), mas não através de qualquer movimento arbitrário. Ele deve fazê-lo usando apenas uma forma de resposta que é sustentada pelo sistema em si, sem qualquer fonte externa, pois a entrada é nula. Apenas os modos característicos satisfazem esta condição. *O sistema utiliza uma combinação própria dos modos característicos para retornar a posição de repouso enquanto satisfaz as condições de limite (ou iniciais) apropriadas.*

Se o pára-choque de um veículo estiver em boas condições (alto coeficiente de amortecimento), os modos característicos serão exponenciais monotonicamente decrescentes, e o corpo do automóvel irá retornar ao repouso rapidamente e sem oscilações. Por outro lado, para pára-choques ruins (baixo coeficiente de amortecimento), os modos característicos serão senoides exponencialmente amortecidas e o corpo do automóvel retornará ao repouso através de um movimento oscilatório. Quando um circuito RC série com carga inicial do capacitor é curto-circuitado, o capacitor começa a descarregar exponencialmente através do resistor. Essa resposta do circuito RC é causada apenas pelas condições internas e é mantida pelo sistema sem a ajuda de nenhuma entrada externa. A forma de onda exponencial da corrente é, portanto, o modo característico do circuito RC.

Matematicamente, sabemos que *qualquer combinação dos modos característicos pode ser mantida pelo sistema apenas, sem a necessidade de uma entrada externa.* Esse fato pode ser facilmente verificado para o circuito RL série mostrado na Fig. 2.2. A equação de malha para esse sistema é

$$(D + 2)y(t) = x(t)$$

Ela possui uma única raiz característica $\lambda = -2$ e o modo característico é e^{-2t}. Verificamos, agora, que a corrente de malha $y(t) = ce^{-2t}$ pode ser mantida através deste circuito sem qualquer tensão de entrada.
A tensão de entrada $x(t)$ necessária para manter uma corrente de malha $y(t) = ce^{-2t}$ é dada por

$$\begin{aligned} x(t) &= L\frac{dy}{dt} + Ry(t) \\ &= \frac{d}{dt}(ce^{-2t}) + 2ce^{-2t} \\ &= -2ce^{-2t} + 2ce^{-2t} \\ &= 0 \end{aligned}$$

[†] Presumindo que o sistema acabará retornando à sua condição original de repouso (ou equilíbrio).

[‡] Ignoraremos a força da gravidade, a qual simplesmente causa um deslocamento constante no corpo do automóvel sem afetar outros movimentos.

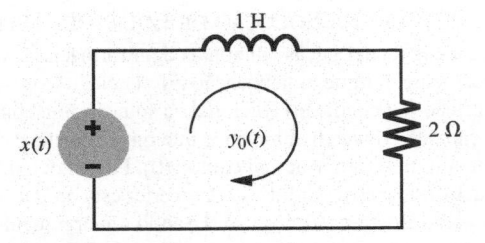

Figura 2.2 Os modos sempre conseguem uma volta grátis.

Claramente, a corrente de malha $y(t) = ce^{-2t}$ é mantida pelo próprio circuito RL, sem a necessidade de uma entrada externa.

O FENÔMENO DA RESSONÂNCIA

Vimos que qualquer sinal constituído pelo modo característico de um sistema é mantido pelo próprio sistema, que não oferece obstáculo a tais sinais. Imagine o que acontece se alimentarmos o sistema com uma entrada externa que é um de seus modos característicos. Isto seria equivalente a jogar gasolina em uma floresta seca em chamas ou solicitar a um alcóolatra que prove licor. Um alcóolatra aceitaria de bom grado o trabalho sem receber pagamento. Pense agora no que aconteceria se ele ainda recebesse um pagamento por cada licor provado! Ele iria trabalhar sem folga. Ele trabalharia dia e noite, até se destruir. A mesma coisa acontece com um sistema alimentado por uma entrada na forma de um modo característico. A resposta do sistema cresce sem limite, até se queimar.[†] Chamamos este comportamento de *fenômeno da ressonância*. Uma discussão mais abrangente deste importante fenômeno requer a compreensão da resposta de estado nulo. Por essa razão deixaremos este tópico para a Seção 2.7-7.

2.3 A RESPOSTA $h(t)$ AO IMPULSO UNITÁRIO

No Capítulo 1, explicamos como a resposta do sistema a um impulso $x(t)$ pode ser determinada substituindo a entrada por pulsos retangulares estreitos, como mostrado na Fig. 1.27a, e, então, somando todas as respostas do sistema a cada componente. Os pulsos retangulares se transformam em impulsos quando as larguras tendem a zero. Portanto, a resposta do sistema é a soma de todas as respostas aos vários componentes de impulso. Esta discussão mostra que se soubermos a resposta do sistema a uma entrada impulsiva podemos determinar a resposta do sistema a uma entrada arbitrária $x(t)$. Agora, discutiremos um método de determinação de $h(t)$, a resposta ao impulso unitário de um sistema LCIT descrito pela equação diferencial de ordem N [Eq. (2.1a)]

$$Q(D)y(t) = P(D)x(t) \qquad (2.16a)$$

onde $Q(D)$ e $P(D)$ são os polinômios mostrados na Eq. (2.2). Lembre-se de que as considerações a respeito do ruído limitam os sistemas práticos a $M \leq N$. Considerando este limite, o caso mais geral é $M = N$. Portanto, a Eq. (2.16a) pode ser escrita por

$$(D^N + a_1 D^{N-1} + \cdots + a_{N-1}D + a_N)y(t)$$
$$= (b_0 D^N + b_1 D^{N-1} + \cdots + b_{N-1}D + b_N)x(t) \qquad (2.16b)$$

Antes de determinarmos uma expressão genérica para a resposta $h(t)$ ao impulso unitário, é interessante compreendermos qualitativamente a natureza de $h(t)$. A resposta $h(t)$ ao impulso é a resposta do sistema a uma entrada impulsiva $\delta(t)$ aplicada em $t = 0$, com todas as condições iniciais zero para $t = 0^-$. Uma entrada em impulso $\delta(t)$ é como um raio, o qual atinge instantaneamente e então some. Mas em seu caminho, naquele momento singular, os objetos atingidos são reorganizados. Similarmente, uma entrada em impulso $\delta(t)$ aparece momentaneamente em $t = 0$ e então desaparece para sempre. Mas naquele momento ela resulta no armazenamento de

---

[†] Na prática, o sistema em ressonância provavelmente entraria em saturação devido aos altos valores de amplitude.

energia, ou seja, cria condições iniciais não nulas instantaneamente dentro do sistema para $t = 0^+$. Apesar de a entrada em impulso $\delta(t)$ sumir para $t > 0$, de forma que o sistema não possui mais entrada após a aplicação do impulso, o sistema ainda possui uma resposta gerada pelas condições iniciais recém-criadas. A resposta ao impulso, portanto, deve constituir os modos característicos para $t \geq 0^+$. Como resultado

$$h(t) = \text{termos dos modos característicos} \quad t \geq 0^+$$

Essa resposta é válida para $t > 0$. Mas o que acontece em $t = 0$? No único momento $t = 0$, só pode haver um impulso,[†] de forma que a resposta completa $h(t)$ é

$$h(t) = A_0 \delta(t) + \text{termos dos modos característicos} \quad t \geq 0 \quad (2.17)$$

como $h(t)$ é a resposta ao impulso unitário, fazendo $x(t) = \delta(t)$ e $y(t) = h(t)$ na Eq. (2.16b), teremos

$$(D^N + a_1 D^{N-1} + \cdots + a_{N-1} D + a_N) h(t) = (b_0 D^N + b_1 D^{N-1} + \cdots + b_{N-1} D + b_N) \delta(t) \quad (2.18)$$

Nesta equação substituímos $h(t)$ da Eq. (2.17) e comparamos os coeficientes de termos impulsivos similares dos dois lados. A derivada do impulso de mais alta ordem nos dois lados é N, com os valores de coeficiente A_0 no lado esquerdo e b_0 no lado direito. Os dois valores devem coincidir. Portanto, $A_0 = b_0$ e

$$h(t) = b_0 \delta(t) + \text{modos característicos} \quad (2.19)$$

Na Eq. (2.16b), se $M < N$, $b_0 = 0$. Logo, os termos de impulso $b_0 \delta(t)$ existem apenas se $M = N$. As incógnitas dos coeficientes dos N modos característicos de $h(t)$ da Eq. (2.19) podem ser determinadas usando a técnica de casamento de impulso, como explicada no exemplo a seguir.

EXEMPLO 2.3

Determine a resposta $h(t)$ ao impulso para um sistema descrito por

$$(D^2 + 5D + 6) y(t) = (D + 1) x(t) \quad (2.20)$$

Neste caso, $b_0 = 0$. Logo, $h(t)$ é constituído apenas dos modos característicos. O polinômio característico é $\lambda^2 + 5\lambda + 6 = (\lambda + 2)(\lambda + 3)$. As raízes são -2 e -3. Logo, a resposta $h(t)$ ao impulso é

$$h(t) = (c_1 e^{-2t} + c_2 e^{-3t}) u(t) \quad (2.21)$$

Fazendo $x(t) = \delta(t)$ e $y(t) = h(t)$ na Eq. (2.20), obtemos

$$\ddot{h}(t) + 5\dot{h}(t) + 6h(t) = \dot{\delta}(t) + \delta(t) \quad (2.22)$$

Lembre que as condições iniciais $h(0^-)$ e $\dot{h}(0^-)$ são zero. Mas a aplicação de um impulso em $t = 0$ cria novas condições iniciais para $t = 0^+$. Seja $h(0^+) = K_1$ e $\dot{h}(0^+) = K_2$. Este salto de descontinuidade em $h(t)$ e $\dot{h}(t)$ para $t = 0$ resulta nos termos impulsivos $\dot{h}(0) = K_1 \delta(t)$ e $\ddot{h}(0) = K_1 \dot{\delta}(t) + K_2 \delta(t)$ no lado esquerdo da equação. Comparando os coeficientes dos termos impulsivos nos dois lados da Eq. (2.22) teremos

$$5K_1 + K_2 = 1, \quad K_1 = 1 \quad \Longrightarrow \quad K_1 = 1, K_2 = -4$$

[†] Também é possível que as derivadas de $\delta(t)$ apareçam na origem. Entretanto, se $M \leq N$, é impossível para $h(t)$ ter derivadas de $\delta(t)$. Esta conclusão segue da Eq. (2.16b) com $x(t) = \delta(t)$ e $y(t) = h(t)$. Os coeficientes do impulso e todas as suas derivadas devem coincidir nos dois lados desta equação. Se $h(t)$ contém $\delta^{(1)}(t)$, o lado esquerdo da Eq. (2.16b) irá conter um termo $\delta^{(N+1)}(t)$. Mas o termo da derivada de mais alta ordem do lado direito é $\delta^{(N)}(t)$. Portanto, os dois lados não coincidem. Argumentos similares podem ser feitos contra a presença de derivadas de mais alta ordem do impulso em $h(t)$.

Utilizamos os valores $h(0^+) = K_1 = 1$ e $\dot{h}(0^+) = K_2 = -4$ na Eq. (2.21) para determinarmos c_1 e c_2. Fazendo $t = 0^+$ na Eq. (2.21), substituímos $c_1 + c_2 = 1$. Fazendo também $t = 0^+$ em $\dot{h}(t)$, obtemos $-2c_1 - 3c_2 = -4$. Essas duas equações simultâneas resultam em $c_1 = -1$ e $c_2 = 2$. Logo

$$h(t) = (-e^{-2t} + 2e^{-3t})u(t)$$

Apesar de o método utilizado neste exemplo ser relativamente simples, podemos simplificá-lo ainda mais utilizando uma versão modificada de casamento de impulso.

MÉTODO SIMPLIFICADO DE CASAMENTO DE IMPULSO
A técnica alternativa que apresentaremos agora nos permite reduzir o procedimento em uma rotina simples para a determinação de $h(t)$. Para evitar a distração do leitor, a prova deste procedimento será colocada na Seção 2.8. Nela mostraremos que para um sistema LCIT especificado pela Eq. (2.16), a resposta $h(t)$ a entrada em impulso unitário é dada por

$$h(t) = b_0 \delta(t) + [P(D) y_n(t)] u(t) \qquad (2.23)$$

onde $y_n(t)$ é a combinação linear dos modos característicos do sistema sujeito às seguintes condições iniciais:

$$y_n(0) = \dot{y}_n(0) = \ddot{y}_n(0) = \cdots = y_n^{(N-2)}(0) = 0 \quad \text{e} \quad y_n^{(N-1)}(0) = 1 \qquad (2.24a)$$

na qual $y_n^{(k)}(t)$ é o valor da k-ésima derivada de $y_n(t)$ para $t = 0$. Podemos expressar este conjunto de condições para vários valores de N (a ordem do sistema) como mostrado a seguir:

$$N = 1 : y_n(0) = 1$$
$$N = 2 : y_n(0) = 0, \dot{y}_n(0) = 1 \qquad (2.24b)$$
$$N = 3 : y_n(0) = \dot{y}_n(0) = 0, \ddot{y}_n(0) = 1$$

e assim por diante.

Como afirmado anteriormente, se a ordem de $P(D)$ é menor do que a ordem de $Q(D)$, ou seja, se $M < N$, então $b_0 = 0$ e o termo $b_0 \delta(t)$ em $h(t)$ é zero.

EXEMPLO 2.4

Determine a resposta $h(t)$ ao impulso unitário para o sistema especificado pela equação

$$(D^2 + 3D + 2) y(t) = Dx(t) \qquad (2.25)$$

Este é um sistema de segunda ordem ($N = 2$), possuindo o seguinte polinômio característico

$$(\lambda^2 + 3\lambda + 2) = (\lambda + 1)(\lambda + 2)$$

As raízes características deste sistema são $\lambda = -1$ e $\lambda = -2$. Portanto,

$$y_n(t) = c_1 e^{-t} + c_2 e^{-2t} \qquad (2.26a)$$

Diferenciando esta equação teremos

$$\dot{y}_n(t) = -c_1 e^{-t} - 2c_2 e^{-2t} \qquad (2.26b)$$

As condições iniciais são [veja Eq. (2.24b) para $N = 2$]

$$\dot{y}_n(0) = 1 \quad \text{e} \quad y_n(0) = 0$$

Fazendo $t = 0$ nas Eqs. (2.26a) e (2.26b) e substituindo as condições iniciais anteriores, obtemos

$$0 = c_1 + c_2$$
$$1 = -c_1 - 2c_2$$

A solução dessas duas equações simultâneas resulta em

$$c_1 = 1 \quad \text{e} \quad c_2 = -1$$

Portanto,

$$y_n(t) = e^{-t} - e^{-2t}$$

Além disso, de acordo com a Eq. (2.25), $P(D) = D$, de tal forma que

$$P(D)y_n(t) = Dy_n(t) = \dot{y}_n(t) = -e^{-t} + 2e^{-2t}$$

Também neste caso, $b_0 = 0$ [o termo de segunda ordem está ausente em $P(D)$]. Portanto,

$$h(t) = [P(D)y_n(t)]u(t) = (-e^{-t} + 2e^{-2t})u(t)$$

Comentário. Na discussão anterior, assumimos $M \leq N$, como especificado pela Eq. (2.16b). O Apêndice 2.1 (isto é, Seção 2.8) mostra que a expressão para $h(t)$ aplicável a todos os possíveis valores de M e N é dada por

$$h(t) = P(D)[y_n(t)u(t)]$$

onde $y_n(t)$ é a combinação linear dos modos característicos do sistema sujeito às condições iniciais (2.24). Esta expressão se reduz à Eq. (2.23) quando $M \leq N$.

A determinação da resposta $h(t)$ ao impulso usando o procedimento desta seção é relativamente simples. Entretanto, o Capítulo 4 irá discutir outro método, ainda mais simples, usando a transformada de Laplace.

EXERCÍCIO E2.4

Determine a resposta ao impulso unitário dos sistemas LCITs descritos pelas seguintes equações:
   (a) $(D + 2)y(t) = (3D + 5)x(t)$
   (b) $D(D + 2)y(t) = (D + 4)x(t)$
   (c) $(D^2 + 2D + 1)y(t) = Dx(t)$

RESPOSTAS
(a) $3\delta(t) - e^{-2t}u(t)$
(b) $(2 - e^{-2t})u(t)$
(c) $(1 - t)e^{-t}u(t)$

EXEMPLO DE COMPUTADOR C2.3

Determine a resposta $h(t)$ ao impulso para um sistema LCIT especificado pela equação diferencial

$$(D^2 + 3D + 2)y(t) = Dx(t)$$

Este é um sistema de segunda ordem com $b_0 = 0$. Inicialmente, determinamos a componente de entrada nula para as condições iniciais $y(0^-) = 0$ e $\dot{y}(0^-) = 1$. Como $P(D) = D$, a resposta a entrada nula é diferenciável e a resposta ao impulso é imediatamente obtida

```
>> y_n = dsolve('D2y+3*Dy+2*y=0','y(0)=0','Dy(0)=1','t');
>> Dy_n = diff(y_n);
>> disp(['h(t) = (',char(Dy_n),')u(t)']);
h(t) = (-exp(-t)+2*exp(-2*t))u(t)
```

Portanto, $h(t) = b_0\delta(t) + [Dy_0(t)]u(t) = (-e^{-t} + 2e^{-2t})u(t)$.

Resposta do Sistema ao Impulso Atrasado

Se $h(t)$ é a resposta de um sistema LCIT a entrada $\delta(t)$, então $h(t - T)$ é a resposta deste mesmo sistema a entrada $\delta(t - T)$. Esta conclusão é obtida da propriedade de invariância no tempo de sistemas LCIT. Portanto, se conhecermos a resposta $h(t)$ ao impulso unitário, podemos determinar a resposta do sistema ao impulso atrasado $\delta(t - T)$.

2.4 Resposta do Sistema à Entrada Externa: Resposta de Estado Nulo

Esta seção é dedicada a determinação da resposta de estado nulo de um sistema LCIT. Esta é a resposta $y(t)$ do sistema a uma entrada $x(t)$ quando o sistema está no estado nulo, ou seja, quando todas as condições iniciais são zero. *Assumiremos que os sistemas discutidos nesta seção estão no estado nulo, a não ser que mencionado o contrário.* Com esta condição, a resposta de estado nulo irá ser a resposta total do sistema.

Utilizaremos a propriedade da superposição para determinar a resposta do sistema a uma entrada arbitrária $x(t)$. Vamos definir um pulso básico $p(t)$ de altura unitária e largura $\Delta\tau$, começando em $t = 0$, como mostrado na Fig. 2.3a. A Fig. 2.3b mostra a entrada $x(t)$ como a soma de pulsos retangulares estreitos. O pulso começando em $t = n\Delta\tau$ da Fig. 2.3b possui altura $x(n\Delta\tau)$ e pode ser expresso por $x(n\Delta\tau)p(t - n\Delta\tau)$. Agora, $x(t)$ é a soma de todos os pulsos. Logo

$$x(t) = \lim_{\Delta\tau \to 0} \sum_\tau x(n\Delta\tau)p(t - n\Delta\tau) = \lim_{\Delta\tau \to 0} \sum_\tau \left[\frac{x(n\Delta\tau)}{\Delta\tau}\right] p(t - n\Delta\tau)\Delta\tau \qquad (2.27)$$

O termo $[x(n\Delta\tau)/\Delta\tau]p(t - n\Delta\tau)$ representa um pulso $p(t - n\Delta\tau)$ com altura $[x(n\Delta\tau)/\Delta\tau]$. Quando $\Delta\tau \to 0$, a altura desta faixa $\to \infty$, mas sua área permanece $x(n\Delta\tau)$. Logo, esta faixa se aproxima do impulso $x(n\Delta\tau)\delta(t - n\Delta\tau)$ para $\Delta\tau \to 0$ (Fig. 2.3e). Portanto,

$$x(t) = \lim_{\Delta\tau \to 0} \sum_\tau x(n\Delta\tau)\delta(t - n\Delta\tau)\Delta\tau \qquad (2.28)$$

Para determinar a resposta para esse impulso $x(t)$, iremos considerar a entrada e os pares de saída correspondentes, como mostrado na Fig. 2.3c-2.3f, e também mostrados pela notação de setas direcionais mostradas a seguir:

$$\begin{array}{rcl}
\text{entrada} & \Longrightarrow & \text{saída} \\
\delta(t) & \Longrightarrow & h(t) \\
\delta(t - n\Delta\tau) & \Longrightarrow & h(t - n\Delta\tau) \\
[x(n\Delta\tau)\Delta\tau]\delta(t - n\Delta\tau) & \Longrightarrow & [x(n\Delta\tau)\Delta\tau]h(t - n\Delta\tau) \\
\underbrace{\lim_{\Delta\tau \to 0} \sum_\tau x(n\Delta\tau)\delta(t - n\Delta\tau)\Delta\tau}_{x(t) \quad [\text{veja Eq. (2.28)}]} & \Longrightarrow & \underbrace{\lim_{\Delta\tau \to 0} \sum_\tau x(n\Delta\tau)h(t - n\Delta\tau)\Delta\tau}_{y(t)}
\end{array}$$

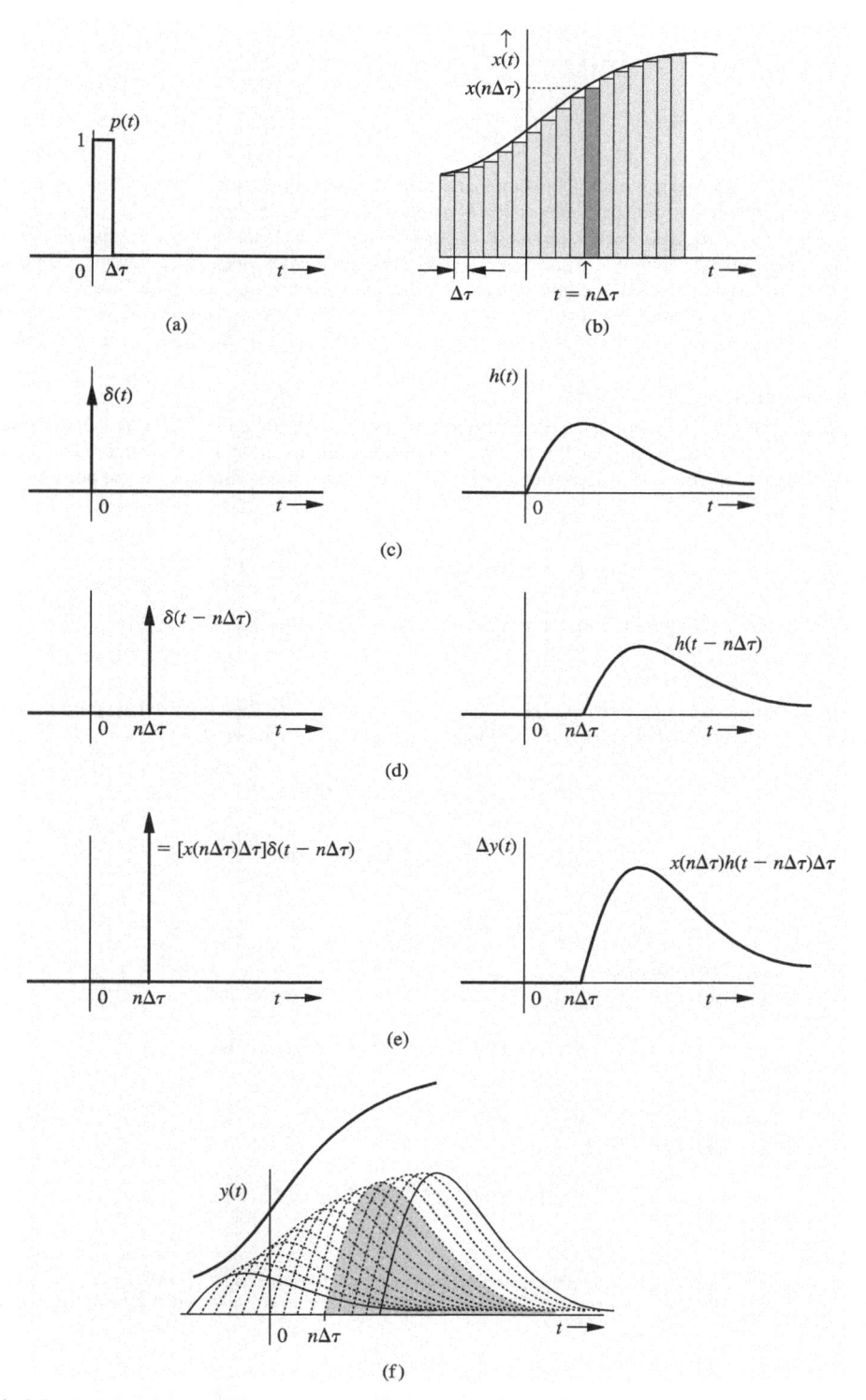

Figura 2.3 Determinando a resposta do sistema a uma entrada arbitrária $x(t)$.

Portanto,[†]

$$y(t) = \lim_{\Delta\tau \to 0} \sum_{\tau} x(n\Delta\tau)h(t - n\Delta\tau)\Delta\tau$$

$$= \int_{-\infty}^{\infty} x(\tau)h(t - \tau)\,d\tau \qquad (2.29)$$

Este é o resultado que procuramos. Obtivemos a resposta do sistema $y(t)$ a uma entrada arbitrária $x(t)$ em termos da resposta $h(t)$ do impulso unitário. Conhecendo $h(t)$ podemos determinar a resposta $y(t)$ a qualquer entrada. *Observe novamente a natureza persuasiva dos modos característicos. A resposta do sistema a qualquer entrada é determinada pela resposta ao impulso, a qual, por sua vez, é constituída dos modos característicos do sistema.*

É importante termos em mente as considerações utilizadas na determinação da Eq. (2.29). Assumimos um sistema linear, contínuo, invariante no tempo. A linearidade nos permitiu utilizar o princípio da superposição e a invariância no tempo possibilitou expressar a resposta do sistema a $\delta(t - n\Delta\tau)$ como sendo $h(t - n\Delta\tau)$.

2.4-1 A Integral de Convolução

A resposta $y(t)$ de estado nulo obtida na Eq. (2.29) é dada por uma integral que aparece frequentemente em ciências físicas, engenharia e matemática. Por essa razão, essa integral possui um nome especial: *integral de convolução*. A integral de convolução de duas funções $x_1(t)$ e $x_2(t)$ é representada simbolicamente por $x_1(t) * x_2(t)$, sendo definida por

$$x_1(t) * x_2(t) \equiv \int_{-\infty}^{\infty} x_1(\tau)x_2(t - \tau)\,d\tau \qquad (2.30)$$

Algumas propriedades importantes da integral de convolução serão mostradas a seguir.

PROPRIEDADE COMUTATIVA

A operação convolução é comutativa. Ou seja, $x_1(t) * x_2(t) = x_2(t) * x_1(t)$. Essa propriedade pode ser provada pela mudança de variável. Na Eq. (2.30), se fizermos $z = t - \tau$, de tal forma que $\tau = t - z$ e $d\tau = -dz$, obteremos

$$x_1(t) * x_2(t) = -\int_{\infty}^{-\infty} x_2(z)x_1(t - z)\,dz$$

$$= \int_{-\infty}^{\infty} x_2(z)x_1(t - z)\,dz \qquad (2.31)$$

$$= x_2(t) * x_1(t)$$

PROPRIEDADE DISTRIBUTIVA

De acordo com a propriedade distributiva,

$$x_1(t) * [x_2(t) + x_3(t)] = x_1(t) * x_2(t) + x_1(t) * x_3(t) \qquad (2.32)$$

PROPRIEDADE ASSOCIATIVA

De acordo com a propriedade associativa,

$$x_1(t) * [x_2(t) * x_3(t)] = [x_1(t) * x_2(t)] * x_3(t) \qquad (2.33)$$

[†] Na determinação deste resultado assumimos um sistema invariante no tempo. Se o sistema for variante no tempo, então a resposta do sistema a entrada $\delta(t - n\Delta\tau)$ não pode ser expressa por $h(t - n\Delta\tau)$ e deverá ter a forma $h(t, n\Delta\tau)$. Utilizando essa forma, a Eq. (2.29) será modificada para

$$y(t) = \int_{-\infty}^{\infty} x(\tau)h(t, \tau)\,d\tau$$

na qual $h(t, \tau)$ é a resposta do sistema no instante t a uma entrada impulsiva localizada em τ.

As provas das Eqs. (2.32) e (2.33) seguem diretamente da definição da integral de convolução. Elas são deixadas como exercício para o leitor.

PROPRIEDADE DE DESLOCAMENTO
Se

$$x_1(t) * x_2(t) = c(t)$$

Então,

$$x_1(t) * x_2(t-T) = x_1(t-T) * x_2(t) = c(t-T) \quad (2.34a)$$

e

$$x_1(t-T_1) * x_2(t-T_2) = c(t-T_1-T_2) \quad (2.34b)$$

Prova. Considerando

$$x_1(t) * x_2(t) = \int_{-\infty}^{\infty} x_1(\tau) x_2(t-\tau)\, d\tau = c(t)$$

Portanto,

$$x_1(t) * x_2(t-T) = \int_{-\infty}^{\infty} x_1(\tau) x_2(t-T-\tau)\, d\tau$$
$$= c(t-T)$$

A Eq. (2.34b) segue da Eq. (2.34a).

CONVOLUÇÃO COM UM IMPULSO
A convolução de uma função $x(t)$ com o impulso unitário resulta na própria função $x(t)$. Pela definição da convolução,

$$x(t) * \delta(t) = \int_{-\infty}^{\infty} x(\tau) \delta(t-\tau)\, d\tau \quad (2.35)$$

Como $\delta(t-T)$ é um impulso localizado em $\tau = t$, de acordo com a propriedade de amostragem do impulso [Eq. (1.24)], a integral da Eq. (2.35) é o valor de $x(\tau)$ para $\tau = t$, ou seja, $x(t)$. Portanto,

$$x(t) * \delta(t) = x(t) \quad (2.36)$$

Esse resultado, na realidade, foi obtido anteriormente [Eq. (2.28)].

PROPRIEDADE DA LARGURA
Se a duração (largura) de $x_1(t)$ e $x_2(t)$ forem finitas, dadas por T_1 e T_2, respectivamente, então a duração (largura) de $x_1(t) * x_2(t)$ será $T_1 + T_2$ (Fig. 2.4). A prova dessa propriedade segue diretamente das considerações gráficas discutidas posteriormente na Seção 2.4-2.

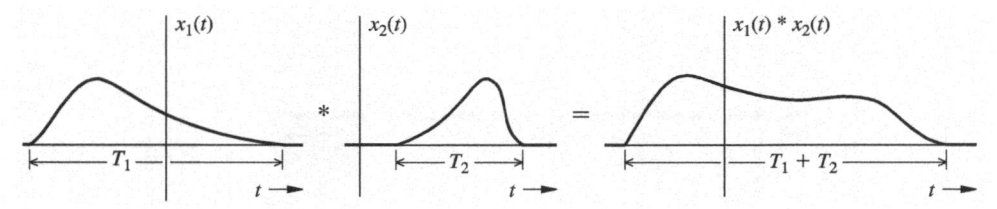

Figura 2.4 Propriedade da largura de convolução.

RESPOSTA DE ESTADO NULO E CAUSALIDADE

A resposta (de estado nulo) $y(t)$ de um sistema LCIT é

$$y(t) = x(t) * h(t) = \int_{-\infty}^{\infty} x(\tau)h(t-\tau)\,d\tau \tag{2.37}$$

Na determinação da Eq. (2.37), consideramos o sistema linear e invariante no tempo. Não houve outras restrições sobre o sistema ou o sinal de entrada $x(t)$. Na prática, a maioria dos sistemas é causal, de forma que suas respostas não podem começar antes da entrada. Além disso, a maioria das entradas também são causais, o que significa que elas começam em $t = 0$.

A restrição de causalidade tanto dos sinais quanto dos sistemas simplifica ainda mais os limites da integração da Eq. (2.37). Pela definição, a resposta de um sistema causal não pode começar antes da entrada começar. Consequentemente, a resposta de um sistema causal ao impulso unitário $\delta(t)$ (o qual está localizado em $t = 0$) não pode começar antes de $t = 0$. Portanto, *a resposta $h(t)$ ao impulso unitário de um sistema causal é um sinal causal*.

É importante lembrar que a integração na Eq. (2.37) é executada com relação a τ (e não t). Se a entrada $x(t)$ é causal, $x(t) = 0$ para $t < 0$. Portanto, $x(\tau) = 0$ para $\tau < 0$, como mostrado na Fig. 2.5a. Similarmente, se $h(t)$ é causal, $h(t - \tau) = 0$ para $t - \tau < 0$, ou seja, para $\tau > t$, como mostrado na Fig. 2.5a. Portanto, o produto $x(\tau)h(t - \tau) = 0$ em todo lugar exceto sobre o intervalo não sombreado $0 \leq \tau \leq t$ mostrado na Fig. 2.5a (presumindo $t \geq 0$). Observe que se t for negativo, $x(\tau)h(t - \tau) = 0$ para todo τ como mostrado na Fig. 2.5b. Logo, a Eq. (2.37) se reduz a

$$y(t) = x(t) * h(t) = \int_{0^-}^{t} x(\tau)h(t-\tau)\,d\tau \quad t \geq 0$$
$$= 0 \quad t < 0 \tag{2.38a}$$

O limite inferior da integração da Eq. (2.38a) é considerado como sendo 0^- para evitar a dificuldade de integração que podemos ter se $x(t)$ contiver um impulso na origem. Esse resultado mostra que se $x(t)$ e $h(t)$ são ambos causais, a resposta $y(t)$ também será causal.

Por causa da propriedade comutativa da convolução [Eq. (2.31)], também podemos expressar a Eq (2.38a), como [presumindo $x(t)$ e $h(t)$ causais

$$y(t) = \int_{0^-}^{t} h(\tau)x(t-\tau)\,d\tau \quad t \geq 0$$
$$= 0 \quad t < 0 \tag{2.38b}$$

Daqui por diante, o limite inferior de 0^- será deduzido mesmo quando o escrevermos como 0. Como na Eq. (2.38a), esse resultado presume que a entrada e o sistema são causais.

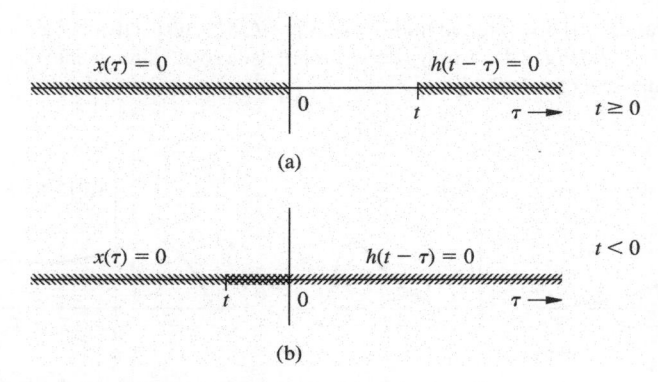

Figura 2.5 Limites da integral de convolução.

EXEMPLO 2.5

Para um sistema LCIT com resposta ao impulso unitário dada por $h(t) = e^{-2t}u(t)$. determine a resposta $y(t)$ para a entrada

$$x(t) = e^{-t}u(t) \tag{2.39}$$

Neste caso, tanto $x(t)$ quanto $h(t)$ são causais (Fig. 2.6). Logo, a partir da Eq. (2.38a), obtemos

$$y(t) = \int_0^t x(\tau)h(t-\tau)\,d\tau \qquad t \geq 0$$

Como $x(t) = e^{-t}u(t)$ e $h(t) = e^{-2t}u(t)$,

$$x(\tau) = e^{-\tau}u(\tau) \qquad \text{e} \qquad h(t-\tau) = e^{-2(t-\tau)}u(t-\tau)$$

Lembre que a integração é calculada com relação a τ (e não t), e que a região de integração é $0 \leq \tau \leq t$. Logo, $\tau \geq 0$ e $t - \tau \geq 0$. Portanto, $u(\tau) = 1$ e $u(t-\tau) = 1$. Consequentemente,

$$y(t) = \int_0^t e^{-\tau} e^{-2(t-\tau)}\, d\tau \qquad t \geq 0$$

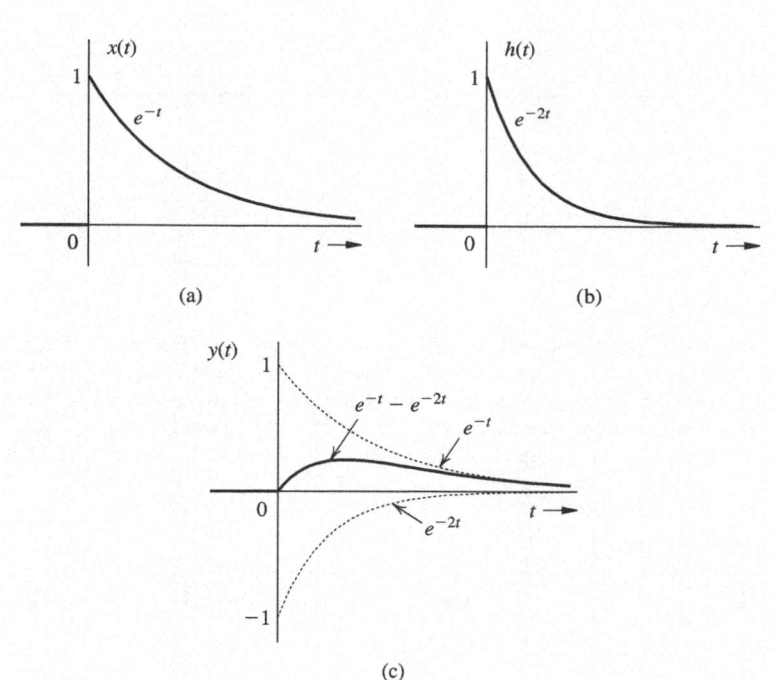

Figura 2.6 Convolução de $x(t)$ e $h(t)$.

Como essa integração é realizada com relação a τ, podemos colocar e^{-2t} para fora da integral, resultando em

$$y(t) = e^{-2t}\int_0^t e^{\tau}\,d\tau = e^{-2t}(e^t - 1) = e^{-t} - e^{-2t} \qquad t \geq 0$$

Além disso, $y(t) = 0$ quando $t < 0$ [veja Eq. (2.38a)]. Portanto,

$$y(t) = (e^{-t} - e^{-2t})u(t)$$

A resposta está mostrada na Fig. 2.6c.

EXERCÍCIO E2.5

Para um sistema LCIT com resposta ao impulso dada por $h(t) = 6e^{-t}u(t)$, determine a resposta do sistema para as entradas:

(a) $2u(t)$
(b) $3e^{-3t}u(t)$

RESPOSTAS

(a) $12(1 - e^{-t})u(t)$
(b) $9(e^{-t} - e^{-3t})u(t)$

EXERCÍCIO E2.6

Repita o Exercício 2.5 para a entrada $x(t) = e^{-t}u(t)$.

RESPOSTA

$6te^{-t}u(t)$

TABELA DE CONVOLUÇÃO

A tarefa de convoluir sinais é simplificada se utilizarmos uma tabela já pronta de convolução. (Tabela 2.1). Esta tabela, a qual lista vários pares de sinais e suas convoluções, pode determinar convenientemente $y(t)$, a resposta do sistema, a uma entrada $x(t)$, sem termos que passar pelo entediante trabalho de integração. Por exemplo, poderíamos ter obtido rapidamente a convolução do Exemplo 2.5 usando o par 4 (com $\lambda_1 = -1$ e $\lambda_2 = -2$), o qual fornece o resultado $(e^{-t} - e^{-2t})u(t)$. O exemplo a seguir demonstra a utilidade desta tabela.

Tabela 2.1 Tabela de convolução

Nº	$x_1(t)$	$x_2(t)$	$x_1(t) * x_2(t) = x_2(t) * x_1(t)$	
1	$x(t)$	$\delta(t - T)$	$x(t - T)$	
2	$e^{\lambda t}u(t)$	$u(t)$	$\dfrac{1 - e^{\lambda t}}{-\lambda}u(t)$	
3	$u(t)$	$u(t)$	$tu(t)$	
4	$e^{\lambda_1 t}u(t)$	$e^{\lambda_2 t}u(t)$	$\dfrac{e^{\lambda_1 t} - e^{\lambda_2 t}}{\lambda_1 - \lambda_2}u(t)$	$\lambda_1 \neq \lambda_2$
5	$e^{\lambda t}u(t)$	$e^{\lambda t}u(t)$	$te^{\lambda t}u(t)$	

6	$te^{\lambda t}u(t)$	$e^{\lambda t}u(t)$	$\dfrac{1}{2}t^2 e^{\lambda t}u(t)$
7	$t^N u(t)$	$e^{\lambda t}u(t)$	$\dfrac{N!\,e^{\lambda t}}{\lambda^{N+1}}u(t) - \displaystyle\sum_{k=0}^{N} \dfrac{N!\,t^{N-k}}{\lambda^{k+1}(N-k)!}u(t)$
8	$t^M u(t)$	$t^N u(t)$	$\dfrac{M!\,N!}{(M+N+1)!}t^{M+N+1}u(t)$
9	$te^{\lambda_1 t}u(t)$	$e^{\lambda_2 t}u(t)$	$\dfrac{e^{\lambda_2 t} - e^{\lambda_1 t} + (\lambda_1-\lambda_2)te^{\lambda_1 t}}{(\lambda_1-\lambda_2)^2}u(t)$
10	$t^M e^{\lambda t}u(t)$	$t^N e^{\lambda t}u(t)$	$\dfrac{M!\,N!}{(N+M+1)!}t^{M+N+1}e^{\lambda t}u(t)$
11	$t^M e^{\lambda_1 t}u(t)$	$t^N e^{\lambda_2 t}u(t)$	$\displaystyle\sum_{k=0}^{M} \dfrac{(-1)^k M!(N+k)!\,t^{M-k}e^{\lambda_1 t}}{k!(M-k)!(\lambda_1-\lambda_2)^{N+k+1}}u(t)$
	$\lambda_1 \neq \lambda_2$		$+ \displaystyle\sum_{k=0}^{N} \dfrac{(-1)^k N!(M+k)!\,t^{N-k}e^{\lambda_2 t}}{k!(N-k)!(\lambda_2-\lambda_1)^{M+k+1}}u(t)$
12	$e^{-\alpha t}\cos(\beta t+\theta)u(t)$	$e^{\lambda t}u(t)$	$\dfrac{\cos(\theta-\phi)e^{\lambda t} - e^{-\alpha t}\cos(\beta t+\theta-\phi)}{\sqrt{(\alpha+\lambda)^2+\beta^2}}u(t)$
			$\phi = \tan^{-1}[-\beta/(\alpha+\lambda)]$
13	$e^{\lambda_1 t}u(t)$	$e^{\lambda_2 t}u(-t)$	$\dfrac{e^{\lambda_1 t}u(t) + e^{\lambda_2 t}u(-t)}{\lambda_2-\lambda_1}\quad \operatorname{Re}\lambda_2 > \operatorname{Re}\lambda_1$
14	$e^{\lambda_1 t}u(-t)$	$e^{\lambda_2 t}u(-t)$	$\dfrac{e^{\lambda_1 t} - e^{\lambda_2 t}}{\lambda_2-\lambda_1}u(-t)$

EXEMPLO 2.6

Determine a corrente de malha $y(t)$ do circuito *RLC* do Exemplo 2.2 para a entrada $x(t) = 10e^{-3t}u(t)$, quando todas as condições iniciais são zero.

A equação de malha para esse circuito [veja o Exemplo 1.10 ou Eq. (1.55)] é

$$(D^2 + 3D + 2)y(t) = Dx(t)$$

A resposta $h(t)$ ao impulso para este sistema, como obtida no Exemplo 2.4, é

$$h(t) = (2e^{-2t} - e^{-t})u(t)$$

A entrada é $x(t) = 10e^{-3t}u(t)$ e a resposta $y(t)$ é

$$y(t) = x(t) * h(t)$$
$$= 10e^{-3t}u(t) * [2e^{-2t} - e^{-t}]u(t)$$

Usando a propriedade distributiva da convolução [Eq. 92.32)], obtemos

$$y(t) = 10e^{-3t}u(t) * 2e^{-2t}u(t) - 10e^{-3t}u(t) * e^{-t}u(t)$$
$$= 20[e^{-3t}u(t) * e^{-2t}u(t)] - 10[e^{-3t}u(t) * e^{-t}u(t)]$$

Agora, usando o par 4 da Tabela 2.1, teremos

$$y(t) = \frac{20}{-3-(-2)}[e^{-3t} - e^{-2t}]u(t) - \frac{10}{-3-(-1)}[e^{-3t} - e^{-t}]u(t)$$
$$= -20(e^{-3t} - e^{-2t})u(t) + 5(e^{-3t} - e^{-t})u(t)$$
$$= (-5e^{-t} + 20e^{-2t} - 15e^{-3t})u(t)$$

EXERCÍCIO E2.7
Refaça os Exercícios E2.5 e E2.6 usando a tabela de convolução.

EXERCÍCIO 2.8
Utilize a tabela de convolução para determinar

$$e^{-2t}u(t) * (1 - e^{-t})u(t)$$

RESPOSTA

$\left(\frac{1}{2} - e^{-t} + \frac{1}{2}e^{-2t}\right)u(t)$

EXERCÍCIO E2.9
Para um sistema LCIT com resposta $h(t) = e^{-2t}u(t)$ ao impulso unitário, determine a resposta de estado nulo $y(t)$ se a entrada for $x(t) = \text{sen } 3t\, u(t)$. [Dica: utilize o par 12 da Tabela 2.1.]

RESPOSTA

$\frac{1}{13}[3e^{-2t} + \sqrt{13}\cos(3t - 146{,}32°)]u(t)$

ou

$\frac{1}{13}[3e^{-2t} - \sqrt{13}\cos(3t + 33{,}68°)]u(t)$

Resposta a Entradas Complexas

A resposta do sistema LCIT discutida até este momento se aplica a sinais de entrada genéricos, reais ou complexos. Entretanto, se um sistema for real, ou seja, se $h(t)$ for real, então devemos mostrar que a parte real da entrada gera a parte real da saída e uma conclusão similar se aplica a parte imaginária.

Se a entrada for $x(t) = x_r(t) + jx_i(t)$, onde $x_r(t)$ e $x_i(t)$ são as partes real e imaginária de $x(t)$, então para um $h(t)$ real,

$$y(t) = h(t) * [x_r(t) + jx_i(t)] = h(t) * x_r(t) + jh(t) * x_i(t) = y_r(t) + jy_i(t)$$

onde $y_r(t)$ e $y_i(t)$ são as partes real e imaginária de $y(t)$. Usando a notação de setas direcionais para indicar um par de entrada e a sua saída correspondente, o resultado anterior pode ser escrito como mostrado a seguir. Se

$$x(t) = x_r(t) + jx_i(t) \implies y(t) = y_r(t) + jy_i(t)$$

então

$$x_r(t) \implies y_r(t)$$
$$x_i(t) \implies y_i(t)$$
(2.40)

Entradas Múltiplas

Entradas múltiplas de um sistema LIT podem ser analisadas aplicando-se o princípio da superposição. Cada entrada é considerada separadamente, com todas as outras entradas iguais a zero. A soma de todas as respostas individuais do sistema constitui a saída total do sistema quando todas as entradas forem aplicadas simultaneamente.

2.4-2 Entendimento Gráfico da Operação de Convolução

A operação de convolução pode ser facilmente compreendida analisando a interpretação gráfica da integral de convolução. Este entendimento é útil na determinação da integral de convolução de sinais mais complexos. Além disso, a convolução gráfica nos permite compreender visualmente ou mentalmente o resultado da integral de convolução, o qual pode ser de grande valia na amostragem, filtragem e em muitos outros problemas. Finalmente, vários sinais não possuem uma descrição matemática exata, logo eles podem ser descritos apenas graficamente. Se dois destes tipos de sinais tiverem que ser convoluídos, não teremos escolha a não ser executar a convolução graficamente.

Agora, explicaremos a operação de convolução usando os sinais $x(t)$ e $g(t)$, ilustrados na Fig. 2.7a e 2.7b, respectivamente. Se $c(t)$ for a convolução de $x(t)$ com $g(t)$, então,

$$c(t) = \int_{-\infty}^{\infty} x(\tau)g(t-\tau)\,d\tau$$
(2.41)

Um dos pontos cruciais a serem lembrados é que essa integração é executada com respeito a τ, de tal forma que t é apenas um parâmetro (tal como uma constante). Esta consideração é especialmente importante quando traçamos as representações gráficas das funções $x(\tau)$ e $g(t-\tau)$ que aparecem como integrandos da Eq. (2.41). As duas funções devem ser traçadas como funções de τ e não t.

A função $x(\tau)$ é idêntica a $x(t)$, com τ substituindo t (Fig. 2.7c). Portanto, $x(t)$ e $x(\tau)$ terão as mesmas representações gráficas. Considerações similares se aplicam a $g(t)$ e $g(\tau)$ (Fig. 2.7d).

Para sabermos como $g(t-\tau)$ se parece, vamos começar com a função $g(\tau)$ (Fig. 2.7d). A reversão no tempo desta função (reflexão com relação ao eixo vertical $\tau = 0$) resulta em $g(-\tau)$ (Fig. 2.7e). Vamos representar esta função por $\phi(\tau)$

$$\phi(\tau) = g(-\tau)$$

Agora, $\phi(\tau)$ deslocado t segundos é $\phi(\tau - t)$, dado por

$$\phi(\tau - t) = g[-(\tau - t)] = g(t - \tau)$$

Portanto, inicialmente fazemos a reversão no tempo de $g(\tau)$ para obtermos $g(-\tau)$ e, então, o deslocamos no tempo por t para obtermos $g(t-\tau)$. Para t positivo, o deslocamento é para a direita (Fig. 2.7f), para t negativo, o deslocamento é para a esquerda (Fig. 2.7g, 2.7h).

A discussão anterior nos fornece uma interpretação gráfica das funções $x(\tau)$ e $g(t-\tau)$. A convolução $c(t)$ é a área debaixo do produto dessas duas funções. Portanto, para calcular $c(t)$ em algum instante positivo $t = t_1$, primeiro obtemos $g(-\tau)$ invertendo $g(\tau)$ no eixo vertical. A seguir, deslocamos para a direita, ou atrasamos, $g(-\tau)$ por t_1, obtendo $g(t_1 - \tau)$ (Fig. 2.7f) e, então, multiplicamos esta função por $x(\tau)$, resultando no produto $x(\tau)g(t_1 - \tau)$ (porção sombreada da Fig. 2.7f). A área A_1 sob este produto é $c(t_1)$, o valor de $c(t)$ para $t = t_1$. Podemos, portanto, traçar $c(t_1) = A_1$ em uma curva descrevendo $c(t)$, como mostrado na Fig. 2.7i. A área sob o produto $x(\tau)g(-\tau)$ na Fig. 2.7e é $c(0)$, o valor da convolução para $t = 0$ (na origem).

Um procedimento similar é utilizado na determinação do valor de $c(t)$ para $t = t_2$, onde t_2 é negativo (Fig. 2.7g). Neste caso, a função $g(-\tau)$ é deslocada por uma quantidade negativa (ou seja, deslocada para a esquerda) para obter $g(t_2 - \tau)$. A multiplicação desta função com $x(\tau)$ resulta no produto $x(\tau)g(t_2 - \tau)$. A área debaixo deste produto é $c(t_2) = A_2$, nos fornecendo outro ponto da curva $c(t)$ para $t = t_2$ (Fig. 2.7i). Esse procedimento pode ser repetido para todos os valores de t, de $-\infty$ a ∞. O resultado será a curva descrevendo $c(t)$ para todo o tempo t. Note que quanto $t \leq -3$, $x(\tau)$ e $g(t - \tau)$ não se sobrepõem (veja Fig. 2.7h), logo $c(t) = 0$ para $t \leq -3$.

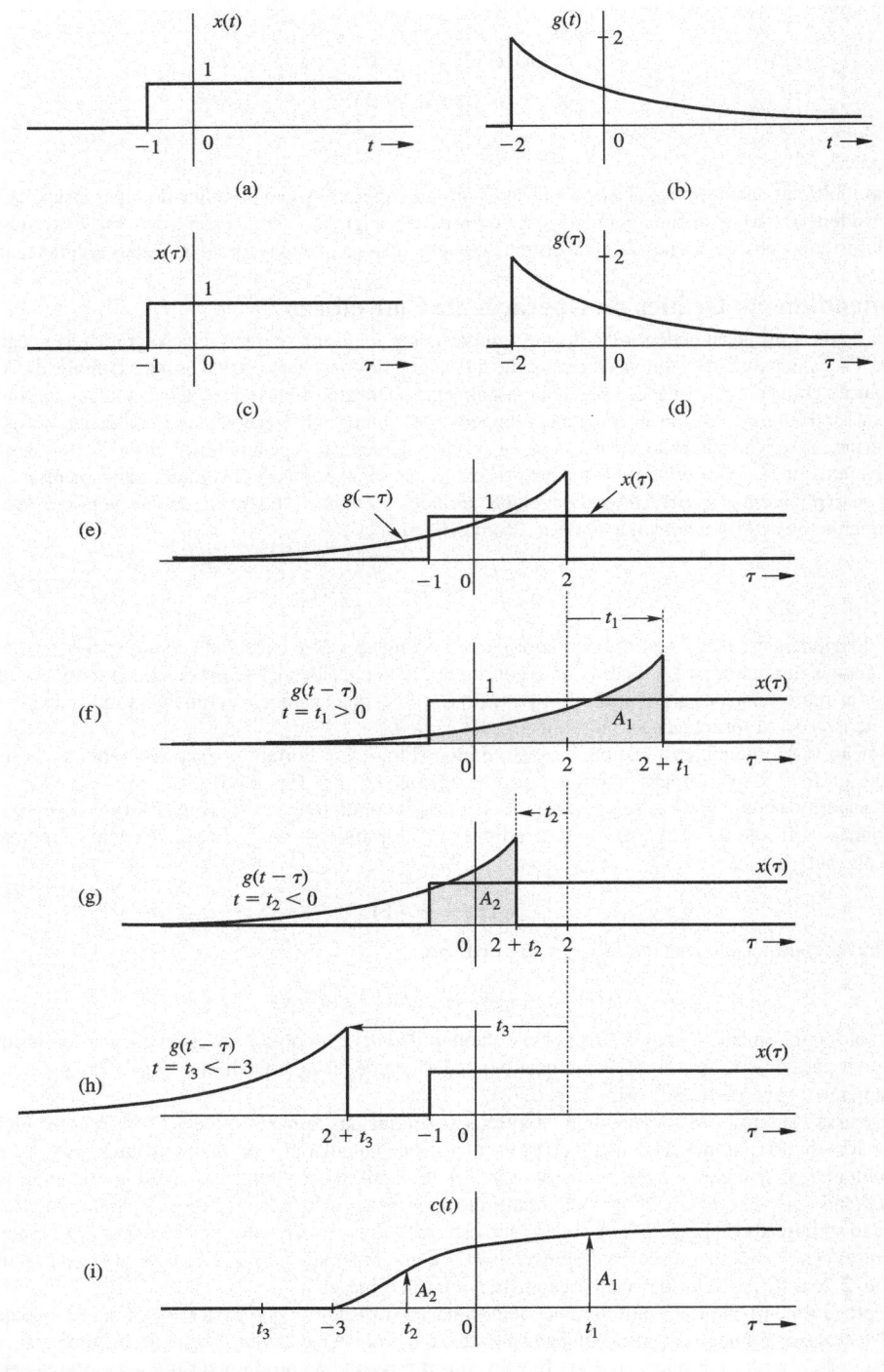

Figura 2.7 Explicação gráfica para a operação de convolução.

Resumo do Procedimento Gráfico
O procedimento para a convolução gráfica pode ser resumido por

1. Mantenha a função $x(\tau)$ fixa.
2. Visualize a função $g(\tau)$ como um objeto rígido e o rotacione (ou inverta) com relação ao eixo vertical ($\tau = 0$) para obter $g(-\tau)$.
3. Desloque a função invertida ao longo do eixo τ por t_0 segundos. A figura deslocada agora representa $g(t_0 - \tau)$.
4. A área debaixo do produto de $x(\tau)$ com $g(t_0 - \tau)$ (figura deslocada) é $c(t_0)$, o valor da convolução para $t = t_0$.
5. Repita este procedimento deslocando a figura por diferentes valores (positivos e negativos) para obter $c(t)$ para todos os valores de t.

O procedimento gráfico discutido pode parecer muito complicado e desencorajador a primeira vista. De fato, algumas pessoas afirmam que a convolução levou muitos estudantes de engenharia elétrica a estudarem teologia como salvação ou como carreira alternativa (*IEEE Spectrum*, março 1991, p. 60).[†] Na realidade, o latido da convolução é pior do que sua mordida. Na convolução gráfica, precisamos determinar a área sob o produto $x(\tau)g(t - \tau)$ para todos os valores de t, de $-\infty$ a ∞. Entretanto, a descrição matemática de $x(\tau)g(t - \tau)$ é, geralmente, válida somente para uma faixa de t. Portanto, a repetição do procedimento para qualquer valor de t resulta em repeti-lo apenas algumas vezes para diferentes faixas de t.

Também podemos utilizar a propriedade comutativa da convolução em nossa vantagem para calcular $x(t) * g(t)$ ou $g(t) * x(t)$, a qual for mais simples. Como uma regra, *o cálculo da convolução é simplificado se escolhermos para inverter (reversão temporal) a função mais simples das duas*. Por exemplo, se a descrição matemática de $g(t)$ for mais simples do que de $x(t)$, então $x(t) * g(t)$ será mais simples do que $g(t) * x(t)$. Em contraste, se a descrição matemática de $x(t)$ for a mais simples, então o inverso será verdadeiro.

Demonstraremos a convolução gráfica através dos seguintes exemplos. Vamos começar usando este método gráfico para refazer o Exemplo 2.5.

Convolução: seu latido é pior do que sua mordida!

[†] O estranho é que estabelecimentos religiosos não estão agitando para a "educação convolucionária" compulsória em escolas e colégios!

EXEMPLO 2.7

Determine graficamente $y(t) = x(t) * h(t)$ para $x(t) = e^{-t}u(t)$ e $h(t) = e^{-2t}u(t)$.

Na Fig. 2.8a e 2.8b temos $x(t)$ e $h(t)$, respectivamente. A Fig. 2.8c mostra $x(\tau)$ e $h(-\tau)$ como funções de τ. A função $h(t - \tau)$ é obtida deslocando $h(-\tau)$ por t. Se t for positivo, o deslocamento é para a direita (atraso); se t for negativo, então o deslocamento é para a esquerda (avanço). A Fig. 2.8d mostra que para t negativo, $h(t - \tau)$ [obtido deslocando para a esquerda $h(-\tau)$] não sobrepõem $x(\tau)$ e o produto $x(\tau)h(t - \tau) = 0$, tal que

$$y(t) = 0 \quad t < 0$$

A Fig. 2.8e mostra a situação para $t \geq 0$, quando $x(\tau)$ e $h(t - \tau)$ se sobrepõem, mas o produto é não nulo apenas no intervalo $0 \leq \tau \leq t$ (intervalo sombreado). Portanto,

$$y(t) = \int_0^t x(\tau)h(t - \tau)\,d\tau \quad t \geq 0$$

Tudo o que precisamos fazer agora é substituir as expressões corretas para $x(\tau)$ e $h(t - \tau)$ na integral. A partir da Fig. 2.8a e 2.8b, é claro que os segmentos de $x(t)$ e $g(t)$ a serem utilizados na convolução (Fig. 2.8e) são descritos por

$$x(t) = e^{-t} \quad \text{e} \quad h(t) = e^{-2t}$$

Logo,

$$x(\tau) = e^{-\tau} \quad \text{e} \quad h(t - \tau) = e^{-2(t-\tau)}$$

Consequentemente,

$$y(t) = \int_0^t e^{-\tau} e^{-2(t-\tau)}\,d\tau$$
$$= e^{-2t} \int_0^t e^{\tau}\,d\tau$$
$$= e^{-t} - e^{-2t} \quad t > 0$$

Além disso, $y(t) = 0$ para $t < 0$, logo

$$y(t) = (e^{-t} - e^{-2t})u(t)$$

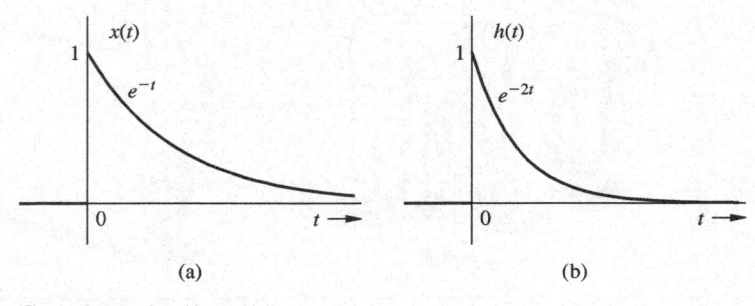

Figura 2.8 Convolução de $x(t)$ e $g(t)$.

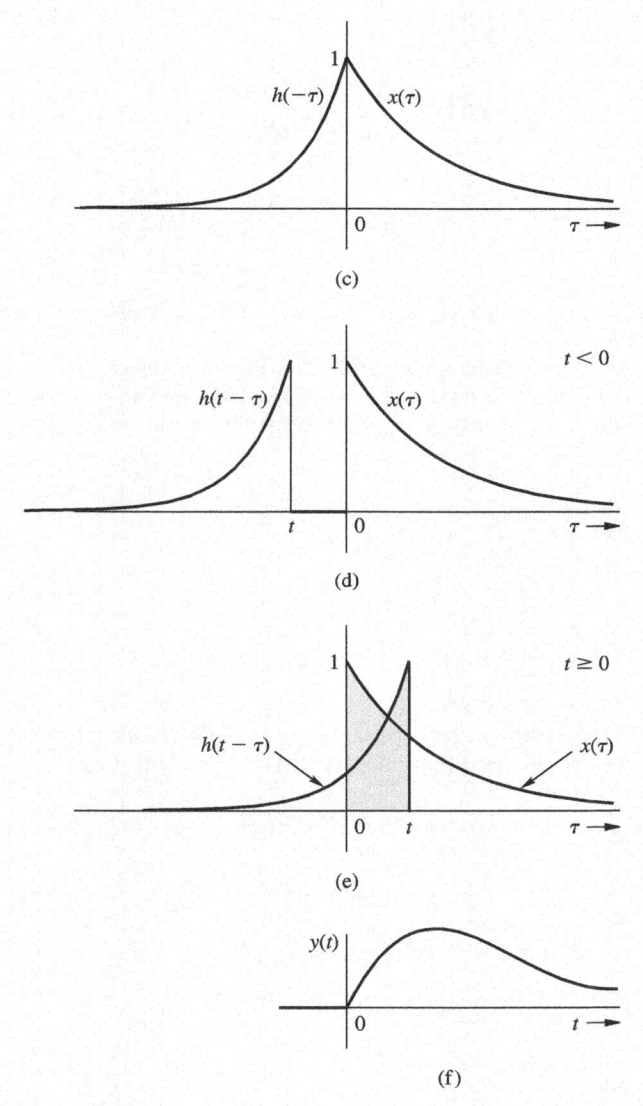

CAPÍTULO 2   ANÁLISE NO DOMÍNIO DO TEMPO DE SISTEMAS EM TEMPO CONTÍNUO   173

Figura 2.8   Continuação.

EXEMPLO 2.8

Determine $c(t) = x(t) * g(t)$ para os sinais mostrados na Fig. 2.9a e 2.9b.

Como $x(t)$ é mais simples do que $g(t)$, é mais fácil determinar $g(t) * x(t)$ do que $x(t) * g(t)$. Entretanto, iremos, intencionalmente, tomar a rota mais difícil e iremos calcular $x(t) * g(t)$.

Analisando $x(t)$ e $g(t)$ (Fig. 2.9a e 2.9b, respectivamente), observe que $g(t)$ é composto por dois segmentos. Como resultado, ele pode ser descrito por

$$g(t) = \begin{cases} 2e^{-t} & \text{segmento A} \\ -2e^{2t} & \text{segmento B} \end{cases}$$

Portanto,

$$g(t - \tau) = \begin{cases} 2e^{-(t-\tau)} & \text{segmento A} \\ -2e^{2(t-\tau)} & \text{segmento B} \end{cases}$$

O segmento de $x(t)$ que é utilizado na convolução é $x(t) = 1$, de tal forma que $x(\tau) = 1$. A Fig. 2.9c mostra $x(\tau)$ e $g(-\tau)$.

Para calcular $c(t)$ para $t \geq 0$, deslocamos para a direita $g(-\tau)$ para obter $g(t - \tau)$, como mostrado na Fig. 2.9d. Claramente, $g(t - \tau)$ sobrepõe $x(\tau)$ no intervalo sombreado, ou seja, no intervalo de $\tau \geq 0$. O segmento A sobrepõe $x(\tau)$ no intervalo $(0, t)$, enquanto que o segmento B sobrepõe $x(\tau)$ no intervalo (t, ∞). Lembrando que $x(\tau) = 1$, temos

$$\begin{aligned} c(t) &= \int_0^\infty x(\tau) g(t - \tau) \, d\tau \\ &= \int_0^t 2e^{-(t-\tau)} \, d\tau + \int_t^\infty -2e^{2(t-\tau)} \, d\tau \\ &= 2(1 - e^{-t}) - 1 \\ &= 1 - 2e^{-t} \qquad\qquad t > 0 \end{aligned}$$

A Fig. 2.9e mostra a situação para $t < 0$. Neste caso, a sobreposição está no intervalo sombreado, ou seja, na faixa de $\tau \geq 0$, no qual apenas o segmento B de $g(t)$ está envolvido. Logo,

$$\begin{aligned} c(t) &= \int_0^\infty x(\tau) g(t - \tau) \, d\tau \\ &= \int_0^\infty g(t - \tau) \, d\tau \\ &= \int_0^\infty -2e^{2(t-\tau)} \, d\tau \\ &= -e^{2t} \qquad\qquad t < 0 \end{aligned}$$

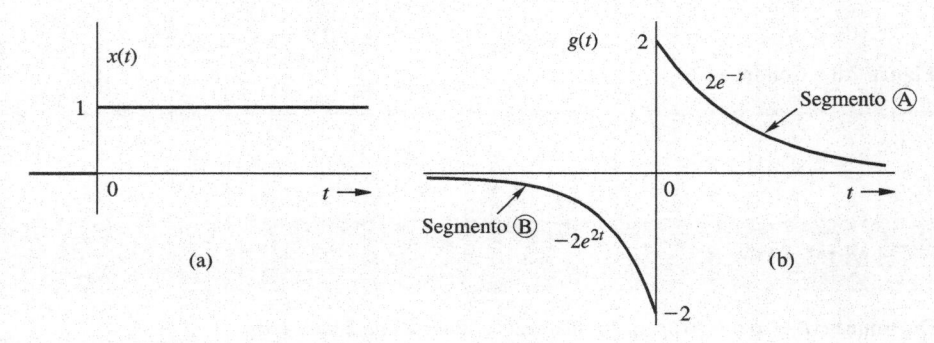

Figura 2.9 Convolução de $x(t)$ e $g(t)$.

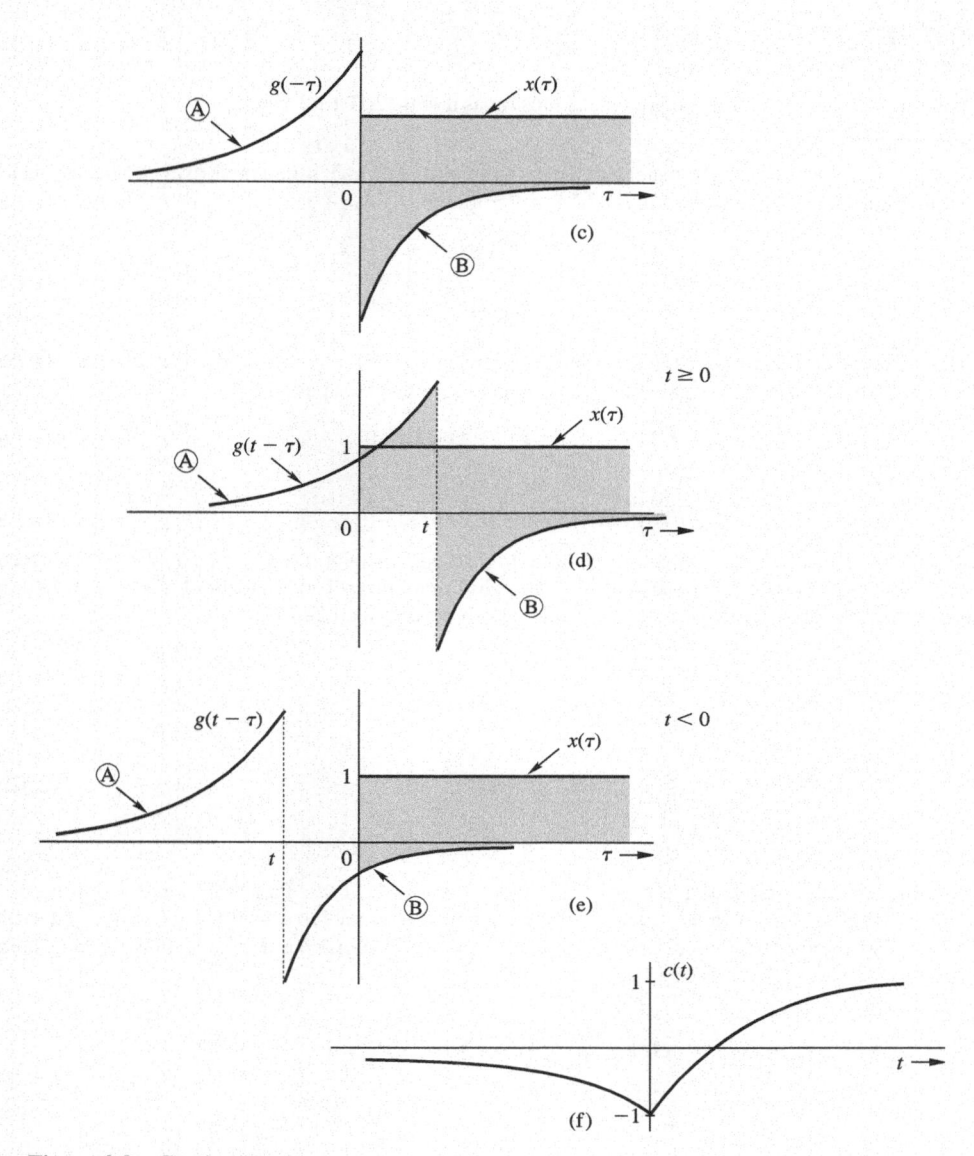

Figura 2.9 Continuação

Portanto,
$$c(t) = \begin{cases} 1 - 2e^{-2t} & t \geq 0 \\ -e^{2t} & t \leq 0 \end{cases}$$

A Fig. 2.9f mostra o gráfico de $c(t)$.

EXEMPLO 2.9

Determine $x(t) * g(t)$ para as funções $x(t)$ e $g(t)$ mostradas na Fig. 2.10a e 2.10b.

Neste caso, $x(t)$ possui a descrição matemática mais simples do que $g(t)$, sendo preferível utilizar $x(t)$ na inversão temporal. Logo, iremos determinar $g(t) * x(t)$. Portanto,

$$c(t) = g(t) * x(t)$$
$$= \int_{-\infty}^{\infty} g(\tau)x(t-\tau)\,d\tau$$

Inicialmente determinamos as expressões para os segmentos de $x(t)$ e $g(t)$ utilizados para calcular $c(t)$. De acordo com a Fig. 2.10a e 2.10b, esses segmentos podem ser expressos por

$$x(t) = 1 \quad \text{e} \quad g(t) = \tfrac{1}{3}t$$

de tal forma que

$$x(t-\tau) = 1 \quad \text{e} \quad g(\tau) = \tfrac{1}{3}\tau$$

A Fig. 2.10c mostra $g(\tau)$ e $x(-\tau)$, enquanto que a Fig. 2.10d mostra $g(\tau)$ e $x(t-\tau)$, a qual é $x(-\tau)$ deslocada por t. Como os limites de $x(-\tau)$ estão em $\tau = -1$ e 1, os limites de $x(t-\tau)$ estão em $-1 + t$ e $1 + t$. As duas funções se sobrepõem no intervalo $(0, 1 + t)$ (intervalo sombreado), tal que

$$c(t) = \int_0^{1+t} g(\tau)x(t-\tau)\,d\tau$$
$$= \int_0^{1+t} \tfrac{1}{3}\tau\,d\tau \qquad\qquad (2.42a)$$
$$= \tfrac{1}{6}(t+1)^2 \qquad -1 \leq t \leq 1$$

Essa situação, mostrada na Fig. 2.10d, é válida apenas para $-1 \leq t \leq 1$. Para $t \geq 1$ mas ≤ 2, a situação é mostrada na Fig. 2.10e. As duas funções se sobrepõem apenas na faixa $-1 + t$ até $1 + t$ (intervalo sombreado). Note que as expressões para $g(\tau)$ e $x(t-\tau)$ não mudam. Apenas a faixa de integração é alterada. Logo,

$$c(t) = \int_{-1+t}^{1+t} \tfrac{1}{3}\tau\,d\tau$$
$$= \tfrac{2}{3}t \qquad 1 \leq t \leq 2 \qquad\qquad (2.42b)$$

Observe, também, que as expressões das Eqs. (2.42a) e (2.42b) se aplicam para $t = 1$, o ponto de transição entre suas respectivas faixas. Podemos facilmente verificar que as duas expressões resultam no valor de 2/3 para $t = 1$, de tal forma que $c(1) = 2/3$. A continuidade de $c(t)$ nos pontos de transição indica uma alta probabilidade de uma resposta correta. A continuidade de $c(t)$ nos pontos de transição é garantida enquanto não houver impulsos nas bordas de $x(t)$ e $g(t)$.

Para $t \geq 2$ mas ≤ 4, a situação é mostrada na Fig. 2.10f. As funções $g(\tau)$ e $x(t-\tau)$ se sobrepõem no intervalo de $-1 + t$ até 3 (intervalo sombreado), logo,

$$c(t) = \int_{-1+t}^{3} \tfrac{1}{3}\tau\,d\tau$$
$$= -\tfrac{1}{6}(t^2 - 2t - 8) \qquad 2 \leq t \leq 4 \qquad\qquad (2.42c)$$

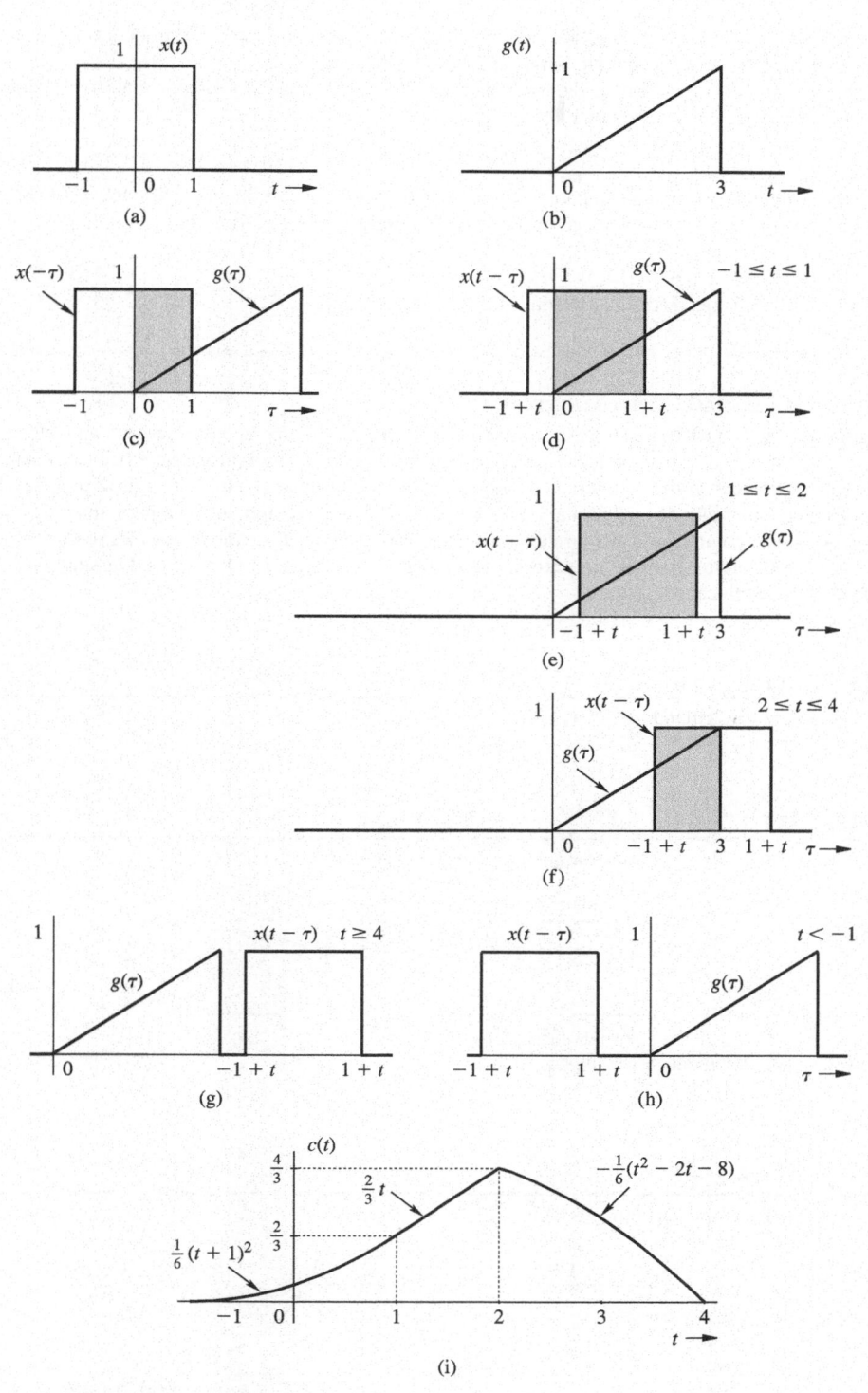

Figura 2.10 Convolução de $x(t)$ e $g(t)$.

Novamente, as Eqs. (2.42b) e (2.42c) são válidas no ponto de transição $t = 2$. Podemos facilmente verificar que $c(2) = 4/3$ quando qualquer uma das funções é utilizada.

Para $t \geq 4$, $x(t - \tau)$ foi deslocada tão longe para a direita que ela não se sobrepõe mais a $g(\tau)$, como mostrado na Fig. 2.10g. Consequentemente,

$$c(t) = 0 \qquad t \geq 4 \tag{2.42d}$$

Agora, voltamos nossa atenção para valores negativos de t. Já determinamos $c(t)$ até $t = -1$. Para $t < -1$ não existe sobreposição entre as duas funções, como mostrado na Fig. 2.10h, logo

$$c(t) = 0 \qquad t \leq -1 \tag{2.42e}$$

A Fig. 2.10i mostra $c(t)$ de acordo com as Eqs. (2.42a) a (2.42e).

LARGURA DA FUNÇÃO CONVOLUCIONADA

As larguras (durações) de $x(t)$, $g(t)$ e $c(t)$ no Exemplo 2.9 (Fig. 2.10) são 2, 3 e 5, respectivamente. Note que a largura de $c(t)$, neste caso, é a soma das larguras de $x(t)$ e $g(t)$. Essa observação não é coincidência. Usando o conceito da convolução gráfica, podemos ver prontamente que se $x(t)$ e $g(t)$ têm as larguras infinitas de T_1 e T_2, respectivamente, a largura de $c(t)$ é igual a $T_1 + T_2$. A razão é que o tempo que leva para um sinal com largura (duração) T_1 passar completamente outro sinal com largura (duração) T_2 de modo que eles se tornem não sobrepostas é $T_1 + T_2$. Quando os dois sinais se tornam não sobrepostos é $T_1 + T_2$. Quando os dois sinais se tornam não sobrepostos, a convolução vai a zero.

EXERCÍCIO E2.10

Refaça o Exemplo 2.8 calculando $g(t) * x(t)$.

EXERCÍCIO E2.11

Utilize a convolução gráfica para mostrar que $x(t) * g(t) = g(t) * x(t) = c(t)$ na Fig. 2.11.

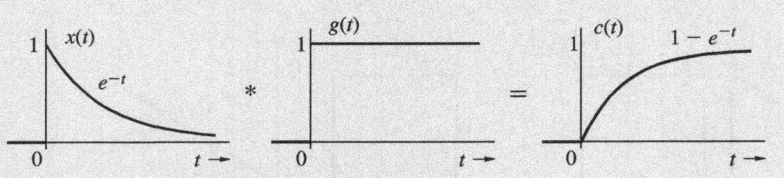

Figura 2.11 Convolução de $x(t)$ e $g(t)$.

EXERCÍCIO E2.12

Repita o Exercício E2.11 para as funções da Fig. 2.12.

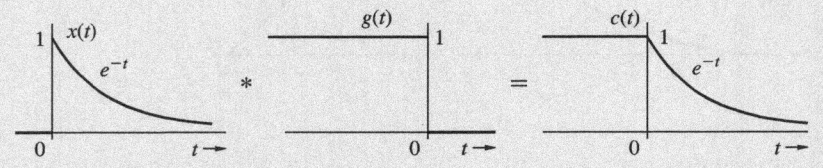

Figura 2.12 Convolução de $x(t)$ e $g(t)$.

EXERCÍCIO E2.13
Repita o Exercício E2.11 para as funções da Fig. 2.13.

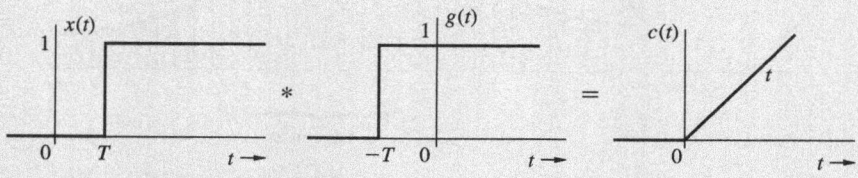

Figura 2.13 Convolução de $x(t)$ e $g(t)$.

O FANTASMA DA ÓPERA DE SINAIS E SISTEMAS
No estudo de sinais e sistemas geralmente cruzamos com alguns sinais tais como o impulso, o qual não pode ser gerado na prática e que nunca foi visto por ninguém.[†] Assim sendo, alguém pode questionar o por que de considerar tais sinais idealizados. A resposta deve estar clara pelas discussões feitas até agora neste capítulo. Mesmo que a função impulso não tenha uma existência física, podemos calcular a resposta $h(t)$ do sistema a esta entrada fantasma de acordo com o procedimento da Seção 2.3 e, com o conhecimento de $h(t)$, podemos calcular a resposta do sistema a qualquer entrada arbitrária. O conceito da resposta ao impulso, portanto, fornece um resultado intermediário para o cálculo da resposta do sistema a uma entrada arbitrária. Além disso, a própria resposta $h(t)$ ao impulso fornece muita informação sobre o comportamento do sistema. Na Seção 2.7 mostraremos que o conhecimento da resposta ao impulso fornece muita informação valiosa, tal como o tempo de resposta, a dispersão do pulso e propriedades de filtragem do sistema. Várias outras indicações úteis sobre o comportamento do sistema podem ser obtidas por inspeção de $h(t)$.

Da mesma forma, na análise no domínio da frequência (discutida nos próximos capítulos), utilizamos uma *exponencial de duração infinita* (ou *senoide*) para determinar a resposta do sistema. Uma exponencial de duração infinita (ou senoide) também é um fantasma, que ninguém viu ainda e que não possui existência física. Mas ela fornece outro resultado intermediário na determinação da resposta do sistema a uma entrada arbitrária. Além disso, a resposta do sistema a uma exponencial de duração infinita (ou senoide) fornece informações valiosas relacionadas ao comportamento do sistema. Claramente, o impulso idealizado e senoides de duração infinita são espíritos amigáveis e úteis.

De maneira interessante, o impulso unitário e a exponencial de duração infinita (ou senoide) são duais uma da outra na dualidade tempo-frequência, a ser estudada no Capítulo 7. Na realidade, os métodos de domínio do tempo e domínio da frequência de análise são duais.

POR QUE CONVOLUÇÃO? UMA EXPLICAÇÃO INTUITIVA DA RESPOSTA DO SISTEMA
Superficialmente, pode parecer estranho que a resposta de sistemas lineares (os mais gentis dos gentis sistemas) seja dada por uma operação tão tortuosa quanto a convolução, na qual um sinal é fixado e o outro invertido e deslocado. Para compreender esse comportamento ímpar, considere a hipotética resposta $h(t)$ ao impulso que decai linearmente com o tempo (Fig. 2.14a). Esta resposta é mais forte para $t = 0$, o momento no qual o impulso é aplicado, e decai linearmente para instantes futuros, de tal forma que um segundo após (para $t = 1$ e além), ela deixa de existir. Isto significa que quanto mais perto o impulso estiver de um instante t, mais forte a sua resposta em t.

Agora considere a entrada $x(t)$ mostrada na Fig. 2.14b. Para calcular a resposta do sistema, separamos a entrada em pulsos retangulares e aproximamos estes pulsos por impulsos. Geralmente, a resposta de um sistema causal em algum instante t pode ser determinada por todas as componentes impulsivas da entrada antes de t. Cada uma destas componentes impulsivas possui um peso diferente na determinação da resposta no instante t, dependendo de sua proximidade com t. Como visto anteriormente, quanto mais perto o impulso estiver de t, maior a sua influência em t. O impulso em t possui o maior peso (unitário) na determinação da resposta em t. O peso

---
[†] O falecido Prof. S. J. Mason, o inventor das técnicas gráficas de fluxo de sinal, costumava contar a história de um estudante frustrado com a função impulso. O estudante dizia "O impulso unitário é algo tão pequeno que você não pode vê-lo, a não ser em um local (a origem), onde ele é tão grande que você não pode vê-lo. Em outras palavras, você nunca pode vê-lo, ao menos eu não posso!"

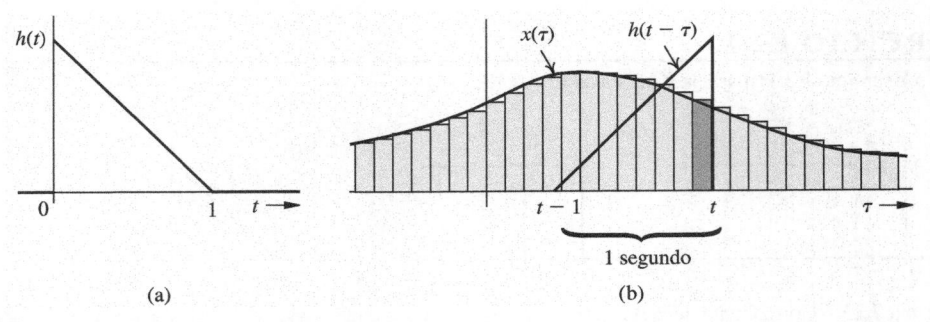

Figura 2.14 Explicação intuitiva da convolução.

diminui linearmente para todos os impulsos antes de t até o instante $t-1$. A entrada antes de $t-1$ não possui influência (peso zero). Portanto, para determinar a resposta do sistema em t, devemos associar um peso linearmente decrescente aos impulsos que ocorrem antes de t, como mostrado na Fig. 2.14b. Esta função ponderada é precisamente a função $h(t-\tau)$. A resposta do sistema para t é, então, determinada não pela entrada $x(\tau)$, mas pelas entradas ponderadas $x(\tau)h(t-\tau)$, e o somatório de todas essas entradas ponderadas é a integral de convolução.

2.4-3 Sistemas Interconectados

Sistemas maiores, mais complexos, geralmente podem ser vistos como a interconexão de diversos subsistemas menores, cada um mais fácil de ser caracterizado. Conhecendo as caracterizações destes subsistemas, fica mais simples analisar os sistemas maiores. Devemos considerar aqui duas conexões básicas, em série (ou cascata) e em paralelo. A Fig. 2.15a mostra S_1 e S_2, dois subsistemas LCIT conectados em paralelo e a Fig. 2.15b mostra os mesmos dois subsistemas conectados em cascata.

Na Fig. 2.15a, o dispositivo representado pelo símbolo Σ dentro de um círculo representa um somador, o qual soma sinais em suas entradas. Além disso, a junção na qual dois (ou mais) ramos se dividem é chamado de *nó de separação*. Cada ramo que sai de um nó de separação carrega o mesmo sinal (o sinal da junção). Na Fig. 2.15a, por exemplo, a junção na qual a entrada é aplicada é um nó de separação no qual dois ramos são irradiados para fora, cada um contém o mesmo sinal de entrada do nó.

Sejam as respostas ao impulso de S_1 e S_2 as funções $h_1(t)$ e $h_2(t)$, respectivamente. Além disso, assume-se que a conexão destes sistemas, como mostrado na Fig. 2.15, não os carrega. Isso significa que a resposta ao impulso de cada um destes sistemas permanece a mesma se os sistemas estiverem conectados ou não.

Para determinar $h_p(t)$, a resposta ao impulso do sistema paralelo S_p da Fig. 2.15a, aplicamos uma entrada impulsiva em S_p. Isto resulta no sinal $\delta(t)$ nas entradas de S_1 e S_2, resultando nas saídas $h_1(t)$ e $h_2(t)$, respectivamente. Estes sinais são somados pelo somador, resultando em $h_1(t) + h_2(t)$ como saída de S_p. Consequentemente,

$$h_p(t) = h_1(t) + h_2(t) \tag{2.43a}$$

Para determinar $h_c(t)$, a resposta do sistema S_c em cascata da Fig. 2.15b, aplicamos a entrada $\delta(t)$ na entrada de S_c, a qual também é a entrada de S_1. Logo, a saída de S_1 é $h_1(t)$, a qual, por sua vez, é a entrada de S_2. A resposta de S_2 a entrada $h_1(t)$ é $h_1(t) * h_2(t)$. Portanto,

$$h_c(t) = h_1(t) * h_2(t) \tag{2.43b}$$

Devido a propriedade comutativa da convolução, podemos alternar os sistemas S_1 e S_2, como mostrado na Fig. 2.15c, resultando na mesma resposta impulsiva $h_1(t) * h_2(t)$. Isso significa que, quando vários sistemas LCIT estão em série, a ordem dos sistemas não afeta a resposta ao impulso do sistema composto. Em outras palavras, operações lineares, executadas em série, comutam. A ordem na qual elas são executadas não é importante, ao menos teoricamente.[†]

Mostraremos aqui outra aplicação interessante da propriedade comutativa de sistemas LCIT. A Fig. 2.15d mostra a conexão em série de dois sistemas LCIT: um sistema S com resposta $h(t)$ ao impulso, seguido por um

---

[†] A mudança da ordem, entretanto, pode afetar a performance devido a limitações físicas e sensibilidade a alterações nos subsistemas envolvidos.

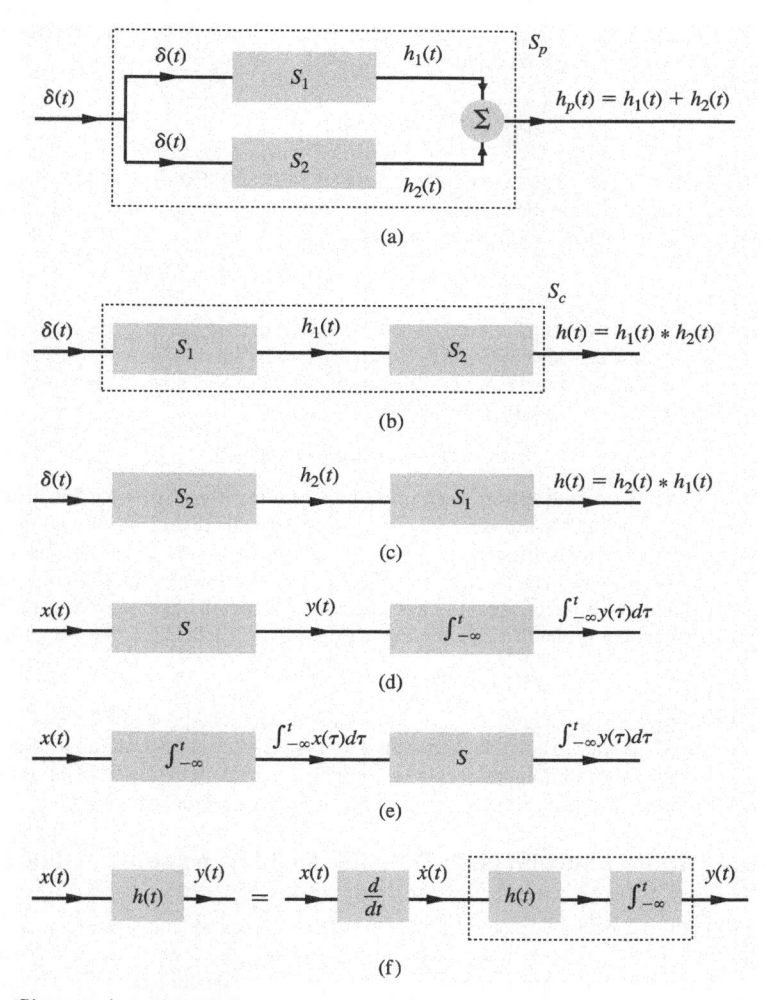

Figura 2.15 Sistemas interconectados.

integrador ideal. A Fig. 2.15e mostra a cascata dos mesmos dois sistemas na ordem inversa: um integrador ideal seguido por $\mathcal{S}$. Na Fig. 2.15d se a entrada $x(t)$ de $\mathcal{S}$ resultar na saída $y(t)$, a saída do sistema 2.15d é a integral de $y(t)$. Na Fig. 2.15e, a saída do integrador é a integral de $x(t)$. A saída da Fig. 2.15e é idêntica a saída da Fig. 2.15d. Logo, temos que se a resposta de um sistema LCIT a uma entrada $x(t)$ é $y(t)$, então a resposta do mesmo sistema a integral de $x(t)$ é a integral de $y(t)$. Em outras palavras,

se $\quad x(t) \Longrightarrow y(t)$

então $\quad \int_{-\infty}^{t} x(\tau)\,d\tau \Longrightarrow \int_{-\infty}^{t} y(\tau)\,d\tau$ (2.44a)

Substituindo o integrador ideal por um diferenciador ideal na Fig. 2.15d e 2.15e, e adotando um argumento similar, concluímos que

se $\quad x(t) \Longrightarrow y(t)$

então $\quad \dfrac{dx(t)}{dt} \Longrightarrow \dfrac{dy(t)}{dt}$ (2.44b)

Se fizermos $x(t) = \delta(t)$ e $y(t) = h(t)$ na Eq. (2.44a), obtemos que $g(t)$, a resposta ao degrau unitário de um sistema LCIT com resposta $h(t)$ ao impulso é dada por

$$g(t) = \int_{-\infty}^{t} h(\tau)\,d\tau \qquad (2.44c)$$

Também podemos mostrar que a resposta do sistema a (t) é $dh(t)/dt$. Estes resultados podem ser estendidos para outras funções de singularidade. Por exemplo, a resposta à rampa unitária de um sistema LCIT é a integral de sua resposta ao degrau unitário e assim por diante.

SISTEMAS INVERSOS

Na Fig. 2.15b, se $\mathcal{S}_1$ e $\mathcal{S}_2$ são sistemas inversos com resposta $h(t)$ e $h_i(t)$ ao impulso, respectivamente, então a resposta ao impulso da cascata destes sistemas é $h(t) * h_i(t)$. Mas a cascata do sistema com sua inversa é um sistema identidade, cuja saída é a mesma da entrada. Em outras palavras, a resposta ao impulso unitário da cascata de sistemas inversos também é um impulso unitário $\delta(t)$. Logo,

$$h(t) * h_i(t) = \delta(t) \qquad (2.45)$$

Apresentaremos uma interessante aplicação da propriedade comutativa. Como visto na Eq. (2.45), a cascata de sistemas inversos é um sistema identidade. Além disso, na cascata de diversos subsistemas LCIT, a mudança de qualquer maneira na ordem dos subsistemas não afeta a resposta ao impulso do sistema total. Usando esses fatos, observamos que os dois sistemas, mostrados na Fig. 2.15f são equivalentes. Podemos calcular a resposta do sistema cascata do lado direito determinando a resposta do sistema dentro da caixa pontilhada à entrada. A resposta ao impulso da caixa pontilhada é $g(t)$, a integral de $h(t)$, dada pela Eq. (2.44c). Logo, temos que

$$y(t) = x(t) * h(t) = \dot{x}(t) * g(t) \qquad (2.46)$$

Lembre que $g(t)$ é a resposta ao degrau unitário do sistema. Logo, a resposta do sistema LCIT também pode ser obtida como a convolução de (a derivada da entrada) com a resposta ao degrau unitário do sistema. Este resultado pode ser facilmente estendido para derivadas de mais alta ordem. A resposta de um sistema LCIT é a convolução da n-ésima derivada da entrada com a n-ésima integral da resposta ao impulso.

2.4-4 Uma Função muito Especial para Sistemas LCIT: a Exponencial de Duração Infinita e^{st}

Existe uma conexão muito especial de sistemas LCIT com a função exponencial de duração infinita e^{st}, onde s é, em geral, uma variável complexa. Agora, mostraremos que a resposta (de estado nulo) de sistemas LCIT a entrada da exponencial de duração infinita e^{st} também é uma exponencial de duração infinita (multiplicada por uma constante). Além disso, nenhuma outra função pode ter o mesmo tipo de característica. O tipo de entrada cuja resposta do sistema possui a mesma forma da entrada é chamada de *função característica* (ou *autofunção*) do sistema. Como a senoide é uma forma de exponencial ($s = \pm j\omega$), a senoide de duração infinita também é uma função característica de sistemas LCIT. Note que estamos falando de uma exponencial (ou senoide) de duração infinita, a qual começa em $t = -\infty$.

Se $h(t)$ é a resposta ao impulso unitário, então a resposta $y(t)$ do sistema a uma exponencial de duração infinita e^{st} é dada por

$$y(t) = h(t) * e^{st}$$
$$= \int_{-\infty}^{\infty} h(\tau)e^{s(t-\tau)}\,d\tau$$
$$= e^{st}\int_{-\infty}^{\infty} h(\tau)e^{-s\tau}\,d\tau$$

A integral do lado direito é uma função da variável complexa s. Vamos chamá-la de $H(s)$, a qual também é, geralmente, complexa. Logo

$$y(t) = H(s)e^{st} \qquad (2.47)$$

onde

$$H(s) = \int_{-\infty}^{\infty} h(\tau)e^{-s\tau}\, d\tau \qquad (2.48)$$

A Eq. (2.47) é válida apenas para os valores de s nos quais $H(s)$ existe, ou seja, se existir (ou convergir). A região no plano s para o qual a integral converge é chamado de *região de convergência* de $H(s)$. Uma explicação mais detalhada sobre região de convergência será apresentada no Capítulo 4.

Note que $H(s)$ é uma constante para um dado s. Portanto, a entrada e a saída possuem a mesma forma (com uma constante multiplicativa) para o sinal exponencial de duração infinita.

$H(s)$, que é a *função de transferência* do sistema, é uma função da variável complexa s. Uma definição alternativa para a função de transferência $H(s)$ de um sistema LCIT, vista na Eq. (2.47), é

$$H(s) = \left. \frac{\text{sinal de saída}}{\text{sinal de entrada}} \right|_{\text{entrada = exponencial de duração infinita } e^{st}} \qquad (2.49)$$

A função de transferência é definida, e possui sentido, apenas para sistemas LCIT. Ela não existe, em geral, para sistemas não lineares ou variantes no tempo.

Ressaltaremos novamente que estamos falando da exponencial de duração infinita, a qual começa em $t = -\infty$, e não da exponencial comum $e^{st}u(t)$, a qual começa em $t = 0$.

Para o sistema especificado pela Eq. (2.1), a função de transferência é dada por

$$H(s) = \frac{P(s)}{Q(s)} \qquad (2.50)$$

Esta equação é facilmente obtida se considerarmos a entrada de duração infinita e^{st}. De acordo com a Eq. (2.47), a saída é $y(t) = H(s)e^{st}$. A substituição deste $x(t)$ e $y(t)$ na Eq. (2.1) resulta em

$$H(s)[Q(D)e^{st}] = P(D)e^{st}$$

Além disso,

$$D^r e^{st} = \frac{d^r e^{st}}{dt^r} = s^r e^{st}$$

Logo,

$$P(D)e^{st} = P(s)e^{st} \quad \text{e} \quad Q(D)e^{st} = Q(s)e^{st}$$

Consequentemente,

$$H(s) = \frac{P(s)}{Q(s)}$$

EXERCÍCIO E2.14

Mostre que a função de transferência de um integrador ideal é $H(s) = 1/s$ e que para um diferenciador ideal é $H(s) = s$. Obtenha a resposta por dois caminhos: usando a Eq. (2.48) e a Eq. (2.50). [Dica: determine $h(t)$ para o integrador e diferenciador ideais. Você pode precisar do resultado do Problema 1.4-9.]

UMA PROPRIEDADE FUNDAMENTAL DE SISTEMAS LIT

Podemos mostrar que a Eq. (2.47) é uma propriedade fundamental de sistemas LIT, obtida diretamente como consequência da linearidade e da invariância no tempo. Para isso, vamos assumir que a resposta de um sistema LIT a uma exponencial de duração infinita e^{st} é $y(s,t)$, Se definirmos

$$H(s,t) = \frac{y(s,t)}{e^{st}}$$

então

$$y(s, t) = H(s, t) e^{st}$$

Devido à propriedade de invariância no tempo, a resposta do sistema a entrada $e^{s(t-T)}$ é $H(s, t-T)e^{s(t-T)}$, ou seja,

$$y(s, t - T) = H(s, t - T) e^{s(t-T)} \tag{2.51}$$

A entrada atrasada $e^{s(t-T)}$ representa a entrada e^{st} multiplicada pela constante e^{-sT}. Logo, de acordo com a propriedade de linearidade, a resposta do sistema a $e^{s(t-T)}$ deve ser $y(s, t)e^{-sT}$. Assim sendo,

$$y(s, t - T) = y(s, t) e^{-sT}$$
$$= H(s, t) e^{s(t-T)}$$

Comparando este resultado com a Eq. (2.51), temos que

$$H(s, t) = H(s, t - T) \qquad \text{para todo } T$$

Isso significa que $H(s, t)$ é independente de t e que podemos escrever $H(s, t) = H(s)$. Logo

$$y(s, t) = H(s) e^{st}$$

2.4-5 Resposta Total

A resposta total de um sistema linear pode ser escrita como a soma das componentes de entrada nula e estado nulo:

$$\text{resposta total} = \underbrace{\sum_{k=1}^{N} c_k e^{\lambda_k t}}_{\text{componente de entrada nula}} + \underbrace{x(t) * h(t)}_{\text{componente de estado nulo}}$$

assumindo raízes distintas. Para raízes repetidas, a componente de estado nulo deve ser modificada apropriadamente.

Para o circuito *RLC* série do Exemplo 2.2, com entrada $x(t) = 10e^{-3t}u(t)$ e condições iniciais $y(0^-) = 0$, $v_c(0^-) = 5$, determinamos a componente de entrada nula no Exemplo 2.1a [Eq. (2.11c)]. Também já determinamos a componente de estado nulo no Exemplo 2.6. Utilizando os resultados dos Exemplos 2.1a e 2.6, obtemos

$$\text{corrente total} = \underbrace{(-5e^{-t} + 5e^{-2t})}_{\text{corrente de entrada nula}} + \underbrace{(-5e^{-t} + 20e^{-2t} - 15e^{-3t})}_{\text{corrente de estado nulo}} \qquad t \geq 0 \tag{2.52a}$$

A Fig. 2.16a mostra a componente de entrada nula, de estado nulo e a resposta total.

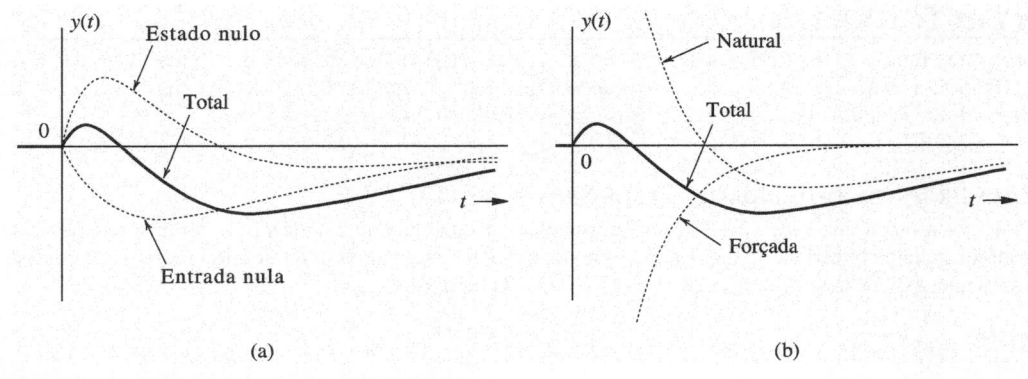

Figura 2.16 Resposta total e suas componentes.

Resposta Natural e Forçada

Para o circuito RLC do Exemplo 2.2, os modos característicos são e^{-t} e e^{-2t}. Como esperado, a resposta de entrada nula é composta exclusivamente pelos modos característicos. Observe, entretanto, que mesmo a resposta de estado nulo [Eq. (2.52a)] contém termos de modos característicos. Esta observação, em geral, é verdadeira para sistemas LCIT. Agora, podemos juntar todos os termos de modos característicos na resposta total, fornecendo uma componente chamada de *resposta natural* $y_n(t)$. O restante, constituído somente de termos com modos não característicos, é chamado de *resposta forçada* $y_\phi(t)$. A resposta total do circuito RLC do Exemplo 2.2 pode ser expressa em termos das componentes natural e forçada reagrupando os termos da Eq. (2.52a) em

$$\text{corrente total} = \underbrace{(-10e^{-t} + 25e^{-2t})}_{\text{resposta natural } y_n(t)} + \underbrace{(-15e^{-3t})}_{\text{resposta forçada } y_\phi(t)} \qquad t \geq 0 \tag{2.52b}$$

A Fig. 2.16b mostra as respostas natural, forçada e total.

2.5 Solução Clássica de Equações Diferenciais

No método clássico resolvemos a equação diferencial para determinar as componentes natural e forçada ao invés das componentes de entrada nula e estado nulo. Apesar deste método ser relativamente simples quando comparado com o método discutido até agora, como veremos a seguir, ele possui vários inconvenientes.

Como a Seção 2.4-5 mostrou, quando todos os termos de modos característicos da resposta total do sistema são colocados juntos, eles formam a *resposta natural* do sistema, $y_n(t)$, (também chamada de *solução homogênea* ou *solução complementar*). A parte restante da resposta é constituída somente de termos de modos não característicos, sendo chamada de *resposta forçada* do sistema, $y_\phi(t)$ (também chamada de *solução particular*). A Eq. (2.52b) mostra estas duas componentes para a corrente de malha do circuito RLC da Fig. 2.1a.

A resposta total do sistema é $y(t) = y_n(t) + y_\phi(t)$. Como $y(t)$ deve satisfazer a equação do sistema [Eq. (2.1)],

$$Q(D)[y_n(t) + y_\phi(t)] = P(D)x(t)$$

ou

$$Q(D)y_n(t) + Q(D)y_\phi(t) = P(D)x(t)$$

Mas $y_n(t)$ é composto apenas dos modos característicos, logo

$$Q(D)y_n(t) = 0$$

De tal forma que

$$Q(D)y_\phi(t) = P(D)x(t) \tag{2.53}$$

A resposta natural, sendo a combinação linear dos modos característicos do sistema, possui a mesma forma da resposta de entrada nula. Apenas suas constantes arbitrárias são diferentes. Essas constantes são determinadas a partir das condições auxiliares, como explicado anteriormente. Agora, discutiremos um método de determinação da resposta forçada.

2.5-1 Resposta Forçada: Método de Coeficientes Indeterminados

A determinação de $y_\phi(t)$, a resposta forçada do sistema, é uma tarefa relativamente simples quando a entrada $x(t)$ é tal que resulta em um número finito de derivadas independentes. Entradas tendo a forma $e^{\zeta t}$ ou t^r estão nesta categoria. Por exemplo, a diferenciação repetida de $e^{\zeta t}$ resulta sempre na mesma forma da entrada, ou seja, $e^{\zeta t}$. Similarmente, a diferenciação repetida de t^r resulta em apenas r derivadas independentes. A resposta forçada a tais entradas pode ser expressa como a combinação linear da entrada e de suas derivadas independentes. Considere, por exemplo, a entrada $at^2 + bt + c$. As derivadas sucessivas desta entrada são $2at + b$ e $2a$. Neste caso, a entrada possui apenas duas derivadas independentes. Portanto, a resposta forçada pode ser considerada como sendo a combinação linear de $x(t)$ e suas duas derivadas. Uma forma adequada para $y_\phi(t)$ neste caso é, portanto,

$$y_\phi(t) = \beta_2 t^2 + \beta_1 t + \beta_0$$

Os coeficientes indeterminados β_0, β_1 e β_2 são determinados substituindo esta expressão de $y_\phi(t)$ na Eq. (2.53)

$$Q(D)y_\phi(t) = P(D)x(t)$$

e, então, igualando os coeficientes de termos similares dos dois lados da expressão final.

Apesar desse método poder ser utilizado apenas com entradas com um número finito de derivadas, esta classe de entradas inclui uma grande variedade dos sinais mais comuns encontrados na prática. A Tabela 2.2 mostra uma variedade deste tipo de entrada e a forma da resposta forçada correspondente a cada entrada. Demonstraremos este procedimento com um exemplo.

Tabela 2.2 Resposta forçada

Nº	Entrada $x(t)$	Resposta forçada
1	$e^{\zeta t}$ $\zeta \neq \lambda_i$ ($i = 1, 2, \ldots, N$)	$\beta e^{\zeta t}$
2	$e^{\zeta t}$ $\zeta = \lambda_i$	$\beta t e^{\zeta t}$
3	k (uma constante)	β (uma constante)
4	$\cos(\omega t + \theta)$	$\beta \cos(\omega t + \phi)$
5	$(t^r + \alpha_{r-1}t^{r-1} + \cdots + \alpha_1 t + \alpha_0)e^{\zeta t}$	$(\beta_r t^r + \beta_{r-1}t^{r-1} + \cdots + \beta_1 t + \beta_0)e^{\zeta t}$

Nota: por definição, $y_\phi(t)$ não pode ter nenhum termo característico. Se algum termo na coluna do lado direito para a resposta forçada também for um modo característico do sistema, a forma correta da resposta forçada deve ser modificada para $t^i y_\phi(t)$, onde i é o menor inteiro possível que pode ser utilizado e ainda pode impedir que $t^i y_\phi(t)$ possua um termo como modo característico. Por exemplo, quando a entrada for $e^{\zeta t}$, a resposta forçada (coluna do lado direito) possui a forma $\beta e^{\zeta t}$. Mas se $e^{\zeta t}$ também for um modo característico do sistema, a forma correta da resposta forçada é $\beta t e^{\zeta t}$ (veja o par 2). Se $t e^{\zeta t}$ também for um modo característico do sistema, a forma correta da resposta forçada é $\beta t^2 e^{\zeta t}$, e assim por diante.

EXEMPLO 2.10

Resolva a seguinte equação diferencial

$$(D^2 + 3D + 2)y(t) = Dx(t)$$

se a entrada for:

$$x(t) = t^2 + 5t + 3$$

e as condições iniciais forem $y(0^+) = 2$ e $\dot{y}(0^+) = 3$.

O polinômio característico deste sistema é

$$\lambda^2 + 3\lambda + 2 = (\lambda + 1)(\lambda + 2)$$

Portanto, os modos característicos são e^{-t} e e^{-2t}. A resposta natural é, então, a combinação linear destes modos, tal que

$$y_n(t) = K_1 e^{-t} + K_2 e^{-2t} \qquad t \geq 0$$

Neste caso, as constantes arbitrárias K_1 e K_2 devem ser determinadas a partir das condições iniciais do sistema. A resposta forçada a entrada $t^2 + 5t + 3$, de acordo com a Tabela 2.2 (par 5 com $\zeta = 0$) é

$$y_\phi(t) = \beta_2 t^2 + \beta_1 t + \beta_0$$

Além disso, $y_\phi(t)$ satisfaz a equação do sistema [Eq. (2.53)], ou seja,

$$(D^2 + 3D + 2)y_\phi(t) = Dx(t) \tag{2.54}$$

Agora,

$$Dy_\phi(t) = \frac{d}{dt}(\beta_2 t^2 + \beta_1 t + \beta_0) = 2\beta_2 t + \beta_1$$

$$D^2 y_\phi(t) = \frac{d^2}{dt^2}(\beta_2 t^2 + \beta_1 t + \beta_0) = 2\beta_2$$

e

$$Dx(t) = \frac{d}{dt}[t^2 + 5t + 3] = 2t + 5$$

Substituindo estes resultados na Eq. (2.54), teremos

$$2\beta_2 + 3(2\beta_2 t + \beta_1) + 2(\beta_2 t^2 + \beta_1 t + \beta_0) = 2t + 5$$

ou

$$2\beta_2 t^2 + (2\beta_1 + 6\beta_2)t + (2\beta_0 + 3\beta_1 + 2\beta_2) = 2t + 5$$

Igualando os coeficientes de potência similar nos dois lados desta expressão resulta em

$$2\beta_2 = 0$$
$$2\beta_1 + 6\beta_2 = 2$$
$$2\beta_0 + 3\beta_1 + 2\beta_2 = 5$$

A solução destas três equações simultâneas respulta em $\beta_0 = 1$, $\beta_1 = 1$ e $\beta_2 = 0$. Portanto,

$$y_\phi(t) = t + 1 \qquad t \geq 0$$

A resposta total do sistema $y(t)$ é a soma das soluções forçada e natural. Assim,

$$y(t) = y_n(t) + y_\phi(t)$$
$$= K_1 e^{-t} + K_2 e^{-2t} + t + 1 \qquad t \geq 0$$

logo

$$\dot{y}(t) = -K_1 e^{-t} - 2K_2 e^{-2t} + 1$$

Fazendo $t = 0$ e substituindo $y(0) = 2$ e $\dot{y}(0) = 3$ nestas equações, temos

$$2 = K_1 + K_2 + 1$$
$$3 = -K_1 - 2K_2 + 1$$

A solução para essas duas equações simultâneas é $K_1 = 4$ e $K_2 = -3$. Logo,

$$y(t) = 4e^{-t} - 3e^{-2t} + t + 1 \qquad t \geq 0$$

COMENTÁRIOS SOBRE CONDIÇÕES INICIAIS

No método clássico, as condições iniciais são necessárias para $t = 0^+$. A razão é porque para $t = 0^-$, apenas a componente de entrada nula existe e, portanto, as condições iniciais para $t = 0^-$ podem ser aplicadas apenas para componente de entrada nula. No método clássico, as componentes de entrada nula e estado nulo não podem ser separadas. Consequentemente, as condições iniciais devem ser aplicadas na resposta total, a qual começa em $t = 0^+$.

EXERCÍCIO E2.15

Um sistema LCIT é especificado pela equação

$$(D^2 + 5D + 6)y(t) = (D + 1)x(t)$$

A entrada é $x(t) = 6t^2$. Determine:
(a) A resposta forçada $y\phi(t)$
(b) A resposta total $y(t)$ se as condições iniciais forem $y(0^+) = 25/18$ e $(0^+) = -2/3$

RESPOSTAS

(a) $y_\phi(t) = t^2 + \frac{1}{3}t - \frac{11}{18}$

(b) $y(t) = 5e^{-2t} - 3e^{-3t} + \left(t^2 + \frac{1}{3}t - \frac{11}{18}\right)$

ENTRADA EXPONENCIAL $e^{\zeta t}$

O sinal exponencial é o sinal mais importante no estudo de sistemas LCIT. Curiosamente, a resposta forçada para uma entrada exponencial é muito simples. A partir da Tabela 2.2, vemos que a resposta forçada para a entrada $e^{\zeta t}$ possui a forma $\beta e^{\zeta t}$. Mostraremos agora que $\beta = P(\zeta)/Q(\zeta)$.[†] Para determinar a constante β, substituímos $y_f(t) = \beta e^{\zeta t}$ na equação do sistema [Eq. (2.53)] obtendo

$$Q(D)[\beta e^{\zeta t}] = P(D)e^{\zeta t}$$

Observe que

$$De^{\zeta t} = \frac{d}{dt}(e^{\zeta t}) = \zeta e^{\zeta t}$$

$$D^2 e^{\zeta t} = \frac{d^2}{dt^2}(e^{\zeta t}) = \zeta^2 e^{\zeta t}$$

$$\vdots$$

$$D^r e^{\zeta t} = \zeta^r e^{\zeta t}$$

Consequentemente,

$$Q(D)e^{\zeta t} = Q(\zeta)e^{\zeta t} \quad \text{e} \quad P(D)e^{\zeta t} = P(\zeta)e^{\zeta t}$$

Portanto, a Eq. (2.53) se torna

$$\beta Q(\zeta)e^{\zeta t} = P(\zeta)e^{\zeta t}$$

e

$$\beta = \frac{P(\zeta)}{Q(\zeta)}$$

Logo, para a entrada $x(t) = e^{\zeta t}u(t)$, a resposta forçada é dada por

$$y_\phi(t) = H(\zeta)e^{\zeta t} \quad t \geq 0 \tag{2.55}$$

onde

$$H(\zeta) = \frac{P(\zeta)}{Q(\zeta)} \tag{2.56}$$

[†] Este resultado é válido somente se ζ não for uma raiz característica do sistema.

Esse é um resultado curioso e significante. Ele afirma que para uma entrada exponencial na forma $e^{\zeta t}$, a resposta forçada $y_\phi(t)$ é a mesma exponencial multiplicada por $H(\zeta) = P(\zeta)/Q(\zeta)$. A resposta total do sistema $y(t)$ a entrada exponencial $e^{\zeta t}$ é, então, dada por[†]

$$y(t) = \sum_{j=1}^{N} K_j e^{\lambda_j t} + H(\zeta)e^{\zeta t} \qquad (2.57)$$

na qual as constantes arbitrárias K_1, K_2,..., K_N são determinadas a partir das condições auxiliares. A forma da Eq. (2.57) assume N raízes distintas. Se as raízes não forem distintas, a forma apropriada dos modos deve ser utilizada.

Lembre que o sinal exponencial inclui uma grande quantidade de sinais, tais como a constante ($\zeta = 0$), a senoide ($\zeta = \pm j\omega$) e a senoide com crescimento ou amortecimento exponencial ($\zeta = \sigma \pm j\omega$). Vamos considerar a resposta forçada para alguns destes casos.

A ENTRADA CONSTANTE $x(t) = C$

Como $C = Ce^{0t}$, a entrada constante é um caso especial da entrada exponencial $Ce^{\zeta t}$ com $\zeta = 0$. A resposta forçada a esta entrada é dada por

$$\begin{aligned} y_\phi(t) &= CH(\zeta)e^{\zeta t} \quad \text{com } \zeta = 0 \\ &= CH(0) \end{aligned} \qquad (2.58)$$

A ENTRADA EXPONENCIAL $e^{j\omega t}$

Neste caso $\zeta = j\omega$ e

$$y_\phi(t) = H(j\omega)e^{j\omega t} \qquad (2.59)$$

A ENTRADA SENOIDAL $x(t) = \cos \omega t$

Sabemos que a resposta forçada a entrada $e^{\pm j\omega t}$ é $H(\pm j\omega)e^{\pm j\omega t}$. Como $\cos \omega t = (e^{j\omega t} + e^{-j\omega t})/2$, a resposta forçada a $\cos \omega t$ é

$$y_\phi(t) = \tfrac{1}{2}[H(j\omega)e^{j\omega t} + H(-j\omega)e^{-j\omega t}]$$

Como os dois termos do lado direito são conjugados,

$$y_\phi(t) = \text{Re}[H(j\omega)e^{j\omega t}]$$

Mas

$$H(j\omega) = |H(j\omega)|e^{j\angle H(j\omega)}$$

Logo,

$$\begin{aligned} y_\phi(t) &= \text{Re}\{|H(j\omega)|e^{j[\omega t + \angle H(j\omega)]}\} \\ &= |H(j\omega)|\cos[\omega t + \angle H(j\omega)] \end{aligned} \qquad (2.60)$$

Este resultado pode ser generalizado para a entrada $x(t) = \cos(\omega t + \theta)$. A resposta forçada neste caso será

$$y_\phi(t) = |H(j\omega)|\cos[\omega t + \theta + \angle H(j\omega)] \qquad (2.61)$$

[†] Observe a similaridade das Eqs. (2.57) e (2.47). Por que existe uma diferença entre estas duas equações? A Eq. (2.47) é a resposta a uma exponencial que começa em $-\infty$, enquanto que a Eq. (2.57) é a resposta a uma exponencial que começa para $t = 0$. Quando $t \to \infty$, a Eq. (2.57) aproxima-se da Eq. (2.47). Na Eq. (2.47) o termo $y_n(t)$, o qual começa em $t = -\infty$, já amorteceu para $t = 0$ e, portanto, está faltando.

EXEMPLO 2.11

Resolva a equação diferencial

$$(D^2 + 3D + 2)y(t) = Dx(t)$$

se as condições iniciais forem $y(0^+) = 2$ e $\dot{y}(0^+) = 3$ e a entrada for
- (a) $10e^{-3t}$
- (b) 5
- (c) e^{-2t}
- (d) $10\cos(3t + 30°)$

De acordo com o Exemplo 2.10, a resposta natural para este caso é

$$y_n(t) = K_1 e^{-t} + K_2 e^{-2t}$$

Para este caso

$$H(\zeta) = \frac{P(\zeta)}{Q(\zeta)} = \frac{\zeta}{\zeta^2 + 3\zeta + 2}$$

(a) Para a entrada $x(t) - 10e^{-3t}$, $\zeta = -3$, e

$$y_\phi(t) = 10H(-3)e^{-3t} = 10\left[\frac{-3}{(-3)^2 + 3(-3) + 2}\right]e^{-3t} = -15e^{-3t} \quad t \geq 0$$

A solução total (a soma da resposta natural e forçada) é

$$y(t) = K_1 e^{-t} + K_2 e^{-2t} - 15e^{-3t} \quad t \geq 0$$

e

$$\dot{y}(t) = -K_1 e^{-t} - 2K_2 e^{-2t} + 45e^{-3t} \quad t \geq 0$$

As condições iniciais são $y(0^+) = 2$ e $\dot{y}(0^+) = 3$. Fazendo $t = 0$ nas equações anteriores e substituindo as condições iniciais teremos

$$K_1 + K_2 - 15 = 2 \quad \text{e} \quad -K_1 - 2K_2 + 45 = 3$$

A solução destas equações resulta em $K_1 = -8$ e $K_2 = 25$. Portanto,

$$y(t) = -8e^{-t} + 25e^{-2t} - 15e^{-3t} \quad t \geq 0$$

(b) Para a entrada $x(t) = 5 = 5e^{0t}$, $\zeta = 0$ e

$$y_\phi(t) = 5H(0) = 0 \quad t \geq 0$$

a solução completa é $K_1 e^{-t} + K_2 e^{-2t}$. Usando as condições iniciais, determinamos K_1 e K_2 como na parte (a).

(c) Neste caso $\zeta = -2$, o qual também é uma raiz característica do sistema. Logo (veja o par 2, Tabela 2.2, ou observe a nota no final da tabela),

$$y_\phi(t) = \beta t e^{-2t}$$

Para determinar β, substituímos $y_\phi(t)$ na equação do sistema, obtendo

$$(D^2 + 3D + 2)y_\phi(t) = Dx(t)$$

ou

$$(D^2 + 3D + 2)[\beta t e^{-2t}] = De^{-2t}$$

Mas

$$D[\beta t e^{-2t}] = \beta(1 - 2t)e^{-2t}$$
$$D^2[\beta t e^{-2t}] = 4\beta(t - 1)e^{-2t}$$
$$De^{-2t} = -2e^{-2t}$$

Consequentemente,

$$\beta(4t - 4 + 3 - 6t + 2t)e^{-2t} = -2e^{-2t}$$

ou

$$-\beta e^{-2t} = -2e^{-2t}$$

Portanto, $\beta = 2$, logo

$$y_\phi(t) = 2te^{-2t}$$

A solução completa é $K_1 e^{-t} + K_2 e^{-2t} + 2te^{-2t}$. Usando as condições iniciais podemos determinar K_1 e K_2 como na parte (a).

(d) Para a entrada $x(t) = 10 \cos(3t + 30°)$, a resposta forçada [veja Eq. (2.61)] é

$$y_\phi(t) = 10|H(j3)| \cos[3t + 30° + \angle H(j3)]$$

na qual

$$H(j3) = \frac{P(j3)}{Q(j3)} = \frac{j3}{(j3)^2 + 3(j3) + 2} = \frac{j3}{-7 + j9} = \frac{27 - j21}{130} = 0{,}263 e^{-j37{,}9°}$$

Portanto,

$$|H(j3)| = 0{,}263$$
$$\angle H(j3) = -37{,}9°$$

e

$$y_\phi(t) = 10(0{,}263) \cos(3t + 30° - 37{,}9°) = 2{,}63 \cos(3t - 7{,}9°)$$

A solução completa é $K_1 e^{-t} + K_2 e^{-2t} + 2{,}63 \cos(3t - 7{,}9°)$. Usando as condições iniciais podemos determinar K_1 e K_2 como na parte (a).

EXEMPLO 2.12

Utilize o método clássico para determinar a corrente de malha $y(t)$ no circuito *RLC* do Exemplo 2.2 (Fig. 2.1) se a tensão de entrada dor $x(t) = 10e^{-3t}$ e as condições iniciais forem $y(0^-) = 0$ e $v_c(0^-) = 5$.

As respostas de entrada nula e estado nulo deste problema foram determinadas nos Exemplos 2.2 e 2.6, respectivamente. As respostas natural e forçada aparecem na Eq. (2.52b). Agora, resolveremos este problema pelo método clássico, o qual necessita das condições iniciais para $t = 0^+$. Estas condições, já determinadas na Eq. (2.15), são

$$y(0^+) = 0 \quad \text{e} \quad \dot{y}(0^+) = 5$$

A equação de malha para este sistema [veja o exemplo 2.2 ou Eq. (1.55)] é

$$(D^2 + 3D + 2)y(t) = Dx(t)$$

O polinômio característico é $\lambda^2 + 3\lambda + 2 = (\lambda + 1)(\lambda + 2)$. Portanto, a resposta natural é

$$y_n(t) = K_1 e^{-t} + K_2 e^{-2t}$$

A resposta forçada, já determinada na parte (a) do Exemplo 2.11 é

$$y_\phi(t) = -15 e^{-3t}$$

A resposta total é

$$y(t) = K_1 e^{-t} + K_2 e^{-2t} - 15 e^{-3t}$$

Diferenciando esta equação teremos

$$\dot{y}(t) = -K_1 e^{-t} - 2K_2 e^{-2t} + 45 e^{-3t}$$

Fazendo $t = 0^+$ e substituindo $y(0^+) = 0$, $\dot{y}(0^+) = 5$, nestas equações obtemos

$$\left. \begin{array}{l} 0 = K_1 + K_2 - 15 \\ 5 = -K_1 - 2K_2 + 45 \end{array} \right\} \implies \begin{array}{l} K_1 = -10 \\ K_2 = 25 \end{array}$$

Portanto,

$$y(t) = -10 e^{-t} + 25 e^{-2t} - 15 e^{-3t}$$

a qual concorda com a solução determinada anteriormente pela Eq. (2.52b).

EXEMPLO DE COMPUTADOR C2.4

Resolva a equação diferencial

$$(D^2 + 3D + 2)y(t) = x(t)$$

usando a entrada $x(t) = 5t + 3$ e condições iniciais $y_0(0) = 2$ e $\dot{y}_0(0) = 3$.

```
>> y = dsolve('D2y+3*Dy+2*y=5*t+3','y(0)=2','Dy(0)=3','t');
>> disp(['y(t) = (',char(y),')u(t)']);
y(t) = (-9/4+5/2*t+9*exp(-t)-19/4*exp(-2*t))u(t)
```
Logo,

$$y(t) = \left(-\tfrac{9}{4} + \tfrac{5}{2}t + 9e^{-t} - \tfrac{19}{4}e^{-2t}\right)u(t)$$

AVALIAÇÃO DO MÉTODO CLÁSSICO

O desenvolvimento desta seção mostrou que o método clássico é relativamente simples quando comparado com o método de determinação da resposta como sendo a soma das componentes de entrada nula e estado nulo. Infelizmente, o método clássico possui um sério inconveniente, pois ele resulta na resposta total, a qual não pode ser separada em componentes oriundos das condições internas e da entrada externa. No estudo de sistemas é importante sermos capazes de descrever a resposta do sistema a uma entrada $x(t)$ como uma função explícita de $x(t)$. Isso não é possível no método clássico. Além disso, o método clássico é restrito a certas classes de entradas. Ele não pode ser aplicado a qualquer entrada. Outro problema menor é que, como o método clássico resulta na resposta total, as condições auxiliares devem ser fornecidas para a resposta total, a qual existe apenas para $t \geq 0^+$. Na prática, provavelmente conheceremos as condições para $t = 0^-$ (antes da entrada ser aplicada). Portanto, precisamos descobrir um novo conjunto de condições auxiliares para $t = 0^+$ a partir das condições conhecidas em $t = 0^-$.

Se precisarmos resolver uma equação diferencial linear particular ou determinar a resposta de um sistema LCIT particular, o método clássico pode ser o melhor. No estudo teórico de sistemas lineares, entretanto, o método clássico não é tão valioso.

Cuidado. Mostramos na Eq. (2.52a) que a resposta total de um sistema LIT pode ser descrita como a soma das componentes de entrada nula e estado nulo. Na Eq. (2.52b), mostramos que a mesma resposta também pode ser descrita como a soma das componentes natural e forçada. Também vimos que, geralmente, a resposta de entrada nula não é a mesma resposta natural (apesar das duas serem modos naturais). Similarmente, a resposta de estado nulo não é a mesma da resposta forçada. Infelizmente, alguns erros clássicos são encontrados na literatura.

2.6 Estabilidade do Sistema

Para compreender a base intuitiva de estabilidade BIBO (*bounded-input/bounded-output*)* de um sistema apresentada na Seção 1.7, vamos examinar o conceito de estabilidade aplicada a um cone circular. Tal cone pode ser mantido eternamente em pé sobre sua base circular, sobre seu vértice ou sua lateral. Por esta razão, estes três estados do cone são chamados de *estados de equilíbrio*. Qualitativamente, entretanto, os três estados possuem comportamentos muito distintos. Se o cone, estando em pé sobre sua base circular, for ligeiramente perturbado e então deixado solto, ele irá eventualmente retornar para a posição de equilíbrio original. Neste caso, o cone é dito estar em *equilíbrio estável*. Por outro lado, se o cone estiver sobre o vértice, então a menor perturbação irá fazer com que o cone se mova cada vez mais longe do seu estado de equilíbrio. O cone, neste caso, é dito estar em um *equilíbrio instável*. Estando o cone deitado sobre sua lateral, se perturbado, ele nem irá voltar nem se afastará do seu estado original de equilíbrio. Portanto, neste caso, diz-se que o cone está em um *equilíbrio neutro*. Claramente, quando um sistema está no equilíbrio estável, a aplicação de uma pequena perturbação (entrada) produzirá uma pequena resposta. Por outro lado, quando o sistema estiver em seu equilíbrio instável, mesmo uma minúscula perturbação (entrada) produzirá uma resposta ilimitada. A definição de estabilidade BIBO pode ser compreendida a luz deste conceito. Se cada entrada limitada produzir uma saída limitada, o sistema é (BIBO) estável.[†] Em contraste, se mesmo uma entrada limitada resultar em uma resposta ilimitada, o sistema é (BIBO) instável.

Para um sistema LCIT

$$y(t) = h(t) * x(t)$$
$$= \int_{-\infty}^{\infty} h(\tau) x(t - \tau) \, d\tau \tag{2.62}$$

Portanto,

$$|y(t)| \leq \int_{-\infty}^{\infty} |h(\tau)||x(t - \tau)| \, d\tau$$

Além disso, se $x(t)$ for limitado, então $|x(t - \tau)| < K_1 < \infty$ e

$$|y(t)| \leq K_1 \int_{-\infty}^{\infty} |h(\tau)| \, d\tau \tag{2.63}$$

Logo, para estabilidade BIBO

$$\int_{-\infty}^{\infty} |h(\tau)| \, d\tau < \infty \tag{2.64}$$

---

* N. de T.: Entrada limitada, saída limitada.
[†] Considera-se que o sistema está no estado nulo.

Essa é uma condição suficiente para estabilidade BIBO. Podemos mostrar que ela também é uma condição necessária (veja Prob. 2.6-4). Portanto, para um sistema LCIT, se sua resposta $h(t)$ ao impulso for absolutamente integrável, o sistema é (BIBO) estável. Caso contrário, ele é (BIBO) instável. Além disso, iremos mostrar no Capítulo 4 que a condição necessária (mas não suficiente) para um sistema LCIT descrito pela Eq. (2.1) ser BIBO estável é $M \leq N$. Se $M > N$, o sistema é instável. Esta é uma das razões para se evitar sistemas com $M > N$.

Como a estabilidade BIBO de um sistema pode ser determinada através de medidas nos terminais externos (entrada e saída), ela é um critério de estabilidade externa. Não é coincidência que o critério BIBO em (2.64) apareça em termos da resposta ao impulso, a qual é uma descrição externa no sistema.

Como observado na Seção 1.9, o comportamento interno de um sistema não é sempre observado a partir dos terminais externos. Portanto, a estabilidade externa (BIBO) pode não ser uma indicação correta da estabilidade interna. De fato, alguns sistemas aparentemente estáveis pelo critério BIBO podem ser internamente instáveis. Isto é como uma sala dentro de uma casa em chamas: nenhum traço de fogo é visível de dentro da sala, mas toda a casa será transformada em cinzas.

A estabilidade BIBO possui significado somente para sistemas nos quais a descrição interna e externa são equivalentes (sistemas controláveis e observáveis). Felizmente, a grande maioria dos sistemas práticos estão dentro desta categoria e sempre que aplicarmos este critério, implicitamente assumiremos que o sistema de fato pertence a essa classe. A estabilidade interna é mais genérica (toda inclusive) e a estabilidade externa pode sempre ser determinada a partir da estabilidade interna. Por esta razão, iremos investigar, agora, o critério de estabilidade interna.

2.6-1 Estabilidade Interna (Assintótica)

Devido a grande variedade de possíveis comportamentos de sistemas, existem diversas definições de estabilidade interna na literatura. Aqui iremos considerar a definição adequada para sistemas causais, lineares e invariantes no tempo (LIT).

Se, na ausência de uma entrada externa, um sistema permanecer em um estado (ou condição) particular indefinidamente, então o estado é dito ser um *estado de equilíbrio* do sistema. Para um sistema LIT, o estado nulo, no qual todas as condições iniciais são nulas, é um estado de equilíbrio. Agora suponha um sistema LIT no estado nulo e que mudemos este estado criando algumas pequenas condições iniciais não nulas (pequeno distúrbio). Estas condições iniciais irão gerar sinais constituídos de modos característicos do sistema. Em analogia com o cone, se o sistema for estável ele deve eventualmente retornar ao estado nulo. Em outras palavras, quando deixado por ele mesmo, cada modo em um sistema estável oriundo de uma condição inicial não nula deve tender para 0 quando $t \to \infty$. Entretanto, se um único dos modos crescer com o tempo, o sistema nunca irá retornar para o estado nulo e o sistema será identificado como instável. No caso limite, alguns modos podem nem decair para zero nem crescer indefinidamente, enquanto todos os outros modos decaem para zero. Este caso é como o equilíbrio neutro do cone. Este tipo de sistema é dito ser *marginalmente estável*. A estabilidade interna também é chamada de estabilidade *assintótica* ou estabilidade no sentido de *Lyapunov*.

Para um sistema caracterizado pela Eq. (2.1), podemos reescrever o critério de estabilidade interna em termos da posição das N raízes características $\lambda_1, \lambda_2, ..., \lambda_N$ do sistema no plano complexo. Os modos característicos são na forma $e^{\lambda_k t}$ ou $t^r e^{\lambda_k t}$. A posição das raízes no plano complexo e os modos correspondentes estão mostrados na Fig. 2.17. Estes modos $\to 0$ quando $t \to \infty$ se Re $\lambda_\kappa < 0$. Em contraste, os modos $\to \infty$ quando $t \to \infty$ se Re $\lambda_\kappa > 0$.[†] Logo, um sistema é (assintoticamente) estável se todas as suas raízes características estiverem no SPE, ou seja, se Re $\lambda_\kappa < 0$ para todo k. Se uma única raiz característica estiver no SPD, o sistema é (assintoticamente) instável. Os modos devido a raízes no eixo imaginário ($\lambda = \pm j\omega_0$) são da forma $e^{\pm j\omega_0 t}$. Logo, se algumas raízes estão sobre o eixo imaginário e todas as demais estão no SPE, o sistema é marginalmente estável (assumindo que as raízes no eixo imaginário não são repetidas). Se as raízes do eixo imaginário são repetidas então o sistema é instável. A Fig. 2.18 mostra as regiões de estabilidade no plano complexo.

Resumindo:

1. Um sistema LCIT é assintoticamente estável se e somente se todas as raízes características estiverem no SPE. As raízes podem ser simples (não repetidas) ou repetidas.

[†] Isso pode ser observado do fato de que se α e β são as partes real e imaginária da raiz λ, então

$$\lim_{t \to \infty} e^{\lambda t} = \lim_{t \to \infty} e^{(\alpha + j\beta)t} = \lim_{t \to \infty} e^{\alpha t} e^{j\beta t} = \begin{cases} 0 & \alpha < 0 \\ \infty & \alpha > 0 \end{cases}$$

Essa conclusão também é válida para termos na forma $t^r e^{\lambda t}$.

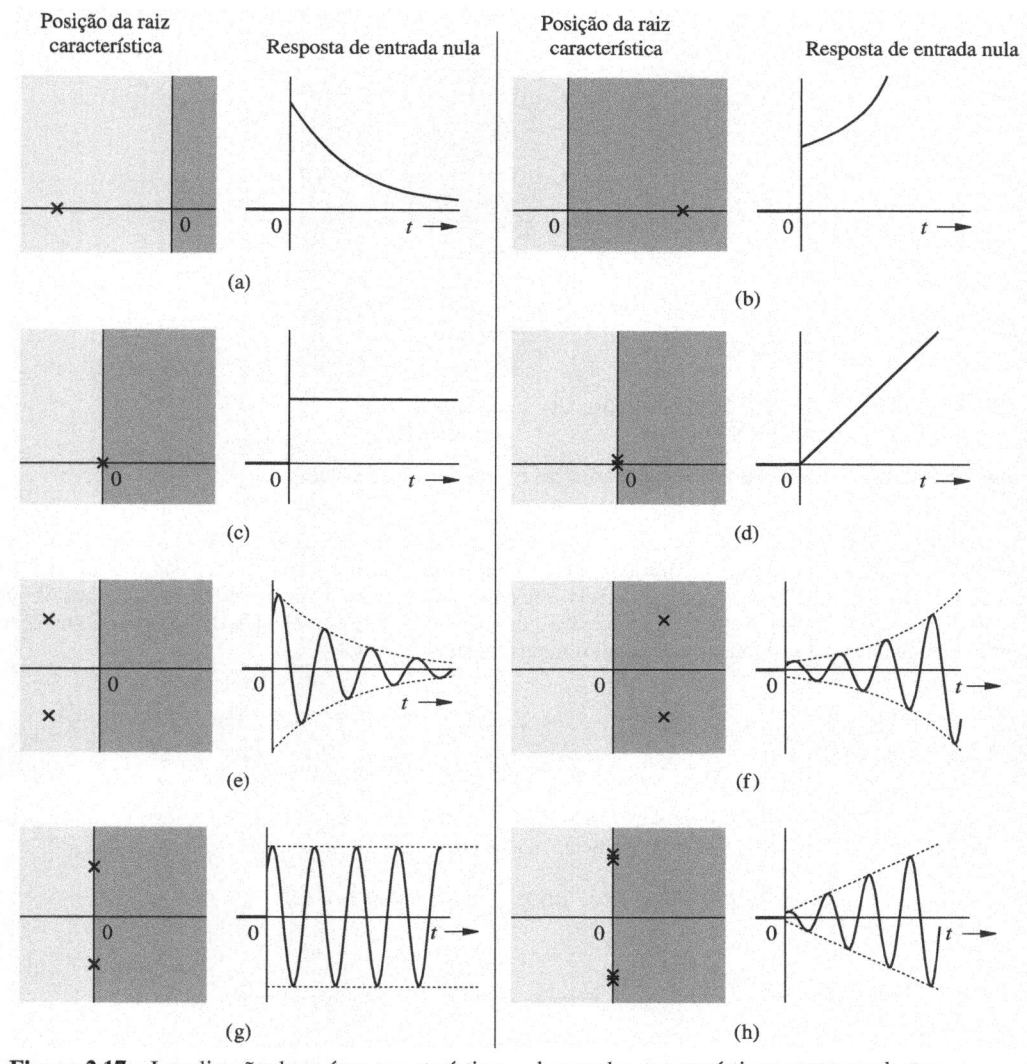

Figura 2.17 Localização das raízes características e dos modos característicos correspondentes.

2. Um sistema LCIT é instável se e somente se uma ou ambas das condições a seguir existirem: (i) ao menos uma raiz estiver no SPD; (ii) existirem raízes repetidas no eixo imaginário.
3. Um sistema LCIT é marginalmente estável se e somente se não existirem raízes no SPD e existirem algumas raízes não repetidas no eixo imaginário.

2.6-2 Relação entre Estabilidade BIBO e Assintótica

A estabilidade externa é determinada pela aplicação de uma entrada externa com condições iniciais nulas, enquanto que a estabilidade interna é determinada aplicando condições iniciais não nulas e nenhuma entrada externa. Isto é o porque destas estabilidades serem chamadas de *estabilidade de estado nulo* e *estabilidade de entrada nula*, respectivamente.

Lembre-se que $h(t)$, a resposta ao impulso de um sistema LCIT, é a combinação linear dos modos característicos do sistema. Para um sistema LCIT, especificado pela Eq. (2.1), podemos facilmente mostrar que quando a raiz característica λ_k está no SPE, o modo correspondente $e^{\lambda_k t}$ é absolutamente integrável. Em contraste, se λ_k está no SPD ou no eixo imaginário, $e^{\lambda_k t}$ não é absolutamente integrável.[†] Isto significa que um sistema assintoticamente estável é BIBO estável. Além disso, um sistema marginalmente estável ou assintoticamente instável é

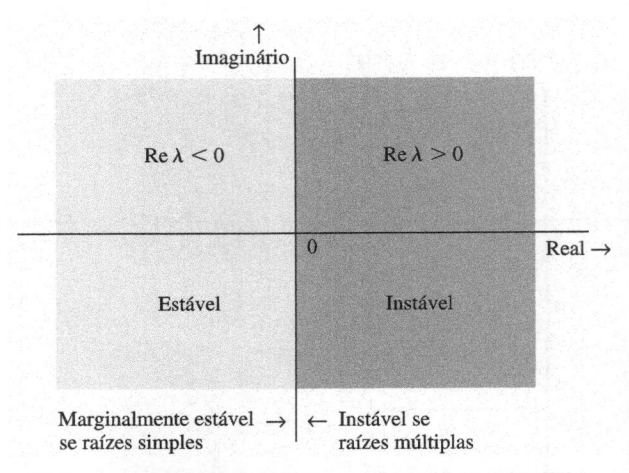

Figura 2.18 Localização das raízes características e estabilidade do sistema.

(Imaginário; Re λ < 0 Estável; Re λ > 0 Instável; Marginalmente estável → se raízes simples; ← Instável se raízes múltiplas)

BIBO instável. O inverso não é necessariamente verdadeiro. Ou seja, a estabilidade BIBO não necessariamente nos informa sobre a estabilidade interna do sistema. Por exemplo, se um sistema for não controlável ou não observável, alguns modos do sistema são invisíveis e/ou não controláveis a partir dos terminais externos.[†] Logo, a estabilidade mostrada pela descrição externa é de valor questionável. A estabilidade BIBO (externa) não garante estabilidade interna (assintótica), como os exemplos a seguir mostrarão.

EXEMPLO 2.13

Um sistema LCIT é constituído por dois subsistemas S_1 e S_2 em cascata (Fig. 2.19). A resposta ao impulso destes sistemas são $h_1(t)$ e $h_2(t)$, respectivamente, dadas por

$$h_1(t) = \delta(t) - 2e^{-t}u(t) \quad \text{e} \quad h_2(t) = e^t u(t)$$

Figura 2.19 Estabilidade BIBO e assintótica.

A resposta composta ao impulso $h(t)$ deste sistema é dada por

$$h(t) = h_1(t) * h_2(t) = h_2(t) * h_1(t) = e^t u(t) * [\delta(t) - 2e^{-t}u(t)]$$

$$= e^t u(t) - 2\left[\frac{e^t - e^{-t}}{2}\right] u(t)$$

$$= e^{-t} u(t)$$

[†] Considere um modo na forma $e^{\lambda t}$, onde $\lambda = \alpha + j\beta$. Logo, $e^{\lambda t} = e^{\alpha t} e^{j\beta t}$ e $|e^{\lambda t}| = e^{\alpha t}$. Portanto,

$$\int_{-\infty}^{\infty} |e^{\lambda \tau} u(\tau)| d\tau = \int_{0}^{\infty} e^{\alpha \tau} d\tau = \begin{cases} -1/\alpha & \alpha < 0 \\ \infty & \alpha \geq 0 \end{cases}$$

Essa conclusão também é válida quando o integrando é na forma $|t^k e^{\lambda t} u(t)|$.

Se o sistema em cascata composto estiver dentro de uma caixa preta com apenas os terminais de entrada e saída acessíveis, qualquer medida destes terminais irá mostrar que a resposta ao impulso deste sistema é $e^{-t}u(t)$, sem qualquer dica sobre o perigoso sistema instável que está dentro do sistema total.

O sistema composto é BIBO estável, porque sua resposta ao impulso dada por $e^{-t}u(t)$ é absolutamente integrável. Observe, entretanto, que o subsistema S_2 possui uma raiz característica igual a 1, a qual está no SPD. Logo, S_2 é assintoticamente instável. Eventualmente, S_2 irá queimar (ou saturar) devido a característica da resposta ilimitada gerada pela condição inicial intencional ou não, não importa quão pequena ela seja. Mostraremos no Exemplo 10.11 que este sistema composto é observável, mas não controlável. Se as posições de S_1 e S_2 forem trocadas, (S_2 seguido por S_1), o sistema ainda seria BIBO estável, mas assintoticamente instável. Neste caso, a análise do Exemplo 10.11 mostrará que o sistema composto é controlável, mas não observável.

Este exemplo mostra que a estabilidade BIBO nem sempre implica a estabilidade assintótica. Entretanto, a estabilidade assintótica sempre implica a estabilidade BIBO.

EXEMPLO 2.14

Avalie a estabilidade assintótica e BIBO do sistema LCIT descrito pelas seguintes equações, assumindo que as equações são descrições internas do sistema.

(a) $(D + 1)(D^2 + 4D + 8)y(t) = (D - 3)x(t)$
(b) $(D - 1)(D^2 + 4D + 8)y(t) = (D + 2)x(t)$
(c) $(D + 2)(D^2 + 4)y(t) = (D^2 + D + 1)x(t)$
(d) $(D + 1)(D^2 + 4)^2 y(t) = (D^2 + 2D + 8)x(t)$

Os polinômios característicos destes sistemas são
(a) $(\lambda + 1)(\lambda^2 + 4\lambda + 8) = (\lambda + 1)(\lambda + 2 - j2)(\lambda + 2 + j2)$
(b) $(\lambda - 1)(\lambda^2 + 4\lambda + 8) = (\lambda - 1)(\lambda + 2 - j2)(\lambda + 2 + j2)$
(c) $(\lambda + 2)(\lambda^2 + 4) = (\lambda + 2)(\lambda - j2)(\lambda + j2)$
(d) $(\lambda + 1)(\lambda^2 + 4)^2 = (\lambda + 2)(\lambda - j2)^2(\lambda + j2)^2$

Consequentemente, as raízes características destes sistemas são (veja Fig. 2.20):
(a) $-1, -2 \pm j2$
(b) $1, -2 \pm j2$
(c) $-2, \pm j2$
(d) $-1, \pm j2, \pm j2$

O sistema (a) é assintoticamente estável (todas as raízes no SPE), o sistema (b) é instável (uma raiz no SPD), o sistema (c) é marginalmente estável (raízes não repetidas no eixo imaginário e nenhuma raiz no SPD) e o sistema (d) é instável (raízes repetidas no eixo imaginário). A estabilidade BIBO é facilmente determinada a partir da estabilidade assintótica. O sistema (a) é BIBO estável, o sistema (b) é BIBO instável, o sistema (c) é BIBO instável e o sistema (d) é BIBO instável. Assumimos que todos estes sistemas são controláveis e observáveis.

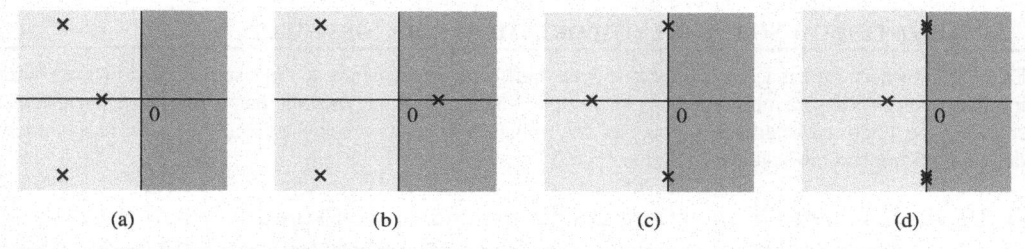

Figura 2.20 Posição das raízes características dos sistemas.

EXERCÍCIO E2.16

Para cada um dos sistemas especificados pelas equações a seguir, localize suas raízes características no plano complexo e determine se ele é assintoticamente estável, marginalmente estável ou instável, assumindo que cada equação descreve seu sistema interno. Também determine a estabilidade BIBO para cada sistema

(a) $D(D+2)y(t) = 3x(t)$
(b) $D^2(D+3)y(t) = (D+5)x(t)$
(c) $(D+1)(D+2)y(t) = (2D+3)x(t)$
(d) $(D^2+1)(D^2+9)y(t) = (D^2+2D+4)x(t)$
(e) $(D+1)(D^2-4D+9)y(t) = (D+7)x(t)$

RESPOSTAS
(a) Marginalmente estável, mas BIBO instável
(b) Instável nos dois sentidos
(c) Estável nos dois sentidos
(d) Marginalmente estável, mas BIBO instável
(e) Instável nos dois sentidos

Felizmente, sistemas não controláveis e/ou não observáveis não são frequentemente observados na prática. Deste ponto em diante, na determinação da estabilidade de sistemas, assumiremos que, a não ser que mencionado o contrário, as descrições interna e externa do sistema são equivalentes, implicando no sistema ser controlável e observável.

IMPLICAÇÕES DA ESTABILIDADE
Todos os sistemas de processamento de sinais práticos devem ser assintoticamente estáveis. Sistemas instáveis não tem aplicação do ponto de vista de processamento de sinais porque qualquer conjunto de condições iniciais, intencionais ou não, resulta em uma resposta ilimitada que pode destruir o sistema ou (mais provavelmente) resultar em alguma condição de saturação que mude a natureza do sistema. Mesmo que as condições iniciais possíveis sejam zero, a tensão estática ou ruídos térmicos gerados dentro do sistema irão funcionar como condições iniciais. Devido ao crescimento exponencial de um ou vários modos em um sistema instável, um sinal estático, não importa quão pequeno, irá eventualmente resultar em uma saída ilimitada.

Sistemas marginalmente estáveis, mesmo sendo BIBO instáveis, possuem uma importante aplicação como oscilador, o qual é um sistema que gera um sinal por ele mesmo, sem a aplicação de entradas externas. Consequentemente, a saída do oscilador é a resposta de entrada nula. Se esta resposta deve ser uma senoide de frequência ω_0, o sistema deve ser marginalmente estável com raízes características em $\pm j\omega_0$. Portanto, para projetar um oscilador de frequência ω_0, devemos escolher um sistema com polinômio característico $(\lambda - j\omega_0)(\lambda + j\omega_0) = \lambda^2 + \omega_0^2$. Um sistema descrito pela equação diferencial

$$\left(D^2 + \omega_0^2\right)y(t) = x(t) \tag{2.65}$$

fará o trabalho. Entretanto, osciladores práticos são invariavelmente implementados utilizando sistemas não lineares.

2.7 Visão Intuitiva sobre o Comportamento de Sistemas

Esta seção fornece informações sobre o que determina o comportamento de um sistema. Devido a sua natureza intuitiva, a discussão será mais ou menos qualitativa. Mostraremos que os principais atributos de um sistema são suas raízes e modos característicos, pois eles determinam não penas a resposta de entrada nula, mas também todo o comportamento do sistema.

2.7-1 Dependência do Comportamento do Sistema com os Modos Característicos

Lembre-se de que a resposta de entrada nula de um sistema é constituída dos modos característicos do sistema. Para um sistema estável, estes modos característicos decaem exponencialmente e eventualmente desaparecem.

Este comportamento pode dar a impressão de que esses modos não afetam substancialmente o comportamento do sistema em geral e nem a resposta do sistema em particular. Essa impressão é totalmente errada! Veremos que os modos característicos do sistema deixam sua impressão em todos os aspectos do comportamento do sistema. *Podemos comparar os modos (ou raízes) característicos do sistema com uma semente que eventualmente se dissolve no solo. A planta que nasce é totalmente determinada pela semente. A impressão da semente existe em cada célula da planta.*

Para compreender este interessante fenômeno, lembre-se de que os modos característicos de um sistema são muito especiais para ele, pois o sistema pode manter estes sinais sem a aplicação de qualquer entrada externa. Em outras palavras, o sistema oferece uma volta grátis e acesso instantâneo a estes sinais. Imagine, agora, o que aconteceria se você realmente alimentasse o sistema com uma entrada tendo a forma de um modo característico! Poderíamos esperar que o sistema respondesse fortemente (este é, de fato, o fenômeno de ressonância discutido anteriormente neste capítulo). Se a entrada não for exatamente um modo característico, mas se ela estiver perto do modo, ainda podemos esperar que a resposta do sistema seja forte. Entretanto, se a entrada for muito diferente de qualquer um dos modos característicos, podemos esperar que o sistema responda fracamente. Agora, mostraremos que estas deduções intuitivas realmente são verdadeiras.

A intuição pode cortar a floresta da matemática instantaneamente!

Apesar de propormos uma medida de similaridade posteriormente, no Capítulo 6, adotaremos uma abordagem mais simples no momento. Vamos restringir as entradas do sistema a exponenciais na forma $e^{\zeta t}$, onde ζ é geralmente um número complexo. A similaridade de dois sinais exponenciais $e^{\zeta t}$ e $e^{\lambda t}$ será, então, a medida de proximidade de ζ e λ. Se a diferença $\zeta - \lambda$ for pequena, os sinais são similares. Se $\zeta - \lambda$ for grande, os sinais são diferentes.

Considere, agora, um sistema de primeira ordem com um único modo característico $e^{\lambda t}$ e entrada $e^{\zeta t}$. A resposta ao impulso deste sistema é, então, dada por $Ae^{\lambda t}$, na qual o valor exato de A não é importante nesta discussão qualitativa. A resposta $y(t)$ do sistema é dada por

$$y(t) = h(t) * x(t)$$
$$= Ae^{\lambda t}u(t) * e^{\zeta t}u(t)$$

A partir da tabela de convolução (Tabela 2.1), obtemos

$$y(t) = \frac{A}{\zeta - \lambda}[e^{\zeta t} - e^{\lambda t}]u(t) \tag{2.66}$$

Claramente, se a entrada $e^{\zeta t}$ for similar a $e^{\lambda t}$, $\zeta - \lambda$ é pequeno e a resposta do sistema é grande. *Quanto mais perto a entrada $x(t)$ estiver do modo característico, mais forte a resposta do sistema.* Em contraste, se a entrada for muito diferente do modo natural, $\zeta - \lambda$ é grande e a resposta do sistema será pobre. Isto é precisamente o que nos propomos a provar.

Acabamos de provar a afirmativa inicial para um sistema com um único modo (primeira ordem). Podemos generalizar este fato para um sistema de ordem N, o qual possui N modos característicos. A resposta $h(t)$ ao impulso de tal sistema é a combinação linear de seus N modos. Portanto, se $x(t)$ é similar a qualquer um dos modos, a resposta correspondente será alta. Se $x(t)$ não for similar a nenhum modo, a resposta será pequena. Claramente, os modos característicos influenciam em muito na determinação da resposta do sistema a uma dada entrada.

Podemos ter a tendência de concluir, com base na Eq. (2.66), que se a entrada for idêntica ao modo característico, tal que $\zeta = \lambda$, então a resposta irá para infinito. Lembre-se, entretanto, que se $\zeta = \lambda$, o numerador do lado direito da Eq. (2.66) também vai para zero. Estudaremos este comportamento complexo (fenômeno da ressonância) posteriormente nesta seção.

Mostraremos, agora, que *a mera inspeção na resposta $h(t)$ ao impulso (a qual é composta dos modos característicos) revela muitos detalhes sobre o comportamento do sistema.*

2.7-2 Tempo de Resposta de um Sistema: a Constante de Tempo do Sistema

Tal como os seres humanos, os sistemas possuem um certo tempo de resposta. Em outras palavras, quando uma entrada (estímulo) é aplicada a um sistema, uma certa quantidade de tempo passa antes que o sistema responda completamente àquela entrada. Este intervalo de tempo ou tempo de resposta é chamado de *constante de tempo* do sistema. Como veremos, a constante de tempo do sistema é igual ao tamanho da resposta $h(t)$ ao impulso.

Uma entrada $\delta(t)$ é instantânea (duração zero), mas a sua resposta $h(t)$ possui uma duração T_h. Portanto, o sistema necessita de um tempo T_h para responder completamente a esta entrada e, desta forma, podemos ver T_h como o tempo de resposta ou constante de tempo do sistema. Obtemos a mesma conclusão por outro argumento. A saída é a convolução da entrada com $h(t)$. Se uma entrada é um pulso de duração T_x, então a duração do pulso de saída será $T_x + T_h$, de acordo com a propriedade da largura da convolução. Esta conclusão mostra que o sistema precisa de T_h segundos para responder completamente a qualquer entrada. *A constante de tempo do sistema indica quão rápido é o sistema. Um sistema com uma constante de tempo menor é um sistema mais rápido que responde rapidamente a qualquer entrada. Um sistema com uma constante de tempo relativamente grande é um sistema lento que não pode responder bem a sinais que variam rapidamente.*

Estritamente falando, a duração da resposta $h(t)$ ao impulso é ∞ porque os modos característicos tendem assintoticamente para zero quando $t \to \infty$. Entretanto, além de algum valor de t, $h(t)$ se torna desprezível. Portanto, é necessário utilizar alguma medida adequada da largura efetiva da resposta ao impulso.

Não existe nenhuma definição satisfatória da duração (ou largura) efetiva do sinal aplicável a toda situação. Para a situação mostrada na Fig. 2.21, uma definição razoável da duração de $h(t)$ seria T_h, a largura do pulso retangular $\hat{h}(t)$. Este pulso retangular $\hat{h}(t)$ possui área igual a $h(t)$ e altura idêntica a $h(t)$ para algum instante adequado $t = t_0$. Na Fig. 2.21, t_0 é escolhido como sendo o instante no qual $h(t)$ é máximo. De acordo com esta definição,[†]

$$T_h h(t_0) = \int_{-\infty}^{\infty} h(t)\, dt$$

ou

$$T_h = \frac{\int_{-\infty}^{\infty} h(t)\, dt}{h(t_0)} \tag{2.67}$$

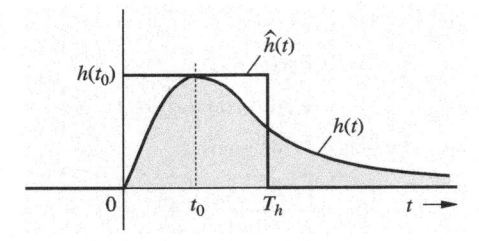

Figura 2.21 Duração efetiva da resposta ao impulso.

[†] Essa definição é satisfatória quando $h(t)$ é um pulso simples, na maior parte positivo (ou negativo). Tais sistemas são sistemas passa-baixas. Esta definição não deve ser aplicada indiscriminadamente a todos os sistemas.

Agora, se o sistema possui um único modo,

$$h(t) = Ae^{\lambda t}u(t)$$

com λ negativo e real, então $h(t)$ é máximo para $t = 0$, com valor $h(0) = A$. Portanto, de acordo com a Eq. (2.67),

$$T_h = \frac{1}{A}\int_0^\infty Ae^{\lambda t}\, dt = -\frac{1}{\lambda} \qquad (2.68)$$

Logo, a constante de tempo, neste caso, é simplesmente o (negativo do) recíproco da raiz característica do sistema. Para o caso de vários modos, $h(t)$ é o somatório ponderado dos modos característicos do sistema e T_h é a média ponderada das constantes de tempo associadas com os N modos do sistema.

2.7-3 A Constante de Tempo e Tempo de Subida de um Sistema

O tempo de subida de um sistema, definido como o tempo necessário para que a resposta ao degrau unitário aumente de 10% para 90% do valor de regime é uma indicação da velocidade da resposta.[†] A constante de tempo do sistema também pode ser vista como uma perspectiva do tempo de subida. A resposta ao degrau unitário $y(t)$ de um sistema é a convolução de $u(t)$ com $h(t)$. Seja a resposta $h(t)$ ao impulso um pulso retangular de largura T_h, como mostrado na Fig. 2.22. Esta consideração simplifica a discussão, resultando, ainda, em resultados satisfatórios para uma discussão qualitativa. O resultado desta convolução é mostrado na Fig. 2.22. Observe que a saída não aumenta de zero a um valor final instantaneamente, tal como a entrada. Em vez disso, a saída leva T_h segundos para atingir o valor final. Logo, o tempo de subida T_r de um sistema é igual à constante de tempo do sistema

$$T_r = T_h \qquad (2.69)$$

Este resultado e a Fig. 2.22 mostram claramente que um sistema geralmente não responde instantaneamente a uma entrada, levando T_h segundos para responder completamente.

2.7-4 A Constante de Tempo e Filtragem

Uma constante de tempo grande implica um sistema lento, porque o sistema precisa de muito tempo para responder completamente a uma entrada. Tal sistema não pode responder efetivamente a variações rápidas da entrada. Em contraste, uma constante de tempo pequena indica em um sistema capaz de responder a rápidas variações da entrada. Portanto, existe uma conexão direta entre a constante de tempo do sistema e suas propriedades de filtragem.

Uma senoide de alta frequência varia rapidamente com o tempo. Um sistema com uma constante de tempo grande não será capaz de responder bem a esta entrada. Portanto, este sistema irá suprimir senoides variando rapidamente (alta frequência) e outros sinais de alta frequência. Mostraremos agora que um sistema com constante de tempo T_h atua como um filtro passa-baixas com uma frequência de corte de $f_c = 1/T_h$ hertz, de tal forma que senoides com frequência menores do que f_c são transmitidas razoavelmente bem enquanto que senoides com frequências acima de f_c são suprimidas.

Para demonstrar esse fato, vamos determinar a resposta do sistema a uma entrada senoidal $x(t)$ convoluindo esta entrada com a resposta $h(t)$ efetiva ao impulso da Fig. 2.23a. Nas Figs. 2.23b e 2.23c, vemos o processo de convolução de $h(t)$ com entradas senoidais com duas frequências diferentes. A senoide da Fig. 2.23b possui uma

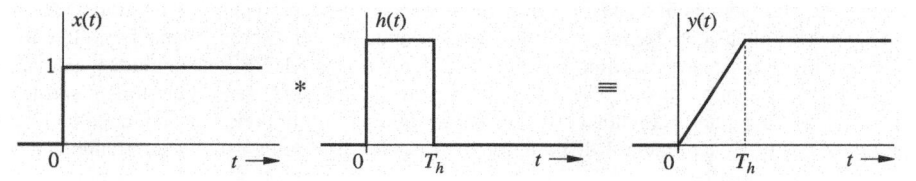

Figura 2.22 Tempo de subida de um sistema.

[†] Devido às várias definições de tempo de subida, o leitor pode encontrar diferentes resultados na literatura. A natureza qualitativa e intuitiva dessa discussão deve estar sempre em mente.

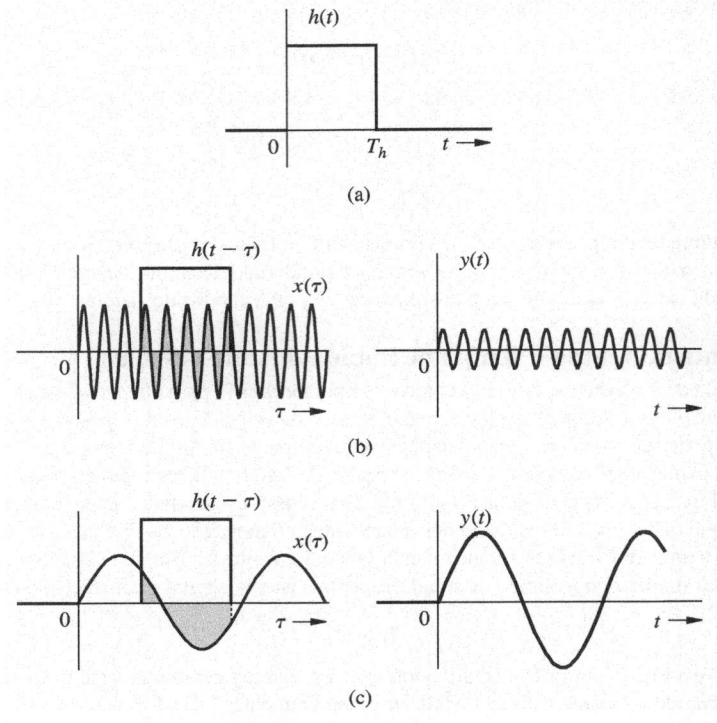

Figura 2.23 Constante de tempo e filtragem.

frequência relativamente alta, enquanto que a frequência da senoide da Fig. 2.23c é baixa. Lembre-se de que a convolução de $x(t)$ e $h(t)$ é igual a área sob o produto $x(\tau)h(t-\tau)$. Esta área é mostrada sombreada na Fig. 2.23b e 2.23c para os dois casos. Para a senoide de alta frequência, fica claro a partir da Fig. 2.23b que a área sob $x(\tau)h(t-\tau)$ é muito pequena pois as áreas positiva e negativa praticamente se cancelam. Isso acontece quando o período da senoide é muito menor do que a constante de tempo T_h do sistema. Por outro lado, para a senoide de baixa frequência, o período da senoide é maior do que T_h, resultando no cancelamento parcial da área sob $x(\tau)h(t-\tau)$ menos efetivo. Consequentemente, a saída $y(t)$ é muito maior, como mostrada na Fig. 2.23c.

Entre esses dois possíveis extremos no comportamento do sistema, um ponto de transição ocorre quando o período da senoide é igual à constante de tempo T_h do sistema. A frequência na qual esta transição ocorre é chamada de *frequência de corte* f_c do sistema. Como T_h é o período da frequência de corte f_c,

$$f_c = \frac{1}{T_h} \qquad (2.70)$$

A frequência f_c também é chamada de largura de faixa do sistema porque o sistema transmite ou deixa passar componentes senoidais com frequências abaixo de f_c, enquanto atenua componentes com frequências acima de f_c. Obviamente, a transição no comportamento do sistema é gradual. Não existe mudança drástica no comportamento do sistema para $f_c = 1/T_h$. Além disso, esses resultados são baseados em uma resposta ao impulso idealizada (pulso retangular). Na prática estes resultados irão variar um pouco, dependendo da forma exata de $h(t)$. Lembre-se de que o "sentimento" do comportamento geral do sistema é mais importante do que a resposta exata nesta discussão qualitativa.

Como a constante de tempo do sistema é igual ao seu tempo de subida, temos

$$T_r = \frac{1}{f_c} \qquad \text{ou} \qquad f_c = \frac{1}{T_r} \qquad (2.71a)$$

Portanto, a largura de faixa do sistema é inversamente proporcional ao seu tempo de subida. Apesar da Eq. (2.71a) ter sido determinada a partir de uma resposta ao impulso idealizada (retangular), suas implicações são válidas para sistemas LCIT passa-baixas em geral. Para um caso genérico, podemos mostrar que

$$f_c = \frac{k}{T_r} \qquad (2.71b)$$

na qual o valor exato de k depende da natureza de $h(t)$. Um engenheiro experiente geralmente pode estimar rapidamente a largura de faixa de um sistema desconhecido simplesmente observando em um osciloscópio a resposta do sistema a uma entrada em degrau.

2.7-5 A Constante de Tempo e Dispersão (Espalhamento) do Pulso

Em geral, a transmissão de um pulso através de um sistema causa a dispersão (ou espalhamento) do pulso. Portanto, o pulso de saída é geralmente mais largo do que o pulso de entrada. Esse comportamento do sistema pode ter sérias consequências em sistemas de comunicação, nos quais a informação é transmitida por pulsos. A dispersão (ou espalhamento) causa interferência ou sobreposição com pulsos vizinhos, distorcendo, pois, as amplitudes dos pulsos e introduzindo erros na informação recebida.

Anteriormente, vimos que se uma entrada $x(t)$ é um pulso de largura T_x, então T_y, a largura do pulso de saída $y(t)$ é

$$T_y = T_x + T_h \qquad (2.72)$$

Esse resultado mostra que um pulso de entrada é espalhado (ou dispersado) enquanto ele passa através de um sistema. Como T_h também é a constante de tempo ou de subida, o total de espalhamento do pulso é igual a constante de tempo (ou tempo de subida) do sistema.

2.7-6 A Constante de Tempo e Taxa de Transmissão de Informação

Em sistemas de comunicação pulsados, os quais transmitem informação através (das amplitudes) dos pulsos, a taxa de transmissão de informação é proporcional à taxa de transmissão dos pulsos. Demonstraremos que, para evitar a destruição de informação causada pela dispersão dos pulsos durante sua transmissão através de um canal (mídia de transmissão), a taxa de transmissão de informação não deve exceder a largura de faixa do canal de comunicação.

Como um pulso de entrada é dispersado por T_h segundos, pulsos consecutivos devem ser espaçados T_h segundos para evitar a interferência entre pulsos. Portanto, a taxa de transmissão de pulsos não pode exceder $1/T_h$ pulsos/segundo. Mas $1/T_h = f_c$, a largura de faixa do canal, de tal forma que podemos transmitir pulsos através de um canal de comunicação a uma taxa de f_c pulsos por segundo e ainda assim evitar interferência significativa entre os pulsos. A taxa de transmissão de informação é, portanto, proporcional a largura de faixa do canal (ou do recíproco da sua constante de tempo).[†]

Esta discussão (Seções 2.7-2–2.7-6) mostra que a constante de tempo do sistema determina muito do comportamento do sistema – suas características de filtragem, tempo de subida, dispersão de pulso e assim por diante. Por sua vez, a constante de tempo é determinada pelas raízes características do sistema. Fica claro, portanto, que as raízes características e suas quantidades relativas na resposta $h(t)$ ao impulso determinam o comportamento do sistema.

2.7-7 O Fenômeno da Ressonância

Finalmente, chegamos ao fascinante fenômeno da ressonância. Como já havíamos mencionado várias vezes, este fenômeno é observado quando o sinal de entrada é idêntico ou muito próximo ao modo característico do sistema. Para efeito de simplicidade e facilidade, iremos considerar um sistema de primeira ordem com apenas um único modo, $e^{\lambda t}$. Seja a resposta ao impulso deste sistema dada por[‡]

$$h(t) = Ae^{\lambda t} \qquad (2.73)$$

[†] Teoricamente, um canal com largura de faixa f_c pode transmitir corretamente até $2f_c$ amplitudes de pulso por segundo[4]. O valor obtido aqui, sendo muito simples e qualitativo, resulta na metade do limite teórico. Mesmo assim, na prática não é fácil atingir o limite superior teórico.

[‡] Por conveniência, omitimos a multiplicação de $x(t)$ e $h(t)$ por $u(t)$. Ao longo desta discussão assumiremos que eles são causais.

e seja a entrada

$$x(t) = e^{(\lambda-\epsilon)t}$$

A resposta $y(t)$ do sistema é dada por

$$y(t) = Ae^{\lambda t} * e^{(\lambda-\epsilon)t}$$

A partir da tabela de convolução, obtemos

$$y(t) = \frac{A}{\epsilon}\left[e^{\lambda t} - e^{(\lambda-\epsilon)t}\right]$$
$$= Ae^{\lambda t}\left(\frac{1 - e^{-\epsilon t}}{\epsilon}\right) \quad (2.74)$$

Agora, quando $\epsilon \to 0$, tanto o numerador quanto o denominador do termo em parênteses tendem para zero. Aplicando a regra de L'Hôpital a este termo obtemos

$$\lim_{\epsilon \to 0} y(t) = Ate^{\lambda t} \quad (2.75)$$

Claramente, a resposta não tente para o infinito quando $\epsilon \to 0$, mas ela recebe um fator t, o qual se aproxima de ∞ quando $t \to \infty$. Se λ possui uma parte real negativa (de tal forma que ele está no SPE), $e^{\lambda t}$ decai mais rápido do que t e $y(t) \to 0$ quanto $t \to \infty$. O fenômeno da ressonância neste caso está presente, mas sua manifestação é abortada pelo próprio decaimento exponencial do sinal.

Esta discussão mostra que *a ressonância é um fenômeno acumulativo*, não instantâneo. Ela cresce linearmente[†] com t. Quando algum modo cai exponencialmente, o sinal de saída diminui muito rapidamente, neutralizando o crescimento da ressonância. Portanto, como resultado, o sinal de saída desaparece antes que a ressonância tenha a chance de aparecer. Entretanto, se o modo decai a um taxa menor do que $1/t$, devemos ver claramente o fenômeno da ressonância. Essa condição específica é possível de Re $\lambda \geq 0$. Por exemplo, quando Re $\lambda = 0$, tal que λ está no eixo imaginário do plano complexo e, portanto,

$$\lambda = j\omega$$

e a Eq. (2.75) se torna

$$y(t) = Ate^{j\omega t} \quad (2.76)$$

então a resposta realmente vai para o infinito linearmente com t.

Para um sistema real, se $\lambda = j\omega$ é uma raiz, então $\lambda^* = -j\omega$ também deve ser uma raiz. A resposta ao impulso é na forma $Ae^{j\omega t} + Ae^{-j\omega t} = 2A\cos\omega t$. A resposta deste sistema a uma entrada $\cos\omega t$ é $2A\cos\omega t * \cos\omega t$. O leitor pode mostrar que esta convolução contém um termo na forma $At\cos\omega t$. O fenômeno da ressonância é claramente visível. A resposta do sistema a este modo característico aumenta linearmente com o tempo, eventualmente atingindo ∞, como indicado na Fig. 2.24.

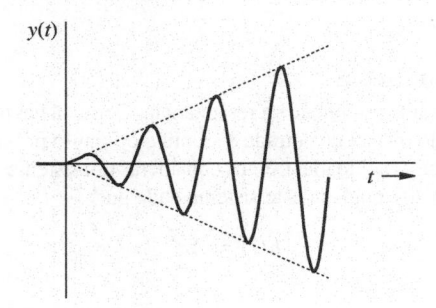

Figura 2.24 Construção da resposta do sistema em ressonância.

[†] Se a raiz característica em questão repetir r vezes, o efeito da ressonância aumentará para t^{r-1}. Entretanto, $t^{r-1}e^{\lambda t} \to 0$ quando $t \to \infty$ para qualquer valor de r, desde que Re $\lambda < 0$ (λ no SPE).

Lembre-se que quando $\lambda = j\omega$ o sistema é marginalmente estável. Como já indicamos, o efeito completo da ressonância não pode ser visto para um sistema assintoticamente estável, apenas em sistemas marginalmente estáveis o fenômeno da ressonância aumenta a resposta do sistema para infinito quando a entrada do sistema é um modo característico. Mas mesmo em sistemas assintoticamente estáveis, vemos a manifestação da ressonância se as raízes características estiverem muito próximas do eixo imaginário, de tal forma que Re λ tenha um pequeno valor negativo. Podemos mostrar que quando as raízes características de um sistema são $\sigma \pm j\omega_0$, então a resposta do sistema a entrada $e^{\omega_0 t}$ ou à senoide $\cos\omega_0 t$ é muito grande para um pequeno σ.[†] A resposta do sistema cai rapidamente quando a frequência do sinal de entrada se afasta de ω_0. Este comportamento seletivo à frequência pode ser estudado mais adequadamente após um melhor entendimento da análise no domínio da frequência. Por esta razão adiaremos a discussão completa deste assunto para o Capítulo 4.

Importância do Fenômeno da Ressonância

O fenômeno da ressonância é muito importante porque ele nos permite projetar sistemas seletivos à frequência pela escolha adequada das raízes características. Filtros passa-baixas, passa-faixas, passa-altas e rejeita-faixa são exemplos de circuitos seletivos à frequência. Em sistemas mecânicos, a presença inadvertida da ressonância pode causar sinais de tremenda amplitude com os quais os sistemas podem quebrar. Uma nota musical (vibração periódica) de frequência adequada pode explodir um vidro se a frequência coincidir com as raízes características do vidro, o qual funciona como um sistema mecânico. Similarmente, uma tropa de soldados marchando em uma ponte aplica uma força periódica na ponte. Se a frequência dessa força de entrada for, por coincidência, próxima da raiz característica da ponte, a ponte pode responder (vibrar) violentamente, chegando a colapsar, mesmo se ela for forte o suficiente para carregar vários soldados marchando para fora. Um caso verídico foi a ponte *Tacoma Narrows*, em 1940. Ela colapsou com um suave vendaval, não devido a força do vento, mas devido a frequência dos vórtices gerados pelo vento, os quais coincidiram com a frequência natural (raízes características) da ponte, resultando na ressonância.

Devido ao grande dano que pode ocorrer, a ressonância mecânica é geralmente evitada, especialmente em estruturas ou mecanismos vibratórios. Se um motor com força periódica (tal como o movimento de um pistão) for montado em uma plataforma, a plataforma com sua massa e molas deve ser projetada de tal forma que suas raízes características não estejam perto da frequência de vibração do motor. O projeto adequado desta plataforma pode não apenas evitar a ressonância, mas também atenuar as vibrações se as raízes do sistema forem colocadas longe da frequência de vibração.

2.8 APÊNDICE 2.1: DETERMINAÇÃO DA RESPOSTA AO IMPULSO

Na Eq. (2.19), mostramos que para um sistema LCIT S especificado pela Eq. (2.16), a resposta $h(t)$ ao impulso unitário pode ser descrita por

$$h(t) = b_0 \delta(t) + \text{modos característicos} \tag{2.77}$$

Para determinar os termos dos modos característicos da Eq. (2.77), vamos considerar um sistema S_0 cuja entrada $x(t)$ e a saída $y(t)$ correspondente são relacionadas por

$$Q(D)w(t) = x(t) \tag{2.78}$$

Observe que tanto o sistema S quanto S_0 possuem o mesmo polinômio característico $Q(\lambda)$ e, consequentemente, os mesmos modos característicos. Além disso, S_0 é o mesmo que S com $P(D) = 1$, ou seja, $b_0 = 0$. Portanto, de acordo com a Eq. (2.77), a resposta ao impulso de S_0 é constituída apenas dos termos dos modos característicos, sem o impulso para $t = 0$. Vamos representar esta resposta ao impulso de S_0 por $y_n(t)$. Observe que $y_n(t)$ é constituído dos modos característicos de S e, portanto, pode ser visto como sendo a resposta de entrada nula de S. Agora $y_n(t)$ é a resposta de S_0 a entrada $\delta(t)$. Portanto, de acordo com a Eq. (2.78)

$$Q(D)y_n(t) = \delta(t) \tag{2.79a}$$

ou

$$(D^N + a_1 D^{N-1} + \cdots + a_{N1}D + a_N)y_n(t) = \delta(t) \tag{2.79b}$$

[†] Esse fato segue diretamente da Eq. (2.74) com $\lambda = \sigma \pm j\omega_0$ e $\epsilon = \sigma$.

ou

$$y_n^{(N)}(t) + a_1 y_n^{(N-1)}(t) + \cdots + a_{N-1} y_n^{(1)}(t) + a_N y_n(t) = \delta(t) \qquad (2.79c)$$

na qual $y_n^{(k)}(t)$ representa a k-ésima derivada de $y_n(t)$. O lado direito contém um único termo com impulso, $\delta(t)$. Isto é possível apenas se $y_n^{(N-1)}(t)$ possui um salto de descontinuidade para $t = 0$, de tal forma que $y_n^{(N)}(t) = \delta(t)$. Além disso, os termos de mais baixa ordem não podem ter nenhum salto de descontinuidade porque isto significaria a presença de derivadas de $\delta(t)$. Portanto, $y_n(0) = y_n^{(1)}(0) = \ldots = y_n^{(N-2)}(0) = 0$ (nenhuma descontinuidade para $t = 0$), e as N condições iniciais de $y_n(t)$ são

$$\begin{aligned} y_n^{(N-1)}(0) &= 1 \\ y_n(0) = y_n^{(1)}(0) &= \cdots = y_n^{(N-2)}(0) = 0 \end{aligned} \qquad (2.80)$$

Essa discussão implica o fato de $y_n(t)$ ser a resposta de entrada nula do sistema S sujeito às condições iniciais (2.80).

Mostraremos agora que para a mesma entrada $x(t)$ aplicada nos dois sistemas, S e S_0, suas respectivas saídas $y(T)$ e $w(t)$ estão relacionadas por

$$y(t) = P(D)w(t) \qquad (2.81)$$

Para provar este resultado, multiplicamos os dois lados da Eq. (2.78) por $P(D)$ para obter

$$Q(D)P(D)w(t) = P(D)x(t)$$

Comparando esta equação com a Eq. (2.1c) teremos imediatamente a Eq. (2.81).

Agora, se a entrada $x(t) = \delta(t)$ então a saída de S_0 é $y_n(t)$ e a saída de S, de acordo com a Eq. (2.81) é $P(D)y_n(t)$. Essa saída é $h(t)$, a resposta ao impulso de S. Note, entretanto, que como esta é uma resposta de um sistema causal S_0 ao impulso, a função $y_n(t)$ é causal. Para incorporar este fato, devemos representar essa função por $y_n(t)u(t)$. Dessa forma, segue-se que $h(t)$, a resposta ao impulso unitário do sistema S, é dada por

$$h(t) = P(D)[y_n(t)u(t)] \qquad (2.82)$$

onde $y_n(t)$ é a combinação linear dos modos característicos do sistema sujeito a condições iniciais (2.80).

O lado direito da Eq. (2.82) é a combinação linear das derivadas de $y_n(t)u(t)$. A determinação destas derivadas é trabalhosa devido a presença de $u(t)$ pois as derivadas irão gerar um impulso e suas derivadas na origem. Felizmente, quando $M \le N$ [Eq. (2.16)], podemos evitar esta dificuldade usando a observação da Eq. (2.77), a qual afirma que para $t = 0$ (a origem), $h(t) = b_0 \delta(t)$. Portanto, não precisamos nos preocupar em determinar $h(t)$ na origem. Esta simplificação implica que em vez de derivar $P(D)[y_n(t)u(t)]$, podemos derivar $P(D)y_n(t)$ e somar a isso o termo $b_0 \delta(t)$, tal que

$$\begin{aligned} h(t) &= b_0 \delta(t) + P(D)y_n(t) \qquad t \ge 0 \\ &= b_0 \delta(t) + [P(D)y_n(t)]u(t) \end{aligned} \qquad (2.83)$$

Esta expressão é válida quando $M \le N$ [a forma dada pela Eq. (2.16b)]. Quando $M > N$, a Eq. (2.82) deve ser utilizada.

2.9 RESUMO

Este capítulo discutiu a análise no domínio do tempo de sistemas LCIT. A resposta total de um sistema linear é a soma da resposta de entrada nula e a resposta de estado nulo. A resposta de entrada nula é a resposta do sistema gerada apenas pelas condições internas (condições iniciais) do sistema, considerando que todas as entradas externas são nulas, por isto o termo "entrada nula". A resposta de estado nulo é a resposta do sistema gerada pela entrada externa, assumindo que todas as condições iniciais são nulas, ou seja, quando o sistema está no estado nulo (ou estado zero).

Todo sistema pode manter certas formas de resposta por ele mesmo, sem entrada externa (entrada nula). Estas formas são características intrínsecas ao sistema, ou seja, elas não dependem de qualquer entrada externa. Por esta razão elas são chamadas de modos característicos do sistema. A resposta de entrada nula é constituída pelos modos característicos escolhidos em uma combinação necessária para satisfazer as condições iniciais do sistema. Para um sistema de ordem N, existem N modos distintos.

A função impulso unitário é um modelo matemático idealizado de um sinal que não pode ser gerado na prática.[†] Apesar disso, a introdução de tal sinal como um intermediário é muito útil na análise de sinais e sistemas. A resposta ao impulso unitário de um sistema é a combinação dos modos característicos do sistema[‡] pois o impulso $\delta(t) = 0$ para $t > 0$. Portanto, a resposta do sistema para $t > 0$ deve necessariamente ser a resposta de entrada nula, a qual, como vista anteriormente, é a combinação dos modos característicos.

A resposta de estado nulo (resposta devido à entrada externa) de um sistema linear pode ser obtida separando a entrada em componentes mais simples e, então, somando as respostas de todas as componentes. Neste capítulo representamos uma entrada arbitrária $x(t)$ como a soma de pulsos retangulares estreitos [aproximação em degraus de $x(t)$]. No limite, quando a largura do pulso $\to 0$, as componentes dos pulsos retangulares aproximam-se de impulsos. Conhecendo a resposta ao impulso do sistema, podemos determinar a resposta do sistema a todas as componentes impulsivas e, então, somá-las para termos a resposta final do sistema à entrada $x(t)$. A soma das respostas das componentes de impulso está na forma de uma integral, conhecida como integral de convolução. A resposta do sistema é obtida como a convolução da entrada $x(t)$ com a resposta $h(t)$ do sistema ao impulso. Portanto, o conhecimento da resposta ao impulso do sistema nos permite determinar a resposta do sistema a qualquer entrada arbitrária.

Sistemas LCIT possuem uma relação muito especial com o sinal exponencial de duração infinita e^{st}, pois a resposta de um sistema LCIT a este tipo de sinal de entrada é o mesmo sinal multiplicado por uma constante. A resposta de um sistema LCIT a uma entrada exponencial de duração infinita e^{st} é $H(S)e^{st}$, onde $H(s)$ é a função de transferência do sistema.

Equações diferenciais de sistemas LCIT também podem ser solucionadas pelo método clássico, no qual a resposta é obtida como a soma das respostas natural e forçada. Essas respostas não são as componentes de entrada nula e estado nulo, apesar delas satisfazerem as mesmas equações, respectivamente. Apesar de simples, este método só pode ser aplicado a uma classe restrita de sinais de entrada e a resposta não pode ser expressa com uma função explícita da entrada. Estas limitações tornam este método inútil no estudo teórico de sistemas.

Se cada entrada limitada resultar em uma saída limitada, o sistema é estável no sentido BIBO (entrada limitada/saída limitada). Um sistema LCIT é BIBO estável se e apenas se sua resposta ao impulso for absolutamente integrável. Caso contrário o sistema é BIBO instável. A estabilidade BIBO é a estabilidade vista pelos terminais externos do sistema. Logo, ela também é chamada de estabilidade externa ou estabilidade de estado nulo.

Por outro lado, a estabilidade interna (ou estabilidade de entrada nula) analisa a estabilidade do sistema vista por dentro. Quando alguma condição inicial é aplicada ao sistema no estado nulo, então, se o sistema eventualmente retornar ao estado nulo, o sistema é dito ser assintoticamente estável ou estável no sentido Lyapunov. Se a resposta do sistema crescer sem limite, ele é instável. Se o sistema não for para o estado nulo e a resposta não crescer indefinidamente, o sistema é marginalmente estável. O critério de estabilidade interna, em termos da localização das raízes características do sistema pode ser resumido por:

1. Um sistema LCIT é assintoticamente estável se e somente se todas as raízes características estiverem no SPE. As raízes podem ser repetidas ou não.

2. Um sistema LCIT é instável se e somente se uma ou as duas condições a seguir existirem: (i) ao menos uma raiz está no SPD; (ii) existirem raízes repetidas no eixo imaginário.

3. Um sistema LCIT é marginalmente estável se e somente se não existirem raízes no SPD e existirem algumas raízes não repetidas no eixo imaginário.

É possível a um sistema ser externamente (BIBO) estável, mas internamente instável. Quando um sistema é controlável e observável, suas descrições interna e externa são equivalentes. Logo, as estabilidades externa (BIBO) e interna (assintótica) são equivalentes e fornecem a mesma informação. Um sistema BIBO estável também é assintoticamente estável e vice-versa. Similarmente, um sistema BIBO instável é ou marginalmente estável ou assintoticamente instável.

O comportamento característico de um sistema é extremamente importante, pois ele determina não somente a resposta do sistema a condições internas (comportamento de entrada nula), mas também a resposta do sistema a entradas externas (comportamento de estado nulo) e a estabilidade do sistema. A resposta do sistema a entradas externas é determinada pela resposta ao impulso, o qual é constituído dos modos característicos. A largura

---

[†] Entretanto, ele pode ser aproximado por um pulso estreito de área unitária e possuindo largura que seja muito menor do que a constante de tempo do sistema LCIT no qual ele será utilizado.

[‡] Existe a possibilidade de um impulso adicionado aos modos característicos.

da resposta ao impulso é chamada de constante de tempo do sistema, a qual indica quão rápido o sistema pode responder a uma entrada. A constante de tempo possui um importante papel na determinação de diversos comportamentos do sistema, tais como o tempo de resposta e as propriedades de filtragem, dispersão de pulsos e a taxa de transmissão de pulsos através do sistema.

REFERÊNCIAS
1. Lathi, B. P. *Signals and Systems*. Berkeley-Cambridge Press, Carmichael, CA, 1987.
2. Mason, S. J. *Electronic Circuits, Signals, and Systems*. Wiley, New York, 1960.
3. Kailath, T. *Linear System*. Prentice-Hall, Englewood Cliffs, NJ, 1980.
4. Lathi, B. P. *Modern Digital and Analog Communication Systems*, 3rd ed. Oxford University Press, New York, 1998.

MATLAB Seção 2: Arquivos .M

Arquivos .M armazenam sequências de comandos do MATLAB e ajudam a simplificar tarefas complicadas. Existem dois tipos de arquivos .M: *script* e função. Os dois tipos são arquivos texto simples e necessitam de uma extensão.m.

Apesar de arquivos .m poderem ser criados usando qualquer editor de texto, o editor do próprio MATLAB é a melhor escolha, pois ele possui algumas características especiais. Como em muitos programas, comentários auxiliam na compreensão do arquivo .m. Comentários começam com o caractere % e continuam até o fim da linha.

Para se executar um arquivo .m basta digitar o nome do arquivo (sem a extensão .m) na linha de comando do MATLAB. Para serem executados, os arquivos .m devem estar no diretório corrente ou em qualquer diretório no *path* do MATLAB. Novos diretórios são facilmente adicionados ao *path* do MATLAB usando o comando addpath.

M2.1 Scritps em Arquivos .M

Arquivos de *script*, o tipo mais simples de arquivo .m, são constituídos de uma série de comandos do MATLAB. Arquivos de *script* armazenam e automatizam uma série de passos, além da facilidade de serem alterados. Para demonstrar a sua utilidade, considere o circuito com amplificador operacional mostrado na Fig. M2.1.

Os modos característicos do sistema definem e fornecem informações sobre o comportamento do circuito. Usando amplificadores com características ideais, com ganho diferencial infinito, inicialmente obtemos a equação diferencial que relaciona a saída $y(t)$ com a entrada $x(t)$. A lei de corrente de Kirchhoff (LCK) aplicada ao nó compartilhado por R_1 e R_3 fornece:

$$\frac{x(t) - v(t)}{R_3} + \frac{y(t) - v(t)}{R_2} + \frac{0 - v(t)}{R_1} - C_2 \dot{v}(t) = 0$$

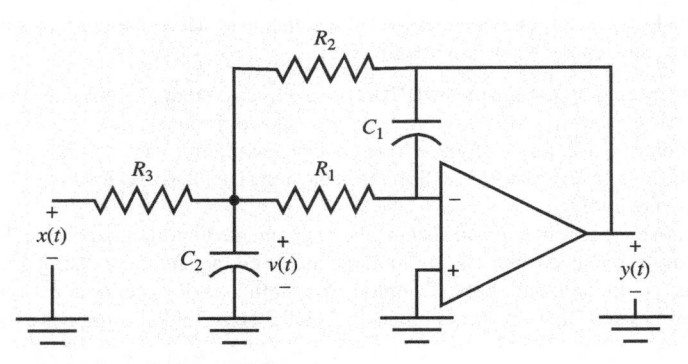

Figura M2.1 Circuito com amplificador operacional.

A LCK na entrada inversora do amp-op fornece

$$\frac{v(t)}{R_1} + C_1 \dot{y}(t) = 0$$

Combinando e simplificando as equações da LCK, temos

$$\ddot{y}(t) + \frac{1}{C_2}\left\{\frac{1}{R_1} + \frac{1}{R_2} + \frac{1}{R_3}\right\}\dot{y}(t) + \frac{1}{R_1 R_2 C_1 C_2} y(t) = -\frac{1}{R_1 R_3 C_1 C_2} x(t)$$

a qual é a equação diferencial com coeficientes constantes. Portanto, a equação característica é dada por

$$\lambda^2 + \frac{1}{C_2}\left\{\frac{1}{R_1} + \frac{1}{R_2} + \frac{1}{R_3}\right\}\lambda + \frac{1}{R_1 R_2 C_1 C_2} = (a_0\lambda^2 + a_1\lambda + a_2) = 0 \quad \text{(M2.1)}$$

As raízes λ_1 e λ_2 da Eq. (M2.1) estabelecem a natureza e os modos característicos $e^{\lambda_1 t}$ e $e^{\lambda_2 t}$.

Como um primeiro caso, vamos associar os valores dos componentes como $R_1 = R_2 = R_3 = 10\text{k}\Omega$ e $C_1 = C_2 = 1\ \mu\text{F}$. Uma série de comandos do MATLAB nos permite calcular convenientemente as raízes $\boldsymbol{\lambda} = [\lambda_1; \lambda_2]$. Apesar de $\boldsymbol{\lambda}$ poder ser determinado usando a equação quadrática, o comando roots do MATLAB é mais conveniente. O comando roots necessita de um vetor de entrada contendo os coeficientes polinomiais em ordem descendente. Mesmo se um coeficiente for zero, ele ainda deve ser incluído no vetor.

```
% MS2P1.m; MATLAB Seção 2, Programa 1
% Script em arquivo .m para determinar as raízes características de um
  circuito com amp-op

% Ajustando o valor dos componentes:
R = [1e4, 1e4, 1e4];
C = [1e-6, 1e-6];
% Determinando os coeficientes da equação característica:
a0 = 1;
a1 = (1/R(1) + 1/R(2) + 1/R(3))/C(2);
a2 = 1/(R(1) * R(2) * C(1) * C(2));
A = [a0 a1 a2];
% Determinando as raízes características:
lambda = roots(A);
```

Um arquivo de *script* é criado colocando estes comandos em um arquivo texto, o qual, neste caso, é chamado de MS2P1.m. Apesar das linhas de comando facilitarem o entendimento do programa, a remoção delas não afeta o funcionamento do programa. O programa é executado digitando:

```
>> MS2P1
```

Após a execução, todas as variáveis de resultados estão disponíveis na área de trabalho. Por exemplo, para ver as raízes características, digite:

```
>> lambda
lambda = -261.8034
         -38.1966
```

Portanto, aos modos característicos são exponenciais amortecidas simples: $e^{-261,8034t}$ e $e^{-38,1966t}$.

Arquivos de *script* permitem alterações simples ou incrementais, reduzindo, consideravelmente, o esforço na resolução de problemas. Considere o que acontece quando o capacitor C_1 é alterado de 1,0µF para 1,0nF. A alteração de MS2P1.m de tal forma que C = [1e-9, 1e-6] permite a determinação das novas raízes características:

```
>> MS2P1
>> lambda
lambda = 1.0e+003 *
         -0.1500 + 3.1587i
         -0.1500 - 3.1587i
```

Talvez, surpreendentemente, os modos característicos agora são exponenciais complexas capazes de manter oscilações. A parte imaginária de λ resulta em uma taxa de oscilação de 3158,7 rad/s ou, aproximadamente, 503 Hz. A parte real resulta em uma taxa de amortecimento. O tempo esperado para reduzir a amplitude a 25% é aproximadamente de $t = \ln 0,25/\text{Re}(\lambda) \approx 0,01$ segundos.

M2.2 Funções em Arquivos .M

É inconveniente modificar e salvar um arquivo de *script* toda vez que tivermos que alterar um parâmetro. Arquivos .m com funções são uma alternativa possível. Ao contrário de arquivos de *script*, arquivos de função podem aceitar argumentos de entrada e retornar saídas. Funções realmente ampliam a linguagem MATLAB, enquanto que arquivos de *script* não.

Sintaticamente, um arquivo .m de função é idêntico a um *script*, exceto pela primeira linha. A forma geral da primeira linha é:

function [*saída1, saída2,..., saídaN*] = *nome_do_arquivo*(*entrada1, entrada2,..., entradaM*)

Por exemplo, considere modificar MS2P1.m para criar a função MS2P2.m. Os valores dos componentes são passados para a função como duas entradas separadas: um vetor de tamanho 3 com os valores dos resistores e um vetor de tamanho 2 com os valores dos capacitores. As raízes características são o parâmetro de retorno como um vetor complexo 2 × 1.

```
function [lambda] = MS2P2(R,C)
% MS2P2.m; MATLAB Seção 2, Programa 2
% função em arquivo.m para determinar as raízes características de um
% circuito com amp-op
% ENTRADAS:   R = Vetor de tamanho 3 com as resistências
%             C = Vetor de tamanho 2 com as capacitâncias
% SAÍDAS:     lambda = raízes características

% Determinando os coeficientes da equação característica:
a0 = 1;
a1 = (1/R(1) + 1/R(2) + 1/R(3))/C(2);
a2 = 1/(R(1) * R(2) * C(1) * C(2));
A = [a0 a1 a2];
% Determinando as raízes características:
lambda = roots(A);
```

Tal como em um *script*, um arquivo de função é executado digitando-se o nome na linha de comando. Entretanto, as entradas também devem ser incluídas. Por exemplo, MS2P2 facilmente confirma os modos oscilatórios do exemplo anterior.

```
>> lambda = MS2P2([1e4, 1e4, 1e4],[1e-9, 1e-6])
lambda = 1.0e+003 *
         -0.1500 + 3.1587i
         -0.1500 - 3.1587i
```

Apesar de scripts e funções serem similares, eles possuem algumas diferenças distintas que devem ser mencionadas. *Scripts* operam com dados da área de trabalho; funções devem receber seus dados através dos argumentos de entradas ou, então, devem construir seus próprios dados. A não ser que passados como saídas, variáveis e dados criados por funções permanecem locais à função. Variáveis e dados gerados por *scripts* são globais e adicionados a área de trabalho. Para enfatizar este ponto, considere o vetor de coeficientes polinomiais λ, o qual é criado e utilizado tanto por MS2P1.m quanto por MS2P2.m. Seguindo a execução da função MS2P2, a variável A não é adicionada a área de trabalho. Seguindo a execução do *script* MS2P1, entretanto, a variável A estará disponível na área de trabalho. Lembre-se que a área de trabalho é facilmente visualizada digitando o comando who ou whos.

M2.3 Laços – Comando FOR

Resistores e capacitores reais nunca são exatamente iguais aos seus valores nominais. Suponha que os componentes do circuito possuam os seguintes valores medidos $R_1 = 10,3222$ KΩ, $R_2 = 9,952$ KΩ e $R_3 = 10,115$ KΩ,

$C_1 = 1,120$ nF, $C_2 = 1,320$ μF. Estes valores estão coerentes com a tolerância de 10% e 25% para resistores e capacitores, geralmente encontrada em componentes disponíveis no mercado. MS2P2 utiliza estes valores para calcular os novos valores de λ.

```
>> lambda = MS2P2([10322,9592,10115],[1.12e-9, 1.32e-6])
lambda = 1.0e+003 *
          -0.1136 + 2.6113i
          -0.1136 - 2.6113i
```

Agora os modos naturais oscilam a 2611,3 rad/s ou aproximadamente 416 Hz. O decaimento para 25% da amplitude é esperado em $t = \ln 0,25/(-113,6) \approx 0,012$ segundos. Estes valores, os quais diferem significativamente dos valores nominais de 503 Hz e $t \approx 0,01$ segundos, solicitam uma investigação mais formal do efeito das variações dos componentes nas posições das raízes características.

É interessante verificar três valores para cada componente: o valor nominal, o valor inferior e o valor superior. Os valores superior e inferior são baseados nas tolerâncias dos componentes. Por exemplo, com 10%, um resistor de 1kΩ pode ter um valor inferior esperado de $1000(1 - 0,1) = 900$ Ω e um valor superior esperado de $1000(1 + 0,1) = 1100$ Ω. Para os cinco componentes passivos do projeto, $3^5 = 243$ permutações são possíveis.

A utilização tanto de MS2P1 ou MS2P2 para resolver cada um dos 243 casos seria muito tediosa e aborrecida. Comandos de laço com o FOR ajudam a automatizar tarefas tais como esta. No MATLAB, a estrutura geral do comando for é:

for *variável D expressão, comando,..., comando,* end

São necessários cinco laços com o *for*, um para cada componente passivo, para resolvermos o problema.

```
% MS2P3.m: MATLAB Seção 2, Programa 3
% Arquivo com Script para determinar as raízes características para uma
% faixa de valores de componentes.

% Alocação antecipada de memória para todas as raízes calculadas:
lambda = zeros(2, 243);
% Inicialização do índice para identificar cada permutação:
p=0;
for R1 = 1e4*[0.9,1.0,1.1],
    for R2 = 1e4*[0.9,1.0,1.1],
        for R3 = 1e4*[0.9,1.0,1.1],
            for C1 = 1e-9*[0.75,1.0,1.25],
                for C2 = 1e-6*[0.75,1.0,1.25],
                    p = p+1;
                    lambda(:,p) = MS2P2([R1 R2 R3],[C1 C2]);
                end
            end
        end
    end
end

plot(real(lambda(:)),imag(lambda(:)),'kx',...
    real(lambda(:,1)),imag(lambda(:,1)),'kv',...
    real(lambda(:,end)),imag(lambda(:,end)),'k^')
xlabel('Real'), ylabel('Imaginário')
legend('Raízes características','Raízes - valores min',
    'Raízes - valores max', 0);
```

O comando lambda = zeros(2,243) aloca antecipadamente uma matriz 2×243 para armazenar as raízes calculadas. Quando necessário, o MATLAB executa a alocação dinâmica de memória, de tal forma que este comando não é estritamente necessário. Entretanto, a alocação antecipada aumenta significativamente a velocidade de execução do script. Note também que seria praticamente sem sentido chamar o script MS2P1 dentro do laço mais interno, pois os parâmetros do *script* não podem ser alterados durante sua execução.

O comando *plot* é bem grande. Comandos longos podem ser quebrados em diversas linhas terminando a linha intermediária com três pontos (...). Os três pontos indicam para o MATLAB que o comando atual continua na próxima linha. A posição das raízes de cada permutação será marcada com um x preto. O comando `lambda(:)` transforma a matriz de 2×243 em um vetor de 486×1. Isto é necessário neste caso para garantir que a legenda adequada seja criada. Devido a ordem dos laços, a permutação $p = 1$ corresponde ao caso no qual todos os componentes estão com o menor valor e a permutação $= 243$ corresponde ao caso no qual todos os componentes estão com o maior valor. Esta informação é utilizada para destacar os extremos, separando os casos de mínimo e máximo usando triângulos para baixo (∇) e triângulos para cima (Δ), respectivamente. Além disso, para terminar cada laço, o comando `end` é utilizado para indicar o índice final ao longo de uma dimensão em particular, o que elimina a necessidade de lembrar o tamanho particular de uma variável. Uma função tal como `end` possui diversas aplicações, sendo geralmente interpretada pelo contexto.

O resultado gráfico fornecido pelo *script* `MS2P3` está mostrado na Fig. M2.2. Entre os extremos, as oscilações das raízes vão de 365 a 745 Hz e o tempo de decaimento para 25% da amplitude varia de 6,2 a 12,7 ms. Claramente, o comportamento do circuito é bastante sensível a variações ordinárias dos componentes.

M2.4 Compreensão Gráfica da Convolução

Os gráficos do MATLAB ilustram efetivamente o processo de convolução. Considere o caso de $y(t) = x(t) * h(t)$, na qual $x(t) = \text{sen}(\pi t)(u(t) - u(t-1))$ e $h(t) = 1,5(u(t) - u(t-1,5)) - u(t-2) + u(t-2,5)$. O programa `MS2P4` executa a convolução no intervalo ($-0,25 \le t \le 3,75$) passo a passo.

```
% MS2P4.m; MATLAB Seção 2, Programa4
% Arquivo de Script que demonstra graficamente o processo de convolução

figure(1) % Cria uma janela de figura tornando-a visível na tela
x = inline('1.5*sin(pi*t).*(t>=0&t<1)');
h = inline('1.5*(t>=0&t<1.5)-(t>=2&t<2.5)');
dtau = 0.005; tau = -1:dtau:4;
ti = 0; tvec = -.25:.1:3.75;
y = NaN*zeros(1,length(tvec)); % Alocação prévia de memória
for t = tvec,
    ti = ti+1; % índice de tempo
    xh = x(t-tau).*h(tau); lxh = length(xh);
    y(ti) = sum(xh.*dtau); % aproximação trapezoidal da integral
    subplot(2,1,1),plot(tau,h(tau),'k-',tau,x(t-tau),...
    'k--',t,0,'ok');
    axis([tau(1) tau(end) -2.0 2.5]);
    patch([tau(1:end-1);tau(1:end-1);tau(2:end);tau(2:end)],...
        [zeros(1,lxh-1);xh(1:end-1);xh(2:end);zeros(1,lxh-1)],...
        [.8 .8 .8],'edgecolor','none');
```

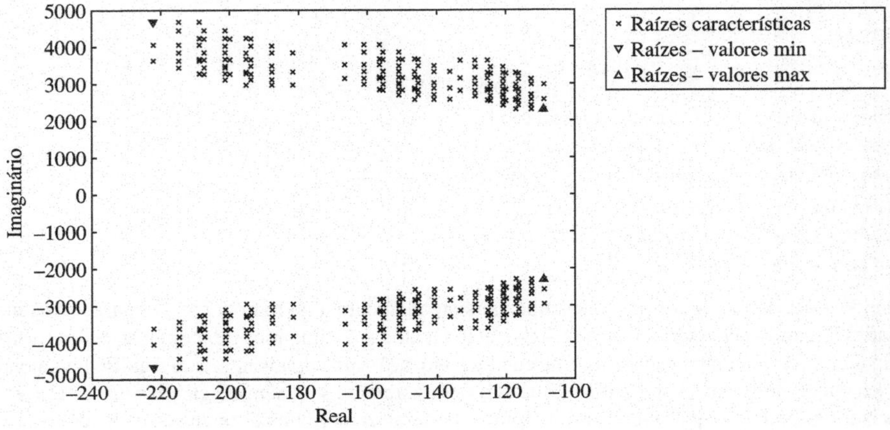

Figura M2.2 Efeito do valor dos componentes na posição das raízes características.

```
        xlabel('\tau'); legend('h(\tau)','x(t-\tau)','t',
    'h(\tau)x(t-\tau)',3);
        c = get(gca,'children'); set(gca,'children',
        [c(2);c(3);c(4);c(1)]);
        subplot(2,1,2),plot(tvec,y,'k',tvec(ti),y(ti),'ok');
        xlabel('t'); ylabel('y(t) = \int h(\tau)x(t-\tau) d\tau');
        axis([tau(1) tau(end) -1.0 2.0]); grid;
        drawnow;
    end
```

A cada passo, o programa traça $h(\tau)$, $x(t-\tau)$ e sombreia a área $h(\tau)x(t-\tau)$ de cinza. Esta área cinza, a qual reflete a integral de $h(\tau)x(t-\tau)$, também é o resultado desejado, $y(t)$. As Figs. M2.3, M2.4 e M2.5 mostram o processo da convolução para os tempos t de 0,75; 2,25 e 2,85 segundos, respectivamente. Estas figuras ajudam a ilustrar como as regiões de integração alteram com o tempo. A Fig. M2.3 possui limites de integração de 0 a ($t = 0{,}75$). A Fig. M2.4 possui duas regiões de integração com limites ($t - 1 = 1{,}25$) a 1,5 e 2,0 a ($t = 2{,}25$). O último gráfico, Fig. M2.5, possui limites de 2,0 a 2,5.

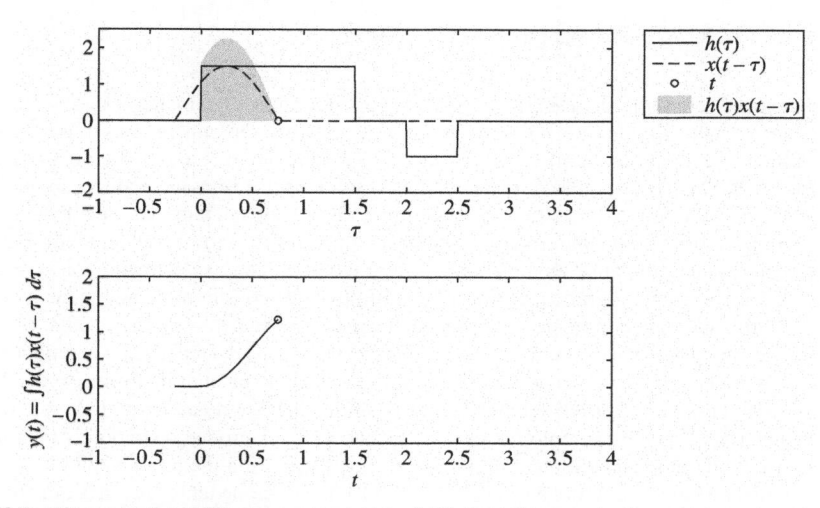

Figura M2.3 Convolução gráfica para o passo $t = 0{,}75$ segundos.

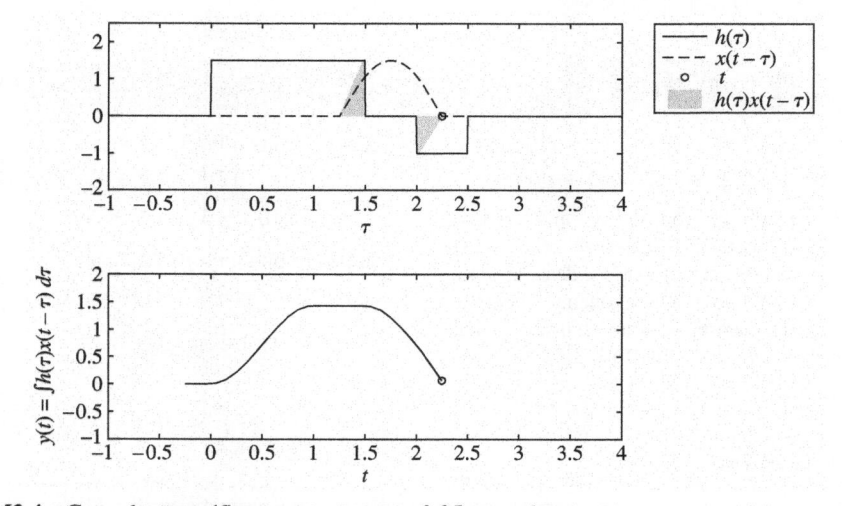

Figura M2.4 Convolução gráfica para o passo $t = 2{,}25$ segundos.

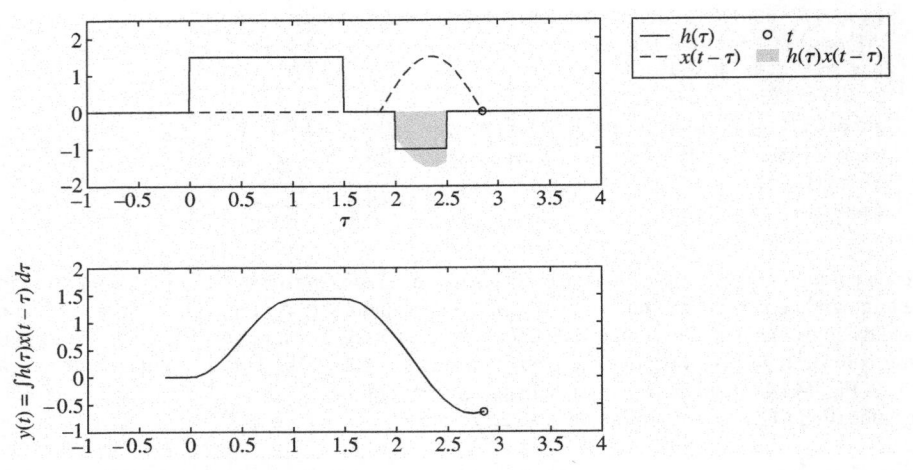

Figura M2.5 Convolução gráfica para o passo $t = 2{,}85$ segundos.

Vários comentários com relação a MS2P4 estão a seguir, em ordem. O comando figure(1) abre a primeira janela de figura e, mais importante, garante que ela esteja visível. Objetos *inline* são utilizados para representar as funções $x(t)$ e $h(t)$. NaN significa *not-a-number**, geralmente o resultado de uma operação tal como 0/0 ou $\infty - \infty$. O MATLAB se recusa a traças valores NaN. De tal forma que a alocação antecipada de $y(t)$ com NaN garante que o MATLAB mostrará apenas valores de $y(t)$ que tenham sido calculados. Tal como o nome sugere, length retorna o tamanho (comprimento) de um vetor de entrada. O comando subplot(a, b, c) particiona a janela de figura atual em uma matriz a por b de gráficos e seleciona o gráfico c para uso. Subgráficos facilitam a comparação gráfica, permitindo múltiplos gráficos em uma única janela de figura. O comando patch é utilizado para criar a área sombreada de cinza para $h(\tau)x(t-\tau)$. Em MS2P4, os comandos get e set são utilizados para reordenar os objetos plot de tal forma que a área cinza não sobreponha outras linhas. Detalhes dos comandos patch, get e set utilizados em MS2P4, são de alguma forma avançados, sendo desnecessários neste ponto.[†] O MATLAB também imprime muitas letras gregas, se o nome grego for precedido por uma barra invertida (\). Por exemplo, \tau no comando xlabel produz o símbolo τ no nome do eixo do gráfico. Similarmente, um sinal de integral é produzido por \int. Finalmente, o comando drawnow força o MATLAB a atualizar a janela de figura a cada iteração do laço. Apesar de lento, isto cria um efeito tipo animação. A substituição do comando drawnow por pause permite ao usuário fazer a convolução passo a passo manualmente. O comando pause também força a atualização da janela de figura, mas o programa não irá continuar até que uma tecla seja pressionada.

PROBLEMAS

2.2-1 Um sistema LCIT é especificado pela equação
$$(D^2 + 5D + 6)y(t) = (D+1)x(t)$$

(a) Determine o polinômio característico, equação característica, raízes características e modos característicos deste sistema.

(b) Determine $y_0(t)$, a componente de entrada nula da resposta $y(t)$ para $t \geq 0$ se as condições iniciais forem $y_0(0^-) = 2$ e $\dot{y}_0(0^-) = -1$.

2.2-2 Repita o Prob. 2.2-1 para
$$(D^2 + 4D + 4)y(t) = Dx(t)$$
e $y_0(0^-) = 3$ e $\dot{y}_0(0^-) = -4$.

2.2-3 Repita o Prob. 2.2-1 para
$$D(D+1)y(t) = (D+2)x(t)$$
e $y_0(0^-) = \dot{y}_0(0^-) = 1$.

---

* N. de T.: Não um número.
[†] Estudantes com interesse devem consultar o help do MATLAB para mais informações. Na realidade, os comandos get e set são extremamente poderosos e podem ajudar a modificar gráficos de quase todas as formas imagináveis.

2.2-4 Repita o Prob. 2.2-1 para
$$(D^2 + 9)y(t) = (3D + 2)x(t)$$
e $y_0(0^-) = 0$ e $\dot{y}_0(0^-) = 6$.

2.2-5 Repita o Prob. 2.2-1 para
$$(D^2 + 4D + 13)y(t) = 4(D + 2)x(t)$$
e $y_0(0^-) = 5$ e $\dot{y}_0(0^-) = 15,98$.

2.2-6 Repita o Prob. 2.2-1 para
$$D^2(D + 1)y(t) = (D^2 + 2)x(t)$$
e $y_0(0^-) = 4$ e $\dot{y}_0(0^-) = 3$ e $\ddot{y}_0(0^-) = -1$

2.2-7 Repita o Prob. 2.2-1 para
$$(D + 1)(D^2 + 5D + 6)y(t) = Dx(t)$$
e $y_0(0^-) = 2$ e $\dot{y}_0(0^-) = -1$ e $\ddot{y}_0(0^-) = 5$

2.2-8 Um sistema é descrito por uma equação linear diferencial com coeficiente constante e possui uma resposta de entrada nula dada por $y_0(t) = 2e^{-t} + 3$.
 (a) É possível que a equação característica do sistema seja $\lambda + 1 = 0$? Justifique sua resposta.
 (b) É possível que a equação característica do sistema seja $(\lambda^2 + \lambda) = 0$? Justifique sua resposta.
 (c) É possível que a equação característica do sistema seja $\lambda(\lambda + 1)^2 = 0$? Justifique sua resposta.

2.3-1 Determine a resposta ao impulso unitário do sistema especificado pela equação
$$(D^2 + 4D + 3)y(t) = (D + 5)x(t)$$

2.3-2 Repita o Prob. 2.3-1 para
$$(D^2 + 5D + 6)y(t) = (D^2 + 7D + 11)x(t)$$

2.3-3 Repita o Prob. 2.3-1 para o filtro passa tudo de primeira ordem especificado pela equação
$$(D + 1)y(t) = -(D - 1)x(t)$$

2.3-4 Determine a resposta ao impulso unitário de um sistema LCIT especificado pela equação
$$(D^2 + 6D + 9)y(t) = (2D + 9)x(t)$$

2.4-1 Se $c(t) = x(t) * g(t)$, então mostre que $A_c = A_x A_g$, onde A_x, A_g e A_c são as áreas sob $x(t)$, $g(t)$ e $c(t)$, respectivamente. Verifique esta *propriedade da área* da convolução nos Exemplos 2.7 e 2.9.

2.4-2 Se $x(t) * g(t) = c(t)$ então mostre que $x(at) * g(at) = |1/a|c(at)$. Esta *propriedade de escalamento no tempo* da convolução afirma que se tanto $x(t)$ quanto $g(t)$ forem escalonados no tempo por a, a convolução deles também será escalonada por a (e multiplicada por $|1/a|$).

2.4-3 Mostre que a convolução de uma função ímpar e uma função par é uma função ímpar e que a convolução de duas funções ímpares ou duas funções pares é uma função par. [Dica: Utilize a propriedade de escalamento no tempo da convolução do Prob. 2.4-2.]

2.4-4 Usando a integração direta, determine $e^{-at}u(t) * e^{-bt}u(t)$.

2.4-5 Usando a integração direta, determine $u(t) * u(t)$, $e^{-at}u(t) * e^{-at}u(t)$ e $tu(t) * u(t)$.

2.4-6 Usando a integração direta, determine sen $t\, u(t) * u(t)$ e cos $t\, u(t) * u(t)$.

2.4-7 A resposta ao impulso unitário de um sistema LCIT é
$$h(t) = e^{-t}u(t)$$
Determine a resposta do sistema (estado nulo) $y(t)$ se a entrada $x(t)$ for
 (a) $u(t)$
 (b) $e^{-t}u(t)$
 (c) $e^{-2t}u(t)$
 (d) sen $3t\, u(t)$

2.4-8 Repita o Prob. 2.4-7 para
$$h(t) = [2e^{-3t} - e^{-2t}]u(t)$$
e se a entrada $x(t)$ for:
 (a) $u(t)$
 (b) $e^{-t}u(t)$
 (c) $e^{-2t}u(t)$

2.4-9 Repita o Prob. 2.4-7 para
$$h(t) = (1 - 2t)e^{-2t}u(t)$$
e entrada $x(t) = u(t)$.

2.4-10 Repita o Prob. 24-7 para
$$h(t) = 4e^{-2t}\cos 3t\, u(t)$$
e cada uma das seguintes entradas $x(t)$:
 (a) $u(t)$
 (b) $e^{-t}u(t)$

2.4-11 Repita o Prob. 2.4-7 para
$$h(t) = e^{-t}u(t)$$
e cada uma das seguintes entradas $x(t)$:
 (a) $e^{-2t}u(t)$
 (b) $e^{-2(t-3)}u(t)$
 (c) $e^{-2t}u(t - 3)$
 (d) O pulso mostrado na Fig. 2.4-11 – Forneça um rascunho de $y(t)$.

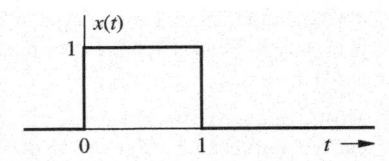

Figura P2.4-11

2.4-12 A resposta ao impulso de um filtro passa tudo de primeira ordem é dada por

$$h(t) = -\delta(t) + 2e^{-t}u(t)$$

(a) Determine a resposta de estado nulo deste filtro para a entrada $e^t u(-t)$.
(b) Rascunhe a entrada e a saída de estado nulo correspondente.

2.4-13 A Fig. P2.4-13 mostra a entrada $x(t)$ e a resposta $h(t)$ ao impulso de um sistema LCIT. Considere a saída $y(t)$.

(a) Por inspeção de $x(t)$ e $h(t)$, determine $y(-1)$, $y(0)$, $y(2)$, $y(3)$, $y(4)$, $y(5)$ e $y(6)$. Portanto, simplesmente examinando $x(t)$ e $h(t)$ você deve determinar o resultado da convolução para $t = -1, 0, 1, 2, 3, 4, 5$ e 6.
(b) Determine a resposta do sistema para a entrada $x(t)$.

2.4-14 A resposta de estado nulo de um sistema LCIT a entrada $x(t) = 2e^{-2t}u(t)$ é $y(t) = [4e^{-2t} + 6e^{-3t}]u(t)$. Determine a resposta ao impulso do sistema. [Dica: ainda não desenvolvemos um método de determinação de $h(t)$ a partir do conhecimento da entrada e da saída correspondente. Conhecendo a forma de $x(t)$ e $y(t)$ você deve adivinhar a forma geral de $h(t)$.]

2.4-15 Rascunhe as funções $x(t) = 1/(t^2 + 1)$ e $u(t)$. Determine, agora, $x(t) * u(t)$ e rascunhe o resultado.

2.4-16 A Fig. P2.4-16 mostra $x(t)$ e $g(t)$, Determine e rascunhe $c(t) = x(t) * g(t)$.

2.4-17 Determine e rascunhe $c(t) = x(t) * g(t)$ para as funções mostradas na Fig. P2.4-17.

2.4-18 Determine e rascunhe $c(t) = x_1(t) * x_2(t)$ para os pares de funções mostradas na Fig. P2.4-18.

2.4-19 Utilize a Eq. (2.46) para determinar a convolução de $x(t)$ e $w(t)$ mostrados na Fig. P2.4-19.

2.4-20 Determine $H(s)$, a função de transferência de um atrasador de tempo ideal de T segundos. Obtenha a sua resposta de duas formas: usando a Eq. (2.48) e usando a Eq. (2.49).

2.4-21 Determine $y(t) = x(t) * h(t)$ para os sinais mostrados na Fig. P2.4-21.

2.4-22 Dois sistemas lineares invariantes no tempo, cada um com resposta $h(t)$ ao impulso, são conectados em série. Refira-se à Fig. P2.4-22 Dada a entrada $x(t) = u(t)$, determine $y(1)$. Ou seja, determine a resposta ao degrau para o tempo $t = 1$ para o sistema em cascata mostrado.

2.4-23 Considere o circuito elétrico mostrado na Fig. P2.4-23.
(a) Determine a equação diferencial que relaciona a entrada $x(t)$ com a saída $y(t)$. Lembre que

$$i_C(t) = C\frac{dv_C}{dt} \quad \text{e} \quad v_L(t) = L\frac{di_L}{dt}$$

(b) Determine a equação característica para este circuito e expresse a(s) raiz(es) da equação característica em termos de L e C.

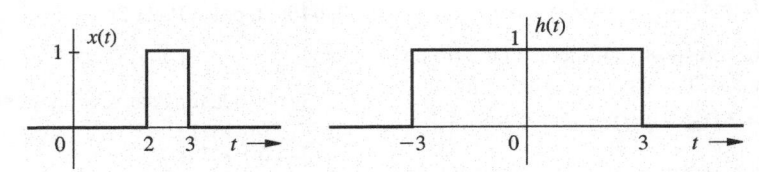

Figura P2.4-13

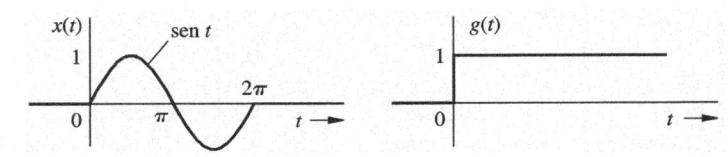

Figura P2.4-16

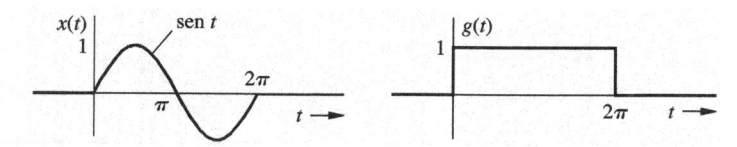

Figura P2.4-17

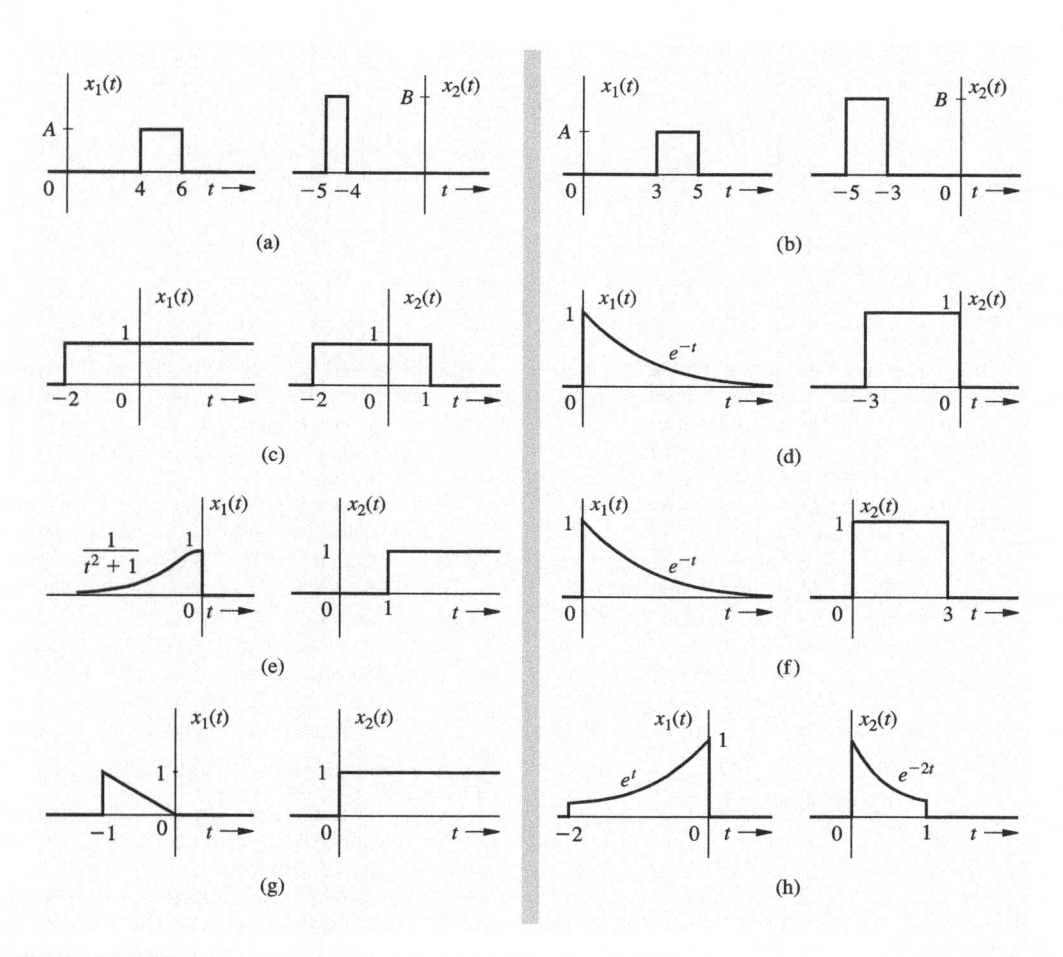

Figura P2.4-18

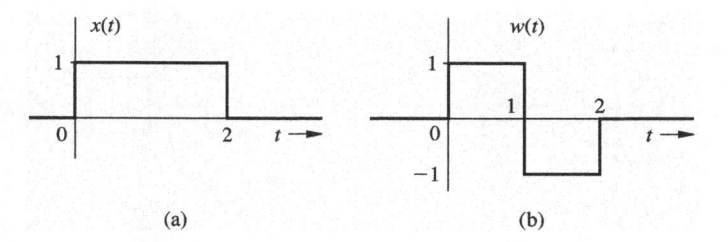

Figura P2.4-19

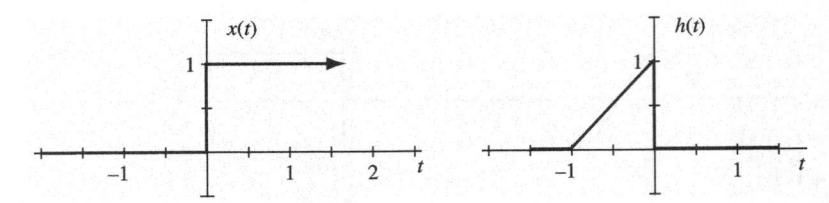

Figura P2.4-21 Sinais analógicos $x(t)$ e $h(t)$.

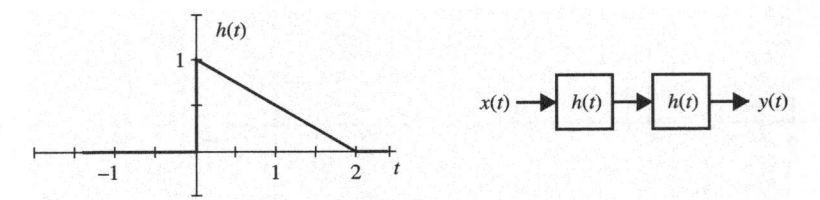

Figura P2.4-22 Resposta ao impulso e sistema em cascata.

(c) Determine a resposta a entrada nula dada uma tensão inicial no capacitor de um volt e uma corrente inicial no indutor de zero amperes. Ou seja, determine $y_0(t)$ dado $v_c(0) = 1$ V e $i_L(0) = 0$ A. [Dica: O(s) coeficiente(s) em $y_0(t)$ é (são) independente(s) de L e C.]

(d) Trace $y_0(t)$ para $t \geq 0$. A resposta de entrada nula, a qual é causada somente pelas condições iniciais, por acaso "morre"?

(e) Determine a resposta total $y(t)$ para a entrada $x(t) = e^{-t}u(t)$. Assuma uma corrente inicial no indutor de $i_L(0^-) = 0$ A e a tensão inicial do capacitor de $v_c(0^+) = 1$V. $L = 1$ H e $C = 1$ F.

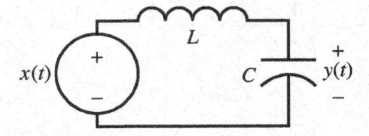

Figura P2.4-23 Circuito LC.

2.4-24 Dois sistemas possuem resposta ao impulso dadas por $h_1(t) = (1-t)[u(t) - u(t-1)]$ e $h_2(t) = t[u(t+2) - u(t-2)]$.

(a) Cuidadosamente trace as funções $h_1(t)$ e $h_2(t)$.

(b) Assuma que os dois sistemas são conectados em paralelo, como mostrado na Fig. P2.4-24a. Cuidadosamente trace a resposta $h_s(t)$ do sistema equivalente ao impulso.

(c) Assuma que os dois sistemas são conectados em cascata, como mostrado na Fig. P2.4-24b. Cuidadosamente trace a resposta $h_s(t)$ do sistema equivalente ao impulso.

2.4-25 Considere o circuito mostrado na Fig. P2.4-25.

(a) Determine a saída $y(t)$ dada uma tensão inicial do capacitor de $y(0) = 2$V e entrada $x(t) = u(t)$.

(b) Dada uma entrada $x(t) = u(t-1)$, determine a tensão inicial no capacitor $y(t)$ tal que a saída $y(t)$ seja 0,5 volts para $t = 2$ segundos.

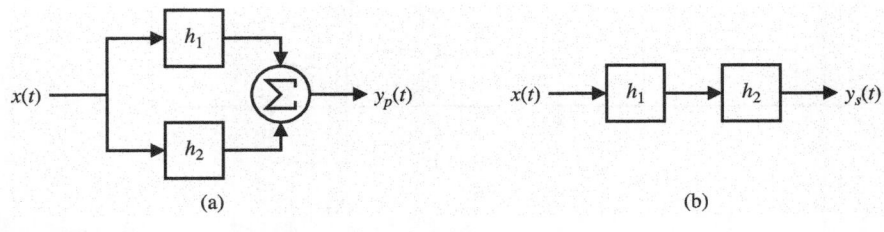

Figura P2.4-24 Conexões em (a) paralelo e (b) série.

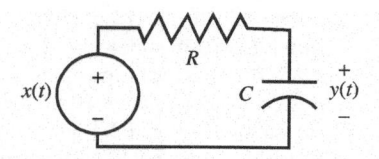

Figura P2.4-25 Circuito RC.

2.4-26 Um sinal analógico é dado por $x(t) = t[u(t) - u(t-1)]$, como mostrado na Fig. P2.4-26. Determine e trace $y(t) = x(t) * x(2t)$.

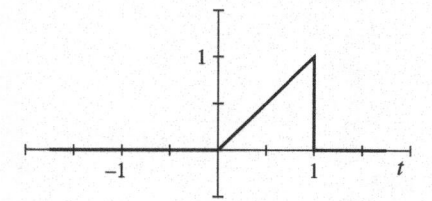

Figura P2.4-26 Sinal $x(t)$ em rampa de curta duração.

2.4-27 Considere o circuito elétrico mostrado na Fig. P2.4-27
   (a) Determine a equação diferencial que relaciona a corrente de entrada $x(t)$ com a corrente de saída $y(t)$. Lembre-se que
$$v_L = L\frac{di_L}{dt}$$
   (b) Determine a equação característica para este circuito e expresse a(s) raiz(es) da equação característica em termos de L_1, L_2 e R.
   (c) Determine a resposta a entrada nula dado que a corrente inicial nos indutores é de um ampere cada. Ou seja, determine $y_0(t)$ dado $i_{L1}(0) = i_{L2}(0) = 1A$.

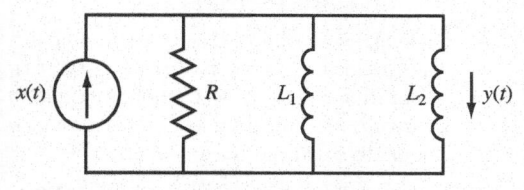

Figura P2.4-27 Circuito RLL.

2.4-28 Um sistema LIT possui resposta ao degrau dada por $g(t) = e^{-t}u(t) - e^{-2t}u(t)$. Determine a saída $y(t)$ deste sistema dada a entrada $x(t) = \delta(t - \pi) - \cos(\sqrt{3})u(t)$.

2.4-29 O sinal periódico $x(t)$ mostrado na Fig. P2.4-29 é entrada de um sistema com função de resposta ao impulso dada por $h(t) = t[u(t) - u(t-1,5)]$, também mostrada na Fig. P2.4-29. Use a convolução para determinar a saída $y(t)$ deste sistema. Trace $y(t)$ no intervalo $(-3 \le t \le 3)$.

2.4-30 Considere o circuito elétrico mostrado na Fig. P2.4-30.
   (a) Determine a equação diferencial que relaciona a entrada $x(t)$ com a saída $y(t)$.
   (b) Determine a saída $y(t)$ em resposta a entrada $x(t) = 4te^{-3t/2}u(t)$. Assuma os valores dos componentes de $R = 1\,\Omega$, $C_1 = 1F$ e $C_2 = 2F$ e tensões iniciais nos capacitores de $V_{C1} = 2V$ e $V_{C2} = 1V$.

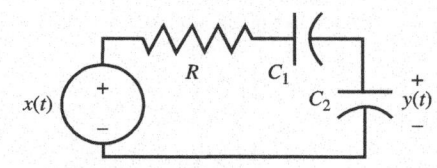

Figura P2.4-30 Circuito RCC.

2.4-31 Um pesquisador cardiovascular está tentando modelar o coração humano. Ele gravou a pressão ventricular, a qual ele acredita corresponder a função $h(t)$ de resposta ao impulso do coração, mostrada na Fig. P2.4-31. Comente a função $h(t)$ mostrada na Fig. P2.4-31. Você pode estabelecer alguma propriedade do sistema, tal como causalidade ou estabilidade? Os dados sugerem qualquer razão para você suspeitar que esta é uma resposta ao impulso verdadeira?

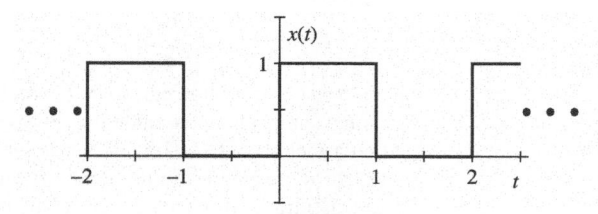

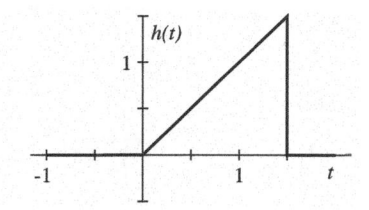

Figura P2.4-29 A saída periódica $x(t)$.

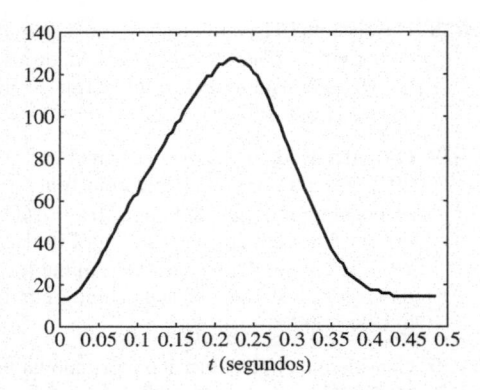

Figura P2.4-31 Função de resposta ao impulso medida.

2.4-32 A autocorrelação de uma função $x(t)$ é dada por $r_{xx}(t) = \int_{-\infty}^{\infty} x(\tau)x(\tau - t)\,d\tau$. Esta equação é calculada de maneira quase idêntica à convolução.
(a) mostre que $r_{xx}(t) = x(t) * x(-t)$
(b) Determine e trace $r_{xx}(t)$ para o sinal $x(t)$ mostrado na Fig. P2.4-32. [Dica: $r_{xx}(t) = r_{xx}(-t)$.]

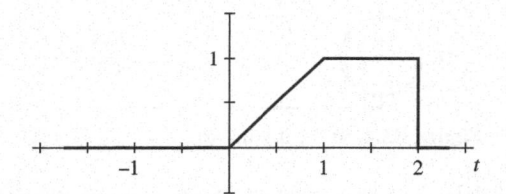

Figura P2.4-32 Sinal analógico $x(t)$.

2.4-33 Considere o circuito mostrado na Fig. P2.4-33. Este circuito funciona como um integrador. Assuma o comportamento de um amp-op ideal e lembre que

$$i_C = C\frac{dV_C}{dt}$$

(a) Determine a equação diferencial que relaciona a entrada $x(t)$ com a saída $y(t)$.
(b) Este circuito não se comporta bem com CC. Demonstre isto calculando a resposta ao estado nulo $y(t)$ para um degrau unitário $x(t) = u(t)$.

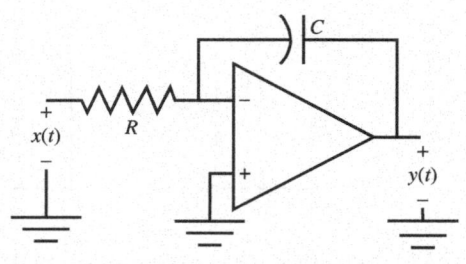

Figura P2.4-33 Circuito integrador com amp-op.

2.4-34 Obtenha o resultado da Eq. (2.46) por outro caminho. Como mencionado no Capítulo 1 (Fig. 1.27b), é possível expressar a entrada em termos de suas componentes em degrau, como mostrado na Fig. P2.4-34. Determine a resposta do sistema como a soma das respostas às componentes em degrau da entrada.

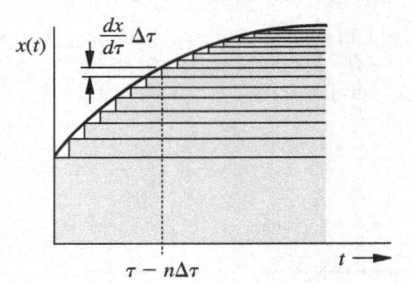

Figura P2.4-34

2.4-35 Mostre que a resposta de um sistema LCIT a uma senoide de duração infinita $\cos \omega_0 t$ é dada por

$$y(t) = |H(j\omega_0)| \cos[\omega_0 t + \angle H(j\omega_0)]$$

onde

$$H(j\omega) = \int_{-\infty}^{\infty} h(t)e^{-j\omega t}\,dt$$

presumindo que a integral do lado direito exista.

2.4-36 Uma linha de carga é colocada ao longo do eixo x com densidade de carga $Q(x)$ coulombs por metro. Mostre que o campo elétrico $E(x)$ produzido por esta linha de carga no ponto x é dado por

$$E(x) = Q(x) * h(x)$$

onde $h(t) = 1/4\pi\varepsilon x^2$. [Dica: A carga no intervalo $\Delta\tau$ localizada em $\tau = n\Delta\tau$ é $Q(n\Delta\tau)\Delta\tau$. Além disso, pela lei de Coulomb, o campo elétrico $E(r)$ a uma distância r de uma carga q coulombs é dada por $E(r) = q/4\pi\varepsilon r^2$.]

2.4-37 Considere o circuito mostrado na Fig. P2.4-37. Assuma o comportamento de um amp-op ideal e lembre-se que

$$i_C = C\frac{dV_C}{dt}$$

Sem o resistor de realimentação R_f, o circuito funciona como um integrador e é instável, particularmente em CC. Um resistor de realimentação R_f corrige este problema e resulta em um circuito estável que funciona como um integrador "com perdas".

(a) Determine a equação diferencial que relaciona a entrada $x(t)$ com a saída $y(t)$. Qual é a equação característica correspondente?
(b) Para demonstrar que este integrador como perdas se comporta bem com CC, determine a resposta ao estado nulo $y(t)$ dada uma entrada em degrau unitário $x(t) = u(t)$.
(c) Investigue o efeito de uma tolerância de 10% para o resistor e 25% para o capacitor nas raízes características do sistema.

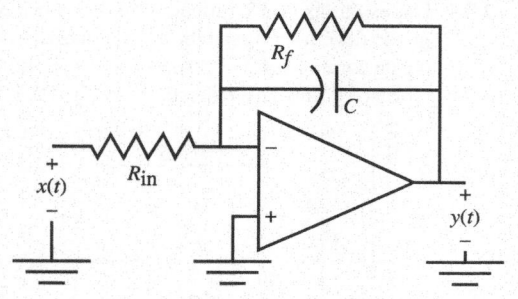

Figura P2.4-37 Circuito integrador com perdas com amp-op.

2.4-38 Considere o circuito elétrico mostrado na Fig. P2.4-38. Considere $C_1 = C_2 = 10\,\mu f$, $R_1 = R_2 = 100\,k\Omega$ e $R_3 = 50k\Omega$.
(a) Determine a equação diferencial correspondente a este circuito. O circuito é BIBO estável?
(b) Determine a resposta a entrada nula $y_0(t)$ se a saída inicial de cada amp-op for um volt.
(c) Determine a resposta ao estado nulo $y(t)$ a uma entrada em degrau $x(t) = u(t)$.
(d) Investigue o efeito de uma tolerância de 10% nos resistores e 25% nos capacitores nas raízes características do sistema.

2.4-39 Um sistema é chamado complexo se uma entrada de valor real produzir uma saída de valor complexo. Suponha um sistema linear, invariante no tempo, complexo, com resposta ao impulso dada por $h(t) = j[u(-t + 2) - u(-t)]$.
(a) Este sistema é causal? Explique.
(b) Utilize a convolução para determina a resposta de estado nulo $y_1(t)$ deste sistema em resposta ao pulso de duração unitária $x_1(t) = u(t) - u(t - 1)$.
(c) Usando o resultado da parte b, determine a resposta ao estado nulo $y_2(t)$ em resposta a $x_2(t) = 2u(t - 1) - u(t - 2) - u(t - 3)$.

2.5-1 Utilize o método clássico para resolver
$$(D^2 + 7D + 12)y(t) = (D + 2)x(t)$$
considerando as condições iniciais $y(0^+) = 0$, $\dot{y}(0^+) = 1$, e entrada $x(t)$ de
(a) $u(t)$
(b) $e^{-t}u(t)$
(c) $e^{-2t}u(t)$

2.5-2 Usando o método clássico resolva
$$(D^2 + 6D + 25)y(t) = (D + 3)x(t)$$
para as condições iniciais $y(0^+) = 0$, $\dot{y}(0^+) = 2$ e entrada $x(t) = u(t)$.

2.5-3 Usando o método clássico resolva
$$(D^2 + 4D + 4)y(t) = (D + 1)x(t)$$
para as condições iniciais de $y(0^+) = 9/4$, $\dot{y}(0^+) = 5$ e entrada $x(t)$ de
(a) $e^{-3t}u(t)$
(b) $e^{-t}u(t)$

2.5-4 Usando o método clássico resolva
$$(D^2 + 2D)y(t) = (D + 1)x(t)$$

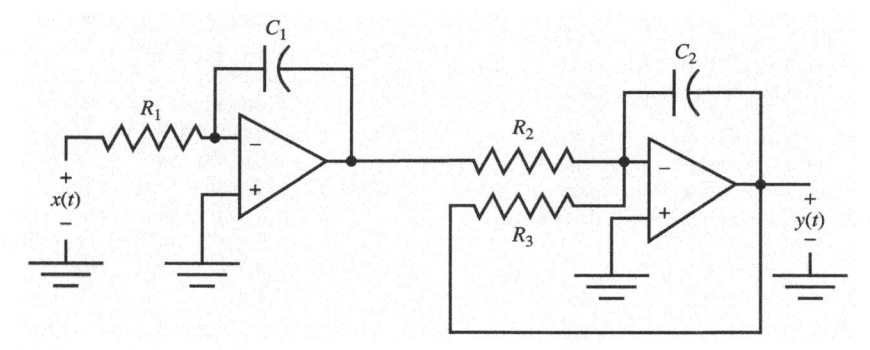

Figura P2.4-38 Circuito com amp-op.

para as condições iniciais $y(0^+) = 2, \dot{y}(0^+) = 1$ e entrada $x(t) = u(t)$.

2.5-5 Repita o Problema 2.5-1 para a entrada
$$x(t) = e^{-3t}u(t)$$

2.6-1 Explique, com razões, quando um sistema LCIT descrito pelas seguintes equações é (i) estável ou instável no sentido BIBO; (ii) assintoticamente estável, instável ou marginalmente estável. Assuma que os sistemas são controláveis e observáveis.
(a) $(D^2 + 8D + 12)y(t) = (D - 1)x(t)$
(b) $D(D^2 + 3D + 2)y(t) = (D + 5)x(t)$
(c) $D^2(D^2 + 2)y(t) = x(t)$
(d) $(D+1)(D^2-6D+5)y(t) = (3D+1)x(t)$

2.6-2 Repita o Prob. 2.6-1 para as equações:
(a) $(D + 1)(D^2 + 2D + 5)^2 y(t) = x(t)$
(b) $(D + 1)(D^2 + 9)y(t) = (2D + 9)x(t)$
(c) $(D + 1)(D^2 + 9)^2 y(t) = (2D + 9)x(t)$
(d) $(D^2 + 1)(D^2 + 4)(D^2 + 9)y(t) = 3Dx(t)$

2.6-3 Para um certo sistema LCIT, a resposta ao impulso é $h(t) = u(t)$.
(a) Determine a(s) raiz(es) característica(s) deste sistema.
(b) O sistema é assintoticamente ou marginalmente estável ou ele é instável?
(c) O sistema é BIBO estável?
(d) Para o que este sistema pode ser utilizado?

2.6-4 Na Seção 2.6 demonstramos que para um sistema LCIT, a condição (2.64) é suficiente para a estabilidade BIBO. Mostre que ela também é uma condição necessária para estabilidade BIBO em tais sistemas. Em outras palavras, mostre que se a condição (2.64) não for satisfeita, então existe uma entrada limitada que produz uma saída ilimitada. [Dica: Assuma que existe um sistema no qual $h(t)$ viola a condição (2.64) e mesmo assim produza uma saída que é limitada para toda entrada limitada. Estabeleça a contradição nesta afirmativa considerando uma entrada $x(t)$ definida por $x(t_1 - \tau) = 1$ quando $h(\tau) \geq 0$ e $x(t_1 - \tau) = -1$ quando $h(\tau) < 0$, onde t_1 é algum instante fixo.]

2.6-5 Um sistema LCIT analógico com função de resposta ao impulso dada por $h(t) = u(t + 2) - u(t - 2)$ recebe uma entrada $x(t) = t[u(t) - u(t - 2)]$.
(a) Determine e trace a saída do sistema $y(t) = x(t) * h(t)$.

(b) Este sistema é estável? Este sistema é causal? Justifique suas respostas.

2.6-6 Um sistema possui função de resposta ao impulso com forma semelhante a um pulso retangular, $h(t) = u(t) - u(t - 1)$. Este sistema é estável? Ele é causal?

2.6-7 Um sistema LIT em tempo contínuo possui função de resposta ao impulso $h(t) = \sum_{i=0}^{\infty} (0,5)^i \delta(t - i)$.
(a) Este sistema é causal? Prove sua resposta.
(b) Este sistema é estável? Prove sua resposta.

2.7-1 Dados na taxa de 1 milhão de pulsos por segundo devem ser transmitidos em um certo canal de comunicação. A resposta ao degrau unitário $g(t)$ deste canal é mostrada na Fig. P2.7-1

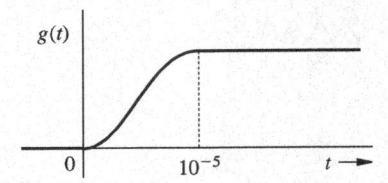

Figura P2.7-1

(a) Este canal pode transmitir os dados na taxa necessária? Explique sua resposta.
(b) Um sinal de áudio, constituído por componentes com frequência até 15 khz, pode ser transmitido neste canal com uma fidelidade razoável?

2.7-2 Um certo canal de comunicação possui largura de faixa de 10 kHz. Um pulso de 0,5 ms de duração é transmitido neste canal.
(a) Determine a largura (duração) do pulso recebido.
(b) Determine a taxa máxima na qual estes pulsos podem ser transmitidos pelo canal sem interferência entres os pulsos sucessivos.

2.7-3 Um sistema LCIT de primeira ordem possui raiz característica $\lambda = -10^4$.
(a) Determine T_r, o tempo de subida da resposta ao degrau unitário deste sistema.
(b) Determine a largura de faixa do sistema.
(c) Determine a taxa na qual pulsos de informação podem ser transmitidos através deste sistema.

2.7-4 Considere um sistema linear, invariante no tempo, com resposta $h(t)$ ao impulso mostrada na Fig. P2.7-4. Fora do intervalo mostrado, $h(t) = 0$.

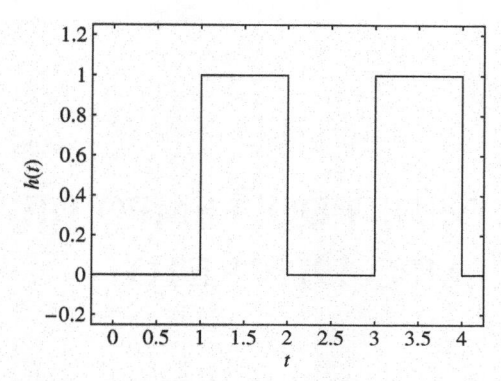

Figura 2.7-4 Resposta $h(t)$ ao impulso.

(a) Qual é o tempo de subida, T_r, deste sistema? Lembre-se que o tempo de subida é o tempo entre a aplicação de um degrau unitário e o momento no qual o sistema respondeu completamente.
(b) Suponha que $h(t)$ representa a resposta de um canal de comunicação. Quais condições podem fazer com que o canal tenha este tipo de resposta ao impulso? Qual é o maior número médio de pulsos por unidade de tempo que podem ser transmitidos sem causar interferência? Justifique sua resposta.
(c) Determine a saída do sistema $y(t) = x(t) * h(t)$ para $x(t) = [u(t-2) - u(t)]$. Trace o gráfico exato de $y(t)$ para $(0 \leq t \leq 10)$.

CAPÍTULO 3

ANÁLISE NO DOMÍNIO DO TEMPO DE SISTEMAS EM TEMPO DISCRETO

Neste capítulo, apresentaremos os conceitos básicos de sinais e sistemas em tempo discreto. Estudaremos o método da convolução de sistemas lineares discretos e invariantes no tempo (LDIT). Métodos clássicos de análise destes sistemas também serão examinados.

3.1 INTRODUÇÃO

Um *sinal em tempo discreto* é basicamente uma sequência de números. Tais sinais aparecem naturalmente em situações inerentemente discretas, tais como estudos populacionais, problemas de amortização, modelos de renda nacional e rastreamento por radar. Eles também podem aparecer como resultado da amostragem de sinais contínuos no tempo em sistemas amostrados de filtragem digital. Tais sinais podem ser representados por $x[n]$, $y[n]$ e assim por diante, no qual a variável n assume valores inteiros e $x[n]$ representa o n-ésimo número na sequência x. Nessa notação, a variável discreta n é mantida entre colchetes em vez de parênteses, o qual é reservado para variáveis contínuas no tempo, tal como t.

Sistemas cujas entradas e saídas são sinais em tempo discreto são chamados de *sistemas em tempo discreto* ou simplesmente *sistemas discretos*. Um computador digital é um exemplo típico deste tipo de sistema. Um sinal em tempo discreto é uma sequência de números e um sistema em tempo discreto processa uma sequência de números $x[n]$ resultando em outra sequência $y[n]$ na saída.[†]

Um sinal em tempo discreto, quando obtido pela amostragem uniforme de um sinal contínuo no tempo $x(t)$, também pode ser expresso por $x(nT)$, onde T é o intervalo (período) de amostragem e n é a variável discreta que assume valores inteiros. Portanto, $x(nT)$ representa os valores do sinal $x(t)$ para $t = nT$. O sinal $x(nT)$ é uma sequência de números (valores amostrados) e, logo, por definição, é um sinal em tempo discreto. Tal sinal também pode ser representado pela notação simplificada discreta no tempo por $x[n]$, onde $x[n] = x(nT)$. Um sinal em tempo discreto típico é mostrado na Fig. 3.1, a qual mostra as duas formas de notação. Por exemplo, uma exponencial contínua no tempo $x(t) = e^{-t}$, quando amostrada a cada $T = 0,1$ segundos resulta em um sinal em tempo discreto $x(nT)$ dado por

$$x(nT) = e^{-nT} = e^{-0,1n}$$

Claramente, este sinal é uma função de n e pode ser expresso por $x[n]$. Tal representação é mais conveniente e será adotada ao longo deste livro, mesmo para sinais resultantes da amostragem de sinais contínuos no tempo.

Filtros digitais podem processar sinais contínuos no tempo através de sistemas em tempo discreto, usando interfaces apropriadas na entrada e saída, como mostrado na Fig. 3.2. Um sinal contínuo no tempo $x(t)$ é inicialmente amostrado, sendo convertido em um sinal em tempo discreto $x[n]$, o qual é, então, processado pelo sistema em tempo discreto resultando em uma saída $y[n]$. O sinal contínuo no tempo é finalmente construído a partir de $y[n]$. Utilizaremos as notações C/D e D/C para a conversão de contínuo para discreto e de discreto para contínuo. Usando as interfaces desta maneira, podemos utilizar um sistema em tempo discreto apropriado para

---

[†] Podem haver mais de uma entrada e mais de uma saída.

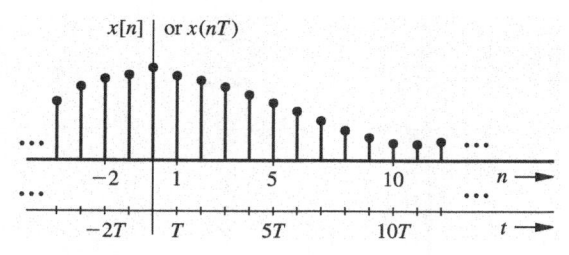

Figura 3.1 Sinal discreto no tempo.

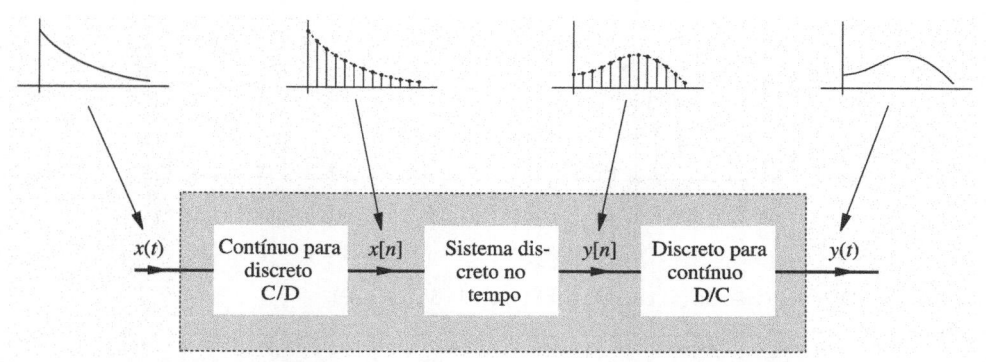

Figura 3.2 Processando um sinal de tempo contínuo com um sistema de tempo discreto.

processar um sinal contínuo no tempo. Como veremos posteriormente em nossas discussões, os sistemas em tempo discreto possuem diversas vantagens quando comparados com sistemas contínuos no tempo. Por essa razão, existe uma forte tendência no processamento de sinais contínuos no tempo através de sistemas em tempo discreto.

3.1-1 Tamanho de um Sinal em Tempo Discreto

Argumentando de maneira semelhante a sinais contínuos no tempo, o tamanho de um sinal em tempo discreto $x[n]$ será medido através de sua energia E_x, definida por

$$E_x = \sum_{n=-\infty}^{\infty} |x[n]|^2 \tag{3.1}$$

Essa definição é válida para $x[n]$ real ou complexo. Para que essa medida tenha algum sentido, a energia do sinal deve ser finita. Uma condição necessária para que a energia seja finita é que a amplitude do sinal deve $\to 0$ quando $|n| \to \infty$. Caso contrário, a soma da Eq. (3.1) não irá convergir. Se E_x é finita, o sinal é chamado de *sinal de energia*.

Em alguns casos, por exemplo, quando a amplitude de $x[n]$ não $\to 0$ quando $|n| \to \infty$, então a energia do sinal é infinita e outra medida mais significativa do sinal nestes casos é a média temporal da energia (se ela existir), a qual é a potência do sinal P_x, definida por

$$P_x = \lim_{N \to \infty} \frac{1}{2N+1} \sum_{-N}^{N} |x[n]|^2 \tag{3.2}$$

Nessa equação, a soma é dividida por $2N + 1$ pois existem $2N + 1$ amostras no intervalo de $-N$ a N. Para sinais periódicos, a média temporal pode ser calculada apenas para um período, em função da repetição periódica do sinal. Se P_x for finita e não nula, o sinal é chamado de *sinal de potência*. Tal como no caso de contínuo no tempo, um sinal em tempo discreto pode ser ou um sinal de energia ou um sinal de potência, mas nunca os dois ao mesmo tempo. Alguns sinais não são nem de energia nem de potência.

EXEMPLO 3.1

Determine a energia do sinal $x[n] = n$, mostrado na Fig. 3.3a e a potência para o sinal periódico $y[n]$ da Fig. 3.3b.

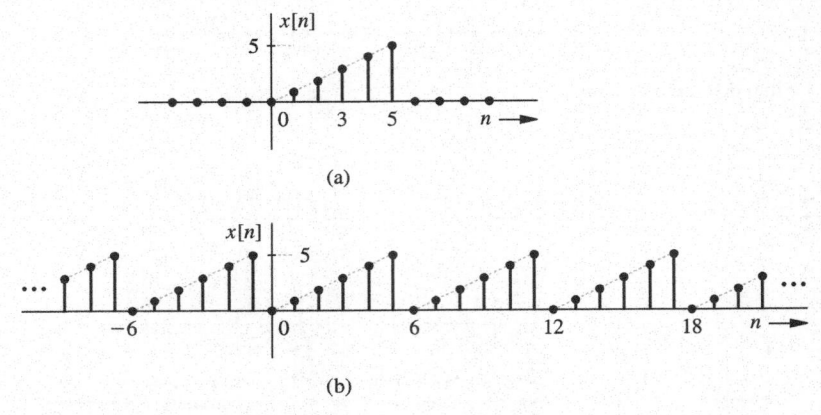

Figura 3.3 Determinação da (a) energia e (b) potência de um sinal.

Pela definição

$$E_x = \sum_{n=0}^{5} n^2 = 55$$

Um sinal periódico $x[n]$ com período N_0 é caracterizado pelo fato de

$$x[n] = x[n + N_0]$$

O menor valor de N_0 no qual a equação anterior é válida é o *período fundamental*. Tal sinal é chamado de N_0 *periódico*. A Fig. 3.3b mostra um exemplo de um sinal periódico $y[n]$ de período $N_0 = 6$, pois cada período contém 6 amostras. Observe que se a primeira amostra é considerada em $n = 0$, a última amostra estará em $n = N_0 - 1 = 5$ e não em $n = N_0 = 6$. Como o sinal $y[n]$ é periódico, sua potência P_y pode ser calculada pela média de sua energia em um período. Calculando a média da energia em um período temos

$$P_y = \frac{1}{6} \sum_{n=0}^{5} n^2 = \frac{55}{6}$$

EXERCÍCIO E3.1

Mostre que o sinal $x[n] = a^n u[n]$ é um sinal de energia com energia $E_x = 1/(1 - |a|^2)$ se $|a| < 1$. Ele será um sinal de potência com potência $P_x = 0,5$ se $|a| = 1$. E ele não será nem de energia nem de potência se $|a| > 1$.

CAPÍTULO 3 ANÁLISE DO DOMÍNIO DO TEMPO DE SISTEMAS EM TEMPO DISCRETO 227

3.2 OPERAÇÕES ÚTEIS COM SINAIS

As operações de *deslocamento* e *escalamento*, discutidas para sinais contínuos no tempo também são aplicadas para sinais em tempo discreto com algumas modificações.

DESLOCAMENTO

Considere o sinal $x[n]$ (Fig. 3.4a) e o mesmo sinal atrasado (deslocado para a direita) por 5 unidades (Fig. 3.4b), o qual iremos representar por $x_s[n]$.[†] Usando os argumentos adotados para a operação similar de sinais contínuos no tempo (Seção 1.2), obtemos

$$x_s[n] = x[n-5]$$

Portanto, para deslocar uma sequência por M unidades (M inteiro), substituímos n por $n - M$. Portanto, $x[n - M]$ representa $x[n]$ deslocado por M unidades. Se M for positivo, o deslocamento é para a direita (atraso). Se M for negativo, o deslocamento é para a esquerda (avanço). Dessa forma, $x[n-5]$ é $x[n]$ atrasado (deslocado para a direita) por 5 unidades e $x[n+5]$ é $x[n]$ avançado (deslocado para a esquerda) por 5 unidades.

REVERSÃO NO TEMPO

Para fazer a reversão temporal de $x[n]$ da Fig. 3.4a, rotacionamos $x[n]$ com relação ao eixo vertical para obter o sinal revertido no tempo $x_r[n]$ mostrado na Fig. 3.4c. Usando o argumento adotado para a operação similar em sinais contínuos no tempo (Seção 1.2), obtemos

$$x_r[n] = x[-n]$$

Portanto, para revertermos no tempo um sinal, substituímos n por $-n$, tal que $x[-n]$ é $x[n]$ revertido no tempo. Por exemplo, se $x[n] = (0,9)^n$ para $3 \leq n \leq 10$, então $x_r[n] = (0,9)^{-n}$ para $3 \leq -n > 10$, ou seja, $-3 \geq n \geq -10$, como mostrado na Fig. 3.4c.

A origem $n = 0$ é o ponto fixo, o qual permanece inalterado durante a operação de reversão temporal pois para $n = 0$, $x[n] = x[-n] = x[0]$. Note que enquanto a reversão de $x[n]$ no eixo vertical é $x[-n]$, a reversão de $x[n]$ no eixo horizontal é $-x[n]$.

EXEMPLO 3.2

Na operação de convolução, discutida posteriormente, precisaremos determinar a função $x[k-n]$ de $x[n]$.

Isso pode ser feito em dois passos: (i) reversão temporal do sinal $x[n]$ para obter $x[-n]$; (ii) deslocamento para a direita de $x[-n]$ por k. Lembre-se que o deslocamento para a direita é realizado substituindo n por $n - k$. Logo, o deslocamento para a direita de $x[-n]$ por k unidades é $x[-(n-k)] = x[k-n]$. A Fig. 3.4d mostra $x[5-n]$ obtida desta forma. Primeiro fazemos a reversão no tempo de $x[n]$, obtendo $x[-n]$ na Fig. 3.4c. A seguir deslocamos $x[-n]$ por $k = 5$ para obter $x[k-n] = x[5-n]$, como mostrado na Fig. 3.4d.

Neste exemplo em particular, a ordem das duas operações pode ser alterada. Podemos primeiro deslocar para a esquerda $x[n]$ obtendo $x[n+5]$. A seguir, fazemos a reversão temporal de $x[n+5]$ para obter $x[-n+5] = x[5-n]$. O leitor é encorajado a verificar que este procedimento resulta no mesmo sinal da Fig. 3.4d.

[†] Os termos "atraso" e "avanço" possuem significado somente quando a variável independente é o tempo. Para outras variáveis independentes, tais como frequência ou distância, é mais apropriado utilizar os temos "deslocamento para a direita" e "deslocamento para a esquerda" da sequência.

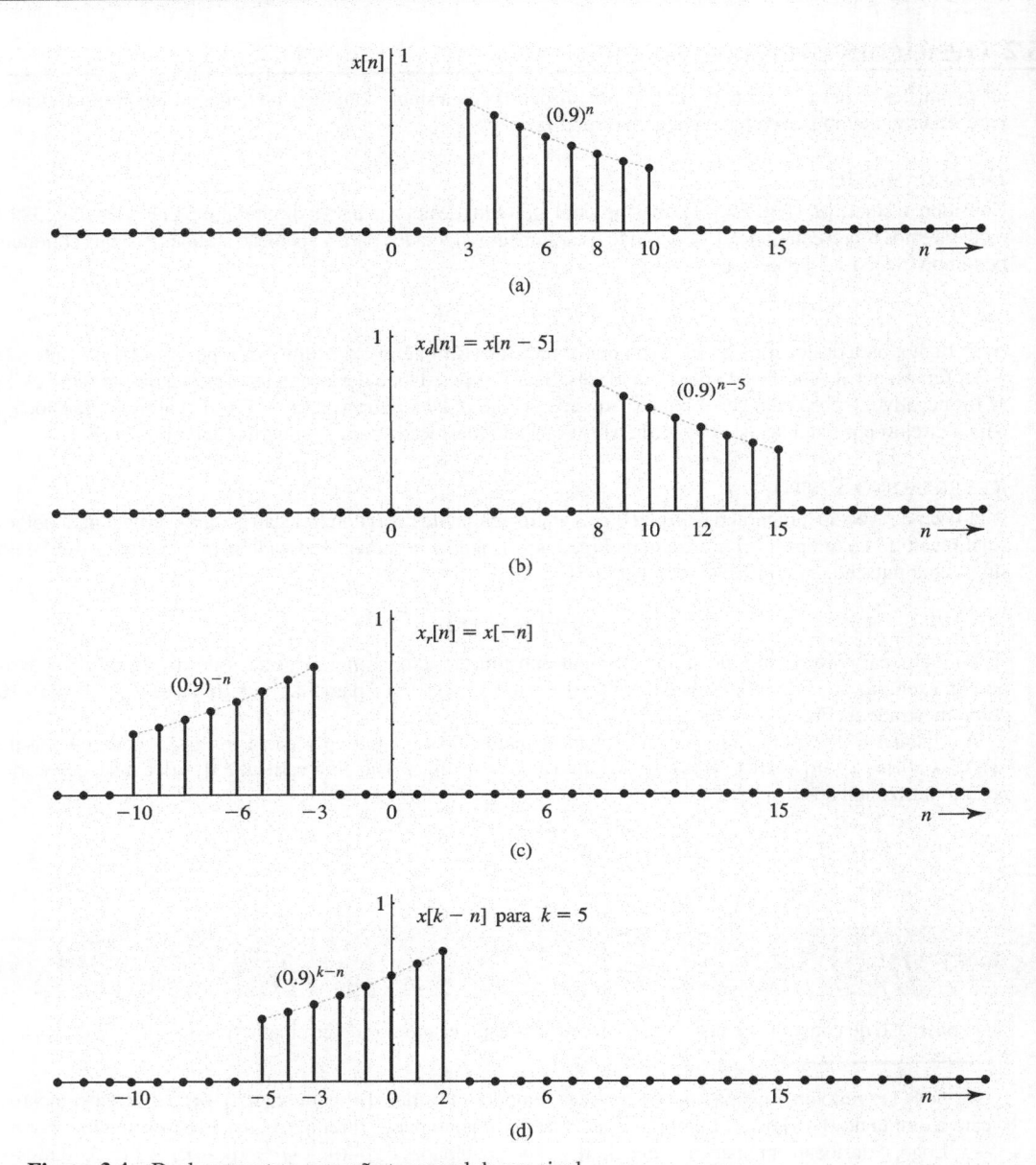

Figura 3.4 Deslocamento e reversão temporal de um sinal.

ALTERAÇÃO DA TAXA DE AMOSTRAGEM: DECIMAÇÃO E INTERPOLAÇÃO

A alteração da taxa de amostragem é de alguma forma similar ao escalamento temporal de sinais contínuos no tempo. Considere um sinal $x[n]$ comprimido por um fator M. A compressão de $x[n]$ pelo fator M resulta em $x_d[n]$ dado por

$$x_d[n] = x[Mn] \tag{3.3}$$

Devido a restrição de que sinais em tempo discreto são definidos apenas para valores inteiros do argumento, devemos restringir M a valores inteiros. Os valores de $x[Mn]$ para $n = 0, 1, 2, 3...$ são $x[0], x[M], x[2M], x[3M],...$ Isso significa que $x[Mn]$ seleciona cada M-ésima amostra de $x[n]$ e remove todas as amostras intermediárias. Por essa razão, esta operação é chamada de *decimação*. Ela reduz o número de amostras pelo fator M. Se $x[n]$ é obtido pela amostragem de um sinal contínuo no tempo, esta operação implica em reduzir a taxa de amostragem por um fator M. Por esta razão a decimação também é chamada de *redução da amostragem*. A Figura 3.5a mostra um sinal $x[n]$ e a Fig. 3.5b mostra o sinal $x[2n]$, o qual é obtido removendo as amostras ímpares de $x[n]$.[†]

No caso de tempo contínuo, a compressão temporal simplesmente acelera o sinal sem perda de qualquer dado. Por outro lado, a decimação de $x[n]$ geralmente resulta na perda de dados. Sob certas condições — por exemplo, se $x[n]$ é o resultado de uma superamostragem de algum sinal contínuo no tempo — então $x_d[n]$ ainda pode conter a informação completa de $x[n]$.

Um sinal *interpolado* é gerado em dois passos: primeiro expandimos $x[n]$ por um fator inteiro L para obter o sinal expandido $x_e[n]$,

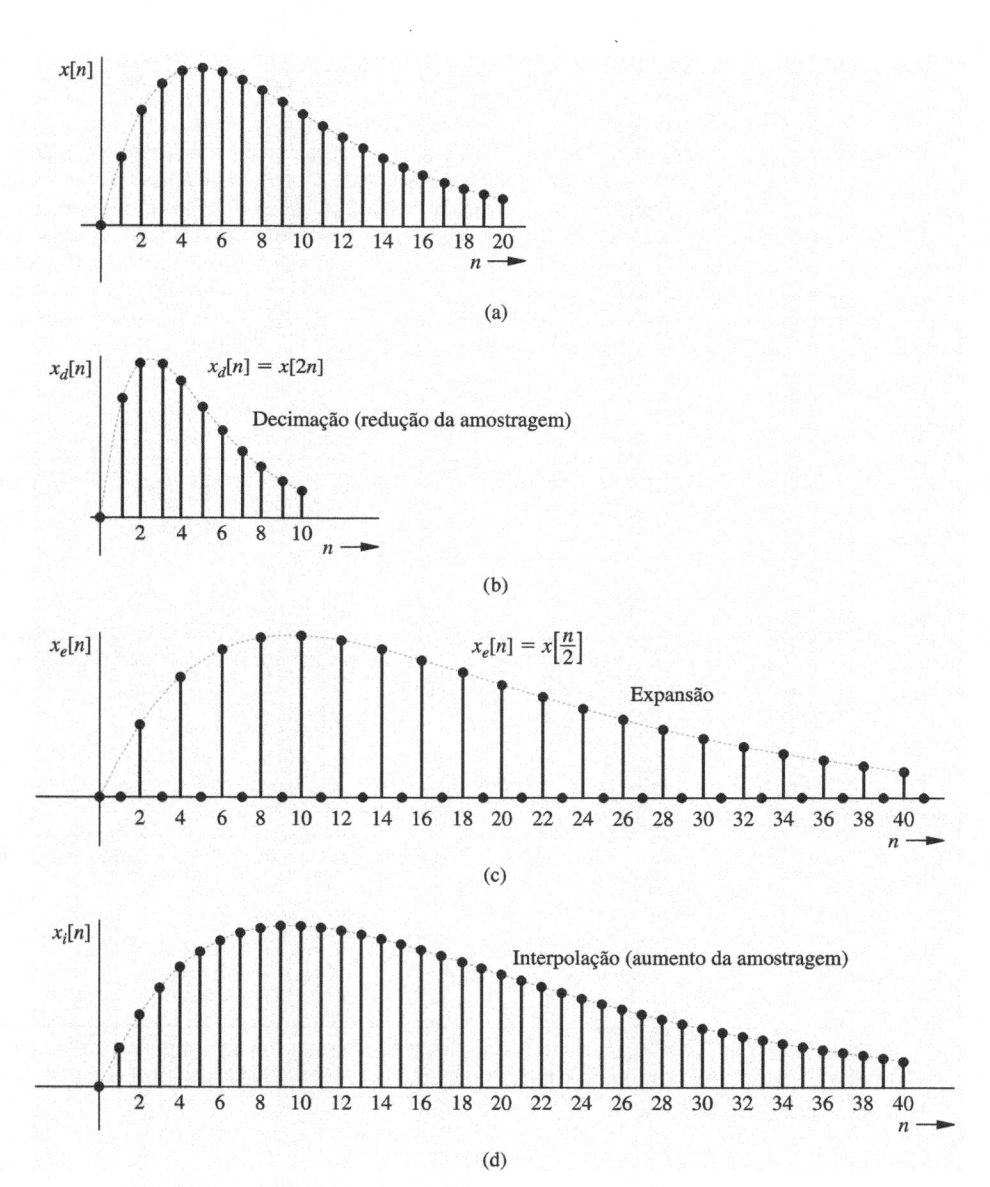

Figura 3.5 Compressão (decimação) e expansão (interpolação) de um sinal.

[†] As amostras ímpares de $x[n]$ podem ser mantidas (e as amostras pares removidas) usando a transformação $x_d[n] = x[2n + 1]$.

$$x_e[n] = \begin{cases} x[n/L] & n = 0, \pm L, \pm 2L, \ldots, \\ 0 & \text{caso contrário} \end{cases} \tag{3.4}$$

Para compreender essa expressão, considere o simples caso de expandir $x[n]$ por um fator 2 ($L = 2$). O sinal expandido é $x_e[n] = x[n/2]$. Quando n é ímpar, $n/2$ não é inteiro. Mas $x[n]$ é definido apenas para valores inteiros de n e zero caso contrário. Portanto $x_e[n] = 0$ para n ímpar, ou seja, $x_e[1] = x_e[3] = x_e[5], \ldots$ são todos zeros, como mostrado na Fig. 3.5c. Além disso, $n/2$ é inteiro para n par e os valores $x_e[n] = x[n/2]$ para $n = 0, 2, 4, 6, \ldots$ são $x[0], x[1], x[2], x[3], \ldots$ como mostrado na Fig. 3.5c. Em geral, para $n = 0, 1, 2, \ldots$, $x_e[n]$ é dada pela sequência

$$x[0], \underbrace{0, 0, \ldots, 0, 0}_{L-1 \text{ zeros}}, x[1], \underbrace{0, 0, \ldots, 0, 0}_{L-1 \text{ zeros}}, x[2], \underbrace{0, 0, \ldots, 0, 0}_{L-1 \text{ zeros}}, \ldots$$

Portanto, a taxa de amostragem de $x_e[n]$ é L vezes a taxa de $x[n]$. Logo, esta operação é chamada de *expansão*. O sinal expandido $x_e[n]$ contém todos os dados de $x[n]$, apesar de estarem em uma forma expandida.

No sinal expandido da Fig. 3.5c, as amostras ímpares inexistentes (valor zero) podem ser reconstruídas das amostras diferentes de zero usando alguma fórmula adequada de interpolação. A Fig. 3.5d mostra um sinal interpolado $x_i[n]$, no qual as amostras que faltam são construídas usando um filtro interpolador. O filtro interpolador ótimo é geralmente um filtro passa-baixas ideal que é implementado de forma aproximada. Na prática, podemos usar uma interpolação não ótima mas realizável. Uma discussão mais detalhada sobre interpolação está além do nosso escopo. Este processo de filtragem para interpolar os valores nulos é chamado de *interpolação*. Como o dado interpolado é calculado do dado existente, a interpolação não resulta em ganho de informação.

EXERCÍCIO E3.2

Mostre que $x[n]$ da Fig. 3.4a deslocado para a esquerda por 3 unidades pode ser expresso por $0{,}729(0{,}9)^n$ para $0 \leq n \leq 7$, e zero caso contrário. Trace o sinal deslocado.

EXERCÍCIO E3.3

Trace o sinal $x[n] = e^{-0{,}5n}$ para $-3 \leq n \leq 2$ e zero caso contrário. Trace o sinal revertido no tempo correspondente e mostre que ele pode ser descrito por $x_r[n] = e^{0{,}5n}$ para $-2 \leq n \leq 3$.

EXERCÍCIO E3.4

Mostre que $x[-k - n]$ pode ser obtido de $x[n]$ inicialmente deslocando para a direita $x[n]$ por k unidades e, então, revertendo no tempo este sinal deslocado.

EXERCÍCIO E3.5

Um sinal $x[n]$ é expandido por um fator 2 para obter o sinal $x[n/2]$. As amostras ímpares (n ímpar) neste sinal possuem valor zero. Mostre que as amostras ímpares linearmente interpoladas são dadas por $xi[n] = (1/2)\{x[n - 1] + x[n + 1]\}$.

3.3 Alguns Modelos Úteis em Tempo Discreto

Discutiremos agora alguns modelos de sinais em tempo discreto importantes que são frequentemente encontrados no estudo de sinais e sistemas em tempo discreto.

3.3-1 Função Impulso $\delta[n]$ Discreta no Tempo

A contrapartida discreta no tempo da função impulso contínua no tempo $\delta(t)$ é $\delta[n]$, a função delta de Kronecker, definida por

$$\delta[n] = \begin{cases} 1 & n = 0 \\ 0 & n \neq 0 \end{cases} \tag{3.5}$$

Essa função, também chamada de sequência impulso unitário, é mostrada na Fig. 3.6a. A sequência impulso deslocada $\delta[n - m]$ é apresentada na Fig. 3.6b. Ao contrário da função delta de Dirac contínua no tempo $\delta(t)$, a delta de Kronecker é uma função muito simples que não requer nenhum conhecimento exotérico da teoria de distribuição.

3.3-2 Função Degrau Unitário Discreta no Tempo $u[n]$

A contrapartida discreta no tempo da função degrau unitário $u(t)$ é $u[n]$ (Fig. 3.7a), definida por

$$u[n] = \begin{cases} 1 & \text{para } n \geq 0 \\ 0 & \text{para } n < 0 \end{cases} \tag{3.6}$$

Se quisermos que um sinal comece em $n = 0$ (de tal forma que ele possua valor zero para todo $n < 0$), precisamos apenas de multiplicar o sinal por $u[n]$.

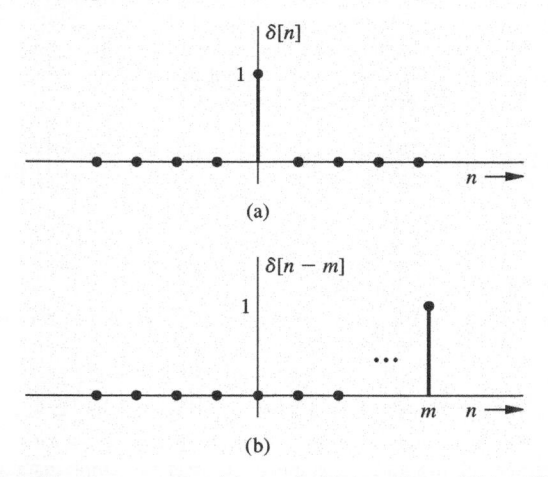

Figura 3.6 Função impulso discreta no tempo: **(a)** sequência impulso unitário e **(b)** sequência impulso unitário deslocada.

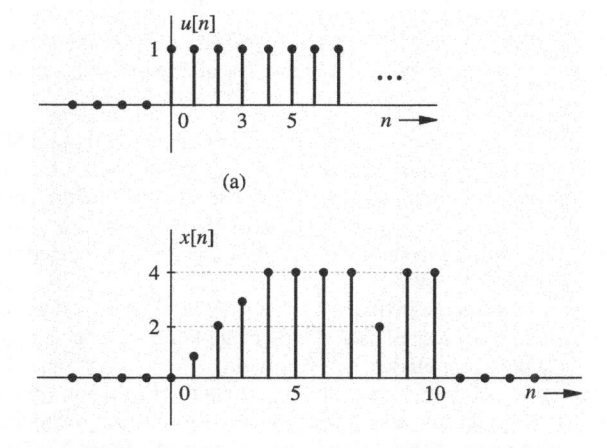

Figura 3.7 **(a)** Função degrau unitário discreta no tempo $u[n]$ e **(b)** sua aplicação.

EXEMPLO 3.3

Descreva o sinal $x[n]$ mostrado na Fig. 3.7b por uma única expressão válida para todo n.

Existem diversas formas de ver $x[n]$. Apesar de cada forma resultar em uma expressão diferente, elas são todas equivalentes. Iremos considerar apenas uma possível expressão.

O sinal $x[n]$ pode ser separado em três componentes: (1) uma componente em rampa $x_1[n]$ de $n = 0$ a 4, (2) uma componente em degrau $x_2[n]$ de $n = 5$ a 10 e (3) uma componente em impulso $x_3[n]$ representada pelo pulso negativo em $n = 8$. Vamos considerar cada uma separadamente.

Podemos expressar $x_1[n] = n(u[n] - u[n - 5])$ para considerar o sinal de $n = 0$ a 4. Assumindo temporariamente que o pico em $n = 8$ não existe, podemos expressar $x_2[n] = 4(u[n - 5] - u[n - 11])$ para considerar o sinal de $n = 5$ a 10. Uma vez que estas duas componentes tenham sido somadas, a única parte ainda não considerada é o pico de amplitude 2 para $n = 8$, o qual pode ser representado por $x_3[n] = -2\delta[n - 8]$ (precisamos de um pico negativo uma vez que este sinal será somado a $x_2[n]$ e $x_2[8] = 4$). Logo,

$$x[n] = x_1[n] + x_2[n] + x_3[n]$$
$$= n(u[n] - u[n - 5]) + 4(u[n-5] - u[n - 11]) - 2\delta[n - 8] \text{ para todo } n.$$

Ressaltamos novamente que esta expressão é válida para todos os valores de n. O leitor pode determinar várias outras expressões equivalentes para $x[n]$. Por exemplo, pode-se considerar uma função degrau de $n = 0$ a 10, subtraindo a rampa para a faixa de $n = 0$ a 3 e subtraindo o pico em $n = 8$. Você também pode obter uma expressão separando n em diversas faixas para sua expressão.

3.3-3 Exponencial Discreta no Tempo γ^n

A exponencial contínua no tempo $e^{\lambda t}$ pode ser expressa em uma forma alternativa por

$$e^{\lambda t} = \gamma^t \qquad (\gamma = e^\lambda \text{ ou } \lambda = \ln \gamma)$$

Por exemplo, $e^{-0,3t} = (0,7408)^t$ pois $e^{-0,3} = 0,7408$. Alternativamente, $4^t = e^{1,386t}$ pois $e^{1,386} = 4$, ou seja, $\ln 4 = 1,386$. No estudo de sinais e sistemas em tempo contínuo, preferimos a forma $e^{\lambda t}$ ao invés de γ^t. Por outro lado, a exponencial γ^t é preferível no estudo de sinais e sistemas em tempo discreto, como ficará claro posteriormente. A exponencial discreta no tempo γ^t também pode ser expressa usando a base natural por

$$e^{\lambda n} = \gamma^n \qquad (\gamma = e^\lambda \text{ ou } \lambda = \ln \gamma)$$

Devido a não familiaridade com exponenciais de base diferente de e, exponenciais na forma γ^t podem ser inconvenientes e confusas a primeira vista. O leitor deve traçar algumas exponenciais para adquirir algum sentimento destas funções.

Natureza de γ^n. O sinal $e^{\lambda n}$ cresce exponencialmente com n se Re $\lambda > 0$ (λ no SPD), e decai exponencialmente se Re $\lambda < 0$ (λ no SPE). Ele é constante ou oscila com amplitude constante se Re $\lambda = 0$ (λ no eixo imaginário). Claramente, a posição de λ no plano complexo indica se o sinal $e^{\lambda n}$ irá crescer exponencialmente, decair exponencialmente ou oscilar com uma amplitude constante (Fig. 3.8). Um sinal constante ($\lambda = 0$) também é oscilatório com frequência zero. Agora encontramos um critério similar para a determinação da natureza de γ^n a partir da posição de γ no plano complexo.

A Fig. 3.8a mostra o plano complexo (plano λ). Considere o sinal $e^{j\Omega n}$. Neste caso $\lambda = j\Omega$ está no eixo imaginário (Fig. 3.8a) e, portanto, é um sinal oscilatório de amplitude constante. Este sinal $e^{j\Omega n}$ pode ser expresso como γ^n, onde $\gamma = e^{j\Omega}$. Como a amplitude de $e^{j\Omega}$ é unitária, $|\gamma| = 1$. Logo, quando λ está no eixo imaginário, o γ correspondente está em um círculo de raio unitário, centrado na origem (*círculo unitário* ilustrado na Fig. 3.8b). Portanto, um sinal γ^n oscila com amplitude constante se γ estiver no círculo unitário. Logo, o eixo imaginário no plano λ é mapeado no (em cima do) círculo unitário no plano γ.

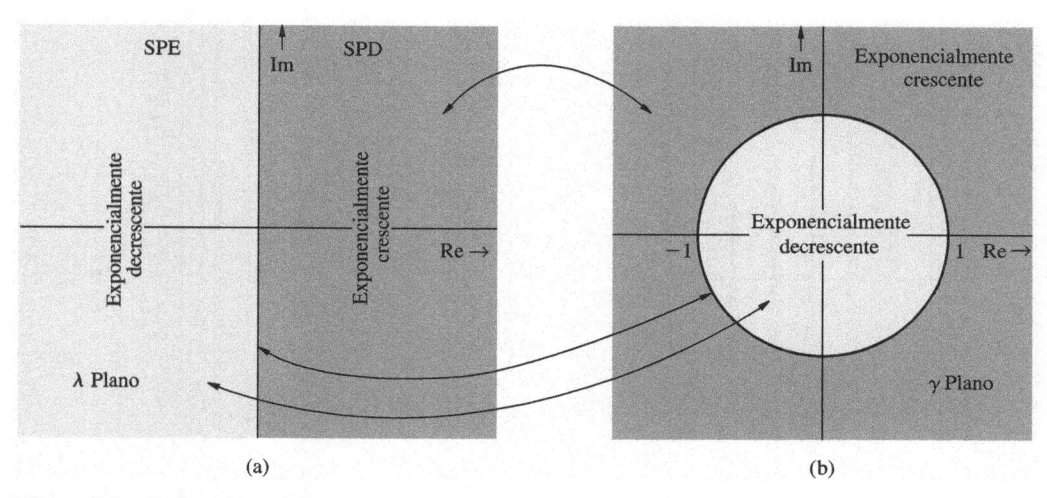

Figura 3.8 O plano λ, o plano γ e seu mapeamento.

A seguir, considere o sinal $e^{\lambda n}$, no qual λ está no semiplano esquerdo da Fig. 3.8a. Isto significa que $\lambda = a + jb$ onde a é negativo ($a < 0$). Neste caso, o sinal decai exponencialmente, Este sinal pode ser expresso em termos de γ^n, onde

$$\gamma = e^{\lambda} = e^{a+jb} = e^a e^{jb}$$

e

$$|\gamma| = |e^a| |e^{jb}| = e^a \quad \text{pois } |e^{jb}| = 1$$

Além disso, a é negativo ($a < 0$). Logo $|\gamma| = e^a < 1$. Este resultado significa que o γ correspondente está dentro do círculo unitário. Portanto, o sinal γ^n decai exponencialmente se γ estiver dentro do círculo unitário. Se considerarmos a positivo no caso anterior (λ no semiplano direito), então $|\gamma| > 1$ e γ estará fora do círculo unitário (Fig. 3.8b).

Para resumir, o eixo imaginário do plano λ é mapeado no círculo unitário do plano γ. O semiplano esquerdo do plano λ é mapeado dentro do círculo unitário do plano γ e o semiplano direito do plano λ é mapeado fora do círculo unitário do plano γ, como mostrado na Fig. 3.8. Observe que

$$\gamma^{-n} = \left(\frac{1}{\gamma}\right)^n$$

Os gráficos de $(0,8)^n$ e $(-0,8)^n$ estão na Fig. 3.9a e 3.9b, respectivamente. O gráfico de $(0,5)^n$ e $(1,1)^n$ aparecem na Fig. 3.9c e 3.9d, respectivamente. Estes gráficos comprovam nossas conclusões sobre a posição de γ e a natureza do crescimento do sinal. Observe que a função $(-\gamma)^n$ alterna o sinal sucessivamente (ela é positiva para valores pares de n e negativa para valores ímpares de n, como mostrado na Fig. 3.9b). Além disso, a exponencial $(0,5)^n$ decai mais rapidamente do que $(0,8)^n$ pois 0,5 está mais próximo da origem do que 0,8. A exponencial $(0,5)^n$ pode ser descrita por 2^{-n} porque $(0,5)^{-1} = 2$.

3.3-4 Senoide Discreta no Tempo cos ($\Omega n + \theta$)

Uma senoide discreta no tempo genérica pode ser descrita por $C \cos(\Omega n + \theta)$, na qual C é a *amplitude* e θ é a *fase* em radianos. Além disso, Ωn é o ângulo em radianos. Logo, a dimensão da frequência Ω é *radianos por amostra*. Esta senoide também pode ser descrita por

$$C \cos(\Omega n + \theta) = C \cos(2\pi \mathcal{F} n + \theta)$$

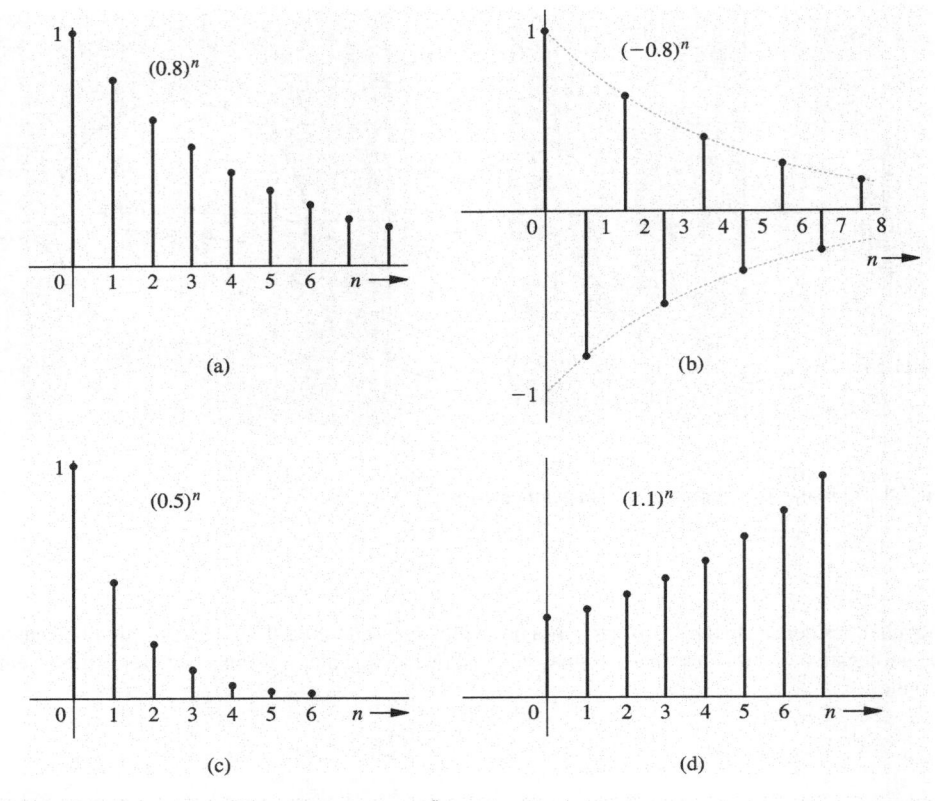

Figura 3.9 Exponenciais discretas no tempo γ^n.

EXERCÍCIO E3.6

Obtenha o gráfico dos seguintes sinais

(a) $(1)^n$
(b) $(-1)^n$
(c) $(0,5)^n$
(d) $(-0,5)^n$
(e) $(0,5)^{-n}$
(f) 2^{-n}
(g) $(-2)^n$

Expresse essas exponenciais como γ^n e trace γ no plano complexo para cada caso. Verifique que γ^n decai exponencialmente com n se γ estiver dentro do círculo unitário e que γ^n cresce exponencialmente com n se γ estiver fora do círculo unitário. Se γ estiver no círculo unitário, γ^n será constante ou oscilará com uma amplitude constante.

EXERCÍCIO E3.7

(a) Mostre que (i) $(0,25)^{-n} = 4^n$, (ii) $4^{-n} = (0,25)^n$, (iii) $e^{2t} = (7,389)^t$, (iv) $e^{-2t} = (0,1353)^t = (7,389)^{-t}$, (v) $e^{3n} = (20,086)^n$ e (vi) $e^{-1,5n} = (0,2231)^n = (4,4817)^{-n}$.

(b) Mostre que (i) $2^n = e^{0,693n}$, (ii) $(0,5)^n = e^{-0,693n}$ e (iii) $(0,8)^n = e^{0,2231n}$.

EXEMPLO DE COMPUTADOR C3.1

Trace os seguintes sinais discretos no tempo:
- (a) $x_a[n] = (-0{,}5)^n$
- (b) $x_b[n] = (2)^{-n}$
- (c) $x_c[n] = (-2)^n$

```
>> n = (0:5);
>> x_a = (-0.5).^n; x_b = 2.^(-n); x_c = (-2).^n;
>> subplot(3,1,1); stem(n,x_a,'k'); ylabel('x_a[n]')
>> subplot(3,1,2); stem(n,x_b,'k'); ylabel('x_b[n]')
>> subplot(3,1,3); stem(n,x_c,'k'); ylabel('x_c[n]'); xlabel('n');
```

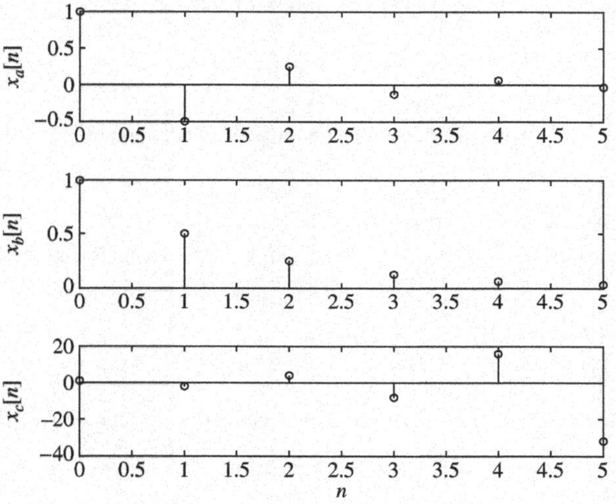

Figura C3.1

onde $\mathcal{F} = \Omega/2\pi$. Portanto, a dimensão da frequência discreta no tempo $\mathcal{F}$ é (radianos/2π) por amostra, a qual é igual a *ciclos por amostra*. Isto significa que se N_0 é o período (amostras/ciclo) da senoide, então a frequência da senoide é $\mathcal{F} = 1/N_0$ (ciclos/amostra).

A Fig. 3.10 mostra a senoide discreta no tempo $\cos(\frac{\pi}{12}n + \frac{\pi}{4})$. Para este caso, a frequência é $\Omega = \pi/12$ radianos/amostra. Alternativamente, a frequência é $\mathcal{F} = 1/24$ ciclos/amostra. Em outras palavras, existem 24 amostras em um ciclo da senoide.

Como $\cos(-x) = \cos(x)$,

$$\cos(-\Omega n + \theta) = \cos(\Omega n - \theta) \tag{3.7}$$

Isto mostra que tanto $\cos(\Omega n + \theta)$ quanto $\cos(-\Omega n + \theta)$ possuem a mesma frequência (Ω). Portanto, *a frequência de* $\cos(\Omega n + \theta)$ *é* $|\Omega|$.

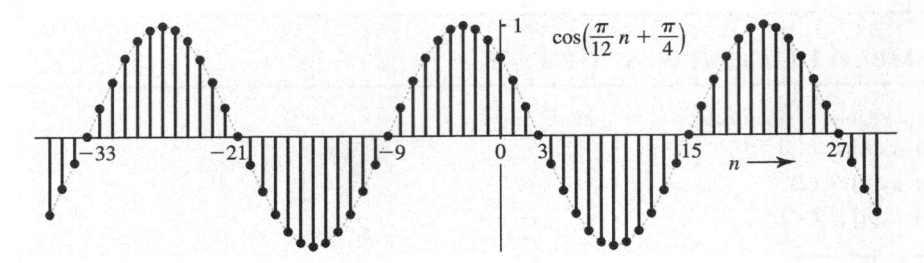

Figura 3.10 Senoide discreta no tempo $\cos\left(\frac{\pi}{12}n + \frac{\pi}{4}\right)$.

Senoide Contínua no Tempo Amostrada Resulta em uma Senoide Discreta no Tempo

A senoide contínua no tempo $\cos \Omega t$ amostrada a cada T segundos resulta em uma sequência discreta no tempo cujo n-ésimo elemento (para $t = nT$) é $\cos \Omega nT$. Portanto, o sinal amostrado $x[n]$ é dado por

$$x[n] = \cos \omega nT$$
$$= \cos \Omega n \qquad \text{onde} \quad \Omega = \omega T \tag{3.8}$$

Logo, uma senoide contínua no tempo $\cos \Omega t$ amostrada a cada T segundos resulta na senoide discreta no tempo $\cos \Omega t$, na qual $\Omega = \Omega t$.[†]

3.3-5 Exponencial Complexa Discreta no Tempo $e^{j\Omega n}$

Usando a fórmula de Euler, podemos descrever a exponencial $e^{j\Omega n}$ em termos de senoides na forma $\cos(\Omega n + \theta)$ e vice-versa

$$e^{j\Omega n} = (\cos \Omega n + j \operatorname{sen} \Omega n)$$
$$e^{-j\Omega n} = (\cos \Omega n - j \operatorname{sen} \Omega n)$$

Essas equações mostram que *a frequência de* $e^{j\Omega n}$ *e* $e^{-j\Omega n}$ *é* Ω (radianos/amostra). Portanto, a frequência de $e^{j\Omega n}$ é $|\Omega|$.

Observe que para $r = 1$ e $\theta = n\Omega$,

$$e^{j\Omega n} = re^{j\theta}$$

Essa equação mostram que a amplitude (módulo) e o ângulo de $e^{j\Omega n}$ são 1 e $n\Omega$, respectivamente. No plano complexo, $e^{j\Omega n}$ é um ponto no círculo unitário no ângulo $n\Omega$.

EXEMPLO DE COMPUTADOR C3.2

Trace a seguinte senoide discreta no tempo

$$x[n] = \cos\left(\frac{\pi}{12}n + \frac{\pi}{4}\right)$$

[†] Superficialmente, pode parecer que uma senoide discreta no tempo é prima de uma senoide contínua no tempo na forma de estiras. Entretanto, algumas das propriedades de senoides discretas no tempo são muito diferentes daquelas de senoides contínuas no tempo. Por exemplo, nem toda senoide discreta no tempo é periódica. Uma senoide $\cos \Omega n$ é periódica somente se Ω for um múltiplo racional de 2π. Além disso, senoides discretas no tempo são limitadas em faixa a $\Omega = \pi$. Qualquer senoide com $\Omega \geq \pi$ sempre pode ser descrita como uma senoide com alguma frequência $\Omega \leq \pi$. Estas propriedades particulares são consequências diretas do fato de que um período de uma senoide discreta no tempo deve ser um inteiro. Estes tópicos serão discutidos nos Capítulos 5 e 9.

```
>> n = (-30:30); x = cos(n*pi/12+pi/4);
>> clf; stem(n,x,'k'); xlabel('n');
```

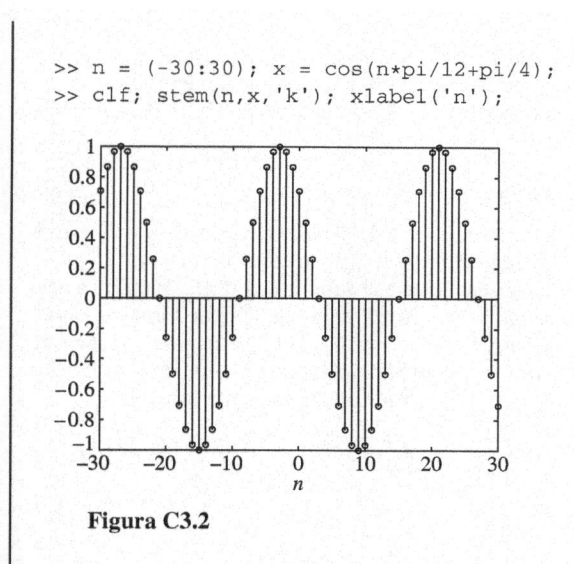

Figura C3.2

3.4 Exemplos de Sistemas em Tempo Discreto

Apresentaremos quatro exemplos de sistemas em tempo discreto. Nos dois primeiros exemplos, os sinais são inerentemente em tempo discreto. No terceiro e quarto exemplos, um sinal contínuo no tempo é processado por um sistema em tempo discreto, como ilustrado na Fig. 3.2, através da discretização do sinal pela amostragem.

EXEMPLO 3.4 (Conta Bancária)

Uma pessoa faz regularmente um depósito (a entrada) em um banco a um intervalo T (digamos 1 mês). O banco paga um certo juros na conta bancária durante o período T e envia periodicamente uma correspondência com o saldo (a saída) ao depositante. Determine a equação que relaciona a saída $y[n]$ (o saldo) com a entrada $x[n]$ (o depósito).

Neste caso, os sinais são inerentemente discretos no tempo. Seja

$x[n]$ = depósito feito no n-ésimo instante discreto
$y[n]$ = saldo da conta no n-ésimo instante calculado imediatamente após o recebimento do n-ésimo depósito $x[n]$
r = taxa de juros por real por período T

O saldo $y[n]$ é a soma de (i) do saldo anterior $y[n-1]$, (ii) dos juros obtidos em $y[n-1]$ durante o período T e (iii) do depósito $x[n]$.

$$y[n] = y[n-1] + ry[n-1] + x[n]$$
$$= (1+r)y[n-1] + x[n]$$

ou

$$y[n] - ay[n-1] = x[n] \qquad a = 1 + r \qquad (3.9a)$$

Neste exemplo, o depósito $x[n]$ é a entrada (causa) e o saldo $y[n]$ é a saída (efeito).
Uma retirada da conta é um depósito negativo. Portanto, esta formulação pode lidar tanto com depósitos quanto com retiradas. Ela também se aplica ao pagamento de um empréstimo com valor inicial $y[0] = -M$, onde M é

o valor do empréstimo. Um empréstimo é um depósito inicial com valor negativo. Alternativamente, podemos tratar o empréstimo de M reais retirado em $n = 0$ como uma entrada de $-M$ em $n = 0$ (veja o Prob. 3.8-16).

Podemos descrever a Eq. (3.9a) em uma forma alternativa. A escolha do índice n na Eq. (3.9a) é completamente arbitrária, portanto podemos substituir $n + 1$ por n, obtendo

$$y[n+1] - ay[n] = x[n+1] \qquad (3.9b)$$

Podíamos ter obtido a Eq. (3.9b) diretamente observando que $y[n + 1]$, o saldo no instante $(n + 1)$ é a soma de $y[n]$ mais $ry[n]$ (os juros em $y[n]$) mais o depósito (entrada) $x[n + 1]$ no instante $(n + 1)$.

A equação diferença em (3.9a) utiliza a operação atraso, enquanto que a forma na Eq. (3.9b) utiliza a operação avanço. Iremos chamar a forma (3.9a) de forma *operador atraso* e a forma (3.9b) de forma *operador avanço*. A forma operador atraso é mais natural, pois a operação de atraso é causal e, portanto, realizável. Por outro lado, a operação de avanço, sendo não causal, não é realizável. Utilizaremos a forma operador avanço principalmente por sua conveniência matemática com relação a forma atraso.[†]

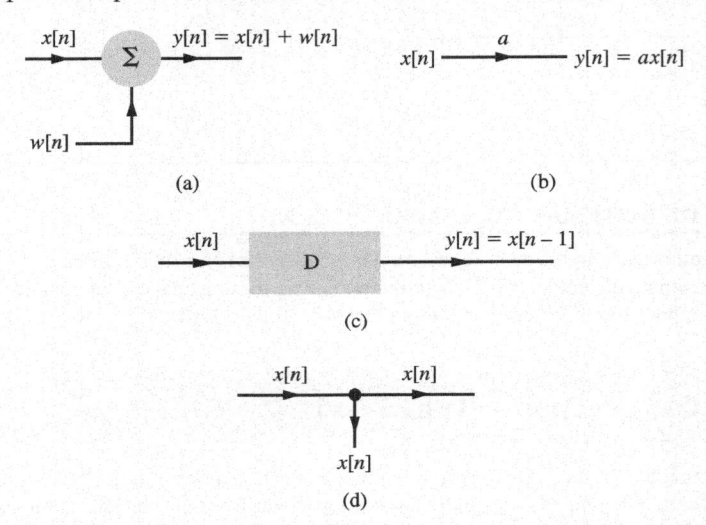

Figura 3.11 Representações esquemáticas das operações básicas em sequências.

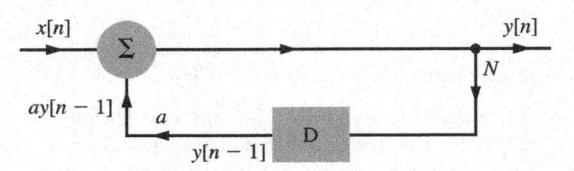

Figura 3.12 Implementação do sistema de conta bancária.

Representaremos, agora, este sistema em um diagrama de blocos, o qual é basicamente um mapa rodoviário da implementação em *hardware* (ou *software*) do sistema. Para isto, a forma operador atraso, causal (realizável), será utilizada. Existem três operações básicas nesta equação: *adição, multiplicação escalar* e *atraso*. A Fig. 3.11 mostra suas representações esquemáticas. Além disso, também temos um nó de derivação (Fig. 3.11d), o qual é utilizado para fornecer múltiplas cópias do sinal em sua entrada.

A Eq. (3.9a) pode ser reescrita por

$$y[n] = ay[n-1] + x[n] \qquad a = 1 + r \qquad (3.9c)$$

[†] A utilização da forma operador avanço resulta em equações de sistemas discretos no tempo que são idênticos em forma àquelas para sistemas contínuos no tempo. Este fato será mais evidente posteriormente. Na análise por transformada, a utilização do operador avanço permite o uso da variável mais conveniente z do que a desajeitada z^{-1} necessária na forma operador atraso.

A Fig. 3.12 mostra um diagrama em blocos do sistema representado pela Eq. (3.9c). Para compreender esta representação, considere que a saída $y[n]$ esteja disponível no nó de derivação N. O atraso unitário de $y[n]$ resulta em $y[n-1]$, o qual é multiplicado pelo valor escalar a resultando em $ay[n-1]$. A seguir, geramos $y[n]$ somando a entrada $x[n]$ com $ay[n-1]$ de acordo com a Eq. (3.9c).[†] Observe que o nó N é um nó de derivação, em cuja saída temos duas cópias do sinal de entrada, uma é o sinal de realimentação e o outro é o sinal de saída do sistema.

EXEMPLO 3.5 (Estimativa de Vendas)

Em um semestre n, $x[n]$ estudantes se inscreveram em um curso que precisa de um certo livro-texto. Uma editora vendeu $y[n]$ cópias do livro no n-ésimo semestre. Na média, um quarto dos estudantes com o livro em boas condições revende os livros no final do semestre, sendo a vida média do livro de três semestres. Escreva a equação que relaciona $y[n]$, os novos livros vendidos pela editora, com $x[n]$, o número de estudantes inscritos no n-ésimo semestre, considerando que todos os estudantes compram livros.

No n-ésimo semestre, o total de livros $x[n]$ vendido aos estudantes deve ser igual a $y[n]$ (livros novos da editora) mais os livros utilizados pelos estudantes em dois semestres anteriores (porque o tempo de vida de um livro é de apenas três semestres). Existem $y[n-1]$ novos livros vendidos no semestre $(n-1)$, e um quarto destes livros, ou seja, $(1/4)y[n-1]$, serão revendidos no semestre n. Além disso, $y[n-2]$ novos livros foram vendidos no semestre $(n-2)$ e um quarto destes, ou seja, $(1/4)y[n-2]$ serão vendidos no semestre $(n-1)$. Novamente, um quarto destes, ou seja, $(1/16)y[n-2]$ serão revendidos no semestre n. Portanto, $x[n]$ deve ser igual a soma de $y[n]$, $(1/4)y[n-1]$ e $(1/16)y[n-2]$.

$$y[n] + \tfrac{1}{4}y[n-1] + \tfrac{1}{16}y[n-2] = x[n] \tag{3.10a}$$

A Eq. (3.10a) pode ser descrita em uma forma alternativa percebendo que esta equação é válida para qualquer valor de n. Portanto, substituindo n por $n+2$, teremos

$$y[n+2] + \tfrac{1}{4}y[n+1] + \tfrac{1}{16}y[n] = x[n+2] \tag{3.10b}$$

Essa é a forma alternativa da Eq. (3.10a).

Para a realização de um sistema com esta equação de entrada-saída, reescrevemos a forma de atraso da Eq. (3.10a) por

$$y[n] = -\tfrac{1}{4}y[n-1] - \tfrac{1}{16}y[n-2] + x[n] \tag{3.10c}$$

A Fig. 3.13 mostra a realização em *hardware* da Eq. (3.10c) usando dois atrasos unitários em cascata.[‡]

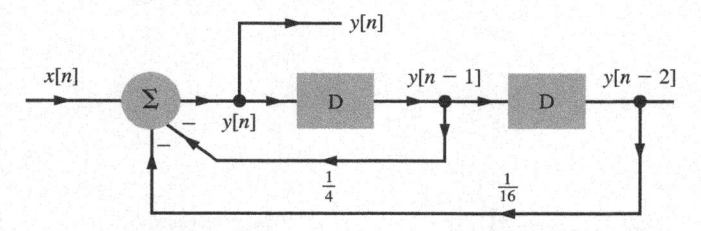

Figura 3.13 Realização do sistema representando a estimativa de vendas do Exemplo 3.5.

[†] Um atraso unitário representa uma unidade de atraso de tempo. Neste exemplo, uma unidade de atraso na saída corresponde ao período T para a saída atual.

[‡] Os comentários da nota de rodapé anterior também se aplicam neste caso. Apesar de um atraso unitário neste exemplo ser um semestre, nós não precisamos utilizar este valor na realização em *hardware*. Qualquer valor diferente de um semestre resulta em uma saída escalonada no tempo.

EXEMPLO 3.6 (Diferenciador Digital)

Projete um sistema em tempo discreto, tal como o mostrado na Fig. 3.2, para diferenciar sinais contínuos no tempo. Esse diferenciador é utilizado em sistemas de áudio com uma largura de faixa do sinal de entrada inferior a 20 kHz.

Neste caso, a saída $y(t)$ deve ser a derivada da entrada $x(t)$. O processador (sistema) em tempo discreto G processa as amostras de $x(t)$ para produzir a saída em tempo discreto $y[n]$. Seja $x[n]$ e $y[n]$ a representação das amostras separadas uma da outra por T segundos dos sinais $x(t)$ e $y(t)$, respectivamente, ou seja,

$$x[n] = x(nT) \quad \text{e} \quad y[n] = y(nT) \tag{3.11}$$

Os sinais $x[n]$ e $y[n]$ são a entrada e saída do sistema em tempo discreto G. Agora, precisamos que

$$y(t) = \frac{dx}{dt}$$

Portanto, para $t = nT$ (veja Fig. 3.14a)

$$y(nT) = \frac{dx}{dt}\bigg|_{t=nT}$$
$$= \lim_{T \to 0} \frac{1}{T}[x(nT) - x[(n-1)T]]$$

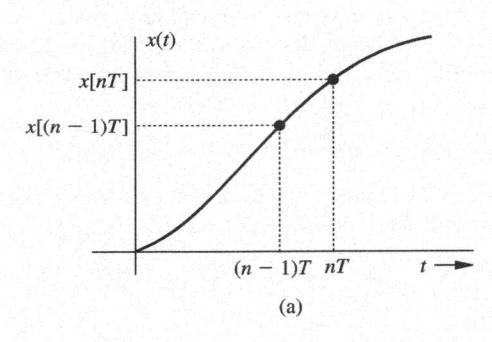

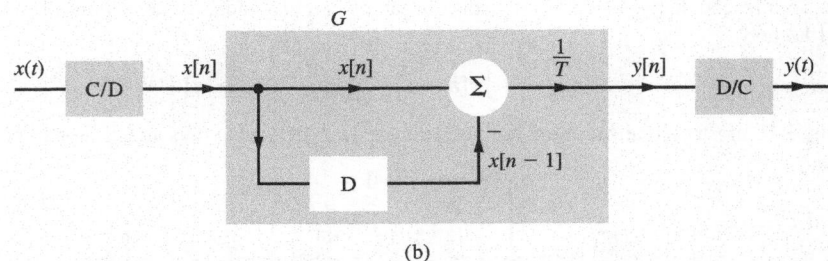

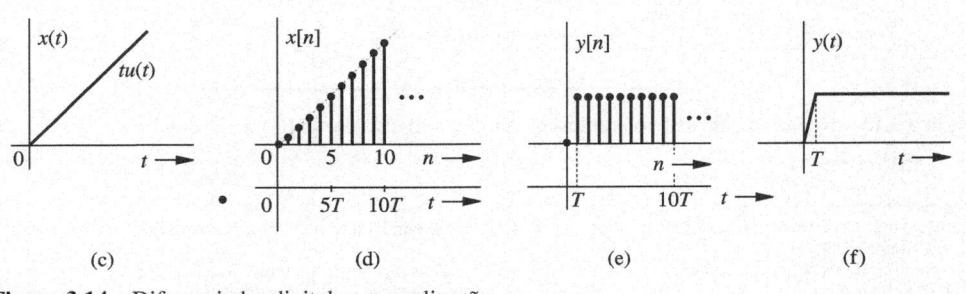

Figura 3.14 Diferenciador digital e sua realização.

Usando a notação da Eq. (3.11), a equação anterior pode ser escrita como

$$y[n] = \lim_{T \to 0} \frac{1}{T}\{x[n] - x[n-1]\}$$

Esta é a relação para G necessária para atingirmos nosso objetivo. Na prática, o intervalo de amostragem T não pode ser zero. Assumindo T suficientemente pequeno, a equação apresentada pode ser descrita por

$$y[n] = \frac{1}{T}\{x[n] - x[n-1]\} \qquad (3.12)$$

A aproximação melhora quando T tende a 0. O processador em tempo discreto G para implementar a Eq. (3.12) está mostrado dentro da caixa sombreada da Fig. 3.14b. O sistema da Fig. 3.14b funciona como um diferenciador. Este exemplo mostra como um sinal em tempo contínuo pode ser processado por um sistema em tempo discreto. As considerações para a determinação do intervalo de amostragem T são discutidas nos Capítulo 5 e 8, nos quais é mostrado que para processar frequências abaixo de 20kHz, a escolha adequada é

$$T \leq \frac{1}{2 \times \text{frequencia mais alta}} = \frac{1}{40.000} = 25 \ \mu s$$

Para ver como esse método de processamento de sinais trabalha, vamos considerar o diferenciador da Fig. 3.14b com a entrada em rampa $x(t) = t$, mostrada na Fig. 3.14c. Se o sistema funcionar como um diferenciador, então a saída $y(t)$ do sistema deve ser a função degrau unitário $u(t)$. Vamos analisar como o sistema executa essa operação em particular e quão bem o sistema atinge seu objetivo.

As amostras da entrada $x(t) = t$ no intervalo de T segundos funcionam como entrada do sistema em tempo discreto G. Estas amostras, representadas pela notação compacta $x[n]$ são, portanto,

$$x[n] = x(t)|_{t=nT} = t|_{t=nT} \qquad t \geq 0$$
$$= nT \qquad n \geq 0$$

A Fig. 3.14d mostra o sinal amostrado $x[n]$. Este sinal funciona como entrada do sistema em tempo discreto G. A Fig. 3.14b mostra que a operação de G consiste em subtrair uma amostra da amostra anterior (atrasada) e, então, multiplicar a diferença por $1/T$. A partir da Fig. 3.14d, fica evidente que a diferença entre duas amostras sucessivas é a constante $nT - (n-1)T = T$ para todas as amostras, exceto para a amostra em $n = 0$ (pois não há amostra anterior a $n = 0$). A saída de G é $1/T$ vezes a diferença T, resultando em 1 para todos os valores de n, exceto para $n = 0$, no qual ela é zero. Portanto, a saída $y[n]$ de G consiste nas amostras de valor unitário para $n \geq 1$, como mostrado na Fig. 3.14e. O conversor D/C (tempo discreto para tempo contínuo) converte estas amostras em um sinal de tempo contínuo $y(t)$, como mostrado na Fig. 3.14f. Idealmente, a saída deveria ser $y(t) = u(t)$. A diferença do ideal é devido ao nosso intervalo de amostragem T não nulo. Quando T se aproxima de zero, a saída $y(t)$ se aproxima da saída desejada $u(t)$.

O diferenciador digital da Eq. (3.12) é um exemplo do que é conhecido como sistema de *diferença atrasada*. A razão para este nome é óbvia analisando a Fig. 3.14a. Para calcular a derivada de $x(t)$, estamos utilizando a diferença entre o valor atual da amostra e o valor anterior (atrasado). Se utilizarmos a diferença entre a próxima (adiantada) amostra para $t = (n + 1)T$ e o valor atual em $t = nT$, obteremos uma forma de diferença adiantada do diferenciador, dada por

$$y[n] = \frac{1}{T}\{x[n+1] - x[n]\} \qquad (3.13)$$

EXEMPLO 3.7 (Integrador Digital)

Projete um integrador digital na mesma linha do diferenciador digital do Exemplo 3.6.

Para um integrador, a entrada $x(t)$ e a saída $y(t)$ estão relacionadas por

$$y(t) = \int_{-\infty}^{t} x(\tau)\, d\tau$$

Portanto, para $t = nT$ (veja Fig. 3.14a)

$$y(nT) = \lim_{T \to 0} \sum_{k=-\infty}^{n} x(kT)T$$

Usando a notação usual $x(kT) = x[k]$, $y(nT) = y[n]$ e assim por diante, esta equação pode ser expressa por

$$y[n] = \lim_{T \to 0} T \sum_{k=-\infty}^{n} x[k]$$

Assumindo que T é pequeno o suficiente para justificar a consideração de $T \to 0$, temos

$$y[n] = T \sum_{k=-\infty}^{n} x[k] \tag{3.14a}$$

Esta equação representa um exemplo de um sistema *acumulativo*. Esta equação do integrador digital pode ser expressa em uma forma alternativa. A partir da Eq. (3.14a), temos que

$$y[n] - y[n-1] = Tx[n] \tag{3.14b}$$

Este é a descrição alternativa do integrador digital. As Eqs. (3.14a) e (3.14b) são equivalentes. Uma pode ser obtida da outra. Observe que a forma da Eq. (3.14b) é similar a da Eq. (3.9a). Logo, a representação em diagrama de blocos do integrador digital na forma (3.14b) é idêntica a mostrada na Fig. 3.12 com $a = 1$ e a entrada multiplicada por T.

FORMAS RECURSIVA E NÃO RECURSIVA DE EQUAÇÃO DIFERENÇA

Se a Eq. (3.14b) descreve a Eq. (3.14a) de outra forma, qual é a diferença entre estas duas formas? Qual forma é preferível? Para responder a estas questões, vamos examinar como a saída é calculada por cada uma destas formas. Na Eq. (3.14a), a saída $y[n]$ em qualquer instante n é calculada somando todos os valores passados de entrada até o instante n. Isto pode significar uma grande quantidade de adições. Em contraste, a Eq. (3.14b) pode ser expressa por $y[n] = y[n-1] + Tx[n]$. Logo, a determinação de $y[n]$ envolve a adição de somente dois valores, o valor anterior da saída $y[n-1]$ e o valor atual da entrada $x[n]$. Os cálculos são realizados recursivamente usando os valores anteriores da saída. Por exemplo, se a entrada começar em $n = 0$, inicialmente calculamos $y[0]$. Então, utilizamos o valor calculado para $y[0]$ para calcular $y[1]$. Conhecendo $y[1]$, determinamos $y[2]$ e assim por diante. Os cálculos são recursivos. Este é o motivo pelo qual a forma (3.14b) é chamada de *forma recursiva* e a forma (3.14a) é a *forma não recursiva*. Claramente, "recursivo" e "não recursivo" descrevem duas formas diferentes de apresentar a mesma informação. As Eqs. (3.9), (3.10) e (3.14b) são exemplos de formas recursivas e as Eqs. (3.12) e (3.14a) são exemplos de formas não recursivas.

RELAÇÃO ENTRE EQUAÇÃO DIFERENÇA E EQUAÇÃO DIFERENCIAL

Mostraremos agora que a versão digitalizada de uma equação diferencial resulta em uma equação diferença. Vamos considerar uma equação diferencial simples de primeira ordem

$$\frac{dy}{dt} + cy(t) = x(t) \tag{3.15a}$$

Considere amostras uniformes de $x(t)$ em intervalos de T segundos. Como sempre, utilizaremos na notação $x[n]$ para representar $x(nT)$, a n-ésima amostra de $x(t)$. Similarmente, $y[n]$ representa $y[nT]$, a n-ésima amostra de $y(t)$.

A partir da definição básica de derivada, podemos escrever a Eq. (3.15a) para $t = nT$ por

$$\lim_{T \to 0} \frac{y[n] - y[n-1]}{T} + cy[n] = x[n]$$

Removendo as frações e organizando os termos temos (assumindo T muito pequeno mas não nulo)

$$y[n] + \alpha y[n-1] = \beta x[n] \tag{3.15b}$$

onde

$$\alpha = \frac{-1}{1 + cT} \quad \text{e} \quad \beta = \frac{T}{1 + cT}$$

Também podemos escrever a Eq. (3.15b) na forma operador avanço por

$$y[n+1] + \alpha y[n] = \beta x[n+1] \tag{3.15c}$$

Desta forma fica claro que uma equação diferencial pode ser aproximada por uma equação diferença de mesma ordem. Desta forma, podemos aproximar uma equação diferencial de ordem n por uma equação diferença de ordem n. De fato, um computador digital resolve equações diferenciais usando uma equação diferença equivalente, a qual pode ser resolvida através de operações simples como adição, multiplicação e deslocamento. Lembre-se que um computador só pode executar estas operações simples. Ele deve, necessariamente, aproximar operações complexas tais como diferenciação e integração em termos de operações simples. A aproximação pode ficar o mais próxima possível da resposta exata através da escolha de valores de T suficientemente pequenos.

Neste estágio, ainda não desenvolvemos as ferramentas necessárias para a escolha adequada de um valor para o intervalo de amostragem T. Este assunto será discutido no Capítulo 5 e também no Capítulo 8. Na Seção 5.7 discutiremos um procedimento sistemático (método da invariância ao impulso) para a determinação de um sistema em tempo discreto o qual realize um sistema LCIT de ordem N.

ORDEM DE UMA EQUAÇÃO DIFERENÇA

As Eqs. (3.9), (3.10), (3.14b) e (3.15) são exemplos de equações diferença. A diferença de mais alta ordem do sinal de saída ou do sinal de entrada, o que for maior, representa a *ordem* da equação diferença. Logo, as Eqs. (3.9), (3.13), (3.14) e (3.15) são equações diferença de primeira ordem, enquanto que a Eq. (3.10) é de segunda ordem.

EXERCÍCIO E3.8

Projete um integrador digital do Exemplo 3.7 usando o fato de que para um integrador, a saída $y(t)$ e a entrada $x(t)$ são relacionadas por $dy/dt = x(t)$. A aproximação (similar a do Exemplo 3.6) desta equação para $t = nT$ resulta na forma recursiva da Eq. (3.14b).

SISTEMAS ANALÓGICO, DIGITAL, CONTÍNUO NO TEMPO E EM TEMPO DISCRETO

A diferença básica entre sistemas contínuos no tempo e sistemas analógicos, ou de sistemas em tempo discreto e sistemas digitais, é completamente explicada nas Seções 1.7-5 e 1.7-6.[†] Historicamente, sistemas em tempo discreto têm sido realizados através de computadores digitais, nos quais sinais contínuos no tempo são processados por amostras digitalizadas ao invés de amostras não quantizadas. Portanto, os termos *filtro digital* e *sistema em tempo discreto* são usados como sinônimos na literatura. Essa distinção é irrelevante na análise de sistemas em tempo discreto. Por esta razão, adotaremos esta convenção simples neste livro, na qual o temo *filtro digital* implica em um *sistema em tempo discreto* e *filtro analógico* significando *sistema em tempo contínuo*.

[†] Os termos *discreto no tempo* e *contínuo no tempo* qualificam a natureza do sinal com relação ao eixo de tempo (eixo horizontal). Os temos *analógico* e *digital*, em contraste, qualificam a natureza da amplitude do sinal (eixo vertical).

Além disso, os termos C/D (contínuo para discreto) e D/C (discreto para contínuo) serão ocasionalmente utilizados em substituição aos termos A/D (analógico para digital) e D/A (digital para analógico), respectivamente, e vice-versa.

VANTAGENS DO PROCESSAMENTO DIGITAL DE SINAIS

1. Operações em sistemas digitais podem tolerar uma variação considerável nos valores do sinal e, portanto, são menos sensíveis às mudanças nos parâmetros dos componentes causadas pela variação da temperatura, idade e outros fatores. Isto resulta em um alto grau de precisão e estabilidade. Como eles geralmente são circuitos binários, a precisão pode ser aumentada usando circuitos mais complexos para aumentar o tamanho da palavra binária, sujeito apenas a limites de custo.

2. Sistemas digitais não necessitam de nenhum ajuste de fábrica e podem ser facilmente duplicados em volume sem nos preocuparmos com valores precisos de componentes. Eles podem ser totalmente integrados e mesmo sistemas altamente complexos podem ser substituídos por um único chip usando circuitos VLSI (*very large scale integrated*).

3. Filtros digitais são mais flexíveis. Suas características podem ser falcilmente alteradas simplesmente mudando o programa. A implementação em *hardware* digital permite o uso de microprocessadores, miniprocessadores, chaves digitais e circuitos VLSI.

4. Uma grande variedade de filtros pode ser implementada por sistemas digitais.

5. Sinais digitais podem ser facilmente armazenados, com custo muito baixo, em fitas ou discos magnéticos sem deterioração da qualidade do sinal. Também é possível buscar e selecionar informação de centrais de armazenamento distantes.

6. Sinais digitais podem ser codificados, levando a taxas de erro extremamente baixas e alta fidelidade, além de privacidade. Além disso, algoritmos de processamento de sinais mais sofisticados podem ser utilizados para processar sinais digitais.

7. Filtros digitais podem ser facilmente compartilhados e, portanto, podem servir para várias entradas simultaneamente. Além disso, é mais fácil e mais eficiente multiplexar diversos sinais digitais em um mesmo canal.

8. A reprodução de mensagens digitais é extremamente confiável sem deterioração. Mensagens analógicas, tais como fotocópias e filmes, por exemplo, perdem qualidade a cada estágio sucessivo de reprodução e precisam ser fisicamente transportadas de um ponto distante a outro, geralmente a um custo relativamente alto.

Portanto, deve-se avaliar estas vantagens contra desvantagens tais como o aumento da complexidade do sistema devido às interfaces A/D e D/A, faixa de frequências limitada na prática (aproximadamente dezenas de megahertz), e o uso de mais potência do que é necessário para circuitos analógicos passivos. Sistemas digitais utilizam dispositivos ativos que geralmente consomem potência.

3.4-1 Classificação de Sistemas em Tempo Discreto

Antes de examinarmos a natureza das equações de sistemas em tempo discreto, vamos considerar o conceito de linearidade, invariância no tempo (ou invariância de deslocamento) e causalidade, os quais também são aplicados a sistemas em tempo discreto.

LINEARIDADE E INVARIÂNCIA NO TEMPO

Para sistemas em tempo discreto, a definição de *linearidade* é idêntica a de sistemas contínuos no tempo, como apresentada na Eq. (1.40). Podemos mostrar que os sistemas dos Exemplos 3.4, 3.5, 3.6 e 3.7 são todos lineares.

A invariância (ou *invariância de deslocamento*) para sistemas em tempo discreto também é definida de forma similar a de sistemas contínuos no tempo. Sistemas cujos parâmetros não são alterados com o tempo (com n) são sistemas *invariantes no tempo* ou invariantes no deslocamento (também chamado de *parâmetros constantes*). Para tais sistemas, se a entrada for atrasada por k unidades ou amostras, a saída é a mesma de antes porém atrasada por k amostras (assumindo que as condições iniciais também são atrasadas por k). Os sistemas dos Exemplos 3.4, 3.5, 3.6 e 3.7 são invariantes no tempo porque os coeficientes nas equações dos sistemas são constantes (independentes de n). Se estes coeficientes fossem funções de n (tempo), então os sistemas seriam lineares *variantes no tempo*. Considere, por exemplo, o sistema descrito por

$$y[n] = e^{-n}x[n]$$

Para esse sistema, seja um sinal $x_1[n]$ resultando na saída $y_1[n]$ e outra entrada $x_2[n]$ resultando na saída $y_2[n]$. Então

$$y_1[n] = e^{-n}x_1[n] \quad \text{e} \quad y_2[n] = e^{-n}x_2[n]$$

Se fizermos $x_2[n] = x_1[n - N_0]$, então

$$y_2[n] = e^{-n}x_2[n] = e^{-n}x_1[n - N_0] \neq y_1[n - N_0]$$

Claramente, esse é um sistema com parâmetros variantes no tempo.

SISTEMAS CAUSAL E NÃO CAUSAL

Um sistema *causal* (também chamado de sistema *físico* ou *não antecipativo*) é aquele para o qual a saída em qualquer instante $n = k$ depende apenas do valor da entrada $x[n]$ para $n \leq k$. Em outras palavras, o valor da saída no instante atual depende apenas dos valores atual e passado da entrada $x[n]$, não de seus valores futuros. Como veremos, os Exemplos 3.4, 3.5, 3.6 e 3.7 são todos causais.

SISTEMAS INVERSÍVEIS E NÃO INVERSÍVEIS

Um sistema discreto S é inversível se um sistema inverso S_i existir tal que a cascata de S com S_i resultar em um sistema *identidade*. Um sistema identidade é definido como sendo aquele cuja saída é idêntica à entrada. Em outras palavras, para um sistema inversível, a entrada pode ser unicamente determinada da saída correspondente. Para cada entrada existe uma única saída. Quando um sinal é processado através de tal sistema, sua entrada pode ser reconstruída da saída correspondente. Não existe perda de informação quando um sinal é processado através de um sistema inversível.

A cascata de um atraso unitário com um avanço unitário resulta em um sistema identidade, pois a saída do sistema em cascata é idêntica à entrada. Obviamente, a inversa de um atraso unitário ideal é um avanço unitário ideal, o qual é um sistema não causal (e não realizável). Em contraste, um compressor $y[n] = x[Mn]$ não é inversível porque esta operação sempre perde informação a não ser na M-ésima amostra da entrada e, geralmente, a entrada não pode ser reconstruída. Similarmente, uma operação tal como $y[n] = \cos x[n]$ ou $y[n] = |x[n]|$ é não inversível.

EXERCÍCIO E3.9
Mostre que um sistema especificado pela equação $y[n] = ax[n] + b$ é inversível, mas o sistema $y[n] = |x[n]|^2$ é não inversível.

SISTEMAS ESTÁVEL E INSTÁVEL
O conceito de estabilidade é similar ao de sistemas contínuos no tempo. A estabilidade pode ser *interna* ou *externa*. Se cada *entrada limitada* aplicada ao terminal de entrada resultar em uma *saída limitada*, o sistema é dito ser *externamente* estável. A estabilidade externa pode ser verificada por medições nos terminais externos do sistema. Esse tipo de estabilidade é conhecido como estabilidade BIBO (*bounded-input/bounded-output*). Tanto a estabilidade interna quanto externa são discutidas com mais detalhes na Seção 3.10.

SISTEMAS SEM MEMÓRIA E COM MEMÓRIA
Os conceitos de sistema sem memória (ou instantâneo) e sistemas com memória (ou dinâmicos) são idênticos aos conceitos correspondentes para o caso de sistemas contínuos no tempo. Um sistema é sem memória se sua resposta a qualquer instante n depender no máximo da entrada no mesmo instante n. A saída em qualquer instante de um sistema com memória geralmente depende dos valores passados, presentes e futuros da entrada. Por exemplo, $y[n] = \text{sen } x[n]$ é um exemplo de um sistema instantâneo e $y[n] - y[n - 1] = x[n]$ é um exemplo de um sistema dinâmico ou sistema com memória.

3.5 Equações de Sistemas em Tempo Discreto

Nesta seção discutiremos a análise no domínio do tempo de LDIT (sistema linear, discreto, invariante no tempo). Com algumas pequenas diferenças, o procedimento é paralelo ao utilizado para sistemas contínuos no tempo.

Equações Diferença

As Eqs. (3.9), (3.10), (3.12) e (3.15) são exemplos de equação diferença. As Eqs. (3.9), (3.12) e (3.15) são equações diferença de primeira ordem e a Eq. (3.10) é uma equação diferença de segunda ordem. Todas essas equações são lineares com coeficientes constantes (invariantes no tempo).[†] Antes de apresentarmos a forma geral para uma equação diferença linear de ordem N, lembre-se que a equação diferença pode ser escrita em duas formas: a primeira forma usa termos em atraso tais como $y[n-1]$, $y[n-2]$, $x[n-1]$, $x[n-2]$ e assim por diante e a forma alternativa utiliza termos em avanço tais como $y[n+1]$, $y[n+2]$ e assim por diante. Apesar da forma em atraso ser mais natural, geralmente preferiremos a forma em avanço, não somente por conveniência de notação, mas principalmente por resultar em uniformidade de notação com a forma operacional para equações diferenciais, facilitando a generalização de soluções e conceitos para sistemas em tempo contínuo e em tempo discreto.

Começaremos com uma equação diferença genérica, usando a forma operador avanço

$$y[n+N] + a_1 y[n+N-1] + \cdots + a_{N-1} y[n+1] + a_N y[n] = b_{N-M} x[n+M]$$
$$+ b_{N-M+1} x[n+M-1] + \cdots + b_{N-1} x[n+1] + b_N x[n] \quad (3.16)$$

Esta é uma equação linear diferença cuja ordem é Max(N, M). Assumimos que o coeficiente de $y[n+N]$ é unitário ($a_0 = 1$) sem perda de generalidade. Se $a_0 \neq 1$, podemos dividir toda a equação por a_0, normalizando-a, de tal forma que teremos $a_0 = 1$.

Condição de Causalidade

Para um sistema causal, a saída não pode depender de valores futuros da entrada. Isto significa que quando a equação do sistema está na forma operador avanço (3.16), a causalidade requer que $M \leq N$. Se M for maior do que N, então $y[n+N]$, a saída no instante $n+N$ dependerá de $x[n+M]$, a qual é a entrada em um instante posterior $n+M$. Para o caso geral, $M = N$ e a Eq. (3.16) pode ser descrita por

$$y[n+N] + a_1 y[n+N-1] + \cdots + a_{N-1} y[n+1] + a_N y[n] = b_0 x[n+N]$$
$$+ b_1 x[n+N-1] + \cdots + b_{N-1} x[n+1] + b_N x[n] \quad (3.17a)$$

onde alguns dos coeficientes de cada lado podem ser zero. Nesta equação de ordem N, a_0, o coeficiente de $y[n+N]$ é normalizado, sendo igual à unidade. A Eq. (3.17a) é válida para todos os valores de n. Portanto, ela ainda será válida de substituirmos n por $n - N$ [veja Eqs. (3.9a) e (3.9b)]. Tal substituição resultará na seguinte forma alternativa (forma operador atraso) da Eq. (3.17a):

$$y[n] + a_1 y[n-1] + \cdots + a_{N-1} y[n-N+1] + a_N y[n-N] = b_0 x[n]$$
$$+ b_1 x[n-1] + \cdots + b_{N-1} x[n-N+1] + b_N x[n-N] \quad (3.17b)$$

3.5-1 Solução Recursiva (Interativa) da Equação Diferença

A Eq. (3.17b) pode ser expressa por

$$y[n] = -a_1 y[n-1] - a_2 y[n-2] - \cdots - a_N y[n-N]$$
$$+ b_0 x[n] + b_1 x[n-1] + \cdots + b_N x[n-N] \quad (3.17c)$$

[†] Equações tais como (3.9), (3.10), (3.12) e (3.15) são consideradas lineares de acordo com a classificação clássica de linearidade. Alguns autores chamam estas equações de *incrementalmente lineares*. Preferimos a definição clássica. Isto é apenas uma escolha pessoal e não altera os resultados finais.

Na Eq. (3.17c), $y[n]$ é calculado a partir de $2N + 1$ informações: Os N valores anteriores da saída: $y[n - 1]$, $y[n - 2]$,..., $y[n - N]$, os N valores anteriores da entrada: $x[n - 1]$, $x[n - 2]$,..., $x[n - N]$ e o valor atual da entrada $x[n]$. Inicialmente, para calcular $y[0]$, as N condições iniciais $y[-1]$, $y[-2]$,..., $y[-N]$ servem como N valores anteriores da saída. Logo, conhecendo as N condições iniciais e a entrada podemos determinar toda a saída $y[0]$, $y[1]$, $y[2]$, $y[3]$,... recursivamente, um valor a cada instante. Por exemplo, para determinar $y[0]$, fazermos $n = 0$ na Eq. (3.17c). O lado esquerdo é $y[0]$ e o lado direito estará expresso em termos das N condições iniciais $y[-1]$, $y[-2]$,..., $y[-N]$ e da entrada $x[0]$ se a entrada $x[n]$ for causal (devido a causalidade os outros termos de entrada $x[-n] = 0$). Similarmente, conhecendo $y[0]$ e a entrada, podemos calcular $y[1]$ fazendo $n = 1$ na Eq. (3.17c). Conhecendo $y[0]$ e $y[1]$, determinamos $y[2]$ e assim por diante. Portanto, podemos utilizar este procedimento recursivo para determinar a resposta completa $y[0]$, $y[1]$, $y[2]$, $y[3]$,... Por essa razão, essa equação é classificada como forma recursiva. Esse método basicamente reflete a maneira pela qual um computador pode resolver uma equação diferença, dada a entrada e condições iniciais. A Eq. (3.17) é não recursiva se todos os $N - 1$ coeficientes $a_i = 0$ ($i = 1, 2,..., N - 1$). Neste caso, pode ser visto que $y[n]$ é calculado usando apenas os valores de entrada sem nenhum valor anterior da saída. Geralmente, o procedimento recursivo se aplica apenas a equações na forma recursiva. O procedimento recursivo (interativo) é demonstrado nos seguintes exemplos.

EXEMPLO 3.8

Resolva interativamente

$$y[n] - 0{,}5y[n - 1] = x[n] \quad (3.18a)$$

com condição inicial $y[-1] = 16$ e entrada causal $x[n] = n^2$ (começando para $n = 0$). Esta equação pode ser expressa por

$$y[n] = 0{,}5y[n - 1] + x[n] \quad (3.18b)$$

Fazendo $n = 0$ nesta equação, obtemos

$$y[0] = 0{,}5y[-1] + x[0]$$
$$= 0{,}5(16) + 0 = 8$$

Agora, fazendo $n = 1$ na Eq. (3.18b) e usando o valor $y[0] = 8$ (calculado no primeiro passo) e $x[1] = (1)^2 = 1$, obtemos

$$y[1] = 0{,}5(8) + (1)^2 = 5$$

A seguir, fazendo $n = 2$ na Eq. (3.18b) e usando o valor $y[1] = 5$ (calculado no passo anterior e $x[2] = (2)^2 = 4$, obtemos

$$y[2] = 0{,}5(5) + (2)^2 = 6{,}5$$

Continuando dessa forma, interativamente, obteremos

$$y[3] = 0{,}5(6{,}5) + (3)^2 = 12{,}25$$
$$y[4] = 0{,}5(12{,}25) + (4)^2 = 22{,}125$$
$$\vdots$$

A saída $y[n]$ está mostrada na Fig. 3.15.

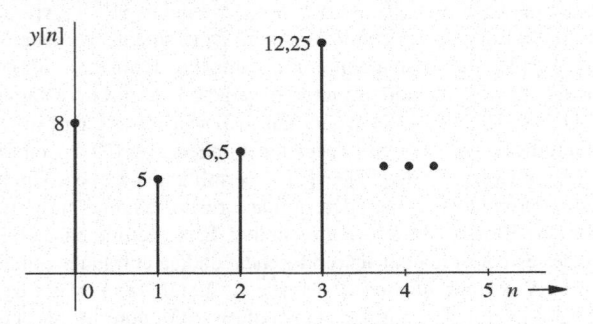

Figura 3.15 Solução interativa de equação diferença.

Apresentaremos agora mais um exemplo de solução interativa – desta vez para uma equação de segunda ordem. O método pode ser aplicado a equação diferença na forma operador atraso ou avanço. No Exemplo 3.8 consideramos a forma operador atraso. Vamos aplicar, agora, o método interativo na forma operador avanço.

EXEMPLO 3.9

Resolva interativamente

$$y[n+2] - y[n+1] + 0{,}24y[n] = x[n+2] - 2x[n+1] \tag{3.19}$$

com condições iniciais $y[-1] = 2$ e $y[-2] = 1$ e entrada causal $x[n] = n$ (começando em $n = 0$).
A equação do sistema pode ser expressa por

$$y[n+2] = y[n+1] - 0{,}24y[n] + x[n+2] - 2x[n+1] \tag{3.20}$$

Fazendo $n = -2$ e então substituindo $y[-1] = 2$, $y[-2] = 1$, $x[0] = x[-1] = 0$ (lembre-se que $x[n] = n$ começando em $n = 0$), obtemos

$$y[0] = 2 - 0{,}24(1) + 0 - 0 = 1{,}76$$

Fazendo $n = -1$ na Eq. (3.20) e usando $y[0] = 1{,}76$, $y[-1] = 2$, $x[1] = 1 = x[0] = 0$, obtemos

$$y[1] = 1{,}76 - 0{,}24(2) + 1 - 0 = 2{,}28$$

Fazendo $n = 0$ na Eq. (3.20) e substituindo $y[0] = 1{,}76$, $y[1] = 2{,}28$, $x[2] = 2 = x[1] = 1$, temos

$$y[2] = 2{,}28 - 0{,}24(1{,}76) + 2 - 2(1) = 1{,}8576$$

e assim por diante.

Observe cuidadosamente a natureza recursiva dos cálculos. A partir de N condições iniciais (e da entrada) obtemos primeiro $y[0]$. Então, usando o valor de $y[0]$ e as $N - 1$ condições iniciais anteriores (juntamente com a entrada), obtemos $y[1]$. A seguir, usando $y[0]$, $y[1]$ e as $N - 2$ condições iniciais e a entrada, obtemos $y[2]$ e assim por diante. Esse método é genérico e pode ser aplicado a equação diferença recursiva de qualquer ordem. É interessante que a realização em *hardware* da Eq. (3.18a), mostrada na Fig. 3.12 (com $a = 0{,}5$), gera a solução exatamente nesta forma (interativa).

EXERCÍCIO E3.10

Usando o método interativo, determine os primeiros três termos de $y[n]$ para

$$y[n+1] - 2y[n] = x[n]$$

A condição inicial é $y[-1] = 10$ e a entrada é $x[n] = 2$ começando em $n = 0$.

RESPOSTA
$y[0] = 20 \qquad y[1] = 42 \qquad y[2] = 86$

EXEMPLO DE COMPUTADOR C3.3

Use o MATLAB para resolver o Exemplo 3.9.

```
>> n = (-2:10)'; y=[1;2;zeros(length(n)-2,1)]; x=[0;0;n(3:end)];
>> for k = 1:length(n)-2,
>> y(k+2) = y(k+1) - 0.24*y(k) + x(k+2) - 2*x(k+1);
>> end;
>> clf; stem(n,y,'k'); xlabel('n'); ylabel('y[n]');
>> disp(' n          y'); disp([num2str([n,y])]);
    n        y
   -2        1
   -1        2
    0     1.76
    1     2.28
    2     1.8576
    3     0.3104
    4    -2.13542
    5    -5.20992
    6    -8.69742
    7   -12.447
    8   -16.3597
    9   -20.3724
   10   -24.4461
```

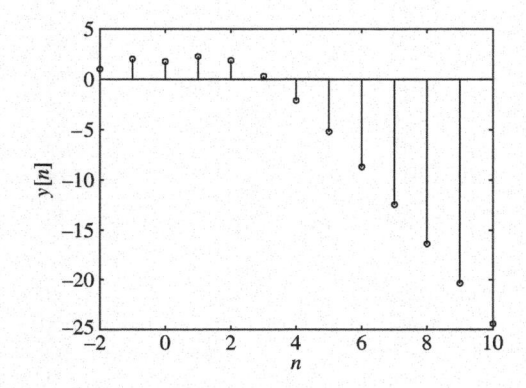

Figura C3.3

Veremos posteriormente que a solução de uma equação diferença obtida desta forma direta (interativa) é útil em diversas situações. Entretanto, apesar dos vários usos deste método, uma solução fechada de uma equação diferença é muito mais útil no estudo do comportamento do sistema e sua dependência com a entrada e os vários parâmetros do sistema. Por essa razão, desenvolveremos um procedimento sistemático para analisar sistemas em tempo discreto de forma semelhante a utilizada para sistemas contínuos no tempo.

NOTAÇÃO OPERACIONAL

Em equações diferença é conveniente utilizar a notação operacional similar a utilizada em equações diferenciais para efeito de compactação. Em sistemas contínuos no tempo, usamos o operador D para representar a operação diferenciação. Para sistemas em tempo discreto utilizaremos o operador E para representar a operação de avanço da sequência por uma unidade de tempo. Portanto,

$$Ex[n] \equiv x[n+1]$$
$$E^2x[n] \equiv x[n+2]$$
$$\vdots \qquad (3.21)$$
$$E^Nx[n] \equiv x[n+N]$$

A equação de primeira ordem do problema de conta bancária pode ser descrita por [veja Eq. (3.9b)]

$$y[n+1] - ay[n] = x[n+1] \qquad (3.22)$$

Usando a notação operacional, podemos escrever essa equação por

$$Ey[n] - ay[n] = Ex[n]$$

ou

$$(E - a)y[n] = Ex[n] \qquad (3.23)$$

A equação diferença de segunda ordem (3.10b)

$$y[n+2] + \tfrac{1}{4}y[n+1] + \tfrac{1}{16}y[n] = x[n+2]$$

pode ser expressa na notação operacional por

$$\left(E^2 + \tfrac{1}{4}E + \tfrac{1}{16}\right)y[n] = E^2x[n]$$

A equação diferença genérica de ordem N da Eq. (3.17) pode ser escrita como

$$(E^N + a_1 E^{N-1} + \cdots + a_{N-1}E + a_N)y[n]$$
$$= (b_0 E^N + b_1 E^{N-1} + \cdots + b_{N-1}E + b_N)x[n] \qquad (3.24a)$$

ou

$$Q[E]y[n] = P[E]x[n] \qquad (3.24b)$$

onde $Q[E]$ e $P[E]$ são os operadores polinomiais de ordem N

$$Q[E] = E^N + a_1 E^{N-1} + \cdots + a_{N-1}E + a_N \qquad (3.25)$$
$$P[E] = b_0 E^N + b_1 E^{N-1} + \cdots + b_{N-1}E + b_N \qquad (3.26)$$

RESPOSTA DE SISTEMAS LINEARES EM TEMPO DISCRETO

Seguindo o procedimento adotado para sistemas contínuos no tempo, podemos mostrar que a Eq. (3.24) é uma equação linear (com coeficientes constantes). Um sistema descrito por este tipo de equação é um sistema linear, discreto e invariante no tempo (LDIT). Podemos verificar que, tal como em sistemas LCIT (veja a nota de rodapé da página 146), a solução geral da Eq. (3.24) é constituída das componentes de entrada nula e estado nulo.

3.6 Resposta do Sistema a Condições Internas: Resposta de Entrada Nula

A resposta $y_0[n]$ de entrada nula é a solução da Eq. (3.24) com $x[n] = 0$, ou seja,

$$Q[E]y_0[n] = 0 \tag{3.27a}$$

ou

$$(E^N + a_1 E^{N-1} + \cdots + a_{N-1}E + a_N)y_0[n] = 0 \tag{3.27b}$$

ou

$$y_0[n+N] + a_1 y_0[n+N-1] + \cdots + a_{N-1}y_0[n+1] + a_N y_0[n] = 0 \tag{3.27c}$$

Podemos resolver esta equação sistematicamente. Mas mesmo um exame rápido desta equação aponta para sua solução. Esta equação afirma que a combinação linear de $y_0[n]$ e avanços de $y_0[n]$ é zero, *não para algum valor de n, mas para todo n*. Tal situação é possível *se e somente se* $y_0[n]$ e $y_0[n]$ avançado tiverem a mesma forma. Apenas a função exponencial γ^n possui esta propriedade, tal como a seguinte equação indica.

$$E^k\{\gamma^n\} = \gamma^{n+k} = \gamma^k \gamma^n \tag{3.28}$$

A Eq. (3.28) mostra que γ^n avançado por k unidade é a constante (γ^k) vezes γ^n. Portanto, a solução da Eq. (3.27) deve ser na forma[†]

$$y_0[n] = c\gamma^n \tag{3.29}$$

Para determinar c e γ, nós substituímos esta solução na Eq. (3.27b). A Eq. (3.29) resulta em

$$E^k y_0[n] = y_0[n+k] = c\gamma^{n+k} \tag{3.30}$$

A substituição deste resultado na Eq. (3.27b) leva a

$$c(\gamma^N + a_1\gamma^{N-1} + \cdots + a_{N-1}\gamma + a_N)\gamma^n = 0 \tag{3.31}$$

Para uma solução não trivial desta equação

$$\gamma^N + a_1\gamma^{n-1} + \cdots + a_{N-1}\gamma + a_N = 0 \tag{3.32a}$$

ou

$$Q[\gamma] = 0 \tag{3.32b}$$

Nossa solução $c\gamma^n$ [Eq. (3.29)] está correta desde que γ satisfaça a Eq. (3.32). Agora, $Q[\gamma]$ é um polinômio de ordem N e pode ser expresso na forma da fatores (assumindo raízes distintas) por

$$(\gamma - \gamma_1)(\gamma - \gamma_2)\cdots(\gamma - \gamma_N) = 0 \tag{3.32c}$$

Claramente, γ possui N soluções $\gamma_1, \gamma_2, \ldots, \gamma_N$ e, portanto, a Eq. (3.27) também possui N soluções $c_1\gamma_1, c_2\gamma_2, \ldots, c_N\gamma_N$. Neste caso, já mostramos que a solução geral é uma combinação linear das N soluções (veja a nota de rodapé da página 147). Portanto,

$$y_0[n] = c_1\gamma_1^n + c_2\gamma_2^n + \cdots + c_n\gamma_N^n \tag{3.33}$$

na qual $\gamma_1, \gamma_2, \ldots, \gamma_N$ são as raízes da Eq. (3.32) e $c_1, c_2, \ldots, c_N$ são constantes arbitrárias determinadas das N condições auxiliares, geralmente dadas na forma de condições iniciais. O polinômio $Q[\gamma]$ é chamado de *polinômio característico* do sistema e

$$Q[\gamma] = 0 \tag{3.34}$$

é a *equação característica* do sistema. Além disso, $\gamma_1, \gamma_2, \ldots, \gamma_N$, as raízes da equação característica, são chamadas de *raízes características* ou *valores característicos* (ou autovalores) do sistema. As exponenciais γ_i^n ($i = 1$,

---

[†] Um sinal na forma $n^m\gamma^n$ também satisfaz esta condição sob certas restrições (raízes repetidas), discutidas posteriormente.

2,..., N) são os *modos característicos* ou *modos naturais do sistema*. Um modo característico corresponde a cada raiz característica do sistema e *a resposta de entrada nula é a combinação linear dos modos característicos do sistema*.

RAÍZES REPETIDAS

Até este momento, assumimos que o sistema possui N raízes características distintas $\gamma_1, \gamma_2, ..., \gamma_N$ com modos característicos correspondentes $\gamma_1^n, \gamma_2^n, ..., \gamma_N^n$. Se duas ou mais raízes coincidirem (raízes repetidas), a forma dos modos característicos é modificada. A substituição direta mostra que se a raiz γ repete r vezes (raiz de multiplicidade r), os modos característicos para esta raiz são $\gamma^n, n\gamma^n, n^2\gamma^n, ..., n^{r-1}\gamma^n$. Portanto, se a equação característica do sistema for

$$Q[\gamma] = (\gamma - \gamma_1)^r(\gamma - \gamma_{r+1})(\gamma - \gamma_{r+2}) \cdots (\gamma - \gamma_N) \quad (3.35)$$

a resposta a entrada nula do sistema será

$$y_0[n] = (c_1 + c_2 n + c_3 n^2 + \cdots + c_r n^{r-1})\gamma_1^n + c_{r+1}\gamma_{r+1}^n + c_{r+2}\gamma_{r+2}^n + \cdots + c_n \gamma_N^n \quad (3.36)$$

RAÍZES COMPLEXAS

Tal como no caso de sistemas contínuos no tempo, as raízes complexas de um sistema em tempo discreto ainda ocorrem em pares de conjugados se os coeficientes da equação do sistema forem reais. Raízes complexas podem ser tratadas exatamente como tratamos raízes reais. Entretanto, tal como no caso de sistemas contínuos no tempo, também podemos utilizar a forma real da solução como alternativa.

Inicialmente expressamos as raízes conjugadas complexas γ e γ^* na forma polar. Se $|\gamma|$ é a amplitude (módulo) e β é o ângulo de γ, então,

$$\gamma = |\gamma|e^{j\beta} \quad \text{e} \quad \gamma^* = |\gamma|e^{-j\beta}$$

A resposta a entrada nula é dada por

$$y_0[n] = c_1 \gamma^n + c_2 (\gamma^*)^n$$
$$= c_1 |\gamma|^n e^{j\beta n} + c_2 |\gamma|^n e^{-j\beta n}$$

Para um sistema real, c_1 e c_2 devem ser conjugados, tal que $y_0[n]$ seja uma função real de n. Seja

$$c_1 = \frac{c}{2}e^{j\theta} \quad \text{e} \quad c_2 = \frac{c}{2}e^{-j\theta} \quad (3.37a)$$

Então

$$y_0[n] = \frac{c}{2}|\gamma|^n \left[e^{j(\beta n + \theta)} + e^{-j(\beta n + \theta)}\right]$$
$$= c|\gamma|^n \cos(\beta n + \theta) \quad (3.37b)$$

na qual c e θ são constantes arbitrárias determinadas das condições auxiliares. Esta é a solução na forma real, a qual evita o trabalho com números complexos.

EXEMPLO 3.10

(a) Para um sistema LDIT descrito pela equação diferença

$$y[n+2] - 0,6y[n+1] - 0,16y[n] = 5x[n+2] \quad (3.38a)$$

determine a resposta total se as condições iniciais forem $y[-1] = 0$ e $y[-2] = 25/4$ e se a entrada for $x[n] = 4^{-n}u[n]$. Neste exemplo, determinaremos apenas a componente de entrada nula $y_0[n]$. A componente de estado nulo é determinada posteriormente, no Exemplo 3.14.

A equação do sistema na notação operacional é

$$(E^2 - 0{,}6E - 0{,}16)y[n] = 5E^2 x[n] \qquad (3.38\text{b})$$

O polinômio característico é

$$\gamma^2 - 0{,}6\gamma - 0{,}16 = (\gamma + 0{,}2)(\gamma - 0{,}8)$$

A equação característica é

$$(\gamma + 0{,}2)(\gamma - 0{,}8) = 0 \qquad (3.39)$$

As raízes características são $\gamma_1 = -0{,}2$ e $\gamma_2 = 0{,}8$. A resposta de entrada nula é

$$y_0[n] = c_1(-0{,}2)^n + c_2(0{,}8)^n \qquad (3.40)$$

Para determinar as constantes arbitrárias c_1 e c_2, fazemos $n = -1$ e -2 na Eq. (3.40) e, então, substituímos $y[-1] = 0$ e $y[-2] = 25/4$, obtendo[†]

$$\left. \begin{array}{l} 0 = -5c_1 + \frac{5}{4}c_2 \\ \frac{25}{4} = 25c_1 + \frac{25}{16}c_2 \end{array} \right\} \implies \begin{array}{l} c_1 = \frac{1}{5} \\ c_2 = \frac{4}{5} \end{array}$$

Portanto,

$$y_0[n] = \tfrac{1}{5}(-0{,}2)^n + \tfrac{4}{5}(0{,}8)^n \qquad n \geq 0 \qquad (3.41)$$

O leitor pode verificar esta solução determinando os primeiros termos usando o método interativo (veja Exemplos 3.8 e 3.9).

(b) Um procedimento similar pode ser seguido para raízes repetidas. Por exemplo, para o sistema especificado pela equação

$$(E^2 + 6E + 9)y[n] = (2E^2 + 6E)x[n]$$

Vamos determinar $y_0[n]$, a componente de entrada nula da resposta se as condições iniciais forem $y[-1] = -1/3$ e $y[-2] = -2/9$.

O polinômio característico é $\gamma^2 + 6\gamma + 9 = (\gamma + 3)^2$, no qual temos uma raiz característica repetida para $\gamma = -3$. Os modos característicos são $(-3)^n$ e $n(-3)^n$. Logo, a resposta a entrada nula é

$$y_0[n] = (c_1 + c_2 n)(-3)^n$$

Podemos determinar as constantes arbitrárias c_1 e c_2 seguindo o procedimento da parte (a). É deixado como exercício para o leitor que $c_1 = 4$ e $c_2 = 3$, tal que

$$y_0[n] = (4 + 3n)(-3)^n$$

(c) Para o caso de raízes complexas, vamos determinar a resposta de entrada nula do sistema LDIT descrito pela equação

$$(E^2 - 1{,}56E + 0{,}81)y[n] = (E + 3)x[n]$$

quando as condições iniciais são $y[-1] = 2$ e $y_0[-2] = 1$.

[†] As condições iniciais $y[-1]$ e $y[-2]$ são as condições dadas da resposta total. Mas como a entrada não começa até que $n = 0$, a resposta de estado nulo é zero para $n < 0$. Logo, para $n = -1$ e -2, a resposta total é constituída apenas da componente de entrada nula, logo, $y[-1] = y_0[-1]$ e $y[-2] = y_0[-2]$.

O polinômio característico é $(\gamma^2 - 1{,}56\gamma + 0{,}81) = (\gamma - 0{,}78 - j0{,}45)(\gamma - 0{,}78 + j0{,}45)$. As raízes características são $0{,}78 \pm j\,0{,}45$, ou seja, $0{,}9e^{\pm j(\pi/6)}$. Podemos escrever imediatamente a solução como sendo

$$y_0[n] = c(0{,}9)^n e^{j\pi n/6} + c^*(0{,}9)^n e^{-j\pi n/6}$$

Fazendo $n = -1$ e -2 e usando as condições iniciais $y[-1] = 2$ e $y[-2] = 1$, nós determinamos $c = 2{,}34 e^{-j0{,}17}$ e $c^* = 2{,}34 e^{j0{,}17}$.

Alternativamente, podemos determinar a solução usando a parte real da solução, dada pela Eq. (3.37b). No caso atual. as raízes são $0{,}9e^{\pm j(\pi/6)}$. Logo, $|\gamma| = 0{,}9$ e $\beta = \pi/6$, e a resposta de entrada nula, de acordo com a Eq. (3.37b), será

$$y_0[n] = c(0{,}9)^n \cos\left(\frac{\pi}{6}n + \theta\right)$$

Para determinar as constantes arbitrárias c e θ, fazemos $n = -1$ e -2 nesta equação e substituímos as condições iniciais $y[-1] = 2$ e $y[-2] = 1$ para obter

$$2 = \frac{c}{0{,}9}\cos\left(-\frac{\pi}{6} + \theta\right) = \frac{c}{0{,}9}\left[\frac{\sqrt{3}}{2}\cos\theta + \frac{1}{2}\operatorname{sen}\theta\right]$$

$$1 = \frac{c}{(0{,}9)^2}\cos\left(-\frac{\pi}{3} + \theta\right) = \frac{c}{0{,}81}\left[\frac{1}{2}\cos\theta + \frac{\sqrt{3}}{2}\operatorname{sen}\theta\right]$$

ou

$$\frac{\sqrt{3}}{1{,}8}c\cos\theta + \frac{1}{1{,}8}c\operatorname{sen}\theta = 2$$

$$\frac{1}{1{,}62}c\cos\theta + \frac{\sqrt{3}}{1{,}62}c\operatorname{sen}\theta = 1$$

Essas duas equações simultâneas de duas incógnitas $c\cos\theta$ e $c\operatorname{sen}\theta$ resultam em

$$c\cos\theta = 2{,}308$$

$$c\operatorname{sen}\theta = -0{,}397$$

Dividindo $c\operatorname{sen}\theta$ por $c\cos\theta$, teremos

$$\tan\theta = \frac{-0{,}397}{2{,}308} = \frac{-0{,}172}{1}$$

$$\theta = \tan^{-1}(-0{,}172) = -0{,}17 \text{ rad}$$

Substituindo $\theta = -0{,}17$ radianos em $c\cos\theta = 2{,}308$ resulta em $c = 2{,}34$ e

$$y_0[n] = 2{,}34(0{,}9)^n \cos\left(\frac{\pi}{6}n - 0{,}17\right) n \geq 0$$

Observe que neste caso usamos radianos como unidade tanto de β quanto θ. Também poderíamos ter utilizado graus, apesar de não ser recomendado na prática. A consideração importante é ser consistente e utilizar as mesmas unidades para β e θ.

CAPÍTULO 3 ANÁLISE DO DOMÍNIO DO TEMPO DE SISTEMAS EM TEMPO DISCRETO 255

EXERCÍCIO E3.11

Determine e trace a resposta de entrada nula para os sistemas descritos pelas seguintes equações:

(a) $y[n+1] - 0,8y[n] = 3x[n+1]$
(b) $y[n+1] + 0,8y[n] = 3x[n+1]$

Em cada caso, a condição inicial é $y[-1] = 10$. Verifique a solução determinando os três primeiros termos usando o método interativo.

RESPOSTAS
(a) $8(0,8)^n$
(b) $-8(-0,8)^n$

EXERCÍCIO E3.12

Determine a resposta de entrada nula de um sistema descrito pela equação

$$y[n] + 0,3y[n-1] - 0,1y[n-2] = x[n] + 2x[n-1]$$

As condições iniciais são $y_0[-1] = 1$ e $y_0[-2] = 33$. Verifique a solução determinando os três primeiros termos interativamente.

RESPOSTA
$y_0[n] = (0,2)^n + 2(-0,5)^n$

EXERCÍCIO E.13

Determine a resposta de entrada nula de um sistema descrito pela equação

$$y[n] + 4y[n-2] = 2x[n]$$

As condições iniciais são $y_0[-1] = -1/(2\sqrt{2})$ e $y_0[-2] = 1/(4\sqrt{2})$. Verifique a solução determinando os três primeiros termos interativamente.

RESPOSTA
$$y_0[n] = (2)^n \cos\left(\frac{\pi}{2}n - \frac{3\pi}{4}\right)$$

EXEMPLO DE COMPUTADOR C3.4

Usando as condições iniciais $y[-1] = 2$ e $y[-2] = 1$, determine e trace a resposta de entrada nula para o sistema descrito por $(E^2 - 1,56E + 0,81)y[n] = (E+3)x[n]$.

```
>> n = (-2:20)'; y = [1;2;zeros(length(n)-2,1)];
>> for k = 1:length(n)-2,
>>     y(k+2) = 1.56*y(k+1)-0.81*y(k);
>> end;
>> clf; stem(n,y,'k'); xlabel('n'); ylabel('y[n]');
```

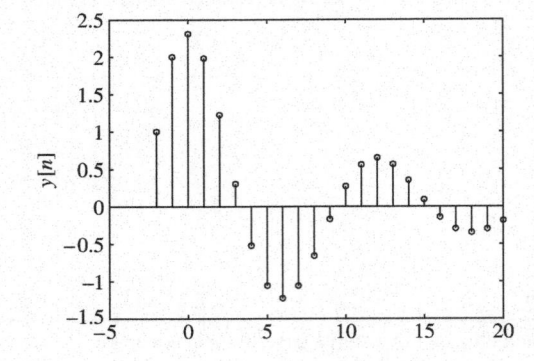

Figura C3.4

3.7 Resposta $h[n]$ ao Impulso Unitário

Considere um sistema de ordem n especificado pela equação

$$(E^N + a_1 E^{N-1} + \cdots + a_{N-1}E + a_N)y[n]$$
$$= (b_0 E^N + b_1 E^{N-1} + \cdots + b_{N-1}E + b_N)x[n] \quad (3.42a)$$

ou

$$Q[E]y[n] = P[E]x[n] \quad (3.42b)$$

A resposta $h[n]$ ao impulso é a solução desta equação para a entrada $\delta[n]$ com todas as condições iniciais nulas, ou seja,

$$Q[E]h[n] = P[E]\delta[n] \quad (3.43)$$

sujeita às condições iniciais

$$h[-1] = h[-2] = \cdots = h[-N] = 0 \quad (3.44)$$

A Eq. (3.44) pode ser resolvida para determinar $h[n]$ interativamente ou de forma fechada. O seguinte exemplo demonstra a solução interativa.

EXEMPLO 3.11 (Determinação interativa de $h[n]$)

Determine $h[n]$, a resposta ao impulso unitário de um sistema descrito pela equação

$$y[n] - 0{,}6y[n-1] - 0{,}16y[n-2] = 5x[n] \quad (3.45)$$

Para determinar a resposta ao impulso unitário, vamos considerar a entrada $x[n] = \delta[n]$ e a saída $y[n] = h[n]$ na Eq. (3.45), obtendo

$$h[n] - 0{,}6h[n-1] - 0{,}16h[n-2] = 5\delta[n] \tag{3.46}$$

sujeita ao estado inicial nulo, ou seja, $h[-1] = h[-2] = 0$.
Fazendo $n = 0$ nesta equação,

$$h[0] - 0{,}6(0) - 0{,}16(0) = 5(1) \implies h[0] = 5$$

A seguir, fazendo $n = 1$ na Eq. (3.46) e usando $h[0] = 5$, obtemos

$$h[1] - 0{,}6(5) - 0{,}16(0) = 5(0) \implies h[1] = 3$$

Continuando desta forma podemos determinar qualquer número de termos de $h[n]$. Infelizmente, este tipo de solução não resulta em uma expressão fechada para $h[n]$. De qualquer forma, a determinação de alguns valores de $h[n]$ pode ser útil na determinação de uma solução fechada, como o desenvolvimento a seguir mostra.

A SOLUÇÃO FECHADA DE $h[n]$

Lembre-se de que $h[n]$ é a resposta do sistema para a entrada $\delta[n]$, a qual é zero para $n > 0$. Sabemos que quando a entrada é zero, apenas os modos característicos podem ser mantidos pelo sistema. Portanto, $h[n]$ deve ser constituído pelos modos característicos do sistema para $n > 0$. Para $n = 0$, ele pode ter algum valor não nulo A_0, de tal forma que a equação geral de $h[n]$ pode ser descrita por[†]

$$h[n] = A_0\delta[n] + y_c[n]u[n] \tag{3.47}$$

na qual $y_c[n]$ é a combinação linear dos modos característicos. Substituímos agora a Eq. (3.47) na Eq. (3.43) para obter $Q[E](A_0\delta[n] + y_c[n]u[n]) = P[E]\delta[n]$. Como $y_c[n]$ é constituído pelos modos característicos, $Q[E]y_c[n]u[n] = 0$ e obtemos $A_0 Q[E]\delta[n] = P[E]\delta[n]$, ou seja,

$$A_0\left(\delta[n+N] + a_1\delta[n+N-1] + \cdots + a_N\delta[n]\right) = b_0\delta[n+N] + \cdots + b_N\delta[n]$$

Fazendo $n = 0$ nesta equação e usando o fato de que $\delta[m] = 0$ para todo $m \neq 0$ e $\delta[0] = 1$, obtemos

$$A_0 a_N = b_N \implies A_0 = \frac{b_N}{a_N} \tag{3.48}$$

Logo,[‡]

$$h[n] = \frac{b_N}{a_N}\delta[n] + y_c[n]u[n] \tag{3.49}$$

Os N coeficientes desconhecidos de $y_c[n]$ (lado direito da equação) podem ser determinados do conhecimento de N valores de $h[n]$. Felizmente, a determinação interativa dos valores de $h[n]$ é uma tarefa direta, como demonstrado no Exemplo 3.11. Calculamos os N valores $h[0]$, $h[1]$, $h[2]$,... $h[N-1]$ interativamente e, a seguir, fazemos $n = 0, 1, 2, ..., N-1$ na Eq. (3.49) para determinar as N incógnitas de $y_c[n]$. Este ponto ficará mais claro no exemplo a seguir.

[†] Assumimos que o termo $y_c[n]$ consiste dos modos característicos apenas para $n > 0$. Para refletir este comportamento, os termos característicos devem ser expressos na forma $\gamma_j^n u[n-1]$. Mas como $u[n-1] = u[n] - \delta[n]$, $c_j\gamma_j^n u[n-1] = c_j\gamma_j^n u[n] - c_j\delta[n]$, e $y_c[n]$ pode ser expresso em termos das exponenciais $\gamma_j^n u[n]$ (a qual começa em $n = 0$), mais um impulso em $n = 0$.

[‡] Se $a_N = 0$, então A_0 não pode ser determinado pela Eq. (3.48). Neste caso, mostraremos na Seção 3.12 que $h[n]$ é da forma $A_0\delta[n] + A_1\delta[n-1] + y_c[n]u[n]$. Neste caso temos $N + 2$ incógnitas, as quais podem ser determinadas dos $N + 2$ valores $h[0]$, $h[1]$,..., $h[N+1]$ determinados interativamente.

EXEMPLO 3.12

Determine a resposta $h[n]$ ao impulso para o sistema do Exemplo 3.11 especificado pela equação

$$y[n] - 0{,}6y[n-1] - 0{,}16y[n-2] = 5x[n]$$

Esta equação pode ser expressa na forma operador avanço por

$$y[n+2] - 0{,}6y[n+1] - 0{,}16y[n] = 5x[n+2] \tag{3.50}$$

ou

$$(E^2 - 0{,}6E - 0{,}16)y[n] = 5E^2 x[n] \tag{3.51}$$

O polinômio característico é

$$\gamma^2 - 0{,}6\gamma - 0{,}16 = (\gamma + 0{,}2)(\gamma - 0{,}8)$$

Os modos característicos são $(-0{,}2)^n$ e $(0{,}8)^n$. Portanto,

$$y_c[n] = c_1(-0{,}2)^n + c_2(0{,}8)^n \tag{3.52}$$

Além disso, a partir da Eq. (3.51), temos $a_N = -0{,}16$ e $b_N = 0$. Logo, de acordo com a Eq. (3.49)

$$h[n] = [c_1(-0{,}2)^n + c_2(0{,}8)^n]u[n] \tag{3.53}$$

Para determinar c_1 e c_2, precisamos determinar dois valores de $h[n]$ interativamente. Este passo já foi realizado no Exemplo 3.11, no qual determinamos que $h[0] = 5$ e $h[1] = 3$. Fazendo, agora, $n = 0$ e 1 na Eq. (3.53) e usando o fato de que $h[0] = 5$ e $h[1] = 3$, temos

$$\left.\begin{array}{l}5 = c_1 + c_2 \\ 3 = -0{,}2c_1 + 0{,}8c_2\end{array}\right\} \implies \begin{array}{l}c_1 = 1 \\ c_2 = 4\end{array}$$

Logo

$$h[n] = [(-0{,}2)^n + 4(0{,}8)^n]\,u[n] \tag{3.54}$$

EXEMPLO DE COMPUTADOR C3.5

Utilize o MATLAB para resolver o Exemplo 3.12.

Existem diversas formas de se determinar a resposta ao impulso usando o MATLAB. No método apresentado primeiro especificamos a entrada como a função impulso unitário. Os vetores a e b são criados para especificar o sistema. O comando filter é, então, utilizado para determinar a resposta ao impulso. De fato, este método pode ser utilizado para determinar a resposta de estado nulo para qualquer entrada.

```
>> n = (0:19); x = inline('n==0');
>> a = [1 -0.6 -0.16]; b = [5 0 0];
>> h = filter(b,a,x(n));
>> clf; stem(n,h,'k'); xlabel('n'); ylabel('h[n]');
```

Figura C3.5

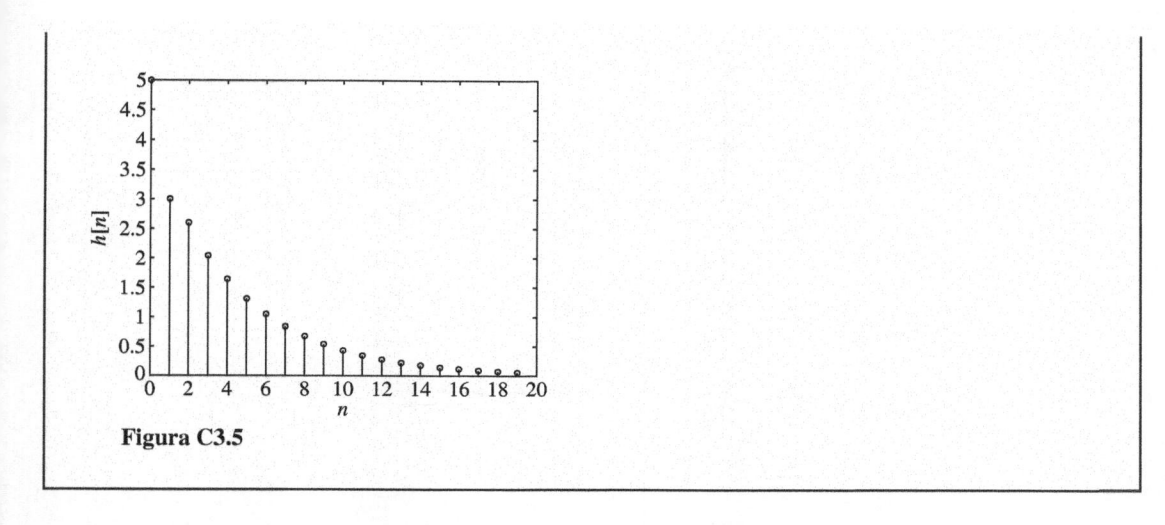

Comentário. Apesar de ser relativamente simples determinar a resposta $h[n]$ ao impulso usando o procedimento desta seção, no Capítulo 5 discutiremos um método muito mais simples através da transformada z.

EXERCÍCIO E3.14

Determine $h[n]$, a resposta ao impulso dos sistemas LDIT especificados pelas seguintes equações:
(a) $y[n+1] - y[n] = x[n]$
(b) $y[n] - 5y[n-1] + 6y[n-2] = 8x[n-1] - 19x[n-2]$
(c) $y[n+2] - 4y[n+1] + 4y[n] = 2x[n+2] - 2x[n+1]$
(d) $y[n] = 2x[n] - 2x[n-1]$

RESPOSTAS
(a) $h[n] = u[n-1]$
(b) $h[n] = -\frac{19}{6}\delta[n] + \left[\frac{3}{2}(2)^n + \frac{5}{3}(3)^n\right]u[n]$
(c) $h[n] = (2+n)2^n u[n]$
(d) $h[n] = 2\delta[n] - 2\delta[n-1]$

3.8 Resposta do Sistema à Entrada Externa: a Resposta de Estado Nulo

A resposta ao estado nulo $y[n]$ é a resposta do sistema a entrada $x[n]$ quando o sistema está no estado nulo. Nesta seção assumiremos que todos os sistemas estão no estado nulo, a não ser que mencionado o contrário, de tal forma que a resposta de estado nulo será a resposta total do sistema. Seguiremos um procedimento semelhante ao utilizado no caso de tempo contínuo, expressando uma entrada arbitrária $x[n]$ como a soma de componentes impulsivas. O sinal $x[n]$ da Fig. 3.16a pode ser expresso como a soma de componentes de impulso tais como as mostradas na Fig. 3.16b−3.16f. A componente de $x[n]$ para $n = m$ é $x[m]\delta[n-m]$, e $x[n]$ é a soma de todas componentes de $n = -\infty$ a ∞. Portanto,

$$x[n] = x[0]\delta[n] + x[1]\delta[n-1] + x[2]\delta[n-2] + \cdots$$
$$+ x[-1]\delta[n+1] + x[-2]\delta[n+2] + \cdots$$
$$= \sum_{m=-\infty}^{\infty} x[m]\delta[n-m] \quad (3.55)$$

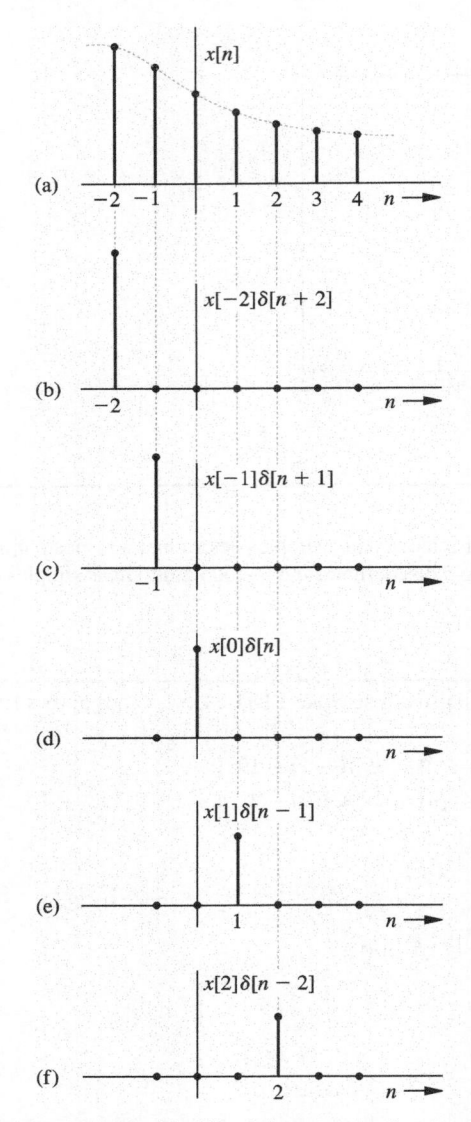

Figura 3.16 Representação de um sinal arbitrário $x[n]$ em termos de componentes de impulso.

Para um sistema linear, conhecendo a resposta ao impulso $\delta[n]$, a resposta a qualquer entrada arbitrária pode ser obtida pela soma da resposta do sistema aos vários componentes impulsivos. Seja $h[n]$ a resposta ao impulso de entrada $\delta[n]$. Utilizaremos a notação

$$x[n] \Longrightarrow y[n]$$

para indicar a entrada e a saída correspondente do sistema. Portanto, se

$$\delta[n] \Longrightarrow h[n]$$

então, devido à invariância no tempo,

$$\delta[n-m] \Longrightarrow h[n-m]$$

e, devido à linearidade,

$$x[m]\delta[n-m] \Longrightarrow x[m]h[n-m]$$

novamente, devido à linearidade,

$$\underbrace{\sum_{m=-\infty}^{\infty} x[m]\delta[n-m]}_{x[n]} \Longrightarrow \underbrace{\sum_{m=-\infty}^{\infty} x[m]h[n-m]}_{y[n]}$$

O lado esquerdo é $x[n]$ [veja Eq. (3.55)] e o lado direito é a resposta do sistema $y[n]$ a entrada $x[n]$. Logo[†]

$$y[n] = \sum_{m=-\infty}^{\infty} x[m]h[n-m] \qquad (3.56)$$

O somatório do lado direito é chamado de *somatório de convolução* de $x[n]$ e $h[n]$, sendo simbolicamente representado por $x[n] * h[n]$

$$x[n] * h[n] = \sum_{m=-\infty}^{\infty} x[m]h[n-m] \qquad (3.57)$$

PROPRIEDADES DO SOMATÓRIO DE CONVOLUÇÃO

A estrutura do somatório de convolução é similar à da integral de convolução. Além disso, as propriedades do somatório de convolução são similares às da integral de convolução. Iremos enumerar estas propriedades sem prova. As provas são similares às para integral de convolução e podem ser desenvolvidas pelo leitor.

Propriedade comutativa.

$$x_1[n] * x_2[n] = x_2[n] * x_1[n] \qquad (3.58)$$

Propriedade distributiva.

$$x_1[n] * (x_2[n] + x_3[n]) = x_1[n] * x_2[n] + x_1[n] * x_3[n] \qquad (3.59)$$

Propriedade associativa.

$$x_1[n] * (x_2[n] * x_3[n]) = (x_1[n] * x_2[n]) * x_3[n] \qquad (3.60)$$

Propriedade de deslocamento. Se

$$x_1[n] * x_2[n] = c[n]$$

então

$$x_1[n-m] * x_2[n-p] = c[n-m-p] \qquad (3.61)$$

Convolução com um impulso.

$$x[n] * \delta[n] = x[n] \qquad (3.62)$$

Propriedade da largura. Se $x_1[n]$ e $x_2[n]$ possuem largura finita de W_1 e W_2, respectivamente, então a largura de $x_1[n] * x_2[n]$ é $W_1 + W_2$. A largura de um sinal é menor do que o número de seus elementos (comprimento). Por exemplo, o sinal da Fig. 3.17h possui seis elementos (comprimento 6), mas uma largura de apenas 5. Alternativamente, a propriedade pode ser descrita em termos dos comprimentos, como mostrado a seguir: se $x_1[n]$ e $x_2[n]$ possuem comprimento finito de L_1 e L_2 elementos, respectivamente, então o comprimento de $x_1[n] * x_2[n]$ é $L_1 + L_2 - 1$ elementos.

[†] Na determinação deste resultado, assumimos sistemas invariantes no tempo. A resposta a entrada $\delta[n-m]$ para um sistema variante no tempo não pode ser expressada como $h[n-m]$, devendo estar na forma $h[n, m]$. Usando esta forma, a Eq. (3.56) é modificada para:

$$y[n] = \sum_{m=-\infty}^{\infty} x[m]h[n, m]$$

CAUSALIDADE E RESPOSTA DE ESTADO NULO

Na determinação da Eq. (3.56), consideramos que o sistema é linear e invariante no tempo. Não existem outras restrições tanto ao sinal de entrada quanto ao sistema. Em nossas aplicações, quase todos os sinais de entrada são causais e a maioria dos sistemas também é causal. Estas restrições simplificam ainda mais os limites do somatório da Eq. (3.56). Se a entrada $x[n]$ for causal, $x[m] = 0$ para $m < 0$. Similarmente, se o sistema for causal (isto é, se $h[n]$ for causal), então $h[x] = 0$ para x negativo, tal que $h[n - m] = 0$ quando $m > n$. Portanto, se $x[n]$ e $h[n]$ forem causais, o produto $x[m]h[n - m] = 0$ quando $m < 0$ e para $m > n$ e não nulo apenas para a faixa $0 \leq m \leq n$. Portanto, a Eq. (3.56) neste caso se reduz para

$$y[n] = \sum_{m=0}^{n} x[m]h[n-m] \qquad (3.63)$$

Calcularemos inicialmente o somatório de convolução por um método analítico e posteriormente com ajuda gráfica.

EXEMPLO 3.13

Determine $c[n] = x[n] * g[n]$ para

$$x[n] = (0,8)^n u[n] \qquad \text{e} \qquad g[n] = (0,3)^n u[n]$$

Temos

$$c[n] = \sum_{m=-\infty}^{\infty} x[m]g[n-m]$$

Note que

$$x[m] = (0,8)^m u[m] \qquad \text{e} \qquad g[n-m] = (0,3)^{n-m} u[n-m]$$

Tanto $x[n]$ quanto $g[n]$ são causais, portanto, [veja Eq. (3.63)]

$$\begin{aligned} c[n] &= \sum_{m=0}^{n} x[m]g[n-m] \\ &= \sum_{m=0}^{n} (0,8)^m u[m] (0,3)^{n-m} u[n-m] \end{aligned} \qquad (3.64)$$

Neste somatório, m está entre 0 e n ($0 \leq m \leq n$). Portanto, se $n \geq 0$, então tanto m quanto $n - m \geq 0$, tal que $u[m] = u[n - m] = 1$. Se $n \leq 0$, m é negativo, porque m está entre 0 e n e $u[m] = 0$. Logo, a Eq. (3.64) se torna

$$c[n] = \sum_{m=0}^{n} (0,8)^m (0,3)^{n-m} \qquad n \geq 0$$

$$= 0 \qquad n < 0$$

e

$$c[n] = (0,3)^n \sum_{m=0}^{n} \left(\frac{0,8}{0,3}\right)^m u[n]$$

Este é uma progressão geométrica com taxa $(0,8/0,3)$. A partir da Seção B.7-4, temos

$$\begin{aligned} c[n] &= (0,3)^n \frac{(0,8)^{n+1} - (0,3)^{n+1}}{(0,3)^n (0,8 - 0,3)} u[n] \\ &= 2[(0,8)^{n+1} - (0,3)^{n+1}]u[n] \end{aligned} \qquad (3.65)$$

EXERCÍCIO E3.15
Mostre que $(0,8)^n u[n] * u[n] = 5[1 - (0,8)^{n+1}]u[n]$.

TABELA DE SOMATÓRIO DE CONVOLUÇÃO

Tal como no caso de tempo contínuo, preparamos uma tabela (Tabela 3.1) na qual os somatórios de convolução podem ser determinados diretamente para uma variedade de pares de sinais. Por exemplo, a convolução do Exemplo 3.13 pode ser diretamente lida desta tabela (par 4) como

$$(0,8)^n u[n] * (0,3)^n u[n] = \frac{(0,8)^{n+1} - (0,3)^{n+1}}{0,8 - 0,3} u[n] = 2[(0,8)^{n+1} - (0,3)^{n+1}]u[n]$$

Demonstraremos o uso da tabela de convolução nos exemplos a seguirr

Tabela 3.1 Somatório de convolução

Nº	$x_1[n]$	$x_2[n]$	$x_1[n] * x_2[n] = x_2[n] * x_1[n]$	
1	$\delta[n-k]$	$x[n]$	$x[n-k]$	
2	$\gamma^n u[n]$	$u[n]$	$\left[\dfrac{1-\gamma^{n+1}}{1-\gamma}\right] u[n]$	
3	$u[n]$	$u[n]$	$(n+1)u[n]$	
4	$\gamma_1^n u[n]$	$\gamma_2^n u[n]$	$\left[\dfrac{\gamma_1^{n+1} - \gamma_2^{n+1}}{\gamma_1 - \gamma_2}\right] u[n]$	$\gamma_1 \neq \gamma_2$
5	$u[n]$	$nu[n]$	$\dfrac{n(n+1)}{2} u[n]$	
6	$\gamma^n u[n]$	$nu[n]$	$\left[\dfrac{\gamma(\gamma^n - 1) + n(1-\gamma)}{(1-\gamma)^2}\right] u[n]$	
7	$nu[n]$	$nu[n]$	$\frac{1}{6} n(n-1)(n+1)u[n]$	
8	$\gamma^n u[n]$	$\gamma^n u[n]$	$(n+1)\gamma^n u[n]$	
9	$n\gamma_1^n u[n]$	$\gamma_2^n u[n]$	$\dfrac{\gamma_1 \gamma_2}{(\gamma_1-\gamma_2)^2}\left[\gamma_2^n - \gamma_1^n + \dfrac{\gamma_1 - \gamma_2}{\gamma_2} n\gamma_1^n\right] u[n]$	$\gamma_1 \neq \gamma_2$
10	$\|\gamma_1\|^n \cos(\beta n + \theta)u[n]$	$\gamma_2^n u[n]$	$\dfrac{1}{R}[\|\gamma_1\|^{n+1} \cos[\beta(n+1) + \theta - \phi] - \gamma_2^{n+1} \cos(\theta - \phi)]u[n] \quad \gamma_2$ real $R = \left[\|\gamma_1\|^2 + \gamma_2^2 - 2\|\gamma_1\|\gamma_2 \cos\beta\right]^{1/2}$ $\phi = \tan^{-1}\left[\dfrac{(\|\gamma_1\| \operatorname{sen}\beta)}{(\|\gamma_1\|\cos\beta - \gamma_2)}\right]$	
11	$\gamma_1^n u[n]$	$\gamma_2^n u[-(n+1)]$	$\dfrac{\gamma_1}{\gamma_2 - \gamma_1} \gamma_1^n u[n] + \dfrac{\gamma_2}{\gamma_2 - \gamma_1} \gamma_2^n u[-(n+1)]$	$\|\gamma_2\| > \|\gamma_1\|$

EXEMPLO 3.14

Determine a resposta (de estado nulo) $y[n]$ de um sistema LCIT descrito pela equação

$$y[n+2] - 0,6y[n+1] - 0,16y[n] = 5x[n+2]$$

se a entrada for $x[n] = 4^{-n}u[n]$.

A entrada pode ser descrita por $x[n] = 4^{-n}u[n] = (1/4)^n u[n] = (0,25)^n u[n]$. A resposta ao impulso deste sistema foi obtida no Exemplo 3.12.

$$h[n] = [(-0,2)^n + 4(0,8)^n]u[n]$$

Portanto,

$$y[n] = x[n] * h[n]$$
$$= (0,25)^n u[n] * [(-0,2)^n u[n] + 4(0,8)^n u[n]]$$
$$= (0,25)^n u[n] * (-0,2)^n u[n] + (0,25)^n u[n] * 4(0,8)^n u[n]$$

Usando o par 4 (Tabela 3.1) podemos determinar os somatórios de convolução anteriores.

$$y[n] = \left[\frac{(0,25)^{n+1} - (-0,2)^{n+1}}{0,25 - (-0,2)} + 4\frac{(0,25)^{n+1} - (0,8)^{n+1}}{0,25 - 0,8}\right]u[n]$$

$$= (2,22[(0,25)^{n+1} - (-0,2)^{n+1}] - 7,27[(0,25)^{n+1} - (0,8)^{n+1}])u[n]$$

$$= [-5,05(0,25)^{n+1} - 2,22(-0,2)^{n+1} + 7,27(0,8)^{n+1}]u[n]$$

Reconhecendo que

$$\gamma^{n+1} = \gamma(\gamma)^n$$

Podemos expressar $y[n]$ por

$$y[n] = [-1,26(0,25)^n + 0,444(-0,2)^n + 5,81(0,8)^n]u[n]$$
$$= [-1,26(4)^{-n} + 0,444(-0,2)^n + 5,81(0,8)^n]u[n]$$

EXERCÍCIO E3.16

Mostre que

$$(0,8)^{n+1}u[n] * u[n] = 4[1 - 0,8(0,8)^n]u[n]$$

EXERCÍCIO E3.17

Mostre que

$$n\,3^{-n}u[n] * (0,2)^n u[n] = \tfrac{15}{4}\left[(0,2)^n - \left(1 - \tfrac{2}{3}n\right)3^{-n}\right]u[n]$$

EXERCÍCIO E3.18
Mostre que

$$e^{-n}u[n] * 2^{-n}u[n] = \frac{2}{2-e}\left[e^{-n} - \frac{e}{2}2^{-n}\right]u[n]$$

EXEMPLO DE COMPUTADOR C3.6

Determine e trace a resposta de estado nulo para o sistema descrito por $(E^2 + 6E + 9)y[n] = (2E^2 + 6E)x[n]$ para a entrada $x[n] = 4^{-n}u[n]$.

Apesar da entrada ser limitada e rapidamente cair para zero, o sistema propriamente dito é instável, resultando em uma saída ilimitada.

```
>> n = (0:11); x = inline('(4.^(-n)).*(n>=0)');
>> a = [1 6 9]; b = [2 6 0];
>> y = filter(b,a,x(n));
>> clf; stem(n,y,'k'); xlabel('n'); ylabel('y[n]');
```

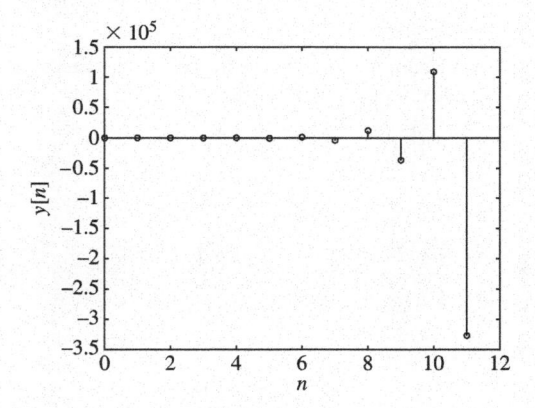

Figura C3.6

Resposta a Entradas Complexas

Tal como no caso de sistemas contínuos no tempo reais, podemos mostrar que para um sistema LDIT com $h[n]$ real, se a entrada e a saída são descritas em termos de suas partes real e imaginária, então a parte real da entrada gera a parte real da resposta e a parte imaginária da entrada gera a parte imaginária da resposta. Portanto, se

$$x[n] = x_r[n] + jx_i[n] \quad \text{e} \quad y[n] = y_r[n] + jy_i[n] \quad (3.66a)$$

usando a seta direcional para a direita para indicar o par entrada-saída, podemos mostrar que

$$x_r[n] \Longrightarrow y_r[n] \quad \text{e} \quad x_i[n] \Longrightarrow y_i[n] \tag{3.66b}$$

A prova é similar a utilizada para determinar a Eq. (2.40) para sistemas LCIT.

MÚLTIPLAS ENTRADAS

Múltiplas entradas em sistemas LIT podem ser tratadas pela aplicação do princípio da superposição. Cada entrada é considerada separadamente, como todas as outras entradas mantidas em zero. A soma de todas as respostas individuais do sistema constitui a saída total do sistema quando todas as entradas forem aplicadas simultaneamente.

3.8-1 Procedimento Gráfico para o Somatório de Convolução

Os passos para a determinação do somatório de convolução são semelhantes aos utilizados na integral de convolução. O somatório de convolução de sinais causais $x[n]$ e $g[n]$ é dado por

$$c[n] = \sum_{m=0}^{n} x[m]g[n-m]$$

Inicialmente, obtemos o gráfico de $x[m]$ e $g[n-m]$ como funções de m (e não de n), pois o somatório ocorre em m. As funções $x[m]$ e $g[m]$ são as mesmas de $x[n]$ e $g[n]$, traçadas respectivamente como funções de m (veja Fig. 3.17). A operação de convolução pode ser executada da seguinte forma:

1. Inverta $g[m]$ com relação ao eixo vertical ($m = 0$) para obter $g[-m]$ (Fig. 3.17d). A Fig. 3.17e mostra tanto $x[m]$ quanto $g[-m]$.

2. Desloque $g[-m]$ por n unidades para obter $g[n-m]$. Para $n > 0$, o deslocamento é para a direita (atraso), para $n < 0$, o deslocamento é para a esquerda (avanço). A Fig. 3.17f mostra $g[n-m]$ para $n > 0$, para $n < 0$ veja a Fig 3.17g.

3. A seguir multiplique $x[m]$ com $g[n-m]$ e some todos os produtos para obter $c[n]$. O procedimento é repetido para cada valor de n na faixa de $-\infty$ a ∞.

Demonstraremos através de um exemplo o procedimento gráfico de determinação do somatório de convolução. Apesar das duas funções neste exemplo serem causais, o procedimento é aplicável ao caso geral.

EXEMPLO 3.15

Determine

$$c[n] = x[n] * g[n]$$

onde $x[n]$ e $g[n]$ são mostrados na Fig. 3.17a e 3.17b, respectivamente.

Temos que

$$x[n] = (0,8)^n \quad \text{e} \quad g[n] = (0,3)^n$$

Portanto,

$$x[m] = (0,8)^m \quad \text{e} \quad g[n-m] = (0,3)^{n-m}$$

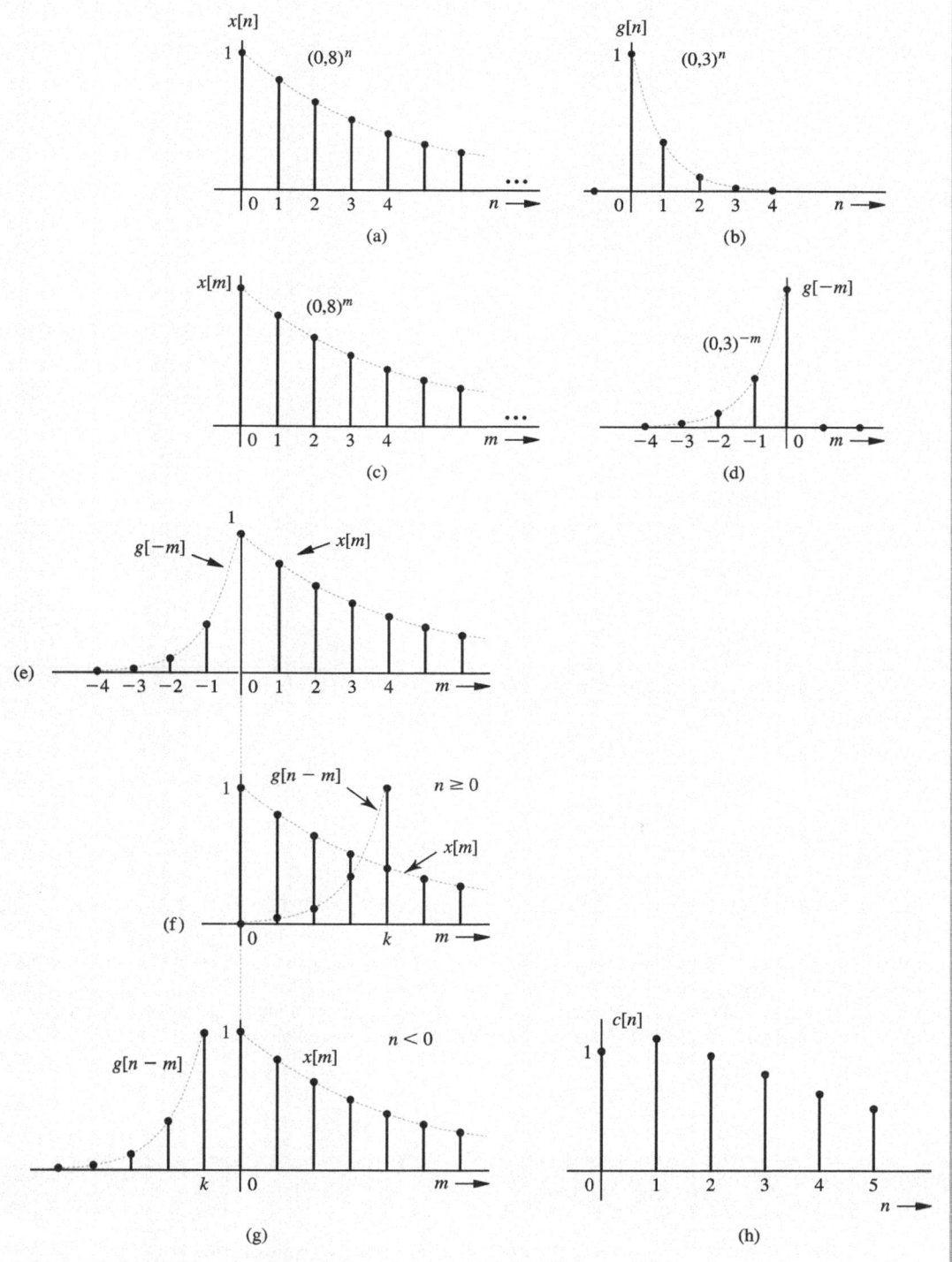

Figura 3.17 Entendimento gráfico da convolução de $x[n]$ e $g[n]$.

A Figura 3.17f mostra a situação geral para $n \geq 0$. As duas funções $x[m]$ e $g[n - m]$ se sobrepõem no intervalo $0 \leq m \leq n$. Portanto,

$$c[n] = \sum_{m=0}^{n} x[m]g[n-m]$$

$$= \sum_{m=0}^{n} (0{,}8)^m (0{,}3)^{n-m}$$

$$= (0{,}3)^n \sum_{m=0}^{n} \left(\frac{0{,}8}{0{,}3}\right)^m$$

$$= 2[(0{,}8)^{n+1} - (0{,}3)^{n+1}] \qquad n \geq 0 \qquad \text{(veja Seção B.7-4)}$$

Para $n < 0$, não existe sobreposição entre $x[m]$ e $g[n - m]$, como mostrado na Fig. 3.17g, de tal forma que

$$c[n] = 0 \qquad n < 0$$

e

$$c[n] = 2[(0{,}8)^{n+1} - (0{,}3)^{n+1}]u[n]$$

a qual é a mesma resposta obtida pela Eq. (3.65).

EXERCÍCIO E3.19

Determine $(0{,}8)^n u[n] * u[n]$ graficamente e trace o resultado.

RESPOSTA

$5(1 - (0{,}8)^{n+1})u[n]$

UMA FORMA ALTERNATIVA DO PROCEDIMENTO GRÁFICO: O MÉTODO DO DESLOCAMENTO DE FITA

Este algoritmo é conveniente quando as sequências $x[n]$ e $g[n]$ são pequenas e elas estão disponíveis apenas na forma gráfica. O algoritmo é basicamente o mesmo do procedimento gráfico da Fig. 3.17. A única diferente é que ao invés de apresentar os dados em um gráfico, nós os mostramos com uma sequência de números em uma fita. Por outro lado o procedimento é o mesmo, como ficará claro no exemplo a seguir.

EXEMPLO 3.16

Use o método do deslocamento de fita para convoluir as duas sequências $x[n]$ e $g[n]$ mostradas na Fig. 3.18a e 3.18b, respectivamente.

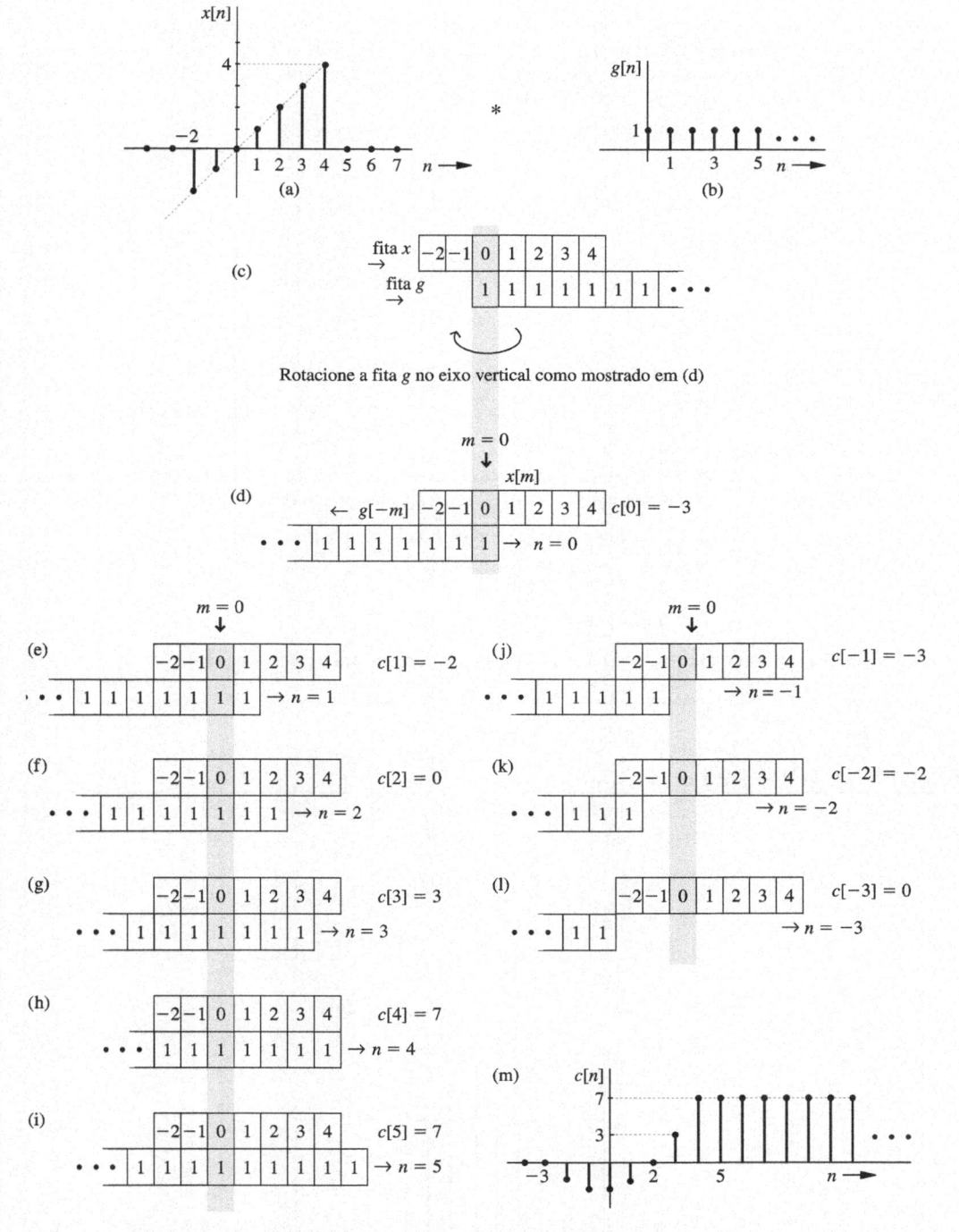

Figura 3.18 Algoritmo de deslocamento de fita para a convolução em tempo discreto.

Neste procedimento, escrevemos as sequências $x[n]$ e $g[n]$ em quadros (*slots*) em duas fitas: a fita x e a fita g (Fig. 3.18c). Deixe a fita x estacionária (para corresponder a $x[m]$). A fita $g[-m]$ é obtida invertendo $g[m]$ na origem ($m = 0$), tal que o quadro correspondente a $x[0]$ e $g[0]$ permaneçam alinhados (Fig. 3.18d).

Agora deslocamos a fita invertida por n quadros, multiplicamos os valores adjacentes das duas fitas e somamos todos os produtos para determinar $c[n]$. As Figs. 3.18d−3.18i mostram os casos para $n = 0-5$. As Figs. 3.18j, 3.18k e 3.18l mostram os casos para $n = -1$, -2 e -3, respectivamente.

Para o caso de $n = 0$, por exemplo (Fig. 3.18d)

$$c[0] = (-2 \times 1) + (-1 \times 1) + (0 \times 1) = -3$$

Para $n = 1$ (Fig. 3.18e)

$$c[1] = (-2 \times 1) + (-1 \times 1) + (0 \times 1) + (1 \times 1) = -2$$

Similarmente,

$$c[2] = (-2 \times 1) + (-1 \times 1) + (0 \times 1) + (1 \times 1) + (2 \times 1) = 0$$

$$c[3] = (-2 \times 1) + (-1 \times 1) + (0 \times 1) + (1 \times 1) + (2 \times 1) + (3 \times 1) = 3$$

$$c[4] = (-2 \times 1) + (-1 \times 1) + (0 \times 1) + (1 \times 1) + (2 \times 1) + (3 \times 1) + (4 \times 1) = 7$$

$$c[5] = (-2 \times 1) + (-1 \times 1) + (0 \times 1) + (1 \times 1) + (2 \times 1) + (3 \times 1) + (4 \times 1) = 7$$

A Fig. 3.18i mostra que $c[n] = 7$ para $n \geq 4$.

Similarmente, calculamos $c[n]$ para n negativo deslocando a fita para trás, um quadro por vez, como mostrado nos gráficos correspondentes a $n = -1$, -2 e -3, respectivamente (Fig. 3.18j, 3.18k e 3.18l).

$$c[-1] = (-2 \times 1) + (-1 \times 1) = -3$$

$$c[-2] = (-2 \times 1) = -2$$

$$c[-3] = 0$$

A Fig. 3.18l mostra que $c[n] = 0$ para $n \leq 3$. A Fig. 3.18m mostra o gráfico de $c[n]$.

EXERCÍCIO E3.20

Use o procedimento gráfico do Exemplo 3.16 (técnica do deslocamento de fita) para mostrar que $x[n] * g[n] = c[n]$ na Fig. 3.19. Verifique a propriedade da largura da convolução.

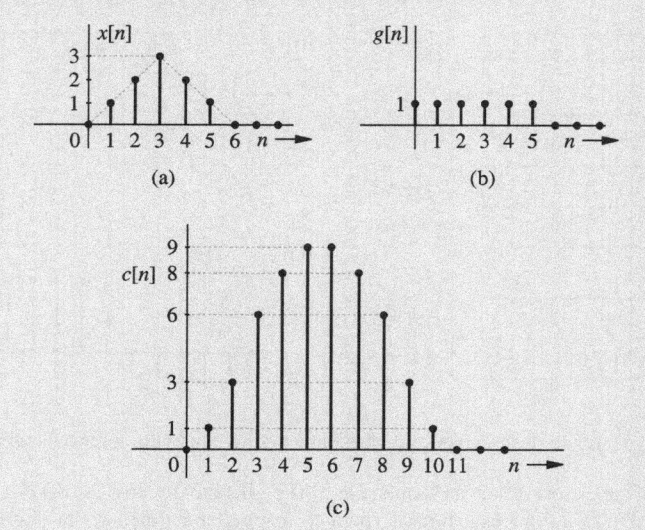

Figura 3.19

EXEMPLO DE COMPUTADOR C3.7

Para os sinais $x[n]$ e $g[n]$ mostrados na Fig. 3.19, utilize o MATLAB para calcular e traçar $c[n] = x[n] * g[n]$.

```
>> x = [0 1 2 3 2 1]; g = [1 1 1 1 1 1];
>> n= (0:1:length(x)+length(g)-2);
>> c=conv(x,g);
>> clf; stem(n,c,'k'); xlabel('n'); ylabel('c[n]');
```

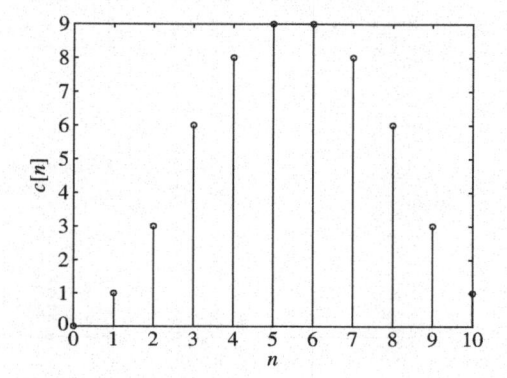

Figura C3.7

3.8-2 Sistemas Interconectados

Tal como no caso de sistemas contínuos no tempo, podemos determinar a resposta ao impulso de sistemas conectados em paralelo (Fig. 3.20a) e cascata (Fig. 3.20b, 3.20c). Podemos usar argumentos idênticos aos utilizados para sistemas contínuos no tempo da Seção 2.4-3 para mostrar que se dois sistemas LDIT S_1 e S_2 com resposta $h_1[n]$ e $h_2[n]$ ao impulso, respectivamente, são conectados em paralelo, a resposta do sistema paralelo composto será $h_1[n] + h_2[n]$. De maneira semelhante, se estes sistemas forem conectados em cascata (em qualquer ordem), a resposta ao impulso do sistema composto será $h_1[n] * h_2[n]$. Além disso, como $h_1[n] * h_2[n] = h_2[n] * h_1[n]$, os sistemas lineares comutam. A ordem dos sistemas pode ser alterada sem afetar o comportamento do sistema composto.

SISTEMAS INVERSOS

Se dois sistemas em cascata forem um o inverso do outro, com respostas ao impulso $h[n]$ e $h_i[n]$, respectivamente, então a resposta ao impulso da cascata destes sistemas é $h[n] * h_i[n]$. Mas a cascata de um sistema com sua inversa é um sistema identidade, cuja saída é a mesma da entrada.

Logo, a resposta ao impulso unitário de um sistema identidade é $\delta[n]$. Consequentemente,

$$h[n] * h_i[n] = \delta[n] \tag{3.67}$$

Como um exemplo, vamos mostrar que um sistema acumulador e um sistema diferença para trás são um o inverso do outro. Um sistema acumulador é especificado por[†]

$$y[n] = \sum_{k=-\infty}^{n} x[k] \tag{3.68a}$$

O sistema de diferença para trás é especificado por

$$y[n] = x[n] - x[n-1] \tag{3.68b}$$

[†] As Eqs. (3.68a) e (3.68b) são idênticas às Eqs. (3.14a) e (3.12), respectivamente, com $T = 1$.

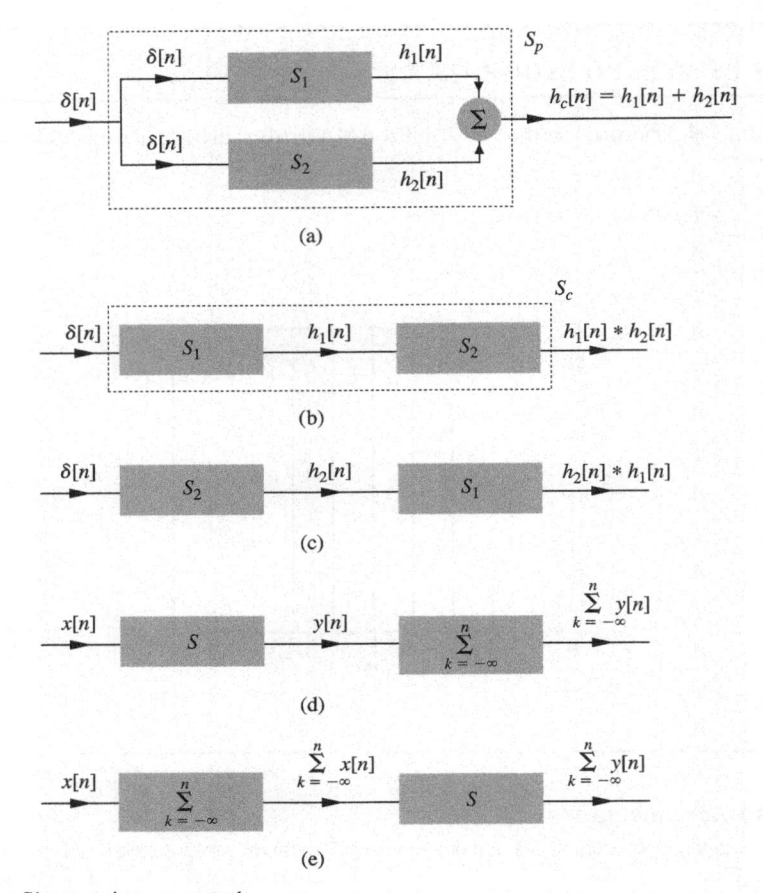

Figura 3.20 Sistemas interconectados.

A partir da Eq. (3.68a), temos que $h_{\text{acc}}[n]$, a resposta ao impulso do acumulador é

$$h_{\text{acc}}[n] = \sum_{k=-\infty}^{n} \delta[k] = u[n] \tag{3.69a}$$

Similarmente, a partir da Eq. (3.68b), $h_{\text{bdf}}[n]$, a resposta ao impulso do sistema de diferença para trás é dada por

$$h_{\text{bdf}}[n] = \delta[n] - \delta[n-1] \tag{3.69b}$$

Podemos verificar que

$$h_{\text{acc}} * h_{\text{bdf}} = u[n] * \{\delta[n] - \delta[n-1]\} = u[n] - u[n-1] = \delta[n]$$

Grosso modo, em sistemas de tempo discreto, um acumulador é análogo a um integrador em sistemas de tempo contínuo, enquanto que um sistema de diferença para trás é análogo a um diferenciador. Já encontramos exemplos destes sistemas nos Exemplos 3.6 e 3.7 (diferenciador e integrador digital).

Resposta do Sistema a $\sum_{k=-\infty}^{n} x[k]$

A Fig. 3.20d mostra a cascata de dois sistemas LDIT: um sistema S com resposta $h[n]$, seguido por um acumulador. A Fig. 3.20e mostra uma cascata dos mesmos dois sistemas em ordem inversa: um acumulador seguido por S. Na Fig. 3.20d, se a entrada $x[n]$ de S resultar na saída $y[n]$, então a saída do sistema 3.20d é $\Sigma y[k]$. Na Fig.

3.20e, a saída do acumulador é a soma $\Sigma x[k]$. Como a saída do sistema da Fig. 3.20e é idêntica a do sistema da Fig. 3.20d, temos que

$$\text{se} \quad x[n] \Longrightarrow y[n]$$

$$\text{então} \quad \sum_{k=-\infty}^{n} x[k] \Longrightarrow \sum_{k=-\infty}^{n} y[k] \quad (3.70a)$$

Se fizermos $x[n] = \delta[n]$ e $y[n] = h[n]$ na Eq. (3.70a), temos que $g[n]$, a resposta ao degrau unitário de um sistema LDIT com resposta $h[n]$ ao impulso é dada por

$$g[n] = \sum_{k=-\infty}^{n} h[k] \quad (3.70b)$$

O leitor pode facilmente provar a relação inversa

$$h[n] = g[n] - g[n-1] \quad (3.70c)$$

3.8-3 Uma Função Muito Especial para Sistemas LDIT: a Exponencial de Duração Infinita z^n

Na Seção 2.4-4 nos mostramos que existe um sinal para o qual a resposta de um sistema LCIT é igual a entrada multiplicada por uma constante. A resposta de um sistema LCIT a uma exponencial de duração infinita e^{st} é $H(s)e^{st}$, na qual $H(s)$ é a função de transferência do sistema. Mostraremos agora que para um sistema LDIT, a exponencial de duração infinita z^n possui o mesmo papel. A resposta do sistema $y[n]$ neste caso é dada por

$$y[n] = h[n] * z^n$$

$$= \sum_{m=-\infty}^{\infty} h[m] z^{n-m}$$

$$= z^n \sum_{m=-\infty}^{\infty} h[m] z^{-m}$$

Para $h[n]$ causal, os limites do somatório do lado direito estão na faixa de 0 a ∞. De qualquer maneira, esta soma é uma função de z. Assumindo que este somatório converge, vamos representá-lo por $H[z]$, logo,

$$y[n] = H[z]z^n \quad (3.71a)$$

na qual

$$H[z] = \sum_{m=-\infty}^{\infty} h[m] z^{-m} \quad (3.71b)$$

A Eq. (3.71a) é válida apenas para valores de z nos quais o somatório no lado direito da Eq. (3.71b) existe (converge). Note que $H[z]$ é uma constante para um dado z. Portanto, a entrada e a saída possuem a mesma forma (sendo diferentes pela multiplicação de uma constante) da exponencial de duração infinita de entrada z^n.

$H[z]$, a qual é chamada de *função de transferência* do sistemas, é uma função da variável complexa z. Uma definição alternativa para a função de transferência $H[z]$ de um sistema LDIT da Eq. (3.71a) é

$$H[z] = \frac{\text{sinal de saída}}{\text{sinal de entrada}} \bigg|_{\text{entrada} = \text{exponencial de duração infinita } z^n} \quad (3.72)$$

A função de transferência é definida, e possui sentido, apenas para sistemas LDIT. Ela não existe para sistemas não lineares ou variantes no tempo em geral.

É importante ressaltar que nesta discussão estamos tratando da exponencial de duração infinita, a qual começa em $n = -\infty$, não da exponencial causal $z^n u[n]$, a qual começa em $n = 0$.

Para um sistema especificado pela Eq. (3.24), a função de transferência é dada por

$$H[z] = \frac{P[z]}{Q[z]} \quad (3.73)$$

Esta equação é obtida facilmente considerando-se uma entrada de duração infinita $x[n] = z^n$. De acordo com a Eq. (3.72), a saída é $y[n] = H[z]z^n$. Substituindo este $x[n]$ e $y[n]$ na Eq. (3.24b), teremos

$$H[z]\{Q[E]z^n\} = P[E]z^n$$

Além disso,

$$E^k z^n = z^{n+k} = z^k z^n$$

Logo,

$$P[E]z^n = P[z]z^n \quad \text{e} \quad Q[E]z^n = Q[z]z^n$$

Consequentemente,

$$H[z] = \frac{P[z]}{Q[z]}$$

EXERCÍCIO E3.21

Mostre que a função de transferência do diferenciador digital do Exemplo 3.6 (grande bloco sombreado da Fig. 3.14b) é dada por $H[z] = (z - 1)/Tz$, e a função de transferência de um atrasador unitário, especificado por $y[n] = x[n-1]$ é dada por $1/z$.

3.8-4 Resposta Total

A resposta total de um sistema LDIT pode ser expressa como a soma das componentes de entrada nula e estado nulo:

$$\text{resposta total} = \underbrace{\sum_{j=1}^{N} c_j \gamma_j^n}_{\text{componente de entrada-nula}} + \underbrace{x[n] * h[n]}_{\text{componente de estado nulo}}$$

Nesta expressão, a componente de entrada nula deve ser apropriadamente modificada para o caso de raízes repetidas. Desenvolvemos procedimentos para determinar estas duas componentes. A partir da equação do sistema, determinamos as raízes e modos característicos. A resposta de entrada nula é a combinação linear dos modos característicos. A partir da equação do sistema também determinamos $h[n]$, a resposta ao impulso, como discutido na Seção 3.7. Conhecendo $h[n]$ e a entrada $x[n]$ determinamos a resposta de estado nulo como sendo a convolução de $x[n]$ e $h[n]$. As constantes arbitrárias $c_1, c_2, ..., c_n$ da resposta de entrada nula são determinadas pelas n condições iniciais. Para o sistema descrito pela equação

$$y[n + 2] - 0{,}6y[n + 1] - 0{,}16y[n] = 5x[n + 2]$$

com condições iniciais $y[-1] = 0$, $y[-2] = 25/4$ e entrada $x[n] = (4)^{-n}u[n]$, determinamos as duas componentes da resposta nos Exemplos 3.10a e 3.14, respectivamente. A partir dos resultados destes exemplos, a resposta total para $n \geq 0$ é

$$\text{resposta total} = \underbrace{0{,}2(-0{,}2)^n + 0{,}8(0{,}8)^n}_{\text{componente de entrada nula}} \underbrace{-1{,}26(4)^{-n} + 0{,}444(-0{,}2)^n + 5{,}81(0{,}8)^n}_{\text{componente de estado nulo}}$$

(3.74)

Resposta Natural e Forçada

Os modos característicos do sistema são $(-0{,}2)^n$ e $(0{,}8)^n$. A componente de entrada nula é construída exclusivamente dos modos característicos, como esperado, mas os modos característicos também aparecem na resposta de estado nulo. Quando todos os termos com modos característicos da resposta total são colocados juntos, a componente resultante é a *resposta natural*. A parte restante da resposta total, constituída de modos não característicos, é a *resposta forçada*. Para o caso atual, a Eq. (3.74) resulta em

$$\text{resposta total} = \underbrace{0{,}644(-0{,}2)^n + 6{,}61(0{,}8)^n}_{\text{resposta natural}} - \underbrace{1{,}26(4)^{-n}}_{\text{resposta forçada}} \qquad n \geq 0 \tag{3.75}$$

3.9 Solução Clássica de Equações Diferença Lineares

Tal como no caso de sistemas LCIT, nós podemos usar o método clássico, no qual a resposta é obtida como a soma das componentes natural e forçada da resposta, para analisar sistemas LDIT.

Determinação da Resposta Natural e Forçada

Como explicado anteriormente, a *resposta natural* de um sistema é constituída por todos os termos de modos naturais da resposta. Os termos restantes com modos não característicos formam a *resposta forçada*. Se $y_c[n]$ e $y_\phi[n]$ representam a resposta natural e forçada respectivamente, então a resposta total é dada por

$$\text{resposta total} = \underbrace{y_c[n]}_{\text{modos}} + \underbrace{y_\phi[n]}_{\text{não modos}} \tag{3.76}$$

Como a resposta total $y_c[n] + y_\phi[n]$ é a solução da equação do sistema (3.24b), temos que

$$Q[E](y_c[n] + y_\phi[n]) = P[E]x[n] \tag{3.77}$$

Mas como $y_c[n]$ constitui os modos característicos,

$$Q[E]y_c[n] = 0 \tag{3.78}$$

A substituição deste resultado na Eq. (3.77) resulta em

$$Q[E]y_\phi[n] = P[E]x[n] \tag{3.79}$$

A resposta natural é a combinação linear dos modos característicos. As constantes arbitrárias (multiplicadores) são determinadas das condições auxiliares adequadas, geralmente dadas como $y[0], y[1],\ldots, y[N-1]$. As razões para o uso de condições auxiliares ao invés de condições iniciais são explicadas posteriormente. Se tivermos as condições iniciais $y[-1], y[-2],\ldots, y[-N]$, podemos facilmente utilizar o procedimento interativo para determinar as condições auxiliares $y[0], y[1],\ldots, y[N-1]$. Voltaremos nossa atenção agora para a resposta forçada.

A resposta forçada $y_\phi[n]$ satisfaz a Eq. (3.79) e, por definição, contém apenas termos com modos não característicos. Para determinar a resposta forçada, iremos utilizar o método de coeficientes indeterminados, o mesmo método utilizado para sistemas contínuos no tempo. Entretanto, em vez de passarmos por todos os passos de sistemas contínuos no tempo, iremos apresentar uma tabela (Tabela 3.2) listando as entradas e as formas correspondentes da função forçada com coeficientes indeterminados. Estes coeficientes podem ser determinados substituindo $y_\phi[n]$ na Eq. (3.79) e igualando os coeficientes de termos similares.

Tabela 3.2 Resposta forçada

Nº	Entrada $x[n]$		Resposta forçada $y_\phi[n]$
1	r^n	$r \neq \gamma_i \; (i = 1, 2, \ldots, N)$	cr^n
2	r^n	$r = \gamma_i$	cnr^n
3	$\cos(\beta n + \theta)$		$c \cos(\beta n + \phi)$
4	$\left(\sum_{i=0}^{m} \alpha_i n^i \right) r^n$		$\left(\sum_{i=0}^{m} c_i n^i \right) r^n$

Nota: por definição, $y_\phi[n]$ não pode possuir nenhum termo de modo característico. Se algum termo da coluna do lado direito da resposta forçada for um modo característico do sistema, então a forma da resposta forçada deve ser alterada para $n^i y_\phi[n]$, onde i é o menor inteiro possível que irá evitar que $n^i y_\phi[n]$ tenha um termo de modo característico. Por exemplo, quando a entrada for r^n, a resposta forçada da coluna do lado direito é da forma cr^n. Mas se r^n for um modo natural do sistema, a forma corrigida da resposta forçada será cnr^n (veja o par 2).

EXEMPLO 3.17

Resolva

$$(E^2 - 5E + 6)y[n] = (E - 5)x[n] \tag{3.80}$$

se a entrada $x[n] = (3n + 5)u[n]$ e as condições auxiliares forem $y[0] = 4$, $y[1] = 13$.

A equação característica é

$$\gamma^2 - 5\gamma + 6 = (\gamma - 2)(\gamma - 3) = 0$$

Portanto, a resposta natural é

$$y_c[n] = B_1(2)^n + B_2(3)^n$$

Para determinarmos a resposta forçada $y_\phi[n]$, utilizamos a Tabela 3.2, par 4, com $r = 1$ e $m = 1$, resultando em

$$y_\phi[n] = c_1 n + c_0$$

Logo

$$y_\phi[n+1] = c_1(n+1) + c_0 = c_1 n + c_1 + c_0$$
$$y_\phi[n+2] = c_1(n+2) + c_0 = c_1 n + 2c_1 + c_0$$

Além disso

$$x[n] = 3n + 5$$

e

$$x[n+1] = 3(n+1) + 5 = 3n + 8$$

A substituição desses resultados na Eq. (3.79) resulta em

$$c_1 n + 2c_1 + c_0 - 5(c_1 n + c_1 + c_0) + 6(c_1 n + c_0) = 3n + 8 - 5(3n + 5)$$

ou

$$2c_1 n - 3c_1 + 2c_0 = -12n - 17$$

Comparando os termos similares dos dois lados da equação obtemos

$$\left.\begin{matrix} 2c_1 = -12 \\ -3c_1 + 2c_0 = -17 \end{matrix}\right\} \implies \begin{matrix} c_1 = -6 \\ c_2 = -\frac{35}{2} \end{matrix}$$

Portanto,

$$y_\phi[n] = -6n - \frac{35}{2}$$

A resposta total é

$$y[n] = y_c[n] + y_\phi[n]$$
$$= B_1(2)^n + B_2(3)^n - 6n - \frac{35}{2} \qquad n \geq 0$$

Para determinar as constantes arbitrárias B_1 e B_2, fazemos $n = 0$ e 1 e substituímos as condições auxiliares $y[0] = 4$, $y[1] = 13$, obtendo

$$\left.\begin{matrix} 4 = B_1 + B_2 - \frac{35}{2} \\ 13 = 2B_1 + 3B_2 - \frac{47}{2} \end{matrix}\right\} \implies \begin{matrix} B_1 = 28 \\ B_2 = \frac{-13}{2} \end{matrix}$$

Logo

$$y_c[n] = 28(2)^n - \tfrac{13}{2}(3)^n \qquad (3.81)$$

e

$$y[n] = \underbrace{28(2)^n - \tfrac{13}{2}(3)^n}_{y_c[n]} - \underbrace{6n - \tfrac{35}{2}}_{y_\phi[n]} \qquad (3.82)$$

EXEMPLO DE COMPUTADOR C3.8

Utilize o MATLAB para resolver o Exemplo 3.17.

```
>> n = (0:10)'; y = [4;13;zeros(length(n)-2,1)]; x = (3*n+5).*(n>=0);
>> for k = 1:length(n)-2,
>> y(k+2) = 5*y(k+1) - 6*y(k) + x(k+1) - 5*x(k);
>> end;
>> clf; stem(n,y,'k'); xlabel('n'); ylabel('y[n]');
>> disp('   n       y'); disp([num2str([n,y])]);
   n       y
   0       4
   1      13
   2      24
   3      13
   4    -120
   5    -731
   6   -3000
   7  -10691
   8  -35544
   9 -113675
  10 -355224
```

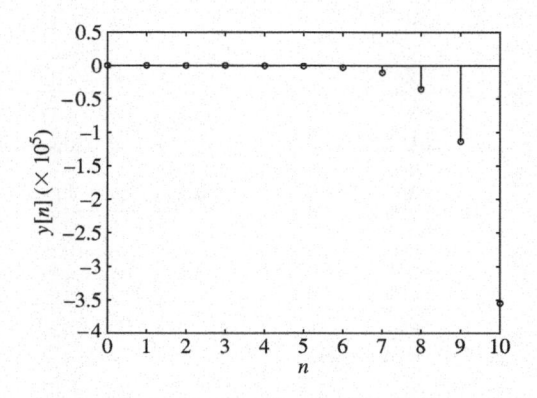

Figura C3.8

EXEMPLO 3.18

Determine o somatório $y[n]$ se

$$y[n] = \sum_{k=0}^{n} k^2 \qquad (3.83)$$

Tais problemas podem ser resolvidos determinando uma equação diferença apropriada que tenha $y[n]$ como a resposta. A partir da Eq. (3.83), observamos que $y[n+1] = y[n] + (n+1)^2$. Logo,

$$y[n+1] - y[n] = (n+1)^2 \qquad (3.84)$$

Esta é a equação que buscamos. Para esta equação diferença de primeira ordem, precisamos apenas de uma condição auxiliar, o valor de $y[n]$ para $n = 0$. A partir da Eq. (3.83), temos que $y[0] = 0$.

A equação característica da Eq. (3.83) é $\gamma - 1 = 0$, a raiz característica é $\gamma = 1$ e o modo característico é $c(1)^n = cu[n]$, na qual c é uma constante arbitrária. Claramente, a resposta natural é $cu[n]$.

A entrada, $x[n] = (n+1)^2 = n^2 + 2n + 1$ está na forma do par 4 (Tabela 3.2) com $r = 1$ e $m = 2$. Logo, a resposta forçada desejada é

$$y_\phi[n] = \beta_2 n^2 + \beta_1 n + \beta_0$$

Note, entretanto, que o tempo β_0 em $y_\phi[n]$ é da forma do modo característico. Logo, a forma correta é $y_\phi[n] = \beta_2 n^3 + \beta_1 n^2 + \beta_0 n$. Portanto,

$$E y_\phi[n] = y_\phi[n+1] = \beta_2(n+1)^3 + \beta_1(n+1)^2 + \beta_0(n+1)$$

A partir da Eq. (3.79) obtemos

$$(E - 1)y_\phi[n] = n^2 + 2n + 1$$

ou

$$[\beta_2(n+1)^3 + \beta_1(n+1)^2 + \beta_0(n+1)] - [\beta_2 n^3 + \beta_1 n^2 + \beta_0 n] = n^2 + 2n + 1$$

Igualando os coeficientes de potência similar, temos

$$\beta_0 = \tfrac{1}{6} \quad \beta_1 = \tfrac{1}{2} \quad \beta_2 = \tfrac{1}{3}$$

Logo,

$$y[n] = c + \frac{2n^3 + 3n^2 + n}{6} = c + \frac{n(n+1)(2n+1)}{6}$$

Fazendo $n = 0$ nesta equação e usando a condição auxiliar $y[0] = 0$, determinamos $c = 0$ e

$$y[n] = \frac{2n^3 + 3n^2 + n}{6} = \frac{n(n+1)(2n+1)}{6}$$

COMENTÁRIOS SOBRE CONDIÇÕES AUXILIARES

Este método (clássico) necessita condições auxiliares $y[0], y[1],..., y[N-1]$. Isto ocorre porque para $n = -1, -2,..., -N$, apenas a componente de entrada nula existe e estas condições iniciais podem ser aplicadas apenas para a componente de entrada nula. No método clássico, as componentes de entrada nula e estado nulo não podem ser separadas. Consequentemente, as condições iniciais devem ser aplicadas a resposta total, a qual começa em $n = 0$. Logo, precisamos das condições auxiliares $y[0], y[1],..., y[N-1]$. Se tivermos as condições iniciais $y[-1], y[-2],..., y[-N]$, podemos usar o método interativo para obter as condições auxiliares $y[0], y[1],..., y[n-1]$.

ENTRADA EXPONENCIAL

Tal como no caso de sistemas contínuos no tempo, podemos mostrar que para um sistema especificado pela equação

$$Q[E]y[n] = P[E]x[n] \tag{3.85}$$

a resposta forçada para a entrada exponencial $x[n] = r^n$ é dada por

$$y_\phi[n] = H[r]r^n \qquad r \neq \gamma_i \text{ (um modo característico)} \tag{3.86}$$

na qual

$$H[r] = \frac{P[r]}{Q[r]} \tag{3.87}$$

A prova segue do fato de que se a entrada é $x[n] = r^n$, então da Tabela 3.2 (par 4), $y_\phi[n] = cr^n$. Logo,

$$E^i x[n] = x[n+i] = r^{n+i} = r^i r^n \qquad \text{e} \qquad P[E]x[n] = P[r]r^n$$

$$E^k y_\phi[n] = y_\phi[n+k] = cr^{n+k} = cr^k r^n \qquad \text{e} \qquad Q[E]y[n] = cQ[r]r^n$$

de tal forma que a Eq. (3.85) se reduz para

$$cQ[r]r^n = P[r]r^n$$

a qual resulta em $c = P[r]/Q[r] = H[r]$.

Esse resultado é válido somente se r não for uma raiz característica do sistema. Se r for uma raiz característica, então a resposta forçada é cnr^n na qual c é determinado substituindo $y_\phi[n]$ na Eq. (3.79) e igualando os coeficientes de termos similares dos dois lados da equação. Observe que a exponencial r^n inclui uma grande variedade de sinais, tais como a constante C, a senoide $\cos(\beta n + \theta)$ e a senoide exponencialmente crescente ou decrescente $|\gamma|^n \cos(\beta n + \theta)$.

Entrada Constante $x[n] = C$. Este é um caso especial da exponencial Cr^n com $r = 1$. Portanto, a partir da Eq. (3.86), temos

$$y_\phi[n] = C\frac{P[1]}{Q[1]} = CH[1] \tag{3.88}$$

Entrada Senoidal. A entrada $e^{j\Omega n}$ é uma exponencial r^n com $r = e^{j\Omega}$. Logo

$$y_\phi[n] = H[e^{j\Omega}]e^{j\Omega n} = \frac{P[e^{j\Omega}]}{Q[e^{j\Omega}]}e^{j\Omega n}$$

Similarmente, para a entrada $e^{-j\Omega n}$

$$y_\phi[n] = H[e^{-j\Omega}]e^{-j\Omega n}$$

Consequentemente, se a entrada for $x[n] = \cos \Omega n = \frac{1}{2}(e^{j\Omega n} + e^{-j\Omega n})$, então

$$y_\phi[n] = \frac{1}{2}\{H[e^{j\Omega}]e^{j\Omega n} + H[e^{-j\Omega}]e^{-j\Omega n}\}$$

Como os dois termos do lado direito são conjugados,

$$y_\phi[n] = \text{Re}\{H[e^{j\Omega}]e^{j\Omega n}\}$$

Se

$$H[e^{j\Omega}] = |H[e^{j\Omega}]|e^{j\angle H[e^{j\Omega}]}$$

então

$$y_\phi[n] = \text{Re}\{|H[e^{j\Omega}]|e^{j(\Omega n + \angle H[e^{j\Omega}])}\}$$
$$= |H[e^{j\Omega}]|\cos(\Omega n + \angle H[e^{j\Omega}])$$ (3.89a)

Usando um argumento similar, podemos mostrar que para a entrada

$$x[n] = \cos(\Omega n + \theta)$$
$$y_\phi[n] = |H[e^{j\Omega}]|\cos(\Omega n + \theta + \angle H[e^{j\Omega}])$$ (3.89b)

EXEMPLO 3.19

Para o sistema especificado pela equação

$$(E^2 - 3E + 2)y[n] = (E + 2)x[n]$$

determine a resposta forçada para a entrada $x[n] = (3)^n u[n]$.

Neste caso

$$H[r] = \frac{P[r]}{Q[r]} = \frac{r + 2}{r^2 - 3r + 2}$$

e a resposta forçada a entrada $(3)^n u[n]$ é $H[3](3)^n u[n]$, ou seja,

$$y_\phi[n] = \frac{3 + 2}{(3)^2 - 3(3) + 2}(3)^n u[n] = \frac{5}{2}(3)^n u[n]$$

EXEMPLO 3.20

Para um sistema LDIT descrito pela equação

$$(E^2 - E + 0{,}16)y[n] = (E + 0{,}32)x[n]$$

determine a resposta forçada $y_\phi[n]$ se a entrada for

$$x[n] = \cos\left(2n + \frac{\pi}{3}\right)u[n]$$

Logo

$$H[r] = \frac{P[r]}{Q[r]} = \frac{r + 0{,}32}{r^2 - r + 0{,}16}$$

Para a entrada $\cos(2n + (\pi/3))u[n]$, a resposta forçada é

$$y_\phi[n] = |H[e^{j2}]|\cos\left(2n + \frac{\pi}{3} + \angle H[e^{j2}]\right)u[n]$$

na qual

$$H[e^{j2}] = \frac{e^{j2} + 0,32}{(e^{j2})^2 - e^{j2} + 0,16} = \frac{(-0,416 + j0,909) + 0,32}{(-0,654 - j0,757) - (-0,416 + j0,909) + 0,16}$$
$$= 0,548 e^{j3,294}$$

Portanto,

$$|H[e^{j2}]| = 0,548 \quad \text{e} \quad \angle H[e^{j2}] = 3,294$$

tal que

$$y_\phi[n] = 0,548 \cos\left(2n + \frac{\pi}{3} + 3,294\right) u[n]$$
$$= 0,548 \cos(2n + 4,34) u[n]$$

AVALIAÇÃO DO MÉTODO CLÁSSICO

Os comentários do Capítulo 2 a respeito do método clássico de resolução de equações diferenciais também se aplicam a equações diferença.

3.10 ESTABILIDADE DO SISTEMA: CRITÉRIO DE ESTABILIDADE EXTERNA (BIBO)

Os conceitos e critérios para estabilidade BIBO (externa) e interna (assintótica) para sistemas em tempo discreto são idênticos aos apresentados para sistemas contínuos no tempo. Os comentários da Seção 2.6 para sistemas LCIT sobre a distinção entre estabilidade externa e interna também são válidos para sistemas LDIT.

Lembre-se de que

$$y[n] = h[n] * x[n]$$
$$= \sum_{m=-\infty}^{\infty} h[m] x[n-m]$$

e

$$|y[n]| = \left| \sum_{m=-\infty}^{\infty} h[m] x[n-m] \right|$$
$$\leq \sum_{m=-\infty}^{\infty} |h[m]| \, |x[n-m]|$$

Se $x[n]$ é limitada, então $|x[n-m]| < K_1 < \infty$, e

$$|y[n]| \leq K_1 \sum_{m=-\infty}^{\infty} |h[m]|$$

Claramente, a saída é limitada se o somatório do lado direito da equação for limitado, ou seja, se

$$\sum_{n=-\infty}^{\infty} |h[n]| < K_2 < \infty \tag{3.90}$$

Esta é uma condição suficiente para estabilidade BIBO. Podemos mostrar que ela também é uma condição necessária (veja Prob. 3.10-1). Portanto, para um sistema LDIT, se a resposta $h[n]$ ao impulso for absolutamente somável, o sistema é estável (BIBO). Caso contrário ele é instável.

Todos os comentários sobre a natureza de estabilidade externa e interna do Capítulo 2 são aplicados ao caso de tempo discreto e, portanto, não iremos elaborá-los novamente.

3.10-1 Estabilidade Interna (Assintótica)

Para um sistema LDIT, tal como no caso de sistemas LCIT, a estabilidade interna, chamada de estabilidade assintótica ou estabilidade no sentido Lyapunov (também chamada de estabilidade de entrada nula) é definida em termos da resposta de entrada nula do sistema.

Para um sistema LDIT especificado por uma equação diferença na forma (3.17) [ou (3.24)], a resposta de entrada nula é constituída dos modos característicos do sistema. O modo correspondente para a raiz característica γ é γ^n. Para ser mais genérico, seja γ complexo, tal que

$$\gamma = |\gamma|e^{j\beta} \quad \text{e} \quad \gamma^n = |\gamma|^n e^{j\beta n}$$

Como o módulo de $e^{j\beta n}$ é sempre unitário, independente do valor de n, o módulo de γ^n é $|\gamma|^n$. Portanto,

$$\begin{array}{lll} \text{se} & |\gamma| < 1, & \gamma^n \to 0 \quad \text{quando } n \to \infty \\ \text{se} & |\gamma| > 1, & \gamma^n \to \infty \quad \text{quando } n \to \infty \\ \text{e se} & |\gamma| = 1, & |\gamma|^n = 1 \quad \text{para todo } n \end{array}$$

A Fig. 3.21 mostra os modos correspondentes às raízes características em várias posições do plano complexo. Esses resultados podem ser mais efetivamente compreendidos em termos da posição das raízes características no plano complexo. A Fig. 3.22 mostra um círculo de raio unitário, centrado na origem no plano complexo. Nossa discussão mostra que se todas as raízes características do sistema estiverem dentro do *círculo unitário*, $|\gamma_i| < 1$ para todo i e o sistema é assintoticamente estável. Por outro lado, se ao menos uma única raiz característica estiver fora do círculo unitário, o sistema é instável. Se nenhuma raiz característica estiver fora do círculo unitário, mas algumas raízes simples (não repetidas) estiverem no círculo unitário, o sistema é marginalmente estável, Se duas ou mais raízes coincidirem no círculo unitário (raízes repetidas), o sistema é instável. A razão é que para raízes repetidas, a resposta a entrada nula é da forma $n^{r-1}\gamma^n$ e se $|\gamma| = 1$, então $|n^{r-1}\gamma^n| = n^{r-1} \to \infty$ quando $n \to \infty$.[†]

Observe, entretanto, que raízes repetidas dentro do círculo unitário não causam instabilidade. Para resumir:

1. Um sistema LDIT é assintoticamente estável se, e somente se, todas as raízes características estiverem dentro do círculo unitário. As raízes podem ser simples ou repetidas.

2. Um sistema LDIT é instável se, e somente se, uma ou as duas condições a seguir existirem: (i) ao menos uma raiz estiver fora do círculo unitário; (ii) existirem raízes repetidas no círculo unitário.

3. Um sistema LDIT é marginalmente estável se, e somente se, não existirem raízes fora do círculo unitário e existirem algumas raízes não repetidas no círculo unitário.

3.10-2 Relação entre Estabilidade BIBO e Assintótica

Para sistemas LDIT, a relação entre os dois tipos de estabilidade é similar a de sistemas LCIT. Para um sistema especificado pela Eq. (3.17), podemos mostrar facilmente que se uma raiz característica γ_k está dentro do círculo unitário, o modo correspondente γ_k^n é absolutamente somável. Em contraste, se γ_k estiver fora do círculo unitário, ou no círculo unitário, γ_k^n não é absolutamente somável.[‡]

[†] Se o desenvolvimento para sistemas discretos no tempo é paralelo ao para sistemas contínuos no tempo, gostaríamos muito de saber por que o paralelismo é interrompido aqui. Por que, por exemplo, o SPD e SPE não são as regiões que demarcam a estabilidade e a instabilidade? A razão está na forma dos modos característicos. Em sistemas em tempo contínuo, escolhemos a forma dos modos característicos como sendo $e^{\lambda_i t}$. Em sistemas discretos no tempo, por conveniência computacional, escolhemos a forma como sendo γ_i^n. Se tivéssemos escolhido a forma como $e^{\lambda_i t}$, na qual $\gamma_i = e^{\lambda_i}$, então o SPE e SPD (para a posição de λ_i) novamente demarcariam a estabilidade e a instabilidade. A razão é que se $\gamma = e^{\lambda}$, $|\gamma| = 1$ implica $|e^{\lambda}| = 1$, e então $\lambda = j\omega$. Isto mostra que o círculo unitário no plano γ é mapeado no eixo imaginário do plano λ.

[‡] Essa conclusão segue do fato de que (veja Seção B.7-4)

$$\sum_{n=-\infty}^{\infty} |\gamma_k^n| u[n] = \sum_{n=0}^{\infty} |\gamma_k|^n = \frac{1}{1 - |\gamma_k|} \quad |\gamma_k| < 1$$

Além disso, se $|\gamma| \geq 1$, o somatório diverge e tente a ∞. Estas conclusões são válidas somente para os modos na forma $n^r \gamma_k^n$.

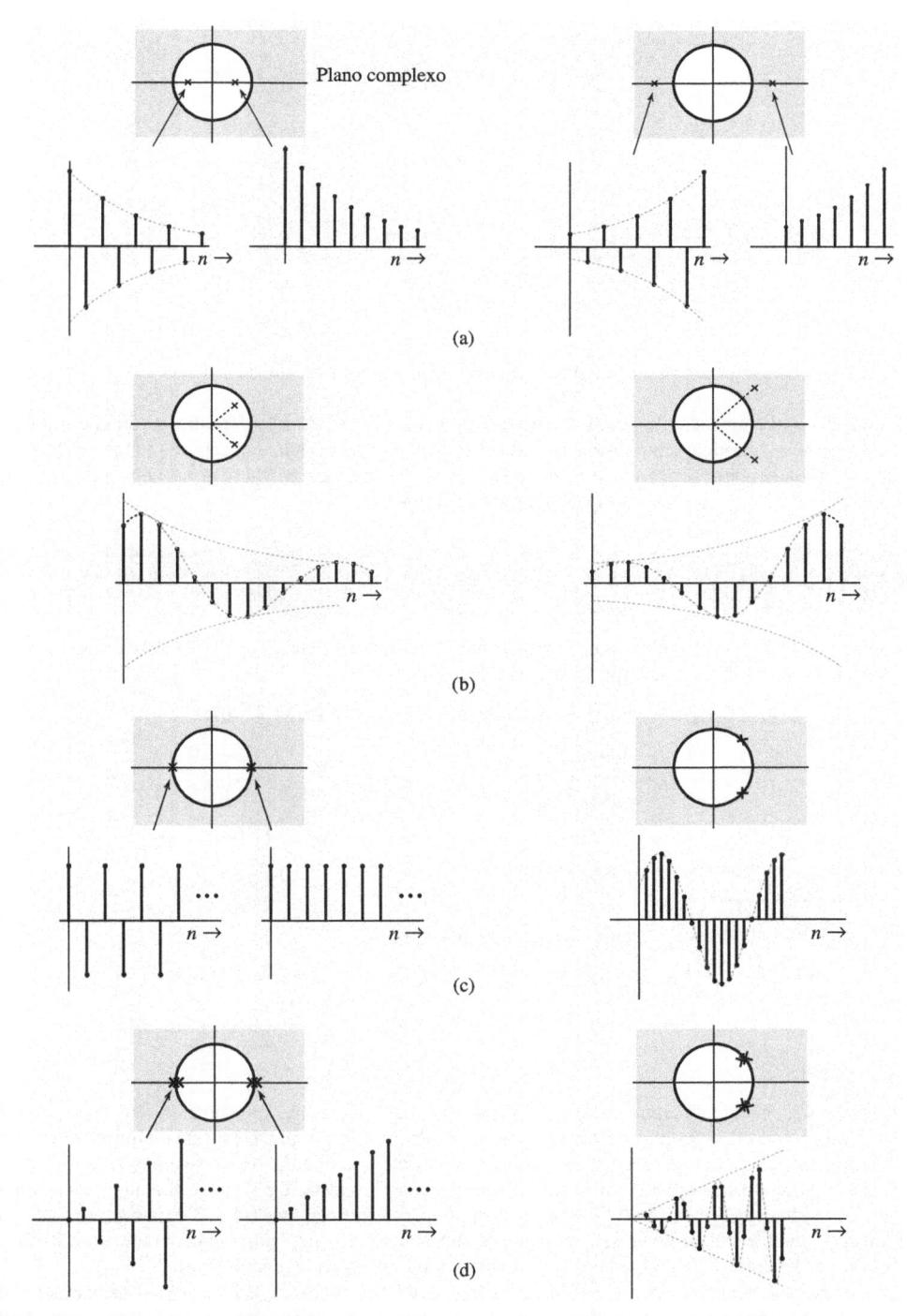

Figura 3.21 Posição das raízes características e os modos característicos correspondentes.

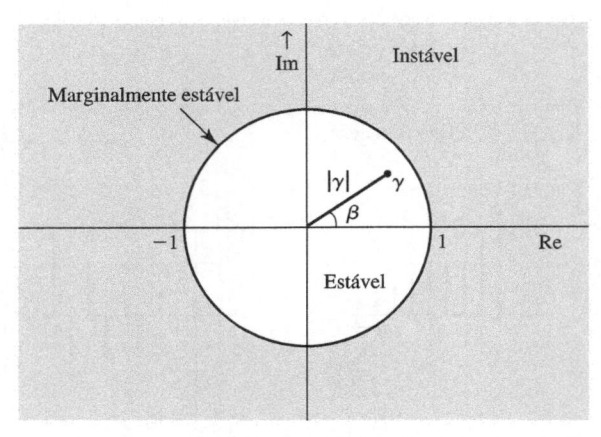

Figura 3.22 Posição das raízes características e estabilidade do sistema.

Isso significa que um sistema assintoticamente estável é BIBO estável. Além disso, um sistema marginalmente estável ou assintoticamente instável é BIBO instável. O inverso não é necessariamente verdadeiro. A figura de estabilidade por descrição externa é questionável. Estabilidade BIBO (externa) não garante estabilidade interna (assintótica), como os exemplos a seguir mostrarão.

EXEMPLO 3.21

Um sistema LDIT é constituído por dois subsistemas S_1 e S_2 em cascata (Fig. 3.23). A resposta ao impulso destes sistemas é $h_1[n]$ e $h_2[n]$, respectivamente, dadas por

$$h_1[n] = 4\delta[n] - 3(0,5)^n u[n] \quad \text{e} \quad h_2[n] = 2^n u[n]$$

Figura 3.23 Estabilidade BIBO e assintótica.

A resposta $h[n]$ ao impulso do sistema composto é dada por

$$h[n] = h_1[n] * h_2[n] = h_2[n] * h_1[n] = 2^n u[n] * (4\delta[n] - 3(0,5)^n u[n])$$
$$= 4(2)^n u[n] - 3 \left[\frac{2^{n+1} - (0,5)^{n+1}}{2 - 0,5} \right] u[n]$$
$$= (0,5)^n u[n]$$

Se o sistema em cascata composto estiver dentro de uma caixa preta, com somente seus terminais de entrada e saída acessíveis, qualquer medida destes terminais irá mostrar que a resposta ao impulso deste sistema é $(0,5)^n u[n]$, sem qualquer dica sobre o sistema instável escondido dentro do sistema composto.

O sistema composto é BIBO estável pois sua resposta ao impulso, $(0,5)^n u[n]$, é absolutamente somável. Entretanto, o sistema S_2 é assintoticamente instável, pois sua raiz característica, 2, está fora do círculo unitário. Este sistema eventualmente se queimará (ou saturará) devido a resposta característica ilimitada gerada por condições iniciais intencionais ou não, não importa quão pequenas elas sejam.

O sistema é assintoticamente instável, apesar de BIBO estável. Este exemplo mostra que a estabilidade BIBO não garante necessariamente a estabilidade assintótica quando o sistema é não controlável ou não observável, ou ambos. As descrições interna e externa de um sistema são equivalentes somente quando o sistema é controlável e observável. Neste caso, a estabilidade BIBO significa que o sistema é assintoticamente estável e vice-versa.

Felizmente, sistemas não controláveis ou não observáveis não são comuns na prática. Portanto, na determinação da estabilidade do sistema, assumiremos que, a não ser que mencionado, as descrições interna e externa do sistema são equivalentes, implicando que o sistema seja controlável e observável.

EXEMPLO 3.22

Determine a estabilidade interna e externa dos sistemas especificados pelas seguintes equações. Em cada caso, localize as raízes no plano complexo.

(a) $y[n+2] + 2{,}5y[n+1] + y[n] = x[n+1] - 2x[n]$
(b) $y[n] - y[n-1] + 0{,}21y[n-2] = 2x[n-1] + 3x[n-2]$
(c) $y[n+3] + 2y[n+2] + \frac{3}{2}y[n+1] + \frac{1}{2}y[n] = x[n+1]$
(d) $(E^2 - E + 1)^2 y[n] = (3E+1)x[n]$

(a) O polinômio característico é
$$\gamma^2 + 2{,}5\gamma + 1 = (\gamma + 0{,}5)(\gamma + 2)$$

As raízes características são $-0{,}5$ e -2. como $|-2| > 1$ (-2 está no lado de fora do círculo unitário), o sistema é BIBO instável e assintoticamente instável (Fig. 3.24a).

(b) O polinômio característico é
$$\gamma^2 - \gamma + 0{,}21 = (\gamma - 0{,}3)(\gamma - 0{,}7)$$

As raízes características são 0,3 e 0,7, as duas estão dentro do círculo unitário. O sistema é BIBO estável e assintoticamente estável (Fig. 3.24b).

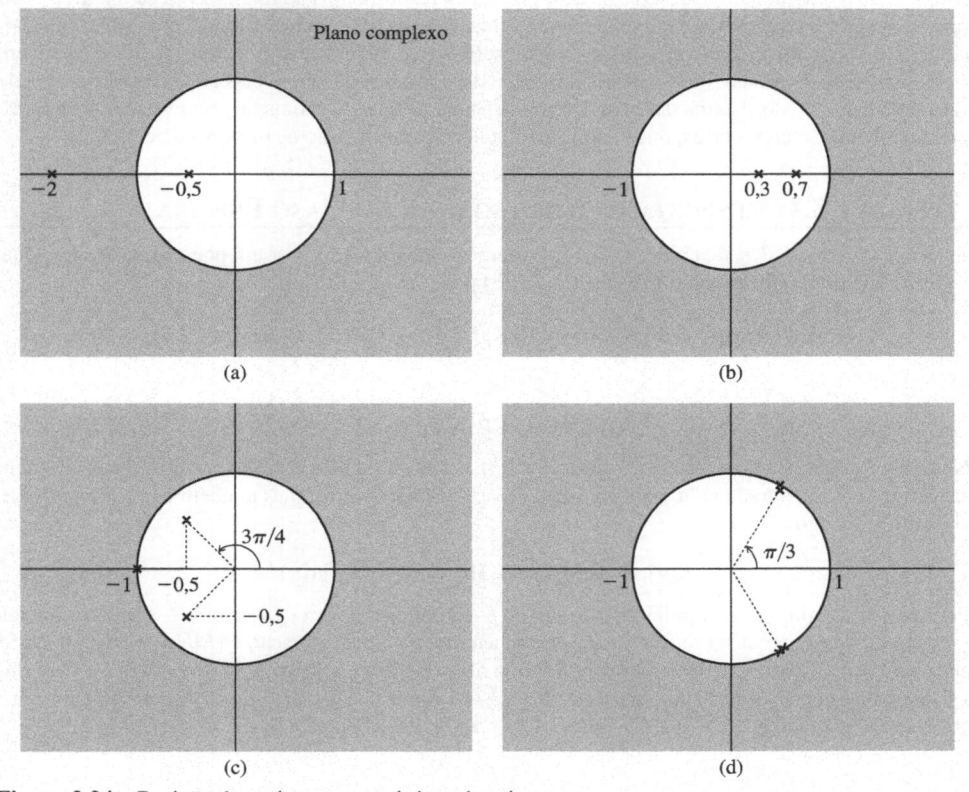

Figura 3.24 Posição das raízes características dos sistemas.

(c) O polinômio característico é

$$\gamma^3 + 2\gamma^2 + \tfrac{3}{2}\gamma + \tfrac{1}{2} = (\gamma + 1)\left(\gamma^2 + \gamma + \tfrac{1}{2}\right) = (\gamma + 1)(\gamma + 0{,}5 - j0{,}5)(\gamma + 0{,}5 + j0{,}5)$$

As raízes características são -1, $-0{,}5 \pm j0{,}5$ (Fig. 3.24c). Uma das raízes características está no círculo unitário e as duas restantes estão dentro do círculo unitário. O sistema é BIBO instável mas marginalmente estável.

(d) O polinômio característico é

$$(\gamma^2 - \gamma + 1)^2 = \left(\gamma - \tfrac{1}{2} - j\tfrac{\sqrt{3}}{2}\right)^2 \left(\gamma - \tfrac{1}{2} + j\tfrac{\sqrt{3}}{2}\right)^2$$

As raízes características são $(1/2) \pm j(\sqrt{3}/2) = 1e^{\pm j(\pi/3)}$ duas vezes repetidas e estão no círculo unitário (Fig. 3.24d). O sistema é BIBO instável e assintoticamente instável.

3.11 Visão Intuitiva sobre Comportamento de Sistemas

A visão intuitiva sobre comportamento de sistemas contínuos no tempo e suas provas qualitativas discutidas na Seção 2.7 também se aplicam a sistemas em tempo discreto. Por esta razão, iremos simplesmente mencioná-las, sem a discussão de alguns pontos apresentados na Seção 2.7.

Todo o comportamento do sistema (entrada nula e estado nulo) é fortemente influenciado pelas raízes (ou modos) característicos do sistema. O sistema responde fortemente a sinais de entrada similares a seus modos característicos e pobremente a entradas muito diferentes de seus modos característicos. De fato, quando uma entrada é um modo característico do sistema, a resposta tende a infinito, desde que o modo não seja um sinal decrescente. Este é o fenômeno da ressonância. A largura da resposta $h[n]$ ao impulso indica o tempo de resposta (tempo necessário para responder completamente a uma entrada) do sistema. Ela é a constante de tempo do sistema.[†] Pulsos em tempo discreto são geralmente dispersados quando passados através de um sistema em tempo discreto. O total de dispersão (ou espalhamento) é igual a constante de tempo do sistema (ou da largura de $h[n]$). A constante de tempo do sistema também determina a taxa na qual o sistema pode transmitir informação. Uma constante de tempo menor corresponde a uma taxa maior de transmissão de informação e vice-versa.

3.12 Apêndice 3.1: Resposta ao Impulso para um Caso Especial

Quando $a_N = 0$, $A_0 = b_N/a_N$ fica indeterminado e o procedimento precisa ser um pouco modificado. Quando $a_N = 0$, $Q[E]$ pode ser expresso como $E[E]$ e a Eq. (3.53) pode ser descrita por

$$E\hat{Q}[E]h[n] = P[E]\delta[n] = P[E]\{E\delta[n-1]\} = EP[E]\delta[n-1]$$

Logo

$$\hat{Q}[E]h[n] = P[E]\delta[n-1]$$

Neste caso, a entrada desaparece não para $n \geq 1$, mas para $n \geq 2$. Portanto, a resposta é constituída não somente dos termos de entrada nula mais um impulso $A_0\delta[n]$ (para $n = 0$), mas também por um impulso $A_1\delta[n-1]$ (para $n = 1$). Logo,

$$h[n] = A_0\delta[n] + A_1\delta[n-1] + y_c[n]u[n]$$

Podemos determinar as incógnitas A_0, A_1 e os $N - 1$ coeficientes em $y_c[n]$ dos $N + 1$ valores iniciais $h[0]$, $h[1],..., h[N]$, determinados na forma usual pela solução interativa da equação $Q[E]h[n] = P[E]\delta[n]$.[‡] Similarmente, se $a_N = a_{N-1} = 0$, precisaremos usar a forma $h[n] = A_0\delta[n] + A_1\delta[n-1] + A_2\delta[n-2] + y_c[n]u[n]$. As $N + 1$ incógnitas constantes são determinadas dos $N + 1$ valores de $h[0]$, $h[1],..., h[N]$, determinados interativamente, e assim por diante.

[†] Esta parte da discussão se aplica a sistemas cuja resposta $h[n]$ ao impulso seja um pulso principalmente positivo (ou principalmente negativo).
[‡] $\hat{Q}[\gamma]$ é agora um polinômio de ordem $N - 1$. Logo, existem apenas $N - 1$ incógnitas em $y_c[n]$.

EXERCÍCIO E3.22

Determine e trace as raízes características no plano complexo do sistema especificado pela seguinte equação:

$$(E + 1)(E^2 + 6E + 25)y[n] = 3Ex[n]$$

Determine a estabilidade externa e interna do sistema.

RESPOSTA
BIBO e assintoticamente instável.

EXERCÍCIO E3.23

Repita o Exercício E3.22 para

$$(E - 1)^2(E + 0{,}5)y[n] = (E^2 + 2E + 3)x[n]$$

RESPOSTA
BIBO e assintoticamente instável.

3.13 Resumo

Este capítulo discute a análise no domínio do tempo de sistemas LDIT (linear, discreto, invariante no tempo). A análise é paralela a de sistemas LCIT, com algumas pequenas diferenças. Sistemas em tempo discreto são descritos por equações diferença. Para um sistema de ordem N, N condições auxiliares devem ser especificadas para uma solução única. Os modos característicos são exponenciais discretas no tempo na forma γ^n correspondendo a raízes não repetidas γ e da forma $n^i\gamma^n$ correspondendo a raízes repetidas γ.

A função impulso unitário $\delta[n]$ é uma sequência de um único valor unitário em $n = 0$. A resposta $h[n]$ ao impulso unitário de um sistema em tempo discreto é a combinação linear de seus modos característicos.[†]

A resposta de estado nulo (resposta devido a entrada externa) de um sistema linear é obtida quebrando a entrada em componentes de impulso e, então, somando as respostas do sistema a todas as componentes impulsivas. A soma das respostas do sistema às componentes de impulso é a somatória de convolução. A resposta do sistema é obtida como o somatório de convolução da entrada $x[n]$ com a resposta $h[n]$ ao impulso do sistema. Portanto, o conhecimento da resposta ao impulso do sistema nos permite determinar a resposta do sistema a qualquer entrada arbitrária.

Sistemas LDIT possuem uma relação muito especial com o sinal exponencial de duração infinita z^n pois a resposta de um sistema LDIT a este tipo de sinal de entrada é o mesmo sinal multiplicado por uma constante. A resposta de um sistema LDIT a uma entrada exponencial de duração infinita z^n é $H[z]z^n$, onde $H[z]$ é a função de transferência do sistema.

Equações diferença de sistemas LDIT também podem ser resolvidas pelo método clássico, no qual a resposta é obtida como a soma das componentes natural e forçada. Essas componentes não são as mesmas componentes de entrada nula e estado nulo, apesar de elas satisfazerem as mesmas equações, respectivamente. Apesar de simples, este método é aplicável a uma classe restrita de sinais de entrada e a resposta do sistema não pode ser expressa como uma função explícita da entrada. Essas limitações reduzem consideravelmente o valor do método clássico no estudo teórico de sistemas.

O critério de estabilidade externa, o critério BIBO (entrada limitada/saída limitada), afirma que um sistema é estável se e somente se toda entrada limitada produzir uma saída limitada. Caso contrário, o sistema é instável.

O critério de estabilidade pode ser afirmado em termos das posições das raízes características do sistema como mostrado a seguir:

1. Um sistema LDIT é assintoticamente estável se e somente se todas as raízes características estiverem dentro do círculo unitário. As raízes podem ser simples ou repetidas.

[†] Existe a possibilidade de um impulso $\delta[n]$ além dos modos característicos.

2. Um sistema LDIT é instável se e somente se uma ou as duas condições a seguir existirem: (i) ao menos uma raiz estiver fora do círculo unitário; (ii) existirem raízes repetidas no círculo unitário.

3. Um sistema LDIT é marginalmente estável se e somente se não existirem raízes fora do círculo unitário e existirem algumas raízes não repetidas no círculo unitário.

Um sistema assintoticamente estável é sempre BIBO estável. O inverso não é necessariamente verdadeiro.

MATLAB Seção 3: Sinais e Sistemas em Tempo Discreto

O MATLAB é naturalmente e idealmente adequado a sinais e sistemas em tempo discreto. Várias funções especiais estão disponíveis para operações com dados em tempo discreto, incluindo os comandos `stem`, `filter` e `conv`. Nesta seção, investigaremos esses e outros comandos.

M3.1 Funções em Tempo Discreto e Gráficos de Barra

Considere a função em tempo discreto $f[n] = e^{-n/5}\cos(\pi n/5)u[n]$. No MATLAB existem diversas formas de representar $f[n]$, incluindo arquivos .M ou, para um n particular, o cálculo explícito em linha de comando. Neste exemplo, entretanto, utilizaremos um objeto *inline*.

```
>> f = inline('exp(-n/5).*cos(pi*n/5).*(n>=0)','n');
```

Uma verdadeira função em tempo discreto é indefinida (ou zero) para n não inteiro. Apesar do objeto *inline* `f` pretender ser uma função em tempo discreto, sua construção atual não restringe n a um número inteiro, podendo, portanto, ser utilizado de maneira errada. Por exemplo, o MATLAB retorna com presteza 0,8606 para `f(0,5)`, quando um NaN (não um número) ou zero seria mais adequado. O usuário é responsável pelo uso adequado da função.

A seguir, considere a obtenção do gráfico da função em tempo discreto $f[n]$ para $(-10 \le n \le 10)$. O comando `stem` simplifica esta tarefa.

```
>> n = (-10:10)';
>> stem(n,f(n),'k');
>> xlabel('n'); ylabel('f[n]');
```

Neste caso, o comando `stem` funciona de maneira similar ao comando `plot`: a variável dependente `f(n)` é traçada em função da variável independente `n` com uma linha preta. O comando `stem` enfatiza a natureza discreta no tempo dos dados, como a Fig. M3.1 bem apresenta.

Para funções discretas no tempo, as operações de deslocamento, inversão e escalamento podem ter resultados surpreendentes. Compare $f[-2n]$ com $f[-2n + 1]$. Ao contrário do caso contínuo, a segunda função não é uma versão do deslocamento da primeira. Podemos utilizar subgráficos separados, cada um para $(-10 \le n \le 10)$, para ajudar a ilustrar este fato. Note que, ao contrário do comando `plot`, o comando `stem` não pode traçar simultaneamente funções em um único eixo. De qualquer forma, a sobreposição das linhas das barras resultaria em um gráfico difícil de ser lido e entendido.

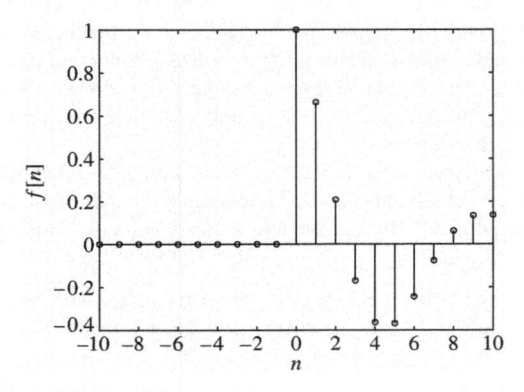

Figura M3.1 $f[n]$ para $(-10 \le n \le 10)$.

```
>> subplot(2,1,1); stem(n,f(-2*n),'k'); ylabel('f[-2n]');
>> subplot(2,1,2); stem(n,f(-2*n+1),'k'); ylabel('f[-2n+1]'); xlabel('n');
```

Os resultados estão mostrados na Fig. M3.2. Curiosamente, a função $f[n]$ original pode ser recuperada intercalando amostras de $f[-2n]$ e $f[-2n + 1]$ e, então, refletindo no tempo o resultado.

Devemos sempre ter cuidado para garantir que o MATLAB execute as operações desejadas. Nossa função *inline* f é um caso em questão. Apesar da redução da amostragem (decimação) ficar correta, a função não possibilita o aumento da amostragem (interpolação) (veja Prob. 3.M-1). O MATLAB sempre faz o que foi mandado, mas nem sempre é dito como ele deve fazer tudo corretamente!

M3.2 Respostas de Sistemas Através de Filtragem

O comando `filter` do MATLAB é uma forma eficiente para calcular a resposta do sistema de uma equação diferença linear de coeficientes constantes representada na forma atraso como

$$\sum_{k=0}^{N} a_k y[n - k] = \sum_{k=0}^{N} b_k x[n - k] \qquad (M3.1)$$

Na forma mais simples, o comando `filter` necessita de três argumentos de entrada: um vetor de tamanho $N + 1$ com os coeficientes de alimentação $[b_0, b_1, ..., b_N]$, um vetor de tamanho $N + 1$ com os coeficientes de realimentação $[a_0, a_1, ..., a_N]$ e um vetor de entrada.[†] Como nenhuma condição inicial foi especificada, a saída corresponde à resposta de estado nulo do sistema.

A título de exemplo, considere um sistema descrito por $y[n] - y[n - 1] + y[n - 2] = x[n]$. Quando $x[n] = \delta[n]$, a resposta de estado nulo é igual a resposta $h[n]$ ao impulso, a qual nós calculamos para ($0 \le n \le 30$).

```
>> b = [1 0 0]; a = [1 -1 1];
>> n = (0:30)'; delta = inline('n==0','n');
>> h = filter(b,a,delta(n));
>> stem(n,h,'k'); axis([-.5 30.5 -1.1 1.1]);
>> xlabel('n'); ylabel('h[n]');
```

Como mostrado na Fig. M3.3, $h[n]$ é periódica com $N_0 = 6$ (período fundamental) para $n \ge 0$. Como sinais periódicos não são absolutamente somáveis, $\sum_{n=-\infty}^{\infty} |h[n]|$ não é finito e o sistema não é BIBO estável. Além disso, a entrada senoidal $x[n] = \cos(2\pi n/6)u[n]$, a qual é periódica com $N_0 = 6$ para $n \ge 0$ deve gerar uma saída de estado nulo ressonante.

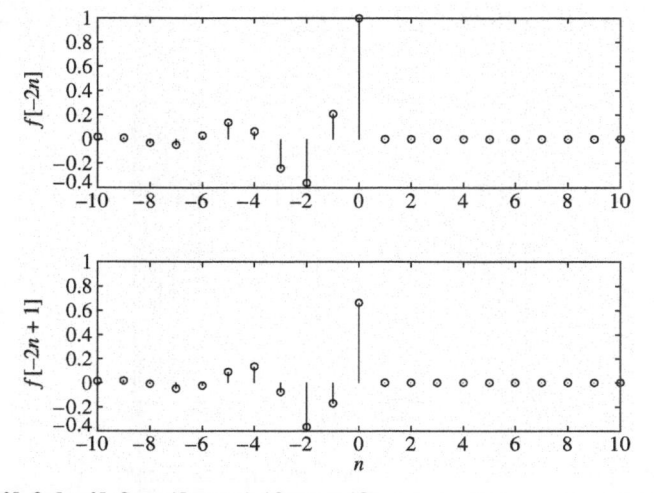

Figura M3.2 $f[-2n]$ e $f[-2n + 1]$ para $(-10 \le n \le 10)$.

[†] É importante prestar muita atenção às inevitáveis diferenças de notação encontradas nos diversos documentos de engenharia. Nos documentos de ajuda do MATLAB, os subscritos dos coeficientes começam com 1 ao invés de 0 para ficarem em conformidade com a convenção de indexação do MATLAB. Ou seja, o MATLAB representa a_0 por `a(1)`, b_0 por `b(1)` e assim por diante.

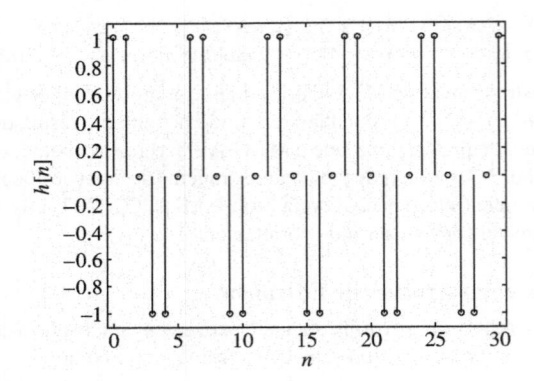

Figura M3.3 $h[n]$ para $y[n] - y[n-1] + y[n-2] = x[n]$.

```
>> x = inline('cos(2*pi*n/6).*(n>=0)','n');
>> y = filter(b,a,x(n));
>> stem(n,y,'k'); xlabel('n'); ylabel('y[n]');
```

O envelope da resposta linear, mostrada na Fig. M3.4 confirma uma resposta ressonante. A equação característica do sistema é $\gamma^2 + \gamma - 1$, a qual possui as raízes $\gamma = e^{\pm j\pi/3}$. Como a entrada $x[n] = \cos(2\pi n/6)u[n] = (1/2)(e^{j\pi/3} + e^{-j\pi/3})u[n]$ coincide com as raízes características, garante-se uma resposta ressonante.

Adicionando as condições iniciais, o comando `filter` também pode calcular a resposta do sistema a entrada nula e a resposta total. Continuando no exemplo anterior, considere a determinação da resposta de entrada nula para $y[-1] = 1$ e $y[-2] = 2$ para $(0 \le n \le 30)$.

```
>> z_i = filtic(b,a,[1 2]);
>> y_0 = filter(b,a,zeros(size(n)),z_i);
>> stem(n,y_0,'k'); xlabel('n'); ylabel('y_{0} [n]');
>> axis([-0.5 30.5 -2.1 2.1]);
```

Existem diversas formas físicas de se implementar uma equação em particular. O MATLAB implementa a Eq. (M3.1) usando a popular estrutura da forma II transposta.[†] Consequentemente, as condições iniciais devem ser compatíveis com esta estrutura de implementação. A função `filtic` do `toolbox`* de processamento de si-

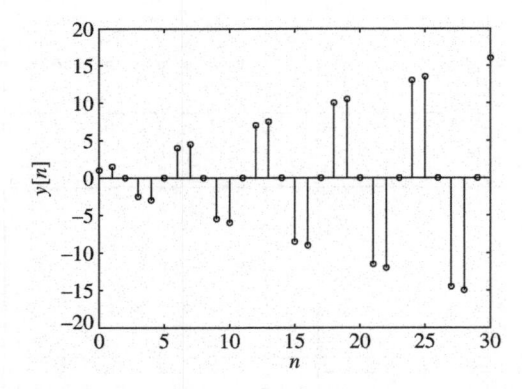

Figura M3.4 Resposta $y[n]$ ressonante de estado nulo para $x[n] = \cos(2\pi n/6)u[n]$.

[†] Estruturas de implementação, tais como a forma II transposta, são discutidas no Capítulo 4.
* N. de T.: Conjunto de funções, geralmente encapsuladas dentro de um mesmo diretório, com um objetivo comum. O MATLAB é constituído por diversos *toolboxes*, sendo que o usuário pode escolher quais *toolboxes* adquirir.

nais (*singnal processing*) converte as condições iniciais y[−1], y[−2],..., y[−N] tradicionais para uso com o comando `filter`. Uma entrada de zero é criada usando o comando `zeros`. As dimensões desta entrada zero são feitas de forma a coincidir com o vetor *n* usando o comando `size`. Finalmente, _{ } força o texto em subscrito na janela gráfica e ^{ } força o texto em sobrescrito. Os resultados são mostrados na Fig. M3.5.

Dado y[−1] = 1 e y[−2] = 2 e uma entrada $x[n] = \cos(2\pi n/6)u[n]$, a resposta total é fácil de ser obtida pelo comando `filter`.

```
>> y_total = filter(b,a,x(n),z_i);
```

Somando a resposta de estado nulo e a resposta de entrada nula, obtemos o mesmo resultado. O cálculo do erro total absoluto possibilita uma verificação.

```
>> sum(abs(y_total-(y + y_0)))
ans = 1.8430e-014
```

Dentro de um erro de arredondamento, os dois métodos fornecem a mesma sequência.

M3.3 Função de Filtro Adaptada

O comando `filtic` só estará disponível se o `toolbox` de processamento de sinais estiver instalado. Para instalações sem o `toolbox` de processamento de sinais e para ajudar a desenvolver suas habilidades no MATLAB, considere o desenvolvimento de uma função similar em sintaxe ao comando `filter` que utiliza diretamente as condições iniciais y[−1], y[−2],..., y[−N]. Normalizando $a_0 = 1$ e resolvendo a Eq. (M3.1) para y[n] temos

$$y[n] = \sum_{k=0}^{N} b_k x[n-k] - \sum_{k=1}^{N} a_k y[n-k]$$

Essa forma recursiva fornece uma boa base para a nossa função de filtro adaptada.

```
function [y] = MS3P1(b, a, x, yi);
% MS3P1.M: MATLAB Seção 3, Programa 1
% Arquivo.M com função para filtrar os dados x para criar y
% ENTRADAS:       b = vetor de coeficientes de alimentação
%                 a = vetor de coeficientes de realimentação
%                 x = vetor de dados de entrada
%                 yi = vetor de condições iniciais [y[-1], y[-2],....]
% SAÍDAS:         y = vetor dos dados de saída filtrados
yi = flipud(yi(:)); % formatação adequada das condições iniciais
y = [yi; zeros(length(x),1);x(:)]; % Pré-inicializa y, começando com as condi-
   ções iniciais
x = [zeros(length(yi), 1); x(:)]; % Concatena x com zeros para coincidir o tama-
   nho de y.
```

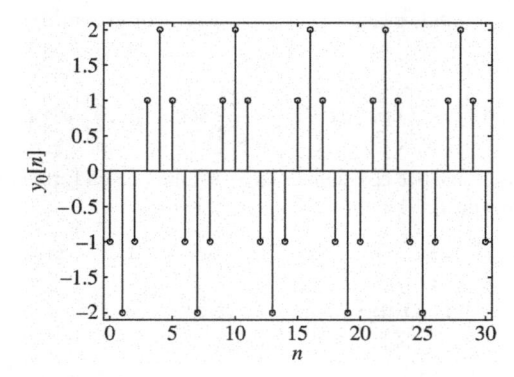

Figura M3.5 Resposta de entrada nula $y_0[n]$ para y[−1] = 1 e y[−2] = 2.

```
b = b/a(1); a= a/a(1); % normaliza os coeficientes.
for n = length(y1) + 1: length(y)
    for nb = 0: length(b) - 1
        y(n) = y(n) + b(nb + 1)*x(n - nb); % termos de alimentação direta
    end
    for na = 1: length(a) - 1
        y(n) = y(n) - a(na + 1)*y(n - na); %termos de realimentação
    end
end
y = y(length(yi) + 1: end); % retira as condições iniciais da saída final.
```

Grande parte das instruções em MS3P1 já foram discutidas. Voltaremos nossas atenções para a instrução flipud. O comando de inversão cima-baixo, flipud inverte a ordem dos elementos em um vetor coluna. Apesar de não ser utilizado neste caso, o comando de inversão esquerda-direita, fliplr, inverte a ordem dos elementos em um vetor linha. Note que se digitarmos help filename, o primeiro conjunto de linhas contíguas em um arquivo .M será mostrado. Portanto, uma boa prática de programação é documentar arquivos .M, tal como em MS3P1, colocando um bloco inicial de linhas explicativas comentadas no arquivo.

Como um exercício, o leitor deve verificar que MS3P1 calcula corretamente a resposta $h[n]$ ao impulso, a resposta de estado nulo $y[n]$, a resposta de entrada nula $y_0[n]$ e a resposta total $y[n] + y_0[n]$.

M3.4 Convolução em Tempo Discreto

A convolução de dois sinais de duração finita, em tempo discreto, é realizada usando o comando conv. Por exemplo, a convolução em tempo discreto de dois pulsos retangulares de largura 4, $g[n] = (u[n] - u[n - 4])*(u[n] - u[n - 4])$, é um triângulo de tamanho $(4 + 4 - 1 = 7)$. Representando $u[n] - u[n - 4]$ pelo vetor [1, 1, 1, 1], a convolução é calculada usando

```
>> conv([1 1 1 1],[1 1 1 1])
ans =    1    2    3    4    3    2    1
```

Note que $(u[n + 4] - u[n])*(u[n] - u[n - 4])$ também é calculado usando conv([1 1 1 1],[1 1 1 1]) e, obviamente, resulta na mesma resposta. A diferença entre estes dois casos é a região de interesse: $(0 \leq n \leq 6)$ para o primeiro caso e $(-4 \leq n \leq 2)$ para o segundo. Apesar do comando conv não calcular a região de interesse, ela é relativamente fácil de ser obtida. Se o vetor w começar em $n = n_w$ e o vetor v começar em $n = n_v$, então conv(w,v) começará em $n = n_w + n_v$.

Em geral, o comando conv não convolui adequadamente sinais de duração infinita. Isto não é exatamente surpreendente, pois os próprios computadores não podem armazenar sinais de duração infinita. Para casos especiais, entretanto, conv pode calcular corretamente uma parcela destes tipos de problemas de convolução. Considere o caso comum de convolução de dois sinais causais. Passando as primeiras N amostras de cada sinal, conv retorna uma sequência de tamanho $2N - 1$. As N primeiras amostras desta sequência são válidas, as $N - 1$ amostras restantes não.

Para ilustrar este ponto, reconsidere a resposta de estado nulo $y[n]$ para $(0 \leq n \leq 30)$ para o sistema $y[n] - y[n - 1] + y[n - 2] = x[n]$ dada a entrada $x[n] = \cos(2\pi n/6)u[n]$. Os resultados obtidos usando a técnica de filtragem são mostrados na Fig. M3.4.

A resposta também pode ser obtida usando a convolução de acordo com $y[n] = h[n] * x[n]$. A resposta ao impulso do sistema é[†]

$$h[n] = \left\{\cos(\pi n/3) + \frac{1}{\sqrt{3}} \operatorname{sen}(\pi n/3)\right\} u[n]$$

Tanto $h[n]$ quanto $x[n]$ são causais e possuem duração infinita, de tal forma que conv pode ser utilizado para obter uma parcela da convolução.

```
>> h = inline('(cos(pi*n/3)+sin(pi*n/3)/sqrt(3)).*(n>=0)','n');
>> y = conv(h(n),x(n));
>> stem([0:60],y,'k'); xlabel('n'); ylabel('y[n]');
```

[†] Técnicas para determinar $h[n]$ analiticamente são apresentadas no Capítulo 5.

A saída total de conv é mostrada na Fig. M3.6. Como esperado, os resultados estão corretos para ($0 \leq n \leq 30$). Os valores restantes estão claramente incorretos. O envelope de saída deveria continuar a crescer, não decair. Normalmente, esses valores incorretos não são mostrados.

```
>> stem(n,y(1:31),'k'); xlabel('n'); ylabel('y[n]');
```

O gráfico resultante é idêntico à Fig. M3.4.

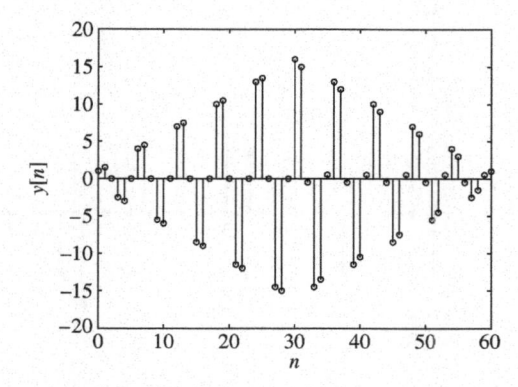

Figura M3.6 $y[n]$ para $x[n] = \cos(2\pi n/6)u[n]$ calculado com conv.

PROBLEMAS

3.1-1 Determine a energia dos sinais mostrados nas Figs. P3.1-1.

3.1-2 Determine a potência dos sinais mostrados nas Figs. P3.1-2

3.1-3 Mostre que a potência de um sinal $\mathcal{D}e^{j(2\pi/N0)n}$ é $|\mathcal{D}|^2$. Portanto, mostre que a potência de um sinal

$$x[n] = \sum_{r=0}^{N_0-1} \mathcal{D}_r e^{jr(2\pi/N_0)n} \quad \text{e} \quad P_x = \sum_{r=0}^{N_0-1} |\mathcal{D}_r|^2$$

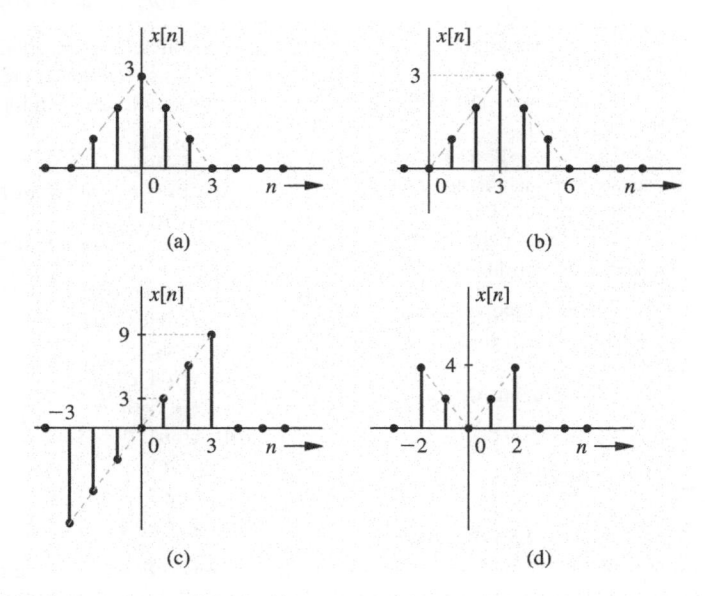

Figura P3.1-1

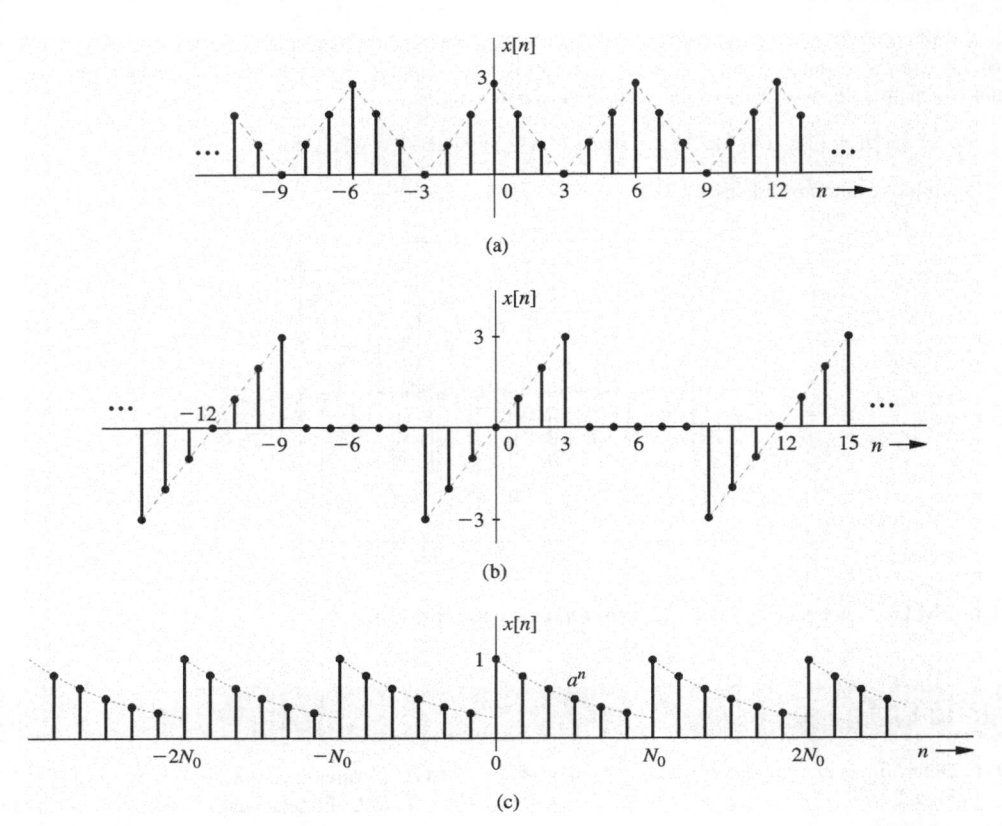

Figura P3.1-2

Use o fato de que

$$\sum_{k=0}^{N_0-1} e^{j(r-m)2\pi k/N_0} = \begin{cases} N_0 & r = m \\ 0 & \text{caso contrário} \end{cases}$$

3.1-4 (a) Determine as componentes par e ímpar do sinal $x[n] = (0,8)^n u[n]$.
(b) Mostre que a energia de $x[n]$ é a soma das energias de suas componentes par e ímpar determinadas na parte (a).
(c) Generalize o resultado da parte (b) para qualquer sinal de energia finita.

3.1-5 (a) Se $x_e[n]$ e $x_o[n]$ são as componentes par e ímpar de um sinal real $x[n]$, então mostre que $E_{x_e} = E_{x_0} = 0,5E_x$.
(b) Mostre que a energia cruzada de x_e e x_o é zero, ou seja,

$$\sum_{n=-\infty}^{\infty} x_e[n]x_o[n] = 0$$

3.2-1 Se a energia de um sinal $x[n]$ é E_x, então determine a energia dos seguintes sinais:
(a) $x[-n]$
(b) $x[n-m]$
(c) $x[m-n]$
(d) $Kx[n]$ (m inteiro e K constante)

3.2-2 Se a potência de um sinal periódico $x[n]$ é P_x, determine e comente a respeito das potências e valores rms dos seguintes sinais:
(a) $-x[n]$
(b) $x[-n]$
(c) $x[n-m]$ (m inteiro)
(d) $cx[n]$
(e) $x[m-n]$ (m inteiro)

3.2-3 Para o sinal mostrado na Fig. P3.1-1b, trace os seguintes sinais:
(a) $x[-n]$
(b) $x[n+6]$
(c) $x[n-6]$
(d) $x[3n]$
(e) $x\left[\dfrac{n}{3}\right]$
(f) $x[3-n]$

3.2-4 Repita o Prob. 3.2-3 para o sinal mostrado na Fig. P3.1-1c.

3.3-1 Obtenha o gráfico e determine a potência dos seguintes sinais:
(a) $(1)^n$
(b) $(-1)^n$
(c) $u[n]$
(d) $(-1)^n u[n]$
(e) $\cos\left[\dfrac{\pi}{3}n + \dfrac{\pi}{6}\right]$.

3.3-2 Mostre que
(a) $\delta[n] + \delta[n-1] = u[n] - u[n-2]$
(b) $2^{n-1}\operatorname{sen}\left(\dfrac{\pi n}{3}\right)u[n] = \dfrac{1}{2}2^n \operatorname{sen}\left(\dfrac{\pi n}{3}\right)u[n-1]$
(c) $n(n-1)\gamma^n u[n] = n(n-1)\gamma^n u[n-2]$
(d) $(u[n] + (-1)^n u[n])\operatorname{sen}\left(\dfrac{\pi n}{2}\right) = 0$
para todo n
(e) $(u[n] + (-1)^{n+1}u[n])\cos\left(\dfrac{\pi n}{2}\right) = 0$
para todo n

3.3-3 Rascunhe os seguintes sinais:
(a) $u[n-2] - u[n-6]$
(b) $n\{u[n] - u[n-7]\}$
(c) $(n-2)\{u[n-2] - u[n-6]\}$
(d) $(-n+8)\{u[n-6] - u[n-9]\}$
(e) $(n-2)\{u[n-2] - u[n-6]\}$
$+ (-n+8)\{u[n-6] - u[n-9]\}$

3.3-4 Descreva cada um dos sinais da Fig. P3.1-1 por uma única expressão válida para todo n.

3.3-5 Os seguintes sinais estão na forma $e^{\lambda n}$, expresse-os na forma γ^n.
(a) $e^{-0,5n}$
(b) $e^{0,5n}$
(c) $e^{-j\pi n}$
(d) $e^{j\pi n}$

Em cada caso, mostre as posições de λ e γ no plano complexo. Verifique que uma exponencial é crescente se γ estiver fora do círculo unitário (ou se λ estiver no SPD), ela será decrescente se γ estiver dentro do círculo unitário (ou se λ estiver no SPE) e terá amplitude constante se γ estiver no círculo unitário (ou se λ estiver no eixo imaginário).

3.3-6 Expresse os seguintes sinais, os quais estão na forma $e^{\lambda n}$, na forma γ^n.
(a) $e^{-(1+j\pi)n}$
(b) $e^{-(1-j\pi)n}$
(c) $e^{(1+j\pi)n}$
(d) $e^{(1-j\pi)n}$
(e) $e^{-[1+j(\pi/3)]n}$
(f) $e^{[1-j(\pi/3)]n}$

3.3-7 Os conceitos de funções par e ímpar para sinais em tempo discreto são idênticos aos de sinais contínuos no tempo, discutidos na Seção 1.5. Usando estes conceitos, determine e rascunhe as componentes par e ímpar dos seguintes sinais:
(a) $u[n]$
(b) $nu[n]$
(c) $\operatorname{sen}\left(\dfrac{\pi n}{4}\right)$
(d) $\cos\left(\dfrac{\pi n}{4}\right)$

3.4-1 A saída de uma caixa registradora $y[n]$ representa o custo total de n itens registrados pelo caixa. A entrada $x[n]$ é o custo do n-ésimo item.
(a) Escreva a equação diferença relacionando $y[n]$ com $x[n]$.
(b) Realize este sistema usando um elemento de atraso de tempo.

3.4-2 Seja $p[n]$ a população de um certo país no começo do n-ésimo ano. As taxas de nascimento e mortalidade da população durante qualquer ano são 3,3 e 1,3%, respectivamente. Se $i[n]$ é o número total de imigrantes entrando no país durante o n-ésimo ano, escreva a equação diferença relacionando $p[n+1]$, $p[n]$ e $i[n]$. Assuma que os imigrantes entram no país ao longo do ano em uma taxa uniforme.

3.4-3 A média móvel é utilizada para detectar uma tendência de uma variável que varia rapidamente, tal como a média do mercado de ações. A variável pode flutuar (para cima ou para baixo) diariamente, mascarando sua tendência de longo prazo. Podemos perceber a tendência de longo prazo suavizando ou obtendo a média dos N valores passados da variável. Para o mercado de ações, podemos considerar uma média móvel $y[n]$ de 5 dias, sendo a média dos 5 últimos dias dos valores de fechamento do mercado $x[n]$, $x[n-1]$,..., $x[n-4]$.
(a) Escreva a equação diferença relacionando $y[n]$ com a entrada $x[n]$.
(b) Utilize elementos de atraso de tempo para implementar o filtro de média móvel de 5 dias.

3.4-4 O integrador digital do Exemplo 3.7 é especificado por

$$y[n] - y[n-1] = Tx[n]$$

Se uma entrada $u[n]$ for aplicada neste integrador, mostre que a saída é $(n+1)Tu(n)$, a qual se aproxima da rampa desejada $nTu[n]$ quando $T \to 0$.

3.4-5 Aproxime a seguinte equação diferencial de segunda ordem por uma equação diferença.

$$\frac{d^2y}{dt^2} + a_1\frac{dy}{dt} + a_0 y(t) = x(t)$$

3.4-6 A tensão no n-ésimo nó da escada resistiva da Fig. P3.4-6 é $v[n]$ ($n = 0, 1, 2,..., N$). Mostre que $v[n]$ satisfaz a equação diferença de segunda ordem

$$v[n+2] - Av[n+1] + v[n] = 0 \quad A = 2 + \frac{1}{a}$$

[Dica: considere a equação do nó do n-ésimo nó com tensão $v[n]$.]

3.4-7 Determine se cada uma das seguintes afirmativas é verdadeira ou falsa. Se a afirmativa for falsa, demonstre por prova ou exemplo porque ela é falsa. Se a afirmativa for verdadeira, explique porquê.
(a) Um sinal em tempo discreto com potência finita não pode ser um sinal de energia.
(b) Um sinal em tempo discreto com energia finita tem que ser um sinal de potência.
(c) O sistema descrito por $y[n] = (n+1)x[n]$ é causal.
(d) O sistema descrito por $y[n-1] = x[n]$ é causal.
(e) Se um sinal de energia $x[n]$ possui energia E, então a energia de $x[an]$ é $E/|a|$.

3.4-8 Um sistema linear invariante no tempo produz a saída $y_1[n]$ em resposta a entrada $x_1[n]$, como mostrado na Fig, P3.4-8. Determine e rascunhe a saída $y_2[n]$ quando a entrada $x_2[n]$ é aplicada ao mesmo sistema.

3.4-9 Um sistema é descrito por

$$y[n] = \frac{1}{2}\sum_{k=-\infty}^{\infty} x[k](\delta[n-k] + \delta[n+k])$$

(a) Explique o que o sistema faz.
(b) O sistema é estável BIBO? Justifique sua resposta.
(c) O sistema é linear? Justifique sua resposta.

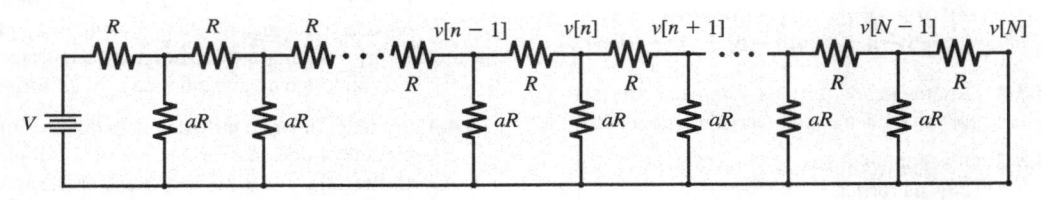

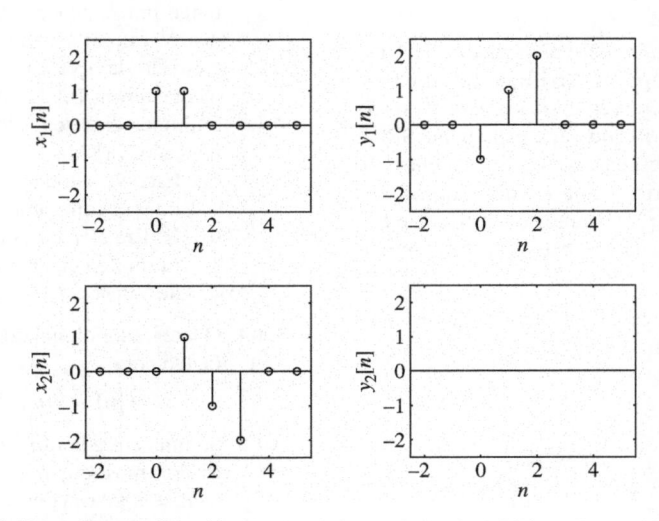

Figura P3.4-6

Figura P3.4-8 Gráficos de entrada-saída.

(d) O sistema é sem memória? Justifique sua resposta.
(e) O sistema é causal? Justifique sua resposta.
(f) O sistema é invariante no tempo? Justifique sua resposta.

3.4-10 Um sistema discreto é dado por

$$y[n+1] = \frac{x[n]}{x[n+1]}$$

(a) O sistema é estável BIBO? Justifique sua resposta.
(b) O sistema é sem memória? Justifique sua resposta.
(c) O sistema é causal? Justifique sua resposta.

3.4-11 Explique por que o sistema contínuo no tempo $y(t) = x(2t)$ é sempre inversível e o sistema correspondente em tempo discreto $y[n] = x[2n]$ não é inversível.

3.4-12 Considere a relação de entrada/saída de dois sistemas em tempo discreto similares

$$y_1[n] = \text{sen}\left(\frac{\pi}{2}n + 1\right)x[n]$$

e

$$y_2[n] = \text{sen}\left(\frac{\pi}{2}(n+1)\right)x[n]$$

Explique por que $x[n]$ pode ser recuperado de $y_1[n]$ mas $x[n]$ não pode ser recuperado de $y_2[n]$.

3.4-13 Considere um sistema que multiplica uma dada entrada por uma função rampa $r[n]$. Ou seja, $y[n] = x[n]r[n]$.
(a) O sistema é estável BIBO? Justifique sua resposta.
(b) O sistema é linear? Justifique sua resposta.
(c) O sistema é sem memória? Justifique sua resposta.
(d) O sistema é causal? Justifique sua resposta.
(e) O sistema é invariante no tempo? Justifique sua resposta.

3.4-14 Um carro com turbina de avião é filmado usando uma câmera operando com 60 quadros por segundo. Seja a variável n representando o quadro do filme, no qual $n = 0$ corresponde à ignição da turbina (filmado antes da ignição ser descartada). Analisando cada quadro do filme é possível determinar a posição $x[n]$ do carro, medida em metros, a partir do ponto original de partida $x[0] = 0$.

A partir da física, sabemos que a velocidade é a derivada da posição,

$$v(t) = \frac{d}{dt}x(t)$$

Além disso, sabemos que a aceleração é a derivada da velocidade,

$$a(t) = \frac{d}{dt}v(t)$$

Podemos estimar a velocidade do carro usando os dados do filme através de uma equação diferença simples $v[n] = k(x[n] - x[n-1])$
(a) Determine a constante k para garantir que $v[n]$ possua unidade de metros por segundo.
(b) Determine uma equação diferença com coeficientes constantes na forma padrão que tenha como saída a estimativa da aceleração, $a[n]$, usando como entrada a posição, $x[n]$. Identifique as vantagens e atalhos de estimar a aceleração $a(t)$ por $a[n]$. Qual é a resposta $h[n]$ ao impulso deste sistema?

3.4-15 Faça a parte (a) do Prob. 3.M-2.

3.5-1 Resolva recursivamente (apenas os três primeiros termos) das equações:
(a) $y[n+1] - 0,5y[n] = 0$, com $y[-1] = 10$
(b) $y[n+1] + 2y[n] = x[n+1]$, com $x[n] = e^{-n}u[n]$ e $y[-1] = 0$

3.5-2 Resolva as seguintes equações recursivamente (apenas os três primeiros termos):

$$y[n] - 0,6y[n-1] - 0,16y[n-2] = 0$$

com

$$y[-1] = -25, \ y[-2] = 0.$$

3.5-3 Resolva recursivamente a equação diferença de segunda ordem Eq. (3.10) para a estimativa de vendas (apenas os três primeiros termos), assumindo $y[-1] = y[-2] = 0$ e $x[n] = 100u[n]$.

3.5-4 Resolva as seguintes equações recursivamente (apenas os três primeiros termos):

$$y[n+2] + 3y[n+1] + 2y[n]$$
$$= x[n+2] + 3x[n+1] + 3x[n]$$

com $x[n] = (3)^n u[n]$, $y[-1] = 3$, e $y[-2] = 2$

3.5-5 Repita o Prob. 3.5-4 para
$$y[n]+2y[n-1]+y[n-2]=2x[n]-x[n-1]$$
com $x[n] = (3)^{-n}u[n]$, $y[-1] = 2$, e $y[-2] = 3$.

3.6-1 Resolva
$$y[n+2]+3y[n+1]+2y[n]=0$$
se $y[-1]=0$, $y[-2]=1$.

3.6-2 Resolva
$$y[n+2]+2y[n+1]+y[n]=0$$
se $y[-1]=1$, $y[-2]=1$.

3.6-3 Resolva
$$y[n+2]-2y[n+1]+2y[n]=0$$
se $y[-1]=1$, $y[-2]=0$.

3.6-4 Para a equação diferença genérica de ordem N Eq. (3.17b), fazendo
$$a_1=a_2=\cdots=a_{N-1}=0$$
resulta em uma equação diferença causal de ordem N LIT, *não recursiva*
$$y[n]=b_0x[n]+b_1x[n-1]+\cdots$$
$$+b_{N-}x[n-N+1]+b_Nx[n-N]$$
Mostre que as raízes características deste sistema são zero e, portanto, a resposta de entrada nula é zero. Consequentemente, a resposta total é constituída apenas da resposta de estado nulo.

3.6-5 Leonardo Pisano Fibonacci, um famoso matemático do século treze, gerou a sequência de inteiros (0, 1, 1, 2, 3, 5, 8, 13, 21, 34,...) enquanto pensava, estranho o suficiente, em um problema envolvendo a reprodução de coelhos. Um elemento da sequência de Fibonacci é a soma dos últimos dois.
  (a) Determine a equação diferença de coeficientes constantes cuja resposta de entrada nula $f[n]$ com condições auxiliares $f[1]=0$ e $f[2]=1$ é a sequência de Fibonacci. Sabendo que $f[n]$ é a saída, qual é a entrada do sistema?
  (b) Quais são as raízes características deste sistema? O sistema é estável?
  (c) Representando 0 e 1 como o primeiro e segundo números de Fibonacci, determine o quinquagésimo número de Fibonacci. Determine o milésimo número de Fibonacci.

3.6-6 Determine $v[n]$, a tensão do n-ésimo nó da escada resistiva mostrada na Fig. P3.4-6 se $V = 100$ volts e $a = 2$. [Dica 1: considere a equação de nó no n-ésimo nó com tensão $v[n]$. Dica 2: veja o Prob. 3.4-6 para a equação de $v[n]$. As condições auxiliares são $v[0]=100$ e $v[N]=0$.]

3.6-7 Considere o sistema em tempo discreto $y[n] + y[n-1] + 0{,}25y[n-2] = x[n-8]$. Determine a resposta de entrada nula $y_0[n]$ se $y_0[-1]=1$ e $y_0[1]=1$.

3.7-1 Determine a resposta $h[n]$ ao impulso para os sistemas especificados pelas seguintes equações:
  (a) $y[n+1]+2y[n]=x[n]$
  (b) $y[n]+2y[n-1]=x[n]$

3.7-2 Repita o Prob. 3.7-1 para
$$(E^2-6E+9)y[n]=Ex[n]$$

3.7-3 Repita o Prob. 3.7-1 para
$$y[n]-6y[n-1]+25y[n-2]=$$
$$2x[n]-4x[n-1]$$

3.7-4 (a) Para a equação diferença genérica de ordem N da Eq. (3.17), fazendo
$$a_1=a_2\cdots=a_{N-1}=a_N0$$
resulta em uma equação diferença causal, *não recursiva*, LIT de ordem N
$$y[n]=b_0x[n]+b_1x[n-1]+\cdots$$
$$+b_{N-1}x[n-N+1]+b_Nx[n-N]$$
Determine a resposta $h[n]$ ao impulso deste sistema. [Dica: a equação característica para este caso é $\gamma^n=0$. Logo, todas as raízes características são zero. Neste caso, $y_c[n]=0$ e a abordagem da Seção 3.7 não funciona. Use um método direto para determinar $h[n]$ percebendo que $h[n]$ é a resposta a entrada impulso unitário.]
  (b) Determine a resposta ao impulso de um sistema LDIT não recursivo descrito pela equação
$$y[n]=3x[n]-5x[n-1]-2x[n-3]$$
Observe que a resposta ao impulso possui apenas um número finito (N) de elementos não nulos. Por essa razão, esses tipos de sistemas são chamados de sistemas com *resposta finita ao impulso* (FIR*) Para o caso

---
* N. de T.: *Finite-impulse response.*

recursivo genérico [Eq. (3.14)], a resposta ao impulso possui um número infinito de elementos não nulos, e estes sistemas são chamados de sistemas com *resposta infinita ao impulso* (IIR*).

3.8-1 Determine a resposta (estado nulo) $y[n]$ do sistema LDIT cuja resposta ao impulso é

$$h[n] = (-2)^n u[n-1]$$

e a entrada é $x[n] = e^{-n}u[n+1]$. Determine sua resposta calculando o somatório de convolução e também usando a tabela de convolução (Tabela 3.1).

3.8-2 Determine a resposta (estado nulo) $y[n]$ do sistema LDIT se a entrada $x[n] = 3^{n-1}u[n+2]$ e

$$h[n] = \tfrac{1}{2}[\delta[n-2] - (-2)^{n+1}]u[n-3]$$

3.8-3 Determine a resposta (estado nulo) $y[n]$ do sistema LDIT se a entrada $x[n] = (3)^{n+2}u[n+1]$ e

$$h[n] = [(2)^{n-2} + 3(-5)^{n+2}]u[n-1]$$

3.8-4 Determine a resposta (estado nulo) $y[n]$ do sistema LDIT se a entrada $x[n] = (3)^{-n+2}u[n+3]$ e

$$h[n] = 3(n-2)(2)^{n-3}u[n-4]$$

3.8-5 Determine a resposta (estado nulo) $y[n]$ do sistema LDIT se a entrada $x[n] = (2)^n u[n-1]$ e

$$h[n] = (3)^n \cos\left(\tfrac{\pi}{3}n - 0.5\right) u[n]$$

Determine sua resposta usando apenas a Tabela 3.1, a tabela de convolução.

3.8-6 Obtenha os resultados das linhas 1, 2 e 3 da Tabela 3.1. [Dica: você pode precisar da informação da Seção B.7-4.].

3.8-7 Obtenha os resultados das linhas 4, 5 e 6 da Tabela 3.1.

3.8-8 Obtenha os resultados das linhas 7 e 8 da Tabela 3.1. [Dica: você pode precisar da informação da Seção B.7-4.].

3.8-9 Obtenha os resultados das linhas 9 e 11 da Tabela 3.1. [Dica: você pode precisar da informação da Seção B.7-4.].

3.8-10 Obtenha a resposta total do sistema especificado pela equação

$$y[n+1] + 2y[n] = x[n+1]$$

se $y[-1] = 10$ e a entrada for $x[n] = e^{-n}u[n]$.

---
* N. de T.: *Infinite-impulse response*.

3.8-11 Determine a resposta (estado nulo) de um sistema LDIT se sua resposta ao impulso for $h[n] = (0,5)^n u[n]$ e a entrada $x[n]$ for
(a) $2^n u[n]$
(b) $2^{n-3} u[n]$
(c) $2^n u[n-2]$

[Dica: Você pode precisar da propriedade de deslocamento (3.61) da convolução.]

3.8-12 Para um sistema especificado pela equação

$$y[n] = x[n] - 2x[n-1]$$

Determine a resposta do sistema a entrada $x[n] = u[n]$. Qual é a ordem deste sistema? Qual o tipo do sistema (recursivo ou não recursivo)? O conhecimento das condições iniciais é necessário para determinar a resposta do sistema? Explique.

3.8-13 (a) Um sistema LIT em tempo discreto é mostrado na Fig. P3.8-13. Expresse a resposta total ao impulso do sistema, $h[n]$, em termos de $h_1[n]$, $h_2[n]$, $h_3[n]$, $h_4[n]$ e $h_5[n]$.

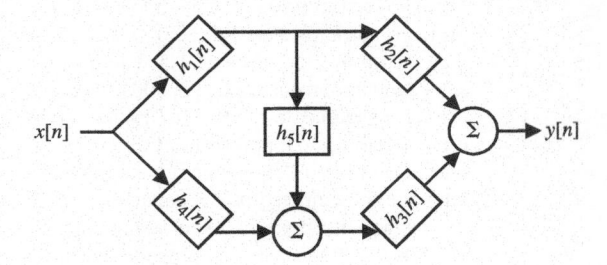

Figura P3.8-13

(b) Dois sistemas LDIT em cascata possuem resposta $h_1[n]$ e $h_2[n]$ ao impulso, respectivamente. Mostre que para $h_1[n]=(0,9)^n u[n]$ e $h_2[n]=(0,5)^n u[n] - 0,9(0,5)^n u[n-1]$, o sistema em cascata é um sistema identidade.

3.8-14 (a) Mostre que para um sistema causal, a Eq. (3.70b) também pode ser descrita por

$$g[n] = \sum_{k=0}^{n} h[n-k]$$

(b) Como a expressão da parte (a) seria alterada se o sistema não fosse causal?

3.8-15 No problema de conta bancária descrito no Exemplo 3.4, uma pessoa deposita R$ 500,00 no começo de cada mês, começando em $n = 0$ com uma exceção em $n = 4$, quando ao invés de depositar R$ 500,00 ela saca R$ 1000,00. Determine $y[n]$ se a taxa de juros é de 1,5% ao mês ($r = 0,01$).

3.8-16 Para pagar um empréstimo de M reais em N parcelas usando um valor fixo mensal de P reais, mostre que

$$P = \frac{rM}{1 - (1+r)^{-N}}$$

onde r é a taxa de juros por reais por mês. [Dica: Este problema pode ser modelado pela Eq. (3.9a) com o pagamento de P reais começando em $n = 1$. O problema pode ser analisado de duas formas (1) Considere o empréstimo como uma condição inicial $y_0[0] = -M$ e a entrada $x[n] = Pu[n-1]$. O saldo do empréstimo é a soma da componente de entrada nula (devido a condição inicial) e a componente de estado nulo $h[n] * x[n]$. (2) Considere o empréstimo como a entrada $-M$ em $n = 0$ juntamente com a entrada devido aos pagamentos. O saldo do empréstimo agora é a componente de estado nulo $h[n] * x[n]$. Como o empréstimo é quitado em N pagamentos, faça $y[N] = 0$.]

3.8-17 Uma pessoa recebe um empréstimo para comprar um automóvel de R$ 10.000,00 de um banco com taxa de juros de 1,5% ao mês. O seu pagamento mensal é de R$ 500,00, com o primeiro pagamento sendo feito um mês após o recebimento do empréstimo. Calcule o número de número de pagamentos necessários para quitar o empréstimo. Observe que o último pagamento pode não ser exatamente de R$ 500,00. [Dica: siga o procedimento do Prob. 3.8-16 para determinar o saldo $y[n]$. Para determinar N, o número de pagamentos, faça $y[N] = 0$. Em geral, N não será um inteiro. O número de K pagamentos é o maior inteiro $\leq N$. O pagamento residual é $|y[k]|$.]

3.8-18 Usando o algoritmo de deslocamento de fita, mostre que
(a) $u[n] * u[n] = (n+1)u[n]$
(b) $(u[n] - u[n-m]) * u[n] = (n+1)u[n] - (n-m+1)u[n-m]$

3.8-19 Usando o algoritmo de deslocamento de fita, determine $x[n] * g[n]$ para os sinais mostrados na Fig. P3.8-19.

3.8-20 Repita o Prob. 3.8-19 para os sinais mostrados na Fig. P3.8-20.

3.8-21 Repita o Prob. 3.8-19 para os sinais mostrados na Fig. P3.8-21.

3.8-22 O somatório de convolução da Eq. (3.63) pode ser expresso em uma forma matricial por

$$\underbrace{\begin{bmatrix} y[0] \\ y[1] \\ \vdots \\ y[n] \end{bmatrix}}_{\mathbf{y}} = \underbrace{\begin{bmatrix} h[0] & 0 & 0 & \cdots & 0 \\ h[1] & h[0] & 0 & \cdots & 0 \\ \vdots & \vdots & \vdots & \cdots & \vdots \\ h[n] & h[n-1] & \cdots & \cdots & h[0] \end{bmatrix}}_{\mathbf{H}} \underbrace{\begin{bmatrix} x[0] \\ x[1] \\ \vdots \\ x[n] \end{bmatrix}}_{\mathbf{f}}$$

ou

$$\mathbf{y} = \mathbf{H}\mathbf{f}$$

e

$$\mathbf{f} = \mathbf{H}^{-1}\mathbf{y}$$

Conhecendo $h[n]$ e a saída $y[n]$, podemos determinar a entrada $x[n]$. Esta operação é a reversa da

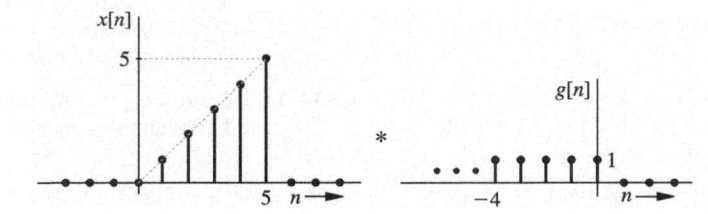

Figura P3.8.19

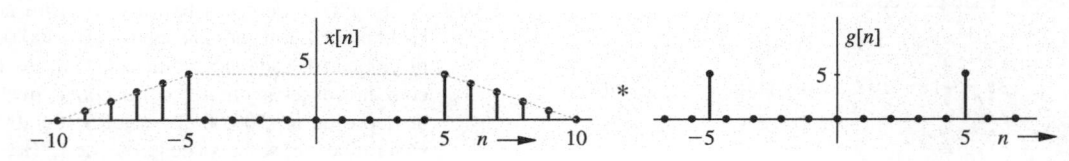

Figura P3.8-20

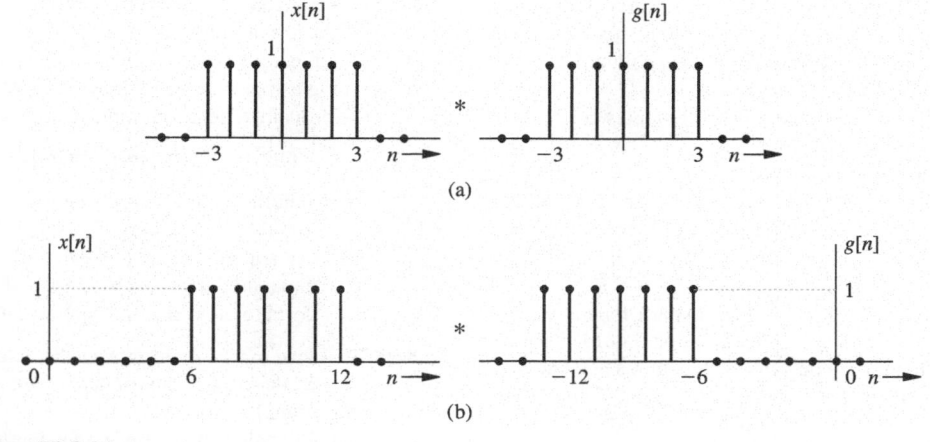

Figura P3.8-21

convolução, sendo chamada de *deconvolução*. Além disso, conhecendo $x[n]$ e $y[n]$, podemos determinar $h[n]$. Isso pode ser feito expressando a equação matricial anterior como $n + 1$ equações simultâneas em termos de $n + 1$ incógnitas $h[0], h[1],..., h[n]$. Estas equações podem ser facilmente resolvidas interativamente. Portanto, podemos sintetizar um sistema que resulta em uma certa saída $y[n]$ para uma dada entrada $x[n]$.

(a) Projete um sistema (isto é, determine $h[n]$) que resultará na sequência de saída (8, 12, 15, 15, 15,5, 15,75,....) para a sequência de entrada (1, 1, 1, 1, 1, 1,......).

(b) Para um sistema com sequência de resposta ao impulso (1, 2, 4,...), a sequência de saída é (1, 7/3, 43/9,...). Determine a sequência de entrada.

3.8-23 Um sistema LDIT de segunda ordem possui resposta de entrada nula dada por

$$y_0[n] = \left[3, 2\tfrac{1}{3}, 2\tfrac{1}{9}, 2\tfrac{1}{27}, \dots\right]$$

$$= \sum_{k=0}^{\infty} \left\{2 + \left(\tfrac{1}{3}\right)^k\right\} \delta[n-k]$$

(a) Determine a equação característica deste sistema, $a_0\gamma^2 + a_1\gamma + a^2 = 0$.

(b) Determine uma entrada causal limitada com duração infinita que causará uma forte resposta deste sistema. Justifique sua resposta.

(c) Determine uma entrada causal limitada com duração infinita que causará uma fraca resposta deste sistema. Justifique sua resposta.

3.8-24 Um filtro LDIT tem uma função de resposta ao impulso dada por $h_1[n] = \delta[n+2] - \delta[n-2]$. Um segundo sistema LDIT possui uma função de resposta ao impulso dada por $h_2[n] = n(u[n+4] - u[n-4])$.

(a) Cuidadosamente obtenha o gráfico das funções $h_1[n]$ e $h_2[n]$ para $(-10 \le n \le 10)$.

(b) Assuma que os dois sistemas sejam conectados em paralelo, como mostra a Fig. P3.8-24. Determine a resposta $h_p[n]$ ao impulso do sistema em paralelo em termos de $h_1[n]$ e $h_2[n]$. Rascunhe $h_p[n]$ para $(-10 \le n \le 10)$.

(c) Assuma que os dois sistemas sejam conectados em série, como mostra a Fig. P3.8-24. Determine a resposta $h_s[n]$ ao impulso do sistema em série em termos de $h_1[n]$ e $h_2[n]$. Rascunhe $h_s[n]$ para $(-10 \le n \le 10)$.

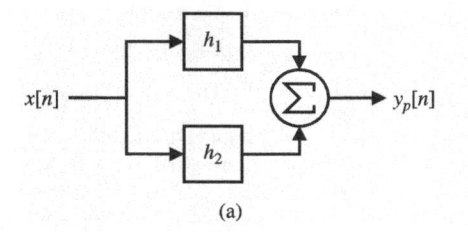

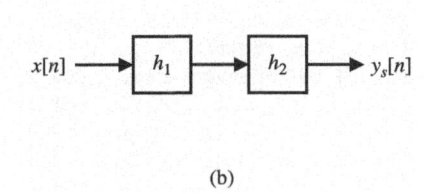

Figura P3.8-24 Sistemas com conexões em paralelo e em série.

3.8-25 Este problema analisa uma interessante aplicação da convolução em tempo discreto: a expansão de certas expressões polinomiais.
(a) Analiticamente, expanda $(z^3 + z^2 + z + 1)^2$. Compare os coeficientes com $[1, 1, 1, 1] * [1, 1, 1, 1]$.
(b) Formule uma relação entre a convolução em tempo discreto e a expansão de expressões polinomiais de coeficientes constantes.
(c) Utilize a convolução para expandir $(z^{-4} - 2z^{-3} + 3z^{-2})^4$.
(d) Utilize a convolução para expandir $(z^5 + 2z^4 + 3z^2 + 5)^2(z^{-4} - 5z^{-2} + 13)$.

3.8-26 João gosta de café, e prepara o seu de acordo com uma rotina muito particular. Começa adicionando duas colheres de chá de açúcar em sua xícara e a enche até a borda com café quente. Ele bebe 2/3 do café, adiciona outras duas colheres de açúcar e enche a xícara novamente com café fervendo. Este procedimento continua algumas vezes para várias e várias xícaras de café. João observou que seu café tende a ficar cada vez mais doce com o número de repetições do seu procedimento peculiar.

Considere a variável independente n para representar o número da repetição do procedimento. Dessa forma, $n = 0$ indica a primeira xícara de café, $n = 1$ é a primeira vez que ele completa a xícara e assim por diante. Seja $x[n]$ a representação do açúcar (medido em colheres de chá) adicionado no sistema (a xícara de café) na repetição n. Seja $y[n]$ o total de açúcar (novamente em colheres de chá) contido na xícara na repetição n.
(a) O açúcar (colheres de chá) do café de João pode ser representado usando uma equação diferença padrão de segunda ordem com coeficientes constantes $y[n] + a_1 y[n-1] + a_2 y[n-2] = b_0 x[n] + b_1 x[n-1] + b_2 x[n-2]$. Determine as constantes a_1, a_2, b_0, b_1 e b_2.
(b) Determine $x[n]$, a função de alimentação deste sistema.
(c) Resolva a equação diferença para $y[n]$. Isto requer a determinação da solução total. João sempre começa com uma xícara limpa do lava-louças, tal que $y[-1]$ (a quantidade de açúcar antes do primeiro copo) é zero.
(d) Determine o valor de regime de $y[n]$. Ou seja, qual é o valor de $y[n]$ quando $n \to \infty$? Se possível, sugira um modo de modificar $x[n]$ tal que o conteúdo de açúcar do café de João seja constante para todo n não negativo.

3.8-27 Um sistema é chamado de complexo se uma entrada de valor real puder produzir uma saída de valor complexo. Considere o sistema causal complexo descrito pela equação diferença linear de primeira ordem com coeficientes constantes:

$$(jE + 0{,}5)y[n] = (-5E)x[n]$$

(a) Determine a função de resposta $h[n]$ ao impulso deste sistema.
(b) Dada a entrada $x[n] = u[n-5]$, e a condição inicial $y_0[-1] = j$, determine a resposta total do sistema $y[n]$ para $n \geq 0$.

3.8-28 Um sistema LIT em tempo discreto possui função de resposta ao impulso igual a $h[n] = n(u[n-2] - u[n+2])$.
(a) Cuidadosamente trace a função $h[n]$ para $(-5 \leq n \leq 5)$.
(b) Determine a equação diferença que representa este sistema usando $y[n]$ para representar a saída e $x[n]$ para representar a entrada.

3.8-29 Faça a parte (a) do Prob. 3.M-3.

3.8-30 Considere os três sinais em tempo discreto: $x[n]$, $y[n]$ e $z[n]$. Representando a convolução por $*$, identifique a(s) expressão(ões) que é(são) equivalente(s) a $x[n](y[n] * z[n])$:
(a) $(x[n] * y[n])z[n]$
(b) $(x[n]y[n]) * (x[n]z[n])$
(c) $(x[n]y[n]) * z[n]$
(d) Nenhuma
Justifique sua resposta!

3.9-1 Utilize o método clássico para resolver
$$y[n+1] + 2y[n] = x[n+1]$$
com a entrada $x[n] = e^{-n}u[n]$ e a condição auxiliar $y[0] = 1$.

3.9-2 Utilize o método clássico para resolver
$$y[n] + 2y[n-1] = x[n-1]$$
com entrada $x[n] = e^{-n}u[n]$ e a condição auxiliar $y[-1] = 0$. [Dica: você terá que determinar a condição auxiliar $y[0]$ usando o método interativo.]

3.9-3 (a) Use o método clássico para resolver
$$y[n+2] + 3y[n+1] + 2y[n] =$$
$$x[n+2] + 3x[n+1] + 3x[n]$$
com entrada $x[n] = 3^n$ e a condições auxiliares $y[0] = 1$ e $y[1] = 3$.
(b) Repita a parte (a) para as condições auxiliares $y[-1] = y[-2] = 1$. [Dica: utilize o método interativo para determinar $y[0]$ e $y[1]$.]

3.9-4 Utilize o método clássico para resolver

$$y[n] + 2y[n-1] + y[n-2] = 2x[n] - x[n-1]$$

com entrada $x[n] = 3^{-n}u[n]$ e condições auxiliares $y[0] = 2$ e $y[1] = -13/3$.

3.9-5 Use o método clássico para determinar os seguintes somatórios:

(a) $\sum_{k=0}^{n} k$

(b) $\sum_{k=0}^{n} k^3$

3.9-6 Repita o Prob. 3.9-5 para determinar $\sum_{k=0}^{n} kr^k$.

3.9-7 Use o método clássico para resolver

$$(E^2 - E + 0{,}16)y[n] = Ex[n]$$

com entrada $x[n] = (0{,}2)^n u[n]$ e condições auxiliares $y[0] = 1$ e $y[1] = 2$. [Dica: a entrada é um modo natural do sistema.]

3.9-8 Use o método clássico para resolver

$$(E^2 - E + 0{,}16)y[n] = Ex[n]$$

com entrada

$$x[n] = \cos\left(\frac{\pi}{2}n + \frac{\pi}{3}\right) u[n]$$

e a condições iniciais $y[-1] = y[-2] = 0$. [Dica: determine $y[0]$ e $y[1]$ interativamente.]

3.10-1 Na Seção 3.10 foi mostrado que para a estabilidade BIBO de um sistema LCIT, é suficiente que sua resposta $h[n]$ ao impulso satisfaça a Eq. (3.90). Mostre que esta condição também é uma condição necessária para que o sistema seja BIBO estável. Em outras palavras, mostre que se a Eq. (3.90) não for satisfeita, existe uma entrada limitada que produz uma saída ilimitada. [Dica: assuma que existe um sistema para o qual $h[n]$ viola a Eq. (3.90) mas mesmo assim sua saída é limitada para toda entrada limitada. Estabeleça a contradição nesta afirmativa considerando uma entrada $x[n]$ definida por $x[n_1 - m] = 1$ quando $h[m] > 0$ e $x[n_1 - m] = -1$ quando $h[m] < 0$, onde n_1 é algum inteiro fixo.]

3.10-2 Cada uma das seguintes equações a seguir especifica um sistema LDIT. Determine se cada um destes sistemas é BIBO estável ou instável. Determine também, se cada um é assintoticamente estável, instável ou marginalmente estável.

(a) $y[n+2] + 0{,}6y[n+1] - 0{,}16y[n] = x[n+1] - 2x[n]$

(b) $y[n] + 3y[n-1] + 2y[n-2] = x[n-1] + 2x[n-2]$

(c) $(E-1)^2\left(E + \frac{1}{2}\right)y[n] = x[n]$

(d) $y[n] + 2y[n-1] + 0{,}96y[n-2] = x[n]$

(e) $y[n] + y[n-1] - 2y[n-2] = x[n] + 2x[n-1]$

(f) $(E^2 - 1)(E^2 + 1)y[n] = x[n]$

3.10-3 Considere dois sistemas LDIT em cascata, como ilustrado na Fig. 3.23. A resposta ao impulso do sistema S_1 é $h_1[n] = 2^n u[n]$ e a resposta ao impulso do sistema S_2 é $h_2[n] = \delta[n] - 2\delta[n-1]$. O sistema em cascata é assintoticamente estável ou instável? Determine a estabilidade BIBO do sistema composto.

3.10-4 A Fig. P3.10-4 localiza as raízes características de nove sistemas LDIT causais, nomeados de A a I. Cada sistema possui apenas duas raízes, sendo descrito usando a notação operacional como $Q(E)y[n] = P(E)x[n]$. Todos os gráficos estão em escala, com o círculo unitário mostrado como referência. Para cada uma das partes a seguir, identifique todas as respostas que estão corretas.

(a) Identifique todos os sistemas que são instáveis.

(b) Assumindo que todos os sistemas possuem $P(E) = E^2$, identifique todos os sistemas que são reais. Lembre-se que um sistema real sempre gera uma resposta de valor real a uma entrada de valor real.

(c) Identifique todos os sistemas que suportam modos naturais oscilatórios.

(d) Identifique todos os sistemas que possuem ao menos um modo cujo envelope decai a uma taxa de 2^{-n}.

(e) Identifique todos os sistemas que possuem apenas um modo.

3.10-5 Um sistema LIT em tempo discreto possui resposta ao impulso dada por

$$h[n] = \delta[n] + \left(\frac{1}{3}\right)^n u[n-1]$$

(a) Este sistema é estável? O sistema é causal? Justifique suas respostas.

(b) Trace o sinal $x[n] = u[n-3] - u[n+3]$.

(c) Determine a resposta $y[n]$ de estado nulo do sistema para a entrada $x[n] = u[n-3] - u[n+3]$. Trace $y[n]$ para $(-10 \leq n \leq 10)$.

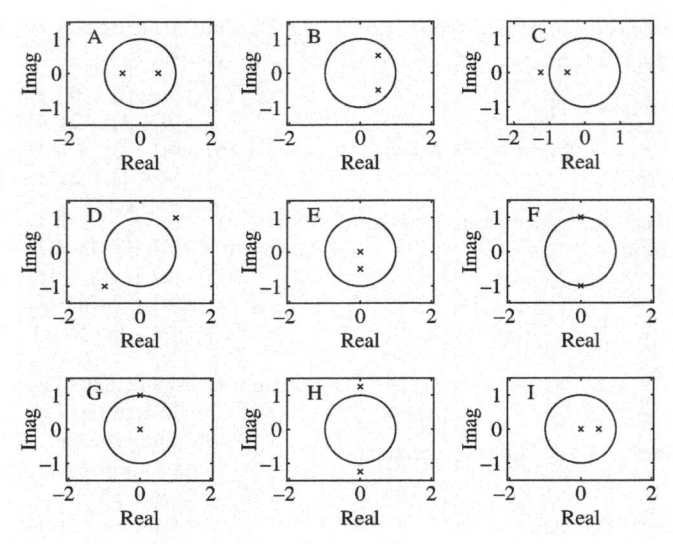

Figura P3.10-4 Raízes características para os sistemas de A a I.

3.10-6 Um sistema LDIT possui resposta ao impulso dada por

$$h[n] = \left(\tfrac{1}{2}\right)^{|n|}$$

(a) Este sistema é causal? Justifique sua resposta.
(b) Calcule. O sistema é BIBO estável?
(c) Calcule a energia e a potência do sinal de entrada $x[n] = 3u[n-5]$.
(d) Usando a entrada $x[n] = 3u[n-5]$, determine a resposta de estado nulo do sistema para o tempo $n = 10$. Ou seja, determine $y_{en}[0]$.

3.M-1 Considere a função em tempo discreto $f[n] = e^{-n/5}\cos(\pi n/5)u[n]$. A Seção 3 do MATLAB utiliza um objeto *inline* para descrever esta função.

```
>> f = inline('exp(-n/5)
   .*cos(pi*n/5).*(n>=0)','n');
```

Enquanto o objeto `inline` opera adequadamente na operação de redução de amostragem (decimação), ela não opera adequadamente para uma operação de aumento de amostragem (interpolação), tal como `f[n/2]`. Modifique o objeto inline `f` de tal forma que ele responda corretamente a operações de aumento de amostragem. Teste seu código calculando e traçando `f[n/2]` para $(-10 \leq n \leq 10)$.

3.M-2 Um aluno indeciso está pensativo sobre ficar em casa ou fazer o exame final, o qual ocorrerá a 2 km de distância. Partindo de casa, o estudante viaja metade da distância para o exame antes de mudar de ideia. O estudante faz a volta e viaja metade da distância entre sua posição atual e sua casa, mudando de ideia novamente. Este processo de mudança de direção e viagem pela metade do trajeto continua até que o estudante atinge seu destino ou morre de exaustão.

(a) Determine uma equação diferença adequada para descrever este sistema.
(b) Utilize o MATLAB para simular a equação diferença da parte (a). Afinal, onde o estudante termina quando $n \to \infty$? Como a sua resposta muda se o estudante for a dois terços do caminho a cada vez, ao invés de meio caminho?
(c) Determine uma solução fechada para a equação da parte (a). Utilize esta solução para verificar os resultados da parte (b).

3.M-3 A função de relação cruzada entre $x[n]$ e $y[n]$ é dada por

$$r_{xy}[k] = \sum_{n=-\infty}^{\infty} x[n]y[n-k]$$

Note a similaridade entre $r_{xy}[k]$ e o somatório de convolução. A variável independente k corresponde ao deslocamento relativo entre as duas entradas.

(a) Expresse $r_{xy}[k]$ em termos da convolução. $r_{xy}[k] = r_{yx}[k]$?
(b) Diz-se que a relação cruzada indica a similaridade entre dois sinais. Você concorda? Por quê?

(c) Se $x[n]$ e $y[n]$ são de duração finita, o comando conv do MATLAB é adequado para calcular $r_{xy}[k]$.

  (i) Escreva uma função no MATLAB que calcule a função de correlação usando o comando conv. Quatro vetores são passados para a função (x, y, nx e ny), correspondendo às entradas $x[n]$, $y[n]$ e seus respectivos vetores de tempo. Observe que x e y não possuem necessariamente o mesmo tamanho. Duas saídas devem ser geradas (rxy e k), correspondendo a $r_{xy}[k]$ e seu vetor de deslocamento.

  (ii) Teste o seu código da parte c(i), usando $x[n] = u[n - 5] - u[n - 10]$ para $(0 \le n = n_x \le 20)$ e $y[n] = u[-n - 15] - u[-n - 10] + \delta[n - 2]$ para $(-20 \le n = n_y \le 10)$. Trace o resultado rxy em função do vetor de deslocamento k. Qual deslocamento k fornece o maior valor de $r_{xy}[k]$? Isso faz sentido?

3.M-4 Um filtro de máximo causal de N pontos associa a $y[n]$ o valor máximo de $\{x[n],..., x[n - (N-1)]\}$.

(a) Escreva uma função do MATLAB que execute a filtragem máxima de N pontos em um vetor x de entrada com tamanho M. As duas entradas da função são o vetor x e o escalar N. Para criar o vetor y de tamanho M de saída, inicialmente encha o vetor de entrada com $N - 1$ zeros. O comando max do MATLAB pode ser útil.

(b) teste o seu filtro e o código do MATLAB filtrando um vetor de entrada de tamanho 45 definido por $x[n] = \cos(\pi n/5) + \delta[n - 30] - \delta[n - 35]$. Apresente separadamente os gráficos dos resultados para $N = 4, N = 8$ e $N = 12$. Comente o comportamento do filtro.

3.M-5 Um filtro de mínimo causal de N pontos associa a $y[n]$ o valor mínimo de $\{x[n],..., x[n - (N-1)]\}$.

(a) Escreva uma função do MATLAB que execute a filtragem máxima de N pontos em um vetor x de entrada com tamanho M. As duas entradas da função são o vetor x e o escalar N. Para criar o vetor y de tamanho M de saída, inicialmente encha o vetor de entrada com $N - 1$ zeros. O comando min do MATLAB pode ser útil.

(b) teste o seu filtro e o código do MATLAB filtrando um vetor de entrada de tamanho 45 definido por $x[n] = \cos(\pi n/5) + \delta[n - 30] - \delta[n - 35]$. Apresente separadamente os gráficos dos resultados para $N = 4, N = 8$ e $N = 12$. Comente o comportamento do filtro.

3.M-6 Um filtro de média causal de N pontos associa a $y[n]$ o valor médio de $\{x[n],..., x[n - (N-1)]\}$. A média é determinada colocando a sequência $\{x[n],..., x[n - (N-1)]\}$ em ordem e escolhendo o valor médio (N ímpar) ou a média dos dois valores médios (N par).

(a) Escreva uma função do MATLAB que execute a filtragem máxima de N pontos em um vetor x de entrada com tamanho M. As duas entradas da função são o vetor x e o escalar N. Para criar o vetor y de tamanho M de saída, inicialmente encha o vetor de entrada com $N - 1$ zeros. Os comandos sort e median do MATLAB podem ser úteis.

(b) teste o seu filtro e o código do MATLAB filtrando um vetor de entrada de tamanho 45 definido por $x[n] = \cos(\pi n/5) + \delta[n - 30] - \delta[n - 35]$. Apresente separadamente os gráficos dos resultados para $N = 4, N = 8$ e $N = 12$. Comente o comportamento do filtro.

3.M-7 Lembre-se que $y[n] = x[n/N]$ representa uma operação aumento de amostragem por N. Um filtro de interpolação substitui os zeros incluídos por valores mais realísticos. Um filtro de interpolação linear possui a seguinte resposta ao impulso:

$$h[n] = \sum_{k=-(N-1)}^{N-1} \left(1 - \left|\frac{k}{N}\right|\right) \delta(n - k)$$

(a) Determine a equação diferença com coeficientes constantes que possui a resposta $h[n]$ ao impulso.

(b) A resposta $h[n]$ ao impulso é não causal. Qual é o menor deslocamento de tempo necessário para tornar este filtro causal? Qual é o efeito deste deslocamento no comportamento do filtro?

(c) Escreva uma função no MATLAB que irá calcular os parâmetros necessários para a implementação de um filtro de interpolação usando o comando filter do MATLAB. Ou seja, a sua função deve retornar os vetores a e b do filtro para uma dada entrada escalar N.

(d) Teste o seu filtro e o código do MATLAB. Para isto, crie $x[n] = \cos(n)$ para $(0 \le n \le 9)$. Aumente a amostragem de $x[n]$ por um fator $N = 10$ para criar um novo sinal $x_{up}[n]$. Projete o correspondente filtro de interpolação linear com $N = 10$, filtre $x_{up}[n]$ para produzir $y[n]$ e trace os resultados.

3.M-8 Um filtro de média móvel causal de N pontos possui uma função de resposta ao impulso dada por $h[n] = (u[n] - u[n - N])/N$.

(a) Determine a equação diferença com coeficientes constantes que possui a resposta $h[n]$ ao impulso.

(b) Escreva uma função no MATLAB que calcule os parâmetros necessários para implementar um filtro de média móvel de N pontos usando o comando `filter` do MATLAB. Ou seja, sua função deve retornar os vetores b e a do filtro para uma dada entrada escalar N.

(c) Teste o seu filtro e o código do MATLAB filtrando uma entrada de tamanho 45 definida por $x[n] = \cos(\pi n/5) + \delta[n - 30] - \delta[n - 35]$. Apresente separadamente os gráficos dos resultados para $N = 4$, $N = 8$ e $N = 12$. Comente o comportamento do filtro.

(d) O Problema 3.M-7 apresenta filtros de interpolação linear, para uso posterior da operação de aumento de amostragem por N. Dentro de um fator de escala, mostre que a cascata de dois filtros de média móvel de N pontos é equivalente a um filtro de interpolação linear. Qual é o fator de escala? Teste esta ideia com o MATLAB. Crie $x[n] = \cos(n)$ para $(0 \le n \le 9)$. Aumente a amostragem de $x[n]$ com $N = 10$ para criar um novo sinal $x_{up}[n]$. Projete um filtro de média móvel com $N = 10$. Filtre $x_{up}[n]$ duas vezes e escalone para produzir $y[n]$. Trace o resultado. A saída dos dois filtros de média móvel em cascata interpola linearmente os dados do vetor com a nova amostragem?

CAPÍTULO 4

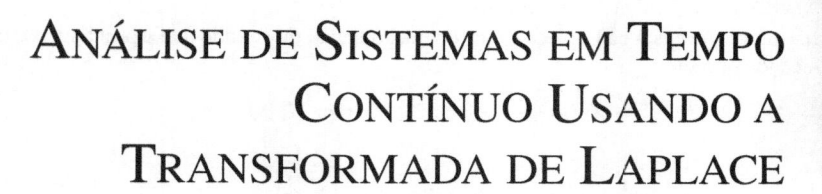

ANÁLISE DE SISTEMAS EM TEMPO CONTÍNUO USANDO A TRANSFORMADA DE LAPLACE

Devido à propriedade da linearidade (superposição) de sistemas lineares invariantes no tempo, podemos determinar a resposta destes sistemas dividindo a entrada $x(t)$ em várias componentes e, então, somando a resposta do sistema a todas estas componentes de $x(t)$. Já utilizamos esse procedimento na análise no domínio do tempo, na qual a entrada $x(t)$ é dividida em componentes impulsivas. Na *análise no domínio da frequência* desenvolvida neste capítulo, dividimos a entrada $x(t)$ em exponenciais na forma e^{st}, na qual o parâmetro s é a frequência complexa do sinal e^{st}, como explicado na Seção 1.4-3. Esse método oferece uma visão do comportamento do sistema complementar à estudada na análise no domínio do tempo. De fato, os métodos de análise no domínio do tempo e no domínio da frequência são duais.

A ferramenta que possibilita representar uma entrada arbitrária $x(t)$ em termos de componentes exponenciais é a *transformada de Laplace*, a qual é discutida na seção seguinte.

4.1 TRANSFORMADA DE LAPLACE

Para um sinal $x(t)$, a transformada de Laplace $X(s)$ é definida por

$$X(s) = \int_{-\infty}^{\infty} x(t) e^{-st}\, dt \tag{4.1}$$

O sinal $x(t)$ é dito ser a *transformada inversa de Laplace* de $X(s)$. Pode ser mostrado que

$$x(t) = \frac{1}{2\pi j} \int_{c-j\infty}^{c+j\infty} X(s) e^{st}\, ds \tag{4.2}$$

onde c é uma constante escolhida para garantir a convergência da integral da Eq. (4.1), como explicado posteriormente.

Esse par de equações é conhecido como *par da transformada de Laplace bilateral* (ou simplesmente *par de Laplace*), no qual $X(s)$ é a transformada direta de Laplace de $x(t)$ e $x(t)$ é a transformada inversa de Laplace de $X(s)$. Simbolicamente,

$$X(s) = \mathcal{L}[x(t)] \quad \text{e} \quad x(t) = \mathcal{L}^{-1}[X(s)] \tag{4.3}$$

Observe que

$$\mathcal{L}^{-1}\{\mathcal{L}[x(t)]\} = x(t) \quad \text{e} \quad \mathcal{L}\{\mathcal{L}^{-1}[X(s)]\} = X(s)$$

Também é prática comum utilizar uma seta bidirecional para indicar o par da transformada de Laplace, como mostrado a seguir:

$$x(t) \iff X(s)$$

A transformada de Laplace, definida desta forma, pode trabalhar com sinais que existem em todo o intervalo de tempo, de $-\infty$ a ∞ (sinais causais e não causais). Por essa razão, ela é chamada de transformada de Laplace *bilateral* (ou *de dois lados*). Mostraremos posteriormente um caso especial — a transformada de Laplace *unilateral ou de um lado* — a qual pode trabalhar apenas com sinais causais.

LINEARIDADE DA TRANSFORMADA DE LAPLACE

Provaremos agora que a transformada de Laplace é uma operação linear, mostrando que o princípio da superposição é válido, implicando que se

$$x_1(t) \Longleftrightarrow X_1(s) \quad \text{e} \quad x_2(t) \Longleftrightarrow X_2(s)$$

então

$$a_1 x_1(t) + a_2 x_2(t) \Longleftrightarrow a_1 X_1(s) + a_2 X_2(s)$$

A prova é simples. Por definição,

$$\mathcal{L}\left[a_1 x_1(t) + a_2 x_2(t)\right] = \int_{-\infty}^{\infty} [a_1 x_1(t) + a_2 x_2(t)] e^{-st}\, dt$$

$$= a_1 \int_{-\infty}^{\infty} x_1(t) e^{-st}\, dt + a_2 \int_{-\infty}^{\infty} x_2(t) e^{-st}\, dt \qquad (4.4)$$

$$= a_1 X_1(s) + a_2 X_2(s)$$

Este resultado pode ser estendido a qualquer soma finita.

A REGIÃO DE CONVERGÊNCIA (RDC)

A *região de convergência* (RDC), também chamada de região de existência, da transformada de Laplace $X(s)$, é o conjunto de valores de s (a região no plano complexo) para os quais a integral da Eq. (4.1) converge. Este conceito ficará mais claro com o exemplo a seguir:

EXEMPLO 4.1

Para um sinal $x(t) = e^{-at} u(t)$, determine a transformada de Laplace $X(s)$ e sua RDC.

Pela definição,

$$X(s) = \int_{-\infty}^{\infty} e^{-at} u(t) e^{-st}\, dt$$

Como $u(t) = 0$ para $t < 0$, e $u(t) = 1$ para $t \geq 0$,

$$X(s) = \int_{0}^{\infty} e^{-at} e^{-st}\, dt = \int_{0}^{\infty} e^{-(s+a)t}\, dt = -\frac{1}{s+a} e^{-(s+a)t} \bigg|_{0}^{\infty} \qquad (4.5)$$

Note que s é complexo e quando $t \to \infty$, o termo $e^{-(s+a)t}$ não necessariamente desaparece. Lembramos que para um número complexo $z = \alpha + j\beta$,

$$e^{-zt} = e^{-(\alpha + j\beta)t} = e^{-\alpha t} e^{-j\beta t}$$

agora, $|e^{-j\beta t}| = 1$, independente do valor de βt. Portanto, quando $t \to \infty$, $e^{-zt} \to 0$ somente se $\alpha > 0$, e $e^{-zt} \to \infty$ se $\alpha < 0$. Portanto,

$$\lim_{t \to \infty} e^{-zt} = \begin{cases} 0 & \text{Re } z > 0 \\ \infty & \text{Re } z < 0 \end{cases} \qquad (4.6)$$

Claramente,

$$\lim_{t\to\infty} e^{-(s+a)t} = \begin{cases} 0 & \text{Re}(s+a) > 0 \\ \infty & \text{Re}(s+a) < 0 \end{cases}$$

Usando este resultado na Eq. (4.5), temos

$$X(s) = \frac{1}{s+a} \qquad \text{Re}(s+a) > 0 \tag{4.7a}$$

ou

$$e^{-at}u(t) \Longleftrightarrow \frac{1}{s+a} \qquad \text{Re}\, s > -a \tag{4.7b}$$

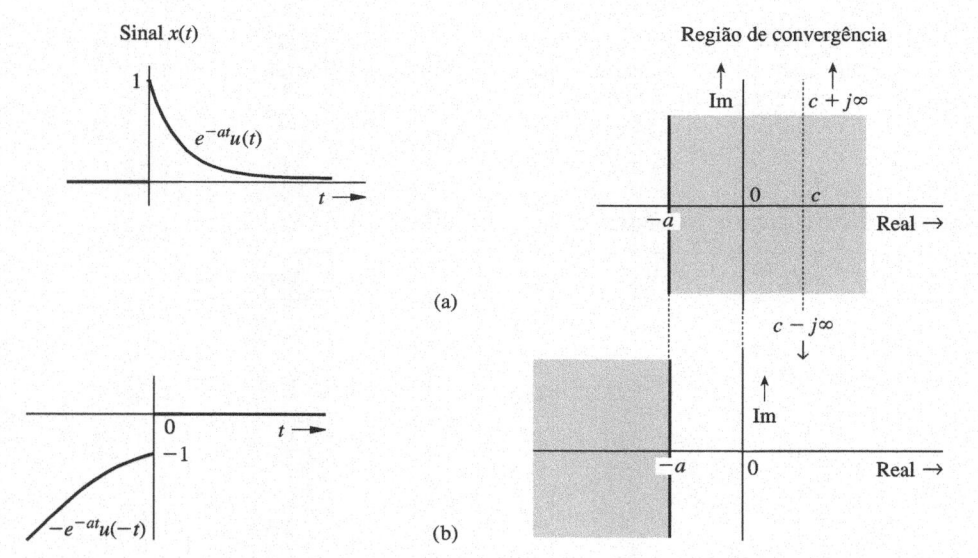

Figura 4.1 Os sinais (a) $e^{-at}u(t)$ e (b) $-e^{at}u(-t)$ possuem a mesma transformada de Laplace, mas regiões de convergência distintas.

A RDC de $X(s)$ é Re $s > -a$, como mostrado na área sombreada da Fig. 4.1a. Este fato implica que a integral que define $X(s)$ na Eq. (4.5) existe somente para os valores de s na região sombreada da Fig. 4.1a. Para outros valores de s, a integral da Eq. (4.5) não converge. Por esta razão, a região sombreada é chamada de RDC (ou *região de existência*) de $X(s)$.

REGIÃO DE CONVERGÊNCIA PARA SINAIS DE DURAÇÃO FINITA

Um sinal de duração finita $x_f(t)$ é um sinal que é não nulo somente para $t_1 \leq t \leq t_2$, em que tanto t_1 quanto t_2 são números finitos e $t_2 > t_1$. Para um sinal de duração finita absolutamente integrável, a RDC é todo o plano s. Isto é claro do fato de que se $x_f(t)$ é absolutamente integrável e um sinal de duração finita, então $x(t)e^{-\sigma t}$ também é absolutamente integrável para qualquer valor de σ, pois a integração é para apenas uma faixa finita de t. Logo, a transformada de Laplace deste tipo de sinal converge para todo valor de s. Isto significa que a RDC de um sinal genérico $x(t)$ permanece inalterada quando $x(t)$ é somado a qualquer sinal $x_f(t)$ de duração finita e absolutamente integrável. Em outras palavras, se $\mathcal{R}$ representa a RDC do sinal $x(t)$, então a RDC de um sinal $x(t) + x_f(t)$ também é $\mathcal{R}$.

Papel da Região de Convergência

A RDC é necessária para a determinação da transformada inversa de Laplace $x(t)$ de $X(s)$, definida pela Eq. (4.2). A operação de determinação da transformada inversa de Laplace requer uma integração no plano complexo, a qual precisa de algumas explicações. O caminho de integração é ao longo de $c + j\omega$, com ω variando de $-\infty$ a ∞.[†] Além disso, o caminho de integração deve estar na RDC (ou existência) de $X(s)$. Para o sinal $e^{-at}u(t)$, isto é possível se $c > -a$. Um possível caminho de integração é mostrado (em pontilhado) na Fig. 4.1a. Portanto, para obter $x(t)$ de $X(s)$, a integração da Eq. (4.2) é executada ao longo deste caminho. Quando integramos $[1/(s + a)]e^{st}$ ao longo deste caminho, o resultado é $e^{-at}u(t)$. Essa integração no plano complexo necessita de um conhecimento prévio da teoria de funções de variáveis complexas. Podemos evitar esta integração determinando uma tabela de transformadas de Laplace (Tabela 4.1), na qual os pares de Laplace são tabulados para uma certa variedade de sinais. Para determinar a transformada inversa de Laplace de, digamos, $1/(s + a)$, ao invés de utilizarmos a integral complexa da Eq. (4.2), procuramos na tabela e determinamos a transformada inversa de Laplace como sendo $e^{-at}u(t)$ (assumindo que a RDC é Re $s > -a$). Apesar de a tabela apresentada ser bem curta, ela possui as funções de maior interesse prático. Uma tabela mais extensa aparece em Doetsch.[2]

A Transformada de Laplace Unilateral

Para compreender a necessidade da determinação da transformada unilateral, vamos determinar a transformada de Laplace do sinal $x(t)$ mostrado na Fig. 4.1b:

$$x(t) = -e^{-at}u(-t)$$

Tabela 4.1 Tabela (curta) de transformadas de Laplace (unilateral)

Nº	$x(t)$	$X(s)$
1	$\delta(t)$	1
2	$u(t)$	$\dfrac{1}{s}$
3	$tu(t)$	$\dfrac{1}{s^2}$
4	$t^n u(t)$	$\dfrac{n!}{s^{n+1}}$
5	$e^{\lambda t}u(t)$	$\dfrac{1}{s - \lambda}$
6	$te^{\lambda t}u(t)$	$\dfrac{1}{(s - \lambda)^2}$
7	$t^n e^{\lambda t}u(t)$	$\dfrac{n!}{(s - \lambda)^{n+1}}$
8a	$\cos bt\, u(t)$	$\dfrac{s}{s^2 + b^2}$
8b	$\text{sen } bt\, u(t)$	$\dfrac{b}{s^2 + b^2}$
9a	$e^{-at} \cos bt\, u(t)$	$\dfrac{s + a}{(s + a)^2 + b^2}$
9b	$e^{-at} \text{sen } bt\, u(t)$	$\dfrac{b}{(s + a)^2 + b^2}$

[†] A discussão sobre o caminho da convergência é mais complicada, necessitando de conceitos de integral de contorno e a compreensão da teoria de variáveis complexas. Por essa razão, a discussão nesse ponto será simplificada.

Tabela 4.1 Continuação

10a	$re^{-at}\cos(bt+\theta)u(t)$	$\dfrac{(r\cos\theta)s + (ar\cos\theta - br\operatorname{sen}\theta)}{s^2 + 2as + (a^2+b^2)}$
10b	$re^{-at}\cos(bt+\theta)u(t)$	$\dfrac{0{,}5re^{j\theta}}{s+a-jb} + \dfrac{0{,}5re^{-j\theta}}{s+a+jb}$
10c	$re^{-at}\cos(bt+\theta)u(t)$ $r = \sqrt{\dfrac{A^2 c + B^2 - 2ABa}{c - a^2}}$ $\theta = \tan^{-1}\left(\dfrac{Aa - B}{A\sqrt{c-a^2}}\right)$ $b = \sqrt{c - a^2}$	$\dfrac{As + B}{s^2 + 2as + c}$
10d	$e^{-at}\left[A\cos bt + \dfrac{B - Aa}{b}\operatorname{sen} bt\right]u(t)$ $b = \sqrt{c - a^2}$	$\dfrac{As + B}{s^2 + 2as + c}$

A transformada de Laplace desse sinal é

$$X(s) = \int_{-\infty}^{\infty} -e^{-at} u(-t) e^{-st}\, dt$$

Como $u(-t) = 1$ para $t \leq 0$ e $u(-t) = 0$ para $t > 0$,

$$X(s) = \int_{-\infty}^{0} -e^{-at} e^{-st}\, dt = -\int_{-\infty}^{0} e^{-(s+a)t}\, dt = \left.\dfrac{1}{s+a} e^{-(s+a)t}\right|_{-\infty}^{0}$$

A Eq. (4.6) mostra que

$$\lim_{t \to -\infty} e^{-(s+a)t} = 0 \qquad \operatorname{Re}(s+a) < 0$$

Logo

$$X(s) = \dfrac{1}{s+a} \qquad \operatorname{Re} s < -a$$

O sinal $-e^{-at}u(-t)$ e sua RDC (Re $s < -a$) estão mostrados na Fig. 4.1b. Note que a transformada de Laplace para os sinais $e^{-at}u(t)$ e $-e^{-at}u(-t)$ são idênticas, exceto por suas regiões de convergência. Portanto, para um dado $X(s)$, existe mais de uma transformada inversa, dependendo da RDC. Em outras palavras, a não ser que a RDC seja especificada, não existe uma correspondência de um-para-um entre $X(s)$ e $x(t)$. Esse fato aumenta de complexidade na utilização da transformada de Laplace. A complexidade é o resultado de tentar trabalhar com sinais causais e não causais. Se restringirmos todos os nossos sinais ao tipo causal, esta ambiguidade desaparece. Existe apenas uma transformada inversa de $X(s) = 1/(s + a)$, notadamente $e^{-at}u(t)$. Para determinar $x(t)$ de $X(s)$, nem precisamos especificar a RDC. Em resumo, se todos os sinais forem restritos ao tipo causal, então, para uma dada $X(s)$ existe uma única transformada inversa $x(t)$.[†]

[†] Na verdade $X(s)$ especifica $x(t)$ dentro de uma função nula $n(t)$, a qual tem a propriedade de que a área abaixo de $|n(t)|^2$ é zero sobre qualquer intervalo finito de 0 a $t(t > 0)$ (Teorema de Lerch). Por exemplo, se duas funções são idênticas em qualquer lugar exceto em um número finito de pontos, elas diferem por uma função nula.

A transformada de Laplace unilateral é um caso especial da transformada de Laplace bilateral na qual todos os sinais são restritos a serem causais. Consequentemente, os limites da integração da integral na Eq. (4.1) podem ser considerados de 0 a ∞. Logo, a transformada de Laplace unilateral $X(s)$ de um sinal $x(t)$ é definida por

$$X(s) = \int_{0^-}^{\infty} x(t)e^{-st}\, dt \tag{4.8}$$

Escolhemos 0^- (no lugar de 0^+ utilizado em alguns textos) como limite inferior de integração. Esta convenção não apenas garante a inclusão de uma função impulso em $t = 0$, mas também permite utilizarmos condições iniciais para 0^- (no lugar de 0^+) na solução de equações diferenciais pela transformada de Laplace. Na prática provavelmente conheceremos as condições iniciais antes da entrada ser aplicada (em 0^-) e não após a entrada ser aplicada (em 0^+). De fato, o verdadeiro significado do termo "condições iniciais" implica condições para $t = 0^-$ (condições antes da entrada ser aplicada). A análise detalhada da utilidade de $t = 0^-$ aparece na Seção 4.3.

A transformada de Laplace unilateral simplifica consideravelmente o problema de análise de sistemas, devido a sua *propriedade de exclusividade*, a qual diz que para um dado $X(s)$ existe uma única transformada inversa. Mas existe um preço por esta simplificação: não podemos analisar sistemas ou entradas não causais. Entretanto, na maioria dos problemas práticos, esta restrição não tem consequência. Por esta razão, iremos considerar primeiro a transformada de Laplace unilateral e sua aplicação a análise de sistemas. (A transformada de Laplace bilateral é discutida posteriormente, na Seção 4.11).

Basicamente não existe diferença entre a transformada de Laplace unilateral e bilateral. A transformada unilateral é a transformada bilateral que trabalha com uma subclasse de sinais, começando em $t = 0$ (sinais causais). Portanto, a expressão [Eq. (4.2)] para a transformada inversa de Laplace permanece inalterada. Na prática, o termo *transformada de Laplace* significa a *transformada de Laplace unilateral*.

EXISTÊNCIA DA TRANSFORMADA DE LAPLACE

A variável s da transformada de Laplace é, geralmente, complexa e pode ser descrita por $s = \sigma + j\omega$. Por definição,

$$X(s) = \int_{0^-}^{\infty} x(t)e^{-st}\, dt$$

$$= \int_{0^-}^{\infty} [x(t)e^{-\sigma t}]e^{-j\omega t}\, dt$$

Como $|e^{j\omega t}| = 1$, a integral do lado direito desta equação converge se

$$\int_{0^-}^{\infty} |x(t)e^{-\sigma t}|\, dt < \infty \tag{4.9}$$

Logo, a existência da transformada de Laplace está garantida se a integral na expressão (4.9) for finita para algum valor de σ. Qualquer sinal que não cresce mais rápido do que o sinal exponencial $Me^{\sigma_0 t}$ para algum M e σ_0 satisfaz a condição (4.9). Portanto, se para algum M e σ_0,

$$|x(t)| \leq Me^{\sigma_0 t} \tag{4.10}$$

podemos escolher $\sigma > \sigma_0$ para satisfazer (4.9).[†] O sinal e^{t^2}, ao contrário, cresce com uma taxa maior do que $e^{\sigma_0 t}$ e, consequentemente, não possui transformada de Laplace.[‡] Felizmente, tais sinais (que não possuem transformada de Laplace) são de pouca consequência do ponto de vista prático ou teórico. Se σ_0 é o menor valor de σ para o qual a integral em (4.9) é finita, σ_0 é chamado de *abscissa de convergência* e a RDC de $X(s)$ é Re $s > \sigma_0$. A abscissa de convergência para $e^{-at}u(t)$ é $-a$ (a RDC é Re $s > -a$).

[†] A condição (4.10) é suficiente mas não necessária para a existência da transformada de Laplace. Por exemplo, $x(t) = 1/\sqrt{t}$ é infinita para $t = 0$ e (4.10) não pode ser satisfeita, mas a transformada de $1/\sqrt{t}$ existe, sendo dada por $\sqrt{\pi/s}$.

[‡] Entretanto, se considerarmos um sinal truncado (duração finita) e^{t^2}, a transformada de Laplace existirá.

EXEMPLO 4.2

Determine a transformada de Laplace dos seguintes sinais:
(a) $\delta(t)$
(b) $u(t)$
(c) $\cos \omega_0 t \, u(t)$

(a)
$$\mathcal{L}[\delta(t)] = \int_{0^-}^{\infty} \delta(t) e^{-st} \, dt$$

Usando a propriedade de amostragem [Eq. (1.24a)], temos

$$\mathcal{L}[\delta(t)] = 1 \quad \text{para todo } s$$

Ou seja,

$$\delta(t) \Longleftrightarrow 1 \quad \text{para todo } s \tag{4.11}$$

(b) Para determinar a transformada de Laplace de $u(t)$, lembre-se que $u(t) = 1$ para $t \geq 0$. Portanto,

$$\mathcal{L}[u(t)] = \int_{0^-}^{\infty} u(t) e^{-st} \, dt = \int_{0^-}^{\infty} e^{-st} \, dt = -\frac{1}{s} e^{-st} \Big|_{0^-}^{\infty}$$
$$= \frac{1}{s} \quad \text{Re } s > 0 \tag{4.12}$$

Também poderíamos ter obtido este resultado a partir da Eq. (4.7b), fazendo $a = 0$.

(c) Como

$$\cos \omega_0 t \, u(t) = \tfrac{1}{2}[e^{j\omega_0 t} + e^{-j\omega_0 t}] u(t)$$
$$\mathcal{L}[\cos \omega_0 t \, u(t)] = \tfrac{1}{2} \mathcal{L}[e^{j\omega_0 t} u(t) + e^{-j\omega_0 t} u(t)] \tag{4.13}$$

A partir da Eq. (4.7), obtemos

$$\mathcal{L}[\cos \omega_0 t \, u(t)] = \frac{1}{2}\left[\frac{1}{s - j\omega_0} + \frac{1}{s + j\omega_0}\right] \quad \text{Re}(s \pm j\omega) = \text{Re } s > 0$$
$$= \frac{s}{s^2 + \omega_0^2} \quad \text{Re } s > 0 \tag{4.14}$$

Para a transformada de Laplace unilateral, existe uma única transformada inversa de $X(s)$, Consequentemente, não há necessidade de especificar a RDC explicitamente. Por esta razão, geralmente ignoramos qualquer menção a RDC para transformadas unilaterais. Lembre-se, também, que na transformada de Laplace unilateral subentende-se que todo sinal $x(t)$ é zero para $t < 0$, sendo apropriado indicar este fato pela multiplicação do sinal com $u(t)$.

EXERCÍCIO E4.1

Através da integração, determine a transformada de Laplace $X(s)$ e a região de convergência de $X(s)$ para os sinais mostrados na Fig. 4.2.

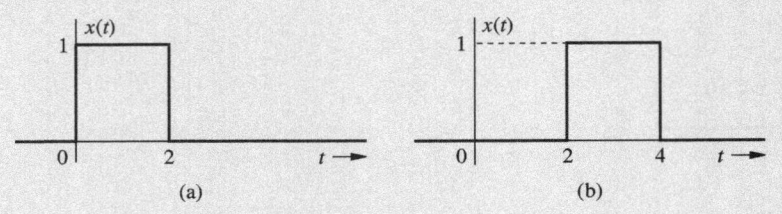

Figura 4.2

RESPOSTAS

(a) $\dfrac{1}{s}(1 - e^{-2s})$ para todo s

(b) $\dfrac{1}{s}(1 - e^{-2s})e^{-2s}$ para todo s

4.1-1 Determinando a Transformada Inversa

A determinação da transformada inversa de Laplace utilizando a Eq. (4.2) requer a integração no plano complexo, um tópico além do escopo deste livro (mas veja, por exemplo, Ref. 3). Para o nosso propósito, podemos determinar as transformadas inversas a partir da tabela de transformadas (Tabela 4.1). Tudo o que precisamos é expressar $X(s)$ como a soma de funções mais simples, nas formas listadas na tabela. A maioria das transformadas $X(s)$ de interesse prático são *funções racionais*, ou seja, razões de polinômios em s. Tais funções podem ser expressadas como a soma de funções mais simples usando a expansão em frações parciais (veja a Seção B.5).

Os valores de s para os quais $X(s) = 0$ são chamados de *zeros* de $X(s)$ e os valores de s para os quais $X(s) \to \infty$ são chamados de *polos* de $X(s)$. Se $X(s)$ é uma função racional na forma $P(s)/Q(s)$, as raízes de $P(s)$ são os zeros e as raízes de $Q(s)$ são os polos de $X(s)$.

EXEMPLO 4.3

Determine a transformada inversa de Laplace de

(a) $\dfrac{7s - 6}{s^2 - s - 6}$

(b) $\dfrac{2s^2 + 5}{s^2 + 3s + 2}$

(c) $\dfrac{6(s + 34)}{s(s^2 + 10s + 34)}$

(d) $\dfrac{8s + 10}{(s + 1)(s + 2)^3}$

Em nenhum desses casos a transformada inversa pode ser obtida diretamente da Tabela 4.1. Precisamos expandir estas funções em frações parciais, como discutido na Seção B.5-1. Nesta era do computador, é muito fácil determinar as frações parciais através dos computadores. Entretanto, tal como a fácil disponibilidade de computadores de mão não diminui a necessidade de aprendermos a mecânica das operações aritméticas (adição, multiplicação, etc.), a farta disponibilidade de computadores não elimina a necessidade de aprendermos a mecânica da expansão em frações parciais.

(a)

$$X(s) = \frac{7s - 6}{(s + 2)(s - 3)}$$

$$= \frac{k_1}{s + 2} + \frac{k_2}{s - 3}$$

Para determinar k_1, correspondente ao termo $(s + 2)$, "mascaramos" o termo $(s + 2)$ em $X(s)$ e substituímos $s = -2$ (o valor de s que faz $s + 2 = 0$) na expressão restante (veja Seção B.5-2):

$$k_1 = \frac{7s - 6}{\cancel{(s + 2)}(s - 3)}\bigg|_{s=-2} = \frac{-14 - 6}{-2 - 3} = 4$$

Similarmente, para determinarmos k_2, correspondente ao tempo $(s - 3)$, "mascaramos" o termo $(s - 3)$ em $X(s)$ e substituímos $s = -3$ na expressão restante

$$k_2 = \frac{7s - 6}{(s + 2)\cancel{(s - 3)}}\bigg|_{s=3} = \frac{21 - 6}{3 + 2} = 3$$

Portanto,

$$X(s) = \frac{7s - 6}{(s + 2)(s - 3)} = \frac{4}{s + 2} + \frac{3}{s - 3} \tag{4.15a}$$

VERIFICANDO A RESPOSTA

É muito fácil cometermos um erro na determinação das frações parciais. Felizmente, é muito fácil verificarmos a resposta ao percebermos que $X(s)$ e suas frações parciais devem ser iguais para todo valor de s se as frações parciais estiverem corretas. Vamos verificar este fato na Eq. (4.15a) para algum valor conveniente, digamos $s = 0$. Substituindo $s = 0$ na Eq. (4.15a) teremos[†]

$$1 = 2 - 1 = 1$$

Podemos, então, ter certeza de que nossa resposta está correta com uma grande margem de confiança. Usando o par 5 da Tabela 4.1 na Eq. (4.15a), obtemos

$$x(t) = \mathcal{L}^{-1}\left(\frac{4}{s + 2} + \frac{3}{s - 3}\right) = (4e^{-2t} + 3e^{3t})u(t) \tag{4.15b}$$

(b)

$$X(s) = \frac{2s^2 + 5}{s^2 + 3s + 2} = \frac{2s^2 + 5}{(s + 1)(s + 2)}$$

Observe que $X(s)$ é uma função imprópria com $M = N$. Neste caso podemos expressar $X(s)$ como a soma dos coeficientes de mais alta potência do numerador mais as frações parciais correspondentes aos polos de $X(s)$ (veja a Seção B.5-5). No caso atual, o coeficiente de mais alta potência do numerador é 2. Portanto,

$$X(s) = 2 + \frac{k_1}{s + 1} + \frac{k_2}{s + 2}$$

[†] Como $X(s) = \infty$ em seus polos, devemos evitar os valores dos polos (-2 e 3 neste caso) na verificação. As respostas podem ser as mesmas mesmo se as frações parciais estiverem erradas. Esta situação pode ocorrer quando dois ou mais erros cancelam seus efeitos. Mas as chances deste problema ocorrer para valores aleatórios de s são extremamente pequenas.

na qual

$$k_2 = \frac{2s^2+5}{(s+1)(s+2)}\bigg|_{s=-2} = \frac{8+5}{-2+1} = -13$$

e

$$k_2 = \frac{2s^2+5}{(s+1)(s+2)}\bigg|_{s=-2} = \frac{8+5}{-2+1} = -13$$

Portanto,

$$X(s) = 2 + \frac{7}{s+1} - \frac{13}{s+2}$$

A partir da Tabela 4.1, pares 1 e 5, temos

$$x(t) = 2\delta(t) + (7e^{-t} - 13e^{-2t})u(t) \qquad (4.16)$$

(c)

$$X(s) = \frac{6(s+34)}{s(s^2+10s+34)}$$

$$= \frac{6(s+34)}{s(s+5-j3)(s+5+j3)}$$

$$= \frac{k_1}{s} + \frac{k_2}{s+5-j3} + \frac{k_2^*}{s+5+j3}$$

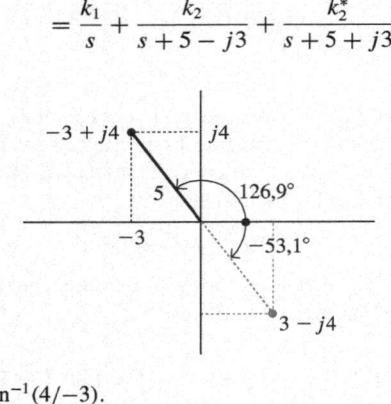

Figura 4.3 $\tan^{-1}(-4/3) \neq \tan^{-1}(4/-3)$.

Note que os coeficientes (k_2 e k_2^*) dos termos conjugados também devem ser conjugados (veja a Seção B.5). Agora

$$k_1 = \frac{6(s+34)}{s(s^2+10s+34)}\bigg|_{s=0} = \frac{6 \times 34}{34} = 6$$

$$k_2 = \frac{6(s+34)}{s(s+5-j3)(s+5+j3)}\bigg|_{s=-5+j3} = \frac{29+j3}{-3-j5} = -3+j4$$

Logo

$$k_2^* = -3 - j4$$

Para usar o par 10b da Tabela 4.1, precisamos expressar k_2 e k_2^* na forma polar.

$$-3 + j4 = \left(\sqrt{3^2 + 4^2}\right) e^{j \tan^{-1}(4/-3)} = 5 e^{j \tan^{-1}(4/-3)}$$

Observe que $\tan^{-1}(4/-3) \neq \tan^{-1}(-4/3)$. Esse fato é evidente na Fig. 4.3. Para mais detalhes sobre esse tópico, veja o Exemplo B.1.
A partir da Fig. 4.3, observamos que

$$k_2 = -3 + j4 = 5 e^{j 126,9°}$$

de tal forma que

$$k_2^* = 5 e^{-j 126,9°}$$

Portanto

$$X(s) = \frac{6}{s} + \frac{5 e^{j 126,9°}}{s + 5 - j3} + \frac{5 e^{-j 126,9°}}{s + 5 + j3}$$

A partir da Tabela 4.1 (pares 2 e 10b), obtemos

$$x(t) = [6 + 10 e^{-5t} \cos(3t + 126,9°)] u(t) \tag{4.17}$$

Método Alternativo Usando Fatores Quadráticos

O procedimento anterior envolve uma considerável manipulação de números complexos. O par 10c (Tabela 4.1) indica que a transformada inversa de termos quadráticos (com polos conjugados complexos) pode ser determinada diretamente sem a necessidade de determinar frações parciais de primeira ordem. Apresentamos este procedimento na Seção B.5-2. Para isto, iremos expressar $X(s)$ por

$$X(s) = \frac{6(s + 34)}{s(s^2 + 10s + 34)} = \frac{k_1}{s} + \frac{As + B}{s^2 + 10s + 34}$$

Já determinamos $k_1 = 6$ pelo método de mascaramento (Heaviside). Portanto,

$$\frac{6(s + 34)}{s(s^2 + 10s + 34)} = \frac{6}{s} + \frac{As + B}{s^2 + 10s + 34}$$

Removendo as frações multiplicando os dois lados por $s(s^2 + 10s + 34)$ obtemos,

$$6(s + 34) = (6 + A)s^2 + (60 + B)s + 204$$

Agora, igualando os coeficientes de s^2 e s dos dois lados,

$$A = -6 \quad \text{e} \quad B = -54$$

e

$$X(s) = \frac{6}{s} + \frac{-6s - 54}{s^2 + 10s + 34}$$

Utilizamos, agora, os pares 2 e 10c para determinar a transformada inversa de Laplace. Os parâmetros para o par 10c são $A = -6, B = -54, a = 5, c = 34, b = \sqrt{c - a^2} = 3$ e

$$r = \sqrt{\frac{A^2 c + B^2 - 2ABa}{c - a^2}} = 10 \qquad \theta = \tan^{-1} \frac{Aa - B}{A \sqrt{c - a^2}} = 126,9°$$

Logo

$$x(t) = [6 + 10 e^{-5t} \cos(3t + 126,9°)] u(t)$$

A qual é o mesmo resultado obtido anteriormente.

ATALHOS

As frações parciais com termos quadráticos também podem ser obtidas usando atalhos. Temos

$$X(s) = \frac{6(s+34)}{s(s^2+10s+34)} = \frac{6}{s} + \frac{As+B}{s^2+10s+34}$$

Podemos determinar A eliminando B do lado direito da equação. Este passo pode ser realizado através da multiplicação dos dois lados da equação por s e, então, fazendo $s \to \infty$. Esse procedimento resulta em

$$0 = 6 + A \implies A = -6$$

Portanto,

$$\frac{6(s+34)}{s(s^2+10s+34)} = \frac{6}{s} + \frac{-6s+B}{s^2+10s+34}$$

Para determinar B, fazemos s assumir qualquer valor conveniente, digamos $s = 1$, nesta equação, obtendo

$$\frac{210}{45} = 6 + \frac{B-6}{45} \implies B = -54$$

um resultado que verifica as respostas encontradas anteriormente.

(d)

$$X(s) = \frac{8s+10}{(s+1)(s+2)^3}$$

$$= \frac{k_1}{s+1} + \frac{a_0}{(s+2)^3} + \frac{a_1}{(s+2)^2} + \frac{a_2}{s+2}$$

onde

$$k_1 = \left. \frac{8s+10}{(s+1)\,(s+2)^3} \right|_{s=-1} = 2$$

$$a_0 = \left. \frac{8s+10}{(s+1)\,(s+2)^3} \right|_{s=-2} = 6$$

$$a_1 = \left\{ \frac{d}{ds} \left[\frac{8s+10}{(s+1)\,(s+2)^3} \right] \right\}_{s=-2} = -2$$

$$a_2 = \frac{1}{2} \left\{ \frac{d^2}{ds^2} \left[\frac{8s+10}{(s+1)\,(s+2)^3} \right] \right\}_{s=-2} = -2$$

Portanto

$$X(s) = \frac{2}{s+1} + \frac{6}{(s+2)^3} - \frac{2}{(s+2)^2} - \frac{2}{s+2}$$

e

$$x(t) = [2e^{-t} + (3t^2 - 2t - 2)e^{-2t}]u(t) \tag{4.18}$$

MÉTODO ALTERNATIVO: UM HÍBRIDO ENTRE HEAVISIDE E ELIMINAÇÃO DE FRAÇÕES
Neste método, os coeficientes simples k_1 e a_0 são determinados pelo procedimento de Heaviside, como discutido anteriormente. Para determinar os coeficientes restantes, utilizamos o método de eliminação de frações. Usando os valores $k_1 = 2$ e $a_0 = 6$ obtidos anteriormente pelo método de Heaviside, temos

$$\frac{8s + 10}{(s + 1)(s + 2)^3} = \frac{2}{s + 1} + \frac{6}{(s + 2)^3} + \frac{a_1}{(s + 2)^2} + \frac{a_2}{s + 2}$$

Agora, eliminamos as frações através da multiplicação dos dois lados desta equação por $(s + 1)(s + 2)^3$. Este procedimento resulta em[†]

$$8s + 10 = 2(s + 2)^3 + 6(s + 1) + a_1(s + 1)(s + 2) + a_2(s + 1)(s + 2)^2$$
$$= (2 + a_2)s^3 + (12 + a_1 + 5a_2)s^2 + (30 + 3a_1 + 8a_2)s + (22 + 2a_1 + 4a_2)$$

Igualando os coeficientes s^3 e s^2 dos dois lados, obtemos

$$0 = (2 + a_2) \implies a_2 = -2$$
$$0 = 12 + a_1 + 5a_2 = 2 + a_1 \implies a_1 = -2$$

Podemos parar por aqui se quisermos, pois os dois coeficientes a_1 e a_2 já foram determinados. Entretanto, igualando os coeficientes de s^1 e s^0 podemos verificar nossas respostas. Este passo leva a

$$8 = 30 + 3a_1 + 8a_2$$
$$10 = 22 + 2a_1 + 4a_2$$

A substituição de $a_1 = a_2 = -2$, obtido anteriormente, satisfaz estas equações. Este passo certifica nossa resposta.

OUTRA ALTERNATIVA: HÍBRIDO ENTRE HEAVISIDE E ATALHOS
Nestes métodos, os coeficientes simples k_1 e a_0 são determinados pelo procedimento de Heaviside, como discutido anteriormente. Os atalhos são utilizados para determinar os coeficientes restantes. Usando os valores de $k_1 = 2$ e $a_0 = 6$ obtidos anteriormente pelo método de Heaviside, temos

$$\frac{8s + 10}{(s + 1)(s + 2)^3} = \frac{2}{s + 1} + \frac{6}{(s + 2)^3} + \frac{a_1}{(s + 2)^2} + \frac{a_2}{s + 2}$$

Existem duas incógnitas, a_1 e a_2. Se multiplicarmos os dois lados por s e fizermos $s \to \infty$, eliminamos a_1. Esse procedimento resulta em

$$0 = 2 + a_2 \implies a_2 = -2$$

Portanto,

$$\frac{8s + 10}{(s + 1)(s + 2)^3} = \frac{2}{s + 1} + \frac{6}{(s + 2)^3} + \frac{a_1}{(s + 2)^2} - \frac{2}{s + 2}$$

Agora existe apenas uma incógnita, a_1. Este valor pode ser facilmente determinado fazendo s igual a qualquer valor conveniente, digamos $s = 0$. Este passo resulta em

$$\frac{10}{8} = 2 + \frac{3}{4} + \frac{a_1}{4} - 1 \implies a_1 = -2$$

[†] Podíamos ter eliminado as frações sem termos determinados k_1 e a_0. Essa alternativa, entretanto, é mais trabalhosa pois ela aumenta o número de incógnitas para 4. Através da predeterminação de k_1 e a_0 reduzimos as incógnitas para 2. Além disso, este método é uma boa maneira de verificar a solução. Esse procedimento híbrido utiliza o melhor dos dois métodos.

EXEMPLO DE COMPUTADOR C4.1

Usando o comando `residue` do MATLAB, determine a transformada inversa de Laplace de cada uma das seguintes funções:

(a) $X_a(s) = \dfrac{2s^2 + 5}{s^2 + 3s + 2}$

(b) $X_b(s) = \dfrac{2s^2 + 7s + 4}{(s+1)(s+2)^2}$

(c) $X_c(s) = \dfrac{8s^2 + 21s + 19}{(s+2)(s^2 + s + 7)}$

(a)
```
>> num = [2 0 5]; den = [1 3 2];
>> [r, p, k] = residue(num,den);
>> disp(['(a) r = [',num2str(r.',' %0.5g'),']']);...
>> disp(['     p = [',num2str(p.',' %0.5g'),']']);...
>> disp(['     k = [',num2str(k.',' %0.5g'),']']);
(a) r = [-13   7]
    p = [-2   -1]
    k = [2]
```
Portanto, $X_a(s) = -13/(s+2) + 7/(s+1) + 2$ e $x_a(t) = (-13e^{-2t} + 7e^{-t})u(t) + 2\delta(t)$.

(b)
```
>> num = [2 7 4]; den = [conv([1 1],conv([1 2],[1 2]))];
>> [r, p, k] = residue(num,den);
>> disp(['(b) r = [',num2str(r.',' %0.5g'),']']);...
>> disp(['     p = [',num2str(p.',' %0.5g'),']']);...
>> disp(['     k = [',num2str(k.',' %0.5g'),']']);
(b) r = [3   2   -1]
    p = [-2  -2   -1]
    k = []
```
Portanto, $X_b(s) = 3/(s+2) + 2/(s+2)^2 - 1/(s+1)$ e $x_b(t) = (3e^{-2t} + 2te^{-2t} - e^{-t})u(t)$.

(c)
```
>> num = [8 21 19]; den = [conv([1 2],[1 1 7])];
>> [r, p, k]= residue(num,den);
>> [rad,mag]=cart2pol(real(r),imag(r));
>> disp(['(c) r = [',num2str(r.',' %0.5g'),']']);...
>> disp(['     p = [',num2str(p.',' %0.5g'),']']);...
>> disp(['     k = [',num2str(k.',' %0.5g'),']']);...
>> disp(['     rad = [',num2str(rad.',' %0.5g'),']']);...
>> disp(['     mag = [',num2str(mag.',' %0.5g'),']']);
(c) r = [3.5-0.48113i   3.5+0.48113i   1+0i]
    p = [-0.5+2.5981i  -0.5-2.5981i   -2+0i]
    k = []
    rad = [-0.13661   0.13661   0]
    mag = [3.5329   3.5329   1]
```
Logo,
$$X_c(s) = \frac{1}{s+2} + \frac{3{,}5329e^{-j0{,}13661}}{s+0{,}5 - j2{,}5981} + \frac{3{,}5329e^{j0{,}13661}}{s+0{,}5 + j2{,}5981}$$

e
$$x_c(t) = [e^{-2t} + 1{,}7665e^{-0{,}5t}\cos(2{,}5981t - 0{,}1366)]u(t).$$

EXEMPLO DE COMPUTADOR C4.2

Usando o toolbox de matemática simbólica (*symbolic math*) do MATLAB, determine:
 (a) a transformada direta de Laplace de $x_a(t) = \text{sen}(at) + \cos(bt)$
 (b) a transformada inversa de Laplace de $X_b(s) = as^2/(s^2 + b^2)$

(a)
```
>> x_a = sym('sin(a*t)+cos(b*t)');
>> X_a = laplace(x_a);
>> disp(['(a) X_a(s) = ',char(X_a),' = ',char(simplify(X_a))]);
 (a) X_a(s) = a/(s^2+a^2)+s/(s^2+b^2) = (a*s^2+a*b^2+s^3+s*a^2)/
                                        (s^2+a^2)/(s^2+b^2)
```
Portanto, $X_a(s) = (s^3 + as^2 + a^2s + b^2a)/(s^2 + a^2)(s^2 + b^2)$

(b)
```
>> X_b = sym('(a*s^2)/(s^2+b^2)');
>> x_b = ilaplace(X_b);
>> disp(['(b) x_b(t) = ',char(x_b),' = ',char(simplify(x_b))]);
 (b) x_b(t) = a*(Dirac(t)-b*sin(b*t)) = a*Dirac(t)-a*b*sin(b*t)
```
Portanto, $x_b(t) = a\delta(t) - ab\,\text{sen}(bt)\,u(t)$.

EXERCÍCIO E4.2

(i) Mostre que a transformada de Laplace de $10e^{-3t}\cos(4t + 53{,}13°)$ é $(6s - 14)/(s^2 + 6s + 25)$. Use o par 10a da Tabela 4.1.

(ii) Determine a transformada inversa de Laplace de:

(a) $\dfrac{s + 17}{s^2 + 4s - 5}$

(b) $\dfrac{3s - 5}{(s + 1)(s^2 + 2s + 5)}$

(c) $\dfrac{16s + 43}{(s - 2)(s + 3)^2}$

RESPOSTAS

(a) $(3e^t - 2e^{-5t})u(t)$

(b) $\left[-2e^{-t} + \tfrac{5}{2}e^{-t}\cos(2t - 36{,}87°)\right]u(t)$

(c) $[3e^{2t} + (t - 3)e^{-3t}]u(t)$

Nota Histórica:
Marquês Pierre-Simon de Laplace (1749 - 1827)

A transformada de Laplace recebe esse nome em homenagem ao grande matemático e astrônomo francês Laplace, que foi o primeiro a apresentar a transformada e suas aplicações em equações diferenciais em um artigo publicado em 1779.

Pierre-Simon de Laplace    Oliver Heaviside

Laplace desenvolveu as bases da teoria potencial e possui importantes contribuições em funções especiais, teoria da probabilidade, astronomia e mecânica celeste. Em seu *Exposition du système du monde* (1796), Laplace formulou uma hipótese nebulosa da origem cósmica e tentou explicar o universo como um mecanismo puro. Em seu *Traité de mécanique céleste* (*celestial mechanics*), o qual completou o trabalho de Newton, Laplace utilizou a matemática e a física para submeter o sistema solar e todos corpos celeste às leis do movimento e ao princípio da gravidade. Newton foi incapaz de explicar as irregularidades de alguns corpos celestes e, em desespero, ele concluiu que Deus deve intervir agora e sempre para prevenir tais catástrofes, como Júpiter eventualmente cair dentro do sol (e a lua na terra), como predito pelos cálculos de Newton. Laplace se propôs a mostrar que estas irregularidades eram corrigidas por elas mesmas periodicamente e que com um pouco de paciência — no caso de Júpiter, 929 anos — tudo retornaria automaticamente à ordem. Portanto, não existia razão para que o sol e os sistemas estelares não continuassem a operar pelas leis de Newton e Laplace no final dos tempos.[4]

Laplace apresentou uma cópia de *Mécanique céleste* a Napoleão, que, após ter lido o livro questionou Laplace por não ter incluído Deus no seu esquema: "Você escreveu este imenso livro sobre o sistema do mundo sem ao menos ter mencionado uma única vez o autor do universo". "Sire", respondeu Laplace, "Eu não tenho nenhuma necessidade desta hipótese." Napoleão não estava nem um pouco feliz e quando ele relatou esta resposta a outro grande astrônomo matemático, Louis de Lagrange, este respondeu "ah, mas é uma hipótese tão boa. Ela explica tantas coisas."[5]

Napoleão, seguindo a sua política de honrar e promover cientistas, fez de Laplace seu ministro do interior. Para susto de Napoleão, entretanto, o novo indicado tentou trazer o "espírito dos infinitesimais" para a administração e, portanto, Laplace foi transferido rapidamente para o senado.

Oliver Heaviside (1850 – 1925)

Apesar de Laplace ter publicado seu método de transformação para resolver equações diferenciais em 1779, o método não emplacou até um século depois. Ele foi redescoberto independentemente de forma adversa por um excêntrico engenheiro britânico, Oliver Heaviside (1850–1925), uma das trágicas figuras na história da ciência e engenharia. Apesar de suas prolíficas contribuições à Engenharia Elétrica, ele foi severamente criticado durante sua vida, sendo negligenciado posteriormente ao ponto dos livros didáticos dificilmente mencionarem seu nome ou dar-lhe os devidos créditos por duas contribuições. Apesar disso, seus estudos tiveram um grande impacto em vários aspectos da engenharia elétrica moderna. Foi Heaviside quem possibilitou a comunicação transatlântica inventando o cabo de carga, mas ninguém jamais o mencionou como um pioneiro ou inovador da telefonia. Foi Heaviside quem sugeriu a utilização do cabo de carga indutivo, mas os créditos são dados a M. Pupin, que não foi nem responsável pela construção da primeira bobina de carga.[†] Além disso, Heaviside foi:[6]

- O primeiro a descobrir uma solução para a linha de transmissão sem distorção.
- O inovador de filtros passa-baixas.
- O primeiro a escrever as equações de Maxwell na forma moderna.
- O co-descobridor da taxa de energia transferida por um campo eletromagnético.
- Um dos primeiros campeões na agora comum análise fasorial.
- Um importante contribuinte ao desenvolvimento da análise vetorial. De fato, ele essencialmente criou o assunto independentemente de Gibbs.[7]
- Um originador do uso de matemática operacional para resolver equações integro-diferenciais, o que eventualmente levou ao redescobrimento da transformada de Laplace.
- O primeiro a teorizar (juntamente com Kennelly de Harvard) que uma camada condutiva (a camada Kennelly-Heaviside) existe na atmosfera, a qual permite que as ondas de rádio sigam a curvatura da terra, ao invés de viajarem para o espaço em uma linha reta.
- O primeiro a sugerir que uma carga elétrica aumentaria de massa quando sua velocidade aumentasse, uma antecipação de um aspecto da teoria da relatividade especial de Einstein.[8] Ele também previu a possibilidade da supercondutividade.

Heaviside foi um autodidata. Apesar de sua educação formal ter terminado no primário, ele eventualmente se tornou um físico matemático pragmático de sucesso. Ele começou sua carreira como um operador de telégrafo, mas uma surdez progressiva o forçou a se aposentar com 24 anos. Ele, então, se devotou ao estudo da eletricidade. Seu criativo trabalho foi desdenhado por vários matemáticos profissionais devido a sua falta de educação formal e seus métodos não ortodoxos.

Heaviside teve o azar de ser criticado tanto por matemáticos, os quais o acusaram pela falta de rigor, e por homens da prática, os quais o acusaram de utilizar muita matemática e, portanto, por confundir os alunos. Vários matemáticos, tentando descobrir soluções para a linha de transmissão sem distorção, falharam porque não havia ferramentas rigorosas disponíveis em seus tempos. Heaviside obteve sucesso porque utilizou matemática sem rigor, mas com sentimento e intuição. Usando seu método operacional tão maldito, Heaviside conseguiu com sucesso atacar problemas que os matemáticos rigorosos não conseguiam resolver, problemas tais como o fluxo de calor em um corpo com condutividade espacial variável. Heaviside brilhantemente usou seu método em 1895, para demonstrar uma falha fatal na determinação da idade geológica da terra pelo resfriamento secular de Lorde Kelvin. Ele utilizou o mesmo fluxo da teoria do calor para a sua análise de cabo. Ainda assim, os matemáticos da *Royal Society* permaneceram intransigentes e não ficaram impressionados pelo fato de Heaviside ter descoberto a resposta para problemas que ninguém conseguia resolver. Vários matemáticos que examinaram seus trabalhos os rejeitaram com desprezo, considerando que seus métodos ou eram completamente sem sentido ou reapresentações de ideias já conhecidas.[6]

Sir William Preece, o engenheiro chefe da *British Post Office*, um selvagem crítico de Heaviside, ridicularizou seu trabalho como sendo muito teórico e, portanto, resultando em conclusões falhas. O trabalho de Heaviside em linhas de transmissão e carga foi recusado pelo *British Post Office* e teria sido mantido escondido se Lorde Kelvin não tivesse expressado publicamente ele mesmo admiração pelo trabalho.[6]

Os cálculos operacionais de Heaviside podem ser formalmente imprecisos, mas de fato eles anteciparam os métodos operacionais desenvolvidos em anos mais atuais.[9] Apesar de seu método não ser totalmente compreendido, ele fornecia resultados corretos. Quando Heaviside foi atacado pelo significado vago de seu cálculo ope-

---

[†] Heaviside desenvolveu a teoria de carregamento de cabo. George Campbell construiu a primeira bobina de carga, e os telefones, usando as bobinas de Campbell, estavam em operação antes de Pupin publicar seu artigo. Na briga legal sobre a patente, entretanto, Pupin ganhou a batalha devido a sua perspicaz autopromoção e pela falta de suporte legal a Campbell.

racional, sua resposta pragmática era, "Eu devo recusar meu jantar porque eu não compreendo completamente o processo digestivo?"

Heaviside viveu como um ermitão solteiro, geralmente em condições quase sub-humanas, e morreu incógnito, na pobreza. Sua vida demonstrou a arrogância persistente e esnobe do estado intelectual do momento, o qual não respeitava a criatividade a não ser que ela fosse apresentada na linguagem restrita do estado do momento.

4.2 ALGUMAS PROPRIEDADES DA TRANSFORMADA DE LAPLACE

As propriedades da transformada de Laplace são úteis não somente na determinação da transformada de funções, mas também na solução de equações lineares integro-diferenciais. Um rápido vislumbre nas Eqs. (4.2) e (4.1) mostra que existem algumas medidas de simetria na transformação de $x(t)$ em $X(s)$ e vice-versa. Essa simetria ou dualidade também aparece nas propriedades da transformada de Laplace. Esse fato ficará evidente nos desenvolvimentos a seguir.

Já apresentamos duas propriedades: linearidade [Eq. (4.4)] e a propriedade da unicidade da transformada de Laplace discutida anteriormente.

4.2-1 Deslocamento no Tempo

A propriedade de deslocamento temporal afirma que se

$$x(t) \iff X(s)$$

então para $t_0 \geq 0$

$$x(t - t_0) \iff X(s)e^{-st_0} \tag{4.19a}$$

Observe que $x(t)$ começa em $t = 0$ e, portanto, $x(t - t_0)$ começa em $t = t_0$. Este fato é implícito, mas não é explicitamente indicado na Eq. (4.19a). Isto geralmente resulta em erros inadvertidos. Para evitar esta armadilha, devemos reafirmar a propriedade como mostrado a seguir. Se

$$x(t)u(t) \iff X(s)$$

então

$$x(t - t_0)u(t - t_0) \iff X(s)e^{-st_0} \qquad t_0 \geq 0 \tag{4.19b}$$

Prova

$$\mathcal{L}[x(t - t_0)u(t - t_0)] = \int_0^\infty x(t - t_0)u(t - t_0)e^{-st}\, dt$$

fazendo $t - t_0 = \tau$, obtemos

$$\mathcal{L}[x(t - t_0)u(t - t_0)] = \int_{-t_0}^\infty x(\tau)u(\tau)e^{-s(\tau + t_0)}\, d\tau$$

Como $u(\tau) = 0$ para $\tau < 0$ e $u(\tau) = 1$ para $\tau \geq 0$, os limites de integração podem ser considerados de 0 a ∞. Portanto,

$$\mathcal{L}[x(t - t_0)u(t - t_0)] = \int_0^\infty x(\tau)e^{-s(\tau + t_0)}\, d\tau$$

$$= e^{-st_0} \int_0^\infty x(\tau)e^{-s\tau}\, d\tau$$

$$= X(s)e^{-st_0}$$

Note que $x(t - t_0)u(t - t_0)$ é o sinal $x(t)u(t)$ deslocado t_0 segundos. A propriedade de deslocamento no tempo afirma que *atrasar um sinal t_0 segundos significa multiplicar sua transformada por e^{-st_0}*.

Essa propriedade da transformada de Laplace unilateral é válida apenas para t_0 positivo, se t_0 for negativo, o sinal $x(t - t_0)u(t - t_0)$ pode ser não causal.

Podemos facilmente verificar esta propriedade no Exercício E4.1. Se o sinal da Fig. 4.2a for $x(t)u(t)$, então o sinal da Fig. 4.2b é $x(t-2)u(t-2)$. A transformada de Laplace do pulso da Fig. 4.2a é $(1/s)/(1-e^{-2s})$. Portanto, a transformada de Laplace do pulso da Fig. 4.2b é $(1/s)/(1-e^{-2s})e^{-2s}$.

A propriedade de deslocamento no tempo é muito conveniente na determinação da transformada de Laplace de funções com diferentes descrições para diferentes intervalos, tal como o exemplo a seguir demonstra.

EXEMPLO 4.5

Determine a transformada de Laplace de $x(t)$ mostrada na Fig. 4.4a.

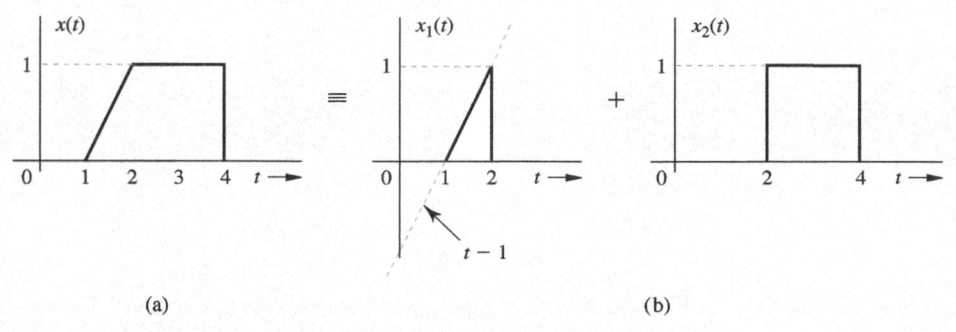

Figura 4.4 Determinação da descrição matemática da função $x(t)$.

A obtenção da descrição matemática de uma função tal como a mostrada na Fig. 4.4a é discutida na Seção 1.4. A função $x(t)$ da Fig. 4.4a pode ser descrita como a soma de duas componentes mostradas na Fig. 4.4b. A equação para a primeira componente é $t-1$ para $1 \leq t \leq 2$, de tal forma que esta componente pode ser descrita por $(t-1)[u(t-1) - u(t-2)]$. A segunda componente pode ser descrita por $u(t-2) - u(t-4)$. Portanto,

$$x(t) = (t-1)[u(t-1) - u(t-2)] + [u(t-2) - u(t-4)]$$
$$= (t-1)u(t-1) - (t-1)u(t-2) + u(t-2) - u(t-4) \quad (4.20a)$$

O primeiro termo do lado direito é o sinal $tu(t)$ deslocado por 1 segundo. Além disso, o terceiro e quarto termos são o sinal $u(t)$ deslocado por 2 e 4 segundos, respectivamente. O segundo termo, entretanto, não pode ser interpretado como uma versão atrasada de qualquer sinal da Tabela 4.1. Por esta razão, reorganizamos este termo por

$$(t-1)u(t-2) = (t-2+1)u(t-2) = (t-2)u(t-2) + u(t-2)$$

Acabamos de expressar o segundo termo na forma desejada, como sendo $tu(t)$ atrasado por 2 segundos mais $u(t)$ atrasado por 2 segundos. Com este resultado, a Eq. (4.20a) pode ser descrita por

$$x(t) = (t-1)u(t-1) - (t-2)u(t-2) - u(t-4) \quad (4.20b)$$

Aplicando a propriedade de deslocamento no tempo a $tu(t) \Longleftrightarrow 1/s^2$, obtemos

$$(t-1)u(t-1) \Longleftrightarrow \frac{1}{s^2}e^{-s} \quad \text{e} \quad (t-2)u(t-2) \Longleftrightarrow \frac{1}{s^2}e^{-2s}$$

Além disso,

$$u(t) \Longleftrightarrow \frac{1}{s} \quad \text{e} \quad u(t-4) \Longleftrightarrow \frac{1}{s}e^{-4s} \tag{4.21}$$

Logo,

$$X(s) = \frac{1}{s^2}e^{-s} - \frac{1}{s^2}e^{-2s} - \frac{1}{s}e^{-4s} \tag{4.22}$$

EXEMPLO 4.5

Determine a transformada inversa de Laplace de

$$X(s) = \frac{s+3+5e^{-2s}}{(s+1)(s+2)}$$

Observe que o termo exponencial e^{-2s} no numerador de $X(s)$ indica um atraso no tempo. Neste caso, devemos separar $X(s)$ em dois termos, com e sem o fator de atraso, ou seja,

$$X(s) = \underbrace{\frac{s+3}{(s+1)(s+2)}}_{X_1(s)} + \underbrace{\frac{5e^{-2s}}{(s+1)(s+2)}}_{X_2(s)e^{-2s}}$$

na qual

$$X_1(s) = \frac{s+3}{(s+1)(s+2)} = \frac{2}{s+1} - \frac{1}{s+2}$$

$$X_2(s) = \frac{5}{(s+1)(s+2)} = \frac{5}{s+1} - \frac{5}{s+2}$$

Portanto,

$$x_1(t) = (2e^{-t} - e^{-2t})u(t)$$
$$x_2(t) = 5(e^{-t} - e^{-2t})u(t)$$

Além disso, como

$$X(s) = X_1(s) + X_2(s)e^{-2s}$$

Podemos escrever

$$x(t) = x_1(t) + x_2(t-2)$$
$$= (2e^{-t} - e^{-2t})u(t) + 5\left[e^{-(t-2)} - e^{-2(t-2)}\right]u(t-2)$$

EXERCÍCIO E4.3

Determine a transformada de Laplace do sinal mostrado na Fig. 4.5.

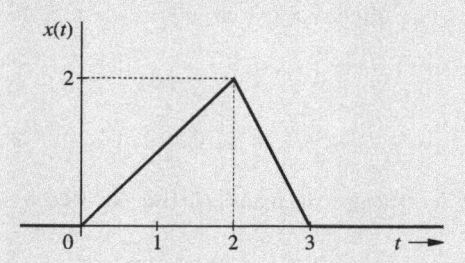

Figura 4.5

RESPOSTA

$\frac{1}{s^2}(1 - 3e^{-2s} + 2e^{-3s})$

EXERCÍCIO E4.4

Determine a transformada inversa de Laplace de

$$X(s) = \frac{3e^{-2s}}{(s-1)(s+2)}$$

RESPOSTA

$\left[e^{t-2} - e^{-2(t-2)}\right]u(t-2)$

4.2-2 Deslocamento na Frequência

A propriedade de deslocamento na frequência afirma que se

$$x(t) \iff X(s)$$

então

$$x(t)e^{s_0 t} \iff X(s - s_0) \qquad (4.23)$$

Observe a simetria (ou dualidade) entre essa propriedade e a propriedade de deslocamento no tempo (4.19a).

Prova

$$\mathcal{L}[x(t)e^{s_0 t}] = \int_{0^-}^{\infty} x(t)e^{s_0 t}e^{-st}\,dt = \int_{0^-}^{\infty} x(t)e^{-(s-s_0)t}\,dt = X(s - s_0)$$

EXEMPLO 4.6

Obtenha o par 9a da Tabela 4.1 a partir do par 8a e da propriedade de deslocamento na frequência.

O par 8a é

$$\cos bt\, u(t) \iff \frac{s}{s^2 + b^2}$$

Usando a propriedade de deslocamento na frequência [Eq. (4.23)] com $s_0 = -a$, obtemos,

$$e^{-at} \cos bt\, u(t) \iff \frac{s + a}{(s + a)^2 + b^2}$$

EXERCÍCIO E4.5

Obtenha o par 6 da Tabela 4.1 a partir do par 3 e da propriedade de deslocamento na frequência.

Estamos prontos para considerar duas das mais importantes propriedades da transformada de Laplace: diferenciação e integração no tempo.

4.2-3 Propriedade de Diferenciação no Tempo[†]

A propriedade de diferenciação no tempo afirma que se

$$x(t) \iff X(s)$$

então

$$\frac{dx}{dt} \iff sX(s) - x(0^-) \tag{4.24a}$$

A aplicação repetida dessa propriedade resulta em

$$\frac{d^2x}{dt^2} \iff s^2 X(s) - sx(0^-) - \dot{x}(0^-) \tag{4.24b}$$

$$\frac{d^n x}{dt^n} \iff s^n X(s) - s^{n-1} x(0^-) - s^{n-2} \dot{x}(0^-) - \cdots - x^{(n-1)}(0^-)$$

$$= s^n X(s) - \sum_{k=1}^{n} s^{n-k} x^{(k-1)}(0^-) \tag{4.24c}$$

na qual $x^{(r)}(0^-)$ é $d^r x/dt^r$ para $t = 0^-$.

[†] A dual da propriedade de diferenciação no tempo é a propriedade de diferenciação na frequência, a qual afirma que

$$tx(t) \iff -\frac{d}{ds} X(s)$$

Prova

$$\mathcal{L}\left[\frac{dx}{dt}\right] = \int_{0^-}^{\infty} \frac{dx}{dt} e^{-st}\, dt$$

Integrando por partes, obtemos

$$\mathcal{L}\left[\frac{dx}{dt}\right] = x(t)e^{-st}\Big|_{0^-}^{\infty} + s\int_{0^-}^{\infty} x(t) e^{-st}\, dt$$

Para que a integral de Laplace convirja [isto é, para $X(s)$ existir], é necessário que $x(t)e^{-st} \to 0$ quando $t \to \infty$ para valores de s na RDC de $X(s)$. Logo,

$$\mathcal{L}\left[\frac{dx}{dt}\right] = -x(0^-) + sX(s)$$

A aplicação repetida desse procedimento resulta na Eq. (4.24c).

EXEMPLO 4.7

Determine a transformada de Laplace do sinal $x(t)$ da Fig. 4.6a usando a Tabela 4.1 e as propriedades de diferenciação e deslocamento no tempo da transformada de Laplace.

As Figs. 4.6b e 4.6c mostram as duas primeiras derivadas de $x(t)$. Lembre-se que a derivada em um ponto de salto de continuidade é um impulso de força igual ao total do salto [veja a Eq. (1.27)]. Portanto,

$$\frac{d^2x}{dt^2} = \delta(t) - 3\delta(t-2) + 2\delta(t-3)$$

A transformada de Laplace desta equação resulta em

$$\mathcal{L}\left(\frac{d^2x}{dt^2}\right) = \mathcal{L}[\delta(t) - 3\delta(t-2) + 2\delta(t-3)]$$

Usando a propriedade de diferenciação do tempo da Eq. (4.24b), a propriedade de deslocamento no tempo (4.19a) e o fato de que $x(0^-) = \dot{x}(0^-) = 0$ e $\delta(t) \iff 1$, obtemos

$$s^2 X(s) - 0 - 0 = 1 - 3e^{-2s} + 2e^{-3s}$$

Portanto,

$$X(s) = \frac{1}{s^2}(1 - 3e^{-2s} + 2e^{-3s})$$

a qual confirma o resultado anterior do Exercício E4.3.

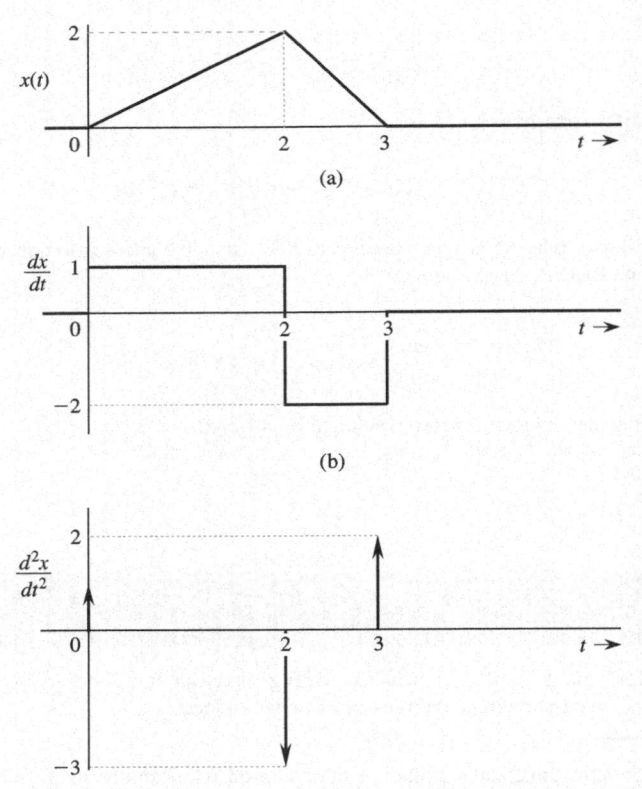

Figura 4.6 Determinação da transformada de Laplace de uma função linear por partes usando a propriedade de diferenciação no tempo.

4.2-4 Propriedade de Integração no Tempo

A propriedade de integração no tempo afirma que se

$$x(t) \iff X(s)$$

então[†]

$$\int_{0^-}^{t} x(\tau)\,d\tau \iff \frac{X(s)}{s} \qquad (4.25)$$

e

$$\int_{-\infty}^{t} x(\tau)\,d\tau \iff \frac{X(s)}{s} + \frac{\int_{-\infty}^{0^-} x(\tau)\,d\tau}{s} \qquad (4.26)$$

[†] A dual da propriedade de integração no tempo é a propriedade de integração na frequência, a qual afirma que

$$\frac{x(t)}{t} \iff \int_{s}^{\infty} X(z)\,dz$$

Prova. Definimos

$$g(t) = \int_{0^-}^{t} x(\tau)\, d\tau$$

tal que

$$\frac{d}{dt} g(t) = x(t) \quad \text{e} \quad g(0^-) = 0$$

Agora, se

$$g(t) \Longleftrightarrow G(s)$$

então

$$X(s) = \mathcal{L}\left[\frac{d}{dt} g(t)\right] = sG(s) - g(0^-) = sG(s)$$

Portanto,

$$G(s) = \frac{X(s)}{s}$$

ou

$$\int_{0^-}^{t} x(\tau)\, d\tau \Longleftrightarrow \frac{X(s)}{s}$$

Para provar a Eq. (4.26), observe que

$$\int_{-\infty}^{t} x(\tau)\, d\tau = \int_{-\infty}^{0^-} x(\tau)\, d\tau + \int_{0^-}^{t} x(\tau)\, d\tau$$

Note que o primeiro termo do lado direito é uma constante para $t \geq 0$. Determinando a transformada de Laplace da equação anterior e usando a Eq. (4.25), obtemos

$$\int_{-\infty}^{t} x(\tau)\, d\tau \Longleftrightarrow \frac{\int_{-\infty}^{0^-} x(\tau)\, d\tau}{s} + \frac{X(s)}{s}$$

ESCALAMENTO

A propriedade de escalamento afirma que se

$$x(t) \Longleftrightarrow X(s)$$

então, para a > 0

$$x(at) \Longleftrightarrow \frac{1}{a} X\left(\frac{s}{a}\right) \tag{4.27}$$

A prova é dada no Capítulo 7. Note que *a* é restrito a valores positivos porque se $x(t)$ for causal, então $x(at)$ é anticausal (zero para $t \geq 0$) para *a* negativo e sinais anticausais não são permitidos na transformada de Laplace (unilateral).

Lembre-se de que $x(at)$ é o sinal $x(t)$ comprimido no tempo pelo fator *a* e $X(s/a)$ é $X(s)$ expandido ao longo da escala *s* pelo mesmo fator *a* (veja a Seção 1.2-2). A propriedade de escalamento afirma que *a compressão no tempo de um sinal por um fator* a *causa a expansão de sua transformada de Laplace na escala s pelo mesmo fator. Similarmente, a expansão no tempo de $x(t)$ causa a compressão de $X(s)$ na escala s pelo mesmo fator.*

4.2-5 Convolução no Tempo e Convolução na Frequência

Outro par de propriedades afirma que se

$$x_1(t) \iff X_1(s) \quad \text{e} \quad x_2(t) \iff X_2(s)$$

então (*propriedade da convolução no tempo*)

$$x_1(t) * x_2(t) \iff X_1(s)X_2(s) \tag{4.28}$$

e (*propriedade da convolução na frequência*)

$$x_1(t)x_2(t) \iff \frac{1}{2\pi j}[X_1(s) * X_2(s)] \tag{4.29}$$

Observe a simetria (ou dualidade) entre as duas propriedades. As provas destas propriedades serão adiadas para o Capítulo 7.

A Eq. (2.48) indica que $H(s)$, a função de transferência de um sistema LCIT, é a transformada de Laplace da resposta $h(t)$ ao impulso do sistema, ou seja,

$$h(t) \iff H(s) \tag{4.30}$$

Se o sistema for causal, $h(t)$ é causal e, de acordo com a Eq. (2.48), $H(s)$ é a transformada de Laplace unilateral de $h(t)$. Similarmente, se o sistema for não causal, $h(t)$ é não causal e $H(s)$ é a transformada bilateral de $h(t)$.

Podemos aplicar a propriedade de convolução no tempo na relação $y(t) = x(t) * h(t)$ de entrada e saída de um LCIT para obter

$$Y(s) = X(s)H(s) \tag{4.31}$$

A resposta $y(t)$ é a resposta de estado nulo do sistema LCIT a entrada $x(t)$. A partir da Eq. (4.32), temos que

$$H(s) = \frac{Y(s)}{X(s)} = \frac{\mathcal{L}[\text{resposta de estado nulo}]}{\mathcal{L}[\text{entrada}]} \tag{4.32}$$

Esta pode ser considerada uma definição alternativa da função de transferência $H(s)$ de sistemas LCIT. Ela é a *razão da transformada da resposta de estado nulo pela transformada da entrada*.

EXEMPLO 4.8

Usando a propriedade de convolução no tempo da transformada de Laplace, determine

$$c(t) = e^{at}u(t) * e^{bt}u(t).$$

A partir da Eq. (4.28), temos que

$$C(s) = \frac{1}{(s-a)(s-b)} = \frac{1}{a-b}\left[\frac{1}{s-a} - \frac{1}{s-b}\right]$$

A transformada inversa desta equação resulta em

$$c(t) = \frac{1}{a-b}(e^{at} - e^{bt})u(t)$$

Tabela 4.2 Propriedades da transformada de Laplace

Operação	$x(t)$	$X(s)$
Adição	$x_1(t) + x_2(t)$	$X_1(s) + X_2(s)$
Multiplicação escalar	$kx(t)$	$kX(s)$
Diferenciação no tempo	$\dfrac{dx}{dt}$	$sX(s) - x(0^-)$
	$\dfrac{d^2 x}{dt^2}$	$s^2 X(s) - sx(0^-) - \dot{x}(0^-)$
	$\dfrac{d^3 x}{dt^3}$	$s^3 X(s) - s^2 x(0^-) - s\dot{x}(0^-) - \ddot{x}(0^-)$
	$\dfrac{d^n x}{dt^n}$	$s^n X(s) - \sum\limits_{k=1}^{n} s^{n-k} x^{(k-1)}(0^-)$
Integração no tempo	$\int_{0^-}^{t} x(\tau)\,d\tau$	$\dfrac{1}{s} X(s)$
	$\int_{-\infty}^{t} x(\tau)\,d\tau$	$\dfrac{1}{s} X(s) + \dfrac{1}{s} \int_{-\infty}^{0^-} x(t)\,dt$
Deslocamento no tempo	$x(t-t_0) u(t-t_0)$	$X(s) e^{-st_0} \quad t_0 \geq 0$
Deslocamento em frequência	$x(t) e^{s_0 t}$	$X(s - s_0)$
Diferenciação em frequência	$-tx(t)$	$\dfrac{dX(s)}{ds}$
Integração em frequência	$\dfrac{x(t)}{t}$	$\int_{s}^{\infty} X(z)\,dz$
Escalonamento	$x(at), a \geq 0$	$\dfrac{1}{a} X\left(\dfrac{s}{a}\right)$
Convolução no tempo	$x_1(t) * x_2(t)$	$X_1(s) X_2(s)$
Convolução na frequência	$x_1(t) x_2(t)$	$\dfrac{1}{2\pi j} X_1(s) * X_2(s)$
Valor inicial	$x(0^+)$	$\lim\limits_{s \to \infty} sX(s) \quad (n > m)$
Valor final	$x(\infty)$	$\lim\limits_{s \to 0} sX(s) \quad$ [pólo de $sX(s)$ no SPE]

VALORES INICIAL E FINAL

Em certas aplicações, é necessário conhecer os valores de $x(t)$ quando $t \to 0$ e $t \to \infty$ [valores inicial e final de $x(t)$] a partir do conhecimento de sua transformada de Laplace $X(s)$. Os teoremas do valor inicial e do valor final fornecem esta informação.

O *teorema do valor inicial* afirma que se $x(t)$ e sua derivada dx/dt podem ser transformadas por Laplace, então

$$x(0^+) = \lim_{s \to \infty} sX(s) \tag{4.33}$$

desde que o limite do lado direito da Eq. (4.33) exista.

O *teorema do valor final* afirma que se $x(t)$ e sua derivada dx/dt podem ser transformadas por Laplace, então

$$\lim_{t \to \infty} x(t) = \lim_{s \to 0} sX(s) \tag{4.34}$$

desde que $sX(s)$ não possua polos no SPD ou no eixo imaginário. Para provar estes teoremas, utilizamos a Eq. (4.24a)

$$sX(s) - x(0^-) = \int_{0^-}^{\infty} \frac{dx}{dt} e^{-st} dt$$

$$= \int_{0^-}^{0^+} \frac{dx}{dt} e^{-st} dt + \int_{0^+}^{\infty} \frac{dx}{dt} e^{-st} dt$$

$$= x(t)\Big|_{0^-}^{0^+} + \int_{0^+}^{\infty} \frac{dx}{dt} e^{-st} dt$$

$$= x(0^+) - x(0^-) + \int_{0^+}^{\infty} \frac{dx}{dt} e^{-st} dt$$

Portanto,

$$sX(s) = x(0^+) + \int_{0^+}^{\infty} \frac{dx}{dt} e^{-st} dt$$

e

$$\lim_{s \to \infty} sX(s) = x(0^+) + \lim_{s \to \infty} \int_{0^+}^{\infty} \frac{dx}{dt} e^{-st} dt$$

$$= x(0^+) + \int_{0^+}^{\infty} \frac{dx}{dt} \left(\lim_{s \to \infty} e^{-st} \right) dt$$

$$= x(0^+)$$

Comentário. O teorema do valor inicial se aplica somente se $X(s)$ for estritamente próprio ($M < N$), porque para $M \geq N$, $\lim_{s \to \infty} sX(s)$ não existe e o teorema não se aplica. Neste caso, ainda podemos determinar a resposta usando a divisão longa para descrever $X(s)$ como um polinômio em s mais uma fração estritamente própria, na qual $M < N$. Por exemplo, usando a divisão longa, podemos expressar

$$\frac{s^3 + 3s^2 + s + 1}{s^2 + 2s + 1} = (s + 1) - \frac{2s}{s^2 + 2s + 1}$$

A transformada inversa do polinômio em s é em termos de $\delta(t)$ e suas derivadas, as quais são zero para $t = 0^+$. Neste caso, a transformada inversa de $s + 1$ é $\dot{\delta}(t) + \delta(t)$. Logo, o valor desejado de $x(0^+)$ é o valor da fração (estritamente própria) desejada, para a qual o teorema do valor final pode ser aplicado. No caso apresentado,

$$x(0^+) = \lim_{s \to \infty} \frac{-2s^2}{s^2 + 2s + 1} = -2$$

Para provar o teorema do valor final, fazemos $s \to 0$ na Eq. (4.24a) para obter

$$\lim_{s \to 0}[sX(s) - x(0^-)] = \lim_{s \to 0} \int_{0^-}^{\infty} \frac{dx}{dt} e^{-st} dt = \int_{0^-}^{\infty} \frac{dx}{dt} dt$$

$$= x(t)\Big|_{0^-}^{\infty} = \lim_{t \to \infty} x(t) - x(0^-)$$

uma dedução que leva ao resultado desejado, Eq. (4.34).

Comentário. O teorema do valor final se aplica somente se os polos de $X(s)$ estiverem no SPE (incluindo $s = 0$). Se $X(s)$ possuir polos no SPD, $x(t)$ contém um termo exponencialmente crescente e $x(\infty)$ não existirá. Se existir um polo no eixo imaginário, então $x(t)$ contém um termo oscilatório e $x(\infty)$ não existirá. Entretanto, se o polo estiver na origem, então $x(t)$ contém um termo constante e, portanto, $x(\infty)$ existirá e será uma constante.

EXEMPLO 4.9

Determine os valores inicial e final de $y(t)$ se sua transformada de Laplace $Y(s)$ for dada por

$$Y(s) = \frac{10(2s+3)}{s(s^2+2s+5)}$$

As Eqs. (4.33) e (4.34) resultam em

$$y(0^+) = \lim_{s\to\infty} sY(s) = \lim_{s\to\infty} \frac{10(2s+3)}{(s^2+2s+5)} = 0$$

$$y(\infty) = \lim_{s\to 0} sY(s) = \lim_{s\to 0} \frac{10(2s+3)}{(s^2+2s+5)} = 6$$

4.3 Solução de Equações Diferenciais e Integro-Diferenciais

A propriedade de diferenciação no tempo da transformada de Laplace possibilita a resolução de equações diferenciais (ou integro-diferenciais) lineares com coeficientes constantes. Como $d^k y/dt^k \iff s^k Y(s)$, a transformada de Laplace de uma equação diferencial é uma equação algébrica que pode ser facilmente resolvida para $Y(s)$. A seguir determinamos a transformada inversa de Laplace de $Y(s)$ para obtermos a solução $y(t)$ desejada. Os exemplos a seguir demonstram o procedimento da transformada de Laplace na resolução de equações diferenciais lineares com coeficientes constantes.

EXEMPLO 4.10

Resolva a equação diferencial linear de segunda ordem

$$(D^2 + 5D + 6)y(t) = (D+1)x(t) \qquad (4.35a)$$

para as condições iniciais $y(0^-) = 2$ e $\dot{y}(0^-) = 1$ e entrada $x(t) = e^{-4t}u(t)$.

A equação é

$$\frac{d^2 y}{dt^2} + 5\frac{dy}{dt} + 6y(t) = \frac{dx}{dt} + x(t) \qquad (4.35b)$$

Considerando

$$y(t) \iff Y(s)$$

Então, a partir das Eqs. (4.24),

$$\frac{dy}{dt} \iff sY(s) - y(0^-) = sY(s) - 2$$

e

$$\frac{d^2 y}{dt^2} \iff s^2 Y(s) - sy(0^-) - \dot{y}(0^-) = s^2 Y(s) - 2s - 1$$

Além disso, para $x(t) = e^{-4t}u(t)$,

$$X(s) = \frac{1}{s+4} \quad \text{e} \quad \frac{dx}{dt} \Longleftrightarrow sX(s) - x(0^-) = \frac{s}{s+4} - 0 = \frac{s}{s+4}$$

Fazendo a transformada de Laplace da Eq. (4.35b), obtemos

$$[s^2Y(s) - 2s - 1] + 5[sY(s) - 2] + 6Y(s) = \frac{s}{s+4} + \frac{1}{s+4} \tag{4.36a}$$

Agrupando todos os termos de $Y(s)$ e mantendo os termos restantes separados no lado esquerdo, temos

$$(s^2 + 5s + 6)Y(s) - (2s + 11) = \frac{s+1}{s+4} \tag{4.36b}$$

Portanto,

$$(s^2 + 5s + 6)Y(s) = (2s + 11) + \frac{s+1}{s+4} = \frac{2s^2 + 20s + 45}{s+4}$$

e

$$Y(s) = \frac{2s^2 + 20s + 45}{(s^2 + 5s + 6)(s+4)}$$

$$= \frac{2s^2 + 20s + 45}{(s+2)(s+3)(s+4)}$$

Expandindo o lado direito em frações parciais,

$$Y(s) = \frac{13/2}{s+2} - \frac{3}{s+3} - \frac{3/2}{s+4}$$

A transformada inversa de Laplace dessa equação resulta em

$$y(t) = \left(\tfrac{13}{2}e^{-2t} - 3e^{-3t} - \tfrac{3}{2}e^{-4t}\right)u(t) \tag{4.37}$$

O Exemplo 4.10 mostra a facilidade com a qual a transformada de Laplace pode resolver equações diferenciais lineares com coeficientes constantes. O método é genérico e pode resolver uma equação diferencial linear com coeficientes constantes de qualquer ordem.

COMPONENTES DE ENTRADA NULA E ESTADO NULO DA RESPOSTA

O método da transformada de Laplace fornece a resposta total, a qual inclui as componentes de entrada nula e estado nulo. É possível separar as duas componentes se for necessário. Os termos da resposta referentes às condições iniciais são oriundos da resposta de entrada nula. Por exemplo, no Exemplo 4.10, os termos atribuídos às condições iniciais $y(0^-) = 2$ e $\dot{y}(0^-) = 1$ da Eq. (4.36a) geram a resposta de entrada nula. Esses termos são $-(2s + 11)$, como visto na Eq. (4.36b). Os termos do lado direito da equação são exclusivamente devidos à entrada. A Eq. (4.36b) é reproduzida a seguir identificando-se os termos

$$\left(s^2 + 5s + 6\right)Y(s) - (2s + 11) = \frac{s+1}{s+4}$$

de tal forma que

$$\left(s^2 + 5s + 6\right)Y(s) = \underbrace{(2s + 11)}_{\text{termos de condições iniciais}} + \underbrace{\frac{s+1}{s+4}}_{\text{termos de entrada}}$$

Logo

$$Y(s) = \underbrace{\frac{2s+11}{s^2+5s+6}}_{\text{componente de entrada nula}} + \underbrace{\frac{s+1}{(s+4)(s^2+5s+6)}}_{\text{componente de estado nulo}}$$

$$= \left[\frac{7}{s+2} - \frac{5}{s+3}\right] + \left[\frac{-1/2}{s+2} + \frac{2}{s+3} - \frac{3/2}{s+4}\right]$$

Obtendo a transformada inversa desta equação,

$$y(t) = \underbrace{\left(7e^{-2t} - 5e^{-3t}\right)u(t)}_{\text{resposta de entrada nula}} + \underbrace{\left(-\tfrac{1}{2}e^{-2t} + 2e^{-3t} - \tfrac{3}{2}e^{-4t}\right)u(t)}_{\text{resposta de estado nulo}}$$

COMENTÁRIOS SOBRE AS CONDIÇÕES INICIAIS EM 0^- E 0^+

As condições iniciais no Exemplo 4.10 são $y(0^-) = 2$ e $\dot{y}(0^-) = 1$. Se fizermos $t = 0$ na resposta total da Eq. (4.37), obteremos $y(0) = 2$ e $\dot{y}(0) = 2$, as quais não são as condições iniciais dadas. Por quê? Porque as condições iniciais são dadas para $t = 0^-$ (exatamente antes da entrada ser aplicada), quando apenas a resposta de entrada nula está presente. A resposta de estado nulo é o resultado da entrada $x(t)$ aplicada em $t = 0$. Logo, essa componente não existe para $t = 0^-$. Consequentemente, as condições iniciais para $t = 0^-$ são satisfeitas pela resposta de entrada nula, não pela resposta total. Podemos facilmente verificar neste exemplo que a resposta de entrada nula realmente satisfaz das condições iniciais dadas para $t = 0^-$. É a resposta total que satisfaz as condições iniciais para $t = 0^+$, as quais geralmente são diferentes das condições iniciais para 0^-.

Também existe uma versão $\mathcal{L}_+$ da transformada de Laplace, a qual utiliza as condições iniciais em $t = 0^+$ em vez de 0^- (como no nosso caso da $\mathcal{L}_-$). A versão $\mathcal{L}_+$, a qual estava em voga até o começo da década de 1960, é idêntica à versão $\mathcal{L}_-$, exceto pelos limites da integral de Laplace [Eq. (4.8)] que são de 0^+ a ∞. Logo, por definição, a origem $t = 0$ é excluída do domínio. Esta versão ainda em uso em alguns livros de matemática apresenta algumas sérias dificuldades. Por exemplo, a transformada de Laplace de $\delta(t)$ é zero porque $\delta(t) = 0$ para $t \geq 0^+$. Além disso, esta abordagem é difícil no estudo teórico de sistemas lineares, pois a resposta obtida não pode ser separada em componentes de entrada nula e estado nulo. Pelo que sabemos, a componente de estado nulo representa a resposta do sistema a uma função explícita na entrada e sem conhecer esta componente não é possível acessar os efeitos da entrada na resposta do sistema de forma geral. A versão $\mathcal{L}_+$ pode separar a resposta em termos de componentes natural e forçada, as quais não são tão interessantes quanto as componentes de entrada nula e estado nulo. Observe que nós sempre podemos determinar as componentes natural e forçada das componentes de entrada nula e estado nulo [veja as Eqs. (2.52)], mas o inverso não é verdadeiro. Devido a este e outros problemas, engenheiros eletricistas (sabiamente) começaram a descartar a versão $\mathcal{L}_+$ no início da década de 60.

É interessante observar os duais no domínio do tempo destas duas versões de Laplace. O método clássico é dual ao método $\mathcal{L}_+$, e o método da convolução (entrada nula/estado nulo) é o dual do método $\mathcal{L}_-$. O primeiro par (o método clássico e a versão $\mathcal{L}_+$) é inadequado ao estudo teórico de análise de sistemas lineares. Não é coincidência que a versão $\mathcal{L}_-$ tenha sido imediatamente adotada após a introdução na comunidade da engenharia elétrica da análise de espaço de estados (a qual utiliza a separação da saída em entrada nula/estado nulo).

EXERCÍCIO E4.6

Resolva

$$\frac{d^2y}{dt^2} + 4\frac{dy}{dt} + 3y(t) = 2\frac{dx}{dt} + x(t)$$

para a entrada $x(t) = u(t)$. As condições iniciais são $y(0^-) = 1$ e $\dot{y}(0^-) = 2$.

RESPOSTA

$y(t) = \tfrac{1}{3}(1 + 9e^{-t} - 7e^{-3t})u(t)$

EXEMPLO 4.11

No circuito da Fig. 4.7a, a chave está na posição fechada por um longo tempo antes de $t = 0$, quando é aberta instantaneamente. Determine a corrente $y(t)$ do indutor para $t \geq 0$.

Quando a chave está na posição fechada (por um longo tempo), a corrente do indutor é 2 amperes e a tensão do capacitor é 10 volts. Quando a chave é aberta, o circuito é equivalente ao mostrado na Fig. 4.7b, com corrente inicial no indutor $y(0^-) = 2$ e tensão inicial no capacitor $v_c(0^-) = 10$. A tensão de entrada é 10 volts, começando em $t = 0$ e, portanto, pode ser representada por $10u(t)$.

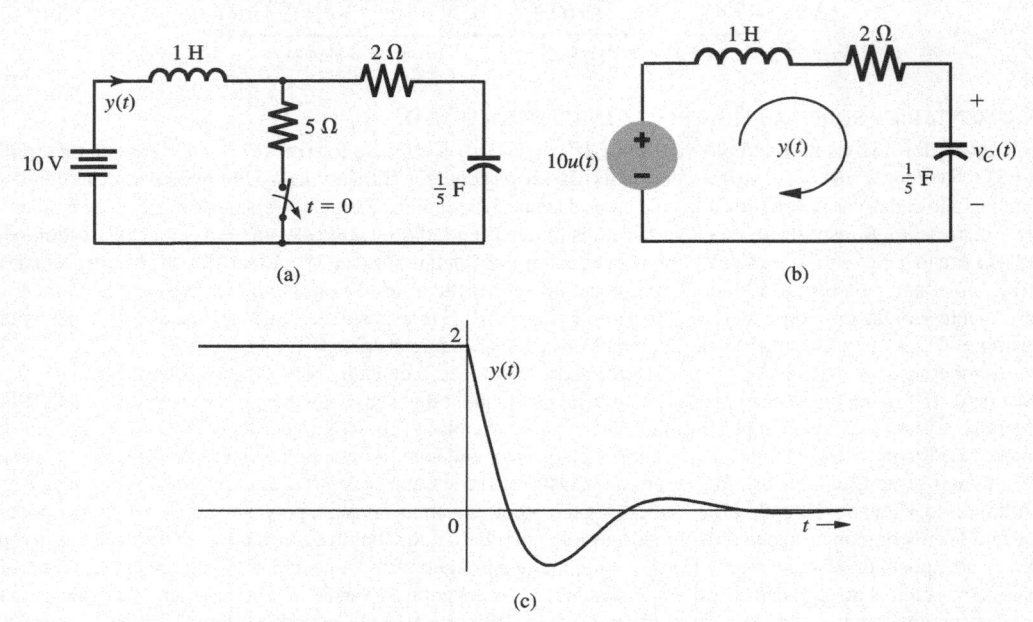

Figura 4.7 Análise de um circuito com a ação de uma chave.

A equação de malha do circuito da Fig. 4.7b é

$$\frac{dy}{dt} + 2y(t) + 5 \int_{-\infty}^{t} y(\tau)\, d\tau = 10u(t) \tag{4.38}$$

Se

$$y(t) \Longleftrightarrow Y(s) \tag{4.39a}$$

então

$$\frac{dy}{dt} \Longleftrightarrow sY(s) - y(0^-) = sY(s) - 2 \tag{4.39b}$$

e [veja a Eq. (4.26)]

$$\int_{-\infty}^{t} y(\tau)\, d\tau \Longleftrightarrow \frac{Y(s)}{s} + \frac{\int_{-\infty}^{0^-} y(\tau)\, d\tau}{s} \tag{4.39c}$$

Como $y(t)$ é a corrente do capacitor, a integral é $q_c(0^-)$, a carga do capacitor para $t = 0^-$, dada por C vezes a tensão do capacitor em $t = 0^-$. Portanto,

$$\int_{-\infty}^{0^-} y(\tau)\,d\tau = q_C(0^-) = Cv_C(0^-) = \tfrac{1}{5}(10) = 2$$

Da Eq. (4.39), temos

$$\int_{-\infty}^{t} y(\tau)\,d\tau \iff \frac{Y(s)}{s} + \frac{2}{s} \tag{4.40}$$

Obtendo a transformada de Laplace da Eq. (4.38) e usando as Eqs. (4.39a), (4.39b) e (4.40), obtemos

$$sY(s) - 2 + 2Y(s) + \frac{5Y(s)}{s} + \frac{10}{s} = \frac{10}{s}$$

ou

$$\left[s + 2 + \frac{5}{s}\right] Y(s) = 2$$

e

$$Y(s) = \frac{2s}{s^2 + 2s + 5}$$

Para determinar a transformada inversa de Laplace de $Y(s)$, usamos o par 10c (Tabela 4.1) com valores $A = 2, B = 0, a = 1$ e $c = 5$, respultando em

$$r = \sqrt{\tfrac{20}{4}} = \sqrt{5}, \quad b = \sqrt{c - a^2} = 2 \quad \text{e} \quad \theta = \tan^{-1}\left(\tfrac{2}{4}\right) = 26{,}6°$$

Portanto,

$$y(t) = \sqrt{5}e^{-t}\cos(2t + 26{,}6°)u(t)$$

Esta resposta está mostrada na Fig. 4.7c.

Comentário. Em nossas discussões até este ponto, multiplicamos os sinais de entrada por $u(t)$, indicando que estes sinais são zero antes de $t = 0$. Esta é uma restrição sem necessidade. Estes sinais podem ter qualquer valor arbitrário antes de $t = 0$. Enquanto as condições iniciais para $t = 0$ forem especificadas, precisamos conhecer apenas a entrada para $t \geq 0$ para calcular a resposta para $t \geq 0$. Alguns autores utilizam a notação $1(t)$ para representar uma função que é igual a $u(t)$ para $t \geq 0$ e que possui um valor arbitrário para t negativo. Nós nos abstemos de utilizar esta notação para evitar uma possível confusão, desnecessária, causada pela introdução de uma nova função, a qual é muito similar a $u(t)$.

4.3-1 Resposta de Estado Nulo

Considere um sistema LCIT de ordem N, especificado pela equação

$$Q(D)y(t) = P(D)x(t)$$

ou

$$(D^N + a_1 D^{N-1} + \cdots + a_{N-1}D + a_N)y(t) = (b_0 D^N + b_1 D^{N-1} + \cdots + b_{N-1}D + b_N)x(t) \tag{4.41}$$

Determinaremos, agora, a expressão genérica para a resposta de estado nulo de um sistema LCIT. A resposta $y(t)$ de estado nulo, por definição, é a resposta do sistema a uma entrada quando o sistema está inicialmente relaxado (em estado nulo). Portanto, $y(t)$ satisfaz a equação (4.41) do sistema com condições iniciais nulas.

$$y(0^-) = \dot{y}(0^-) = \ddot{y}(0^-) = \cdots = y^{(N-1)}(0^-) = 0$$

Além disso, a entrada $x(t)$ é causal, portanto,

$$x(0^-) = \dot{x}(0^-) = \ddot{x}(0^-) = \cdots = x^{(N-1)}(0^-) = 0$$

Considerando

$$y(t) \Longleftrightarrow Y(s) \quad \text{e} \quad x(t) \Longleftrightarrow X(s)$$

Devido às condições iniciais nulas

$$D^r y(t) = \frac{d^r}{dt^r} y(t) \Longleftrightarrow s^r Y(s)$$

$$D^k x(t) = \frac{d^k}{dt^k} x(t) \Longleftrightarrow s^k X(s)$$

Portanto, a transformada de Laplace da Eq. (4.41) resulta em

$$(s^N + a_1 s^{N-1} + \cdots + a_{N-1} s + a_N) Y(s) = (b_0 s^N + b_1 s^{N-1} + \cdots + b_{N-1} s + b_N) X(s)$$

ou

$$Y(s) = \frac{b_0 s^N + b_1 s^{N-1} + \cdots + b_{N-1} s + b_N}{s^N + a_1 s^{N-1} + \cdots + a_{N-1} s + a_N} X(s) \tag{4.42a}$$

$$= \frac{P(s)}{Q(s)} X(s) \tag{4.42b}$$

Mas mostramos na Eq. (4.31) que $Y(s) = H(s)X(s)$. Consequentemente,

$$H(s) = \frac{P(s)}{Q(s)} \tag{4.43}$$

Esta é a função de transferência de um sistema diferencial linear especificado na Eq. (4.41). O mesmo resultado foi obtido anteriormente na Eq. (2.50) usando uma abordagem alternativa (domínio do tempo).

Mostramos que $Y(s)$, a transformada de Laplace da resposta $y(t)$ de estado nulo, é o produto de $X(s)$ e $H(s)$, em que $X(s)$ é a transformada de Laplace da entrada $x(t)$ e $H(s)$ é a função de transferência do sistema [relacionando uma saída $y(t)$ particular com a entrada $x(t)$].

Interpretação Intuitiva da Transformada de Laplace

Até este momento, tratamos a transformada de Laplace como uma máquina, a qual converte equações integro-diferenciais lineares em equações algébricas. Ainda não existe entendimento físico de como a transformada faz isto ou sobre o que ela significa.

No Capítulo 2, Eq. (2.47), mostramos que a resposta de um sistema LIT a uma exponencial de duração infinita e^{st} é $H(s)e^{st}$. Se pudermos expressar todo sinal como uma combinação linear de exponenciais de duração infinita de forma e^{st}, então poderemos obter facilmente a resposta do sistema a qualquer entrada. Por exemplo, se

$$x(t) = \sum_{k=1}^{K} X(s_i) e^{s_i t}$$

A resposta do sistema LCIT cuja entrada é $x(t)$ é dada por

$$y(t) = \sum_{k=1}^{K} X(s_i) H(s_i) e^{s_i t}$$

CAPÍTULO 4 ANÁLISE DE SISTEMAS EM TEMPO CONTÍNUO USANDO A TRANSFORMADA DE LAPLACE   341

$x(t) \xrightarrow{} \boxed{\mathcal{L}} \xrightarrow{X(s)} \boxed{H(s)} \xrightarrow{Y(s) = H(s)X(s)} \boxed{\mathcal{L}^{-1}} \xrightarrow{} y(t)$

Expresse $x(t)$ como a soma de exponenciais de duração infinita

A resposta do sistema à componente exponencial $X(s)e^{st}$ é $H(s)X(s)e^{st}$

A soma de todos as respostas às exponenciais resulta na saída $y(t)$

(a)

$X(s) \xrightarrow{} \boxed{H(s)} \xrightarrow{Y(s) = H(s)X(s)}$

(b)

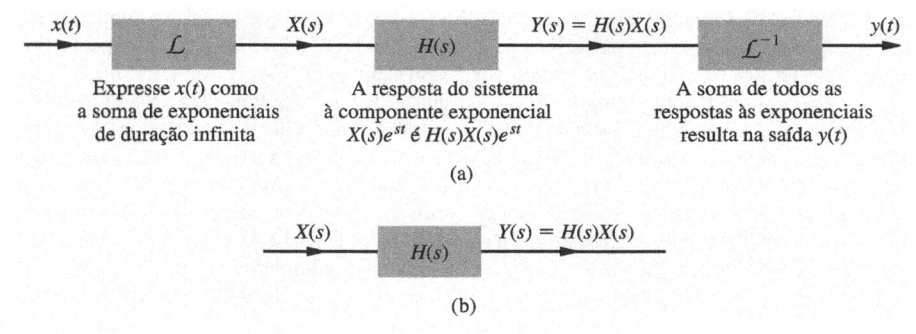

Figura 4.8 Interpretação alternativa da transformada de Laplace.

Infelizmente, apenas uma pequena classe de sinais pode ser expressa nessa forma. Entretanto, podemos expressar quase todos os sinais de utilidade prática com a soma de exponenciais de duração infinita sobre uma faixa contínua de frequências. Isso é precisamente o que a transformada de Laplace da Eq. (4.2) faz,

$$x(t) = \frac{1}{2\pi j} \int_{c-j\infty}^{c+j\infty} X(s)e^{st}\, ds \qquad (4.44)$$

Utilizando a propriedade da linearidade da transformada de Laplace, nós podemos determinar a resposta $y(t)$ do sistema a entrada $x(t)$ da Eq. (4.44) como[†]

$$\begin{aligned} y(t) &= \frac{1}{2\pi j} \int_{c'-j\infty}^{c'+j\infty} X(s)H(s)e^{st}\, ds \\ &= \mathcal{L}^{-1} X(s)H(s) \end{aligned} \qquad (4.45)$$

Claramente,

$$Y(s) = X(s)H(s)$$

Podemos, agora, representar a versão transformada do sistema, como mostrado na Fig. 4.8a. A entrada $X(s)$ é a transformada de Laplace de $x(t)$ e a saída $Y(s)$ é a transformada de Laplace de $y(t)$ (resposta de estado nulo). O sistema é descrito pela função de transferência $H(s)$. A saída $Y(s)$ é o produto $X(s)H(s)$.

Lembre-se que s é a frequência complexa de e^{st}. Isso explica o porque do método da transformada de Laplace também ser chamado de método do *domínio da frequência*. Observe que $X(s)$, $Y(s)$ e $H(s)$ são as representações no domínio da frequência de $x(t)$, $y(t)$ e $h(t)$, respectivamente. Podemos imaginar as caixas marcadas com $\mathcal{L}$ e $\mathcal{L}^{-1}$ da Fig. 4.8a como interfaces que convertem as entidades no domínio do tempo nas entidades correspondentes no domínio da frequência e vice-versa. Todos os sinais da vida real começam no domínio do tempo e as respostas finais também devem estar no domínio do tempo. Inicialmente nós convertemos as entradas no domínio do tempo para suas equivalentes no domínio da frequência. O problema é, então, resolvido no domínio da frequência, resultando na resposta $Y(s)$. Finalmente, convertemos $Y(s)$ para $y(T)$. A resolução do problema é relativamente mais simples no domínio da frequência do que no domínio do tempo. Deste ponto em diante, iremos omitir a representação explícita das caixas de interface $\mathcal{L}$ e $\mathcal{L}^{-1}$ representando os sinais e sistemas no domínio da frequência, como mostrado na Fig. 4.8b.

A CONDIÇÃO DE DOMINÂNCIA

Nesta interpretação intuitiva da transformada de Laplace, um problema deve ter permanecido na cabeça do leitor. Na Seção 2.5 (solução clássica de equações diferenciais), mostramos na Eq. (2.57) que a resposta de um sistema LIT a entrada e^{st} é $H(s)e^{st}$ mais os termos de modos característicos. Na interpretação intuitiva, a resposta do sistema LIT foi determinada somando-se as respostas do sistema a todas as infinitas componentes exponenciais da entrada. Estas componentes exponenciais são da forma e^{st}, começando em $t = -\infty$. Mostramos na Eq. (2.47) que a resposta a uma entrada de duração infinita e^{st} também é uma exponencial de duração infinita $H(s)e^{st}$. Mas esse resultado não entra em conflito com o resultado da Eq. (2.57)? Por que não existem termos de modos

---
[†] Lembre-se de que $H(s)$ possui sua própria região de validade. Logo, os limites de integração para a integral da Eq. (4.44) são modificados na Eq. (4.45) para acomodar a região de existência (validade) de $X(s)$ e $H(s)$.

característicos na Eq. (2.47), como predito pela Eq. (2.57)? A resposta é que os termos de modos também *estão* presentes. A resposta do sistema a uma entrada de duração infinita e^{st} de fato é uma exponencial de duração infinita $H(s)e^{st}$ mais termos de modos. Todos esses sinais começam em $t = -\infty$. Agora, se um modo $e^{\lambda_i t}$ é tal que decai mais rápido (ou cresce mais lento) do que e^{st}, ou seja, se Re $\lambda_i <$ Re s, então após algum intervalo de tempo e^{st} será preponderantemente mais forte do que $e^{\lambda_i t}$ e, portanto, irá dominar completamente este termo de modo. Neste caso, para qualquer tempo finito (o qual é um longo tempo após o começo em $t = -\infty$), podemos ignorar os termos de modo e dizer que a reposta completa é $H(s)e^{st}$. Logo, podemos reconciliar a Eq. (2.47) com a Eq. (2.57) somente se a *condição de dominância* for satisfeita, isto é, se Re $\lambda_i <$ Re s para todo i. Se a condição de dominância não for satisfeita, o termo de modo domina e^{st} e a Eq. (2.47) não será válida.[10]

Um exame cuidadoso mostra que a condição de dominância está implícita na Eq. (2.47). Em função do aviso da Eq. (2.47), na qual a resposta de um sistema LCIT a uma exponencial de duração infinita e^{st} é $H(s)e^{st}$, desde que $H(s)$ exista (ou convirja). Podemos mostrar que esta condição leva à condição de dominância. Se um sistema possui raízes características, $\lambda_1, \lambda_2,..., \lambda_N$, então $h(t)$ é constituído de exponenciais na forma $e^{\lambda_i t}$ ($i = 1, 2,..., N$) e a convergência de $H(s)$ requer que Re $s >$ Re λ_i para $i = 1, 2,..., N$, que é exatamente a condição de dominância. Claramente, a condição de dominância está implícita na Eq. (2.47) e também em toda a fábrica de transformadas de Laplace. É interessante notar que a elegante estrutura de convergência da transformada de Laplace esteja encravada em uma origem tão mundana, de forma tão humilde, como a Eq. (2.57).

EXEMPLO 4.12

Determine a resposta $y(t)$ de um sistema LCIT descrito pela equação

$$\frac{d^2y}{dt^2} + 5\frac{dy}{dt} + 6y(t) = \frac{dx}{dt} + x(t)$$

se a entrada for $x(t) = 3e^{-5t}u(t)$ e todas as condições iniciais forem zero, ou seja, o sistema está no estado nulo.

A equação do sistema é

$$\underbrace{(D^2 + 5D + 6)}_{Q(D)} y(t) = \underbrace{(D + 1)}_{P(D)} x(t)$$

Portanto,

$$H(s) = \frac{P(s)}{Q(s)} = \frac{s+1}{s^2 + 5s + 6}$$

Além disso,

$$X(s) = \mathcal{L}[3e^{-5t}u(t)] = \frac{3}{s+5}$$

e

$$Y(s) = X(s)H(s) = \frac{3(s+1)}{(s+5)(s^2+5s+6)}$$

$$= \frac{3(s+1)}{(s+5)(s+2)(s+3)}$$

$$= \frac{-2}{s+5} - \frac{1}{s+2} + \frac{3}{s+3}$$

A transformada inversa de Laplace dessa equação é

$$y(t) = (-2e^{-5t} - e^{-2t} + 3e^{-3t})u(t)$$

EXEMPLO 4.13

Mostre que a função de transferência de
(a) um atrasador ideal de T segundos é e^{-sT}
(b) um diferenciador ideal é s
(c) um integrador ideal é $1/s$

(a) **Atrasador ideal**. Para um atrasador ideal de T segundos, a entrada $x(t)$ e a saída $y(t)$ estão relacionadas por

$$y(t) = x(t - T)$$

ou

$$Y(s) = X(s)e^{-sT} \qquad [\text{veja Eq. (4.19a)}]$$

Portanto,

$$H(s) = \frac{Y(s)}{X(s)} = e^{-sT} \tag{4.46}$$

(b) **Diferenciador ideal**. Para um diferenciador ideal, a entrada $x(t)$ e a saída $y(t)$ estão relacionadas por

$$y(t) = \frac{dx}{dt}$$

A transformada de Laplace dessa expressão resulta em

$$Y(s) = sX(s) \qquad [x(0^-) = 0 \text{ para um sinal causal}]$$

e

$$H(s) = \frac{Y(s)}{X(s)} = s \tag{4.47}$$

(c) **Integrador Ideal**. Para um integrador ideal com estado inicial nulo, ou seja, $y(0^-) = 0$,

$$y(t) = \int_0^t x(\tau)\,d\tau$$

e

$$Y(s) = \frac{1}{s}X(s)$$

Portanto,

$$H(s) = \frac{1}{s} \tag{4.48}$$

EXERCÍCIO E4.7

Para um sistema LCIT com função de transferência

$$H(s) = \frac{s+5}{s^2 + 4s + 3}$$

(a) Descreva a equação diferencial que relaciona a entrada $x(t)$ e a saída $y(t)$.

(b) Determine a resposta $y(t)$ do sistema a entrada $x(t) = e^{-2t}u(t)$ se o sistema estiver inicialmente em estado nulo.

RESPOSTAS

(a) $\dfrac{d^2y}{dt^2} + 4\dfrac{dy}{dt} + 3y(t) = \dfrac{dx}{dt} + 5x(t)$

(b) $y(t) = (2e^{-t} - 3e^{-2t} + e^{-3t})u(t)$

4.3-2 Estabilidade

A Eq. (4.43) mostra que o denominador de $H(s)$ é $Q(s)$, o qual é aparentemente idêntico ao polinômio característico $Q(\lambda)$ definido no Capítulo 2. Isso significa que o denominador de $H(s)$ é o polinômio característico do sistema? Isso pode ou não ser o caso. Se $P(s)$ e $Q(s)$ possuírem fatores comuns, eles irão se cancelar e o denominador efetivo de $H(s)$ não será necessariamente igual a $Q(s)$. Lembre-se também de que a função de transferência $H(s)$ do sistema, tal como $h(t)$, é definida em termos de medidas nos terminais externos. Consequentemente, $H(s)$ e $h(t)$ são descrições externas do sistema. Por outro lado, o polinômio característico $Q(s)$ é uma descrição interna. Claramente, podemos determinar apenas a estabilidade externa, ou seja, a estabilidade BIBO, a partir de $H(s)$. Se todos os polos de $H(s)$ estiverem no SPE, todos os termos em $h(t)$ são exponenciais decrescentes e $h(t)$ é absolutamente integrável [veja a Eq. (2.64)].[†11] Consequentemente, o sistema é BIBO estável, caso contrário o sistema é BIBO instável.

Até este momento, assumimos que $H(s)$ é uma função própria, ou seja, $M \leq N$. Mostraremos agora que se $H(s)$ for imprópria, ou seja, se $M > N$, o sistema é BIBO instável. Neste caso, usando divisão longa, obtemos $H(s) = R(s) + H'(s)$, onde $R(s)$ é um polinômio de ordem $(M - N)$ e $H'(s)$ é uma função de transferência própria. Por exemplo,

$$H(s) = \frac{s^3 + 4s^2 + 4s + 5}{s^2 + 3s + 2} = s + \frac{s^2 + 2s + 5}{s^2 + 3s + 2} \tag{4.49}$$

Como mostrado na Eq. (4.47), o termo s é a função de transferência de um diferenciador ideal. Se aplicarmos uma função degrau (entrada limitada) ao sistema, a saída irá conter um impulso (saída ilimitada). Obviamente o

Tenha cuidado com polos no SPD!

[†] Valores de s nos quais $H(s)$ é ∞ são os polos de $H(s)$. Portanto, os polos de $H(s)$ são os valores de s para os quais o denominador de $H(s)$ é zero.

sistema é BIBO instável. Além disso, este tipo de sinal amplifica muito o ruído, pois a diferenciação amplifica altas frequências, as quais geralmente são predominantes em um sinal de ruído. Estas são duas boas razões para evitarmos sistemas impróprios ($M > N$). Em nossas discussões futuras assumiremos implicitamente que os sistemas são próprios, a não ser que dito o contrário.

Se $P(s)$ e $Q(s)$ não possuírem fatores comuns, então o denominador de $H(s)$ é idêntico a $Q(s)$, o polinômio característico do sistema. Neste caso podemos determinar a estabilidade interna usando o critério descrito na Seção 2.6. Portanto, se $P(s)$ e $Q(s)$ não possuírem fatores comuns, o critério de estabilidade assintótica da Seção 2.6 pode ser reafirmado em termos dos polos da função de transferência do sistema, como mostrado a seguir:

1. Um sistema LCIT é assintoticamente estável se e somente se todos os polos de sua função de transferência $H(s)$ estiverem no SPE. Os polos podem ser simples ou repetidos.

2. Um sistema LCIT é instável se e somente se uma ou as duas condições a seguir existirem: (i) ao menos um polo de $H(s)$ está no SPD; (ii) existirem polos repetidos de $H(s)$ no eixo imaginário.

3. Um sistema LCIT é marginalmente estável se e somente se não existirem polos de $H(s)$ no SPD e alguns polos não repetidos estiverem no eixo imaginário.

A localização dos zeros de $H(s)$ não é importante na determinação da estabilidade do sistema.

EXEMPLO 4.14

A Fig. 4.9a mostra uma conexão em cascata de dois sistema LCIT, o sistema $\mathcal{S}_1$ seguido por $\mathcal{S}_2$. As funções de transferência destes sistemas são $H_1(s) = 1/(s - 1)$ e $H_2(s) = (s - 1)/(s + 1)$, respectivamente. Vamos determinar a estabilidade BIBO e assintótica do sistema composto.

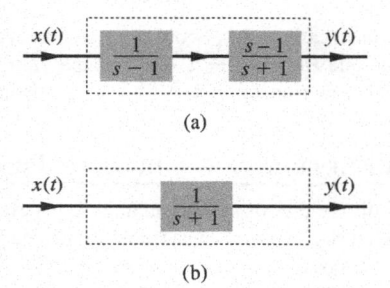

Figura 4.9 Distinção entre estabilidade BIBO e assintótica.

Se as respostas ao impulso de $\mathcal{S}_1$ e $\mathcal{S}_2$ são $h_1(t)$ e $h_2(t)$, respectivamente, então, a resposta ao impulso do sistema total é $h(t) = h_1(t) * h_2(t)$. Logo, $H(s) = H_1(s)H_2(s)$. No caso apresentado,

$$H(s) = \left(\frac{1}{s-1}\right)\left(\frac{s-1}{s+1}\right) = \frac{1}{s+1}$$

O polo de $\mathcal{S}_1$ em $s = 1$ cancela com o zero em $s = 1$ de $\mathcal{S}_2$, resultando em um sistema composto com um único polo em $s = -1$. Se o sistema composto for colocado dentro de uma caixa preta com apenas os terminas de entrada e saída disponíveis, qualquer medida a partir destes terminais externos irá mostrar que a função de transferência do sistema é $1/(s + 1)$, sem qualquer dica sobre o fato do sistema englobar um sistema instável (Fig. 4.9b).

A resposta ao impulso do sistema é $h(t) = e^{-t}u(t)$, a qual é absolutamente integrável. Consequentemente, o sistema é BIBO estável.

Para determinar a estabilidade assintótica, observamos que $\mathcal{S}_1$ possui uma raiz característica em 1 e $\mathcal{S}_2$ também possui uma raiz em -1. Lembre-se que os dois sistemas são independentes (um não carrega o outro), e os modos característicos gerados em cada subsistema são independentes do outro. Desta forma, o modo e^t não será eliminado pela presença de $\mathcal{S}_2$. Logo, o sistema composto terá duas raízes características, localizadas em ± 1, e o sistema é assintoticamente instável, apesar de ser BIBO estável.

A alteração das posições de $\mathcal{S}_1$ e $\mathcal{S}_2$ não fará diferença nesta conclusão. Este exemplo mostra que a estabilidade BIBO pode enganar. Se um sistema for assintoticamente instável, ele irá se destruir (ou, mais provavelmente, chegará a uma condição de saturação) em função do crescimento indefinido da resposta devido a condições iniciais, desejadas ou não. A estabilidade BIBO não irá salvar o sistema. Sistemas de controle geralmente são compensados para realizar certas características desejadas. Nunca deve-se tentar estabilizar um sistema instável pelo cancelamento de seus polos no SPD através da colocação de zeros no SPD. Esta tentativa irá falhar, não devido a impossibilidade prática de cancelamento exato, mas por uma razão mais fundamental, tal como explicado neste exemplo.

EXERCÍCIO E4.8
Mostre que um integrador ideal é marginalmente estável mas BIBO instável.

4.3-3 Sistemas Inversos

Se $H(s)$ é a função de transferência de um sistema $\mathcal{S}$, então $\mathcal{S}_i$, o sistema inverso possui uma função de transferência $H_i(s)$ dada por

$$H_i(s) = \frac{1}{H(s)}$$

Esta equação segue do fato de que a cascata de $\mathcal{S}$ com seu sistema inverso $\mathcal{S}_i$ é um sistema identidade, com resposta impulsiva $\delta(t)$, implicando que $H(s)H_i(s) = 1$. Por exemplo, um integrador ideal e sua inversa, um diferenciador integral, possuem funções de transferência $1/s$ e s, respectivamente, resultando em $H(s)H_i(s) = 1$.

4.4 ANÁLISE DE CIRCUITOS ELÉTRICOS: O CIRCUITO TRANSFORMADO

O Exemplo 4.10 mostra como circuitos elétricos podem ser analisados escrevendo as equações integro-diferenciais do sistema e, então, resolvendo estas equações pela transformada de Laplace. Mostraremos agora que também é possível analisar circuitos elétricos diretamente, sem ser necessário escrever as equações integro-diferenciais. Este procedimento é consideravelmente mais simples, pois ele nos permite tratar um circuito elétrico qualquer como se ele fosse um circuito resistivo. Para isto, precisamos representar o circuito no "domínio da frequência" no qual todas as tensões e correntes são representadas por suas transformadas de Laplace.

Para efeito de simplicidade, iremos discutir o caso de condições iniciais nulas. Se $v(t)$ e $i(t)$ são a tensão e corrente em um indutor de L henries, então

$$v(t) = L\frac{di}{dt}$$

A transformada de Laplace desta equação (assumindo corrente inicial zero) é

$$V(s) = LsI(s)$$

Similarmente, para um capacitor de C farads, a relação tensão-corrente é $i(t) = c(dv/dt)$ e sua transformada de Laplace, assumindo tensão inicial no capacitor zero, resulta em $I(s) = CsV(s)$, ou seja,

$$V(s) = \frac{1}{Cs}I(s)$$

Para um resistor de R ohms, a relação tensão-corrente é $v(t) = Ri(t)$, e sua transformada de Laplace é

$$V(s) = RI(s)$$

Portanto, no "domínio da frequência", as relações de tensão-corrente de um indutor e de um capacitor são algébricas. Estes elementos se comportam como resistores de "resistência" Ls e $1/Cs$, respectivamente. A resistência generalizada de um elemento é chamada de *impedância*, sendo dada pela razão $V(s)/I(s)$ para o elemento (considerando condições iniciais nulas). As impedâncias de um resistor de R ohms, um indutor de L henries e um capacitor de C farads são R, Ls e $1/Cs$, respectivamente.

Além disso, as restrições de conexão (leis de Kirchhoff) permanecem válidas para tensões e correntes no domínio da frequência. Para demonstrar este ponto, seja $v_j(t)$ $(j = 1, 2,..., k)$ a tensão em k elementos em uma malha e seja $i_j(t)$ $(j = 1, 2,..., k)$ as j correntes entrando em um nó. Então,

$$\sum_{j=1}^{k} v_j(t) = 0 \quad \text{e} \quad \sum_{j=1}^{m} i_j(t) = 0$$

Agora se

$$v_j(t) \iff V_j(s) \quad \text{e} \quad i_j(t) \iff I_j(s)$$

então

$$\sum_{j=1}^{k} V_j(s) = 0 \quad \text{e} \quad \sum_{j=1}^{m} I_j(s) = 0 \tag{4.50}$$

Este resultado mostra que se representarmos todas as tensões e correntes em um circuito elétrico por suas transformadas de Laplace, podemos tratar o circuito como se ele fosse constituído pelas "resistências" R, Ls e $1/Cs$, correspondendo ao resistor R, ao indutor L e ao capacitor C, respectivamente. As equações do sistema (malha ou nó) são, agora, algébricas. Além disso, técnicas de simplificação que foram desenvolvidas para circuitos resistivos — impedância equivalente série ou paralelo, regras de divisão de tensão ou corrente, teoremas de Thévenin e Norton — podem ser aplicadas a circuitos elétricos gerais. Os exemplos a seguir mostrarão estes conceitos.

EXEMPLO 4.15

Determine a corrente de malha $i(t)$ no circuito mostrado na Fig. 4.10a se todas as condições iniciais forem nulas.

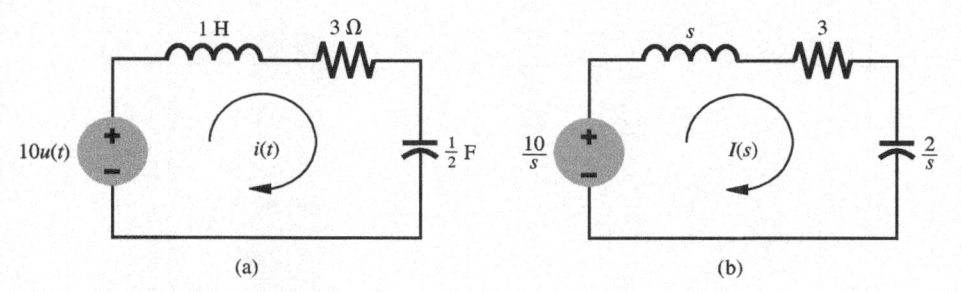

Figura 4.10 (a) Um circuito e (b) sua versão transformada.

No primeiro passo, representamos o circuito no domínio da frequência, como mostrado na Fig. 4.10b. Todas as tensões e correntes são representadas por suas transformadas de Laplace. A tensão $10u(t)$ é representada por $10/s$ e a corrente (incógnita) $i(t)$ é representada por sua transformada de Laplace $I(s)$. Todos os elementos do circuito são representados por suas respectivas impedâncias. O indutor de 1 henry é representado por s, o capacitor de 1/2 farad é representado por $2/s$ e o resistor de 3 ohms é representado por 3. Consideramos, agora, a representação no domínio da frequência das tensões e correntes. A tensão em qualquer elemento é $I(s)$ multiplicado por sua impedância. Portanto, a queda de tensão total na malha é $I(s)$ vezes a impedância total da malha e deve ser igual a $V(s)$, a (transformada da) tensão de entrada. A impedância total da malha é

$$Z(s) = s + 3 + \frac{2}{s} = \frac{s^2 + 3s + 2}{s}$$

A "tensão" de entrada é $V(s) = 10/s$. Portanto, a "corrente de malha" é

$$I(s) = \frac{V(s)}{Z(s)} = \frac{10/s}{(s^2 + 3s + 2)/s} = \frac{10}{s^2 + 3s + 2} = \frac{10}{(s+1)(s+2)} = \frac{10}{s+1} - \frac{10}{s+2}$$

A transformada inversa dessa equação leva ao resultado desejado:

$$i(t) = 10(e^{-t} - e^{-2t})u(t)$$

Geradores de Condição Inicial

A discussão na qual consideramos condições iniciais nulas pode ser facilmente estendida para o caso de condições iniciais não nulas, pois a condição inicial em um capacitor ou indutor pode ser representada por uma fonte equivalente. Mostraremos agora que um capacitor C com tensão inicial $v(0^-)$ (Fig. 4.11a) pode ser representado no domínio da frequência como um capacitor descarregado de impedância $1/Cs$ em série com uma fonte de tensão de valor $v(0^-)/s$ (Fig. 4.11c) ou pelo mesmo capacitor descarregado em paralelo com uma fonte de corrente de valor $Cv(0^-)$. Similarmente, um indutor L com corrente inicial $i(0^-)$ (Fig. 4.11d) pode ser representado no domínio da frequência por um indutor de impedância Ls em série com uma fonte de tensão de valor $Li(0^-)$

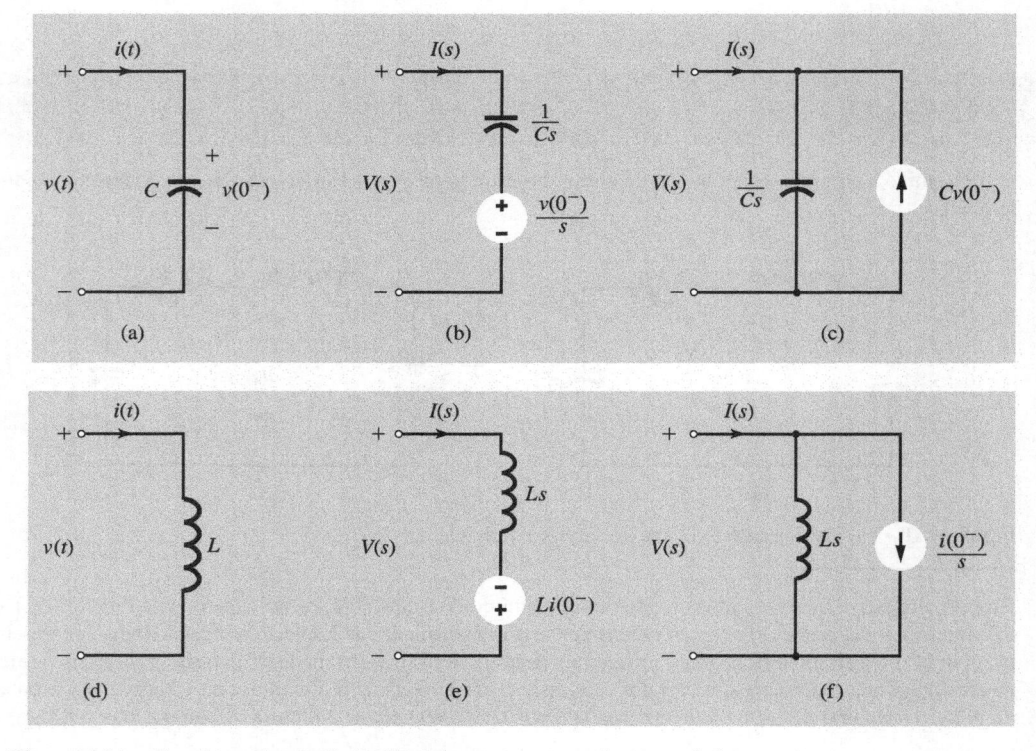

Figura 4.11 Geradores de condições iniciais para um capacitor e um indutor.

(Fig. 4.11e) ou pelo mesmo indutor em paralelo com uma fonte de corrente de valor $i(0^-)/s$ (Fig. 4.11f). Para provar esses comentários, considere a relação terminal do capacitor da Fig. 4.11a

$$i(t) = C\frac{dv}{dt}$$

A transformada de Laplace desta equação resulta em

$$I(s) = C[sV(s) - v(0^-)]$$

Essa equação pode ser reorganizada para

$$V(s) = \frac{1}{Cs}I(s) + \frac{v(0^-)}{s} \qquad (4.51a)$$

Observe que $V(s)$ é a tensão (no domínio da frequência) em um capacitor carregado e $I(s)/Cs$ é a tensão no mesmo capacitor sem qualquer carga. Portanto, o capacitor carregado pode ser representado por um capacitor descarregado em série com uma fonte de tensão de valor $v(0^-)/s$, como mostrado na Fig. 4.11b. A Eq. (4.15a) também pode ser reorganizada para

$$V(s) = \frac{1}{Cs}[I(s) + Cv(0^-)] \qquad (4.51b)$$

Essa equação mostra que a tensão $V(s)$ de um capacitor carregado é igual a tensão do capacitor descarregado causada pela corrente $I(s) + Cv(0^-)$. Esse resultado é refletido precisamente na Fig. 4.11c, na qual a corrente através do capacitor descarregado é $I(s) + Cv(0^-)$.[†]

Para o indutor da Fig. 4.11d, a equação de terminal é

$$v(t) = L\frac{di}{dt}$$

e

$$V(s) = L[sI(s) - i(0^-)]$$
$$= LsI(s) - Li(0^-) \qquad (4.52a)$$
$$= Ls\left[I(s) - \frac{i(0^-)}{s}\right] \qquad (4.52b)$$

Podemos verificar que a Fig. 4.11e satisfaz a Eq. (4.52) e que a Fig. 4.11f satisfaz a Eq. (4.52b).

Vamos refazer o Exemplo 4.11 usando estes conceitos. A Fig. 4.12a mostra o circuito da Fig. 4.7b com condições iniciais $y(0^-) = 2$ e $v_c(0^-) = 10$. A Fig. 4.12b mostra a representação no domínio da frequência (circuito transformado) do circuito da Fig. 4.12a. O resistor é representado pela sua impedância 2, o indutor com corrente inicial de 2 amperes é representado de acordo com o arranjo da Fig. 4.11e, em série com uma fonte de tensão $Ly(0^-) = 2$. O capacitor com tensão inicial de 10 volts é representado de acordo com o arranjo da Fig. 4.11b, com uma fonte de tensão em série de $v(0^-)/s = 10/s$. Note que a impedância do indutor é s e a do capacitor é $5/s$. A entrada de $10u(t)$ é representada por sua transformada de Laplace igual a $10/s$.

A tensão total na malha é $(10/s) + 2 - (10/s) = 2$ e a impedância de malha é $(s + 2 + (5/s))$. Portanto,

$$Y(s) = \frac{2}{s + 2 + 5/s}$$
$$= \frac{2s}{s^2 + 2s + 5}$$

a qual confirma nosso resultado anterior no Exemplo 4.11.

[†] No domínio do tempo, um capacitor C carregado com uma tensão inicial $v(0^-)$ pode ser representado pelo mesmo capacitor descarregado em série com uma fonte de tensão $v(0^-)u(t)$, ou em paralelo com uma fonte de corrente $Cv(0^-)\delta(t)$. Similarmente, um indutor L com corrente inicial $i(0^-)$ pode ser representado pelo mesmo indutor com corrente inicial nula em série com uma fonte de tensão $Li(0^-)\delta(t)$ ou em paralelo com uma fonte de corrente $i(0^-)u(t)$.

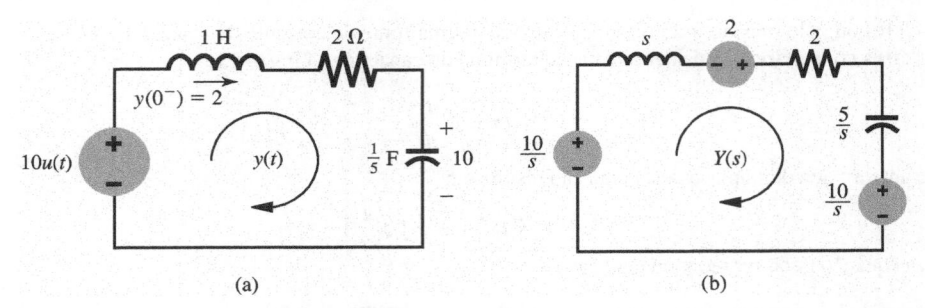

Figura 4.12 Um circuito e sua versão transformada com geradores de condição inicial.

EXEMPLO 4.16

A chave no circuito da Fig. 4.13a é mantida na posição fechada por um longo período antes de $t = 0$, quando ela é, então, aberta instantaneamente. Determine as correntes $y_1(t)$ e $y_2(t)$ para $t \geq 0$.

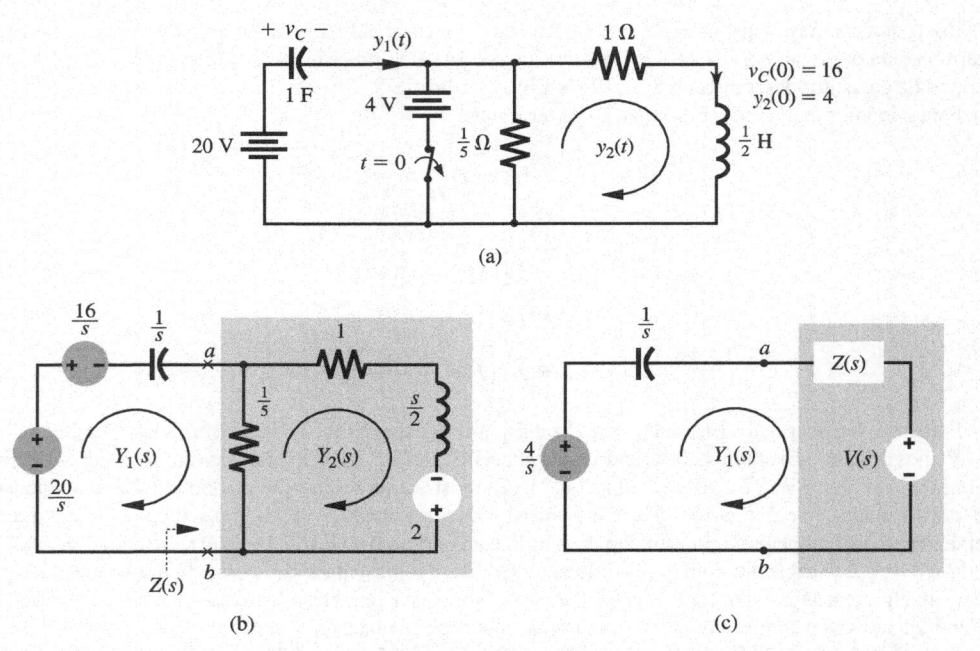

Figura 4.13 Usando geradores de condição inicial e a representação equivalente de Thévenin.

A inspeção deste circuito mostra que quando a chave é fechada e as condições de regime estacionário são atingidas, a tensão do capacitor é $v_c = 16$ volts e a corrente do indutor é $y_2 = 4$ amperes. Portanto, quando a chave é aberta (em $t = 0$), as condições iniciais são $v_c(0^-) = 16$ e $y_2(0^-) = 4$. A Fig. 4.13b mostra a versão transformada do circuito da Fig. 4.13a. Utilizamos fontes equivalentes para poder considerar as condições iniciais. A tensão inicial do capacitor de 16 volts é representada por uma fonte de tensão em série de $16/s$ e a corrente inicial do indutor de 4 amperes é representada por uma fonte de tensão de valor $Ly_2(0^-) = 2$.

A partir da Fig. 4.13b, as equações de malha podem ser escritas diretamente no domínio da frequência como

$$\frac{Y_1(s)}{s} + \frac{1}{5}[Y_1(s) - Y_2(s)] = \frac{4}{s}$$

$$-\frac{1}{5}Y_1(s) + \frac{6}{5}Y_2(s) + \frac{s}{2}Y_2(s) = 2$$

$$\begin{bmatrix} \frac{1}{s} + \frac{1}{5} & -\frac{1}{5} \\ -\frac{1}{5} & \frac{6}{5} + \frac{s}{2} \end{bmatrix} \begin{bmatrix} Y_1(s) \\ Y_2(s) \end{bmatrix} = \begin{bmatrix} \frac{4}{s} \\ 2 \end{bmatrix}$$

A aplicação da regra de Cramer a esta equação resulta em

$$Y_1(s) = \frac{24(s+2)}{s^2 + 7s + 12}$$

$$= \frac{24(s+2)}{(s+3)(s+4)}$$

$$= \frac{-24}{s+3} + \frac{48}{s+4}$$

e

$$y_1(t) = (-24e^{-3t} + 48e^{-4t})u(t)$$

Similarmente, obtemos

$$Y_2(s) = \frac{4(s+7)}{s^2 + 7s + 12}$$

$$= \frac{16}{s+3} - \frac{12}{s+4}$$

e

$$y_2(t) = (16e^{-3t} - 12e^{-4t})u(t)$$

Também podemos usar o teorema de Thévenin para calcular $Y_1(s)$ e $Y_2(s)$ substituindo o circuito da direita do capacitor (a direita dos terminais ab) por seu equivalente de Thévenin, como mostrado na Fig. 4.13c. A Fig. 4.13b mostra que a impedância de Thévenin $Z(s)$ e a tensão de Thévenin $V(s)$ são

$$Z(s) = \frac{\frac{1}{5}\left(\frac{s}{2} + 1\right)}{\frac{1}{5} + \frac{s}{2} + 1} = \frac{s+2}{5s+12}$$

$$V(s) = \frac{-\frac{1}{5}}{\frac{1}{5} + \frac{s}{2} + 1} 2 = \frac{-4}{5s+12}$$

De acordo com a Fig. 4.13c, a corrente $Y_1(s)$ é dada por

$$Y_1(s) = \frac{\frac{4}{s} - V(s)}{\frac{1}{s} + Z(s)} = \frac{24(s+2)}{s^2 + 7s + 12}$$

a qual confirma o resultado anterior. Podemos determinar $Y_2(s)$ de maneira similar.

EXEMPLO 4.17

A chave no circuito da Fig. 4.14a está na posição a por um longo período antes de $t = 0$, quando ela é movida instantaneamente para a posição b. Determine a corrente $y_1(t)$ e a tensão de saída $v_0(t)$ para $t \geq 0$.

$R_1 = 2, \quad R_2 = R_3 = 1$
$M = 1, \quad L_1 = 2, \quad L_2 = 3$

(a)

(b)

(c)

(d)

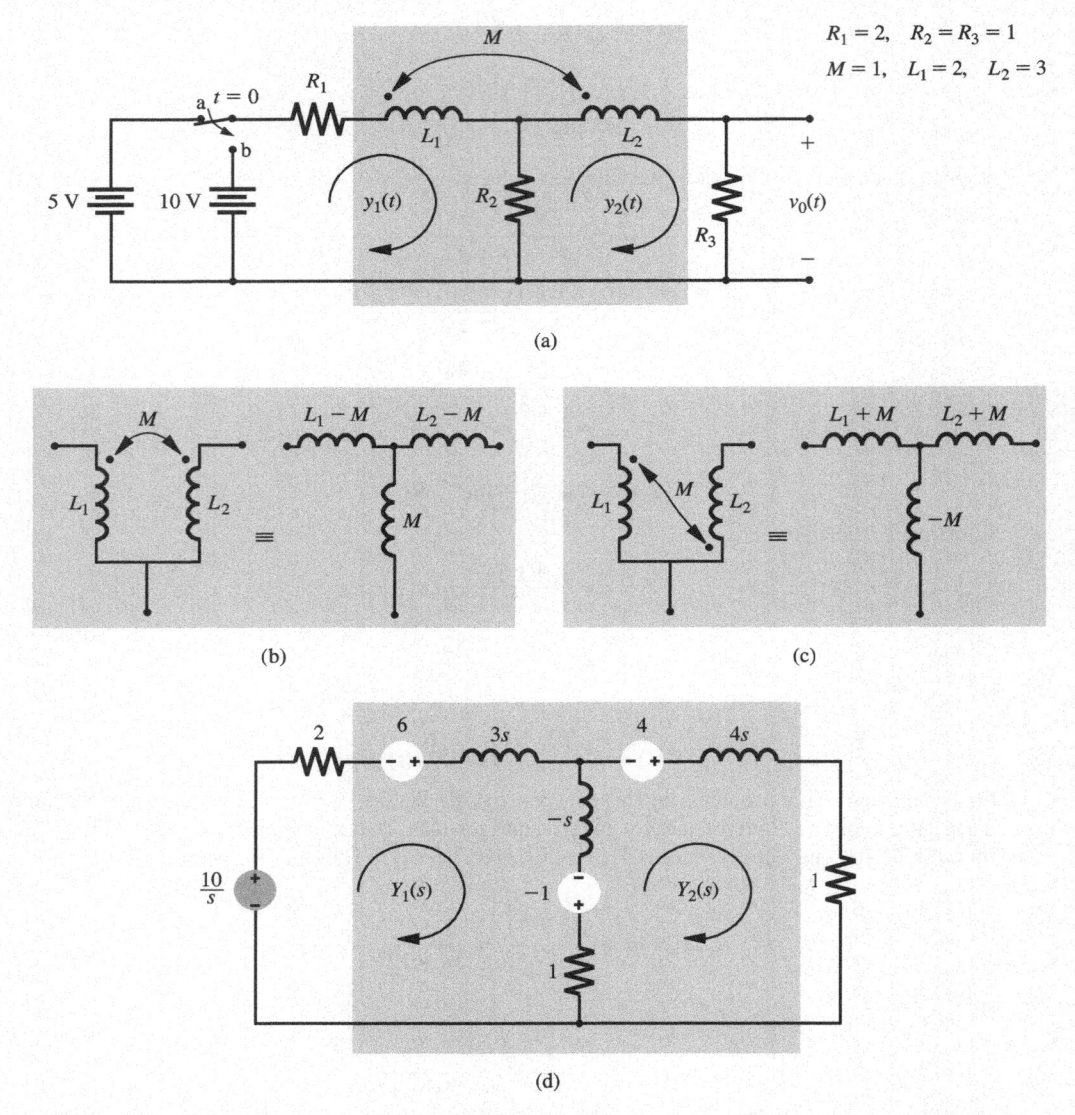

Figura 4.14 Solução de um circuito com acoplamento indutivo pelo método de circuito transformado.

Exatamente antes do chaveamento, os valores das correntes de malha são 2 e 1, respectivamente, ou seja, $y_1(0^-) = 2$ e $y_2(0^-) = 1$.

Os circuitos equivalentes para os dois tipos de acoplamento indutivo são mostrados na Fig. 4.14b e 4.14c. Para nossa situação, o circuito da Fig. 4.14c é adequado. A Fig. 4.14d mostra a versão transformada do circuito da Fig. 4.14a após o chaveamento. Note que os indutores $L_1 + M$, $L_2 + M$ e $-M$ são 3, 4 e -1 henries, com impedâncias $3s$, $4s$ e $-s$, respectivamente. As tensões iniciais nos três ramos são $(L_1 + M)y_1(0^-) = 6$, $(L_2 + M)y_2(0^-) = 4$ e $-M[y_1(0^-) - y_2(0^-)] = -1$, respectivamente. As duas equações de malha para o circuito são[†]

$$(2s + 3)Y_1(s) + (s - 1)Y_2(s) = \frac{10}{s} + 5$$
$$(s - 1)Y_1(s) + (3s + 2)Y_2(s) = 5$$

(4.53)

ou

$$\begin{bmatrix} 2s + 3 & s - 1 \\ s - 1 & 3s + 2 \end{bmatrix} \begin{bmatrix} Y_1(s) \\ Y_2(s) \end{bmatrix} \begin{bmatrix} \frac{5s+10}{s} \\ 5 \end{bmatrix}$$

e

$$Y_1(s) = \frac{2s^2 + 9s + 4}{s(s^2 + 3s + 1)}$$
$$= \frac{4}{s} - \frac{1}{s + 0{,}382} - \frac{1}{s + 2{,}618}$$

Portanto

$$y_1(t) = (4 - e^{-0{,}382t} - e^{-2{,}618t})u(t)$$

Similarmente

$$Y_2(s) = \frac{s^2 + 2s + 2}{s(s^2 + 3s + 1)}$$
$$= \frac{2}{s} - \frac{1{,}618}{s + 0{,}382} + \frac{0{,}618}{s + 2{,}618}$$

e

$$y_2(t) = (2 - 1{,}618e^{-0{,}382t} + 0{,}618e^{-2{,}618t})u(t)$$

A tensão de saída é

$$v_0(t) = y_2(t) = (2 - 1{,}618e^{-0{,}382t} + 0{,}618e^{-2{,}618t})u(t)$$

[†] As equações no domínio do tempo (equações de malha) são

$$L_1 \frac{dy_1}{dt} + (R_1 + R_2)y_1(t) - R_2 y_2(t) + M \frac{dy_2}{dt} = 10u(t)$$

$$M \frac{dy_1}{dt} - R_2 y_1(t) + L_2 \frac{dy_2}{dt} + (R_2 + R_3)y_2(t) = 0$$

A transformada de Laplace dessas equações resulta na Eq. (4.53).

EXERCÍCIO E4.9

Para o circuito *RLC* da Fig. 4.15, a entrada é ligada através da chave em $t = 0$. As condições iniciais são $y(0^-) = 2$ amperes e $v_c(0^-) = 50$ volts. Determine a corrente de malha $y(t)$ e a tensão do capacitor $v_c(t)$ para $t \geq 0$.

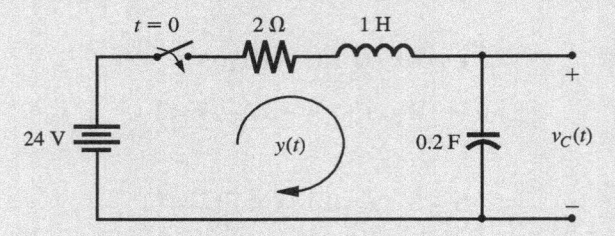

Figura 4.15

RESPOSTA

$$y(t) = 10\sqrt{2}e^{-t}\cos(2t + 81{,}8°)u(t)$$
$$v_C(t) = [24 + 31{,}62e^{-t}\cos(2t - 34{,}7°)]u(t)$$

4.4-1 Análise de Circuitos Ativos

Apesar de termos considerado exemplos contendo apenas circuitos passivos, o procedimento de análise de circuito usando a transformada de Laplace também pode ser aplicado a circuitos ativos. Tudo o que precisamos é substituir os elementos ativos por seus modelos matemáticos (ou circuito equivalentes) e proceder como antes.

O amplificador operacional (mostrado através do símbolo triangular da Fig. 4.16a) é um elemento já conhecido em circuitos eletrônicos modernos. Os terminais com os sinais de mais e menos correspondentes aos ter-

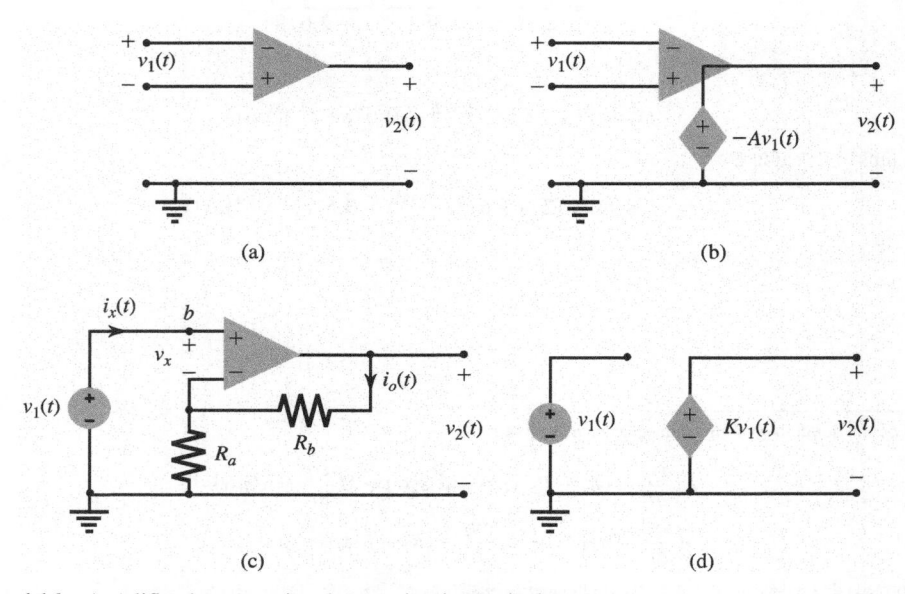

Figura 4.16 Amplificador operacional e seu circuito equivalente.

minais não inversor e inversor, respectivamente. Isto significa que a polaridade da tensão de saída v_2 é a mesma da tensão de entrada no terminal marcado pelo sinal positivo (não inversor). O oposto é válido para o terminal inversor, marcado pelo sinal negativo.

A Fig. 4.16b mostra o modelo (circuito equivalente) do amplificador operacional (amp-op) da Fig. 4.16a. Um amp-op típico possui um ganho muito grande. A tensão de saída é $v_2 = -A\, v_1$, onde A vale tipicamente 10^5 a 10^6. A impedância de entrada é muito alta, da ordem de $10^{12}\Omega$ e a impedância de saída é muito baixa (50–100Ω). Para a maioria das aplicações, podemos assumir que o ganho A e a impedância de entrada são infinitos e a impedância de saída é zero. Por esta razão, vemos uma fonte de tensão ideal na saída.

Considere agora o amplificador operacional com resistores R_a e R_b, conectados como mostrado na Fig. 4.16c. Esta configuração é chamada de *amplificador não inversor*. Observe que as polaridades de entrada nesta configuração são invertidas em comparação com as da Fig. 4.16a. Mostraremos que a tensão de saída v_2 e a tensão de entrada v_1 neste caso estão relacionadas por

$$v_2 = Kv_1 \qquad K = 1 + \frac{R_b}{R_a} \tag{4.54}$$

Inicialmente, reconhecemos que como a impedância de entrada e o ganho do amplificador operacional se aproximam do infinito, a corrente de entrada i_x e a tensão de entrada v_x na Fig. 4.16c são infinitesimais e podem ser consideradas nulas. A fonte dependente neste caso é Av_x, ao contrário de $-Av_x$, devido a inversão da polaridade de entrada. A fonte de tensão dependente Av_x (veja a Fig. 4.16b) na saída irá gerar a corrente i_0, como ilustrado na Fig. 4.16c. Agora,

$$v_2 = (R_b + R_a)i_o$$

além disso

$$v_1 = v_x + R_a i_o$$
$$= R_a i_o$$

Portanto,

$$\frac{v_2}{v_1} = \frac{R_b + R_a}{R_a} = 1 + \frac{R_b}{R_a} = K$$

ou

$$v_2(t) = Kv_1(t)$$

O circuito equivalente do amplificador não inversor é mostrado na Fig. 4.16d.

EXEMPLO 4.18

O circuito da Fig. 4.17a é chamado de circuito *Sallen–key*, o qual é frequentemente utilizado no projeto de filtros. Determine a função de transferência $H(s)$ relacionando a tensão de saída $v_0(t)$ com a tensão de entrada $v_i(t)$.

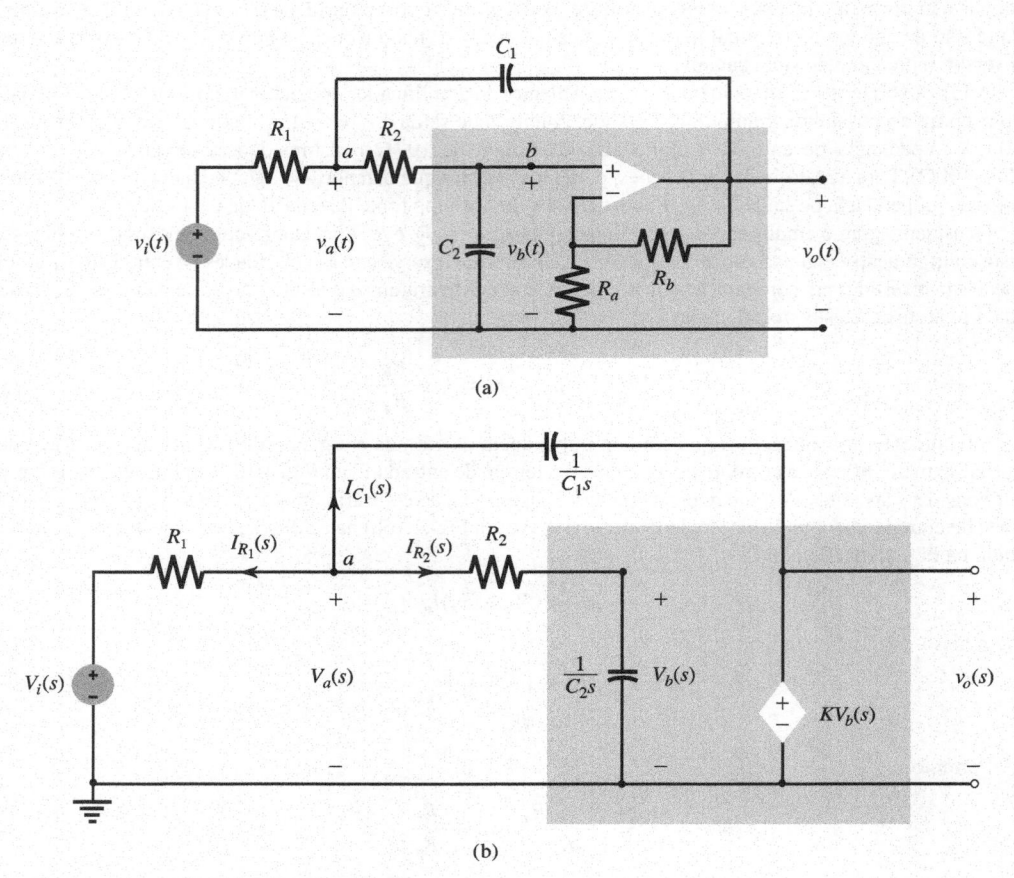

Figura 4.17 (a) Circuito de Sallen–Key e (b) seu equivalente.

Precisamos determinar

$$H(s) = \frac{V_o(s)}{V_i(s)}$$

assumindo todas as condições iniciais iguais a zero.

A Fig. 4.17b mostra a versão transformada do circuito da Fig. 4.17a. O amplificador não inversor é substituído por seu circuito equivalente. Todas as tensões são substituídas por suas transformadas de Laplace e todos os elementos do circuito são mostrados por suas impedâncias. Todas as condições iniciais são consideradas iguais a zero, como necessário para a determinação de $H(s)$.

Utilizaremos a análise nodal para determinar o resultado. Existem duas tensões de nó desconhecidas, $V_a(s)$ e $V_b(s)$, sendo necessárias duas equações de nó.

No nó a, $I_{R_1}(s)$, a corrente em R_1 (saindo no nó a) é $[V_a(s) - V_i(s)]/R_1$. Similarmente, $I_{R_2}(s)$, a corrente em R_2 (saindo no nó a) é $[V_a(s) - V_i(s)]/R_2$ e $I_{C_1}(s)$, a corrente no capacitor C_1 (saindo no nó a) é $[V_a(s) - V_0(s)]C_1 s = [V_a(s) - Kv_b(s)]C_1 s$.

A soma das três correntes é zero, portanto,

$$\frac{V_a(s) - V_i(s)}{R_1} + \frac{V_a(s) - V_b(s)}{R_2} + [V_a(s) - KV_b(s)]C_1 s = 0$$

ou

$$\left(\frac{1}{R_1} + \frac{1}{R_2} + C_1 s\right) V_a(s) - \left(\frac{1}{R_2} + KC_1 s\right) V_b(s) = \frac{1}{R_1} V_i(s) \quad (4.55a)$$

Similarmente, a equação nodal do nó b resulta em

$$\frac{V_b(s) - V_a(s)}{R_2} + C_2 s V_b(s) = 0$$

ou

$$-\frac{1}{R_2} V_a(s) + \left(\frac{1}{R_2} + C_2 s\right) V_b(s) = 0 \quad (4.55b)$$

As duas equações de nó (4.55a) e (4.55b) com duas tensões de nó desconhecidas $V_a(s)$ e $V_b(s)$ podem ser colocadas na forma matricial por

$$\begin{bmatrix} G_1 + G_2 + C_1 s & -(G_2 + KC_1 s) \\ -G_2 & (G_2 + C_2 s) \end{bmatrix} \begin{bmatrix} V_a(s) \\ V_b(s) \end{bmatrix} = \begin{bmatrix} G_1 V_i(s) \\ 0 \end{bmatrix} \quad (4.56)$$

na qual

$$G_1 = \frac{1}{R_1} \quad \text{e} \quad G_2 = \frac{1}{R_2}$$

A aplicação da regra de Cramer à Eq. (4.56) resulta em

$$\frac{V_b(s)}{V_i(s)} = \frac{G_1 G_2}{C_1 C_2 s^2 + [G_1 C_2 + G_2 C_2 + G_2 C_1 (1-K)]s + G_1 G_2}$$

$$= \frac{\omega_0^2}{s^2 + 2\alpha s + \omega_0^2}$$

onde

$$K = 1 + \frac{R_b}{R_a} \quad \text{e} \quad \omega_0^2 = \frac{G_1 G_2}{C_1 C_2} = \frac{1}{R_1 R_2 C_1 C_2} \quad (4.57a)$$

$$2\alpha = \frac{G_1 C_2 + G_2 C_2 + G_2 C_1 (1-K)}{C_1 C_2} = \frac{1}{R_1 C_1} + \frac{1}{R_2 C_1} + \frac{1}{R_2 C_2}(1-K) \quad (4.57b)$$

Agora,

$$V_o(s) = K V_b(s)$$

logo

$$H(s) = \frac{V_o(s)}{V_i(s)} = K \frac{V_b(s)}{V_i(s)} = \frac{K \omega_0^2}{s^2 + 2\alpha s + \omega_0^2} \quad (4.58)$$

4.5 Diagramas de Blocos

Grandes sistemas podem possuir um enorme número de componentes e elementos. Desta forma, quem que já viu um diagrama de um receptor de rádio ou televisão sabe que analisar tais sistemas de uma única vez é praticamente impossível. Nestes casos, é mais conveniente representar um sistema através de diversos subsistemas adequadamente conectados, cada um podendo ser facilmente analisado. Cada subsistema pode ser caracterizado em termos de sua relação entrada-saída. Um sistema linear pode ser caracterizado por sua função de transferência $H(s)$. A Fig. 4.18 mostra um diagrama de blocos de um sistema com função de transferência $H(s)$ e entrada e saída $X(s)$ e $Y(s)$, respectivamente.

Os subsistemas podem ser conectados em cascata (série), paralelo ou em realimentação (Fig. 4.18b, 4.18c e 4.18d), os três tipos elementares. Quando funções de transferência aparecem em cascata, como mostrado na Fig. 4.18b, então, como mencionado anteriormente, a função de transferência do sistema total é o produto das duas funções de transferência. Este resultado também pode ser provado observando que na Fig. 4.18b,

$$\frac{Y(s)}{X(s)} = \frac{W(s)}{X(s)} \frac{Y(s)}{W(s)} = H_1(s)H_2(s)$$

Podemos estender este resultado a qualquer número de funções de transferência em série. Como conclusão direta, a ordem de subsistemas em série pode ser alterada sem que a função de transferência final seja afetada. Esta propriedade comutativa de sistemas LIT vem diretamente da propriedade comutativa (e associativa) da convolução. Já provamos esta propriedade na Seção 2.4-3. Toda ordem possível dos subsistemas resulta sempre na mesma função de transferência total. Entretanto, podem haver consequências práticas (tais como sensibilidade a variação paramétrica) que afetam o comportamento em diferentes ordens.

Similarmente, quando duas funções de transferência, $H_1(s)$ e $H_2(s)$, aparecem em paralelo, como ilustrado na Fig. 4.18c, a função de transferência total é dada por $H_1(s) + H_2(s)$, a soma das duas funções de transferência. A prova é trivial. Este resultado pode ser estendido a qualquer número de sistemas em paralelo.

Quando a saída é realimentada para a entrada, como mostrado na Fig. 4.18d, a função de transferência total $Y(s)/X(s)$ pode ser calculada como mostrada a seguir. As entradas do somador são $X(s)$ e $-H(s)Y(s)$. Portanto, $E(s)$, a saída do somador, é

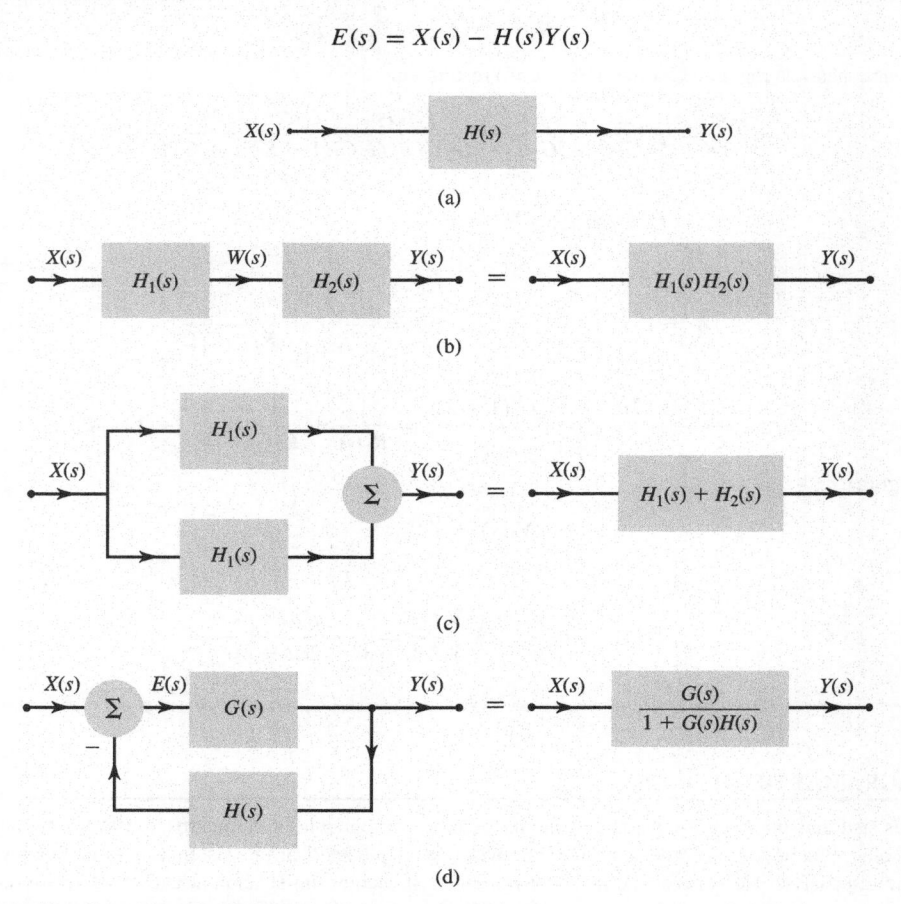

$$E(s) = X(s) - H(s)Y(s)$$

Figura 4.18 Conexões elementares de blocos e seus equivalentes.

Mas

$$Y(s) = G(s)E(s)$$
$$= G(s)[X(s) - H(s)Y(s)]$$

Portanto,

$$Y(s)[1 + G(s)H(s)] = G(s)X(s)$$

tal que

$$\frac{Y(s)}{X(s)} = \frac{G(s)}{1 + G(s)H(s)} \qquad (4.59)$$

Portanto, a malha de realimentação pode ser substituída por um único bloco com função de transferência dada pela Eq. (4.59) (veja a Fig. 4.18d).

Na determinação destas equações, implicitamente assumimos que quando a saída de um subsistema é conectada a entrada de outro subsistema, o último não carrega o primeiro. Por exemplo, a função de transferência $H_1(s)$ da Fig. 4.18b é calculada considerando que o segundo subsistema $H_2(s)$ não estava conectado. Isto é o mesmo que assumir que $H_2(s)$ não carrega $H_1(s)$. Em outras palavras, a relação de entrada-saída de $H_1(s)$ permanecerá inalterada independentemente se $H_2(s)$ está conectado ou não. Vários circuitos modernos utilizam amp-ops com altas impedâncias de entrada, de tal forma que esta consideração é justificada. Quando esta consideração não é válida, $H_1(s)$ deve ser determinada sob condições normais de operação [isto é, com $H_2(s)$ conectada].

EXEMPLO DE COMPUTADOR C4.3

Usando o sistema de realimentação da Fig. 4.18d com $G(s) = K/(s(s + 8))$ e $H(s) = 1$, determine a função de transferência para cada um dos seguintes casos:
 (a) $K = 7$
 (b) $K = 16$
 (c) $K = 80$

(a)
```
>> H = tf(1,1); K = 7; G = tf([0 0 K],[1 8 0]);
>> disp(['(a) K = ',num2str(K)]); TFa = feedback(G,H)
(a) K = 7


Transfer function:
      7
---------------
s^2 + 8 s + 7
```
Portanto, $h_a(s) = 7/(s^2 + 8s + 7)$.

(b)
```
>> H = tf(1,1); K = 16; G = tf([0 0 K],[1 8 0]);
>> disp(['(b) K = ',num2str(K)]); TFb = feedback(G,H)
(b) K = 16


Transfer function:
      16
----------------
s^2 + 8 s + 16
```

Portanto, $h_b(s) = 16/(s^2 + 8s + 16)$.

(c)
```
>> H = tf(1,1); K = 80; G = tf([0 0 K],[1 8 0]);
>> disp(['(c) K = ',num2str(K)]); TFc = feedback(G,H)
(c) K = 80

Transfer function:
     80
   --------------
   s^2 + 8 s + 80
```
Portanto, $h_c(s) = 80/(s^2 + 8s + 80)$.

4.6 Realização de Sistemas

Desenvolveremos um método sistemático para a realização (ou implementação) de uma função de transferência arbitrária de ordem N. A função de transferência mais genérica com $M = N$ é dada por

$$H(s) = \frac{b_0 s^N + b_1 s^{N-1} + \cdots + b_{N-1} s + b_N}{s^N + a_1 s^{N-1} + \cdots + a_{N-1} s + a_N} \tag{4.60}$$

Como a realização é basicamente um problema de síntese, não há uma forma única de realizar um sistema. Uma dada função de transferência pode ser realizada por diferentes maneiras. Uma função de transferência $H(s)$ pode ser implementada usando integradores ou diferenciadores juntamente com somadores e multiplicadores. Deve-se evitar o uso de diferenciadores por motivos práticos, como discutido nas Seções 2.1 e 4.3-2. Logo, em nossas implementações, iremos utilizar integradores em conjunto com multiplicadores escalares e somadores. Você já deve estar familiarizado com a representação por uma caixa com o sinal de integral (representação no domínio do tempo, Fig. 4.19a) ou por uma caixa com a função de transferência $1/s$ (representação no domínio da frequência, Fig. 4.9b).

4.6-1 Realização na Forma Direta I

Em vez de implementarmos o sistema genérico de ordem N descrito pela Eq. (4.60), iremos começar com um caso específico de um sistema de terceira ordem especificado a seguir e, então, iremos estender o resultado para o caso de um sistema de ordem N.

$$H(s) = \frac{b_0 s^3 + b_1 s^2 + b_2 s + b_3}{s^3 + a_1 s^2 + a_2 s + a_3} = \frac{b_0 + \frac{b_1}{s} + \frac{b_2}{s^2} + \frac{b_3}{s^3}}{1 + \frac{a_1}{s} + \frac{a_2}{s^2} + \frac{a_3}{s^3}} \tag{4.61}$$

$x(t) \rightarrow \boxed{\int} \rightarrow y(t) = \int_0^t x(\tau)d(\tau)$

(a)

$X(s) \rightarrow \boxed{\frac{1}{s}} \rightarrow Y(s) = \frac{1}{s}X(s)$

(b)

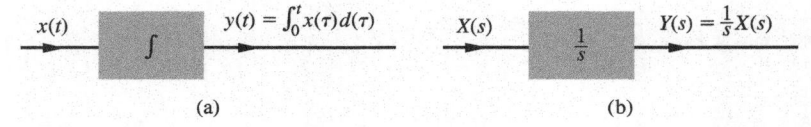

Figura 4.19 Representações de um integrador (a) no domínio do tempo e (b) no domínio da frequência.

Podemos expressar $H(s)$ como

$$H(s) = \underbrace{\left(b_0 + \frac{b_1}{s} + \frac{b_2}{s^2} + \frac{b_3}{s^3}\right)}_{H_1(s)} \underbrace{\left(\frac{1}{1 + \frac{a_1}{s} + \frac{a_2}{s^2} + \frac{a_3}{s^3}}\right)}_{H_2(s)} \qquad (4.62)$$

Podemos realizar $H(s)$ como a cascata da função de transferência $H_1(s)$ seguida por $H_2(s)$, como mostrado na Fig. 4.20a, na qual a saída de $H_1(s)$ é representada por $W(s)$. Devido à propriedade comutativa de funções de transferência de sistemas LIT em cascata, nós também podemos implementar $H(s)$ como uma cascata de $H_2(s)$ seguido por $H_1(s)$, como ilustrado na Fig. 4.20b, na qual a saída (intermediária) de $H_2(s)$ é representada por $V(s)$.

A saída $H_1(s)$ na Fig. 4.20 é dada por $W(s) = H_1(s)X(s)$, logo

$$W(s) = \left(b_0 + \frac{b_1}{s} + \frac{b_2}{s^2} + \frac{b_3}{s^3}\right) X(s) \qquad (4.63)$$

Além disso, a saída $Y(s)$ e a entrada $W(s)$ de $H_2(s)$ estão relacionadas por $Y(S) = H_2(s)W(s)$. Portanto,

$$W(s) = \left(1 + \frac{a_1}{s} + \frac{a_2}{s^2} + \frac{a_3}{s^3}\right) Y(s) \qquad (4.64)$$

Implementaremos, primeiro, $H_1(s)$. A Eq. (4.63) mostra que a saída $W(s)$ pode ser sintetizada adicionando a entrada $b_0X(s)$ a $b_1(X(s)/s)$, $b_2(X(s)/s^2)$ e $b_3(X(s)/s^3)$. Como a função de transferência de um integrador é $1/s$, os sinais $X(s)/s$, $X(s)/s^2$ e $X(s)/s^3$ podem ser obtidos através da integração sucessiva da entrada $x(t)$. A seção esquerda da Fig. 4.21a mostra como $W(s)$ pode ser sintetizado a partir de $X(s)$, de acordo com a Eq. (4.63). Logo, esta seção representa a realização de $H_1(s)$.

Para completar a figura, iremos realizar $H_2(s)$, a qual é especificada pela Eq. (4.64). Podemos reorganizar a Eq. (4.64) para

$$Y(s) = W(s) - \left(\frac{a_1}{s} + \frac{a_2}{s^2} + \frac{a_3}{s^3}\right) Y(s) \qquad (4.65)$$

Logo, para obter $Y(s)$, subtraímos $a_1Y(s)/s$, $a_2Y(s)/s^2$ e $a_3Y(s)/s^3$ de $W(s)$. Já obtivemos $W(s)$ no primeiro passo [saída de $H_1(s)$]. Para obter os sinais $Y(s)/s$, $Y(s)/s^2$ e $Y(s)/s^3$ consideramos que já temos a saída $Y(s)$ desejada. A integração sucessiva de $Y(s)$ resulta nos sinais necessários $Y(s)/s$, $Y(s)/s^2$ e $Y(s)/s^3$. Desta forma, sintetizamos a saída final $Y(s)$ de acordo com a Eq. (4.65), como visto na seção do lado direito da Fig. 4.21a.[†] A seção do lado esquerdo da Fig. 4.21a representa $H_1(s)$ e a seção do lado direito é $H_2(s)$. Podemos generalizar este procedimento, chamado de realização na forma direta I (FDI), para qualquer valor de N. Este procedimento necessita de $2N$ integradores para implementar uma função de transferência de ordem N, como mostrado na Fig. 4.21b.

4.6-2 Realização na Forma Direta II

Na forma direta I, realizamos $H(s)$ através da implementação de $H_1(s)$ seguido por $H_2(s)$, como mostrado na Fig. 4.20a. Também podemos realizar $H(s)$ como mostrado na Fig. 4.20b, na qual $H_2(s)$ é seguido por $H_1(s)$. Este procedimento é chamado de realização na *forma direta II*. A Fig. 4.22a mostra a realização na forma direta II, na

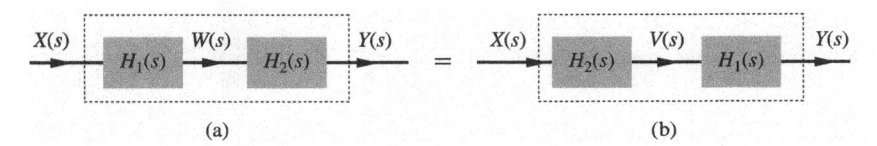

$$X(s) \rightarrow \boxed{H_1(s)} \xrightarrow{W(s)} \boxed{H_2(s)} \rightarrow Y(s) \quad = \quad X(s) \rightarrow \boxed{H_2(s)} \xrightarrow{V(s)} \boxed{H_1(s)} \rightarrow Y(s)$$

(a)   (b)

Figura 4.20 Realização de uma função de transferência em dois passos.

[†] Pode parecer estranho termos assumido, inicialmente, a existência de $Y(s)$, para depois integrá-la sucessivamente e, então, geramos $Y(s)$ a partir de $W(s)$ e das três integrais sucessivas de $Y(s)$. Este procedimento apresenta um dilema similar a "o que veio primeiro, o ovo ou a galinha?". O problema aqui é satisfatoriamente resolvido escrevendo a expressão de $Y(s)$ na saída do somador (superior) do lado direito da Fig. 4.21a e verificando que esta expressão realmente é a mesma da Eq. (4.64).

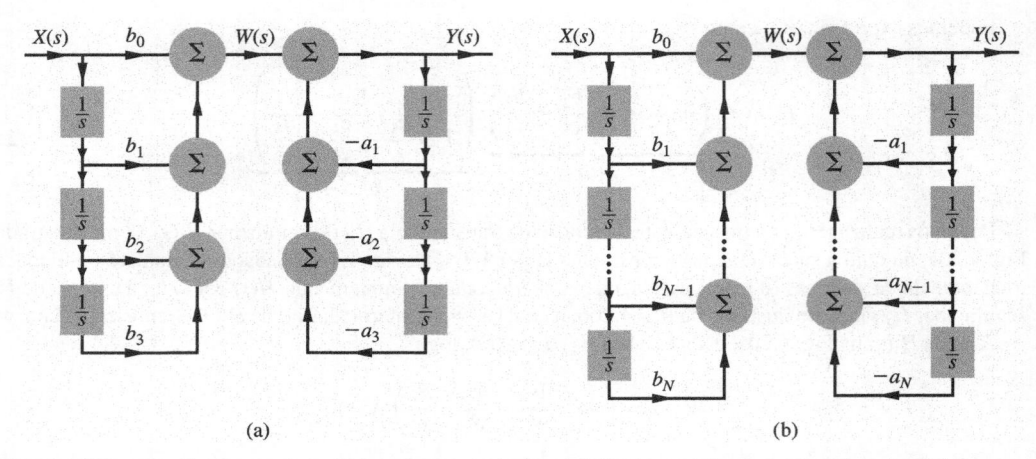

Figura 4.21 Realização na forma direta I de um sistema LCIT: (a) terceira ordem e (b) ordem N.

qual trocamos de posição as seções que representam $H_1(s)$ e $H_2(s)$ na Fig. 4.21b. A saída de $H_2(s)$, neste caso, é representada por $V(s)$.[†]

Uma observação interessante na Fig. 4.22a é que o sinal de entrada às duas cadeias de integradores é $V(s)$. Claramente, as saídas dos integradores da cadeia do lado esquerdo são idênticas às saídas correspondentes da cadeia de integradores do lado direito, ou seja, a cadeia do lado direito é redundante. Podemos eliminar esta cadeia e obter os sinais necessários a partir da cadeia do lado esquerdo, tal como mostrado na Fig. 4.22b. Esta implementação reduz pela metade a quantidade de integradores, sendo necessários apenas N integradores e, portanto, é uma utilização de *hardware* mais eficiente do que a Fig. 4.21b ou 4.22a. Esta é a realização na *forma direta II* (FDII).

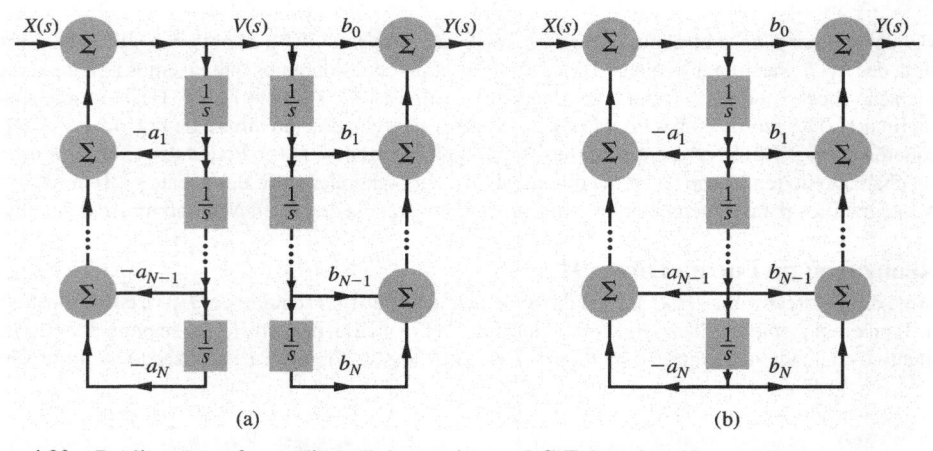

Figura 4.22 Realização na forma direta II de um sistema LCIT de ordem N.

[†] O leitor pode mostrar que as equações relacionando $X(s)$, $V(S)$ e $Y(s)$ na Fig. 4.22a são

$$V(s) = X(s) - \left(\frac{a_1}{s} + \frac{a_2}{s^2} + \cdots + \frac{a_N}{s^N}\right) V(s)$$

e

$$Y(s) = \left(b_0 + \frac{b_1}{s} + \frac{b_2}{s^2} + \cdots + \frac{b_N}{s^N}\right) V(s)$$

CAPÍTULO 4   ANÁLISE DE SISTEMAS EM TEMPO CONTÍNUO USANDO A TRANSFORMADA DE LAPLACE   363

Uma equação diferencial de ordem N com $N = M$ possui a propriedade de que sua implementação requer no mínimo N integradores. Uma realização é *canônica* se o número de integradores utilizados na implementação for igual a ordem da função de transferência realizada. Portanto, a realização canônica não possui integradores redundantes. A FDII da Fig, 4.22b é uma realização canônica, por isto ela também é chamada de forma *direta canônica*. Observe que a FDI não é canônica.

A realização na forma direta I (Fig. 4.21b) implementa primeiro os zeros [seção do lado esquerdo representada por $H_1(s)$] seguido pela implementação dos polos [seção do lado direito representada por $H_2(s)$]. Por outro lado, a forma direta canônica implementa primeiro os polos seguido pelos zeros. Apesar das duas representações resultarem na mesma função de transferência, elas geralmente se comportam diferente do ponto de vista de sensibilidade a variações paramétricas.

EXEMPLO 4.19

Determine a realização na forma direta canônica para as seguintes funções de transferência:

(a) $\dfrac{5}{s+7}$

(b) $\dfrac{s}{s+7}$

(c) $\dfrac{s+5}{s+7}$

(d) $\dfrac{4s+28}{s^2+6s+5}$

Todas essas quatro funções de transferência são casos especiais de $H(s)$ na Eq. (4.60).

(a) A função de transferência $5/(s+7)$ é de primeira ordem ($N = 1$). Portanto, precisamos apenas de um integrador para sua realização. Os coeficientes de alimentação direta e realimentação são

$$a_1 = 7 \quad e \quad b_0 = 0, \quad b_1 = 5$$

A realização é mostrada na Fig. 4.23a. Como $N = 1$, existe uma única conexão de realimentação da saída do integrador para a entrada do somador com coeficiente $a_1 = 7$. Para $N = 1$, geralmente, existem $N + 1 = 2$ conexões de realimentação. Entretanto, neste caso, $b_0 = 0$, e existe apenas uma conexão de realimentação com coeficiente $b_1 = 5$ da saída do integrador para a entrada do somador. Como só existe um sinal de entrada para a saída do somador podemos retirar o somador, como mostrado na Fig. 4.23a.

(b)

$$H(s) = \frac{s}{s+7}$$

Nesta função de transferência de primeira ordem, $b_1 = 0$. A realização é mostrada na Fig. 4.23b. Como existe apenas um sinal a ser adicionado à saída do somador, podemos descartar o somador.

(c)

$$H(s) = \frac{s+5}{s+7}$$

[†] Quando $M = N$ (como neste caso), $H(s)$ também pode ser realizado de outra forma, observando que

$$H(s) = 1 - \frac{2}{s+7}$$

Podemos, agora, implementar $H(s)$ como a combinação paralela de duas funções de transferência, como indicado por esta equação.

A realização é mostrada na Fig. 4.23c. Neste caso, $H(s)$ é uma função de transferência de primeira ordem com $a_1 = 7$ e $b_0 = 1, b_1 = 5$. Existe uma única conexão de realimentação (com coeficiente 7) da saída do integrador para a entrada do somador. Existem duas conexões de alimentação direta (Fig. 4.23c).[†]

(d)

$$H(s) = \frac{4s + 28}{s^2 + 6s + 5}$$

Este é um sistema de segunda ordem com $b_0 = 0$, $b_1 = 4$, $b_2 = 28$, $a_1 = 6$ e $a_2 = 5$. A Fig. 4.23d mostra a realização com duas conexões de realimentação e duas conexões de alimentação direta.

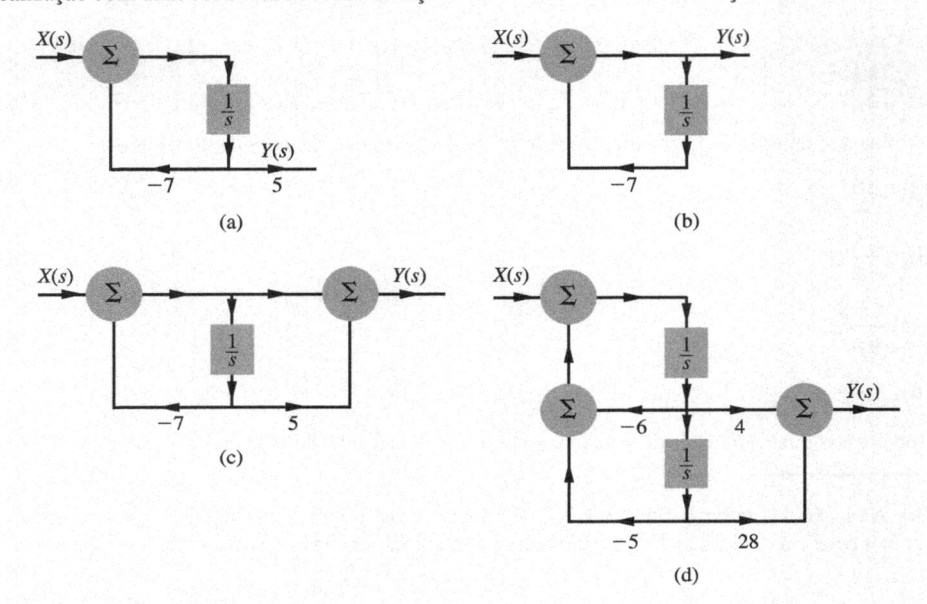

Figura 4.23 Realização de $H(s)$.

EXERCÍCIO E4.10

Apresenta a realização na forma direta canônica de

$$H(s) = \frac{2s}{s^2 + 6s + 25}$$

4.6-3 Realizações em Cascata e Paralelo

Uma função de transferência $H(s)$ de ordem N pode ser expressa como o produto ou soma de N funções de transferência de primeira ordem. Dessa forma, podemos realizar $H(s)$ como a forma em cascata (série) ou paralelo destas N funções de transferência de primeira ordem. Considere, por exemplo, a função de transferência da parte (d) do Exemplo 4.19.

$$H(s) = \frac{4s + 28}{s^2 + 6s + 5}$$

Podemos expressar $H(s)$ por

$$H(s) = \frac{4s+28}{(s+1)(s+5)} = \underbrace{\left(\frac{4s+28}{s+1}\right)}_{H_1(s)} \underbrace{\left(\frac{1}{s+5}\right)}_{H_2(s)} \qquad (4.66a)$$

Também podemos expressar $H(s)$ como a soma de frações parciais, dadas por

$$H(s) = \frac{4s+28}{(s+1)(s+5)} = \underbrace{\frac{6}{s+1}}_{H_3(s)} - \underbrace{\frac{2}{s+5}}_{H_4(s)} \qquad (4.66b)$$

As Eqs. (4.66) nos possibilitam realizar $H(s)$ como a cascata de $H_1(s)$ e $H_2(s)$, como mostrado na Fig. 4.24a, ou como o paralelo de $H_3(s)$ e $H_4(s)$, como indicado na Fig. 4.24b. Cada uma das funções de primeira ordem da Fig. 4.24 pode ser implementada usando realizações na forma direta canônica, discutida anteriormente.

Esta discussão de forma alguma exaure todas as possibilidades. Considerando apenas a forma em cascata, existem diferentes maneiras de agrupar os fatores no numerador e denominador de $H(s)$, e cada agrupamento pode ser realizado na FDI ou na forma direta canônica. De fato, várias formas em cascata são possíveis. Na Seção 4.6-4 discutiremos outra forma que, essencialmente, dobra o número de realizações discutidas até este momento.

A partir de um ponto de vista prático, formas paralela e em cascata são preferíveis pois formas paralelas e algumas em cascata são numericamente menos sensíveis do que a forma direta canônica a pequenas variações paramétricas do sistema. Qualitativamente, esta diferença pode ser explicada pelo fato de que em uma realização canônica, todos os coeficientes interagem uns com os outros, e uma mudança em qualquer coeficiente será amplificada através da influência repetida das conexões de realimentação e alimentação direta. Em uma implementação em paralelo, por outro lado, a mudança em um coeficiente irá afetar apenas um segmento localizado. O caso de realização em série é similar.

Nos exemplos de realização em cascata e paralelo, separamos $H(s)$ em fatores de primeira ordem. Para $H(s)$ de mais alta ordem, podemos agrupar $H)(s)$ em fatores, nem todos necessariamente de primeira ordem. Por exemplo, se $H(s)$ é uma função de transferência de terceira ordem, podemos implementar esta função como a combinação em série (ou paralela) de um fator de primeira ordem com um de segunda ordem.

REALIZAÇÃO DE POLOS COMPLEXOS CONJUGADOS

Os polos complexos em $H(s)$ devem ser realizados como fatores de segunda ordem (quadráticos) porque nós não podemos implementar a multiplicação para números complexos. Considere, por exemplo,

$$H(s) = \frac{10s+50}{(s+3)(s^2+4s+13)}$$

$$= \frac{10s+50}{(s+3)(s+2-j3)(s+2+j3)}$$

$$= \frac{2}{s+3} - \frac{1+j2}{s+2-j3} - \frac{1-j2}{s+2+j3}$$

Não podemos implementar funções de transferência de primeira ordem individualmente com polos $-2 \pm j3$ porque eles requerem a multiplicação por números complexos nas vias de realimentação e alimentação direta.

(a)

(b)

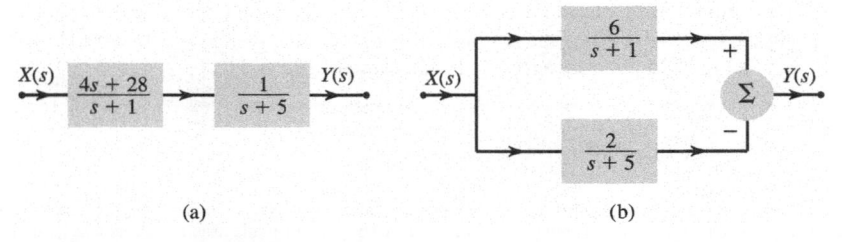

Figura 4.24 Realização de $(4s+28)/((s+1)(s+5))$; (a) forma em cascata e (b) forma em paralelo.

Portanto, precisamos combinar os polos conjugados e implementá-los como uma função de transferência de segunda ordem.† No caso apresentado, podemos expressar $H(s)$ por

$$H(s) = \left(\frac{10}{s+3}\right)\left(\frac{s+5}{s^2+4s+13}\right) \quad (4.67a)$$

$$= \frac{2}{s+3} - \frac{2s-8}{s^2+4s+13} \quad (4.67b)$$

Agora podemos implementar $H(s)$ na forma em cascata usando a Eq. (4.67a) ou na forma em paralelo usando a Eq. (4.67b).

REALIZAÇÃO DE POLOS REPETIDOS

Quando polos repetidos aparecem, o procedimento para realizações canônica e em cascata é exatamente o mesmo. Na realização em paralelo, entretanto, o procedimento precisa de um tratamento especial, como explicado no Exemplo 4.20.

EXEMPLO 4.20

Determine a realização paralela de

$$H(s) = \frac{7s^2+37s+51}{(s+2)(s+3)^2}$$

$$= \frac{5}{s+2} + \frac{2}{s+3} - \frac{3}{(s+3)^2}$$

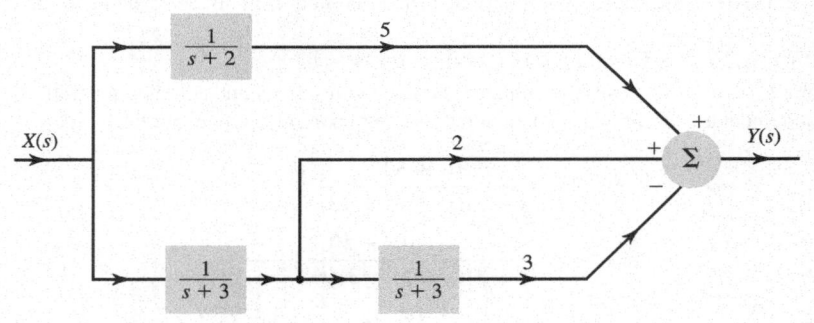

Figura 4.25 Realização paralela de $(7s^2+37s+51)/((s+2)(s+3)^2)$.

Esta função de transferência de terceira ordem não deve precisar mais do que três integradores. Mas se tentarmos realizar cada uma das três frações parciais separadamente, precisaremos de quatro integradores devido ao termos de segunda ordem. Esta dificuldade pode ser evitada se observarmos que os termos $1/(s+3)$ e $1/(s+3)^2$ podem ser implementados como a cascata de dois subsistemas, cada um com uma função de transferência igual a $1/(s+3)$, como mostrado na Fig. 4.25. Cada uma das três funções de transferência de primeira ordem da Fig. 4.25 pode ser agora realizada como na Fig. 4.23.

---

† É possível realizar polos complexos conjugados indiretamente usando a cascata de duas funções de transferência de primeira ordem e realimentação. Uma função de transferência com polos $-a \pm jb$ pode ser implementada usando a cascata de duas funções de transferência de primeira ordem idênticas, cada uma tendo um polo em $-a$. (Veja o Prob. 4.6-13.)

EXERCÍCIO E4.11

Determine a realização canônica, em cascata e em paralelo de

$$H(s) = \frac{s+3}{s^2+7s+10} = \left(\frac{s+3}{s+2}\right)\left(\frac{1}{s+5}\right)$$

4.6-4 Realização Transposta

Duas realizações são ditas *equivalentes* se elas tiverem a mesma função de transferência. Uma maneira simples de gerar uma realização equivalente de uma dada realização é utilizar sua *transposta*. Para gerar a transposta de qualquer realização, alteramos a realização da seguinte forma:

1. Inverta todas as direções das setas sem alterar os valores dos multiplicadores escalares.
2. Substitua os nós de derivação (separação) por somadores e vice-versa.
3. Substitua a entrada $X(s)$ pela saída $Y(s)$ e vice-versa.

A Fig. 4.26a mostra a versão transposta da realização na forma direta canônica da Fig. 4.22b, obtida de acordo com as regras listadas. A Fig. 4.26b é a Fig. 4.26a reorientada na forma convencional, de tal forma que a entrada $X(s)$ aparece no lado esquerdo e a saída $Y(s)$ aparece no lado direito. Observe que esta realização também é canônica.

Em vez de provar o teorema de equivalência de realizações transpostas, iremos verificar que a função de transferência da realização da Fig. 4.26b é idêntica à da Eq. (4.60).

A Fig. 4.26b mostra que $Y(s)$ está sendo alimentada através de N vias. O sinal de realimentação que aparece na entrada do somador superior é

$$\left(\frac{-a_1}{s} + \frac{-a_2}{s^2} + \cdots + \frac{-a_{N-1}}{s^{N-1}} + \frac{-a_N}{s^N}\right) Y(s)$$

O sinal $X(s)$, que alimenta o somador superior através de $N+1$ vias de alimentação direta, contribui com

$$\left(b_0 + \frac{b_1}{s} + \cdots + \frac{b_{N-1}}{s^{N-1}} + \frac{b_N}{s^N}\right) X(s)$$

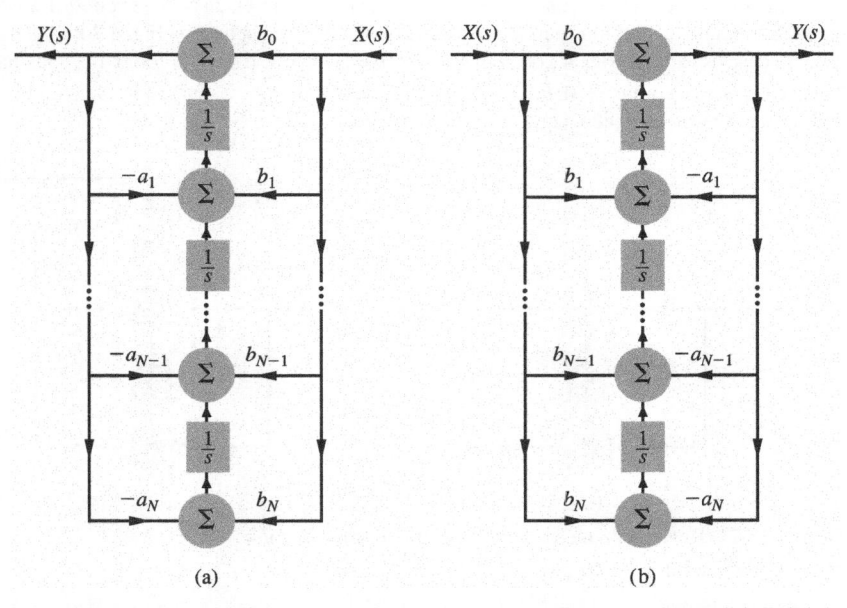

Figura 4.26 Realização de uma função de transferência LIT de ordem N na forma transposta.

A saída $Y(s)$ é igual a soma desses dois sinais (alimentação direta e realimentação). Logo

$$Y(s) = \left(\frac{-a_1}{s} + \frac{-a_2}{s^2} + \cdots + \frac{-a_{N-1}}{s^{N-1}} + \frac{-a_N}{s^N} \right) Y(s)$$
$$+ \left(b_0 + \frac{b_1}{s} + \cdots + \frac{b_{N-1}}{s^{N-1}} + \frac{b_N}{s^N} \right) X(s)$$

Transportando todos os termos de $Y(s)$ para o lado esquerdo e multiplicando por s^N, obtemos

$$(s^N + a_1 s^{N-1} + \cdots + a_{N-1} s + a_N) Y(s) = (b_0 s^N + b_1 s^{N-1} + \cdots + b_{N-1} s + b_N) X(s)$$

Consequentemente,

$$H(s) = \frac{Y(s)}{X(s)} = \frac{b_0 s^N + b_1 s^{N-1} + \cdots + b_{N-1} s + b_N}{s^N + a_1 s^{N-1} + \cdots + a_{N-1} s + a_N}$$

Logo, a função de transferência $H(s)$ é idêntica à Eq. (4.60).

Essencialmente, dobramos o número de possíveis realizações. Cada realização determinada anteriormente possui uma transposta. Observe que a transposta de uma transposta resulta na mesma realização.

EXEMPLO 4.21

Determine a transposta da realização direta canônica determinada nas partes (a) e (d) do Exemplo 4.19 (Fig. 4.23c e 4.23d).

As funções de transferência são

(a) $\dfrac{s+5}{s+7}$

(b) $\dfrac{4s+28}{s^2+6s+5}$

As duas realizações são casos especiais da realização mostrada na Fig. 4.26b.

(a) Neste caso, $N = 1$ com $a_1 = 7, b_0 = 1$ e $b_1 = 5$. A realização desejada pode ser obtida transpondo a Fig. 4.23c. Entretanto, já obtemos o modelo geral da realização transposta na Fig. 4.26b. A solução desejada é um caso especial da Fig. 4.26b com $N = 1$ e $a_1 = 7, b_0 = 1$ e $b_1 = 5$, como mostrado na Fig. 4.27a.

(b) Neste caso $N = 2$ com $b_0 = 0, b_1 = 4, b_2 = 28, a_1 = 6$ e $a_2 = 5$. Usando o modelo da Fig. 4.26b, obtemos a realização desejada, como mostrado na Fig. 4.27b.

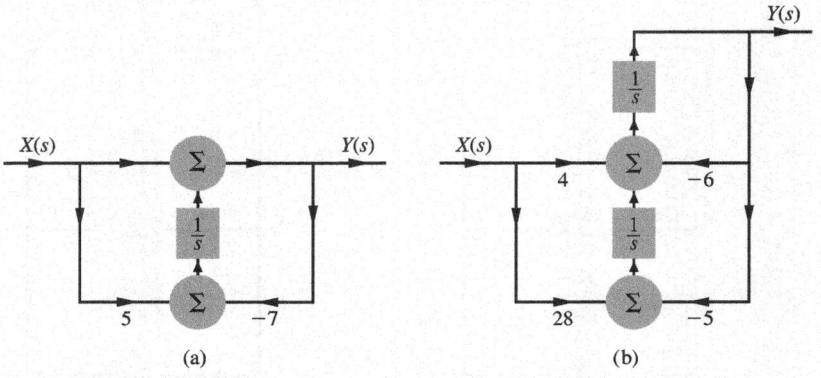

Figura 4.27 Realização na forma transposta de (a) $(s+5)/(s+7)$ e (b) $(4s+28)/(s^2+6s+5)$.

CAPÍTULO 4   ANÁLISE DE SISTEMAS EM TEMPO CONTÍNUO USANDO A TRANSFORMADA DE LAPLACE   369

EXERCÍCIO E4.12

Determine a realização que é a versão transposta da (a) realização FDI e (b) realização direta canônica de $H(s)$ do Exercício E4.10.

4.6-5 Utilização de Amplificadores Operacionais para a Realização de Sistemas

Nesta seção discutiremos a implementação prática das realizações descritas na Seção 4.6-4. Anteriormente, vimos que os elementos básicos necessários para a síntese de um sistema LCIT (ou de uma dada função de transferência) são multiplicadores (escalares), integradores e somadores. Todos estes elementos podem ser implementados utilizando circuitos com amplificadores operacionais (amp-ops).

CIRCUITOS COM AMPLIFICADORES OPERACIONAIS

A Fig. 4.28 mostra um circuito com amp-op no domínio da frequência (circuito transformado). Como a impedância de entrada do amp-op é infinita (muito alta), toda a corrente $I(s)$ flui na malha de realimentação, como ilustrado. Além disso, $V_x(s)$, a tensão na entrada do amp-op é zero (muito pequena) devido ao ganho infinito (muito alto) do amp-op. Portanto, para todos os propósitos práticos,

$$Y(s) = -I(s)Z_f(s)$$

Além disso, como $V_x(s) \approx 0$,

$$I(s) = \frac{X(s)}{Z(s)}$$

A substituição da segunda equação na primeira leva a

$$Y(s) = -\frac{Z_f(s)}{Z(s)}X(s)$$

Portanto, o circuito com amp-op da Fig. 4.28 possui a função de transferência

$$H(s) = -\frac{Z_f(s)}{Z(s)} \qquad (4.68)$$

Através da escolha adequada de $Z(s)$ e $Z_f(s)$, podemos obter uma grande variedade de funções de transferência, tal como o desenvolvimento a seguir mostrará.

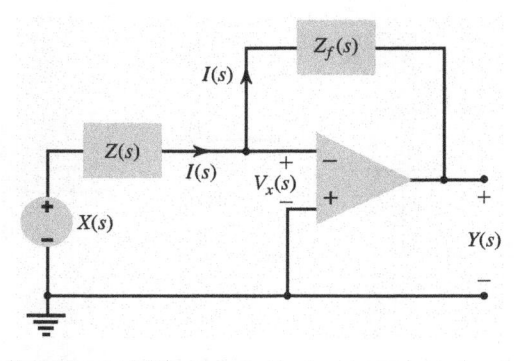

Figura 4.28   Configuração inversora básica com amp-op.

MULTIPLICADOR ESCALAR

Se utilizarmos um resistor R_f na malha de realimentação e um resistor R na entrada (Fig. 4.29a), então $Z_f(s) = R_f$ e

$$H(s) = -\frac{R_f}{R} \qquad (4.69a)$$

O sistema funciona como um multiplicador escalar (ou amplificador) com ganho negativo R_f/R. Um ganho positivo pode ser obtido usando dois multiplicadores em série ou usando um único amplificador não inversor, como mostrado na Fig. 4.16c. A Fig. 4.29a também mostra o símbolo compacto utilizado em diagramas de circuito para um multiplicador escalar.

INTEGRADOR

Se utilizarmos um capacitor C na malha de realimentação e um resistor R na entrada (Fig. 4.29b), então $Z_f(s) = 1/Cs$, $Z(s) = R$ e p

$$H(s) = \left(-\frac{1}{RC}\right)\frac{1}{s} \qquad (4.69b)$$

O sistema funciona como um integrador ideal com ganho $-1/RC$. A Fig. 4.29b também mostra o símbolo compacto utilizado em diagramas de circuitos para um integrador.

SOMADOR

Considere agora o circuito da Fig. 4.30a com r entradas $X_1(s)$, $X_2(s)$,..., $X_r(s)$. Como sempre, a tensão de entrada $V_x(s) \cong 0$ pois o ganho do amp-op $\to \infty$. Além disso, a corrente entrando no amp-op é muito pequena ($\cong 0$) pois

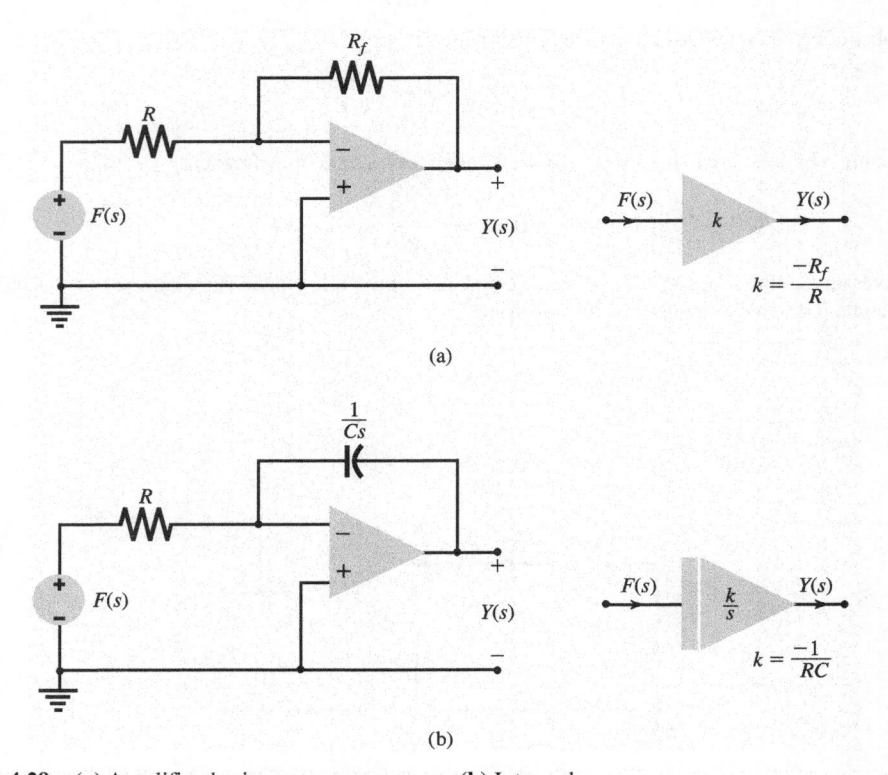

Figura 4.29 (a) Amplificador inversor com amp-op. (b) Integrador.

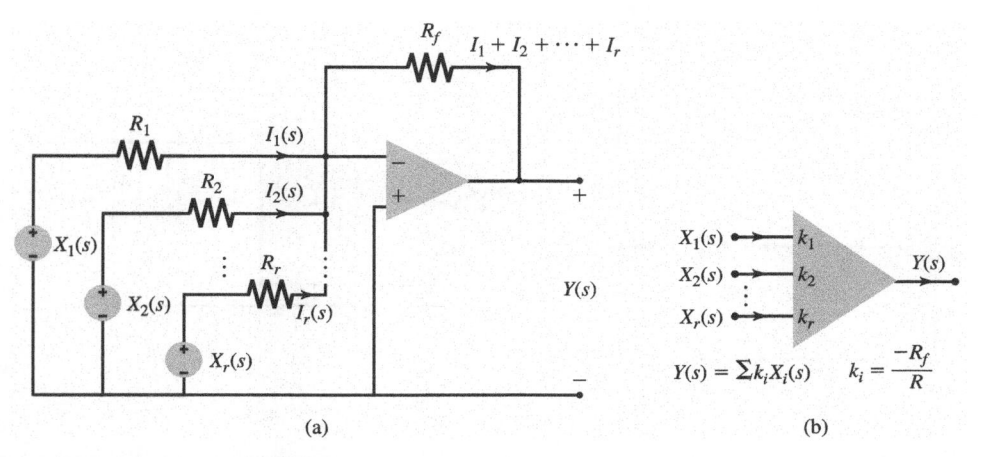

Figura 4.30 Circuito somador e amplificador com amp-op.

a impedância de entrada $\to \infty$. Portanto, a corrente total no resistor de realimentação R_f é $I_1(s) + I_2(s) + \ldots + I_r(s)$. Desta forma, como $V_x(s) = 0$,p

$$I_j(s) = \frac{X_j(s)}{R_j} \qquad j = 1, 2, \ldots, r$$

Além disso

$$\begin{aligned} Y(s) &= -R_f[I_1(s) + I_2(s) + \cdots + I_r(s)] \\ &= -\left[\frac{R_f}{R_1}X_1(s) + \frac{R_f}{R_2}X_2(s) + \cdots + \frac{R_f}{R_r}X_r(s)\right] \\ &= k_1 X_1(s) + k_2 X_2(s) + \cdots + k_r X_r(s) \end{aligned} \qquad (4.70)$$

na qual

$$k_i = \frac{-R_f}{R_i}$$

Claramente, o circuito da Fig. 4.30 funciona como um somador e um amplificador com qualquer ganho desejado para cada um dos sinais de entrada. A Fig. 4.30b mostra o símbolo compacto utilizado em diagramas de circuitos para um somador com r entradas.

EXEMPLO 4.22

Utilize circuitos com amp-op para realizar a forma direta canônica da seguinte função de transferência

$$H(s) = \frac{2s + 5}{s^2 + 4s + 10}$$

A realização canônica básica é mostrada na Fig. 4.31a. A mesma realização com reorientação horizontal é mostrada na Fig. 4.31b. Os sinais nos vários pontos são indicados na realização. Por conveniência, identificamos a saída do último integrador por $W(s)$. Consequentemente, os sinais nas entradas dos dois integradores são $sW(s)$ e $s^2W(s)$, como mostrado na Fig. 4.31a e 4.31b. Os elementos com amp-op (multiplicador, integrador e somador) alteram a polaridade dos sinais de saída. Para incorporar este fato, modificamos a realização canônica da Fig. 4.31b para a mostrada na Fig. 4.31c. Na Fig. 4.31b, as saídas sucessivas do somador e dos integradores são $s^2W(s)$, $sW(s)$ e $W(s)$, respectivamente. Devido às inversões de polaridade nos circuitos com amp-op, estas saídas são $-s^2W(s)$, $sW(s)$ e $-W(s)$, respectivamente, na Fig. 4.31c. Esta inversão

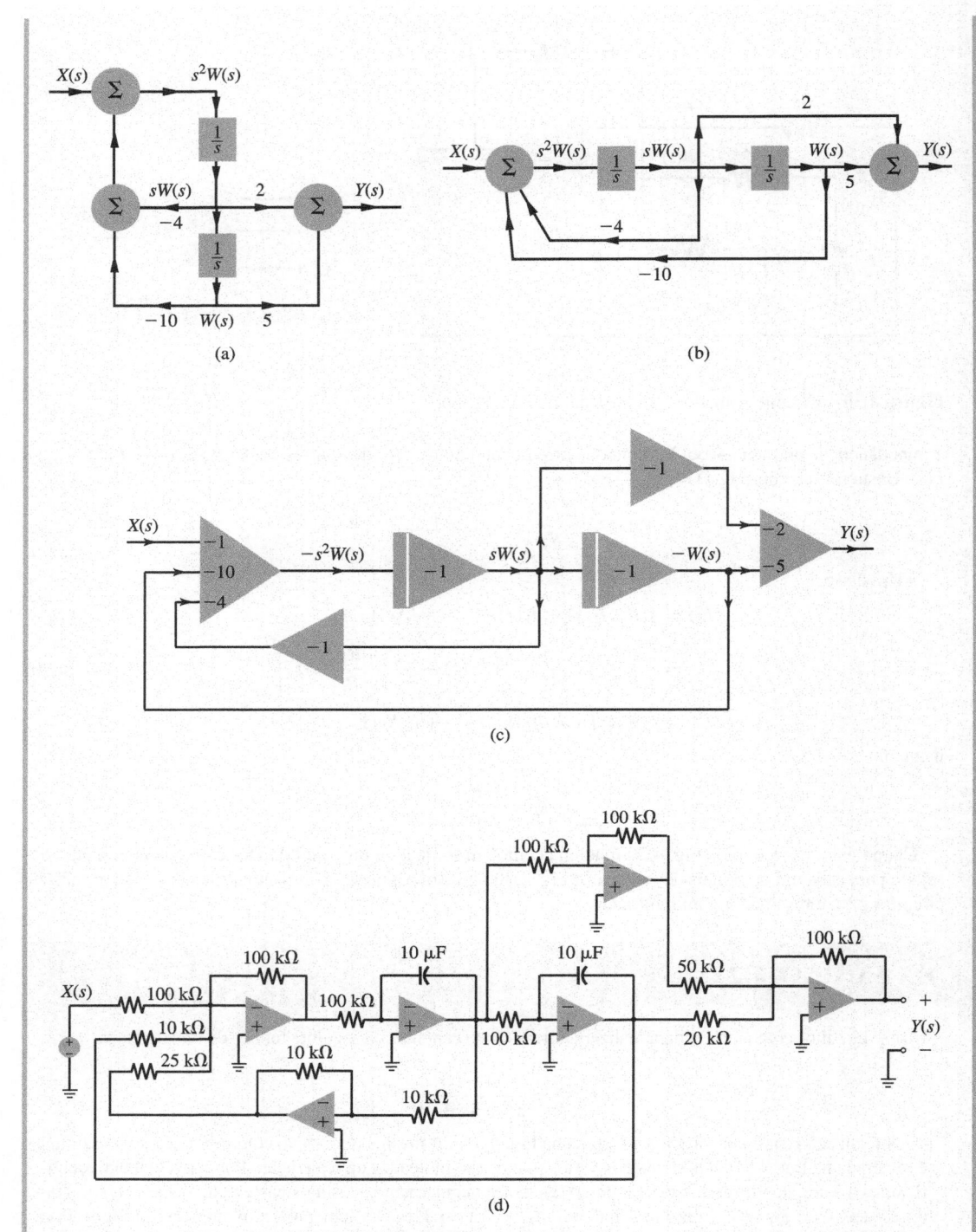

Figura 4.31 Implementação da função de transferência de segunda ordem $(2s + 5)/s^2 + 4s + 10)$ com amp-ops.

de polaridade requer modificações correspondentes nos sinais dos ganhos das malhas de realimentação e direta. De acordo com a Fig. 4.31b

$$s^2 W(s) = X(s) - 4sW(s) - 10W(s)$$

Portanto,

$$-s^2 W(s) = -X(s) + 4sW(s) + 10W(s)$$

Como os ganhos do somador são sempre negativos (veja Fig. 4.30b), reescrevemos a equação anterior para

$$-s^2 W(s) = -1[X(s)] - 4[-sW(s)] - 10[-W(s)]$$

A Fig. 4.31 mostra a implementação desta equação. A realização em hardware aparece na Fig. 4.31d. Os dois integradores possuem ganho unitário, o que requer $RC = 1$. Utilizamos $R = 100$ kΩ e $C = 10$ µF. O ganho de 10 na malha de realimentação mais externa é obtida no somador escolhendo um resistor de realimentação para o somador igual a 100 kΩ e um resistor de entrada de 10 kΩ. Similarmente, o ganho de 4 na malha de realimentação mais interna é obtido usando um resistor de entrada correspondente de 25 kΩ. Os ganho de 2 e 5, necessários nas malhas de realimentação, são obtidos usando um resistor de realimentação de 100 kΩ e resistores de entrada de 50 kΩ e 20 kΩ, respectivamente.[†]

A implementação com amp-op da Fig. 4.31 não é necessariamente a que utiliza a menor quantidade de amp-ops. Este exemplo é dado apenas para ilustrar o procedimento sistemático de implementação de uma função de transferência arbitrária com circuitos com amp-op. Existem circuitos mais eficientes (tais como Sallen-key ou Biquad) que utilizam menos amp-ops para implementar funções de transferência de segunda ordem.

EXERCÍCIO E4.13

Mostre que as funções de transferência dos circuitos com amp-op da Fig. 4.31a e 4.32b são $H_1(s)$ e $H_2(s)$, respectivamente, dadas por

$$H_1(s) = \frac{-R_f}{R}\left(\frac{a}{s+a}\right) \qquad a = \frac{1}{R_f C_f}$$

$$H_2(s) = -\frac{C}{C_f}\left(\frac{s+b}{s+a}\right) \qquad a = \frac{1}{R_f C_f} \qquad b = \frac{1}{RC}$$

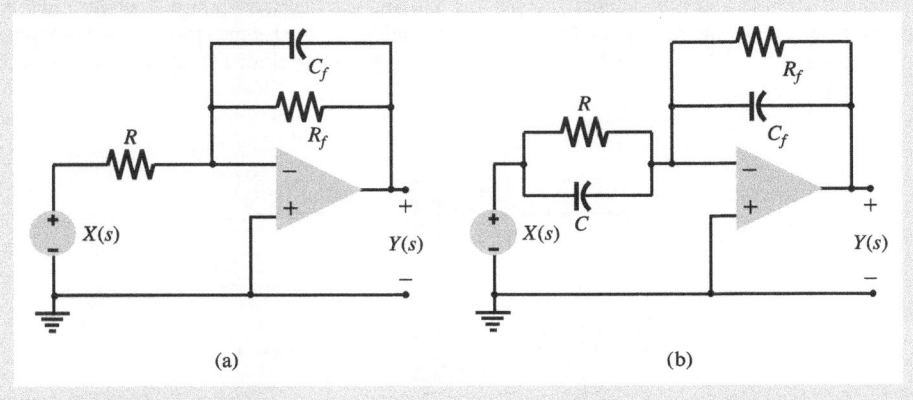

Figura 4.32

[†] É possível evitar os dois amp-ops inversores (com ganho -1) na Fig. 4.31d somando o sinal $sW(s)$ aos somadores de entrada e saída diretamente, usando a configuração de amplificador não inversor da Fig. 4.16d.

4.7 Aplicação em Realimentação e Controle

Geralmente, os sistemas são projetados para produzir uma saída y(t) desejada para uma dada entrada x(t). Usando um dado critério de performance, podemos projetar um sistema, tal como mostrado na Fig. 4.33a. Idealmente, este tipo de sistema em malha aberta deveria resultar na saída desejada. Na prática, entretanto, as características do sistema mudam com o tempo, em função do próprio tempo de uso do sistema ou da substituição de alguns componentes ou então de mudanças no ambiente no qual o sistema está operando. Estas variações causam mudanças na saída para a mesma entrada. Obviamente, isto não é desejável em sistemas de precisão.

Uma possível solução para este problema é adicionar uma componente de sinal à entrada que não é uma função predeterminada do tempo, mas que irá ser alterada para contrabalançar aos efeitos da variação das características do sistema e do ambiente. Ou seja, devemos fornecer uma correção na entrada do sistema para considerar as mudanças indesejadas mencionadas. Como estas mudanças são geralmente imprevisíveis, não é evidente como podemos pré-programar as correções apropriadas na entrada. Entretanto, a diferença entre a saída atual e a saída desejada nos fornece uma indicação de uma correção adequada que deve ser aplicada à entrada do sistema. Desta forma, pode ser possível contrabalançar as variações através da alimentação da saída (ou de alguma função da saída) de volta à entrada.

Inconscientemente, aplicamos este princípio no dia a dia. Considere por exemplo a venda de um certo produto. O preço ótimo deste produto é o valor que maximiza o lucro de um comerciante. A saída neste caso é o lucro e a entrada é o preço do item. A saída (lucro) pode ser controlada (dentro de certos limites) variando a entrada (preço). O comerciante pode colocar um preço muito alto no produto, inicialmente. Neste caso, ele irá vender poucos itens, reduzindo o lucro. Usando a realimentação do lucro (saída), ele ajusta o preço (entrada) para maximizar seu lucro. Se houver uma mudança repentina no mercado, tal como uma greve fechando uma grande fábrica na cidade, a demanda pelo item irá reduzir, reduzindo, portanto, sua saída (lucro). Ele ajusta a entrada (reduzindo o preço) usando a realimentação da saída (lucro) de forma que ele irá otimizar seu lucro na circunstância alterada. Se a cidade repentinamente se tornar mais próspera devido a uma nova fábrica, ele irá aumentar o preço para maximizar o lucro. Portanto, através da realimentação contínua da saída para a entrada, ele consegue atingir seu objetivo de lucro máximo (saída otimizada) em qualquer circunstância. Podemos observar milhares de exemplos de sistemas realimentados ao nosso redor no dia a dia. A maior parte dos processos sociais, econômicos, educacionais e políticos são, na realidade, processos realimentados. Um diagrama de blocos deste tipo de sistema, chamado de sistema *realimentado* ou de *malha fechada* é mostrado na Fig. 4.33b.

Um sistema realimentado pode ser utilizado em problemas que aparecem em função de distúrbios indesejados, tais como sinais aleatórios de ruído em sistemas eletrônicos, uma rajada de vento afetando uma antena de rastreamento, um meteorito atingindo uma espaçonave e o movimento de rotação de uma plataforma de artilharia antiaérea montada em um navio ou em tanques móveis. A realimentação também pode ser utilizada para reduzir não linearidades em um sistema ou para controlar seu tempo de subida (ou largura de faixa). A realimentação é utilizada para alcançar, dado um certo sistema, um objetivo desejado dentro de uma certa tolerância dada, apesar do não conhecimento parcial do sistema e do ambiente. Um sistema realimentado, portanto, possui a habilidade de supervisão e autocorreção em função de alterações nos parâmetros do sistema e distúrbios externos (mudanças no ambiente).

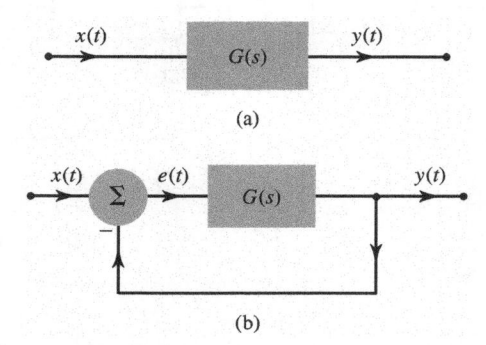

Figura 4.33 Sistemas em (a) malha aberta e (b) malha fechada (realimentado).

Considere o amplificador realimentado da Fig. 4.34. Seja o ganho direto do amplificador $G = 10.000$. Um centésimo da saída é realimentada para a entrada ($H = 0,01$). O ganho T do amplificador realimentado é obtido por [veja a Eq. (4.59)]

$$T = \frac{G}{1+GH} = \frac{10.000}{1+100} = 99,01$$

Suponha que, devido ao tempo de uso ou substituição de algum transistor, o ganho direto G do amplificador muda de 10.000 para 20.000. O novo ganho do amplificador realimentado é dado por

$$T = \frac{G}{1+GH} = \frac{20.000}{1+200} = 99,5$$

Surpreendentemente, uma variação de 100% no ganho direto causa uma variação de apenas 0,5% no ganho total T do amplificador realimentado. Esta redução na sensibilidade a variações paramétricas é o ponto chave para amplificadores de precisão. Neste exemplo, reduzimos a sensibilidade do ganho a variações paramétricas ao custo do ganho da malha direta, o qual foi reduzido de 10.000 (considerando malha aberta) para 99 (considerando a malha fechada). Não existe carência no ganho de malha direta (obtido cascateando estágios). A baixa sensibilidade é extremamente preciosa e oportuna em sistemas de precisão.

Considere, agora, o que acontece se somarmos (ao invés de subtraírmos) o sinal de realimentação ao sinal de entrada. Tal adição significa que a conexão de realimentação é $+$ ao invés de $-$ (o que é o mesmo que alterar o sinal de H na Fig. 4.34). Consequentemente,

$$T = \frac{G}{1-GH}$$

Se fizermos $G = 10.000$ como antes e $H = 0,9 \times 10^{-4}$, então

$$T = \frac{10.000}{1-0,9(10^4)(10^{-4})} = 100.000$$

Suponha que devido ao tempo de uso ou substituição de alguns transistores, o ganho de malha direta do amplificador mude para 11.000. O novo ganho do amplificador realimentado é

$$T = \frac{11.000}{1-0,9(11.000)(10^{-4})} = 1.100.000$$

Observe que, neste caso, um simples aumento de 10% no ganho direto G resultou em um aumento de 1000% no ganho T (de 100.000 para 1.100.000). Claramente, o amplificador é muito sensível a variações paramétricas. Este comportamento é exatamente oposto ao que foi observado anteriormente, quando o sinal realimentado é subtraído da entrada.

Qual é a diferença entre as duas situações? Falando de forma simples, o primeiro caso é chamado de *realimentação negativa* e o último de *realimentação positiva*. A realimentação positiva aumenta o ganho do sistema, mas tende a tornar o sistema mais sensível a variações paramétricas. Ela também pode resultar em instabilidade. Em nosso exemplo, se G for 111.111, então $GH = 1$, $T = \infty$ e o sistema se tornará instável, pois o sinal de realimentação é exatamente igual ao próprio sinal de entrada, pois $GH = 1$. Logo, uma vez que o sinal seja aplicado, não importa quão pequeno ou quão curto em duração ele seja, ele será realimentado para reforçar a entrada, a qual passará para a saída novamente, sendo realimentada de novo e de novo e de novo. Em essência, o sinal se perpetuará indefinidamente. Essa perpetuação, mesmo se a entrada deixar de existir, é precisamente o sintoma de instabilidade.

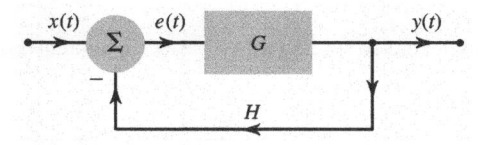

Figura 4.34 Efeitos de realimentação negativa e positiva.

De um modo geral, um sistema realimentado não pode ser descrito em termos de preto e branco, tal como positivo ou negativo. Usualmente, *H* é uma componente dependente da frequência, sendo mais adequadamente representada por $H(s)$, que varia com a frequência. Consequentemente, o que é uma realimentação negativa em baixas frequências, pode se tornar em uma realimentação positiva para altas frequências e pode resultar em instabilidade. Este é um dos sérios aspectos de sistemas realimentados, o qual requer uma cuidadosa atenção do projetista.

4.7-1 Análise de um Sistema de Controle Simples

A Fig. 4.35a representa um sistema de controle automático de posição, o qual pode ser utilizado para controlar a posição angular de um objeto pesado (por exemplo, uma antena de rastreamento, uma bateria antiaérea ou a posição de uma nave). A entrada θ_i é a posição angular desejada do objeto, a qual pode ser ajustada para qualquer valor. A posição angular atual θ_0 do objeto (a saída) é medida através de um potenciômetro cujo eixo é comum ao eixo do objeto de saída. A diferença entre a entrada θ_i (posição de saída desejada ajustada) e a saída θ_o (posição atual) é amplificada. A saída amplificada, a qual é proporcional a $\theta_i - \theta_o$, é aplicada a entrada do motor. Se $\theta_i - \theta_o = 0$ (a saída sendo igual ao ângulo desejado), não existe entrada aplicada ao motor e ele irá parar. Mas se $\theta_o \neq \theta_i$, existirá uma entrada não nula no motor, o qual irá girar o eixo até que $\theta_o = \theta_i$. É evidente que ajustando o potenciômetro de entrada para uma desejada posição neste sistema, podemos controlar a posição angular de um objeto pesado remoto.

O diagrama de blocos deste sistema é mostrado na Fig. 4.35b. O ganho do amplificador é *K*, onde *K* é ajustável. Considere que função de transferência do motor (com a carga) que relaciona o ângulo de saída θ_o com a tensão de entrada do motor é $G(s)$ [veja a Eq. (1.77)]. Este arranjo de realimentação é idêntico ao da Fig. 4.18d com $H(s) = 1$. Logo, $T(s)$, a função de transferência do sistema (em malha fechada) que relaciona a saída θ_o com a entrada θ_i é

$$\frac{\Theta_o(s)}{\Theta_i(s)} = T(s) = \frac{KG(s)}{1 + KG(s)}$$

A partir desta equação iremos investigar o comportamento do sistema de controle automático de posição da Fig. 4.35a para uma entrada em degrau e em rampa.

ENTRADA EM DEGRAU

Se desejarmos mudar a posição angular de um objeto instantaneamente, precisamos aplicar uma entrada em degrau. Então, podemos querer saber quanto tempo o sistema gastará para se posicionar no novo ângulo desejado, se ele realmente atingirá o ângulo desejado e se ele atingirá o ângulo desejado suavemente (monotonicamente) ou oscilando ao redor da posição final. Se o sistema oscilar, podemos querer saber por quanto tempo ele oscilará. Todas estas questões podem ser facilmente respondidas determinando a saída $\theta_o(t)$ quando a entrada $\theta_i(t) = u(t)$. Uma entrada em degrau implica em uma mudança instantânea no ângulo. Esta entrada é uma das mais difíceis de ser seguida, e se o sistema se comportar bem para esta entrada, então ele provavelmente terá um bom comportamento nas outras situações esperadas. Este é o motivo pelo qual testamos sistemas de controle com uma entrada em degrau.

Para a entrada em degrau $\theta_i(t) = u(t)$, $\Theta(s) = 1/s$ e

$$\Theta_o(s) = \frac{1}{s}T(s) = \frac{KG(s)}{s[1 + KG(s)]}$$

Considerando a função de transferência do motor (com a carga) que relaciona o ângulo da carga $\theta_o(t)$ com a tensão de entrada do motor igual a $G(s) = 1/(s(s+8))$ [veja a Eq. (1.77)], temos

$$\Theta_o(s) = \frac{\dfrac{K}{s(s+8)}}{s\left[1 + \dfrac{K}{s(s+8)}\right]} = \frac{K}{s(s^2 + 8s + K)}$$

Vamos investigar o comportamento do sistema para três valores diferentes de *K*.
Para $K = 7$,

$$\Theta_o(s) = \frac{7}{s(s^2 + 8s + 7)} = \frac{7}{s(s+1)(s+7)} = \frac{1}{s} - \frac{\frac{7}{6}}{s+1} + \frac{\frac{1}{6}}{s+7}$$

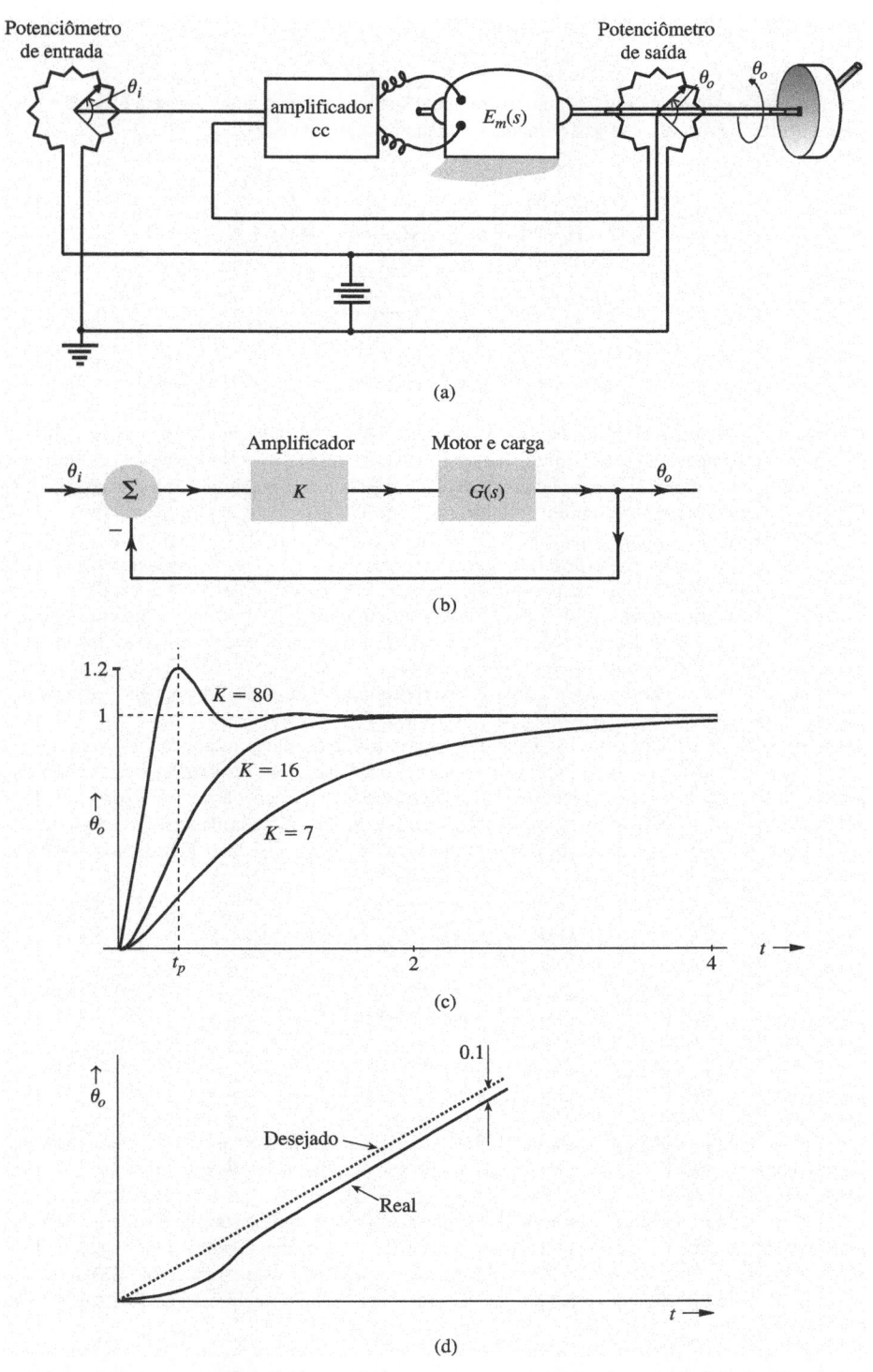

Figura 4.35 (a) Sistema de controle automático de posição. (b) Seu diagrama de blocos. (c) Resposta ao degrau unitário. (d) Resposta à rampa unitária.

e
$$\theta_o(t) = \left(1 - \tfrac{7}{6}e^{-t} + \tfrac{1}{6}e^{-7t}\right)u(t)$$

Esta resposta, mostrada na Fig. 4.35c, mostra que o sistema atinge o ângulo desejado, mas a um passo bem lento. Para acelerar a resposta, vamos aumentar o ganho para, digamos, 80.
Para $K = 80$,

$$\Theta_o(s) = \frac{80}{s(s^2 + 8s + 80)} = \frac{80}{s(s + 4 - j8)(s + 4 + j8)}$$

$$= \frac{1}{s} + \frac{\tfrac{\sqrt{5}}{4}e^{j153°}}{s + 4 - j8} + \frac{\tfrac{\sqrt{5}}{4}e^{-j153°}}{s + 4 + j8}$$

e
$$\theta_o(t) = \left[1 + \tfrac{\sqrt{5}}{2}e^{-4t}\cos(8t + 153°)\right]u(t)$$

Esta resposta, também mostrada na Fig. 4.35c, atinge o objetivo de alcançar a posição final a um passo mais rápido do que no caso anterior ($K = 7$). Infelizmente, a melhora é obtida ao custo de oscilações com um alto sobre-sinal* No caso atual, o *sobre-sinal percentual* (SSP) é de 21%. A resposta atinge o valor de pico no *tempo de pico* $t_p = 0{,}393$ segundos. O *tempo de subida*, definido como sendo o tempo necessário para a resposta subir de 10% para 90% do seu valor de regime permanente, indica a velocidade da resposta.[†] No caso atual, $t_r = 0{,}175$ segundos. O valor de regime permanente da resposta é unitário, tal que o *erro de regime permanente* é zero. Teoricamente, é necessário um tempo infinito para a resposta atingir o valor desejado de unitário. Na prática, entretanto, podemos considerar que a resposta atingiu o valor final se ela estiver muito próxima do valor final. Uma medida amplamente aceita de proximidade é estar dentro de 2% de seu valor final. O tempo necessário para a resposta atingir e permanecer dentro de 2% do valor final é chamado de *tempo de acomodação* t_s.[‡] Na Fig. 4.35c, nós temos $t_s \approx 1$ segundo (quando $K = 80$). Um bom sistema apresenta um pequeno sobre-sinal, um pequeno t_r e t_s e um pequeno erro de regime permanente.

Um grande sobre-sinal, como no caso atual, pode ser inaceitável em várias aplicações. Vamos tentar determinar K (o ganho) que resulta em uma rápida resposta sem oscilações. Raízes características complexas levam a oscilações. Ou seja, para evitar oscilações, as raízes características devem ser reais. No caso atual, o polinômio característico é $s^2 + 8s + K$. Para $K > 16$, as raízes características são complexas, Para $K < 16$, as raízes são reais. A resposta mais rápida sem oscilações é obtida escolhendo $K = 16$. Consideraremos este caso.
Para $K = 16$,

$$\Theta_o(s) = \frac{16}{s(s^2 + 8s + 16)} = \frac{16}{s(s + 4)^2}$$

$$= \frac{1}{s} - \frac{1}{s + 4} - \frac{4}{(s + 4)^2}$$

e
$$\theta_o(t) = [1 - (4t + 1)e^{-4t}]u(t)$$

Esta resposta também é mostrada na Fig. 4.35c. O sistema com $K > 16$ é dito ser *subamortecido* (resposta oscilatória), enquanto que o sistema com $K < 16$ é dito ser *superamortecido*. Para $K = 16$, o sistema é dito ser com *amortecimento crítico*.

Existe um compromisso entre um sobre-sinal indesejado e o tempo de subida. Reduzindo o sobre-sinal aumenta-se o tempo de subida (sistema mais lento). Na prática, um pequeno sobre-sinal, o qual ainda é mais rápido do que amortecimento crítico, pode ser aceitável. Note que o sobre-sinal percentual SSP e o tempo de subida t_r não possuem significado para os casos de superamortecido e amortecimento crítico. Além de ajustar o ga-

---
* N. de T.: Encontra-se também na literatura em português, o termo original em inglês *overshoot*.
[†] N. de T.:O *tempo de atraso* t_d, definido como sendo o tempo necessário para a resposta atingir 50% do seu valor de regime permanente também é outra indicação de velocidade. Para o caso atual, $t_d = 0{,}141$ segundos.
[‡] Os valores percentuais utilizados são 2% e 5% para t_s.

nho K, podemos precisar aumentar o sistema com algum tipo de compensador se as especificações de sobre-sinal e velocidade de resposta forem muito restritivas.

ENTRADA EM RAMPA
Se a bateria antiaérea da Fig. 4.35a estiver rastreando um avião inimigo se movendo com uma velocidade uniforme, o ângulo de posição da bateria deve aumentar linearmente com t. Logo, a entrada, neste caso, é uma rampa, ou seja, $\theta_i(t) = tu(t)$. Vamos definir a resposta do sistema a esta entrada quando $K = 80$. Neste caso, $\Theta_i(s) = 1/s^2$ e

$$\Theta_o(s) = \frac{80}{s^2(s^2 + 8s + 80)} = -\frac{0,1}{s} + \frac{1}{s^2} + \frac{0,1(s-2)}{s^2 + 8s + 80}$$

Usando a Tabela 4.1, temos

$$\theta_o(t) = \left[-0,1 + t + \tfrac{1}{8}e^{-8t}\cos(8t + 36,87°)\right]u(t)$$

Esta resposta, mostrada na Fig. 4.35d, mostra que existe um erro de regime permanente $e_r = 0,1$ radianos. Em vários casos, este pequeno erro de regime permanente é tolerável. Se, entretanto, um erro de regime permanente nulo para entrada em rampa for necessário, este sistema em sua forma atual é insatisfatório. Devemos adicionar alguma forma de compensação ao sistema.

EXEMPLO DE COMPUTADOR C4.4

Usando o sistema realimentado da Fig. 4.18d com $G(s) = K/(s(s + 8))$ e $H(s) = 1$, determine a resposta ao degrau para cada um dos seguintes casos:

(a) $K = 7$

(b) $K = 16$

(c) $K = 80$

Adicionalmente,

(d) determine a resposta a rampa unitária quando $K = 80$.

O Exemplo de Computador C4.3 calcula as funções de transferência destes sistemas realimentados de maneira simples. Neste exemplo, o comando `conv` é utilizado para demonstrar a multiplicação polinomial dos dois fatores do denominador de $G(s)$. As respostas ao degrau são calculadas usando o comando `step`.

(a–c)

```
>> H = tf(1,1); K = 7; G = tf([0 0 K],conv([0 1 0],[0 1 8]));
>> TFa = feedback(G,H);
>> H = tf(1,1); K = 16; G = tf([0 0 K],conv([0 1 0],[0 1 8]));
>> TFb = feedback(G,H);
>> H = tf(1,1); K = 80; G = tf([0 0 K],conv([0 1 0],[0 1 8]));
>> TFc = feedback(G,H);
>> figure(1); clf; step(TFa,'k-',TFb,'k--',TFc,'k-.');
>> legend('(a) K = 7','(b) K = 16','(c) K = 80',0);
```

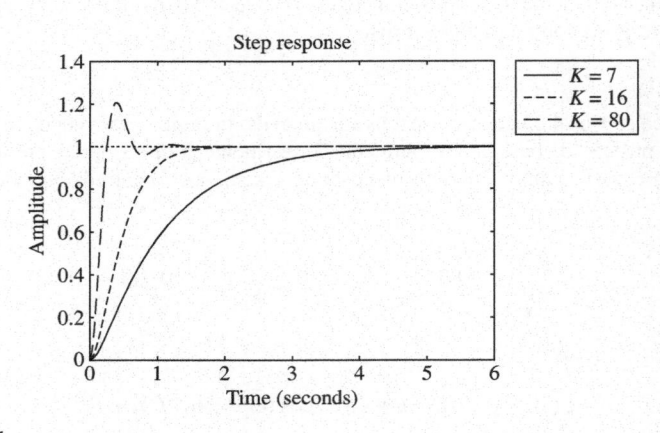

Figura C4.4-1

(d) A resposta a rampa unitária é equivalente à derivada da resposta ao degrau unitário.
```
>> TFd = series(TFc,tf([0 1],[1 0]));
>> figure(2); clf; step(TFd,'k-'); legend('(d) K = 80',0);
>> title('Resposta a rampa unitária')
```

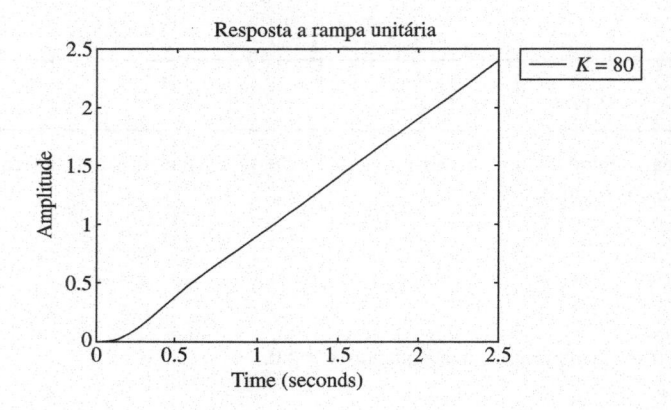

Figura C4.4-2

ESPECIFICAÇÕES DE PROJETO
Agora o leitor possui alguma ideia sobre as várias especificações que um sistema de controle pode necessitar. Geralmente, um sistema de controle é projetado para atender uma dada especificação transitória, certas especificações de erro de regime permanente e especificações de sensibilidade. Especificações transitórias incluem sobre-sinal, tempo de subida e tempo de acomodação da resposta ao degrau unitário. O erro de regime permanente é a diferença entre a resposta desejada e a resposta real a uma dada entrada de teste em regime permanente. O sistema também deve satisfazer a uma dada especificação de sensibilidade a alguma variação paramétrica do sistema, ou a algum distúrbio. Acima de tudo, o sistema deve permanecer estável para alguma condição de operação. A discussão de procedimentos de projeto utilizado para implementar especificações dadas está além do escopo deste livro.

4.8 Resposta em Frequência de um Sistema LCIT

A filtragem é uma importante área de processamento de sinais. As características de filtragem de um sistema são indicadas pela resposta do sistema a senoides de várias frequências, variando de 0 a ∞. Tais características são chamadas de resposta em frequência do sistema. Nesta seção determinaremos a resposta em frequência de sistemas LCITs.

Na Seção 2.4-4, mostramos que a resposta de um sistema LCIT a uma entrada exponencial de duração infinita $x(t) = e^{st}$ também é uma exponencial de duração infinita $H(s)e^{st}$. Tal como antes, nós iremos utilizar setas direcionais da entrada para a saída para representar um par entrada-saída:

$$e^{st} \Longrightarrow H(s)e^{st} \qquad (4.71)$$

Fazendo $s = j\omega$ nesta relação, teremos

$$e^{j\omega t} \Longrightarrow H(j\omega)e^{j\omega t} \qquad (4.72)$$

Observando que $\cos \omega t$ é a parte real de $e^{j\omega t}$ e usando a Eq. (2.40),

$$\cos \omega t \Longrightarrow \text{Re}[H(j\omega)e^{j\omega t}] \qquad (4.73)$$

Podemos expressar $H(j\omega)$ na forma polar como sendo

$$H(j\omega) = |H(j\omega)|e^{j\angle H(j\omega)} \qquad (4.74)$$

Com este resultado, a relação (4.73) torna-se

$$\cos \omega t \Longrightarrow |H(j\omega)| \cos[\omega t + \angle H(j\omega)]$$

Em outras palavras, a resposta $y(t)$ do sistema a uma entrada senoidal $\cos \omega t$ é dada por

$$y(t) = |H(j\omega)| \cos[\omega t + \angle H(j\omega)] \qquad (4.75a)$$

Usando um argumento similar, podemos mostrar que a resposta do sistema a senoide $\cos(\omega t + \theta)$ é

$$y(t) = |H(j\omega)| \cos[\omega t + \theta + \angle H(j\omega)] \qquad (4.75b)$$

Este resultado é válido apenas para sistemas BIBO estáveis. A resposta em frequência não possui sentido para sistemas BIBO instáveis. Esta característica é decorrente do fato de que a resposta em frequência da Eq. (4.72) é obtida fazendo $s = j\omega$ na Eq. (4.71). Mas, como mostrado na Seção 2.4-4 [Eqs. (2.47) e (2.48)], a relação (4.71) só se aplica para valores de s nos quais $H(s)$ existe. Para sistemas BIBO instáveis, a RDC de $H(s)$ não inclui o eixo $j\omega$, no qual $s = j\omega$ [veja a Eq. (4.14)]. Isto significa que $H(s)$, quando $s = j\omega$, não tem sentido para sistemas BIBO instáveis.[†]

A Eq. (4.75b) mostra que para uma entrada senoidal de frequência angular ω, a resposta do sistema também é uma senoide de mesma frequência ω. *A amplitude da senoide de saída é $|H(j\omega)|$ vezes a amplitude de entrada e a fase da senoide de saída é deslocada por $\angle H(j\omega)$ com relação a fase de entrada* (veja a Fig. 4.36 no exemplo 4.23). Por exemplo, um certo sistema com $|H(j10)| = 3$ e $\angle H(j10) = -30°$ amplifica uma senoide de frequência $\omega = 10$ por um fator de 3 e atrasa sua fase por 30°. A resposta do sistema a uma entrada $5 \cos(10t + 50°)$ é $3 \times 5 \cos(10t + 50° - 30°) = 15 \cos(10t + 20°)$.

Claramente, $|H(j\omega)|$ é o *ganho* de amplitude do sistema e um gráfico de $|H(j\omega)|$ versus ω mostra o ganho de amplitude com uma função de ω. Chamamos $|H(j\omega)|$ de *resposta de amplitude*. Ele também recebe o nome de *resposta de magnitude* na literatura.[‡] Similarmente, $\angle H(j\omega)$ é a *resposta de fase* e um gráfico de $\angle H(j\omega)$ versus ω mostra como o sistema modifica ou altera a fase da senoide de entrada. Observe que $H(j\omega)$ possui a informação de $|H(j\omega)|$ e $\angle H(j\omega)$. Por esta razão, $H(j\omega)$ também é chamada de resposta em frequência do sistema. O gráfico da resposta em frequência $|H(j\omega)|$ e $\angle H(j\omega)$ mostra rapidamente como o sistema responde a senoides de várias frequências. Portanto, a resposta em frequência de um sistema representa sua característica de filtragem.

[†] Este fato também pode ser argumentado de outra forma. Para sistemas BIBO instáveis, a resposta de entrada nula contém termos de modos naturais não decrescentes na forma $\cos \omega_0 t$ ou $e^{at} \cos \omega_0 t$ ($a > 0$). Logo, a resposta de tais sinais à senoide $\cos \omega t$ irá conter não somente a senoide de frequência ω, mas também modos naturais não decrescentes, fazendo com que o conceito de resposta em frequência perca o sentido. Alternativamente, podemos argumentar que quando $s = j\omega$, um sistema BIBO instável viola a condição de dominância Re $\lambda_i <$ Re $j\omega$ para todo i, na qual λ_i representa a i-ésima raiz características do sistema (veja a Seção 4.3-1).

[‡] Estritamente falando, $|H(j\omega)|$ é a resposta de magnitude. Existe uma pequena distinção entre amplitude e magnitude. Amplitude A pode ser positiva ou negativa. Por outro lado, a magnitude $|A|$ é sempre não negativa. Nós nos abstemos de depender desta distinção útil entre amplitude e magnitude no interesse de evitar a proliferação de entidades essencialmente similares. Este é o motivo pelo qual usamos espectro de "amplitude" (ao invés de "magnitude") para $|H(j\omega)|$.

EXEMPLO 4.23

Determine a resposta em frequência (resposta de amplitude e fase) de um sistema cuja função de transferência é

$$H(s) = \frac{s + 0,1}{s + 5}$$

Determine, também, a resposta $y(t)$ do sistema se a entrada $x(t)$ for
(a) $\cos 2t$
(b) $\cos(10t - 50°)$

Neste caso

$$H(j\omega) = \frac{j\omega + 0,1}{j\omega + 5}$$

Portanto,

$$|H(j\omega)| = \frac{\sqrt{\omega^2 + 0,01}}{\sqrt{\omega^2 + 25}} \quad \text{e} \quad \angle H(j\omega) = \tan^{-1}\left(\frac{\omega}{0,1}\right) - \tan^{-1}\left(\frac{\omega}{5}\right)$$

Tanto a resposta de amplitude quanto a resposta de fase são mostradas na Fig. 4.36a em função de ω. Estes gráficos fornecem a informação completa sobre a resposta em frequência do sistema a entradas senoidais.

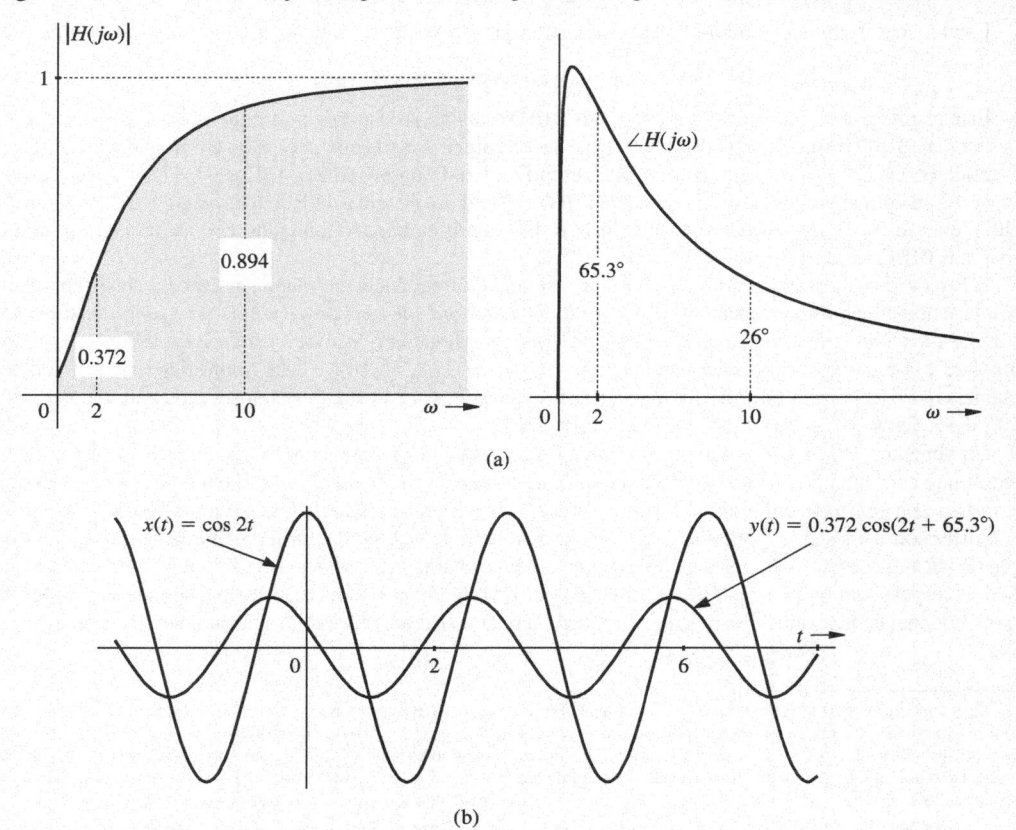

Figura 4.36 Respostas em frequência para o sistema LCIT.

(a) Para a entrada $x(t) = \cos 2t$, $\omega = 2$ e

$$|H(j2)| = \frac{\sqrt{(2)^2 + 0{,}01}}{\sqrt{(2)^2 + 25}} = 0{,}372$$

$$\angle H(j2) = \tan^{-1}\left(\frac{2}{0{,}1}\right) - \tan^{-1}\left(\frac{2}{5}\right) = 87{,}1° - 21{,}8° = 65{,}3°$$

Também poderíamos obter estes valores diretamente dos gráficos de resposta em frequência da Fig. 4.36a correspondentes a $\omega = 2$. Este resultado significa que para uma entrada senoidal com frequência $\omega = 2$, o ganho de amplitude do sistema é 0,372 e o deslocamento de fase é 65,3°. Em outras palavras, a amplitude de saída é 0,372 vezes a amplitude de entrada e a fase da saída é deslocada com relação a da entrada por 65,3°. Portanto, a resposta do sistema a entrada $\cos 2t$ é

$$y(t) = 0{,}372 \cos(2t + 65{,}3°)$$

A entrada $\cos 2t$ e a saída correspondente do sistema $0{,}372 \cos(2t + 65{,}3°)$ estão ilustradas na Fig. 4.36b.

(b) Para a entrada $\cos(10t - 50°)$, em vez de calcular os valores de $|H(j\omega)|$ e $\angle H(j\omega)$ como na parte (a), iremos lê-los diretamente dos gráficos de resposta em frequência da Fig. 4.36a, correspondente a $\omega = 10$. Estes valores são:

$$|H(j10)| = 0{,}894 \quad \text{e} \quad \angle H(j10) = 26°$$

Portanto, para a senoide de entrada com frequência $\omega = 10$, a amplitude da senoide de saída é 0,894 vezes a amplitude de entrada e a senoide de saída é deslocada com relação a senoide de entrada em 26°. Portanto, $y(t)$, a resposta do sistema a entrada $\cos(10t - 50°)$ é

$$y(t) = 0{,}894 \cos(10t - 50° + 26°) = 0{,}894 \cos(10t - 24°)$$

Se a entrada fosse $\text{sen}(10t - 50°)$, a resposta seria $0{,}894 \text{ sen}(10t - 50° + 26°) = 0{,}894 \text{ sen}(10t - 24°)$.

Os gráficos de resposta em frequência da Fig. 4.36 mostram que o sistema possui uma característica de filtro passa-altas. Ele responde bem a senoides de mais alta frequência (ω bem acima de 5) e suprime senoide de baixa frequência (ω bem abaixo de 5).

EXEMPLO DE COMPUTADOR C4.5

Obtenha o gráfico das respostas em frequência da função de transferência $H(s) = (s+5)/(s^2 + 3s + 2)$.

```
>> H = tf([1 5],[1 3 2]);
>> bode(H,'k-',{0.1 100});
```

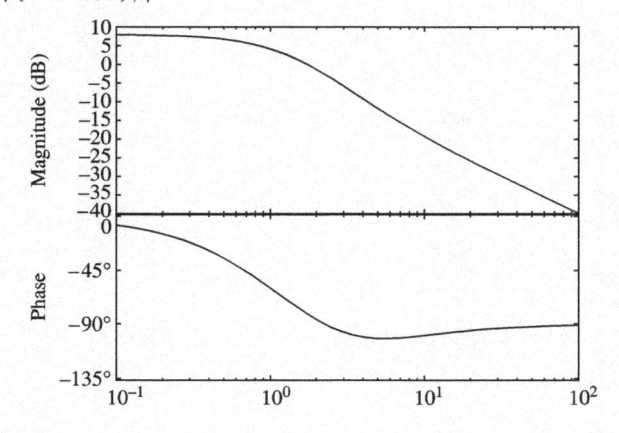

Figura C4.5

EXEMPLO 4.24

Determine e trace a resposta em frequência (resposta de amplitude e fase) para os seguintes sistemas:
(a) Um atrasador ideal de T segundos
(b) Um diferenciador ideal
(c) Um integrador ideal

(a) **Atrasador ideal de T segundos.** A função de transferência de um atrasador ideal é [veja a Eq. (4.46)]

$$H(s) = e^{-sT}$$

Portanto,

$$H(j\omega) = e^{-j\omega T}$$

Consequentemente,

$$|H(j\omega)| = 1 \quad \text{e} \quad \angle H(j\omega) = -\omega T \tag{4.76}$$

As respostas em amplitude e fase estão mostradas na Fig. 4.37a. A resposta em amplitude é uma constante (unitária) para todas as frequências. O deslocamento de fase aumenta linearmente com a frequência com uma inclinação de $-T$. Este resultado pode ser explicado fisicamente reconhecendo que se uma senoide $\cos \omega t$ passar através de um atrasador ideal de T segundos, a saída é $\cos \omega(t - T)$. A amplitude da senoide de saída é a mesma da senoide de entrada para todos os valores de ω. Portanto, a resposta em amplitude (ganho) é unitária para todas as frequências. Além disso, a saída $\cos \omega(t - T) = \cos(\omega t - \omega T)$ possui um deslocamento de fase de $-\omega T$ com relação a entrada $\cos \omega t$. Portanto, a resposta de fase é linearmente proporcional a frequência ω com uma inclinação de $-T$.

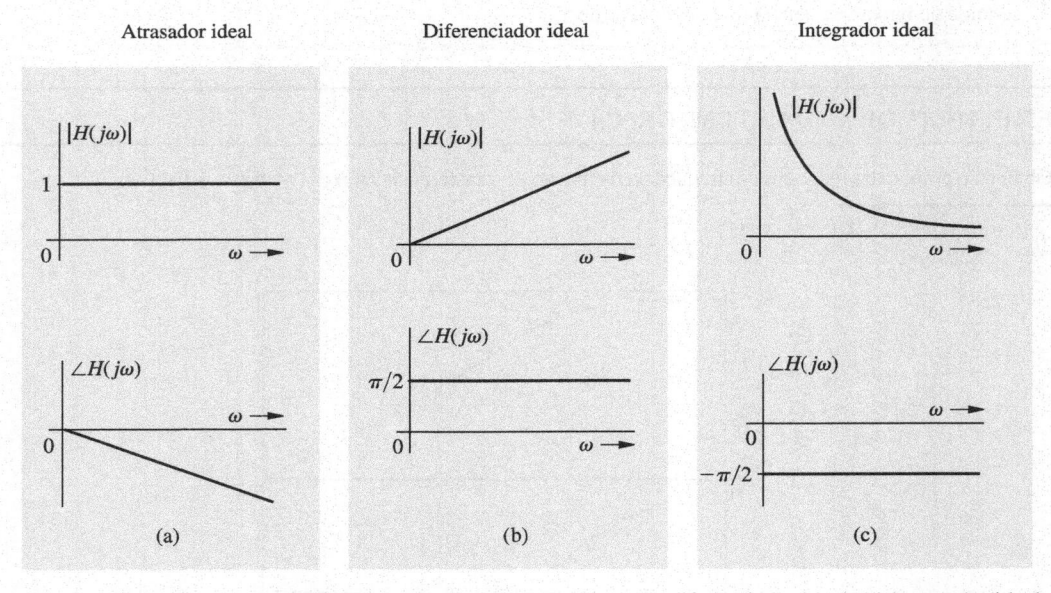

Figura 4.37 Resposta em frequência para (a) atrasador ideal, (b) diferenciador ideal, (c) integrador ideal.

(b) Diferenciador ideal. A função de transferência de um diferenciador ideal é [veja a Eq. (4.47)]

$$H(s) = s$$

Portanto,

$$H(j\omega) = j\omega = \omega e^{j\pi/2}$$

Consequentemente,

$$|H(j\omega)| = \omega \quad \text{e} \quad \angle H(j\omega) = \frac{\pi}{2} \qquad (4.77)$$

As respostas de amplitude e fase estão mostradas na Fig. 4.37b. A resposta em amplitude aumenta linearmente com a frequência e resposta de fase é constante ($\pi/2$) para todas as frequências. Este resultado pode ser explicado fisicamente se reconhecermos que se uma senoide cos ωt passar em um diferenciador ideal, a saída é $-\omega$ sen $\omega t = \omega \cos[\omega t + (\pi/2)]$. Portanto, a amplitude da senoide de saída é ω vezes maior do que a amplitude da entrada, ou seja, a resposta em amplitude (ganho) cresce linearmente com a frequência ω. Além disso, a senoide de saída passa por um deslocamento de fase de $\pi/2$ com relação a entrada cos ωt. Portanto, a resposta em fase é constante ($\pi/2$) com a frequência.

Em um diferenciador ideal, a resposta em amplitude (ganho) é proporcional à frequência [$|H(j\omega)| = \omega$], tal que as componentes de alta frequência são ampliadas (veja a Fig. 4.37b). Todos os sinais práticos são contaminados com ruído, o qual, por sua natureza, é um sinal de banda larga (varia rapidamente) contendo componentes de alta frequência. Um diferenciador pode aumentar o ruído desproporcionalmente ao ponto dele suplantar o sinal desejado. Por isto evitamos diferenciadores ideais na prática.

(c) Integrador ideal. A função de transferência de um integrador ideal é [veja a Eq. (4.48)]

$$H(s) = \frac{1}{s}$$

Portanto,

$$H(j\omega) = \frac{1}{j\omega} = \frac{-j}{\omega} = \frac{1}{\omega}e^{-j\pi/2}$$

Consequentemente,

$$|H(j\omega)| = \frac{1}{\omega} \quad \text{e} \quad \angle H(j\omega) = -\frac{\pi}{2} \qquad (4.78)$$

As respostas de amplitude e fase estão mostradas na Fig. 4.37c. A resposta em amplitude é inversamente proporcional à frequência e o deslocamento de fase é constante ($-\pi/2$) com a frequência. Este resultado pode ser explicado fisicamente se reconhecermos que se uma senoide cos ωt passar em um integrador ideal, a saída será $(1/\omega)$ sen $\omega t = (1/\omega) \cos[\omega t - (\pi/2)]$. Portanto, a resposta em amplitude é inversamente proporcional a ω e a resposta em fase é constante ($-\pi/2$) com a frequência.[†] Devido ao seu ganho ser $1/\omega$, um integrador ideal suprime componentes de alta frequência mas aumenta componentes de baixa frequência com $\omega < 1$. Consequentemente, sinais de ruído (se eles não possuírem uma considerável quantidade de componentes de baixa frequência) são suprimidos (amortecidos) pelo integrador.

[†] Um aspecto deste resultado que pode confundir o leitor é que na determinação da função de transferência do integrando na Eq. (4.48), assumimos que a entrada começa em $t = 0$. Por outro lado, na determinação de resposta em frequência, assumimos que a exponencial de duração infinita $e^{j\omega t}$ começa em $t = -\infty$. Aparentemente há uma contradição fundamental entre a entrada de duração infinita, a qual começa em $t = -\infty$ e o integrador, o qual abre sua porta em $t = 0$. Qual a utilidade de uma entrada de duração infinita se o integrador começa a integrar em $t = 0$? A resposta é que a entrada do integrador está sempre aberta, e a integração começa assim que a entrada começar. Restringimos a entrada a começar em $t = 0$ na obtenção da Eq. (4.48) porque estávamos buscando a função de transferência usando a transformada unilateral, na qual a entrada começa em $t = 0$. Desta forma, o fato do integrador começar a integrar em $t = 0$ é uma restrição devido a limitações do método da transformada unilateral, não devido a limitações do próprio integrador. Se tivéssemos que determinar a função de transferência do integrador usando a Eq. (2.49), na qual não existe esta restrição na entrada, ainda assim obteríamos a função de transferência do integrador como sendo $1/s$. Ou seja, mesmo se utilizássemos a transformada de Laplace bilateral, na qual t começa em $-\infty$, encontraríamos a função de transferência do integrador igual a $1/s$. A função de transferência do sistema é uma propriedade do sistema e não depende do método utilizado para determiná-la.

EXERCÍCIO E4.14

Determine a resposta de um sistema LCIT especificado por

$$\frac{d^2y}{dt^2} + 3\frac{dy}{dt} + 2y(t) = \frac{dx}{dt} + 5x(t)$$

se a entrada for a senoide 20 sen($3t + 35°$).

RESPOSTA

10,23 sen ($3t - 61,91°$)

4.8-1 Resposta em Regime Permanente para Entradas Senoidais Causais

Até este momento, discutimos sobre a resposta do sistema LCIT a entradas senoidais de duração infinita (começando em $t = -\infty$). Na prática, estamos mais interessados em entradas senoidais causais (senoides começando em $t = 0$). Considere a entrada $e^{j\omega t}u(t)$, a qual começa em $t = 0$ em vez de $t = -\infty$. Neste caso, $X(s) = 1/(s + j\omega)$. Além disso, de acordo com a Eq. (4.43), $H(s) = P(s)/Q(s)$, na qual $Q(s)$ é o polinômio característico dado por $Q(s) = (s - \lambda_1)(s - \lambda_2)...(s - \lambda_N)$.[†] Logo,

$$Y(s) = X(s)H(s) = \frac{P(s)}{(s - \lambda_1)(s - \lambda_2) \cdots (s - \lambda_N)(s - j\omega)}$$

Na expansão em frações parciais do lado direito, considere os coeficientes correspondentes aos N termos $(s - \lambda_1), (s - \lambda_2),..., (s - \lambda_N)$ iguais a $k_1, k_2,..., k_N$. Os coeficientes correspondentes ao último termo $(s - j\omega)$ é $P(s)/Q(s)|_{s-j\omega} = H(j\omega)$. Logo,

$$Y(s) = \sum_{i=1}^{n} \frac{k_i}{s - \lambda_i} + \frac{H(j\omega)}{s - j\omega}$$

e

$$y(t) = \underbrace{\sum_{i=1}^{n} k_i e^{\lambda_i t} u(t)}_{\text{componente transitório } y_{tr}(t)} + \underbrace{H(j\omega)e^{j\omega t} u(t)}_{\text{componente de regime estacionário } y_{ss}(t)} \qquad (4.79)$$

Para um sistema assintoticamente estável, os termos de modos característicos $e^{\lambda_i t}$ diminuem com o tempo e, portanto, constituem a chamada componente *transitória* da resposta. O último termo $H(j\omega)e^{j\omega t}$ permanece para sempre, sendo o componente de *regime permanente* da resposta, dado por

$$y_{ss}(t) = H(j\omega)e^{j\omega t}u(t)$$

Este resultado também explica porque uma entrada exponencial de duração infinita $e^{j\omega t}$ resulta em uma resposta total $H(j\omega)e^{j\omega t}$ para sistemas BIBO. Como a entrada começa em $t = -\infty$, para qualquer tempo finito, a componente transitória decrescente já terá desaparecido, deixando apenas a componente de regime permanente. Logo, a resposta total aparece como sendo $H(j\omega)e^{j\omega t}$.

A partir do argumento que resultou na Eq. (4.75a), segue-se que para uma entrada senoidal causal cos ωt, a resposta $y_{ss}(t)$ de regime permanente é dada por

$$y_{ss}(t) = |H(j\omega)|\cos[\omega t + \angle H(j\omega)]u(t) \qquad (4.80)$$

Resumindo, $|H(j\omega)|\cos[\omega t + \angle H(j\omega)]$ é a resposta total da senoide de duração infinita cos ωt. Por outro lado, esta é a resposta de regime permanente para a mesma entrada aplicada em $t = 0$.

[†] Por simplicidade assumimos raízes características não repetidas. O procedimento é facilmente modificado para raízes repetidas, obtendo as mesmas conclusões.

4.9 DIAGRAMAS DE BODE

A obtenção dos gráficos de respostas ($|H(j\omega)|$ e $\angle H(j\omega)$ em função de ω) é consideravelmente facilitada se utilizarmos escalas logarítmicas. Os gráficos de resposta de amplitude e fase como funções de ω em uma escala logarítmica são conhecidos como *diagramas de Bode* (ou gráficos de Bode). Usando o comportamento assintótico das respostas de amplitude e fase, podemos rascunhar estes gráficos com uma facilidade notável, mesmo para funções de transferência de mais alta ordem.

Vamos considerar um sistema com função de transferência dada por

$$H(s) = \frac{K(s+a_1)(s+a_2)}{s(s+b_1)(s^2+b_2s+b_3)} \quad (4.81a)$$

na qual considera-se que o fator de segunda ordem ($s^2 + b_2s + b_3$) possui raízes complexas conjugadas.[†]

Podemos reorganizar a Eq. (4.81) para

$$H(s) = \frac{Ka_1a_2}{b_1b_3} \frac{\left(\dfrac{s}{a_1}+1\right)\left(\dfrac{s}{a_2}+1\right)}{s\left(\dfrac{s}{b_1}+1\right)\left(\dfrac{s^2}{b_3}+\dfrac{b_2}{b_3}s+1\right)} \quad (4.81b)$$

e

$$H(j\omega) = \frac{Ka_1a_2}{b_1b_3} \frac{\left(1+\dfrac{j\omega}{a_1}\right)\left(1+\dfrac{j\omega}{a_2}\right)}{j\omega\left(1+\dfrac{j\omega}{b_1}\right)\left[1+j\dfrac{b_2\omega}{b_3}+\dfrac{(j\omega)^2}{b_3}\right]} \quad (4.81c)$$

Essa equação mostra que $H(j\omega)$ é uma função complexa de ω. A resposta em amplitude $|H(j\omega)|$ e a resposta de fase $\angle H(j\omega)$ são dadas por

$$|H(j\omega)| = \frac{Ka_1a_2}{b_1b_3} \frac{\left|1+\dfrac{j\omega}{a_1}\right|\left|1+\dfrac{j\omega}{a_2}\right|}{|j\omega|\left|1+\dfrac{j\omega}{b_1}\right|\left|1+j\dfrac{b_2\omega}{b_3}+\dfrac{(j\omega)^2}{b_3}\right|} \quad (4.82a)$$

e

$$\angle H(j\omega) = \angle\left(1+\frac{j\omega}{a_1}\right) + \angle\left(1+\frac{j\omega}{a_2}\right) - \angle j\omega$$

$$-\angle\left(1+\frac{j\omega}{b_1}\right) - \angle\left[1+\frac{jb_2\omega}{b_3}+\frac{(j\omega)^2}{b_3}\right] \quad (4.82b)$$

A partir da Eq. (4.82b), vemos que a função de fase é constituída pela adição de três tipos de termos: (i) a fase de $j\omega$, a qual é 90° para todos os valores de ω, (ii) a fase do termo de primeira ordem na forma $1 + j\omega/a$, e (iii) a fase do termo de segunda ordem

$$\left[1+\frac{jb_2\omega}{b_3}+\frac{(j\omega)^2}{b_3}\right]$$

Podemos traçar estas três funções básicas de fase para ω na faixa de 0 a ∞ e, então, utilizando estes gráficos, podemos construir a função de fase de qualquer função através da adição destas três respostas básicas. Note que se um termo particular estiver no numerador, a sua fase é adicionada, mas se o termo estiver no denominador, sua fase é subtraída. Com isso, é fácil traçar a resposta de fase $\angle H(j\omega)$ em função de ω. O cálculo de $|H(j\omega)|$, ao

---

[†] Os coeficientes a_1, a_2 e b_1, b_2, b_3 utilizados nesta seção não devem ser confundidos com os utilizados na representação da equação de um sistema LCIT de ordem N apresentados anteriormente [Eqs. (2.1) ou (4.41)].

contrário da função de fase, envolve a multiplicação e divisão de vários termos. Esta é uma tarefa formidável, principalmente quando tivermos que traçar esta função para uma grande faixa de ω (0 a ∞).

Sabemos que a operação logarítmica (log) converte a multiplicação e divisão para adição e subtração. Portanto, ao invés de traçarmos $|H(j\omega)|$, por que não traçar log $|H(j\omega)|$ para simplificar nossa tarefa? Podemos ter a vantagem de que unidades logarítmicas são úteis em diversas aplicações, nas quais as variáveis consideradas possuem uma grande faixa de variação. Isto é particularmente válido em gráficos de resposta de frequência, nos quais temos de traçar a resposta de frequência para uma faixa de frequências muito baixas, próximas de 0, até frequências muito altas, próximas de 10^{10} ou mais. Um gráfico em uma escala linear de frequências para uma faixa tão grande de valores iria mascarar muita informação útil em baixas frequências. Além disso, a resposta em amplitude pode ter uma faixa de valores dinâmicos muito grande, de 10^{-6} a 10^6. Um gráfico linear seria inadequado nesta situação. Portanto, gráficos logarítmicos não apenas facilitam nossa tarefa, mas, felizmente, também são desejáveis nesta situação.

Existe uma outra importante razão para o uso de escala logarítmica. A lei de Weber-Fechner (observada primeiro por Weber em 1834) afirma que os sentidos humanos (visão, tato, audição, etc.) geralmente respondem de forma logarítmica. Por exemplo, quando ouvimos sons com dois níveis diferentes de potência, julgamos que um som é duas vezes mais alto do que o outro quando a razão entre as potências dos sons é 10. Os sentidos humanos respondem a iguais razões de potência, e não a iguais incrementos de potência.[11] Esta é claramente uma resposta logarítmica.[†]

A unidade logarítmica utilizada é o *decibel*, sendo igual a 20 vezes o logaritmo da quantidade (log na base 10). Portanto, $20 \log_{10}|H(j\omega)|$ é simplesmente a amplitude logarítmica em decibeis (dB).[‡] Portanto, em vez de traçarmos $|H(j\omega)|$, traçamos $20 \log_{10}|H(j\omega)|$ em função de ω. Estes gráficos (fase e logaritmo da amplitude) são chamados de *diagramas de bode*. Para a função de transferência da Eq. (4.82a), a *amplitude logarítmica* é

$$20 \log |H(j\omega)| = 20 \log \frac{K a_1 a_2}{b_1 b_3} + 20 \log \left|1 + \frac{j\omega}{a_1}\right| + 20 \log \left|1 + \frac{j\omega}{a_2}\right| - 20 \log |j\omega|$$

$$- 20 \log \left|1 + \frac{j\omega}{b_1}\right| - 20 \log \left|1 + \frac{jb_2\omega}{b_3} + \frac{(j\omega)^2}{b_3}\right|$$

(4.83)

O termo $20 \log(K a_1 a_2/b_1 b_3)$ é constante. Observamos que a amplitude logarítmica é a soma de quatro termos básicos correspondentes a uma constante, um polo ou zero na origem ($20 \log|j\omega|$, um polo ou zero de primeira ordem ($20 \log|1 + j\omega/a|$) e polos ou zeros complexos conjugados ($20 \log|1 + j\omega b_2/b_3 + (j\omega)^2/b_3|$). Podemos traçar estes quatro termos básicos como funções de ω e, então, utilizá-los para construir o gráfico de amplitude logarítmica de qualquer função de transferência desejada. A seguir vamos discutir sobre cada um destes termos.

4.9-1 Constante $K a_1 a_2/b_1 b_3$

A amplitude logarítmica do termo constante $K a_1 a_2/b_1 b_3$ também é uma constante, $20 \log(K a_1 a_2/b_1 b_3)$. A contribuição de fase deste termo é zero para valores positivos e π para valores negativos da constante.

4.9-2 Polo (ou Zero) na Origem

AMPLITUDE LOGARÍTMICA

O polo na origem vem do termo $-20 \log|j\omega|$, o qual pode ser expresso por

$$-20 \log |j\omega| = -20 \log \omega$$

[†] Observe que as frequências das notas musicais são logaritmicamente espaçadas (não linearmente). Uma oitava é uma razão de 2. As frequências de uma mesma nota em oitavas sucessivas têm uma razão de 2. Na escala musical ocidental, existem 12 notas distintas em cada oitava. A frequência de cada nota é aproximadamente 6% mais alta do que a frequência da nota anterior. Portanto, as notas sucessivas são separadas não por alguma frequência constante, mas por uma razão constante de 1,06.

[‡] Originalmente, a unidade *bel* (após o inventor do telefone, Alexander Graham Bell) foi introduzida para representar razões de potência como $\log_{10} P_2/P_1$ bels. Um décimo desta unidade é um decibel, tal como em $10 \log_{10} P_2/P_1$ decibéis. Como a razão de potência de dois sinais é proporcional ao quadrado da razão das amplitudes, ou $|H(j\omega)|^2$, temos $10 \log_{10} P_2/P_1 = 10 \log_{10}|H(j\omega)|^2 = 20 \log_{10}|H(j\omega)|$ dB.

Esta função pode ser traçada como uma função de ω. Entretanto, podemos obter uma simplificação maior se utilizarmos uma escala logarítmica para a própria variável ω. Vamos definir uma nova variável u, tal que

$$u = \log \omega$$

Logo

$$-20 \log \omega = -20u$$

A função da amplitude logarítmica $-20u$ é traçada em função de u na Fig. 4.38a. Este gráfico é uma linha reta com inclinação de -20. Ela cruza o eixo x em $u = 0$. A escala ω ($u = \log \omega$) também aparece na Fig. 4.38a. Gráficos semi-logarítmicos podem ser convenientemente utilizados para traçar esta função e podemos traçar diretamente ω em um papel semilog. Uma razão de 10 é uma *década*, e uma razão de 2 é chamada de *oitava*. Além disso, uma década ao longo da escala ω equivale a 1 unidade ao longo da escala u. Também podemos mostrar que a razão de 2 (uma oitava) ao longo da escala ω é igual a 0,3010 ($\log_{10} 2$) ao longo da escala u.[†]

Note que incrementos iguais em u são equivalentes a razões iguais na escala ω. Portanto, uma unidade ao longo da escala u é o mesmo que uma década ao longo da escala ω. Isto significa que o gráfico de amplitude pos-

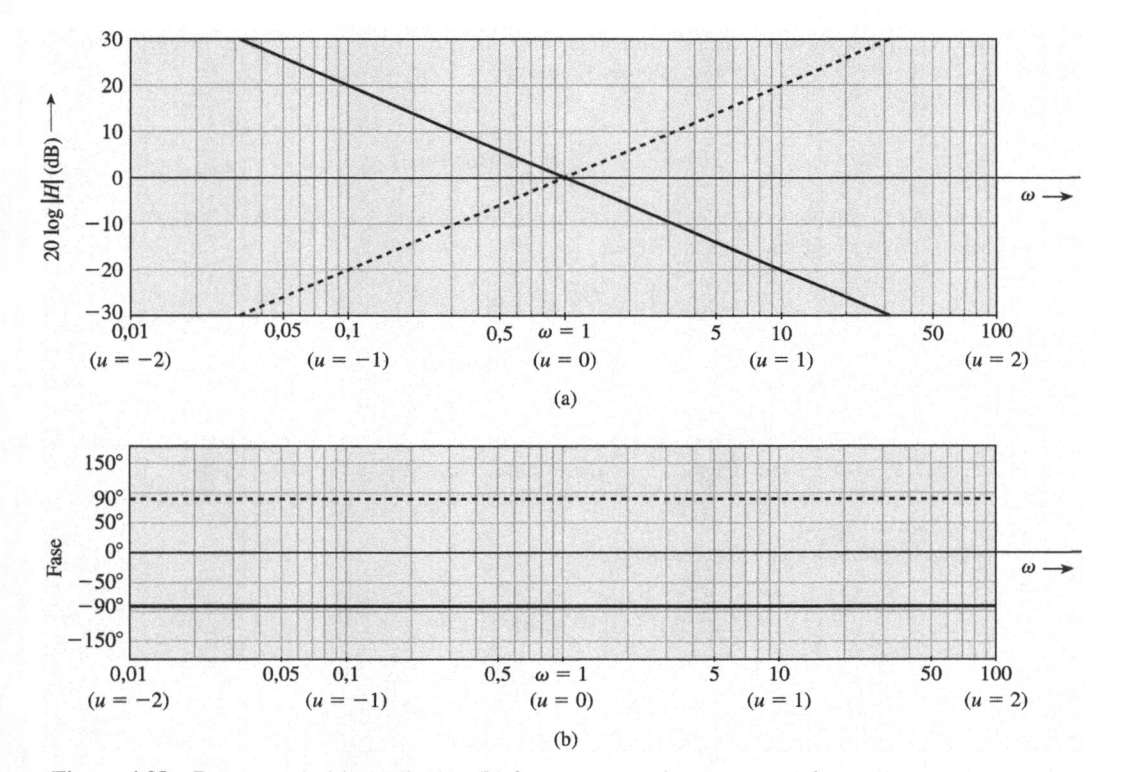

Figura 4.38 Respostas de **(a)** amplitude e **(b)** fase para um polo ou zero na origem.

[†] Este ponto pode ser mostrado da seguinte forma. Seja ω_1 e ω_2 ao longo da escala ω correspondentes a u_1 e u_2 ao longo da escala u, tal que $\log \omega_1 = u_1$ e $\log \omega_2 = u_2$. Logo,

$$u_2 - u_1 = \log_{10} \omega_2 - \log_{10} \omega_1 = \log_{10}(\omega_2/\omega_1)$$

Portanto, se $\quad\quad\quad\quad (\omega_2/\omega_1) = 10$ (a qual é uma década)

então $\quad\quad\quad\quad u_2 - u_1 = \log_{10} 10 = 1$

e se $\quad\quad\quad\quad (\omega_2/\omega_1) = 2$ (a qual é uma oitava)

então $\quad\quad\quad\quad u_2 - u_1 = \log_{10} 2 = 0,3010$

sui uma inclinação de -20 dB/década ou $-20(0,3010) = -6,02$ dB/oitava (geralmente considerada como -6 dB/oitava). Além disso, o gráfico de amplitude cruza o eixo ω em $\omega = 1$, pois $u = \log_{10} \omega = 0$ quando $\omega = 1$.

Para o caso de um zero na origem, o termo de amplitude logarítmica é $20 \log \omega$. O qual é uma linha reta passando em $\omega = 1$ e com uma inclinação de 20 dB/década (ou 6 dB/oitava). Este gráfico é uma imagem espelhada com relação ao eixo ω do gráfico de um polo na origem, sendo mostrado em pontilhado na Fig. 4.38a.

FASE

A função de fase correspondente ao polo na origem é $-\angle j\omega$ [veja a Eq. (4.82b)]. Logo,

$$\angle H(j\omega) = -\angle j\omega = -90°$$

A fase é constante ($-90°$) para todos os valores de ω, como mostrado na Fig. 4.38b. Para um zero na origem, a fase é $-j\omega = 90°$. Esta é uma imagem espelhada do gráfico de fase para um polo na origem e está mostrada em pontilhado na Fig. 4.38b.

4.9-3 Polo (ou Zero) de Primeira Ordem

AMPLITUDE LOGARÍTMICA

A amplitude logarímica de um polo de primeira ordem em $-a$ é $-20 \log|1 + j\omega/a|$. Vamos investigar o comportamento assintótico desta função para os valores extremos de ω. ($\omega \ll a$ e $\omega \gg a$).

(a) Para $\omega \ll a$,

$$-20 \log\left|1 + \frac{j\omega}{a}\right| \approx -20 \log 1 = 0$$

Logo, a função de amplitude logarítmica $\to 0$ assintoticamente quando $\omega \ll a$ (Fig. 4.39a).

(b) Para o outro caso extremo, quando $\omega \gg a$,

$$-20 \log\left|1 + \frac{j\omega}{a}\right| \approx -20 \log\left(\frac{\omega}{a}\right) \quad (4.84a)$$

$$= -20 \log \omega + 20 \log a$$

$$= -20u + 20 \log a \quad (4.84b)$$

Esta função representa uma linha reta (quando traçada em função de u, $u = \log_{10} \omega$) com uma inclinação de -20 dB/década (ou -6dB/oitava). Quando $\omega = a$, a amplitude logarítmica é zero [Eq. (4.84b)]. Desta forma, esta linha cruza o eixo ω para $\omega = a$, como mostrado na Fig. 4.39a. Note que as assíntotas em (a) e (b) se encontram em $\omega = a$.

A amplitude logarítmica exata para este polo é

$$-20 \log\left|1 + \frac{j\omega}{a}\right| = -20 \log\left(1 + \frac{\omega^2}{a^2}\right)^{1/2}$$

$$= -10 \log\left(1 + \frac{\omega^2}{a^2}\right)$$

Esta função de amplitude logarítmica também aparece na Fig. 4.39a. Observe que os gráficos real e assintótico são muito parecidos. Um erro máximo de 3 dB ocorre em $\omega = a$. Esta frequência é chamada de *frequência de canto* ou *frequência de corte*. O erro em qualquer outro lugar é menor do que 3dB. Um gráfico de erro em função de ω é mostrado na Fig. 4.40a. Essa figura mostra que o erro em uma oitava acima ou abaixo da frequência de corte é 1 dB e o erro a duas oitavas acima ou abaixo da frequência de corte é 0,3 dB. O gráfico real pode ser obtido somando o erro ao gráfico assintótico.

A resposta em amplitude para um zero em $-a$ (mostrado em pontilhado na Fig. 4.39a) é idêntica ao gráfico de um polo em $-a$ com uma mudança de sinal e, portanto, é uma imagem espelhada (com relação a linha de 0 dB) do gráfico de amplitude para um polo em $-a$.

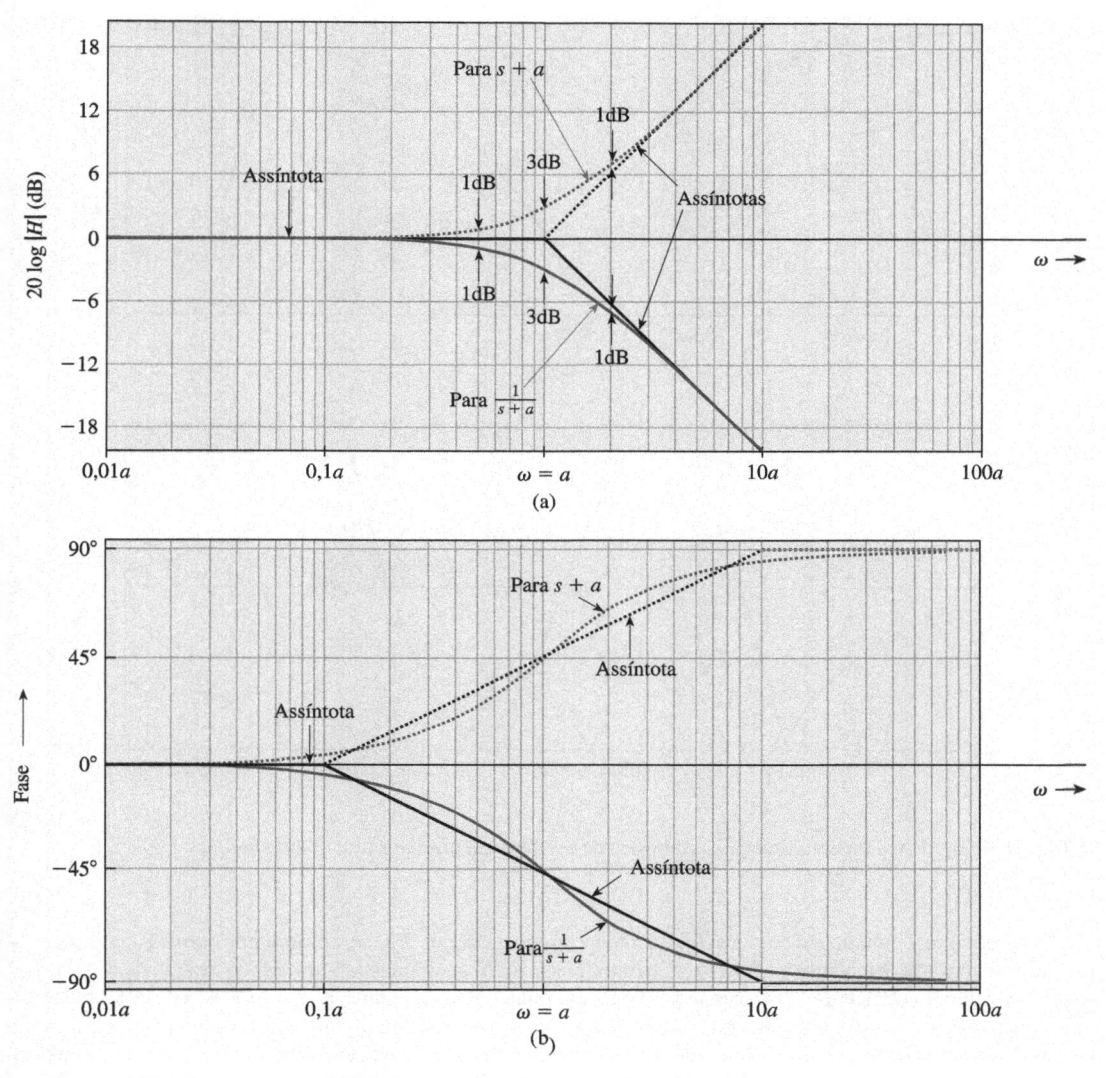

Figura 4.39 Respostas de (a) amplitude e (b) fase para um polo ou zero de primeira ordem em $s = -a$.

FASE

A fase de um polo de primeira ordem em $-a$ é

$$\angle H(j\omega) = -\angle\left(1 + \frac{j\omega}{a}\right) = -\tan^{-1}\left(\frac{\omega}{a}\right)$$

Vamos investigar o comportamento assintótico desta função. Para $\omega \ll a$,

$$-\tan^{-1}\left(\frac{\omega}{a}\right) \approx 0$$

e, para $\omega \gg a$,

$$-\tan^{-1}\left(\frac{\omega}{a}\right) \approx -90°$$

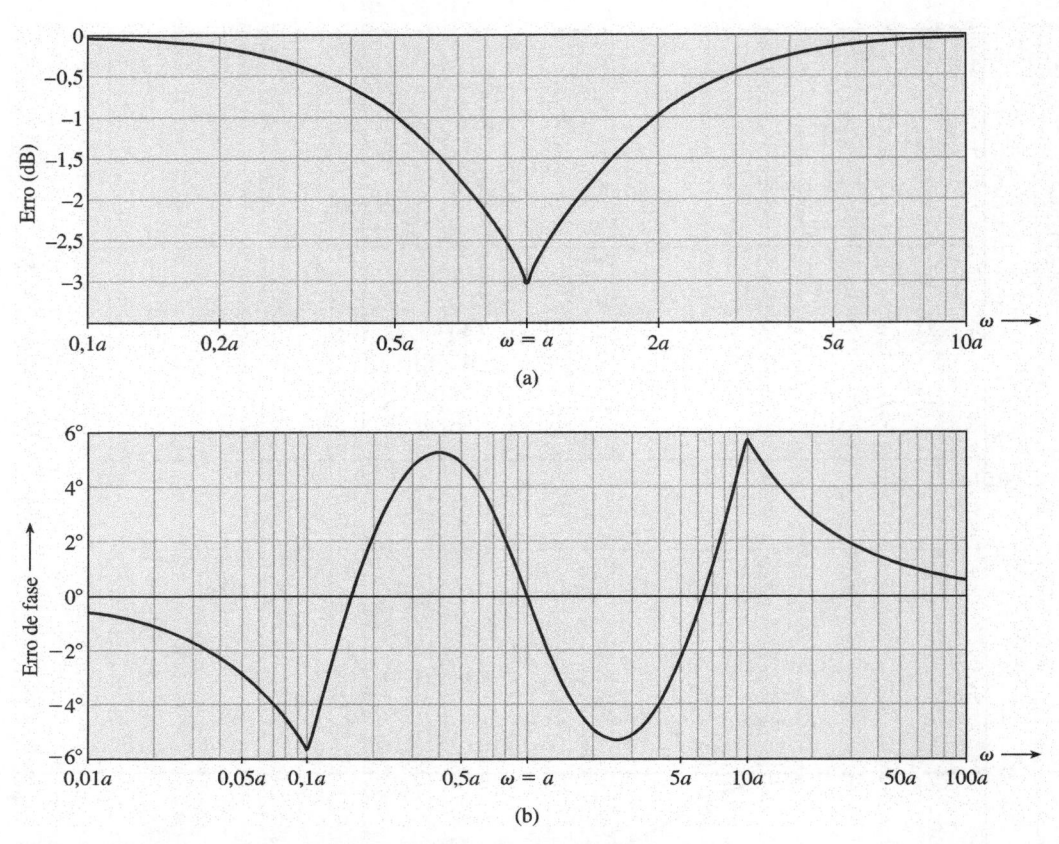

Figura 4.40 Erros na aproximação assintótica de um polo de primeira ordem em $s = -a$.

O gráfico real juntamente com o assintótico é mostrado na Fig. 4.39b. Neste caso, nós usamos um gráfico assintótico com três segmentos de linha para melhor precisão. As assíntotas são um ângulo de fase de $0°$ para $\omega \leq a/10$, um ângulo de fase de $-90°$ para $\omega \geq 10a$ e uma linha reta com inclinação de $-45°$/década conectando estas duas assíntotas (de $\omega = a/10$ até $10a$) cruzando o eixo ω em $\omega = a/10$. Pode ser visto a partir da Fig. 4.39b que as assíntotas estão muito próximas da curva e que o erro máximo é de 5,7°. A Fig. 4.40b mostra o erro em função de ω, o gráfico real pode ser obtido somando o erro ao gráfico assintótico.

A fase para um zero em $-a$ (mostrada em pontilhado na Fig. 4.39b) é idêntica a de um polo em $-a$, com uma mudança de sinal, sendo, portanto, uma imagem espelhada (com relação a linha de $0°$) do gráfico de fase para um polo em $-a$.

4.9-4 Polo (ou Zero) de Segunda Ordem

Vamos considerar o polo de segunda ordem da Eq. (4.81a). O termo do denominador é $s^2 + b_2 s + b_3$. Iremos, também, apresentar a forma geral normalmente utilizada $s^2 + 2\zeta\omega_n s + \omega_n^2$ no lugar de $s^2 + b_2 s + b_3$. Com esta forma, a função de amplitude logarítmica para o termo de segunda ordem da Eq. (4.83) fica sendo

$$-20\log\left|1 + 2j\zeta\frac{\omega}{\omega_n} + \left(\frac{j\omega}{\omega_n}\right)^2\right| \qquad (4.85a)$$

e a função de fase é

$$-\angle\left[1 + 2j\zeta\frac{\omega}{\omega_n} + \left(\frac{j\omega}{\omega_n}\right)^2\right] \qquad (4.85b)$$

Amplitude Logarítmica

A amplitude logarítmica é dada por

$$\text{amplitude logarítmica} = -20 \log \left| 1 + 2j\zeta \left(\frac{\omega}{\omega_n} \right) + \left(\frac{j\omega}{\omega_n} \right)^2 \right| \tag{4.86}$$

Para $\omega \ll \omega_n$, a amplitude logarítmica se torna

$$\text{amplitude logarítmica} \approx -20 \log 1 = 0$$

Para $\omega \gg \omega_n$, a amplitude logarítmica é

$$\text{amplitude logarítmica} \approx -20 \log \left| \left(-\frac{\omega}{\omega_n} \right)^2 \right| = -40 \log \left(\frac{\omega}{\omega_n} \right) \tag{4.87a}$$

$$= -40 \log \omega - 40 \log \omega_n \tag{4.87b}$$

$$= -40u - 40 \log \omega_n \tag{4.87c}$$

As duas assíntotas são zero para $\omega < \omega_n$ e $-40u - 40\log \omega_n$ para $\omega > \omega_n$. A segunda assíntota é uma linha reta com inclinação de -40 dB/década (ou -12 dB/oitava) quando traçada em função da escala log ω. Ela começa em $\omega = \omega_n$ [veja a Eq. (4.87b)]. As assíntotas são mostradas na Fig. 4.41a. A amplitude logarítmica exata é dada por [veja a Eq. (4.86)]

$$\text{amplitude logarítmica} = -20 \log \left\{ \left[1 - \left(\frac{\omega}{\omega_n} \right)^2 \right]^2 + 4\zeta^2 \left(\frac{\omega}{\omega_n} \right)^2 \right\}^{1/2} \tag{4.88}$$

A amplitude logarítmica neste caso envolve o parâmetro ζ, resultando em um gráfico diferente para cada valor de ζ. Para polos complexos conjugados,[†] $\zeta < 1$. Logo, devemos traçar uma família de curvas para vários valores de ζ na faixa de 0 a 1. Estas curvas são apresentadas na Fig. 4.41a. O erro entre o gráfico real e o assintótico é mostrado na Fig. 4.42. O gráfico real pode ser obtido somando o erro ao gráfico assintótico.

Para zeros de segunda ordem (zeros complexos conjugados), os gráficos são imagens espelhadas (com relação a linha de 0 dB) dos polos mostrado na Fig. 4.41a. Note o fenômeno da ressonância de polos complexos conjugados. Este fenômeno é quase não notado para $\zeta > 0{,}707$, mas se torna pronunciado quando $\zeta \to 0$.

Fase

A função de fase para polos de segunda ordem, como aparente na Eq. (4.85b), é

$$\angle H(j\omega) = -\tan^{-1} \left[\frac{2\zeta \left(\dfrac{\omega}{\omega_n} \right)}{1 - \left(\dfrac{\omega}{\omega_n} \right)^2} \right] \tag{4.89}$$

Para $\omega \ll \omega_n$,

$$\angle H(j\omega) \approx 0$$

Para $\omega \gg \omega_n$,

$$\angle H(j\omega) \simeq -180°$$

Logo, a fase $\to -180°$ quando $\omega \to \infty$. Tal como no caso da amplitude, temos uma família de curvas de fase para vários valores de ζ, como mostrado na Fig. 4.41b. Uma assíntota conveniente para a fase de polos complexos conjugados é uma função degrau que vale $0°$ para $\omega < \omega_n$ e $-180°$ para $\omega > \omega_n$. Um gráfico de erro para este tipo de assíntota é mostrado na Fig. 4.42 para vários valores de ζ. A fase exata é o valor assintótico mais o erro.

[†] Para $\zeta \geq 1$, os dois polos do fator de segunda ordem não são mais complexos, e sim reais. Cada um destes dois polos reais podem ser tratados como fatores separados de primeira ordem.

Para zeros complexos conjugados, os gráficos de fase e amplitude são imagens espelhadas dos gráficos para polos complexos conjugados.

Demonstraremos a aplicação destas técnicas através de dois exemplos.

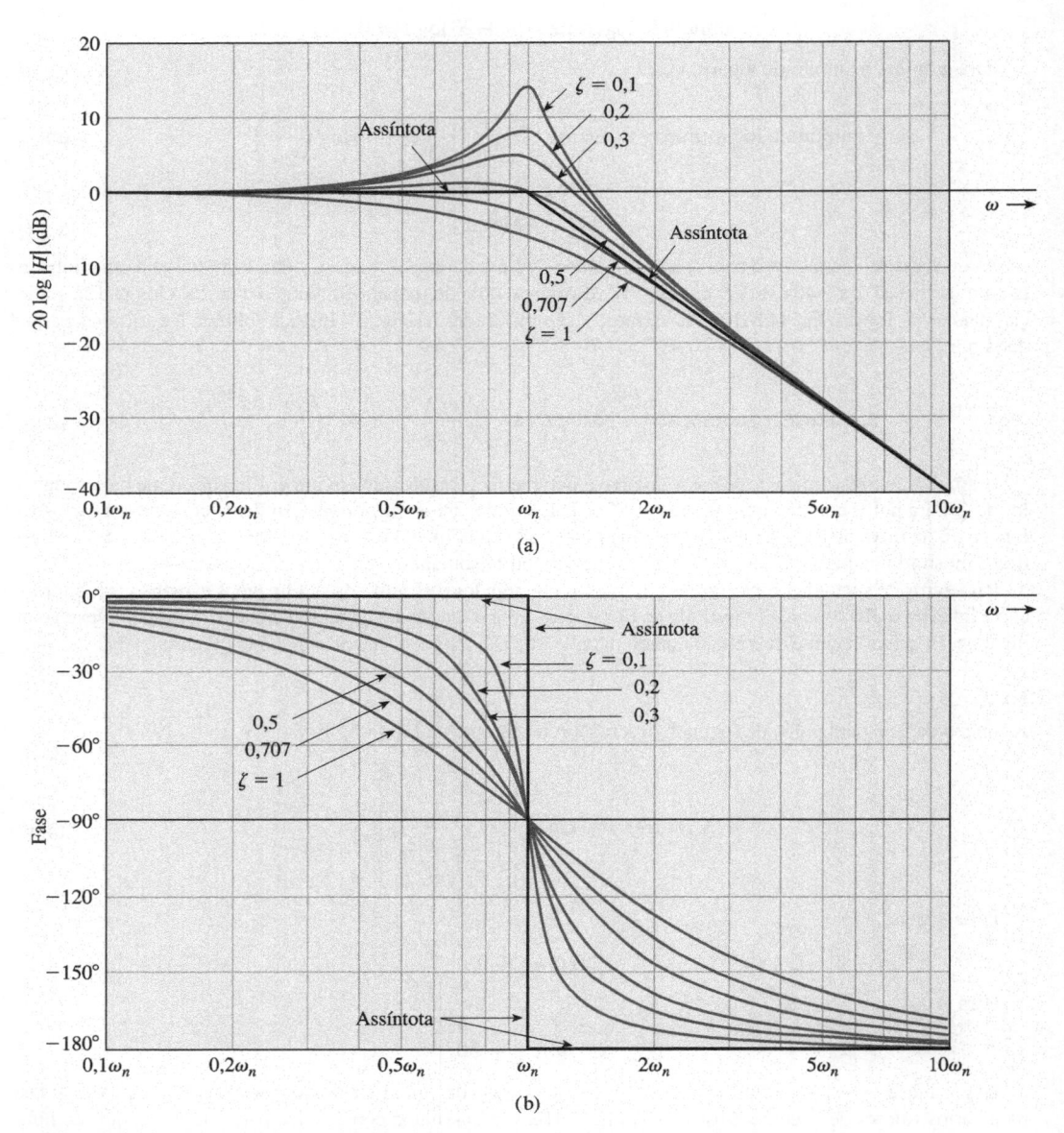

Figura 4.41 Resposta de amplitude e fase para um polo de segunda ordem.

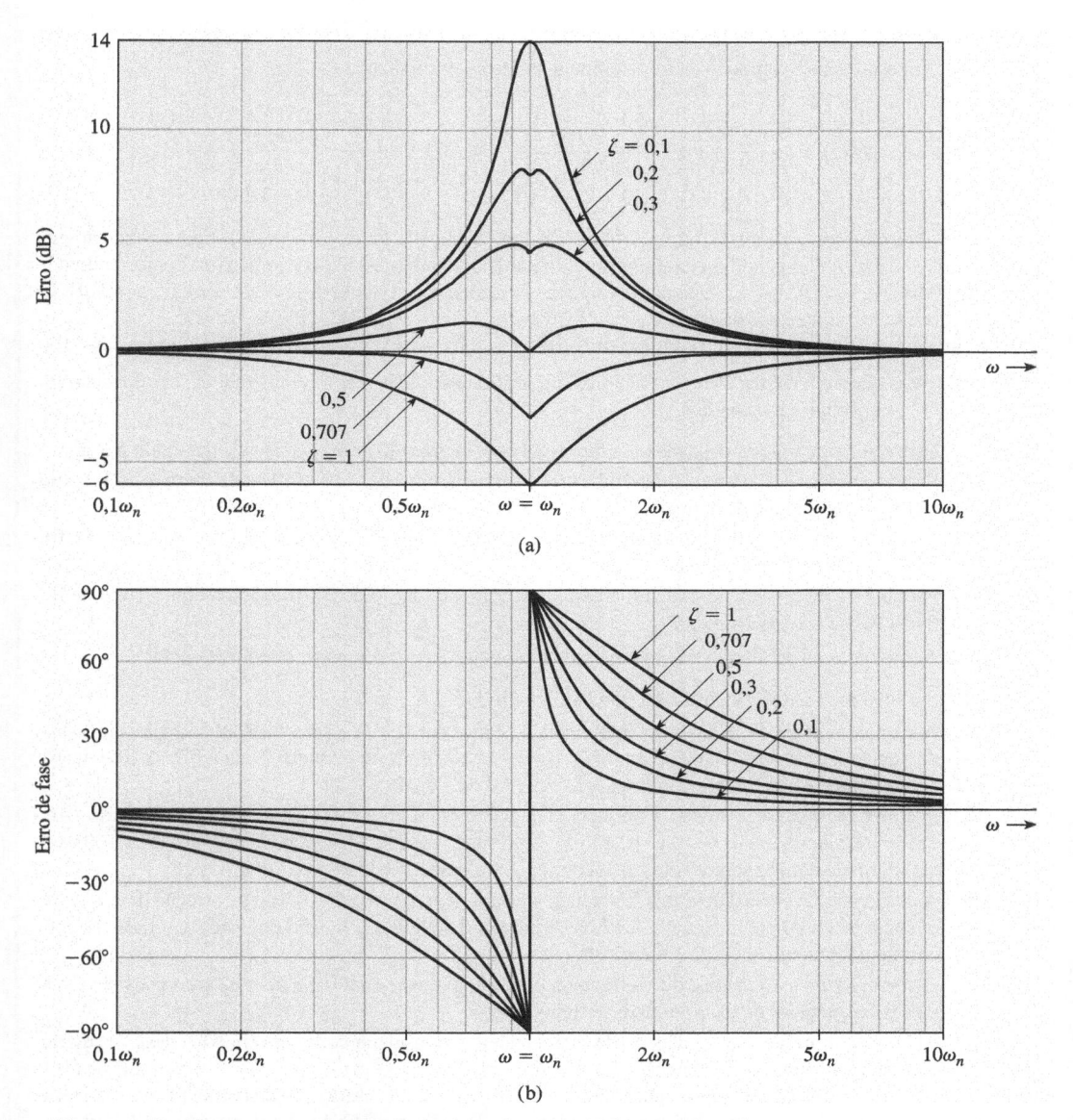

Figura 4.42 Erros na aproximação assintótica de um polo de segunda ordem.

EXEMPLO 4.25

Obtenha os diagramas de Bode para a seguinte função de transferência

$$H(s) = \frac{20s(s+100)}{(s+2)(s+10)}$$

Primeiro, escrevemos a função de transferência na forma normalizada

$$H(s) = \frac{20 \times 100}{2 \times 10} \frac{s\left(1 + \frac{s}{100}\right)}{\left(1 + \frac{s}{2}\right)\left(1 + \frac{s}{10}\right)} = 100 \frac{s\left(1 + \frac{s}{100}\right)}{\left(1 + \frac{s}{2}\right)\left(1 + \frac{s}{10}\right)}$$

Logo, o termo constante é 100, ou seja, 40 dB (20 log 100 = 40). Este termo pode ser adicionado ao gráfico simplesmente renomeando o eixo horizontal (a partir do qual as assíntotas começam) como sendo a linha de 40dB (veja a Fig. 4.43a). Este passo implica em deslocar o eixo horizontal para cima, por 40 dB. Isto é precisamente o que é desejado.

Além disso, nós temos dois polos de primeira ordem em -2 e -10, um zero na origem e um zero em -100.

Passo 1. Para cada um destes termos, traçamos um gráfico assintótico como mostrado a seguir (mostrado na Fig. 4.43a por linhas pontilhadas):

(i) Para o zero na origem, desenhe uma linha reta com inclinação de 20 dB/década passando por $\omega = 1$.

(ii) Para o polo em -2, desenhe uma linha reta com inclinação de -20 dB/década (para $\omega > 2$) começando na frequência de canto de $\omega = 2$.

(iii) Para o polo em -10, desenhe uma linha reta com inclinação de -20 dB/década começando na frequência de canto de $\omega = 10$.

(iv) Para o zero em -100, desenhe uma linha reta com inclinação de 20 dB/década começando na frequência de canto de $\omega = 100$.

Passo 2. Some todas as assíntotas, como mostrado na Fig. 4.43a por segmentos de linha cheia.

Passo 3. Aplique as seguintes correções (veja a Fig. 4.40a):

(i) A correção para $\omega = 1$ devido a frequência de canto em $\omega = 2$ é de -1 dB. A correção em $\omega = 1$ devido às frequências de canto em $\omega = 10$ e $\omega = 100$ é muito pequena (veja a Fig. 4.40a) e pode ser ignorada. Logo, a correção final para $\omega = 1$ é de -1 dB.

(ii) A correção em $\omega = 2$ devido a frequência de canto em $\omega = 2$ é -3 dB, e a correção devido a frequência de canto em $\omega = 10$ é $-0,17$ dB. A correção devido a frequência de canto $\omega = 100$ pode ser ignorada com segurança. Logo, a correção total para $\omega = 2$ é $-3,17$ dB.

(iii) A correção em $\omega = 10$ devido a frequência de canto em $\omega = 10$ é -3 dB e a correção devido a frequência de canto em $\omega = 2$ é $-0,17$dB. A correção devido a $\omega = 100$ pode ser ignorada. Logo, a correção total para $\omega = 10$ é $-3,17$ dB.

(iv) A correção em $\omega = 200$ devido a frequência de canto em $\omega = 100$ é 3 dB e as correções devido às outras frequências de canto podem ser ignoradas.

(v) Além das correções nas frequências de canto, podemos considerar correções em pontos intermediários para obter um gráfico mais preciso. Por exemplo, as correções em $\omega = 4$ devido a frequência de canto em $\omega = 2$ e 10 são -1 e aproximadamente $-0,65$, totalizando $-1,65$ dB. Da mesma forma, a correção em $\omega = 5$ devido às frequências de canto em $\omega = 2$ e 10 são $-0,65$ e -1, totalizando $-1,65$ dB.

Com estas correções, o gráfico resultante de amplitude é mostrado na Fig. 4.43a.

Gráficos de Fase

Traçamos as assíntotas correspondentes a cada um dos quatro fatores:

(i) O zero na origem causa um deslocamento de fase de $90°$.

(ii) O polo em $s = -2$ possui uma assíntota com valor zero de $-\infty < \omega < 0,2$ e uma inclinação de $-45°$/década começando em $\omega = 0,2$ e indo até $\omega = 20$. O valor da assíntota para $\omega > 20$ é $-90°$.

(iii) O polo em $s = -10$ possui uma assíntota com valor zero de $-\infty < \omega < 1$ e uma inclinação de $-45°$/década começando em $\omega = 1$ e indo até $\omega = 100$. O valor da assíntota para $\omega > 100$ é $-90°$.

(iv) O zero em $s = -100$ possui uma assíntota com valor zero de $-\infty < \omega < 10$ e uma inclinação de $45°$/década começando em $\omega = 10$ e indo até $\omega = 1000$. O valor da assíntota para $\omega > 1000$ é $90°$. Todas essas assíntotas são somadas, como mostrado na Fig. 4.43b. As correções apropriadas são aplicadas da Fig. 4.40b e o gráfico exato de fase é mostrado na Fig. 4.43b.

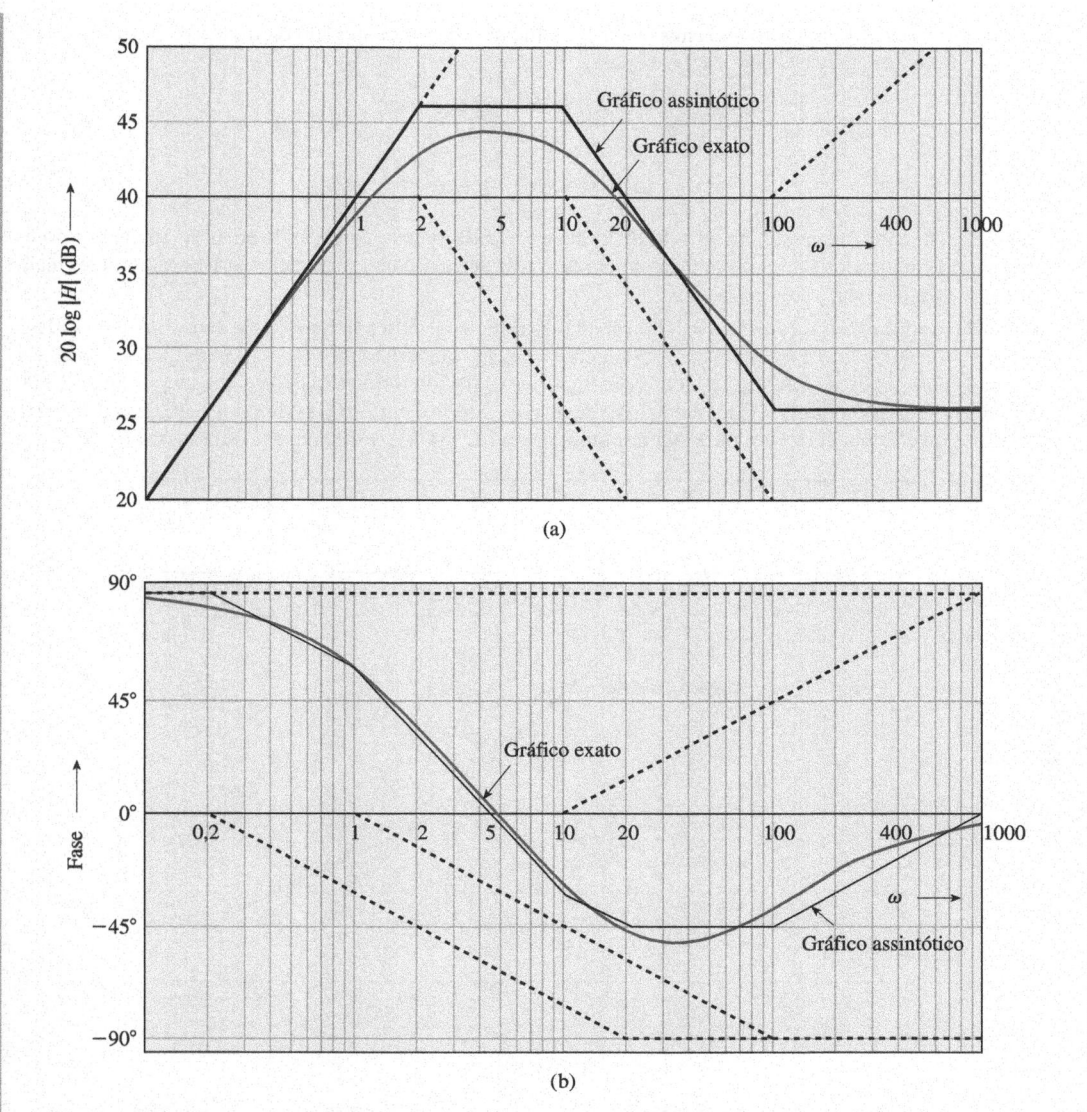

CAPÍTULO 4 ANÁLISE DE SISTEMAS EM TEMPO CONTÍNUO USANDO A TRANSFORMADA DE LAPLACE

Figura 4.43 Respostas de (a) amplitude e (b) fase para um sistema de segunda ordem.

EXEMPLO 4.26

Trace as respostas de amplitude e fase (diagramas de Bode) para a seguinte função de transferência

$$H(s) = \frac{10(s + 100)}{s^2 + 2s + 100} = 10\frac{1 + \dfrac{s}{100}}{1 + \dfrac{s}{50} + \dfrac{s^2}{100}}$$

Neste caso, o termo constante é 10, ou seja, 20 dB (20 log 10 = 20). Para adicionar este termo, simplesmente chamamos a linha horizontal (na qual as assíntotas começam) de linha de 20 dB, como antes (veja a Fig. 4.44a).

Além disso, temos um zero real em $s = -100$ e um par de polos conjugados complexos. Quando expressamos o fator de segunda ordem na forma padrão,

$$s^2 + 2s + 100 = s^2 + 2\zeta\omega_n s + \omega_n^2$$

obtemos

$$\omega_n = 10 \quad \text{e} \quad \zeta = 0,1$$

Passo 1. Desenhe uma assíntota de -40 dB/década (-12 dB/oitava) começando em $\omega = 10$ para os polos complexos conjugados e desenhe outra assíntota de 20 dB/década, começando em $\omega = 100$ para o zero (real).

Passo 2. Some as duas assíntotas.

Passo 3. Aplique a correção em $\omega = 100$, na qual a correção devido a frequência de canto em $\omega = 100$ é 3 dB. A correção devido a frequência de canto em $\omega = 10$, como visto na Fig. 4.42 para $\zeta = 0,1$ pode ser ignorada com segurança. A seguir, a correção em $\omega = 10$ devido a frequência de canto $\omega = 10$ é de 13,90 dB (veja a Fig. 4.43 para $\zeta = 0,1$). A correção devido ao zero real em -100 pode ser ignorada para $\omega = 10$. Podemos determinar correções para alguns outros pontos. O gráfico resultante é mostrado na Fig. 4.44a.

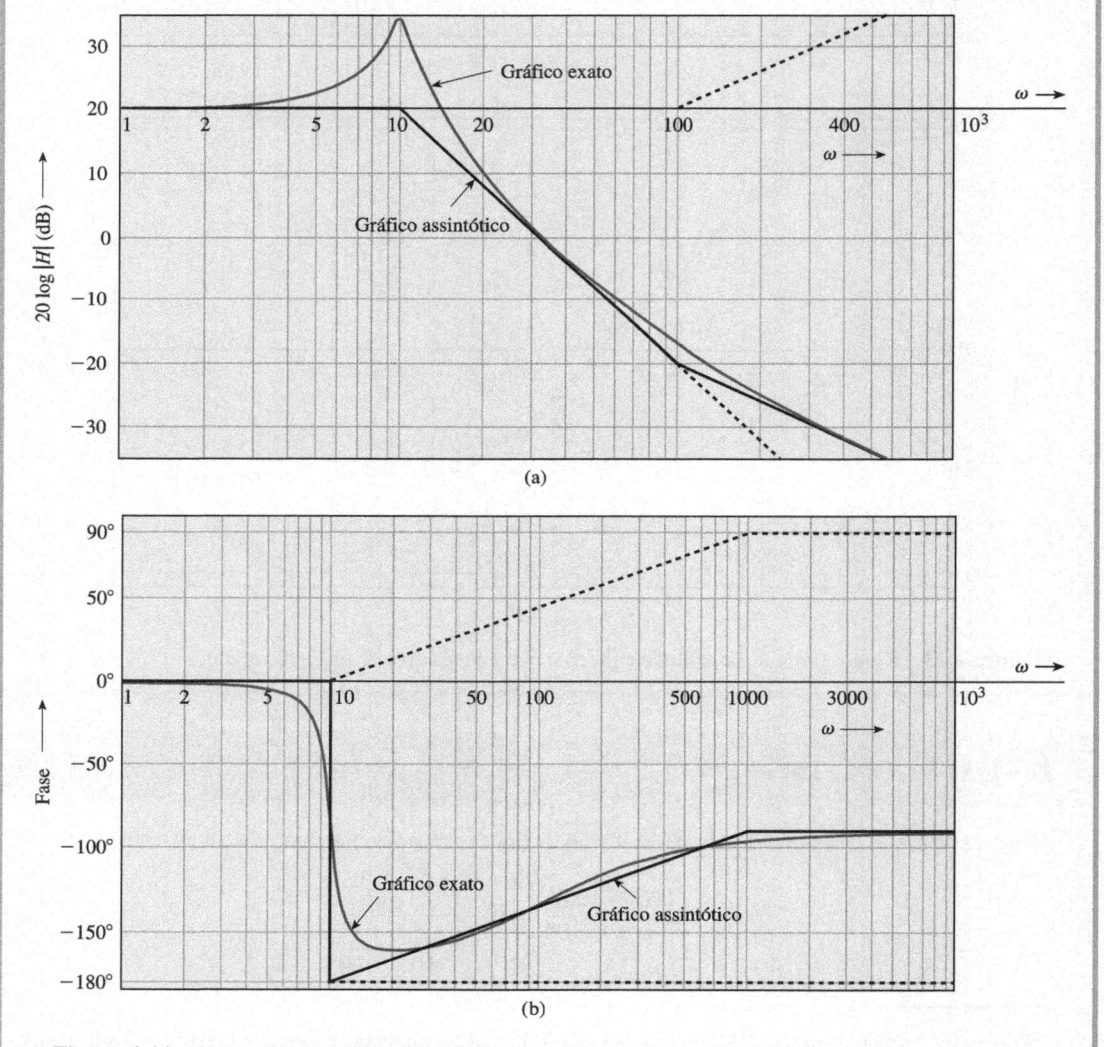

Figura 4.44 Respostas de (a) amplitude e (b) fase para um sistema de segunda ordem.

GRÁFICO DE FASE

A assíntota para os polos complexos conjugados é uma função degrau com um salto de $-180°$ em $\omega = 10$. A assíntota para o zero em $s = -100$ é zero para $\omega \leq 10$ e uma linha reta com inclinação de $45°$/década, começando em $\omega = 10$ e indo até $\omega = 1000$. Para $\omega \geq 1000$, a assíntota é $90°$. As duas assíntotas são somadas resultando na forma em dente de serra mostrada na Fig. 4.44b. Agora aplicamos as correções das Figs. 4.42b e 4.40b para obter o gráfico exato.

Comentários. Estes dois exemplos demonstram que os gráficos exatos de resposta em frequência são muito próximos dos gráficos assintóticos, os quais são fáceis de serem construídos. Portanto, por mera inspeção de $H(s)$ e seus polos e zeros, pode-se construir rapidamente uma imagem mental da resposta em frequência de um sistema. Esta é a principal vantagem dos diagramas de Bode.

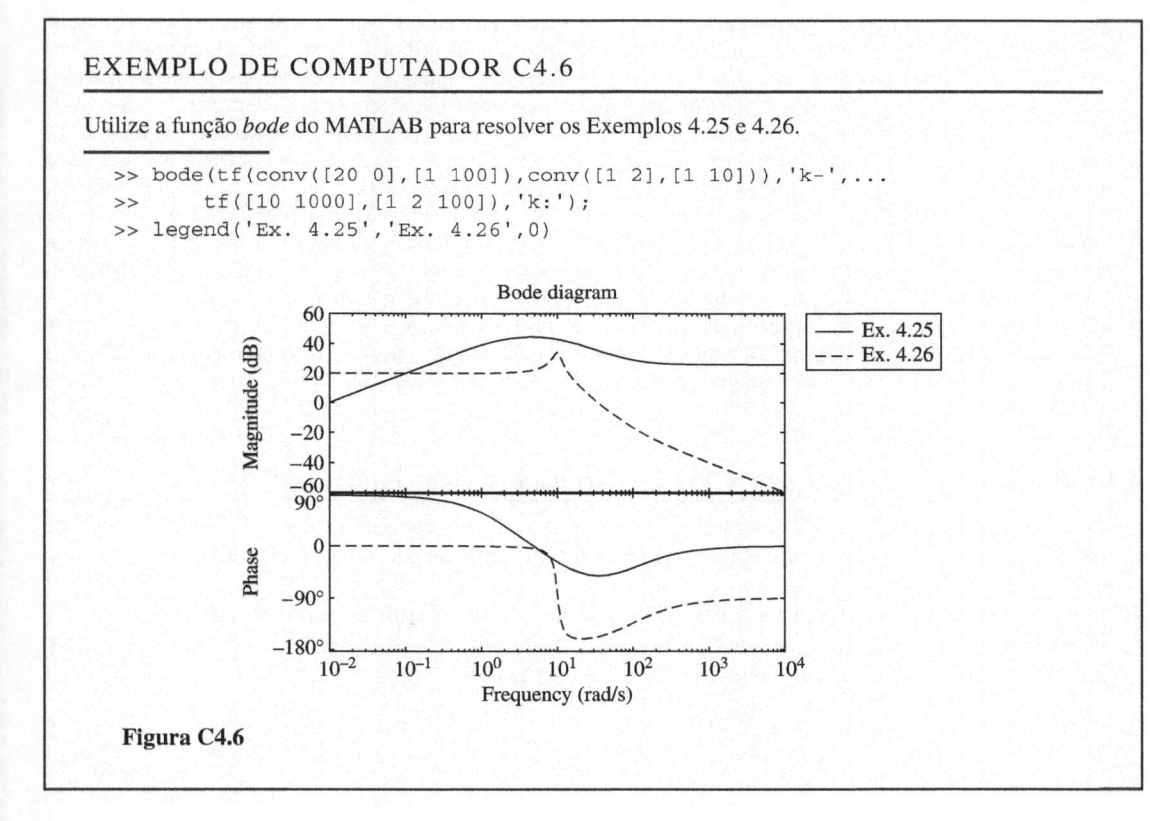

EXEMPLO DE COMPUTADOR C4.6

Utilize a função *bode* do MATLAB para resolver os Exemplos 4.25 e 4.26.

```
>> bode(tf(conv([20 0],[1 100]),conv([1 2],[1 10])),'k-',...
>>     tf([10 1000],[1 2 100]),'k:');
>> legend('Ex. 4.25','Ex. 4.26',0)
```

Figura C4.6

POLOS E ZEROS NO SEMIPLANO DIREITO

Em nossas discussões até este momento, assumimos que os polos e zeros da função de transferência estão no semi-plano esquerdo. E se algum polo e/ou zero de $H(s)$ estiver no SPD? Se existir um polo no SPD, o sistema é instável. Tais sistemas são inúteis para qualquer aplicação de processamento de sinais. Por esta razão, consideramos apenas o caso de zeros no SPD. O termo correspondente ao zero no SPD em $s = a$ é $(s/a) - 1$ e a resposta em frequência correspondente é $(j\omega/a) - 1$. A resposta em amplitude é

$$\left|\frac{j\omega}{a} - 1\right| = \left(\frac{\omega^2}{a^2} + 1\right)^{1/2}$$

Isso mostra que a resposta em amplitude de um zero no SPD em $s = a$ é idêntica a de um zero no SPE ou $s = -a$. Portanto, o gráfico de amplitude logarítmica permanecerá inalterado se os zeros estiverem no SPE ou no SPD. Entretanto, a fase correspondente ao zero no SPD em $s = a$ é

$$\angle \left(\frac{j\omega}{a} - 1\right) = \angle - \left(1 - \frac{j\omega}{a}\right) = \pi + \tan^{-1}\left(\frac{-\omega}{a}\right) = \pi - \tan^{-1}\left(\frac{\omega}{a}\right)$$

enquanto que a fase correspondente ao zero no SPE em $s = a$ é $\tan^{-1}(\omega/a)$.

Os zeros complexos conjugados no SPD resultam no termo $s^2 - 2\zeta\omega_n s + \omega_n^2$, o qual é idêntico ao termo $s^2 + 2\zeta\omega_n s + \omega_n^2$ com uma alteração no sinal de ζ. Logo, a partir das Eqs. (4.88) e (4.89), observamos que as amplitudes serão idênticas para os dois termos, mas as fases terão sinais opostos.

Sistemas cujos polos e zeros estão restritos ao SPE são classificados como *sistema de fase mínima*.

4.9-5 Função de Transferência da Resposta em Frequência

Na seção anterior tínhamos a função de transferência do sistema. A partir do conhecimento da função de transferência desenvolvemos técnicas para a determinação da resposta do sistema a entradas senoidais. Também podemos fazer o procedimento inverso para determinar a função de transferência de um sistema de fase mínima a partir da resposta do sistema a senoides. Esta aplicação possui uma utilidade prática significante. Se recebermos um sistema em uma caixa preta com apenas os terminais de entrada e saída disponíveis, a função de transferência tem que ser determinada através de medições experimentais nos terminais de entrada e saída. A resposta em frequência a entradas senoidais é uma das possibilidades mais atraentes, pois a medição necessária é muito simples. Só será necessário aplicar um sinal senoidal na entrada e observar a saída. Determina-se, desta forma, o ganho de amplitude $|H(j\omega)|$ e o deslocamento de fase de saída $\angle H(j\omega)$ (com relação a senoide de entrada) para vários valores de ω em toda uma faixa de 0 a ∞. Esta informação resulta nos gráficos de resposta (diagramas de Bode) quando traçada em função de log ω. A partir destes gráficos podemos determinar as assíntotas apropriadas considerando que as inclinações de todas as assíntotas devem ser múltiplas de ± 20 dB/década se a função de transferência for uma função racional (função que é uma razão entre polinômios em s). A partir das assíntotas, as frequências de canto podem ser obtidas. As frequências de canto determinam os polos e zeros da função de transferência. Devido a ambiguidade com relação a posição dos zeros, pois zeros no SPD e SPE (zeros em $s = \pm a$) possuem amplitudes idênticas, este procedimento funciona somente para sistemas de fase mínima.

4.10 Projeto de Filtros pela Alocação de Polos e Zeros de $H(s)$

Nesta seção, iremos explorar a forte dependência da resposta em frequência com a posição dos polos e zeros de $H(s)$. Esta dependência aponta para um simples procedimento intuitivo para o projeto de filtros.

4.10-1 Dependência da Resposta em Frequência com os Polos e Zeros de $H(s)$

A resposta em frequência de um sistema é basicamente a informação sobre a capacidade de filtragem do sistema. A função de transferência de um sistema pode ser descrita por

$$H(s) = \frac{P(s)}{Q(s)} = b_0 \frac{(s - z_1)(s - z_2)\cdots(s - z_N)}{(s - \lambda_1)(s - \lambda_2)\cdots(s - \lambda_N)} \quad (4.90a)$$

na qual $z_1, z_2,..., z_N$ são os zeros e $\lambda_1, \lambda_2,..., \lambda_N$ são os polos de $H(s)$. O valor da função de transferência $H(s)$ para alguma frequência $s = p$ é

$$H(s)|_{s=p} = b_0 \frac{(p - z_1)(p - z_2)\cdots(p - z_N)}{(p - \lambda_1)(p - \lambda_2)\cdots(p - \lambda_N)} \quad (4.90b)$$

Esta equação é constituída dos fatores na forma $p - z_i$ e $p - \lambda_i$. O fator $p - z_i$ é um número complexo representado por um vetor desenhado do ponto z ao ponto p no plano complexo, como mostrado na Fig. 4.45a. O tamanho do segmento de linha é $|p - z_i|$, a magnitude de $p - z_i$. O ângulo deste segmento de linha direcional (com o eixo horizontal) é $-(p - z_i)$. Para calcular $H(s)$ em $s = p$, desenhamos segmentos de linha de todos os polos e zeros de $H(s)$ até o ponto p, como mostrado na Fig. 4.45b. O vetor que conecta o zero z_i ao ponto p é $p - z_i$. Considere o tamanho deste vetor igual a r_i e considere o seu ângulo com o eixo horizontal igual a ϕ_i. então, $p - z_i = r_i e^{j\phi_i}$.

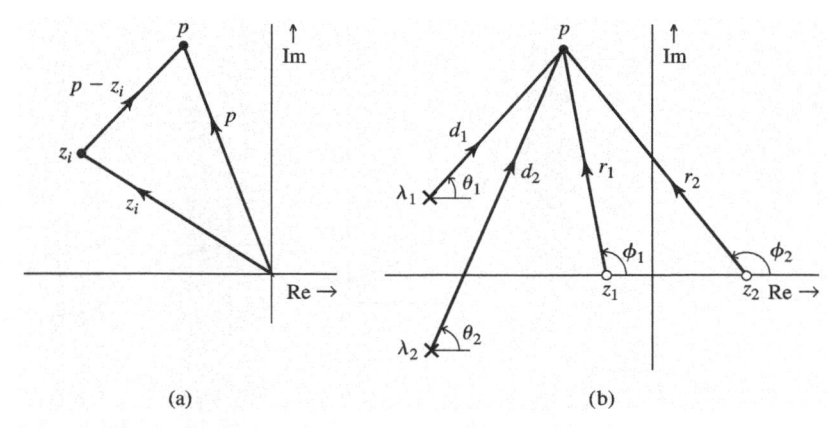

Figura 4.45 Representações vetoriais de (a) números complexos e (b) fatores de $H(s)$.

Similarmente, o vetor conectando o polo λ_i ao ponto p é $p - \lambda_i = d_i e^{j\theta_i}$, na qual d_i e θ_i são o comprimento e o ângulo (com o eixo horizontal), respectivamente, do vetor $p - \lambda_i$. A partir da Eq. (4.90b), temos que

$$H(s)|_{s=p} = b_0 \frac{(r_1 e^{j\phi_1})(r_2 e^{j\phi_2}) \cdots (r_N e^{j\phi_N})}{(d_1 e^{j\theta_1})(d_2 e^{j\theta_2}) \cdots (d_N e^{j\theta_N})}$$

$$= b_0 \frac{r_1 r_2 \cdots r_N}{d_1 d_2 \cdots d_N} e^{j[(\phi_1 + \phi_2 + \cdots + \phi_N) - (\theta_1 + \theta_2 + \cdots + \theta_N)]}$$

Portanto,

$$|H(s)|_{s=p} = b_0 \frac{r_1 r_2 \cdots r_N}{d_1 d_2 \cdots d_N}$$

$$= b_0 \frac{\text{produtos das distâncias dos zeros a } p}{\text{produtos das distâncias dos pólos a } p} \quad (4.91a)$$

e

$$\angle H(s)|_{s=p} = (\phi_1 + \phi_2 + \cdots + \phi_N) - (\theta_1 + \theta_2 + \cdots + \theta_N)$$

$$= \text{soma dos ângulos dos zeros a } p - \text{soma dos ângulos dos pólos a } p \quad (4.91b)$$

Neste caso assumimos b_0 positivo. Se b_0 for negativo, existe uma fase π adicional. Usando este procedimento, podemos determinar $H(s)$ para qualquer valor de s. Para calcular a resposta em frequência $H(j\omega)$, usamos $s = j\omega$ (um ponto no eixo imaginário), conectamos todos os polos e zeros ao ponto $j\omega$ e determinamos $-H(j\omega)$ e $|H(j\omega)|$ a partir da Eq. (4.91). Repete-se este procedimento para todos os valores de ω, de 0 a ∞ para obter a resposta em frequência.

Aumento do Ganho com um Polo

Para entender o efeito de polos e zeros na resposta em frequência, considere um caso hipotético de um único polo $-\alpha + j\omega_0$, como mostrado na Fig. 4.46a. Para determinar a resposta em amplitude $|H(j\omega)|$ para um certo valor de ω, conectamos o polo ao ponto $j\omega$ (Fig. 4.46a). Se o tamanho desta linha é d, então $|H(j\omega)|$ é proporcional a $1/d$.

$$|H(j\omega)| = \frac{K}{d} \quad (4.92)$$

na qual o valor exato da constante K não é importante neste momento. Quando ω aumenta a partir de zero, d diminui progressivamente até que ω atinge o valor ω_0. Quando ω aumenta além de ω_0, d aumenta progressivamente. Portanto, de acordo com a Eq. (4.92), a resposta em amplitude $|H(j\omega)|$ aumenta de $\omega = 0$ até $\omega = \omega_0$ e, então,

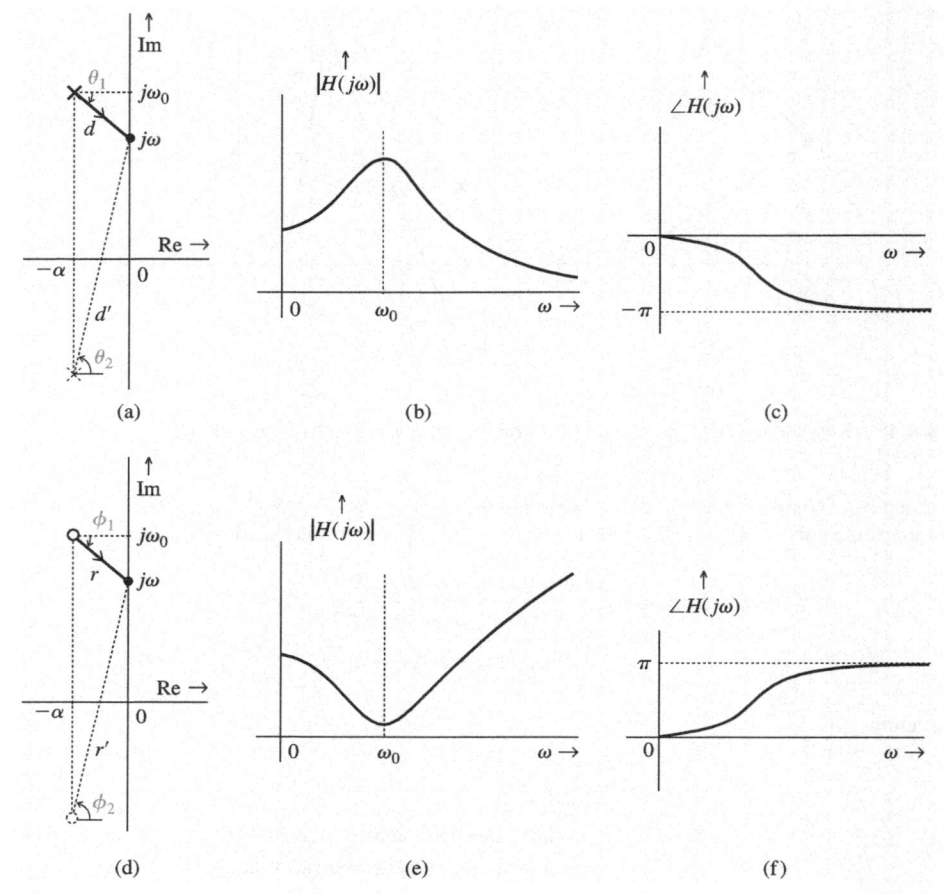

Figura 4.46 Papel de polos e zeros na determinada da resposta em frequência de um sistema LCIT.

decresce continuamente enquanto ω cresce para além de ω_0, como mostrado na Fig. 4.46b. Portanto, um polo em $-\alpha + j\omega_0$ resulta em um comportamento seletivo em frequência que aumenta o ganho na frequência ω_0 (ressonância). Além disso, quando o polo se move para mais perto do eixo imaginário (quando α é reduzido), este aumento (ressonância) se torna mais pronunciado. Isso ocorre porque α, a distância entre o polo e $j\omega_0$ (d correspondente a $j\omega_0$) se torna menor, aumentando o ganho K/d. No caso extremo, quando $\alpha = 0$ (polo no eixo imaginário), o ganho em ω_0 tende a infinito. Polos repetidos aumentam ainda mais o efeito seletivo em frequência. Para resumir, podemos aumentar o ganho na frequência ω_0 colocando um polo em frente ao ponto $j\omega_0$. Quanto mais próximo o polo estiver de $j\omega_0$, maior o ganho em ω_0 e a variação no ganho será mais rápida (mais seletivo em frequência) na vizinhança de ω_0. Observe que um polo deve ser colocado no SPE por questões de estabilidade.

Neste caso, consideramos o efeito de um único polo complexo no ganho do sistema. Para um sistema real, o polo complexo $-\alpha + j\omega_0$ deve acompanhar seu conjugado $-\alpha - j\omega_0$. Podemos facilmente mostrar que a presença de um polo conjugado não afeta consideravelmente o comportamento seletivo em frequência na vizinhança de ω_0. Isso ocorre porque o ganho neste caso é K/dd', onde d' é a distância do ponto $j\omega$ ao polo conjugado $-\alpha - j\omega_0$. Como o polo conjugado está longe de $j\omega_0$, não há uma mudança dramática no tamanho de d' quando ω varia na proximidade de ω_0. Existe um aumento gradual no valor de d' quando ω aumenta, deixando o comportamento seletivo em frequência como era originalmente, com apenas pequenas alterações.

REDUÇÃO DE GANHO COM UM ZERO

Usando o mesmo argumento, observamos que zeros em $-\alpha \pm j\omega_0$ (Fig. 4.46d) terão exatamente o efeito oposto de polos, suprimindo o ganho na vizinhança de ω_0, como mostrado na Fig. 4.46e. Um zero no eixo imaginário em $j\omega_0$ irá suprimir totalmente o ganho (ganho zero) na frequência ω_0. Zeros repetidos irão aumentar o efeito. Além disso, a colocação de um polo e um zero (dipolos) muito próximos tenderá a cancelar o efeito um do outro na resposta em frequência. Claramente, a colocação adequada de polos e zeros pode resultar em uma grande variedade de comportamentos seletivos em frequência. Podemos utilizar esta observação para projetar filtros passa-baixas, passa-altas, passa-faixa e rejeita-faixa (ou *notch*).

A resposta em fase também pode ser calculada graficamente. Na Fig. 4.46a, os ângulos formados pelos polos complexos conjugados $-\alpha \pm j\omega_0$ em $\omega = 0$ (a origem) são iguais e opostos. Quando ω cresce a partir de 0, o ângulo θ_1 (devido ao polo $-\alpha + j\omega_0$), que possui um valor negativo para $\omega = 0$, é reduzido em magnitude. O ângulo θ_2 (devido ao polo $-\alpha + j\omega_0$), que possui um valor positivo para $\omega = 0$, aumenta em magnitude. Como resultado, $\theta_1 + \theta_2$, a soma dos dois ângulos, aumenta continuamente, aproximando do valor π quando $\omega \to \infty$. A resposta em fase resultante $-H(j\omega) = -(\theta_1 + \theta_2)$ é apresentada na Fig. 4.46c. Argumentos similares se aplicam a zeros em $-\alpha \pm j\omega_0$. A resposta de fase resultante $-H(j\omega) = (\theta_1 + \theta_2)$ é mostrada na Fig. 4.46f.

Iremos, agora, focalizar em filtros simples, usando o sentimento intuitivo obtido nesta discussão. A discussão é essencialmente qualitativa.

4.10-2 Filtros Passa-Baixas

Um típico filtro passa-baixas possui um ganho máximo para $\omega = 0$. Como um polo aumenta o ganho nas frequências em sua vizinhança, nós precisamos colocar um polo (ou polos) no eixo real oposto à origem ($j\omega = 0$), como mostrado na Fig. 4.47a. A função de transferência deste sistema é

$$H(s) = \frac{\omega_c}{s + \omega_c}$$

Escolhemos o numerador de $H(s)$ igual a ω_c para normalizar o ganho CC [$H(0)$] para a unidade. Se d é a distância do polo $-\omega_c$ ao ponto $j\omega$ (Fig. 4.47a), então

$$|H(j\omega)| = \frac{\omega_c}{d}$$

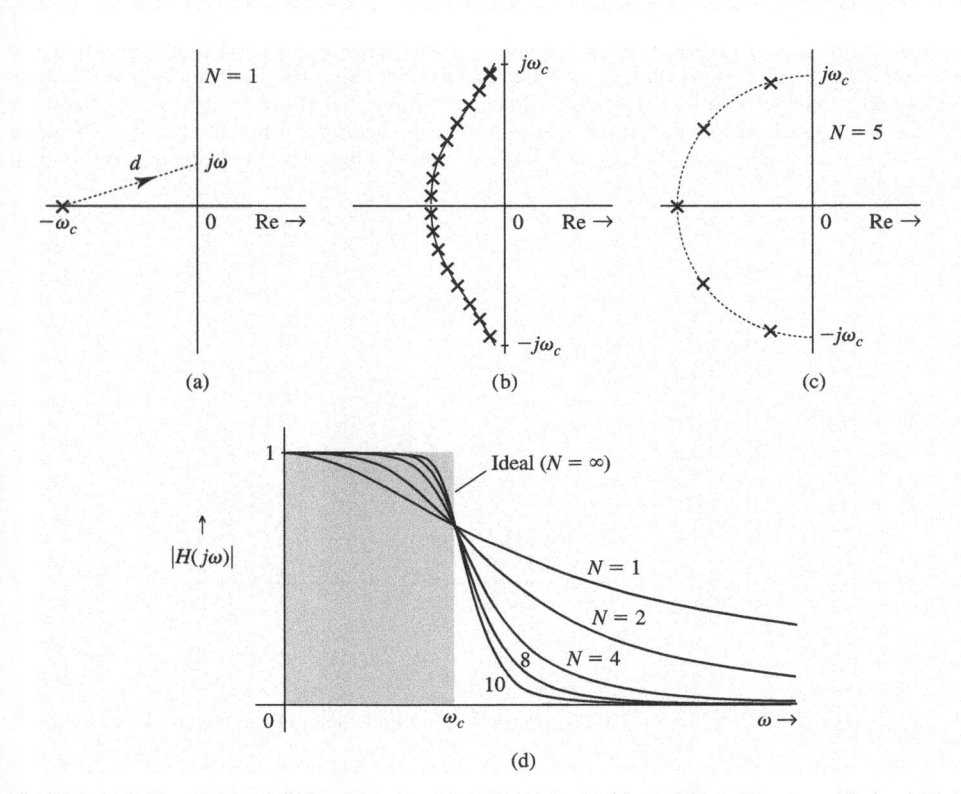

Figura 4.47 Configuração polo-zero e a resposta de amplitude de um filtro passa-baixas (*Butterworth*).

com $H(0) = 1$. Quando ω diminui, d aumenta e $|H(j\omega)|$ diminui monotonicamente com ω, como apresentado na Fig. 4.47d com $N = 1$. Este sistema é claramente um filtro passa-baixas com aumento de ganho na proximidade de $\omega = 0$.

PAREDE DE POLOS

A característica de um filtro passa-baixas ideal (área sombreada da Fig. 4.47d) apresenta um ganho unitário constante até a frequência ω_c. O ganho diminui, então, repentinamente para 0 para $\omega > \omega_c$. Para obter a característica de um filtro passa-baixas ideal, precisamos aumentar o ganho para toda a faixa de frequência de 0 a ω_c. Sabemos que para aumentar o ganho em qualquer frequência ω, precisamos colocar um polo oposto a ω. Para conseguir um aumento de ganho em todas as faixas de frequência de 0 a ω_c (e de 0 a $-\omega_c$ para polos conjugados), precisamos colocar um polo oposto a cada frequência nesta faixa. Em outras palavras, precisamos de uma *parede contínua* de polos em frente ao eixo imaginário oposta à faixa de frequência de 0 a ω_c (e de 0 a $-\omega_c$ para polos conjugados), como mostrado na Fig. 4.47b. Neste ponto, a forma ótima desta parede não é óbvia, porque nossos argumentos são qualitativos e intuitivos. Apesar disso, é certo que para termos um aumento de ganho (ganho constante) para cada frequência dentro desta faixa, precisamos de um número infinito de polos nesta parede. Podemos mostrar que para uma resposta aproximadamente plana[†] para a faixa de frequências (0 a ω_c), a parede é um semicírculo com um número infinito de polos uniformemente distribuídos ao longo da parede.[12] Na prática, existe um compromisso entre usar um número finito (N) de polos e obter características inferiores à ideal. A Fig. 4.47c mostra a configuração de polos para um filtro de quinta ordem ($N = 5$). A resposta em amplitude para vários valores de N é apresentada na Fig. 4.47d. Quando $N \to \infty$, a resposta do filtro tende a ideal. Esta família de filtros é chamada de filtros de *Butterworth*. Também existem outras famílias. Nos filtros *Chebyshev*, a forma da parede é uma semi-elipse, ao invés de um semicírculo. As características de um filtro Chebyshev são inferiores às de um filtro de Butterworth para a banda passante (0, ω_c), na qual as características mostram um efeito de ripple (oscilação) ao invés da resposta plana maximizada de Butterworth. Mas fora da banda passante ($\omega > \omega_c$), o comportamento Chebyshev é superior no sentido de que o ganho do filtro de Chebyshev cai mais rápido do que para filtros de Butterworth.

4.10-3 Filtros Passa-Faixa

A característica sombreada da Fig. 4.48b mostra o ganho de um filtro passa-faixa ideal. No filtro passa-faixa, o ganho é aumentado em toda a banda passante. Nossa discussão anterior indica que esta característica pode ser obtida através de uma parede de polos opostos ao eixo imaginário, em frente ao centro da banda passante, em ω_0. (Também existe uma parede de polos complexos opostos a $-\omega_0$.) Idealmente, um número infinito de polos é necessário. Na prática, existe um compromisso entre usar um número finito de polos e obter uma característica inferior à ideal (Fig. 4.48).

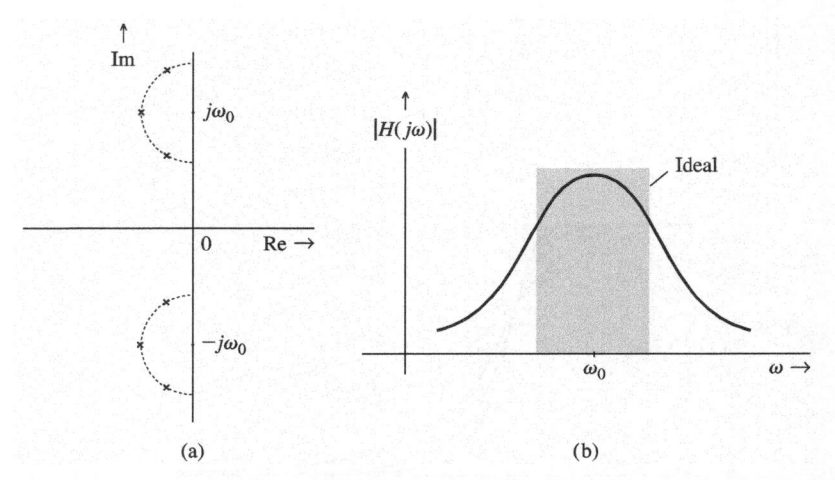

Figura 4.48 (a) Configuração de polos-zeros e (b) resposta de amplitude de um filtro passa-faixa.

[†] Uma resposta plana maximizada significa que as $2N - 1$ primeiras derivadas de $|H(j\omega)|$ com relação a ω são zero para $\omega = 0$.

4.10-4 Filtros Notch (Rejeita-Faixa)

A resposta em amplitude de um filtro notch ideal (área sombreada na Fig. 4.49b) é o complemento da resposta em amplitude de um filtro passa-faixas ideal. O ganho é zero para uma pequena faixa centrada em alguma frequência ω_0 e unitário para as demais frequências. A implementação de tal característica requer um número infinito de polos e zeros. Vamos considerar um filtro notch prático de segunda ordem para obter um ganho zero na frequência $\omega = \omega_0$. Para isto, devemos ter zeros em $\pm j\omega_0$. A característica de ganho unitário para $\omega = \infty$ requer um número de polos igual ao número de zeros ($M = N$). Isto garante que para valores muito grandes de ω, o produto das distâncias dos polos a ω será igual ao produto das distâncias dos zeros a ω. Além disso, o ganho unitário para $\omega = 0$ sugere um polo e um zero correspondente equidistantes da origem. Por exemplo, se utilizarmos dois zeros (complexos conjugados), então devemos ter dois polos. A distância da origem aos polos e da origem aos zeros deve ser a mesma. Esta característica pode ser obtida colocando os dois polos conjugados no semicírculo de raio ω_0, como mostrado na Fig. 4.49a. Os polos podem ficar em qualquer lugar no semicírculo para satisfazer a condição de equidistância. Considere os dois polos conjugados nos ângulos $\pm\theta$ com relação ao eixo real negativo. Lembre-se de que um polo e um zero na proximidade tendem a cancelar a influência um do outro. Portanto, colocar polos próximos de zeros (selecionando θ próximo de $\pi/2$) resulta em uma rápida recuperação do ganho do valor 0 para 1, enquanto nos movemos para longe de ω_0 em qualquer direção. A Fig. 4.49b mostra o ganho $|H(j\omega)|$ para três valores diferentes de θ.

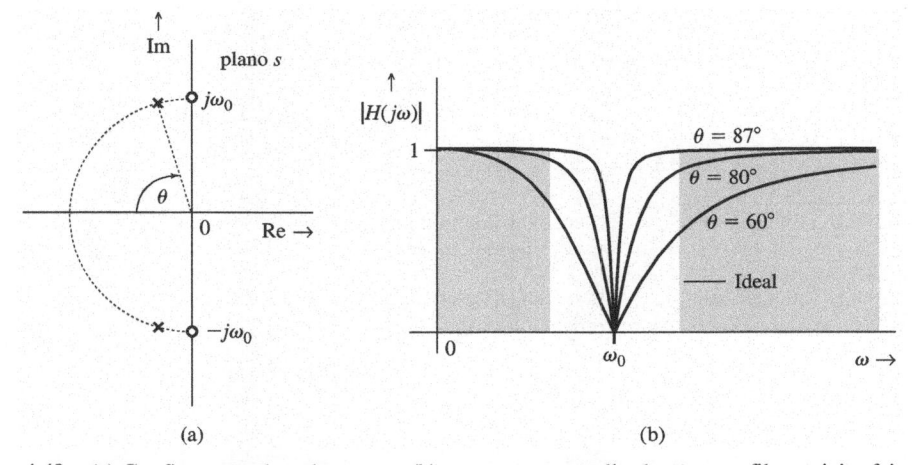

Figura 4.49 (a) Configuração de polo-zeros e (b) resposta em amplitude para um filtro rejeita-faixa (notch).

EXEMPLO 4.27

Projete um filtro notch de segunda ordem para suprimir o ruído de 60 Hz de um rádio receptor.

Utilizamos os polos e zeros da Fig. 4.49a com $\omega_0 = 120\pi$. Os zeros estão em $s = \pm j\,\omega_0$. Os dois polos estão em $-\omega_0 \cos\theta \pm j\,\omega_0 \,\text{sen}\,\theta$. A função de transferência do filtro é (com $\omega_0 = 120\pi$)

$$H(s) = \frac{(s - j\omega_0)(s + j\omega_0)}{(s + \omega_0\cos\theta + j\omega_0\,\text{sen}\,\theta)(s + \omega_0\cos\theta - j\omega_0\,\text{sen}\,\theta)}$$

$$= \frac{s^2 + \omega_0^2}{s^2 + (2\omega_0 \cos\theta)s + \omega_0^2} = \frac{s^2 + 142122{,}3}{s^2 + (753{,}98\cos\theta)s + 142122{,}3}$$

e

$$|H(j\omega)| = \frac{-\omega^2 + 142122{,}3}{\sqrt{(-\omega^2 + 142122{,}3)^2 + (753{,}98\omega \cos\theta)^2}}$$

Quanto mais próximos os polos estiverem dos zeros (θ mais próximo é $\pi/2$), mais rápida a recuperação do ganho de 0 para 1 em qualquer um dos lados de $\omega_0 = 120\pi$. A Fig. 4.49b mostra a resposta em amplitude para três valores diferentes de θ. Este exemplo é um caso muito simples de projeto. Para atingir ganho zero em uma faixa, precisamos de um número infinito de polos e zeros.

EXEMPLO DE COMPUTADOR C4.7

A função de transferência de um filtro notch de segunda ordem é

$$H(s) = \frac{s^2 + \omega_0^2}{s^2 + (2\omega_0 \cos(\theta))s + \omega_0^2}$$

Usando $\omega_0 = 2\pi 60$, trace a resposta em magnitude para os seguintes casos:

(a) $\theta_a = 60°$
(b) $\theta_b = 80°$
(c) $\theta_c = 87°$

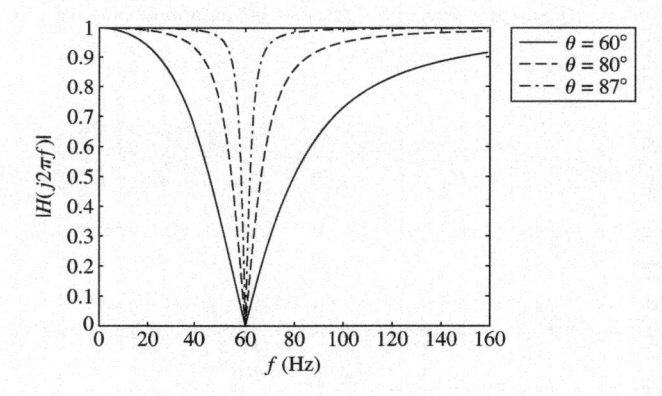

```
>> omega_0 = 2*pi*60; theta = [60 80 87]*(pi/180);
>> omega = (0:.5:1000)'; mag = zeros(3,length(omega));
>> for m=1:length(theta)
>>     H = tf([1 0 omega_0^2],[1 2*omega_0*cos(theta(m)) omega_0^2]);
>>     [mag(m,:),phase] = bode(H,omega);
>> end
>> f = omega/(2*pi); plot(f,mag(1,:),'k-',f,mag(2,:),'k--',f,mag(3,:),'k-.');
>> xlabel('f [Hz]'); ylabel('|H(j2\pi f)|');
>> legend('\theta = 60^\circ','\theta = 80^\circ','\theta = 87^\circ',0)
```

Figura C4.7

EXERCÍCIO E4.15

Use o método qualitativo para traçar a resposta em frequência e mostre que o sistema com a configuração de polos-zeros da Fig. 4.50a é um filtro passa-altas e a configuração da Fig. 4.50b é um filtro passa-faixa.

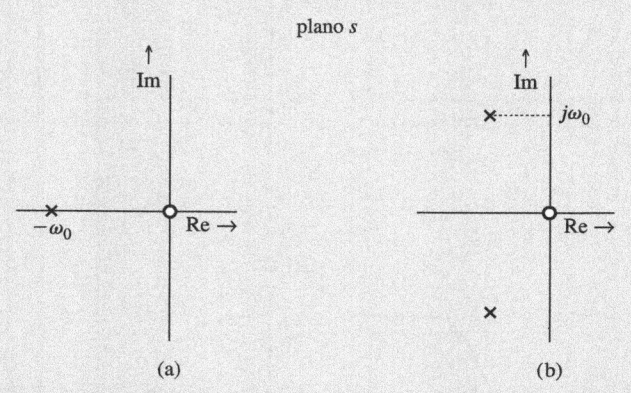

Figura 4.50 Configuração de polos-zeros para (a) filtro passa alta e (b) filtro passa-faixa.

4.10-5 Filtros Práticos e Suas Especificações

Para filtros ideais, tudo é preto e branco; os ganhos são ou zero ou unitários para certas faixas de frequências. Como vimos antes, a vida real não permite essa visão do mundo. As coisas precisam ser cinzas ou com tons de cinza. Na prática, podemos implementar uma grande variedade de características de filtros que só podem aproximar as características ideais.

Um filtro ideal possui uma banda passante (ganho unitário) e uma banda rejeitada (ganho zero) com alguma transição repentina entre a banda passante e a banda filtrada. Não existe banda (ou faixa) de transição. Para filtros práticos (ou realizáveis), por outro lado, a transição da banda passante para a banda rejeitada (ou vice-versa) é gradual e ocorre durante uma faixa finita de frequências. Além disso, para filtros realizáveis, o ganho não pode ser zero para uma faixa finita (condição de Paley-Wiener). Como resultado, não pode haver uma verdadeira banda rejeitada para filtros práticos. Portanto, definimos a *banda rejeitada* como sendo a faixa para a qual o ganho é inferior a algum pequeno número G_s, como ilustrado na Fig. 4.51. Similarmente, definimos a *banda passante* como sendo a faixa para a qual o ganho está entre 1 e algum número G_P ($G_P < 1$), como mostrado na Fig. 4.51. Selecionamos a banda passante como tendo ganho unitário somente por conveniência. O ganho podia ser qualquer constante. Geralmente, os ganhos são especificados em termos de decibéis. Isto é simplesmente 20 vezes o logaritmo (na base 10) do ganho. Portanto,

$$\hat{G}(\text{dB}) = 20 \log_{10} G$$

Um ganho unitário é 0 dB e um ganho de $\sqrt{2}$ é 3,01 dB, geralmente aproximado para 3 dB. algumas vezes a especificação pode ser feita em termos da atenuação, a qual é o negativo do ganho em dB. Portanto, um ganho de $1/\sqrt{2}$, ou seja, 0,707, é -3dB, mas é uma atenuação de 3 dB.

Em um procedimento de projeto típico, G_P (ganho mínimo da banda passante) e G_s (ganho máximo da banda filtrada) são especificados. A Fig. 4.51 mostra a banda passante, a banda filtrada e a banda de transição para filtros passa-baixa, passa-banda, passa-alta e rejeita-faixa típicos. Felizmente, os filtros passa-altas, passa-banda e rejeita-faixa podem ser obtidos de um filtro passa-baixas básico através de uma simples transformação de frequências. Por exemplo, substituindo s por ω_c/s na função de transferência de um filtro passa-baixas, teremos um filtro passa-altas. De forma equivalente, outras transformações de frequência resultam em filtros passa-faixa e rejeita-faixa. Logo, é necessário desenvolver um procedimento de projeto apenas para o filtro passa-baixas básico. Então, usando a transformação apropriada, podemos projetar filtros de outros tipos. Os procedimentos de projeto estão além do nosso escopo e não serão discutidos. O leitor interessado neste tópico pode procurar mais informações na Ref. 1.

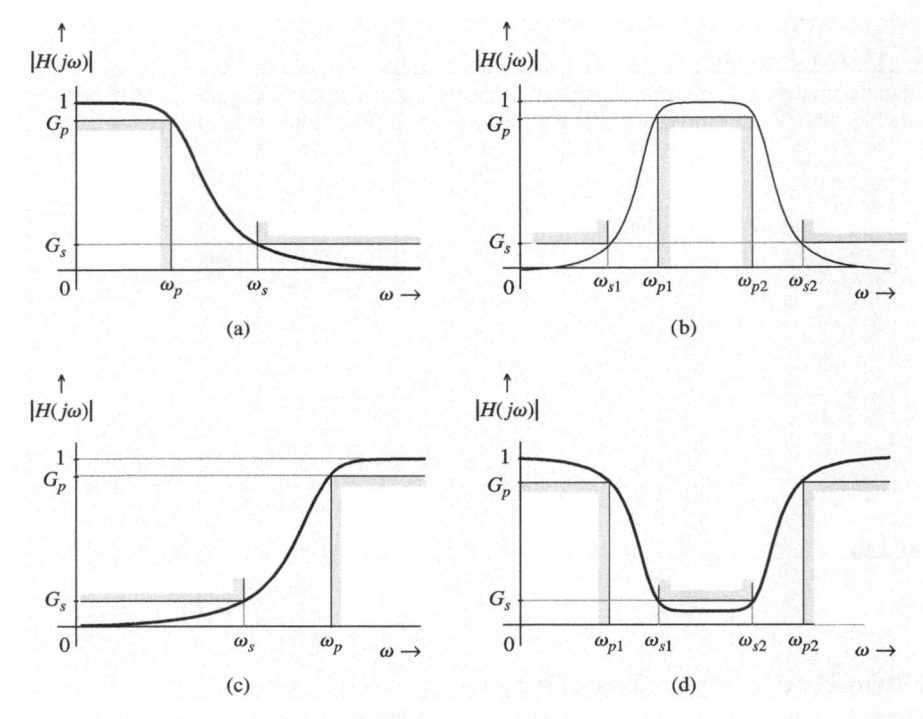

Figura 4.51 Banda passante, banda filtrada e banda de transição em filtros de vários tipos.

4.11 TRANSFORMADA DE LAPLACE BILATERAL

Situações envolvendo sinais e/ou sistemas não causais não podem ser trabalhadas usando a transformada de Laplace (unilateral) discutida até o momento. Estes casos precisam ser analisados pela transformada de Laplace *bilateral* (ou *de dois lados*), definida por

$$X(s) = \int_{-\infty}^{\infty} x(t)e^{-st}\,dt$$

e $x(t)$ pode ser obtido de $X(s)$ através da transformada inversa

$$x(t) = \frac{1}{2\pi j}\int_{c-j\infty}^{c+j\infty} X(s)e^{st}\,ds$$

Observe que a transformada de Laplace unilateral discutida até este momento é um caso especial da transformada de Laplace bilateral, na qual os sinais são restritos a serem causais. Basicamente, as duas transformadas são iguais. Por esta razão usamos a mesma notação para a transformada de Laplace bilateral.

Anteriormente mostramos que as transformadas de Laplace de $e^{-at}u(t)$ e $-e^{at}u(-t)$ são idênticas. A única diferença está nas regiões de convergência (RDC). A RDC da primeira é Re $s > -a$ e para a última é Re $s < -a$, como ilustrado na Fig. 4.1. Claramente, a transformada inversa de Laplace de $X(s)$ não é única a não ser que a RDC seja especificada. Se restringirmos nossos sinais ao tipo causal, entretanto, esta ambiguidade não existirá. A transformada inversa de Laplace de $1/(s + a)$ é $e^{-at}u(t)$. Portanto, na transformada de Laplace unilateral, podemos ignorar a RDC na determinação da transformada inversa de $X(s)$.

Iremos mostrar agora que qualquer transformada bilateral pode ser expressa em termos de duas transformadas unilaterais, sendo, portanto, possível determinar a transformada bilateral da tabela de transformadas unilateral.

Considere a função $x(t)$ mostrada na Fig. 4.52a. Separamos $x(t)$ em duas componentes, $x_1(t)$ e $x_2(t)$, representando a componente de tempo positivo (causal) e a componente de tempo negativo (anticausal) de $x(t)$, respectivamente (Fig. 4.52b e 4.52c):

$$x_1(t) = x(t)u(t)$$
$$x_2(t) = x(t)u(-t)$$

A transformada de Laplace bilateral de $x(t)$ é dada por

$$\begin{aligned} X(s) &= \int_{-\infty}^{\infty} x(t)e^{-st}\,dt \\ &= \int_{-\infty}^{0^-} x_2(t)e^{-st}\,dt + \int_{0^-}^{\infty} x_1(t)e^{-st}\,dt \\ &= X_2(s) + X_1(s) \end{aligned} \quad (4.93)$$

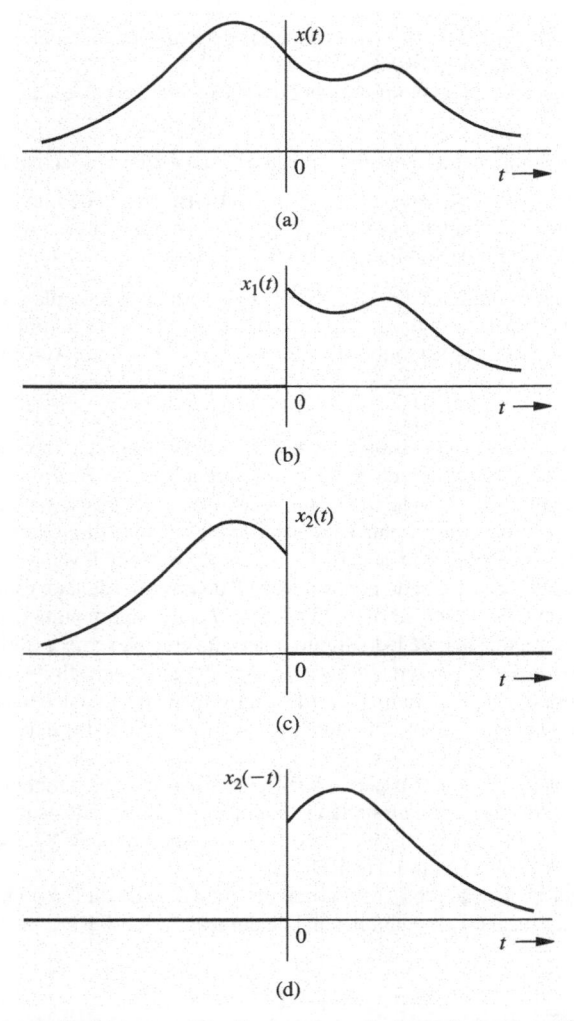

Figura 4.52 Expressando um sinal como a soma de componentes causal e anticausal.

na qual $X_1(s)$ é a transformada de Laplace da componente causal $x_1(t)$ e $X_2(s)$ é a transformada de Laplace da componente anticausal $x_2(t)$. Considere $X_2(s)$, dada por

$$X_2(s) = \int_{-\infty}^{0^-} x_2(t)e^{-st}\, dt$$

$$= \int_{0^+}^{\infty} x_2(-t)e^{st}\, dt$$

Portanto,

$$X_2(-s) = \int_{0^+}^{\infty} x_2(-t)e^{-st}\, dt$$

Se $x(t)$ possuir um impulso ou suas derivadas na origem, eles estão incluídos em $x_1(t)$. Consequentemente, $x_2(t) = 0$ na origem, ou seja, $x_2(0) = 0$. Logo, o limite inferior na integração da equação anterior pode ser considerado como sendo 0^- ao invés de 0^+. Portanto,

$$X_2(-s) = \int_{0^-}^{\infty} x_2(-t)e^{-st}\, dt$$

Como $x_2(-t)$ é causal (Fig. 4.52d), $X_2(-s)$ pode ser determinada da tabela de transformada unilateral. Trocando o sinal de s em $X_2(-s)$ obtemos $X_2(s)$.

Para resumir, a transformada bilateral $X(s)$ da Eq. (4.93) pode ser calculada a partir das transformadas unilateral em dois passos:

1. Divida $x(t)$ em componentes causal e anticausal, $x_1(t)$ e $x_2(t)$, respectivamente.
2. Os sinais $x_1(t)$ e $x_2(-t)$ são causais. Determine a transformada de Laplace (unilateral) de $x_1(t)$ e some a ela a transformada de Laplace (unilateral) $x_2(-t)$, com s substituído por $-s$. Este procedimento resulta na transformada de Laplace (bilateral) de $x(t)$.

Como $x_1(t)$ e $x_2(-t)$ são causais, $X_1(s)$ e $X_2(-s)$ são transformadas de Laplace unilaterais. Seja σ_{c1} e σ_{c2} as abscissas de convergência de $X_1(s)$ e $X_2(-s)$, respectivamente. Esta afirmação implica que $X_1(s)$ existe para todo s com $\text{Re } s > \sigma_{c1}$ e $X_2(-s)$ existe para todo s com $\text{Re } s < -\sigma_{c2}$.[†] Portanto, $X(s) = X_1(s) + X_2(s)$ existe para todo s tal que

$$\sigma_{c1} < \text{Re } s < -\sigma_{c2}$$

As regiões de convergência (ou existência) de $X_1(s)$, $X_2(s)$ e $X(s)$ estão mostradas na Fig. 4.53. Como $X(s)$ é finito para todos os valores de s dentro da faixa de convergência ($\sigma_{c1} < \text{Re } s < -\sigma_{c2}$), os polos de $X(s)$ devem estar fora desta faixa. Os polos de $X(s)$ devido à componente causal $x_1(t)$ estão no lado esquerdo da *faixa* (região) *de convergência* e os devido a componente anticausal $x_2(t)$ estão lado direito da faixa (veja a Fig. 4.53). Este fato é de crucial importância na determinação da transformada bilateral inversa.

Esse resultado pode ser generalizado para sinais de lado direito e de lado esquerdo. Definimos um sinal $x(t)$ como sendo um sinal de *lado direito* se $x(t) = 0$ para $t < T_1$ para algum número finito, positivo ou negativo, T_1. Um sinal causal é sempre um sinal de lado direito, mas o inverso não é necessariamente verdadeiro. Um sinal é dito ser de *lado esquerdo* se ele for zero para $t > T_2$ para algum número finito, positivo ou negativo, T_2. Um sinal anticausal é sempre um sinal de lado esquerdo, mas o inverso não é necessariamente verdadeiro. Um sinal de *dois lados* é de duração infinita nos dois lados, positivo e negativo, de t e não é nem de lado direito e nem de lado esquerdo.

Podemos mostrar que as conclusões para a RDC para sinais causais também são válidas para sinais de lado direito e as conclusões de sinais anticausais são válidas para sinais de lado esquerdo. Em outras palavras, se $x(t)$ é causal ou de lado direito, os polos de $X(s)$ estão no lado esquerdo da RDC e se $x(t)$ for anticausal ou de lado esquerdo, os polos de $X(s)$ estão a direita da RDC.

Para provar esta generalização, observamos que um sinal de lado direito pode ser descrito como $x(t) + x_f(t)$, na qual $x(t)$ é um sinal causal e $x_f(t)$ é algum sinal de duração finita. A RDC de qualquer sinal de duração finita

---

[†] Por exemplo, se $x(t)$ existe para todo $t > 10$, então $x(-t)$, a forma invertida no tempo, existe para $t < -10$.

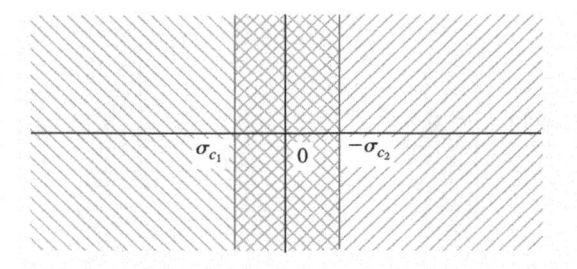

CAPÍTULO 4   ANÁLISE DE SISTEMAS EM TEMPO CONTÍNUO USANDO A TRANSFORMADA DE LAPLACE   411

▨ Região de convergência para a componente causal de $x(t)$

▧ Região de convergência para a componente anticausal de $x(t)$

▩ Região (faixa) de convergência de todo $x(t)$

Figura 4.53

é todo o plano s (nenhum polo finito). Logo, a RDC de um sinal de lado direito $x(t) + x_f(t)$ é a região comum entre a RDC de $x(t)$ e de $x_f(t)$, a qual é a mesma RDC de $x(t)$. Isto prova a generalização de sinais de lado direito. Podemos utilizar um argumento similar para generalizar o resultado para sinais de lado esquerdo.

Vamos determinar a transformada de Laplace bilateral de

$$x(t) = e^{bt}u(-t) + e^{at}u(t) \qquad (4.94)$$

Já conhecemos a transformada de Laplace da componente causal

$$e^{at}u(t) \Longleftrightarrow \frac{1}{s-a} \qquad \operatorname{Re} s > a \qquad (4.95)$$

Para a componente anticausal $x_2(t) = e^{bt}u(-t)$, tempos

$$x_2(-t) = e^{-bt}u(t) \Longleftrightarrow \frac{1}{s+b} \qquad \operatorname{Re} s > -b$$

tal que

$$X_2(s) = \frac{1}{-s+b} = \frac{-1}{s-b} \qquad \operatorname{Re} s < b$$

Portanto,

$$e^{bt}u(-t) \Longleftrightarrow \frac{-1}{s-b} \qquad \operatorname{Re} s < b \qquad (4.96)$$

e a transformada de Laplace de $x(t)$ da Eq. (4.94) é

$$X(s) = -\frac{1}{s-b} + \frac{1}{s-a} \qquad \operatorname{Re} s > a \quad \text{e} \quad \operatorname{Re} s < b$$

$$= \frac{a-b}{(s-b)(s-a)} \qquad a < \operatorname{Re} s < b \qquad (4.97)$$

A Fig. 4.54 mostra $x(t)$ e a RDC de $X(s)$ para vários valores de a e b. A Eq. (4.97) indica que a RDC de $X(s)$ não existe se $a > b$, o qual é precisamente o caso da Fig. 4.54g.

Observe que os polos de $X(s)$ estão fora (nos limites) da RDC. Os polos de $X(s)$ em função da componente anticausal de $x(t)$ estão a direita da RDC e os polos devido a componente causal de $x(t)$ estão a esquerda da RDC.

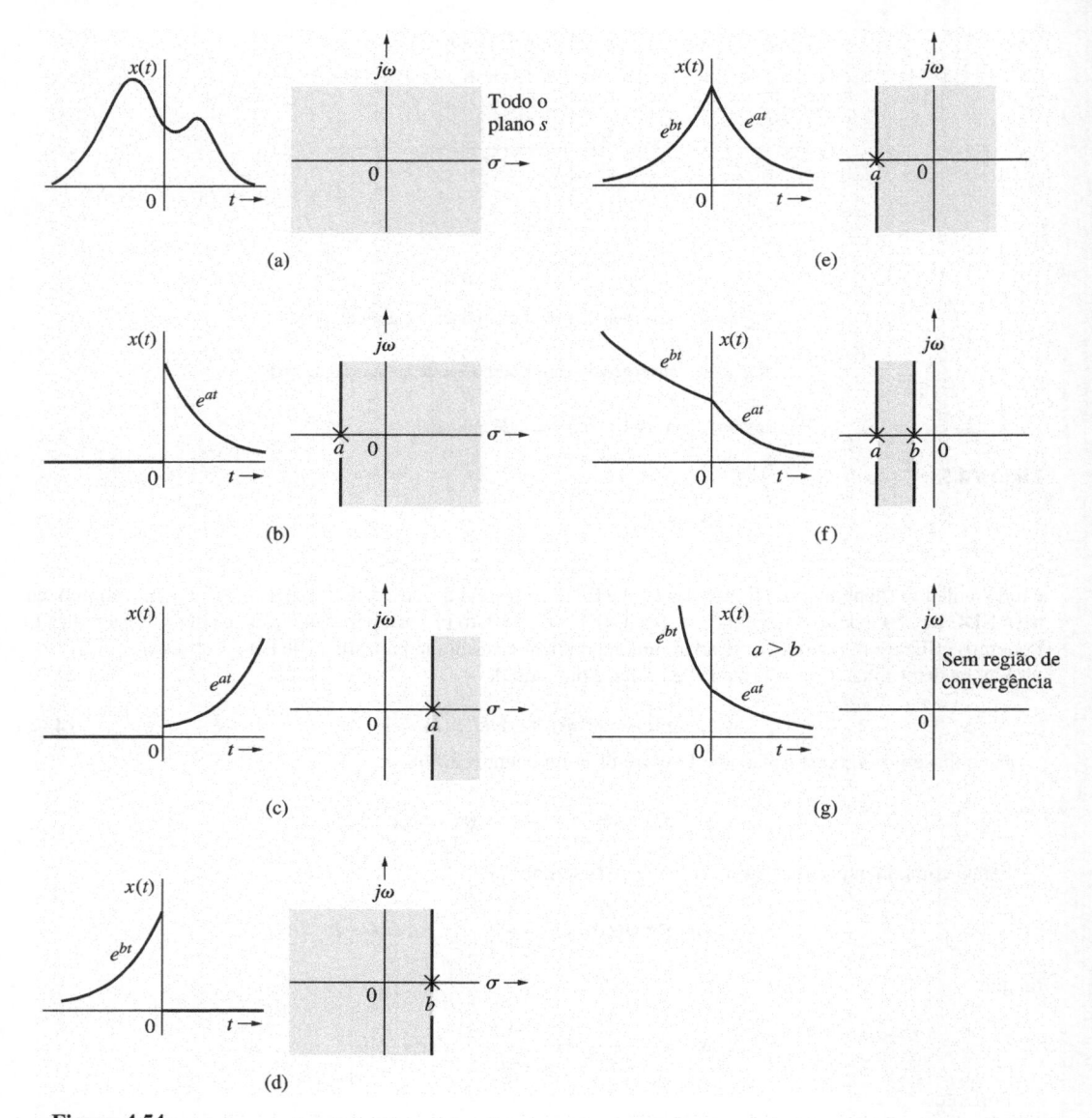

Figura 4.54

Quando $X(s)$ é expresso como a soma de vários termos, a RDC de $X(s)$ é a interseção (região comum) das RDCs de todos os termos. Em geral, se $x(t) = \sum_{i=1}^{k} x_i(t)$, então a RDC de $X(s)$ é a interseção das RDCs (região comum a todas as RDCs) das transformadas $X_1(s)$, $X_2(s)$,..., $X_k(s)$.

EXEMPLO 4.28

Determine a transformada inversa de Laplace de

$$X(s) = \frac{-3}{(s+2)(s-1)}$$

Se a RDC for
(a) $-2 < \text{Re}\, s < 1$
(b) $\text{Re}\, s > 1$
(c) $\text{Re}\, s < -2$

(a)
$$X(s) = \frac{1}{s+2} - \frac{1}{s-1}$$

$X(s)$ possui polos em -2 e 1. A faixa de convergência é $-2 < \text{Re}\, s < 1$. O polo em -2, estando no lado esquerdo da faixa de convergência, corresponde ao sinal causal. O polo em 1, estando no lado direito da faixa de convergência corresponde ao sinal anticausal. As Eqs. (4.95) e (4.96) resultam em

$$x(t) = e^{-2t}u(t) + e^{t}u(-t)$$

(b) Os dois polos estão no lado esquerdo da RDC, portanto, os dois polos correspondem a sinais causais. Logo,

$$x(t) = (e^{-2t} - e^{t})u(t)$$

(c) Os dois polos estão no lado direito da região de convergência, desta forma os dois polos correspondem a sinais anticausais e

$$x(t) = (-e^{-2t} + e^{t})u(-t)$$

A Fig. 4.55 mostra as três transformadas inversas correspondentes ao mesmo $X(s)$ mas com diferentes regiões de convergência.

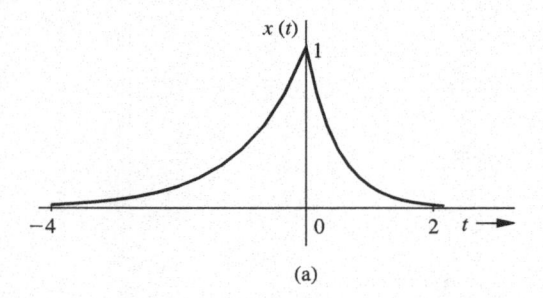

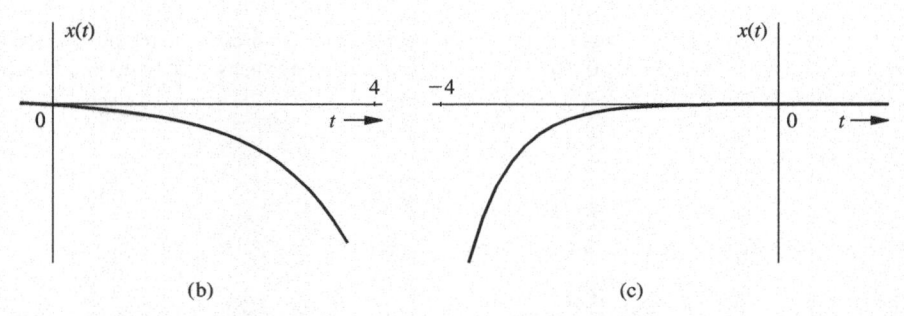

Figura 4.55 Três possíveis transformadas inversas de $-3/((s+2)(s-1))$.

4.11-1 Propriedades da Transformada de Laplace Bilateral

As propriedades da transformada de Laplace bilateral são similares às da transformada unilateral. Iremos simplesmente mencionar as propriedades sem as respectivas provas. Seja a RDC de $X(s)$ $a < \text{RE } s < b$. De maneira similar, seja a RDC de $X_i(s)$ $a_i < \text{Re } s < b_i$ para $i = 1, 2)$.

Linearidade

$$a_1 x_1(t) + a_2 x_2(t) \iff a_1 X_1(s) + a_2 X_2(s)$$

A RDC para $a_1 X_1(s) + a_2 X_2(s)$ é a região comum (interseção) das RDCs de $X_1(s)$ e $X_2(s)$.

Deslocamento no Tempo

$$x(t - T) \iff X(s) e^{-sT}$$

A RDC de $X(s)e^{-sT}$ é idêntica à RDC de $X(s)$.

Deslocamento na Frequência

$$x(t) e^{s_0 t} \iff X(s - s_0)$$

A RDC de $X(s - s_0)$ é $a + c < \text{Re } s < b + c$, na qual $c = \text{Re } s_0$.

Diferenciação no Tempo

$$\frac{dx(t)}{dt} \iff sX(s)$$

A RDC para $sX(s)$ contém a RDC para $X(s)$ e pode ser maior do que a de $X(s)$ sob certas condições [por exemplo, se $X(s)$ possui um polo de primeira ordem em $s = 0$ que é cancelado pelo fator s em $sX(s)$].

Integração no Tempo

$$\int_{-\infty}^{t} x(\tau) \, d\tau \iff X(s)/s$$

A RDC para $X(s)/s$ é máx$(a, 0) < \text{Re } s < b$.

Escalamento no Tempo

$$x(\beta t) \iff \frac{1}{|\beta|} X\left(\frac{s}{\beta}\right)$$

A RDC de $X(s/\beta)$ é $\beta a < \text{Re } s < \beta b$. Para $\beta > 1$, $x(\beta t)$ representa a compressão no tempo e a RDC correspondida é expandida por um fator β. Para $0 > \beta > 1$, $x(\beta t)$ representa uma expansão no tempo e a RDC correspondente é comprimida por um fator β.

Convolução no Tempo

$$x_1(t) * x_2(t) \iff X_1(s) X_2(s)$$

A RDC para $X_1(s) X_2(s)$ é a região comum (interseção) das RDCs de $X_1(s)$ e $X_2(s)$.

Convolução na Frequência

$$x_1(t) x_2(t) \iff \frac{1}{2\pi j} \int_{c-j\infty}^{c+j\infty} X_1(w) X_2(s - w) \, dw$$

A RDC para $X_1(s) * X_2(s)$ é $a_1 + a_2 < \text{Re } s < b_1 + b_2$.

Reversão no Tempo

$$x(-t) \iff X(-s)$$

A RDC para $X(-s)$ é $-b < \text{Re } s < -a$.

4.11-2 Usando a Transformada Bilateral para a Análise de Sistemas Lineares

Como a transformada de Laplace bilateral pode ser utilizada para trabalhar com sinais não causais, podemos analisar sistemas LCIT não causais usando a transformada de Laplace bilateral. Mostramos que a saída $y(t)$ (de estado nulo) é dada por

$$y(t) = \mathcal{L}^{-1}[X(s)H(s)] \tag{4.98}$$

Essa expressão é válida apenas se $X(s)H(s)$ existir. A RDC de $X(s)H(s)$ é a região na qual tanto $X(s)$ quanto $H(s)$ existirem. Em outras palavras, a RDC de $X(s)H(s)$ é a região comum às regiões de convergência tanto de $X(s)$ quanto $H(s)$. Estas ideias são melhor apresentadas através dos seguintes exemplos.

EXEMPLO 4.29

Determine a corrente $y(t)$ para o circuito RC da Fig. 4.56a se a tensão $x(t)$ for

$$x(t) = e^t u(t) + e^{2t} u(-t)$$

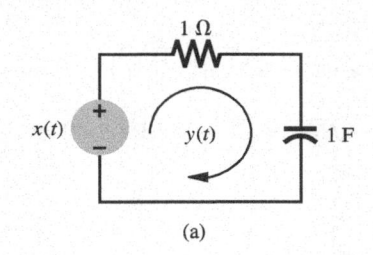

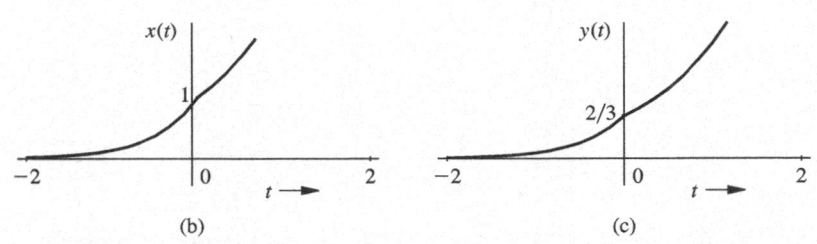

Figura 4.56 Resposta de um circuito a uma entrada não causal.

A função de transferência $H(s)$ deste circuito é dada por

$$H(s) = \frac{s}{s+1} \qquad \text{Re } s > -1$$

Como $h(t)$ é uma função causal, a RDC de $H(s)$ é Re $s > -1$. A seguir, a transformada de Laplace bilateral de $x(t)$ é dada por

$$X(s) = \frac{1}{s-1} - \frac{1}{s-2} = \frac{-1}{(s-1)(s-2)} \qquad 1 < \text{Re } s < 2$$

A resposta $y(t)$ é a transformada inversa de $X(s)H(s)$

$$y(t) = \mathcal{L}^{-1}\left[\frac{-s}{(s+1)(s-1)(s-2)}\right]$$
$$= \mathcal{L}^{-1}\left[\frac{1}{6}\frac{1}{s+1} + \frac{1}{2}\frac{1}{s-1} - \frac{2}{3}\frac{1}{s-2}\right]$$

A RDC de $X(s)H(s)$ é a RDC comum tanto a $X(s)$ quanto a $H(s)$. Ou seja, $1 < \text{Re } s < 2$. Os polos $s = \pm 1$ estão a esquerda da RDC e, portanto, correspondem a sinais causais. O polo $s = 2$ está ao lado direito da RDC e, portanto, representa um sinal anticausal. Logo,

$$y(t) = \tfrac{1}{6}e^{-t}u(t) + \tfrac{1}{2}e^{t}u(t) + \tfrac{2}{3}e^{2t}u(-t)$$

A Fig. 4.56c mostra $y(t)$. Note que neste exemplo, se

$$x(t) = e^{-4t}u(t) + e^{-2t}u(-t)$$

então a RDC de $X(s)$ é $-4 < \text{Re } s < -2$. Neste caso não existe região de convergência para $X(s)H(s)$. Tal situação significa que a condição de dominância não pode ser satisfeita para qualquer valor possível de s na faixa ($1 < \text{Re } s < 2$). Logo, a resposta $y(t)$ irá para o infinito.

EXEMPLO 4.30

Determine a resposta $y(t)$ do sistema não causal cuja função de transmissão é dada por

$$H(s) = \frac{-1}{s-1} \qquad \text{Re } s < 1$$

à entrada $x(t) = e^{-2t}u(t)$.

Temos

$$X(s) = \frac{1}{s+2} \qquad \text{Re } s > -2$$

e

$$Y(s) = X(s)H(s) = \frac{-1}{(s-1)(s+2)}$$

A RDC de $X(s)H(s)$ é a região $-2 < \text{Re } s < 1$. Através de expansão por frações parciais

$$Y(s) = \frac{-1/3}{s-1} + \frac{1/3}{s+2} \qquad -2 < \text{Re } s < 1$$

e

$$y(t) = \tfrac{1}{3}[e^{t}u(-t) + e^{-2t}u(t)]$$

Note que o polo de $H(s)$ está no SPD em 1. Ainda assim o sistema é não instável. O polo no SPD pode indicar uma instabilidade ou não causalidade, dependendo de sua localização com relação de convergência de $H(s)$. Por exemplo, se $H(s) = -1/(s-1)$ com $\text{Re } s > 1$, o sistema é causal e instável, com $h(t) = -e^{t}u(t)$. Por outro lado, se $H(s) = -1/(s-1)$ com $\text{Re } s < 1$, o sistema é não causal e estável, com $h(t) = e^{t}u(-t)$.

EXEMPLO 4.31

Determine a resposta $y(t)$ de um sistema com função de transferência

$$H(s) = \frac{1}{s+5} \quad \text{Re}\, s > -5$$

e a entrada

$$x(t) = e^{-t}u(t) + e^{-2t}u(-t)$$

A entrada $x(t)$ é do tipo mostrada na Fig. 4.54g, e a região de convergência para $X(s)$ não existe. Neste caso, devemos determinar separadamente a resposta do sistema a cada uma das duas componentes da entrada, $x_1(t) = e^{-t}u(t)$ e $x_2(t) = e^{-2t}u(-t)$.

$$X_1(s) = \frac{1}{s+1} \quad \text{Re}\, s > -1$$

$$X_2(s) = \frac{-1}{s+2} \quad \text{Re}\, s < -2$$

Se $y_1(t)$ e $y_2(t)$ são as respostas do sistema a $x_1(t)$ e $x_2(t)$, respectivamente, então,

$$Y_1(s) = \frac{1}{(s+1)(s+5)} \quad \text{Re}\, s > -1$$

$$= \frac{1/4}{s+1} - \frac{1/4}{s+5}$$

tal que

$$y_1(t) = \tfrac{1}{4}(e^{-t} - e^{-5t})u(t)$$

e

$$Y_2(s) = \frac{-1}{(s+2)(s+5)} \quad -5 < \text{Re}\, s < -2$$

$$= \frac{-1/3}{s+2} + \frac{1/3}{s+5}$$

tal que

$$y_2(t) = \tfrac{1}{3}[e^{-2t}u(-t) + e^{-5t}u(t)]$$

Portanto,

$$y(t) = y_1(t) + y_2(t)$$
$$= \tfrac{1}{3}e^{-2t}u(-t) + \left(\tfrac{1}{4}e^{-t} + \tfrac{1}{12}e^{-5t}\right)u(t)$$

4.12 Resumo

Este capítulo discute a análise de sistema LCIT (linear, contínuo, invariante no tempo) através da transformada de Laplace, a qual transforma equações integro-diferenciais de tais sistemas em equações algébricas. Portanto, a resolução destas equações integro-diferenciais é reduzida para a resolução de equações algébricas. O método da transformada de Laplace não pode ser utilizado para sistemas com parâmetros variantes no tempo ou para sistemas não lineares em geral.

A função de transferência $H(s)$ de um sistema LCIT é a transformada de Laplace de sua resposta ao impulso. Ela também pode ser definida como sendo a razão da transformada de Laplace da saída pela transformada de Laplace da entrada quando todas as condições iniciais são zero (sistema no estado nulo). Se $X(s)$ é a transformada de Laplace da entrada $x(t)$ e $Y(s)$ é a transformada de Laplace da saída $y(t)$ correspondente (quando todas as condições iniciais são zero), então $Y(s) = X(s)H(s)$. Para um sistema LCIT descrito por uma equação diferencial de ordem N, $Q(D)y(t) = P(D)x(t)$, a função de transferência é $H(s) = P(s)/Q(s)$. Tal como a resposta $h(t)$ ao impulso, a função de transferência $H(s)$ também é uma descrição externa do sistema.

A análise de circuitos elétricos também pode ser realizada usando o método do circuito transformado, no qual todos os sinais (tensões e correntes) são representados por suas transformadas de Laplace, todos os elementos são substituídos por suas impedâncias (ou admitâncias), e as condições iniciais por suas fontes equivalentes (geradores de condição inicial). Neste método, um circuito pode ser analisado como se fosse um circuito resistivo.

Grandes sistemas podem ser divididos por subsistemas conectados adequadamente, representados por blocos. Cada subsistema, sendo um sistema menor, pode ser facilmente analisado e representado por sua relação entrada-saída, tal como sua função de transferência. A análise de sistemas grandes pode ser realizada pelo conhecimento das relações de entrada-saída de seus subsistemas e pela natureza das conexões dos vários subsistemas.

Sistemas LCIT podem ser realizados (implementados) por multiplicadores escalares, somadores e integradores. Uma dada função de transferência pode ser sintetizada de diversas formas, tais como canônica, cascata e paralelo. Além disso, cada realização possui sua transposta, a qual possui a mesma função de transferência. Na prática, todos os blocos construtivos (multiplicadores escalares, somadores e integradores) podem ser obtidos de amplificadores operacionais.

A resposta do sistema a uma exponencial de duração infinita e^{st} também é uma exponencial de duração infinita $H(s)e^{st}$. Consequentemente, a resposta do sistema a uma exponencial de duração infinita $e^{j\omega t}$ é $H(j\omega)e^{j\omega t}$. Logo, $H(j\omega)$ é a resposta em frequência do sistema. Para uma entrada senoidal de amplitude unitária tendo frequência ω, a resposta do sistema também é uma senoide de mesma frequência (ω) com amplitude $|H(j\omega)|$ e deslocamento de fase de $\angle H(j\omega)$ com relação à senoide de entrada. Por esta razão, $|H(j\omega)|$ é chamado de resposta em amplitude (ganho) e $\angle H(j\omega)$ é chamado de resposta de fase do sistema. A resposta em amplitude e fase de um sistema mostram as características de filtragem do sistema. A natureza geral das características de filtragem de um sistema podem ser rapidamente determinadas do conhecimento da posição dos polos e zeros da função de transferência do sistema.

A maioria dos sinais de entrada e sistemas práticos são causais. Consequentemente, na maior parte do tempo, trabalhamos com sinais causais. Quando todos os sinais são causais, a análise por transformada de Laplace é muito simplificada, pois a região de convergência de um sinal fica irrelevante no processo de análise. Este caso especial da transformada de Laplace (a qual é restrita a sinais causais) é chamada de transformada de Laplace unilateral. Grande parte do capítulo trabalha com este tipo de transformada de Laplace. A Seção 4.11, entretanto, discute a transformada de Laplace genérica (transformada de Laplace bilateral), a qual pode trabalhar com sinais e sistemas causais e não causais. Na transformada bilateral, a transformada inversa de $X(s)$ não é única, dependendo da região de convergência de $X(s)$. Portanto, a região de convergência possui um papel crucial na transformada de Laplace bilateral.

Referências

1. Lathi, B. P. *Signal Processing and Linear Systems*, 1st ed. Oxford University Press, New York, 1998.
2. Doetsch, G. *Introduction to the Theory and Applications of the Laplace Transformation with a Table of Laplace Transformations*. Springer-Verlag, New York, 1974.
3. LePage, W. R. *Complex Variables and the Laplace Transforms for Engineers*. McGraw-Hill, New York, 1961.
4. Durant, Will, and Ariel Durant. *The Age of Napoleon*, Part XI in *The Story of Civilization Series*. Simon & Schuster, New York, 1975.
5. Bell, E. T. *Men of Mathematics*. Simon & Schuster, New York, 1937.

6. Nahin, P. J. "Oliver Heaviside: Genius and Curmudgeon." *IEEE Spectrum*, vol. 20, pp. 63–69, July 1983.
7. Berkey, D. *Calculus*, 2nd ed. Saunders, Philadelphia, 1988.
8. Encyclopaedia Britannica. *Micropaedia IV*, 15th ed., p. 981, Chicago, 1982.
9. Churchill, R. V. *Operational Mathematics*, 2nd ed. McGraw-Hill, New York, 1958.
10. Lathi, B. P. *Signals, Systems, and Communication*. Wiley, New York, 1965.
11. Truxal, J. G. *The Age of Electronic Messages*. McGraw-Hill, New York, 1990.
12. Van Valkenberg, M. *Analog Filter Design*. Oxford University Press, New York, 1982.

MATLAB Seção 4: Filtros em Tempo Contínuo

Filtros contínuos em tempo contínuo são essenciais para vários, se não todos, sistemas de engenharia e o MATLAB é um excelente assistente para o projeto e análise de filtros. Apesar de um tratamento completo de técnicas de filtros em tempo contínuo estar fora do escopo deste livro, filtros de qualidade podem ser projetados e realizados com uma teoria adicional mínima.

O exemplo prático simples, a seguir, pode ser utilizado para demonstrar conceitos básicos de filtragem. Sinais de voz em telefone geralmente são filtrados através de um passa-baixas para eliminar frequências acima de 3kHz (frequência de corte), ou $\omega_c = 3000(2\pi) \approx 18.850$ rad/s. A filtragem mantém uma qualidade da voz satisfatória e reduz a largura de faixa do sinal, aumentando, portanto, a capacidade de ligações da companhia telefônica. Como, então, projetamos e realizamos um filtro passa-baixas aceitável de 3 kHz?

M4.1 Resposta em Frequência e Avaliação Polinomial

O gráfico de resposta em magnitude ajuda a avaliar a performance e a qualidade de um filtro. A resposta em magnitude de um filtro ideal é uma função retangular com ganho unitário na faixa de passagem e uma atenuação perfeita na banda filtrada. Para um filtro passa-baixas com frequência de corte ω_c, a resposta em magnitude ideal é

$$|H_{\text{ideal}}(j\omega)| = \begin{cases} 1 & |\omega| \leq \omega_c \\ 0 & |\omega| > \omega_c \end{cases}$$

Infelizmente, filtros ideais não podem ser implementados na prática. Filtros realizáveis apresentam um compromisso entre a qualidade e a complexidade do sistema, apesar de bons projetos se aproximarem bastante da resposta retangular desejada.

Um sistema LCIT realizável geralmente possui uma função de transferência racional, representada no domínio s por

$$H(s) = \frac{Y(s)}{X(s)} = \frac{B(s)}{A(s)} = \frac{\sum_{k=0}^{M} b_{k+N-M} s^{M-k}}{\sum_{k=0}^{N} a_k s^{N-k}}$$

A resposta em frequência $H(j\omega)$ é obtida fazendo $s = j\omega$, na qual a frequência ω está em radianos por segundo.

O MATLAB é naturalmente adequado para o cálculo de funções de resposta em frequência. Definindo um vetor de coeficientes $\mathbf{A} = [a_0, a_1, ..., a_N]$ de tamanho $(N + 1)$ e um vetor de coeficientes $\mathbf{B} = [b_{N-M}, b_{N-M+1}, ..., b_N]$ de tamanho $(M + 1)$, o programa MS4P1 calcula $H(j\omega)$ para cada frequência no vetor ω de entrada.

```
Function [H]  = MS4P1(B,A,omega);
% MS4P1.m:          MATLAB Seção 4, Programa 1
% Arquivo.M de função para calcular a resposta em frequência de um sistema LCIT
% Entradas:         B = vetor de coeficientes de alimentação direta
%                   A = vetor de coeficientes de realimentação
%                   omega = vetor de frequências [rad/s]/
% Saídas:           H = Resposta em frequência

H = polyval(B,j*omega)./polyval(A, j*omega);
```

A função `polyval` calcula eficientemente polinômios simples, deixando o programa trivial. Por exemplo, quando A é o vetor de coeficientes $[a_0, a_1, ..., a_N]$, `polyval(A, j*omega)` calcula

$$\sum_{k=0}^{N} a_k (j\omega)^{N-k}$$

para cada valor do vetor de frequência omega. Também é possível calcular respostas em frequência usando a função `freqs` do toolbox de processamento de sinais.

M4.2 Projeto e Avaliação de um Filtro RC Simples

Um dos filtros passa-baixas mais simples é realizado utilizando o circuito RC mostrado na Fig. M4.1. Este sistema de um polo possui função de transferência dada por $H_{RC}(s) = (RCs + 1)^{-1}$ e resposta em amplitude $|H_{RC}(s)| = |(j\omega RC + 1)^{-1}| = 1/\sqrt{1 + (RC\omega)^2}$. Independente dos valores dos componentes R e C, esta função de amplitude possui várias características desejáveis tais como ganho unitário para $\omega = 0$ e decaimento monotônico para zero quando $\omega \to \infty$.

Os componentes R e C são escolhidos para obter a frequência de corte de 3 kHz desejada. Para vários tipos de filtros, a frequência de corte corresponde ao ponto de meia potência, ou $|H_{RC}(s)| = 1/\sqrt{2}$. Associando a C a capacitância típica de 1 nF, a resistência necessária é calculada por $R = 1/\sqrt{C^2\omega_c^2} = 1/\sqrt{(10^{-9})^2(2\pi 3000)^2}$.

```
>> omega_c = 2*pi*3000;
>> C = 1e-9;
>> R = 1/sqrt(C^2*omega_c^2)
R = 5.3052e+004
```

A raiz deste filtro RC de primeira ordem está diretamente relacionada à frequência de corte, $\lambda = -1/RC = -18.850 = -\omega_c$.

Para avaliar a performance do filtro RC, o gráfico da resposta em amplitude em função da faixa de frequência audível ($0 \leq f \leq 20\text{kHz}$) é obtido.

```
>> f = linspace(0,20000,200);
>> B = 1; A = [R*C 1]; Hmag_RC = abs(MS4P1(B,A,f*2*pi));
>> plot(f,abs(f*2*pi)<=omega_c,'k-',f,Hmag_RC,'k--');
>> xlabel('f [Hz]'); ylabel('|H_{RC}(j2\pi f)|');
>> axis([0 20000 -0.05 1.05]); legend('ideal','RC primeira ordem');
```

O comando `linspace (X1, X2, N)` gera um vetor de tamanho N de pontos linearmente espaçados entre X1 e X2.

Como mostrado na Fig. M4.2, a resposta do RC de primeira ordem realmente é um filtro passa-baixas com uma frequência de corte de meia potência igual a 3 kHz. Ele aproxima pobremente a resposta retangular desejada: a banda passante não é muito plana e a atenuação da banda filtrada aumenta muito lentamente para menos de 20 dB em 20 kHz.

M4.3 Filtro RC em Cascata e Expansão Polinomial

Já era esperado que um filtro RC simples de primeira ordem tivesse uma performance pobre. Um polo é simplesmente insuficiente para obter bons resultados. Circuitos RC em cascata aumentam o número de polos e melhoram a resposta do filtro. Para simplificar a análise e evitar o carregamento entre estágios, amp-ops como segui-

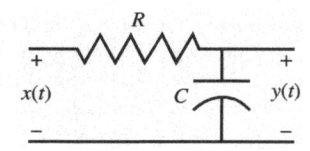

Figura M4.1 Filtro RC.

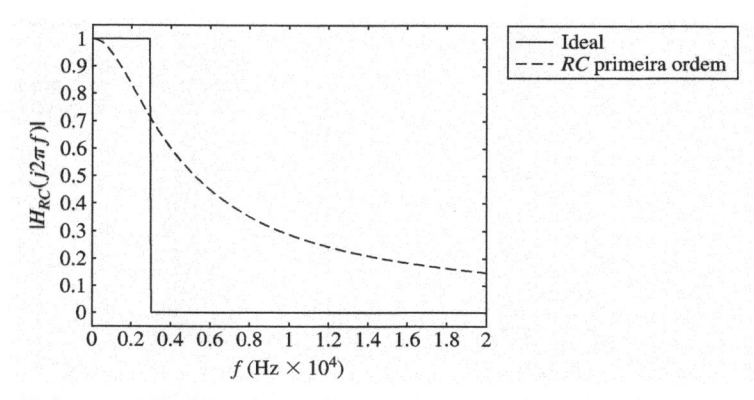

Figura M4.2 Resposta em amplitude $|H_{RC}(j2\pi f)|$ de um RC de primeira ordem.

dores de tensão são colocados na saída de cada seção, como mostrado na Fig. M4.3. A cascata de N estágios resulta em um filtro de ordem N com função de transferência dada por

$$H_{\text{cascata}}(s) = (H_{RC}(s))^N = (RCs + 1)^{-N}$$

Escolhendo uma cascata de 10 seções e com $C = 1$ nf, uma frequência de corte de 3 kHz é obtida escolhendo $R = \sqrt{2^{1/10} - 1}/(C\omega_c) = \sqrt{2^{1/10} - 1}/(6\pi(10)^{-6})$.

```
>> R = sqrt(2^(1/10)-1)/(C*omega_c)
R = 1.4213e+004
```

Este filtro em cascata possui polos de décima ordem em $\lambda = -1/RC$ e nenhum zero finito. Para calcular a resposta em magnitude, são necessários vetores de coeficiente **A** e **B**. Fazendo **B** = [1] garantimos que não existirão zeros finitos ou, equivalentemente, que todos os zeros estão no infinito. O comando `poly`, o qual expande um vetor de raízes em um vetor correspondente de coeficientes polinomiais, é utilizado para obter **A**.

```
>> B = 1; A = poly(-1/(R*C)*ones(10,1));A = A/A(end);
>> Hmag_cascade = abs(MS4P1(B,A,f*2*pi));
```

Note que o escalamento de um polinômio por uma constante não altera suas raízes. Por outro lado, as raízes de um polinômio especificam um polinômio dentro de um fator de escala. O comando `A = A/A(end)` escalona adequadamente o denominador polinomial para garantir um ganho unitário em $\omega = 0$.

O gráfico da resposta em amplitude do filtro RC em cascata é mostrado na Fig. M4.4. A banda passante permanece relativamente inalterada, mas a atenuação da banda filtrada é muito melhorada, passando para 60 dB em 20 kHz.

M4.4 Filtros de Butterworth e o Comando Find

A posição dos polos de filtros passa-baixas de primeira ordem é necessariamente fixada pela frequência de corte. Existe pouca razão, entretanto, para colocar todos os polos de um filtro de décima ordem em uma única posição. Um melhor posicionamento dos polos irá melhorar a performance da resposta em amplitude do filtro. Uma estratégia discutida na Seção 4.10, é colocar uma parede de polos opostos às frequências da banda passante. Uma

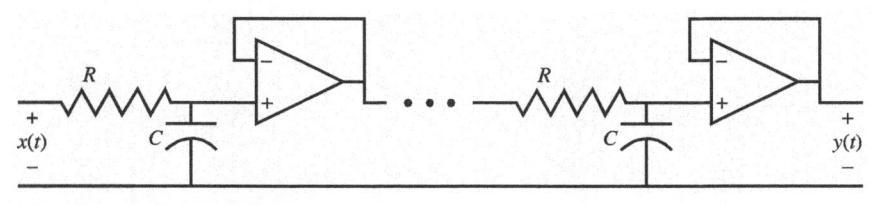

Figura M4.3 Um filtro RC em cascata.

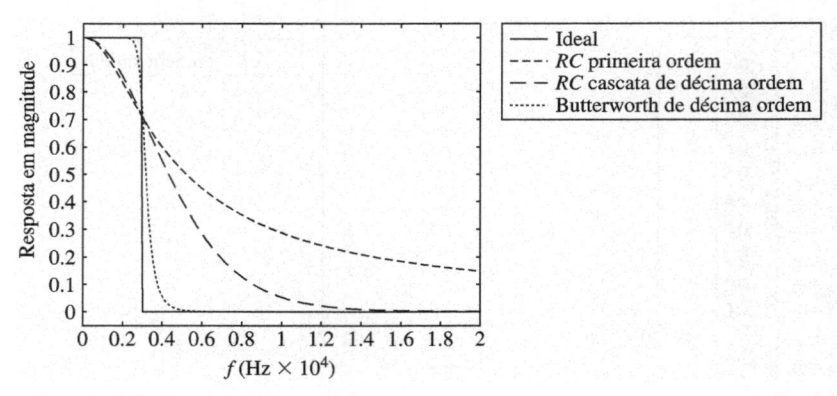

Figura M4.4 Comparação entre filtros passa-baixa.

parede circular de polos leva a família de filtros de Butterworth, e uma forma elíptica leva a família de filtros de Chebyshev. Os filtros de Butterworth serão estudados primeiro.

Para começar, note que a função de transferência $H(s)$ com coeficientes reais possui uma resposta quadrática de amplitude dada por $|H(j\omega)|^2 = H(j\omega)H^*(j\omega) = H(j\omega)H(-j\omega) = H(s)H(-s)|_{s=j\omega}$. Portanto, metade dos polos de $|H(j\omega)|^2$ corresponde ao filtro $H(s)$ e a outra metade corresponde a $H(-s)$. Filtros que são tanto estáveis quanto causais requerem que $H(s)$ inclua apenas polos no semiplano esquerdo.

A resposta quadrática da amplitude de um filtro de Butterworth é

$$|H_B(j\omega)|^2 = \frac{1}{1 + (j\omega/j\omega_c)^{2N}}$$

Essa função possui as mesmas características de um filtro RC de primeira ordem, um ganho que é unitário para $\omega = 0$ e que decresce monotonicamente para zero quando $\omega \to \infty$. Por construção, o ganho de meia potência ocorre em ω_c. Talvez o mais importante, entretanto, é que as primeiras $2N - 1$ derivadas de $|H_B(j\omega)|$ com relação a ω são zero para $\omega = 0$. Colocando de outra forma, a banda passante é restrita a uma faixa bastante plana para baixas frequências. Por esta razão, filtros de Butterworth são algumas vezes chamados de filtros maximamente planos.

Como discutido em MATLAB Seção B, as raízes de -1 estão igualmente espaçadas em um círculo centrado na origem. Portanto, os $2N$ polos de $|H_B(j\omega)|^2$ estão naturalmente espaçados em um círculo de raio ω_c centrado na origem. A Fig. M4.5 mostra os 20 polos correspondentes ao caso $N = 10$ e $\omega_c = 3000(2\pi)$ rad/s. Um filtro de Butterworth de ordem N que seja tanto causal quanto estável utiliza os N polos do semiplano esquerdo de $|H_B(j\omega)|^2$.

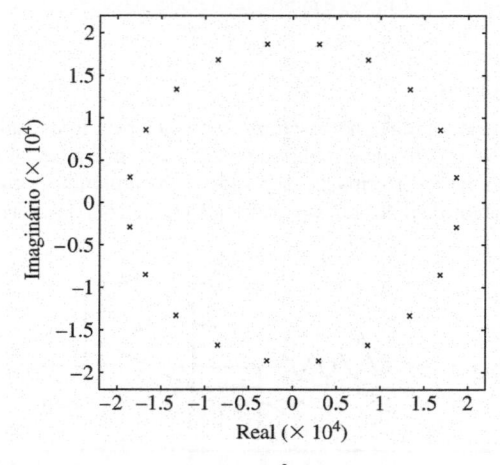

Figura M4.5 Raízes de $|H_B(j\omega)|^2$ para $N = 10$ e $\omega_c = 3000(2\pi)$.

CAPÍTULO 4 ANÁLISE DE SISTEMAS EM TEMPO CONTÍNUO USANDO A TRANSFORMADA DE LAPLACE

Para projetar um filtro de Butterworth de ordem 10, primeiro calculamos os 20 polos de $|H_B(j\omega)|^2$:

```
>> N=10;
>> poles = roots([(j*omega_c)^(-2*N),zeros(1,2*N-1),1]);
```

O comando `find` é uma função extremamente poderosa que retorna os índices dos elementos não nulos de um vetor. Combinado com operadores relacionais, o comando `find` nos permite extrair as 10 raízes do semi-plano esquerdo que correspondem aos polos de nosso filtro de Butterworth.

```
>> B_poles = poles(find(real(poles)<0));
```

Para calcular a resposta em amplitude, estas raízes são convertidas para o vetor de coeficientes **A**.

```
>> A = poly(B_poles); A = A/A(end);
>> Hmag_B = abs(MS4P1(B,A,f*2*pi));
```

O gráfico da resposta em amplitude do filtro de Butterworth é mostrado na Fig. M4.4. A resposta do filtro aproxima-se muito da função retangular e fornece excelentes características de filtragem: banda passante plana, rápida transição para a banda filtrada e excelente atenuação na banda filtrada (> 40 dB para 5 kHz).

M4.5 Utilização de Seções de Segunda Ordem em Cascata para a Implementação de Filtros de Butterworth

Em nosso filtro RC, a implementação precedeu o projeto. Para nosso filtro Butterworth, entretanto, o projeto precedeu a realização. Para nosso filtro de Butterworth ser útil, precisamos ser capazes de implementá-lo.

Como a função de transferência $H_B(s)$ é conhecida, a equação diferencial também é conhecida. Portanto, é possível tentar implementar o projeto usando integradores, somadores e multiplicadores escalares implementados com amp-ops. Infelizmente, esta abordagem não irá funcionar adequadamente. Para saber o motivo, considere os coeficientes $a_0 = 1{,}766 \times 10^{-43}$ e $a^{10} = 1$. O menor coeficiente é 43 ordens de grandeza menor do que o maior coeficiente! É praticamente impossível implementar com precisão uma faixa tão grande de valores escalares. Para aceitar este fato, os céticos devem tentar determinar resistores comerciais tais que $R_f/R = 1{,}766 \times 10^{-43}$. Adicionalmente, pequenas variações nos componentes irão causar grandes mudanças na posição real dos polos.

Uma abordagem melhor é a cascata de cinco seções de segunda ordem, sendo que cada seção implementará um par complexo conjugado de polos. Trabalhando com pares de polos complexos, cada uma das seções de segunda ordem resultantes possuirá coeficientes reais. Com esta abordagem, os menores coeficientes são apenas nove ordens de grandeza menores do que os maiores coeficientes. Além disso, a posição dos polos é menos sensível a variações dos componentes em estruturas em cascata.

O circuito de Sallen-Key mostrado na Fig. M4.6 é uma boa maneira de implementar um par de polos complexos conjugados.[†] A função de transferência deste circuito é

$$H_{SK}(s) = \cfrac{\cfrac{1}{R_1 R_2 C_1 C_2}}{s^2 + \left(\cfrac{1}{R_1 C_1} + \cfrac{1}{R_2 C_1}\right)s + \cfrac{1}{R_1 R_2 C_1 C_2}} = \cfrac{\omega_0^2}{s^2 + \left(\cfrac{\omega_0}{Q}\right)s + \omega_0^2}$$

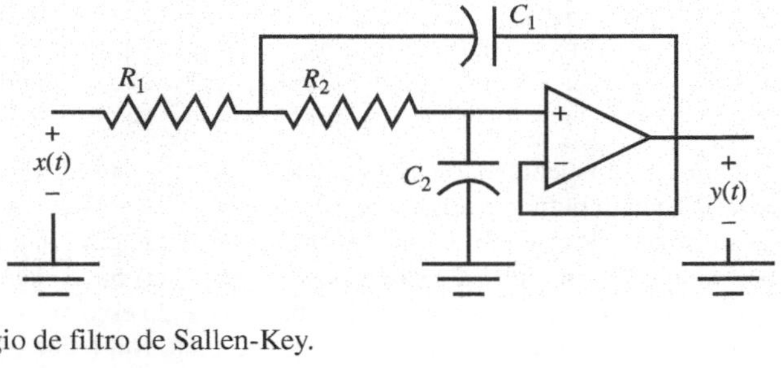

Figura M4.6 Estágio de filtro de Sallen-Key.

[†] Uma versão mais genérica do circuito de Sallen-Key possui um resistor R_a do terminal negativo para o terra e um resistor R_b entre o terminal negativo e a saída. Na Fig. M4.6, $R_a = \infty$ e $R_b = 0$.

Geometricamente, ω_0 é a distância da origem aos polos e $Q = 1/(2\cos\psi)$, na qual ψ é o ângulo entre o eixo real negativo e o polo. Chamado de "fator de qualidade", Q fornece uma medida do formato da resposta. Filtros de alto Q possuem polos próximos do eixo ω, aumentando muito a resposta em amplitude próximas àquelas frequências.

Apesar de existirem várias formas de se determinar valores adequados de componentes, um método simples é associar a R_1 um valor comercial e, então, fazer $R_2 = R_1$, $C_1 = 2Q/\omega_0 R_1$ e $C_2 = 1/2Q\omega_0 R_2$. Os polos de Butterworth estão a uma distância ω_c da origem, tal que $\omega_0 = \omega_c$. Para nosso filtro de Butterworth de ordem 10, os ângulos ψ estão regularmente espaçados em 9, 27, 45, 63 e 81 graus. O programa MS4P2 automatiza a tarefa de calcular os valores dos componentes e a resposta em amplitude para cada estágio.

```
% MS4P2: MATLAB Seção 4, Programa 2
% Arquivo.M de escript para calcular os valores dos componentes de Sallen—key
% e a resposta em amplitude para cada uma das cinco seções de filtros de
% segunda ordem

omega_0 = 3000*2*pi; % frequência de corte do filtro
psi = [9 27 45 63 81]*pi/180 ;% ângulos dos polos de Butterworth
f = linspace(0, 6000, 200); % faixa de frequência para os cálculos da resposta
    em amplitude
Hmag_SK = zeros(5, 200); % pré—aloca matriz para as respostas em amplitude
for estagio = 1:5,
        Q = 1/(2*cos(psi(estagio))); % Calcula Q para o estágio atual
        % Calcula e mostra os componentes do filtro na tela:
        disp(['Estágio' num2str(estagio),...
                    ' (Q = ',num2str(Q),...
                    '): R1 = R2 = ', num2str(56000),...
                    ', C1 = ', num2str(2*Q/(omega_0*56000)),...
                    ', C2 = ', num2str(1/(2*Q*omega_0*56000))]);
        B = omega_0^2; A = [1 omega_0/Q omega_0^2]; % Calcula os coeficientes
            do filtro
        Hmag_SK(estagio) = abs(MS4P1(B,A,2*pi*f)); % calcula a resposta em
            amplitude
end
plot(f, Hmag_SK, 'k', f, prod(Hmag_SK), 'k:')
xlabel('f [Hz]'); ylabel('Resposta em Amplitude');
```

O comando disp mostra uma string de caracteres na tela. A string de caracteres deve estar dentro de aspas simples. O comando num2str converte números para strings de caracteres. O comando prod multiplica as colunas de uma matriz, ele calcula a resposta em amplitude total como sendo o produto da resposta em amplitude dos cinco estágios.

Executando o programa teremos a seguinte saída:

```
>> MS4P2
Stage 1 (Q = 0.50623):   R1 = R2 = 56000, C1 = 9.5916e-010, C2 = 9.3569e-010
Stage 2 (Q = 0.56116):   R1 = R2 = 56000, C1 = 1.0632e-009, C2 = 8.441e-010
Stage 3 (Q = 0.70711):   R1 = R2 = 56000, C1 = 1.3398e-009, C2 = 6.6988e-010
Stage 4 (Q = 1.1013):    R1 = R2 = 56000, C1 = 2.0867e-009, C2 = 4.3009e-010
Stage 5 (Q = 3.1962):    R1 = R2 = 56000, C1 = 6.0559e-009, C2 = 1.482e-010
```

Como todos os valores dos componentes são encontrados na prática, este filtro pode ser implementado. A Fig. M4.7 mostra as respostas em amplitude para os cinco estágios (linhas sólidas). A resposta total (linha pontilhada) confirma a resposta de um filtro de Butterworth de ordem 10. O estágio 5, o qual possui o maior Q e implementa o par de polos conjugados mais perto do eixo ω possui a resposta com o maior pico. O estágio 1, o qual possui o menor Q e implementa o par de polos conjugados mais longe do eixo ω, possui a resposta com o menor pico. Na prática, é melhor deixar estágios com Q mais alto no final, isto reduz o risco de altos ganhos que podem saturar o *hardware* do filtro.

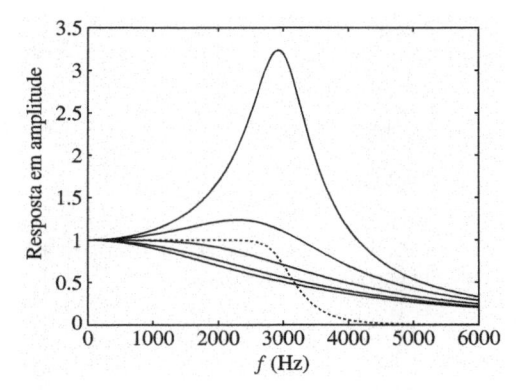

Figura M4.7 Respostas em amplitude para os estágios do filtro de Sallen-Key.

M4.6 Filtros de Chebyshev

Tal como um filtro passa-baixas (FPB) de Butterworth de ordem N, um FPB Chebyshev de ordem N é um filtro com somente polos que possui várias características desejáveis. Quando comparado com um filtro de Butterworth de mesma ordem, o filtro de Chebyshev possui uma atenuação na banda filtrada melhor e uma largura da faixa de transição reduzida, permitindo uma ripple ajustável na banda passante.

A resposta quadrática de amplitude de um filtro de Chebyshev é

$$|H(j\omega)|^2 = \frac{1}{1 + \epsilon^2 C_N^2(\omega/\omega_c)}$$

na qual ϵ controla o ripple da faixa passante, $C_N(\omega/\omega_c)$ é um polinômio de Chebyshev de grau N e ω_c é a frequência angular de corte. Várias características de FPBs de Chebyshev são importantes e devem ser ressaltadas:

- Um FPB de Chebyshev de ordem N possui um ripple constante na banda passante ($|\omega| \leq \omega_c$), possui um total de N máximos e mínimos para ($0 \leq \omega \leq \omega_c$) e é monotonicamente decrescente na banda filtrada ($|\omega| > \omega_c$).
- Na banda passante, o ganho máximo é 1 e o ganho mínimo é $1/\sqrt{1 + \epsilon^2}$. Para valores ímpares de N, $|H(j0)| = 1$. Para valores pares de N, $|H(j0)| = \sqrt{1 + \epsilon^2}$.
- O ripple é controlado fazendo $\epsilon = \sqrt{10^{R/10} - 1}$, na qual R é o ripple permitido na banda passante, expresso em decibéis. Reduzindo ϵ indiscriminadamente, afeta-se a performance do filtro (veja o Prob. 4.M-8).
- Ao contrário de filtros de Butterworth, a frequência de corte ω_c raramente especifica o ponto de 3 dB. Para $\epsilon \neq 1$, $|H(j\omega)|^2 = 1/(1 + \epsilon^2) \neq 0{,}5$. A frequência de corte ω_c simplesmente indica a frequência após a qual $|H(j\omega)| < 1/\sqrt{1 + \epsilon^2}$.

O polinômio $C_N(x)$ de Chebyshev é definido por

$$C_N(x) = \cos[N \cos^{-1}(x)] = \cosh[N \cosh^{-1}(x)]$$

Nesta forma é difícil observar que $C_N(x)$ é um polinômio de grau N em x. A forma recursiva de $C_N(x)$ torna este fato mais claro (veja o Prob. 4.M-11).

$$C_N(x) = 2xC_{N-1}(x) - C_{N-2}(x)$$

Com $C_0(x) = 1$ e $C_1(x) = x$, a forma recursiva mostra que qualquer C_N é uma combinação linear de polinômios de grau N e, portanto, ela mesmo é um polinômio de grau N. Para $N \geq 2$, o programa MS4P3 em MATLAB gera os $(N + 1)$ coeficientes do polinômio $C_N(x)$ de Chebyshev.

```
function [C_N] = MS4P3(N);
% MS4P3: MATLAB Seção 4, Programa 3
% Arquivo.m de função que calcula os coeficientes do polinômio de Chebyshev
% usando a relação recursiva C_N(X) = 2XC_{N-1}(X) - C_{N-2}(X)
% ENTRADAS: N = grau do polinômio de Chebyshev
```

```
% SAÍDAS: C_N = vetor dos coeficientes do polinômio de Chebyshev
C_Nm2 = 1; c_Nm1 = [1 0]; % coeficientes iniciais do polinômio;
for t = 2: N;

    C_N = 2*conv([1 0], C_Nm1) - [zeros(1, length(C_Nm1) - length(C_Nm2) + 1),
    ...C_Nm2];
    C_Nm2 = C_Nm1; C_Nm1 = C_N;
end
```

Por exemplo, considere $C_2(x) = 2xC_1(x) - C_0(x) = 2x(x) - 1 = 2x^2 - 1$ e $C_3(x) = 2xC_2(x) - C_1(x) = 2x(2x^2 - 1) - x = 4x^3 - 3x$. MS4P3 facilmente confirma estes casos.

```
>> MS4P3(2)
ans =  2    0   -1
>> MS4P3(3)
ans =  4    0   -3    0
```

Como $C_N(\omega/\omega_c)$ é um polinômio de grau N, $|H(j\omega)|^2$ é uma função racional de polos com $2N$ polos finitos. Similar ao caso de Butterworth, os N polos que especificam um filtro de Chebyshev causal e estável podem ser determinados escolhendo as N raízes no semiplano esquerdo de $1 + \epsilon^2 C_N^2[s/(j\omega_c)]$.

As posições das raízes e o ganho CC são suficientes para especificar um filtro de Chebyshev para um dado N e ϵ. Para demonstrar, considere o projeto de um filtro de Chebyshev de ordem 8 com frequência de corte $f_c = 1$ kHz e um ripple permitido na banda passante de $R = 1$ dB. Inicialmente, os parâmetros do filtro são especificados.

```
>> omega_c = 2*pi*1000; R = 1; N = 8;
>> epsilon = sqrt(10^(R/10)-1);
```

Os coeficientes de $C_N(s/(j\omega_c))$ são obtidos com a ajuda de MS4P3, e os coeficientes de $1 + \epsilon^2 C_N^2[s/(j\omega_c)]$ são calculados usando a convolução para executar a multiplicação polinomial.

```
>> CN  = MS4P3(N).*((1/(j*omega_c)).^[N:-1:0]);
>> CP = epsilon^2*conv(CN,CN); CP(end) = CP(end)+1;
```

A seguir, as raízes do polinômio são determinadas e os polos do semiplano esquerdo são separados e mostrados no gráfico.

```
>> poles = roots(CP); i = find(real(poles)<0); C_poles = poles(i);
>> plot(real(C_poles),imag(C_poles),'kx'); axis equal;
>> axis(omega_c*[-1.1 1.1 -1.1 1.1]);
>> xlabel('\sigma'); ylabel('\omega');
```

Como mostrado na Fig. M4.8, as raízes do filtro de Chebyshev estão em uma elipse[†] (veja o Prob. 4.M-12).

Para calcular a resposta em amplitude do filtro, os polos são expandidos para um polinômio, o ganho CC é baseado no valor par de N e MS4P1 é utilizado.

```
>> A = poly(C_poles);
>> B = A(end)/sqrt(1+epsilon^2);
>> omega = linspace(0,2*pi*2000,2001);
>> H = MS4P1(B,A,omega);
>> plot(omega/2/pi,abs(H),'k'); grid
>> xlabel('f [Hz]'); ylabel('|H(j2\pi f)|');
>> axis([0 2000 0 1.1]);
```

Como visto na Fig. M4.9, a resposta em amplitude exibe as características corretas do filtro de Chebyshev: os ripples na banda passante são iguais em altura e nunca excedem $R = 1$ dB, existem um total de $N = 8$ máximos e mínimos na banda passante, e o ganho rapidamente decresce monotonicamente após a frequência de corte $f_c = 1$ kHz.

[†] E. A. Guillemin demonstrou uma maravilhosa relação entre a elipse de Chebyshev e o círculo de Butterworth em seu livro, *Synthesis of Passive Networks* (Wiley, New York, 1957).

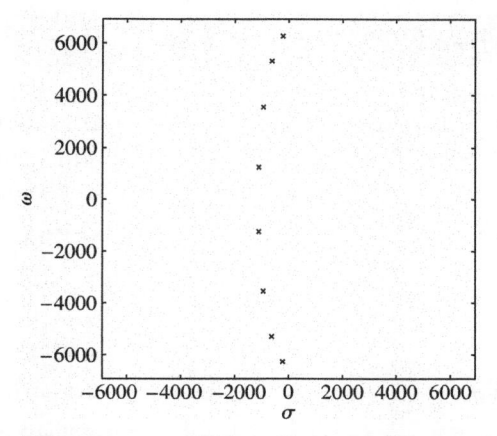

Figura M4.8 Gráfico de polos-zeros para um FPB de Chebyshev de ordem 8 com $f_c = 1$ kHz e $R = 1$ dB.

Para filtros de mais alta ordem, as raízes polinomiais podem não fornecer um resultado confiável. Felizmente, as raízes de Chebyshev também podem ser analiticamentes determinadas. Para

$$\phi_k = \frac{2k+1}{2N}\pi \quad \text{e} \quad \xi = \frac{1}{N}\sinh^{-1}\left(\frac{1}{\epsilon}\right)$$

os polos de Chebyshev são

$$p_k = \omega_c \sinh(\xi)\sin(\phi_k) + j\omega_c \cosh(\xi)\cos(\phi_k)$$

Continuando no mesmo exemplo, os polos são recalculados e mostrados novamente no gráfico. O resultado é idêntico à Fig. M4.8.

```
>> k = [1:N]; xi = 1/N*asinh(1/epsilon); phi = (k*2-1)/(2*N)*pi;
>> C_poles = omega_c*(-sinh(xi)*sin(phi)+j*cosh(xi)*cos(phi));
>> plot(real(C_poles),imag(C_poles),'kx'); axis equal;
>> axis(omega_c*[-1.1 1.1 -1.1 1.1]);
>> xlabel('\sigma'); ylabel('\omega');
```

Tal como no caso de filtros de Butterworth de alta ordem, a cascata de seções de segunda ordem facilita a implementação prática de filtros de Chebyshev. Os problemas 4.M-3 e 4.M-6 utilizam estágios de segunda ordem de Sallen-Key para analisar este tipo de implementação.

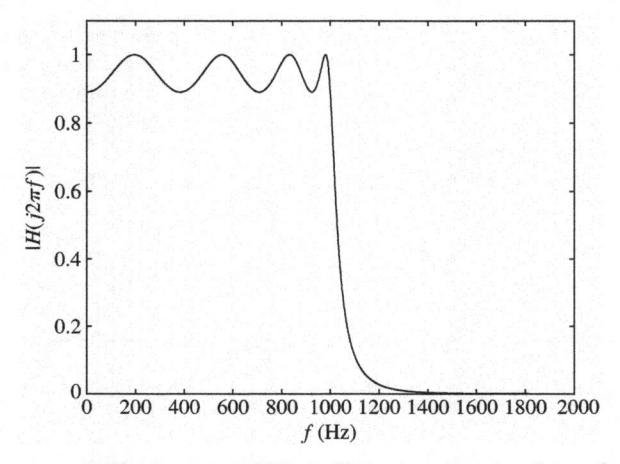

Figura M4.9 Resposta em amplitude para um FPB de Chebyshev de ordem 8 com $f_c = 1$ kHz e $R = 1$ dB.

PROBLEMAS

4.1-1 Através de integração direta [Eq. (4.1)], determine as transformadas de Laplace e a região de convergência das seguintes funções:
(a) $u(t) - u(t-1)$
(b) $te^{-t}u(t)$
(c) $t\cos\omega_0 t\, u(t)$
(d) $(e^{2t} - 2e^{-t})u(t)$
(e) $\cos\omega_1 t \cos\omega_2 t\, u(t)$
(f) $\cosh(at)\, u(t)$
(g) $\senh(at)\, u(t)$
(h) $e^{-2t}\cos(5t+\theta)\, u(t)$

4.1-2 Através de integração direta, determine as transformadas de Laplace dos sinais mostrados na Fig. P4.1-2.

4.1-3 Determine a transformada inversa de Laplace (unilateral) das seguintes funções:
(a) $\dfrac{2s+5}{s^2+5s+6}$
(b) $\dfrac{3s+5}{s^2+4s+13}$
(c) $\dfrac{(s+1)^2}{s^2-s-6}$
(d) $\dfrac{5}{s^2(s+2)}$
(e) $\dfrac{2s+1}{(s+1)(s^2+2s+2)}$
(f) $\dfrac{s+2}{s(s+1)^2}$
(g) $\dfrac{1}{(s+1)(s+2)^4}$
(h) $\dfrac{s+1}{s(s+2)^2(s^2+4s+5)}$
(i) $\dfrac{s^3}{(s+1)^2(s^2+2s+5)}$

4.2-1 Determine as transformadas de Laplace das seguintes funções usando a Tabela 4.1 e a propriedade de deslocamento no tempo (se necessária) da transformada de Laplace unilateral:
(a) $u(t) - u(t-1)$
(b) $e^{-(t-\tau)}u(t-\tau)$
(c) $e^{-(t-\tau)}u(t)$
(d) $e^{-t}u(t-\tau)$
(e) $te^{-t}u(t-\tau)$
(f) $\sen[\omega_0(t-\tau)]u(t-\tau)$
(g) $\sen[\omega_0(t-\tau)]u(t)$
(h) $\sen\omega_0 t\, u(t-\tau)$

4.2-2 Usando apenas a Tabela 4.1 e a propriedade de deslocamento temporal, determine a transformada de Laplace dos sinais da Fig. P4.1-2. [Dica: veja na Seção 1.4 a discussão sobre a descrição analítica destes sinais.]

4.2-3 Determine as transformadas inversas de Laplace dos seguintes sinais:
(a) $\dfrac{(2s+5)e^{-2s}}{s^2+5s+6}$
(b) $\dfrac{se^{-3s}+2}{s^2+2s+2}$
(c) $\dfrac{e^{-(s-1)}+3}{s^2-2s+5}$
(d) $\dfrac{e^{-s}+e^{-2s}+1}{s^2+3s+2}$

4.2-4 A transformada de Laplace de um sinal causal periódico pode ser determinada a partir do conhecimento da transformada de Laplace de seu primeiro período.

(a) Se a transformada de Laplace de $x(t)$ da Fig. P4.2a é $X(s)$, então mostre que $G(s)$, a transformada de Laplace de $g(t)$ (Fig. P4.2-4b) é

$$G(s) = \frac{X(s)}{1-e^{-sT_0}} \qquad \operatorname{Re} s > 0$$

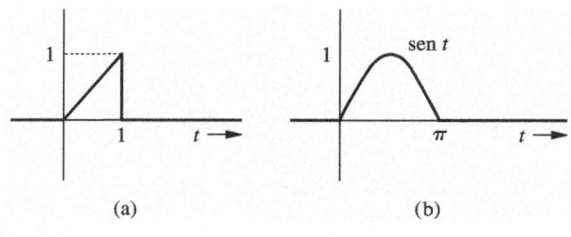

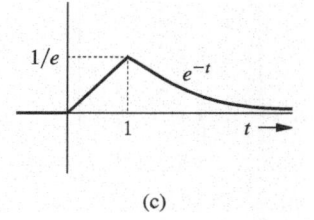

Figura P4.1-2

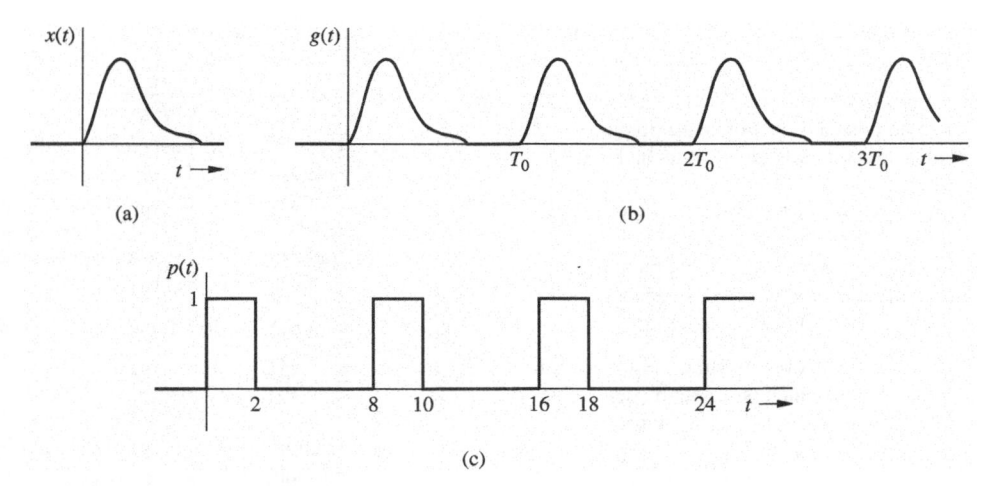

Figura P4.2-4

(b) Utilize este resultado para determinar a transformada de Laplace do sinal $p(t)$ mostrado na Fig. P4.2-4c.

4.2-5 Começando apenas com o fato de que $\delta(t) \Longleftrightarrow 1$, obtenhas os pares 2 a 10b da Tabela 4.1, usando as várias propriedades da transformada de Laplace.

4.2-6 (a) Determine a transformada de Laplace dos pulsos da Fig. 4.2 do texto usando apenas as propriedades de diferenciação no tempo, deslocamento no tempo e o fato de que $\delta(t) \Longleftrightarrow 1$.

(b) No Exemplo 4.7, a transformada de Laplace de $x(t)$ foi obtida determinando-se a transformada de Laplace de d^2x/dt^2. Obtenha a transformada de Laplace de $x(t)$ naquele exemplo determinando a transformada de Laplace de dx/dt e usando a Tabela 4.1, se necessário.

4.2-7 Determine a transformada inversa de Laplace unilateral de

$$X(s) = \frac{1}{e^{s+3}} \frac{s^2}{(s+1)(s+2)}$$

4.2-8 Como 13 é um número de azar, determine a transformada inversa de Laplace de $X(s) = 1/(s+1)^{13}$ dada a região de convergência $\sigma > -1$. [Dica: Qual é a n-ésima derivada de $1/(s+a)$?]

4.2-9 É difícil determinar a transformada de Laplace $X(s)$ do sinal

$$x(t) = \frac{1}{t}u(t)$$

usando a integração direta. Por outro lado, as propriedades constituem um método simples.

(a) Utilize as propriedades da transformada de Laplace para obter a transformada de Laplace de $tx(t)$ em termos da grandeza desconhecida $X(s)$.

(b) Utilize a definição para determinar a transformada de Laplace de $y(t) = tx(t)$.

(c) Obtenha $X(s)$ usando as informações de a e b. Simplifique sua resposta.

4.3-1 Usando a transformada de Laplace, resolva as seguintes equações diferenciais:

(a) $(D^2 + 3D + 2)y(t) = Dx(t)$ se $y(0^-) = \dot{y}(0^-) = 0$ e $x(t) = u(t)$

(b) $(D^2 + 4D + 4)y(t) = (D+1)x(t)$ se $y(0^-) = 2, \dot{y}(0^-) = 1$ e $x(t) = e^{-t}u(t)$

(c) $(D^2 + 6D + 25)y(t) = (D+2)x(t)$ se $y(0^-) = \dot{y}(0^-) = 1$ e $x(t) = 25u(t)$

4.3-2 Resolva as equações diferenciais do Prob. 4.3-1 usando a transformada de Laplace. Para cada caso, determine as componentes de entrada nula e estado nulo da solução.

4.3-3 Resolva as seguintes equações diferenciais simultâneas usando a transformada de Laplace. Considere condições iniciais nulas e a entrada $x(t) = u(t)$:

(a) $(D+3)y_1(t) - 2y_2(t) = x(t)$
$-2y_1(t) + (2D+4)y_2(t) = 0$

(b) $(D+2)y_1(t) - (D+1)y_2(t) = 0$
$-(D+1)y_1(t) + (2D+1)y_2(t) = x(t)$

Determine as funções de transferência relacionando as saídas $y_1(t)$ e $y_2(t)$ com a entrada $x(t)$.

4.3-4 Para o circuito da Fig. P4.3-4, a chave é mantida na posição aberta por um longo período antes de $t = 0$, quando ela é fechada instantaneamente.
   (a) Escreva as equações de malha (no domínio do tempo) para $t \geq 0$.
   (b) Resolva para $y_1(t)$ e $y_2(t)$ obtendo a transformada de Laplace das equações de malha determinadas na parte a.

4.3-5 Para cada um dos sistemas descritos pelas equações diferenciais a seguir, determine a função de transferência do sistema:
   (a) $\dfrac{d^2y}{dt^2} + 11\dfrac{dy}{dt} + 24y(t) = 5\dfrac{dx}{dt} + 3x(t)$
   (b) $\dfrac{d^3y}{dt^3} + 6\dfrac{d^2y}{dt^2} - 11\dfrac{dy}{dt} + 6y(t)$
   $= 3\dfrac{d^2x}{dt^2} + 7\dfrac{dx}{dt} + 5x(t)$
   (c) $\dfrac{d^4y}{dt^4} + 4\dfrac{dy}{dt} = 3\dfrac{dx}{dt} + 2x(t)$
   (d) $\dfrac{d^2y}{dt^2} - y(t) = \dfrac{dx}{dt} - x(t)$

4.3-6 Para cada um dos sistemas especificados pelas seguintes funções de transferência, determine a equação diferencial que relaciona a saída $y(t)$ com a entrada $x(t)$, assumindo que os sistemas são controláveis e observáveis:
   (a) $H(s) = \dfrac{s+5}{s^2 + 3s + 8}$
   (b) $H(s) = \dfrac{s^2 + 3s + 5}{s^3 + 8s^2 + 5s + 7}$
   (c) $H(s) = \dfrac{5s^2 + 7s + 2}{s^2 - 2s + 5}$

4.3-7 Para um sistema com função de transferência
$$H(s) = \dfrac{2s+3}{s^2 + 2s + 5}$$
   (a) Determine a resposta (estado nulo) para a entrada $x(t)$ de (i) $10u(t)$ e (ii) $u(t-5)$.
   (b) Para este sistema, escreva a equação diferencial que relaciona a saída $y(t)$ com a entrada $x(t)$ assumindo que o sistema é controlável e observável.

4.3-8 Para um sistema com função de transferência
$$H(s) = \dfrac{s}{s^2 + 9}$$
   (a) Determine a resposta (estado nulo) para a entrada $x(t) = (1 - e^{-t})u(t)$.
   (b) Para este sistema, escreva a equação diferencial que relaciona a saída $y(t)$ com a entrada $x(t)$ assumindo que o sistema é controlável e observável.

4.3-9 Para um sistema com função de transferência
$$H(s) = \dfrac{s+5}{s^2 + 5s + 6}$$
   (a) Determine a resposta (estado nulo) para os seguintes valores de entrada $x(t)$:
      (i) $e^{-3t}u(t)$
      (ii) $e^{-4t}u(t)$
      (iii) $e^{-4(t-5)}u(t-5)$
      (iv) $e^{-4(t-5)}u(t)$
      (v) $e^{-4t}u(t-5)$
   (b) Para este sistema, escreva a equação diferencial que relaciona a saída $y(t)$ com a entrada $x(t)$ assumindo que o sistema é controlável e observável.

4.3-10 Um sistema LIT possui uma resposta ao degrau dada por $s(t) = e^{-t}u(t) - e^{-2t}u(t)$. Deter-

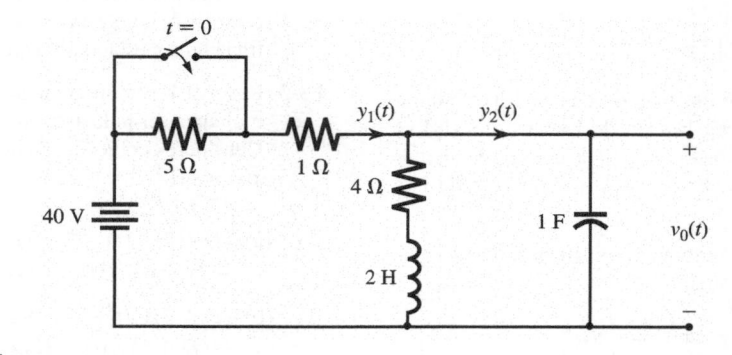

Figura P4.3-4

mine a saída $y(t)$ deste sistema dada a entrada $x(t) = \delta(t - \pi) - \cos(\sqrt{3})u(t)$.

4.3-11 Para um sistema LCIT com condições iniciais nulas (sistema inicialmente no estado nulo), se uma entrada $x(t)$ produz uma saída $y(t)$, então, usando a transformada de Laplace, mostre que:
(a) A entrada dx/dt produz uma saída dy/dt.
(b) A entrada $\int_0^t x(\tau)d\tau$ produz uma saída $\int_0^t x(\tau)d\tau$. Logo, mostre que a resposta ao degrau unitário deste sistema é a integral da resposta ao impulso, ou seja, $\int_0^t h(\tau)d\tau$.

4.3-12 (a) Analise a estabilidade assintótica e BIBO para os sistemas descritos pelas seguintes funções de transferência, assumindo que os sistemas são controláveis e observáveis.

(i) $\dfrac{(s+5)}{s^2 + 3s + 2}$

(ii) $\dfrac{s+5}{s^2(s+2)}$

(iii) $\dfrac{s(s+2)}{s+5}$

(iv) $\dfrac{s+5}{s(s+2)}$

(v) $\dfrac{s+5}{s^2 - 2s + 3}$

(b) Repita a parte (a) para os sistemas descritos pelas seguintes equações diferenciais. Os sistemas podem ser não controláveis e/ou não observáveis.

(i) $(D^2 + 3D + 2)y(t) = (D+3)x(t)$

(ii) $(D^2 + 3D + 2)y(t) = (D+1)x(t)$

(iii) $(D^2 + D - 2)y(t) = (D-1)x(t)$

(iv) $(D^2 - 3D + 2)y(t) = (D-1)x(t)$

4.4-1 Determine a resposta $y(t)$ de estado nulo do circuito da Fig. P4.4-1 se a tensão de entrada for $x(t) = te^{-t}u(t)$. Determine a função de transferência relacionando a saída $y(t)$ com a entrada $x(t)$. A partir da função de transferência, escreva a equação diferencial relacionando $y(t)$ com $x(t)$.

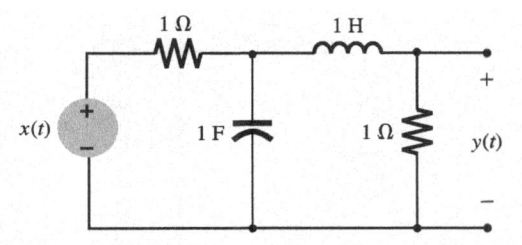

Figura P4.4-1

4.4-2 A chave do circuito da Fig. P4.4-2 está fechada por um longo tempo quando é instantaneamente aberta em $t = 0$. Determine e trace a corrente $y(t)$.

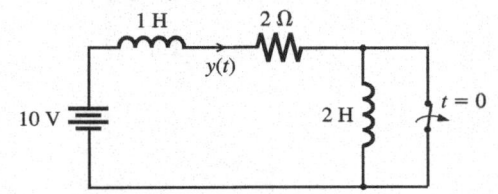

Figura P4.4-2

4.4-3 Determine a corrente $y(t)$ para o circuito ressonante paralelo da Fig. P4.4-3 se a entrada for
(a) $x(t) = A\cos \omega_0 t\, u(t)$
(b) $x(t) = A\sen \omega_0 t\, u(t)$

Assuma todas as condições iniciais iguais a zero e, nos dois casos, $\omega_0^2 = 1/LC$.

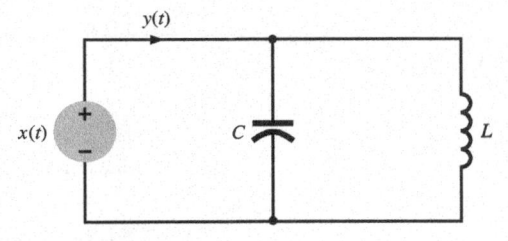

Figura P4.4-3

4.4-4 Determine as correntes de malha $y_1(t)$ e $y_2(t)$ para $t \geq 0$ no circuito da Fig. P4.4-4a para a entrada $x(t)$ da Fig. P4.4-4b.

4.4-5 Para o circuito da Fig. P4.4-5 a chave está fechada por um longo tempo antes de $t = 0$, quando ela é aberta instantaneamente. Determine $y_1(t)$ e $v_s(t)$ para $t \geq 0$.

4.4-6 Determine a tensão $v_0(t)$ de saída do circuito da Fig. P4.4-6 para $t \geq 0$ se $x(t) = 100u(t)$. O sistema está inicialmente no estado nulo.

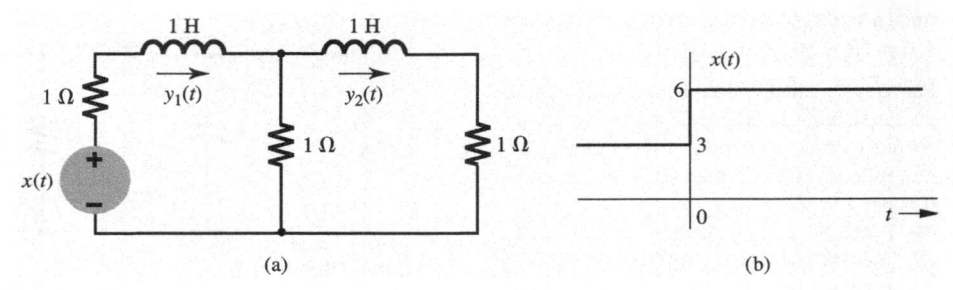

Figura P4.4-4

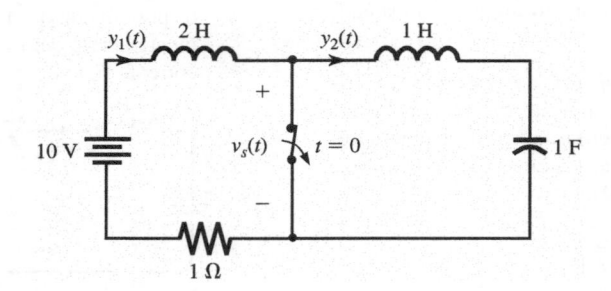

Figura P4.4-5

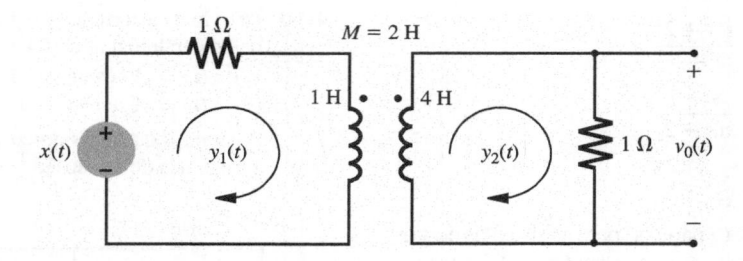

Figura P4.4-6

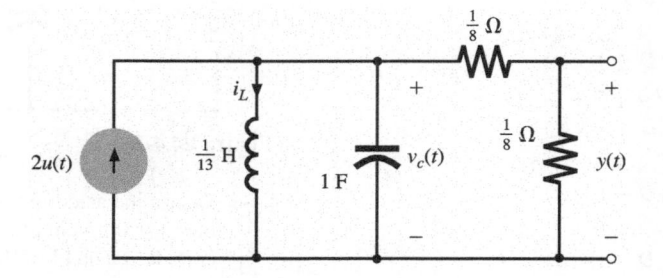

Figura P4.4-7

4.4-7 Determine a tensão $y(t)$ de saída do circuito da Fig. P4.4-7 para condições iniciais $i_L(0) = 1A$ e $v_c(0) = 3V$.

4.4-8 Para o circuito da Fig. P4.4-8, a chave está na posição a por um longo período de tempo quando ela é movida para a posição b instantaneamente em $t = 0$. Determine a corrente $y(t)$ para $t \geq 0$.

4.4-9 Mostre que a função de transferência que relaciona a tensão de saída $y(t)$ com a tensão de entrada $x(t)$ para o circuito com amp-op da Fig. P4.4-9a é dada por

$$H(s) = \frac{Ka}{s+a} \quad \text{na qual}$$

$$K = 1 + \frac{R_b}{R_a} \quad \text{e} \quad a = \frac{1}{RC}$$

e que a função de transferência do circuito da Fig. P4.4-9b é dada por

$$H(s) = \frac{Ks}{s+a}$$

4.4-10 Para o circuito de segunda ordem com amp-op da Fig. P4.4-10, mostre que a função de transferência $H(s)$ relacionando a tensão de saída $y(t)$ com a tensão de entrada $x(t)$ é dada por

$$H(s) = \frac{-s}{s^2 + 8s + 12}$$

4.4-11 (a) Usando os teoremas de valor final e inicial, determine os valores inicial e final da resposta de estado nulo de um sistema com função de transferência dada por

$$H(s) = \frac{6s^2 + 3s + 10}{2s^2 + 6s + 5}$$

e a entrada (i) $u(t)$ e (ii) $e^{-t}u(t)$.

(b) Determine $y(0^+)$ e $y(\infty)$ se $Y(s)$ for dado por

(i) $\dfrac{s^2 + 5s + 6}{s^2 + 3s + 2}$

(ii) $\dfrac{s^3 + 4s^2 + 10s + 7}{s^2 + 2s + 3}$

4.5-1 A Fig. P4.5-1 mostra dois segmentos resistivos em escada. A função de transferência de cada segmento (razão da tensão de saída pela tensão de entrada) é 1/2. A Fig. P4.5-1b mostra estes dois segmentos conectados em série (cascata).

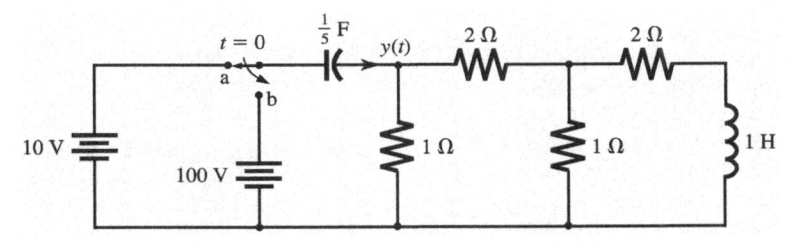

Figura P4.4-8

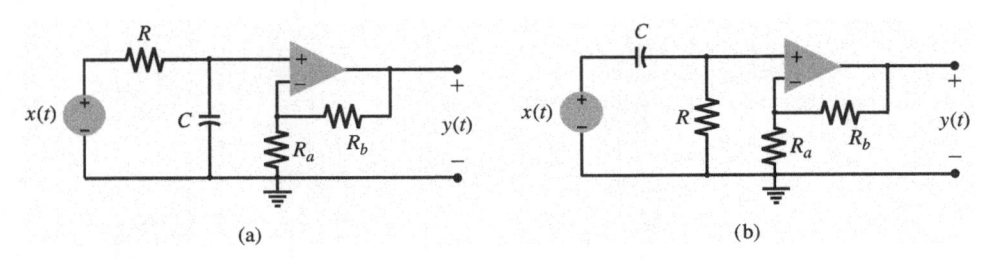

Figura P4.4-9

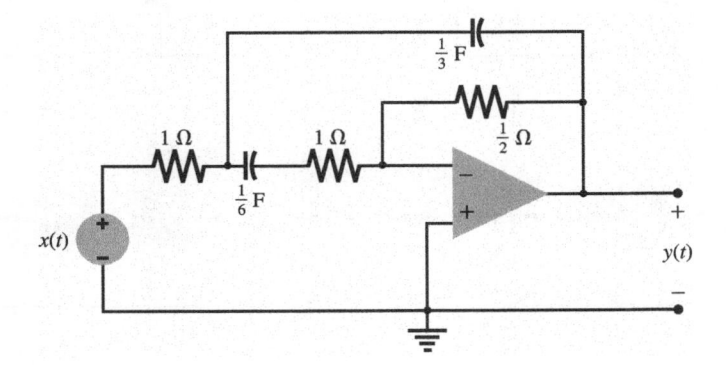

Figura P4.4-10

(a) A função de transferência deste circuito total é $(1/2)(1/2) = 1/4$?

(b) Se sua resposta for afirmativa, verifique a resposta calculando diretamente a função de transferência deste circuito. Os seus cálculos confirmam o valor anterior de 1/4? Se não, por quê?

(c) Repita o problema com $R_3 = R_4 = 20\text{k}\Omega$. Este resultado sugere a resposta do problema na parte (b)?

4.5-2 Em canais de comunicação, o sinal transmitido é propagado simultaneamente por diversos caminhos de tamanhos diferentes, fazendo com que o sinal chegue ao seu destino com atrasos de tempo diferentes e ganhos diferentes. Este tipo de sistema geralmente distorce o sinal. Para uma comunicação livre de erros, é necessário desfazer ao máximo as distorções usando um sistema que seja o inverso do modelo do canal.

Por simplicidade, vamos assumir que um sinal é propagado por dois caminhos cujos tempos de atraso se diferem por τ segundos. O canal no caminho desejado possui um atraso de T segundos e ganho unitário. O sinal no caminho indesejado possui um atraso de $T + \tau$ segundos e um ganho a. Tal canal pode ser modelado como mostrado na Fig. P4.5-2. Determine a função de transferência do sistema inverso para corrigir a distorção de atraso e mostre que o sistema inverso pode ser realizado por um sistema realimentado. O sistema inverso deve ser causal para ser realizável. [Dica: Queremos corrigir apenas a distorção causada pelo atraso relativo de τ segundos. Para uma transmissão sem distorção, o sinal pode ser atrasado. O que é importante é manter a forma de $x(t)$. Portanto, um sinal recebido na forma $xc(t - T)$ é considerado ser sem distorção.]

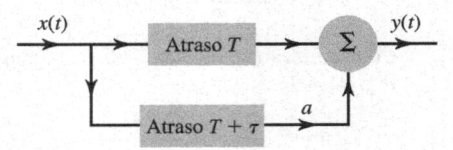

Figura P4.5-2

4.5-3 Discuta sobre a estabilidade BIBO dos sistemas realimentados mostrados na Fig. P4.5-3. Para o caso da Fig. P4.5-3b, considere três casos:

(i) $K = 10$
(ii) $K = 50$
(iii) $K = 48$

4.6-1 Implemente

$$H(s) = \frac{s(s+2)}{(s+1)(s+3)(s+4)}$$

pelas formas direta canônica, série e paralelo.

4.6-2 Realize a função de transferência do Prob. 4.6-1 usando a forma transposta das realizações obtidas no Prob. 4.6-1.

4.6-3 Repita o Prob. 4.6-1 para

(a) $H(s) = \dfrac{3s(s+2)}{(s+1)(s^2+2s+2)}$

(b) $H(s) = \dfrac{2s-4}{(s+2)(s^2+4)}$

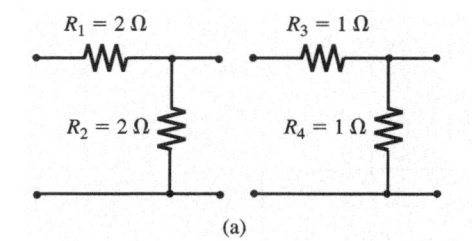

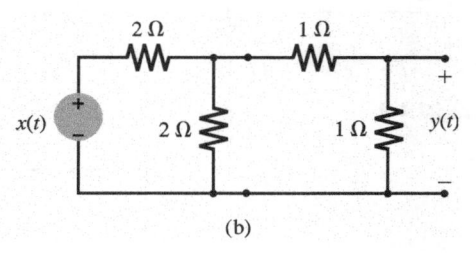

Figura P4.5-1

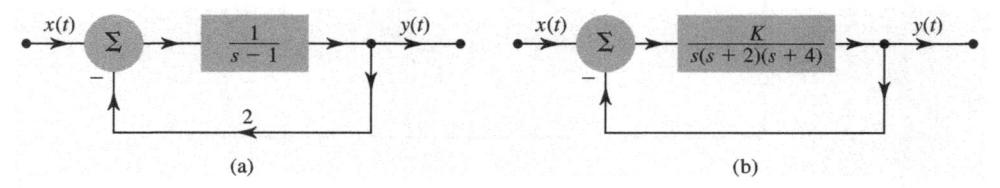

Figura P4.5-3

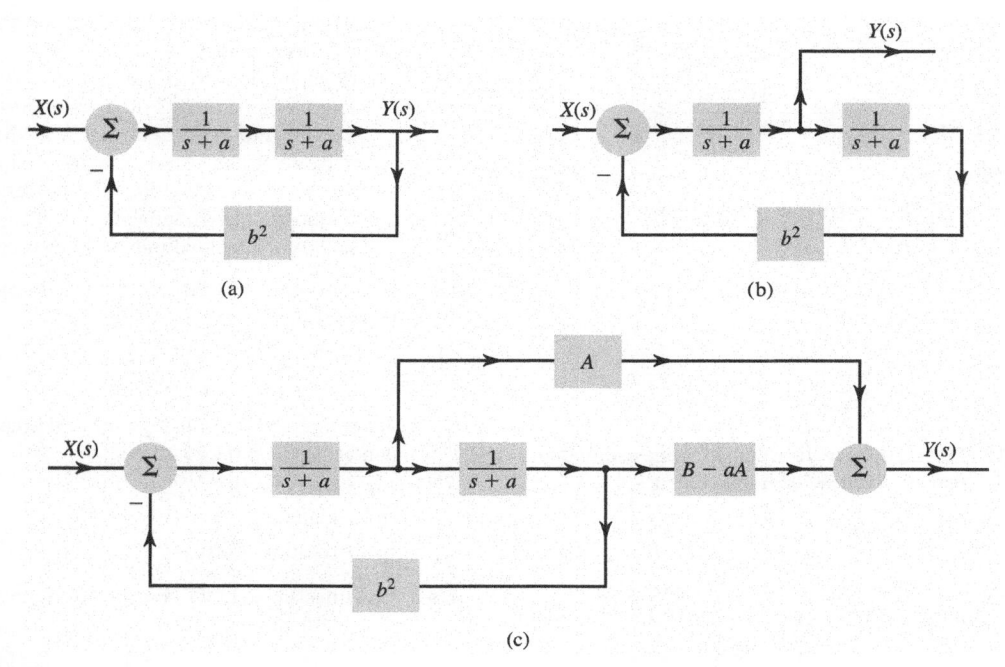

Figura P4.6-13

4.6-4 Realize as funções de transferência do Prob. 4.6-3 usando a forma transposta das realizações obtidas no Prob. 4.6-3.

4.6-5 Repita o Prob. 4.6-1 para
$$H(s) = \frac{2s+3}{5s(s+2)^2(s+3)}$$

4.6-6 Realize as funções de transferência do Prob. 4.6-5 usando a forma transposta das realizações obtidas no Prob. 4.6-5.

4.6-7 Repita o Prob. 4.6-1 para
$$H(s) = \frac{s(s+1)(s+2)}{(s+5)(s+6)(s+8)}$$

4.6-8 Realize as funções de transferência do Prob. 4.6-7 usando a forma transposta das realizações obtidas no Prob. 4.6-7.

4.6-9 Repita o Prob. 4.6-1 para
$$H(s) = \frac{s^3}{(s+1)^2(s+2)(s+3)}$$

4.6-10 Realize as funções de transferência do Prob. 4.6-9 usando a forma transposta das realizações obtidas no Prob. 4.6-9.

4.6-11 Repita o Prob. 4.6-1 para
$$H(s) = \frac{s^3}{(s+1)(s^2+4s+13)}$$

4.6-12 Realize as funções de transferência do Prob. 4.6-11 usando a forma transposta das realizações obtidas no Prob. 4.6-11.

4.6-13 Neste problema mostramos como um par de polos complexos conjugados podem ser realizados usando uma cascata de duas funções de transferência de primeira ordem e realimentação. Mostre que as funções de transferência dos diagramas de blocos da Fig. P4.6-13a e P4.6-13b são

(a) $H(s) = \dfrac{1}{(s+a)^2+b^2}$

$= \dfrac{1}{s^2+2as+(a^2+b^2)}$

(b) $H(s) = \dfrac{s+a}{(s+a)^2+b^2}$

$= \dfrac{s+a}{s^2+2as+(a^2+b^2)}$

logo, mostre que a função de transferência do diagrama de blocos da Fig. P4.6-13c é

(c) $H(s) = \dfrac{As+B}{(s+a)^2+b^2}$
$= \dfrac{As+B}{s^2+2as+(a^2+b^2)}$

4.6-14 Mostre as realizações com amp-ops para as seguintes funções de transferência:

(i) $\dfrac{-10}{s+5}$

(ii) $\dfrac{10}{s+5}$

(iii) $\dfrac{s+2}{s+5}$

4.6-15 Mostre duas realizações diferentes com amp-op para a função de transferência
$$H(s) = \dfrac{s+2}{s+5} = 1 - \dfrac{3}{s+5}$$

4.6-16 Mostre uma realização na forma direta canônica com amp-op para a função de transferência
$$H(s) = \dfrac{3s+7}{s^2+4s+10}$$

4.6-17 Mostre uma realização direta canônica com amp-op para a função de transferência
$$H(s) = \dfrac{s^2+5s+2}{s^2+4s+13}$$

4.7-1 A realimentação pode ser utilizada para aumentar (ou diminuir) a largura de faixa do sistema. Considere o sistema da Fig. P4.7-1a com função de transferência $G(s) = \omega_c/(s+\omega_c)$.
(a) Mostre que a largura de faixa de 3 dB deste sistema é ω_c, e o ganho CC é unitário, ou seja, $|H(j0)| = 1$.
(b) Para aumentar a largura de faixa deste sistema, utilizamos uma realimentação negativa com $H(s) = 9$, como mostrado na Fig. P4.7-1b. Mostre que a largura de faixa de 3 dB deste sistema é $10\omega_c$. Qual é o ganho CC?
(c) Para diminuir a largura de faixa deste sistema, utilizamos um ganho de realimentação positivo com $H(s) = -0,9$, como mostrado na Fig. P4.17c. Mostre que a largura de faixa de 3 dB deste sistema é $\omega_c/10$. Qual é o ganho CC?
(d) O ganho do sistema para CC vezes sua largura de faixa de 3 dB é o *produto ganho-largura de faixa* do sistema. Mostre que este produto é o mesmo para todos os três sistemas da Fig. P4.7-1. Este resultado mostra que se aumentarmos a largura de faixa, o ganho diminui e vice-versa.

4.8-1 Para um sistema LCIT descrito pela função de transferência
$$H(s) = \dfrac{s+2}{s^2+5s+4}$$
determine a resposta às seguintes entradas exponenciais de duração infinita:
(a) $5\cos(2t+30°)$
(b) $10\sen(2t+45°)$
(c) $10\cos(3t+40°)$

4.8-2 Para um sistema LCIT descrito pela função de transferência
$$H(s) = \dfrac{s+3}{(s+2)^2}$$
determine a resposta de regime permanente do sistema para as seguintes entradas:
(a) $10u(t)$
(b) $\cos(2t+60°)u(t)$
(c) $\sen(3t-45°)u(t)$
(d) $e^{j3t}u(t)$

4.8-3 Para um filtro passa-tudo especificado pela função de transferência
$$H(s) = \dfrac{-(s-10)}{s+10}$$
determine a resposta do sistema às seguintes entradas (de duração infinita):
(a) $e^{j\omega t}$
(b) $\cos(\omega t + \theta)$
(c) $\cos t$
(d) $\sen 2t$
(e) $\cos 10t$
(f) $\cos 100t$

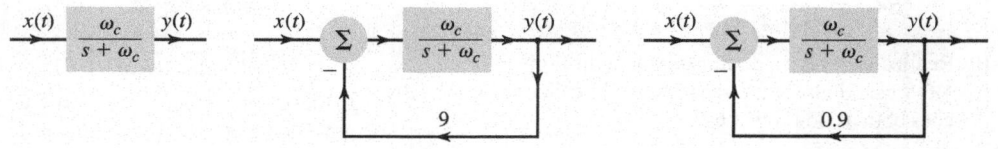

Figura P4.7-1

4.8-4 O gráfico de polos-zeros de um sistema de segunda ordem $H(s)$ é mostrado na Fig. P4.8-4. A resposta CC deste sistema é menos um, $H(j0) = -1$.
(a) Assumindo $H(s) = k(s^2 + b_1 s + b_2)/(s^2 + a_1 s + a_2)$, determine as constantes k, b_1, b_2, a_1 e a_2.
(b) Qual é a saída $y(t)$ deste sistema em resposta a entrada $x(t) = 4 + \cos(t/2 + \pi/3)$?

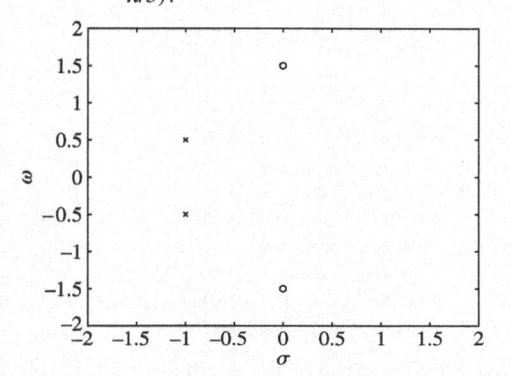

Figura P4.8-4 Gráfico de polos-zeros do sistema.

4.9-1 Obtenha os diagramas de Bode para as seguintes funções:

(a) $\dfrac{s(s+100)}{(s+2)(s+20)}$

(b) $\dfrac{(s+10)(s+20)}{s^2(s+100)}$

(c) $\dfrac{(s+10)(s+200)}{(s+20)^2(s+1000)}$

4.9-2 Repita o Prob, 4.9-1 para

(a) $\dfrac{s^2}{(s+1)(s^2+4s+16)}$

(b) $\dfrac{s}{(s+1)(s^2+14,14s+100)}$

(c) $\dfrac{(s+10)}{s(s^2+14,14s+100)}$

4.9-3 Usando a menor ordem possível, determine a função $H(s)$ do sistema com raízes de valor real cuja resposta em frequência é mostrada na Fig. P4.9-3. Verifique a sua resposta com o MATLAB.

4.9-4 Um estudante formado recentemente implementou um *phase lock loop* (PLL) analógico como parte de sua dissertação. Seu PLL é constituído por quatro componentes básicos: um detector de fase/frequência, uma fonte de carga, uma malha de filtro e um oscilador controlado por tensão. Este problema considera apenas a malha de filtro, a qual está mostrada na Fig. P4.9-4. A entrada da malha de filtro é a corrente $x(t)$ e a saída a tensão $y(t)$.
(a) obtenha a função de transferência $H(s)$ da malha de filtro. Expresse $H(s)$ na forma padrão.
(b) A Fig. P4.9-b fornece quatro possíveis gráficos de resposta em frequência, chamados de A a D. Cada gráfico log-log é desenhado na mesma escala e as inclinações das linhas são 20 dB/década, 0 dB/década ou –20 db/década. Identifique claramente qual(is) gráfico(s), se houver algum, que pode representar a malha de filtro.

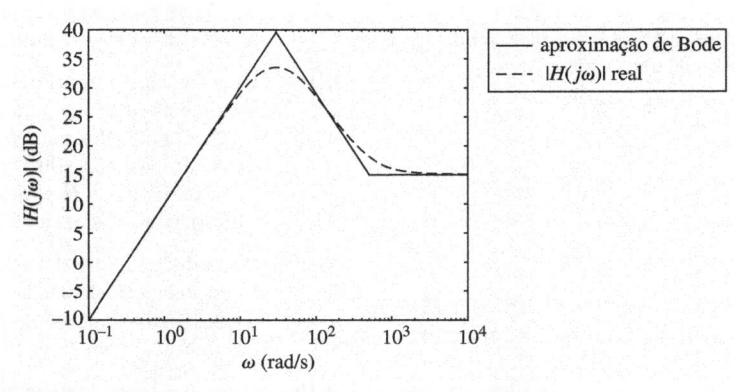

Figura P4.9-3 Gráfico de Bode e resposta em frequência para $H(s)$.

(c) Mantendo os outros componentes constantes, qual é o efeito geral na resposta em amplitude para entradas de baixa frequência, se aumentarmos a resistência R?

(d) Mantendo os outros componentes constantes, qual é o efeito geral na resposta em amplitude para entradas de alta frequência, se aumentarmos a resistência R?

(a)

(b)

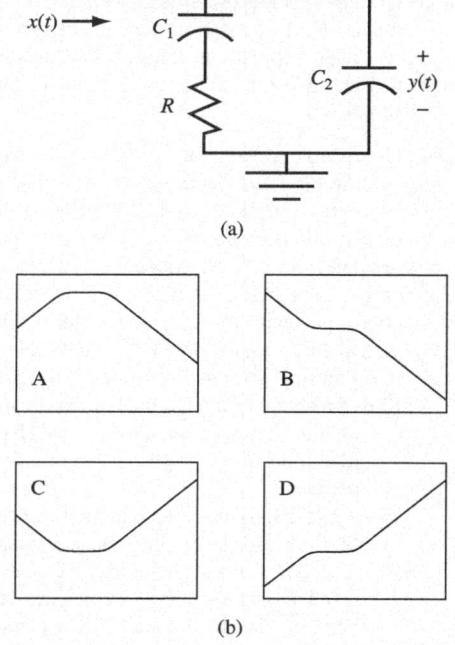

Figura P4.9-4 (a) Diagrama de circuito para a malha de filtro do PLL. (b) Possíveis gráficos de resposta em amplitude para a malha de filtro do PLL.

4.10-1 Usando o método gráfico da Seção 4.10-1, obtenha um esboço da resposta em amplitude e fase para um sistema LCIT descrito pela seguinte função de transferência

$$H(s) = \frac{s^2 - 2s + 50}{s^2 + 2s + 50}$$

$$= \frac{(s - 1 - j7)(s - 1 + j7)}{(s + 1 - j7)(s + 1 + j7)}$$

qual é o tipo deste filtro?

4.10-2 Usando o método gráfico da Seção 4.10-1, desenhe um esboço da resposta em amplitude e fase dos sistemas LCIT cujos gráficos de polos-zeros estão mostrados na Fig. P4.10-2.

(a)

(b)

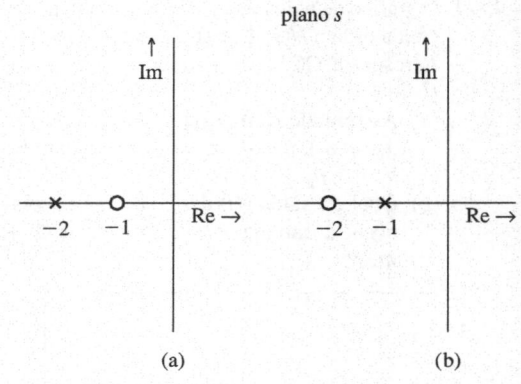

Figura P4.10-2

4.10-3 Projete um filtro passa-faixa de segunda ordem com frequência central $\omega = 10$. O ganho deve ser zero para $\omega = 0$ e para $\omega = \infty$. Selecione polos em $-a \pm j10$. Deixe sua resposta em termos de a. Explique a influência de a na resposta em frequência.

4.10-4 O sistema LCIT descrito por $H(s) = (s - 1)/(s + 1)$ possui resposta em amplitude unitária $|H(j\omega)| = 1$. Patrícia Positiva afirma que a saída $y(t)$ deste sistema é igual a entrada $x(t)$ pois o sistema é passa-tudo. Cíntia Cínica não concorda. "Esta é a aula de *sinais e sistemas*", ela reclama. "Isso *tem* que ser mais complicado!" Quem tem razão, Patrícia ou Cíntia? Justifique sua resposta.

4.10-5 Dois estudantes, João e Pedro, discordam sobre a função de um sistema analógico dado por $H_1(s) = s$. João Lógico afirma que o sistema possui um zero em $s = 0$. Pedro Rebelde, por outro lado, observa que a função do sistema pode ser reescrita como $H_1(s) = 1/s^{-1}$ e afirma que isto implica em um polo do sistema em $s = \infty$. Quem está correto? Por quê? Quais são os polos e zeros do sistema $H_2(s) = 1/s$?

4.10-6 Uma função de transferência racional $H(s)$ é geralmente utilizada para representar um filtro analógico. Por que $H(s)$ deve ser esritamente própria para filtros passa-baixas e passa-faixa? Por que $H(s)$ deve ser própria para filtros passa-altas e rejeita-faixa?

4.10-7 Para um dado filtro de ordem N, por que a taxa de atenuação da banda filtrada de um filtro passa-baixas somente de polos é melhor do que de filtros com zeros finitos?

4.10-8 É possível, com coeficientes reais ($[k, b1, b2, a1, a2] \in \mathcal{R}$), que o sistema

$$H(s) = k\frac{s^2 + b_1 s + b_2}{s^2 + a_1 s + a_2}$$

funcione como um filtro passa-baixas? Explique sua resposta.

4.10-9 Carlos recentemente construiu um filtro simples passa-baixas de Butterworth de segunda ordem para seu som. Apesar do comportamento do sistema ser muito bom, Carlos gosta de se superar e espera melhorar a performance do sistema. Infelizmente, Carlos às vezes é muito preguiçoso e não quer projetar outro filtro. Pensando "duas vezes a filtragem resulta em duas vezes a performance" ele sugere filtrar o sinal de áudio não uma vez, mas duas vezes com dois filtros idênticos em série. Seu mal pago e sobrecarregado professor de sinais está cético e afirma, "se você está usando filtros *idênticos*, não faz diferença se você filtrar uma vez ou duas!" Quem está correto? Por quê?

4.10-10 A resposta ao impulso de um sistema LCIT é dada por $h(t) = u(t) - u(t-1)$.
(a) Determine a função de transferência $H(s)$. Usando $H(s)$, determine e trace a resposta em amplitude $|H(j\omega)|$. Qual é o tipo de filtro que mais precisamente descreve o comportamento deste sistema: Passa-baixas, passa-altas, passa-faixa ou rejeita-faixa?
(b) Quais são os polos e zeros de $H(s)$? Explique sua resposta.
(c) Você pode determinar a resposta ao impulso do sistema inverso? Se sim, obtenha-a. Se não, sugira um método que possa ser utilizado para aproximar a resposta ao impulso do sistema inverso.

4.10-11 Um filtro passa-baixas ideal $H_{PB}(s)$ possui resposta em amplitude que é unitária para baixas frequências e zero para altas frequências. Um filtro passa-altas ideal $H_{PA}(s)$ possui resposta em amplitude oposta: zero para baixas frequências e unitária para altas frequências. Um estudante sugeriu uma possível transformação de passa-baixas para passa-altas: $H_{PA}(s) = 1 - H_{PB}(s)$. De forma geral esta transformada irá funcionar? Explique sua resposta.

4.10-12 Um sistema LCIT possui uma função de transferência racional $H(s)$. Quando apropriado, assuma que todas as condições iniciais são nulas.
(a) É possível para este sistema ter a saída $y(t) = \text{sen}(100\pi t)u(t)$ em resposta a uma entrada $x(t) = \cos(100\pi t)u(t)$? Explique.
(b) É possível para este sistema ter a saída $y(t) = \text{sen}(100\pi t)u(t)$ em resposta a uma entrada $x(t) = \cos(50\pi t)u(t)$? Explique.
(c) É possível para este sistema ter a saída $y(t) = \text{sen}(100\pi t)$ em resposta a uma entrada $x(t) = \cos(100\pi t)$? Explique.
(d) É possível para este sistema ter a saída $y(t) = \text{sen}(100\pi t)$ em resposta a uma entrada $x(t) = \cos(50\pi t)$? Explique.

4.11-1 Determine a RDC, se ela existir, da transformada de Laplace (bilateral) dos seguintes sinais:
(a) $e^{tu(t)}$
(b) $e^{-tu(t)}$
(c) $\dfrac{1}{1+t^2}$
(d) $\dfrac{1}{1+e^t}$
(e) e^{-kt^2}

4.11-2 Determine a transformada de Laplace (bilateral) e a região de convergência correspondente dos seguintes sinais:
(a) $e^{-|t|}$
(b) $e^{-|t|}\cos t$
(c) $e^t u(t) + e^{2t} u(-t)$
(d) $e^{-tu(t)}$
(e) $e^{tu(-t)}$
(f) $\cos \omega_0 t\, u(t) + e^t\, u(-t)$

4.11-3 Determine a transformada de Laplace (bilateral) das seguintes funções:
(a) $\dfrac{2s+5}{(s+2)(s+3)} \quad -3 < \sigma < -2$
(b) $\dfrac{2s-5}{(s-2)(s-3)} \quad 2 < \sigma < 3$
(c) $\dfrac{2s+3}{(s+1)(s+2)} \quad \sigma > -1$
(d) $\dfrac{2s+3}{(s+1)(s+2)} \quad \sigma < -2$
(e) $\dfrac{3s^2 - 2s - 17}{(s+1)(s+3)(s-5)}$
$-1 < \sigma < 5$

4.11-4 Determine
$$\mathcal{L}^{-1}\left[\frac{2s^2 - 2s - 6}{(s+1)(s-1)(s+2)}\right]$$
se a RDC for

(a) Re $s > 1$
(b) Re $s < -2$
(c) $-1 <$ Re $s < 1$
(d) $-2 <$ Re $s < -1$

4.11-5 Para um sistema LCIT causal com função de transferência $H(s) = 1/(s + 1)$, determine a saída $y(t)$ se a entrada $x(t)$ for dada por
(a) $e^{-|t|/2}$
(b) $e^t u(t) + e^{2t} u(-t)$
(c) $e^{-t/2} u(t) + e^{-t/4} u(-t)$
(d) $e^{2t} u(t) + e^t u(-t)$
(e) $e^{-t/4} u(t) + e^{-t/2} u(-t)$
(f) $e^{-3t} u(t) + e^{-2t} u(-t)$

4.11-6 A função de autocorrelação $r_{xx}(t)$ de um sinal $x(t)$ é dada por

$$r_{xx}(t) = \int_{-\infty}^{\infty} x(\tau) x(\tau + t) \, d\tau$$

Obtenha uma expressão para $R_{xx}(s) = \mathcal{L}(r_{xx}(t))$ em termos de $X(s)$, na qual $X(s) = \mathcal{L}(x(t))$.

4.11-7 Determine a transformada inversa de Laplace de

$$X(s) = \frac{2}{s} + \frac{s}{2}$$

sabendo que a região de convergência é $\sigma < 0$.

4.11-8 Um sinal $x(t)$ absolutamente integrável possui um polo em $s = \pi$. É possível que outros polos estejam presentes. Lembre-se de que um sinal absolutamente integrável satisfaz

$$\int_{-\infty}^{\infty} |x(t)| \, dt < \infty$$

(a) $x(t)$ pode ser de lado esquerdo? Explique.
(b) $x(t)$ pode ser de lado direito? Explique.
(c) $x(t)$ pode ser de dois lados? Explique.
(d) $x(t)$ pode ser de duração finita? Explique.

4.11-9 Usando a definição, calcule a transformada de Laplace bilateral, incluindo a região de convergência (RDC) das seguintes funções de valor complexo:

(a) $x_1(t) = (j + e^{jt}) u(t)$
(b) $x_2(t) = j \cosh(t) u(-t)$
(c) $x_3(t) = e^{j(\frac{\pi}{4})} u(-t + 1) + j\delta(t - 5)$
(d) $x_4(t) = j^t u(-t) + \delta(t - \pi)$

4.11-10 Um sinal $x(t)$ de amplitude limitada possui transformada de Laplace bilateral dada por

$$X(s) = \frac{s2^s}{(s-1)(s+1)}$$

(a) Determine a região de convergência correspondente.
(b) Determine o sinal $x(t)$ no domínio do tempo.

4.M-1 Expresse o polinômio $C_{20}(x)$ na forma padrão. Ou seja, determine os coeficientes a_k de $C_{20}(x) = \sum_{k=0}^{20} a_k x^{20-k}$.

4.M-2 Projete um filtro passa-baixas de ordem 12 de Butterworth com uma frequência de corte de $\omega_c = 2\pi 5000$ seguindo os passos abaixo:
(a) Posicione e trace os polos e zeros do filtro no plano complexo. Trace a resposta de amplitude $|H(j\omega)|$ correspondente para verificar o projeto.
(b) Ajuste todos os valores dos resistores para 100.000, determine os valores dos capacitores para implementar o filtro usando seis seções de segunda ordem em série baseados no circuito de Sallen-Key. A forma do estágio de Sallen-Key está mostrada na Fig. P4.M-2. Em um único gráfico, trace a resposta de amplitude de cada seção além da resposta total. Identifique os polos que correspondem a cada curva de resposta em amplitude das seções. Os valores dos capacitores são realísticos?

4.M-3 Ao invés de utilizar um filtro de Butterworth, repita o Prob. P4.M-2 para um filtro passa–baixas de Chebyshev com $R = 3$ dB de ripple na banda passante. Como cada estágio de Sallen-Key possui ganho CC unitário, um erro total de ganho de $\sqrt{1 + \epsilon^2}$ é aceitável.

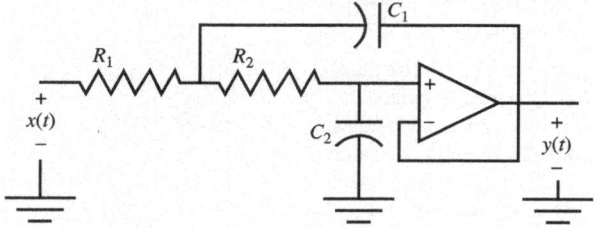

Figura P4.M-2 Estágio de filtro Sallen-Key.

4.M-4 Um filtro passa-baixas analógico com frequência de corte ω_c pode ser transformado em um filtro passa-altas com frequência de corte ω_c usando uma regra de transformação *RC-CR*: Cada resistor R_i é substituído por um capacitor $C_i' = 1/(R_i\omega_c)$ e cada capacitor C_i é substituído por um resistor $R_i' = 1/(C_i\omega_c)$.

Utilize esta regra para projetar um filtro passa-altas de Butterworth de ordem 8 com $\omega_c = 2\pi 4000$ seguindo os passos abaixo:

(a) Projete um filtro passa-baixas de Butterworth de ordem 8 com $\omega_c = 2\pi 4000$ usando quatro estágios do circuito de segunda ordem de Sallen-Key, na forma mostrada na Fig. P4.M-2. Escolha os valores dos resistores e capacitores para cada estágio. Escolha os resitores de tal forma que a transformação *RC-CR* resulte em capacitores de 1nF. Até este ponto, os valores dos componentes são realísticos?

(b) Desenhe um estágio de Sallen-Key transformado pelo *RC-CR*. Determine a função de transferência $H(s)$ do estágio transformado em termos das variáveis R_1', R_2', C_1' e C_2'.

(c) Transforme o filtro passa-baixas projetado na parte (a) usando a transformação *RC-CR*. Forneça os valores dos resistores e capacitores para cada estágio. Os valores dos componentes são realísticos?

Usando $H(s)$ obtido na parte b, trace a resposta de amplitude de cada seção além da resposta de amplitude total. A resposta total parece com um filtro passa-altas de Butterworth?

Trace os polos e zeros do filtro passa-altas no plano complexo *s*. Como estas posições podem ser comparadas com as posições do filtro passa-baixas de Butterworth?

4.M-5 Repita o Prob. P4.M-4 usando $\omega_c = 2\pi 1500$ e um filtro de ordem 16. Ou seja, serão necessários oito estágios de segunda ordem neste projeto.

4.M-6 Em vez de um filtro de Butterworth, repita o Prob. P4.M-4 para um filtro passa-baixas de Chebyshev com $R = 3$dB de ripple na banda passante. Como cada estágio transformado de Sallen-Key possui ganho unitário para $\omega = \infty$, um erro total de ganho de $\sqrt{1 + \epsilon^2}$ é aceitável.

4.M-7 A função `butter` do toolbox de processamento de sinais do MATLAB ajuda a projetar filtros analógicos de Butterworth. Utilize o help do MATLAB para aprender a usar o comando `butter`. Para cada um dos seguintes casos, projete o filtro, trace os polos e zeros do filtro no plano complexo *s* e trace a resposta em amplitude em decibel $20 \log_{10}|H(j\omega)|$.

(a) Projete um filtro passa-baixas analógico de ordem seis com $\omega_c = 2\pi 3500$.

(b) Projete um filtro passa-altas analógico de ordem seis com $\omega_c = 2\pi 3500$.

(c) Projete um filtro passa-faixa analógico de ordem seis com banda passante entre 2 e 4 kHz.

(d) Projete um filtro rejeita-faixa analógico de ordem seis com banda filtrada entre 2 e 4 kHz.

4.M-8 A função `cheby1` do toolbox de processamento de sinais do MATLAB ajuda no projeto de filtros tipo I de Chebyshev. Um filtro tipo I de Chebyshev possui um ripple de banda passante e uma banda filtrada suave. Ajustando o ripple da banda passante para $R_p = 3$dB, repita o Prob. P4.M-7 usando o comando `cheby1`. Com todos os outros parâmetros constantes, qual é o efeito geral da redução de R_p, o ripple permitido na banda passante?

4.M-9 A função `cheby2` do toolbox de processamento de sinais do MATLAB ajuda no projeto de filtros tipo II de Chebyshev. Um filtro tipo II de Chebyshev possui uma banda passante suave e um ripple de banda filtrada. Ajustando o ripple da banda filtrada para $R_F = 20$dB, repita o Prob. P4.M-7 usando o comando `cheby2`. Com todos os outros parâmetros constantes, qual é o efeito geral da redução de R_F, a menor atenuação da banda filtrada?

4.M-10 A função `ellip` do toolbox de processamento de sinais do MATLAB ajuda no projeto de filtros elípticos. Um filtro elíptico possui um ripple tanto na banda passante quanto na banda filtrada. Ajustando o ripple da banda passante para $R_p = 3$dB e o ripple da banda filtrada para $R_F = 20$ dB repita o Prob. P4.M-7 usando o comando `ellip`.

4.M-11 Usando a definição $C_N(x) = \cosh(N \cosh^{-1}(x))$, prove a relação recursiva $C_N(x) = 2xC_{N-1}(x) - C_{N-2}(x)$.

4.M-12 Prove que os polos de um filtro de Chebyshev, localizados em $p_k = \omega_c \operatorname{sen}(\xi) \operatorname{sen}(\phi_k) + j\omega_c \cos(\xi) \cos(\phi_k)$ estão em uma elipse. [Dica: A equação de uma elipse no plano xy é $(x/a)^2 + (y/b)^2 = 1$, na qual as constantes a e b definem os eixos maior e menor da elipse.]

CAPÍTULO 5

ANÁLISE DE SISTEMAS EM TEMPO DISCRETO USANDO A TRANSFORMADA Z

A contrapartida da transformada de Laplace para sistemas em tempo discreto é a transformada z. A transformada de Laplace converte equações integro-diferenciais em equações algébricas. Da mesma forma, a transformada z muda equações diferença para equações algébricas, simplificando, pois, a análise de sistemas em tempo discreto. O método da transformada z para a análise de sistemas em tempo discreto é equivalente ao método da transformada de Laplace para a análise de sistemas em tempo contínuo, com algumas pequenas diferenças. Veremos que *a transformada z é a transformada de Laplace disfarçada*.

O comportamento de sistemas em tempo discreto é similar ao de sistemas em tempo contínuo (com algumas diferenças). A análise no domínio da frequência de sistemas em tempo discreto é baseada no fato (provado na Seção 3.8-3) de que a resposta de um sistemas linear, discreto, invariante no tempo (LDIT) a uma exponencial de duração infinita z^n é a mesma exponencial (multiplicada por uma constante), sendo dada por $H[z]z^n$. Expressamos, então, a entrada $x[n]$ pela soma de exponenciais (de duração infinita) na forma z^n. A resposta do sistema a $x[n]$ é determinada pela soma de todas as respostas do sistema a todas essas componentes exponenciais. A ferramenta que nos possibilita representar uma entrada arbitrária $x[n]$ pela soma de exponenciais (de duração infinita) na forma z^n é a transformada z.

5.1 A TRANSFORMADA Z

Define-se $X[z]$, a transformada z direta de $x[n]$, dada por

$$X[z] = \sum_{n=-\infty}^{\infty} x[n]z^{-n} \tag{5.1}$$

na qual z é uma variável complexa. O sinal $x[n]$, o qual é a transformada z inversa, pode ser obtido de $X[z]$ usando a seguinte transformação inversa:

$$x[n] = \frac{1}{2\pi j} \oint X[z] z^{n-1} \, dz \tag{5.2}$$

O símbolo $\oint$ indica uma integração na direção anti-horária em um caminho fechado no plano complexo (veja a Fig. 5.1). Iremos obter esse par da transformada z posteriormente, no Capítulo 9, como uma extensão do par da transformada de Fourier em tempo discreto.

Tal como no caso da transformada de Laplace, não precisamos nos preocupar com essa integral neste ponto, pois a transformada z inversa de vários sinais de interesse na engenharia pode ser determinada em uma tabela de transformadas z. As transformadas z direta e inversa podem ser expressas simbolicamente por

$$X[z] = \mathcal{Z}\{x[n]\} \quad \text{e} \quad x[n] = \mathcal{Z}^{-1}\{X[z]\}$$

ou simplesmente por

$$x[n] \iff X[z]$$

Note que

$$\mathcal{Z}^{-1}[\mathcal{Z}\{x[n]\}] = x[n] \quad \text{e} \quad \mathcal{Z}[\mathcal{Z}^{-1}\{X[z]\}] = X[z]$$

LINEARIDADE DA TRANSFORMADA Z

Tal como a transformada de Laplace, a transformada z é um operador linear. Se

$$x_1[n] \Longleftrightarrow X_1[z] \quad \text{e} \quad x_2[n] \Longleftrightarrow X_2[z]$$

então

$$a_1 x_1[n] + a_2 x_2[n] \Longleftrightarrow a_1 X_1[z] + a_2 X_2[z] \tag{5.3}$$

A prova é trivial e segue diretamente da definição da transformada z. Esse resultado pode ser estendido para somas finitas.

A TRANSFORMADA Z UNILATERAL

Pelas mesmas razões discutidas no Capítulo 4, é conveniente considerar a transformada z unilateral. Como visto no caso de Laplace, a transformada bilateral possui algumas complicações em função da não unicidade da transformada inversa. Por outro lado, a transformada unilateral possui uma única inversa. Esse fato simplifica consideravelmente o problema de análise, mas com um preço: a versão unilateral pode trabalhar apenas com sinais e sistemas causais. Felizmente, a maioria dos casos práticos é causal. A transformada z bilateral, mais genérica, é discutida posteriormente, na Seção 5.9. Na prática, o termo transformada z geralmente se refere à transformada z unilateral.

No sentido básico, não existe diferença entre a transformada z unilateral e bilateral. A transformada unilateral é a transformada bilateral que trabalha com uma subclasse de sinais começando em $n = 0$ (sinais causais). Logo, a definição da transformada unilateral é a mesma da transformada bilateral [Eq. (5.1)], exceto pelos limites do somatório, que vão de 0 a ∞.

$$X[z] = \sum_{n=0}^{\infty} x[n] z^{-n} \tag{5.4}$$

A expressão da transformada z inversa da Eq. (5.2) permanece válida para o caso unilateral.

REGIÃO DE CONVERGÊNCIA (RDC) DE $X[z]$

O somatório da Eq. (5.1) [ou (5.4)] que define a transformada z direta, $X[z]$, pode não convergir (não existir) para todos os valores de z. Os valores de z (a região no plano complexo) para os quais o somatório da Eq. (5.1) converge (ou existe) é chamado de *região de existência*, ou de forma mais comum, de *região de convergência* (RDC) de $X[z]$. Esse conceito ficará mais claro nos exemplos a seguir.

A RDC é necessária para a determinação de $x[n]$ a partir de $X[z]$, de acordo com a Eq. (5.2). A integral da Eq. (5.2) é uma integral de contorno, implicando a integração na direção anti-horária ao longo de um caminho fechado centrado na origem e que satisfaz a condição $|z| > |\gamma|$. Portanto, qualquer caminho circular centrado na origem e com raio maior do que $|\gamma|$ (Fig. 5.1b) será suficiente. Podemos mostrar que a integral da Eq. (5.2) ao longo de qualquer caminho como este (com raio maior do que $|\gamma|$) levará ao mesmo resultado, ou seja, em $x[n]$.[†] Tal integração no plano complexo requer um conhecimento prévio da teoria de funções de variáveis complexas. Podemos evitar essa integração criando uma tabela de transformadas z (Tabela 5.1), na qual os pares da transformada z são tabulados para uma certa variedade de sinais. Para determinar a transformada z inversa de, digamos, $z/(z - \gamma)$, em vez de utilizarmos a integração complexa na Eq. (5.2), podemos consultar a tabela e determinar a transformada inversa de $z/(z - \gamma)$ como sendo $\gamma^n u[n]$. Devido à propriedade da unicidade da transformada z unilateral, existe apenas uma inversa para cada $X[z]$. Apesar de a tabela apresentada ser relativamente curta, ela contém as principais funções de interesse prático.

A questão da transformada z com relação à unicidade da transformada inversa é similar à da transformada de Laplace. Para o caso bilateral, a transformada z inversa não é única a não ser que a RDC seja especificada. Para o caso unilateral, a transformada inversa é única e a região de convergência não precisa ser especificada para determinarmos a transformada z inversa. Por essa razão, ignoramos a RDC da transformada z unilateral mostrada na Tabela 5.1.

[†] De fato, o caminho não precisa sequer ser circular. Pode ter qualquer formato, desde que englobe os polos de $X[z]$ e que a direção de integração seja no sentido anti-horário.

EXEMPLO 5.1

Determine a transformada z e a RDC correspondente para o sinal $\gamma^n u[n]$.

Pela definição,

$$X[z] = \sum_{n=0}^{\infty} \gamma^n u[n] z^{-n}$$

Como $u[n] = 1$ para todo $n \geq 0$,

$$X[z] = \sum_{n=0}^{\infty} \left(\frac{\gamma}{z}\right)^n$$
$$= 1 + \left(\frac{\gamma}{z}\right) + \left(\frac{\gamma}{z}\right)^2 + \left(\frac{\gamma}{z}\right)^3 + \cdots + \cdots \tag{5.5}$$

Também é útil lembrar a seguinte progressão geométrica e seu somatório:

$$1 + x + x^2 + x^3 + \cdots = \frac{1}{1-x} \quad \text{se} \quad |x| < 1 \tag{5.6}$$

Utilizando a Eq. (5.6) na Eq. (5.5), temos

$$X[z] = \frac{1}{1 - \frac{\gamma}{z}} \quad \left|\frac{\gamma}{z}\right| < 1$$
$$= \frac{z}{z - \gamma} \quad |z| > |\gamma| \tag{5.7}$$

Observe que $X[z]$ existe apenas para $|z| > |\gamma|$. Para $|z| < |\gamma|$, o somatório da Eq. (5.5) pode não convergir, indo para o infinito. Portanto, a RDC de $X[z]$ é a região sombreada fora do círculo de raio $|\gamma|$, centrado na origem, no plano z, como mostrado na Fig. 5.1b.

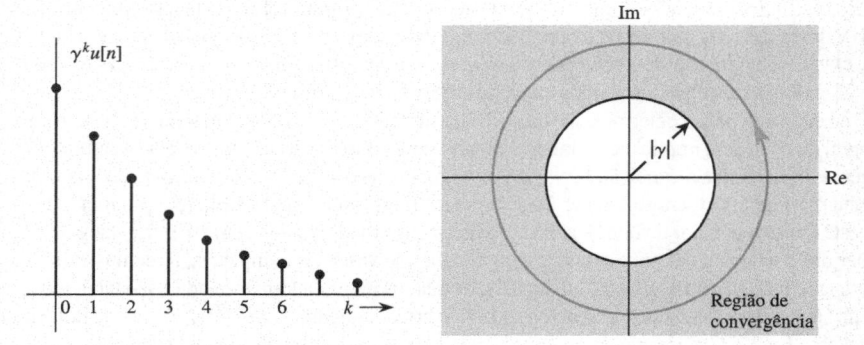

Figura 5.1 $\gamma^n u[n]$ e a região de convergência transformada z.

Posteriormente, na Eq. (5.85), iremos mostrar que a transformada z de outro sinal $-\gamma^n u[-(n+1)]$ também é $z/(z-\gamma)$. Entretanto, a RDC neste caso é $|z| < |\gamma|$. Claramente, a transformada z inversa de $z/(z-\gamma)$ não é única. Entretanto, se restringirmos a transformada z inversa a ser causal, então a transformada inversa é única e igual a $\gamma^n u[n]$.

Existência da Transformada z
Pela definição

$$X[z] = \sum_{n=0}^{\infty} x[n]z^{-n} = \sum_{n=0}^{\infty} \frac{x[n]}{z^n}$$

A existência da transformada z é garantida se

$$|X[z]| \leq \sum_{n=0}^{\infty} \frac{|x[n]|}{|z|^n} < \infty$$

para algum $|z|$. Qualquer sinal $x[n]$ que não cresce mais rápido do que o sinal exponencial r_0^n, para algum r_0, satisfaz essa condição. Portanto, se

$$|x[n]| \leq r_0^n \qquad \text{para algum } r_0 \tag{5.8}$$

então

$$|X[z]| \leq \sum_{n=0}^{\infty} \left(\frac{r_0}{|z|}\right)^n = \frac{1}{1 - \frac{r_0}{|z|}} \qquad |z| > r_0$$

Tabela 5.1 Pares da transformada z (unilateral)

Nº	$x[n]$	$X[z]$
1	$\delta[n-k]$	z^{-k}
2	$u[n]$	$\dfrac{z}{z-1}$
3	$nu[n]$	$\dfrac{z}{(z-1)^2}$
4	$n^2 u[n]$	$\dfrac{z(z+1)}{(z-1)^3}$
5	$n^3 u[n]$	$\dfrac{z(z^2+4z+1)}{(z-1)^4}$
6	$\gamma^n u[n]$	$\dfrac{z}{z-\gamma}$
7	$\gamma^{n-1} u[n-1]$	$\dfrac{1}{z-\gamma}$
8	$n\gamma^n u[n]$	$\dfrac{\gamma z}{(z-\gamma)^2}$
9	$n^2 \gamma^n u[n]$	$\dfrac{\gamma z(z+\gamma)}{(z-\gamma)^3}$
10	$\dfrac{n(n-1)(n-2)\cdots(n-m+1)}{\gamma^m m!}\gamma^n u[n]$	$\dfrac{z}{(z-\gamma)^{m+1}}$
11a	$|\gamma|^n \cos \beta n \, u[n]$	$\dfrac{z(z-|\gamma|\cos\beta)}{z^2 - (2|\gamma|\cos\beta)z + |\gamma|^2}$
11b	$|\gamma|^n \operatorname{sen} \beta n \, u[n]$	$\dfrac{z|\gamma|\operatorname{sen}\beta}{z^2 - (2|\gamma|\cos\beta)z + |\gamma|^2}$

12a	$r\|\gamma\|^n \cos(\beta n + \theta)u[n]$		$\dfrac{rz[z\cos\theta - \|\gamma\|\cos(\beta-\theta)]}{z^2 - (2\|\gamma\|\cos\beta)z + \|\gamma\|^2}$
12b	$r\|\gamma\|^n \cos(\beta n + \theta)u[n]$	$\gamma = \|\gamma\|e^{j\beta}$	$\dfrac{(0{,}5re^{j\theta})z}{z-\gamma} + \dfrac{(0{,}5re^{-j\theta})z}{z-\gamma^*}$
12c	$r\|\gamma\|^n \cos(\beta n + \theta)u[n]$		$\dfrac{z(Az+B)}{z^2+2az+\|\gamma\|^2}$

$$r = \sqrt{\frac{A^2|\gamma|^2 + B^2 - 2AaB}{|\gamma|^2 - a^2}}$$

$$\beta = \cos^{-1}\frac{-a}{|\gamma|}$$

$$\theta = \tan^{-1}\frac{Aa - B}{A\sqrt{|\gamma|^2 - a^2}}$$

Portanto, $X[z]$ existe para $|z| > r_0$. Quase todos os sinais práticos satisfazem a condição (5.8) e podem, portanto, ser transformados para z. Alguns modelos de sinais (por exemplo, γ^{n^2}) crescem mais rápido do que r_0^n (para qualquer r_0) e não satisfazem a Eq. (5.8). Esses sinais não podem ser transformados para z. Felizmente, tais sinais são de pouco interesse prático ou teórico. Mesmo esses sinais podem ser transformados para z em um intervalo finito determinado.

EXEMPLO 5.2

Determine as transformadas z de
(a) $\delta[n]$
(b) $u[n]$
(c) $\cos \beta n\, u[n]$
(d) O sinal mostrado na Fig. 5.2

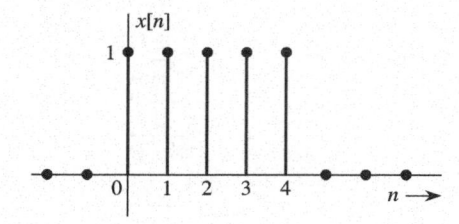

Figura 5.2

Lembre-se de que pela definição

$$X[z] = \sum_{n=0}^{\infty} x[n]z^{-n}$$

$$= x[0] + \frac{x[1]}{z} + \frac{x[2]}{z^2} + \frac{x[3]}{z^3} + \cdots \tag{5.9}$$

(a) Para $x[n] = \delta[n]$, $x[0] = 1$ e $x[2] = x[3] = x[4] = \ldots = 0$. Portanto,

$$\delta[n] \iff 1 \quad \text{para todo } z \tag{5.10}$$

(b) Para $x[n] = u[n]$, $x[0] = x[1] = x[3] = \cdots = 1$. Portanto,

$$X[z] = 1 + \frac{1}{z} + \frac{1}{z^2} + \frac{1}{z^3} + \cdots$$

A partir da Eq. (5.6), temos que

$$X[z] = \frac{1}{1 - \frac{1}{z}} \quad \left|\frac{1}{z}\right| < 1$$

$$= \frac{z}{z-1} \quad |z| > 1$$

Portanto,

$$u[n] \iff \frac{z}{z-1} \quad |z| > 1 \tag{5.11}$$

(c) Lembre-se de que $\cos \beta n = (e^{j\beta n} + e^{-j\beta n})/2$. Além disso, de acordo com a Eq. (5.7),

$$e^{\pm j\beta n} u[n] \iff \frac{z}{z - e^{\pm j\beta}} \quad |z| > |e^{\pm j\beta}| = 1$$

Logo,

$$X[z] = \frac{1}{2}\left[\frac{z}{z - e^{j\beta}} + \frac{z}{z - e^{-j\beta}}\right]$$

$$= \frac{z(z - \cos \beta)}{z^2 - 2z \cos \beta + 1} \quad |z| > 1$$

(d) Neste caso, $x[0] = x[1] = x[2] = x[3] = x[4] = 1$ e $x[5] = x[6] = \cdots = 0$. Logo, de acordo com a Eq. (5.9),

$$X[z] = 1 + \frac{1}{z} + \frac{1}{z^2} + \frac{1}{z^3} + \frac{1}{z^4}$$

$$= \frac{z^4 + z^3 + z^2 + z + 1}{z^4} \quad \text{para todo } z \neq 0$$

Também podemos expressar esse resultado em uma forma mais compacta, somando a progressão geométrica do lado direito da equação anterior. A partir do resultado da Seção B.7-4, com $r = 1/z$, $m = 0$ e $n = 4$, temos

$$X[z] = \frac{\left(\frac{1}{z}\right)^5 - \left(\frac{1}{z}\right)^0}{\frac{1}{z} - 1} = \frac{z}{z-1}(1 - z^{-5})$$

EXERCÍCIO E5.1

(a) Determine a transformada z do sinal mostrado na Fig. 5.3.
(b) Usando o par 12a (Tabela 5.1), determine a transformada z de $x[n] = 20{,}65(\sqrt{2})^n \cos((\pi/4)n - 1{,}415)u[n]$.

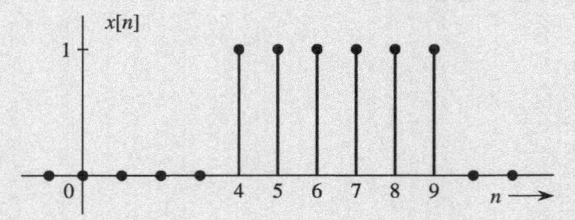

Figura 5.3

RESPOSTAS

(a) $X[z] = \dfrac{z^5 + z^4 + z^3 + z^2 + z + 1}{z^9}$ ou $\dfrac{z}{z-1}(z^{-4} - z^{-10})$

(b) $\dfrac{z(3{,}2z + 17{,}2)}{z^2 - 2z + 2}$

5.1-1 Determinação da Transformada Inversa

Tal como na transformada de Laplace, podemos evitar a integração no plano complexo, necessária para determinar a transformada z inversa [Eq. (5.2)], usando a tabela de transformadas (unilateral), Tabela 5.1. Muitas das transformadas $X[z]$ de interesse prático são funções racionais (razão de polinômios em z), as quais podem ser expressas como a soma de frações parciais, cuja transformada inversa pode ser facilmente encontrada na tabela de transformação. O método de frações parciais funciona porque a cada $x[n]$ transformado, definido para $n \geq 0$, existe um único $X[z]$ correspondente, definido para $|z| > r_0$ (na qual r_0 é alguma constante) e vice-versa.

EXEMPLO 5.3

Determine a transformada z inversa de

(a) $\dfrac{8z - 19}{(z-2)(z-3)}$

(b) $\dfrac{z(2z^2 - 11z + 12)}{(z-1)(z-2)^3}$

(c) $\dfrac{2z(3z + 17)}{(z-1)(z^2 - 6z + 25)}$

(a) Expandindo $X[z]$ em frações parciais, temos

$$X[z] = \dfrac{8z - 19}{(z-2)(z-3)} = \dfrac{3}{z-2} + \dfrac{5}{z-3}$$

A partir da Tabela 5.1, par 7, obtemos

$$x[n] = [3(2)^{n-1} + 5(3)^{n-1}]u[n-1] \qquad (5.12a)$$

Se expandirmos $X[z]$ diretamente em frações parciais, sempre iremos obter uma resposta que é multiplicada por $u[n-1]$, em função da natureza do par 7 da Tabela 5.1. Essa forma, além de deselegante, também é inconveniente. Preferimos a forma que contém $u[n]$ em vez de $u[n-1]$. Uma rápida análise da Tabela 5.1 mostra que a transformada z de qualquer sinal que é multiplicado por $u[n]$ possui um fator z no numerador. Essa observação sugere que façamos a expansão de $X[z]$ em *frações parciais modificado*, na qual cada termo possui um fator z no numerador. Podemos atingir esse objetivo expandindo $X[z]/z$ em frações parciais e, então, multiplicando os dois lados por z. Iremos demonstrar este procedimento refazendo a parte (a). Para este caso,

$$\frac{X[z]}{z} = \frac{8z - 19}{z(z-2)(z-3)}$$

$$= \frac{(-19/6)}{z} + \frac{(3/2)}{z-2} + \frac{(5/3)}{z-3}$$

Multiplicando os dois lados por z, temos

$$X[z] = -\frac{19}{6} + \frac{3}{2}\left(\frac{z}{z-2}\right) + \frac{5}{3}\left(\frac{z}{z-3}\right)$$

A partir dos pares 1 e 6 da Tabela 5.1, obtemos

$$x[n] = -\tfrac{19}{6}\delta[n] + \left[\tfrac{3}{2}(2)^n + \tfrac{5}{3}(3)^n\right]u[n] \tag{5.12b}$$

O leitor pode verificar que essa resposta é equivalente à da Eq. (5.12a) calculando $x[n]$ nos dois casos para $n = 0, 1, 2, 3,...$, e comparando os resultados. A forma da Eq. (5.12b) é mais conveniente do que da Eq. (5.12a). Por essa razão, sempre expandiremos $X[z]/z$ em frações parciais, em vez de $X[z]$, e, então, multiplicaremos os dois lados por z para obtermos as frações parciais modificadas de $X[z]$, que terão um fator z no numerador.

(b)

$$X[z] = \frac{z(2z^2 - 11z + 12)}{(z-1)(z-2)^3}$$

e

$$\frac{X[z]}{z} = \frac{2z^2 - 11z + 12}{(z-1)(z-2)^3}$$

$$= \frac{k}{z-1} + \frac{a_0}{(z-2)^3} + \frac{a_1}{(z-2)^2} + \frac{a_2}{(z-2)}$$

na qual

$$k = \left.\frac{2z^2 - 11z + 12}{(z-1)(z-2)^3}\right|_{z=1} = -3$$

$$a_0 = \left.\frac{2z^2 - 11z + 12}{(z-1)(z-2)^3}\right|_{z=2} = -2$$

Portanto,

$$\frac{X[z]}{z} = \frac{2z^2 - 11z + 12}{(z-1)(z-2)^3} = \frac{-3}{z-1} - \frac{2}{(z-2)^3} + \frac{a_1}{(z-2)^2} + \frac{a_2}{(z-2)} \tag{5.13}$$

Podemos determinar a_1 e a_2 através de eliminação de frações, ou podemos utilizar um atalho. Por exemplo, para determinar a_2, multiplicamos os dois lados da Eq. (5.13) por z e fazemos $z \to \infty$. Esse procedimento resultará em

$$0 = -3 - 0 + 0 + a_2 \implies a_2 = 3$$

Esse resultado deixa apenas uma incógnita, a_1, a qual é facilmente determinada fazendo z assumir qualquer valor conveniente, digamos $z = 0$, nos dois lados da Eq. (5.13). Esse passo resulta em

$$\frac{12}{8} = 3 + \frac{1}{4} + \frac{a_1}{4} - \frac{3}{2}$$

o qual leva a $a_1 = -1$. Portanto,

$$\frac{X[z]}{z} = \frac{-3}{z-1} - \frac{2}{(z-2)^3} - \frac{1}{(z-2)^2} + \frac{3}{z-2}$$

e

$$X[z] = -3\frac{z}{z-1} - 2\frac{z}{(z-2)^3} - \frac{z}{(z-2)^2} + 3\frac{z}{z-2}$$

Utilizando, agora, os pares 6 e 10 da Tabela 5.1, obtemos

$$x[n] = \left[-3 - 2\frac{n(n-1)}{8}(2)^n - \frac{n}{2}(2)^n + 3(2)^n\right]u[n]$$

$$= -\left[3 + \frac{1}{4}(n^2 + n - 12)2^n\right]u[n]$$

(c) Polos complexos.

$$X[z] = \frac{2z(3z + 17)}{(z-1)(z^2 - 6z + 25)}$$

$$= \frac{2z(3z + 17)}{(z-1)(z - 3 - j4)(z - 3 + j4)}$$

Os polos de $X[z]$ são 1, $3 + j4$ e $3 - j4$. Sempre que existirem polos complexos conjugados, o problema pode ser solucionado por dois caminhos. No primeiro método, expandimos $X[z]$ em frações parciais (modificadas) de primeira ordem. No segundo método, em vez de obtermos um fator correspondente a cada polo complexo conjugado, obtemos fatores quadráticos correspondentes a cada par de polos complexos conjugados. Esse procedimento será explicado a seguir.

MÉTODO DE FATORES DE PRIMEIRA ORDEM

$$\frac{X[z]}{z} = \frac{2(3z + 17)}{(z-1)(z^2 - 6z + 25)} = \frac{2(3z + 17)}{(z-1)(z - 3 - j4)(z - 3 + j4)}$$

Determinamos as frações parciais de $X[z]/z$ usando o método de Heaviside:

$$\frac{X[z]}{z} = \frac{2}{z-1} + \frac{1,6e^{-j2,246}}{z - 3 - j4} + \frac{1,6e^{j2,246}}{z - 3 + j4}$$

e

$$X[z] = 2\frac{z}{z-1} + (1,6e^{-j2,246})\frac{z}{z - 3 - j4} + (1,6e^{j2,246})\frac{z}{z - 3 + j4}$$

A transformada inversa do primeiro termo do lado direito é $2u[n]$. A transformada inversa dos dois termos restantes (polos complexos conjugados) pode ser obtida do par 12b (Tabela 5.1) identificando que $r/2 = 1,6$, $\theta = -2,246$ rad, $\gamma = 3 + j4 = 5e^{j0,927}$, tal que $|\gamma| = 5$, $\beta = 0,927$. Portanto,

$$x[n] = [2 + 3,2(5)^n \cos(0,927n - 2,246)]u[n]$$

MÉTODO DE FATORES QUADRÁTICOS

$$\frac{X[z]}{z} = \frac{2(3z+17)}{(z-1)(z^2-6z+25)} = \frac{2}{z-1} + \frac{Az+B}{z^2-6z+25}$$

Multiplicando os dois lados por z e fazendo $z \to \infty$, determinamos

$$0 = 2 + A \implies A = -2$$

e

$$\frac{2(3z+17)}{(z-1)(z^2-6z+25)} = \frac{2}{z-1} + \frac{-2z+B}{z^2-6z+25}$$

Para determinar B, fazemos z assumir qualquer valor conveniente, digamos $z = 0$, resultando em

$$\frac{-34}{25} = -2 + \frac{B}{25} \implies B = 16$$

Portanto,

$$\frac{X[z]}{z} = \frac{2}{z-1} + \frac{-2z+16}{z^2-6z+25}$$

e

$$X[z] = \frac{2z}{z-1} + \frac{z(-2z+16)}{z^2-6z+25}$$

Utilizamos, agora, o par 12c, no qual identificamos $A = -2$, $B = 16$, $|\gamma| = 5$ e $a = -3$. Portanto,

$$r = \sqrt{\frac{100 + 256 - 192}{25 - 9}} = 3{,}2, \quad \beta = \cos^{-1}\left(\frac{3}{5}\right) = 0{,}927 \text{ rad}$$

e

$$\theta = \tan^{-1}\left(\frac{-10}{-8}\right) = -2{,}246 \text{ rad}$$

Tal que

$$x[n] = [2 + 3{,}2(5)^n \cos(0{,}927n - 2{,}246)]u[n]$$

EXERCÍCIO E5.2

Determine a transformada z inversa das seguintes funções:

(a) $\dfrac{z(2z-1)}{(z-1)(z+0{,}5)}$

(b) $\dfrac{1}{(z-1)(z+0{,}5)}$

(c) $\dfrac{9}{(z+2)(z-0{,}5)^2}$

(d) $\dfrac{5z(z-1)}{z^2 - 1{,}6z + 0{,}8}$

[Dica: $\sqrt{0{,}8} = 2/\sqrt{5}$.]

RESPOSTAS
(a) $\left[\frac{2}{3} + \frac{4}{3}(-0,5)^n\right]u[n]$
(b) $-2\delta[n] + \left[\frac{2}{3} + \frac{4}{3}(-0,5)^n\right]u[n]$
(c) $18\delta[n] - [0,72(-2)^n + 17,28(0,5)^n - 14.4n(0,5)^n]u[n]$
(d) $\frac{5\sqrt{5}}{2}\left(\frac{2}{\sqrt{5}}\right)^n \cos(0,464n + 0,464)u[n]$

Transformada Inversa pela Expansão de $X[z]$ em Séries de Potência em z^{-1}

Pela definição

$$X[z] = \sum_{n=0}^{\infty} x[n]z^{-n}$$

$$= x[0] + \frac{x[1]}{z} + \frac{x[2]}{z^2} + \frac{x[3]}{z^3} + \cdots$$

$$= x[0]z^0 + x[1]z^{-1} + x[2]z^{-2} + x[3]z^{-3} + \cdots$$

Esse resultado é uma série de potência em z^{-1}. Portanto, se pudermos expandir $X[z]$ em séries de potência em z^{-1}, os coeficientes dessa série de potência podem ser identificados como $x[0]$, $x[1]$, $x[2]$, $x[3]$,... Uma função $X[z]$ racional pode ser expandida em uma série de potência em z^{-1} dividindo seu numerador pelo denominador. Considere, por exemplo,

$$X[z] = \frac{z^2(7z - 2)}{(z - 0,2)(z - 0,5)(z - 1)}$$

$$= \frac{7z^3 - 2z^2}{z^3 - 1,7z^2 + 0,8z - 0,1}$$

Para obtermos uma expansão em potências de z^{-1}, dividimos o numerador pelo denominador como mostrado a seguir:

```
                         7 + 9,9z⁻¹ + 11,23z⁻² + 11,87z⁻³ + ···
z³ - 1,7z² + 0,8z - 0,1 ) 7z³ - 2z²
                          7z³ - 11,9z² +  5,60z -  0,7
                                 9,9z² -  5,60z +  0,7
                                 9,9z² - 16,83z +  7,92 - 0,99z⁻¹
                                         11,23z -  7,22 + 0,99z⁻¹
                                         11,23z - 19,09 + 8,98z⁻¹
                                                  11,87 - 7,99z⁻¹
```

Logo,

$$X[z] = \frac{z^2(7z - 2)}{(z - 0,2)(z - 0,5)(z - 1)} = 7 + 9,9z^{-1} + 11,23z^{-2} + 11,87z^{-3} + \cdots$$

Portanto,

$$x[0] = 7, \quad x[1] = 9,9, \quad x[2] = 11,23, \quad x[3] = 11,87, \ldots$$

Apesar desse procedimento resultar em $x[n]$ diretamente, ele não fornece uma solução fechada. Por esta razão, ele não é muito útil, a não ser que precisemos apenas dos primeiros termos da sequência $x[n]$.

EXERCÍCIO E5.3

Usando a divisão longa para determinar a série de potência em z^{-1}, mostre que a transformada z inversa de $z/(z - 0,5)$ é $(0,5)^n u[n]$ ou $(2)^{-n} u[n]$.

RELAÇÃO ENTRE $h[n]$ E $H[z]$

Para um sistema LDIT, se $h[n]$ é sua resposta ao impulso unitário, então, a partir da Eq. (3.71b), na qual definimos $H[z]$, a função de transferência do sistema, podemos escrever

$$H[z] = \sum_{n=-\infty}^{\infty} h[n] z^{-n} \qquad (5.14a)$$

Para sistemas causais, os limites do somatório são de $n = 0$ a ∞. Essa equação mostra que a função de transferência $H[z]$ é a transformada z da resposta $h[n]$ ao impulso de um sistema LDIT, ou seja,

$$h[n] \iff H[z] \qquad (5.14b)$$

Esse importante resultado relaciona as especificações de $h[n]$ de um sistema no domínio do tempo com $H[z]$, as especificações do sistema no domínio da frequência. O resultado é equivalente ao de sistemas LCIT.

EXERCÍCIO E5.4

Refaça o Exercício E3.14 calculando a transformada z inversa de $H[z]$, dada pela Eq. (3.73).

5.2 ALGUMAS PROPRIEDADES DA TRANSFORMADA z

As propriedades da transformada z são úteis na determinação das transformadas de várias funções e também na solução de equações diferença, lineares, com coeficientes constantes. Nesta seção, iremos considerar algumas poucas importantes propriedades da transformada z.

Em nossa discussão, a variável n que aparece em sinais, tal como $x[n]$ e $y[n]$, pode ou não significar tempo. Entretanto, na maioria das aplicações de nosso interesse, n é proporcional ao tempo. Por essa razão, iremos nos referir à variável n como sendo tempo.

Na discussão a seguir sobre a propriedade de deslocamento, iremos trabalhar com sinais deslocados $x[n]u[n]$, $x[n - k]u[n - k]$, $x[n - k]u[n]$. A não ser que entendamos fisicamente o significado de tais deslocamentos, nosso entendimento da propriedade de deslocamento será mecânico, em vez de intuitivo ou heurístico. Por essa razão, usando um sinal hipotético $x[n]$, ilustramos vários sinais deslocados por $k = 1$ na Fig. 5.4.

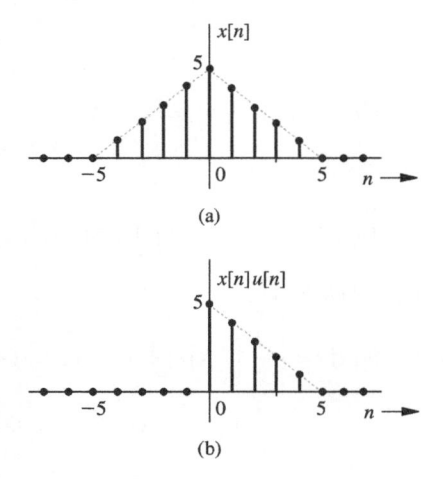

Figura 5.4 Um sinal $x[n]$ e suas versões deslocadas.

(c)

(d)

(e)

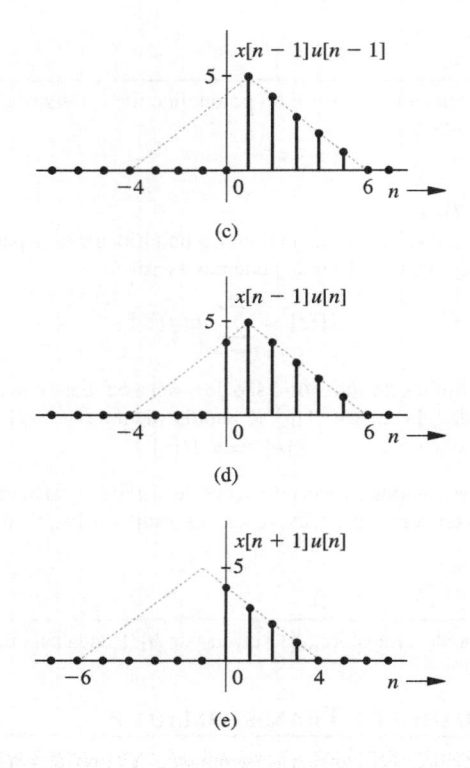

Figura 5.4 Continuação.

DESLOCAMENTO PARA A DIREITA (ATRASO)
Se

$$x[n]u[n] \iff X[z]$$

então

$$x[n-1]u[n-1] \iff \frac{1}{z}X[z] \tag{5.15a}$$

Em geral,

$$x[n-m]u[n-m] \iff \frac{1}{z^m}X[z] \tag{5.15b}$$

Além disso,

$$x[n-1]u[n] \iff \frac{1}{z}X[z] + x[-1] \tag{5.16a}$$

A aplicação repetida dessa propriedade leva a

$$\begin{aligned} x[n-2]u[n] &\iff \frac{1}{z}\left[\frac{1}{z}X[z] + x[-1]\right] + x[-2] \\ &= \frac{1}{z^2}X[z] + \frac{1}{z}x[-1] + x[-2] \end{aligned} \tag{5.16b}$$

Em geral, para um valor inteiro de m,

$$x[n-m]u[n] \iff z^{-m}X[z] + z^{-m}\sum_{n=1}^{m}x[-n]z^{n} \qquad (5.16c)$$

Olhando as Eqs. (5.15a) e (5.16a), vemos que elas são idênticas, exceto pelo termo extra $x[-1]$ na Eq. (5.16a). Vimos na Fig. 5.4c e 5.4d que $x[n-1]u[n]$ é o mesmo que $x[n-1]u[n-1]$ acrescido de $x[-1]\delta[n]$. Logo, a diferença entre suas transformadas é $x[-1]$.

Prova. Para um valor inteiro de m,

$$\mathcal{Z}\{x[n-m]u[n-m]\} = \sum_{n=0}^{\infty} x[n-m]u[n-m]z^{-n}$$

Lembre-se de que $x[n-m]u[n-m] = 0$ para $n < m$, tal que os limites do somatório do lado direito podem ser considerados de $n = m$ a ∞. Portanto,

$$\mathcal{Z}\{x[n-m]u[n-m]\} = \sum_{n=m}^{\infty} x[n-m]z^{-n}$$

$$= \sum_{r=0}^{\infty} x[r]z^{-(r+m)}$$

$$= \frac{1}{z^m}\sum_{r=0}^{\infty} x[r]z^{-r} = \frac{1}{z^m}X[z]$$

Para provar a Eq. (5.16c), temos

$$\mathcal{Z}\{x[n-m]u[n]\} = \sum_{n=0}^{\infty} x[n-m]z^{-n} = \sum_{r=-m}^{\infty} x[r]z^{-(r+m)}$$

$$= z^{-m}\left[\sum_{r=-m}^{-1} x[r]z^{-r} + \sum_{r=0}^{\infty} x[r]z^{-r}\right]$$

$$= z^{-m}\sum_{n=1}^{m} x[-n]z^{n} + z^{-m}X[z]$$

Deslocamento para a Esquerda (Avanço)

Se

$$x[n]u[n] \iff X[z]$$

então

$$x[n+1]u[n] \iff zX[z] - zx[0] \qquad (5.17a)$$

A aplicação repetida dessa propriedade resulta em

$$x[n+2]u[n] \iff z\{z(X[z] - zx[0]) - x[1]\}$$
$$= z^2 X[z] - z^2 x[0] - zx[1] \qquad (5.17b)$$

e para um valor inteiro de m

$$x[n+m]u[n] \iff z^m X[z] - z^m \sum_{n=0}^{m-1} x[n]z^{-n} \qquad (5.17c)$$

Prova. Pela definição

$$\mathcal{Z}\{x[n+m]u[n]\} = \sum_{n=0}^{\infty} x[n+m]z^{-n}$$

$$= \sum_{r=m}^{\infty} x[r]z^{-(r-m)}$$

$$= z^m \sum_{r=m}^{\infty} x[r]z^{-r}$$

$$= z^m \left[\sum_{r=0}^{\infty} x[r]z^{-r} - \sum_{r=0}^{m-1} x[r]z^{-r} \right]$$

$$= z^m X[z] - z^m \sum_{r=0}^{m-1} x[r]z^{-r}$$

EXEMPLO 5.4

Determine a transformada z do sinal $[n]$ mostrado na Fig. 5.5.

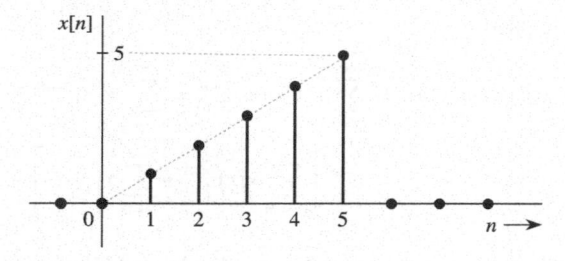

Figura 5.5

O sinal $x[n]$ pode ser expresso como o produto de n e um pulso retangular $u[n] - u[n-6]$. Portanto,

$$x[n] = n\{u[n] - u[n-6]\}$$
$$= nu[n] - nu[n-6]$$

Infelizmente, não podemos determinar a transformada z de $nu[n-6]$ diretamente usando a propriedade de deslocamento para a direita [Eq. (5.15b)]. Dessa forma, temos que reorganizar a equação em termos de $(n-6)u[n-6]$ como mostrado a seguir:

$$x[n] = nu[n] - (n-6+6)u[n-6]$$
$$= nu[n] - (n-6)u[n-6] - 6u[n-6]$$

Podemos, agora, determinar a transformada z do termo entre colchetes usando a propriedade de deslocamento para a direita [Eq. (5.15b)]. Como $u[n] \Leftrightarrow z/(z-1)$

$$u[n-6] \Longleftrightarrow \frac{1}{z^6}\frac{z}{z-1} = \frac{1}{z^5(z-1)}$$

Além disso, como $nu[n] \Longleftrightarrow z/(z-1)^2$

$$(n-6)u[n-6] \Longleftrightarrow \frac{1}{z^6}\frac{z}{(z-1)^2} = \frac{1}{z^5(z-1)^2}$$

Portanto,

$$X[z] = \frac{z}{(z-1)^2} - \frac{1}{z^5(z-1)^2} - \frac{6}{z^5(z-1)}$$

$$= \frac{z^6 - 6z + 5}{z^5(z-1)^2}$$

EXERCÍCIO E5.5

Usando apenas o fato de que $u[n] \Longleftrightarrow z/(z-1)$ e a propriedade de deslocamento para a direita [Eq. (5.15)], determine a transformada z dos sinais das Figs. 5.2 e 5.3.

RESPOSTAS
Veja o Exemplo 5.2d e o Exercício E5.1a.

CONVOLUÇÃO
A propriedade de convolução no tempo afirma que se[†]

$$x_1[n] \Longleftrightarrow X_1[z] \quad \text{e} \quad x_2[n] \Longleftrightarrow X_2[z],$$

então (*convolução no tempo*)

$$x_1[n] * x_2[n] \Longleftrightarrow X_1[z]X_2[z] \tag{5.18}$$

Prova. Essa propriedade se aplica a sequências causais e não causais. Iremos prová-la para o caso mais geral de sequências não causais, na qual o somatório de convolução varia de $-\infty$ a ∞.
Temos,

$$\mathcal{Z}\{x_1[n] * x_2[n]\} = \mathcal{Z}\left[\sum_{m=-\infty}^{\infty} x_1[m]x_2[n-m]\right]$$

$$= \sum_{n=-\infty}^{\infty} z^{-n} \sum_{m=-\infty}^{\infty} x_1[m]x_2[n-m]$$

Alterando a ordem do somatório, temos

$$\mathcal{Z}[x_1[n] * x_2[n]] = \sum_{m=-\infty}^{\infty} x_1[m] \sum_{n=-\infty}^{\infty} x_2[n-m]z^{-n}$$

$$= \sum_{m=-\infty}^{\infty} x_1[m] \sum_{r=-\infty}^{\infty} x_2[r]z^{-(r+m)}$$

$$= \sum_{m=-\infty}^{\infty} x_1[m]z^{-m} \sum_{r=-\infty}^{\infty} x_2[r]z^{-r}$$

$$= X_1[z]X_2[z]$$

[†] Também existe a propriedade de convolução na frequência, a qual afirma que

$$x_1[n]x_2[n] \Longleftrightarrow \frac{1}{2\pi j} \oint X_1[u]X_2\left[\frac{z}{u}\right] u^{-1} du$$

RESPOSTA DE SISTEMAS LDIT
É interessante aplicarmos a propriedade da convolução no tempo à equação LDIT de entrada-saída $y[n] = x[n] * h[n]$. Como, a partir da Eq. (5.14b), temos que $h[n] \Leftrightarrow H[z]$, a partir da Eq. (5.18) temos que

$$Y[z] = X[z]H[z] \tag{5.19}$$

EXERCÍCIO E5.6
Utilize a propriedade de convolução no tempo e os pares apropriados da Tabela 5.1 para mostrar que $u[n] * u[n-1] = nu[n]$.

MULTIPLICAÇÃO POR γ^n (ESCALAMENTO NO DOMÍNIO Z)
Se

$$x[n]u[n] \Longleftrightarrow X[z]$$

então

$$\gamma^n x[n]u[n] \Longleftrightarrow X\left[\frac{z}{\gamma}\right] \tag{5.20}$$

Prova.

$$\mathcal{Z}\{\gamma^n x[n]u[n]\} = \sum_{n=0}^{\infty} \gamma^n x[n] z^{-n}$$

$$= \sum_{n=0}^{\infty} x[n] \left(\frac{z}{\gamma}\right)^{-n} = X\left[\frac{z}{\gamma}\right]$$

EXERCÍCIO E5.7
Utilize a Eq. (5.20) para obter os pares 6 e 8 da Tabela 5.1 dos pares 2 e 3, respectivamente.

MULTIPLICAÇÃO POR n
Se

$$x[n]u[n] \Longleftrightarrow X[z]$$

então

$$nx[n]u[n] \Longleftrightarrow -z\frac{d}{dz}X[z] \tag{5.21}$$

Prova.

$$-z\frac{d}{dz}X[z] = -z\frac{d}{dz} \sum_{n=0}^{\infty} x[n] z^{-n}$$

$$= -z \sum_{n=0}^{\infty} -nx[n] z^{-n-1}$$

$$= \sum_{n=0}^{\infty} nx[n] z^{-n} = \mathcal{Z}\{nx[n]u[n]\}$$

EXERCÍCIO E5.8
Utilize a Eq. (5.21) para obter os pares 3 e 4 da Tabela 5.1 do par 2. Similarmente, obtenha os pares 8 e 9 do par 6.

REVERSÃO NO TEMPO
Se
$$x[n] \iff X[z]$$
então[†]
$$x[-n] \iff X[1/z] \tag{5.22}$$
Prova.
$$\mathcal{Z}\{x[-n]\} = \sum_{n=-\infty}^{\infty} x[-n]z^{-n}$$
alterando o sinal da variável auxiliar n, temos
$$\mathcal{Z}\{x[-n]\} = \sum_{n=-\infty}^{\infty} x[n]z^{n}$$
$$= \sum_{n=-\infty}^{\infty} x[n](1/z)^{-n}$$
$$= X[1/z]$$

A região de convergência também é invertida, ou seja, se a RDC de $x[n]$ é $|z| > |\gamma|$, então a RDC de $x[-n]$ é $|z| < 1/|\gamma|$.

EXERCÍCIO E5.9
Utilize a propriedade de reversão no tempo e o par 2 da Tabela 5.1 para mostrar que $u[-n] \iff -1/(z-1)$ com RDC $|z| < 1$.

Tabela 5.2 Operações da transformada z

Operação	$x[n]$	$X[z]$
Adição	$x_1[n] + x_2[n]$	$X_1[z] + X_2[z]$
Multiplicação escalar	$ax[n]$	$aX[z]$
Deslocamento à direita	$x[n-m]u[n-m]$	$\dfrac{1}{z^m}X[z]$
	$x[n-m]u[n]$	$\dfrac{1}{z^m}X[z] + \dfrac{1}{z^m}\sum_{n=1}^{m}x[-n]z^n$
	$x[n-1]u[n]$	$\dfrac{1}{z}X[z] + x[-1]$

[†] Para um sinal complexo $x[n]$, a propriedade de reversão no tempo é modificada para
$$x^*[-n] \iff X^*[1/z^*]$$

	$x[n-2]u[n]$	$\frac{1}{z^2}X[z] + \frac{1}{z}x[-1] + x[-2]$
	$x[n-3]u[n]$	$\frac{1}{z^3}X[z] + \frac{1}{z^2}x[-1] + \frac{1}{z}x[-2] + x[-3]$
Deslocamento à esquerda	$x[n+m]u[n]$	$z^m X[z] - z^m \sum_{n=0}^{m-1} x[n]z^{-n}$
	$x[n+1]u[n]$	$zX[z] - zx[0]$
	$x[n+2]u[n]$	$z^2 X[z] - z^2 x[0] - zx[1]$
	$x[n+3]u[n]$	$z^3 X[z] - z^3 x[0] - z^2 x[1] - zx[2]$
Multiplicação por γ^n	$\gamma^n x[n]u[n]$	$X\left[\frac{z}{\gamma}\right]$
Multiplicação por n	$nx[n]u[n]$	$-z\frac{d}{dz}X[z]$
Convolução no tempo	$x_1[n] * x_2[n]$	$X_1[z]X_2[z]$
Reversão no tempo	$x[-n]$	$X[1/z]$
Valor inicial	$x[0]$	$\lim_{z\to\infty} X[z]$
Valor inicial	$\lim_{N\to\infty} x[N]$	$\lim_{z\to 1}(z-1)X[z]$ pólos de $(z-1)X[z]$ dentro do círculo unitário

VALORES INICIAL E FINAL
Para um $x[n]$ causal,

$$x[0] = \lim_{z\to\infty} X[z] \qquad (5.23a)$$

Esse resultado é obtido diretamente da Eq. (5.9).
Também podemos mostrar que se $(z-1)X[z]$ não possui polos fora do círculo unitário, então[†]

$$\lim_{N\to\infty} x[N] = \lim_{z\to 1}(z-1)X[z] \qquad (5.23b)$$

Todas essas propriedades da transformada z estão listadas na Tabela 5.2.

5.3 Solução de Equações Diferença Lineares pela Transformada z

A propriedade de deslocamento no tempo (deslocamento à direita ou esquerda) possibilitou a resolução de equações diferença lineares com coeficientes constantes. Tal como no caso da transformada de Laplace com equações diferenciais, a transformada z converte equações diferença em equações algébricas que podem ser facilmente resolvidas obtendo-se uma solução no domínio z. Determinando-se a transformada z inversa da solução no domínio z obtém-se a solução desejada no domínio do tempo. Os seguintes exemplos demonstram esse procedimento.

[†] Isso pode ser mostrado do fato que

$$x[n] - x[n-1] \iff \left\{1 - \frac{1}{z}\right\} X[z] = \frac{(z-1)X[z]}{z} \quad \text{e} \quad \frac{(z-1)X[z]}{z} = \sum_{n=-\infty}^{\infty} \{x[n] - x[n-1]\}z^{-n}$$

e

$$\lim_{z\to 1} \frac{(z-1)X[z]}{z} = \lim_{z\to 1}(z-1)X[z] = \lim_{z\to 1}\lim_{N\to\infty} \sum_{n=-\infty}^{N} \{x[n] - x[n-1]\}z^{-n} = \lim_{N\to\infty} x[N]$$

EXEMPLO 5.5

Resolva

$$y[n+2] - 5y[n+1] + 6y[n] = 3x[n+1] + 5x[n] \quad (5.24)$$

se as condições iniciais forem $y[-1] = 11/6$, $y[-2] = 37/36$ e a entrada for $x[n] = (2)^{-n}u[n]$.

Como veremos, equações diferença podem ser resolvidas usando a propriedade de deslocamento para a direita ou esquerda. Como a equação diferença, Eq. (5.24), está na forma operador avanço, o uso da propriedade de deslocamento para a esquerda da Eq. (5.17a) e (5.17b) pode parecer ser apropriado para essa solução. Infelizmente, como visto nas Eqs. (5.17a) e (5.17b), essas propriedades necessitam do conhecimento das condições auxiliares $y[0]$, $y[1]$,..., $y[N-1]$ em vez das condições iniciais $y[-1]$, $y[-2]$,..., $y[-n]$, as quais geralmente são fornecidas. Essa dificuldade pode ser superada expressando a equação diferença (5.24) na forma de operador atraso (obtida substituindo n por $n-2$) e, então, usando a propriedade de deslocamento para a direita.[†] A Eq. (5.24) na forma operador atraso é

$$y[n] - 5y[n-1] + 6y[n-2] = 3x[n-1] + 5x[n-2] \quad (5.25)$$

Podemos, agora, utilizar a propriedade de deslocamento para a direita para calcularmos a transformada z desta equação. Antes disso, porém, devemos estar cientes do significado de termos como $y[n-1]$ presentes na equação. Isso implica $y[n-1]u[n-1]$ ou $y[n-1]u[n]$? Em qualquer equação, precisamos ter alguma referência temporal $n = 0$ e todo termo é referenciado a este instante. Logo, $y[n-k]$ significa $y[n-k]u[n]$. Lembre-se também de que apesar de estarmos considerando a situação para $n \geq 0$, $y[n]$ está presente mesmo antes de $n = 0$ (na forma de condições iniciais). Agora,

$$y[n]u[n] \iff Y[z]$$

$$y[n-1]u[n] \iff \frac{1}{z}Y[z] + y[-1] = \frac{1}{z}Y[z] + \frac{11}{6}$$

$$y[n-2]u[n] \iff \frac{1}{z^2}Y[z] + \frac{1}{z}y[-1] + y[-2] = \frac{1}{z^2}Y[z] + \frac{11}{6z} + \frac{37}{36}$$

Observando que para uma entrada causal $x[n]$,

$$x[-1] = x[-2] = \cdots = x[-n] = 0$$

obtemos

$$x[n] = (2)^{-n}u[n] = (2^{-1})^n u[n] = (0{,}5)^n u[n] \iff \frac{z}{z - 0{,}5}$$

$$x[n-1]u[n] \iff \frac{1}{z}X[z] + x[-1] = \frac{1}{z}\frac{z}{z-0{,}5} + 0 = \frac{1}{z - 0{,}5}$$

$$x[n-2]u[n] \iff \frac{1}{z^2}X[z] + \frac{1}{z}x[-1] + x[-2] = \frac{1}{z^2}X[z] + 0 + 0 = \frac{1}{z(z-0{,}5)}$$

Em geral,

$$x[n-r]u[n] \iff \frac{1}{z^r}X[z]$$

[†] Outra abordagem é determinar $y[0]$, $y[1]$, $y[2]$, ..., $y[n]$ de $y[-1]$, $y[-2]$, ..., $y[-n]$ interativamente, tal como na Seção 3.5-1 e, então, aplicando a propriedade de deslocamento para a esquerda na Eq. (5.24).

Determinando a transformada z da Eq. (5.25) e substituindo os resultados anteriores, obtemos

$$Y[z] - 5\left[\frac{1}{z}Y[z] + \frac{11}{6}\right] + 6\left[\frac{1}{z^2}Y[z] + \frac{11}{6z} + \frac{37}{36}\right] = \frac{3}{z-0,5} + \frac{5}{z(z-0,5)} \tag{5.26a}$$

ou

$$\left(1 - \frac{5}{z} + \frac{6}{z^2}\right)Y[z] - \left(3 - \frac{11}{z}\right) = \frac{3}{z-0,5} + \frac{5}{z(z-0,5)} \tag{5.26b}$$

A partir da qual obtemos

$$(z^2 - 5z + 6)Y[z] = \frac{z(3z^2 - 9,5z + 10,5)}{(z-0,5)}$$

tal que

$$Y[z] = \frac{z(3z^2 - 9,5z + 10,5)}{(z-0,5)(z^2 - 5z + 6)} \tag{5.27}$$

e

$$\frac{Y[z]}{z} = \frac{3z^2 - 9,5z + 10,5}{(z-0,5)(z-2)(z-3)}$$

$$= \frac{(26/15)}{z-0,5} - \frac{(7/3)}{z-2} + \frac{(18/5)}{z-3}$$

Portanto,

$$Y[z] = \frac{26}{15}\left(\frac{z}{z-0,5}\right) - \frac{7}{3}\left(\frac{z}{z-2}\right) + \frac{18}{5}\left(\frac{z}{z-3}\right)$$

e

$$y[n] = \left[\tfrac{26}{15}(0,5)^n - \tfrac{7}{3}(2)^n + \tfrac{18}{5}(3)^n\right]u[n] \tag{5.28}$$

Esse exemplo demonstra a facilidade na qual equações diferença lineares com coeficientes constantes podem ser resolvidas pela transformada z. Esse método é genérico e pode ser utilizado para resolver uma única equação diferença ou um conjunto de equações diferença simultâneas de qualquer ordem, desde que as equações sejam lineares com coeficientes constantes.

Comentário. Algumas vezes, em vez das condições iniciais $y[-1]$, $y[-2]$,..., $y[-n]$, as condições auxiliares $y[0]$, $y[1]$,..., $y[N-1]$ são dadas para a resolução de uma equação diferença. Neste caso, a equação pode ser resolvida expressando-a na forma operador avanço e, então, usando a propriedade de deslocamento para a esquerda (veja posteriormente: Exercício E5.11).

EXERCÍCIO E5.10

Resolva a seguinte equação se as condições iniciais forem $y[-1] = 2$ e $y[-2] = 0$ e a entrada for $x[n] = u[n]$:

$$y[n+2] - \tfrac{5}{6}y[n+1] + \tfrac{1}{6}y[n] = 5x[n+1] - x[n]$$

RESPOSTA

$$y[n] = \left[12 - 15\left(\tfrac{1}{2}\right)^n + \tfrac{14}{3}\left(\tfrac{1}{3}\right)^n\right]u[n]$$

EXERCÍCIO E5.11

Resolva a seguinte equação se as condições auxiliares forem $y[0] = 1$, $y[1] = 2$ e a entrada for $x[n] = u[n]$:

$$y[n] + 3y[n-1] + 2y[n-2] = x[n-1] + 3x[n-2]$$

RESPOSTA

$y[n] = \left[\frac{2}{3} + 2(-1)^n - \frac{5}{3}(-2)^n\right] u[n]$

COMPONENTES DE ENTRADA NULA E ESTADO NULO

No Exemplo 5.5, determinamos a solução total da equação diferença. É relativamente simples separar a solução em componentes de entrada nula e estado nulo. Tudo o que precisamos fazer é separar a resposta em termos que aparecem em função da entrada e termos que aparecem em função das condições iniciais. Podemos separar a resposta da Eq. (5.26b) como mostrado a seguir:

$$\left(1 - \frac{5}{z} + \frac{6}{z^2}\right) Y[z] - \underbrace{\left(3 - \frac{11}{z}\right)}_{\text{termos das condições iniciais}} = \underbrace{\frac{3}{z - 0,5} + \frac{5}{z(z - 0,5)}}_{\text{termos em função da entrada}} \quad (5.29)$$

Portanto,

$$\left(1 - \frac{5}{z} + \frac{6}{z^2}\right) Y[z] = \underbrace{\left(3 - \frac{11}{z}\right)}_{\text{termos das condições iniciais}} + \underbrace{\frac{(3z + 5)}{z(z - 0,5)}}_{\text{termos da entrada}}$$

Multiplicando os dois lados por z^2, teremos

$$(z^2 - 5z + 6)Y[z] = \underbrace{z(3z - 11)}_{\text{termos das condições iniciais}} + \underbrace{\frac{z(3z + 5)}{z - 0,5}}_{\text{termos da entrada}}$$

e

$$Y[z] = \underbrace{\frac{z(3z - 11)}{z^2 - 5z + 6}}_{\text{resposta de entrada nula}} + \underbrace{\frac{z(3z + 5)}{(z - 0,5)(z^2 - 5z + 6)}}_{\text{resposta de estado nulo}} \quad (5.30)$$

Expandindo os termos do lado direito em frações parciais modificadas, obtemos

$$Y[z] = \underbrace{\left[5\left(\frac{z}{z-2}\right) - 2\left(\frac{z}{z-3}\right)\right]}_{\text{entrada nula}} + \underbrace{\left[\frac{26}{15}\left(\frac{z}{z-0,5}\right) - \frac{22}{3}\left(\frac{z}{z-2}\right) + \frac{28}{5}\left(\frac{z}{z-3}\right)\right]}_{\text{estado nulo}}$$

e

$$y[n] = \left[\underbrace{5(2)^n - 2(3)^n}_{\text{entrada nula}} - \underbrace{\frac{22}{3}(2)^n + \frac{28}{5}(3)^n + \frac{26}{15}(0,5)^n}_{\text{estado nulo}}\right] u[n]$$

$$= \left[-\frac{7}{3}(2)^n + \frac{18}{5}(3)^n + \frac{26}{15}(0,5)^n\right] u[n]$$

A qual verifica o resultado da Eq. (5.28).

EXERCÍCIO E5.12
Resolva

$$y[n+2] - \tfrac{5}{6}y[n+1] + \tfrac{1}{6}y[n] = 5x[n+1] - x[n]$$

se as condições iniciais forem $y[-1] = 2$ e $y[-2] = 0$ e a entrada for $x[n] = u[n]$. Separe a resposta em componentes de entrada nula e estado nulo.

RESPOSTA

$$y[n] = \Bigg(\underbrace{\left[3\left(\tfrac{1}{2}\right)^n - \tfrac{4}{3}\left(\tfrac{1}{3}\right)^n\right]}_{\text{entrada nula}} + \underbrace{\left[12 - 18\left(\tfrac{1}{2}\right)^n + 6\left(\tfrac{1}{3}\right)^n\right]}_{\text{estado zero}} \Bigg) u[n]$$

$$= \left[12 - 15\left(\tfrac{1}{2}\right)^n + \tfrac{14}{3}\left(\tfrac{1}{3}\right)^n\right] u[n]$$

5.3-1 Resposta de Estado Nulo de Sistemas LDIT: A Função de Transferência

Considere um sistema LDIT de ordem N especificado pela equação diferença

$$Q[E]y[n] = P[E]x[n] \tag{5.31a}$$

ou

$$\begin{aligned}(E^N + a_1 E^{N-1} + \cdots + a_{N-1}E + a_N)y[n] \\ = (b_0 E^N + b_1 E^{N-1} + \cdots + b_{N-1}E + b_N)x[n]\end{aligned} \tag{5.31b}$$

ou

$$\begin{aligned}y[n+N] + a_1 y[n+N-1] + \cdots + a_{N-1}y[n+1] + a_N y[n] \\ = b_0 x[n+N] + \cdots + b_{N-1}x[n+1] + b_N x[n]\end{aligned} \tag{5.31c}$$

Iremos, agora, determinar uma expressão geral para a resposta de estado nulo. Ou seja, a resposta do sistema a entrada $x[n]$ quando todas as condições iniciais $y[-1] = y[-2] = \cdots = y[-N] = 0$ (estado nulo). A entrada $x[n]$ é considerada como sendo causal, tal que $x[-1] = x[-2] = \cdots = x[-N] = 0$.

A Eq. (5.31c) pode ser expressa na forma operador atraso por

$$\begin{aligned}y[n] + a_1 y[n-1] + \cdots + a_N y[n-N] \\ = b_0 x[n] + b_1 x[n-1] + \cdots + b_N x[n-N]\end{aligned} \tag{5.31d}$$

Como $y[-r] = x[-r] = 0$ para $r = 1, 2, \ldots, N$

$$y[n-m]u[n] \iff \frac{1}{z^m}Y[z]$$

$$x[n-m]u[n] \iff \frac{1}{z^m}X[z] \qquad m = 1, 2, \ldots, N$$

A transformada z da Eq. (5.31d) é dada por

$$\left(1 + \frac{a_1}{z} + \frac{a_2}{z^2} + \cdots + \frac{a_N}{z^N}\right)Y[z] = \left(b_0 + \frac{b_1}{z} + \frac{b_2}{z^2} + \cdots + \frac{b_N}{z^N}\right)X[z]$$

Multiplicando os dois lados por z^N, obtemos

$$\begin{aligned}(z^N + a_1 z^{N-1} + \cdots + a_{N-1}z + a_N)Y[z] \\ = (b_0 z^N + b_1 z^{N-1} + \cdots + b_{N-1}z + b_N)X[z]\end{aligned}$$

Portanto,

$$Y[z] = \left(\frac{b_0 z^N + b_1 z^{N-1} + \cdots + b_{N-1} z + b_N}{z^N + a_1 z^{N-1} + \cdots + a_{N-1} z + a_N}\right) X[z] \quad (5.32)$$

$$= \frac{P[z]}{Q[z]} X[z] \quad (5.33)$$

Mostramos, na Eq. (5.19), que $Y[z] = X[z]H[z]$. Logo, temos que

$$H[z] = \frac{P[z]}{Q[z]} = \frac{b_0 z^N + b_1 z^{N-1} + \cdots + b_{N-1} z + b_N}{z^N + a_1 z^{N-1} + \cdots + a_{N-1} z + a_N} \quad (5.34)$$

Tal como no caso de sistemas LCIT, este resultado leva a uma definição alternativa da função de transferência de um sistema LDIT como sendo a razão entre $Y[z]$ e $X[z]$ (assumindo todas as condições iniciais nulas).

$$H[z] \equiv \frac{Y[z]}{X[z]} = \frac{\mathcal{Z}[\text{resposta de estado nulo}]}{\mathcal{Z}[\text{entrada}]} \quad (5.35)$$

Interpretação Alternativa da Transformada z

Até este momento, tratamos a transformada z como uma máquina, a qual converte equações diferença lineares em equações algébricas. Não existe entendimento físico sobre como isso é feito ou o que isso significa. Iremos discutir agora uma interpretação mais intuitiva sobre o significado da transformada z.

No Capítulo 3, Eq. (3.71a), mostramos que a resposta de um sistema LDIT a uma exponencial de duração infinita z^n é $H[z]z^n$. Se pudermos expressar todo sinal em tempo discreto como a combinação linear de exponenciais na forma z^n, então podemos obter facilmente a resposta do sistema a qualquer entrada. Por exemplo, se

$$x[n] = \sum_{k=1}^{K} X[z_k] z_k^n \quad (5.36a)$$

a resposta de um sistema LDIT a esta entrada é dada por

$$y[n] = \sum_{k=1}^{K} X[z_k] H[z_k] z_k^n \quad (5.36b)$$

Infelizmente, uma classe muito pequena de sinais pode ser expressa na forma da Eq. (5.36a). Entretanto, podemos expressar quase todos os sinais de utilidade prática como a soma de exponenciais de duração infinita para uma faixa contínua de valores de z. Isso é precisamente o que a transformada z da Eq. (5.2) faz.

$$x[n] = \frac{1}{2\pi j} \oint X[z] z^{n-1} \, dz \quad (5.37)$$

Invocando a propriedade da linearidade da transformada z, podemos determinar resposta $y[n]$ do sistema a entrada $x[n]$ da Eq. (5.37) como[†]

$$y[n] = \frac{1}{2\pi j} \oint X[z] H[z] z^{n-1} \, dz = \mathcal{Z}^{-1}\{X[z]H[z]\}$$

Claramente,

$$Y[z] = X[z]H[z]$$

Esse ponto de vista na determinação da resposta de um sistema LDIT é mostrado na Fig. 5.6a. Tal como em sistemas em tempo contínuo, podemos modelar sistemas em tempo discreto pela representação de todos os sinais por suas transformadas z e todos os componentes (ou elementos) do sistema por suas funções de transferência, como mostrado na Fig. 5.6b.

O resultado $Y[z] = H[z]X[z]$ facilita em muito a obtenção da resposta do sistema a uma dada entrada. Iremos demonstrar esta afirmativa através de um exemplo.

[†] No cálculo de $y[n]$, o contorno ao longo do qual a integração é calculada é modificado para considerar a RDC de $X[z]$ e $H[z]$. Ignoramos esta consideração nesta discussão intuitiva.

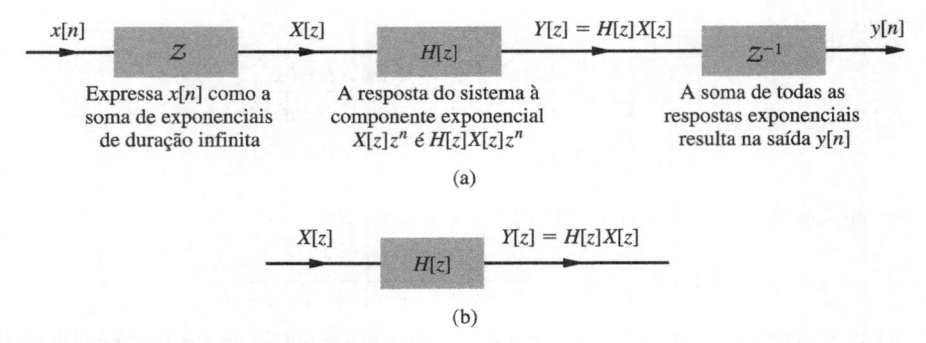

Figura 5.6 Representação transformada de um sistema LDIT.

(a) x[n] → Z → X[z] → H[z] → Y[z] = H[z]X[z] → Z^{-1} → y[n]

Expressa x[n] como a soma de exponenciais de duração infinita

A resposta do sistema à componente exponencial $X[z]z^n$ é $H[z]X[z]z^n$

A soma de todas as respostas exponenciais resulta na saída y[n]

(b) X[z] → H[z] → Y[z] = H[z]X[z]

EXEMPLO 5.6

Determine a resposta y[n] de um sistema LDIT descrito pela equação diferença

$$y[n+2] + y[n+1] + 0{,}16y[n] = x[n+1] + 0{,}32x[n]$$

ou

$$(E^2 + E + 0{,}16)y[n] = (E + 0{,}32)x[n]$$

para a entrada $x[n] = (-2)^{-n}u[n]$ e com todas as condições iniciais nulas (sistema no estado zero).

A partir da equação diferença determinamos

$$H[z] = \frac{P[z]}{Q[z]} = \frac{z + 0{,}32}{z^2 + z + 0{,}16}$$

Para a entrada $x[n] = (-2)^{-n}u[n] = [(-2)^{-1}]^n u(n) = (-0{,}5)^n u[n]$

$$X[z] = \frac{z}{z + 0{,}5}$$

e

$$Y[z] = X[z]H[z] = \frac{z(z + 0{,}32)}{(z^2 + z + 0{,}16)(z + 0{,}5)}$$

Portanto,

$$\frac{Y[z]}{z} = \frac{(z + 0{,}32)}{(z^2 + z + 0{,}16)(z + 0{,}5)} = \frac{(z + 0{,}32)}{(z + 0{,}2)(z + 0{,}8)(z + 0{,}5)}$$

$$= \frac{2/3}{z + 0{,}2} - \frac{8/3}{z + 0{,}8} + \frac{2}{z + 0{,}5}$$

(5.38)

tal que

$$Y[z] = \frac{2}{3}\left(\frac{z}{z + 0{,}2}\right) - \frac{8}{3}\left(\frac{z}{z + 0{,}8}\right) + 2\left(\frac{z}{z + 0{,}5}\right)$$

(5.39)

e

$$y[n] = \left[\tfrac{2}{3}(-0{,}2)^n - \tfrac{8}{3}(-0{,}8)^n + 2(-0{,}5)^n\right]u[n]$$

EXEMPLO 5.7 (Função de Transferência de um Atraso Unitário)

Mostre que a função de transferência de um atraso unitário é $1/z$.

Se a entrada do atraso unitário for $x[n]u[n]$, então sua saída (Fig. 5.7) é dada por

$$y[n] = x[n-1]u[n-1]$$

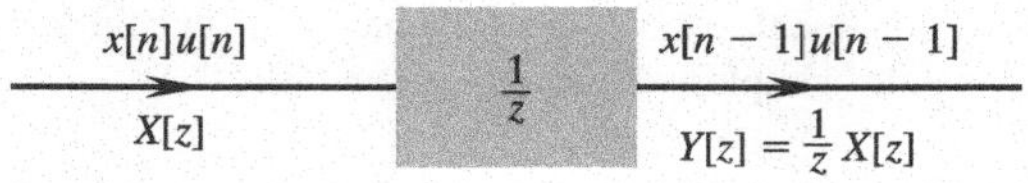

$$\xrightarrow{\;x[n]u[n]\;}_{X[z]}\;\boxed{\tfrac{1}{z}}\;\xrightarrow{\;x[n-1]u[n-1]\;}_{Y[z]=\tfrac{1}{z}X[z]}$$

Figura 5.7 Atraso unitário ideal e sua função de transferência.

A transformada z dessa equação resulta em [veja a Eq. (5.15a)]

$$Y[z] = \frac{1}{z}X[z]$$
$$= H[z]X[z]$$

Logo, temos que a função de transferência do atraso unitário é

$$H[z] = \frac{1}{z} \qquad (5.40)$$

EXERCÍCIO E5.13

Um sistema em tempo discreto é descrito pela seguinte função de transferência:

$$H[z] = \frac{z - 0,5}{(z + 0,5)(z - 1)}$$

(a) Determine a resposta do sistema a entrada $x[n] = 3^{-(n+1)}u[n]$ se todas as condições iniciais forem nulas.
(b) Escreva a equação diferença que relaciona a saída $y[n]$ com a entrada $x[n]$ para este sistema.

RESPOSTAS

(a) $y[n] = \frac{1}{3}\left[\frac{1}{2} - 0,8(-0,5)^n + 0,3\left(\frac{1}{3}\right)^n\right]u[n]$
(b) $y[n+2] - 0,5y[n+1] - 0,5y[n] = x[n+1] - 0,5x[n]$

5.3-2 Estabilidade

A Eq. (5.34) mostra que o denominador de $H[z]$ é $Q[z]$, o qual é aparentemente idêntico ao polinômio característico $Q[\gamma]$, definido no Capítulo 3. Isso significa que o denominador de $H[z]$ é o polinômio característico do sistema? Pode ou não ser o caso. Se $P[z]$ e $Q[z]$ na Eq. (5.34) possuírem qualquer fator comum, eles irão se cancelar e o denominador efetivo de $H[z]$ não será necessariamente igual a $Q[z]$. Lembre-se que a função de transferência $H[z]$, tal como $h[n]$, é definida em termos de descrições externas do sistema. Por outro lado, o polinômio $Q[z]$ é uma descrição interna. Obviamente, podemos determinar apenas a estabilidade externa de $H[z]$, ou seja, a estabilidade BIBO. Se todos os polos de $H[z]$ estiverem dentro do círculo unitário, todos os termos em $h[z]$ são exponenciais decrescentes e, como mostrado na Seção 3.10, $h[n]$ será absolutamente somável. Consequentemente, o sistema será BIBO estável. Caso contrário, o sistema será BIBO instável.

Se $P[z]$ e $Q[z]$ não possuírem fatores comuns, então o denominador de $H[z]$ é idêntico a $Q[z]$.[†] Os polos de $H[z]$ são as raízes características do sistema. Podemos, agora, determinar a estabilidade interna. O critério de estabilidade da Seção 3.10-1 pode ser reafirmado em termos dos polos de $H[z]$, como mostrado a seguir.

1. Um sistema LDIT é assintoticamente estável se e somente se todos os polos de sua função de transferência $H[z]$ estiverem dentro do círculo unitário. Os polos podem ser repetidos ou simples.

2. Um sistema LDIT é instável se e somente se uma ou as duas condições a seguir existirem: (i) ao menos um polo de $H[z]$ estiver fora do círculo unitário; (ii) Existirem polos repetidos de $H[z]$ sobre o círculo unitário.

3. Um sistema LDIT é marginalmente estável se e somente se não existirem polos de $H[z]$ fora do círculo unitário e existirem alguns polos simples sobre o círculo unitário.

EXERCÍCIO E5.14

Mostre que um *acumulador*, cuja resposta ao impulso é $h[n] = u[n]$, é marginalmente estável mas BIBO instável.

5.3-3 Sistemas Inversos

Se $H[z]$ é a função de transferência de um sistema S, então S_i, seu sistema inverso, possui uma função de transferência $H_i[z]$ dada por

$$H_i[z] = \frac{1}{H[z]}$$

Essa equação segue do fato do sistema inverso S_i desfazer a operação de S. Logo, se $H[z]$ é colocado em série com $H_i[z]$, a função de transferência total do sistema (sistema identidade) é unitária. Por exemplo, um *acumulador*, cuja função de transferência é $H[z] = z/(z-1)$, e um *sistema de diferença atrás*, cuja função de transferência é $H_i[z] = (z-1)/z$, são sistemas inversos. Similarmente, se

$$H[z] = \frac{z - 0,4}{z - 0,7}$$

A função de transferência do sistema inverso é

$$H_i[z] = \frac{z - 0,7}{z - 0,4}$$

como necessário pela propriedade $H[z]H_i[z] = 1$. Logo, temos que

$$h[n] * h_i[n] = \delta[n]$$

EXERCÍCIO E5.15

Determine a resposta ao impulso de um acumulador e de um sistema de diferença atrás. Mostre que a convolução das duas respostas ao impulso resulta em $\delta[n]$.

[†] Não há como determinar se existem ou não fatores comuns em $P[z]$ e $Q[z]$ que irão se cancelar, pois em nossa determinação de $H[z]$, geralmente obtemos o resultado final após os cancelamentos já terem ocorrido. Quando utilizamos a descrição interna do sistema para obtermos $Q[z]$, entretanto, obtemos $Q[z]$ puro, não alterado por qualquer fator comum com $P[z]$.

5.4 REALIZAÇÃO DE SISTEMAS

Devido à similaridade entre sistemas LCIT e LDIT, as convenções para os diagramas de bloco e as regras de conexão para sistemas LDIT são idênticas às de sistemas LCIT. Não é necessário, portanto, obter novamente essas relações. Iremos simplesmente reafirmá-las para reavivar a memória do leitor.

A representação em diagrama de blocos de operações básicas tais como um somador, um multiplicador escalar, um atraso unitário e nós de separação (ou derivação) são mostrados na Fig. 3.11. Em nosso desenvolvimento, o atraso unitário, o qual era representado por uma caixa com o símbolo D na Fig. 3.11 será representado por sua função de transferência $1/z$. Todos os sinais também serão representados em termos de suas transformadas z. Portanto, a entrada e a saída serão chamadas de $X[z]$ e $Y[z]$, respectivamente.

Quando dois sistemas com funções de transferência $H_1[z]$ e $H_2[z]$ são conectados em cascata (ou série, tal como na Fig. 4.18b), a função de transferência do sistema total é $H_1[z]H_2[z]$. Se os mesmos dois sistemas forem conectados em paralelo (como na Fig. 4.18c), a função de transferência do sistema composto será $H_1[z] + H_2[z]$. Para um sistema realimentado (Fig. 4.18d), a função de transferência é $G[z]/(1 + G[z]H[z])$.

Iremos considerar, agora, um método sistemático de realização (ou simulação) de uma função de transferência LDIT de ordem N. Como a realização é basicamente um problema de síntese, não existe uma única forma de realizar (implementar) um sistema. Uma dada função de transferência pode ser realizada de diferentes formas. Iremos apresentar duas formas de *realização direta*. Cada uma dessas formas pode ser executada em várias outras maneiras, tais como cascata e paralela. Além disto, um sistema pode ser realizado pela versão transposta de qualquer realização conhecida do sistema. Esse artifício literalmente dobra o número de realizações do sistema. Uma função de transferência $H[z]$ pode ser realizada usando atrasos de tempo em conjunto com somadores e multiplicadores.

Iremos considerar a realização de um sistema LDIT causal de ordem N, cuja função de transferência é dada por

$$H[z] = \frac{b_0 z^N + b_1 z^{N-1} + \cdots + b_{N-1} z + b_N}{z^N + a_1 z^{N-1} + \cdots + a_{N-1} z + a_N} \tag{5.41}$$

Essa equação é idêntica a função de transferência de um sistema LCIT próprio de ordem N, dada pela Eq. (4.60). A única diferença é que a variável z da Eq. (5.41) é substituída pela variável s na Eq. (4.60). Logo, o procedimento de implementação de uma função de transferência LDIT é idêntico ao de uma função de transferência LCIT cujo elemento básico $1/s$ (integrador) é substituído pelo elemento $1/z$ (atraso unitário). O leitor é encorajado a seguir os passos da Seção 4.6 e obter novamente os resultados para a função de transferência LDIT da Eq. (5.41). Iremos simplesmente reproduzir as realizações da Seção 4.6 com integradores ($1/s$) substituídos por atrasos unitários ($1/z$). A forma direta I (FDI) é mostrada na Fig. 5.8a, a forma direta canônica (FDII) é mostrada na Fig. 5.8b e a transposta da forma direta canônica é mostrada na Fig. 5.8c. A FDII e sua transposta são canônicas porque elas utilizam N atrasos, ou seja, o menor número necessário de atrasos para implementar uma função de transferência LDIT de ordem N da Eq. (5.41). Por outro lado, a FDI é não canônica porque ela geralmente necessita de $2N$ atrasos. A realização FDII da Fig. 5.8b também é chamada de *forma direta canônica*.

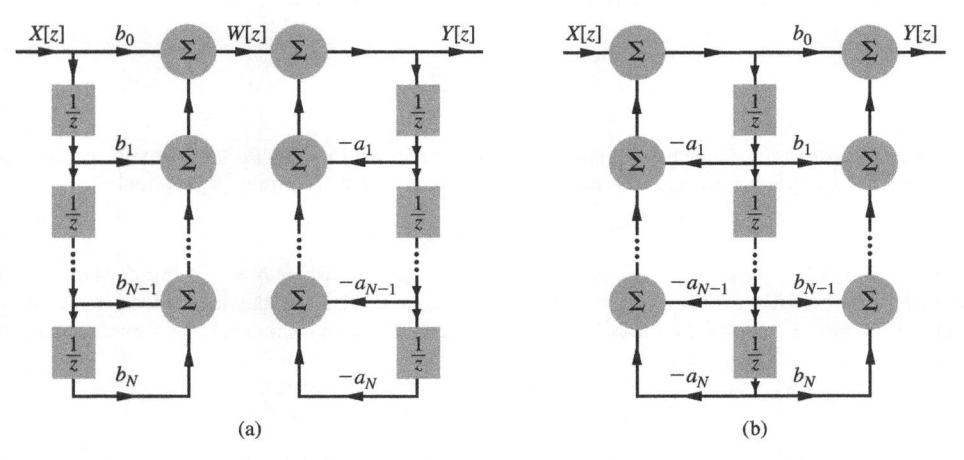

Figura 5.8 Realização de uma função de transferência causal de ordem N usando (a) FDI, (b) forma direta canônica (FDII) e (c) transposta da FDII.

[Figura diagram: estrutura canônica direta com somadores, atrasos $\frac{1}{z}$, coeficientes $b_0, b_1, \ldots, b_N$ e $-a_1, \ldots, -a_N$]

(c)

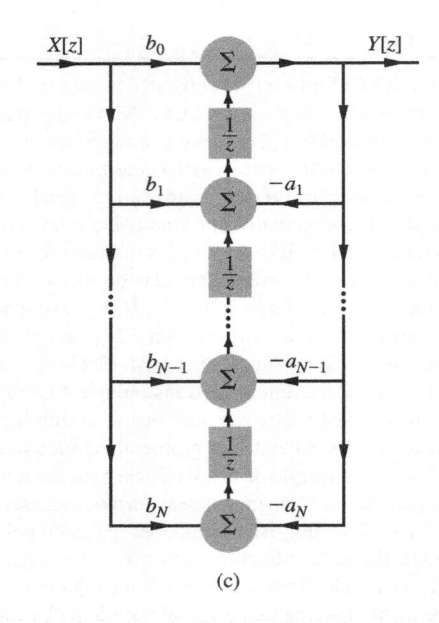

Figura 5.8 continuação.

EXEMPLO 5.8

Obtenha as realizações direta canônica e transposta direta canônica das seguintes funções de transferência.

(i) $\dfrac{2}{z+5}$ (iii) $\dfrac{z}{z+7}$

(ii) $\dfrac{4z+28}{z+1}$ (iv) $\dfrac{4z+28}{z^2+6z+5}$

Todas as quatro funções de transferência são casos especiais de $H[z]$ da Eq. (5.41).

(i)

$$H[z] = \frac{2}{z+5}$$

Para este caso, a função de transferência é de primeira ordem ($N = 1$). Portanto, iremos precisar de apenas um atraso para esta realização. Os coeficientes de realimentação e alimentação direta são

$$a_1 = 5 \quad \text{e} \quad b_0 = 0, \quad b_1 = 2$$

Utilizamos a Fig. 5.8 como nosso modelo, reduzindo-o para o caso de $N = 1$. A Fig. 5.9a mostra a forma direta canônica (FDII), e a Fig. 5.9b sua transposta. As duas realizações são quase idênticas. A diferença é que na forma FDII, o ganho 2 é fornecido na saída e na transposta o mesmo ganho é fornecido na entrada.

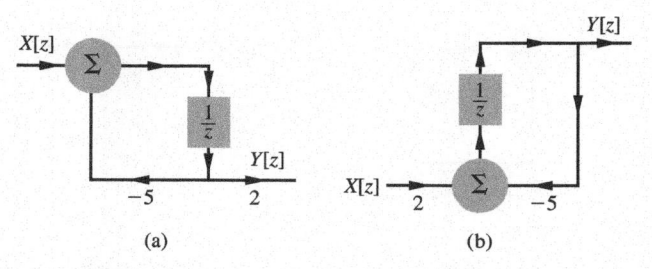

Figura 5.9 Realização da função de transferência $2/(z+5)$: (a) forma direta canônica e (b) sua transposta.

De forma similar, realizamos as funções de transferência restantes.

(ii)

$$H[z] = \frac{4z+28}{z+1}$$

Neste caso, também, a função de transferência é de primeira ordem ($N=1$). Portanto, precisamos de apenas um atraso para sua realização. Os coeficientes de realimentação e alimentação direta são

$$a_1 = 1 \quad \text{e} \quad b_0 = 4, \quad b_1 = 28$$

A Fig. 5.10 mostra a forma direta canônica e sua transposta para este caso.[†]

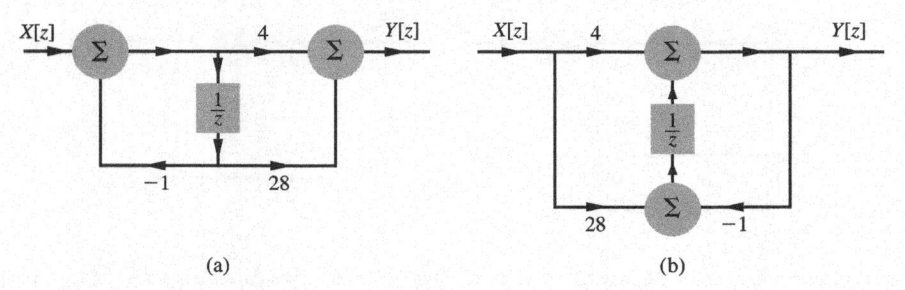

Figura 5.10 Realização de $(4z+28)/(z+1)$: (a) forma direta canônica e (b) sua transposta.

(iii)

$$H[z] = \frac{z}{z+7}$$

Neste caso $N=1$ e $b_0=1$, $b_1=0$ e $a_1=7$. A Fig. 5.11 mostra as realizações direta e transposta. Observe que as realizações são praticamente iguais.

[†] Funções de transferência com $N = M$ também podem ser expressas como a soma de uma constante e de uma função de transferência estritamente própria. Por exemplo,

$$H[z] = \frac{4z+28}{z+1} = 4 + \frac{24}{z+1}$$

Logo, essa função de transferência também pode ser realizada como duas funções de transferência em paralelo.

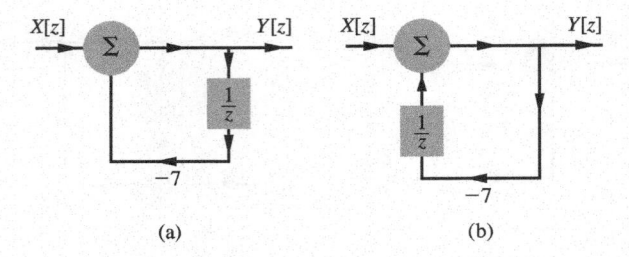

Figura 5.11 Realização de $z/(z+7)$: (a) forma direta canônica e (b) sua transposta.

(iv)
$$H[z] = \frac{4z + 28}{z^2 + 6z + 5}$$

Este é um sistema de segunda ordem ($N = 2$) com $b_0 = 0$, $b_1 = 4$, $b_2 = 28$, $a_1 = 6$, $a_2 = 5$. A Fig. 5.12 mostra as realizações direta canônica e transposta da direta canônica.

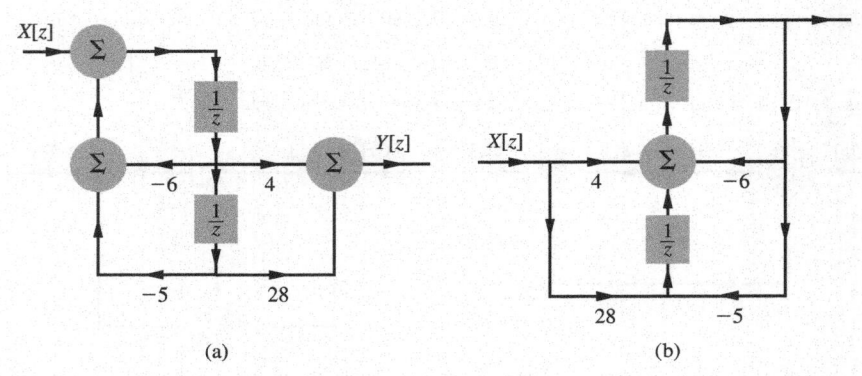

Figura 5.12 Realização de $(4z + 28)^2/(z^2 + 6z + 5)$: (a) forma direta canônica e (b) sua transposta.

EXERCÍCIO E5.16

Realize a função de transferência
$$H[z] = \frac{2z}{z^2 + 6z + 25}$$

REALIZAÇÕES EM SÉRIE E PARALELO, POLOS COMPLEXOS E POLOS REPETIDOS

As considerações e observações para realizações em cascata (série) e paralelo, além de polos complexos e polos múltiplos são idênticas às discutidas para sistemas LCIT na Seção 4.6-3.

EXERCÍCIO E5.17

Determine as realizações direta canônicas das seguintes funções de transferência usando as formas paralela e cascata. A decomposição específica em cascata é mostrada a seguir:
$$H[z] = \frac{z + 3}{z^2 + 7z + 10} = \left(\frac{z+3}{z+2}\right)\left(\frac{1}{z+5}\right)$$

REALIZAÇÃO DE FILTROS COM RESPOSTA FINITA AO IMPULSO (FIR*)

Até este momento, fomos bem genéricos no desenvolvimento de nossas técnicas de realização. Elas podem ser aplicadas a filtros de resposta infinita ao impulso (IIR**) ou filtros FIR. Para filtros FIR, temos que os coeficientes a_i são nulos ($a_i = 0$) para todo $i \neq 0$.[†] Logo, filtros FIR podem ser facilmente implementados através dos esquemas desenvolvidos até este momento eliminando todos os ramos com coeficientes a_i. A condição $a_i = 0$ implica em que todos os polos de filtros FIR estão em $z = 0$.

EXEMPLO 5.9

Realize $H[z] = (z^3 + 4z^2 + 5z + 2)/z^3$ usando as formas canônica direta e transposta.

Podemos expressar $H[z]$ como

$$H[z] = \frac{z^3 + 4z^2 + 5z + 2}{z^3}$$

Para $H[z]$, $b_0 = 1$, $b_1 = 4$, $b_2 = 5$ e $b_3 = 2$. Logo, obtemos a realização direta canônica, mostrada na Fig. 5.13a. Optamos por mostrar a orientação horizontal porque ela é mais fácil de ver que o filtro é basicamente uma linha de atrasos. Esse é o motivo pelo qual esta estrutura também é conhecida como *linha de atraso* ou *filtro transversal*. A Fig. 5.13b mostra a implementação transposta correspondente.

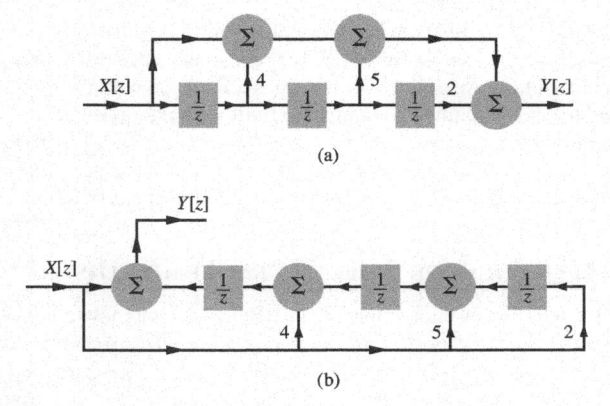

Figura 5.13 Realização de $(z^3 + 4z^2 + 5z + 2)/z^3$.

TODAS AS REALIZAÇÕES POSSUEM A MESMA PERFORMANCE?

Para uma dada função de transferência, apresentamos várias possíveis realizações diferentes (FDI, forma canônica FDII e suas transpostas). Também existem as versões em cascata e paralela e existem vários possíveis agrupamentos de fatores no numerador e no denominador de $H[z]$, resultando em diferentes implementações. Também podemos usar várias combinações destas formas na implementação para realizarmos subseções do sistema. Além disso, a transposta de cada versão dobra o número de realizações. Entretanto, esta discussão de forma alguma exaure todas as possibilidades. A transformação de variáveis implica em infinitas possíveis realizações da mesma função de transferência.

---

* N. de T.: Finite Impulse Response.
** N. de T.: Infinite Impulse Response.
[†] Esta afirmativa é válida para todo $i \neq 0$ pois considera-se que a_0 é unitário.

Teoricamente, todas essas realizações são equivalentes. Ou seja, todas elas resultam na mesma função de transferência. Entretanto, isso é válido apenas quando as implementamos com precisão infinita. Na prática, restrições do tamanho (finito) da palavra (quantidade de bits utilizada para representar um dado número) fazem com que cada realização se comporte de maneira diferente em termos de sensibilidade à variação paramétrica, estabilidade, erro de distorção da resposta em frequência e assim por diante. Esses efeitos são graves para funções de transferência de mais alta ordem, as quais necessitam de um número mais alto de elementos de atraso. Dentre os erros decorrentes do tamanho finito da palavra que atormentam estas implementações podemos citar a quantização dos coeficientes, erros de overflow e erros de arredondamento. Do ponto de vista prático, formas em paralelo e cascata usando filtros de baixa ordem minimizam os efeitos do tamanho finito da palavra. Formas paralelas e algumas em cascata são numericamente menos sensíveis do que a forma direta canônica a pequenas variações paramétricas do sistema. Na forma direta canônica com um grande N, uma pequena mudança em um coeficiente de um filtro em função da quantização paramétrica resulta em uma grande mudança na localização dos polos e zeros do sistema. Qualitativamente, esta diferença pode ser explicada pelo fato de que, na forma direta (ou sua transposta), todos os coeficientes interagem uns com os outros, e uma alteração em qualquer coeficiente será ampliada através das repetidas influências nas conexões de realimentação e alimentação direta. Em uma realização em paralelo, por outro lado, uma mudança em um coeficiente irá afetar apenas um segmento localizado. O caso da realização em cascata é similar. Por essa razão, a técnica mais popular para a minimização do efeito do tamanho finito da palavra é projetar filtros usando formas em paralelo e em cascata de filtros de baixa ordem. Na prática, filtros de alta ordem são realizados usando múltiplas seções de segunda ordem em cascata, pois filtros de segunda ordem não são apenas fáceis de serem projetados, mas também são menos suscetíveis a quantização de coeficientes ou a erros de arredondamento, além do fato de suas implementações permitirem um fácil escalamento de palavras de dados reduzindo um potencial efeito de overflow se o tamanho da palavra de dados crescer. Um sistema em cascata usando blocos de segunda ordem geralmente necessita de menos multiplicações para uma dada resposta em frequência.[1]

Existem diversas formas de se agrupar em pares os polos e zeros de uma $H[z]$ de ordem N em uma cascata de seções de segunda ordem, além de diversas formas de se ordenar as seções resultantes. O erro de quantização será diferente para cada combinação. Apesar de vários artigos terem sido publicados apresentando direções para a predição e minimização de erros em função do tamanho finito da palavra de dados, é aconselhável utilizar a simulação do projeto do filtro. Desta forma, podemos variar as características do hardware do filtro, tal como o tamanho da palavra dos coeficientes, tamanho do registrador acumulador, sequenciamento das seções em cascata e ajuste dos sinais de entrada. Esse tipo de abordagem é confiável e econômico.

5.5 Resposta em Frequência de Sistemas em Tempo Discreto

Para sistemas em tempo contínuo (assintoticamente ou BIBO estáveis), mostramos que a resposta do sistema a uma entrada $e^{j\omega t}$ é $H(j\omega) e^{j\omega t}$ e que a resposta a uma entrada $\cos \omega t$ é $|H(j\omega)|\cos[\omega t + \angle H(j\omega)]$. Um resultado similar é válido para sistemas em tempo discreto. Iremos mostrar, agora, que para um sistema LDIT (assintoticamente ou BIBO estável), a resposta do sistema a uma entrada $e^{j\Omega n}$ é $H[e^{j\Omega}]e^{j\Omega n}$ e a resposta a uma entrada $\cos \Omega n$ é $|H(e^{j\Omega})|\cos[\Omega n + \angle H(e^{j\Omega})]$.

A prova é similar a utilizada em sistemas em tempo contínuo. Na Seção 3.8-3, mostramos que a resposta de um sistema LDIT a uma exponencial (de duração infinita) z^n também é uma exponencial (de duração infinita) $H[z]z^n$. Este resultado é válido apenas para valores de z para os quais $H[z]$, definida pela Eq. (5.14a), existe (converge). Como usual, representamos a relação entrada-saída pela notação de seta direcional como

$$z^n \Longrightarrow H[z]z^n \quad (5.42)$$

Fazendo $z = e^{j\Omega}$ nesta relação obtemos

$$e^{j\Omega n} \Longrightarrow H[e^{j\Omega}]e^{j\Omega n} \quad (5.43)$$

Observando que $\cos \Omega n$ é a parte real de $e^{j\Omega}$, a utilização da Eq. (3.66b) resulta em

$$\cos \Omega n \Longrightarrow \text{Re}\{H[e^{j\Omega}]e^{j\Omega n}\} \quad (5.44)$$

Expressando $H[e^{j\Omega}]$ na forma polar,

$$H[e^{j\Omega}] = |H[e^{j\Omega}]|e^{j\angle H[e^{j\Omega}]} \tag{5.45}$$

A Eq. (5.44) pode ser expressa por

$$\cos \Omega n \Longrightarrow |H[e^{j\Omega}]|\cos(\Omega n + \angle H[e^{j\Omega}])$$

Em outras palavras, a resposta $y[n]$ do sistema a uma entrada senoidal $\cos \Omega n$ é dada por

$$y[n] = |H[e^{j\Omega}]|\cos(\Omega n + \angle H[e^{j\Omega}]) \tag{5.46a}$$

Seguindo o mesmo argumento, a resposta do sistema a senoide $\cos(\Omega n + \theta)$ é

$$y[n] = |H[e^{j\Omega}]|\cos(\Omega n + \theta + \angle H[e^{j\Omega}]) \tag{5.46b}$$

Esse resultado é válido somente para sistemas BIBO estáveis ou assintoticamente estáveis. A resposta em frequência não possui sentido para sistemas BIBO instáveis (os quais incluem sistemas marginalmente estáveis e assintoticamente instáveis). Essa afirmativa é decorrente do fato de que a resposta em frequência da Eq. (5.43) é obtida fazendo $z = e^{j\Omega}$ na Eq. (5.42). Mas, como mostrado na Seção 3.8-3 [Eqs. (3.71)], a relação (5.42) se aplica apenas para valores de z nos quais $H[z]$ existe. Para sistemas BIBO instáveis, a RDC de não inclui o círculo unitário no qual $z = e^{j\Omega}$. Isso significa que, em sistemas BIBO instáveis, $H[z]$ não possui valor quando $z = e^{j\Omega}$.[†]

Esse importante resultado mostra que a resposta de um sistema LDIT BIBO estável ou assintoticamente estável a uma entrada senoidal em tempo discreto de frequência Ω também é uma senoide em tempo discreto de mesma frequência. *A amplitude da senoide de saída é* $|H[e^{j\Omega}]|$ *vezes a amplitude de entrada e a fase da senoide de saída é deslocada de* $\angle H[e^{j\Omega}]$ *com relação a fase de entrada.* Claramente, $|H[e^{j\Omega}]|$ é o ganho de amplitude e um gráfico de $|H[e^{j\Omega}]|$ em função de Ω é a resposta em amplitude do sistema em tempo discreto. Similarmente, $\angle H[e^{j\Omega}]$ é a resposta de fase do sistema e um gráfico de $\angle H[e^{j\Omega}]$ em função de Ω mostra como o sistema modifica ou desloca a fase da senoide de entrada. Observe que $H[e^{j\Omega}]$ incorpora a informação das respostas de amplitude e fase e, portanto, é chamado de *resposta em frequência* do sistema.

Resposta de Regime Permanente a Entrada Senoidal Causal

Tal como no caso de sistemas em tempo contínuo, podemos mostrar que a resposta de um sistema LDIT a uma entrada senoidal causal $\cos \Omega n \, u[n]$ é $y[n]$ na Eq. (5.46a) mais a componente natural constituída dos modos característicos (veja o Prob. 5.5-6) Para um sistema estável, todos os modos decaem exponencialmente e apenas a componente senoidal da Eq. (5.46a) permanecerá. Por essa razão, essa componente é chamada de resposta em *regime permanente* senoidal do sistema. Portanto, $y_{ss}[n]$, a resposta em regime permanente do sistema a uma entrada senoidal causal $\cos \Omega n \, u[n]$ é

$$y_{ss}[n] = |H[e^{j\Omega}]|\cos(\Omega n + \angle H[e^{j\Omega}])u[n]$$

Resposta do Sistema a Senoides em Tempo Contínuo Amostradas

Até este momento, consideramos a resposta de um sistema em tempo discreto a uma senoide em tempo discreto $\cos \Omega n$ (ou a exponencial $e^{j\Omega}$). Na prática, a entrada pode ser a amostragem de uma senoide em tempo contínuo $\cos \omega t$ (ou a uma exponencial $e^{j\omega t}$). Quando a senoide $\cos \omega t$ é amostrada com intervalo de amostragem T, o sinal resultante é a senoide em tempo discreto $\cos \omega nT$, obtido fazendo $t = nT$ em $\cos \omega t$. Portanto, todos os resultados desenvolvidos nesta seção se aplicam se substituirmos ωT por Ω:

$$\Omega = \omega T \tag{5.47}$$

[†] Este fato também pode ser argumentado como mostrado a seguir. Para sistemas BIBO instáveis, a resposta de entrada nula contém termos de modos naturais não decrescentes na forma $\cos \Omega_0 n$ ou $\gamma^n \cos \Omega_0 n$ ($\gamma > 1$). Logo, a resposta de tais sistemas a senoide cos Ωn irá conter não apenas a senoide de frequência Ω, mas também modos naturais não decrescentes, tornando o conceito de resposta em frequência sem sentido. Alternativamente, podemos argumentar que quando $z = e^{j\Omega}$, um sistema BIBO instável viola a condição de dominância $|\gamma_i| < |e^{j\Omega}|$ para todo i, na qual γ_i representa a i-ésima raiz característica do sistema (veja a Seção 4.3).

EXEMPLO 5.10

Para um sistema especificado pela equação
$$y[n+1] - 0,8y[n] = x[n+1]$$
Determine a resposta do sistema para as entradas

(a) $1^n = 1$

(b) $\cos\left[\dfrac{\pi}{6}n - 0,2\right]$

(c) senoide $\cos 1500t$ com intervalo de amostragem $T = 0,001$

A equação do sistema pode ser descrita por
$$(E - 0,8)y[n] = Ex[n]$$
Portanto, a função de transferência do sistema é
$$H[z] = \frac{z}{z - 0,8} = \frac{1}{1 - 0,8z^{-1}}$$

A resposta em frequência é
$$H[e^{j\Omega}] = \frac{1}{1 - 0,8e^{-j\Omega}}$$
$$= \frac{1}{1 - 0,8(\cos \Omega - j \operatorname{sen} \Omega)} \tag{5.48}$$
$$= \frac{1}{(1 - 0,8\cos \Omega) + j0,8 \operatorname{sen} \Omega}$$

Logo
$$|H[e^{j\Omega}]| = \frac{1}{\sqrt{(1 - 0,8\cos \Omega)^2 + (0,8 \operatorname{sen} \Omega)^2}}$$
$$= \frac{1}{\sqrt{1,64 - 1,6\cos \Omega}} \tag{5.49a}$$

e
$$\angle H[e^{j\Omega}] = -\tan^{-1}\left[\frac{0,8 \operatorname{sen} \Omega}{1 - 0,8\cos \Omega}\right] \tag{5.49b}$$

A resposta em amplitude $|H[e^{j\Omega}]|$ pode ser obtida observando que $|H|^2 = HH^*$. Portanto,
$$|H[e^{j\Omega}]|^2 = H[e^{j\Omega}]H^*[e^{j\Omega}]$$
$$= H[e^{j\Omega}]H[e^{-j\Omega}] \tag{5.50}$$

A partir da Eq. (5.48), temos que
$$|H[e^{j\Omega}]|^2 = \left(\frac{1}{1 - 0,8e^{-j\Omega}}\right)\left(\frac{1}{1 - 0,8e^{j\Omega}}\right) = \frac{1}{1,64 - 1,6\cos \Omega}$$
a qual resulta no resultado determinado anteriormente pela Eq. (5.49a).

A Fig. 5.14 mostra o gráfico das respostas em amplitude e fase em função de Ω. Podemos, agora, determinar a resposta em amplitude e fase para as várias entradas.

(a) $x[n] = 1^n = 1$

Como $1^n = (e^{j\Omega})^n$ com $\Omega = 0$, a resposta em amplitude é $H[e^{j0}]$. A partir da Eq. (5.49a), obtemos

$$H[e^{j0}] = \frac{1}{\sqrt{1{,}64 - 1{,}6\cos(0)}} = \frac{1}{\sqrt{0{,}04}} = 5 = 5\angle 0$$

Logo

$$|H[e^{j0}]| = 5 \quad \text{e} \quad \angle H[e^{j0}] = 0$$

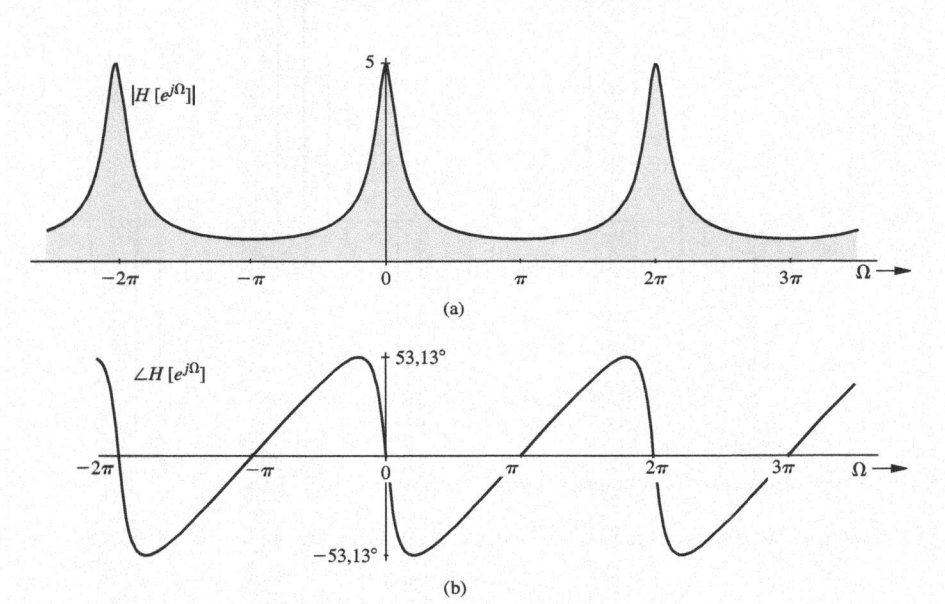

Figura 5.14 Resposta em frequência para um sistema LDIT.

Estes valores também podem ser obtidos diretamente da Fig. 5.14a e 5.14b, respectivamente, correspondendo a $\Omega = 0$. Desta forma, a resposta do sistema a entrada 1 é

$$y[n] = 5(1^n) = 5 \quad \text{para todo } n \tag{5.51}$$

(b) $x[n] = \cos[(\pi/6)n - 0{,}2]$

Aqui $\Omega = \pi/6$. De acordo com as Eqs. (5.49)

$$|H[e^{j\pi/6}]| = \frac{1}{\sqrt{1{,}64 - 1{,}6\cos\dfrac{\pi}{6}}} = 1{,}983$$

$$\angle H[e^{j\pi/6}] = -\tan^{-1}\left[\frac{0{,}8\,\text{sen}\,\dfrac{\pi}{6}}{1 - 0{,}8\cos\dfrac{\pi}{6}}\right] = -0{,}916\text{ rad}$$

Esses valores também podem ser diretamente lidos da Fig. 5.14a e 5.14b, respectivamente, correspondendo a $\Omega = \pi/6$. Portanto,

$$y[n] = 1{,}983 \cos\left(\frac{\pi}{6}n - 0{,}2 - 0{,}916\right)$$
$$= 1{,}983 \cos\left(\frac{\pi}{6}n - 1{,}116\right)$$
(5.52)

A Fig. 5.15 mostra a entrada $x[n]$ e a resposta correspondente do sistema.

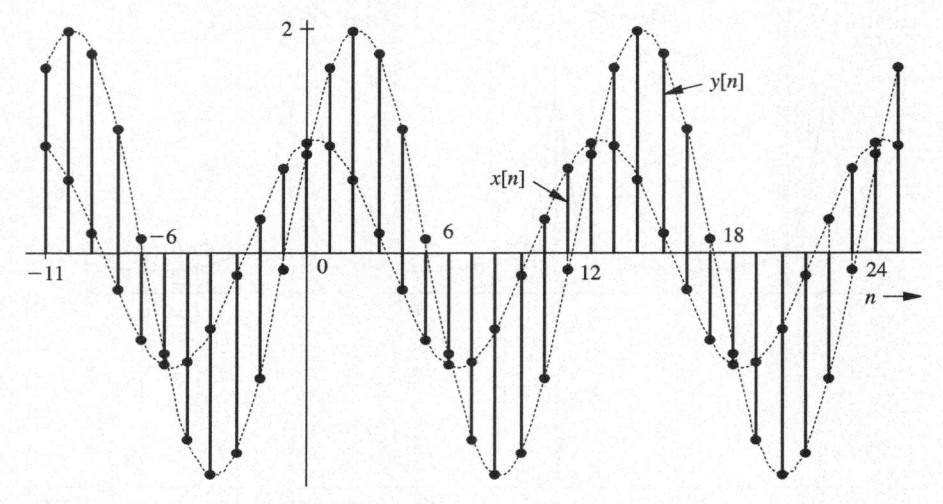

Figura 5.15 Entrada senoidal e saída correspondente de um sistema LDIT.

(c) A senoide cos 1500t amostrada a cada T segundos ($t = nT$) resulta na senoide em tempo discreto

$$x[n] = \cos 1500nT \tag{5.53}$$

Para $T = 0{,}001$, a entrada é

$$x[n] = \cos(1{,}5n)$$

Neste caso, $\Omega = 1{,}5$. De acordo com as Eqs. (5.49a) e (5.49b),

$$|H[e^{j1{,}5}]| = \frac{1}{\sqrt{1{,}64 - 1{,}6\cos(1{,}5)}} = 0{,}809 \tag{5.54}$$

$$\angle H[e^{j1{,}5}] = -\tan^{-1}\left[\frac{0{,}8 \operatorname{sen}(1{,}5)}{1 - 0{,}8\cos(1{,}5)}\right] = -0{,}702 \text{ rad} \tag{5.55}$$

Esses valores também podem ser lidos diretamente da Fig. 5.14 correspondendo a $\Omega = 1{,}5$. Portanto,

$$y[n] = 0{,}809 \cos(1{,}5n - 0{,}702)$$

EXEMPLO DE COMPUTADOR C5.1

Usando o MATLAB, determine a resposta em frequência do sistema do Exemplo 5.10.

```
>> Omega = linspace(-pi,pi,400);
>> H = tf([1 0],[1 -0.8],-1);
>> H_Omega = squeeze(freqresp(H,Omega));
>> subplot(2,1,1); plot(Omega,abs(H_Omega),'k'); axis tight;
>> xlabel('\Omega'); ylabel('|H[e^{j \Omega}]|');
>> subplot(2,1,2); plot(Omega,angle(H_Omega)*180/pi,'k'); axis tight;
>> xlabel('\Omega'); ylabel('\angle H[e^{j \Omega}] [deg]');
```

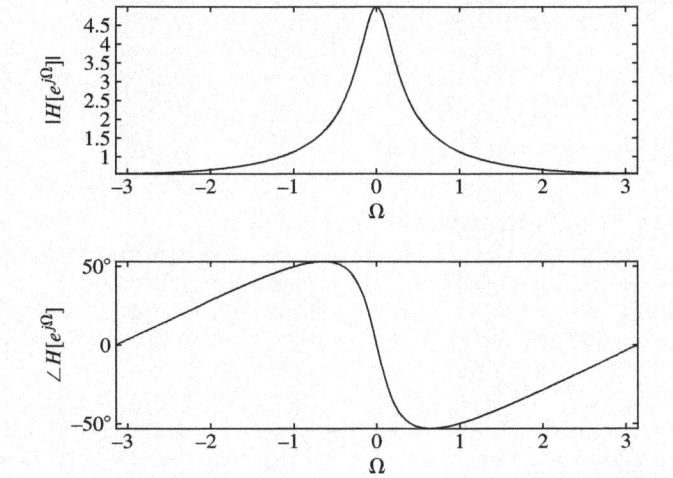

Figura C5.1

Comentário. A Fig. 5.14 mostra os gráficos da resposta em amplitude e fase como funções de Ω. Estes gráficos, além das Eqs. (5.49), indicam que a resposta em frequência de um sistema em tempo discreto é uma função contínua (e não discreta) da frequência Ω. Não existe nenhuma contradição neste fato. Este comportamento é simplesmente uma indicação de que a variável de frequência Ω é contínua (assume todos os possíveis valores) e, portanto, a resposta do sistema existe para todo valor de Ω.

EXERCÍCIO E5.18

Para um sistema especificado pela equação
$$y[n+1] - 0{,}5y[n] = x[n]$$
Determine a resposta em amplitude e fase. Determine a resposta do sistema à entrada senoidal $\cos(1000t - (\pi/3))$ amostrada a cada $T = 0{,}5$ ms.

RESPOSTA

$$|H[e^{j\Omega}]| = \frac{1}{\sqrt{1{,}25 - \cos \Omega}}$$

$$\angle H[e^{j\Omega}] = -\tan^{-1}\left[\frac{\operatorname{sen} \Omega}{\cos \Omega - 0{,}5}\right]$$

$$y[n] = 1{,}639 \cos\left(0{,}5n - \frac{\pi}{3} - 0{,}904\right) = 1{,}639 \cos(0{,}5n - 1{,}951)$$

EXERCÍCIO E5.19

Mostre que para um atraso ideal ($H[z] = 1/z$), a resposta em amplitude é $|H[e^{j\Omega}]| = 1$ e a resposta em fase é $\angle H[e^{j\Omega}] = -\Omega$. Portanto, um atraso de tempo puro não afeta o ganho de amplitude da entrada senoidal, mas causa um deslocamento (atraso) de fase de Ω radianos em uma senoide discreta com frequência Ω. Logo, para um atraso ideal, o deslocamento de fase da senoide de saída é proporcional a frequência da senoide de entrada (deslocamento de fase linear)

5.5-1 Natureza Periódica da Resposta em Frequência

No Exemplo 5.10 e na Fig. 5.14, vimos que a resposta em frequência $H[e^{j\Omega}]$ é uma função periódica de Ω. Isso não é uma coincidência. Ao contrário de sistemas em tempo contínuo, todos os sistemas LDIT possuem uma resposta em frequência periódica. Esse fato é visto claramente da natureza da expressão da resposta em frequência de um sistema LDIT. Como $e^{\pm j2\pi m} = 1$ para todos os valores inteiros de m [veja a Eq. (B.12)],

$$H[e^{j\Omega}] = H\left[e^{j(\Omega + 2\pi m)}\right] \quad m \text{ inteiro} \tag{5.56}$$

Portanto, a resposta em frequência $H[e^{j\Omega}]$ é uma função periódica de Ω com período 2π. Essa é a explicação matemática do comportamento periódico. A explicação física apresentada a seguir possibilita uma melhor compreensão do comportamento periódico.

Não Unicidade de Formas de Onda Senoidais em Tempo Discreto

A senoide em tempo contínuo cos ωt possui uma única forma de onda para qualquer valor real de ω na faixa de 0 a ∞. Aumentando ω, temos uma senoide de frequência maior. Isto não acontece com a senoide em tempo discreto cos Ωn porque

$$\cos[(\Omega \pm 2\pi m)n] = \cos \Omega n \quad m \text{ inteiro} \tag{5.57a}$$

e

$$e^{j(\Omega \pm 2\pi m)n} = e^{j\Omega n} \quad m \text{ inteiro} \tag{5.57b}$$

Isso mostra que senoides em tempo discreto cos Ωn (e exponenciais $e^{j\Omega n}$) separadas por valores de Ω em múltiplos inteiros de 2π são idênticas. A razão para essa natureza periódica da resposta em frequência de um sistema LDIT está, agora, clara. Como as senoides (ou exponenciais) com frequências separadas por um intervalo de 2π são idênticas, a resposta do sistema a tais senoides também é idêntica e, portanto, é periódica com período 2π.

Esta discussão mostra que a senoide em tempo discreto cos Ωn possui uma única forma de onda apenas para valores de Ω na faixa de $-\pi$ a π. Esta faixa é chamada de *faixa fundamental* (ou banda fundamental). Qualquer frequência Ω, não importa quão grande seja, é idêntica a alguma outra frequência Ω_a, na faixa fundamental ($-\pi \leq \Omega_a \leq \pi$), logo

$$\Omega_a = \Omega - 2\pi m \quad -\pi \leq \Omega_a < \pi \quad \text{e} \quad m \text{ inteiro} \tag{5.58}$$

O inteiro m pode ser positivo ou negativo. Utilizamos a Eq. (5.58) para traçar a faixa de frequência fundamental Ω_a em função da frequência Ω de uma senoide (Fig. 5.16a). A frequência Ω_a é módulo 2π valor de Ω. Todas estas conclusões também são válidas para a exponencial $e^{j\Omega n}$.

Todos os Sinais em Tempo Discreto são Inerentemente Limitados em Faixa

Essa discussão resulta na surpreendente conclusão que todos os sinais em tempo discreto são inerentemente limitados em faixa, com frequências na faixa de $-\pi$ a π radianos por amostra. Em termos da frequência $\mathcal{F} = \Omega/2\pi$, na qual $\mathcal{F}$ são ciclos por amostra, todas as frequências $\mathcal{F}$ separadas por um número inteiro são idênticas. Por exemplo, todas as senoides em tempo discreto com frequências 0,3; 1,3; 2,3;.... ciclos por amostra são idênticas. A faixa fundamental de frequências é de $-0,5$ a $0,5$ ciclos por amostra.

Qualquer senoide em tempo discreto com frequência além da faixa fundamental, quando traçada, parece e se comporta, de todas as formas, como uma senoide tendo sua frequência na faixa fundamental. É impossível distinguir os dois sinais. Portanto, em um sentido básico, frequências em tempo discreto além de $|\Omega| = \pi$ ou $|\mathcal{F}| = 1/2$ não existem. Mesmo assim, no sentido "matemático", devemos admitir a existência de senoides com frequências além de $\Omega = \pi$. O que isto significa?

Um Homem Chamado Roberto

Para fornecer uma analogia, considere uma pessoa fictícia Sr. Roberto Teixeira. Sua mãe o chama de Rob, seus conhecidos o chamam de Beto, seus amigos mais próximos usam seu apelido, Baixinho. Roberto, Rob, Beto e Baixinho são a mesma pessoa. Entretanto, não podemos dizer que apenas o Sr. Roberto Teixeira existe, ou apenas Rob existe, ou apenas Beto existe ou apenas Baixinho existe. Todas essas quatro pessoas existem, apesar de elas serem o mesmo indivíduo. De forma parecida, não podemos dizer que a frequência $\pi/2$ existe e que a frequência $5\pi/2$ não existe. As duas são a mesma entidade, mas com nomes diferentes.

É nesse sentido que devemos admitir a existência de frequências além da faixa fundamental. De fato, expressões matemáticas no domínio da frequência automaticamente cuidam dessa necessidade pela periodicidade inerente existente nas equações. Como visto anteriormente, a própria estrutura da resposta em frequência é periódica com período 2π. Veremos posteriormente, no Capítulo 9, que o espectro de um sinal em tempo discreto também é periódico com período 2π.

Admitir a existência de frequências além de π também é matematicamente e computacionalmente conveniente em aplicações de processamento digital de sinais. Valores de frequências além de π podem ser naturalmente originadas no processo de amostragem de senoides em tempo contínuo. Como não existe limite superior para o valor de ω, não existe limite superior para o valor da frequência em tempo discreto resultante $\Omega = \omega T$.[†]

A frequência mais alta possível é π e a frequência mais baixa é 0 (CC ou constante). Claramente, as frequências mais altas são aquelas na proximidade de $\Omega = (2m + 1)\pi$ e as frequências mais baixas são as na proximidade de $\Omega = 2\pi m$ para todos valores inteiros positivos ou negativos de m.

Redução Ainda Maior na Faixa de Frequências

Como $\cos(-\Omega n + \theta) = \cos(\Omega n + \theta)$, a frequência na faixa de $-\pi$ a 0 é idêntica (de mesma amplitude) à frequência na faixa de 0 a π (mas com mudança no sinal da fase). Consequentemente, a *frequência aparente* de uma senoide em tempo discreto de qualquer frequência é igual a algum valor na faixa de 0 a π. Portanto, $\cos(8,7\pi n + \theta) = \cos(0,7\pi n + \theta)$, e a frequência aparente é $0,7\pi$. Similarmente,

$$\cos(9,6\pi n + \theta) = \cos(-0,4\pi n + \theta) = \cos(0,4\pi n - \theta)$$

Logo, a frequência $9,6\pi$ é idêntica (em todos os pontos) a frequência $-0,4\pi$, a qual, por sua vez, é igual (sem o sinal de sua fase) à frequência $0,4\pi$. Neste caso, a frequência aparente se reduz a $|\Omega_a| = 0,4\pi$. Podemos generalizar o resultado para dizer que a frequência aparente de uma senoide em tempo discreto Ω é $|\Omega_a|$, como determinada pela Eq. (5.58) e, se $\Omega_a < 0$, existe uma reversão de fase. A Fig. 5.16b mostra Ω em função da frequência aparente Ω_a. As faixas sombreadas representam as faixas de Ω nas quais existe uma reversão de fase, quando representada em termos de $|\Omega_a|$. Por exemplo, a frequência aparente das duas senoides $\cos(2,4\pi + \theta)$ e $\cos(3,6\pi + \theta)$ é $|\Omega_a| = 0,4\pi$, como visto na Fig. 5.16b. Mas $2,4\pi$ está na faixa não sombreada e $3,6\pi$ está na faixa sombreada. Logo, estas duas senoides são iguais a $\cos(0,4\pi + \theta)$ e $\cos(0,4\pi - \theta)$, respectivamente.

Apesar de toda senoide em tempo discreto poder ser expressa como tendo a frequência na faixa de 0 a π, geralmente utilizamos a faixa de frequência de $-\pi$ a π ao invés de 0 a π por duas razões. Primeiro, a representação exponencial de senoide com frequência na faixa de 0 a π requer uma faixa de $-\pi$ a π. Segundo, mesmo quando utilizamos a representação trigonométrica, geralmente precisamos da faixa de frequências de $-\pi$ a π para termos uma representação exata (sem reversão de fase) de senoides de mais alta frequência.

[†] Entretanto, se Ω for além de π, a sobreposição resultante reduz a frequência aparente para $\Omega_a < \pi$.

482 SINAIS E SISTEMAS LINEARES

Em alguns casos práticos, no lugar da faixa de $-\pi$ a π, podemos utilizar outras faixas contínuas de largura 2π. A faixa de 0 a 2π, por exemplo, é utilizada em várias aplicações. É deixado como exercício para o leitor mostrar que as frequências na faixa de π a 2π são idênticas às na faixa de $-\pi$ a 0.

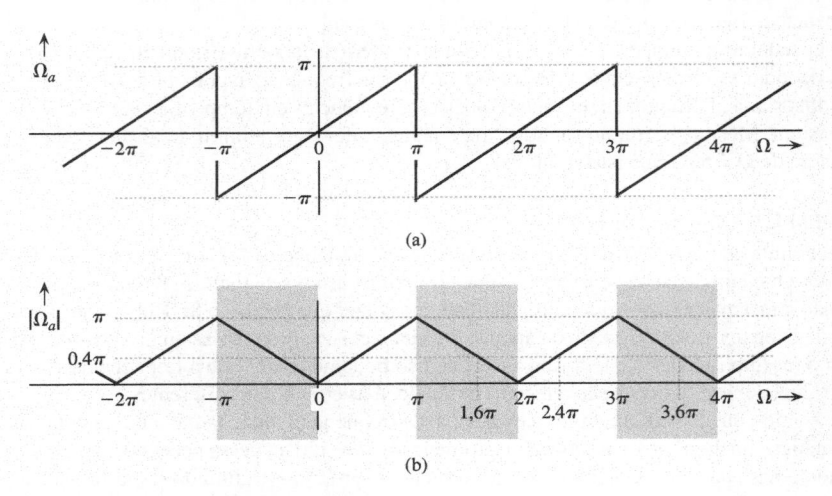

Figura 5.16 (a) Frequência real *versus* (b) frequência aparente.

EXEMPLO 5.11

Expresse os sinais a seguir em termos de suas frequências aparentes.

(a) $\cos(0,5\pi n + \theta)$
(b) $\cos(1,6\pi n + \theta)$
(c) $\text{sen}(1,6\pi n + \theta)$
(d) $\cos(2,3\pi n + \theta)$
(e) $\cos(34,699n + \theta)$

(a) $\Omega = 0,5\pi$ já está na faixa reduzida. Isto também é evidente da Fig. 5.16a ou 5.16b. Como $\Omega_a = 0,5\pi$ e não existe reversão de fase, a senoide aparente é $\cos(0,5\pi n + \theta)$.

(b) Podemos escrever $1,6\pi = -0,4\pi + 2\pi$, tal que $\Omega_a = -0,4\pi$ e $|\Omega_a| = 0,4$. Além disso, Ω_a é negativo, implicando mudança de sinal da fase. Logo, a senoide aparente é $\cos(0,4\pi n - \theta)$. Este fato também é evidente na Fig. 5.16b.

(c) Primeiro convertemos o seno para a forma cosseno, ou seja, $\text{sen}(1,6\pi n + \theta) = \cos(1,6\pi n - (\pi/2) + \theta)$. Na parte (b) determinamos $\Omega_a = -0,4\pi$. Logo, a senoide aparente é $\cos(0,4\pi n + (\pi/2) - \theta) = -\text{sen}(0,4\pi n - \theta)$. Neste caso, tanto a fase quanto a amplitude mudam de sinal.

(d) $2,3\pi = 0,3\pi + 2\pi$ tal que $\Omega_a = 0,3\pi$. Logo, a senoide aparente é $\cos(0,3\pi n + \theta)$.

(e) Temos $34,699 = -3 + 6(2\pi)$. Logo, $\Omega_a = -3$ e a frequência aparente é $|\Omega_a| = 3$ rad/amostra. Como Ω_a é negativo, existe uma mudança no sinal da fase. Logo, a senoide aparente é $\cos(3n - \theta)$.

EXERCÍCIO E5.20

Mostre que as frequências com senoides Ω de

(a) 2π
(b) 3π
(c) 5π
(d) $3,2\pi$
(e) $22,1327$
(f) $\pi + 2$

podem ser descritas, respectivamente, por senoides de frequências

(a) 0
(b) π
(c) π
(d) $0,8\pi$
(e) 3
(f) $\pi - 2$

Mostre que nos casos (d), (e) e (f) a fase muda de sinal.

5.5-2 *Aliasing* e Taxa de Amostragem

A não unicidade de senoides em tempo discreto e a repetição periódica das mesmas formas de onda em intervalos de 2π pode parecer inócuo, mas na realidade resulta em um sério problema no processamento de sinais em tempo contínuo por filtros digitais. Uma senoide cos ωt, em tempo contínuo, amostrada a cada T segundos ($t = nT$) resulta em uma senoide cos ωnT, em tempo discreto, a qual é cos Ωn com $\Omega = \omega T$. As senoides cos Ωn em tempo discreto possuem uma única forma de onda apenas para valores de frequência na faixa $\Omega < \pi$ ou $\omega T < \pi$. Portanto, amostras de senoides em tempo contínuo de duas (ou mais) frequências diferentes podem gerar o mesmo sinal em tempo discreto, como mostrado na Fig. 5.17. Este fenômeno é chamado de aliasing, *pois em função da amostragem, duas senoides analógicas totalmente diferentes assumem a mesma identidade "em tempo discreto"*.[†]

O *aliasing* causa ambiguidade no processamento digital de sinais, tornando impossível determinar a verdadeira frequência do sinal amostrado. Considere, por exemplo, o processamento digital de um sinal em tempo contínuo que contém duas componentes de frequências distintas, ω_1 e ω_2. As amostras destas componentes aparecem como senoides em tempo discreto com frequências $\Omega_1 = \omega_1 T$ e $\Omega_2 = \omega_2 T$. Se Ω_1 e Ω_2 forem diferentes por um múltiplo inteiro de 2π (se $\omega_1 - \omega_2 = 2k\pi/T$), as duas frequências serão lidas como se fossem a mesma frequência (a menor das duas) pelo processador digital.[‡] Como resultado, a componente de mais alta frequência ω_2 não apenas estará perdida para sempre (perdendo sua identidade para ω_1), mas reencarnará como uma componente de frequência ω_1, distorcendo a verdadeira amplitude da componente original de frequência ω_1. Logo, o sinal processado resultante estará distorcido. Claramente, o *aliasing* é altamente indesejado e deve ser evitado. Para evitar o *aliasing*, as frequências das senoides em tempo contínuo a serem processadas devem ser mantidas dentro da faixa fundamental $\omega T \le \pi$ ou $\omega \le \pi/T$. Dentro dessa condição, a questão de ambiguidade ou *aliasing* desaparece porque qualquer senoide em tempo contínuo de frequência nesta faixa possui uma única forma de onda quando amostrada. Portanto, se ω_h é a mais alta frequência a ser processada, então, para evitar o *aliasing*,

$$\omega_h < \frac{\pi}{T} \tag{5.59}$$

[†] A Fig. 5.17 mostra amostras de duas senoides cos $12\pi t$ e cos $2\pi t$ tomadas a cada 0,2 segundos. As frequências em tempo discreto correspondentes ($\Omega = \omega T = 0,2\omega$) são cos $2,4\pi n$ e cos $0,4\pi n$. A frequência aparente de $2,4\pi$ é $0,4\pi$, idêntica à frequência em tempo discreto correspondente a senoide mais lenta. Isso mostra que as amostras das duas senoides em tempo contínuo em intervalos de 0,2 segundos são idênticas, como verificada na Fig. 5.17.

[‡] No caso mostrado na Fig. 5.17, $\omega_1 = 12\pi$, $\omega_2 = 2\pi$ e $T = 0,2$. Logo, $\omega_1 - \omega_2 = 10\pi T = 2\pi$ e as duas frequências são interpretadas como a mesma frequência $\Omega = 0,4\pi$ pelo processador digital.

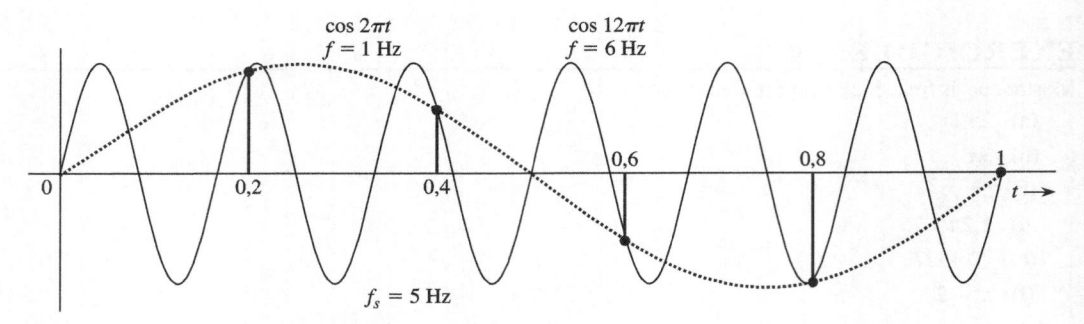

Figura 5.17 Demonstração do efeito de *aliasing*.

Se f_h é a mais alta frequência em hertz, $f_h = \omega_h/2\pi$, e, de acordo com a Eq. (5.59),

$$f_h < \frac{1}{2T} \qquad (5.60a)$$

ou

$$T < \frac{1}{2f_h} \qquad (5.60b)$$

Esta equação mostra que o processamento de sinais em tempo discreto limita a frequência mais alta, f_h, que pode ser processada para um dado valor de intervalo de amostragem T, de acordo com a Eq. (5.60a). Mas podemos processar um sinal de qualquer frequência (sem *aliasing*) escolhendo um valor adequado de T de acordo com a Eq. (5.60b). A taxa ou frequência de amostragem f_s é recíproca ao intervalo de amostragem T e, de acordo com a Eq. (5.60b),

$$f_s = \frac{1}{T} > 2f_h \qquad (5.61a)$$

tal que

$$f_h < \frac{f_s}{2} \qquad (5.61b)$$

Este resultado é um caso especial do conhecido *teorema da amostragem* (o qual será provado no Capítulo 8). Ele afirma que para processar uma senoide em tempo contínuo por um sistema em tempo discreto, a taxa de amostragem deve ser maior do que duas vezes a frequência (em hertz) da senoide. Ou seja, *uma senoide amostrada deve ter no mínimo duas amostras por ciclo*.[†] Para taxas de amostragem abaixo desse valor mínimo, o sinal de saída terá o efeito de *aliasing*, significando que ele será confundido com uma senoide de frequência mais baixa.

Filtro Anti-*Aliasing*

Se a taxa de amostragem não satisfizer a condição (5.61), ocorrerá o *aliasing*, fazendo com que frequência além de $f_s/2$ Hz sejam mascaradas como frequências menores, corrompendo o espectro de frequência abaixo de $f_s/2$. Para evitar este problema, um sinal a ser amostrado passa por um filtro anti-*aliasing* com largura de faixa de $f_s/2$ antes da amostragem. Essa operação garante a condição (5.61). O efeito colateral deste filtro é a perda de componentes espectrais do sinal além da frequência $f_s/2$, a qual é uma alternativa preferível ao efeito de *aliasing* em frequências abaixo de $f_s/2$. O Capítulo 8 apresenta uma análise mais detalhada do problema de *aliasing*.

[†] Falando estritamente, devemos ter mais do que duas amostras por ciclo.

EXEMPLO 5.12

Determine o intervalo de amostragem máximo T que pode ser utilizado em um oscilador em tempo discreto, o qual gera uma senoide de 50 kHz.

Neste caso a frequência mais alta significante é $f_h = 50\text{kHz}$. Portanto, a partir da Eq. (5.60b)

$$T < \frac{1}{2f_h} = 10\,\mu\text{s}$$

O intervalo de amostragem deve ser menor do que 10µs. A frequência de amostragem é $f_s = 1/T > 100$ kHz.

EXEMPLO 5.13

Um amplificador em tempo discreto usa um intervalo de amostragem $T = 25\mu s$. Qual é a maior frequência de um sinal que pode ser processado por este amplificador sem *aliasing*?

A partir da Eq. (5.60a)

$$f_h < \frac{1}{2T} = 20 \text{ kHz}$$

5.6 Resposta em Frequência a Partir da Posição dos Polos-Zeros

As respostas em frequência (respostas de amplitude e fase) de um sistema são determinadas pelas posições dos polos-zeros da função de transferência $H[z]$. Tal como em sistemas em tempo contínuo, é possível determinar rapidamente a resposta em amplitude e fase, além de se ter uma ideia das propriedades de filtragem de sistemas em tempo discreto usando uma técnica gráfica. A função genérica de transferência $H[z]$ de ordem N da Eq. (5.34) pode ser descrita na forma fatorada por

$$H[z] = b_0 \frac{(z - z_1)(z - z_2)\cdots(z - z_N)}{(z - \gamma_1)(z - \gamma_2)\cdots(z - \gamma_N)} \tag{5.62}$$

Podemos calcular $H[z]$ graficamente usando os conceitos discutidos na Seção 4.10. O segmento de linha direcional de z_i a z no plano complexo (Fig. 5.18a) representa o número complexo $z - z_i$. O tamanho deste segmento é $|z - z_i|$ e seu ângulo com o eixo horizontal é $\angle(z - z_i)$.

Para calcular a resposta em frequência $H[e^{j\Omega}]$ calculamos $H[z]$ para $z = e^{j\Omega}$. Mas para $z = e^{j\Omega}$, $|z| = 1$ e $\angle z = \Omega$, tal que $z = e^{j\Omega}$ representa um ponto no círculo unitário com ângulo Ω com o eixo horizontal. Conectamos todos os zeros ($z_1, z_2,..., z_N$) e todos os polos ($\gamma_1, \gamma_2,..., \gamma_N$) ao ponto $e^{j\Omega}$ como indicado na Fig. 5.18b. Sejam $r_1, r_2,..., r_N$ os comprimentos e $\phi_1, \phi_2,..., \phi_N$ os ângulos, respectivamente, das linhas conectando $z_1, z_2,..., z_N$ ao ponto $e^{j\Omega}$. Similarmente, sejam $d_1, d_2,..., d_N$ os comprimentos e $\theta_1, \theta_2,..., \theta_N$ os ângulos, respectivamente, das linhas conectando $\gamma_1, \gamma_2,..., \gamma_N$ ao ponto $e^{j\Omega}$. então,

$$H[e^{j\Omega}] = H[z]\big|_{z=e^{j\Omega}} = b_0 \frac{(r_1 e^{j\phi_1})(r_2 e^{j\phi_2})\cdots(r_N e^{j\phi_N})}{(d_1 e^{j\theta_1})(d_2 e^{j\theta_2})\cdots(d_N e^{j\theta_N})} \tag{5.63}$$

$$= b_0 \frac{r_1 r_2 \cdots r_N}{d_1 d_2 \cdots d_N} e^{j[(\phi_1+\phi_2+\cdots+\phi_N)-(\theta_1+\theta_2+\cdots+\theta_N)]} \tag{5.64}$$

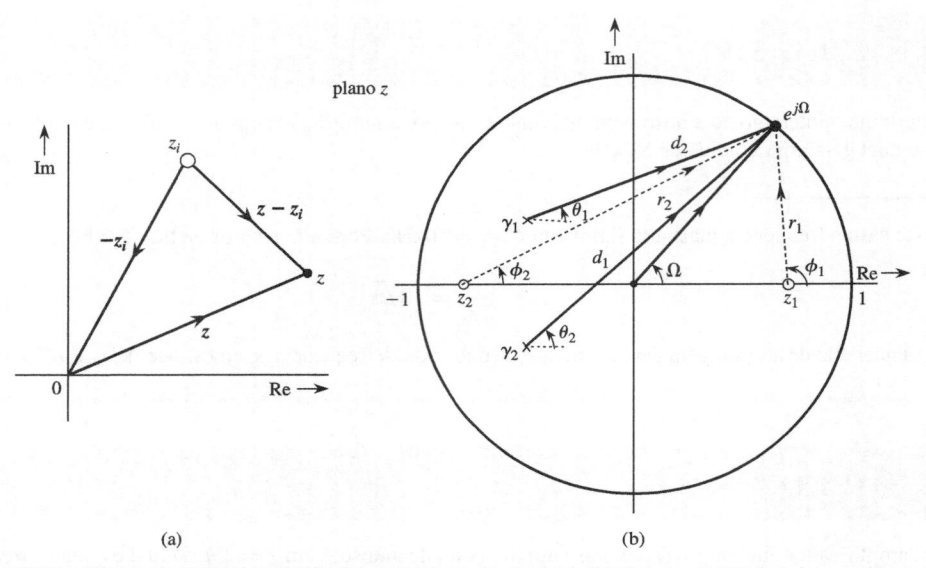

Figura 5.18 Representação vetorial de (a) números complexos e (b) fatores de $H[z]$.

Portanto (assumindo $b_0 > 0$),

$$|H[e^{j\Omega}]| = b_0 \frac{r_1 r_2 \cdots r_N}{d_1 d_2 \cdots d_N}$$

$$= b_0 \frac{\text{produtos das distâncias dos zeros a } e^{j\Omega}}{\text{produtos das distâncias dos pólos a } e^{j\Omega}} \quad (5.65a)$$

e

$$\angle H[e^{j\Omega}] = (\phi_1 + \phi_2 + \cdots + \phi_N) - (\theta_1 + \theta_2 + \cdots + \theta_N)$$

$$= \text{soma dos ângulos dos zeros a } e^{j\Omega} - \text{soma dos ângulos dos pólos a } e^{j\Omega} \quad (5.65b)$$

Dessa forma, podemos calcular a resposta em frequência $H[e^{j\Omega}]$ para qualquer valor de Ω selecionando o ponto no círculo unitário no ângulo Ω. Este ponto é $e^{j\Omega}$. Para calcular a resposta em frequência $H[e^{j\Omega}]$, conectamos todos os polos e zeros a este ponto e utilizamos as equações anteriores para determinarmos $|H[e^{j\Omega}]|$ e $\angle H[e^{j\Omega}]$. Repetimos este procedimento para todos os valores de Ω, de 0 a π obtendo a resposta em frequência.

CONTROLANDO O GANHO PELA COLOCAÇÃO DE POLOS E ZEROS

A natureza da influência das posições dos polos e zeros na resposta em frequência é similar ao observado em sistemas em tempo contínuo, com pequenas diferenças. No lugar do eixo imaginário em sistemas em tempo contínuo, temos o círculo unitário no caso em tempo discreto. Quanto mais próximo o polo (ou zero) estiver do ponto $e^{j\Omega}$ (no círculo unitário)[17], representando alguma frequência Ω, maior a influência do polo (ou zero) na resposta em amplitude naquela frequência, porque o tamanho do vetor unindo aquele polo (ou zero) ao ponto $e^{j\Omega}$ será pequeno. A proximidade de um polo (ou zero) possui efeito similar na resposta em fase. A partir da Eq. (5.65a), fica claro que para aumentarmos a resposta em amplitude na frequência Ω, devemos colocar um polo o mais próximo possível do ponto $e^{j\Omega}$ (o qual está no círculo unitário).[†] Similarmente, para reduzir a resposta em amplitude na frequência Ω, devemos colocar um zero o mais perto possível do ponto $e^{j\Omega}$ no círculo unitário. A colocação de polos ou zeros repetidos irá aumentar ainda mais as suas influências.

[†] O mais próximo que podemos colocar o polo é no círculo unitário no ponto representando Ω. Essa escolha poderá levar a um ganho infinito, mas deve ser evitada porque ela resultará em um sistema marginalmente estável (BIBO instável). Quanto mais próximo o ponto do círculo unitário, mais sensível será o ganho do sistema a variações paramétricas.

A supressão total da transmissão de sinal em qualquer frequência pode ser obtida colocando-se um zero no círculo unitário no ponto correspondente a aquela frequência. Esta observação é utilizada no projeto de filtros Notch (rejeita-faixa).

A colocação de um polo ou zero na origem não influencia a resposta em amplitude, porque o tamanho do vetor conectando a origem a qualquer ponto no círculo unitário é unitário. Entretanto, um polo (ou zero) na origem adiciona o ângulo $-\Omega$ (ou Ω) a $\angle H[e^{j\Omega}]$. Logo, o espectro de fase $-\Omega$ (ou Ω) é uma função linear da frequência e, portanto, representa um atraso de tempo puro (ou avanço de tempo) de T segundos (veja o Exercício E5.19). Portanto, um polo (ou zero) na origem causa um atraso de tempo (ou avanço de tempo) de T segundos na resposta. Não há alteração na resposta em amplitude.

Para um sistema estável, todos os polos devem ser localizados dentro do círculo unitário. Os zeros podem estar em qualquer lugar. Além disso, para um sistema fisicamente realizável, $H[z]$ deve ser uma fração própria, ou seja, $N \geq M$. Se, para conseguirmos uma certa resposta em amplitude, for necessário $M > N$, ainda podemos deixar o sistema realizável colocando um número suficiente de polos na origem para termos $N = M$. Isso não irá alterar a resposta em amplitude, mas irá aumentar o atraso de tempo da resposta.

Em geral, um polo em um ponto possui efeito oposto a um zero naquele ponto. Colocando um zero próximo a um polo haverá a tendência de cancelamento do efeito daquele polo na resposta em frequência.

Filtros Passa-Baixas

Um filtro passa-baixas geralmente possui um ganho máximo para (ou próximo de) $\Omega = 0$, o que corresponde ao ponto $e^{j0} = 1$ no círculo unitário. Dessa forma, a colocação de um polo dentro do círculo unitário próximo ao ponto $z = 1$ (Fig. 5.19a) irá resultar em uma resposta passa-baixas.[†] As respostas em amplitude e fase correspondentes estão mostradas na Fig. 5.19a. Para pequenos valores de Ω, o ponto $e^{j\Omega}$ (um ponto sobre o círculo unitário no ângulo Ω) estará próximo do polo e, consequentemente, o ganho será alto. Quando Ω aumenta, a distância do ponto $e^{j\Omega}$ ao polo aumenta. Consequentemente, o ganho diminui, resultando em uma característica passa-baixas. Colocando um zero na origem não altera a resposta em amplitude, mas modifica a resposta em fase, como ilustrado na Fig. 5.19b. Colocando um zero em $z = -1$, entretanto, altera tanto a resposta em amplitude quanto a resposta em fase (Fig. 5.19c). O ponto $z = -1$ corresponde à frequência $\Omega = \pi$ ($z = e^{j\Omega} = e^{j\pi} = -1$). Consequentemente, a resposta em amplitude ficará mais atenuada para altas frequência, com um ganho zero em $\Omega = \pi$. Podemos obter características ideais de passa-baixas usando mais polos fixos próximos a $z = 1$ (mas dentro do círculo unitário). A Fig. 5.19d mostra um filtro de terceira ordem com três polos próximos a $z = 1$ e um zero de terceira ordem em $z = -1$, mostrando também a correspondente resposta em amplitude e fase. Para um filtro passa-baixas ideal, precisamos aumentar o ganho para cada frequência na faixa (0, Ω_c). Isso pode ser obtido colocando uma parede contínua de polos (necessitando de um número infinito de polos) oposta a esta faixa.

Filtros Passa-Altas

Um filtro passa-altas possui um pequeno ganho em baixas frequências e um alto ganho em altas frequências. Tal característica pode ser implementada colocando-se um ou mais polos próximo de $z = -1$, pois queremos o maior ganho possível para $\Omega = \pi$. Colocando um zero em $z = 1$ aumenta a supressão do ganho em baixas frequências. A Fig. 5.19e mostra uma possível configuração de polos-zeros de um filtro de terceira ordem passa-altas, mostrando também a respectiva resposta em amplitude e fase.

Nos dois exemplos a seguir, iremos implementar filtros analógicos usando processadores digitais e dispositivos de interface adequados (C/D e D/C), como mostrado na Fig. 3.2. Iremos examinar o projeto de processadores digitais com função de transferência $H[z]$ com o propósito de implementar filtros passa-faixa e rejeita-faixa nos exemplos a seguir.

Como a Fig. 3.2 mostra, o dispositivo C/D amostra uma entrada em tempo contínuo $x(t)$ resultando em um sinal $x[n]$ em tempo discreto, o qual é utilizado como entrada de $H[z]$. A saída $y[n]$ de $H[z]$ é convertida para um sinal $y(t)$ em tempo contínuo por um dispositivo D/C. Também vimos na Eq. (5.47) que uma senoide em tempo contínuo de frequência ω, quando amostrada, resulta em uma senoide em tempo discreto $\Omega = \omega T$.

[†] Colocando um polo em $z = 1$ resulta em um ganho máximo (infinito), mas resultará em um sistema BIBO instável e, portanto, deve ser evitado.

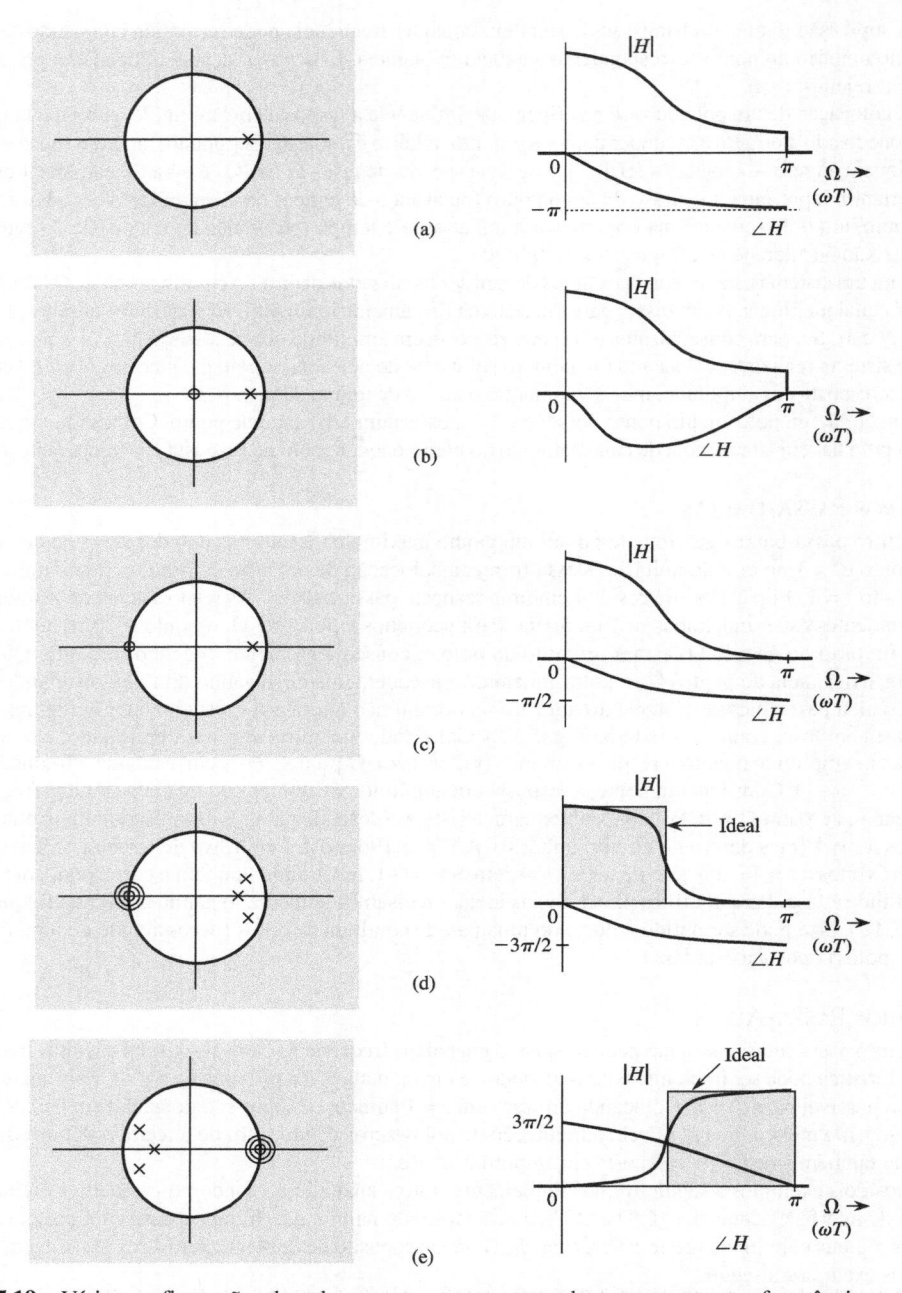

Figura 5.19 Várias configurações de polos e zeros e as correspondentes respostas em frequência.

EXEMPLO 5.14 (Filtro Passa-Faixa)

Por tentativa e erro, projete um filtro analógico sintonizado (passa-faixa) com transmissão zero para 0 Hz e também para a frequência mais alta $f_h = 500$ Hz. A frequência de ressonância deve ser 125 Hz.

Como $f_h = 500$ Hz, precisamos $T < 1/1000$ [veja a Eq. (5.60b)]. Vamos selecionar $T = 10^{-3}$.[†] Lembre-se de que as frequências analógicas ω correspondem às frequências digitais $\Omega = \omega T$. Logo, as frequências analógicas $\omega = 0$ e 100π correspondente a $\Omega = 0$ e π, respectivamente. O ganho deve ser zero nestas frequências. Logo, iremos colocar zeros em $e^{j\Omega}$ correspondendo a $\Omega = 0$ e $\Omega = \pi$. Para $\Omega = 0$, $z = e^{j\Omega} = 1$. Para $\Omega = \pi$, $e^{j\Omega} = -1$. Logo, devem haver zeros em ± 1. Além disso, precisamos aumentar a resposta na frequência de ressonância $\omega = 250\pi$, a qual corresponde a $\Omega = \pi/4$, a qual, por sua vez, corresponde a $e^{j\Omega} = e^{j\pi/4}$. Portanto, para aumentar a resposta em frequência em $\omega = 250\pi$, alocamos polos na vizinhança de $e^{j\pi/4}$. Como este é um polo complexo, também precisamos de seu conjugado próximo a $e^{-j\pi/4}$, como indicado na Fig. 5.20a. Vamos escolher estes polos γ_1 e γ_2 como

$$\gamma_1 = |\gamma|e^{j\pi/4} \quad \text{e} \quad \gamma_2 = |\gamma|e^{-j\pi/4}$$

na qual $|\gamma| < 1$ por questões de estabilidade. Quanto mais próximo γ estiver do círculo unitário, mais estreita será a resposta próxima de $\omega = 250\pi$. Também temos zeros em ± 1. Logo,

$$H[z] = K \frac{(z-1)(z+1)}{(z - |\gamma|e^{j\pi/4})(z - |\gamma|e^{-j\pi/4})} \quad (5.66)$$

$$= K \frac{z^2 - 1}{z^2 - \sqrt{2}|\gamma|z + |\gamma|^2}$$

Por conveniência escolhemos $K = 1$. A resposta em amplitude é dada por

$$|H[e^{j\Omega}]| = \frac{|e^{j2\Omega} - 1|}{|e^{j\Omega} - |\gamma|e^{j\pi/4}||e^{j\Omega} - |\gamma|e^{-j\pi/4}|}$$

Agora, usando a Eq. (5.50), obtemos

$$|H[e^{j\Omega}]|^2 = \frac{2(1 - \cos 2\Omega)}{\left[1 + |\gamma|^2 - 2|\gamma|\cos\left(\Omega - \frac{\pi}{4}\right)\right]\left[1 + |\gamma|^2 - 2|\gamma|\cos\left(\Omega + \frac{\pi}{4}\right)\right]} \quad (5.67)$$

A Fig. 5.20b mostra a resposta em amplitude em função de ω, além de $\Omega = \omega T = 10^{-3}\omega$ para valores de $|\gamma| = 0{,}83$; $0{,}96$ e 1. Como esperado, o ganho é zero para $\omega = 0$ e em 500 Hz ($\omega = 1000\pi$). Os picos de ganho estão próximos de 125 Hz ($\omega = 250\pi$). A ressonância (pico) fica mais pronunciada quando $|\gamma|$ aproxima-se de 1. A Fig. 5.20c mostra a realização canônica deste filtro [veja a Eq. (5.66)].

[†] Falando estritamente, precisamos de $T < 0{,}001$. Entretanto, iremos mostrar no Capítulo 8 que se a entrada não contém uma componente de amplitude finita em 500 Hz, $T = 0{,}001$ é adequado. Geralmente, sinais práticos satisfazem essa condição.

Figura 5.20 Projeto de um filtro passa-faixa.

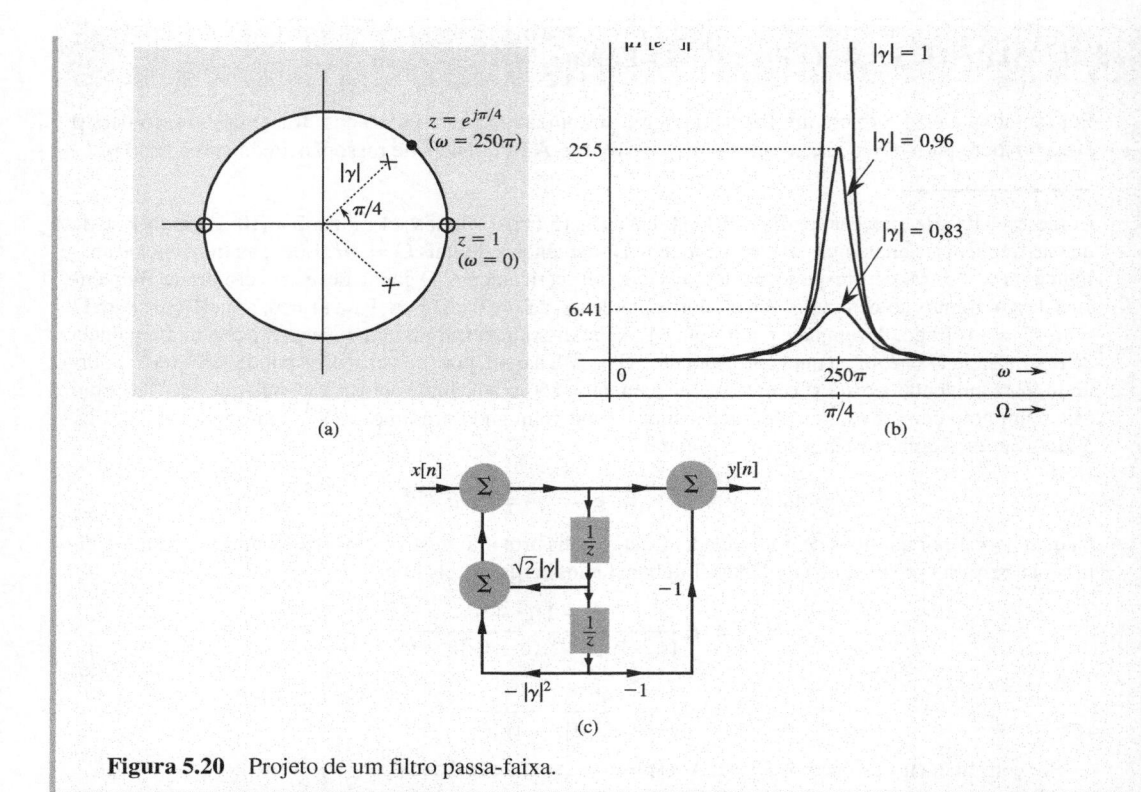

EXEMPLO DE COMPUTADOR C5.2

Utilize o MATLAB para calcular e traçar a resposta em frequência do filtro passa-faixa do Exemplo 5.14 para os seguintes casos:

(a) $|\gamma| = 0,83$
(b) $|\gamma| = 0,96$
(c) $|\gamma| = 0,99$

```
>> Omega = linspace(-pi,pi,4097); g_mag = [0.83 0.96 0.99];
>> H = zeros(length(g_mag),length(Omega));
>> for m = 1:length(g_mag),
>>     H(m,:) = freqz([1 0 -1],[1 -sqrt(2)*g_mag(m) g_mag(m)^2],Omega);
>> end
>> subplot(2,1,1); plot(Omega,abs(H(1,:)),'k-',...
>>     Omega,abs(H(2,:)),'k--',Omega,abs(H(3,:)),'k-.');
>> axis tight; xlabel('\Omega'); ylabel('|H[e^{j \Omega}]|');
>> legend('(a) |\gamma| = 0.83','(b) |\gamma| = 0.96','(c) |\gamma| = 0.99',0)
>> subplot(2,1,2); plot(Omega,angle(H(1,:)),'k-',...
>>     Omega,angle(H(2,:)),'k--',Omega,angle(H(3,:)),'k-.');
>> axis tight; xlabel('\Omega'); ylabel('\angle H[e^{j \Omega}] [rad]');
>> legend('(a) |\gamma| = 0.83','(b) |\gamma| = 0.96','(c) |\gamma| = 0.99',0)
```

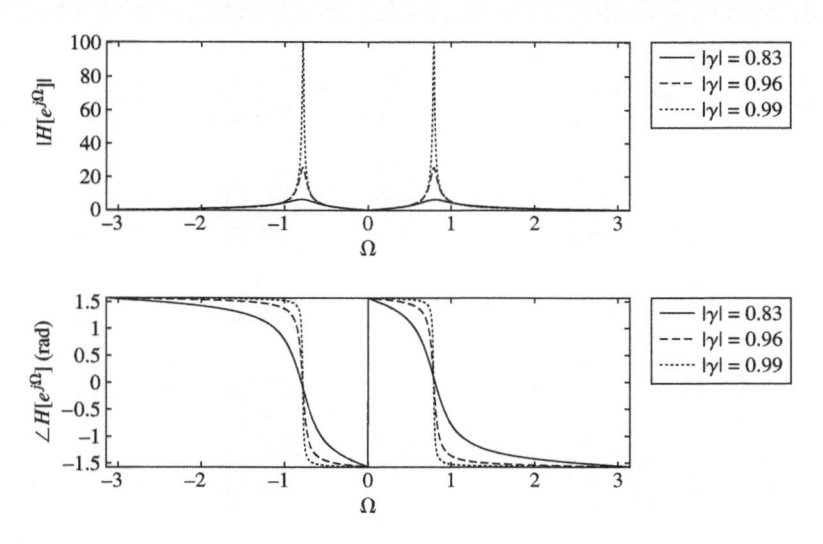

Figura C5.2

EXEMPLO 5.15 [Filtro Notch (Rejeita-Faixa)]

Projete um filtro Notch de segunda ordem que tenha transmissão nula em 250Hz e uma rápida recuperação de ganho para a unidade nos dois lados de 250 Hz. A frequência mais alta a ser processada é $f_h = 400$ Hz.

Neste caso, $T < 1/2 f_h = 1{,}25 \times 10^{-3}$. Vamos escolher $T = 10^{-3}$. Para a frequência de 250 Hz, $\Omega = 2\pi(250)T = \pi/2$. Portanto, a frequência de 250 Hz é representada pelo ponto $e^{j\Omega} = e^{j\pi/2} = j$ no círculo unitário, como mostrado na Fig. 5.12a. Como precisamos de transmissão zero nesta frequência, devemos colocar um zero em $z = e^{j\pi/2} = j$ e seu conjugado em $z = e^{-j\pi/2} = -j$. Também precisamos de uma rápida recuperação de ganho nos dois lados da frequência 250 Hz. Para isto, colocamos dois polos próximos aos zeros, para cancelar o efeito dos dois zeros quando nos movemos para longe do ponto j (correspondente à frequência 250 Hz). Por esta razão, vamos usar polos em $\pm ja$, com $a < 1$ para estabilidade. Quanto mais próximo os polos estiverem dos zeros (quanto mais próximo a estiver de 1), mais rápida a recuperação de ganho nos dois lado de 250 Hz. A função de transferência resultante é

$$H[z] = K \frac{(z-j)(z+j)}{(z-ja)(z+ja)}$$

$$= K \frac{z^2 + 1}{z^2 + a^2}$$

O ganho CC (ganho para $\Omega = 0$, ou $z = 1$) deste filtro é

$$H[1] = K \frac{2}{1 + a^2}$$

Como precisamos de um ganho CC unitário, devemos selecionar $K = (1 + a^2)/2$. A função de transferência se torna, portanto,

$$H[z] = \frac{(1 + a^2)(z^2 + 1)}{2(z^2 + a^2)} \tag{5.68}$$

e de acordo com a Eq. (5.50)

$$|H[e^{j\Omega}]|^2 = \frac{(1+a^2)^2}{4} \frac{(e^{j2\Omega}+1)(e^{-j2\Omega}+1)}{(e^{j2\Omega}+a^2)(e^{-j2\Omega}+a^2)}$$

$$= \frac{(1+a^2)^2(1+\cos 2\Omega)}{2(1+a^4+2a^2\cos 2\Omega)}$$

A Fig. 5.21b mostra $|H[e^{j\Omega}]|$ para valores de $a = 0,3$; 0,6 e 0,95. A Fig. 5.21c mostra a realização deste filtro.

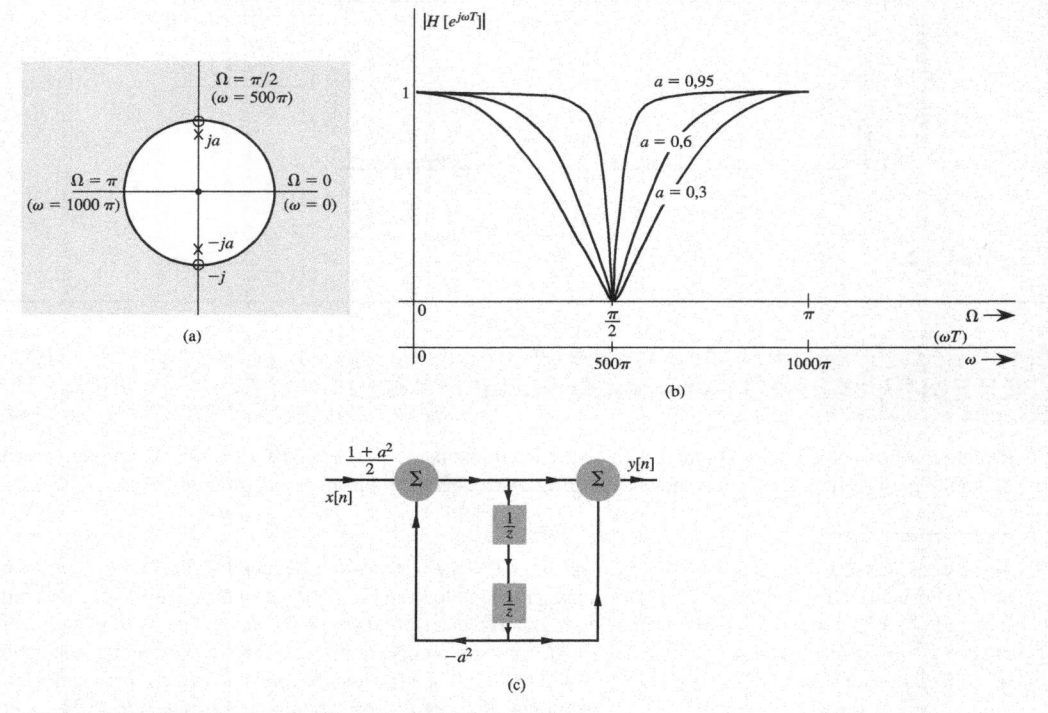

Figura 5.21 Projeto de um filtro notch (rejeita-faixa).

EXERCÍCIO E5.21

Use o argumento gráfico para mostrar que um filtro com função de transferência

$$H[z] = \frac{z - 0,9}{z}$$

funciona como um filtro passa-altas. Faça um rascunho da resposta em amplitude.

5.7 Processamento Digital de Sinais Analógicos

Um sinal analógico (significando em tempo contínuo) pode ser processado digitalmente pela amostragem do sinal analógico e processando as amostras por um processador digital (em tempo discreto). A saída do processador é, então, convertida novamente para um sinal analógico, como mostrado na Fig. 5.22a. Já vimos alguns casos simples deste tipo de processamento nos Exemplos 3.6, 3.7 e 5.15. Nesta seção iremos obter um critério para o projeto de processadores digitais para um sistema LCIT genérico.

Suponha que queremos realizar o equivalente a um sistema analógico com função de transferência $H_a(s)$, mostrada na Fig. 5.22b. Seja $H[z]$ a função de transferência do processador digital da Fig. 5.22a que realiza a função $H_a(s)$ desejada. Em outras palavras, queremos fazer os dois sistemas da Fig. 5.22 equivalentes (ao menos aproximadamente).

Por "equivalentes" entendemos que para uma dada entrada $x(t)$, os sistemas da Fig. 5.22 terão a mesma saída $y(t)$. Portanto, $y(nT)$, as amostras da saída da Fig. 5.22b, são idênticas a $y[n]$, a saída de $H[z]$ da Fig. 5.22a.

Para efeito de generalidade, iremos considerar um sistema não causal. O argumento e os resultados também são válidos para sistemas causais. A saída $y(t)$ do sistema da Fig. 5.22b é

$$y(t) = \int_{-\infty}^{\infty} x(\tau)h_a(t-\tau)\,d\tau$$
$$= \lim_{\Delta\tau \to 0} \sum_{m=-\infty}^{\infty} x(m\Delta\tau)h_a(t-m\Delta\tau)\Delta\tau \quad (5.69a)$$

Para o nosso propósito, é conveniente utilizar a notação T para $\Delta\tau$ na Eq. (5.69a). Assumindo que T (o intervalo de amostragem) é pequeno o suficiente, esta mudança na notação resulta em

$$y(t) = T\sum_{m=-\infty}^{\infty} x(mT)h_a(t-mT) \quad (5.69b)$$

A resposta no n-ésimo instante de amostragem $y(nT)$, obtida fazendo $t = nT$ na equação é

$$y(nT) = T\sum_{m=-\infty}^{\infty} x(mT)h_a[(n-m)T] \quad (5.69c)$$

Na Fig. 5.22a, a entrada de $H[z]$ é $n(nT) = x[n]$. Se $h[n]$ for a resposta ao impulso unitário de $H[z]$, então $y[n]$, a saída de $H[z]$, é dado por

$$y[n] = \sum_{m=-\infty}^{\infty} x[m]h[n-m] \quad (5.70)$$

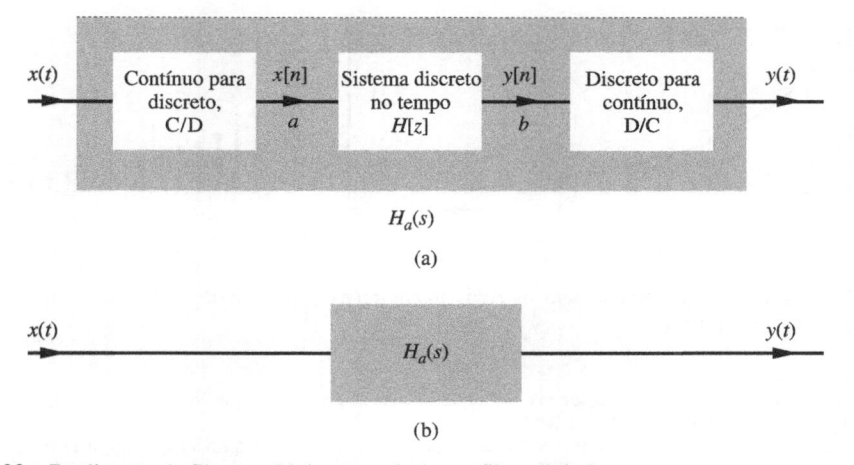

Figura 5.22 Realização de filtro analógico através de um filtro digital.

Se os dois sistemas devem ser equivalentes, $y(nT)$ da Eq. (5.69c) deve ser igual a $y[n]$ da Eq. (5.70). Portanto,

$$h[n] = Th_a(nT) \tag{5.71}$$

Este é o critério no domínio do tempo para a equivalência de dois sistemas.[†] De acordo com este critério, $h[n]$, a resposta ao impulso unitário de $H[z]$ da Fig. 5.22a, deve ser T vezes as amostras de $h_a(t)$, a resposta ao impulso unitário do sistema da Fig. 5.22b. Isto é chamado de *critério de invariância ao impulso* de projeto de filtros.

Falando estritamente, esta realização garante a equivalência da saída somente nos instantes de amostragem, ou seja, $y(nT) = y[n]$ e que também assume que $T \to 0$. Obviamente, esse critério resulta em uma realização aproximada de $H_a(s)$. Entretanto, pode ser mostrado que quando a resposta em frequência de $|H_a(j\omega)|$ é limitada em faixa, a realização é exata,[2] desde que a taxa de amostragem seja alta o suficiente para evitar qualquer *aliasing* ($T < 1/2 f_h$).

Realização de $H(s)$ Racional

Se quisermos realizar um filtro analógico com função de transferência

$$H_a(s) = \frac{c}{s - \lambda} \tag{5.72a}$$

A resposta $h(t)$ ao impulso, dada pela transformada inversa de Laplace de $H_a(s)$ é

$$h_a(t) = c e^{\lambda t} u(t) \tag{5.72b}$$

A resposta $h[n]$ ao impulso unitário do filtro digital correspondente, pela Eq. (5.71), será

$$h[n] = Th_a(nT) = Tce^{n\lambda T}$$

A Fig. 5.23 mostra $h_a(t)$ e $h[n]$. A transformada z de $h[n]$ correspondente, $H[z]$, é determinada pela Tabela 5.1

$$H[z] = \frac{Tcz}{z - e^{\lambda T}} \tag{5.73}$$

O procedimento de determinação de $H[z]$ pode ser sistematizado para qualquer sistema de ordem N. Primeiro expressamos a função de transferência $H_a(s)$ analógica de ordem N como a soma de frações parciais dada por[‡]

$$H_a(s) = \sum_{i=1}^{n} \frac{c_i}{s - \lambda_i} \tag{5.74}$$

então, $H[z]$ correspondente é dada por

$$H[z] = T \sum_{i=1}^{n} \frac{c_i z}{z - e^{\lambda_i T}}$$

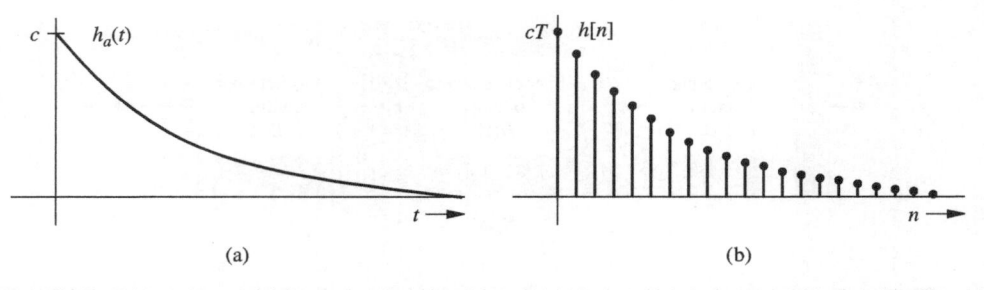

Figura 5.23 Resposta ao impulso para sistemas analógico e digital usando o método de invariância ao impulso para o projeto do filtro.

[†] Como T é uma constante, alguns autores ignoram o fator T, resultando no critério simplificado $h[n] = h_a(nT)$. Ignorar T simplesmente escalona a resposta em amplitude do filtro resultante.

[‡] Assumindo que $H_a(s)$ possui polos simples. Para polos repetidos, a forma é alterada adequadamente. A forma 6 da Tabela 5.3 é adequada para polos repetidos.

Tabela 5.3

Nº	$H_a(s)$	$h_a(t)$	$h[n]$	$H[z]$
1	K	$K\delta(t)$	$TK\delta[n]$	TK
2	$\dfrac{1}{s}$	$u(t)$	$Tu[n]$	$\dfrac{Tz}{z-1}$
3	$\dfrac{1}{s^2}$	t	nT^2	$\dfrac{T^2 z}{(z-1)^2}$
4	$\dfrac{1}{s^3}$	$\dfrac{t^2}{2}$	$\dfrac{k^2 T^3}{2}$	$\dfrac{T^3 z(z+1)}{2(z-1)^3}$
5	$\dfrac{1}{s-\lambda}$	$e^{\lambda t}$	$Te^{\lambda n T}$	$\dfrac{Tz}{z-e^{\lambda T}}$
6	$\dfrac{1}{(s-\lambda)^2}$	$te^{\lambda t}$	$nT^2 e^{\lambda n T}$	$\dfrac{T^2 z e^{\lambda T}}{(z-e^{\lambda T})^2}$
7	$\dfrac{As+B}{s^2+2as+c}$	$Tre^{-at}\cos(bt+\theta)$	$Tre^{-anT}\cos(bnT+\theta)$	$\dfrac{Trz[z\cos\theta - e^{-aT}\cos(bT-\theta)]}{z^2-(2e^{-aT}\cos bT)z + e^{-2aT}}$
	$r=\sqrt{\dfrac{A^2 c + B^2 - 2ABa}{c-a^2}}$	$b=\sqrt{c-a^2}$	$\theta=\tan^{-1}\left(\dfrac{Aa-B}{A\sqrt{c-a^2}}\right)$	

Esta função de transferência pode ser facilmente realizada como explicado na Seção 5.4. A Tabela 5.3 lista vários pares de $H_a(s)$ e suas $H[z]$ correspondentes. Por exemplo, para realizar um integrador digital, examinamos sua função $H_a(s) = 1/s$. A partir da Tabela 5.3, correspondente a $H_a(s) = 1/s$ (par 2), determinamos $H[z] = $ transformada $Tz/(z-1)$. Este é exatamente o resultado obtido no Exemplo 3.7 usando outra abordagem.

Note que $H_a(j\omega)$ na Eq. (5.72a) [ou (5.74)] não é limitada em faixa. Consequentemente, todas estas realizações são aproximadas.

Escolha do Intervalo de Amostragem T

O critério de invariância ao impulso (5.71) foi obtido considerando-se que $T \to 0$. Esta consideração não é nem prática e nem necessária para um projeto satisfatório. Evitar o *aliasing* é a consideração mais importante para a escolha de T. Na Eq. (5.60a), mostramos que para um intervalo de amostragem de T segundos, a frequência mais alta que pode ser amostrada sem *aliasing* é $1/2T$ ou π/T radianos por segundo. Isso implica que $H_a(j\omega)$, a resposta em frequência do filtro analógico da Fig. 5.22b não deve ter componentes espectrais além da frequência π/T radianos por segundo. Em outras palavras, para evitar o *aliasing*, a resposta em frequência do sistema $H_a(s)$ deve ser limitada em faixa a π/T radianos por segundo. Veremos posteriormente, no Capítulo 7, que a resposta em frequência de um sistema LCIT realizável não pode ser limitada em faixa. Ou seja, a resposta geralmente existe para todas as frequências até ∞. Portanto, é impossível realizar exatamente um sistema LCIT digitalmente sem aliasing. Graças a Deus a resposta em frequência de todo sistema LCIT realizável diminui com a frequência. Isto permite um compromisso entre a realização digital de um sistema LCIT com um nível de *aliasing* aceitável. Quanto menor o valor de T, menor o *aliasing* e melhor a aproximação. Como é impossível fazer $|H_a(j\omega)|$ zero, ficamos satisfeitos por fazê-lo suficientemente pequeno para frequências acima de π/T. Como regra rápida,[3] escolhemos T tal que $|H_a(j\omega)|$ para a frequência $\omega = \pi/T$ seja menor do que uma certa fração (geralmente 1%) do valor de pico de $|H_a(j\omega)|$. Isto garante que o efeito de *aliasing* possa ser negligenciado. O pico de $|H_a(j\omega)|$ geralmente ocorre para $\omega = 0$ para filtros passa-baixas e na frequência de centro ω_c para filtros passa-faixa.

---

[3] Para um sinal complexo $x[n]$, a propriedade de reversão no tempo é modificada para
$$x^*[-n] \Longleftrightarrow X^*[1/z^*]$$

EXEMPLO 5.16

Projete um filtro digital para realizar um filtro passa-baixas de Butterworth de primeira ordem com função de transferência

$$H_a(s) = \frac{\omega_c}{s + \omega_c} \qquad \omega_c = 10^5 \qquad (5.75)$$

Para esse filtro, determinarmos $H[z]$ correspondente de acordo com a Eq. (5.73)(ou par 5 da Tabela 5.3), dada por

$$H[z] = \frac{\omega_c T z}{z - e^{-\omega_c T}} \qquad (5.76)$$

A seguir, selecionamos o valor de T pelo critério de acordo com o qual o ganho em $\omega = \pi/T$ cai para 1% do ganho máximo do filtro. Entretanto, essa escolha resulta em um projeto tão bom que o *aliasing* é imperceptível. A resposta de amplitude resultante é tão próxima da resposta desejada que dificilmente iremos notar o efeito de *aliasing* em nosso gráfico. Para efeito de demonstração do efeito de *aliasing*, deliberadamente iremos selecionar um critério de 10% (em vez de 1%). Desta forma obtemos

$$|H_a(j\omega)| = \left|\frac{\omega_c}{\sqrt{\omega^2 + \omega_c^2}}\right|$$

Neste caso, $|H_a(j\omega)|_{max} = 1$, o qual ocorre em $\omega = 0$. Usando o critério de 10%, temos $|H_a(\pi/T)| = 0{,}1$. Observe que

$$|H_a(j\omega)| \approx \frac{\omega_c}{\omega} \qquad \omega \gg \omega_c$$

Logo,

$$|H_a(\pi/T)| \approx \frac{\omega_c}{\pi/T} = 0{,}1 \quad \Longrightarrow \quad \pi/T = 10\omega_c = 10^6$$

Portanto, o critério de 10% resulta em $T = 10^{-6}\pi$. O critério de 1% teria resultado em $T = 10^{-7}\pi$. A substituição de $T = 10^{-6}\pi$ na Eq. (5.76) resulta em

$$H[z] = \frac{0{,}3142 z}{z - 0{,}7304} \qquad (5.77)$$

A realização canônica deste filtro está mostrada na Fig. 5.24a. Para determinarmos a resposta em frequência desse filtro digital, reescrevemos $H[z]$ como

$$H[z] = \frac{0{,}3142}{1 - 0{,}7304 z^{-1}}$$

Portanto,

$$H[e^{j\omega T}] = \frac{0{,}3142}{1 - 0{,}7304 e^{-j\omega T}} = \frac{0{,}3142}{(1 - 0{,}7304 \cos \omega T) + j 0{,}7304 \, \text{sen} \, \omega T}$$

Consequentemente,

$$|H[e^{j\omega T}]| = \frac{0{,}3142}{\sqrt{(1 - 0{,}7304 \cos \omega T)^2 + (0{,}7304 \, \text{sen} \, \omega T)^2}}$$

$$= \frac{0{,}3142}{\sqrt{1{,}533 - 1{,}4608 \cos \omega T}} \qquad (5.78a)$$

$$\angle H[e^{j\omega T}] = -\tan^{-1}\left(\frac{0{,}7304\ \mathrm{sen}\ \omega T}{1 - 0{,}7304\ \cos \omega T}\right) \quad (5.78b)$$

Esta resposta em frequência difere da resposta desejada $H_a(j\omega)$ porque o efeito de *aliasing* faz com que as frequências acima de π/T apareçam nas frequências abaixo de π/T. Isto geralmente resulta em um aumento de ganho para frequências abaixo de π/T. Por exemplo, o ganho do filtro realizado para $\omega = 0$ é $H[e^{j0}] = H[1]$. Este valor, obtido pela Eq. (5.77) é 1,1654 em vez do valor desejado de 1. Podemos compensar parcialmente esta distorção multiplicando $H[z]$ ou $H[e^{j\omega T}]$ por uma constante de normalização $K = H_a(0)/H[1] = 1/1{,}1654 = 0{,}858$. Isto força o ganho resultante de $H[e^{j\omega T}]$ a ser igual a 1 para $\omega = 0$. O valor normalizado é $H_n[z] = 0{,}858 H[z] = 0{,}858(0{,}1\pi z/(z - 0{,}7304))$. A resposta em amplitude da Eq. (5.78a) é multiplicada por $K = 0{,}858$ e apresentada na Fig. 5.24b para a faixa de frequência de $0 \le \omega \le \pi/T = 10^6$. A constante multiplicativa K não possui efeito na resposta em fase da Eq. (5.78b), a qual é mostrada na Fig. 5.24c.

Além disso, a resposta em frequência desejada, de acordo com a Eq. (5.75) com $\omega_c = 10^5$ é

$$H_a(j\omega) = \frac{\omega_c}{j\omega + \omega_c} = \frac{10^5}{j\omega + 10^5}$$

Portanto,

$$|H_a(j\omega)| = \frac{10^5}{\sqrt{\omega^2 + 10^{10}}} \qquad \text{e} \qquad \angle H_a(j\omega) = -\tan^{-1}\frac{\omega}{10^5}$$

As respostas em amplitude e fase são mostradas (em pontilhado) na Fig. 5.24b e 5.24c para efeito de comparação com a resposta do filtro digital realizado. Observe que o comportamento da resposta em amplitude do filtro analógico e digital é muito próximo para a faixa $\omega \le \omega_c = 10^5$. Entretanto, para frequências mais altas, existe um *aliasing* considerável, especialmente no espectro de fase. Se tivéssemos utilizado o critério de 1%, a resposta em frequência teria sido mais próxima para mais uma década na faixa de frequência.

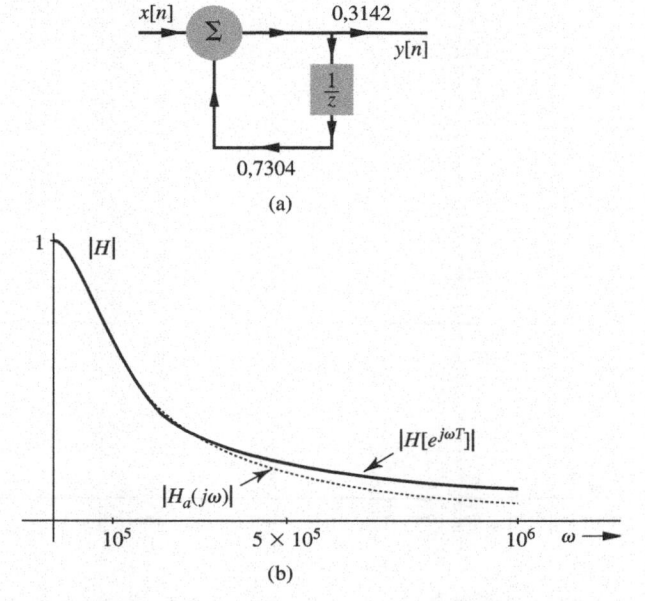

Figura 5.24 Exemplo de um projeto de filtro pelo método de invariância ao impulso: (a) realização do filtro, (b) resposta em amplitude e (c) resposta em fase.

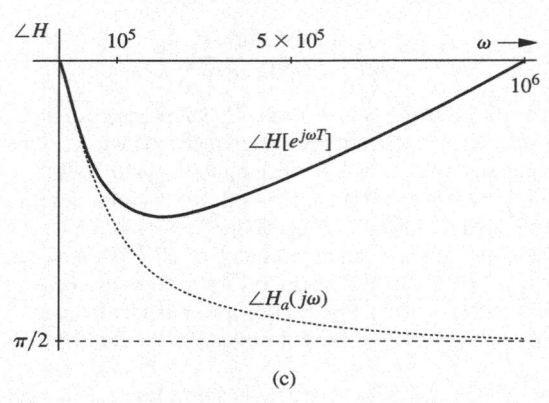

Figura 5.24 Continuação.

EXEMPLO DE COMPUTADOR C5.3

Usando o comando `impinvar` do MATLAB, determine o filtro digital com invariância ao impulso que realiza a filtro de Butterworth analógico de primeira ordem apresentado no Exemplo 5.16.

A função de transferência do filtro analógico é $10^5/(s + 10^5)$ e o intervalo de amostragem é $T = 10^{-6}\pi$.

```
>> num=[0 10^5]; den=[1 10^5];
>> T = pi/10^6; Fs = 1/T;
>> [b,a] = impinvar(num,den,Fs);
>> tf(b,a,T)

Transfer function:
 0.3142 z
----------
z - 0.7304

Sampling time: 3.1416e-006
```

EXERCÍCIO E5.22

Projete um filtro digital para realizar a seguinte função de transferência analógica

$$H_a(s) = \frac{20}{s + 20}$$

RESPOSTA

$H[z] = \dfrac{20Tz}{z - e^{-20T}}$ com $T = \dfrac{\pi}{2000}$

5.8 Conexão entre a Transformada de Laplace e a Transformada z

Iremos mostrar, agora, que sistemas em tempo discreto também podem ser analisados pela transformada de Laplace. De fato, veremos que a *transformada z é transformada de Laplace disfarçada* e que sistemas em tempo discreto podem ser analisados como se eles fossem sistemas em tempo contínuo.

Até este momento, consideramos um sinal em tempo discreto como uma sequência de números e não como um sinal elétrico (tensão ou corrente). Similarmente, consideramos um sistema em tempo discreto como um mecanismo que processa uma sequência de números (entrada) resultando em outra sequência de números (saída). O sistema é construído usando atrasos (em conjunto com somadores e multiplicadores) que atrasa a sequência de números. Um computador digital é um exemplo perfeito: todo sinal é uma sequência de números e o processamento envolve atrasar a sequência de números (além de adicionar e multiplicar).

Agora suponha que temos um sistema em tempo discreto com função de transferência $H[z]$ e entrada $x[n]$. Considere um sinal $x(t)$ em tempo contínuo tal que o valor da sua n-ésima amostra é $x[n]$, como mostrado na Fig. 5.25.[†] Seja o sinal amostrado igual a $\bar{x}(t)$, constituído de impulsos espaçados por T segundos com força (uma vez que a amplitude é infinita) do n-ésimo impulso igual a $x[n]$. Portanto,

$$\bar{x}(t) = \sum_{n=0}^{\infty} x[n]\delta(t - nT) \qquad (5.79)$$

A Fig. 5.25 mostra $x[n]$ e o correspondente $\bar{x}(t)$. O sinal $x[n]$ é aplicado a entrada do sistema em tempo discreto com função de transferência $H[z]$, a qual é geralmente construída com atrasos, somadores e multiplicadores escalares. Logo, o processamento $x[n]$ através de $H[z]$ resulta em operar na sequência $x[n]$ através de atrasadores, somadores e multiplicadores escalares. Suponha que para amostras $\bar{x}(t)$, executamos operações idênticas às executadas nas amostras de $x[n]$ por $H[z]$. Para isto precisamos de um sistema em tempo contínuo cuja função de transferência $H(s)$ seja idêntica em estrutura a $H[z]$ do sistema em tempo discreto, exceto pelo fato dos atrasos em $H[z]$ serem substituídos por elementos que atrasam sinais em tempo contínuo (tais como tensões e correntes). Não existe outra diferença entre as realizações de $H[z]$ e $H(s)$. Se um impulso em tempo contínuo $\delta(t)$ for aplicado a tal atraso de T segundos, a saída deve ser $\delta(t - T)$. A função de transferência em tempo contínuo deste tipo de atraso é e^{-sT} [veja a Eq. (4.46)]. Logo, os elementos de atraso com função de transferência $1/z$ na realização de $H[z]$ devem ser substituídos por elementos de atraso com função de transferência e^{-sT} na realização de $H(s)$ correspondente. Isto é o mesmo que substituir z por e^{sT}. Logo, $H(s) = H[e^{sT}]$. Vamos, agora, aplicar $x[n]$ a entrada de $H[z]$ e aplicar $\bar{x}(t)$ na entrada de $H[e^{sT}]$. Quaisquer operações que sejam executadas pelo sistema $H[z]$ em tempo discreto em $x[n]$ (Fig. 5.25a) também serão executadas pelo sistema correspondente $H[e^{sT}]$ em tempo contínuo na sequência de impulsos $\bar{x}(t)$ (Fig. 5.25b). O atraso em uma sequência em $H[z]$ equivale a um atraso no trem de impulso em $H[e^{sT}]$. Operações de adição e multiplicação são as mesmas nos dois casos. Portanto, se $y[n]$ for a saída do sistema em tempo discreto da Fig. 5.25a, então $\bar{y}(t)$, a saída do sistema em tempo contínuo da Fig. 5.25b, será uma sequência de impulso cuja força do n-ésimo impulso é $y[n]$. Portanto,

$$\bar{y}(t) = \sum_{n=0}^{\infty} y[n]\delta(t - nT) \qquad (5.80)$$

O sistema da Fig. 5.25b, sendo um sistema em tempo contínuo, pode ser analisado pela transformada de Laplace. Se

$$\bar{x}(t) \Longleftrightarrow \overline{X}(s) \quad \text{e} \quad \bar{y}(t) \Longleftrightarrow \overline{Y}(s)$$

então

$$\overline{Y}(s) = H[e^{sT}]\overline{X}(s) \qquad (5.81)$$

Além disso,

$$\overline{X}(s) = \mathcal{L}\left[\sum_{n=0}^{\infty} x[n]\delta(t - nT)\right]$$

[†] Podemos construir $x(t)$ dos valores amostrados, como explicado no Capítulo 8.

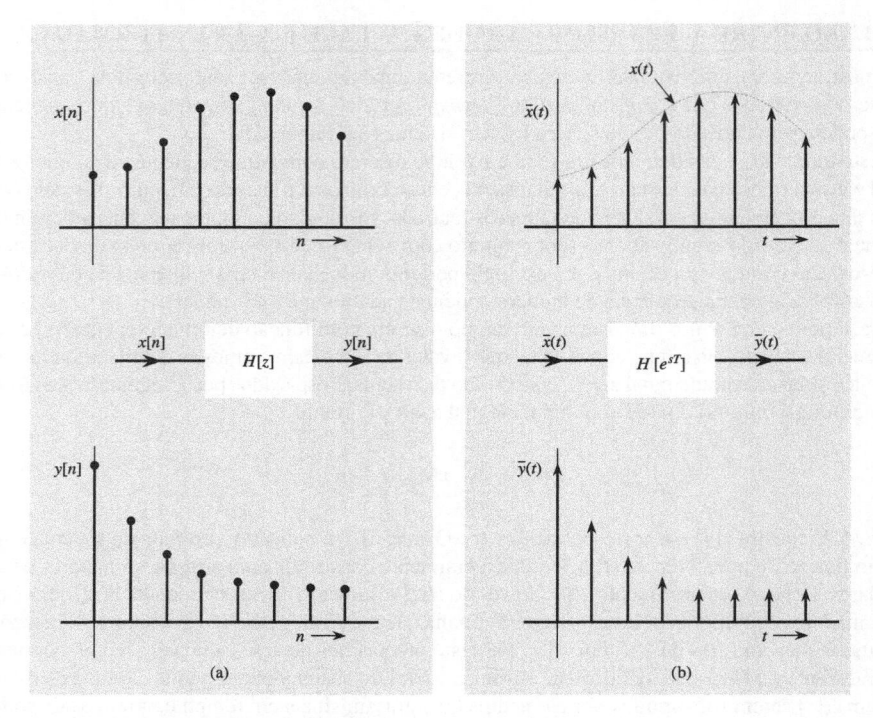

Figura 5.25 Conexão entre a transformada de Laplace e a transformada z.

Como a transformada de Laplace de $\delta(t - nT)$ é e^{-snT},

$$\overline{X}(s) = \sum_{n=0}^{\infty} x[n]e^{-snT} \tag{5.82}$$

e

$$\overline{Y}(s) = \sum_{n=0}^{\infty} y[n]e^{-snT} \tag{5.83}$$

A substituição das Eqs. (5.82) e (5.83) na Eq. (5.81) resulta em

$$\sum_{n=0}^{\infty} y[n]e^{-snT} = H[e^{sT}]\left[\sum_{n=0}^{\infty} x[n]e^{-snT}\right]$$

Introduzindo uma nova variável $z = e^{sT}$, esta equação pode ser expressa por

$$\sum_{n=0}^{\infty} y[n]z^{-n} = H[z]\sum_{n=0}^{\infty} x[n]z^{-n}$$

ou

$$Y[z] = H[z]X[z]$$

na qual

$$X[z] = \sum_{n=0}^{\infty} x[n]z^{-n} \quad \text{e} \quad Y[z] = \sum_{n=0}^{\infty} y[n]z^{-n}$$

Fica claro de nossas discussões que a transformada z pode ser considerada como sendo a transformada de Laplace com a mudança de variável $z = e^{sT}$ ou $s = (1/T) \ln z$. Observe que a transformação $z = e^{sT}$ transforma o eixo imaginário do plano s ($s = j\omega$) em um círculo unitário no plano z ($z = e^{sT} = e^{j\omega T}$, ou $|z| = 1$). O SPE e SPD no plano s são mapeados dentro e fora, respectivamente, do círculo unitário no plano z.

5.9 A Transformada z Bilateral

Situações com sinais ou sistemas não causais não podem ser trabalhadas com a transformada z (unilateral) discutida até este momento. Tais casos, entretanto, podem ser analisados pela transformada z *bilateral* (ou de dois lados) definida na Eq. (5.1) por

$$X[z] = \sum_{n=-\infty}^{\infty} x[n]z^{-n}$$

Tal como na Eq. (5.2), a transformada z inversa é dada por

$$x[n] = \frac{1}{2\pi j} \oint X[z]z^{n-1}\, dz$$

Essas equações definem a transformada z bilateral. Anteriormente, mostramos que

$$\gamma^n u[n] \Longleftrightarrow \frac{z}{z-\gamma} \qquad |z| > |\gamma| \tag{5.84}$$

Por outro lado, a transformada z do sinal $-\gamma^n u[-(n+1)]$, mostrada na Fig. 5.26a é

$$\mathcal{Z}\{-\gamma^n u[-(n+1)]\} = \sum_{-\infty}^{-1} -\gamma^n z^{-n} = \sum_{-\infty}^{-1} -\left(\frac{\gamma}{z}\right)^n$$

$$= -\left[\frac{z}{\gamma} + \left(\frac{z}{\gamma}\right)^2 + \left(\frac{z}{\gamma}\right)^3 + \cdots\right]$$

$$= 1 - \left[1 + \frac{z}{\gamma} + \left(\frac{z}{\gamma}\right)^2 + \left(\frac{z}{\gamma}\right)^3 + \cdots\right]$$

$$= 1 - \frac{1}{1-\frac{z}{\gamma}} \qquad \left|\frac{z}{\gamma}\right| < 1$$

$$= \frac{z}{z-\gamma} \qquad |z| < |\gamma|$$

Portanto,

$$\mathcal{Z}\{-\gamma^n u[-(n+1)]\} = \frac{z}{z-\gamma} \qquad |z| < |\gamma| \tag{5.85}$$

Comparando as Eqs. (5.84) e (5.85) observamos que a transformada z de $\gamma^n u[n]$ é idêntica a transformada z de $-\gamma^n u[-(n+1)]$. As regiões de convergência, entretanto, são diferentes. No primeiro caso $X[z]$ converge para $|z| > |\gamma|$ e no segundo caso, $X[z]$ converge para $|z| < |\gamma|$ (veja a Fig. 5.26b). Claramente, a transformada inversa de $X[z]$ não é única a não ser que a região de convergência seja especificada. Se acrescentarmos a restrição de

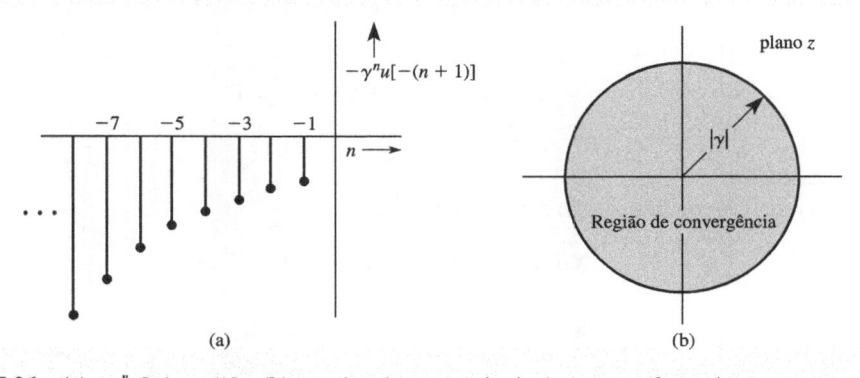

Figura 5.26 (a) $-\gamma^n u[-(n+1)]$ e (b) a região de convergência de sua transformada z.

que todos os nossos sinais são causais, entretanto, esta ambiguidade não aparece. A transformada inversa de $z/(z-\gamma)$ é $\gamma^n u[n]$ mesmo sem a especificação da RDC. Portanto, na transformada unilateral, podemos ignorar a RDC na determinação da transformada z inversa de $X[z]$.

Tal como no caso da transformada de Laplace bilateral, se $x[n] = \sum_{i=1}^{k} x_i[n]$, então a RDC de $X[z]$ é a interseção das RDCs (região comum a todas as RDCs) das transformadas $X_1[z]$, $X_2[z]$,..., $X_k[z]$.

O resultado anterior leva à conclusão (similar a da transformada de Laplace) de que se $z = \beta$ é o polo de maior magnitude para uma sequência causal, sua RDC é $|z| > |\beta|$. Se $z = \alpha$ é a menor magnitude de um polo não nulo para uma sequência anticausal, sua RDC é $|z| < |\alpha|$.

Região de Convergência para Sequências de Lado Esquerdo e Lado Direito

Vamos considerar, inicialmente, a sequência $x_f[n]$ de duração finita, definida como uma sequência que é não nula para $N_1 \leq n \leq N_2$, na qual tanto N_1 quanto N_2 são números finitos e $N_2 > N_1$. Além disso,

$$X_f[z] = \sum_{n=N_1}^{N_2} x_f[n] z^{-n}$$

Por exemplo, se $N_1 = -2$ e $N_2 = 1$, então,

$$X_f[z] = x_f[-2]z^2 + x_f[-1]z + x_f[0] + \frac{x_f[1]}{z}$$

Presumindo que todos os elementos em $x_f[n]$ são finitos, observamos que $X_f[z]$ possui dois polos em $z = \infty$ devido aos temos $x_f[-2]z^2 + x_f[-1]z$ e um polo em $z = 0$ devido ao termo $x_f[1]/z$. Logo, uma sequência de duração finita pode ter polos em $z = 0$ e $z = \infty$. Observe que $X_f[z]$ converge para todos os valores de z exceto possivelmente $z = 0$ e $z = \infty$.

Isso significa que a RDC de um sinal genérico $x[n] + x_f[n]$ é a mesma RDC de $x[n]$ com a possível exceção de $z = 0$ e $z = \infty$.

Uma sequência de *lado direito* é zero para $n < N_2 < \infty$ e uma sequência de *lado esquerdo* é zero para $n > N_1 > -\infty$. Uma sequência causal é sempre uma sequência de lado direito, mas o inverso não é necessariamente verdadeiro. Uma sequência anticausal é sempre uma sequência de lado esquerdo, mas o inverso não é necessariamente verdadeiro. Uma sequência de *dois lados* é de duração infinita, não sendo nem de lado direito e nem de lado esquerdo.

Uma sequência de lado direito $x_r[n]$ pode ser expressa por $x_r[n] = x_c[n] + x_f[n]$, na qual $x_c[n]$ é um sinal causal e $x_f[n]$ é um sinal de duração finita. Portanto, a RDC de $x_r[n]$ é a mesma da RDC de $x_c[n]$ exceto possivelmente em $z = \infty$. Se $z = \beta$ é o polo de maior magnitude para uma sequência de lado direito $x_r[n]$, sua RDC é $|\beta| < |z| \leq \infty$. Similarmente, uma sequência de lado esquerdo pode ser expressa por $x_l[n] = x_a[n] + x_f[n]$, na qual $x_a[n]$ é um sinal anticausal e $x_f[n]$ é um sinal de duração finita. Portanto, a RDC de $x_l[n]$ é a mesma da RDC de $x_a[n]$ exceto possivelmente em $z = 0$. Portanto, se $z = \alpha$ é o polo de menor magnitude não nula para uma sequência de lado esquerdo, sua RDC é $0 \leq |z| < |\alpha|$.

EXEMPLO 5.17

Determine a transformada z de

$$x[n] = (0{,}9)^n u[n] + (1{,}2)^n u[-(n+1)]$$
$$= x_1[n] + x_2[n]$$

A partir dos resultados das Eqs. (5.84) e (5.85), temos

$$X_1[z] = \frac{z}{z - 0{,}9} \qquad |z| > 0{,}9$$

$$X_2[z] = \frac{-z}{z - 1{,}2} \qquad |z| < 1{,}2$$

A região comum na qual tanto $X_1[z]$ e $X_2[z]$ convergem é $0,9 < |z| < 1,2$ (Fig. 5.27b). Logo,

$$X[z] = X_1[z] + X_2[z]$$
$$= \frac{z}{z - 0,9} - \frac{z}{z - 1,2} \quad (5.86)$$
$$= \frac{-0,3z}{(z - 0,9)(z - 1,2)} \quad 0,9 < |z| < 1,2$$

A sequência $x[n]$ e a RDC de $X[z]$ estão mostradas na Fig. 5.27.

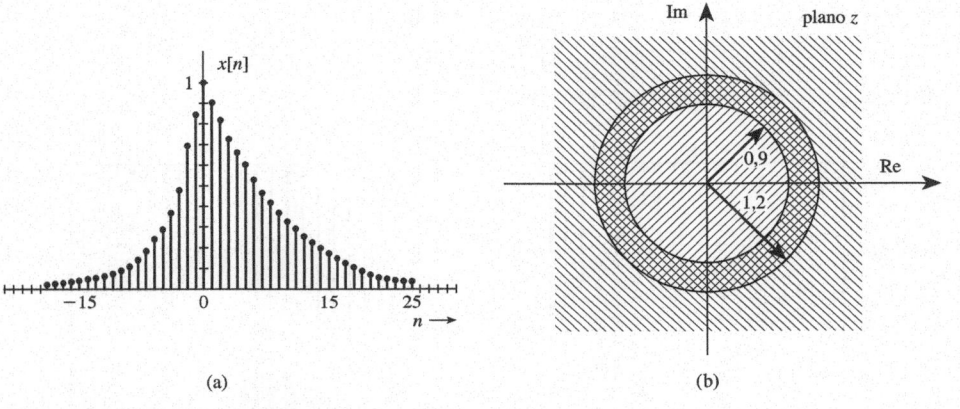

Figura 5.27 (a) Sinal $x[n]$ e (b) a RDC de $X[z]$.

EXEMPLO 5.18

Determine a transformada z de

$$X[z] = \frac{-z(z + 0,4)}{(z - 0,8)(z - 2)}$$

se a RDC for

(a) $|z| > 2$
(b) $|z| < 0,8$
(c) $0,8 < |z| < 2$

(a)

$$\frac{X[z]}{z} = \frac{-(z + 0,4)}{(z - 0,8)(z - 2)}$$
$$= \frac{1}{z - 0,8} - \frac{2}{z - 2}$$

e

$$X[z] = \frac{z}{z - 0,8} - 2\frac{z}{z - 2}$$

como a RDC é $|z| > 2$, os dois termos correspondem a sequências causais e
$$x[n] = [(0{,}8)^n - 2(2)^n]u[n]$$
Essa sequência é mostrada na Fig. 5.28a.

(b) Neste caso, $|z| < 0{,}8$, o que é menor do que as magnitudes dos dois polos. Logo, os dois termos correspondem a sequências anticausais e
$$x[n] = [-(0{,}8)^n + 2(2)^n]u[-(n+1)]$$
Essa sequência aparece na Fig. 5.28b.

(c) Neste caso, $0{,}8 < |z| < 2$, a parte de $X[z]$ que corresponde ao polo em 0,8 é uma sequência causal e a parte correspondente ao polo 2 é uma sequência anticausal.
$$x[n] = (0{,}8)^n u[n] + 2(2)^n u[-(n+1)]$$
Essa sequência está mostrada na Fig. 5.28c.

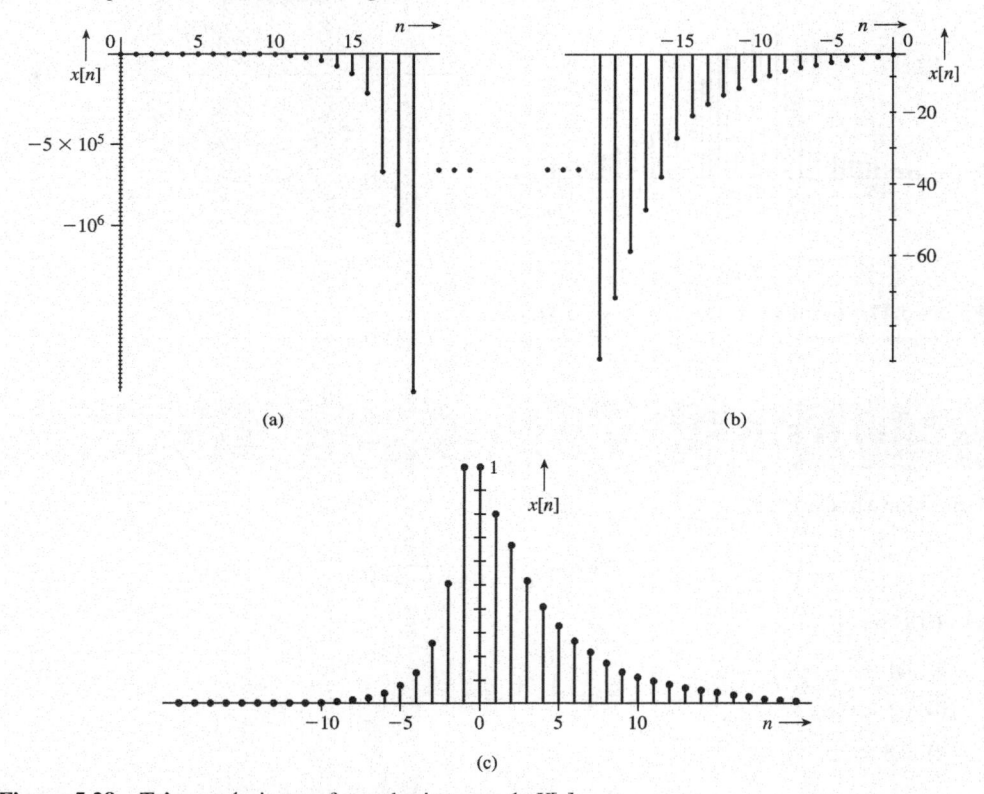

Figura 5.28 Três possíveis transformadas inversas de $X[z]$.

EXERCÍCIO E5.23

Determine a transformada z de
$$X[z] = \frac{z}{z^2 + \frac{5}{6}z + \frac{1}{6}} \qquad \tfrac{1}{2} > |z| > \tfrac{1}{3}$$

RESPOSTA
$6\left(-\tfrac{1}{3}\right)^n u[n] + 6\left(-\tfrac{1}{2}\right)^n u[-(n+1)]$

Transformada Inversa pela Expansão de $X[z]$ em Séries de Potência de z

Temos,

$$X[z] = \sum_n x[n]z^{-n}$$

Para uma sequência anticausal, a qual existe somente para $n \leq -1$, esta equação se torna

$$X[z] = x[-1]z + x[-2]z^2 + x[-3]z^3 + \cdots$$

Podemos determinar a transformada z inversa de $X[z]$ dividindo o polinômio do numerador pelo polinômio do denominador, os dois em potências crescentes de z, para obter um polinômio de potência crescente em z. Portanto, para determinar a transformada inversa de $z/(z - 0,5)$ (quando a RDC é $|z| < 0,5$), dividimos z por $-0,5 + z$, obtendo $-2z - 4z^2 - 8z^3 - \ldots$. Logo, $x[-1] = -2$, $x[-2] = -4$, $x[-3] = -8$ e assim por diante.

5.9-1 Propriedades da Transformada z Bilateral

As propriedades da transformada z bilateral são similares às da transformada unilateral. Iremos simplesmente reapresentar as propriedades, sem as provas, para $x_i[n] \Longleftrightarrow X_i[n]$.

Linearidade

$$a_1 x_1[n] + a_2 x_2[n] \Longleftrightarrow a_1 X_1[z] + a_2 X_2[z]$$

A RDC para $a_1 X_1[n] + a_2 X_2[n]$ é a região comum (interseção) das RDCs de $X_1[n]$ e $X_2[n]$.

Deslocamento

$$x[n - m] \Longleftrightarrow \frac{1}{z^m} X[z] \qquad m \text{ é inteiro positivo ou negativo}$$

A RDC de $X[z]/z^m$ é a RDC de $X[z]$ (exceto pela adição ou remoção de $z = 0$ ou $z = \infty$ causada pelo fator $1/z^m$).

Convolução

$$x_1[n] * x_2[n] \Longleftrightarrow X_1[z]X_2[z]$$

A RDC de $X_1[n]X_2[n]$ é a região comum (interseção) das RDCs de $X_1[n]$ e $X_2[n]$.

Multiplicação por γ^n

$$\gamma^n x[n] \Longleftrightarrow X\left[\frac{z}{\gamma}\right]$$

Se a RDC de $X[z]$ for $|\gamma_1| < |z| < |\gamma_2|$, então a RDC de $X[z/\gamma]$ é $|\gamma\gamma_1| < |z| < |\gamma\gamma_2|$, indicando que a RDC é escalonada pelo fator $|\gamma|$.

Multiplicação por n

$$nx[n]u[n] \Longleftrightarrow -z\frac{d}{dz}X[z]$$

A RDC de $-z(dX/dz)$ é a mesma RDC de $X[z]$.

Reversão no Tempo[†]

$$x[-n] \Longleftrightarrow X[1/z]$$

Se a RDC de $X[z]$ for $|\gamma_1| < |z| < |\gamma_2|$, então a RDC de $X[1/z]$ é $|1/\gamma_1| < |z| < |1/\gamma_2|$.

[†] Para um sinal complexo $x[n]$, a propriedade é modificada para
$$x^*[-n] \Longleftrightarrow X^*[1/z^*]$$

5.9-2 Utilização da Transformada z Bilateral para a Análise de Sistemas LDIT

Como a transformada z bilateral pode trabalhar com sinais não causais, podemos utilizar essa transformada para analisar sistemas lineares não causais. A resposta $y[n]$ de estado nulo é dada por

$$y[n] = \mathcal{Z}^{-1}\{X[z]H[z]\}$$

desde que $X[z]H[z]$ exista. A RDC de $X[z]H[z]$ é a região na qual tanto $X[z]$ quanto $H[z]$ existem, o que significa que a região é a parte comum da RDC de $X[z]$ e $H[z]$.

EXEMPLO 5.19

Para um sistema causal especificado pela função de transferência

$$H[z] = \frac{z}{z - 0{,}5}$$

determine a resposta de estado nulo para a entrada

$$x[n] = (0{,}8)^n u[n] + 2(2)^n u[-(n+1)]$$

$$X[z] = \frac{z}{z - 0{,}8} - \frac{2z}{z - 2} = \frac{-z(z + 0{,}4)}{(z - 0{,}8)(z - 2)}$$

A RDC correspondente ao termo causal é $|z| > 0{,}8$ e a correspondente ao termo anticausal é $|z| < 2$. Logo, a RDC de $X[z]$ é a região comum, dada por $0{,}8 < |z| < 2$. Logo,

$$X[z] = \frac{-z(z + 0{,}4)}{(z - 0{,}8)(z - 2)} \qquad 0{,}8 < |z| < 2$$

Portanto,

$$Y[z] = X[z]H[z] = \frac{-z^2(z + 0{,}4)}{(z - 0{,}5)(z - 0{,}8)(z - 2)}$$

Como o sistema é causal, a RDC de $H[z]$ é $|z| > 0{,}5$. A RDC de $X[z]$ é $0{,}8 < |z| < 2$. A região comum de convergência para $X[z]$ e $H[z]$ é $0{,}8 < |z| < 2$. Portanto,

$$Y[z] = \frac{-z^2(z + 0{,}4)}{(z - 0{,}5)(z - 0{,}8)(z - 2)} \qquad 0{,}8 < |z| < 2$$

Expandindo $Y[z]$ em frações parciais modificadas, temos

$$Y[z] = -\frac{z}{z - 0{,}5} + \frac{8}{3}\left(\frac{z}{z - 0{,}8}\right) - \frac{8}{3}\left(\frac{z}{z - 2}\right) \qquad 0{,}8 < |z| < 2$$

Como a RDC se estende para fora a partir do polo em 0,8, os dois polos em 0,5 e 0,8 correspondem a sequência causal. A RDC se estende para dentro a partir do polo em 2. Logo, o polo em 2 corresponde a sequência anticausal. Portanto,

$$y[n] = \left[-(0{,}5)^n + \tfrac{8}{3}(0{,}8)^n\right] u[n] + \tfrac{8}{3}(2)^n u[-(n+1)]$$

EXEMPLO 5.20

Para o sistema do Exemplo 5.19, determine a resposta de estado nulo para a entrada

$$x[n] = \underbrace{(0,8)^n u[n]}_{x_1[n]} + \underbrace{(0,6)^n u[-(n+1)]}_{x_2[n]}$$

A transformada z das componentes causal e anticausal $x_1[n]$ e $x_2[n]$ da saída são

$$X_1[z] = \frac{z}{z - 0,8} \qquad |z| > 0,8$$

$$X_2[z] = \frac{-z}{z - 0,6} \qquad |z| < 0,6$$

Observe que a RDC comum para $X_1[z]$ e $X_2[z]$ não existe. Portanto, $X[z]$ não existe. Em tal caso, aproveitamos o princípio da superposição e determinamos $y_1[n]$ e $y_2[n]$, as respostas do sistema a $x_1[n]$ e $x_2[n]$ separadamente. A resposta $y[n]$ desejada é a soma de $y_1[n]$ e $y_2[n]$. Agora,

$$H[z] = \frac{z}{z - 0,5} \qquad |z| > 0,5$$

$$Y_1[z] = X_1[z]H[z] = \frac{z^2}{(z-0,5)(z-0,8)} \qquad |z| > 0,8$$

$$Y_2[z] = X_2[z]H[z] = \frac{-z^2}{(z-0,5)(z-0,6)} \qquad 0,5 < |z| < 0,6$$

Expandindo $Y_1[z]$ e $Y_2[z]$ em frações parciais modificada, obtemos

$$Y_1[z] = -\frac{5}{3}\left(\frac{z}{z-0,5}\right) + \frac{8}{3}\left(\frac{z}{z-0,8}\right) \qquad |z| > 0,8$$

$$Y_2[z] = 5\left(\frac{z}{z-0,5}\right) - 6\left(\frac{z}{z-0,6}\right) \qquad 0,5 < |z| < 0,6$$

Portanto,

$$y_1[n] = \left[-\tfrac{5}{3}(0,5)^n + \tfrac{8}{3}(0,8)^n\right]u[n]$$

$$y_2[n] = 5(0,5)^n u[n] + 6(0,6)^n u[-(n+1)]$$

e

$$y[n] = y_1[n] + y_2[n]$$

$$= \left[\tfrac{10}{3}(0,5)^n + \tfrac{8}{3}(0,8)^n\right]u[n] + 6(0,6)^n u[-(n+1)]$$

EXERCÍCIO E5.24

Para o sistema causal do Exemplo 5.19. Determine a resposta de estado nulo para a entrada

$$x[n] = \left(\tfrac{1}{4}\right)^n u[n] + 5(3)^n u[-(n+1)]$$

RESPOSTA

$\left[-\left(\tfrac{1}{4}\right)^n + 3\left(\tfrac{1}{2}\right)^n\right]u[n] + 6(3)^n u[-(n+1)]$

5.10 Resumo

Neste capítulo, discutimos a análise de sistemas lineares, discretos e invariantes no tempo através da transformada z. A transformada z transforma as equações diferença de sistemas LDIT para equações algébricas. Portanto, o problema de resolução de equações diferença se reduz para a resolução de equações algébricas.

A função de transferência $H[z]$ de um sistema LDIT é igual à razão da transformada z da saída pela transformada z da entrada, quando todas as condições iniciais são nulas. Portanto, se $X[z]$ é a transformada z da entrada $x[n]$ e $Y[z]$ é a transformada z da saída $y[n]$ correspondente (quando todas as condições iniciais são nulas), então $Y[z] = H[z]X[z]$. Para um sistema LDIT especificado pela equação diferença $Q[E]y[n] = P[E]x[n]$, a função de transferência é $H[z] = P[z]/Q[z]$. Além disso, $H[z]$ é a transformada z da resposta $h[n]$ do sistema ao impulso unitário. Mostramos no Capítulo 3 que a resposta do sistema a uma exponencial de duração infinita z^n é $H[z]z^n$.

Também vimos que a transformada z é uma ferramenta que expressa um sinal $x[n]$ como a soma de exponenciais na forma z^n para uma faixa de valores contínuos de z. Usando o fato de que a resposta de um sistema LDIT a z^n é $H[z]z^n$, determinamos a resposta do sistema a $x[n]$ como sendo a soma das respostas do sistema a todas as componentes na forma z^n para uma faixa de valores contínuos de z.

Sistemas LDIT podem ser realizados por multiplicadores escalares, somadores e atrasos de tempo. Uma dada função de transferência pode ser sintetizada de diversas formas. Discutimos as realizações canônica, transposta canônica, cascata (série) e paralela. O procedimento de realização é idêntico ao de sistemas em tempo contínuo com $1/s$ (integrador) substituído por $1/z$ (atraso unitário).

Na Seção 5.8 mostramos que sistemas em tempo discreto podem ser analisados pela transformada de Laplace tal como se eles fossem sistemas em tempo contínuo. De fato, mostramos que a transformada z é a transformada de Laplace com uma mudança de variável.

A maioria dos sinais de entrada e dos sistema práticos são causais. Consequentemente, geralmente trabalhamos com sinais causais. A restrição de todos os sinais ao tipo causal simplifica muito a análise pela transformada z. A RDC de um sinal se torna irrelevante no processo de análise. Este caso especial da transformada z (a qual é restrita a sinais causais) é chamada de transformada z unilateral. Grande parte do capítulo trabalha com esta transformada. A Seção 5.9 discute a forma geral da transformada z (transformada z bilateral), a qual pode trabalhar com sinais e sistemas causais e não causais. Na transformada bilateral, a transformada inversa de $X[z]$ não é única, dependendo da RDC de $X[z]$. Portanto, a RDC possui um papel crucial na transformada z bilateral.

Referências

1. Lyons, R. G. *Understanding Digital Signal Processing*. Addison-Wesley, Reading, MA, 199'
2. Oppenheim, A. V., and R. W. Schafer. *Discrete-Time Signal Processing*, 2nd ed.
   Prentice-Hall, Upper Saddle River, NJ, 1999.
3. Mitra, S. K. *Digital Signal Processing*, 2nd ed. McGraw-Hill, New York, 2001.

MATLAB Seção 5: Filtros IIR em Tempo Discreto

Avanços recentes na tecnologia aumentaram dramaticamente a popularidade de filtros em tempo discreto. Ao contrário de filtros em tempo contínuo, a performance de filtros em tempo discreto não é afetada pela variação dos componentes, temperatura, umidade ou tempo de uso. Além disto, *hardware* digital é facilmente reprogramado, o que permite a mudança adequada da função do dispositivo. Por exemplo, alguns aparelhos de audição são programados em função da resposta necessária para um dado usuário.

Tipicamente, filtros em tempo discreto são categorizados como resposta infinita ao impulso (IIR) ou resposta finita ao impulso (FIR). Um método popular para a obtenção de um filtro IIR em tempo discreto é pela transformação de um projeto de filtro em tempo contínuo correspondente. O MATLAB facilita em muito este processo. Apesar do projeto de filtros IIR em tempo discreto serem enfatizados nesta seção, métodos para o projeto de filtros FIR em tempo discreto serão considerados em MATLAB Seção 9.

M5.1 Resposta em Frequência e Gráficos de Polos-Zeros

A resposta em frequência e gráficos de polos-zeros facilitam a caracterização do comportamento de filtros. Similar a sistemas em tempo contínuo, funções de transferência racionais para sistemas LDIT realizáveis são representados no domínio z por

$$H[z] = \frac{Y[z]}{X[z]} = \frac{B[z]}{A[z]} = \frac{\sum_{k=0}^{N} b_k z^{-k}}{\sum_{k=0}^{N} a_k z^{-k}} = \frac{\sum_{k=0}^{N} b_k z^{N-k}}{\sum_{k=0}^{N} a_k z^{N-k}} \qquad (M5.1)$$

Quando apenas os primeiros (N_1 + 1) coeficientes do numerador são não nulos e apenas os primeiros (N_2 + 1) coeficientes do denominador são não nulos, a Eq. (M5.1) é simplificada para

$$H[z] = \frac{Y[z]}{X[z]} = \frac{B[z]}{A[z]} = \frac{\sum_{k=0}^{N_1} b_k z^{-k}}{\sum_{k=0}^{N_2} a_k z^{-k}} = \frac{\sum_{k=0}^{N_1} b_k z^{N_1-k}}{\sum_{k=0}^{N_2} a_k z^{N_2-k}} z^{N_2-N_1} \qquad (M5.2)$$

A forma da Eq. (M5.2) possui diversas vantagens. Ela pode ser mais eficiente do que a Eq. (M5.1), ainda funciona quando $N_1 = N_2 = N$ e está mais próxima da notação das funções internas do MATLAB para processamento de sinais em tempo discreto.

O lado direito da Eq. (M5.2) é a forma mais conveniente para cálculos usando o MATLAB. A reposta em frequência $H(e^{j\Omega})$ é obtida fazendo $z = e^{j\Omega}$, na qual Ω possui unidade de radianos. Geralmente, $\Omega = \omega T$, na qual ω é a frequência em tempo contínuo em radianos por segundo e T é o período de amostragem em segundos. Definindo o vetor de coeficientes $\mathbf{A} = [a_0, a_1,..., a_{N_2}]$ de tamanho (N_2 + 1) e o vetor de coeficientes $\mathbf{B} = [b_0, b_1,..., b_N1]$ de tamanho (N_1 + 1), o programa MS5P1 calcula $H(e^{j\Omega})$ usando a Eq. (M5.2) para cada frequência no vetor de entrada Ω.

```
function [H] = MS5P1(B, A, Omega);
% MS5P1.m: MATLAB Seção 5, Programa 1
% Arquivo.m de função que calcula a resposta em frequência para sistemas LDIT
% Entradas:        B = vetor de coeficientes de realimentação
%                  A = vetor de coeficientes da malha direta
%                  Omega = Vetor de frequências [rad],
                   tipicamente -pi <= Omega <= pi
% Saídas:          H = resposta em frequência
N_1 = lenght(B)-1; N_2 = lenght(A)-1;
H = polyval(B,exp(j*Omega))./polyval(A,exp(j*Omega)).*exp(j*Omega*(N_2-N_1));
```

Note que devido ao esquema de indexação do MATLAB, A(k) corresponde ao coeficiente a_{k-1} e B(k) corresponde ao coeficiente b_{k-1}. Também é possível utilizar a função freqz do *toolbox* de processamento de sinais para calcular a resposta em frequência de um sistema descrito pela Eq. (M5.2). Sob certas circunstâncias especiais, a função bode do *toolbox* de controle de sistemas também pode ser utilizada.

O programa MS5P2 calcula e traça os polos e zeros de um sistema LDIT descrito pela Eq. (M5.2) usando novamente os vetores $\mathbf{B}$ e $\mathbf{A}$.

```
function [p,z] = MS5P2(B,A);
% MS5P2.m: MATLAB Seção 5, Programa 2
% Arquivo.m de função que calcula e traça os polos e zeros de um sistema LDIT
% Entradas:        B = vetor de coeficientes de realimentação
%                  A = vetor de coeficientes da malha direta

N_1 = lenght(B)-1; N_2 = lenght(A)-1;
p = roots([A,zeros(1,N_1-N_2)]); z = roots([B,zeros(1,N_2-N_1)]);
ucirc = exp(j*linspace(0,2*pi,200)); % Calcula o círculo unitário para o gráfico
   de polos-zeros
```

```
plot(real(p),imag(p),'xk', real(z),imag(z),'ok',real(ucirc),
   imag(ucirc),'k:');
xlabel('Real');ylabel('Imaginary');
ax = axis; dx = 0.05*(ax(2)-ax(1)); dy = 0.05*(ax(4)-ax(3));
axis(ax+[-dx,dx,-dy,dy]);
```

O lado direito da Eq. (M5.2) ajuda a explicar como as raízes são calculadas. Quando $N_1 \neq N_2$, o termo $z^{N_2-N_1}$ implica em uma raiz adicional na origem. Se $N_1 > N_2$, as raízes são polos, os quais são adicionados concatenando A com `zeros(N_1-N_2,1)`; como $N_2 - N_1 \leq 0$, `zeros(N_2-N_1,1)` produz um conjunto vazio e B não é alterado. Se $N_2 > N_1$, as raízes são zeros, os quais são adicionados concatenando B com `zeros(N_2°N_1,1)`. Como $N_1 - N_2 \leq 0$, `zeros(N_1°N_2,1)` produz uma saída vazia e A permanece inalterado. Os polos e zeros são indicados por 'x' e 'o' em preto, respectivamente. Para referência visual, o círculo unitário também é mostrado. A última linha em MS5P2 expande os eixos do gráfico tal que as posições das raízes não fiquem obscurecidas.

M5.2 Fundamentos de Transformação

A transformação de filtros em tempo contínuo em filtros em tempo discreto começa com a função de transferência desejada em tempo contínuo

$$H(s) = \frac{Y(s)}{X(s)} = \frac{B(s)}{A(s)} = \frac{\sum_{k=0}^{M} b_{k+N-M} s^{M-k}}{\sum_{k=0}^{N} a_k s^{N-k}}$$

Por conveniência, $H(s)$ é representado na forma fatorada por

$$H(s) = \frac{b_{N-M}}{a_0} \frac{\prod_{k=1}^{M}(s - z_k)}{\prod_{k=1}^{N}(s - p_k)} \quad \text{(M5.3)}$$

na qual z_k e p_k são os polos e zeros do sistema, respectivamente.

Uma regra de mapeamento converte a função racional $H(s)$ em uma função racional $H(z)$. A restrição de que o resultado seja racional garante que a realização do sistema possa ser feita com apenas atrasos, somadores e multiplicadores. Existem várias regras de mapeamento possíveis. Por questões óbvias, uma boa transformação tente a mapear o eixo ω no círculo unitário, $\omega = 0$ em $z = 1$, $\omega = \infty$ em $z = -1$ e o semiplano esquerdo no interior do círculo unitário. Colocado de outra forma, senoides mapeadas em senoides, frequência zero mapeada em frequência zero, alta frequência mapeada em alta frequência e sistemas estáveis mapeados em sistemas estáveis.

A Seção 5.8 sugere que a transformada z pode ser considerada como sendo a transformada de Laplace com uma mudança de variável $z = e^{sT}$ ou $s = (1/T)\ln z$, na qual T é o intervalo de amostragem. Portanto é tentador converter um filtro em tempo contínuo em um filtro em tempo discreto substituindo $s = (1/T)\ln z$ em $H(s)$, ou $H[z] = H(s)|_{s=(1/T)\ln z}$. Infelizmente, esta abordagem não é prática porque $H[z]$ resultante não será racional e, portanto, não poderá ser implementada usando blocos padrões. Apesar de não ser considerada aqui, a transformação chamada *z-combinada* utiliza a relação $z = e^{sT}$ para transformar os polos e zeros do sistema, tal que a conexão possui algum mérito.

M5.3 Transformação pela Diferença Atrasada de Primeira Ordem

Considere a função de transferência $H(s) = Y(s)/X(s) = s$, a qual corresponde a um diferenciador de primeira ordem em tempo contínuo

$$y(t) = \frac{d}{dt}x(t)$$

Uma aproximação que se assemelha ao teorema fundamental de cálculo é a diferença atrasada de primeira ordem

$$y(t) = \frac{x(t) - x(t-T)}{T}$$

Para um intervalo de amostragem T e $t = nT$, a aproximação correspondente em tempo discreto é

$$y[n] = \frac{x[n] - x[n-1]}{T}$$

a qual possui a seguinte função de transferência

$$H[z] = Y[z]/X[z] = \frac{1 - z^{-1}}{T}$$

Isto implica em uma regra de transformação que utiliza a mudança de variável $s = (1 - z^{-1})/T$ ou $z = 1/(1 - sT)$. Esta regra de transformação é interessante porque o resultado $H[z]$ é racional e possui o mesmo número de polos e zeros que $H(s)$. A Seção 3.4 discute essa estratégia de transformação de maneira diferente, descrevendo a relação entre equações diferença e equações diferenciais.

Após alguma álgebra, substituindo $s = (1 - z^{-1})/T$ na Eq. (M5.3) obtemos

$$H[z] = \left(\frac{b_{N-M} \prod_{k=1}^{M}(1/T - z_k)}{a_0 \prod_{k=1}^{N}(1/T - p_k)} \right) \frac{\prod_{k=1}^{M}\left(1 - \frac{1}{1-Tz_k}z^{-1}\right)}{\prod_{k=1}^{N}\left(1 - \frac{1}{1-Tp_k}z^{-1}\right)} \quad (M5.4)$$

O sistema em tempo discreto possui M zeros em $1/(1 - Tz_k)$ e N polos em $1/(1/Tp_k)$. Esta regra de transformação preserva a estabilidade do sistema mas não mapeia o eixo ω no círculo unitário (veja o Prob. 5.7-9).

O Programa MS5P3 utiliza o método de diferença atrasada de primeira ordem da Eq. (M5.4) para converter um filtro em tempo contínuo descrito pelo vetor de coeficientes $\mathbf{A} = [a_0, a_1, ..., a_N]$ e $\mathbf{B} = [b_{N-M}, b_{N-M+1}, ..., b_N]$ em um filtro em tempo discreto. A forma do filtro em tempo discreto segue a Eq. (M5.2).

```
function [Bd, Ad] = MS5P3(B,A,T);
% MS5P3.m: MATLAB Seção 5, Programa 3
% Arquivo.m de função para a transformação pela diferença atrasada de
% primeira ordem
% de um filtro em tempo contínuo descrito por B e A em um filtro em tempo discreto
% Entradas:      B = vetor de coeficientes de realimentação
%                A = vetor de coeficientes da malha direta
%                T = intervalo de amostragem
% Saídas:        Bd = vetor dos coeficientes de realimentação do filtro em
    tempo discreto
%                Ad = vetor dos coeficientes de malha direta do filtro em
    tempo discreto
z = roots(B); p = roots(A); % raízes no domínio s
gain = B(1)/A(1)*prod(1/T-z)/prod(1/T-p);
zd = 1./(1-T*z); pd = 1./(1-T*p); % raízes no domínio z
Bd = gain*poly(zd); Ad = poly(pd);
```

M5.4 Transformação Bilinear

A transformação bilinear é baseada em uma aproximação melhor do que a diferença atrasada de primeira ordem. Novamente, considere o diferenciador em tempo contínuo

$$y(t) = \frac{d}{dt}x(t)$$

Representando o sinal $x(t)$ por

$$x(t) = \int_{t-T}^{t} \frac{d}{d\tau}x(\tau)\,d\tau + x(t-T)$$

Fazendo $t = nT$ e substituindo a integral pela aproximação trapezoidal, temos

$$x(nT) = \frac{T}{2}\left[\frac{d}{dt}x(nT) + \frac{d}{dt}x(nT-T)\right] + x(nT-T)$$

Substituindo $y(t)$ por $(d/dt)x(t)$, o sistema em tempo discreto equivalente é

$$x[n] = \frac{T}{2}(y[n] + y[n-1]) + x[n-1]$$

Usando as transformadas z, a função de transferência é

$$H[z] = \frac{Y[z]}{X[z]} = \frac{2(1-z^{-1})}{T(1+z^{-1})}$$

A mudança de variável $s = 2(1-z^{-1})/T(1+z^{-1})$ ou $z = (1+sT/2)(1-sT/2)$ é chamada de transformação bilateral. A transformação bilateral não somente resulta em uma função $H[z]$ racional, como também mapeia corretamente o eixo ω no círculo unitário (veja o Prob. 5.6-11a).

Após alguma álgebra, substituindo $s = 2(1-z^{-1})/T(1+z^{-1})$ na Eq. (M5.3), obtemos

$$H[z] = \left(\frac{b_{N-M}\prod_{k=1}^{M}(2/T - z_k)}{a_0\prod_{k=1}^{N}(2/T - p_k)}\right)\frac{\prod_{k=1}^{M}\left(1 - \frac{1+z_k T/2}{1-z_k T/2}z^{-1}\right)}{\prod_{k=1}^{N}\left(1 - \frac{1+p_k T/2}{1-p_k T/2}z^{-1}\right)}(1+z^{-1})^{N-M} \quad (M5.5)$$

Além dos M zeros em $(1+z_k T/2)/(1-z_k T/2)$ e N polos em $(1+p_k T/2)/(1-p_k T/2)$, existem $N-M$ zeros em -1. Como filtros em tempo contínuo práticos requerem $M \le N$ para estabilidade, o número de zeros adicionados é felizmente sempre não negativo.

O programa MS5P4 converte um filtro em tempo contínuo descrito pelos vetores de coeficientes $\mathbf{A} = [a_0, a_1,..., a_N]$ e $\mathbf{B} = [b_{N-M}, b_{N-M+1},..., b_N]$ em um filtro em tempo discreto usando a transformação bilinear da Eq. (M5.5). A forma do filtro em tempo discreto segue a Eq. (M5.2). Se disponível, também é possível utilizar a função bilinear do *toolbox* de processamento de sinais para calcular a transformação *bilinear*.

```
function [Bd, Ad] = MS5P4(B,A,T);
% MS5P4.m: MATLAB Seção 5, Programa 3
% Arquivo.m de função para a transformação bilinear de um
   filtro em tempo contínuo
% descrito por B e A em um filtro em tempo discreto.
% O tamanho de B não pode exceder A.
% Entradas:           B = vetor de coeficientes de realimentação
%                     A = vetor de coeficientes da malha direta
%                     T = intervalo de amostragem
% Saídas:             Bd = vetor dos coeficientes de realimentação do
% filtro em tempo discreto
%                     Ad = vetor dos coeficientes de malha direta do
% filtro em tempo discreto
if (lenght(B)>lenght(A)),
   disp('Ordem do numerador não pode exceder a ordem do denominador.'); return
end
z = roots(B); p = roots(A); % raízes no domínio s
gain = real(B(1)/A(1)*prod(2/T-z)/prod(2/T-p));
zd = (1+z*T/2); pd = (1+p*T/2)./(1-p*T/2); % raízes no domínio Z
bd = gain*poly([zd;-ones(lenght(A)-lenght(B),1)]);Ad = poly(pd);
```

Tal como em muitas linguagens de alto nível, o MATLAB possui estruturas gerais de *if*.

```
if expressão
            comandos;
```

```
        elseif expressão
                    comandos;
        else,
                    comandos;
        end
```

Neste programa o comando `if` testa $M > N$. Quando verdadeiro, uma mensagem de erro é mostrada e o comando `return` finaliza a execução do programa prevenindo erros.

M5.5 Transformação Bilinear com Pré-Warping

A transformação bilinear mapeia todo o eixo ω infinito no finito círculo unitário ($z = e^{j\Omega}$) de acordo com $\omega = (2/T)\tan(\Omega/2)$ (veja o Prob. 5.6-11b). De forma equivalente, $\Omega = 2\arctan(\omega T/2)$. A não linearidade da função tangente causa uma compressão na frequência, geralmente chamada de *warping* em frequência, o que distorce a transformação.

Para ilustrar o efeito de distorção, considere a transformação bilinear de um filtro passa-baixas em tempo contínuo com frequência de corte $\omega_c = 2\pi3000$ rad/s. Se um sistema digital alvo utiliza uma taxa de amostragem de 10 kHz, então $T = 1/(10.000)$ e ω_c é mapeado para $\Omega_c = 2\arctan(\omega_c T/2) = 1,5116$. Portanto, a frequência de corte transformada é menor do que a frequência desejada $\Omega_c = \omega_c T = 0,6\pi = 1,8850$.

Frequências de corte são importantes e devem ser tão precisas quanto possível. Ajustando o parâmetro T usado na transformação bilinear, uma frequência em tempo contínuo pode ser mapeada exatamente em uma frequência em tempo discreto. O processo é chamado de pré-warping. Continuando no último exemplo, ajustando $T = (2/\omega_c)\tan(\Omega_c/2) \approx 1/6848$ podemos ter o pré-warping apropriado para garantir que $\omega_c = 2\pi3000$ seja mapeado em $\Omega_c = 0,6\pi$.

M5.6 Exemplo: Transformação de Filtro de Butterworth

Para ilustrar as técnicas de transformação, considere um filtro passa-baixas, em tempo contínuo, de décima ordem de Butterworth com frequência de corte $\omega_c = 2\pi3000$, tal como projetado em MATLAB Seção 4. Inicialmente, determinamos os vetores de coeficientes em tempo contínuo **A** e **B**.

```
>> omega_c = 2*pi*3000; N=10;
>> poles = roots([(j*omega_c)^(-2*N),zeros(1,2*N-1),1]);
>> poles = poles(find(poles<0));
>> B = 1; A = poly(poles); A = A/A(end);
```

Os programas `MS5P3` e `MS5P4` são utilizados para executar as transformações de diferença atrasada de primeira ordem e bilinear, respectivamente.

```
>>Omega = linspace(0, pi, 200); T = 1/10000; Omega_c = omega_c*T;
>>[B1,A1] = MS5P3(B,A,T); % transformação de diferença atrasada de
   primeira ordem
>>[B2,A2] = MS5P4(B,A,T); % transformação bilinear
>>[B3,A3]= MS5P4(B,A,2/omega_c*tan(Omega_c/2));% bilinear com pré-warping
```

As respostas em magnitude são calculadas usando `MS5P1` e, então, traçadas.

```
>> H1mag = abs(MS5P1(B1,A1,Omega));
>> H2mag = abs(MS5P1(B2,A2,Omega));
>> H3mag = abs(MS5P1(B3,A3,Omega));
>> plot(Omega,(Omega<=Omega_c),'k',Omega,H1mag,'k-.',...
        Omega,H2mag,'k--',Omega,H3mag,'k:');
>> axis([0 pi -.05 1.5]);
>> xlabel('\Omega [rad]'); ylabel('Resposta em Magnitude');
>>legend('Ideal', 'Diferença atrasada de primeira ordem', 'Bilinear',...
        'Bilinear com pré-warping');
```

O resultado de cada método de transformação está mostrado na Fig. M5.1.

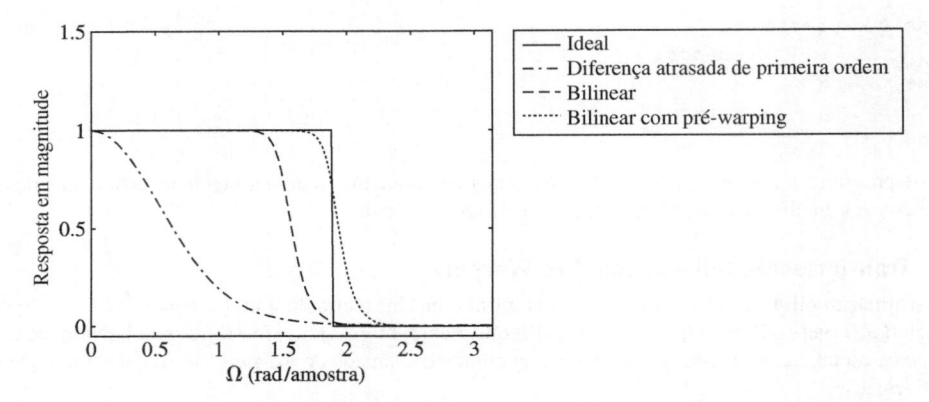

Figura M5.1 Comparação entre as várias técnicas de transformação.

Apesar da diferença atrasada de primeira ordem resultar um filtro passa-baixas, o método causa uma distorção significante que pode tornar o filtro inaceitável com relação à frequência de corte. A transformação bilinear é melhor, mas, como predito, a frequência de corte fica menor do que o valor desejado. A transformação bilinear com pré-warping aloca adequadamente a frequência de corte e produz uma resposta do filtro bem aceitável.

M5.7 Problemas de Determinação de Raízes Polinomiais

Numericamente, é difícil determinar com precisão as raízes de um polinômio. Considere, por exemplo, um polinômio simples que possui quatro raízes repetidas em -1, $(s+1)^4 = s^4 + 4s^3 + 6s^2 + 4s + 1$. O comando `roots` do MATLAB retorna o surpreendente resultado:

```
>> roots([1 4 6 4 1])'
ans = -1.0002      -1.0000 - 0.0002i   -1.0000 + 0.0002i   -0.9998
```

Mesmo para este polinômio de grau baixo, o MATLAB não retorna as raízes verdadeiras.

O problema piora se o grau do polinômio aumenta. A transformação bilinear do filtro de Butterworth de décima ordem, por exemplo, deveria ter 10 zeros em -1. A Fig. M5.2 mostra que os zeros, calculados pelo MS5P2 com o comando `roots` não estão corretamente posicionadas.

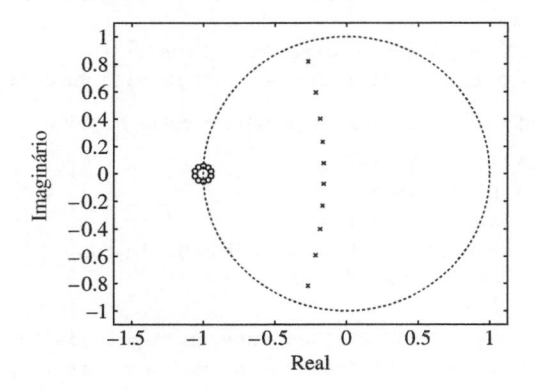

Figura M5.2 Polos e zeros calculados usando o comando `roots`.

Quando possível, os programas devem evitar o cálculo de raízes que podem limitar a precisão. Por exemplo, resultados dos programas de transformação MS5P3 e MS5P4 são mais precisos se os verdadeiros polos e zeros da função de transferência forem passados diretamente como entrada ao invés dos vetores dos coeficientes dos polinômios. Quando as raízes são calculadas, a precisão do resultado deve sempre ser verificada.

M5.8 Usando Seções de Segunda Ordem em Série para Melhorar o Projeto

A faixa dinâmica dos coeficientes de polinômios de alta ordem geralmente é muito grande. Acrescentando as dificuldades associadas com a fatoração de polinômios de alta ordem, não é nenhuma surpresa o fato de projetos de alta ordem serem difíceis.

Tal como em filtros em tempo contínuo, a performance é melhorada usando a cascata de seções de segunda ordem para projetar e realizar filtros em tempo discreto. Cascatas de seções de segunda ordem também são mais robustas à quantização dos coeficientes que ocorre quando filtros em tempo discreto são implementados em *hardware* digital de ponto fixo.

Para ilustrar a performance possível com a cascata de duas seções de segunda ordem, considere um filtro em tempo discreto de Butterworth, de ordem 180, com frequência de corte $\Omega_c = 0{,}6\pi \approx 1{,}8850$. O Programa MS5P5 completa este projeto tendo o cuidado de alocar inicialmente os polos e zeros sem o cálculo das raízes.

```
% MS5P5.m: MATLAB Seção 5, Programa 5
% Arquivo.m de script para o projeto de um filtro passa-baixas discreto de
% Butterworth de ordem 180 com frequência de corte Omega_c = 0,6*pi
% usando 90 seções de segunda ordem em cascata.

omega_0 = 1; % utiliza a frequência de corte normalizada para protótipo analógico
psi = [0.5:1:90]*pi/180; % ângulos dos polos de Butterworth
Omega_c = 0.6*pi; % frequência de corte discreta
Omega = linspace(0,pi,1000); % faixa de frequências para a resposta em magnitude
Hmag = zeros(90,1000); p =zeros(1,180); z = zeros(1,180); % pré-alocação
para seção = 1:90
  Q = 1/(2*cos(psi(secao))); % calcula Q para a seção
  B = omega_0^2; A = [1 omega_0/Q omega_0^2]; % calcula os coeficientes da seção
  [B1, A1] = MS5P4(B,A,2/omega_0*tan(0.6*pi/2)); %transforma seção para TD
  p(seção*2-1:seção*2)=roots(A1); %calcula polos no domínio z da seção
  z(seção*2-1:seção*2)=roots(B1); %calcula zeros no domínio z da seção
  Hmag(secao,:) = abs(MS5P1(B1,A1,Omega)); %calcula resposta em mag da seção
end
ucirc = exp(j*linspace(0,2*pi,200)); %calcula o círculo unitário para o gráfico
   polos-zeros figure;
plot(real(p),imag(p),'kx', real(z),imag(z),'ok', real(ucirc), imag(ucirc),'k:');
axis equal; xlabel('Real'); ylabel('Imaginário');
figure; plot(Omega, Hmag, 'k'); axos tight
xlabel('\Omega [rad]'); ylabel('Resposta em Magnitude');
figure; plot(Omega, prod(Hmag), 'k'); axis([0 pi -0.05 1.05]);
xlabel('\Omega [rad]')l ylabel('Resposta em Magnitude');
```

O comando `figure` anterior a cada comando `plot` abre uma janela separada para cada gráfico.

O gráfico de polos-zeros do filtro está mostrado na Fig. M5.3, juntamente com o círculo unitário para referência. Todos os 180 zeros do projeto em cascata estão adequadamente localizados em −1. A parede de polos possibilita uma aproximação surpreendente da resposta retangular desejada, como mostrado na resposta em magnitude da Fig. M5.4. É praticamente impossível realizar um filtro de tão alta ordem quanto este através de filtros em tempo contínuo, o que acrescenta outra razão para a popularidade de filtros em tempo discreto. Mesmo assim, o projeto não é trivial, mesmo funções do *toolbox* de processamento de sinais do MATLAB falham ao tentar projetar adequadamente um filtro discreto de Butterworth de tão alta ordem.

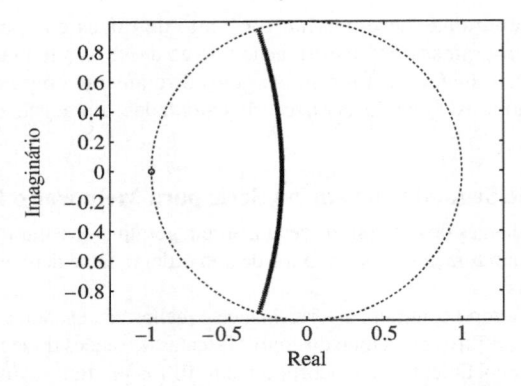

Figura M5.3 Gráfico de polos e zeros para um filtro discreto de Butterworth de ordem 180.

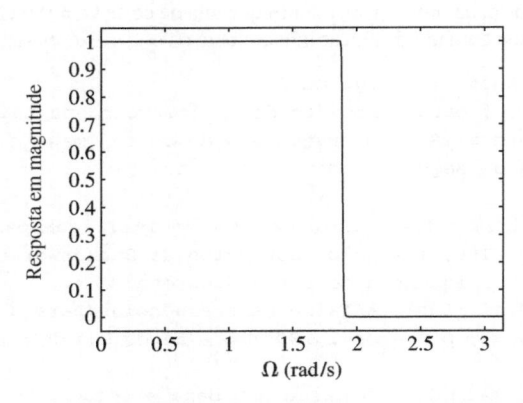

Figura M5.4 Resposta em magnitude para um filtro discreto de Butterworth de ordem 180.

PROBLEMAS

5.1-1 Usando a definição, calcule a transformada z de $x[n] = (-1)^n(u[n] - u[n-8])$. Trace os polos e zeros de $X[z]$ no plano z. Nenhuma calculadora é necessária para este problema!

5.1-2 Usando a definição da transformada z, determine a transformada z e a RDC para cada um dos seguintes sinais.

(a) $u[n-m]$

(b) $\gamma^n \operatorname{sen} \pi n \, u[n]$

(c) $\gamma^n \cos \pi n \, u[n]$

(d) $\gamma^n \operatorname{sen} \dfrac{\pi n}{2} u[n]$

(e) $\gamma^n \cos \dfrac{\pi n}{2} u[n]$

(f) $\displaystyle\sum_{k=0}^{\infty} 2^{2k} \delta[n-2k]$

(g) $\gamma^{n-1} u[n-1]$

(h) $n \gamma^n u[n]$

(i) $n \, u[n]$

(j) $\dfrac{\gamma^n}{n!} u[n]$

(k) $[2^{n-1} - (-2)^{n-1}] u[n]$

(l) $\dfrac{(\ln \alpha)^n}{n!} u[n]$

5.1-3 Mostrando todos os passos, calcule $\sum_{n=0}^{\infty} n(-3/2)^{-n}$.

5.1-4 Usando apenas as transformadas z da Tabela 5.1, determine a transformada z de cada um dos seguintes sinais.
(a) $u[n] - u[n-2]$
(b) $\gamma^{n-2}u[n-2]$
(c) $2^{n+1}u[n-1] + e^{n-1}u[n]$
(d) $\left[2^{-n}\cos\left(\dfrac{\pi}{3}n\right)\right]u[n-1]$
(e) $n\gamma^{n}u[n-1]$
(f) $n(n-1)(n-2)2^{n-3}u[n-m]$
 for $m = 0, 1, 2, 3$
(g) $(-1)^{n}nu[n]$
(h) $\displaystyle\sum_{k=0}^{\infty}k\delta(n-2k+1)$

5.1-5 Determine a transformada z inversa dos seguintes sinais:
(a) $\dfrac{z(z-4)}{z^2 - 5z + 6}$
(b) $\dfrac{z-4}{z^2 - 5z + 6}$
(c) $\dfrac{(e^{-2}-2)z}{(z-e^{-2})(z-2)}$
(d) $\dfrac{(z-1)^2}{z^3}$
(e) $\dfrac{z(2z+3)}{(z-1)(z^2-5z+6)}$
(f) $\dfrac{z(-5z+22)}{(z+1)(z-2)^2}$
(g) $\dfrac{z(1{,}4z+0{,}08)}{(z-0{,}2)(z-0{,}8)^2}$
(h) $\dfrac{z(z-2)}{z^2-z+1}$
(i) $\dfrac{2z^2-0{,}3z+0{,}25}{z^2+0{,}6z+0{,}25}$
(j) $\dfrac{2z(3z-23)}{(z-1)(z^2-6z+25)}$
(k) $\dfrac{z(3{,}83z+11{,}34)}{(z-2)(z^2-5z+25)}$
(l) $\dfrac{z^2(-2z^2+8z-7)}{(z-1)(z-2)^3}$

5.1-6 (a) Expandindo $X[z]$ em série de potência em z^{-1}, determine os três primeiros termos de $x[n]$ se
$$X[z] = \dfrac{2z^3 + 13z^2 + z}{z^3 + 7z^2 + 2z + 1}$$

(b) Estenda o procedimento utilizado na parte (a) para determinar os primeiros quatro termos de $x[n]$ se
$$X[z] = \dfrac{2z^4 + 16z^3 + 17z^2 + 3z}{z^3 + 7z^2 + 2z + 1}$$

5.1-7 Determine $x[n]$ expandindo
$$X[z] = \dfrac{\gamma z}{(z-\gamma)^2}$$
em uma série de potência em z^{-1}.

5.1-8 (a) Na Tabela 5.1, se as potências do numerador e denominador de $X[z]$ forem M e N, respectivamente, explique por que em alguns casos $N - M = 0$, enquanto que em outros $N - M = 1$ ou $N - M = m$ (m é qualquer inteiro positivo).
(b) Sem realmente determinar a transformada z, informe qual é $N - M$ para $X[z]$ correspondente a $x[n] = \gamma^{n}u[n-4]$.

5.2-1 Para o sinal em tempo discreto mostrado na Fig. P5.2-1, mostre que
$$X[z] = \dfrac{1-z^{-m}}{1-z^{-1}}$$
Obtenha sua resposta usando tanto a definição da Eq. (5.1) quanto a Tabela 5.1 e as propriedades adequadas da transformada z.

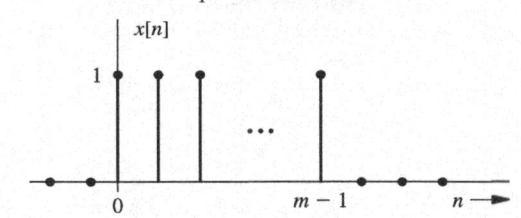

Figura P5.2-1

5.2-2 Determine a transformada z do sinal ilustrado na Fig. P5.2-2. Resolva este problema de duas formas, tal com nos Exemplos 5.2d e 5.4. Verifique que as duas respostas são equivalentes.

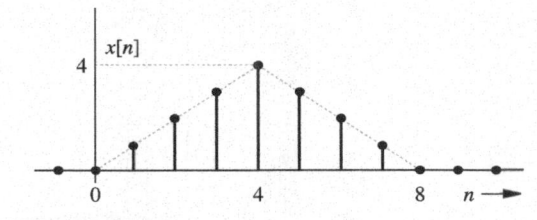

Figura P5.2-2

5.2-3 Usando apenas o fato de que $\gamma^n u[n] \Leftrightarrow z/(z - \gamma)$ e as propriedades da transformada z, determine a transformada z de cada um dos seguintes sinais:
   (a) $n^2 u[n]$
   (b) $n^2 \gamma^n u[n]$
   (c) $n^3 u[n]$
   (d) $a^n [u[n] - u[n-m]]$
   (e) $ne^{-2n} u[n-m]$
   (f) $(n-2)(0,5)^{n-3} u[n-4]$

5.2-4 Usando apenas o par 1 da Tabela 5.1 e as propriedades adequadas da transformada z, obtenha interativamente os pares 2 a 9. Em outras palavras, primeiro obtenha o par 2. Depois, usando o par 2 (e o par 1, se necessário), obtenha o par 3 e assim por diante.

5.2-5 Determina a transformada z de $\cos(\pi n/4)u[n]$ usando apenas o par 1 e 11b da Tabela 5.1 e a propriedade adequada da transformada z.

5.2-6 Aplique a propriedade de reversão no tempo no par 6 da Tabela 5.1 para mostrar que $\gamma^n u[-(n+1)] \Leftrightarrow -z/(z-\gamma)$ e RDC dada por $|z| < |\gamma|$.

5.2-7 (a) Se $x[n] \Leftrightarrow X[z]$, então mostre que $(-1)^n x[n] \Leftrightarrow X[-z]$.
   (b) Utilize este resultado para mostrar que $(-\gamma)^n x[n] \Leftrightarrow z/(z+\gamma)$.
   (c) Utilize estes resultados para obter a transformada z de
      (i) $[2^{n-1} - (-2)^{n-1}]u[n]$
      (ii) $\gamma^n \cos \pi n\, u[n]$

5.2-8 (a) Se $x[n] \Leftrightarrow X[z]$, então mostre que
$$\sum_{k=0}^{n} x[k] \Longleftrightarrow \frac{zX[z]}{z-1}$$
   (b) Utilize este resultado para obter o par 2 do par 1 da Tabela 5.1.

5.2-9 Algumas funções causais no domínio do tempo são mostradas na Fig. P5.2-9. Liste as funções do tempo que correspondem a cada uma das seguintes funções de z. Pouco ou nenhum cálculo é necessário! Tenha cuidado, os gráficos podem estar com escalas diferentes.
   (a) $\dfrac{z^2}{(z-0,75)^2}$
   (b) $\dfrac{z^2 - 0,9z/\sqrt{2}}{z^2 - 0,9\sqrt{2}z + 0,81}$
   (c) $\sum_{k=0}^{4} z^{-2k}$
   (d) $\dfrac{z^{-5}}{1 - z^{-1}}$
   (e) $\dfrac{z^2}{z^4 - 1}$
   (f) $\dfrac{0,75z}{(z-0,75)^2}$
   (g) $\dfrac{z^2 - z/\sqrt{2}}{z^2 - \sqrt{2}z + 1}$
   (h) $\dfrac{z^{-1} - 5z^{-5} + 4z^{-6}}{5(1 - z^{-1})^2}$

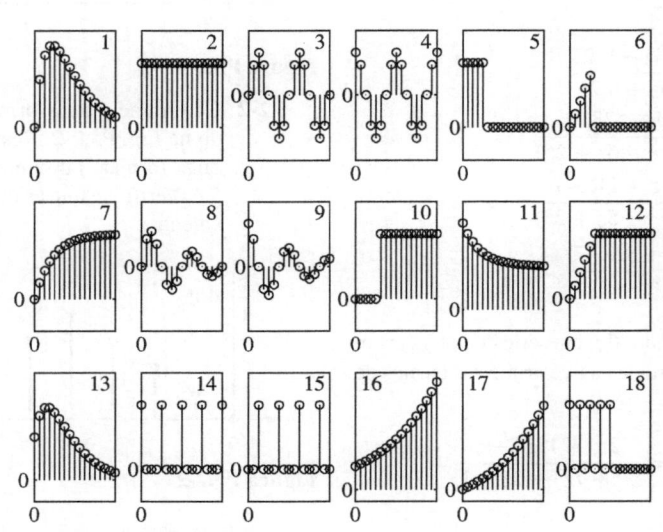

Figura P5.2-9 Várias funções causais no domínio do tempo.

(i) $\dfrac{z}{z-1,1}$

(j) $\dfrac{0,25z^{-1}}{(1-z^{-1})(1-0,75z^{-1})}$

5.3-1 Resolva o Prob. 3.8-16 pelo método da transformada z.

5.3-2 (a) Resolva
$$y[n+1] + 2y[n] = x[n+1]$$
quando $y[0] = 1$ e $x[n] = e^{-(n-1)}u[n]$.
(b) Determine as componentes de entrada nula e estado nulo da resposta.

5.3-3 (a) Obtenha a saída $y[n]$ de um sistema LDIT especificado pela equação
$$2y[n+2] - 3y[n+1] + y[n]$$
$$= 4x[n+2] - 3x[n+1]$$
se as condições iniciais forem $y[-1] = 0$, $y[-2] = 1$ e a entrada $x[n] = (4)^{-n}u[n]$.
(b) Determine as componentes de entrada nula e estado nulo da resposta.
(c) Determine as componentes transitória e de regime permanente da resposta.

5.3-4 Resolva o Prob. 5.3-3 se ao invés das condições iniciais $y[-1]$, $y[-2]$ forem dadas as condições auxiliares $y[0] = 3/2$ e $y[1] = 35/4$.

5.3-5 (a) Resolva
$$4y[n+2] + 4y[n+1] + y[n] = x[n+1]$$
com $y[-1] = 0$, $y[-2] = 1$ e $x[n] = u[n]$.
(b) Determine as componentes de entrada nula e estado nulo da resposta.
(c) Determine as componentes transitória e regime permanente da resposta.

5.3-6 Resolva
$$y[n+2] - 3y[n+1] + 2y[n] = x[n+1]$$
se $y[-1] = 2$, $y[-2] = 3$ e $x[n] = (3)^n u[n]$.

5.3-7 Resolva
$$y[n+2] - 2y[n+1] + 2y[n] = x[n]$$
com $y[-1] = 1$, $y[-2] = 0$ e $x[n] = u[n]$.

5.3-8 Resolva
$$y[n] + 2y[n-1] + 2y[n-2]$$
$$= x[n-1] + 2x[n-2]$$

5.3-9 Um sistema com resposta ao impulso $h[n] = 2(1/3)^n u[n-1]$ produz uma saída $y[n] = (-2)^n u[n-1]$. Determine a entrada $x[n]$ correspondente.

5.3-10 Santa deposita R$ 100,00 em sua conta bancária no primeiro dia de cada mês, exceto em dezembro, quando ela utiliza o seu dinheiro para comprar presentes de Natal. Defina $b[m]$ como sendo o saldo da conta de Santa no primeiro dia do mês m. Assuma que Santa tenha aberto sua conta em janeiro ($m = 0$) e que ela faça depósitos indefinidamente a partir desta data (exceto em Dezembro!). A taxa de juros mensal é de 1%. O saldo da conta satisfaz uma equação diferença simples $b[m] = (1,01)b[m-1] + p[m]$, na qual $p[m]$ representa o depósito mensal de Santa. Determine uma expressão fechada para $b[m]$ que seja uma função apenas do mês m.

5.3-11 Para cada resposta ao impulso, determine o número de polos do sistema, se os polos são reais ou complexos e se o sistema é BIBO estável ou não.
(a) $h_1[n] = (-1 + (0,5)^n)u[n]$
(b) $h_2[n] = (j)^n(u[n] - u[n-10])$

5.3-12 Determine os seguintes somatórios
(i) $\displaystyle\sum_{k=0}^{n} k$ (ii) $\displaystyle\sum_{k=0}^{n} k^2$

[Dica: Considere um sistema cuja saída $y[n]$ é o somatório desejado. Examine a relação entre $y[n]$ e $y[n-1]$. Note também que $y[0] = 0$.]

5.3-13 Determine o seguinte somatório:
$$\sum_{k=0}^{n} k^3$$
[Dica: veja a dica do Prob. 5.3-12.]

5.3-14 Determine o seguinte somatório:
$$\sum_{k=0}^{n} k a^k \qquad a \neq 1$$
[Dica: veja a dica do Prob. 5.3-12.]

5.3-15 Refaça o Prob. 5.3-12 usando o resultado do Prob. 5.2-8a.

5.3-16 Refaça o Prob. 5.3-13 usando o resultado do Prob. 5.2-8a.

5.3-17 Refaça o Prob. 5.3-14 usando o resultado do Prob. 5.2-8a.

5.3-18 (a) Determine a resposta de estado nulo de um sistema LDIT com função de transferência
$$H[z] = \dfrac{z}{(z+0,2)(z-0,8)}$$
e o sinal de entrada $x[n] = e^{(n+1)}u[n]$.

(b) Escreva a equação de diferença relacionando a saída $y[n]$ e a entrada $x[n]$.

5.3-19 Repita o Prob. 5.3-18 para $x[n] = u[n]$ e
$$H[z] = \frac{2z+3}{(z-2)(z-3)}$$

5.3-20 Repita o Prob. 5.3-18 para
$$H[z] = \frac{6(5z-1)}{6z^2 - 5z + 1}$$
e a entrada $x[n]$ é
(a) $(4)^{-n}u[n]$
(b) $(4)^{-(n-2)}u[n-2]$
(c) $(4)^{-(n-2)}u[n]$
(d) $(4)^{-n}u[n-2]$

5.3-21 Repita o Prob. 5.3-18 para $x[n] = u[n]$ e
$$H[z] = \frac{2z-1}{z^2 - 1{,}6z + 0{,}8}$$

5.3-22 Determine as funções de transferência correspondentes a cada um dos sistemas especificados pelas equações diferença dos Probs. 5.3-2, 5.3-3, 5.3-5 e 5.3-8.

5.3-23 Determine $h[n]$, a resposta ao impulso unitário dos sistemas descritos pelas seguintes equações:
(a) $y[n] + 3y[n-1] + 2y[n-2] = x[n] + 3x[n-1] + 3x[n-2]$
(b) $y[n+2] + 2y[n+1] + y[n] = 2x[n+2] - x[n+1]$
(c) $y[n] - y[n-1] + 0{,}5y[n-2] = x[n] + 2x[n-1]$

5.3-24 Determine $h[n]$, a resposta ao impulso unitário dos sistemas dos Probs. 5.3-18, 5.3-19 e 5.3-21.

5.3-25 Um sistema possui resposta ao impulso $h[n] = u[n-3]$.
(a) Determine a resposta ao impulso do sistema inverso $h^{-1}[n]$.
(b) A inversa é estável? A inversa é causal?
(c) Seu chefe pediu para você implementar $h^{-1}[n]$ da melhor forma possível. Descreva seu projeto tomando o cuidado de identificar qualquer possível deficiência.

5.4-1 Um sistema possui resposta ao impulso dada por
$$h[n] = \left[\left(\frac{1+j}{\sqrt{8}} \right)^n + \left(\frac{1-j}{\sqrt{8}} \right)^n \right] u[n]$$
Este sistema pode ser implementado de acordo com a Fig. P5.4-1.

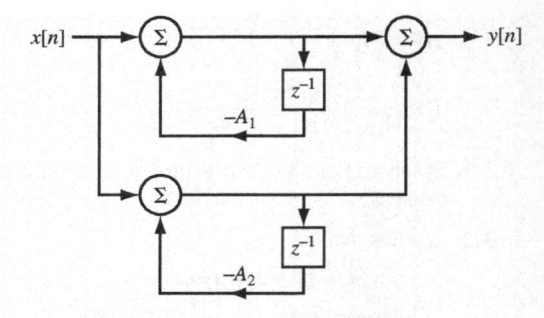

Figura P5.4-1 Estrutura para implementar $h[n]$.

(a) Determine os coeficientes A_1 e A_2 para implementar $h[n]$ usando a estrutura mostrada na Fig. P5.4-1.
(b) Qual é a resposta $y_0[n]$ de estado nulo deste sistema, dada uma entrada em degrau unitário deslocada $x[n] = u[n+3]$?

5.4-2 (a) Mostre a realização na forma direta canônica, cascata e paralela de
$$H[z] = \frac{z(3z - 1{,}8)}{z^2 - z + 0{,}16}$$
(b) Determine a transposta das realizações obtidas na parte (a).

5.4-3 Repita o Prob. 5.4-2 para
$$H[z] = \frac{5z + 2{,}2}{z^2 + z + 0{,}16}$$

5.4-4 Repita o Prob. 5.4-2 para
$$H[z] = \frac{3{,}8z - 1{,}1}{(z - 0{,}2)(z^2 - 0{,}6z + 0{,}25)}$$

5.4-5 Repita o Prob. 5.4-2 para
$$H[z] = \frac{z(1{,}6z - 1{,}8)}{(z - 0{,}2)(z^2 + z + 0{,}5)}$$

5.4-6 Repita o Prob. 5.4-2 para
$$H[z] = \frac{z(2z^2 + 1{,}3z + 0{,}96)}{(z + 0{,}5)(z - 0{,}4)^2}$$

5.4-7 Realize o sistema cuja função de transferência é
$$H[z] = \frac{2z^4 + z^3 + 0{,}8z^2 + 2z + 8}{z^4}$$

5.4-8 Realize um sistema cuja função de transferência seja dada por
$$H[z] = \sum_{n=0}^{6} nz^{-n}$$

5.4-9 Este problema demonstra a grande quantidade de formas de se implementar uma função de transferência de relativa baixa ordem. Uma função de transferência de segunda ordem possui dois zeros reais e dois polos reais. Discuta as várias formas de realizar este tipo de função de transferência. Considere a realização direta canônica, cascata, paralela e as formas transpostas correspondentes. Note também que alterar seções da forma cascata resulta em uma realização diferente.

5.5-1 Determine a resposta em amplitude e fase dos filtros digitais mostrados na Fig. P5.5-1.

5.5-2 Determine a resposta em amplitude e fase dos filtros mostrados na Fig. P5.5-2. [Dica: Expresse $H[e^{j\Omega}]$ como $e^{-j2.5\Omega}H_a[e^{j\Omega}]$.]

5.5-3 Determine a resposta em frequência para um sistema de média móvel do Prob. 3.4-3. A equação de entrada-saída do sistema é dada por

$$y[n] = \tfrac{1}{5} \sum_{k=0}^{4} x[n-k]$$

5.5-4 (a) As relações de entrada-saída de dois filtros são dadas por
  (i) $y[n] = -0{,}9y[n-1] + x[n]$
  (ii) $y[n] = 0{,}9y[n-1] + x[n]$

Para cada caso, determine a função de transferência, a resposta em amplitude e a resposta de fase. Trace a resposta de amplitude e informe qual é o tipo (passa-altas, passa-baixas, etc) de cada filtro.

Figura P5.5-1

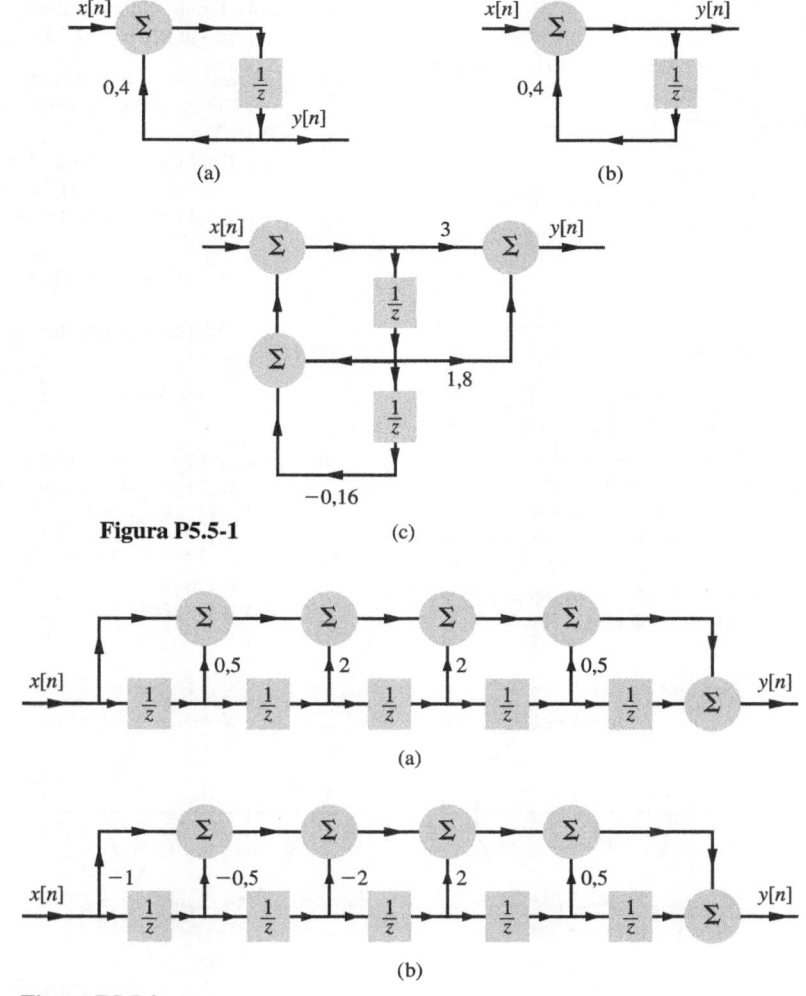

Figura P5.5-2

(b) Determine a resposta de cada filtro para a senoide $x[n] = \cos \Omega n$ para $\Omega = 0,01\pi$ e $0,99\pi$. Mostre que, em geral, o ganho (resposta em amplitude) do filtro (i) na frequência Ω_0 é o mesmo ganho do filtro (ii) na frequência $\pi - \Omega_0$.

5.5-5 Para um sistema LDIT especificado pela equação

$$y[n+1] - 0,5y[n] = x[n+1] + 0,8x[n]$$

(a) Determine a resposta em amplitude e fase.
(b) Determine a resposta $y[n]$ do sistema para a entrada $x[n] = \cos(0,5n - (\pi/3))$.

5.5-6 Para um sistema LDIT assintoticamente estável, mostre que a resposta em regime permanente para a entrada $e^{j\Omega n}u[n]$ é $H[e^{j\Omega}]e^{j\Omega n}u[n]$. A resposta em regime permanente é a parte da resposta que não decresce com o tempo e permanece indefinidamente.

5.5-7 Expresse os seguintes sinais em termos de frequências aparentes.
(a) $\cos(0,8\pi n + \theta)$
(b) $\sen(1,2\pi n + \theta)$
(c) $\cos(6,9n + \theta)$
(d) $\cos(2,8\pi n + \theta) + 2\sen(3,7\pi n + \theta)$
(e) $\sinc(\pi n/2)$
(f) $\sinc(3\pi n/2)$
(g) $\sinc(2\pi n)$

5.5-8 Mostre que $\cos(0,6\pi n + (\pi/6)) + \cos(1,4\pi n + (\pi/3)) = 2\cos(0,6\pi n - (\pi/6))$.

5.5-9 (a) Um filtro digital possui intervalo de amostragem $T = 50\mu s$. Determine a frequência mais alta que pode ser processada por este filtro sem *aliasing*.
(b) Se a frequência mais alta a ser processada é 50 kHz, determine o valor mínimo da frequência de amostragem f_s, e o valor máximo do intervalo de amostragem T que pode ser utilizado.

5.5-10 Considere um sistema em tempo discreto representado por

$$y[n] = \sum_{k=0}^{\infty} (0,5)^k x[n-k]$$

(a) Determine e trace a resposta em magnitude $|H(e^{j\Omega})|$ do sistema.
(b) Determine e trace a resposta de fase $\angle H(e^{j\Omega})$ do sistema.
(c) Obtenha uma representação eficiente em blocos que implemente este sistema.

5.6-1 As configurações de polos-zeros de dois filtros estão mostradas na Fig. P5.6-1. Obtenha o rascunho das respostas em amplitude para estes filtros.

5.6-2 O sistema $y[n] - y[n-1] = x[n] - x[n-1]$ é um sistema passa tudo que possui resposta de fase nula. Existe alguma diferença entre este sistema e o sistema $y[n] = x[n]$? Justifique sua resposta.

5.6-3 As respostas em amplitude e fase de um sistema LIT real estável estão mostradas na Fig. P5.6-3.
(a) Qual é o tipo deste sistema: passa-baixas, passa-altas, passa-faixa ou rejeita-faixa?
(b) Qual será a saída do sistema em resposta a

$$x_1[n] = 2\sen\left(\frac{\pi}{2}n + \frac{\pi}{4}\right)$$

(c) Qual será a saída do sistema em resposta a

$$x_2[n] = \cos\left(\frac{7\pi}{4}n\right)$$

5.6-4 Faça o Prob. 5.M-1 pelo procedimento gráfico. Trace os gráficos aproximadamente, sem utilizar o MATLAB.

5.6-5 Faça o Prob. 5.M-4 pelo procedimento gráfico. Trace os gráficos aproximadamente, sem utilizar o MATLAB.

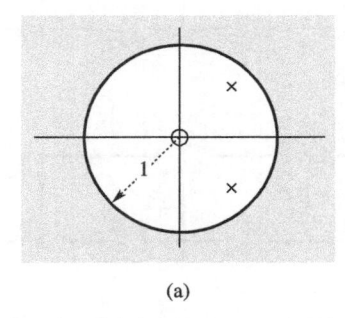

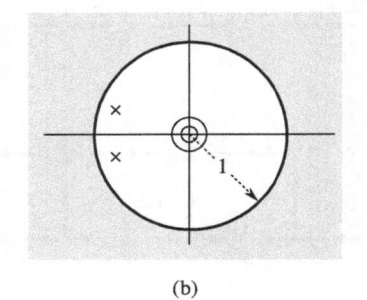

(a)   (b)

Figura P5.6-1

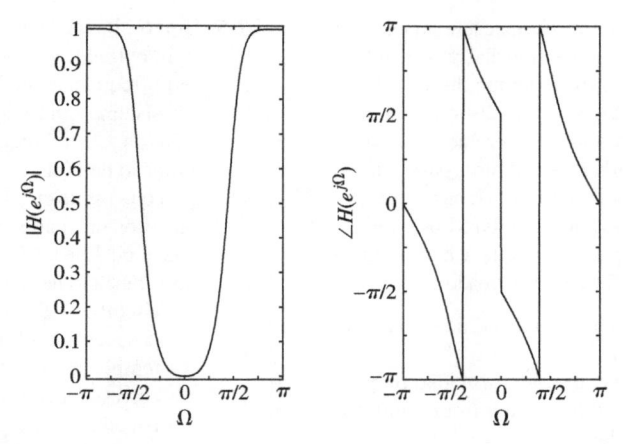

Figura P5.6-3 Resposta em frequência de um sistema LIT estável e real.

5.6-6 (a) Realize um filtro digital cuja função de transferência seja dada por

$$H[z] = K \frac{z+1}{z-a}$$

(b) Trace a resposta em amplitude deste filtro assumindo $|a| < 1$.

(c) A resposta em amplitude deste filtro passa-baixas é máxima em $\Omega = 0$. A largura de faixa de 3 dB é a frequência na qual a resposta em amplitude cai para 0,707 (ou $1/\sqrt{2}$) de seu valor máximo. Determine a largura de faixa de 3 dB deste filtro quando $a = 2$.

5.6-7 Projete um filtro notch digital que rejeite completamente a frequência de 5000Hz e que tenha uma rápida recuperação nos dois lados de 5000 Hz para um ganho unitário. A frequência mais alta a ser processada é 20 kHz ($\mathcal{F}_h = 20.000$). [Dica: Use o Exemplo 5.15. Os zeros devem estar em $e^{\pm j\omega T}$ para ω correspondente a 5000Hz e os polos devem estar em $ae^{\pm j\omega T}$ com $a < 1$. Deixe sua resposta em termos de a. Realize este filtro usando a forma canônica. Determine a resposta em amplitude do filtro.]

5.6-8 Mostre que um sistema LDIT de primeira ordem com um polo em $z = r$ e um zero em $z = 1/r$ ($r \leq 1$) é um filtro passa tudo. Em outras palavras, mostre que a resposta em amplitude $|H[e^{j\Omega}]|$ de um sistema com função de transferência

$$H[z] = \frac{z - \frac{1}{r}}{z - r} \qquad r \leq 1$$

é constante com a frequência. Isto é um filtro passa tudo de primeira ordem. [Dica: Mostre que a razão das distâncias de qualquer ponto ao círculo unitário ao zero (em $z = 1/r$) e ao polo (em $z = r$) é a constante $1/r$.]

Generalize este resultado para mostrar que um sistema LDIT com dois polos em $z = re^{\pm j\theta}$ e dois zeros em $z = (1/r)e^{\pm j\theta}$ ($r \leq 1$) é um filtro passa-tudo. Em outras palavras, mostre que a resposta em amplitude de um sistema com função de transferência

$$H[z] = \frac{\left(z - \frac{1}{r}e^{j\theta}\right)\left(z - \frac{1}{r}e^{-j\theta}\right)}{(z - re^{j\theta})(z - re^{-j\theta})}$$

$$= \frac{z^2 - \left(\frac{2}{r}\cos\theta\right)z + \frac{1}{r^2}}{z^2 - (2r\cos\theta)z + r^2} \qquad r \leq 1$$

é constante com a frequência.

5.6-9 (a) Se $h_1[n]$ e $h_2[n]$, a resposta ao impulso de dois sistemas LDIT, são relacionadas por $h_2[n] = (-1)^n h_1[n]$, então mostre que

$$H_2[e^{j\Omega}] = H_1[e^{j(\Omega \pm \pi)}]$$

Como o espectro de frequência de $H_2[e^{j\Omega}]$ está relacionado com o de $H_1[e^{j\Omega}]$?

(b) Se $H_1[z]$ representa um filtro passa-baixas ideal com frequência de corte Ω_c, trace $H_2[e^{j\Omega}]$. Qual tipo de filtro é $H_2[e^{j\Omega}]$?

5.6-10 Mapeamentos, tais como a transformação bilinear, são úteis na conversão de filtros em tempo contínuo para filtros em tempo discreto.

Outro tipo útil de transformação é aquela que converte um filtro em tempo discreto em um tipo diferente de filtro em tempo discreto. Considere a transformação que substitui z por $-z$.

(a) Mostre que esta transformação converte filtros passa-baixas em filtros passa-altas e filtros passa-altas em filtros passa-baixas.

(b) Se o filtro original é um filtro FIR com resposta ao impulso $h[n]$, qual é a resposta ao impulso do filtro transformado?

5.6-11 A transformação bilinear é definida pela regra $s = 2(1 - z^{-1})/T(1 + z^{-1})$.

(a) Mostre que esta transformação mapeia o eixo ω do plano s no círculo unitário $z = e^{j\Omega}$ no plano z.

(b) Mostre que esta transformação mapeia Ω para $2 \arctan(\omega T/2)$.

5.7-1 No Capítulo 3, utilizamos outra aproximação para determinar um sistema digital que realiza um sistema analógico. Mostramos que um sistema analógico especificado pela Eq. (3.15a) pode ser realizado usando o sistema digital especificado pela Eq. (3.15c). Compare aquela solução com a solução resultante do método de invariância ao impulso. Mostre que um resultado é uma boa aproximação do outro e que a aproximação melhora quando $T \to 0$.

5.7-2 (a) Usando o critério de invariância ao impulso, projete um filtro digital para implementar um filtro analógico com função de transferência

$$H_a(s) = \frac{7s + 20}{2(s^2 + 7s + 10)}$$

(b) Mostre a realização canônica e paralela deste filtro. Use o critério de 1% para a escolha de T.

5.7-3 Use o critério de invariância ao impulso para projetar um filtro digital para realizar um filtro de Butterworth de segunda ordem com função de transferência

$$H_a(s) = \frac{1}{s^2 + \sqrt{2}s + 1}$$

Use o critério de 1% para a escolha de T.

5.7-4 Projete um integrador digital usando o método de invariância ao impulso. Determine e mostre um rascunho da resposta em amplitude e compare com a de um integrador ideal. Se este integrador for utilizado para a integração de sinais de áudio (cuja largura de faixa é de 20 kHz), determine um valor adequado de T.

5.7-5 Um oscilador, por definição, é uma fonte (sem entrada) que gera uma senoide de uma certa frequência ω_0. Portanto, um oscilador é um sistema cuja resposta de entrada nula é uma senoide na frequência desejada. Obtenha a função de transferência de um oscilador digital que oscile em 10 kHz usando os métodos descritos nas partes a e b. Nos dois métodos selecione T de tal forma que haja 10 amostras em cada ciclo da senoide.

(a) Escolha $H[z]$ diretamente tal que sua resposta de entrada nula seja uma senoide em tempo discreto com frequência $\Omega = \omega T$ correspondente a 10 kHz.

(b) Escolha $H_a(s)$ cuja resposta de entrada nula seja uma senoide analógica de 10 kHz. Utilize, agora, o método de invariância ao impulso para determinar $H[z]$.

(c) Mostre a realização canônica do oscilador.

5.7-6 Uma variação do método de invariância ao impulso é o método de *invariância ao degrau* para a síntese de filtros digitais. Neste método, para uma dada $H_a(s)$, projetamos $H[z]$ da Fig. 5.22a tal que $y(nT)$ da Fig. 5.22b seja idêntico a $y[n]$ da Fig. 5.22a quando $x(t) = u(t)$.

(a) Mostre que, em geral,

$$H[z] = \frac{z-1}{z} \mathcal{Z}\left[\left(\mathcal{L}^{-1}\frac{H_a(s)}{s}\right)_{t=kT}\right]$$

(b) Utilize este método para projetar $H[z]$ para

$$H_a(s) = \frac{\omega_c}{s + \omega_c}$$

(c) Utilize o método de invariância ao degrau para sintetizar um integrado em tempo discreto e compare com a resposta em amplitude do integrador ideal.

5.7-7 Use o método da *invariância a rampa* para sintetizar um diferenciador e integrador em tempo discreto. Neste método, para uma dada $H_a(s)$, projetamos $H[z]$ tal que $y(nT)$ da Fig. 5.22b seja idêntica a $y[n]$ da Fig. 5.22a quando $x(t) = tu(t)$.

5.7-8 No projeto pela invariância ao impulso, mostre que se $H_a(s)$ é a função de transferência de um sistema estável, então $H[z]$ correspondente também será a função de transferência de um sistema estável.

5.7-9 Diferenças atrasadas de primeira ordem fornecem a regra de transformação $s = (1 - z^{-1})/T$.

(a) Mostre que esta transformação mapeia o eixo ω do plano s em um círculo de raio 1/2 centrado em (1/2,0) no plano z.

(b) Mostre que esta transformação mapeia o semiplano esquerdo do plano s no interior do círculo unitário no plano z, o que garante que a estabilidade seja conservada.

5.9-1 Determine a transformada z (se ela existir) e a RDC correspondente para cada um dos seguintes sinais
(a) $(0,8)^n u[n] + 2^n u[-(n+1)]$
(b) $2^n u[n] - 3^n u[-(n+1)]$
(c) $(0,8)^n u[n] + (0,9)^n u[-(n+1)]$
(d) $[(0,8)^n + 3(0,4)^n] u[-(n+1)]$
(e) $[(0,8)^n + 3(0,4)^n] u[n]$
(f) $(0,8)^n u[n] + 3(0,4)^n u[-(n+1)]$
(g) $(0,5)^{|n|}$
(h) $n\, u[-(n+1)]$

5.9-2 Obtenha a transformada z inversa de
$$X[z] = \frac{(e^{-2} - 2)z}{(z - e^{-2})(z - 2)}$$
quando a RDC é
(a) $|z| > 2$
(b) $e^{-2} < |z| < 2$
(c) $|z| < e^{-2}$

5.9-3 Utilize a expansão em frações parciais, tabelas da transformada z e a região de convergência ($|z| < 1/2$) para determinar a transformada z inversa de
$$X(z) = \frac{1}{(2z+1)(z+1)\left(z+\frac{1}{2}\right)}$$

5.9-4 Considere o sistema
$$H(z) = \frac{z\left(z - \frac{1}{2}\right)}{\left(z^3 - \frac{27}{8}\right)}$$
(a) Desenhe o diagrama de polos-zeros para $H(z)$ e identifique todas as possíveis regiões de convergência.
(b) Desenhe o diagrama de polos-zeros para $H^{-1}(z)$ e identifique todas as possíveis regiões de convergência.

5.9-5 Um sinal $x[n]$ em tempo discreto possuir uma transformação z racional que contém um polo em $z = 0,5$. Sabendo que $x_1[n] = (1/3)^n x[n]$ é absolutamente somável e $x_2[n] = (1/4)^n x[n]$ não é absolutamente somável, determine se $x[n]$ é um sinal de lado esquerdo, lado direito ou de dois lados. Justifique sua resposta.

5.9-6 Seja $x[n]$ um sinal absolutamente somável com transformação z racional $X(z)$. Sabe-se que $X(z)$ possui um polo em $z = (0,75 + 0,75j)$ e que outros polos podem estar presentes. Lembre-se de que um sinal absolutamente somável satisfaz $\sum_{-\infty}^{\infty} |x[n]| < \infty$.
(a) $x[n]$ pode ser de lado esquerdo? Explique.
(b) $x[n]$ pode ser de lado direito? Explique.
(c) $x[n]$ pode ser de dois lados? Explique.
(d) $x[n]$ pode ser de duração finita? Explique.

5.9-7 Considere um sistema causal com função de transferência
$$H(z) = \frac{z - 0,5}{z + 0,5}$$
Quando apropriado, considere condições iniciais nulas.
(a) Determine a saída $y_1[n]$ deste sistema em resposta a $x_1[n] = (3/4)^n u[n]$.
(b) Determine a saída $y_2[n]$ deste sistema em resposta a $x_2[n] = (3/4)^n$.

5.9-8 Seja $x[n] = (-1)^n u[n - n_0] + \alpha^n u[-n]$. Determine as restrições do número complexo α e do inteiro n_0 tal que a transformada z $X(z)$ existe com região de convergência $1 < |z| < 2$.

5.9-9 Usando a definição, calcule a transformada z bilateral, incluindo a região de convergência (RDC) das seguintes funções de valor complexo:
(a) $x_1[n] = (-j)^{-n} u[-n] + \delta[-n]$
(b) $x_2[n] = (j)^n \cos(n+1) u[n]$
(c) $x_3[n] = j \operatorname{senh}[n] u[-n+1]$
(d) $x_4[n] = \sum_{k=-\infty}^{0} (2j)^n \delta[n - 2k]$

5.9-10 Utilize a expansão em frações parciais, tabela de transformada z e a região de convergência ($0,5 < |z| < 2$) para determinar a transformada z inversa de
(a) $X_1(z) = \dfrac{1}{1 + \frac{13}{6}z^{-1} + \frac{1}{6}z^{-2} - \frac{1}{3}z^{-3}}$
(b) $X_2(z) = \dfrac{1}{z^{-3}(2 - z^{-1})(1 + 2z^{-1})}$

5.9-11 Utilize a expansão em frações parciais, tabela de transformada z e o fato de que os sistemas são estáveis para determinar a transformada z inversa de
(a) $H_1(z) = \dfrac{z^{-1}}{\left(z - \frac{1}{2}\right)\left(1 + \frac{1}{2}z^{-1}\right)}$
(b) $H_2(z) = \dfrac{z+1}{z^3(z-2)\left(z + \frac{1}{2}\right)}$

5.9-12 Inserindo N zeros entre cada amostra de um degrau unitário, obtemos o sinal

$$h[n] = \sum_{k=0}^{\infty} \delta[n - Nk]$$

Determine $H(z)$, a transformada z bilateral de $h[n]$. Identifique a quantidade e as posições dos polos de $H(z)$.

5.9-13 Determine a resposta de estado nulo de um sistema com função de transferência

$$H[z] = \frac{z}{(z + 0{,}2)(z - 0{,}8)} \qquad |z| > 0{,}8$$

e uma entrada $x[n]$ dada por

(a) $x[n] = e^n u[n]$
(b) $x[n] = 2^n u[-(n + 1)]$
(c) $x[n] = e^n u[n] + 2^n u[-(n + 1)]$

5.9-14 Para o sistema do Prob. 5.9-13, determine a resposta de estado nula para a entrada

$$x[n] = 2^n u[n] + u[-(n + 1)]$$

5.9-15 Para o sistema do Prob. 5.9-13, determine a resposta de estado nulo para a entrada

$$x[n] = e^{-2n}[-(n + 1)]$$

5.M-1 Considere um sistema LDIT descrito pela equação diferença $4y[n + 2] - y[n] = x[n + 2] + x[n]$.
(a) Trace o diagrama de polos-zeros para este sistema.
(b) Trace a resposta em magnitude do sistema $|H(e^{j\Omega})|$ para $-\pi \leq \Omega \leq \pi$.
(c) Qual é o tipo destes sistema: passa-baixa, passa-alta, passa-faixa ou rejeita-faixa?
(d) Este sistema é estável? Justifique sua resposta.
(e) Este sistema é real? Justifique sua resposta.
(f) Se a entrada do sistema for na forma $x[n] = \cos(\Omega n)$, qual é a maior amplitude possível na saída? Justifique sua resposta.
(g) Desenhe uma implementação causal eficiente deste sistema usando apenas blocos de somador, atraso e escalonador.

5.M-2 Uma interessante e útil aplicação de sistemas discretos é a implementação de sistemas complexos (ao invés de reais). Um sistema complexo é aquele cuja saída de valor real pode produzir uma saída de valor complexo. Sistemas complexos que são descritos por equações diferença de coeficientes constantes necessitam de pelo menos um coeficiente de valor complexo e são capazes de operar com entradas de valor complexo.

Considere o sistema complexo em tempo discreto

$$H(z) = \frac{z^2 - j}{z - 0{,}9e^{j3\pi/4}}$$

(a) Determine e trace os zeros e polos do sistema.
(b) Trace a resposta em magnitude $|H(e^{j\omega})|$ deste sistema para $-2\pi \leq \omega \leq 2\pi$. Comente o comportamento do sistema.

5.M-3 Considere o sistema complexo

$$H(z) = \frac{z^4 - 1}{2(z^2 + 0{,}81j)}$$

Refira-se ao Prob. 5.M-2 para uma introdução sobre sistemas complexos.
(a) Determine e trace os zeros e polos do sistema.
(b) Trace a resposta em magnitude $|H(e^{j\omega})|$ deste sistema para $-\pi \leq \Omega \leq \pi$. Comente o comportamento do sistema.
(c) Explique porque $H(z)$ é um sistema não causal. Não apresente nenhuma definição geral de causalidade. Especificamente identifique o que faz este sistema ser não causal.
(d) Uma forma de tornar este sistema causal é adicionar dois polos a $H(z)$, ou seja,

$$H_{\text{causal}}(z) = H(z) \frac{1}{(z - a)(z - b)}$$

Determine os polos a e b tal que

$$|H_{causal}(e^{j\Omega})| = |H(e^{j\Omega})|.$$

(e) Desenhe uma implementação em blocos eficiente de $H_{causal}(z)$.

5.M-4 Um sistema LIT discreto é mostrado na Fig. P5.M-4.
(a) Determine a equação diferença que descreve este sistema.
(b) Determine a resposta em magnitude $|H(e^{j\Omega})|$ para este sistema e simplifique sua resposta. Trace a resposta em magnitude para $-\pi \leq \Omega \leq \pi$. Qual é o tipo de filtro que melhor descreve este sistema (passa-baixa, passa-alta, passa-faixa ou rejeita-faixa)?
(c) Determine a resposta $h[n]$ ao impulso deste sistema.

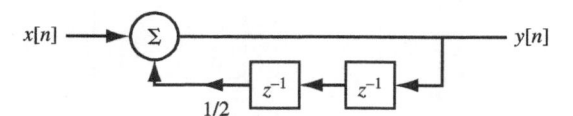

Figura P5.M-4 Sistema em tempo discreto de segunda ordem.

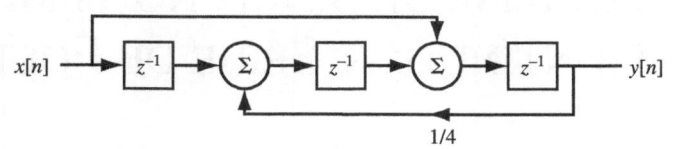

Figura P5.M-5 Sistema em tempo discreto de terceira ordem.

5.M-5 Determine a resposta $h[n]$ ao impulso para o sistema mostrado na Fig. P5.M-5. O sistema é estável? O sistema é causal?

5.M-6 Um filtro LDIT possui função de resposta ao impulso dada por $h[n] = \delta[n-1] + \delta[n+1]$. Determine e cuidadosamente trace a resposta em magnitude $|H(e^{j\Omega})|$ para a faixa $-\pi \le \Omega \le \pi$. Para esta faixa de frequência, o filtro é passa-baixa, passa-alta, passa-faixa ou rejeita-faixa?

5.M-7 Um sistema discreto estável, causal, possui a estranha função de transferência $H(z) = \cos(z^{-1})$.
 (a) Escreva um código no MATLAB que calcule e trace a resposta em amplitude deste sistema para uma faixa apropriada de frequências digitais Ω. Comente o sistema.
 (b) Determine a resposta ao impulso $h[n]$. Trace $h[n]$ para ($0 \le n \le 10$).
 (c) Determine a equação diferença que descreve um filtro FIR que aproxima o sistema $H(z) = \cos(z^{-1})$. Para verificar o comportamento adequado, trace a resposta em magnitude do filtro FIR e compare com a resposta em magnitude do Prob. 5.M-7a.

5.M-8 A função `butter` do *toolbox* de processamento de sinais do MATLAB ajuda a projetar filtros digitais de Butterworth. Para cada um dos casos a seguir, projete o filtro, trace os polos e zeros no plano complexo z e trace a resposta em magnitude em decibel, $20 \log_{10} |H(e^{j\Omega})|$.
 (a) Projete um filtro passa-baixa digital de ordem 8 com $\Omega_c = \pi/3$.
 (b) Projete um filtro passa-alta digital de ordem 8 com $\Omega_c = \pi/3$.
 (c) Projete um filtro passa-faixa digital de ordem 8 com faixa passante entre $5\pi/24$ e $5\pi/24$.
 (d) Projete um filtro rejeita-faixa digital de ordem 8 com faixa filtrada entre $5\pi/24$ e $5\pi/24$.

5.M-9 A função `cheby1` do *toolbox* de processamento de sinais do MATLAB ajuda a projetar filtros digitais de Chebyshev tipo I. Um filtro de Chebyshev tipo I possui ripple na faixa passante e uma faixa filtrada suave. Ajustando o ripple da faixa passsante para $R_p = 3$ dB, repita o Prob. 5.M-8 usando o comando `cheby1`. Com todos os outros parâmetros constantes, qual é o efeito geral da redução de R_p, o ripple permitido na banda passante?

5.M-10 A função `cheby2` do *toolbox* de processamento de sinais do MATLAB ajuda a projetar filtros digitais de Chebyshev tipo II. Um filtro de Chebyshev tipo II possui uma faixa passante suave e ripple na faixa filtrada. Ajustando o ripple da faixa filtrada para no mínimo $R_s = 20$ dB, repita o Prob. 5.M-8 usando o comando `cheby2`. Com todos os outros parâmetros constantes, qual é o efeito geral do aumento de R_s, a atenuação mínima na banda passante?

5.M-11 A função `ellip` do *toolbox* de processamento de sinais do MATLAB ajuda a projetar filtros digitais de elípticos. Um filtro de elíptico possui ripple tanto na faixa passante quanto na faixa filtrada. Ajustando o ripple da faixa passsante para $R_p = 3$ dB e o ripple na faixa filtrada para $R_s = 20$ dB, repita o Prob. 5.M-8 usando o comando `ellip`.

CAPÍTULO 6

ANÁLISE DE SINAIS NO TEMPO CONTÍNUO: A SÉRIE DE FOURIER

Engenheiros eletricistas instintivamente pensam em sinais em termos de seu espectro de frequência e pensam em sistemas em termos da sua resposta em frequência. Mesmo adolescentes sabem que a porção audível de sinais de áudio possuem uma largura de faixa de aproximadamente 20 kHz e que eles precisam de alto-falantes de boa qualidade que respondam a até 20 kHz. Isso é basicamente pensar no domínio da frequência. Nos Capítulos 4 e 5, discutimos extensivamente a representação no domínio da frequência de sistemas e de suas respostas espectrais (resposta do sistema a sinais de várias frequências). Nos Capítulos 6, 7, 8 e 9 iremos discutir a representação espectral de sinais, nos quais os sinais serão expressos como a soma de senoides ou exponenciais. De fato, já abordamos este tópico nos Capítulos 4 e 5. Lembre que a transformada de Laplace de um sinal em tempo contínuo é sua representação espectral em termos de exponenciais (ou senoides) de frequências complexas. Similarmente, a transformada z de um sinal em tempo discreto é sua representação espectral em termos de exponenciais em tempo discreto. Entretanto, nos capítulos anteriores, estávamos preocupados principalmente com a representação do sistema, sendo que a representação espectral de sinais era subjacente à análise do sistema. A análise espectral de sinais é, por ela mesma, um importante tópico. Por isso voltaremos nossa atenção para esse assunto.

Neste capítulo, iremos mostrar que um sinal periódico pode ser representado como a soma de senoides (ou exponenciais) de várias frequências. Estes resultados são estendidos a sinais não periódicos no Capítulo 7 e a sinais em tempo discreto no Capítulo 9. O fascinante assunto de amostragem de sinais em tempo contínuo é discutido no Capítulo 8, resultando na conversão A/D (analógico para digital) e D/A (digital para analógico). O Capítulo 8 é uma ponte entre os mundos em tempo contínuo e em tempo discreto.

6.1 Representação de Sinais Periódicos pela Série Trigonométrica de Fourier

Como visto na Seção 1.3-3 [Eq. (1.17)], um sinal periódico $x(t)$ com período T_0 (Fig. 6.1) possui a propriedade

$$x(t) = x(t + T_0) \qquad \text{para todo } t \qquad (6.1)$$

O *menor* valor de T_0 que satisfaz a condição de periodicidade (6.1) é o *período fundamental* de $x(t)$. Como argumentado na Seção 1.3-3, esta equação implica em que $x(t)$ começa em $-\infty$ e continua até ∞. Além disso, a área sob um sinal periódico $x(t)$ para qualquer intervalo de duração T_0 é a mesma, ou seja, para quaisquer números reais a e b

$$\int_a^{a+T_0} x(t)\,dt = \int_b^{b+T_0} x(t)\,dt \qquad (6.2)$$

Esse resultado segue do fato que um sinal periódico assume os mesmos valores em intervalos de T_0. Logo, os valores para qualquer segmento de duração T_0 são repetidos em qualquer outro intervalo de mesma duração. Por conveniência, a área sob $x(t)$ para qualquer intervalo de duração T_0 será representado por

$$\int_{T_0} x(t)\,dt$$

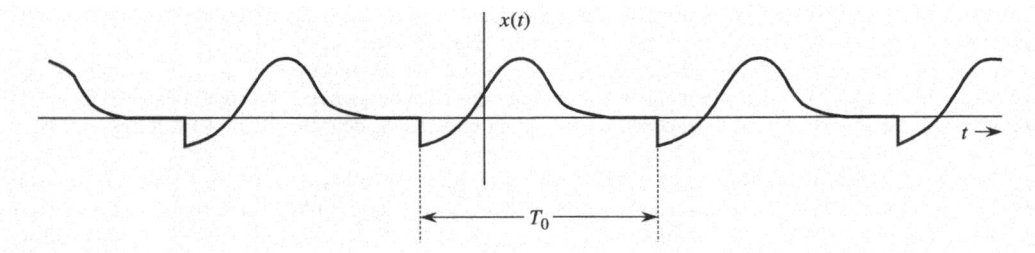

Figura 6.1 Um sinal periódico de período T_0.

A frequência de senoide cos $2\pi f_0 t$ ou sen $2\pi f_0 t$ é f_0 e o período é $T_0 = 1/f_0$. Essas senoides também podem ser expressas como cos $\omega_0 t$ ou sen $\omega_0 t$, na qual $\omega_0 = 2\pi f_0$ é a *frequência em radianos*, mas por simplicidade, ela é geralmente chamada apenas de frequência (veja a seção B.2). A senoide de frequência nf_0 é dita a *n-ésima harmônica* da senoide de frequência f_0.

Vamos considerar um sinal $x(t)$ constituído por senos e cossenos de frequência ω_0 e todas as suas harmônicas (incluindo a harmônica zero, ou seja, CC) com amplitudes arbitrárias:[†]

$$x(t) = a_0 + \sum_{n=1}^{\infty} a_n \cos n\omega_0 t + b_n \operatorname{sen} n\omega_0 t \qquad (6.3)$$

A frequência ω_0 é chamada de *frequência fundamental*.

Iremos provar, agora, uma propriedade extremamente importante: $x(t)$ da Eq. (6.3) é um sinal periódico com o mesmo período da fundamental, independentemente dos valores das amplitudes a_n e b_n. Note que o período T_0 da fundamental é

$$T_0 = \frac{1}{f_0} = \frac{2\pi}{\omega_0} \qquad (6.4)$$

e

$$\omega_0 T_0 = 2\pi \qquad (6.5)$$

Para provar a periodicidade de $x(t)$, tudo o que precisamos fazer é mostrar que $x(t) = x(t + T_0)$. A partir da Eq. (6.3)

$$x(t + T_0) = a_0 + \sum_{n=1}^{\infty} a_n \cos n\omega_0(t + T_0) + b_n \operatorname{sen} n\omega_0(t + T_0)$$

$$= a_0 + \sum_{n=1}^{\infty} a_n \cos(n\omega_0 t + n\omega_0 T_0) + b_n \operatorname{sen}(n\omega_0 t + n\omega_0 T_0)$$

A partir da Eq. (6.5), temos que $n\omega_0 T_0 = 2\pi n$ e

$$x(t + T_0) = a_0 + \sum_{n=1}^{\infty} a_n \cos(n\omega_0 t + 2\pi n) + b_n \operatorname{sen}(n\omega_0 t + 2\pi n)$$

$$= a_0 + \sum_{n=1}^{\infty} a_n \cos n\omega_0 t + b_n \operatorname{sen} n\omega_0 t$$

$$= x(t)$$

Também poderíamos ter inferido este resultado intuitivamente. Em um período fundamental T_0, a harmônica de ordem n executa n ciclos completos. Logo, toda senoide do lado direito da Eq. (6.3) executa um número completo de ciclos em um período fundamental T_0. Portanto, para $t = T_0$, toda senoide começa como se

---

[†] Na Eq. (6.3), o tempo constante a_0 corresponde ao termo em cosseno para $n = 0$ porque cos $(0 \times \omega_0)t = 1$. Entretanto, sen$(0 \times \omega_0)t = 0$. Logo, o termo em seno para $n = 0$ é inexistente.

ela estivesse na origem e repete a mesma sequência durante os próximos T_0 segundos e assim por diante. Logo, a soma de todas as harmônicas resulta em um sinal periódico de período T_0.

Esse resultado mostra que qualquer combinação de senoide de frequências $0, f_0, 2f_0, \ldots, kf_0$ é um sinal periódico com período $T_0 = 1/f_0$ independentemente dos valores das amplitudes a_k e b_k das senoides. Alterando os valores de a_k e b_k, na Eq. (6.3), podemos construir uma grande variedade de sinais periódicos, todos com o mesmo período T_0 ($T_0 = 1/f_0$ ou $2\pi/\omega_0$).

O inverso desse resultado também é válido. Iremos ver na Seção 6.5-4 que *um sinal periódico $x(t)$ com período T_0 pode ser descrito como a soma de senoides de frequência f_0 ($f_0 = 1/T_0$) e todas as suas harmônicas, como mostrado na Eq. (6.3)*.[†] A série infinita do lado direito da Eq. (6.3) é chamada de *série trigonométrica de Fourier* de um sinal periódico $x(t)$.

CÁLCULO DOS COEFICIENTES DA SÉRIE DE FOURIER

Para determinar os coeficientes da série de Fourier, considere a integral I definida por

$$I = \int_{T_0} \cos n\omega_0 t \cos m\omega_0 t \, dt \tag{6.6a}$$

na qual $\int_{T_0}$ representa a integração em um intervalo contínuo de T_0 segundos. Usando identidades trigonométricas (veja a Seção B.7-6), a Eq. (6.6a) pode ser escrita como

$$I = \tfrac{1}{2}\left[\int_{T_0} \cos(n+m)\omega_0 t \, dt + \int_{T_0} \cos(n-m)\omega_0 t \, dt\right] \tag{6.6b}$$

Como $\cos \omega_0 t$ executa um ciclo completo em qualquer intervalo de duração T_0, $\cos(n+m)\omega_0 t$ executa $(n+m)$ ciclos completos em qualquer intervalo de duração T_0. Portanto, a primeira integral da Eq. (6.6b), a qual representa a área sob $n+m$ ciclos completos da senoide é igual a zero. O mesmo argumento mostra que a segunda integral da Eq. (6.6b) também é zero, exceto quando $n = m$. Logo, I da Eq. (6.6) é zero para todo $n \neq m$. Quando $n = m$, a primeira integral da Eq. (6.6b) ainda é zero, mas a segunda integral resulta em

$$I = \tfrac{1}{2}\int_{T_0} dt = \frac{T_0}{2}$$

Portanto,

$$\int_{T_0} \cos n\omega_0 t \cos m\omega_0 t \, dt = \begin{cases} 0 & n \neq m \\ \dfrac{T_0}{2} & m = n \neq 0 \end{cases} \tag{6.7a}$$

Usando argumentos similares, podemos mostrar que

$$\int_{T_0} \operatorname{sen} n\omega_0 t \operatorname{sen} m\omega_0 t \, dt = \begin{cases} 0 & n \neq m \\ \dfrac{T_0}{2} & n = m \neq 0 \end{cases} \tag{6.7b}$$

e

$$\int_{T_0} \operatorname{sen} n\omega_0 t \cos m\omega_0 t \, dt = 0 \qquad \text{para todo } n \text{ e } m \tag{6.7c}$$

Para determinar a_0 na Eq. (6.3), integramos os dois lados da Eq. (6.3) para um período T_0, resultando em

$$\int_{T_0} x(t)\, dt = a_0 \int_{T_0} dt + \sum_{n=1}^{\infty}\left[a_n \int_{T_0} \cos n\omega_0 t \, dt + b_n \int_{T_0} \operatorname{sen} n\omega_0 t \, dt\right]$$

[†] Falando estritamente, essa afirmativa se aplica somente se o sinal periódico $x(t)$ for uma função contínua de t. Entretanto, a Seção 6.5-4 mostra que isso pode ser aplicado mesmo para sinais descontínuos, se interpretarmos a igualdade da Eq. (6.3), não no sentido ordinário, mas no sentido médio quadrático. Isso significa que a potência da diferença entre um sinal periódico $x(t)$ e sua série de Fourier do lado direito da Eq. (6.3) se aproxima de zero quando o número de termos da série se aproxima do infinito.

Lembre que T_0 é o período da senoide de frequência ω_0. Portanto, as funções cos $n\omega_0 t$ e sen $n\omega_0 t$ executam n ciclos completos em qualquer intervalo de T_0 segundos, tal que a área sob essas funções em um intervalo T_0 é nula e as duas últimas integrais do lado direito da equação anterior são zero, resultando em

$$\int_{T_0} x(t)\,dt = a_0 \int_{T_0} dt = a_0 T_0$$

e

$$a_0 = \frac{1}{T_0} \int_{T_0} x(t)\,dt \tag{6.8a}$$

A seguir, multiplicamos os dois lados da Eq. (6.3) por cos $m\omega_0 t$ e integramos a equação resultante para um intervalo T_0:

$$\int_{T_0} x(t)\cos m\omega_0 t\,dt = a_0 \int_{T_0} \cos m\omega_0 t\,dt + \sum_{n=1}^{\infty} \left[a_n \int_{T_0} \cos n\omega_0 t \cos m\omega_0 t\,dt \right.$$
$$\left. + b_n \int_{T_0} \operatorname{sen} n\omega_0 t \cos m\omega_0 t\,dt \right]$$

A primeira integral do lado direito é zero porque ela é a área sob m ciclos de uma senoide. Além disso, a última integral do lado direito desaparece em função da Eq. (6.7c). Dessa forma, temos apenas a integral do meio da equação, a qual também é zero para todo $n \neq m$ em função da Eq. (6.7a). Mas n assume todos os valores de 1 a ∞, inclusive m. Quando $n = m$, esta integral é $T_0/2$, de acordo com a Eq. (6.7a). Portanto, a partir de um número infinito de termos do lado direito, apenas um termo sobrevive resultando em $a_n T_0/2 = a_m T_0/2$ (lembre-se que $n = m$). Portanto,

$$\int_{T_0} x(t)\cos m\omega_0 t\,dt = \frac{a_m T_0}{2}$$

e

$$a_m = \frac{2}{T_0} \int_{T_0} x(t)\cos m\omega_0 t\,dt \tag{6.8b}$$

Similarmente, multiplicando os dois lados da Eq. (6.3) por sen $n\omega_0 t$ e integrando a equação resultante para um intervalo T_0, obtemos

$$b_m = \frac{2}{T_0} \int_{T_0} x(t)\operatorname{sen} m\omega_0 t\,dt \tag{6.8c}$$

Finalizando nossa discussão, a qual se aplica a $x(t)$ real ou complexo, mostramos que um sinal periódico $x(t)$ com período T_0 pode ser expresso como a soma de uma senoide de período T_0 e suas harmônicas:

$$x(t) = a_0 + \sum_{n=1}^{\infty} a_n \cos n\omega_0 t + b_n \operatorname{sen} n\omega_0 t \tag{6.9}$$

na qual

$$\omega_0 = 2\pi f_0 = \frac{2\pi}{T_0} \tag{6.10}$$

$$a_0 = \frac{1}{T_0} \int_{T_0} x(t)\,dt \tag{6.11a}$$

$$a_n = \frac{2}{T_0} \int_{T_0} x(t)\cos n\omega_0 t\,dt \tag{6.11b}$$

$$b_n = \frac{2}{T_0} \int_{T_0} x(t)\operatorname{sen} n\omega_0 t\,dt \tag{6.11c}$$

Forma Compacta da Série de Fourier

Os resultados obtidos até este momento são genéricos e se aplicam se $x(t)$ for uma função real ou complexa de t. Entretanto, quando $x(t)$ é real, os coeficientes a_n e b_n são reais para todo n e a série trigonométrica de Fourier pode ser expressa em uma *forma compacta*, usando os resultados das Eqs. (B.23)

$$x(t) = C_0 + \sum_{n=1}^{\infty} C_n \cos(n\omega_0 t + \theta_n) \tag{6.12}$$

na qual C_n e θ_n são relacionados com a_n e b_n por [veja as Eqs. (B.23b) e (B.23c)]

$$C_0 = a_0 \tag{6.13a}$$

$$C_n = \sqrt{a_n^2 + b_n^2} \tag{6.13b}$$

$$\theta_n = \tan^{-1}\left(\frac{-b_n}{a_n}\right) \tag{6.13c}$$

Esses resultados estão resumidos na Tabela 6.1.

A forma compacta da Eq. (6.12) utiliza a forma em cosseno. Também poderíamos ter utilizado a forma em seno, com termos sen $(n\omega_0 t + \theta_n)$ em vez de cos $(n\omega_0 t + \theta_n)$. A literatura favorece muito a forma em cosseno, sem razões aparentes, a não ser possivelmente pelo fato do fasor em cosseno ser representado pelo eixo horizontal, o qual é o eixo de referência na representação fasorial.

A Eq. (6.11a) mostra que a_0 (ou C_0) é o valor médio de $x(t)$ (média calculada em um período). Esse valor geralmente pode ser determinado por pura inspeção em $x(t)$.

Como a_n e b_n são reais, C_n e θ_n também são reais. Nas próximas discussões sobre série trigonométrica de Fourier, iremos assumir que $x(t)$ é real, a não ser que mencionado o contrário.

6.1-1 Espectro de Fourier

A série trigonométrica compacta de Fourier da Eq. (6.12) indica que um sinal periódico $x(t)$ pode ser descrito como a soma de senoides de frequências 0 (cc), ω_0, $2\omega_0$,..., $n\omega_0$,... cujas amplitudes são C_0, C_1, C_2,..., C_n,... e fases são 0, θ_1, θ_2,..., θ_n,... respectivamente. Podemos facilmente traçar a amplitude C_n em função de n (*o espectro*

Tabela 6.1 Representações da Série de Fourier de um sinal periódico com período T_0 ($\omega_0 = 2\pi/T_0$)

Forma da série	Cálculo dos coeficientes	Fórmulas de conversão
Trigonometria	$a_0 = \dfrac{1}{T_0} \displaystyle\int_{T_0} f(t)\, dt$	$a_0 = C_0 = D_0$
$f(t) = a_0 + \displaystyle\sum_{n=1}^{\infty} a_n \cos n\omega_0 t + b_n \operatorname{sen} n\omega_0 t$	$a_n = \dfrac{2}{T_0} \displaystyle\int_{T_0} f(t) \cos n\omega_0 t\, dt$	$a_n - jb_n = C_n e^{j\theta_n} = 2D_n$
	$b_n = \dfrac{2}{T_0} \displaystyle\int_{T_0} f(t) \operatorname{sen} n\omega_0 t\, dt$	$a_n + jb_n = C_n e^{-j\theta_n} = 2D_{-n}$
Trigonometria compacta	$C_0 = a_0$	$C_0 = D_0$
$f(t) = C_0 + \displaystyle\sum_{n=1}^{\infty} C_n \cos(n\omega_0 t + \theta_n)$	$C_n = \sqrt{a_n^2 + b_n^2}$	$C_n = 2\lvert D_n \rvert \quad n \geq 1$
	$\theta_n = \tan^{-1}\left(\dfrac{-b_n}{a_n}\right)$	$\theta_n = \angle D_n$
Exponencial		
$f(t) = \displaystyle\sum_{n=-\infty}^{\infty} D_n e^{jn\omega_0 t}$	$D_n = \dfrac{1}{T_0} \displaystyle\int_{T_0} f(t) e^{-jn\omega_0 t}\, dt$	

de amplitude) e θ_n em função de n (*o espectro de fase*).† Como n é proporcional a frequência $n\omega_0$, esses gráficos são versões em escala de C_n em função de ω e θ_n em função de ω. Os dois gráficos juntos formam o *espectro de frequência de x(t)*. Esse espectro de frequência mostra rapidamente os conteúdos de frequência do sinal $x(t)$ com suas amplitudes e fases. Conhecendo esse espectro, podemos reconstruir ou sintetizar o sinal $x(t)$ de acordo com a Eq. (6.12). Portanto, o espectro de frequência, o qual é uma forma alternativa de descrever um sinal periódico $x(t)$, é equivalente, de todas as formas, ao gráfico de $x(t)$ em função de t. O espectro de frequência de um sinal constitui a *descrição no domínio da frequência de x(t)*, em contraste com a *descrição no domínio do tempo*, na qual $x(t)$ é especificado como uma função do tempo.

Na determinação de θ_n, a fase da n-ésima harmônica da Eq. (6.13c), o quadrante no qual θ_n está deve ser determinado dos sinais de a_n e b_n. Por exemplo, se $a_n = -1$ e $b_n = 1$, θ_n está no terceiro quadrante e

$$\theta_n = \tan^{-1}\left(\frac{-1}{-1}\right) = -135°$$

Observe que

$$\tan^{-1}\left(\frac{-1}{-1}\right) \neq \tan^{-1}(1) = 45°$$

Apesar de C_n, a amplitude da n-ésima harmônica definida na Eq. (6.13b), ser positiva, iremos ver que é conveniente permitir que C_n assuma valores negativos quando $b_n = 0$. Isso ficará claro em exemplos posteriores.

EXEMPLO 6.1

Determine a série trigonométrica compacta de Fourier do sinal periódico $x(t)$ mostrado na Fig. 6.2a. Trace o espectro de amplitude e fase de $x(t)$.

Neste caso, o período é $T_0 = \pi$ e a frequência fundamental é $f_0 = 1/T_0 = 1/\pi$ Hz e

$$\omega_0 = \frac{2\pi}{T_0} = 2 \text{ rad/s}$$

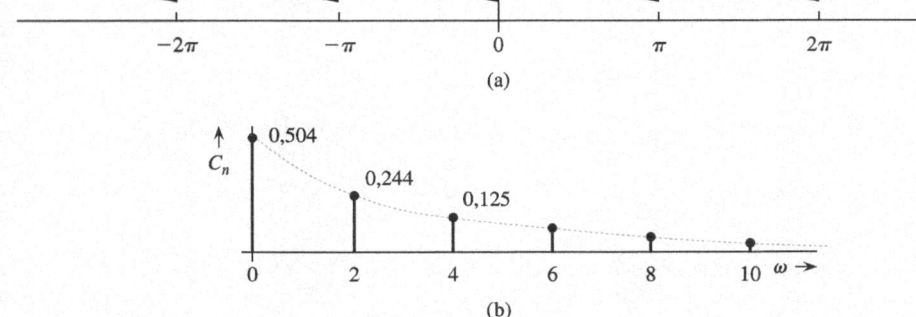

Figura 6.2 (a) sinal periódico e (b, c) seu espectro de Fourier.

---

† A amplitude C_n, por definição, é não negativa. Alguns autores definem a amplitude A_n que pode ser assumir valores positivos ou negativos e magnitude $C_n = |A_n|$ que pode ser apenas não negativa. Portanto, o que chamamos de espectro de amplitude se torna espectro de magnitude. A distinção entre amplitude e magnitude, apesar de útil, é evitada neste livro com o intuito de manter definições que são essencialmente entidades similares a uma quantidade mínima.

(c)

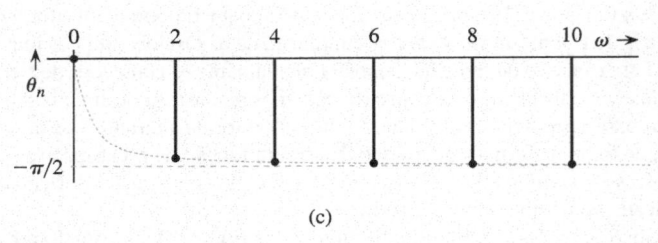

Figura 6.2 Continuação.

Portanto,
$$x(t) = a_0 + \sum_{n=1}^{\infty} a_n \cos 2nt + b_n \operatorname{sen} 2nt$$

na qual
$$a_0 = \frac{1}{\pi} \int_{T_0} x(t)\, dt$$

Neste exemplo, a escolha óbvia para o intervalo de integração é de 0 a π. Logo,

$$a_0 = \frac{1}{\pi} \int_0^{\pi} e^{-t/2}\, dt = 0{,}504$$

$$a_n = \frac{2}{\pi} \int_0^{\pi} e^{-t/2} \cos 2nt\, dt = 0{,}504 \left(\frac{2}{1 + 16n^2} \right)$$

e
$$b_n = \frac{2}{\pi} \int_0^{\pi} e^{-t/2} \operatorname{sen} 2nt\, dt = 0{,}504 \left(\frac{8n}{1 + 16n^2} \right)$$

Portanto,
$$x(t) = 0{,}504 \left[1 + \sum_{n=1}^{\infty} \frac{2}{1 + 16n^2} (\cos 2nt + 4n \operatorname{sen} 2nt) \right] \tag{6.14}$$

Além disso, das Eq. (6.13)

$C_0 = a_0 = 0{,}504$

$$C_n = \sqrt{a_n^2 + b_n^2} = 0{,}504 \sqrt{\frac{4}{(1 + 16n^2)^2} + \frac{64n^2}{(1 + 16n^2)^2}} = 0{,}504 \left(\frac{2}{\sqrt{1 + 16n^2}} \right)$$

$$\theta_n = \tan^{-1} \left(\frac{-b_n}{a_n} \right) = \tan^{-1}(-4n) = -\tan^{-1} 4n$$

As amplitudes e fases da componente contínua (cc) e das primeira sete harmônicas são calculadas usando as equações acima e mostradas na Tabela 6.2. Também podemos utilizar valores numéricos para expressar $x(t)$ por

$$x(t) = 0{,}504 + 0{,}504 \sum_{n=1}^{\infty} \frac{2}{\sqrt{1 + 16n^2}} \cos(2nt - \tan^{-1} 4n) \tag{6.15a}$$

$$\begin{aligned} x(t) &= 0{,}504 + 0{,}244 \cos(2t - 75{,}96°) + 0{,}125 \cos(4t - 82{,}87°) \\ &\quad + 0{,}084 \cos(6t - 85{,}24°) + 0{,}063 \cos(8t - 86{,}42°) + \cdots \end{aligned} \tag{6.15b}$$

Tabela 6.2

n	C_n	θ_n
0	0,504	0
1	0,244	−75,96
2	0,125	−82,87
3	0,084	−85,24
4	0,063	−86,42
5	0,0504	−87,14
6	0,042	−87,61
7	0,036	−87,95

EXEMPLO DE COMPUTADOR C6.1

Seguindo o Exemplo 6.1, calcule e trace os coeficientes de Fourier para o sinal periódico da Fig. 6.2a.

Neste exemplo $T_0 = \pi$ e $\omega_0 = 2$. As expressões para a_0, a_n, b_n, C_n e θ_n são determinadas no Exemplo 6.1.

```
>> n = 1:10; a_n(1) = 0.504; a_n(n+1) = 0.504*2./(1+16*n.^2);
>> b_n(1) = 0; b_n(n+1) = 0.504*8*n./(1+16*n.^2);
>> C_n(1) = a_n(1); C_n(n+1) = sqrt(a_n(n+1).^2+b_n(n+1).^2);
>> theta_n(1) = 0; theta_n(n+1) = atan2(-b_n(n+1),a_n(n+1));
>> n = [0,n];
>> clf; subplot(2,2,1); stem(n,a_n,'k'); ylabel('a_n'); xlabel('n');
>> subplot(2,2,2); stem(n,b_n,'k'); ylabel('b_n'); xlabel('n');
>> subplot(2,2,3); stem(n,C_n,'k'); ylabel('C_n'); xlabel('n');
>> subplot(2,2,4); stem(n,theta_n,'k'); ylabel('\theta_n [rad]'); xlabel('n');
```

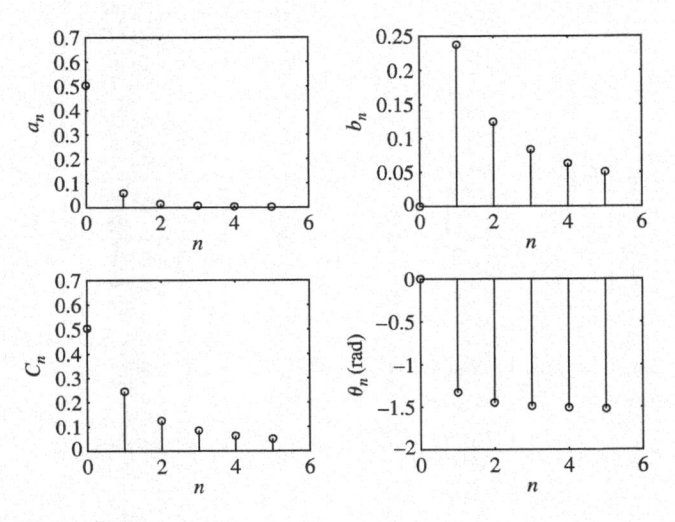

Figura C6.1

O espectro de amplitude e fase para $x(t)$, na Fig. 6.2b e 6.2c, nos mostra a composição em frequência de $x(t)$, ou seja, as amplitudes e fases de várias componentes senoidais de $x(t)$. Conhecendo o espectro de frequência, podemos reconstruir $x(t)$, como mostrado no lado direito da Eq. (6.15b). Portanto, o espectro de frequências (Fig. 6.2b, 6.2c) fornece uma descrição alternativa – a descrição no domínio da frequência de $x(t)$. A descrição no domínio do tempo de $x(t)$ é mostrada na Fig. 6.2a. *Um sinal, portanto, possui uma identidade dual: a identidade no domínio do tempo $x(t)$ e a identidade no domínio da frequência (espectro de Fourier). As duas identidades são complementares uma da outra, e, quando juntas, possibilitam um melhor entendimento do sinal.*

Um aspecto interessante da série de Fourier é que sempre que houver um salto de descontinuidade em $x(t)$, a série no ponto de descontinuidade converge para uma média dos limites do lado direito e lado esquerdo de $x(t)$ no instante da descontinuidade.[†] No caso apresentado, por exemplo, $x(t)$ é descontínuo em $t = 0$ com $x(0^+) = 1$ e $x(0^-) = x(\pi) = e^{-\pi/2} = 0{,}208$. A série de Fourier correspondente converge para o valor $(1 + 0{,}208)/2 = 0{,}604$ em $t = 0$. Esse resultado é facilmente verificado a partir da Eq. (6.15b) com $t = 0$.

EXEMPLO 6.2

Determine a série trigonométrica compacta de Fourier para o sinal triangular periódico $x(t)$ mostrado na Fig. 6.3a e trace o espectro de amplitude e fase de $x(t)$.

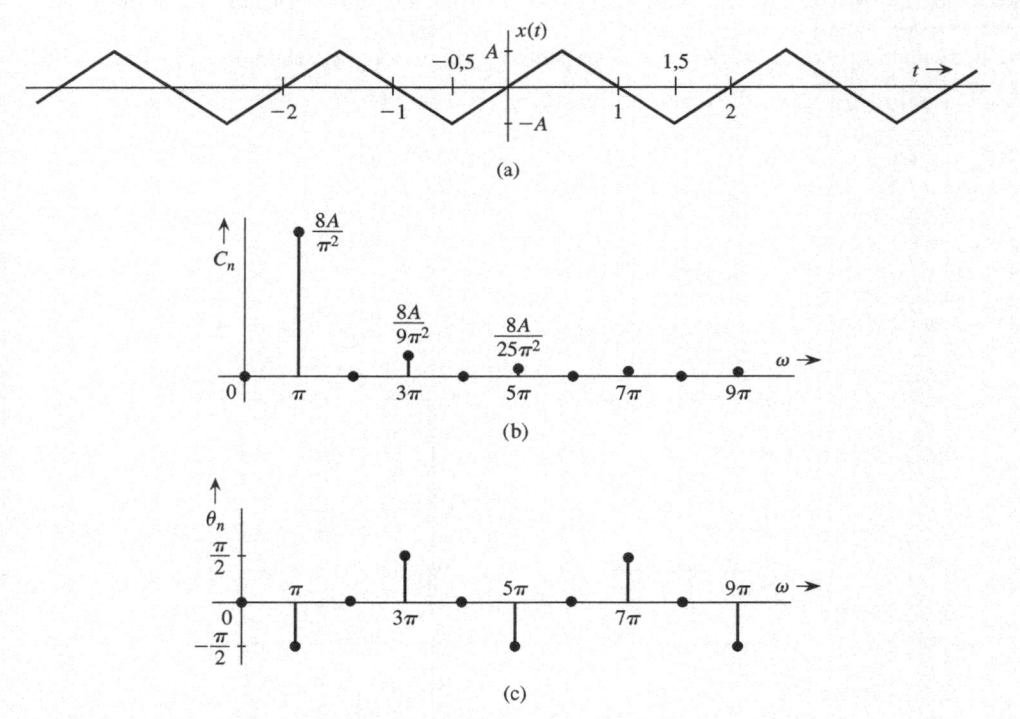

Figura 6.3 (a) Sinal triangular periódico e (b, c) seu espectro de Fourier.

[†] Esse comportamento da série de Fourier é ditado pela sua convergência em média, discutida posteriormente nas Seções 6.2 e 6.5.

Neste caso, o período é $T_0 = 2$. Logo,

$$\omega_0 = \frac{2\pi}{2} = \pi$$

e

$$x(t) = a_0 + \sum_{n=1}^{\infty} a_n \cos n\pi t + b_n \operatorname{sen} n\pi t$$

na qual

$$x(t) = \begin{cases} 2At & |t| < \frac{1}{2} \\ 2A(1-t) & \frac{1}{2} < t < \frac{3}{2} \end{cases}$$

Neste caso, será vantajoso escolher o intervalo de integração de $-1/2$ a $3/2$, em vez de um de 0 a 2. Uma rápida análise na Fig. 6.3a mostra que o valor médio (cc) de $x(t)$ é zero, tal que $a_0 = 0$. Além disso,

$$a_n = \frac{2}{2} \int_{-1/2}^{3/2} x(t) \cos n\pi t \, dt$$

$$= \int_{-1/2}^{1/2} 2At \cos n\pi t \, dt + \int_{1/2}^{3/2} 2A(1-t) \cos n\pi t \, dt$$

A determinação detalhada dessas integrais mostra que ambas possuem valor zero. Portanto,

$$a_n = 0$$

$$b_n = \int_{-1/2}^{1/2} 2At \operatorname{sen} n\pi t \, dt + \int_{1/2}^{3/2} 2A(1-t) \operatorname{sen} n\pi t \, dt$$

O cálculo detalhado dessa integral resulta em

$$b_n = \frac{8A}{n^2\pi^2} \operatorname{sen}\left(\frac{n\pi}{2}\right)$$

$$= \begin{cases} 0 & n \text{ par} \\ \dfrac{8A}{n^2\pi^2} & n = 1, 5, 9, 13, \ldots \\ -\dfrac{8A}{n^2\pi^2} & n = 3, 7, 11, 15, \ldots \end{cases}$$

Portanto,

$$x(t) = \frac{8A}{\pi^2}\left[\operatorname{sen} \pi t - \frac{1}{9}\operatorname{sen} 3\pi t + \frac{1}{25}\operatorname{sen} 5\pi t - \frac{1}{49}\operatorname{sen} 7\pi t + \cdots\right] \qquad (6.16)$$

Para traçar o espectro de Fourier, a série deve ser convertida para a forma trigonométrica compacta tal como na Eq. (6.12). Neste caso, podemos fazer rapidamente essa mudança convertendo os termos em seno para termos em cosseno com um deslocamento de fase adequado. Por exemplo,

$$\operatorname{sen} kt = \cos(kt - 90°)$$

$$-\operatorname{sen} kt = \cos(kt + 90°)$$

Usando essas identidades, a Eq. (6.16) pode ser expressa por

$$x(t) = \frac{8A}{\pi^2}\left[\cos(\pi t - 90°) + \frac{1}{9}\cos(3\pi t + 90°) + \frac{1}{25}\cos(5\pi t - 90°)\right.$$
$$\left. + \frac{1}{49}\cos(7\pi t + 90°) + \cdots\right]$$

Nesta série, todas as harmônicas pares estão ausentes. As fases das harmônicas ímpares se alteram de –90° para 90°. A Fig. 6.3 mostra o espectro de amplitude e fase de $x(t)$.

EXEMPLO 6.3

Um sinal periódico $x(t)$ é representado por uma série trigonométrica de Fourier como

$$x(t) = 2 + 3\cos 2t + 4\sen 2t + 2\sen(3t + 30°) - \cos(7t + 150°)$$

Expresse essa série como uma série trigonométrica compacta de Fourier e trace o espectro de amplitude e fase de $x(t)$.

Na série trigonométrica compacta de Fourier, os termos em seno e cosseno de mesma frequência são combinados em um único termo e todos os termos são descritos na forma de cosseno com amplitudes positivas. Usando as Eqs. (6.12), (6.13b) e (6.13c), temos

$$3\cos 2t + 4\sen 2t = 5\cos(2t - 53,13°)$$

Além disso,

$$\sen(3t + 30°) = \cos(3t + 30° - 90°) = \cos(3t - 60°)$$

e

$$-\cos(7t + 150°) = \cos(7t + 150° - 180°) = \cos(7t - 30°)$$

Portanto,

$$x(t) = 2 + 5\cos(2t - 53,13°) + 2\cos(3t - 60°) + \cos(7t - 30°)$$

Neste caso, apenas quatro componentes (incluindo a cc) estão presentes. A amplitude cc é 2. As três componentes restantes possuem frequência ω = 2, 3 e 7, amplitudes 5, 2 e 1 e fases –53,13°, –60° e –30°, respectivamente. O espectro de amplitude e fase para esse sinal está mostrado na Fig. 6.4a e 6.4b, respectivamente.

(a)

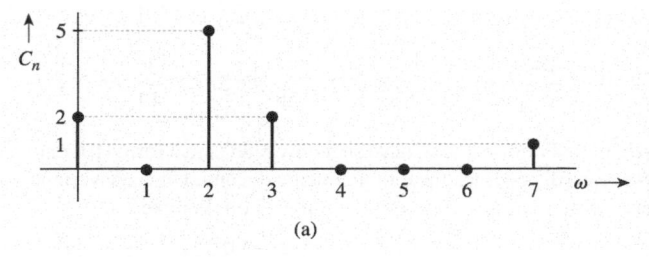

Figura 6.4 Espectro de Fourier do sinal.

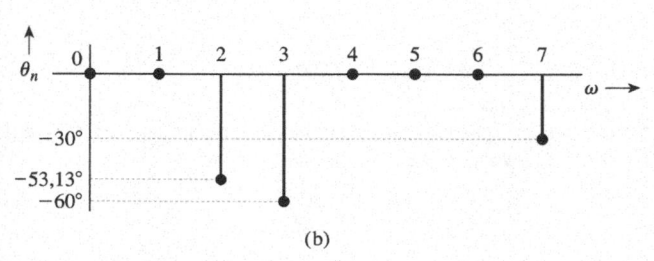

Figura 6.4 Continuação.

EXEMPLO 6.4

Determine a série trigonométrica compacta de Fourier para o sinal de pulso quadrado mostrado na Fig. 6.5a e trace seu espectro de amplitude e fase.

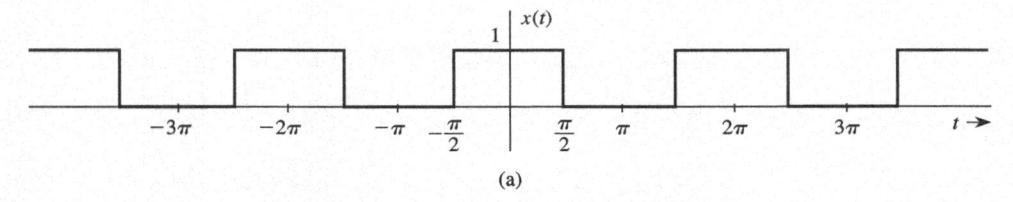

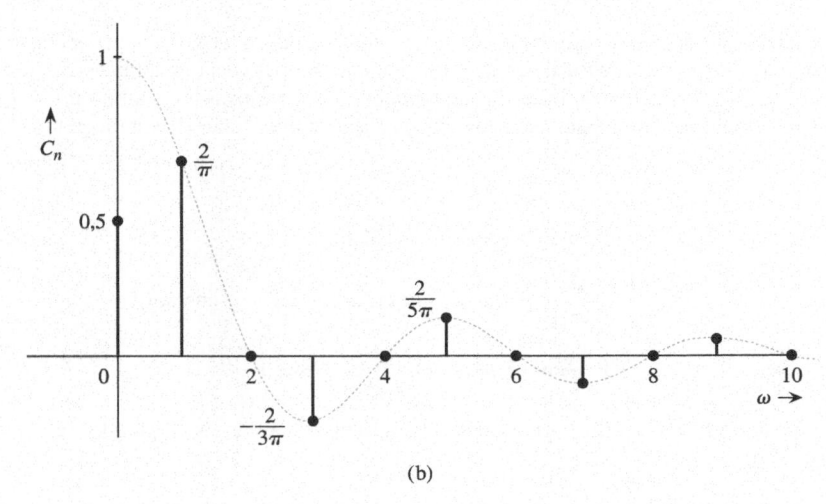

Figura 6.5 (a) Sinal periódico de pulso quadrado e (b) seu espectro de Fourier.

Neste caso, o período é $T_0 = 2\pi$ e $\omega_0 = 2\pi/T_0 = 1$. Portanto,

$$x(t) = a_0 + \sum_{n=1}^{\infty} a_n \cos nt + b_n \operatorname{sen} nt$$

na qual

$$a_0 = \frac{1}{T_0} \int_{T_0} x(t)\, dt$$

A partir da Fig. 6.5a, fica claro que a escolha adequada da região de integração é de $-\pi$ a π. Mas como $x(t) = 1$ somente em $(-\pi/2, \pi/2)$ e $x(t) = 0$ para o segmento restante,

$$a_0 = \frac{1}{2\pi} \int_{-\pi/2}^{\pi/2} dt = \frac{1}{2}$$

Também poderíamos ter determinado a_0, o valor médio de $x(t)$ como sendo 1/2 simplesmente por inspeção de $x(t)$ na Fig. 6.5a. Além disso,

$$a_n = \frac{1}{\pi} \int_{-\pi/2}^{\pi/2} \cos nt\, dt = \frac{2}{n\pi} \operatorname{sen}\left(\frac{n\pi}{2}\right)$$

$$= \begin{cases} 0 & n \text{ par} \\ \dfrac{2}{\pi n} & n = 1, 5, 9, 13, \ldots \\ -\dfrac{2}{\pi n} & n = 3, 7, 11, 15, \ldots \end{cases}$$

$$b_n = \frac{1}{\pi} \int_{-\pi/2}^{\pi/2} \operatorname{sen} nt\, dt = 0$$

Portanto,

$$x(t) = \frac{1}{2} + \frac{2}{\pi}\left(\cos t - \frac{1}{3}\cos 3t + \frac{1}{5}\cos 5t - \frac{1}{7}\cos 7t + \cdots\right) \tag{6.17}$$

Observe que $b_n = 0$ e todos os termos em seno são nulos. Apenas os termos em cosseno aparecem na série trigonométrica. A série, portanto, já está na forma compacta exceto pelas amplitudes das harmônicas alternantes que são negativas. Pela definição, as amplitudes C_n são positivas [veja a Eq. (6.13b)]. O sinal negativo pode ser acomodado associando uma fase adequada ao tempo, como visto na seguinte identidade trigonométrica[†]

$$-\cos x = \cos(x - \pi)$$

Usando esse fato, podemos expressar a série em (6.17) por

$$x(t) = \frac{1}{2} + \frac{2}{\pi}\left[\cos \omega_0 t + \frac{1}{3}\cos(3\omega_0 t - \pi) + \frac{1}{5}\cos 5\omega_0 t \right.$$
$$\left. + \frac{1}{7}\cos(7\omega_0 t - \pi) + \frac{1}{9}\cos 9\omega_0 t + \cdots\right]$$

Essa é a forma desejada da série trigonométrica compacta de Fourier. As amplitudes são

$$C_0 = \frac{1}{2}$$

$$C_n = \begin{cases} 0 & n \text{ par} \\ \dfrac{2}{\pi n} & n \text{ ímpar} \end{cases}$$

[†] Como $\cos(x \pm \pi) = -\cos x$, podemos escolher a fase π ou $-\pi$. Na verdade, $\cos(x \pm N\pi) = -\cos x$ para qualquer valor inteiro ímpar de N. Portanto, a fase pode ser escolhida como $\pm N\pi$, na qual N é qualquer inteiro ímpar conveniente.

$$\theta_n = \begin{cases} 0 & \text{para todo } n \neq 3, 7, 11, 15, \ldots \\ -\pi & n = 3, 7, 11, 15, \ldots \end{cases}$$

Podemos utilizar esses valores para traçar o espectro de amplitude e fase. Entretanto, podemos simplificar nossa tarefa neste caso especial se permitirmos que a amplitude C_n assuma valores negativos. Se isso for permitido, não precisamos de uma fase de $-\pi$ para considerar o sinal observado na Eq. (6.17). Isso significa que as fases de todas as componentes são zero e podemos descartar o espectro de fase, trabalhando apenas com o espectro de amplitude, como mostrado na Fig. 6.5b. Observe que não há perda de informação quando fazemos essa consideração e que o espectro de amplitude da Fig. 6.5b possui a informação completa sobre a série de Fourier da Eq. (6.17). *Portanto, quando todos os termos em seno desaparecem ($b_n = 0$), é conveniente permitir que C_n assuma valores negativos.* Isso permite que a informação espectral esteja contida em um único espectro.[†]

Vamos investigar, agora, o comportamento da série em pontos de descontinuidade. Para a descontinuidade em $t = \pi/2$, os valores de $x(t)$ nos dois lados da descontinuidade são $x((\pi/2)^-) = 1$ e $x((\pi/2)^+) = 0$. Podemos verificar, fazendo $t = \pi/2$ na Eq. (6.17), que $x(\pi/2) = 0,5$, o qual é o valor médio entre os valores de $x(t)$ nos dois lados da descontinuidade em $t = \pi/2$.

6.1-2 Efeito da Simetria

A série de Fourier do sinal $x(t)$ da Fig. 6.2a (Exemplo 6.1) é constituída de termos em seno e cosseno, mas a série do sinal $x(t)$ da Fig. 6.3a (Exemplo 6.2) é constituída somente por termos em seno e a série do sinal $x(t)$ da Fig. 6.5a (Exemplo 6.4) é constituída somente por termos em cosseno. Isso não acontece por acaso. Podemos mostrar que a série de Fourier de qualquer função periódica par $x(t)$ é constituída por termos apenas em cosseno e que série para qualquer função periódica ímpar $x(t)$ é constituída apenas por termos em seno. Além disso, devido à simetria (par ou ímpar), a informação de um período de $x(t)$ está implícita em apenas meio período, como observado nas Figs. 6.3a e 6.5a. Nesses casos, conhecendo o sinal em meio período e conhecendo o tipo de simetria (par ou ímpar), podemos determinar a forma de onda do sinal para todo o período. Por essa razão, os coeficientes de Fourier nesses casos podem ser calculados integrando-se apenas em meio período, em vez de em todo o período. Para provar esse resultado, lembre-se que

$$a_0 = \frac{1}{T_0} \int_{-T_0/2}^{T_0/2} x(t)\, dt$$

$$a_n = \frac{2}{T_0} \int_{-T_0/2}^{T_0/2} x(t) \cos n\omega_0 t\, dt$$

$$b_n = \frac{2}{T_0} \int_{-T_0/2}^{T_0/2} x(t) \operatorname{sen} n\omega_0 t\, dt$$

Lembre-se também, de que $\cos n\omega_0 t$ é uma função par e $\operatorname{sen} n\omega_0 t$ é uma função ímpar de t. Se $x(t)$ é uma função par de t, então $x(t) \cos n\omega_0 t$ também é uma função par e $x(t) \operatorname{sen} n\omega_0 t$ será uma função ímpar de t (veja a Seção 1.5-1). Portanto, seguindo das Eqs. (1.33a) e (1.33b),

$$a_0 = \frac{2}{T_0} \int_0^{T_0/2} x(t)\, dt \tag{6.18a}$$

[†] Neste caso, a distinção entre a amplitude A_n e a magnitude $C_n = |A_n|$ teria sido útil. Mas, pelas razões mencionadas na nota de rodapé, da página 533, evitaremos fazer essa distinção formalmente.

$$a_n = \frac{4}{T_0} \int_0^{T_0/2} x(t) \cos n\omega_0 t \, dt \qquad (6.18b)$$

$$b_n = 0 \qquad (6.18c)$$

Similarmente, se $x(t)$ é uma função ímpar de t, então $x(t) \cos n\omega_0 t$ é uma função ímpar de t e $x(t) \sen n\omega_0 t$ é uma função par de t. Portanto,

$$a_n = 0 \quad \text{para todo } n \qquad (6.19a)$$

$$b_n = \frac{4}{T_0} \int_0^{T_0/2} x(t) \sen n\omega_0 t \, dt \qquad (6.19b)$$

Observe que, devido à simetria, a integração necessária para calcular os coeficientes deve ser executada apenas em meio período.

Se um sinal periódico $x(t)$ deslocado meio período permanecer inalterado, exceto por seu sinal, ou seja, se

$$x\left(t - \frac{T_0}{2}\right) = -x(t) \qquad (6.20)$$

o sinal é dito ter uma simetria de *meia onda*. Pode ser mostrado que, para um sinal com simetria de meia onda, todas as harmônicas de número par desaparecem (veja o Prob. 6.1-5). O sinal da Fig. 6.3a é um exemplo desse tipo de simetria. O sinal da Fig. 6.5a também possui essa simetria, apesar de não ser óbvio em função da componente cc. Se subtrairmos a componente cc de 0,5 do sinal original, o sinal resultante possui simetria de meia onda. Por essa razão, esse sinal possui uma componente cc de 0,5 e apenas harmônicas ímpares.

EXERCÍCIO E6.1

Determine a série trigonométrica compacta de Fourier para os sinais periódicos mostrados na Fig. 6.6. Trace seus espectros de amplitude e fase. Permita que C_n assuma valores negativos se $b_n = 0$, de tal forma que o espectro de fase possa ser eliminado. [Dica: use as Eqs. (6.18) e (6.19) para as condições adequadas de simetria.]

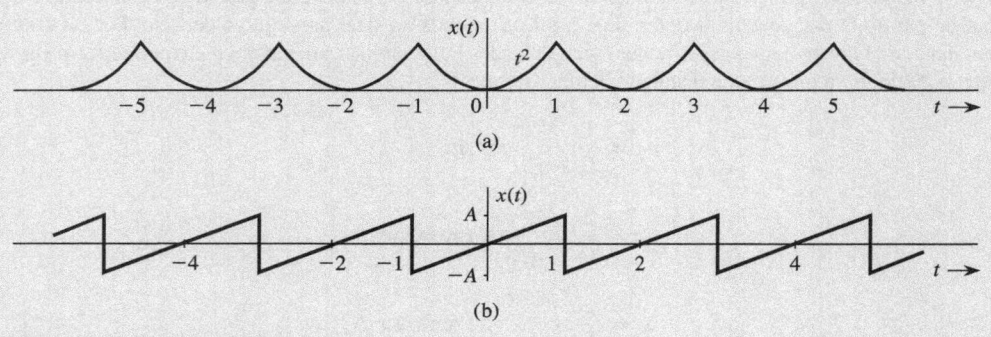

Figura 6.6 Sinais periódicos.

RESPOSTAS

(a) $x(t) = \dfrac{1}{3} - \dfrac{4}{\pi^2}\left(\cos \pi t - \dfrac{1}{4}\cos 2\pi t + \dfrac{1}{9}\cos 3\pi t - \dfrac{1}{16}\cos 4\pi t + \cdots\right)$

$= \dfrac{1}{3} + \dfrac{4}{\pi^2} \displaystyle\sum_{n=1}^{\infty} \dfrac{(-1)^n}{n^2} \cos n\pi t$

(b) $x(t) = \dfrac{2A}{\pi}\left[\operatorname{sen}\pi t - \dfrac{1}{2}\operatorname{sen} 2\pi t + \dfrac{1}{3}\operatorname{sen} 3\pi t - \dfrac{1}{4}\operatorname{sen} 4\pi t + \cdots\right]$

$= \dfrac{2A}{\pi}\left[\cos(\pi t - 90°) + \dfrac{1}{2}\cos(2\pi t + 90°) + \dfrac{1}{3}\cos(3\pi t - 90°)\right.$

$\left.+ \dfrac{1}{4}\cos(4\pi t + 90°) + \cdots\right]$

6.1-3 Determinação da Frequência e Período Fundamental

Vimos que todo sinal periódico pode ser expresso como a soma de senoide de uma frequência fundamental ω_0 e suas harmônicas. Entretanto, podemos perguntar se a soma de senoides de *quaisquer* frequências representa um sinal periódico. Se sim, como podemos determinar o período? Considere as seguintes três funções:

$$x_1(t) = 2 + 7\cos\left(\tfrac{1}{2}t + \theta_1\right) + 3\cos\left(\tfrac{2}{3}t + \theta_2\right) + 5\cos\left(\tfrac{7}{6}t + \theta_3\right)$$

$$x_2(t) = 2\cos(2t + \theta_1) + 5\operatorname{sen}(\pi t + \theta_2)$$

$$x_3(t) = 3\operatorname{sen}\left(3\sqrt{2}t + \theta\right) + 7\cos\left(6\sqrt{2}t + \phi\right)$$

Lembre-se de que toda frequência em um sinal periódico é um múltiplo inteiro da frequência fundamental ω_0. Portanto, a razão de quaisquer duas frequências é na forma m/n, na qual m e n são inteiros. Isso significa que a razão de quaisquer duas frequências é um número racional. Quando a razão de duas frequências é um número racional, as frequências são ditas serem *harmonicamente* relacionadas.

O maior número no qual todas as frequências são múltiplos inteiros é a frequência fundamental. Em outras palavras, a frequência fundamental é o *maior fator comum* (MFC) de todas as frequências da série. As frequências no espectro de $x_1(t)$ são 1/2, 2/3 e 7/6 (não consideramos a componente cc). A razão das frequências sucessivas é 3:4 e 4:7, respectivamente. Como os dois números são racionais, todas as três frequências no espectro são harmonicamente relacionadas e o sinal $x_1(t)$ é periódico. O MFC, ou seja, o maior número no qual 1/2, 2/3 e 7/6 são múltiplos inteiros é 1/6.[†] Além disso, 3(1/6) = 1/2, 4(1/6) = 2/3 e 7(1/6) = 7/6. Portanto, a frequência fundamental é 1/6 e as três frequências do espectro são o terceiro, quarto e sétimo harmônicos. Observe que a componente de frequência fundamental está ausente nessa série de Fourier.

O sinal $x_2(t)$ não é periódico porque a razão de duas frequências no espectro é $2/\pi$, o qual não é um número racional. O sinal $x_3(t)$ é periódico porque a razão das frequências $3\sqrt{2}$ e $6\sqrt{2}$ é 1/2, um número racional. O maior fator comum de $3\sqrt{2}$ e $6\sqrt{2}$ é $3\sqrt{2}$. Portanto, a frequência fundamental é $\omega_0 = 3\sqrt{2}$ e o período é

$$T_0 = \dfrac{2\pi}{(3\sqrt{2})} = \dfrac{\sqrt{2}}{3}\pi \tag{6.21}$$

EXERCÍCIO E6.2

Determine se o sinal

$$x(t) = \cos\left(\tfrac{2}{3}t + 30°\right) + \operatorname{sen}\left(\tfrac{4}{5}t + 45°\right)$$

é ou não periódico. Se ele for periódico, determine a frequência e o período fundamental. Quais harmônicas estão presentes em $x(t)$?

[†] O maior fator comum de $a_1/b_1, a_2/b_2, ..., a_m/b_m$ é a razão dos MFC do conjunto dos numeradores $(a_1, a_2, ..., a_m)$ pelo MMC (menor múltiplo comum) do conjunto dos denominadores $(b_1, b_2, ..., b_m)$. Por exemplo, para o conjunto (2/3, 6/7, 2), o MFC do conjunto de numeradores (2, 6, 2) é 2. O MMC do conjunto de denominadores (3, 7, 1) é 21. Portanto, 2/21 é o maior número no qual 2/3, 6/7 e 2 são múltiplos inteiros.

RESPOSTA
Periódico com $\omega_0 = 2/15$ e período $T_0 = 15\pi$. O quinto e sexto harmônicos.

NOTA HISTÓRICA:
BARÃO JEAN-BAPTISTE-JOSEPH FOURIER (1768-1830)

A série de Fourier e integral de Fourier englobam um dos desenvolvimentos matemáticos mais produtivos e bonitos, que funciona como instrumento para vários problemas na área de matemática, ciências e engenharia. Maxwell ficou tão admirado com a beleza da série de Fourier que ele a chamou de um grande poema matemático. Na engenharia elétrica, ele é fundamental a áreas de comunicação, processamento de sinais e diversas outras áreas, incluindo antenas. Entretanto, sua aceitação inicial pelo mundo científico não foi das melhores. Na verdade, Fourier não conseguiu publicar seus resultados como um artigo.

Fourier, filho de alfaiate, ficou órfão aos 8 anos de idade e estudou em um colégio militar local (administrado por monges Beneditinos), no qual ele sobressaiu em matemática. Os Beneditinos conduziram o jovem gênio para a escolha pelo sacerdócio, mas a revolução começou antes que ele pudesse tomar seus votos. Fourier juntou-se ao alvoroço, mas nos seus primeiros dias, a revolução francesa, bem como outras insurreições, liquidou com um grande segmento da elite intelectual, incluindo proeminentes cientistas como Lavoisier. Observando essa tendência, vários intelectuais decidiram deixar a França, sendo salvos de uma rápida maré de barbarismo. Fourier, apesar de seu entusiasmo inicial pela revolução, quase não escapou da guilhotina por duas vezes. Napoleão recebeu o crédito por ter parado a perseguição à elite intelectual, tendo fundado novas escolas para recompor o quadro depauperado. Fourier, então com 26 anos de idade, foi indicado como responsável pela área de matemática da recém-criada *École Normale*, em 1794.[1]

Napoleão foi o primeiro ditador moderno com educação científica, sendo uma das raras pessoas igualmente confortável com soldados e cientistas. A era de Napoleão foi uma das mais frutíferas na história das ciências. Napoleão gostava de se dar o título de "membro do *Institut de France*" (uma fraternidade de cientistas) e uma vez confidenciou a Laplace seu arrependimento pelo fato de que "a força das circunstâncias me levou tão longe da carreira de cientista."[2] Várias figuras imponentes da ciência e matemática, incluindo Fourier e Laplace, foram

Jean-Baptiste-Joseph Fourier   Napoleão

honradas e promovidas por Napoleão. Em 1798 ele levou um grupo de cientistas, artista e acadêmicos – entre eles Fourier – em sua expedição ao Egito, com a promessa de uma emocionante e histórica união de aventura e pesquisa. Fourier provou ser um capaz administrador do recém formado *Institut d'Égypte*, o qual, acidentalmente, foi responsável pela descoberta da pedra Rosetta. A inscrição nessa pedra em duas línguas e três escritos (hieróglifo, egípcio antigo e Grego) permitiu a Thomas Young e Jean-François Champollion, um protegido de Fourier, inventar um método para traduzir hieróglifos escritos em egípcio antigo – o único resultado significativo da expedição ao Egito de Napoleão.

De volta à França, em 1801, Fourier serviu brevemente em sua primeira posição como professor de matemática na *École Polytechnique* em Paris. Em 1802, Napoleão o indicou como prefeito de Isère (com posto de comando em Grenoble), uma posição que Fourier serviu com distinção. Fourier foi designado Barão do Império por Napoleão em 1809. Posteriormente, quando Napoleão foi exilado em Alba, sua rota o levaria através de Grenoble. Fourier teve a rota alterada para evitar o encontro com Napoleão, o qual deveria estar descontente com o novo mestre de Fourier, Rei Louis XVIII. Após um ano, Napoleão escapou de Elba e retornou para a França. Em Grenoble, Fourier foi trazido a sua presença em correntes. Napoleão censurou Fourier por seu comportamento ingrato mas o indicou novamente como prefeito de Rhône, em Lyons. Quatro meses após, Napoleão foi vencido em Waterloo e foi exilado em Santa Helena, onde morreu em 1821. Fourier, uma vez mais, estava em desgraça como associado de Bonaparte. Entretanto, pela intercessão de um antigo estudante, que era prefeito de Paris, ele foi indicado como diretor do Bureau estatístico da Seine, uma posição que possibilitou muito tempo para perseguir seus objetivos de estudo. Posteriormente, em 1827, ele foi eleito para a poderosa posição de secretário perpétuo da Academia de Paris de Ciência, uma seção do Institut de France.[3]

Enquanto servia como prefeito de Grenoble, Fourier continuou seus elaborados estudos sobre a propagação de calor em corpos sólidos, levando-o à série de Fourier e à Integral de Fourier. Em 21 de dezembro de 1807, ele anunciou esses resultados em um artigo sobre teoria do calor. Fourier afirmou que uma função arbitrária (contínua ou descontínua) definida em um intervalo finito por um gráfico inconstante arbitrário pode sempre ser expresso como a soma de senoides (série de Fourier). Os revisores, que incluíam os grandes matemáticos franceses Laplace, Lagrange, Legrende, Monge e LaCroix, admitiram a novidade e a importância do trabalho de Fourier, mas o criticaram pela falta de rigor matemático e generalidade. Lagrange considerou incrível que a soma de senos e cossenos podia resultar em qualquer coisa menos numa função infinitamente diferenciável. Além disso, uma das propriedades de uma função infinitamente diferenciável é que se soubermos seu comportamento em um intervalo arbitrariamente pequeno, podemos determinar seu comportamento para toda a função (série de Taylor-Maclaurin). Tal função está longe de um gráfico arbitrário ou inconstante.[4] Laplace tinha uma razão adicional para criticar o trabalho de Fourier. Ele e seus alunos já haviam abordado o assunto de condução de calor por um ângulo diferente, e Laplace estava relutante em aceitar a superioridade do método de Fourier.[5] Fourier considerou as críticas injustificadas mas foi incapaz de provar sua afirmativa porque as ferramentas necessárias para operações com séries infinitas não estavam disponíveis naquela época. Entretanto, a posteridade provou que Fourier estava mais perto da verdade do que seus críticos. Esse é o clássico conflito entre matemáticos puros e físicos ou engenheiros, como vimos anteriormente (Capítulo 4) na vida de Oliver Heaviside. Em 1829, Dirichlet provou a afirmativa de Fourier a respeito de funções inconstantes com poucas restrições (Condições de Dirichlet).

Apesar de três dos quatro revisores estarem a favor da publicação, o artigo de Fourier foi recusado devido à veemente oposição de Lagrange. Quinze anos depois, após várias tentativas e desapontamentos, Fourier publicou os resultados em uma forma expandida, como um texto, *Théorie Analytique de la Chaleur*, o qual é agora um clássico.

6.2 Existência e Convergência da Série de Fourier

Para a existência da série de Fourier, os coeficientes a_0, a_n e b_n das Eqs. (6.11) devem ser finitos. Dessa forma, a partir das Eqs. (6.11a) a (6.11c) a existência desses coeficientes é garantida se $x(t)$ for absolutamente integrável em um período, ou seja,

$$\int_{T_0} |x(t)|\, dt < \infty \qquad (6.22)$$

Entretanto, somente a existência, não nos informa sobre a natureza e a maneira pela qual a série converge. Iremos discutir, inicialmente, a noção de convergência.

6.2-1 Convergência de uma Série

A chave para várias questões está na natureza da convergência da série de Fourier. A convergência de uma série infinita é um problema complexo. Foram necessárias várias décadas para os matemáticos compreenderem o aspecto de convergência da série de Fourier. Iremos abordar apenas superficialmente este assunto.

Nada perturba mais um estudante do que a discussão sobre convergência. Se não tivéssemos provado, iriam perguntar que um sinal periódico $x(t)$ pode ser expresso como uma série de Fourier? Então, porque acabar com a graça com esta discussão chata? Tudo o que mostramos até este momento é que um sinal representado pela série de Fourier da Eq. (6.3) é periódico. Ainda não provamos o inverso, que todo sinal periódico pode ser expresso por uma série de Fourier. Esse ponto será tratado posteriormente, na Seção 6.5-4, na qual será mostrado que um sinal periódico pode ser representado por uma série de Fourier, tal como a Eq. (6.3), na qual a igualdade dos dois lados da equação não é feita no sentido ordinário, mas no sentido de média quadrática (explicada posteriormente nesta discussão). Mas o leitor astuto deve estar cético sobre a afirmativa da série de Fourier representar as funções descontínuas das Figs. 6.2a e 6.5a. Se $x(t)$ possui uma descontinuidade em, digamos, $t = 0$, então $x(0^+)$, $x(0)$ e $x(0^-)$ geralmente são diferentes. Como uma série constituída pela soma de funções contínuas do tipo mais suave (senoide) resulta em um valor em $t = 0^-$, um valor diferente para $t = 0$ e outro valor para $t = 0^+$? Essa demanda é impossível de ser satisfeita a não ser que a matemática envolvida execute alguma acrobacia espetacular. Como a série de Fourier se comporta nessas condições? Precisamente por essa razão, os grandes matemáticos Lagrange e Laplace, dois dos revisores do artigo de Fourier, ficaram céticos sobre as afirmativas de Fourier e votaram contra a publicação do artigo que posteriormente tornou-se um clássico.

Também existem outras questões. Em qualquer aplicação prática podemos usar apenas um número finito de termos em uma série. Se, usando um número fixo de termos, a série garante a convergência com um erro arbitrário pequeno para todo valor de t, tal série é altamente desejável, sendo chamada de uma série *uniformemente convergente*. Se a série converge para todo valor de t, mas para garantir a convergência com um dado erro ela precisa de diferentes quantidades de termos para diferentes t, então a série ainda é convergente, mas menos desejável. Nesse caso, a série recebe o nome de série *convergente no ponto*.

Finalmente, temos o caso de uma série que se recusa a convergir para algum t, não importa quantos termos forem adicionados. Mas a série pode *convergir na média*, ou seja, a energia da diferença entre $x(t)$ e a série correspondente com termos finitos aproxima-se de zero quando o número de termos aproxima-se do infinito.[†] Para explicar este conceito, vamos considerar a representação de uma função $x(t)$ por uma série infinita

$$x(t) = \sum_{n=1}^{\infty} z_n(t) \tag{6.23}$$

Seja a soma parcial dos primeiros N termos da série do lado direito representada por $x_N(t)$, ou seja,

$$x_N(t) = \sum_{n=1}^{N} z_n(t) \tag{6.24}$$

Se aproximarmos $x(t)$ por $x_N(t)$ (a soma parcial dos primeiros N termos da série), o *erro* na aproximação é a diferença $x(t) - x_N(t)$. A série converge *na média* para $x(t)$ no intervalo $(0, T_0)$ se

$$\int_0^{T_0} |x(t) - x_N(t)|^2 \, dt \to 0 \quad \text{quando} \quad N \to \infty \tag{6.25}$$

Logo, a energia do erro $x(t) - x_N(t)$ aproxima-se do zero quando $N \to \infty$. Essa forma de convergência não requer que a série seja igual a $x(t)$ para todo t. Ela simplesmente requer que a energia da diferença (área sob $|x(t) - x_N(t)|^2$) desapareça quando $N \to \infty$. Superficialmente, pode parecer que se a energia de um sinal em um intervalo for zero, o sinal (o erro) deve ser zero em todos os locais. Isso não é verdadeiro. A energia do sinal pode ser zero mesmo se existirem valores não nulos para um número finito de pontos isolados. Isso ocorre porque, apesar do sinal ser não nulo em um ponto (e nulo em todos os demais instantes), a área sob seu quadrado ainda é zero. Portanto, uma série que converge na média para $x(t)$ não precisa convergir para $x(t)$ em um número finito de pontos. Isso é precisamente o que acontece com a série de Fourier quando $x(t)$ apresenta um salto de desconti-

---

[†] A razão pela qual chamamos esse comportamento de "convergência pela média" é que a minimização da energia do erro em um certo intervalo é equivalente a minimizar o valor médio quadrático do erro para o mesmo intervalo.

nuidade. Esse também é o motivo pelo qual a convergência da série de Fourier é compatível com o fenômeno Gibbs, o qual será discutido posteriormente nesta seção.

Existe um critério simples para garantir que um sinal periódico $x(t)$ possua uma série de Fourier que convirja na média. A série de Fourier de $x(t)$ converge para $x(t)$ na média se $x(t)$ possuir energia finita em um período, ou seja,

$$\int_{T_0} |x(t)|^2 \, dt < \infty \qquad (6.26)$$

Portanto, o sinal periódico $x(t)$, possuindo energia finita em um período, garante a convergência na média de sua série de Fourier. Em todos os exemplos discutidos até este ponto, a condição (6.26) é satisfeita e, portanto, a série de Fourier correspondente converge na média. A condição (6.26), tal como a condição (6.22), garante que os coeficientes de Fourier são finitos.

Iremos discutir, agora, um conjunto alternativo de critério, devido a Dirichlet, para a convergência da série de Fourier.

CONDIÇÕES DE DIRICHLET

Dirichlet mostrou que se $x(t)$ satisfaz certas condições (*condições de Dirichlet*), a convergência para o ponto de sua série de Fourier é garantida para todos os pontos nos quais $x(t)$ é contínua. Além disso, nos pontos de descontinuidade, $x(t)$ converge para o valor médio entre os dois valores de $x(t)$ dos dois lados da descontinuidade. Essas condições são:

1. A função $x(t)$ deve ser absolutamente integrável, ou seja, ela deve satisfazer a Eq. (6.22).
2. A função $x(t)$ deve ter apenas um número finito de descontinuidades finitas em um período.
3. A função $x(t)$ deve conter apenas um número finito de máximos ou mínimos em um período.

Todos os sinais práticos, incluindo os mostrados nos Exemplos 6.1-6.4, satisfazem essas condições.

6.2-2 Papel do Espectro de Amplitude e Fase na Forma da Onda

A série trigonométrica de Fourier de um sinal $x(t)$ mostra explicitamente os componentes senoidais de $x(t)$. Desta forma podemos sintetizar $x(t)$ somando as senoides do espectro de $x(t)$. Vamos sintetizar o sinal periódico de pulso quadrado, $x(t)$, da Fig. 6.5a somando as harmônicas sucessivas de seu espectro passo a passo e observando a similaridade do sinal resultante com $x(t)$. A série de Fourier para essa função, determinada pela Eq. (6.17), é

$$x(t) = \frac{1}{2} + \frac{2}{\pi}\left(\cos t - \frac{1}{3}\cos 3t + \frac{1}{5}\cos 5t - \frac{1}{7}\cos 7t + \cdots\right)$$

Começamos a síntese com apenas o primeiro termo da série ($n = 0$), uma constante 1/2 (cc). Esta é uma aproximação fraca da forma quadrada, como mostrado na Fig. 6.7a. No próximo passo, somamos o nível cc ($n = 0$) com a primeira harmônica (fundamental), o que resulta no sinal mostrado na Fig. 6.7b. Observe que o sinal sintetizado lembra, de alguma forma, $x(t)$. Ele é uma versão suave de $x(t)$. Os cantos íngremes em $x(t)$ não são reproduzidos nesse sinal porque esses cantos representam rápidas mudanças e sua reprodução requer componentes que variam rapidamente (ou seja, alta frequência), as quais estão excluídas. A Fig. 6.7c mostra a soma de cc, primeiro e terceiro harmônico (harmônicos pares estão ausentes). Quando aumentamos o número de harmônicos progressivamente, como mostrado na Fig. 6.7d (soma até o quinto harmônico) e 6.7e (soma até o décimo nono harmônico), as bordas dos pulsos se tornam mais íngremes e o sinal se assemelha mais com $x(t)$.

TAXA ASSINTÓTICA DO DECAIMENTO DO ESPECTRO DE AMPLITUDE

A Fig. 6.7 apresenta um aspecto interessante da série de Fourier. Frequências baixas na série de Fourier afetam o comportamento em grande escala de $x(t)$, enquanto que as altas frequências determinam a estrutura fina, tal como uma rápida variação. Logo, mudanças bruscas em $x(t)$, sendo parte da estrutura fina, necessitam de altas frequências na série de Fourier. Quanto mais brusca a variação [quanto maior a derivada temporal de $\dot{x}(t)$], maiores as frequências necessárias na série.

O espectro de amplitude indica o total (amplitudes) das várias componentes de frequência de $x(t)$. Se $x(t)$ for uma função suave, sua variação é menos rápida. A síntese de tal função requer senoides de frequência predominantemente baixas e uma pequena quantidade de senoides que variam rapidamente (alta frequência). O espec-

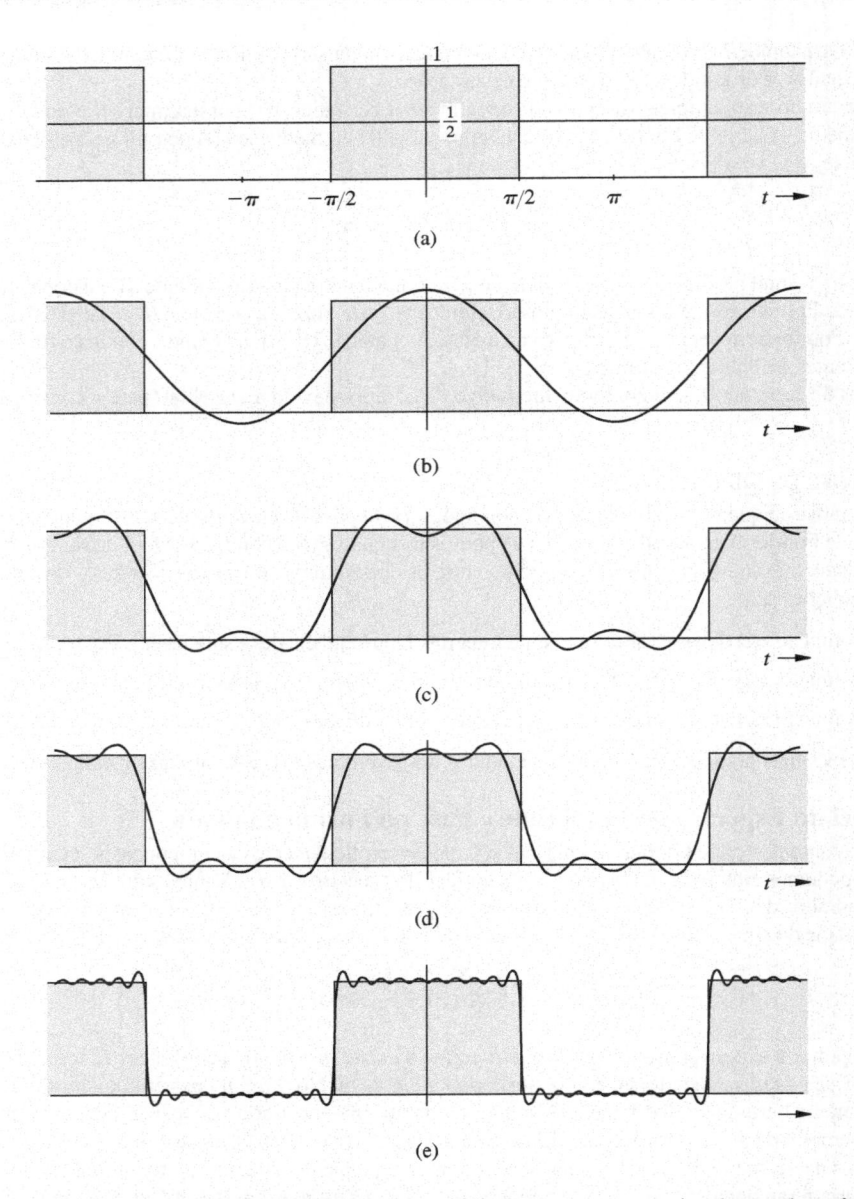

Figura 6.7 Síntese de um sinal de pulso quadrado periódico pela soma sucessiva de suas harmônicas.

tro de amplitude de tal função decairia rapidamente com a frequência. Para sintetizar essa função, iremos precisar de poucos termos da série de Fourier para uma boa aproximação. Por outro lado, um sinal com mudanças bruscas, tais como saltos de descontinuidade, contém variações rápidas e sua síntese requer uma quantidade relativamente grande de componentes de alta frequência. O espectro de amplitude de tal sinal decairia lentamente com a frequência e, para sintetizar essa função, iremos necessitar de muitos termos da série de Fourier para uma boa aproximação. A onda quadrada $x(t)$ é uma função descontínua com saltos de descontinuidade e, portanto, seu espectro de amplitude decai lentamente, com $1/n$ [veja a Eq. (6.17)]. Por outro lado, o sinal triangular da Fig. 6.3a é mais suave, pois ele é uma função contínua (sem saltos de descontinuidade). Seu espectro decai rapidamente como a frequência, com $1/n^2$ [veja a Eq. (6.16)].

Podemos mostrar que[6] se as primeiras $k-1$ derivadas de um sinal periódico $x(t)$ são contínuas e a k-ésima derivada é descontínua, então seu espectro de amplitude C_n decai com a frequência no mínimo tão rapidamente quanto $1/n^{k+1}$. Esse resultado é simples e útil para a determinação da taxa assintótica da convergência da série de

Fourier. No caso do sinal de onda quadrada (Fig. 6.5a), a derivada zero do sinal (o próprio sinal) é descontínua, logo $k = 0$. Para o sinal triangular periódico da Fig. 6.3, a primeira derivada é descontínua, ou seja, $k = 1$. Por essa razão, os espectros desses sinais decaem com $1/n$ e $1/n^2$, respectivamente.

Espectro de Fase: A Mulher por Trás do Homem de Sucesso[†]

O papel do espectro de amplitude na forma da onda $x(t)$ é bem claro. Entretanto, o papel do espectro de fase na forma da onda (ou seja, na forma da forma de onda) é menos óbvio. Ainda assim o espectro de fase, tal como a mulher por trás do homem de sucesso, possui um papel igualmente importante na forma da onda. Podemos explicar esse papel considerando um sinal $x(t)$ que muda rapidamente, tal como um salto de descontinuidade. Para sintetizar uma mudança instantânea em um saldo de descontinuidade, as fases das várias componentes senoidais no espectro do sinal devem ser tais que todas (ou quase todas) as componentes harmônicas tenham um sinal antes da descontinuidade e o sinal oposto após a descontinuidade. Isso irá resultar em uma mudança brusca em $x(t)$ no ponto de descontinuidade. Podemos verificar esse fato em qualquer forma de onda com um salto de descontinuidade. Considere, por exemplo, a forma de onda de dente de serra da Fig. 6.6b. Esta forma de onda possui uma descontinuidade em $t = 1$. A série de Fourier para essa forma de onda, dada no Exercício E6.1b, é

$$x(t) = \frac{2A}{\pi}\left[\cos(\pi t - 90°) + \frac{1}{2}\cos(2\pi t + 90°) + \frac{1}{3}\cos(3\pi t - 90°)\right.$$
$$\left. + \frac{1}{4}\cos(4\pi t + 90°) + \cdots\right]$$

A Fig. 6.8 mostra os três primeiros componentes dessa série. A fase de todas as (infinitas) componentes é tal que todas as componentes são positivas exatamente antes de $t = 1$, tornando-se negativas exatamente após $t = 1$, o ponto de descontinuidade. O mesmo comportamento também é observado em $t = -1$, no qual uma descontinuidade similar ocorre. Essa mudança do sinal em todas as harmônicas resulta em uma forma muito próxima de um salto de descontinuidade. O papel do espectro de fase é crucial para conseguirmos uma rápida mudança em uma forma de onda. Se ignorarmos o espectro de fase quanto tentarmos reconstruir esse sinal, o resultado será

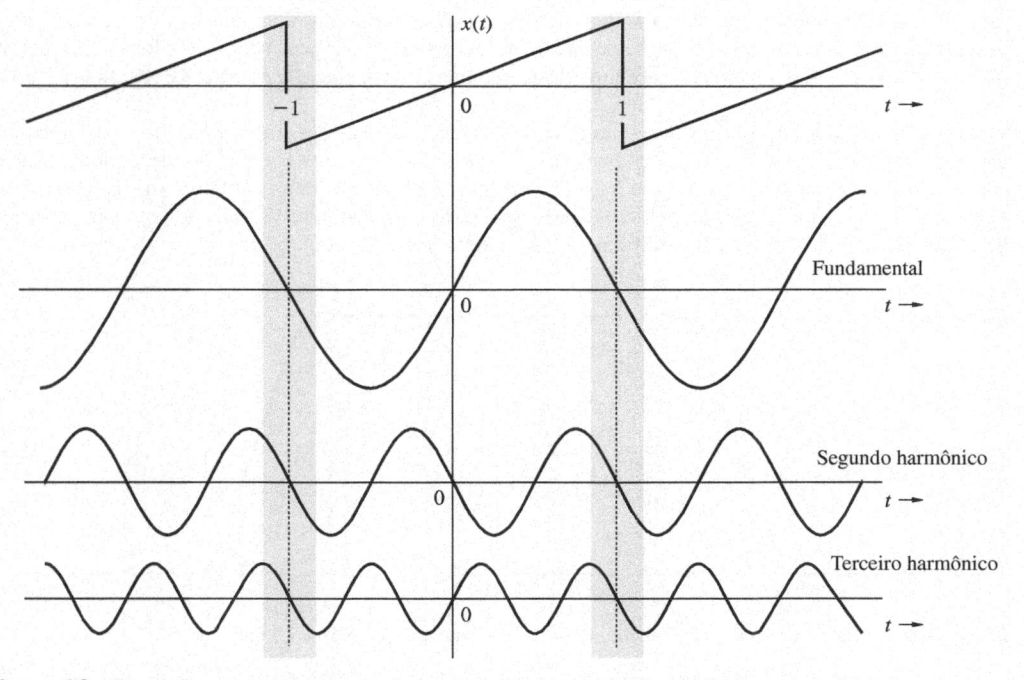

Figura 6.8 Papel do espectro de fase na forma da onda de um sinal periódico.

[†] Ou, para estarmos em sintonia com os novos tempos, "o homem por trás da mulher de sucesso".

uma forma de onda contaminada e espalhada. Em geral, o espectro de fase é tão crucial quanto o espectro de amplitude na determinação da forma de onda. *A síntese de qualquer sinal x(t) é obtida usando a combinação adequada das amplitudes e fases das várias senoides. Esta combinação única é o espectro de Fourier de x(t).*

Síntese de Fourier de Funções Descontínuas: O Fenômeno Gibbs

A Fig. 6.7 mostrou a função quadrada $x(t)$ e sua aproximação por uma série trigonométrica de Fourier truncada que inclui apenas as primeiras N harmônicas para $N = 1, 3, 5$ e 19. O gráfico da série truncada é muito próximo da função $x(t)$ quando N aumenta e espera-se que a série convirja exatamente para $x(t)$ quando $N \to \infty$. Outro fato curioso é que, como visto na Fig. 6.7, para N grande, a série exibe um comportamento oscilatório e um sobre-sinal aproximadamente de 9% na proximidade da descontinuidade no pico mais próximo da oscilação.[†] Independentemente do valor de N, o sobre-sinal permanece em aproximadamente 9%. Esse comportamento estranho poderia minar a crença de qualquer um na série de Fourier. De fato, esse comportamento perturbou muitos acadêmicos na virada do século passado. Josiah Willard Gibbs, um matemático físico eminente, inventor da análise vetorial, forneceu uma explicação matemática para esse comportamento (agora chamado de *fenômeno Gibbs*).

Podemos reconciliar a aparente aberração do comportamento da série de Fourier observando na Fig. 6.7 que a frequência de oscilação do sinal sintetizado é Nf_0, tal que a largura do pico com sobre-sinal de 9% é aproximadamente $1/2Nf_0$. Quando aumentamos N, a frequência de oscilação aumenta e a largura $1/2Nf_0$ do pico diminui. Quando $N \to \infty$, a potência do erro $\to 0$ porque o erro é constituído principalmente de picos, com larguras $\to 0$. Portanto, quando $N \to \infty$, a série de Fourier correspondente difere de $x(t)$ por aproximadamente 9% imediatamente à esquerda e à direita do ponto de descontinuidade e, mesmo assim, a potência do erro $\to 0$. A razão para essa confusão é que, neste caso, a série de Fourier converge para a média. Quando isso acontece, tudo o que prometemos é que a energia do erro (em um período) $\to 0$ quando $N \to \infty$. Portanto, a série pode diferir de $x(t)$ em alguns pontos e mesmo assim ter a potência do sinal de erro igual a zero, como verificado anteriormente. Note que a série, neste caso, também converge no ponto em todos os pontos exceto nos pontos de descontinuidade. É precisamente nas descontinuidades que a série difere de $x(t)$ por 9%.[‡]

Quando utilizamos apenas os primeiros N termos da série de Fourier para sintetizar um sinal, estamos terminando bruscamente a série, dando um peso unitário para as primeiras N harmônicas e peso zero para todas as harmônicas restantes após N. Esse truncamento abrupto da série causa o fenômeno Gibbs na síntese de funções descontínuas. A Seção 7.8 oferece uma discussão mais detalhada do fenômeno Gibbs, suas ramificações e sua solução.

O fenômeno Gibbs está presente apenas quando existe um salto de descontinuidade em $x(t)$. Quando a função contínua $x(t)$ é sintetizada usando apenas os primeiros N termos da série de Fourier, a função sintetizada aproxima-se de $x(t)$ para todo t quando $N \to \infty$. Nenhum fenômeno Gibbs estará presente. Esse fato pode ser visto na Fig. 6.9, a qual mostra um ciclo de um sinal periódico contínuo sintetizado com suas primeiras 19 harmônicas. Compare a situação similar para o sinal descontínuo da Fig. 6.7.

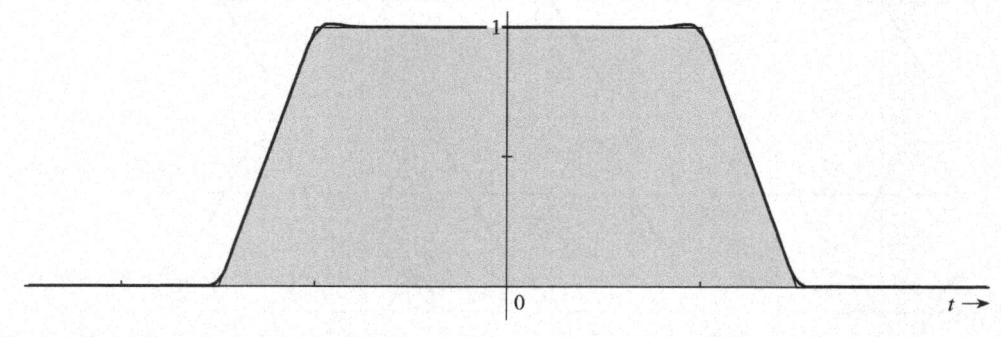

Figura 6.9 Síntese de Fourier de um sinal contínuo usando as primeiras 19 harmônicas.

[†] Também existe um sub-sinal de 9% no outro lado [em $t = (\pi/2)^+$] da descontinuidade.
[‡] Na realidade, nas descontinuidades, a série converge para um valor médio entre os valores dos dois lados da descontinuidade. O sobre-sinal de 9% ocorre em $t = (\pi/2)^-$ e o sub-sinal de 9% ocorre em $t = (\pi/2)^+$.

EXERCÍCIO E6.3

Por inspeção dos sinais das Figs. 6.2a, 6.6a e 6.6b, determine a taxa assintótica de decaimento dos espectros de amplitude.

RESPOSTA

$1/n$, $1/n^2$ e $1/n$, respectivamente.

EXEMPLO DE COMPUTADOR C6.2

Analogamente à Fig. 6.7, demonstre a síntese da forma de onda quadrada da Fig. 6.5a somando sucessivamente, passo a passo, as componentes de Fourier.

```
>> x = inline('mod(t+pi/2,2*pi)<=pi'); t = linspace(-2*pi,2*pi,1000);
>> sumterms = zeros(16,length(t)); sumterms(1,:) = 1/2;
>> for n = 1:size(sumterms,1)-1;
>>     sumterms(n+1,:) = (2/(pi*n)*sin(pi*n/2))*cos(n*t);
>> end
>> x_N = cumsum(sumterms); figure(1); clf; ind = 0;
>> for N = [0,1:2:size(sumterms,1)-1],
>>     ind = ind+1; subplot(3,3,ind);
>>     plot(t,x_N(N+1,:),'k',t,x(t),'k--'); axis([-2*pi 2*pi -0.2 1.2]);
>>     xlabel('t'); ylabel(['x_{',num2str(N),'}(t)']);
>> end
```

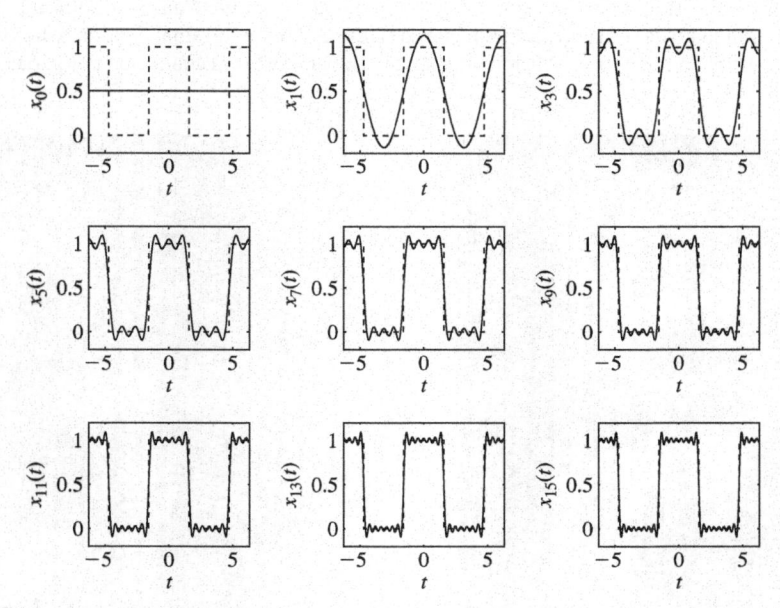

Figura C6.2

Nota Histórica do Fenômeno Gibbs

Falando genericamente, funções problemáticas com comportamento estranho são inventadas por matemáticos. Raramente vemos tais particularidades na prática. No caso do fenômeno Gibbs, entretanto, a história se inverte. Um comportamento intrigante foi observado em um objeto simples, um sintetizador de ondas mecânico, e, então, todos os matemáticos conhecidos na época partiram na busca para identificar o que estava oculto.

Albert Michelson (da célebre Michelson-Morley) foi um homem ativo e prático que desenvolveu instrumentos físicos engenhosos de extraordinária precisão, a maioria na área de óptica. Seu analisador harmônico, desenvolvido em 1898, podia calcular os primeiros 80 coeficientes da série de Fourier de um sinal $x(t)$ especificado por qualquer descrição gráfica. O instrumento também podia ser utilizado como sintetizador harmônico, o qual traçava uma função $x(t)$ gerada pela soma dos primeiros 80 harmônicos (componentes de Fourier) de amplitudes e fases arbitrárias. Esse analisador, portanto, tinha a habilidade de verificar sua própria operação pela análise de um sinal $x(t)$ e, então, somando as 80 componentes resultantes, verificar quão perto a aproximação estava de $x(t)$.

Michelson observou que o instrumento verificava muito bem a maioria dos sinais analisados. Entretanto, quando tentou analisar uma função descontínua, tal como uma onda quadrada,[†] um comportamento curioso foi observado. A soma das 80 componentes mostrava um comportamento oscilatório com um sobre-sinal de 9% na proximidade dos pontos de descontinuidade. Além disso, esse comportamento era uma característica constante, independente do número de termos somados. Um grande número de termos tornava as oscilações proporcionalmente mais rápidas, mas independente do número de termos somados, o sobre-sinal permanecia em 9%. Esse comportamento intrigante fez com que Michelson suspeitasse de algum defeito mecânico em seu sintetizador. Ele escreveu sua observação em um artigo em *Nature* (dezembro de 1898). Josiah Willard Gibbs, professor em Yale, investigou e elucidou esse comportamento para um sinal em dente de serra periódico em um artigo em *Nature*. Posteriormente, em 1906, Bôcher generalizou o resultado para qualquer função com descontinuidade.[8] Foi Bôcher que deu o nome de *fenômeno Gibbs* a esse comportamento. Gibbs mostrou que o comportamento peculiar na síntese de uma onda quadrada era inerente ao comportamento da série de Fourier, devido à convergência não uniforme nos pontos de descontinuidade.

Entretanto, não foi o fim da história. Tanto Bôcher quanto Gibbs estavam com a impressão de que essa propriedade tinha permanecido oculta até o trabalho publicado por Gibbs em 1899. Sabe-se, agora, que o chamado fenômeno Gibbs havia sido observado em 1848 por Wilbrahan do *Trinity College, Cambridge*, o qual viu claramente o comportamento da soma dos componentes da série de Fourier do sinal periódico de dente de serra, posteriormente investigado por Gibbs.[9] Aparentemente, seu trabalho não era conhecido por várias pessoas, incluindo Gibbs e Bôcher.

Albert Michelson    Josiah Willard Gibbs

---

[†] Na realidade, foi um sinal dente de serra periódico.

6.3 Série Exponencial de Fourier

Usando a igualdade de Euler, podemos expressar cos $n\omega_0 t$ e sen $n\omega_0 t$ em termos das exponenciais $e^{jn\omega_0 t}$ e $e^{-jn\omega_0 t}$. Claramente, somos capazes de expressar a série trigonométrica de Fourier da Eq. (6.9) em termos de exponenciais na forma $e^{jn\omega_0 t}$ com o índice n assumindo todos os valores inteiros de $-\infty$ a ∞, incluindo o zero. A determinação da série exponencial de Fourier a partir dos resultados já obtidos da série trigonométrica de Fourier é direta, envolvendo a conversão de senoides em exponenciais. Iremos, entretanto, obter a série exponencial de Fourier independentemente, sem utilizar os resultados anteriores da série trigonométrica.

Essa discussão mostra que a *série exponencial de Fourier* para um sinal periódico $x(t)$ pode ser descrita por

$$x(t) = \sum_{n=-\infty}^{\infty} D_n e^{jn\omega_0 t}$$

Para obtermos os coeficientes D_n, multiplicamos os dois lados desta equação por $e^{-jm\omega_0 t}$ (m inteiro) e integramos em um período, obtendo

$$\int_{T_0} x(t) e^{-jm\omega_0 t} dt = \sum_{n=-\infty}^{\infty} D_n \int_{T_0} e^{j(n-m)\omega_0 t} dt \qquad (6.27)$$

na qual utilizamos a propriedade de *ortogonalidade* de exponenciais (provada na nota de rodapé abaixo)[†]

$$\int_{T_0} e^{jn\omega_0 t} e^{-jm\omega_0 t} dt = \begin{cases} 0 & m \neq n \\ T_0 & m = n \end{cases} \qquad (6.28)$$

Usando esse resultado na Eq. (6.27), obtemos

$$D_m T_0 = \int_{T_0} x(t) e^{-jm\omega_0 t} dt$$

a partir da qual temos

$$D_m = \frac{1}{T_0} \int_{T_0} x(t) e^{-jm\omega_0 t} dt.$$

Para resumir, a série exponencial de Fourier pode ser descrita por

$$x(t) = \sum_{n=-\infty}^{\infty} D_n e^{jn\omega_0 t} \qquad (6.29a)$$

na qual

$$D_n = \frac{1}{T_0} \int_{T_0} x(t) e^{-jn\omega_0 t} dt \qquad (6.29b)$$

Observe a forma compacta das expressões (6.29a) e (6.29b) e compare com as expressões correspondentes à série trigonométrica de Fourier. Essas duas equações demonstram muito claramente a principal virtude da série exponencial de Fourier. Primeiro, a forma da série é bem compacta. Segunda, a expressão matemática para a obtenção dos coeficientes da série também é compacta. É muito mais conveniente trabalhar com a série exponencial do que com a série trigonométrica. Por essa razão, iremos utilizar a representação exponencial (em vez da trigonométrica) dos sinais no restante deste livro.

[†] Podemos facilmente provar essa propriedade como mostrado a seguir. Para o caso de $m = n$, o integrando da Eq. (6.28) é unitário e a integral é T_0. Quando $m \neq n$, a integral do lado esquerdo da Eq. (6.28) pode ser expressa por

$$\int_{T_0} e^{j(n-m)\omega_0 t} dt = \int_{T_0} \cos(n-m)\omega_0 t \, dt + j \int_{T_0} \text{sen}(n-m)\omega_0 t \, dt$$

As duas integrais do lado direito representam a área sob $n - m$ ciclos. Como $n - m$ é um inteiro, as duas áreas são zero. Dessa forma, segue-se a Eq. (6.28).

Podemos relacionar D_n com os coeficientes a_n e b_n da série trigonométrica. Fazendo $n = 0$ na Eq. (6.29b), obtemos

$$D_0 = a_0 \tag{6.30a}$$

Além disso, para $n \neq 0$,

$$D_n = \frac{1}{T_0}\int_{T_0} x(t)\cos n\omega_0 t\, dt - \frac{j}{T_0}\int_{T_0} x(t)\operatorname{sen} n\omega_0 t\, dt = \frac{1}{2}(a_n - jb_n) \tag{6.30b}$$

e

$$D_{-n} = \frac{1}{T_0}\int_{T_0} x(t)\cos n\omega_0 t\, dt + \frac{j}{T_0}\int_{T_0} x(t)\operatorname{sen} n\omega_0 t\, dt = \frac{1}{2}(a_n + jb_n) \tag{6.30c}$$

Esses resultados são válidos para $x(t)$ genérico, real ou complexo. Quando $x(t)$ é real, a_n e b_n são reais e as Eqs. (6.30b) e (6.30c) mostram que D_n e D_{-n} são conjugados.

$$D_{-n} = D_n^* \tag{6.31}$$

Além disso, a partir das Eqs. (6.13), observamos que

$$a_n - jb_n = \sqrt{a_n^2 + b_n^2}\, e^{j\tan^{-1}\left(\frac{-b_n}{a_n}\right)} = C_n e^{j\theta_n}$$

Logo

$$D_0 = a_0 = C_0 \tag{6.32a}$$

e

$$D_n = \tfrac{1}{2}C_n e^{j\theta_n} \qquad D_{-n} = \tfrac{1}{2}C_n e^{-j\theta_n} \tag{6.32b}$$

Portanto,

$$|D_n| = |D_{-n}| = \tfrac{1}{2}C_n \qquad n \neq 0 \tag{6.33a}$$

$$\angle D_n = \theta_n \qquad \angle D_{-n} = -\theta_n \tag{6.33b}$$

Note que $|D_n|$ são as amplitudes e $\angle D_n$ são os ângulos das várias componentes exponenciais. A partir das Eqs. (6.33), temos que quando $x(t)$ é real, o espectro de amplitude ($|D_n|$ em função de ω) é uma função par de ω e o espectro de ângulo ($\angle D_n$ em função de ω) é uma função ímpar de ω. Para $x(t)$ complexo, D_n e D_{-n} são geralmente não conjugados.

EXEMPLO 6.5

Determine a série exponencial de Fourier do sinal da Fig. 6.2a (Exemplo 6.1).

Neste caso, $T_0 = \pi$, $\omega_0 = 2\pi/T_0 = 2$ e

$$x(t) = \sum_{n=-\infty}^{\infty} D_n e^{j2nt}$$

na qual

$$D_n = \frac{1}{T_0} \int_{T_0} x(t)e^{-j2nt}\, dt$$

$$= \frac{1}{\pi} \int_0^{\pi} e^{-t/2} e^{-j2nt}\, dt$$

$$= \frac{1}{\pi} \int_0^{\pi} e^{-(1/2+j2n)t}\, dt$$

$$= \frac{-1}{\pi \left(\frac{1}{2}+j2n\right)} e^{-(1/2+j2n)t}\Big|_0^{\pi}$$

$$= \frac{0{,}504}{1+j4n} \tag{6.34}$$

e

$$x(t) = 0{,}504 \sum_{n=-\infty}^{\infty} \frac{1}{1+j4n} e^{j2nt} \tag{6.35a}$$

$$= 0{,}504 \left[1 + \frac{1}{1+j4} e^{j2t} + \frac{1}{1+j8} e^{j4t} + \frac{1}{1+j12} e^{j6t} + \cdots \right.$$

$$\left. + \frac{1}{1-j4} e^{-j2t} + \frac{1}{1-j8} e^{-j4t} + \frac{1}{1-j12} e^{-j6t} + \cdots \right] \tag{6.35b}$$

Observe que os coeficientes D_n são complexos. Além disso, D_n e D_{-n} são conjugados, como esperado.

EXEMPLO DE COMPUTADOR C6.3

Seguindo o Exemplo 6.5, calcule e trace o espectro exponencial de Fourier do sinal periódico $x(t)$ mostrado na Fig. 6.2a.

A expressão para D_n é obtida no Exemplo 6.5.

```
>> n = (-10:10); D_n = 0.504./(1+j*4*n);
>> clf; subplot(2,1,1); stem(n,abs(D_n),'k');
>> xlabel('n'); ylabel('|D_n|');
>> subplot(2,1,2); stem(n,angle(D_n),'k');
>> xlabel('n'); ylabel('\angle D_n [rad]');
```

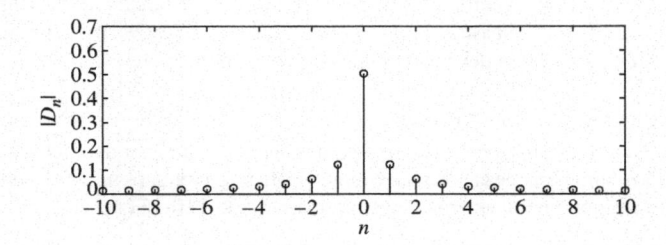

Figura C6.3

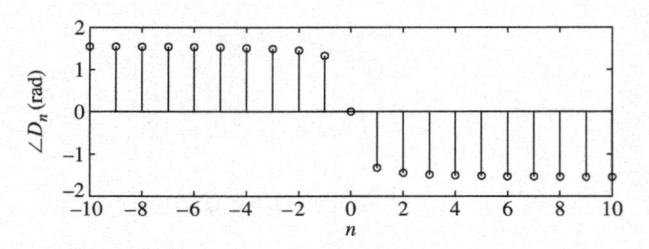

Figura C6.3 Continuação

6.3-1 Espectro Exponencial de Fourier

No espectro exponencial, traçamos os coeficientes D_n em função de ω. Mas como D_n é, geralmente, complexo, precisamos das duas partes de um dos conjuntos de gráficos: a parte real e imaginária de D_n, ou a magnitude e ângulo de D_n. Geralmente prefere-se a última porque existe uma conexão mais próxima com as amplitudes e fases das componentes correspondentes da série trigonométrica de Fourier. Portanto, iremos traçar $|D_n|$ em função de ω e $\angle D_n$ em função de ω. Para isso, precisamos que os coeficientes D_n sejam expressos na forma polar como $|D_n|e^{j\angle D_n}$, na qual $|D_n|$ são as amplitudes e $\angle D_n$ são as fases das várias componentes exponenciais. A Eq. (6.33) mostra que para $x(t)$ real, o espectro de amplitude ($|D_n|$ em função de ω) é uma função par de ω e o espectro de ângulo ($\angle D_n$ em função de ω) é uma função ímpar de ω.

Para a série do Exemplo 6.5 [Eq. (6.35b)], por exemplo,

$$D_0 = 0{,}504$$

$$D_1 = \frac{0{,}504}{1+j4} = 0{,}122e^{-j75{,}96°} \implies |D_1| = 0{,}122, \ \angle D_1 = -75{,}96°$$

$$D_{-1} = \frac{0{,}504}{1-j4} = 0{,}122e^{j75{,}96°} \implies |D_{-1}| = 0{,}122, \ \angle D_{-1} = 75{,}96°$$

e

$$D_2 = \frac{0{,}504}{1+j8} = 0{,}0625e^{-j82{,}87°} \implies |D_2| = 0{,}0625, \ \angle D_2 = -82{,}87°$$

$$D_{-2} = \frac{0{,}504}{1-j8} = 0{,}0625e^{j82{,}87°} \implies |D_{-2}| = 0{,}0625, \ \angle D_{-2} = 82{,}87°$$

e assim por diante. Note que D_n e D_{-n} são conjugados, como esperado [veja as Eqs. (6.33)].

A Fig. 6.10 mostra o espectro de frequência (amplitude e fase) para a série exponencial de Fourier do sinal periódico $x(t)$ da Fig. 6.2a.

Podemos observar algumas características interessantes neste espectro. Primeiro, o espectro existe para valores positivos e negativos de ω (a frequência). Segundo, o espectro de amplitude é uma função par de ω e o espectro de ângulo é uma função ímpar de ω.

Às vezes pode parecer que o espectro de fase de um sinal real periódico não satisfaz a simetria ímpar: por exemplo, quando $D_k = D_{-k} = -10$. Nesse caso, $D_k = 10e^{j\pi}$ e, portanto, $D_{-k} = 10e^{-j\pi}$. Lembre-se de que $e^{\pm j\pi} = -1$. Logo, apesar de $D_k = D_{-k}$, suas fases devem ser consideradas como π e $-\pi$.

O Que É uma Frequência Negativa?

A existência de frequências negativas no espectro é perturbadora porque, por definição, a frequência (número de repetições por segundo) é uma grandeza positiva. Como, então, interpretamos uma frequência negativa? Podemos utilizar uma identidade trigonométrica para expressar uma senoide de frequência $-\omega_0$ por

$$\cos(-\omega_0 t + \theta) = \cos(\omega_0 t - \theta)$$

Essa equação mostra claramente que a frequência de uma senoide $\cos(\omega_0 t - \theta)$ é $|\omega_0|$, uma grandeza positiva. A mesma conclusão é obtida observando que

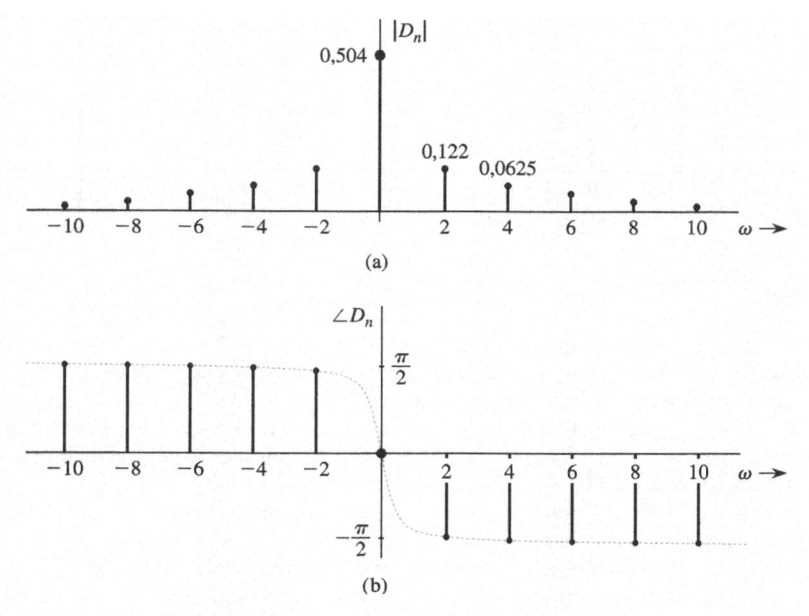

Figura 6.10 Espectro exponencial de Fourier para o sinal da Fig. 6.2a.

$$e^{\pm j\omega_0 t} = \cos \omega_0 t \pm j \operatorname{sen} \omega_0 t$$

Portanto, a frequência das exponenciais $e^{\pm jn\omega_0 t}$ realmente é $|\omega_0|$. Como podemos, então, interpretar os gráficos espectrais para valores negativos de ω? Uma maneira suficiente de analisar a situação é dizer que *o espectro exponencial é uma representação gráfica dos coeficientes D_n em função de ω. A existência de um espectro em $\omega = -n\omega_0$ é simplesmente uma indicação de que a componente exponencial $e^{-jn\omega_0 t}$ existe na série.* Sabemos que uma senoide de frequência $n\omega_0$ pode ser descrita em termos dos pares exponenciais $e^{-jn\omega_0 t}$ e $e^{+jn\omega_0 t}$.

Podemos observar uma forte conexão entre o espectro exponencial da Fig. 6.10 e o espectro da série trigonométrica de Fourier correspondente para $x(t)$ (Fig. 6.2b, 6.2c). As Eqs.(6.33) explicam a razão dessa forte conexão, para $x(t)$ real, entre o espectro trigonométrico (C_n e θ_n) com o espectro exponencial ($|D_n|$ e $\angle D_n$). As componentes contínuas D_0 e C_0 são idênticas nos dois espectros. Além disso, o espectro de amplitude exponencial $|D_n|$ é metade do espectro de amplitude trigonométrico C_n para $n \geq 1$. O espectro angular exponencial $\angle D_n$ é idêntico ao espectro de fase trigonométrico θ_n para $n \geq 0$. Podemos, portanto, produzir o espectro exponencial simplesmente por inspeção do espectro trigonométrico e vice-versa. O exemplo a seguir demonstra essa possibilidade.

EXEMPLO 6.6

O espectro trigonométrico de Fourier de um certo sinal periódico $x(t)$ está mostrado na Fig. 6.11a. Por inspeção desse espectro, trace o espectro exponencial de Fourier correspondente e verifique analiticamente seus resultados.

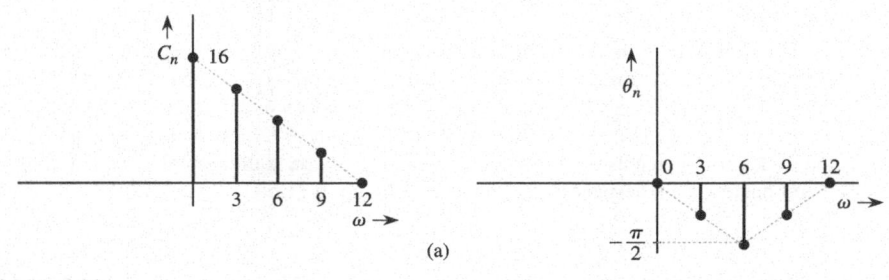

Figura 6.11

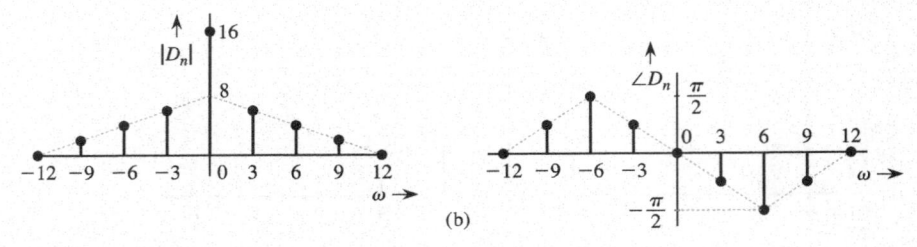

Figura 6.11 Continuação.

As componentes trigonométricas espectrais existem nas frequências 0, 3, 6 e 9. As componentes exponenciais espectrais existem em 0, 3, 6, 9 e –3, –6, –9. Considere primeiro o espectro de amplitude. A componente cc permanece inalterada, ou seja, $D_0 = C_0 = 16$. Agora, $|D_n|$ é uma função par de ω e $|D_n| = |D_{-n}| = C_n/2$. Portanto, todo o espectro restante de $|D_n|$ para n positivo é metade do espectro trigonométrico de amplitude C_n e o espectro $|D_n|$ para n negativo é a imagem refletida com relação ao eixo vertical do espectro para n positivo, como mostrado na Fig. 6.11b.

O espectro de ângulo $\angle D_n = \theta_n$ para n positivo e $-\theta_n$ para n negativo, como mostrado na Fig. 6.11b. Iremos verificar, agora, que os dois conjuntos espectrais representam o mesmo sinal.

O sinal $x(t)$, cujo espectro trigonométrico está mostrado na Fig. 6.11a, possui quatro componentes espectrais nas frequências 0, 3, 6 e 9. A componente cc é 16. A amplitude e fase da componente de frequência 3 são 12 e $-\pi/4$, respectivamente. Portanto, esta componente pode ser descrita por $12\cos(3t - \pi/4)$. Procedendo da mesma maneira, nós podemos escrever a série de Fourier de $x(t)$ por

$$x(t) = 16 + 12\cos\left(3t - \frac{\pi}{4}\right) + 8\cos\left(6t - \frac{\pi}{2}\right) + 4\cos\left(9t - \frac{\pi}{4}\right)$$

Considere agora o espectro exponencial da Fig. 6.11b. Ele contém componentes de frequências 0 (cc), ± 3, ± 6 e ± 9. A componente cc é $D_0 = 16$. A componente e^{j3t} (frequência 3) possui magnitude 6 e ângulo $-\pi/4$. Portanto, a força dessa componente é $6e^{-j\pi/4}$ e ela pode ser descrita por $(6e^{-j\pi/4})e^{j3t}$. Similarmente, a componente de frequência -3 é $(6e^{-j\pi/4})e^{-j3t}$. Procedendo da mesma maneira, $\hat{x}(t)$, o sinal correspondente ao espectro da Fig. 6.11b é

$$\hat{x}(t) = 16 + \left[6e^{-j\pi/4}e^{j3t} + 6e^{j\pi/4}e^{-j3t}\right] + \left[4e^{-j\pi/2}e^{j6t} + 4e^{j\pi/2}e^{-j6t}\right]$$
$$+ \left[2e^{-j\pi/4}e^{j9t} + 2e^{j\pi/4}e^{-j9t}\right]$$
$$= 16 + 6\left[e^{j(3t-\pi/4)} + e^{-j(3t-\pi/4)}\right] + 4\left[e^{j(6t-\pi/2)} + e^{-j(6t-\pi/2)}\right]$$
$$+ 2\left[e^{j(9t-\pi/4)} + e^{-j(9t-\pi/4)}\right]$$
$$= 16 + 12\cos\left(3t - \frac{\pi}{4}\right) + 8\cos\left(6t - \frac{\pi}{2}\right) + 4\cos\left(9t - \frac{\pi}{4}\right)$$

Claramente, os dois conjuntos de espectro representam o mesmo sinal periódico.

LARGURA DE FAIXA DE UM SINAL

A diferença entre a frequência mais alta e a mais baixa das componentes espectrais de um sinal é a *largura de faixa* do sinal. A largura de faixa do sinal cujo espectro exponencial está mostrado na Fig. 6.11b é 9 (em radianos). A frequência mais alta é 9 e a mais baixa é 0. Note que a componente de frequência 12 possui amplitude zero e, portanto, é inexistente. Além disso, a menor frequência é 0 e não –9. Lembre-se de que a frequência (no sentido convencional) das componentes espectrais em $\omega = -3, -6$ e -9 na realidade é 3, 6 e 9.[†] A largura de faixa pode ser mais facilmente vista no espectro trigonométrico da Fig. 6.11a.

[†] Alguns autores definem a largura de faixa como sendo a diferença entre a maior e menor (negativa) frequências do espectro exponencial. A largura de faixa, de acordo com essa definição, é duas vezes a definida aqui. Na realidade, essa forma define não a largura de faixa do sinal, mas sim a largura espectral (largura do espectro exponencial do sinal).

CAPÍTULO 6   ANÁLISE DE SINAIS NO TEMPO CONTÍNUO: A SÉRIE DE FOURIER   559

EXEMPLO 6.7

Determine a série exponencial de Fourier e trace o espectro correspondente para o trem de impulso $\delta_{T_0}(t)$ mostrado na Fig. 6.12a. A partir desse resultado, trace o espectro trigonométrico e escreva a série trigonométrica de Fourier de $\delta_{T_0}(t)$.

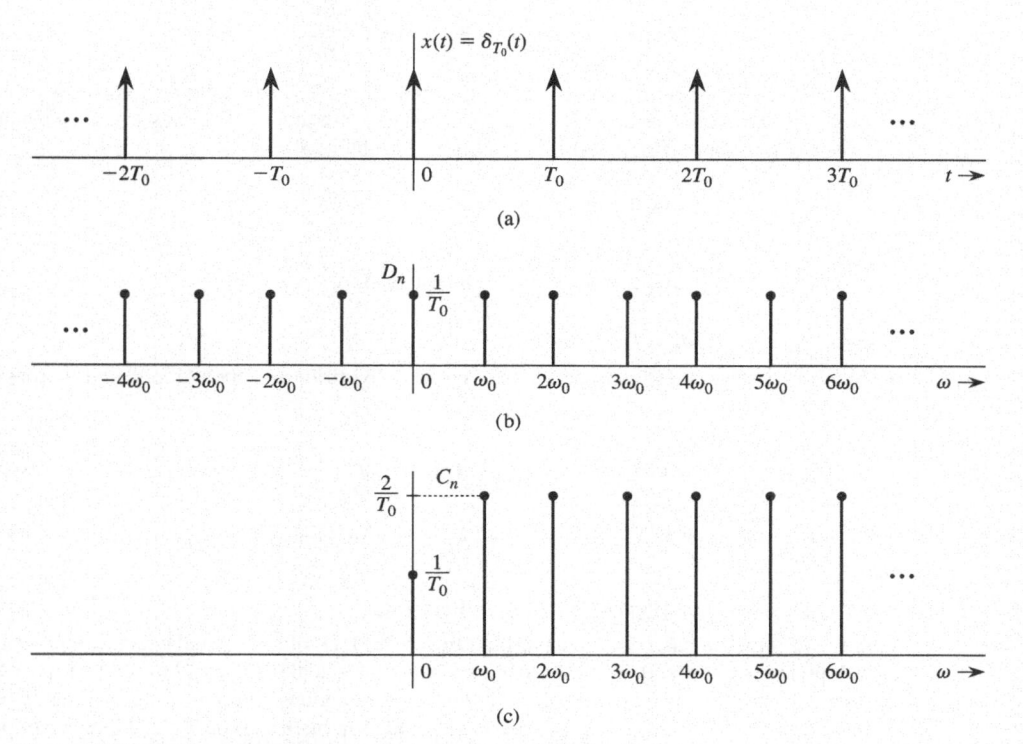

Figura 6.12 (a) trem de impulso e (b, c) seu espectro de Fourier.

O trem de impulso unitário mostrado na Fig. 6.12a pode ser expresso por

$$\sum_{n=-\infty}^{\infty} \delta(t - nT_0)$$

De acordo com Papoulis, podemos representar esta função como $\delta_{T_0}(t)$ por simplicidade de notação. A série exponencial de Fourier é dada por

$$\delta_{T_0}(t) = \sum_{n=-\infty}^{\infty} D_n e^{jn\omega_0 t} \qquad \omega_0 = \frac{2\pi}{T_0} \qquad (6.36)$$

na qual

$$D_n = \frac{1}{T_0} \int_{T_0} \delta_{T_0}(t) e^{-jn\omega_0 t} \, dt$$

Escolhendo o intervalo de integração $(-T_0/2, T_0/2)$ e reconhecendo que nesse intervalo $\delta_{T_0}(t) = \delta(t)$,

$$D_n = \frac{1}{T_0} \int_{-T_0/2}^{T_0/2} \delta(t) e^{-jn\omega_0 t} \, dt$$

Nessa integral, o impulso está localizado em $t = 0$. Usando a propriedade de amostragem (1.24a), a integral do lado direito é o valor de $e^{-jn\omega_0 t}$ para $t = 0$ (na qual o impulso é localizado). Portanto

$$D_n = \frac{1}{T_0} \qquad (6.37)$$

A substituição desse valor na Eq. (6.36) resulta na série exponencial de Fourier desejada

$$\delta_{T_0}(t) = \frac{1}{T_0} \sum_{n=-\infty}^{\infty} e^{jn\omega_0 t} \qquad \omega_0 = \frac{2\pi}{T_0} \qquad (6.38)$$

A Eq. (6.37) mostra que o espectro exponencial é uniforme ($D_n = 1/T_0$) para todas as frequências, como mostrado na Fig. 6.12b. O espectro, sendo real, requer apenas o gráfico de amplitude. Todas as fases são nulas.
Para traçar o espectro trigonométrico, utilizamos a Eq. (6.33) obtendo

$$C_0 = D_0 = \frac{1}{T_0}$$

$$C_n = 2|D_n| = \frac{2}{T_0} \qquad n = 1, 2, 3, \ldots$$

$$\theta_n = 0$$

A Fig. 6.12c mostra o espectro trigonométrico de Fourier. A partir desse espectro, podemos expressar $\delta_{T_0}(t)$ por

$$\delta_{T_0}(t) = \frac{1}{T_0} [1 + 2(\cos \omega_0 t + \cos 2\omega_0 t + \cos 3\omega_0 t + \cdots)] \qquad \omega_0 = \frac{2\pi}{T_0} \qquad (6.39)$$

EFEITO DA SIMETRIA NA SÉRIE EXPONENCIAL DE FOURIER

Quando $x(t)$ possui uma simetria par, $b_n = 0$ e, a partir da Eq. (6.30b), $D_n = a_n/2$, o qual é real (positivo ou negativo). Logo, $\angle D_n$ pode ser, apenas, 0 ou $\pm\pi$. Além disso, podemos calcular $D_n = a_n/2$ usando a Eq. (6.18b), o que requer a integração em apenas meio período. Similarmente, quando $x(t)$ possui simetria ímpar, $a_n = 0$ e $D_n = -jb_n/2$ é imaginário (positivo ou negativo). Logo, $\angle D_n$ pode ser, apenas, 0 ou $\pm\pi/2$. Além disso, podemos calcular $D_n = -jb_n/2$ usando a Eq. (6.19b), o que requer a integração em apenas meio período. Note, entretanto, que no caso exponencial, utilizamos a propriedade de simetria indiretamente, pela determinação dos coeficientes trigonométricos. Não podemos aplicá-la diretamente à Eq. (6.29b).

EXERCÍCIO E6.4

O espectro exponencial de Fourier de um certo sinal periódico $x(t)$ está mostrado na Fig. 6.13. Determine e trace o espectro trigonométrico de Fourier de $x(t)$ por inspeção da Fig. 6.13. Escreva, agora, a série trigonométrica (compacta) de Fourier de $x(t)$.

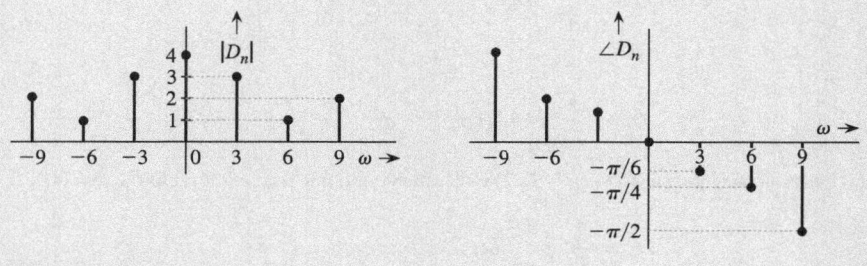

Figura 6.13

RESPOSTA

$$x(t) = 4 + 6\cos\left(3t - \frac{\pi}{6}\right) + 2\cos\left(6t - \frac{\pi}{4}\right) + 4\cos\left(9t - \frac{\pi}{2}\right)$$

EXERCÍCIO E6.5

Determine a série exponencial de Fourier e trace o espectro de Fourier D_n correspondente em função de ω para o seno retificado (onda completa) mostrado na Fig. 6.14.

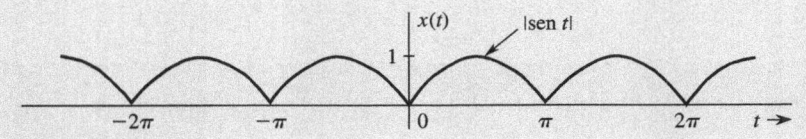

Figura 6.14

RESPOSTA

$$x(t) = \frac{2}{\pi} \sum_{n=-\infty}^{\infty} \frac{1}{1 - 4n^2} e^{j2nt}$$

EXERCÍCIO E6.6

Determine a série exponencial de Fourier e trace o espectro de Fourier correspondente para os sinais periódicos mostrados na Fig. 6.6.

RESPOSTA

(a) $x(t) = \dfrac{1}{3} + \dfrac{2}{\pi^2} \displaystyle\sum_{\substack{n=-\infty \\ (n\neq 0)}}^{\infty} \dfrac{(-1)^n}{n^2} e^{jn\pi t}$

(b) $x(t) = \dfrac{jA}{\pi} \displaystyle\sum_{\substack{n=-\infty \\ (n\neq 0)}}^{\infty} \dfrac{(-1)^n}{n} e^{jn\pi t}$

6.3-2 Teorema de Parseval

A série trigonométrica de Fourier de um sinal periódico $x(t)$ é dada por

$$x(t) = C_0 + \sum_{n=1}^{\infty} C_n \cos(n\omega_0 t + \theta_n)$$

Cada termo do lado direito dessa equação é um sinal de potência. Como mostrado no Exemplo 1.2, Eq. (1.4d), a potência de $x(t)$ é igual a soma das potências de todas as componentes senoidais do lado direito.

$$P_x = C_0^2 + \frac{1}{2} \sum_{n=1}^{\infty} C_n^2 \qquad (6.40)$$

Esse resultado é uma forma do *teorema de Parseval*, aplicado a sinais de potência. Ele afirma que a potência de um sinal periódico é igual a soma das potências de suas componentes de Fourier.

Podemos aplicar o mesmo argumento para a série exponencial de Fourier (veja o Prob. 1.1-8). A potência de um sinal periódico $x(t)$ pode ser expressa como a soma das potências de suas componentes exponenciais. Na Eq. (1.4e), mostramos que a potência da exponencial $De^{j\omega_0 t}$ é $|D^2|$. Dessa forma, podemos utilizar esse resultado para expressar a potência de um sinal periódico $x(t)$ em termos dos coeficientes da série exponencial de Fourier por

$$P_x = \sum_{n=-\infty}^{\infty} |D_n|^2 \qquad (6.41a)$$

Para um $x(t)$ real, $|D_{-n}| = |D_n|$. Portanto,

$$P_x = D_0^2 + 2\sum_{n=1}^{\infty} |D_n|^2 \qquad (6.41b)$$

EXEMPLO 6.8

O sinal de entrada de um amplificador de áudio com ganho 100 é dado por $x(t) = 0,1 \cos \omega_0 t$. Logo, a saída é a senoide 10 cos $\omega_0 t$. Entretanto, o amplificador, sendo não linear em altos níveis de amplitude, ceifa todas as amplitudes além de ±8 volts, como mostrado na Fig. 6.15a. Vamos determinar a distorção harmônica que ocorre nessa operação.

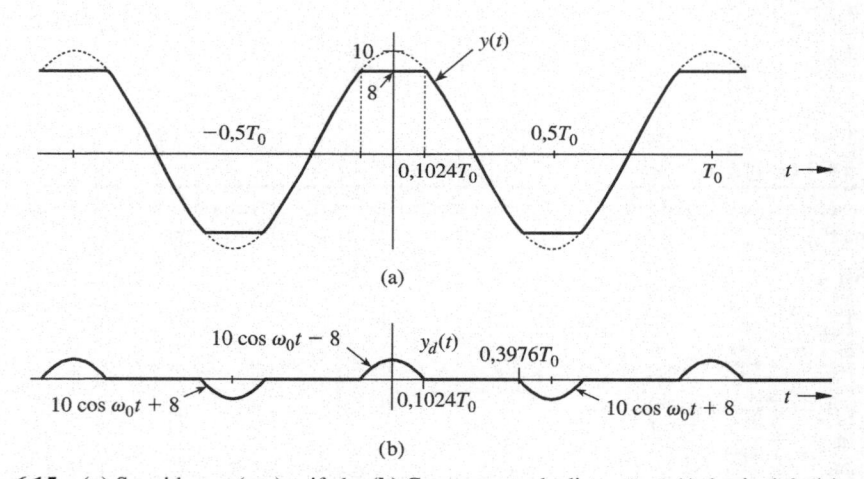

Figura 6.15 (a) Senoide cos ($\omega_0 t$) ceifada. (b) Componente de distorção $x_d(t)$ do sinal de (a).

A saída $y(t)$ é o sinal ceifado mostrado na Fig. 6.15a. O sinal de distorção $y_d(t)$, mostrado na Fig. 6.15b, é a diferença entre a senoide não distorcida 10 cos $\omega_0 t$ e o sinal de saída $y(t)$. O sinal $y_d(t)$, cujo período é T_0 [o mesmo período de $y(t)$] pode ser descrito em seu primeiro ciclo por

$$y_d(t) = \begin{cases} 10 \cos \omega_0 t - 8 & |t| \leq 0,1024T_0 \\ 10 \cos \omega_0 t + 8 & \dfrac{T_0}{2} - 0,1024T_0 \leq |t| \leq \dfrac{T_0}{2} + 0,1024T_0 \\ 0 & \text{caso contrário} \end{cases}$$

Observe que $y_d(t)$ é uma função par de t e seu valor médio é nulo. Logo, $a_0 = C_0 = 0$ e $b_n = 0$. Logo, $C_n = a_n$ e a série de Fourier para $y_d(t)$ pode ser descrita por

$$y_d(t) = \sum_{n=1}^{\infty} C_n \cos n\omega_0 t$$

De forma usual, podemos calcular os coeficientes C_n (os quais são iguais a a_n) integrando $y_d(t) \cos n\omega_0 t$ em um ciclo (e, então, multiplicando por $2/T_0$). Como $y_d(t)$ possui simetria par, podemos determinar a_n integrando a expressão em meio período, usando a Eq. (6.18b). O cálculo direto da integral resulta em[†]

$$C_n = \begin{cases} \dfrac{20}{\pi}\left[\dfrac{\text{sen}\,[0{,}6435(n+1)]}{n+1} + \dfrac{\text{sen}\,[0{,}6435(n-1)]}{n-1}\right] - \dfrac{32}{\pi}\left[\dfrac{\text{sen}\,(0{,}6435n)}{n}\right] & n \text{ ímpar} \\ 0 & n \text{ par} \end{cases}$$

Calculando os coeficientes $C_1, C_2, C_3, \ldots$ dessa expressão, podemos escrever

$$y_d(t) = 1{,}04\cos\omega_0 t + 0{,}733\cos 3\omega_0 t + 0{,}311\cos 5\omega_0 t + \cdots$$

CÁLCULO DA DISTORÇÃO HARMÔNICA
Podemos calcular o total da distorção harmônica no sinal de saída calculando a potência da componente de distorção $y_d(t)$. Como $y_d(t)$ é uma função par de t e como a energia no primeiro meio período é igual a energia no segundo meio período, podemos calcular a potência determinando a média da energia em um quarto de ciclo. Logo,

$$P_{y_d} = \frac{1}{T_0}\int_{-T_0/2}^{T_0/2} y_d^{\,2}(t)\,dt = \frac{1}{T_0/4}\int_0^{T_0/4} y_d^{\,2}(t)\,dt$$

$$= \frac{4}{T_0}\int_0^{0{,}1024 T_0}(10\cos\omega_0 t - 8)^2\,dt = 0{,}865$$

A potência do sinal desejado $10\cos n\omega_0 t$ é $(10)^2/2 = 50$. Logo, a distorção harmônica total é

$$D_{\text{tot}} = \frac{0{,}865}{50} \times 100 = 1{,}73\%$$

A potência da componente de terceiro harmônico de $y_d(t)$ é $(0{,}733)^2/2 = 0{,}2686$. A distorção do terceiro harmônico é[‡]

$$D_3 = \frac{0{,}2686}{50} \times 100 = 0{,}5372\%$$

6.4 RESPOSTA DE SISTEMA LCIT A ENTRADAS PERIÓDICAS

Um sinal periódico pode ser expresso como a soma de exponenciais de duração infinita (ou senoides). Também sabemos como determinar a resposta de um sistema LCIT a uma exponencial de duração infinita. Com essa informação, podemos determinar facilmente a resposta de um sistema LCIT a entradas periódicas. Um sinal periódico $x(t)$ com período T_0 pode ser descrito pela seguinte série exponencial de Fourier

---

[†] Além disso, $y_d(t)$ possui uma simetria de meia onda (veja o Prob. 6.1-5), na qual o segundo meio período é o negativo do primeiro. Devido a essa característica, todas as harmônicas pares desaparecem e as harmônicas ímpares podem ser calculadas integrando as expressões apropriadas em apenas meio período (de $-T_0/4$ a $T_0/4$) e dobrando os valores resultantes. Além disso, devido à simetria par, podemos integrar as expressões apropriadas de 0 a $T_0/4$ (em vez de $-T_0/4$ a $T_0/4$), dobrando os valores resultantes. Em resumo, essas características nos permitem calcular C_n integrando a expressão em apenas um quarto de período e, então, quadruplicando os valores resultantes. Portanto,

$$C_n = a_n = \frac{8}{T_0}\int_0^{0{,}1024 T_0}[10\cos\omega_0 t - 8]\cos n\omega_0 t\,dt$$

[‡] Na literatura, a distorção harmônica se refere à distorção rms em vez da distorção de potência. Os valores rms são a raiz quadrada das potências correspondentes. Portanto, a distorção de terceiro harmônico nesse sentido é $\sqrt{(0{,}2686/50)} \times 100 = 7{,}33\%$. Alternativamente, também podemos calcular esse valor diretamente das amplitudes do terceiro harmônico (0,733) e da amplitude da fundamental de 10. A razão dos valores rms é $(0{,}733/\sqrt{2}) \cdot (10/\sqrt{2}) = 0{,}0733$ e a distorção percentual é 7,33%.

$$x(t) = \sum_{n=-\infty}^{\infty} D_n e^{jn\omega_0 t} \qquad \omega_0 = \frac{2\pi}{T_0}$$

Na Seção 4.8, mostramos que a resposta de um sistema LCIT com função de transferência $H(s)$ a uma entrada exponencial de duração infinita $e^{j\omega t}$ é a exponencial de duração infinita $H(j\omega)e^{j\omega t}$. Esse par entrada-saída pode ser mostrado por[†]

$$\underbrace{e^{j\omega t}}_{\text{entrada}} \Longrightarrow \underbrace{H(j\omega)e^{j\omega t}}_{\text{saída}}$$

Portanto, a partir da propriedade da linearidade

$$\underbrace{\sum_{n=-\infty}^{\infty} D_n e^{jn\omega_0 t}}_{\text{entrada } x(t)} \Longrightarrow \underbrace{\sum_{n=-\infty}^{\infty} D_n H(jn\omega_0) e^{jn\omega_0 t}}_{\text{resposta } y(t)} \qquad (6.42)$$

A resposta $y(t)$ é obtida na forma de uma série exponencial de Fourier e, portanto, é um sinal periódico com mesmo período da entrada.

Iremos demonstrar a utilidade desses resultados através do exemplo a seguir.

EXEMPLO B.1

Um retificador de onda completa (Fig. 6.16a) é utilizado para obter um sinal cc de uma senoide sen t. O sinal retificado $x(t)$, mostrado na Fig. 6.14, é aplicado à entrada de um filtro passa-baixas RC, o qual suprime a componentes variante no tempo, resultando na componente cc com algum ripple residual. Determine a saída $y(t)$ do filtro. Determine também a saída cc e o valor rms da tensão de ripple.

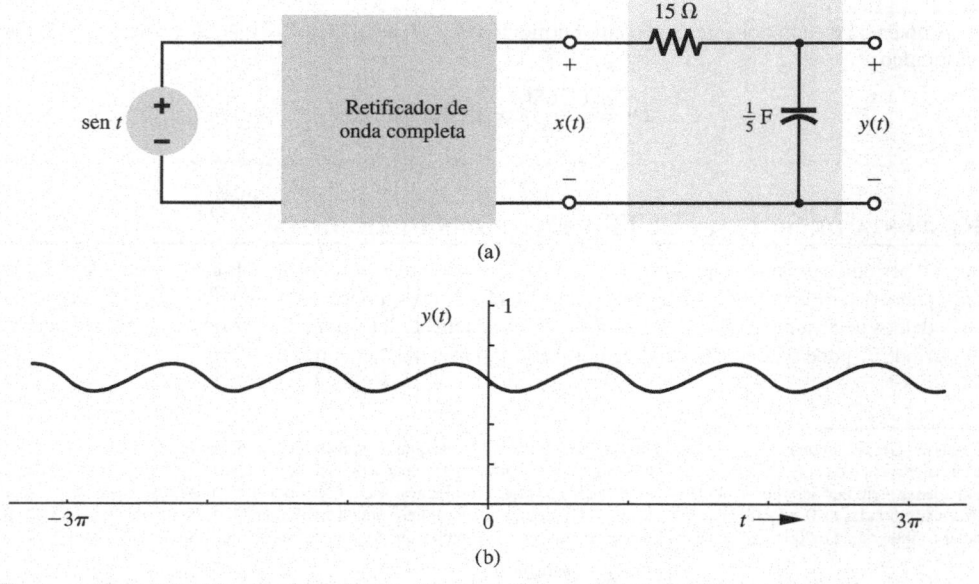

Figura 6.16 (a) Retificador de onda completa com filtro passa-baixa e (b) sua saída.

[†] Esse resultado só pode ser aplicado a sistemas assintoticamente estáveis, porque quando $s = j\omega$, a integral do lado direito da Eq. (2.48) não converge para sistemas instáveis. Além disso, para sistemas marginalmente estáveis, a integral não converge no sentido ordinário e $H(j\omega)$ não pode ser obtido de $H(s)$ substituindo s por $j\omega$.

Primeiro, determinamos a série de Fourier para o sinal retificado $x(t)$, cujo período é $T_0 = \pi$. Consequentemente, $\omega_0 = 2$ e

$$x(t) = \sum_{n=-\infty}^{\infty} D_n e^{j2nt}$$

na qual

$$D_n = \frac{1}{\pi} \int_0^\pi \operatorname{sen} t \, e^{-j2nt} \, dt = \frac{2}{\pi(1 - 4n^2)} \qquad (6.43)$$

Portanto,

$$x(t) = \sum_{n=-\infty}^{\infty} \frac{2}{\pi(1 - 4n^2)} e^{j2nt}$$

A seguir, determinar a função de transferência do filtro RC da Fig. 6.16a. Esse filtro é idêntico ao circuito RC do Exemplo 1.11 (Fig. 1.35) para o qual a equação diferencial que relaciona a saída (tensão do capacitor) com a entrada $x(t)$ foi determinada como sendo [Eq. (1.60)]

$$(3D + 1)y(t) = x(t)$$

A função de transferência $H(s)$ para este sistema foi determina da Eq. (2.50) como sendo

$$H(s) = \frac{1}{3s + 1}$$

e

$$H(j\omega) = \frac{1}{3j\omega + 1} \qquad (6.44)$$

A partir da Eq. (6.42), a saída $y(t)$ do filtro pode ser descrita por (com $\omega_0 = 2$)

$$y(t) = \sum_{n=-\infty}^{\infty} D_n H(jn\omega_0) e^{jn\omega_0 t} = \sum_{n=-\infty}^{\infty} D_n H(j2n) e^{j2nt}$$

Substituindo D_n e $H(j2n)$ das Eqs. (6.43) e (6.44) na equação anterior, obtemos

$$y(t) = \sum_{n=-\infty}^{\infty} \frac{2}{\pi(1 - 4n^2)(j6n + 1)} e^{j2nt} \qquad (6.45)$$

Note que a saída $y(t)$ também é um sinal periódico dado pela série exponencial de Fourier do lado direito. A saída é calculada numericamente usando a Eq. (6.45) e mostrada na Fig. 6.16b.

O coeficiente da série de Fourier de saída correspondente a $n = 0$ é a componente cc da saída, dada por $2/\pi$. Os termos restantes da série de Fourier constituem a componente indesejada chamada de ripple. Podemos determinar o valor rms da tensão de ripple usando a Eq. (6.41) para determinar a potência da componente de ripple. A potência do ripple é a potência de todas as componentes exceto a cc ($n = 0$). Note que o coeficiente exponencial de Fourier para a saída $y(t)$ é

$$\hat{D}_n = \frac{2}{\pi(1 - 4n^2)(j6n + 1)}$$

Portanto, a partir da Eq. (6.41b), temos

$$P_{\text{ripple}} = 2 \sum_{n=1}^{\infty} |D_n|^2 = 2 \sum_{n=1}^{\infty} \left| \frac{2}{\pi(1 - 4n^2)(j6n + 1)} \right|^2 = \frac{8}{\pi^2} \sum_{n=1}^{\infty} \frac{1}{(1 - 4n^2)^2(36n^2 + 1)}$$

O cálculo numérico dessa equação resulta em $P_{\text{ripple}} = 0{,}0025$ e o valor rms é $= \sqrt{P_{\text{ripple}}} = 0{,}05$. Ou seja, a tensão rms de ripple é 5% da amplitude da senoide de entrada.

Por Que Utilizar Exponenciais?

A série exponencial de Fourier é somente outra forma de representar a série trigonométrica de Fourier (ou vice-versa). As duas formas possuem a mesma informação – nada a mais, nada a menos. As razões para preferir a forma exponencial já foram mencionadas: esta é forma mais compacta e a expressão para a determinação dos coeficientes exponenciais também é mais compacta do que as equações para a série trigonométrica. Além disso, a resposta de sistemas LCIT a sinais exponenciais também é mais simples (mais compacta) do que a resposta do sistema a senoides. A forma exponencial se mostra mais fácil do que a forma trigonométrica para ser matematicamente manipulada e opera tão bem na área de sinais quanto de sistemas. Acrescentando a isso, a representação exponencial é mais conveniente para a análise de $x(t)$ complexo. Por essas razões, em nossas futuras discussões, iremos utilizar exclusivamente a forma exponencial.

Uma pequena desvantagem da forma exponencial é que ela não pode ser visualizada de forma tão fácil quanto senoides. Para a compreensão intuitiva e qualitativa, as senoides possuem vantagem sobre exponenciais. Felizmente, esta dificuldade pode ser superada facilmente devido a forte conexão entre exponencial e o espectro de Fourier. Para o propósito de análise matemática, podemos continuar utilizando sinais e espectro exponenciais, mas para compreender a situação física intuitivamente, ou qualitativamente, devemos falar em termos de senoides e espectro trigonométrico. Portanto, apesar de toda manipulação matemática ser feita em termos de espectro exponencial, podemos falar de exponenciais e senoides alternativamente, quando discutimos intuitivamente e qualitativamente pontos específicos na tentativa de compreendermos as situações físicas. Esse é um ponto importante. O leitor deve fazer um esforço extra para se familiarizar com as duas formas de espectro, suas relações e conversões.

Personalidade Dual de um Sinal

A discussão, até este momento, mostrou que um sinal periódico possui uma personalidade dual – o domínio do tempo e o domínio da frequência. Ele pode ser descrito por sua forma de onda ou por seu espectro de Fourier. As descrições no domínio do tempo e no domínio da frequência fornecem informações complementares sobre o sinal. Para uma análise mais profunda, precisamos entender as duas identidades. É importante aprender a pensar em um sinal nas duas perspectivas. No próximo capítulo, iremos ver que sinais não periódicos também possuem esta personalidade dual. Além disso, iremos ver que mesmo sistemas LIT possuem essa personalidade dual, a qual oferece informações complementares do comportamento do sistema.

Limitações do Método de Análise por Série de Fourier

Desenvolvemos um método de representação de um sinal periódico pela soma ponderada de exponenciais de duração infinita cujas frequências estão ao longo do eixo $j\omega$ no plano s. Esta representação (série de Fourier) é valiosa em várias aplicações. Entretanto, enquanto ferramenta de análise de sistemas lineares, ela possui sérias limitações e consequentemente possui utilidade limitada pelas seguintes razões:

1. A série de Fourier pode ser utilizada apenas para entradas periódicas. Todas as entrada práticas são não periódicas (lembre-se que um sinal periódico começa em $t = -\infty$).

2. O método de Fourier pode ser aplicado facilmente a sistemas BIBO estáveis (ou assintoticamente estáveis). Ele não trabalha com sistemas instáveis ou marginalmente estáveis.

A primeira limitação pode ser superada representando um sinal não periódico em termos de exponenciais de duração infinita. Essa representação pode ser obtida através da integral de Fourier, a qual pode ser considerada como uma extensão da série de Fourier. Iremos, portanto, utilizar a série de Fourier como pedra fundamental para a integral de Fourier desenvolvida no próximo capítulo. A segunda limitação pode ser superada usando exponenciais e^{st}, na qual s não é restrito ao eixo imaginário, podendo assumir valores complexos. Essa generalização leva à integral de Laplace, discutida no Capítulo 4 (a transformada de Laplace).

6.5 Série de Fourier Generalizada: Sinais como Vetores[†]

Iremos considerar agora uma abordagem genérica para a representação de sinais com consequências de longo alcance. Existe uma analogia perfeita entre sinais e vetores. A analogia é tão forte que o termo *analogia* não faz jus à situação. Sinais não são simplesmente *parecidos* com vetores. Sinais *são* vetores! Um vetor po-

---

[†] Esta seção segue o material do livro anterior do autor.[10] A omissão desta seção não irá causar nenhuma descontinuidade na compreensão do resto do livro. A obtenção da série de Fourier através da analogia sinal-vetor possibilita uma interessante análise da representação de sinais e outros tópicos, como correlação de sinal, truncagem de dados e detecção de sinais.

de ser representado como a soma de suas componentes de diversas formas, dependendo da escolha do sistema de coordenadas. Vamos começar com alguns conceitos básicos sobre vetores e, então, aplicaremos esses conceitos a sinais.

6.5-1 Componente de um Vetor

Um vetor é especificado por sua magnitude e sua direção. Iremos representar vetores em negrito. Por exemplo, **x** é um certo vetor com magnitude ou comprimento $|\mathbf{x}|$. Para os dois vetores **x** e **y** mostrados na Fig. 6.17, definimos seu produto interno (ou escalar) por

$$\mathbf{x} \cdot \mathbf{y} = |\mathbf{x}||\mathbf{y}| \cos \theta \qquad (6.46)$$

na qual θ é o ângulo entre os vetores. Usando essa definição, podemos expressar $|\mathbf{x}|$, o comprimento do vetor **x**, por

$$|\mathbf{x}|^2 = \mathbf{x} \cdot \mathbf{x} \qquad (6.47)$$

Seja a componente de **x** ao longo de **y** ser $c\mathbf{y}$, como mostrado na Fig. 6.17. Geometricamente, a componente de **x** ao longo de **y** é a projeção de **x** em **y**, sendo obtida desenhando uma linha perpendicular da ponta de **x** até o vetor **y**, como ilustrado na Fig. 6.17. Qual é o significado matemático da componente de um vetor ao longo de outro vetor? Como visto na Fig. 6.17, o vetor **x** pode ser descrito em termos do vetor **y** por

$$\mathbf{x} = c\mathbf{y} + \mathbf{e} \qquad (6.48)$$

Entretanto, essa não é a única forma de expressar **x** em termos de **y**. Da Fig. 6.18, a qual mostra duas de outras infinitas possibilidades, temos

$$\mathbf{x} = c_1\mathbf{y} + \mathbf{e}_1 = c_2\mathbf{y} + \mathbf{e}_2 \qquad (6.49)$$

Em cada uma dessas três representações, **x** é representado em termos de **y** mais outro vetor chamado de *vetor de erro*. Se aproximarmos **x** por $c\mathbf{y}$,

$$\mathbf{x} \simeq c\mathbf{y} \qquad (6.50)$$

O erro na aproximação é o vetor $\mathbf{e} = \mathbf{x} - c\mathbf{y}$. Similarmente, os erros nas aproximações nessas figuras são $\mathbf{e}_1$ (Fig. 6.18a) e $\mathbf{e}_2$ (Fig. 6.18b). O que é único com relação a aproximação da Fig. 6.17 é que o vetor de erro é o menor. Podemos definir, dessa forma, matematicamente a componente de um vetor **x** ao longo do vetor **y** como sendo $c\mathbf{y}$, na qual c é escolhido para minimizar o tamanho do vetor erro $\mathbf{e} = \mathbf{x} - c\mathbf{y}$. Agora, o tamanho da componente de **x** ao longo do vetor **y** é $|\mathbf{x}| \cos \theta$. Mas também é $c|\mathbf{y}|$ como visto na Fig. 6.17. Portanto,

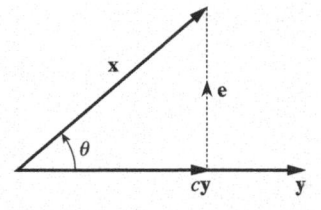

Figura 6.17 Componente (projeção) de um vetor ao longo de outro vetor.

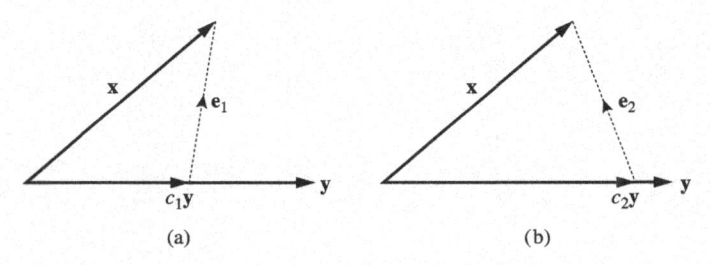

(a)   (b)

Figura 6.18 Aproximação de um vetor em termos de outro vetor.

Multiplicando os dois lados por $|\mathbf{y}|$,

$$c|\mathbf{y}| = |\mathbf{x}|\cos\theta$$

$$c|\mathbf{y}|^2 = |\mathbf{x}||\mathbf{y}|\cos\theta = \mathbf{x}\cdot\mathbf{y}$$

Portanto,

$$c = \frac{\mathbf{x}\cdot\mathbf{y}}{\mathbf{y}\cdot\mathbf{y}} = \frac{1}{|\mathbf{y}|^2}\mathbf{x}\cdot\mathbf{y} \tag{6.51}$$

A partir da Fig. 6.17, fica aparente que quando $\mathbf{x}$ e $\mathbf{y}$ são perpendiculares, ou ortogonais, então $\mathbf{x}$ possui componente zero ao longo de $\mathbf{y}$. Consequentemente, $c = 0$. Tendo a Eq. (6.51) em mente, definimos, dessa forma, $\mathbf{x}$ e $\mathbf{y}$ como sendo *ortogonais* se o produto interno (ou escalar) dos dois vetores for zero, ou seja, se

$$\mathbf{x}\cdot\mathbf{y} = 0 \tag{6.52}$$

6.5-2 Comparação de Sinal e Componente de Sinal

O conceito de componente de vetor e ortogonalidade pode ser estendido a sinais. Considere o problema de aproximação de um sinal real $x(t)$ em termos de outro sinal real $y(t)$ em um intervalo (t_1, t_2):

$$x(t) \simeq cy(t) \qquad t_1 < t < t_2 \tag{6.53}$$

O erro $e(t)$ da aproximação é

$$e(t) = \begin{cases} x(t) - cy(t) & t_1 < t < t_2 \\ 0 & \text{caso contrário} \end{cases} \tag{6.54}$$

Selecionamos, agora, um critério para a "melhor aproximação". Sabemos que a energia do sinal é uma possível medida do tamanho do sinal. Para uma melhor aproximação, iremos utilizar o critério que minimiza o tamanho ou energia do sinal de erro $e(t)$ dentro do intervalo (t_1, t_2). Essa energia E_e é dada por

$$E_e = \int_{t_1}^{t_2} e^2(t)\,dt$$

$$= \int_{t_1}^{t_2} [x(t) - cy(t)]^2\,dt$$

Note que o lado direito é uma integral definida com t como variável de integração. Logo, E_e é uma função do parâmetro c (e não t) e E_e será mínima para alguma escolha de c. Para minimizar E_e, uma condição necessária é

$$\frac{dE_e}{dc} = 0 \tag{6.55}$$

ou

$$\frac{d}{dc}\left[\int_{t_1}^{t_2} [x(t) - cy(t)]^2\,dt\right] = 0$$

Expandindo o termo quadrático dentro da integral, obtemos

$$\frac{d}{dc}\left[\int_{t_1}^{t_2} x^2(t)\,dt\right] - \frac{d}{dc}\left[2c\int_{t_1}^{t_2} x(t)y(t)\,dt\right] + \frac{d}{dc}\left[c^2\int_{t_1}^{t_2} y^2(t)\,dt\right] = 0$$

A partir da qual temos

$$-2\int_{t_1}^{t_2} x(t)y(t)\,dt + 2c\int_{t_1}^{t_2} y^2(t)\,dt = 0$$

e

$$c = \frac{\int_{t_1}^{t_2} x(t)y(t)\,dt}{\int_{t_1}^{t_2} y^2(t)\,dt} = \frac{1}{E_y}\int_{t_1}^{t_2} x(t)y(t)\,dt \qquad (6.56)$$

Podemos observar uma incrível semelhança entre o comportamento de vetores e sinais, indicada pelas Eqs. (6.51) e (6.56). Fica evidente a partir dessas duas expressões paralelas que *a área sob o produto de dois sinais corresponde ao produto interno (ou escalar) de dois vetores*. De fato, a área sob o produto de $x(t)$ e $y(t)$ é chamada de *produto interno* de $x(t)$ e $y(t)$, sendo representada por (x, y). A energia do sinal é o produto interno do próprio sinal, e corresponde ao quadrado do tamanho do vetor (o qual é o produto interno do vetor com ele mesmo).

Para resumir nossa discussão, se um sinal $x(t)$ é aproximado por outro sinal $y(t)$ por

$$x(t) \simeq cy(t)$$

então o valor ótimo de c que minimiza a energia do sinal de erro na aproximação é dado pela Eq. (6.56).

Aproveitando a similaridade com vetores, dizemos que o sinal $x(t)$ contém a componente $cy(t)$, na qual c é dada pela Eq. (6.56). Note que na terminologia de vetor, $cy(t)$ é a projeção de $x(t)$ em $y(t)$. Continuando com a analogia, dizermos que se a componente de um sinal $x(t)$ na forma $y(t)$ é zero (ou seja, $c = 0$), os sinais $x(t)$ e $y(t)$ são ortogonais para o intervalo (t_1, t_2). Portanto, definimos que os sinais reais $x(t)$ e $y(t)$ são ortogonais no intervalo (t_1, t_2) se[†]

$$\int_{t_1}^{t_2} x(t)y(t)\,dt = 0 \qquad (6.57)$$

EXEMPLO 6.10

Para o sinal quadrado $x(t)$ mostrado na Fig. 6.19, determine a componente em $x(t)$ na forma sen t. Em outras palavras, aproxime $x(t)$ em termos de sen t.

$$x(t) \simeq c\,\text{sen}\,t \qquad 0 < t < 2\pi$$

tal que a energia do sinal de erro seja mínima.

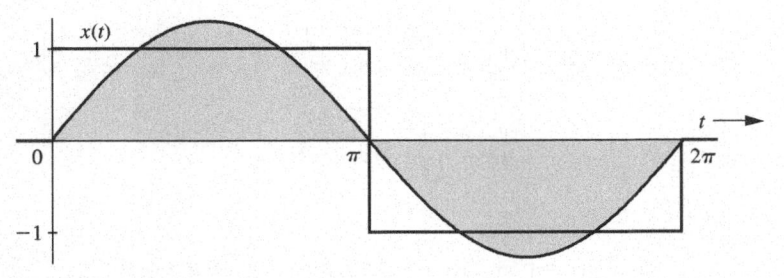

Figura 6.19 Aproximação de um sinal quadrado em termos de uma única senoide.

Neste caso

$$y(t) = \text{sen}\,t \qquad \text{e} \qquad E_y = \int_0^{2\pi} \text{sen}^2(t)\,dt = \pi$$

A partir da Eq. (6.56), obtemos

[†] Para sinais complexos, a definição é modificada como na Eq. (6.65), na Seção 6.5-3.

$$c = \frac{1}{\pi}\int_0^{2\pi} x(t)\operatorname{sen} t\, dt = \frac{1}{\pi}\left[\int_0^{\pi}\operatorname{sen} t\, dt + \int_\pi^{2\pi} -\operatorname{sen} t\, dt\right] = \frac{4}{\pi} \quad (6.58)$$

Portanto,

$$x(t) \simeq \frac{4}{\pi}\operatorname{sen} t \quad (6.59)$$

representa a melhor aproximação de $x(t)$ pela função sen t, a qual irá minimizar a energia do erro. Essa componente senoidal de $x(t)$ é mostrada sombreada na Fig. 6.19. Pela analogia com vetores, dizemos que a função quadrada $x(t)$ mostrada na Fig. 6.19 possui a componente de sinal sen t e que a magnitude dessa componente é $4/\pi$.

EXERCÍCIO E6.7

Mostre que para um intervalo $(-\pi < t < \pi)$, a "melhor" aproximação do sinal $x(t) = t$ em termos da função sen t é 2 sen t. Verifique que o sinal de erro $e(t) = t - 2$ sen t é ortogonal como o sinal sen t no intervalo $-\pi < t < \pi$. Trace os sinais t e 2 sen t no intervalo $-\pi < t < \pi$.

6.5-3 Extensão para Sinais Complexos

Até este momento, nos restringimos a funções reais de t. Para generalizar o resultado para funções complexas de t, considere novamente o problema de aproximação de um sinal $x(t)$ pelo sinal $y(t)$ no intervalo $(t_1 < t < t_2)$:

$$x(t) \simeq cy(t) \quad (6.60)$$

na qual $x(t)$ e $y(t)$ agora podem ser funções complexas de t. Lembre que a energia E_y de um sinal complexo $y(t)$ no intervalo (t_1, t_2) é

$$E_y = \int_{t_1}^{t_2} |y(t)|^2\, dt$$

Nesse caso, tanto o coeficiente c e o erro

$$e(t) = x(t) - cy(t) \quad (6.61)$$

são complexos (geralmente). Para a "melhor" aproximação, escolhemos c tal que E_e, a energia do sinal de erro seja mínima. Agora,

$$E_e = \int_{t_1}^{t_2} |x(t) - cy(t)|^2\, dt \quad (6.62)$$

Lembre-se, de que

$$|u + v|^2 = (u + v)(u^* + v^*) = |u|^2 + |v|^2 + u^*v + uv^* \quad (6.63)$$

Após alguma manipulação, podemos usar esse resultado para reorganizar a Eq. (6.62) como

$$E_e = \int_{t_1}^{t_2} |x(t)|^2\, dt - \left|\frac{1}{\sqrt{E_y}}\int_a^{t_2} x(t)y^*(t)\, dt\right|^2 + \left|c\sqrt{E_y} - \frac{1}{\sqrt{E_y}}\int_{t_1}^{t_2} x(t)y^*(t)\, dt\right|^2$$

Como os dois primeiros termos do lado direito são independentes de c, fica evidente que E_e é minimizada escolhendo c tal que o terceiro termo do lado direito seja zero, resultando em

$$c = \frac{1}{E_y}\int_{t_1}^{t_2} x(t)y^*(t)\, dt \quad (6.64)$$

À luz desse resultado, precisamos redefinir a ortogonalidade para o caso complexo da seguinte forma: duas funções complexas $x_1(t)$ e $x_2(t)$ são ortogonais no intervalo $(t_1 < t < t_2)$ se

$$\int_{t_1}^{t_2} x_1(t) x_2^*(t)\, dt = 0 \quad \text{ou} \quad \int_{t_1}^{t_2} x_1^*(t) x_2(t)\, dt = 0 \tag{6.65}$$

Qualquer uma das igualdades é suficiente. Essa é a definição geral para ortogonalidade, a qual se reduz para a Eq. (6.57) quando as funções são reais.

EXERCÍCIO E6.8

Mostre que para o intervalo $(0 < t < 2\pi)$, a "melhor" aproximação do sinal quadrado $x(t)$ da Fig. 6.19 em termos do sinal e^{jt} é dada por $(2/j\pi)e^{jt}$. Verifique que o sinal de erro $e(t) = x(t) - (2/j\pi)e^{jt}$ é ortogonal com o sinal e^{jt}.

ENERGIA DA SOMA DE SINAIS ORTOGONAIS

Sabemos que o quadrado do tamanho da soma de dois vetores ortogonais é igual à soma do quadrado do tamanho dos dois vetores. Portanto, se os vetores **x** e **y** forem ortogonais, e se **z** = **x** + **y**, então

$$|\mathbf{z}|^2 = |\mathbf{x}|^2 + |\mathbf{y}|^2$$

Temos um resultado similar para sinais. A energia da soma de dois sinais ortogonais é igual à soma das energias dos dois sinais. Portanto, se os sinais $x(t)$ e $y(t)$ são ortogonais em um intervalo (t_1, t_2), e se $z(t) = x(t) + y(t)$, então

$$E_z = E_x + E_y \tag{6.66}$$

Iremos provar esse resultado para sinais complexos dos quais os sinais reais são um caso especial. A partir da Eq. (6.63), temos que

$$\int_{t_1}^{t_2} |x(t) + y(t)|^2\, dt = \int_{t_1}^{t_2} |x(t)|^2\, dt + \int_{t_1}^{t_2} |y(t)|^2\, dt + \int_{t_1}^{t_2} x(t) y^*(t)\, dt + \int_{t_1}^{t_2} x^*(t) y(t)\, dt$$

$$= \int_{t_1}^{t_2} |x(t)|^2\, dt + \int_{t_1}^{t_2} |y(t)|^2\, dt \tag{6.67}$$

O último resultado segue diretamente do fato de que, devido à ortogonalidade, as duas integrais dos produtos $x(t) y^*(t)$ e $x^*(t) y(t)$ são zero [Veja a Eq. (6.65)]. Esse resultado pode ser estendido para a soma de qualquer número de sinais mutuamente ortogonais.

6.5-4 Representação de Sinais por um Conjunto de Sinais Ortogonais

Nesta seção, iremos mostrar uma forma de representar um sinal pela soma de sinais ortogonais. Novamente, iremos nos beneficiar da informação obtida de um problema similar com vetores. Sabemos que um vetor pode ser representado pela soma de vetores ortogonais, os quais formam um sistema de coordenadas de um espaço vetorial. O problema em sinais é análogo e o resultado para sinais é similar ao para vetores. Portanto, vamos rever o caso de representação vetorial

ESPAÇO VETORIAL ORTOGONAL

Vamos investigar um espaço vetorial Cartesiano tridimensional, descrito por três vetores mutuamente ortogonais $\mathbf{x}_1$, $\mathbf{x}_2$ e $\mathbf{x}_3$, como ilustrado na Fig. 6.20. Primeiro, iremos buscar a aproximação de um vetor tridimensional **x** em termos de dois vetores mutuamente ortogonais $\mathbf{x}_1$ e $\mathbf{x}_2$:

$$\mathbf{x} \simeq c_1 \mathbf{x}_1 + c_2 \mathbf{x}_2$$

O erro **e** desta aproximação é

$$\mathbf{e} = \mathbf{x} - (c_1\mathbf{x}_1 + c_2\mathbf{x}_2)$$

ou

$$\mathbf{x} = c_1\mathbf{x}_1 + c_2\mathbf{x}_2 + \mathbf{e}$$

Tal como no argumento geométrico anterior, vemos na Fig. 6.20 que o tamanho de **e** é mínimo quando **e** é perpendicular ao plano $\mathbf{x}_1 - \mathbf{x}_2$, e $c_1\mathbf{x}_1$ e $c_2\mathbf{x}_2$ são as projeções (componentes) de **x** em $\mathbf{x}_1$ e $\mathbf{x}_2$, respectivamente. Portanto, as constantes c_1 e c_2 são dadas pela Eq. (6.51). Observe que o vetor erro é ortogonal aos vetores $\mathbf{x}_1$ e $\mathbf{x}_2$.

Vamos determinar, agora, a "melhor" aproximação de **x** em termos dos três vetores mutuamente ortogonais $\mathbf{x}_1$, $\mathbf{x}_2$ e $\mathbf{x}_3$:

$$\mathbf{x} \simeq c_1\mathbf{x}_1 + c_2\mathbf{x}_2 + c_3\mathbf{x}_3 \tag{6.68}$$

A Fig. 6.20 mostra que uma única escolha de c_1, c_2 e c_3 existe para a qual a Eq. (6.68) não é mais uma aproximação mas uma igualdade

$$\mathbf{x} = c_1\mathbf{x}_1 + c_2\mathbf{x}_2 + c_3\mathbf{x}_3 \tag{6.69}$$

Neste caso, $c_1\mathbf{x}_1$, $c_2\mathbf{x}_2$ e $c_3\mathbf{x}_3$ são as projeções (componentes) de **x** em $\mathbf{x}_1$, $\mathbf{x}_2$ e $\mathbf{x}_3$, respectivamente, ou seja,

$$c_i = \frac{\mathbf{x} \cdot \mathbf{x}_i}{\mathbf{x}_i \cdot \mathbf{x}_i} \tag{6.70a}$$

$$= \frac{1}{|\mathbf{x}_i|^2} \mathbf{x} \cdot \mathbf{x}_i \qquad i = 1, 2, 3 \tag{6.70b}$$

Note que o erro na aproximação é zero quando **x** é aproximado em termos de três vetores mutuamente ortogonais: $\mathbf{x}_1$, $\mathbf{x}_2$ e $\mathbf{x}_3$. A razão é que **x** é um vetor tridimensional, e os vetores $\mathbf{x}_1$, $\mathbf{x}_2$ e $\mathbf{x}_3$ representam um *conjunto completo* de vetores ortogonais no espaço tridimensional. O termo "completo", neste caso, significa que é impossível obter outro vetor $\mathbf{x}_4$ nesse espaço, o qual será ortogonal com todos os três vetores $\mathbf{x}_1$, $\mathbf{x}_2$ e $\mathbf{x}_3$. Qualquer vetor nesse espaço pode ser representado (com erro zero) em termos destes três vetores. Tais vetores são conhecidos como *vetores de base*. Se um conjunto de vetores $\{\mathbf{x}_i\}$ não é completo, o erro na aproximação geralmente não será zero. Portanto, no caso tridimensional discutido anteriormente, geralmente não é possível representar um vetor **x** em termos de apenas dois vetores base sem um erro.

A escolha dos vetores de base não é única. De fato, um conjunto de vetores base corresponde a uma escolha particular do sistema de coordenadas. Portanto, um vetor tridimensional **x** pode ser representado por diferentes formas, dependendo do sistema de coordenadas utilizado.

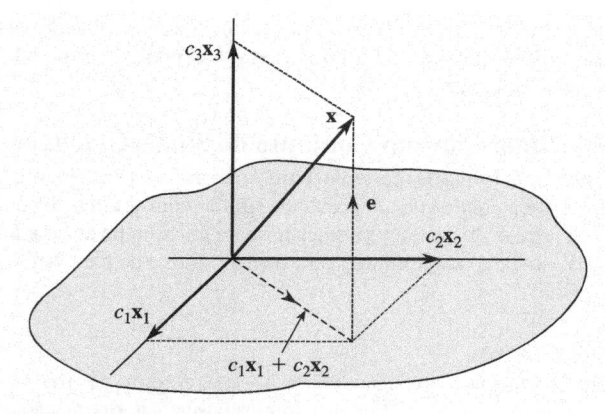

Figura 6.20 Representação de um vetor em um espaço tridimensional.

CAPÍTULO 6   ANÁLISE DE SINAIS NO TEMPO CONTÍNUO: A SÉRIE DE FOURIER   573

ESPAÇO DE SINAL ORTOGONAL
Iniciamos, primeiro, com sinais reais e, então, iremos estender a discussão para sinais complexos. Iremos prosseguir em nosso problema de aproximação de sinal usando as dicas e informações desenvolvidas para aproximação de vetores. Como antes, definimos a ortogonalidade de um conjunto de sinais reais $x_1(t)$, $x_2(t)$,..., $x_N(t)$ no intervalo (t_1, t_2) como

$$\int_{t_1}^{t_2} x_m(t) x_n(t)\, dt = \begin{cases} 0 & m \neq n \\ E_n & m = n \end{cases} \quad (6.71)$$

Se as energias E_n forem iguais a 1 para todo n, então o conjunto estará *normalizado* e será chamado de *conjunto ortonormal*. Um conjunto ortogonal pode sempre ser normalizado dividindo $x_n(t)$ por $\sqrt{E_n}$ para todo n.

Considere, agora, a aproximação de um sinal $x(t)$ no intervalo (t_1, t_2) por um conjunto de N sinais reais mutuamente ortogonais $x_1(t)$, $x_2(t)$,..., $x_N(t)$ dada por

$$x(t) \simeq c_1 x_1(t) + c_2 x_2(t) + \cdots + c_N x_N(t) \quad (6.72a)$$

$$\simeq \sum_{n=1}^{N} c_n x_n(t) \quad (6.72b)$$

Na aproximação das Eqs. (6.72), o erro $e(t)$ é

$$e(t) = x(t) - \sum_{n=1}^{N} c_n x_n(t) \quad (6.73)$$

e E_e, a energia do sinal de erro é

$$E_e = \int_{t_1}^{t_2} e^2(t)\, dt$$

$$= \int_{t_1}^{t_2} \left[x(t) - \sum_{n=1}^{N} c_n x_n(t) \right]^2 dt \quad (6.74)$$

De acordo com nosso critério para melhor aproximação, selecionamos os valores de c_i que minimizam E_e. Logo, a condição necessária é $\partial E_e / \partial c_i = 0$ para $i = 1, 2,..., N$, ou seja,

$$\frac{\partial}{\partial c_i} \int_{t_1}^{t_2} \left[x(t) - \sum_{n=1}^{N} c_n x_n(t) \right]^2 dt = 0 \quad (6.75)$$

Quando expandimos o integrando, determinamos que todos os termos de multiplicação cruzada dos sinais ortogonais são zero em virtude da ortogonalidade, ou seja, todos os termos na forma $\int x_m(t) x_n(t)\, dt$ com $m \neq n$ desaparecem. Similarmente, a derivada com relação a c_i de todos os termos que não contém c_i é nula. Para cada i, teremos apenas dois termos não nulos na Eq. (6.75):

$$\frac{\partial}{\partial c_i} \int_{t_1}^{t_2} \left[-2 c_i x(t) x_i(t) + c_i^2 x_i^2(t) \right] dt = 0$$

ou

$$-2 \int_{t_1}^{t_2} x(t) x_i(t)\, dt + 2 c_i \int_{t_1}^{t_2} x_i^2(t)\, dt = 0 \quad i = 1, 2, \ldots, N$$

Portanto,

$$c_i = \frac{\int_{t_1}^{t_2} x(t) x_i(t)\, dt}{\int_{t_1}^{t_2} x_i^2(t)\, dt} \quad (6.76a)$$

$$= \frac{1}{E_i} \int_{t_1}^{t_2} x(t) x_i(t)\, dt \qquad i = 1, 2, \ldots, N \qquad (6.76b)$$

A comparação das Eqs. (6.76) com as Eqs. (6.70) forçosamente traz à tona a analogia de sinais e vetores.

Propriedade da determinação: A Eq. (6.76) mostra uma propriedade interessante dos coeficientes $c_1, c_2, \ldots, c_N$: O valor ótimo de qualquer coeficiente na aproximação (6.72a) é independente do número de termos utilizados na aproximação. Por exemplo, se utilizarmos apenas um termo ($N = 1$) ou dois termos ($N = 2$) ou qualquer número de termos, o valor ótimo do coeficiente c_1 será o mesmo [dado pela Eq. (6.76)]. A vantagem dessa aproximação do sinal $x(t)$ por um conjunto de sinais mutuamente ortogonais é que podemos continuar adicionando termos à aproximação sem perturbar os termos anteriores. Essa propriedade de *determinação* dos valores dos coeficientes é muito importante do ponto de vista prático.[†]

ENERGIA DO SINAL DE ERRO

Quando os coeficientes c_i da aproximação (6.72) são escolhidos de acordo com as Eqs. (6.76), a energia do sinal de erro na aproximação (6.72) é minimizada. Este valor mínimo de E_e é dado pela Eq. (6.74):

$$E_e = \int_{t_1}^{t_2} \left[x(t) - \sum_{n=1}^{N} c_n x_n(t) \right]^2 dt$$

$$= \int_{t_1}^{t_2} x^2(t)\, dt + \sum_{n=1}^{N} c_n^2 \int_{t_1}^{t_2} x_n^2(t)\, dt - 2 \sum_{n=1}^{N} c_n \int_{t_1}^{t_2} x(t) x_n(t)\, dt$$

Substituindo as Eqs. (6.71) e (6.76) nessa equação obtemos

$$E_e = \int_{t_1}^{t_2} x^2(t)\, dt + \sum_{n=1}^{N} c_n^2 E_n - 2 \sum_{n=1}^{N} c_n^2 E_n$$

$$= \int_{t_1}^{t_2} x^2(t)\, dt - \sum_{n=1}^{N} c_n^2 E_n \qquad (6.77)$$

Observe que como o termo $c_k^2 E_k$ é não negativo, a energia E_e do erro geralmente decresce quando N, o número de termos, é aumentado. Logo, é possível que a energia do erro $\to 0$ quando $N \to \infty$. Quando isso acontece, o conjunto de sinais ortogonal é dito *completo*. Neste caso, a Eq. (6.72b) não é mais uma aproximação, mas uma igualdade

$$x(t) = c_1 x_1(t) + c_2 x_2(t) + \cdots + c_n x_n(t) + \cdots$$

$$= \sum_{n=1}^{\infty} c_n x_n(t) \qquad t_1 < t < t_2 \qquad (6.78)$$

[†] Compare essa situação com a aproximação polinomial de $x(t)$. Suponha que precisemos determinar uma aproximação de dois pontos de $x(t)$ por um polinômio em t, ou seja, o polinômio é igual a $x(t)$ em dois pontos, t_1 e t_2. Essa aproximação pode ser obtida escolhendo um polinômio de primeira ordem $a_0 + a_1 t$ com

$$x(t_1) = a_0 + a_1 t_1 \qquad \text{e} \qquad x(t_2) = a_0 + a_1 t_2$$

A solução dessas equações resulta nos valores desejados de a_0 e a_1. Para uma aproximação de três pontos, devemos escolher o polinômio $a_0 + a_1 t + a_2 t^2$ com

$$x(t_i) = a_0 + a_1 t_i + a_2 t_i^2 \qquad i = 1, 2 \text{ e } 3$$

A aproximação melhora para uma quantidade maior de pontos (polinômio de mais alta ordem), mas os coeficientes $a_0, a_1, a_2, \ldots$ não possuem a propriedade da determinação. Toda vez que aumentarmos o número de termos no polinômio, teremos que recalcular os coeficientes.

na qual os coeficientes c_n são dados pela Eq. (6.76b). Como a energia do sinal de erro aproxima-se de zero, temos que a energia de $x(t)$ é igual à soma das energias de suas componentes ortogonais $c_1 x_1(t)$, $c_2 x_2(t)$, $c_3 x_3(t)$,...

A série do lado direito da Eq. (6.78) é chamada de *série de Fourier generalizada* de $x(t)$ com respeito ao conjunto $\{x_n(t)\}$. Quando o conjunto $\{x_n(t)\}$ é tal que a energia do erro $E_e \to 0$ quando $N \to \infty$ para qualquer membro de uma classe particular, dizemos que o conjunto $\{x_n(t)\}$ é completo em (t_1, t_2) para a classe $x(t)$ e o conjunto $\{x_n(t)\}$ é chamado de *funções de base* ou *sinais de base*. A não ser que seja mencionado o contrário, no futuro iremos considerar apenas a classe de sinais de energia.

Portanto, quando o conjunto $\{x_n(t)\}$ é completo, temos a igualdade (6.78). Um ponto sutil que deve ser completamente entendido é o significado da igualdade (6.78). *A igualdade, nesse caso, não é uma igualdade no sentido ordinário, mas no sentido de que a energia do erro, ou seja, a energia da diferença entre os dois lados da Eq. (6.78) aproxima-se de zero.* Se a igualdade existir no sentido ordinário, a energia do erro é sempre zero, mas o inverso não é necessariamente verdadeiro. A energia do erro pode se aproximar de zero mesmo quando $e(t)$, a diferença entre os dois lado, não for zero em alguns instantes isolados. A razão é que mesmo se $e(t)$ for não nulo em alguns instantes, a área sob $e^2(t)$ ainda será zero. Portanto, a série de Fourier do lado direito da Eq. (6.78) pode ser diferente de $x(t)$ para um número finito de pontos.

Na Eq. (6.78), a energia do lado esquerdo é E_x, e a energia do lado direito é a soma das energia de todas as componentes ortogonais.[†] Portanto,

$$\int_{t_1}^{t_2} x^2(t)\, dt = c_1^2 E_1 + c_2^2 E_2 + \cdots$$

$$= \sum_{n=1}^{\infty} c_n^2 E_n \qquad (6.79)$$

Esse é o *teorema de Parseval* aplicado a sinais de energia. Nas Eqs. (6.40) e (6.41), já encontramos a forma do teorema de Parseval adequado para sinais de potência. Lembre-se de que a energia do sinal (área sob o valor quadrado do sinal) é análoga ao quadrado do comprimento de um vetor na analogia vetor-sinal. No espaço vetorial, sabemos que o quadrado do comprimento de um vetor é igual à soma do quadrado dos comprimentos de suas componentes ortogonais. O teorema de Parseval da Eq. (6.79) é o enunciado desse fato aplicado a sinais.

Generalização para Sinais Complexos

Os resultados anteriores podem ser generalizados para sinais complexos da seguinte maneira: Um conjunto de função $x_1(t), x_2(t),..., x_N(t)$ é mutuamente ortogonal no intervalo (t_1, t_2) se

$$\int_{t_1}^{t_2} x_m(t) x_n^*(t)\, dt = \begin{cases} 0 & m \neq n \\ E_n & m = n \end{cases} \qquad (6.80)$$

Se esse conjunto for completo para uma certa classe de funções, então a função $x(t)$ nessa classe pode ser descrita por

$$x(t) = c_1 x_1(t) + c_2 x_2(t) + \cdots + c_i x_i(t) + \cdots \qquad (6.81)$$

na qual

$$c_n = \frac{1}{E_n} \int_{t_1}^{t_2} x(t) x_n^*(t)\, dt \qquad (6.82)$$

[†] Observe que a energia do sinal $cx(t)$ é $c^2 E_x$.

EXEMPLO 6.11

Iremos considerar novamente o sinal quadrado $x(t)$ da Fig. 6.19. No Exemplo 6.10, esse sinal foi aproximado por uma única senoide sen t. Na realidade, o conjunto sen t, sen $2t$,..., sen nt,... é ortogonal em qualquer intervalo de duração 2π.[†] O leitor pode verificar esse fato mostrando que para qualquer número real a

$$\int_a^{a+2\pi} \operatorname{sen} mt \operatorname{sen} nt \, dt = \begin{cases} 0 & m \neq n \\ \pi & m = n \end{cases} \quad (6.83)$$

Vamos aproximar o sinal quadrado da Fig. 6.19 usando esse conjunto e veremos como a aproximação melhora com o aumento do número de termos

$$x(t) \simeq c_1 \operatorname{sen} t + c_2 \operatorname{sen} 2t + \cdots + c_n \operatorname{sen} Nt$$

na qual

$$c_n = \frac{\int_0^{2\pi} x(t) \operatorname{sen} nt \, dt}{\int_0^{2\pi} \operatorname{sen}^2 nt \, dt}$$

$$= \frac{1}{\pi} \left[\int_0^{\pi} \operatorname{sen} nt \, dt + \int_{\pi}^{2\pi} -\operatorname{sen} nt \, dt \right]$$

$$= \begin{cases} \dfrac{4}{\pi n} & n \text{ ímpar} \\ 0 & n \text{ par} \end{cases} \quad (6.84)$$

Portanto,

$$x(t) \simeq \frac{4}{\pi}\left(\operatorname{sen} t + \frac{1}{3}\operatorname{sen} 3t + \frac{1}{5}\operatorname{sen} 5t + \cdots + \frac{1}{N}\operatorname{sen} Nt\right) \quad (6.85)$$

Observe que os coeficientes dos termos sen kt são zero para valores pares de k. A Fig. 6.21 mostra como a aproximação melhora quando aumentamos o número de termos na série. Vamos investigar a energia do sinal de erro quando $N \to \infty$. A partir da Eq. (6.77)

$$E_e = \int_0^{2\pi} x^2(t) \, dt - \sum_{n=1}^{\infty} c_n^2 E_n$$

Observe que

$$\int_0^{2\pi} x^2(t) \, dt = \int_0^{\pi} 1^2 \, dt + \int_{\pi}^{2\pi} (-1)^2 \, dt = 2\pi$$

$$c_n^2 = \begin{cases} \dfrac{16}{n^2 \pi^2} & n \text{ ímpar} \\ 0 & n \text{ par} \end{cases}$$

e da Eq. (6.83)

$$E_n = \pi$$

[†] Esse conjunto de seno, juntamente com o conjunto de cosseno cos $0t$, cos t, cos $2t$, ..., cos nt,... forma um conjunto completo. Neste caso, entretanto, os coeficientes c_i correspondentes aos termos em cosseno são zero. Por essa razão, omitimos os termos em cosseno neste exemplo. Esse conjunto composto por seno e cosseno é o conjunto de base para a série trigonométrica de Fourier.

Portanto

$$E_e = 2\pi - \sum_{n=1,3,5,\ldots}^{N} \frac{16}{n^2\pi^2}\pi$$

$$= 2\pi - \frac{16}{\pi} \sum_{n=1,3,5,\ldots}^{N} \frac{1}{n^2}$$

Para uma aproximação com um único termo ($N = 1$),

$$E_e = 2\pi - \frac{16}{\pi} = 1{,}1938$$

Para uma aproximação de dois termos ($N = 3$)

$$E_e = 2\pi - \frac{16}{\pi}\left(1 + \frac{1}{9}\right) = 0{,}6243$$

A Tabela 6.3 mostra a energia E_e do erro para vários valores de N. Claramente, $x(t)$ pode ser representado pela série infinita

$$x(t) = \frac{4}{\pi}\left(\operatorname{sen} t + \frac{1}{3}\operatorname{sen} 3t + \frac{1}{5}\operatorname{sen} 5t + \cdots\right)$$

$$= \frac{4}{\pi}\sum_{n=1,3,5,\ldots}^{\infty} \frac{1}{n}\operatorname{sen} nt \qquad (6.86)$$

A igualdade existe no sentido de que a energia do sinal de erro $\to 0$ quando $N \to \infty$. Neste caso, a energia do erro diminui lentamente com N, indicando que a série converge lentamente. Essa característica é esperada porque $x(t)$ possui saltos de descontinuidade e, consequentemente, de acordo com a discussão da Seção 6.2-2, a série converge assintoticamente com $1/n$.

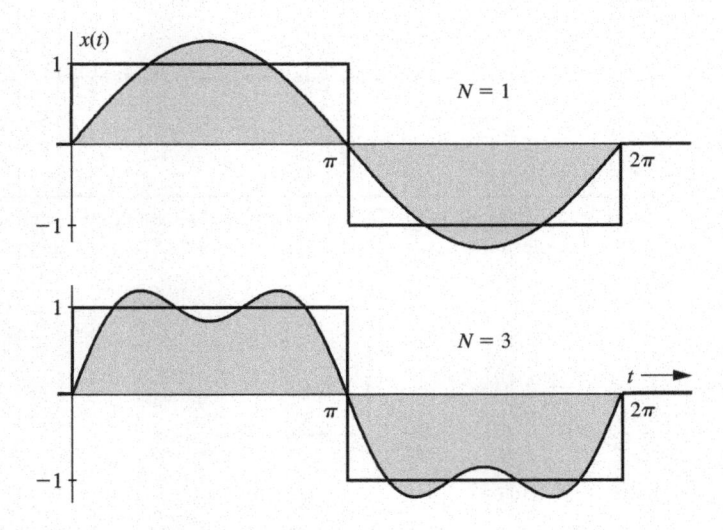

Figura 6.21 Aproximação do sinal quadrado pela soma de senoides.

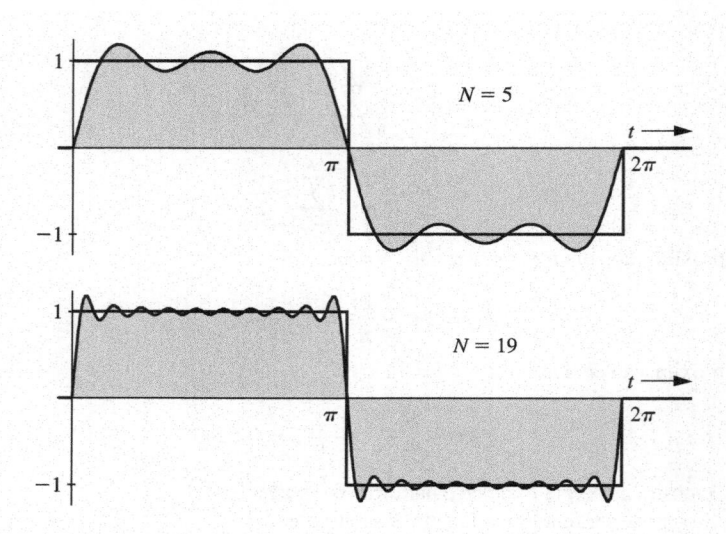

Figura 6.21 Continuação.

Tabela 6.3

N	E_e
1	1,1938
3	0,6243
5	0,4206
7	0,3166
99	0,02545
∞	0

EXERCÍCIO E6.9

Aproxime o sinal $x(t) = t - \pi$ (Fig. 6.22) no intervalo $(0, 2\pi)$ em termos do conjunto de senoides $\{\operatorname{sen} nt\}$, $n = 0$, 1, 2,..., utilizado no Exemplo 6.11. Determine E_e, a energia do erro. Mostre que $E_e \to 0$ quando $N \to \infty$.

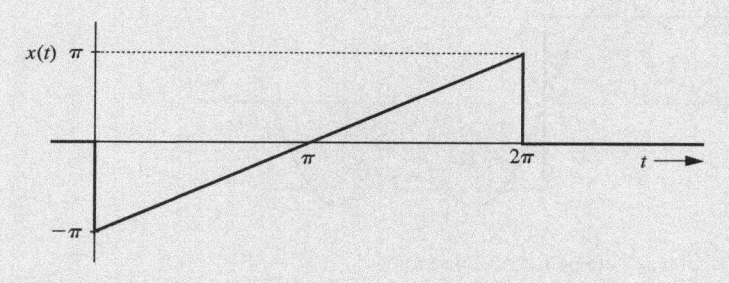

Figura 6.22

RESPOSTA

$$x(t) \simeq -2 \sum_{n=1}^{N} \frac{1}{N} \operatorname{sen} nt \quad \text{e} \quad E_e = \frac{2}{3}\pi^3 - \sum_{n=1}^{N} \frac{4\pi}{n^2}$$

ALGUNS EXEMPLOS DA SÉRIE DE FOURIER GENERALIZADA

Sinais são vetores em todos os sentidos. Tal como um vetor, um sinal pode ser representado pela soma de suas componentes de diversas formas. Tal como um sistema coordenado de vetor é formado por vetores mutuamente ortogonais (retangular, cilíndrico, esférico), também temos um sistema coordenado de sinais (sinais de base) formado por uma variedade de conjuntos de sinais mutuamente ortogonais. Existe um grande número de conjuntos de sinais ortogonais que pode ser utilizado como base para sinais para a série de Fourier generalizada. Alguns conjuntos de sinais conhecidos são funções trigonométricas (senoides), funções exponenciais, Funções de Walsh, Funções de Bessel, Polinômios de Legendre, funções de Laguerre, polinômios Jacobianos, polinômios de Hermite e polinômios de Chebyshev. As funções de maior interesse neste livro são os conjuntos trigonométricos e exponenciais discutidos anteriormente neste capítulo.

SÉRIE LEGENDRE DE FOURIER

Um conjunto de polinômio de Legendre $P_n(t)$ ($n = 0, 1, 2, 3,...$) forma um conjunto completo de funções mutuamente ortogonais no intervalo ($-1 < t < 1$). Esses polinômios podem ser definidos pela fórmula de Rodrigues:

$$P_n(t) = \frac{1}{2^n n!} \frac{d^n}{dt^n}(t^2 - 1)^n \qquad n = 0, 1, 2, \ldots$$

Dessa equação temos,

$$P_0(t) = 1$$
$$P_1(t) = t$$
$$P_2(t) = \left(\tfrac{3}{2}t^2 - \tfrac{1}{2}\right)$$
$$P_3(t) = \left(\tfrac{5}{2}t^3 - \tfrac{3}{2}t\right)$$

e assim por diante

Podemos verificar a ortogonalidade desses polinômios mostrando que

$$\int_{-1}^{1} P_m(t) P_n(t)\, dt = \begin{cases} 0 & m \neq n \\ \dfrac{2}{2m+1} & m = n \end{cases} \tag{6.87}$$

Dessa forma, podemos expressar a função $x(t)$ em termos de polinômios de Legendre no intervalo ($-1 < t < 1$) por

$$x(t) = c_0 P_0(t) + c_1 P_1(t) + \cdots + \cdots \tag{6.88}$$

na qual

$$c_r = \frac{\int_{-1}^{1} x(t) P_r(t)\, dt}{\int_{-1}^{1} P_r^{\,2}(t)\, dt}$$

$$= \frac{2r+1}{2} \int_{-1}^{1} x(t) P_r(t)\, dt \tag{6.89}$$

Observe que apesar da representação da série ser válida no intervalo $(-1, 1)$, ela pode ser estendida para qualquer intervalo aplicando o escalamento temporal apropriado (veja o Prob. 6.5-8).

EXEMPLO 6.12

Vamos considerar o sinal quadrado mostrado na Fig. 6.23. Essa função pode ser representada pela série de Fourier de Legendre:

$$x(t) = c_0 P_0(t) + c_1 P_1(t) + \cdots + c_r P_r(t) + \cdots$$

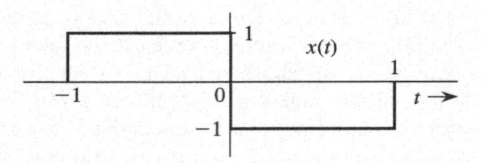

Figura 6.23

Os coeficientes $c_0, c_1, c_2, \ldots, c_r$ podem ser obtidos da Eq. (6.89). Temos que

$$x(t) = \begin{cases} 1 & \cdots -1 < t < 0 \\ -1 & \cdots 0 < t < 1 \end{cases}$$

e

$$c_0 = \frac{1}{2} \int_{-1}^{1} x(t)\, dt = 0$$

$$c_1 = \frac{3}{2} \int_{-1}^{1} t x(t)\, dt = \frac{3}{2} \left(\int_{-1}^{0} t\, dt - \int_{0}^{1} t\, dt \right) = -\frac{3}{2}$$

$$c_2 = \frac{5}{2} \int_{-1}^{1} x(t) \left(\frac{3}{2} t^2 - \frac{1}{2} \right) dt = 0$$

Esse resultado é obtido diretamente do fato de que o integrando é uma função ímpar de t. De fato, isso é válido para todo c_r para valores pares de r, ou seja,

$$c_0 = c_2 = c_4 = c_6 = \cdots = 0$$

Além disso,

$$c_3 = \frac{7}{2} \int_{-1}^{1} x(t) \left(\frac{5}{2} t^3 - \frac{3}{2} t \right) dt = \frac{7}{2} \left[\int_{-1}^{0} \left(\frac{5}{2} t^3 - \frac{3}{2} t \right) dt + \int_{0}^{1} -\left(\frac{5}{2} t^3 - \frac{3}{2} t \right) dt \right] = \frac{7}{8}$$

De forma semelhante, os coeficientes $c_5, c_7, \ldots$ podem ser calculados. Dessa forma, obtemos

$$x(t) = -\tfrac{3}{2} t + \tfrac{7}{8} \left(\tfrac{5}{2} t^3 - \tfrac{3}{2} t \right) + \cdots \tag{6.90}$$

SÉRIE TRIGONOMÉTRICA DE FOURIER

Já provamos [veja a Eq. (6.7)] que o conjunto de sinais trigonométricos

$$\{1, \cos \omega_0 t, \cos 2\omega_0 t, \ldots, \cos n\omega_0 t, \ldots; \\ \operatorname{sen} \omega_0 t, \operatorname{sen} 2\omega_0 t, \ldots, \operatorname{sen} n\omega_0 t, \ldots\} \tag{6.91}$$

é ortogonal para qualquer intervalo de duração T_0, no qual $T_0 = 1/f_0$ é o período da senoide de frequência f_0. Esse é um conjunto completo para uma classe de sinais com energia finita.[11,12] Portanto, podemos expressar o sinal $x(t)$ pela série trigonométrica de Fourier em um intervalo de duração T_0 segundos por

$$x(t) = a_0 + a_1 \cos \omega_0 t + a_2 \cos 2\omega_0 t + \cdots$$
$$+ b_1 \operatorname{sen} \omega_0 t + b_2 \operatorname{sen} 2\omega_0 t + \cdots$$

ou

$$x(t) = a_0 + \sum_{n=1}^{\infty} a_n \cos n\omega_0 t + b_n \operatorname{sen} n\omega_0 t \qquad t_1 < t < t_1 + T_0 \qquad (6.92a)$$

na qual

$$\omega_0 = 2\pi f_0 = \frac{2\pi}{T_0} \qquad (6.92b)$$

Podemos utilizar a Eq. (6.76) para determinar os coeficientes de Fourier a_0, a_n e b_n. Portanto,

$$a_n = \frac{\int_{t_1}^{t_1+T_0} x(t) \cos n\omega_0 t \, dt}{\int_{t_1}^{t_1+T_0} \cos^2 n\omega_0 t \, dt} \qquad (6.93)$$

A integral do denominador da Eq. (6.93) já foi determinada como sendo igual a $T_0/2$ quando $n \neq 0$ [Eq. (6.7a) com $m = n$]. Para $n = 0$, o denominador é T_0. Logo

$$a_0 = \frac{1}{T_0} \int_{t_1}^{t_1+T_0} x(t) \, dt \qquad (6.94a)$$

e

$$a_n = \frac{2}{T_0} \int_{t_1}^{t_1+T_0} x(t) \cos n\omega_0 t \, dt \qquad n = 1, 2, 3, \ldots \qquad (6.94b)$$

Similarmente, temos que

$$b_n = \frac{2}{T_0} \int_{t_1}^{t_1+T_0} x(t) \operatorname{sen} n\omega_0 t \, dt \qquad n = 1, 2, 3, \ldots \qquad (6.94c)$$

Observe que a série de Fourier na Eq. (6.85) do Exemplo 6.11 realmente é a série trigonométrica de Fourier com $T_0 = 2\pi$ e $\omega_0 = 2\pi/T_0$. Nesse exemplo particular, é fácil verificar nas Eqs. (6.94a) e (6.94b) que $a_n = 0$ para todo n, incluindo $n = 0$. Logo, a série de Fourier no exemplo é constituída somente por termos em seno.

SÉRIE EXPONENCIAL DE FOURIER

Como mostrado na nota de rodapé da página 624, o conjunto de exponenciais $e^{jn\omega_0 t}$ ($n = 0, \pm 1, \pm 2, \ldots$) é um conjunto de funções ortogonais em qualquer intervalo de duração $T_0 = 2\pi/\omega_0$. Qualquer sinal arbitrário $x(t)$ pode ser descrito no intervalo $(t_1, t_1 + T_0)$ por

$$x(t) = \sum_{n=-\infty}^{\infty} D_n e^{jn\omega_0 t} \qquad t_1 < t < t_1 + T_0 \qquad (6.95a)$$

na qual [veja a Eq. (6.82)]

$$D_n = \frac{1}{T_0} \int_{t_1}^{t_1+T_0} x(t) e^{-jn\omega_0 t} \, dt \qquad (6.95b)$$

Por que Utilizar o Conjunto Exponencial?

Se $x(t)$ pode ser representado em termos de centenas de conjuntos ortogonais diferentes, porque utilizamos exclusivamente o conjunto exponencial (ou trigonométrico) para a representação de sinais ou sistemas LIT? Acontece, também, que o sinal exponencial é uma autofunção de sistemas LIT. Em outras palavras, para um sistema LIT, apenas a entrada exponencial e^{st} resulta em uma resposta que também é uma exponencial de mesma forma, dada por $H(s)e^{st}$. O mesmo é válido par ao conjunto trigonométrico. Esse fato faz com que a utilização de sinais exponenciais seja a escolha natural para sistemas LIT no sentido de que a análise de sistemas usando exponenciais como sinais de base é muito simplificada.

6.6 Determinação Numérica de D_n

Podemos determinar D_n numericamente usando a TDF (a transformada discreta de Fourier discutida na Seção 8.5), a qual utiliza as amostras em um período de um sinal periódico $x(t)$. O intervalo de amostragem é T segundos. Logo, existirão $N_0 = T_0/T$ amostras em um período T_0. Para determinar a relação entre D_n e as amostras de $x(t)$, considere a Eq. (6.29b)

$$D_n = \frac{1}{T_0} \int_{T_0} x(t) e^{-jn\omega_0 t} \, dt$$

$$= \lim_{T \to 0} \frac{1}{N_0 T} \sum_{k=0}^{N_0-1} x(kT) e^{-jn\omega_0 kT} \, T$$

$$= \lim_{T \to 0} \frac{1}{N_0} \sum_{k=0}^{N_0-1} x(kT) e^{-jn\Omega_0 k} \quad (6.96)$$

na qual $x(kT)$ é a k-ésima amostra de $x(t)$ e

$$N_0 = \frac{T_0}{T} \qquad \Omega_0 = \omega_0 T = \frac{2\pi}{N_0} \quad (6.97)$$

Na prática, é impossível fazer $T \to 0$ na determinação do lado direito da Eq. (6.96). Podemos tornar T pequeno, mas nunca zero, o que faria com que os dados aumentassem sem limite. Portanto, iremos ignorar o limite em T da Eq. (6.96) com o entendimento implícito de T ser razoavelmente pequeno. T não nulo irá resultar em algum erro computacional, o qual é inevitável em qualquer determinação numérica de uma integral. O erro resultante de T não nulo é chamado de *erro de aliasing*, o qual será discutido com mais detalhes no Capítulo 8. Portanto, podemos expressar a Eq. (6.96) por

$$D_n = \frac{1}{N_0} \sum_{k=0}^{N_0-1} x(kT) e^{-jn\Omega_0 k} \quad (6.98a)$$

Agora, da Eq. (6.97), $\Omega_0 N_0 = 2\pi$. Logo, $e^{jn\Omega_0(k+N_0)} = e^{jn\Omega_0 k}$ e, a partir da Eq. (6.98a), temos que

$$D_{n+N_0} = D_n \quad (6.98b)$$

A propriedade da periodicidade $D_{n+N_0} = D_n$ significa que além de $n = N_0/2$, os coeficientes representam os valores para n negativo. Por exemplo, quando $N_0 = 32$, $D_{17} = D_{-15}$, $D_{18} = D_{-14}$,..., $D_{31} = D_{-1}$. O ciclo se repete novamente para $n = 32$ em diante.

Podemos utilizar a eficiente FFT (a *Transformada Rápida de Fourier* discutida na Seção 8.6) para calcular o lado direito da Eq. (6.98b). Utilizaremos o MATLAB para implementar o algoritmo de FFT. Para isso, precisaremos de amostras de $x(t)$ em um período começando em $t = 0$. Nesse algoritmo, é preferível (mas não necessário) que N_0 seja uma potência de 2, ou seja, que $N_0 = 2^m$, na qual m é um inteiro.

EXEMPLO DE COMPUTADOR C6.4

Calcule numericamente e trace o espectro trigonométrico e exponencial de Fourier para o sinal periódico da Fig. 6.2a (Exemplo 6.1).

As amostras de $x(t)$ começam em $t = 0$ e a última (N_0-ésima) amostra está em $t = T_0 - T$. Nos pontos de descontinuidade, o valor da amostra é considerado como sendo a média dos valores da função nos dois lados da descontinuidade. Portanto, a amostra em $t = 0$ não é 1, mas $(e^{-\pi/2} +1)/2 = 0,604$. Para definir N_0, precisamos que D_n para $n \geq N_0/2$ seja negligenciável. Como $x(t)$ possui uma descontinuidade, D_n decai lentamente, em função de $1/n$. Logo, a escolha de $N_0 = 200$ é aceitável porque a ($N_0/2$)-ésima harmônica (harmônica 100) é 1% da fundamental. Entretanto, precisamos que N_0 seja uma potência de 2. Logo, iremos considerar $N_0 = 256 = 2^8$.

Inicialmente, os parâmetros básicos são estabelecidos.

```
>> T_0 = pi; N_0 = 256; T = T_0/N_0; t = (0:T:T*(N_0-1))'; M = 10;
>> x = exp(-t/2); x(1) = (exp(-pi/2)+1)/2;
```

A seguir, a DFT, calculada usando a função `fft`, é utilizada para aproximar o espectro exponencial de Fourier para $-M \leq n \leq M$.

```
>> D_n = fft(x)/N_0; n = [-N_0/2:N_0/2-1]';
>> clf; subplot(2,2,1); stem(n,abs(fftshift(D_n)),'k');
>> axis([-M M -.1 .6]); xlabel('n'); ylabel('|D_n|');
>> subplot(2,2,2); stem(n,angle(fftshift(D_n)),'k');
>> axis([-M M -pi pi]); xlabel('n'); ylabel('\angle D_n [rad]');
```

O espectro trigonométrico de Fourier aproximado para $0 \leq n \leq M$ é obtido imediatamente por

```
>> n = [0:M]; C_n(1) = abs(D_n(1)); C_n(2:M+1) = 2*abs(D_n(2:M+1));
>> theta_n(1) = angle(D_n(1)); theta_n(2:M+1) = angle(D_n(2:M+1));
>> subplot(2,2,3); stem(n,C_n,'k');
>> xlabel('n'); ylabel('C_n');
>> subplot(2,2,4); stem(n,theta_n,'k');
>> xlabel('n'); ylabel('\theta_n [rad]');
```

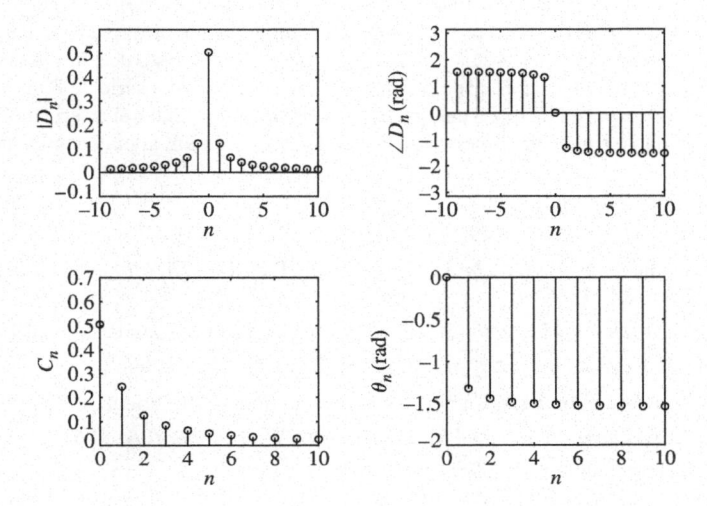

Figura C6.4

6.7 Resumo

Neste capítulo, mostramos como um sinal periódico pode ser representado pela soma de senoides ou exponenciais. Se a frequência de um sinal periódico é f_0, então ele pode ser descrito pela soma ponderada de senoides de frequência f_0 e suas harmônicas (série trigonométrica de Fourier). Podemos reconstruir um sinal periódico a partir do conhecimento das amplitudes e fases dessas componentes senoidais (espectro de amplitude e fase).

Se um sinal periódico $x(t)$ possui simetria par, sua série de Fourier contém apenas termos em cosseno (incluindo cc). Por outro lado, se $x(t)$ possui simetria ímpar, sua série de Fourier conterá apenas termos em seno. Se $x(t)$ não tiver nenhum tipo de simetria, sua série de Fourier conterá tanto termos em seno quanto em cosseno.

Nos pontos de descontinuidade, a série de Fourier de $x(t)$ converge para a média dos valores de $x(t)$ dos dois lados da descontinuidade. Para sinais com descontinuidades, a série de Fourier converge na média e exibe o fenômeno Gibbs nos pontos de descontinuidade. O espectro de amplitude da série de Fourier para um sinal periódico $x(t)$ com saltos de descontinuidade decai lentamente (por $1/n$) com a frequência. Nesse caso, precisamos de uma grande quantidade de termos da série de Fourier para aproximar $x(t)$ com um dado erro. Por outro lado, o espectro de amplitude de um sinal periódico suave decai mais rapidamente com a frequência e precisaremos de uma pequena quantidade de termos da série para aproximar $x(t)$ com um dado erro.

Uma senoide pode ser descrita em termos de exponenciais. Portanto, a série de Fourier de um sinal periódico também pode ser descrita pela soma de exponenciais (série exponencial de Fourier). A forma exponencial da série de Fourier e as expressões para os coeficientes da série são mais compactas do que aquelas para a série trigonométrica de Fourier. Além disso, as respostas de sistemas LCIT a entrada exponencial é muito mais simples do que para entrada senoidal. Acrescentando a esses fatos, a forma exponencial de representação possibilita uma melhor manipulação matemática do que a forma trigonométrica. Por essas razões, a forma exponencial da série é preferida em áreas atuais de sinais e sistemas.

Os gráficos de amplitude e fase de várias componentes exponenciais da série de Fourier em função da frequência são o espectro exponencial de Fourier (espectro de amplitude e ângulo) do sinal. Como a senoide cos $\omega_0 t$ pode ser representada pela soma de duas exponenciais $e^{j\omega_0 t}$ e $e^{-jn\omega_0 t}$, as frequências no espectro exponencial variam de $\omega = -\infty$ a ∞. Pela definição, a frequência de um sinal é sempre uma grandeza positiva. A presença de uma componente espectral de frequência negativa $-n\omega_0$ simplesmente indica que a série de Fourier contém termos da forma $e^{-j\omega_0 t}$. O espectro da série trigonométrica e exponencial de Fourier possuem uma forte relação e um pode ser obtido do outro por inspeção.

Na Seção 6.5, discutimos um método de representação de sinais pela série de Fourier generalizada, da qual as séries trigonométrica e exponencial de Fourier são casos especiais. Sinais são vetores em todos os sentidos. Tal como um vetor pode ser representado pela soma de suas componentes por diversas formas, dependendo da escolha do sistema coordenado, um sinal pode ser representado pela soma de suas componentes de diversas formas, das quais a série de Fourier trigonométrica e exponencial são apenas dois exemplos. Tal como temos um sistema coordenado de vetores formado por vetores mutuamente ortogonais, também temos um sistema coordenado de sinais (sinais de base) formado por sinais mutuamente ortogonais. Qualquer sinal nesse espaço de sinal pode ser representado pela soma de sinais de base. Casa conjunto de sinais de base resulta em uma representação particular de série de Fourier do sinal. O sinal é igual à sua série de Fourier, não no sentido ordinário, mas no sentido especial de que a energia da diferença entre o sinal e sua série de Fourier aproxima-se de zero. Isso permite que o sinal seja diferente de sua série de Fourier em alguns pontos isolados.

Referências

1. Bell, E. T. *Men of Mathematics*. Simon & Schuster, New York, 1937.
2. Durant, Will, and Ariel Durant. *The Age of Napoleon*, Part XI in *The Story of Civilization Series*. Simon & Schuster, New York, 1975.
3. Calinger, R. *Classics of Mathematics,* 4th ed. Moore Publishing, Oak Park, IL, 1982.
4. Lanczos, C. *Discourse on Fourier Series*. Oliver Boyd, London, 1966.
5. Körner, T. W. *Fourier Analysis.* Cambridge University Press, Cambridge, UK, 1989.
6. Guillemin, E. A. *Theory of Linear Physical Systems.* Wiley, New York, 1963.
7. Gibbs, W. J. *Nature,* vol. 59, p. 606, April 1899.
8. Bôcher, M. *Annals of Mathematics,* vol. 7, no. 2, 1906.
9. Carslaw, H. S. *Bulletin of the American Mathematical Society,* vol. 31, pp. 420-424, October 1925.

10. Lathi, B. P. *Signals, Systems, and Communication*. Wiley, New York, 1965.
11. Walker P. L. *The Theory of Fourier Series and Integrals*. Wiley, New York, 1986.
12. Churchill, R. V., and J. W. Brown. *Fourier Series and Boundary Value Problems*, 3rd ed. McGraw-Hill,

MATLAB Seção 6: Aplicações de Série de Fourier

Pacotes computacionais, tais como o MATLAB, simplificam a análise, projeto e síntese de sinais periódicos baseada em Fourier. O MATLAB permite cálculos rápidos e sofisticados, com aplicação prática e possibilitando um melhor entendimento da série de Fourier.

M6.1 Funções Periódicas e Fenômeno Gibbs

É suficiente definir qualquer função T_0-periódica no intervalo ($0 \le t < T_0$). Por exemplo, considere a função de período 2π dada por

$$x(t) = \begin{cases} \dfrac{1}{A}t & 0 \le t < A \\ 1 & A \le t < \pi \\ 0 & \pi \le t < 2\pi \\ x(t + 2\pi) & \text{caso contrário} \end{cases}$$

Apesar de ser semelhante a uma onda quadrada, $x(t)$ possui uma subida linear com tempo (largura) A, na qual ($0 < A < \pi$). Quando $A \to 0$, $x(t)$ aproxima-se da onda quadrada. Quando $A \to \pi$, $x(t)$ aproxima-se de uma onda do tipo dente de serra.

No MATLAB, o comando mod ajuda a representar funções periódicas tais como $x(t)$,

```
>> x = inline(['mod(t,2*pi)/A.*(mod(t,2*pi)<A)+',...
   '((mod(t,2*pi)>=A)&(mod(t,2*pi)<pi))'],'t','A');
```

Algumas vezes referido como o resto de uma divisão, mod(t, 2*pi) retorna o valor t módulo 2π. Pensando de outra forma, o operador mod desloca t adequadamente para $[0, T_0)$, intervalo no qual $x(t)$ é convenientemente definido. Quando um objeto inline é uma função de múltiplas variáveis, as variáveis são simplesmente listadas na ordem desejada após a expressão da função.

Os coeficientes da série exponencial de Fourier para $x(t)$ (veja o Prob. 6.3-2) são dados por

$$D_n = \begin{cases} \dfrac{2\pi - A}{4\pi} & n = 0 \\ \dfrac{1}{2\pi n}\left(\dfrac{e^{-jnA} - 1}{nA} + je^{-jn\pi}\right) & \text{caso contrário} \end{cases} \quad \text{(M6.1)}$$

Como $x(t)$ é real, $D_{-n} = D_n^*$. Truncando a série de Fourier para $|n| = N$ resulta na aproximação

$$x(t) \approx x_N(t) = D_0 + \sum_{n=1}^{N}\left(D_n e^{jnt} + D_n^* e^{-jnt}\right) \quad \text{(M6.2)}$$

O programa MS6P1 utiliza a Eq. (M6.2) para calcular $x_N(t)$ para ($0 \le N \le 100$), cada componente em ($-\pi/4 \le t \le 2\pi + \pi/4$).

```
function [x_N,t] = MS6P1(A);
% MS6P1.m: MATLAB Seção 6, Programa 1
% Arquivo.m de função para aproximar x(t) usando série de Fourier
% truncada em |n| = N para (0 <= N <= 100).
% Entradas: A = Tempo da borda de subida
% Saídas:   x_N = matriz de saída, na qual x_N(N+1,:) é |n| = N
%           t = vetor de tempo para x_N
t = linspace(-pi/4, 2*pi+pi/4, 1000); % vetor de tempo excedido em um período
sumterms = zeros(101, length(t));  % pré-alocação de memória
```

```
sumterms(1,:) = (2*pi-A)/(4*pi);  % cálculo do termo CC
for n = 1:100,   % calcula os N termos restantes
    D_n = 1/(2*pi*n)*((exp(-j*n*A)-1)/(n*A)+ j*exp(-j*n*pi));
    sumterms(1+n,:) = real(D_n*exp(j*n*t))+ conj(D_n*exp(-j*n*t));
end
x_N = cumsum(sumterms);
```

Apesar de teoricamente não ser necessário, o comando `real` garante que pequenos erros de arredondamento dos cálculos não resultem em um valor complexo. Para a matriz de entrada, o comando `cumsum` faz uma soma acumulativa: a primeira linha de saída é idêntica à primeira linha de entrada, a segunda linha de saída é igual à soma das primeiras duas linhas de entrada, a terceira linha de saída é a soma das primeiras três linhas de entrada e assim por diante. Portanto, a linha ($N + 1$) de `x_N` corresponde ao valor truncado da série exponencial de Fourier em $|n| = N$.

Fazendo $A = \pi/2$, a Fig. M6.1 compara $x(t)$ e $x_{20}(t)$.

```
>> A = pi/2; [x_N,t] = MS6P1(A);
>> plot(t,x_N(21,:),'k',t,x(t,A),'k:'); axis([-pi/4,2*pi+pi/4,-0.1,1.1]);
>> xlabel('t'); ylabel('Amplitude'); legend('x_20(t)','x(t)',0);
```

Como esperado, a borda de descida é acompanhada por um sobre-sinal que é característica do fenômeno Gibbs. Aumentando N para 100, como mostrado na Fig. M6.2, melhora-se a aproximação mas o sobre-sinal não é reduzido.

```
>> plot(t,x_N(101,:),'k',t,x(t,A),'k:'); axis([-pi/4,2*pi+pi/4,-0.1,1.1]);
>> xlabel('t'); ylabel('Amplitude'); legend('x_100(t)','x(t)',0);
```

A redução de A para $\pi/64$ produz um resultado curioso. Para $N = 20$, tanto a borda de subida quando a de descida é acompanhada por 9%, aproximadamente, de sobre-sinal, como mostrado na Fig. M6.3. Quando o núme-

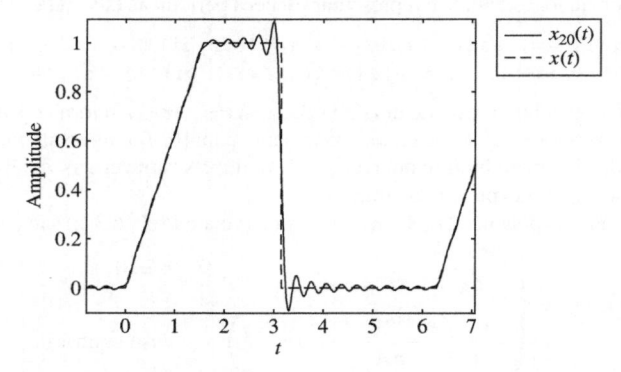

Figura M6.1 Comparação entre $x_{20}(t)$ e $x(t)$ usando $A = \pi/2$.

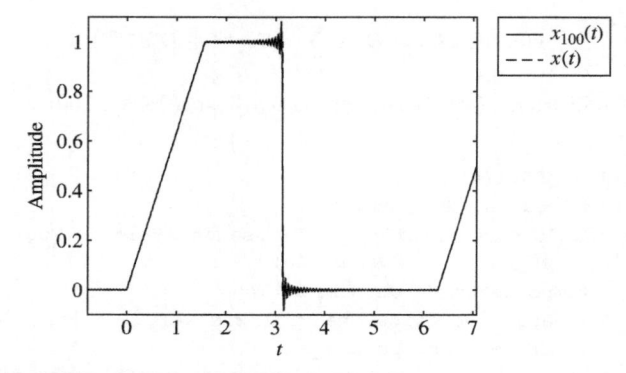

Figura M6.2 Comparação entre $x_{100}(t)$ e $x(t)$ usando $A = \pi/2$.

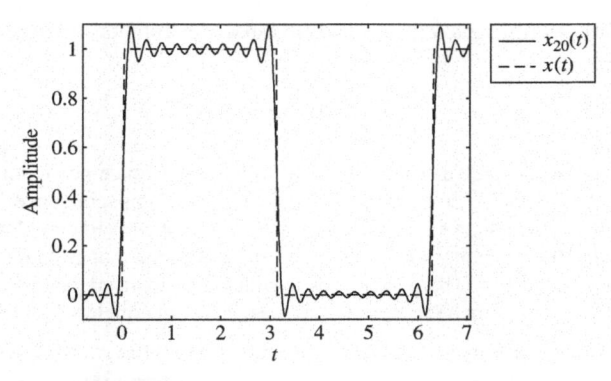

Figura M6.3 Comparação entre $x_{20}(t)$ e $x(t)$ usando $A = \pi/64$

ro de termos é aumentado, o sobre-sinal permanece apenas na proximidade do salto de descontinuidade. Para $x_N(t)$, aumentando-se N, diminui-se o sobre-sinal próximo à borda de subida, mas não próximo a borda de descida. Lembre que é um verdadeiro salto de descontinuidade que causa o efeito Gibbs. Um sinal contínuo, não importa quão rápida seja sua subida, sempre pode ser representado pela série de Fourier em qualquer ponto, dentro de um pequeno erro, quando se aumenta N. Isso não é o caso quando um verdadeiro salto de descontinuidade está presente. A Fig. M6.4 ilustra esse comportamento usando $N = 100$.

M6.2 Otimização e Espectro de Fase

Apesar do espectro de magnitude tipicamente receber a maior parte da atenção, o espectro de fase possui importância crítica em algumas aplicações. Considere o problema de caracterização da resposta em frequência de um sistema desconhecido. Através da aplicação de senoides, uma por vez, a resposta em frequência é empiricamente medida, um ponto por vez. Esse processo é, no mínimo, tedioso. A aplicação da superposição de várias senoides, entretanto, nos permite medir simultaneamente vários pontos da resposta em frequência. Tais medidas podem ser feitas usando um analisador equipado com um modo de função de transferência ou aplicando técnicas de análise de Fourier, as quais serão discutidas nos capítulos posteriores.

Um sinal multitom de teste $m(t)$ é construído usando a superposição de N senoides reais

$$m(t) = \sum_{n=1}^{N} M_n \cos(\omega_n t + \theta_n) \tag{M6.3}$$

na qual M_n e θ_n estabelecem a magnitude e fase relativa de cada componente senoidal. É interessante limitar todos os ganhos, de tal forma que $M_n = M$ para todo n. Isso garante igual tratamento em cada ponto da resposta em frequência medida. Apesar do valor M normalmente ser escolhido para obtermos uma determinada potência do sinal, faremos $M = 1$ por conveniência.

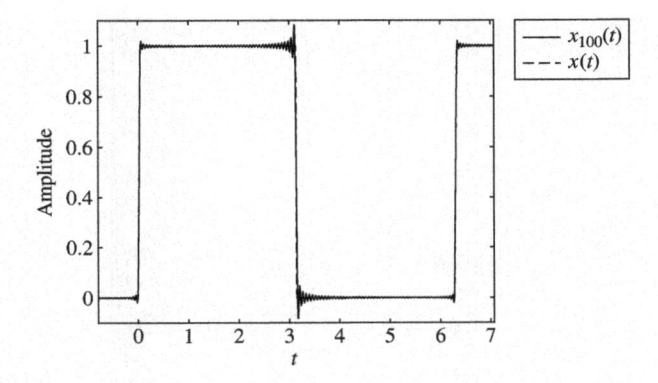

Figura M6.4 Comparação entre $x_{100}(t)$ e $x(t)$ usando $A = \pi/64$.

Apesar de não ser necessário, é interessante também espaçar as componentes senoidais uniformemente em frequência.

$$m(t) = \sum_{n=1}^{N} \cos(n\omega_0 t + \theta_n) \qquad (M6.4)$$

Outra alternativa interessante, a qual espaça as componentes logaritmicamente, será tratada no Prob. 6.M-1. A Eq. (M6.4) é, agora, uma série de Fourier truncada na forma compacta com espectro de magnitude plano. A resolução e faixa de frequência são ajustadas por ω_0 e N, respectivamente. Por exemplo, uma faixa de 2 kHz com resolução de 100 Hz requer $\omega_0 = 2\pi 100$ e $N = 20$. A única incógnita restante é θ_n.

Apesar de ser tentador fazer $\theta_n = 0$ para todo n, os resultados serão insatisfatórios. O MATLAB ajuda a demonstrar o problema usando $\omega_0 = 2\pi 100$ e $N = 20$ senoides, cada um com tensão de pico-a-pico de um volt.

```
>> m = inline('sum(cos(omega*t+theta*ones(size(t))))','theta','t','omega');
>> N = 20; omega = 2*pi*100*[1:N]'; theta = zeros(size(omega));
>> t = linspace(-0.01,0.01,1000);
>> plot(t,m(theta,t,omega),'k'); xlabel('t [sec]'); ylabel('m(t) [volts]');
```

Como mostrado na Fig. M6.5, $\theta_n = 0$ resulta em um efeito de soma de cada senoide. O valor de 20 volts de pico pode saturar os componentes do sistema, tais como amplificadores operacionais operando com ±12 volts. Para melhorar a performance do sinal, a amplitude máxima de $m(t)$ em todo t precisa ser reduzido.

Uma forma de reduzir $\max_t (|m(t)|)$ é reduzir M, a força de cada componente. Infelizmente, essa abordagem reduz a relação sinal/ruído do sistema e, em última instância, degrada a qualidade da medição. Portanto, a redução de M não é uma decisão inteligente. A fase θ_n, entretanto, pode ser ajustada para reduzir $\max_t (|m(t)|)$ preservando a potência do sinal. De fato, como $\theta_n = 0$ maximiza $\max_t (|m(t)|)$, qualquer outra escolha de θ_n irá melhorar a situação. Mesmo uma escolha aleatória deve melhorar a performance.

Tal como em qualquer computador, o MATLAB não pode gerar números realmente aleatórios, na realidade são gerados números pseudo-aleatórios. Números pseudo-aleatórios são sequências determinísticas que parecem aleatórias. Uma sequência particular de números que é realizada depende inteiramente do estado inicial do gerador de número pseudo-aleatório. Ajustando o estado inicial do gerador para um valor conhecido permite um experimento "aleatório" com resultados que poderão ser reproduzidos. O comando `rand('state',0)` inicializa o estado do gerador de número pseudo-aleatório para uma condição de zero e o comando `rand (a,b)` do MATLAB gera uma matriz a por b de números pseudo-aleatórios que são uniformemente distribuídos no intervalo (0, 1). Fases em radiano ocupam um intervalo mais amplo de (0, 2π), dessa forma, os resultados de `rand` devem ser escalonados apropriadamente.

```
>> rand('state',0); theta_rand0 = 2*pi*rand(N,1);
```

Usando θ_n aleatoriamente escolhido, $m(t)$ é calculado, a magnitude máxima é identificada e os resultados são mostrados na Fig. M6.6

```
>> m_rand0 = m(theta_rand0,t,omega);
>> [max_mag,max_ind] = max(abs(m_rand0(1:end/2)));
```

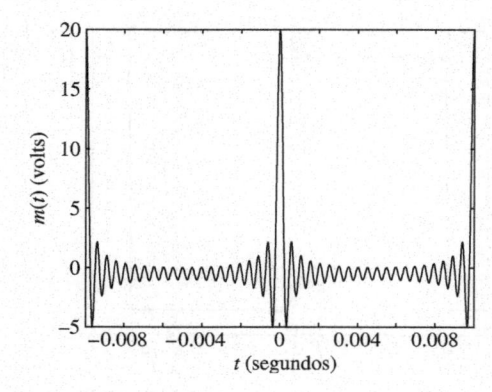

Figura M6.5 Sinal de teste $m(t)$ com $\theta_n = 0$.

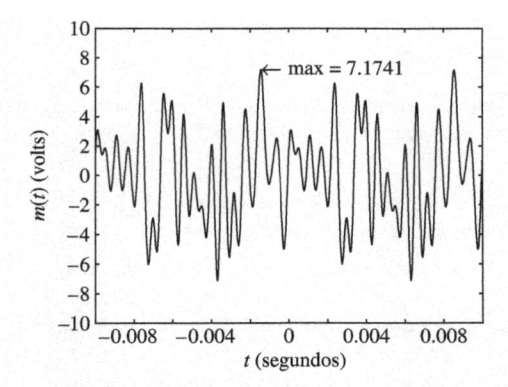

Figura M6.6 Sinal de teste $m(t)$ com θ_n aleatório determinado usando `rand('state',0)`.

```
>> plot(t,m_rand0,'k'); axis([-0.01,0.01,-10,10]);
>> xlabel('t [sec]'); ylabel('m(t) [volts]');
>> text(t(max_ind),m_rand0(max_ind),...
       ['\leftarrow max = ',num2str(m_rand0(max_ind))]);
```

Para um vetor de entrada, o comando `max` retorna o valor máximo e o índice correspondente à primeira ocorrência desse valor máximo. Similarmente, apesar de não ter sido utilizado, o comando `min` do MATLAB determina e localiza o valor mínimo. O comando `text(a,b,c)` anota na figura corrente o texto c na posição `(a,b)`. As facilidades do `help` do MATLAB descrevem as várias propriedades disponíveis para ajustar a aparência e o formato utilizado pelo comando `text`. O comando `\leftarrow` produz o símbolo ←. Similarmente, `\rightarrow`, `\uparrow` e `\downarrow` produzem os símbolos →, ↑, ↓, respectivamente.

Fases escolhidas aleatoriamente sofrem de uma falha fatal: existe pouca garantia de performance ótima. Por exemplo, repetindo o experimento com `rand('state',1)` teremos uma magnitude máxima de 9,1 volts, como mostrado na Fig. M6.7. Esse valor é significativamente maior do que o valor anterior de 7,2 volts. Claramente, é melhor substituir a solução aleatória por uma solução ótima.

O que é "ótimo"? Várias escolhas existem, mas o critério de sinal desejado naturalmente sugere que a fase ótima minimize a magnitude máxima de $m(t)$ para todo t. Para determinar esta fase ótima, o comando `fminsearch` do MATLAB é bastante útil. Primeiro, a função a ser minimizada, chamada de função objetivo, é definida.

```
>> maxmagm = inline('max(abs(sum(cos(omega*t+theta*ones(size(t))))))',...
       'theta','t','omega');
```

A ordem do argumento `inline` é importante: `fminsearch` utiliza o primeiro argumento de entrada como variável de minimização. Para minimizar em θ, como desejado, θ deve ser o primeiro argumento da função objetivo `maxmagm`.

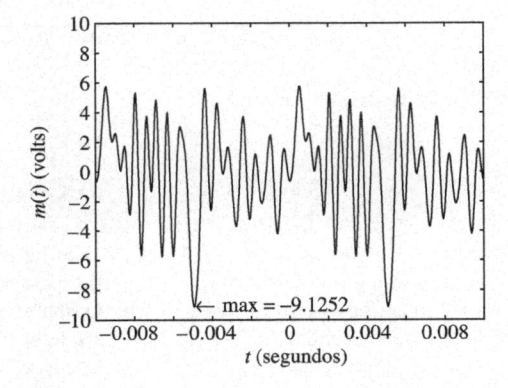

Figura M6.7 Sinal de teste $m(t)$ com com θ_n aleatório determinado usando `rand('state',1)`.

A seguir, o vetor tempo é reduzido para conter apenas um período de $m(t)$.

```
>> t = linspace(0,0.01,201);
```

Um período completo garante que todos os valores de $m(t)$ sejam considerados. O tamanho reduzido de t ajuda a garantir que a função seja executada rapidamente. Qualquer valor inicial de θ é aleatoriamente escolhido para começar a busca.

```
>> rand('state',0); theta_init = 2*pi*rand(N,1);
>> theta_opt = fminsearch(maxmagm,theta_init,[],t,omega);
```

Note que `fminsearch` tenta minimizar `maxmagm` para θ usando um valor inicial `theta_init`. Várias técnicas numéricas de minimização são capazes de determinar apenas mínimos locais e `fminsearch` não é uma exceção. Como resultado, `fminsearch` nem sempre produz uma única solução. Os colchetes vazios indicam que nenhuma opção especial é necessária e os argumentos ordenados restantes são entradas secundárias da função objetivo. Detalhes completos do formato de `fminsearch` estão disponíveis a partir das facilidades do `help` do MATLAB.

A Fig. M6.8 mostra o sinal de teste com fase otimizada. A magnitude máxima é reduzida para um valor de 5,4 volts, o que representa uma significativa melhoria considerando o pico original de 20 volts.

Apesar dos sinais mostrados nas Figs. M6.5 até M6.8 aparentemente serem diferentes, todos eles possuem o mesmo espectro de magnitude. Eles diferem apenas no espectro de fase. É interessante investigar as similaridades e diferenças desses sinais, mas de forma distinta de gráficos e matemática. Por exemplo, existe uma diferença audível entre estes sinais? Para computadores equipados com placas de som, o comando `sound` do MATLAB pode ser utilizado para esse propósito.

```
>> Fs = 8000; t = [0:1/Fs:2]; % registro de dois segundos com taxa
% de amostragem de 8 kHz
>> m_0 = m(theta,t,omega); % m(t) usando fases zero
>> sound(m_0/20,Fs);
```

Como o comando `sound` limita as magnitudes que excedem um, o vetor de entrada é escalonado por 1/20. Os sinais restantes são criados e tocados de maneira semelhante. Quão bem o ouvido humano distingue as diferenças no espectro de fase?

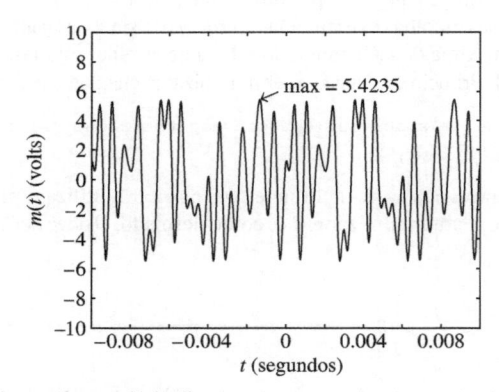

Figura M6.8 Sinal de teste $m(t)$ com fases otimizadas.

PROBLEMAS

6.1-1 Para cada um dos sinais periódicos mostrados na Fig. P6.6-1, determine a série trigonométrica compacta de Fourier e trace o espectro de amplitude e fase. Se os termos em seno ou cosseno estiverem ausentes da série de Fourier, explique.

6.1-2 (a) Determine a série trigonométrica de Fourier para $y(t)$ mostrado na Fig. P6.1-2.
(b) O sinal $y(t)$ pode ser obtido usando a reversão temporal de $x(t)$ mostrado na Fig. 6.2a. Use esse fato para obter a série de Fourier para $y(t)$ dos resultados do Exemplo 6.1.

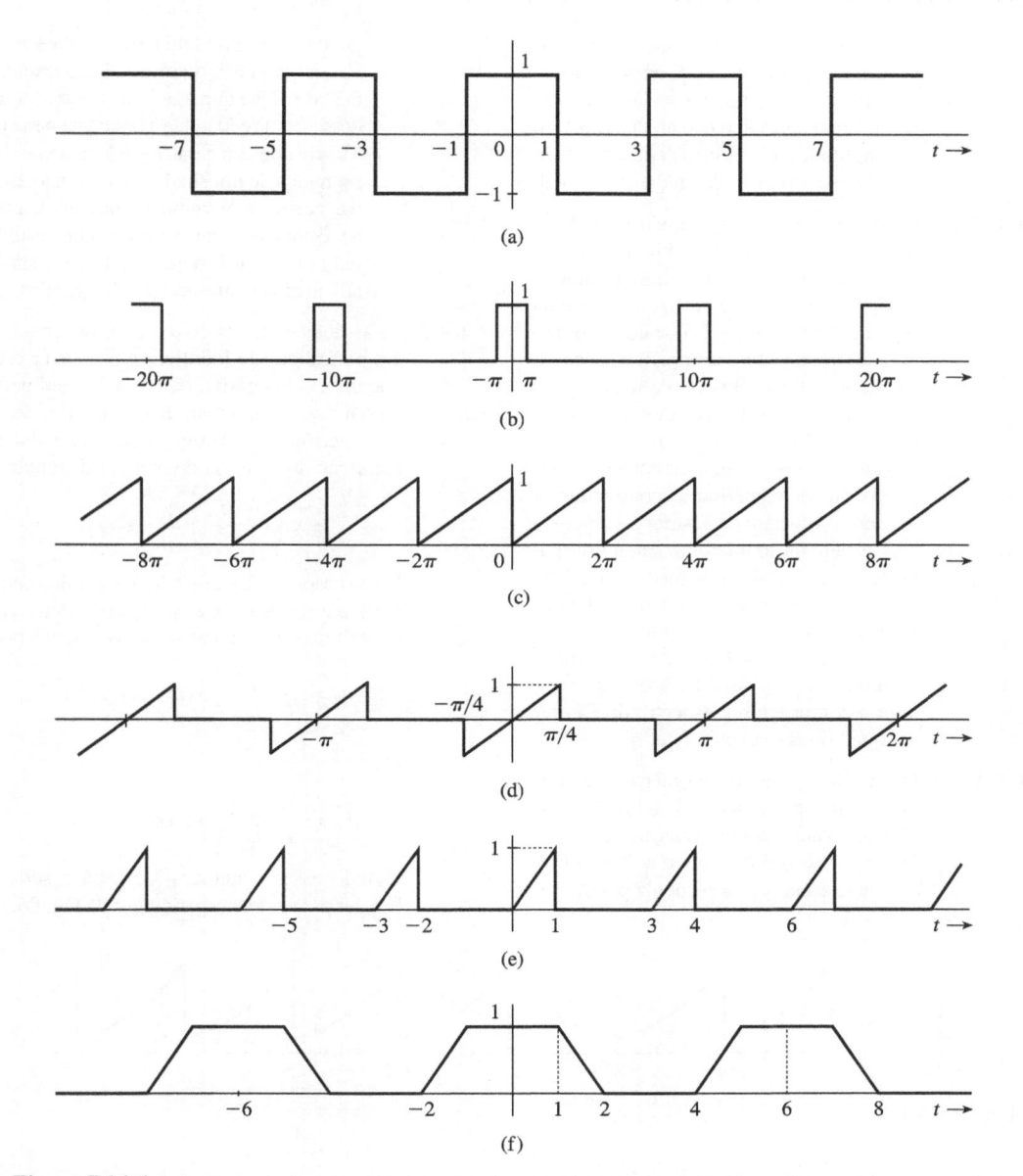

Figura P6.1-1

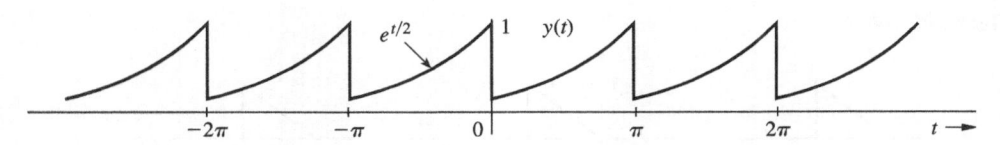

Figura P6.1-2

Verifique que a série de Fourier obtida dessa forma é idêntica à obtida na parte (a).

(c) Mostre que, em geral, a reversão temporal de um sinal periódico não afeta o espectro de amplitude e o espectro de fase também é inalterado exceto pela mudança de sinal.

6.1-3 (a) Determine a série trigonométrica de Fourier para $y(t)$ mostrado na Fig. P6.1-3.

(b) O sinal $y(t)$ pode ser obtido usando a compressão temporal de $x(t)$ mostrado na Fig. 6.2a por um fator 2. Use esse fato para obter a série de Fourier para $y(t)$ dos resultados do Exemplo 6.1. Verifique que a série de Fourier obtida dessa forma é idêntica à obtida na parte (a).

(c) Mostre que, em geral, a compressão temporal de um sinal periódico por um fator a expande o espectro de Fourier ao longo do eixo ω pelo mesmo fator a. Em outras palavras, C_0, C_n e θ_n permanecem inalterados, mas a frequência fundamental é aumentado pelo fator a, expandindo, portanto, o espectro. Similarmente, a expansão no tempo de um sinal periódico por um fator a comprime seu espectro de Fourier ao longo do eixo ω pelo fator a.

6.1-4 (a) Determine a série trigonométrica de Fourier do sinal periódico $g(t)$ da Fig. P6.1-4. Utilize a vantagem da simetria.

(b) Observe que $g(t)$ é idêntico a $x(t)$ na Fig. 6.3a deslocado para a esquerda por 0,5 segundos. Use esse fato para obter a série de Fourier para $g(t)$ do resultado do Exemplo 6.2. Verifique que a série de Fourier obtida dessa forma é idêntica à obtida na parte (a).

(c) Mostre que, em geral, o deslocamento de T segundos de um sinal periódico não altera o espectro de amplitude. Entretanto, a fase a n-ésima harmônica é aumentada ou diminuída por $n\omega_0 T$, dependendo se o sinal é adiantado ou atrasado por T segundos

6.1-5 Se as duas metades de um período de um sinal periódico são idênticas em forma exceto que uma é o negativo da outra, o sinal periódico é dito ter *simetria de meia onda*. Se um sinal periódico $x(t)$ com período T_0 satisfaz a condição de simetria de meia onda, então

$$x\left(t - \frac{T_0}{2}\right) = -x(t)$$

Neste caso, mostre que toda harmônica de número par desaparece e que os coeficientes das harmônicas de número ímpar são dados por

$$a_n = \frac{4}{T_0} \int_0^{T_0/2} x(t) \cos n\omega_0 t \, dt$$

e

$$b_n = \frac{4}{T_0} \int_0^{T_0/2} x(t) \operatorname{sen} n\omega_0 t \, dt$$

Usando esses resultados, obtenha a série de Fourier para os sinais periódicos da Fig. P6.1-5.

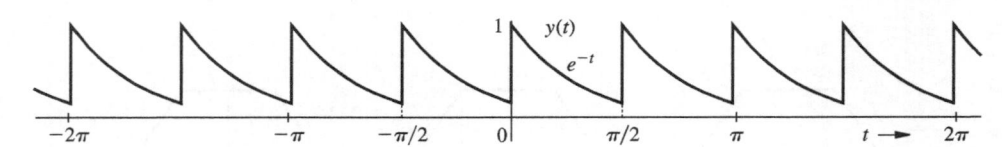

Figura P6.1-3

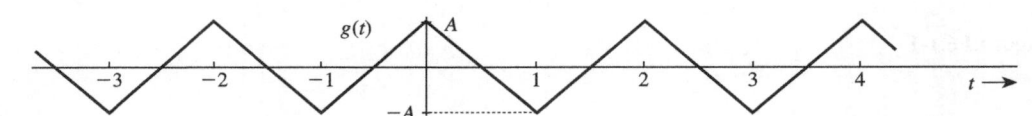

Figura P6.1-4

(a)

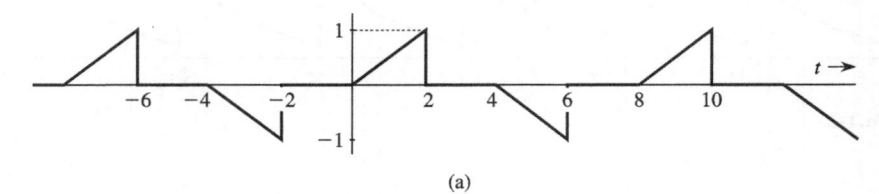

Figura P6.1-5

(b)

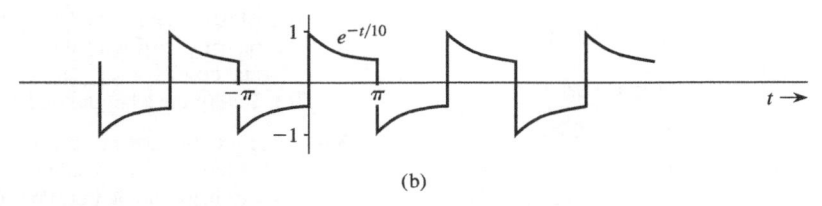

Figura P6.1-5 Continuação.

6.1-6 Em um intervalo finito, um sinal pode ser representado por mais do que uma série de Fourier trigonométrica (ou exponencial). Por exemplo, se quisermos representar $x(t) = t$ em um intervalo $0 < t < 1$ por uma série de Fourier com frequência fundamental $\omega_0 = 2$, podemos desenhar um pulso $x(t) = t$ no intervalo $0 < t < 1$ e repetir o pulso a cada π segundos, tal que $T_0 = \pi$ e $\omega_0 = 2$ (Fig. P6.16a). Se quisermos que a frequência fundamental ω_0 seja 4, repetimos o pulso a cada $\pi/2$ segundos. Se quisermos que a série contenha apenas termos em cosseno com $\omega_0 = 2$, construímos o pulso $x(t) = |t|$ em $-1 < t < 1$ e o repetimos a cada π segundos (Fig. 6.1-6b). O sinal resultante será uma função par com período π. Logo, sua série de Fourier terá apenas termos em cosseno com $\omega_0 = 2$. A série de Fourier resultante representa $x(t) = t$ em $0 < t < 1$, como desejado. Não precisamos nos preocupar com o que ela representa fora desse intervalo.

Trace um sinal periódico $x(t)$ tal que $x(t) = t$ para $0 < t < 1$ e que a série de Fourier para $x(t)$ satisfaça as seguintes condições.
(a) $\omega_0 = \pi/2$ e contenha todas as harmônicas, mas apenas termos em cosseno.
(b) $\omega_0 = 2$ e contenha todas as harmônicas, mas apenas termos em seno.
(c) $\omega_0 = \pi/2$ e contenha todas as harmônicas que não sejam exclusivamente senos ou cossenos.
(d) $\omega_0 = 1$ e contenha apenas harmônicas ímpares e termos em cosseno.
(e) $\omega_0 = \pi/2$ e contenha apenas harmônicas ímpares, mas apenas termos em seno.
(f) $\omega_0 = 1$ e contenha apenas harmônicas ímpares que não sejam exclusivamente senos ou cossenos.

[Dica: para as partes (d), (e) e (f), você precisará utilizar a simetria de meia onda discutida no Prob. 6.1-5. Termos em cosseno implicam possível componente cc.]

Você deve apenas traçar o sinal periódico $x(t)$ que satisfaça as condições dadas. Não determine os valores dos coeficientes de Fourier.

6.1-7 Verifique se os seguintes sinais são periódicos ou não. Justifique. Para os sinais periódicos, determine o período e informe quais harmônicas estão presentes na série.

(a) $3 \operatorname{sen} t + 2 \operatorname{sen} 3t$
(b) $2 + 5 \operatorname{sen} 4t + 4 \cos 7t$
(c) $2 \operatorname{sen} 3t + 7 \cos \pi t$
(d) $7 \cos \pi t + 5 \operatorname{sen} 2\pi t$
(e) $3 \cos \sqrt{2} t + 5 \cos 2t$
(f) $\operatorname{sen} \dfrac{5t}{2} + 3 \cos \dfrac{6t}{5} + 3 \operatorname{sen}\left(\dfrac{t}{7} + 30°\right)$
(g) $\operatorname{sen} 3t + \cos \dfrac{15}{4} t$
(h) $(3 \operatorname{sen} 2t + \operatorname{sen} 5t)^2$
(i) $(5 \operatorname{sen} 2t)^3$

6.3-1 Para cada um dos sinais periódicos da Fig. P6.1-1, obtenha a série exponencial de Fourier e trace o espectro correspondente.

6.3-2 Um sinal $x(t)$ com período 2π é especificado em um período por

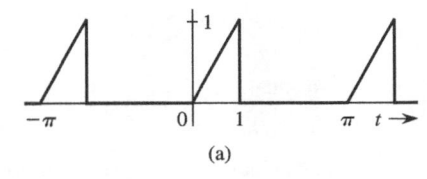

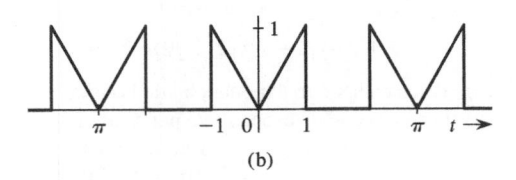

(a)

(b)

Figura P6.1-6

$$x(t) = \begin{cases} \dfrac{1}{A}t & 0 \le t < A \\ 1 & A \le t < \pi \\ 0 & \pi \le t < 2\pi \end{cases}$$

Trace $x(t)$ em dois períodos de $t = 0$ a 4π. Mostre que os coeficientes D_n da série exponencial de Fourier são dados por

$$D_n = \begin{cases} \dfrac{2\pi - A}{4\pi} & n = 0 \\ \dfrac{1}{2\pi n}\left(\dfrac{e^{-jAn} - 1 + jnA\, e^{-jn\pi}}{An}\right) & \text{caso contrário} \end{cases}$$

6.3-3 Um sinal periódico $x(t)$ é descrito pela seguinte série de Fourier:

$$x(t) = 3\cos t + \operatorname{sen}\left(5t - \dfrac{\pi}{6}\right) - 2\cos\left(8t - \dfrac{\pi}{3}\right)$$

(a) Trace o espectro de amplitude e fase para a série trigonométrica.
(b) Por inspeção do espectro da parte (a), trace o espectro da série exponencial de Fourier.
(c) Por inspeção do espectro da parte (b), escreva a série exponencial de Fourier de $x(t)$.
(d) Mostre que série determinada na parte (c) é equivalente à série trigonométrica de $x(t)$.

6.3-4 A série trigonométrica de Fourier de um certo sinal periódico é dada por

$$x(t) = 3 + \sqrt{3}\cos 2t + \operatorname{sen} 2t$$
$$+ \operatorname{sen} 3t - \dfrac{1}{2}\cos\left(5t + \dfrac{\pi}{3}\right)$$

(a) Trace o espectro trigonométrico de Fourier.
(b) Por inspeção do espectro da parte (a), trace o espectro da série exponencial de Fourier.
(c) Por inspeção do espectro da parte (b), escreva a série exponencial de Fourier de $x(t)$.
(d) Mostre que série determinada na parte (c) é equivalente à série trigonométrica de $x(t)$.

6.3-5 A série exponencial de Fourier de uma certa função é dada por

$$x(t) = (2 + j2)e^{-j3t} + j2e^{-jt}$$
$$+ 3 - j2e^{jt} + (2 - j2)e^{j3t}$$

(a) Trace o espectro exponencial de Fourier.
(b) Por inspeção do espectro da parte (a), trace o espectro trigonométrico de Fourier de $x(t)$. Obtenha a série trigonométrica compacta de Fourier deste espectro.

(c) Mostre que a série trigonométrica obtida na parte (b) é equivalente à série exponencial de $x(t)$.
(d) Determine a largura de faixa do sinal.

6.3-6 A Fig. P6.3-6 mostra o espectro trigonométrico de Fourier de um sinal periódico $x(t)$.
(a) Por inspeção da Fig. P6.3-6, determine a série trigonométrica de Fourier que representa $x(t)$.
(b) Por inspeção da Fig. P6.3-6, trace o espectro exponencial de Fourier de $x(t)$.
(c) Por inspeção do espectro exponencial de Fourier obtido na parte (b), determine a série exponencial de Fourier de $x(t)$.
(d) Mostre que as séries determinadas nas partes (a) e (c) são equivalentes.

6.3-7 A Fig. P6.3-7 mostra o espectro exponencial de Fourier de um sinal periódico $x(t)$.
(a) Por inspeção da Fig. P6.3-7, determine a série exponencial de Fourier que representa $x(t)$.
(b) Por inspeção da Fig. P6.3-6, trace o espectro trigonométrico de Fourier de $x(t)$.
(c) Por inspeção do espectro trigonométrico de Fourier obtido na parte (b), determine a série trigonométrica de Fourier de $x(t)$.
(d) Mostre que as séries determinadas nas partes (a) e (c) são equivalentes.

6.3-8 (a) Obtenha a série exponencial de Fourier do sinal da Fig. P6.3-8a.
(b) Usando os resultados da parte (a), determine a série de Fourier para o sinal $\hat{x}(t)$ da Fig. P6.3-8b, o qual é uma versão deslocada no tempo do sinal $x(t)$.
(c) Usando os resultados da parte (a), determine a série de Fourier do sinal $\hat{x}(t)$ da Fig. P6.3-8c, o qual é uma versão escalonada no tempo do sinal $x(t)$.

6.3-9 Se um sinal periódico $x(t)$ é descrito pela série exponencial de Fourier

$$x(t) = \sum_{n=-\infty}^{\infty} D_n e^{jn\omega_0 t}$$

(a) Mostre que a série exponencial de Fourier para $\hat{x}(t) = x(t - T)$ é dada por

$$\hat{x}(t) = \sum_{n=-\infty}^{\infty} \hat{D}_n e^{jn\omega_0 t}$$

na qual

$$|\hat{D}_n| = |D_n| \quad \text{e} \quad \angle\hat{D}_n = \angle D_n - n\omega_0 T$$

Esse resultado mostra que um deslocamento no tempo de um sinal periódico por T segun-

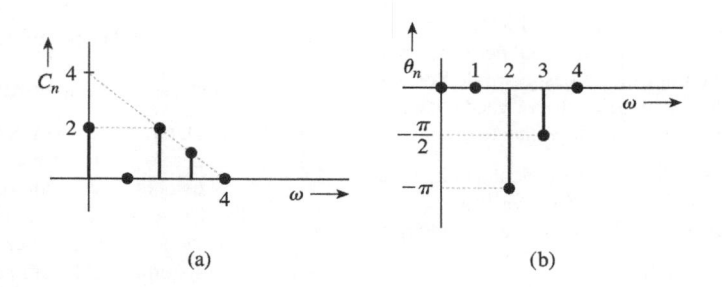

Figura P6.3-6

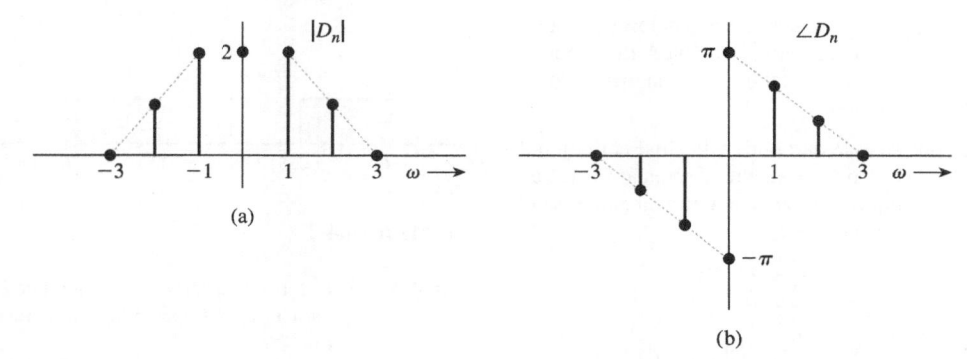

(a) (b)

Figura P6.3-7

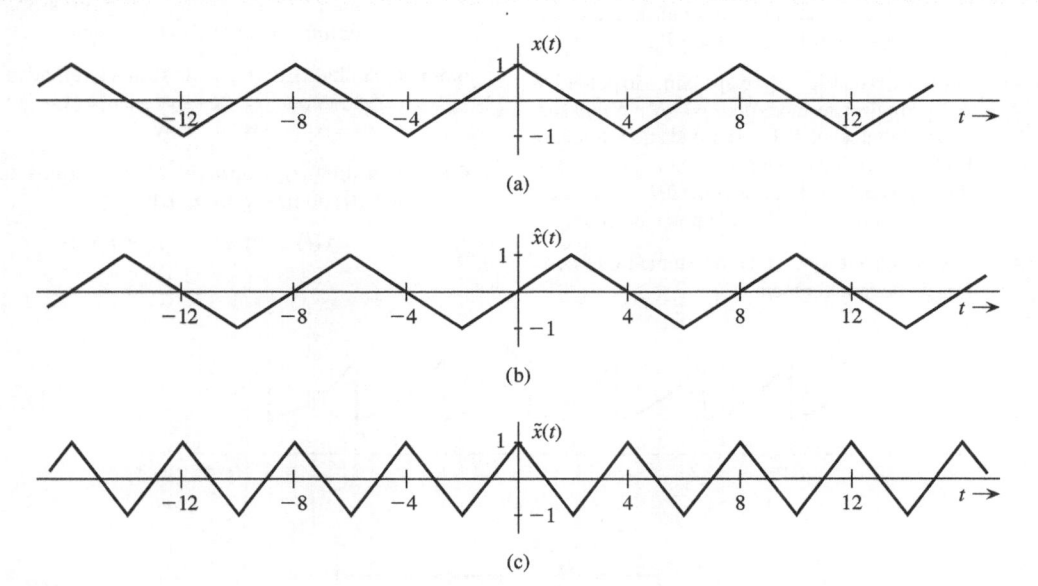

(a) (b)

Figura P6.3-8

dos simplesmente altera o espectro de fase por $n\omega_0 T$. O espectro de amplitude permanece inalterado.

(b) Mostre que a série exponencial de Fourier para $\tilde{x}(t) = x(at)$ é dada por

$$\tilde{x}(t) = \sum_{n=-\infty}^{\infty} D_n e^{jn(a\omega_0)t}$$

Esse resultado mostra que a compressão no tempo de um sinal periódico por um fator a expande seu espectro de Fourier ao longo do eixo ω pelo mesmo fator a. Similarmente, a expansão no tempo de um sinal periódico por um fator a comprime seu espectro de Fourier ao longo do eixo ω pelo fator a. Você pode explicar este resultado intuitivamente?

6.3-10 (a) A série de Fourier para o sinal da Fig. 6.6a é dada no Exercício E6.1. Verifique o teorema de Parseval para essa série, dado que

$$\sum_{n=1}^{\infty} \frac{1}{n^4} = \frac{\pi^4}{90}$$

(b) Se $x(t)$ for aproximada pelos N primeiros temos da série, obtenha N tal que a potência do sinal de erro seja menor do que 1% de P_x.

6.3-11 (a) A série de Fourier do sinal periódico da Fig. 6.6b é dada no Exercício E6.1. Verifique o teorema de Parseval para essa série, dado que

$$\sum_{n=1}^{\infty} \frac{1}{n^2} = \frac{\pi^2}{6}$$

(b) Se $x(t)$ for aproximada pelos N primeiros temos da série, obtenha N tal que a potência do sinal de erro seja menor do que 10% de P_x.

6.3-12 O sinal $x(t)$ da Fig. 6.14 é aproximado pelos $2N + 1$ primeiros termos (de $n = -N$ a N) de sua série exponencial de Fourier dada no Exercício E6.5. Determine o valor de N para que esta série de potência de Fourier com $(2N + 1)$ termos tenha no mínimo 99,75% da potência de $x(t)$.

6.4-1 Determine a resposta de um sistema LCIT com função de transferência

$$H(s) = \frac{s}{s^2 + 2s + 3}$$

a entrada periódica mostrada na Fig. 6.2a.

6.4-2 (a) Determine a série exponencial de Fourier para o sinal $x(t) = \cos 5t \operatorname{sen} 3t$. Você pode obtê-la sem calcular nenhuma integral.
(b) Trace o espectro de Fourier.
(c) O sinal $x(t)$ é aplicado a entrada de um sistema LCIT com resposta em frequência mostrada na Fig. P6.4-2. Obtenha a saída $y(t)$.

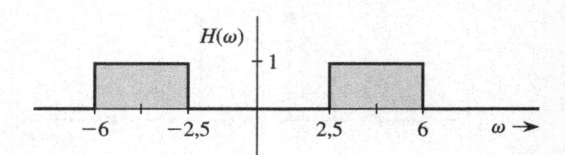

Figura 6.4-2

6.4-3 (a) Determine a série exponencial de Fourier para um sinal periódico $x(t)$ mostra na Fig. P6.4-3a.
(b) O sinal $x(t)$ é aplicado a entrada do sistema LCIT mostrado na Fig. P6.4-3b. Determine a expressão para a saída $y(t)$.

6.5-1 Obtenha a Eq. (6.51) de forma alternativa observando que $\mathbf{e} = (\mathbf{x} - c\mathbf{y})$ e $|\mathbf{e}|^2 = (\mathbf{x} - c\mathbf{y}) \cdot (\mathbf{x} - c\mathbf{y}) = |\mathbf{x}|^2 + c^2|\mathbf{y}|^2 - 2c\mathbf{x} \cdot \mathbf{y}$.

6.5-2 Um sinal $x(t)$ é aproximado em termos do sinal $y(t)$ no intervalo (t_1, t_2):

$$x(t) \simeq cy(t) \qquad t_1 < t < t_2$$

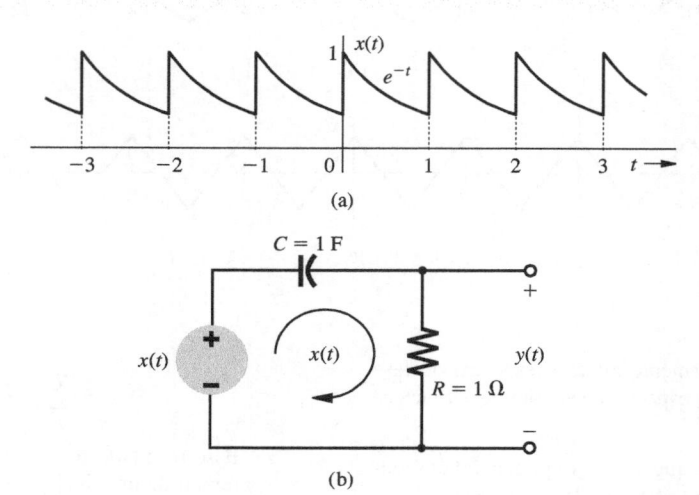

Figura P6.4-3

na qual c é escolhido para minimizar a energia do erro.
(a) Mostre que $y(t)$ e o erro $e(t) = x(t) - cy(t)$ são ortogonais no intervalo (t_1, t_2).
(b) Você pode explicar o resultado em termos da analogia sinal-vetor?
(c) Verifique esse resultado para o sinal quadrado $x(t)$ da Fig. 6.19 e sua aproximação em termos do sinal sen t.

6.5-3 Se $x(t)$ e $y(t)$ são ortogonais, mostre, então, que a energia do sinal $x(t) + y(t)$ é idêntica à energia do sinal $x(t) - y(t)$, sendo dada por $E_x + E_y$. Explique esse resultado usando a analogia com vetor. Em geral, mostre que para sinais ortogonais $x(t)$ e $y(t)$ e para qualquer par de constantes reais arbitrárias c_1 e c_2, as energias de $c_1x(t) + c_2y(t)$ e $c_1x(t) - c_2y(t)$ são idênticas, dadas por $c_1^2 E_x + c_2^2 E_y$.

6.5-4 (a) Para os sinais $x(t)$ e $y(t)$ mostrados na Fig. P6.5-4, obtenha a componente na forma $y(t)$ contido em $x(t)$. Em outras palavras, obtenha o valor ótimo de c na aproximação $x(t) \approx cy(t)$ de tal forma que a energia do sinal de erro seja mínima.
(b) Obtenha o sinal de erro $e(t)$ e sua energia E_e. Mostre que o sinal de erro é ortogonal a $y(t)$ e que $E_x = c^2 E_y + E_e$. Você pode explicar esse resultado em termos de vetores?

6.5-5 Para os sinais $x(t)$ e $y(t)$ mostrado na Fig. P6.5-4, obtenha a componente na forma $x(t)$ contida em $y(t)$. Em outras palavras, obtenha o valor ótimo de c na aproximação $y(t) \approx cx(t)$ de tal forma que a energia do sinal de erro seja mínima. Qual é a energia do sinal de erro?

6.5-6 Represente o sinal $x(t)$ mostrado na Fig. P6.5-4a no intervalo de 0 a 1 pela série trigonométrica de Fourier com frequência fundamental $\omega_0 = 2\pi$. Calcule a energia do erro na representação de $x(t)$ usando apenas os N primeiros termos dessa série para $N = 1, 2, 3$ e 4.

6.5-7 Represente $x(t) = t$ no intervalo (0, 1) por uma série trigonométrica de Fourier que tenha
(a) $\omega_0 = 2\pi$ e apenas termos em seno.
(b) $\omega_0 = \pi$ e apenas termos em seno.
(c) $\omega_0 = \pi$ e apenas termos em cosseno.

Você pode utilizar um termo cc, se necessário, nessas séries.

6.5-8 No Exemplo 6.12, representamos a função da Fig. 6.23 pelo polinômio de Legendre.
(a) Utilize os resultados do Exemplo 6.12 para representar o sinal $g(t)$ da Fig. P6.5-8 pelo polinômio de Legendre.
(b) Calcule a energia do erro para as aproximações tendo um e dois termos (não nulos).

6.5-9 Funções de Walsh, as quais podem assumir apenas dois valores de amplitude, formam um conjunto completo de funções ortonormais e possui grande importância prática em aplicações digitais, pois elas podem ser facilmente geradas por circuitos lógicos e porque a multiplicação com essas funções pode ser implementada simplesmente através de chaves de reversão de polaridade. A Fig. P6.5-9 mostra as primeiras oito funções desse conjunto. Represente $x(t)$ da Fig. P6.5-4 no intervalo (0, 1) usando a série Walsh de Fourier com essas oito funções de base. Calcule a energia de $e(t)$, o erro da aproximação, usando os primeiros N

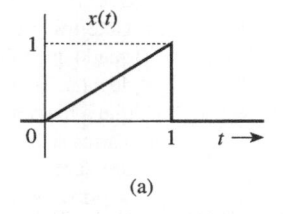

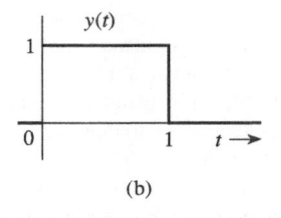

Figura P6.5-4

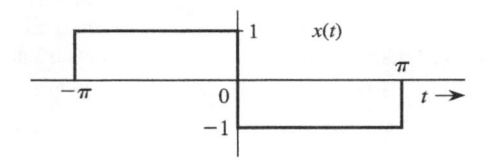

Figura P6.5-8

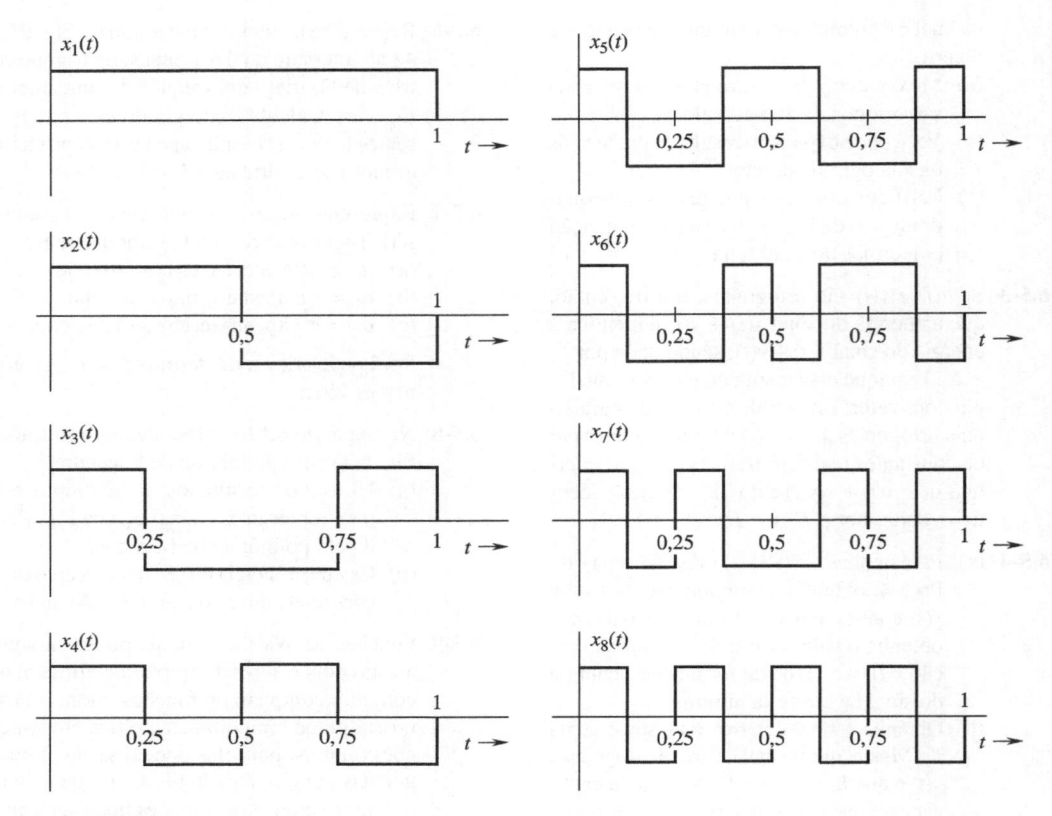

Figura P6.5-9

termos não nulos da série para $N = 1, 2, 3$ e 4. A série trigonométrica de Fourier de $x(t)$ foi obtida no Prob. 6.5-6. Como a série de Walsh se compara com a série trigonométrica do Prob. 6.5-6 do ponto de vista da energia para um dado N?

6.M-1 MATLAB Seção 6 discute a construção de um sinal de teste multitom otimizado em fase com componentes em frequência linearmente espaçadas. Esse problema investiga um sinal similar com componentes em frequência logaritmicamente espaçadas.

Um sinal de teste multitom $m(t)$ é construído usando a superposição de N senoides reais

$$m(t) = \sum_{n=1}^{N} \cos(\omega_n t + \theta_n)$$

na qual θ_n estabelece a fase relativa de cada componente senoidal.

(a) Determine um conjunto adequado de $N = 10$ frequências ω_n que mesmo logaritmicamente espaçadas $[(2\pi) \leq \omega \leq 200(2\pi)]$ ainda resulta em um sinal de teste $m(t)$ periódico. Determine o período T_0 do seu sinal. Usando $\theta_n = 0$, trace o sinal resultante de período (T_0) para $-T_0/2 \leq t \leq T_0/2$.

(b) Determine um conjunto de fases θ_n adequado que minimize a magnitude máxima de $m(t)$. Trace o sinal resultante e identifique a magnitude máxima.

(c) Vários sistemas sofrem do chamado ruído um-sobre-f. A potência desse ruído indesejado é proporcional a $1/f$. Portanto, ruídos de baixa frequência são mais fortes do que ruídos de alta frequência. Quais modificações em $m(t)$ são apropriadas para o uso em um ambiente com ruído $1/f$? Justifique sua resposta.

CAPÍTULO 7

ANÁLISE DE SINAIS NO TEMPO CONTÍNUO: A TRANSFORMADA DE FOURIER

Podemos analisar sistemas lineares por diversas formas em função da propriedade da linearidade, pela qual a entrada é expressa como a soma de componentes mais simples. A resposta do sistema a qualquer entrada complexa pode ser obtida assumindo a resposta do sistema a essas componentes mais simples da entrada. Na análise no domínio do tempo, separamos a entrada em componentes impulsivas. Na análise no domínio da frequência do Capítulo 4, separamos a entrada em exponenciais na forma e^{st} (transformada de Laplace), na qual a frequência complexa é $s = \sigma + j\omega$. A transformada de Laplace, apesar de muito importante na análise de sistemas, é um tanto quanto desajeitada para a análise de sinais, situação na qual preferimos representar os sinais em termos de exponenciais $e^{j\omega t}$, em vez de e^{st}. Isso é feito pela transformada de Fourier. Em um sentido, a transformada de Fourier pode ser considerada um caso especial da transformada de Laplace, com $s = j\omega$. Apesar de esse ponto de vista ser verdadeiro na maior parte do tempo, ele nem sempre é válido pela natureza da convergência das integrais de Laplace e Fourier.

No Capítulo 6, representamos com sucesso sinais periódicos pela soma de senoides ou exponenciais (de duração infinita) na forma $e^{j\omega t}$. A integral de Fourier, desenvolvida neste capítulo, estende essa representação espectral para sinais não periódicos.

7.1 REPRESENTAÇÃO DE SINAIS NÃO PERIÓDICOS PELA INTEGRAL DE FOURIER

Aplicando um processo de limite, iremos mostrar que um sinal não periódico pode ser descrito pela soma contínua (integral) de exponenciais de duração infinita. Para representar um sinal não periódico $x(t)$, tal como o mostrado na Fig. 7.1a, por exponenciais de duração infinita, vamos construir um novo sinal periódico $x_{T_0}(t)$ formado pela repetição do sinal $x(t)$ em intervalos de T_0 segundos, como ilustrado na Fig. 7.1b. O período T_0 é feito grande o suficiente para evitar a sobreposição entre pulsos seguidos. O sinal periódico $x_{T_0}(t)$ pode ser representado por uma série exponencial de Fourier. Se fizermos $T_0 \to \infty$, os pulsos no sinal periódico irão se repetir após um intervalo infinito, portanto,

$$\lim_{T_0 \to \infty} x_{T_0}(t) = x(t)$$

Dessa forma, a série de Fourier que representa $x_{T_0}(t)$ também irá representar $x(t)$ no limite de $T_0 \to \infty$. A série exponencial de Fourier para $x_{T_0}(t)$ é dada por

$$x_{T_0}(t) = \sum_{n=-\infty}^{\infty} D_n e^{jn\omega_0 t} \tag{7.1}$$

na qual

$$D_n = \frac{1}{T_0} \int_{-T_0/2}^{T_0/2} x_{T_0}(t) e^{-jn\omega_0 t} dt \tag{7.2a}$$

e

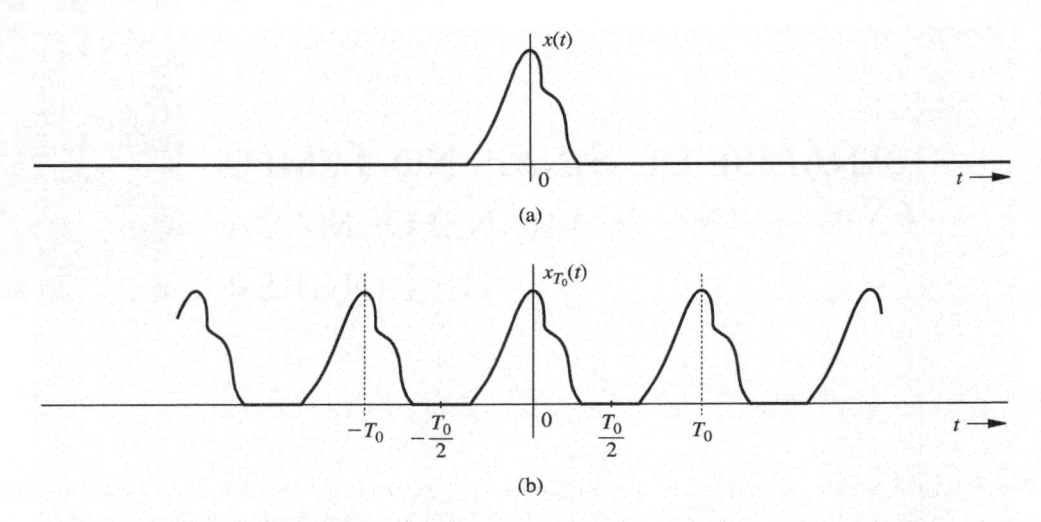

Figura 7.1 Construção de um sinal periódico pela extensão de $x(t)$.

$$\omega_0 = \frac{2\pi}{T_0} \qquad (7.2b)$$

Observe que integrar $x_{T_0}(t)$ em $(-T_0/2, T_0/2)$ é o mesmo que integrar $x(t)$ em $(-\infty, \infty)$. Portanto, a Eq. (7.2a) pode ser expressa por

$$D_n = \frac{1}{T_0} \int_{-\infty}^{\infty} x(t) e^{-jn\omega_0 t} dt \qquad (7.2c)$$

É interessante ver como a natureza do espectro muda quando T_0 aumenta. Para compreender esse fascinante comportamento, vamos definir $X(\omega)$, uma função contínua de ω, por

$$X(\omega) = \int_{-\infty}^{\infty} x(t) e^{-j\omega t} dt \qquad (7.3)$$

Uma rápida análise das Eqs. (7.2c) e (7.3) mostra que

$$D_n = \frac{1}{T_0} X(n\omega_0) \qquad (7.4)$$

Isso significa que os coeficientes D_n de Fourier são $1/T_0$ vezes as amostras de $X(\omega)$ uniformemente espaçados em intervalos de ω_0, como mostrado na Fig. 7.2a.[†] Portanto, $(1/T_0)X(\omega)$ é o envelope para os coeficientes D_n. Iremos fazer, agora, $T_0 \to \infty$ dobrando o valor de T_0 repetidamente. Dobrando T_0 dividimos a frequência fundamental ω_0 [Eq. (7.2b)], de tal forma que teremos agora duas vezes mais componentes (amostras) no espectro. Entretanto, dobrando T_0, o envelope $(1/T_0)X(\omega)$ é dividido pela metade, como mostrado na Fig. 7.2b. Se continuarmos nesse processo de dobrar T_0 repetidamente, o espectro progressivamente se torna mais denso enquanto que sua magnitude se torna menor. Observe, entretanto, que a forma relativa do envelope permanece a mesma [proporcional a $X(\omega)$ na Eq. (7.3)]. No limite, quando $T_0 \to \infty$, $\omega_0 \to 0$ e $D_n \to 0$. Esse resultado torna o espectro tão denso que as componentes espectrais ficam espaçadas com intervalos nulos (infinitesimais). Neste momento, *temos tudo de nada e mesmo assim temos algo!* Esse paradoxo soa como *Alice no País das Maravilhas*, mas como veremos, essas são características clássicas de um fenômeno muito familiar.[‡]

[†] Para efeito de simplicidade, assumimos D_n e, portanto, $X(\omega)$, da Fig. 7.2 como sendo reais. O argumento, entretanto, também é válido para D_n [ou $X(\omega)$] complexo.
[‡] Sem nada a mais, o leitor agora possui a irrefutável prova da proposição de que ser dono de 0% de tudo é melhor do que ser dono de 100% de nada.

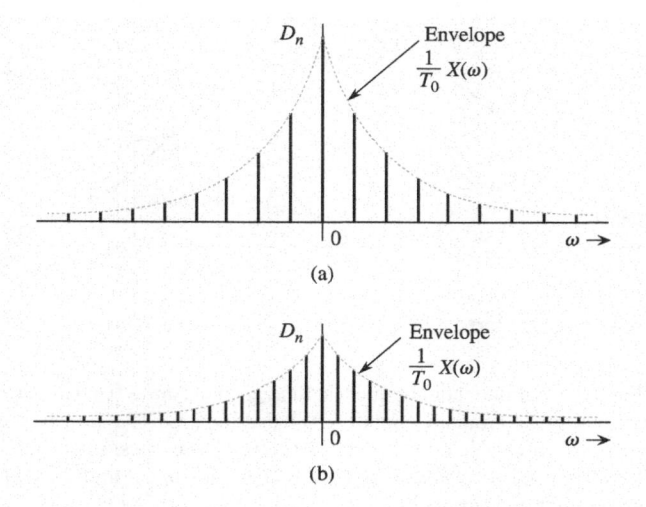

Figura 7.2 Mudança no espectro de Fourier quando o período T_0 da Fig. 7.1 é dobrado.

A substituição da Eq. (7.4) na Eq. (7.1) resulta em

$$x_{T_0}(t) = \sum_{n=-\infty}^{\infty} \frac{X(n\omega_0)}{T_0} e^{jn\omega_0 t} \quad (7.5)$$

Quando $T_0 \to \infty$, ω_0 se torna infinitesimal ($\omega_0 \to 0$). Logo, podemos substituir ω_0 por uma notação mais apropriada, $\Delta\omega$. Em termos dessa nova notação, a Eq. (7.2b) se torna

$$\Delta\omega = \frac{2\pi}{T_0}$$

e a Eq. (7.5) se torna

$$x_{T_0}(t) = \sum_{n=-\infty}^{\infty} \left[\frac{X(n\Delta\omega)\Delta\omega}{2\pi}\right] e^{(jn\Delta\omega)t} \quad (7.6a)$$

A Eq. (7.6a) mostra que $x_{T_0}(t)$ pode ser descrito pela soma de exponenciais de duração exponencial de frequências 0, $\pm\Delta\omega$, $\pm 2\Delta\omega$, $\pm 3\Delta\omega$,... (a série de Fourier). O total de componentes de frequência $n\Delta\omega$ é $[X(n\Delta\omega)\Delta\omega]/2\pi$. No limite, quando $T_0 \to \infty$, $\Delta\omega \to 0$ e $x_{T_0}(t) \to x(t)$. Portanto,

$$x(t) = \lim_{T_0 \to \infty} x_{T_0}(t)$$

$$= \lim_{\Delta\omega \to 0} \frac{1}{2\pi} \sum_{n=-\infty}^{\infty} X(n\Delta\omega) e^{(jn\Delta\omega)t} \Delta\omega \quad (7.6b)$$

A soma do lado direito da Eq. (7.6b) pode ser entendida como a área sob a função $X(\omega)e^{j\omega t}$, como ilustrado na Fig. 7.3. Assim sendo,

$$x(t) = \frac{1}{2\pi} \int_{-\infty}^{\infty} X(\omega) e^{j\omega t} d\omega \quad (7.7)$$

A integral do lado direito é chamada de *integral de Fourier*. Neste momento, acabamos de obter sucesso na representação de um sinal não periódico $x(t)$ pela integral de Fourier (em vez da série de Fourier).[†] Essa integral é ba-

---

[†] Essa obtenção da integral de Fourier não deve ser considerada como uma prova rigorosa da Eq. (7.7). A situação não é tão simples quanto parece.[1]

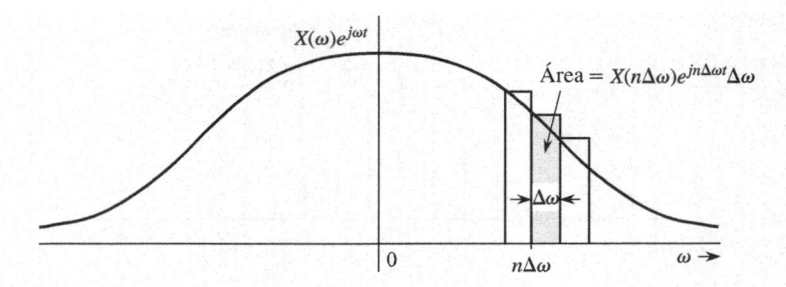

Figura 7.3 A série de Fourier se torna a integral de Fourier no limite $T_0 \to \infty$.

sicamente a série de Fourier (no limite) com frequência fundamental $\Delta\omega \to 0$, como visto na Eq. (7.6). O total da exponencial $e^{jn\Delta\omega t}$ é $X(n\Delta\omega)\Delta\omega/2\pi$. Portanto, a função $X(\omega)$ dada pela Eq. (7.3) funciona como função espectral.

Chamamos $X(\omega)$ de transformada de Fourier *direta* de $x(t)$ e $x(t)$ de transformada de Fourier *inversa* de $X(\omega)$. A mesma informação é contida na afirmação de que $x(t)$ e $X(\omega)$ são um par transformada de Fourier. Simbolicamente, essa afirmativa pode ser expressa por

$$X(\omega) = \mathcal{F}[x(t)] \quad \text{e} \quad x(t) = \mathcal{F}^{-1}[X(\omega)]$$

ou

$$x(t) \iff X(\omega)$$

Recapitulando,

$$X(\omega) = \int_{-\infty}^{\infty} x(t)e^{-j\omega t}dt \tag{7.8a}$$

e

$$x(t) = \frac{1}{2\pi}\int_{-\infty}^{\infty} X(\omega)e^{j\omega t}d\omega \tag{7.8b}$$

É útil manter em mente que a integral de Fourier da Eq. (7.8b) é da natureza da série de Fourier com frequência fundamental $\Delta\omega$ aproximando de zero [Eq. (7.6b)]. Portanto, a maior parte das discussões e propriedades da série de Fourier se aplicam à transformada de Fourier. *A transformada $X(\omega)$ é a especificação no domínio da frequência de $x(t)$.*

Podemos traçar o espectro de $X(\omega)$ em função de ω. Como $X(\omega)$ é complexo, teremos tanto o espectro de amplitude quanto o de ângulo (ou fase)

$$X(\omega) = |X(\omega)|e^{j\angle X(\omega)} \tag{7.9}$$

na qual $|X(\omega)|$ é a amplitude e $\angle X(\omega)$ é o ângulo (ou fase) de $X(\omega)$. De acordo com a Eq. (7.8a),

$$X(-\omega) = \int_{-\infty}^{\infty} x(t)e^{j\omega t}dt$$

Tomando os conjugados dos dois lados dessa equação, teremos

$$x^*(t) \iff X^*(-\omega) \tag{7.10}$$

Essa propriedade é conhecida como *propriedade do conjugado*. Agora, se $x(t)$ for uma função real de t, então $x(t) = x^*(t)$ e da propriedade do conjugado, temos que

$$X(-\omega) = X^*(\omega) \tag{7.11a}$$

Essa é a propriedade da *simetria de conjugado* da transformada de Fourier, aplicável a $x(t)$ real. Portanto, para $x(t)$ real

$$|X(-\omega)| = |X(\omega)| \tag{7.11b}$$

$$\angle X(-\omega) = -\angle X(\omega) \qquad (7.11c)$$

Portanto, para $x(t)$ real, o espectro de amplitude $|X(\omega)|$ é uma função par e o espectro de fase $\angle X(\omega)$ é uma função ímpar de ω. Esses resultados foram obtidos anteriormente, para o espectro de Fourier de um sinal periódico [Eq. (6.33)], e não devem ter sido uma surpresa.

EXEMPLO 7.1

Determine a transformada de Fourier de $e^{-at}u(t)$.

Pela definição [Eq. (7.8a)],

$$X(\omega) = \int_{-\infty}^{\infty} e^{-at}u(t)e^{-j\omega t}\,dt = \int_{0}^{\infty} e^{-(a+j\omega)t}\,dt = \frac{-1}{a+j\omega}e^{-(a+j\omega)t}\bigg|_{0}^{\infty}$$

Mas $|e^{-j\omega t}| = 1$. Portanto, quando $t \to \infty$, $e^{-(a+j\omega)t} = e^{-at}e^{-j\omega t} = \infty$ se $a < 0$, mas será igual a 0 se $a > 0$. Portanto,

$$X(\omega) = \frac{1}{a+j\omega} \qquad a > 0$$

Expressando $a + j\omega$ na forma polar como $\sqrt{a^2 + \omega^2}\,e^{j\tan^{-1}(\omega/a)}$, obtemos

$$X(\omega) = \frac{1}{\sqrt{a^2+\omega^2}}e^{-j\tan^{-1}(\omega/a)}$$

Portanto,

$$|X(\omega)| = \frac{1}{\sqrt{a^2+\omega^2}} \qquad \text{e} \qquad \angle X(\omega) = -\tan^{-1}\left(\frac{\omega}{a}\right) \qquad (7.12)$$

O espectro de amplitude $|X(\omega)|$ e o espectro de fase $\angle X(\omega)$ estão mostrados na Fig. 7.4b. Observe que $|X(\omega)|$ é uma função par de ω e $\angle X(\omega)$ é uma função ímpar de ω, como esperado.

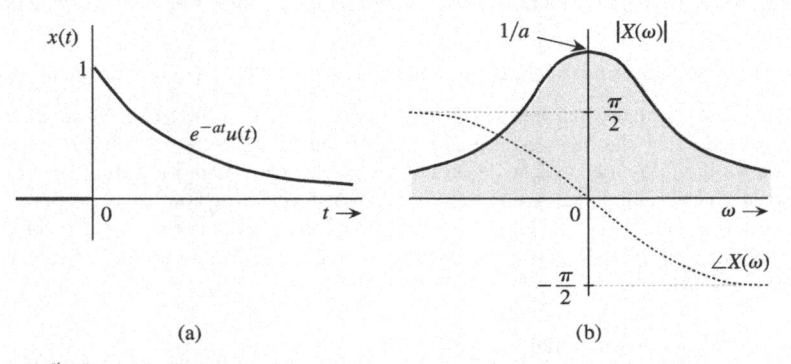

Figura 7.4 $e^{-at}u(t)$ e seu espectro de Fourier.

Existência da Transformada de Fourier

No Exemplo 7.1, observamos que quando $a < 0$, a integral de Fourier de $e^{-at}u(t)$ não converge. Logo, a transformada de Fourier de $e^{-at}u(t)$ não existe se $a < 0$ (exponencial crescente). Claramente, nem todos os sinais possuem sua transformada de Fourier.

Como a transformada de Fourier é obtida aqui como um caso limite da série de Fourier, ela possui as qualificações básicas da série de Fourier, tais como a *igualdade na média*, e as condições de convergência em uma forma adequadamente modificada também se aplicam à transformada de Fourier. Pode ser mostrado que se $x(t)$ possui energia finita, ou seja, se

$$\int_{-\infty}^{\infty} |x(t)|^2\, dt < \infty \tag{7.13}$$

então a transformada de Fourier $X(\omega)$ é finita e converge para $x(t)$ na média. Isso significa que, se fizermos

$$\hat{x}(t) = \lim_{W \to \infty} \frac{1}{2\pi} \int_{-W}^{W} X(\omega) e^{j\omega t}\, d\omega$$

então a Eq. (7.8b) implica

$$\int_{-\infty}^{\infty} |x(t) - \hat{x}(t)|^2\, dt = 0 \tag{7.14}$$

Em outras palavras, $x(t)$ e sua integral de Fourier [lado direito da Eq. (7.8b)] podem ser diferentes em alguns valores de t, sem, com isso, contradizer a Eq. (7.14). Iremos discutir, agora, um conjunto alternativo de critérios devido a Dirichlet para a convergência da transformada de Fourier.

Tal como na série de Fourier, se $x(t)$ satisfizer certas condições (*condições de Dirichlet*), garante-se a convergência de sua transformada de Fourier em todos os pontos nos quais $x(t)$ é contínuo. Além disso, nos pontos de descontinuidade, $x(t)$ converge para o valor médio entre os dois valores de $x(t)$ dos dois lados da descontinuidade. As condições de Dirichlet são mostradas a seguir:

1. $x(t)$ deve ser absolutamente integrável, ou seja,

$$\int_{-\infty}^{\infty} |x(t)|\, dt < \infty \tag{7.15}$$

Se essa condição for satisfeita, garantimos que a integral do lado direito da Eq. (7.8a) possuirá um valor finito.

2. $x(t)$ deve possuir apenas um número finito de descontinuidades finitas dentro que qualquer intervalo finito.

3. $x(t)$ deve conter apenas um número finito de máximos ou mínimos dentro de qualquer intervalo finito.

Reforçamos que, apesar das condições de Dirichlet serem suficientes para a existência e convergência pontual da transformada de Fourier, elas não são necessárias. Por exemplo, vimos no Exemplo 7.1 que uma exponencial crescente, a qual viola a primeira condição de Dirichlet em (7.15) não possui a transformada de Fourier. Mas o sinal na forma (sen at)/t, o qual viola essa condição possui transformada de Fourier.

Qualquer sinal que pode ser gerado na prática satisfaz as condições de Dirichlet e, portanto, possui sua transformada de Fourier. Portanto, a existência física de um sinal é uma condição suficiente para a existência de sua transformada.

Linearidade da Transformada de Fourier

A transformada de Fourier é linear, ou seja, se

$$x_1(t) \iff X_1(\omega) \quad \text{e} \quad x_2(t) \iff X_2(\omega)$$

então

$$a_1 x_1(t) + a_2 x_2(t) \iff a_1 X_1(\omega) + a_2 X_2(\omega) \tag{7.16}$$

A prova é trivial e segue diretamente da Eq. (7.8a). Esse resultado pode ser estendido para qualquer número finito de termos. Ele pode ser estendido para um número infinito de termos somente se as condições necessárias para alteração da ordem das operações de soma e integração forem satisfeitas.

7.1-1 Avaliação Física da Transformada de Fourier

Na compreensão de qualquer aspecto da transformada de Fourier, devemos relembrar que a representação de Fourier é uma forma de expressar um sinal em termos de senoides (ou exponencial) de duração infinita. O espectro de Fourier de um sinal indica as amplitudes e fases relativas das senoides que são necessárias para sintetizar o sinal. O espectro de Fourier de um sinal periódico possui amplitudes finitas e existe em frequências discretas (ω_0 e seus múltiplos). Tal espectro é fácil de ser visualizado, mas o espectro de um sinal não periódico não é tão fácil de ser visualizado porque ele é um espectro contínuo. O conceito de espectro contínuo pode ser avaliado considerando um fenômeno análogo, mais tangível. Um exemplo familiar de distribuição contínua é o carregamento de uma trave. Considere uma trave carregada com pesos D_1, D_2, D_3,..., D_n em pontos uniformemente espaçados y_1, y_2,..., y_n, como mostrado na Fig. 7.5a. A carga total W_T da trave é dada pela soma dessas cargas em cada um dos n pontos:

$$W_T = \sum_{i=1}^{n} D_i$$

Considere, agora, o caso de uma trave continuamente carregada, como mostrada na Fig. 7.5b. Neste caso, apesar de aparentemente haver uma carga em todo ponto, a carga em qualquer ponto é zero. Isso não significa que não existe carga na trave. Uma medida significativa da carga nesta situação não é a carga no ponto, mas a densidade de carga por unidade de comprimento naquele ponto. Seja $X(y)$ a densidade de carga por unidade de comprimento na trave. Temos, então, que a carga sobre um comprimento da trave Δy ($\Delta y \to 0$), em algum ponto y é $X(y)\Delta y$. Para obtermos a carga total na trave dividimos a trave em segmentos de intervalo Δy ($\Delta y \to 0$). A carga sobre o n-ésimo segmento de tamanho Δy é $X(n\Delta y)\Delta y$. A carga total W_T é dada por

$$W_T = \lim_{\Delta y \to 0} \sum_{y_1}^{y_n} X(n\Delta y)\,\Delta y$$

$$= \int_{y_1}^{y_n} X(y)\,dy$$

A carga agora existe em todo ponto, e y é, agora, uma variável contínua. No caso da carga discreta (Fig. 7.5a), a carga existe apenas em n pontos discretos. Nos outros pontos não existe carga. Por outro lado, no caso da carga contínua, a carga existe em todo ponto, mas em qualquer ponto específico y a carga é zero. A carga em um pequeno intervalo Δy, entretanto, é $[X(n\Delta y)]\Delta y$ (Fig 7.5b). Portanto, apesar da carga no ponto y ser zero, a carga relativa a aquele ponto é $X(y)$.

Uma situação análoga exata existe no caso do espectro de sinal. Quanto $x(t)$ é periódico, o espectro é discreto e $x(t)$ pode ser descrito pela soma de exponenciais discretas com amplitudes finitas:

$$x(t) = \sum_{n} D_n e^{jn\omega_0 t}$$

Para um sinal não periódico, o espectro se torna contínuo. Ou seja, o espectro existe para todo valor de ω, mas a amplitude de cada componente no espectro é zero. A medida significativa aqui não é a amplitude da componen-

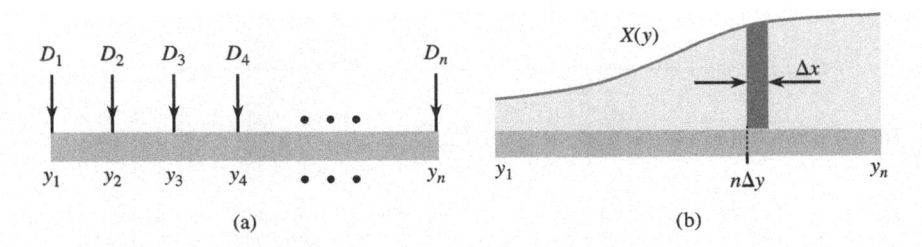

Figura 7.5 Analogia de peso-carga com a transformada de Fourier.

te em algumas frequências, nas a densidade espectral por unidade de largura de faixa. A partir da Eq. (7.6b) fica claro que $x(t)$ é sintetizado pela adição das exponenciais na forma $e^{jn\Delta\omega t}$, sendo que a contribuição de qualquer componente exponencial é zero, mas a contribuição das exponenciais em uma faixa infinitesimal $\Delta\omega$ localizada em $\omega = n\Delta\omega$ é $(1/2\pi)X(n\Delta\omega)\Delta\omega$ e a adição de todas essas componentes resulta em $x(t)$ na forma integral:

$$x(t) = \lim_{\Delta\omega \to 0} \frac{1}{2\pi} \sum_{n=-\infty}^{\infty} X(n\Delta\omega)e^{(jn\Delta\omega)t} \Delta\omega = \frac{1}{2\pi} \int_{-\infty}^{\infty} X(\omega)e^{j\omega t} d\omega \qquad (7.17)$$

Portanto, $n\Delta\omega$ se aproxima de uma variável contínua ω. O espectro agora existe em todo ω. A contribuição das componentes dentro da faixa $d\omega$ é $(1/2\pi)X(\omega)d\omega = X(\omega)df$, na qual df é a largura de faixa em hertz. Claramente, $X(\omega)$ é a *densidade espectral* por unidade de largura de faixa (em hertz).[†] Temos, também, que mesmo se a amplitude de qualquer componente for infinitesimal, o total relativo da componente na frequência ω é $X(\omega)$. Apesar de $X(\omega)$ ser a densidade espectral, na prática ela é geralmente chamada de *espectro* de $x(t)$, em vez de densidade espectral de $x(t)$. Adotando essa convenção, iremos chamar $X(\omega)$ e espectro de Fourier (ou transformada de Fourier) de $x(t)$.

Um Maravilhoso Ato de Balanceamento

Um ponto importante a ser lembrado é que $x(t)$ é representado (ou sintetizado) por exponenciais ou senoides que possuem duração infinita (não causais). Tal contextualização leva a uma fascinante figura quando tentamos visualizar a síntese de um sinal de pulso, $x(t)$, limitado no tempo [Fig. 7.6] pelas componentes senoidais de seu espectro de Fourier. O sinal $x(t)$ existe apenas em no intervalo (a, b), sendo zero fora desse intervalo. O espectro de $x(t)$ contém um número infinito de exponenciais (ou senoides), as quais começam em $t = -\infty$ e continuam para sempre. As amplitudes e fases dessas componentes são somadas resultando exatamente em $x(t)$ no intervalo finito (a, b) e em zero fora desse intervalo. Pensar em fazer tal malabarismo com as amplitudes e fases de um número infinito de componentes de tal forma que consigamos obter esse perfeito e delicado balanço estremece a imaginação humana. Mesmo assim, a transformada de Fourier atinge esse objetivo rotineiramente, sem termos que pensar muito. De fato, ficamos tão envolvidos com as manipulações matemáticas que esquecemos de admirar essa maravilha.

7.2 Transformadas de Algumas Funções Úteis

Por conveniência, iremos apresentar uma notação compacta para funções de porta, triângulo e interpolação.

Função de Porta Unitária

Define-se a função de porta unitária ret (x) como um pulso retangular de altura unitária e largura unitária, centrada na origem, como ilustrado na Fig. 7.7a:[‡]

$$\text{ret}(x) = \begin{cases} 0 & |x| > \frac{1}{2} \\ \frac{1}{2} & |x| = \frac{1}{2} \\ 1 & |x| < \frac{1}{2} \end{cases} \qquad (7.18)$$

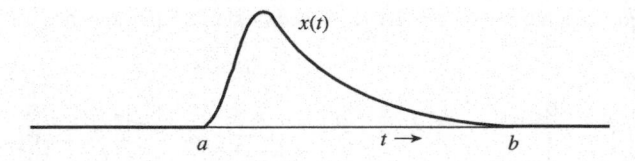

Figura 7.6 A maravilha da transformada de Fourier.

[†] Para reforçar que o espectro do sinal é uma função *densidade*, iremos sombrear o gráfico de $|X(\omega)|$ (como na Fig. 7.4b). A representação de $\angle X(\omega)$, entretanto, será por um gráfico de linha, principalmente para evitar uma possível confusão visual.

[‡] Para $|x| = 0{,}5$, precisamos que ret (x) = 0,5 porque a transformada de Fourier inversa de um sinal descontínuo converge para a média de seus dois valores na descontinuidade.

CAPÍTULO 7 ANÁLISE DE SINAIS NO TEMPO CONTÍNUO: A TRANSFORMADA DE FOURIER 607

(a)

(b)

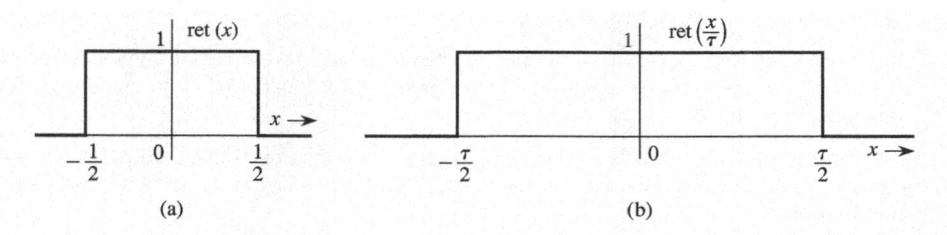

Figura 7.7 Um pulso de porta.

O pulso de porta da Fig. 7.7b é um pulso de porta unitário ret (x) expandido por um fator τ ao longo do eixo horizontal e, portanto, pode ser descrito por ret (x/τ) (veja a Seção 1.2-2). Observe que τ, o denominador do argumento de ret (x/τ), indica a largura do pulso.

FUNÇÃO TRIÂNGULO UNITÁRIO

Define-se a função triângulo unitário $\Delta(x)$ como um pulso triangular de altura e largura unitárias, centrada na origem, como mostrado na Fig. 7.8a.

$$\Delta(x) = \begin{cases} 0 & |x| \geq \frac{1}{2} \\ 1 - 2|x| & |x| < \frac{1}{2} \end{cases} \tag{7.19}$$

O pulso da Fig. 7.8 é $\Delta(x/\tau)$. Observe que, neste caso, tal como no pulso de porta, o denominador τ do argumento $\Delta(x/\tau)$ indica a largura do pulso.

FUNÇÃO INTERPOLAÇÃO sinc(x)

A função sen x/x é a função "seno sobre argumento" representada por sinc (x).[†] Essa função possui um importante papel no processamento de sinais. Ela também é chamada de *função de filtragem ou interpolação*. Define-se

$$\text{sinc}(x) = \frac{\text{sen } x}{x} \tag{7.20}$$

A inspeção da Eq. (7.20) mostra que:

1. sinc (x) é uma função par de x.
2. sinc $(x) = 0$ quando sen $x = 0$, exceto para $x = 0$, quando ela aparentemente é indeterminada. Isso significa que sinc $(x) = 0$ para $x = \pm\pi, \pm 2\pi, \pm 3\pi,...$

(a)

(b)

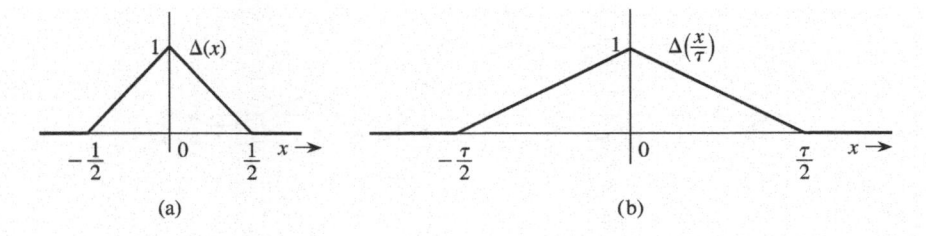

Figura 7.8 Um pulso triangular.

[†] sinc (x) também é representada por Sa (x) na literatura. Alguns autores definem sinc (x) por

$$\text{sinc}(x) = \frac{\text{sen } \pi x}{\pi x}$$

3. Usando a regra de L'Hôpital, obtemos sinc (0) = 1.

4. sinc (x) é o produto de um sinal oscilatório sen x (com período 2π) e uma função monotonicamente decrescente $1/x$. Portanto, sinc (x) exibe oscilações amortecidas com período 2π e amplitude decrescente continuamente com $1/x$.

A Fig. 7.9a mostra sinc (x). Observe que sinc (x) = 0 para valores de x que são múltiplos inteiros positivos e negativos de π. A Fig. 7.9b mostra sinc ($3\omega/7$). O argumento $3\omega/7 = \pi$ quando $\omega = 7\pi/3$. Portanto, o primeiro zero dessa função ocorre em $\omega = 7\pi/3$.

EXERCÍCIO E7.1
Trace.
(a) ret ($x/8$)
(b) $\Delta(\omega/10)$
(c) sinc ($3\pi\omega/2$)
(d) sinc (t) ret ($t/4\pi$)

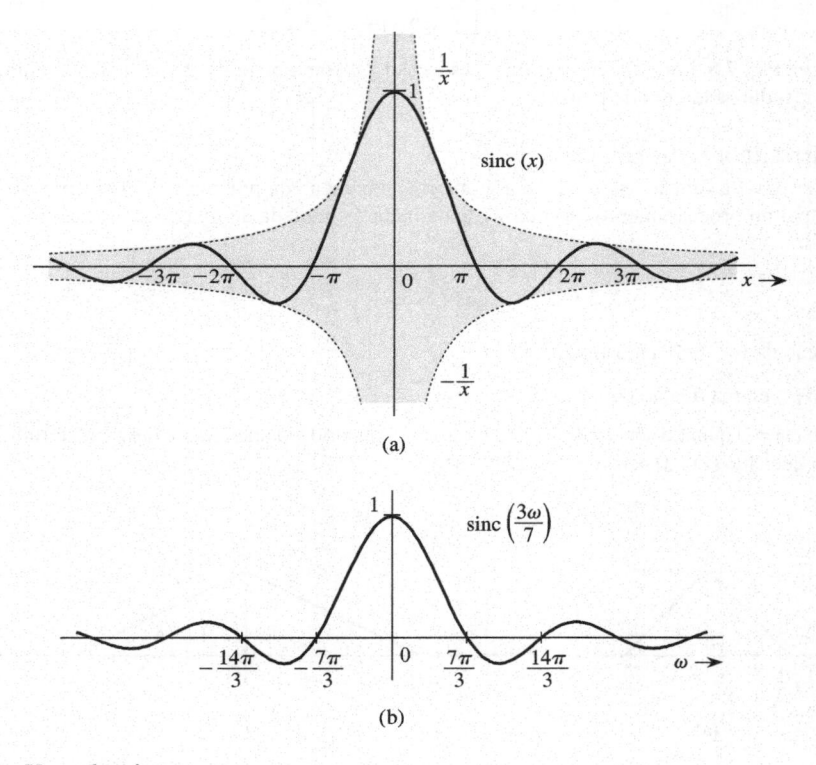

Figura 7.9 Um pulso sinc.

EXEMPLO 7.2

Obtenha a transformada de Fourier de $x(t) = \text{ret}(t/\tau)$ (Fig. 7.10a).

$$X(\omega) = \int_{-\infty}^{\infty} \text{ret}\left(\frac{t}{\tau}\right) e^{-j\omega t} dt$$

Como $\text{ret}(t/\tau) = 1$ para $|t| < \tau/2$ e zero para $|t| > \tau/2$,

$$X(\omega) = \int_{-\tau/2}^{\tau/2} e^{-j\omega t} dt$$

$$= -\frac{1}{j\omega}(e^{-j\omega\tau/2} - e^{j\omega\tau/2}) = \frac{2\text{sen}\left(\frac{\omega\tau}{2}\right)}{\omega}$$

$$= \tau \frac{\text{sen}\left(\frac{\omega\tau}{2}\right)}{\left(\frac{\omega\tau}{2}\right)} = \tau \,\text{sinc}\left(\frac{\omega\tau}{2}\right)$$

Portanto,

$$\text{ret}\left(\frac{t}{\tau}\right) \Longleftrightarrow \tau\,\text{sinc}\left(\frac{\omega\tau}{2}\right) \tag{7.21}$$

Lembre-se de que sinc $(x) = 0$ quando $x = \pm n\pi$. Logo, sinc $(\omega\tau/2) = 0$ quando $\omega\tau/2 = \pm n\pi$, ou seja, quando $\omega = \pm 2n\pi/\tau$, $(n = 1, 2, 3,...)$, como mostrado na Fig. 7.10b. A transformada de Fourier $X(\omega)$ mostrada na Fig. 7.10b possui valores positivos e negativos. Uma amplitude negativa pode ser considerada como uma amplitude positiva com fase de $-\pi$ ou π. Usamos essa observação para traçar o espectro de amplitude $|X(\omega)|$ = $|\text{sinc}(\omega\tau/2)|$ (Fig 7.10c) e o espectro de fase $\angle X(\omega)$ (Fig. 7.10d). O espectro de fase, o qual deve ser uma função ímpar de ω, pode ser desenhado por diversas outras formas porque um sinal negativo pode ser representado por uma fase de $\pm n\pi$, na qual n é qualquer inteiro ímpar. Todas as representações são equivalentes.

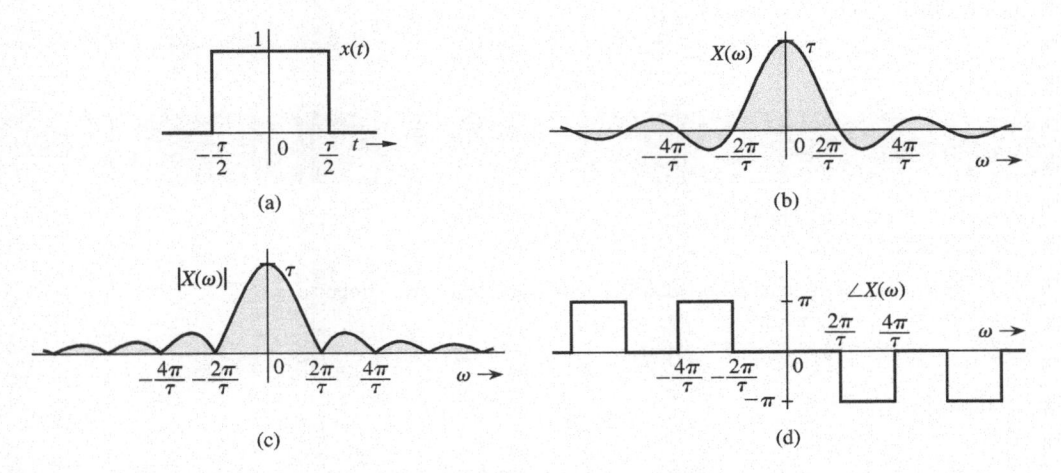

Figura 7.10 (a) Um pulso de porta $x(t)$, (b) seu espectro de Fourier $X(\omega)$, (c) seu espectro de amplitude $|X(\omega)|$, (d) seu espectro de fase $\angle X(\omega)$.

LARGURA DE FAIXA DE ret (t/τ)

O espectro de $X(\omega)$ da Fig. 7.10 possui um pico em $\omega = 0$ e decai para altas frequências. Portanto, ret (t/τ) é um sinal passa baixa com a maior parte da energia do sinal em componentes de baixa frequência. Estritamente falando, como o espectro se estende de 0 a ∞, a largura de faixa é ∞. Entretanto, grande parte do espectro é concentrado dentro do primeiro lóbulo (de $\omega = 0$ a $\omega = 2\pi/\tau$). Portanto, uma estimativa grosseira da largura de faixa de um pulso retangular com largura de τ segundos é $2\pi/\tau$ rad/s, ou $1/\tau$ Hz.[†] Note a relação recíproca entre a largura do pulso e sua largura de faixa. Iremos observar, posteriormente, que esse resultado geralmente é válido para todos os sinais.

EXEMPLO 7.3

Obtenha a transformada de Fourier par ao impulso unitário $\delta(t)$.

Usando a propriedade de amostragem do impulso [Eq. (1.24)], obtemos

$$\mathcal{F}[\delta(t)] = \int_{-\infty}^{\infty} \delta(t)e^{-j\omega t}dt = 1 \qquad (7.22a)$$

ou

$$\delta(t) \iff 1 \qquad (7.22b)$$

A Fig. 7.11 mostra $\delta(t)$ e seu espectro.

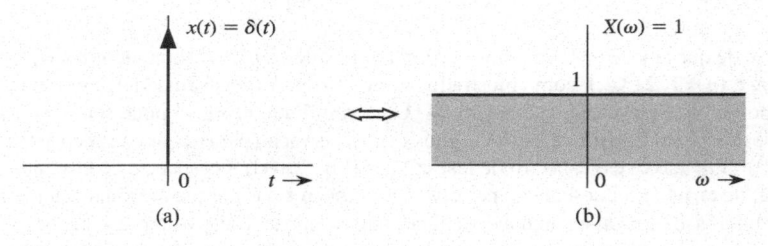

Figura 7.11 (a) Impulso unitário e (b) seu espectro de Fourier.

EXEMPLO 7.4

Obtenha a transformada de Fourier inversa de $\delta(\omega)$.

Com base na Eq. (7.8b) e na propriedade de amostragem da função impulso,

$$\mathcal{F}^{-1}[\delta(\omega)] = \frac{1}{2\pi}\int_{-\infty}^{\infty}\delta(\omega)e^{j\omega t}d\omega = \frac{1}{2\pi}$$

Portanto,

$$\frac{1}{2\pi} \iff \delta(\omega) \qquad (7.23a)$$

[†] Para calcular a largura de faixa, devemos considerar o espectro apenas para valores positivos de ω. Veja a discussão na Seção 6.3.

ou

$$1 \iff 2\pi\delta(\omega) \tag{7.23b}$$

Esse resultado mostra que o espectro de um sinal constante $x(t) = 1$ é um impulso $2\pi\delta(\omega)$, como ilustrado na Fig. 7.12.

O resultado [Eq. (7.23b)] poderia ter sido antecipado com base qualitativa. Lembre-se de que a transformada de Fourier de $x(t)$ é a representação espectral de $x(t)$ em termos de componentes exponenciais de duração infinita na forma $e^{j\omega t}$. Para representar um sinal constante $x(t) = 1$, precisamos de uma única exponencial de duração infinita $e^{j\omega t}$ com $\omega = 0$,[†] resultando em um espectro em uma única frequência $\omega = 0$. Outra forma de analisar essa situação é que $x(t) = 1$ é um sinal cc, o qual possui uma única frequência, $\omega = 0$ (cc).

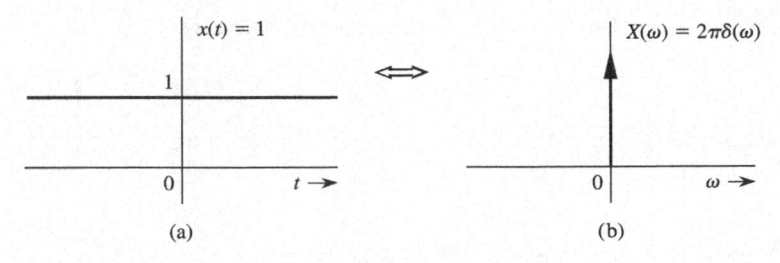

Figura 7.12 (a) Um sinal constante (cc) e (b) seu espectro de Fourier.

Se um impulso em $\omega = 0$ é o espectro de um sinal cc, o que um impulso em $\omega = \omega_0$ representará? Iremos responder essa questão no próximo exemplo.

EXEMPLO 7.5

Obtenha a transformada de Fourier inversa de $\delta(\omega - \omega_0)$.

Usando a propriedade de amostragem da função impulso, obtemos

$$\mathcal{F}^{-1}[\delta(\omega - \omega_0)] = \frac{1}{2\pi}\int_{-\infty}^{\infty}\delta(\omega - \omega_0)e^{j\omega t}\,d\omega = \frac{1}{2\pi}e^{j\omega_0 t}$$

Portanto,

$$\frac{1}{2\pi}e^{j\omega_0 t} \iff \delta(\omega - \omega_0)$$

ou

$$e^{j\omega_0 t} \iff 2\pi\delta(\omega - \omega_0) \tag{7.24a}$$

Esse resultado mostra que o espectro de uma exponencial de duração infinita $e^{j\omega_0 t}$ é um único impulso em $\omega = \omega_0$. Podemos obter a mesma conclusão usando motivos qualitativos. Para representar a expo-

---

[†] A constante multiplicativa 2π no espectro $[X(\omega) = 2\pi\delta(\omega)]$ pode confundir um pouco. Como $1 = e^{j\omega t}$ com $\omega = 0$, pode parecer que a transformada de Fourier de $x(t) = 1$ deve ser um impulso com força unitária, em vez de 2π. Lembre, entretanto, que na transformada de Fourier $x(t)$ é sintetizado por exponenciais não de amplitude $X(n\Delta\omega)\Delta\omega$ mas de amplitude $1/2\pi$ vezes $X(n\Delta\omega)\Delta\omega$, como visto na Eq. (7.66b). Se tivéssemos utilizado a variável f (hertz), em vez de ω, o espectro teria sido um impulso unitário puro.

nencial de duração infinita $e^{j\omega_0 t}$, precisamos de uma única exponencial de duração infinita $e^{j\omega t}$ com $\omega = \omega_0$. Portanto, o espectro é constituído por uma única componente na frequência $\omega = \omega_0$.

A partir da Eq. (7.24a), temos que

$$e^{-j\omega_0 t} \iff 2\pi\delta(\omega + \omega_0) \qquad (7.24b)$$

EXEMPLO 7.6

Obtenha a transformada de Fourier da senoide de duração infinita cos $\omega_0 t$ (Fig. 7.13a).

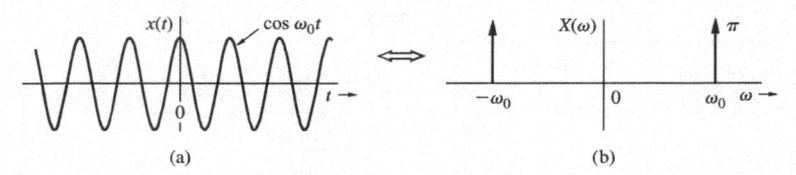

Figura 7.13 (a) Sinal cosseno e (b) seu espectro de Fourier.

Lembre-se da fórmula de Euler,

$$\cos \omega_0 t = \tfrac{1}{2}(e^{j\omega_0 t} + e^{-j\omega_0 t})$$

Adicionando as Eqs. (7.24a) e (7.24b) e usando o resultado anterior, obtemos

$$\cos \omega_0 t \iff \pi[\delta(\omega + \omega_0) + \delta(\omega - \omega_0)] \qquad (7.25)$$

O espectro de cos $\omega_0 t$ é constituído por dois impulsos em ω_0 e $-\omega_0$, como mostrado na Fig. 7.13b. O resultado também pode ser obtido usando motivos qualitativos. Uma senoide de duração infinita cos $\omega_0 t$ pode ser sintetizada por duas exponenciais de duração infinita, $e^{j\omega_0 t}$ e $e^{-j\omega_0 t}$. Portanto, o espectro de Fourier é constituído por apenas duas componentes de frequência ω_0 e $-\omega_0$.

EXEMPLO 7.7 (Transformada de Fourier de um Sinal Periódico)

Podemos utilizar a série de Fourier para descrever um sinal periódico pela soma de exponenciais na forma $e^{jn\omega_0 t}$, cuja transformada de Fourier é obtida na Eq. (7.24a). Logo, podemos obter facilmente a transformada de Fourier de um sinal periódico usando a propriedade da linearidade da Eq. (7.16).

A série de Fourier de um sinal periódico $x(t)$ com período T_0 é dada por

$$x(t) = \sum_{n=-\infty}^{\infty} D_n e^{jn\omega_0 t} \qquad \omega_0 = \frac{2\pi}{T_0}$$

Obtendo a transformada de Fourier dos dois lado, temos[†]

$$X(\omega) = 2\pi \sum_{n=-\infty}^{\infty} D_n \delta(\omega - n\omega_0) \qquad (7.26)$$

[†] Assumimos, aqui, que a propriedade da linearidade pode ser estendida para uma soma infinita.

CAPÍTULO 7   ANÁLISE DE SINAIS NO TEMPO CONTÍNUO: A TRANSFORMADA DE FOURIER   613

EXEMPLO 7.8

A série de Fourier para um trem de impulso unitário $\delta_{T_0}(t)$, mostrado na Fig. 7.14a, foi determinada no Exemplo 6.7. O coeficiente D_n de Fourier para esse sinal, visto na Eq. (6.37), é a constante $D_n = 1/T_0$.

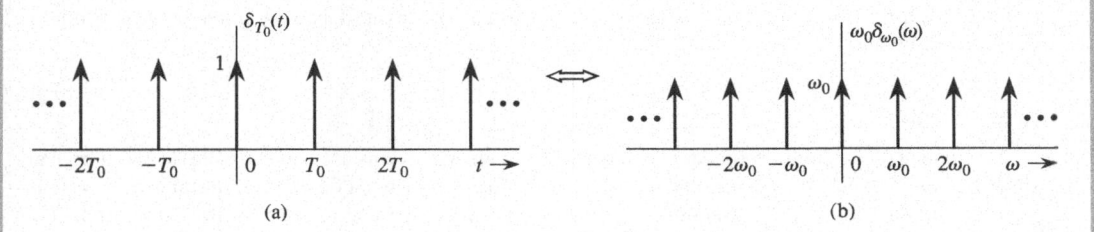

(a)   (b)

Figura 7.14 (a) Trem de impulso uniforme e (b) sua transformada de Fourier.

A partir da Eq. (7.26), a transformada de Fourier do trem de impulso unitário é

$$X(\omega) = \frac{2\pi}{T_0} \sum_{n=-\infty}^{\infty} \delta(\omega - n\omega_0) \quad \omega_0 = \frac{2\pi}{T_0}$$

$$= \omega_0 \delta_{\omega_0}(\omega) \tag{7.27}$$

O espectro correspondente é mostrado na Fig. 7.14b.

EXEMPLO 7.9

Obtenha a transformada de Fourier da função degrau unitário $u(t)$.

Se tentarmos obter a transformada de Fourier de $u(t)$ diretamente pela integração, teremos um resultado indeterminado porque

$$U(\omega) = \int_{-\infty}^{\infty} u(t) e^{-j\omega t} dt = \int_{0}^{\infty} e^{-j\omega t} dt = \left. \frac{-1}{j\omega} e^{-j\omega t} \right|_{0}^{\infty}$$

O limite superior de $e^{-j\omega t}$ quando $t \to \infty$ resulta em uma resposta indeterminada. Logo, abordamos esse problema considerando $u(t)$ como sendo a exponencial decrescente $e^{-at}u(t)$ no limite quando $a \to 0$ (Fig.7.15). Logo,

$$u(t) = \lim_{a \to 0} e^{-at} u(t)$$

e

$$U(\omega) = \lim_{a \to 0} \mathcal{F}\{e^{-at}u(t)\} = \lim_{a \to 0} \frac{1}{a + j\omega} \tag{7.28a}$$

Expressar o lado direito em termos de sua parte real e imaginária resulta em

$$U(\omega) = \lim_{a \to 0} \left[\frac{a}{a^2 + \omega^2} - j\frac{\omega}{a^2 + \omega^2} \right]$$

$$= \lim_{a \to 0} \left[\frac{a}{a^2 + \omega^2} \right] + \frac{1}{j\omega} \tag{7.28b}$$

A função $a/(a^2 + \omega^2)$ possui propriedades interessantes. Primeiro, a área sob essa função (Fig. 7.15b) é π, independente do valor de a:

$$\int_{-\infty}^{\infty} \frac{a}{a^2 + \omega^2} d\omega = \tan^{-1} \frac{\omega}{a} \Big|_{-\infty}^{\infty} = \pi$$

Segundo, quando $a \to 0$, esta função aproxima-se de zero para todo $\omega \neq 0$ e toda a sua área (π) estará concentrada em um único ponto $\omega = 0$. Claramente, quando $a \to 0$, essa função aproxima-se de um impulso com força π.[†] Portanto,

$$U(\omega) = \pi \delta(\omega) + \frac{1}{j\omega} \quad (7.29)$$

Note que $u(t)$ não é um "verdadeiro" sinal cc porque ele não é constante no intervalo de $-\infty$ a ∞. Para sintetizar um "verdadeiro" cc, seria necessária apenas uma exponencial de duração infinita em $\omega = 0$ (impulso em $\omega = 0$). O sinal $u(t)$ possui uma descontinuidade em $t = 0$. É impossível sintetizar tal sinal com uma única exponencial de duração infinita $e^{j\omega t}$. Para sintetizar esse sinal usando exponenciais de duração infinita, precisamos, além de um impulso em $\omega = 0$, de todas as componentes de frequência, como indicado pelo termo $1/j\omega$ da Eq. (7.29).

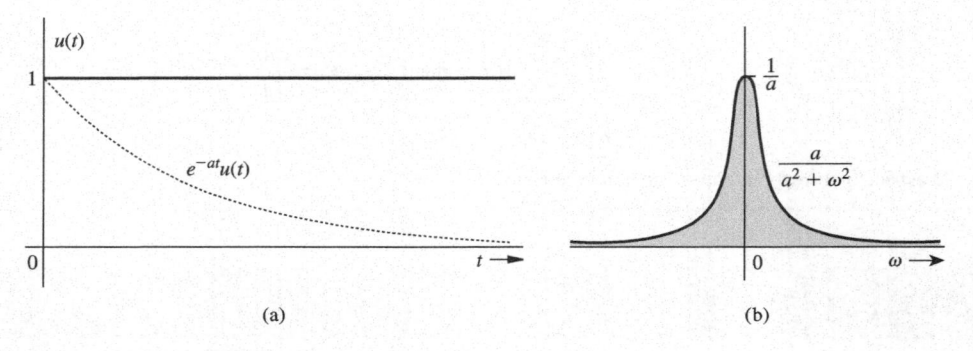

Figura 7.15 Obtenção da transformada de Fourier da função degrau.

EXEMPLO 7.10

Obtenha a transformada de Fourier da função sinal sgn (t), mostrada na Fig. 7.16.

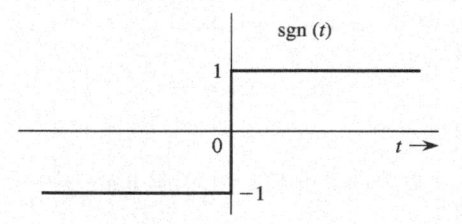

Figura 7.16

[†] O segundo termo do lado direito da Eq. (7.28b), sendo uma função ímpar de ω, possuirá área zero independente do valor de a. Quando $a \to 0$, o segundo termo aproxima-se de $1/j\omega$.

Observe que

$$\text{sgn}(t) + 1 = 2u(t) \implies \text{sgn}(t) = 2u(t) - 1$$

Usando os resultados das Eqs. (7.23b), (7.29) e a propriedade da linearidade, obtemos

$$\text{sgn}(t) \iff \frac{2}{j\omega} \tag{7.30}$$

EXERCÍCIO E7.2
Mostre que a transformada de Fourier inversa de $X(\omega)$ mostrada na Fig. 7.17 é $x(t) = (\omega_0/\pi)\,\text{sinc}\,(\omega_0 t)$. Trace $x(t)$.

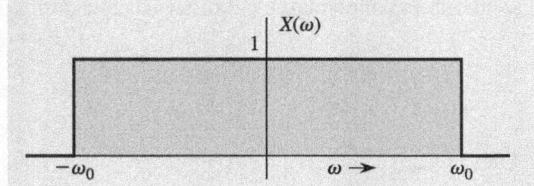

Figura 7.17

EXERCÍCIO E7.3
Mostre que $\cos(\omega_0 t + \theta) \iff \pi[\delta(\omega + \omega_0)e^{-j\theta} + \delta(\omega - \omega_0)e^{j\theta}]$.

7.2-1 Conexão entre as Transformadas de Fourier e Laplace
A transformada de Laplace geral (bilateral) de um sinal $x(t)$, de acordo com a Eq. (4.1) é

$$X(s) = \int_{-\infty}^{\infty} x(t)e^{-st}\,dt \tag{7.31a}$$

Fazendo $s = j\omega$ nessa equação temos

$$X(j\omega) = \int_{-\infty}^{\infty} x(t)e^{-j\omega t}\,dt \tag{7.31b}$$

na qual $X(j\omega) = X(s)|_{s=j\omega}$. Mas a integral do lado direito define $X(\omega)$, a transformada de Fourier de $x(t)$. Isso significa que a transformada de Fourier pode ser obtida da transformada de Laplace correspondente fazendo $s = j\omega$? Em outras palavras, é verdadeiro que $X(j\omega) = X(\omega)$? Sim e não. Sim, é verdadeiro na maioria dos casos. Por exemplo, quando $x(t) = e^{-at}u(t)$, sua transformada de Laplace é $1/(s+a)$ e $X(j\omega) = 1/(j\omega + a)$, a qual é igual a $X(\omega)$ (assumindo $a < 0$). Entretanto, para a função de grau unitário $u(t)$, a transformada de Laplace é

$$u(t) \iff \frac{1}{s} \quad \text{Re}\,s > 0$$

A transformada de Fourier é dada por

$$u(t) \iff \frac{1}{j\omega} + \pi\delta(\omega)$$

Obviamente, $X(j\omega) \neq X(\omega)$ neste caso.

Para compreender essa complicação, considere o fato de termos obtido $X(j\omega)$ fazendo $s = j\omega$ na Eq. (7.31a). Isso implica que a integral do lado direito da Eq. (7.31a) convirja para $s = j\omega$, significando que $s = j\omega$ (o eixo imaginário) esteja na RDC para $X(s)$. A regra geral é que quando a RDC de $X(s)$ inclui o eixo $j\omega$, podemos obter a transformada de Fourier $X(\omega)$ substituindo $s = j\omega$ em $X(s)$, ou seja, $X(j\omega) = X(\omega)$. Esse é o caso de $x(t)$ absolutamente integrável. Se a RDC de $X(s)$ exclui o eixo $j\omega$, então $X(j\omega) \neq X(\omega)$. Esse é o caso de $x(t)$ exponencialmente crescente ou constante ou oscilatório com amplitude constante.

A razão para esse comportamento peculiar tem algo a ver com a natureza da convergência tas integrais de Laplace e Fourier quando $x(t)$ não é absolutamente integrável.[†]

Esta discussão mostra que, apesar da transformada de Fourier poder ser considerada um caso especial da transformada de Laplace, precisamos limitar esse ponto de vista. Esse fato também pode ser visto da análise de que um sinal periódico possui transformada de Fourier, mas a transformada de Laplace dele não existe.

7.3 Algumas Propriedades da Transformada de Fourier

Iremos estudar, agora, algumas propriedades importantes da transformada de Fourier e suas implicações e aplicações. Já encontramos duas importantes propriedades, linearidade [Eq (7.16)] e propriedade do conjugado [Eq. (7.10)].

Antes de começarmos em nosso estudo, iremos explicar um aspecto importante e permissivo da transformada de Fourier: a dualidade tempo-frequência.

$$\int_{-\infty}^{\infty} x(t)e^{-j\omega t}dt$$

$x(t)$ $\qquad\qquad\qquad\qquad\qquad\qquad\qquad\qquad$ $X(\omega)$

$$\frac{1}{2\pi}\int_{-\infty}^{\infty} X(\omega)e^{j\omega t}d\omega$$

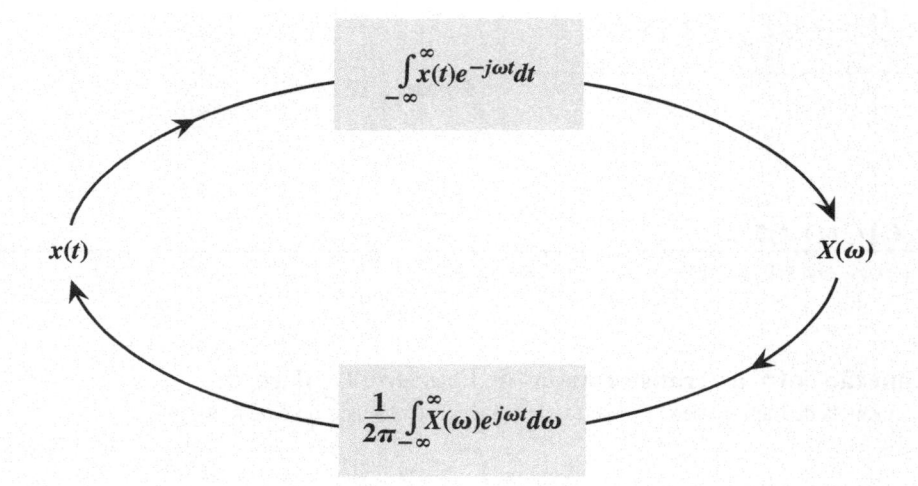

Figura 7.18 Uma quase simetria entre as transformadas direta e inversa de Fourier.

[†] Para explicar esse ponto, considere a função degrau unitário e suas transformadas. Tanto a transformada de Laplace quanto a transformada de Fourier sintetizam $x(t)$ usando exponenciais de duração infinita na forma e^{st}. A frequência s pode estar em qualquer lugar no plano complexo para a transformada de Laplace, mas ela deve ser restrita ao eixo $j\omega$ na transformada de Fourier. A função degrau unitário é facilmente sintetizada na transformada de Fourier por um espectro $X(s) = 1/s$ relativamente simples, no qual as frequências s são escolhidas no SPD [a região de convergência para $u(t)$ é $Re\ s > 0$]. Na transformada de Fourier, entretanto, estamos restritos aos valores de s apenas sobre o eixo $j\omega$. A função $u(t)$ ainda pode ser sintetizada por frequência ao longo do eixo $j\omega$, mas o espectro é mais complicado do que quando estamos livres para escolher frequências no SPD. Por outro lado, quando $x(t)$ é absolutamente integrável, a região de convergência da transformada de Laplace inclui o eixo $j\omega$ e podemos sintetizar $x(t)$ usando frequências ao longo do eixo $j\omega$ nas duas transformadas. Isso resulta em $X(j\omega) = X(\omega)$.

Podemos explicar esse conceito pelo exemplo de dois países, X e Y. Suponha que esses países queiram construir represas similares em seus respectivos territórios. O país X possui os recursos financeiros, mas não possui muito recurso humano. Por outro lado, Y possui um considerável recurso humano, mas pouco recurso financeiro. As represas ainda serão construídas em seus países, apesar dos métodos utilizados serem diferentes. O país X irá utilizar um maquinário muito eficiente, mas muito caro para compensar a falta de recurso humano, enquanto que Y irá utilizar os equipamentos mais baratos possíveis em uma abordagem de trabalho humano intensivo em seu projeto. Similarmente, tanto a integral de Fourier quanto Laplace convergem para $u(t)$, mas a matéria prima dos componentes utilizados para sintetizar $u(t)$ serão muito diferentes nos dois casos, devido às restrições da transformada de Fourier, as quais não estão presentes na transformada de Laplace.

DUALIDADE TEMPO-FREQUÊNCIA NAS OPERAÇÕES DE TRANSFORMAÇÃO

As Eqs. (7.8) mostram um fato interessante: as operações de transformação direta e inversa são bastante similares. Essas operações, necessárias para ir de $x(t)$ para $X(\omega)$ e de $X(\omega)$ para $x(t)$, estão mostradas graficamente na Fig. 7.18. A equação da transformada inversa pode ser obtida da equação de transformada direta substituindo $x(t)$ por $X(\omega)$, t por ω e ω por t. De forma similar, podemos obter a transformada direta da inversa. Existem apenas duas pequenas diferenças nessas operações: o fator 2π aparece apenas no operador inverso e o índice das exponenciais nas duas operações possuem sinais opostos. Caso contrário, as duas equações são duais uma da outra.[†] Essa observação possui consequências de longo alcance no estudo da transformada de Fourier. Ela é a base para a chamada dualidade de tempo e frequência. *O princípio da dualidade pode ser comparado com uma fotografia e seu negativo. Uma fotografia pode ser obtida de seu negativo, e usando um procedimento idêntico, um negativo pode ser obtido da fotografia.* Para qualquer resultado ou relação entre $x(t)$ e $X(\omega)$, existe um resultado ou relação dual obtido trocando os papéis de $x(t)$ e $X(\omega)$ no resultado original (juntamente com alguma pequena modificação em função do fator 2π e da mudança de sinal). Por exemplo, a propriedade de deslocamento no tempo, a ser provada posteriormente, afirma que se $x(t) \Leftrightarrow X(\omega)$, então

$$x(t - t_0) \iff X(\omega)e^{-j\omega t_0}$$

A dual dessa propriedade (propriedade de deslocamento na frequência) afirma que

$$x(t)e^{j\omega_0 t} \iff X(\omega - \omega_0)$$

Observe a inversão de papel entre tempo e frequência nessas duas equações (com a pequena diferença de mudança de sinal no índice da exponencial). O valor desse princípio está no fato de que *sempre que obtivermos qualquer resultado, poderemos ter a certeza que ele possui um dual*. Essa possibilidade viabiliza uma percepção valiosa sobre várias propriedades ou resultados escondidos no processamento de sinais.

As propriedades da transformada de Fourier são úteis não somente na obtenção das transformadas direta e inversa de várias funções, mas também na obtenção de vários resultados importantes no processamento de sinais. O leitor não deve esquecer de observar a sempre presente dualidade em nossas discussões.

LINEARIDADE

A propriedade da linearidade [Eq. (7.16)] já foi apresentada.

CONJUGAÇÃO E SIMETRIA DE CONJUGADO

A propriedade do conjugado, a qual já foi apresentada, afirma que se $x(t) \Leftrightarrow X(\omega)$, então

$$x^*(t) \iff X^*(-\omega)$$

Desta propriedade, obtemos a propriedade da simetria de conjugado, que também já foi apresentada anteriormente, a qual afirma que se $x(t)$ é real, então

$$X(-\omega) = X^*(\omega)$$

DUALIDADE

A propriedade da dualidade afirma que se

$$x(t) \iff X(\omega)$$

então

$$X(t) \iff 2\pi x(-\omega) \tag{7.32}$$

[†] Das duas diferenças, a primeira pode ser eliminado mudando a variável de ω para f (em hertz). Neste caso, $\omega = 2\pi f$ e $d\omega = 2\pi\, df$. Portanto, as transformadas direta e inversa são dadas por

$$X(2\pi f) = \int_{-\infty}^{\infty} x(t)e^{-j2\pi ft}\, dt \quad \text{e} \quad x(t) = \int_{-\infty}^{\infty} X(2\pi f)e^{j2\pi ft}\, df$$

Isso deixa apenas uma diferença significativa, a mudança de sinal do índice das exponenciais.

Prova. Da Eq. (7.8b) podemos escrever,

$$x(t) = \frac{1}{2\pi} \int_{-\infty}^{\infty} X(u)e^{jut}\, du$$

Logo

$$2\pi x(-t) = \int_{-\infty}^{\infty} X(u)e^{-jut}\, du$$

Trocando t por ω obtemos a Eq. (7.32).

EXEMPLO 7.11

Neste exemplo, iremos aplicar a propriedade da dualidade [Eq. (7.32)] para o par da Fig. 7.19a.

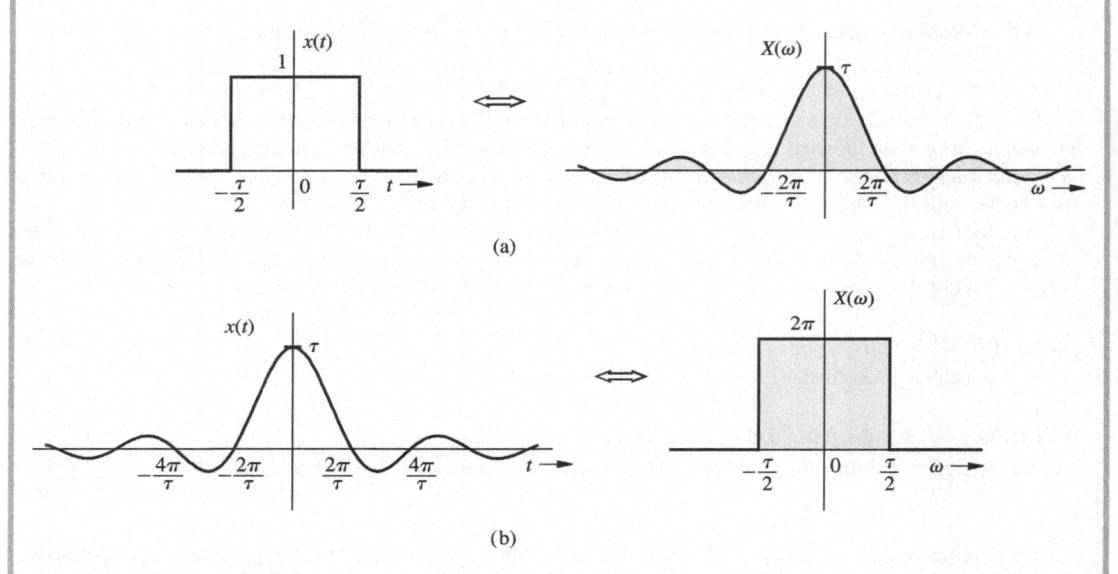

Figura 7.19 Propriedade da dualidade da transformada de Fourier.

Da Eq. (7.21), temos que

$$\underbrace{\text{ret}\left(\frac{t}{\tau}\right)}_{x(t)} \iff \underbrace{\tau \,\text{sinc}\left(\frac{\omega\tau}{2}\right)}_{X(\omega)}$$

Além disso, $X(t)$ é o mesmo que $X(\omega)$ com ω substituído por t, e $x(-\omega)$ é o mesmo que $x(t)$ com t substituído por $-\omega$. Portanto, a propriedade da dualidade (7.32) resulta em

$$\underbrace{\tau \,\text{sinc}\left(\frac{\tau t}{2}\right)}_{X(t)} \iff \underbrace{2\pi \,\text{ret}\left(\frac{-\omega}{\tau}\right)}_{2\pi x(-\omega)} = 2\pi\,\text{ret}\left(\frac{\omega}{\tau}\right) \tag{7.33}$$

Na Eq. (7.33), utilizamos o fato de que ret $(-x)$ = ret (x) porque ret é uma função par. A Fig. 7.19b mostra esse par graficamente. Observe a troca nos papéis de t e ω (com o pequeno ajuste do fator 2π). Esse resultado aparece como par 18 da Tabela 7.1 (com $\tau/2 = W$).

Como um interessante exercício, o leitor deve gerar o dual de cada par da Tabela 7.1 aplicando a propriedade da dualidade.

Tabela 7.1 Transformadas de Fourier

Nº	$x(t)$	$X(\omega)$	
1	$e^{-at}u(t)$	$\dfrac{1}{a+j\omega}$	$a>0$
2	$e^{at}u(-t)$	$\dfrac{1}{a-j\omega}$	$a>0$
3	$e^{-a|t|}$	$\dfrac{2a}{a^2+\omega^2}$	$a>0$
4	$te^{-at}u(t)$	$\dfrac{1}{(a+j\omega)^2}$	$a>0$
5	$t^n e^{-at}u(t)$	$\dfrac{n!}{(a+j\omega)^{n+1}}$	$a>0$
6	$\delta(t)$	1	
7	1	$2\pi\delta(\omega)$	
8	$e^{j\omega_0 t}$	$2\pi\delta(\omega-\omega_0)$	
9	$\cos\omega_0 t$	$\pi[\delta(\omega-\omega_0)+\delta(\omega+\omega_0)]$	
10	$\operatorname{sen}\omega_0 t$	$j\pi[\delta(\omega+\omega_0)-\delta(\omega-\omega_0)]$	
11	$u(t)$	$\pi\delta(\omega)+\dfrac{1}{j\omega}$	
12	$\operatorname{sgn} t$	$\dfrac{2}{j\omega}$	
13	$\cos\omega_0 t\, u(t)$	$\dfrac{\pi}{2}[\delta(\omega-\omega_0)+\delta(\omega+\omega_0)]+\dfrac{j\omega}{\omega_0^2-\omega^2}$	
14	$\operatorname{sen}\omega_0 t\, u(t)$	$\dfrac{\pi}{2j}[\delta(\omega-\omega_0)-\delta(\omega+\omega_0)]+\dfrac{\omega_0}{\omega_0^2-\omega^2}$	
15	$e^{-at}\operatorname{sen}\omega_0 t\, u(t)$	$\dfrac{\omega_0}{(a+j\omega)^2+\omega_0^2}$	$a>0$
16	$e^{-at}\cos\omega_0 t\, u(t)$	$\dfrac{a+j\omega}{(a+j\omega)^2+\omega_0^2}$	$a>0$
17	$\operatorname{ret}\left(\dfrac{t}{\tau}\right)$	$\tau\operatorname{sinc}\left(\dfrac{\omega\tau}{2}\right)$	
18	$\dfrac{W}{\pi}\operatorname{sinc}(Wt)$	$\operatorname{ret}\left(\dfrac{\omega}{2W}\right)$	
19	$\Delta\left(\dfrac{t}{\tau}\right)$	$\dfrac{\tau}{2}\operatorname{sinc}^2\left(\dfrac{\omega\tau}{4}\right)$	
20	$\dfrac{W}{2\pi}\operatorname{sinc}^2\left(\dfrac{Wt}{2}\right)$	$\Delta\left(\dfrac{\omega}{2W}\right)$	
21	$\displaystyle\sum_{n=-\infty}^{\infty}\delta(t-nT)$	$\omega_0\displaystyle\sum_{n=-\infty}^{\infty}\delta(\omega-n\omega_0)$	$\omega_0=\dfrac{2\pi}{T}$
22	$e^{-t^2/2\sigma^2}$	$\sigma\sqrt{2\pi}\,e^{-\sigma^2\omega^2/2}$	

EXERCÍCIO E7.4

Aplique a propriedade da dualidade aos pares 1, 3 e 9 (Tabela 71) para mostrar que
- (a) $1/(jt + a) \iff 2\pi e^{a\omega} u(-\omega)$
- (b) $2a/(t^2 + a^2) \iff 2\pi e^{-a|\omega|}$
- (c) $\delta(t + t_0) + \delta(t - t_0) \iff 2\cos t_0\omega$

PROPRIEDADE DE ESCALAMENTO
Se

$$x(t) \iff X(\omega)$$

então, para qualquer constante real a,

$$x(at) \iff \frac{1}{|a|} X\left(\frac{\omega}{a}\right) \qquad (7.34)$$

Prova. Para uma constante real positiva a,

$$\mathcal{F}[x(at)] = \int_{-\infty}^{\infty} x(at) e^{-j\omega t} dt$$

$$= \frac{1}{a} \int_{-\infty}^{\infty} x(u) e^{(-j\omega/a)u} du = \frac{1}{a} X\left(\frac{\omega}{a}\right)$$

Similarmente, podemos demonstrar que se $a < 0$,

$$x(at) \iff \frac{-1}{a} X\left(\frac{\omega}{a}\right)$$

Desta forma obtemos a Eq. (7.34).

SIGNIFICADO DA PROPRIEDADE DE ESCALAMENTO

A função $x(at)$ representa a função $x(t)$ comprimida no tempo pelo fator a (veja a Seção 1.2-2). Similarmente, a função $X(\omega/a)$ representa a função $X(\omega)$ expandida na frequência pelo mesmo fator a. *A propriedade de escalamento afirma que a compressão no tempo de um sinal resulta na expansão do seu espectro e a expansão no tempo de um sinal resulta na compressão de seu espectro.* Intuitivamente, a compressão no tempo pelo fator a significa que o sinal está variando mais rápido, pelo fator a.[†] Para sintetizar esse sinal, as frequências de suas componentes senoidais devem ser aumentadas por um fator a, implicando a expansão do seu espectro pelo fator a. Similarmente, um sinal expandido no tempo varia mais lentamente, logo as frequências de suas componentes são diminuídas, implicando a compressão de seu espectro de frequência. Por exemplo, o sinal $\cos 2\omega_0 t$ é o mesmo que o sinal $\cos \omega_0 t$ comprimido no tempo por um fator 2. Obviamente, o espectro do primeiro (impulso em $\pm 2\omega_0$) é uma versão expandida do espectro do último (impulso em $\pm \omega_0$). O efeito desse escalamento está demonstrado na Fig. 7.20.

RECIPROCIDADE DA DURAÇÃO DO SINAL E SUA LARGURA DE FAIXA

A propriedade de escalamento implica que se $x(t)$ for alargado, seu espectro é estreitado, e vice-versa. Dobrando a duração do sinal, dividimos pela metade sua largura de faixa, e vice-versa. Isso sugere que a largura de faixa de um sinal é inversamente proporcional à duração ou largura (em segundos) do sinal.[‡] Já verificamos esse

---

[†] Estamos assumindo que $a > 1$, apesar do argumento ainda ser válido se $a < 1$. Neste caso, a compressão se torna uma expansão por um fator $1/a$ e vice-versa.
[‡] Quando um sinal possui duração infinita, devemos considerar sua duração efetiva ou equivalente. Não existe uma única definição de duração efetiva do sinal. Uma possível definição é dada pela Eq. (2.67).

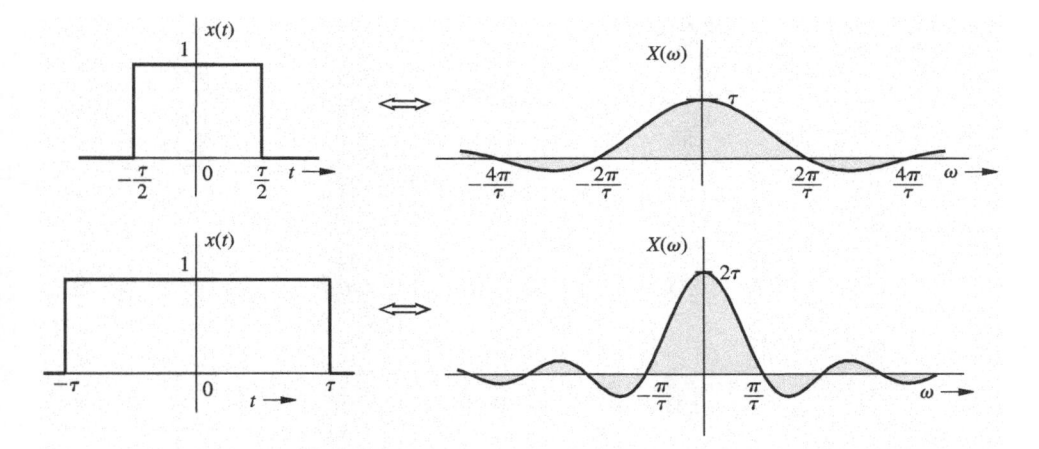

Figura 7.20 Propriedade de escalamento da transformada de Fourier.

fato para o pulso de porta, quando obtivemos que a largura de faixa de um pulso de porta com largura τ segundos é $1/\tau$ Hz. Mais discussões sobre esse interessante tópico podem ser encontradas na literatura.[2]

Fazendo $a = -1$ na Eq. (7.34), obtemos a *propriedade de inversão do tempo e frequência*:

$$x(-t) \Longleftrightarrow X(-\omega) \qquad (7.35)$$

EXEMPLO 7.12

Obtenha as transformadas de Fourier de $e^{at}u(-t)$ e $e^{-a|t|}$.

A aplicação da Eq. (7.35) ao par 1 (Tabela 7.1) resulta em

$$e^{at}u(-t) \Longleftrightarrow \frac{1}{a - j\omega} \qquad a > 0$$

Além disso,

$$e^{-a|t|} = e^{-at}u(t) + e^{at}u(-t)$$

Portanto,

$$e^{-a|t|} \Longleftrightarrow \frac{1}{a + j\omega} + \frac{1}{a - j\omega} = \frac{2a}{a^2 + \omega^2} \qquad a > 0 \qquad (7.36)$$

O sinal $e^{-a|t|}$ e seu espectro estão mostrados na Fig. 7.21.

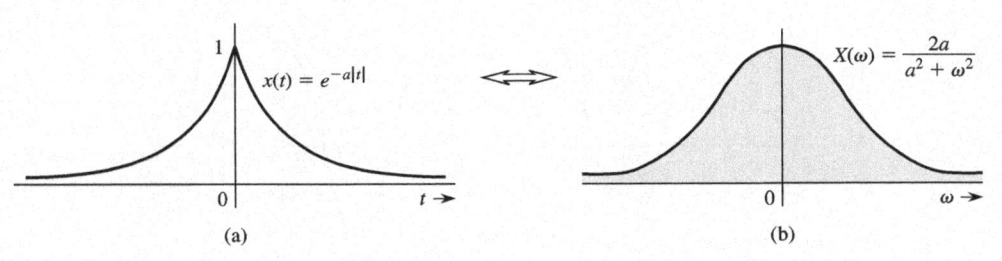

Figura 7.21 (a) $e^{-a|t|}$ e (b) seu espectro de Fourier.

Propriedade de Deslocamento no Tempo
Se
$$x(t) \iff X(\omega)$$
então
$$x(t - t_0) \iff X(\omega)e^{-j\omega t_0} \tag{7.37a}$$

Prova. Pela definição,
$$\mathcal{F}[x(t - t_0)] = \int_{-\infty}^{\infty} x(t - t_0)e^{-j\omega t}\, dt$$

Fazendo $t - t_0 = u$, temos
$$\mathcal{F}[x(t - t_0)] = \int_{-\infty}^{\infty} x(u)e^{-j\omega(u+t_0)}\, du$$
$$= e^{-j\omega t_0} \int_{-\infty}^{\infty} x(u)e^{-j\omega u}\, du = X(\omega)e^{-j\omega t_0} \tag{7.37b}$$

Esse resultado mostra que *atrasar um sinal por t_0 segundos não altera seu espectro de amplitude. O espectro de fase, entretanto, é alterado por* $-\omega t_0$.

Explicação Física da Fase Linear

O atraso de tempo em um sinal causa um deslocamento de fase em seu espectro. Esse resultado também pode ser obtido usando razões heurísticas. Imagine $x(t)$ sendo sintetizado por suas componentes de Fourier, as quais são senoides de certa amplitude e fase. O sinal atrasado $x(t - t_0)$ pode ser sintetizado pelas mesmas componentes senoidais, cada uma atrasada por t_0 segundos. As amplitudes das componentes permanecem inalteradas. Portanto, o espectro de amplitude de $x(t - t_0)$ é idêntico ao de $x(t)$. O atraso de tempo de t_0 em cada senoide, entretanto, altera a fase de cada componente. Agora, a senoide $\cos \omega t$ atrasada por t_0 é dada por

$$\cos \omega (t - t_0) = \cos (\omega t - \omega t_0)$$

Portanto, um atraso de tempo de t_0 em uma senoide de frequência ω é manifestado como um atraso de fase de ωt_0. Isso é uma função linear de ω, significando que as componentes de alta frequência devem resultar em um deslocamento de fase proporcionalmente maior para obter o mesmo atraso de tempo. Esse efeito é mostrado na Fig. 7.22 com duas senoides, a frequência da senoide inferior é o dobro da senoide superior. O mesmo atraso de

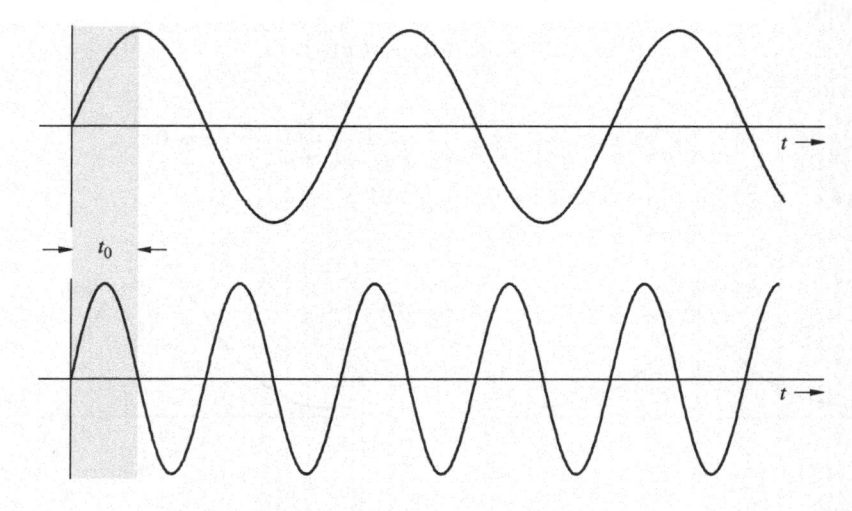

Figura 7.22 Explicação física da propriedade de deslocamento no tempo.

tempo t_0 resulta em um deslocamento de fase de $\pi/2$ na senoide superior e em um deslocamento de fase de π na senoide inferior. Isso comprova o fato de que *para obter um mesmo atraso de tempo, senoides de mais alta frequência devem sofrer um deslocamento de fase proporcionalmente maior*. O princípio do deslocamento de fase linear é muito importante e iremos encontrá-lo novamente em transmissão de sinal sem distorção e aplicações de filtragem.

EXEMPLO 7.13

Obtenha a transformada de Fourier de $e^{-a|t-t_0|}$.

Essa função, mostrada na Fig. 7.23a, é uma versão deslocada no tempo de $e^{-a|t|}$ (mostrada na Fig. 7.21a). A partir das Eqs. (7.36) e (7.37), temos

$$e^{-a|t-t_0|} \iff \frac{2a}{a^2 + \omega^2} e^{-j\omega t_0} \tag{7.38}$$

O espectro de $e^{-a|t-t_0|}$ (Fig. 7.23b) é o mesmo de $e^{-a|t|}$ (Fig. 7.21b), exceto pelo deslocamento de fase adicional de $-\omega t_0$.

Observe que o deslocamento de tempo t_0 resulta em um espectro de fase linear $-\omega t_0$. Este exemplo demonstra claramente o efeito do deslocamento no tempo.

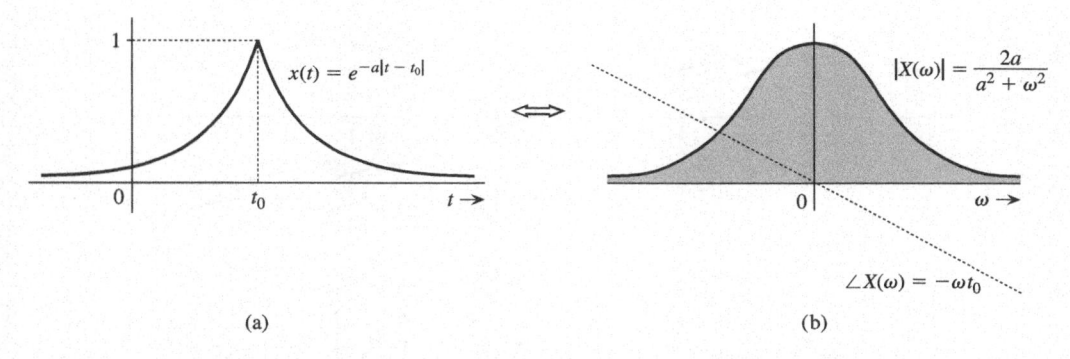

Figura 7.23 Efeito do deslocamento no tempo no espectro de Fourier de um sinal.

EXEMPLO 7.14

Obtenha a transformada de Fourier do pulso de porta $x(t)$ ilustrado na Fig. 7.24a.

O pulso $x(t)$ é o pulso de porta ret (t/τ) da Fig. 7.10 atrasado por $3\tau/4$ segundos. Logo, de acordo com a Eq. (7.37a), sua transformada de Fourier é a transformada de Fourier de ret (t/τ) multiplicada por $e^{-j\omega(3\tau/4)}$. Portanto,

$$X(\omega) = \tau \operatorname{sinc}\left(\frac{\omega\tau}{2}\right) e^{-j\omega(3\tau/4)}$$

O espectro de amplitude $|X(\omega)|$ (mostrado na Fig. 7.24b) do pulso é o mesmo do indicado na Fig. 7.10c. Mas o espectro de fase possui um termo linear adicionado igual a $-3\omega\tau/4$. Logo, o espectro de fase de $x(t)$ (Fig. 7.24a) é idêntico ao da Fig. 7.10 mais um termo linear $-3\omega\tau/4$, como mostrado na Fig. 7.24c.

Espectro de Fase Usando Valores Principais

Existe uma forma alternativa para a representação de $\angle X(\omega)$. O ângulo de fase calculado por uma calculadora ou usando uma sub-rotina em um computador geralmente é o valor principal (valor módulo 2π) do ângulo de fase, o qual sempre está na faixa de $-\pi$ a π. Por exemplo, o valor principal do ângulo $3\pi/2$ é $-\pi/2$, e assim por diante. O valor principal difere do valor real por $\pm 2\pi$ (e seus múltiplos inteiros) de forma que garanta que o valor principal permaneça entre $-\pi$ a π. Portanto, o valor principal irá mostrar descontinuidades de $\pm 2\pi$ sempre que a fase real cruzar $\pm \pi$. O gráfico de fase da Fig. 7.24c é redesenhado na Fig. 7.24d usando apenas os valores principais da fase. Esse padrão de fase, o qual apresenta descontinuidades de fase de magnitudes 2π e π, se torna repetitivo a intervalos de $\omega = 8\pi/\tau$.

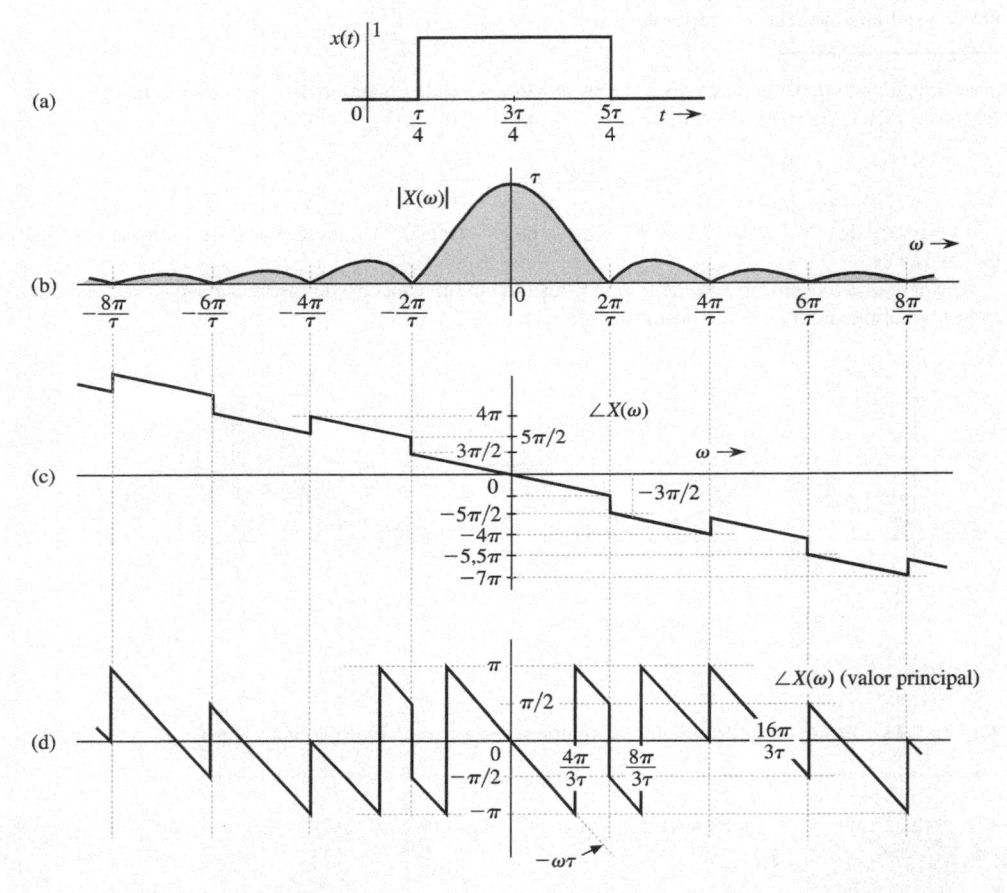

Figura 7.24 Outro exemplo de deslocamento no tempo e seu efeito no espectro de Fourier de um sinal.

EXERCÍCIO E7.5

Usando o par 18 da Tabela 7.1 e a propriedade de deslocamento no tempo, mostre que a transformada de Fourier de sinc $[\omega_0(t-T)]$ é (π/ω_0) ret $(\omega/2\omega_0)e^{-j\omega T}$. Trace o espectro de amplitude e fase da transformada de Fourier.

Propriedade de Deslocamento na Frequência
Se
$$x(t) \iff X(\omega)$$
então,
$$x(t)e^{j\omega_0 t} \iff X(\omega - \omega_0) \quad (7.39)$$

Prova. Pela definição

$$\mathcal{F}[x(t)e^{j\omega_0 t}] = \int_{-\infty}^{\infty} x(t)e^{j\omega_0 t}e^{-j\omega t}\,dt = \int_{-\infty}^{\infty} x(t)e^{-j(\omega-\omega_0)t}\,dt = X(\omega - \omega_0)$$

De acordo com essa propriedade, a multiplicação de um sinal por um fator $e^{j\omega_0 t}$ desloca o espectro do sinal por $\omega = \omega_0$. Note a dualidade entre as propriedades de deslocamento no tempo e deslocamento na frequência.

Trocando ω_0 por $-\omega_0$ na Eq. (7.39) resulta em

$$x(t)e^{-j\omega_0 t} \iff X(\omega + \omega_0) \quad (7.40)$$

Como $e^{j\omega_0 t}$ não é uma função real que pode ser gerada, o deslocamento na frequência na prática é obtido multiplicando $x(t)$ por uma senoide. Observe que

$$x(t)\cos\omega_0 t = \tfrac{1}{2}[x(t)e^{j\omega_0 t} + x(t)e^{-j\omega_0 t}]$$

A partir das Eqs. (7.39) e (7.40), temos

$$x(t)\cos\omega_0 t \iff \tfrac{1}{2}[X(\omega - \omega_0) + X(\omega + \omega_0)] \quad (7.41)$$

Esse resultado mostra que a multiplicação de um sinal $x(t)$ por uma senoide de frequência ω_0 desloca o espectro $X(\omega)$ por $\pm\omega_0$, como mostrado na Fig. 7.25.

A multiplicação de uma senoide por cos $\omega_0 t$ por $x(t)$ resulta em uma senoide modulada em amplitude. Esse tipo de modulação é chamado de *modulação em amplitude*. A senoide cos $\omega_0 t$ é chamada de *portadora*, o sinal $x(t)$ é o *sinal modulante* e o sinal $x(t)$ cos $\omega_0 t$ é o *sinal modulado*. Mais discussões sobre modulação e demodulação serão feitas na Seção 7.7

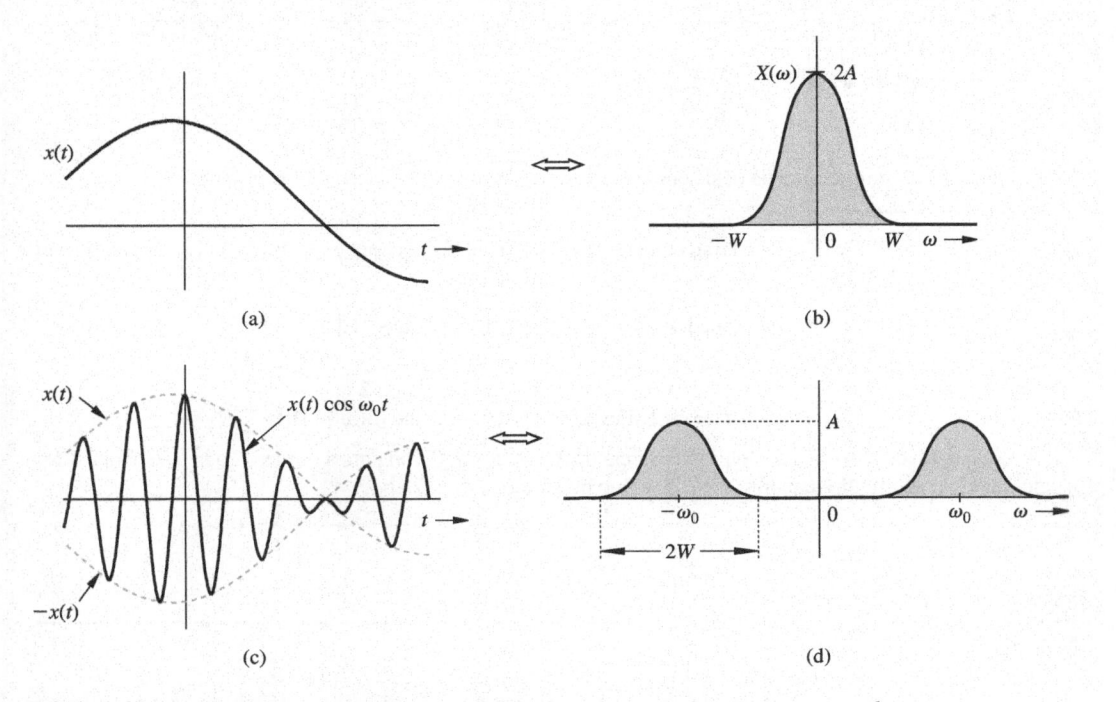

Figura 7.25 A modulação em amplitude de um sinal resulta no deslocamento espectral.

$$x(t)\cos \omega_0 t = \begin{cases} x(t) & \text{quando } \cos \omega_0 t = 1 \\ -x(t) & \text{quando } \cos \omega_0 t = -1 \end{cases}$$

Portanto, $x(t) \cos \omega_0 t$ toca $x(t)$ quando a senoide $\cos \omega_0 t$ está em seu pico positivo e toca $-x(t)$ quando $\cos \omega_0 t$ está em seu pico negativo. Isso significa que $x(t)$ e $-x(t)$ funcionam como envelopes para o sinal $x(t) \cos \omega_0 t$ (veja a Fig. 7.25). O sinal $-x(t)$ é uma imagem espelhada de $x(t)$ com relação ao eixo horizontal. A Fig. 7.25 mostra os sinais $x(t)$ e $x(t) \cos \omega_0 t$ e seus espectros.

EXEMPLO 7.15

Determine e trace a transformada de Fourier do sinal modulado $x(t) \cos 10t$ no qual $x(t)$ é um pulso de porta ret $(t/4)$ como ilustrado na Fig. 7.26a.

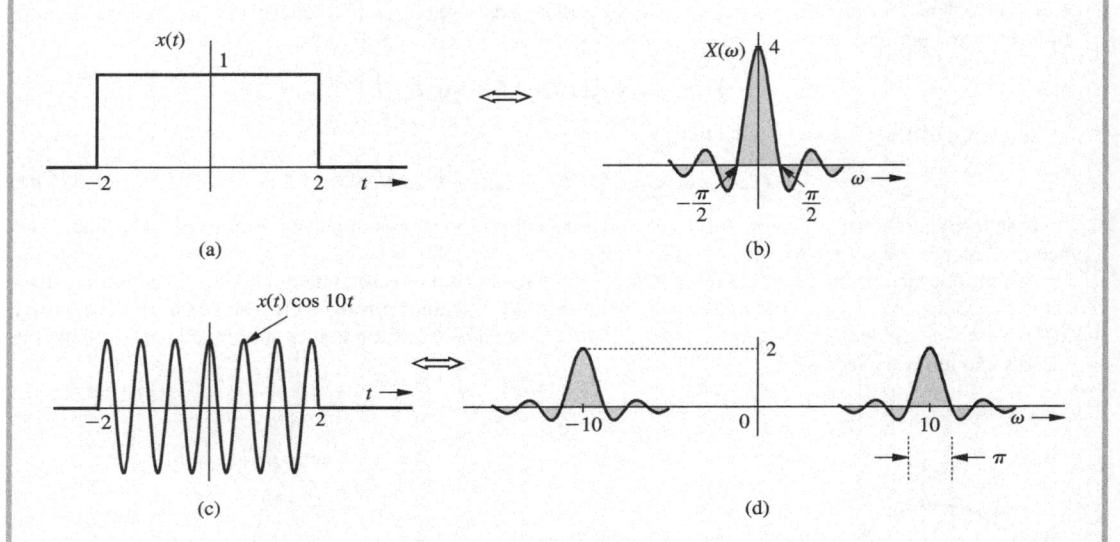

Figura 7.26 Um exemplo de deslocamento espectral usando modulação em amplitude.

A partir do par 17 (Tabela 7.1), temos que ret $(t/4) \Leftrightarrow 4 \operatorname{sinc}(2\omega)$, o que é mostrado na Fig. 7.26b. A partir da Eq. (7.41), obtemos

$$x(t) \cos 10t \Longleftrightarrow \tfrac{1}{2}[X(\omega + 10) + X(\omega - 10)]$$

Neste caso, $X(\omega) = 4 \operatorname{sinc}(2\omega)$. Portanto,

$$x(t) \cos 10t \Longleftrightarrow 2 \operatorname{sinc}[2(\omega + 10)] + 2 \operatorname{sinc}[2(\omega - 10)]$$

O espectro de $x(t) \cos 10t$ é obtido deslocando $X(\omega)$ da Fig. 7.26b para a esquerda por 10 e para a direita por 10 e, então, multiplicando-o por 0,5, como mostrado na Fig. 7.26d.

EXERCÍCIO E7.6

Mostre que

$$x(t) \cos(\omega_0 t + \theta) \Longleftrightarrow \tfrac{1}{2}\left[X(\omega - \omega_0)e^{j\theta} + X(\omega + \omega_0)e^{-j\theta}\right]$$

EXERCÍCIO E7.7

Trace o sinal $e^{-|t|}\cos 10t$. Determine a transformada de Fourier deste sinal e trace seu espectro.

RESPOSTA

$$X(\omega) = \frac{1}{(\omega - 10)^2 + 1} + \frac{1}{(\omega + 10)^2 + 1}$$

Veja a Fig. 7.21b para o espectro de $e^{-a|t|}$.

APLICAÇÃO DA MODULAÇÃO

A modulação é útil no deslocamento do espectro do sinal. Algumas situações que necessitam de um deslocamento espectral são apresentadas a seguir.

1. Se vários sinais, todos ocupando a mesma faixa de frequência, são transmitidos simultaneamente em uma mesma mídia de transmissão, eles irão interferir um no outro. Será impossível separar ou recuperá-los no receptor. Por exemplo, se todas as estações de rádio decidissem transmitir sinais de áudio simultaneamente, o receptor não seria capaz de distingui-los. Esse problema é resolvido usando a modulação. Para isso, cada estação de rádio possui uma frequência de portador distinta e cada estação transmite um sinal modulado. Esse procedimento desloca o espectro do sinal para sua banda alocada, a qual não é ocupada por nenhuma outra estação. Um receptor de rádio pode escolher qualquer estação sintonizando na banda da estação desejada. O receptor deve, então, demodular o sinal recebido (desfazendo o efeito da modulação). A demodulação, portanto, consiste em outro deslocamento espectral necessário para restaurar o sinal a sua banda original. Note que tanto a modulação quanto a demodulação implementam o deslocamento espectral. Consequentemente, a operação de demodulação é similar à modulação (veja a Seção 7.7).

   Esse método de transmissão de vários sinais simultaneamente em um canal compartilhando sua faixa de frequência é chamado de *multiplexação por divisão de* frequência (FDM*).

O velho é ouro, mas algumas vezes é ouro dos tolos

---

* N. de T.: *Frequency-division multiplexing.*

2. Para uma irradiação efetiva da potência em um *link* de rádio, o tamanho da antena deve ser da ordem do comprimento de onda do sinal a ser irradiado. As frequências de áudio são tão baixas (comprimentos de onda muito grandes) que antenas enormes, impraticáveis, seriam necessárias para a irradiação. Logo, deslocar o espectro para uma frequência mais alta (comprimento de onda menor) pela modulação resolve o problema.

CONVOLUÇÃO

A propriedade de convolução no tempo e sua dual, a propriedade de convolução na frequência, afirma que se

$$x_1(t) \Longleftrightarrow X_1(\omega) \quad \text{e} \quad x_2(t) \Longleftrightarrow X_2(\omega)$$

então

$$x_1(t) * x_2(t) \Longleftrightarrow X_1(\omega)X_2(\omega) \quad \text{(convolução no tempo)} \tag{7.42}$$

e

$$x_1(t)x_2(t) \Longleftrightarrow \frac{1}{2\pi}X_1(\omega) * X_2(\omega) \quad \text{(convolução na frequência)} \tag{7.43}$$

Prova. Pela definição

$$\mathcal{F}[x_1(t) * x_2(t)] = \int_{-\infty}^{\infty} e^{-j\omega t} \left[\int_{-\infty}^{\infty} x_1(\tau) x_2(t-\tau) \, d\tau \right] dt$$

$$= \int_{-\infty}^{\infty} x_1(\tau) \left[\int_{-\infty}^{\infty} e^{-j\omega t} x_2(t-\tau) \, dt \right] d\tau$$

A integral interna é a transformada de Fourier de $x_2(t-\tau)$, dada por [propriedade de deslocamento no tempo da Eq. (7.37)] $X_2(\omega)e^{-j\omega\tau}$. Logo,

$$\mathcal{F}[x_1(t) * x_2(t)] = \int_{-\infty}^{\infty} x_1(\tau) e^{-j\omega\tau} X_2(\omega) \, d\tau = X_2(\omega) \int_{-\infty}^{\infty} x_1(\tau) e^{-j\omega\tau} d\tau = X_1(\omega)X_2(\omega)$$

seja $H(\omega)$ a transformada de Fourier da resposta ao impulso unitário $h(t)$, ou seja,

$$h(t) \Longleftrightarrow H(\omega) \tag{7.44a}$$

A aplicação da propriedade de convolução no tempo a $y(t) = x(t)*h(t)$ resulta em (assumindo que tanto $x(t)$ quanto $h(t)$ possuem suas transformadas de Fourier)

$$Y(\omega) = X(\omega)H(\omega) \tag{7.44b}$$

A propriedade de convolução na frequência (7.43) pode ser provada exatamente da mesma forma simplesmente pela alteração dos papéis de $x(t)$ e $X(\omega)$.

EXEMPLO 7.16

Utilize a propriedade de convolução no tempo para mostrar que se

$$x(t) \Longleftrightarrow X(\omega)$$

então

$$\int_{-\infty}^{t} x(\tau) \, d\tau \Longleftrightarrow \frac{X(\omega)}{j\omega} + \pi X(0)\delta(\omega) \tag{7.45}$$

Como

$$u(t-\tau) = \begin{cases} 1 & \tau \leq t \\ 0 & \tau > t \end{cases}$$

temos que

$$x(t) * u(t) = \int_{-\infty}^{\infty} x(\tau)u(t-\tau)\,d\tau = \int_{-\infty}^{t} x(\tau)\,d\tau$$

Agora, da propriedade de convolução no tempo [Eq. (7.42)], temos que

$$x(t) * u(t) = \int_{-\infty}^{t} x(\tau)\,d\tau \iff X(\omega)\left[\frac{1}{j\omega} + \pi\delta(\omega)\right]$$

$$= \frac{X(\omega)}{j\omega} + \pi X(0)\delta(\omega)$$

Na obtenção do último resultado a Eq. (1.23a) foi utilizada.

EXERCÍCIO E7.8

Utilize a propriedade da convolução no tempo para mostrar que $x(t)*\delta(t) = x(t)$.

EXERCÍCIO E7.9

Utilize a propriedade de convolução no tempo para mostrar que

$$e^{-at}u(t) * e^{-bt}u(t) = \frac{1}{b-a}[e^{-at} - e^{-bt}]u(t)$$

DIFERENCIAÇÃO E INTEGRAÇÃO NO TEMPO
Se

$$x(t) \iff X(\omega)$$

então

$$\frac{dx}{dt} \iff j\omega X(\omega) \quad \text{(deferenciação no tempo)}^{\dagger} \qquad (7.46)$$

e

$$\int_{-\infty}^{t} x(\tau)\,d\tau \iff \frac{X(\omega)}{j\omega} + \pi X(0)\delta(\omega) \quad \text{(integração no tempo)} \qquad (7.47)$$

Prova. A diferenciação dos dois lados da Eq. (7.8b) resulta em

$$\frac{dx}{dt} = \frac{1}{2\pi}\int_{-\infty}^{\infty} j\omega X(\omega)e^{j\omega t}\,d\omega$$

Esse resultado mostra que

[†] Válido apenas se a transformada de dx/dt existir. Em outras palavras, dx/dt deve satisfazer as condições de Dirichlet. A primeira condição de Dirichlet implica

$$\int_{-\infty}^{\infty} \left|\frac{dx}{dt}\right|\,dt < \infty$$

Também precisamos que $x(t) \to 0$ quando $t \to \pm\infty$. Caso contrário $x(t)$ possuirá uma componente cc, a qual será perdida na diferenciação e, portanto, não existirá uma relação de um-para-um entre $x(t)$ e dx/dt.

$$\frac{dx}{dt} \iff j\omega X(\omega)$$

A aplicação repetida dessa propriedade leva a

$$\frac{d^n x}{dt^n} \iff (j\omega)^n X(\omega) \qquad (7.48)$$

A propriedade de integração no tempo [Eq. (7.47)] já foi provada no Exemplo 7.16. As propriedades da transformada de Fourier estão resumidas na Tabela 7.2.

Tabela 7.2 Operações da transformada de Fourier

Operação	$x(t)$	$X(\omega)$
Multiplicação escalar	$kx(t)$	$kX(\omega)$
Adição	$x_1(t) + x_2(t)$	$X_1(\omega) + X_2(\omega)$
Conjugado	$x^*(t)$	$X^*(-\omega)$
Dualidade	$X(t)$	$2\pi x(-\omega)$
Escalonamento (a real)	$x(at)$	$\frac{1}{|a|}X\left(\frac{\omega}{a}\right)$
Deslocamento no tempo	$x(t - t_0)$	$X(\omega)e^{-j\omega t_0}$
Deslocamento na frequência (ω_0 real)	$x(t)e^{j\omega_0 t}$	$X(\omega - \omega_0)$
Convolução no tempo	$x_1(t) * x_2(t)$	$X_1(\omega)X_2(\omega)$
Convolução na frequência	$x_1(t)x_2(t)$	$\frac{1}{2\pi}X_1(\omega) * X_2(\omega)$
Diferenciação no tempo	$\frac{d^n x}{dt^n}$	$(j\omega)^n X(\omega)$
Integração no tempo	$\int_{-\infty}^{t} x(u)\,du$	$\frac{X(\omega)}{j\omega} + \pi X(0)\delta(\omega)$

EXEMPLO 7.17

Utilize a propriedade de diferenciação no tempo para obter a transformada de Fourier do pulso triangular $\Delta(t/\tau)$ apresentado na Fig. 7.27a.

Para determinarmos a transformada de Fourier desse pulso, iremos diferenciar o pulso sucessivamente, como mostrado na Fig. 7.27b e 7.27c. Como dx/dt é uma constante, sua derivada, d^2x/dt^2, é zero. Mas dx/dt possui descontinuidades com um salto positivo de $2/\tau$ em $t = \pm\tau/2$ e um salto negativo de $4/\tau$ em $t = 0$. Lembre que a derivada de um sinal em um salto de descontinuidade é um impulso naquele ponto de força igual ao total do salto. Logo, d^2x/dt^2, a derivada de dx/dt, é constituída por uma sequência de impulsos, como mostrado na Fig. 7.27c, ou seja,

$$\frac{d^2 x}{dt^2} = \frac{2}{\tau}\left[\delta\left(t + \frac{\tau}{2}\right) - 2\delta(t) + \delta\left(t - \frac{\tau}{2}\right)\right] \qquad (7.49)$$

Usando a propriedade de diferenciação no tempo [Eq. (7.46)],

$$\frac{d^2 x}{dt^2} \iff (j\omega)^2 X(\omega) = -\omega^2 X(\omega) \qquad (7.50a)$$

Além disso, da propriedade de deslocamento no tempo [Eq. (7.37b)]

$$\delta(t - t_0) \iff e^{-j\omega t_0} \qquad (7.50b)$$

Obtendo a transformada de Fourier da Eq. (7.49) e usando os resultados das Eqs. (7.50), obtemos

$$-\omega^2 X(\omega) = \frac{2}{\tau}\left[e^{j(\omega\tau/2)} - 2 + e^{-j(\omega\tau/2)}\right] = \frac{4}{\tau}\left(\cos\frac{\omega\tau}{2} - 1\right) = -\frac{8}{\tau}\operatorname{sen}^2\left(\frac{\omega\tau}{4}\right)$$

e

$$X(\omega) = \frac{8}{\omega^2\tau}\operatorname{sen}^2\left(\frac{\omega\tau}{4}\right) = \frac{\tau}{2}\left[\frac{\operatorname{sen}\left(\frac{\omega\tau}{4}\right)}{\frac{\omega\tau}{4}}\right]^2 = \frac{\tau}{2}\operatorname{sinc}^2\left(\frac{\omega\tau}{4}\right) \qquad (7.51)$$

O espectro $X(\omega)$ é mostrado na Fig. 7.27d. Esse procedimento de obtenção da transformada de Fourier pode ser aplicado a qualquer função $x(t)$ constituída de segmentos de linha reta com $x(t) \to 0$ quanto $|t| \to \infty$. A segunda derivada de tal sinal resulta em uma sequência de impulsos cuja transformada de Fourier pode ser obtida por inspeção. Esse exemplo sugere um método numérico de determinação da transformada de Fourier de um sinal arbitrário $x(t)$ através da aproximação do sinal por segmentos de linha reta.

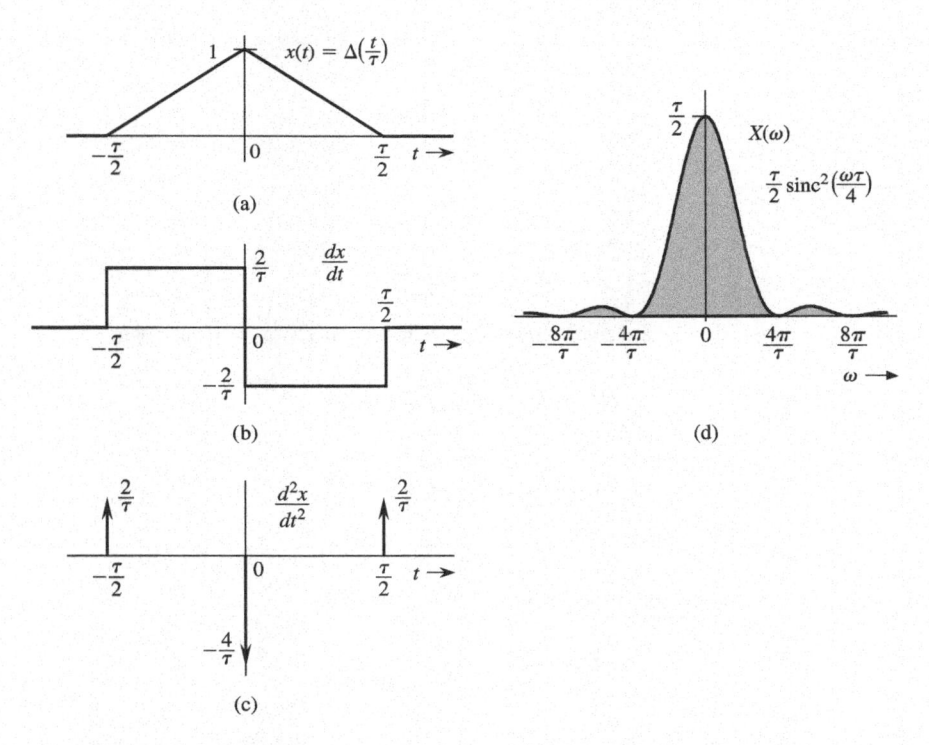

Figura 7.27 Obtenção da transformada de Fourier de um sinal por partes (linhas retas) usando a propriedade de diferenciação no tempo.

EXERCÍCIO E7.10

Utilize a propriedade de diferenciação no tempo para obter a transformada de Fourier de ret (t/τ).

7.4 Transmissão de Sinal Através de Sistemas LCIT

Se $x(t)$ e $y(t)$ são a entrada e saída de um sistema LCIT com resposta $h(t)$ ao impulso, então, como demonstrado na Eq. (7.44b)

$$Y(\omega) = H(\omega)X(\omega) \tag{7.52}$$

Essa equação não se aplica a sistemas (assintoticamente) instáveis porque $h(t)$ para tais sistemas não possui transformada de Fourier. Ela se aplica a sistemas BIBO estáveis e para a maioria de sistemas marginalmente estáveis.[†] Além disso, a própria entrada $x(t)$ deve possuir a transformada de Fourier se quisermos utilizar a Eq. (7.52).

No Capítulo 4, vimos que a transformada de Laplace é mais versátil e capaz de analisar todos os tipos de sistemas LCIT, sendo eles estáveis, instáveis ou marginalmente estáveis. A transformada de Laplace também pode trabalhar com entradas exponencialmente crescentes. Em comparação com a transformada de Laplace, a transformada de Fourier na análise de sistemas não é apenas deselegante, mas também muito restritiva. Logo, a transformada de Laplace é preferida frente à transformada de Fourier na análise de sistemas LCIT. Dessa forma, não iremos explicar com detalhes a aplicação da transformada de Fourier na análise de sistemas LCIT. Iremos considerar apenas um exemplo.

EXEMPLO 7.18

Determine a resposta de estado nulo do sistema LCIT estável com resposta em frequência[‡]

$$H(s) = \frac{1}{s+2}$$

sendo a entrada $x(t) = e^{-t}u(t)$.

Neste caso,

$$X(\omega) = \frac{1}{j\omega + 1}$$

Além disso, como o sistema é estável, a resposta em frequência $H(j\omega) = H(\omega)$. Logo,

$$H(\omega) = H(s)|_{s=j\omega} = \frac{1}{j\omega + 2}$$

Portanto,

$$Y(\omega) = H(\omega)X(\omega)$$
$$= \frac{1}{(j\omega + 2)(j\omega + 1)}$$

Expandindo o lado direito em frações parciais, obtemos

$$Y(\omega) = \frac{1}{j\omega + 1} - \frac{1}{j\omega + 2}$$

e

$$y(t) = (e^{-t} - e^{-2t})u(t)$$

[†] Para sistemas marginalmente estáveis, se a entrada $x(t)$ contiver uma senoide de amplitude finita na frequência natural do sistema, o que resultará em ressonância, a saída não possui transformada de Fourier. Ela se aplica, entretanto, a sistemas marginalmente estáveis se a entrada não contiver uma senoide de amplitude finita na frequência natural do sistema.
[‡] A estabilidade implica que a região de convergência de $H(s)$ inclua o eixo $j\omega$.

EXERCÍCIO E7.11

Para o sistema do Exemplo 7.18, mostre que a resposta de estado nulo a entrada $e^{t}u(-t)$ é $y(t) = 1/3[e^{t}u(-t) + e^{-2t}u(t)]$ [Dica: utilize o par 2 (Tabela 7.1) para determinar a transformada de Fourier de $e^{t}u(-t)$.]

ENTENDIMENTO HEURÍSTICO DA RESPOSTA DE SISTEMA LINEAR

Na determinação da resposta de um sistema linear a uma entrada arbitrária, o método no domínio do tempo utiliza a integral de convolução e o método no domínio da frequência utiliza a integral de Fourier. Apesar das aparentes diferenças dos dois métodos, suas filosofias são surpreendentemente similares. No caso do domínio do tempo, expressamos a entrada $x(t)$ pela soma de suas componentes impulsivas. No caso do domínio da frequência, a entrada é descrita pela soma de exponenciais (ou senoides) de duração infinita. No primeiro caso, a resposta $y(t)$ obtida pelo somatório das respostas do sistema às componentes impulsivas resulta na integral de convolução. No domínio da frequência, a resposta obtida pelo somatório da resposta do sistema às componentes exponenciais de duração infinita resulta na integral de Fourier. Essas ideias podem ser descritas matematicamente como apresentado a seguir:

1. Para o caso no domínio do tempo,

$$\delta(t) \implies h(t) \qquad \text{mostra que a resposta ao impulso do sistema é } h(t)$$

$$x(t) = \int_{-\infty}^{\infty} x(\tau)\delta(t-\tau)\,d\tau \qquad \text{descreve } x(t) \text{ pela soma de componentes impulsivos}$$

e

$$y(t) = \int_{-\infty}^{\infty} x(\tau)h(t-\tau)\,d\tau \qquad \text{descreve } y(t) \text{ como sendo a soma das respostas as componentes impulsivas da entrada } x(t)$$

2. Para o caso no domínio da frequência,

$$e^{j\omega t} \implies H(\omega)e^{j\omega t} \qquad \text{mostra que a resposta do sistema } e^{j\omega t} \text{ é } H(\omega)e^{j\omega t}$$

$$x(t) = \frac{1}{2\pi}\int_{-\infty}^{\infty} X(\omega)e^{j\omega t}\,d\omega \qquad \text{mostra } x(t) \text{ como sendo a soma de componentes exponenciais da duração infinita}$$

e

$$y(t) = \frac{1}{2\pi}\int_{-\infty}^{\infty} X(\omega)H(\omega)e^{j\omega t}\,d\omega \qquad \text{descreve } y(t) \text{ como sendo a soma das respostas às componentes exponenciais da entrada } x(t)$$

O ponto de vista do domínio da frequência "enxerga" o sistema em termos de sua resposta em frequência (resposta do sistema a várias componentes senoidais). Ele enxerga um sinal como a soma de várias componentes senoidais. A transmissão de um sinal de entrada através de um sistema (linear) é vista como a transmissão de várias componentes senoidais da entrada através do sistema.

Não é por coincidência que utilizamos a função impulso na análise no domínio do tempo e a exponencial $e^{j\omega t}$ no estudo no domínio da frequência. As duas funções são duais uma da outra. Portanto, a transformada de Fourier de um impulso $\delta(t-\tau)$ é $e^{-j\omega\tau}$ e a transformada de Fourier de $e^{j\omega_0 t}$ é um impulso $2\pi\delta(\omega-\omega_0)$. Essa *dualidade tempo-frequência* é um tema constante na transformada de Fourier e sistemas lineares.

7.4-1 Distorção do Sinal Durante a Transmissão

Para um sistema com resposta em frequência $H(\omega)$, se $X(\omega)$ e $Y(\omega)$ são o espectro dos sinais de entrada e saída, respectivamente, então

$$Y(\omega) = X(\omega)H(\omega) \tag{7.53}$$

A transmissão de um sinal de entrada $x(t)$ através desse sistema o altera para o sinal de saída $y(t)$. A Eq. (7.53) mostra a natureza dessa mudança ou modificação. Aqui, $X(\omega)$ e $Y(\omega)$ são o espectro da entrada e da saída, respectivamente. Portanto, $H(\omega)$ é a resposta espectral do sistema. O espectro de saída é obtido pelo espectro de entrada multiplicado pela resposta espectral do sistema. A Eq. (7.53), a qual mostra claramente a formatação (ou modificação) espectral do sinal pelo sistema, pode ser descrita na forma polar por

$$|Y(\omega)|e^{j\angle Y(\omega)} = |X(\omega)||H(\omega)|e^{j[\angle X(\omega)+\angle H(j\omega)]}$$

Portanto,

$$|Y(\omega)| = |X(\omega)||H(\omega)| \tag{7.54a}$$

$$\angle Y(\omega) = \angle X(\omega) + \angle H(\omega) \tag{7.54b}$$

Durante a transmissão, o espectro de amplitude do sinal $|X(\omega)|$ é alterado para $|X(\omega)||H(\omega)|$. Similarmente, o espectro de fase do sinal de entrada $\angle X(\omega)$ é alterado para $\angle X(\omega) + \angle H(\omega)$. Uma componente espectral do sinal de frequência ω é modificada em amplitude pelo fator $|H(\omega)|$ e deslocado em fase por um ângulo $\angle H(\omega)$. Claramente, $|H(\omega)|$ é a resposta em amplitude e $\angle H(\omega)$ é a resposta em fase do sistema. Os gráficos de $|H(\omega)|$ e $\angle H(\omega)$ como funções de ω mostram rapidamente como o sistema modifica as amplitudes e fases das várias entradas senoidais. Essa é a razão pela qual $H(\omega)$ também é chamado de *resposta em frequência* do sistema. Durante a transmissão através do sistema, algumas componentes de frequência podem ser amplificadas em amplitude, enquanto que outras podem ser atenuadas. As fases relativas das várias componentes também são alteradas. Em geral, a forma de onda da saída será diferente da forma de onda da entrada.

Transmissão Sem Distorção

Em várias aplicações, tal como a amplificação de sinais ou a transmissão de sinais de mensagem em um canal de comunicação, precisamos que a forma de onda de saída seja uma réplica da forma de onda de entrada. Em tais casos, precisamos minimizar a distorção causada pelo amplificador ou pelo canal de comunicação. Portanto, é de interesse prático determinar as características de um sistema que permita a passagem de um sinal sem distorção (*transmissão sem distorção*).

A transmissão é dita ser sem distorção se a entrada e a saída possuírem formas de onda idênticas, diferenciando por uma constante multiplicativa. Uma saída atrasada que mantém a forma de onda da entrada também é considerada como sem distorção. Portanto, na transmissão sem distorção, a entrada $x(t)$ e a saída $y(t)$ satisfazem a condição

$$y(t) = G_0 x(t - t_d) \tag{7.55}$$

A transformada de Fourier dessa equação resulta em

$$Y(\omega) = G_0 X(\omega) e^{-j\omega t_d}$$

Mas

$$Y(\omega) = X(\omega) H(\omega)$$

Portanto,

$$H(\omega) = G_0 e^{-j\omega t_d}$$

Essa é a resposta em frequência necessária para um sistema para a transmissão sem distorção. A partir dessa equação temos,

$$|H(\omega)| = G_0 \tag{7.56a}$$

$$\angle H(\omega) = -\omega t_d \tag{7.56b}$$

Esse resultado mostra que para a transmissão sem distorção, a resposta em amplitude $|H(\omega)|$ deve ser uma constante e a resposta em fase $\angle H(\omega)$ deve ser uma função linear de ω com inclinação $-t_d$, na qual t_d é o atraso da saída com relação a entrada (Fig. 7.28).

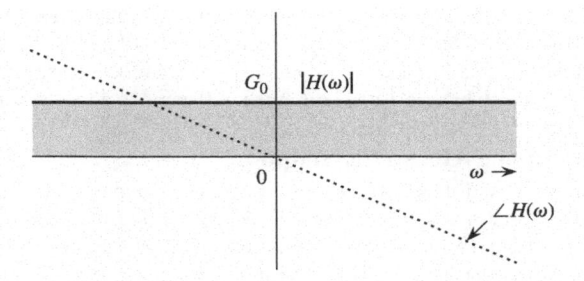

Figura 7.28 Resposta em frequência de um sistema LCIT para a transmissão sem distorção.

MEDIDA DA VARIAÇÃO DO ATRASO DE TEMPO COM A FREQUÊNCIA

O ganho $|H(\omega)| = G_0$ significa que toda componente espectral é multiplicada pela constante G_0. Também em conexão com o que foi visto na Fig. 7.22, uma fase linear $\angle H(\omega) = -\omega t_d$ significa que toda componente espectral é atrasada por t_d segundos. Isso resulta em um sinal de saída igual a G_0 vezes a componente espectral atrasada por t_d segundos. Como cada componente espectral é atenuada pelo mesmo fator (G_0) e atrasada exatamente pelo mesmo total (t_d), o sinal de saída será uma réplica da entrada (a não ser pelo fator de atenuação G_0 e pelo atraso t_d).

Para uma transmissão sem distorção, precisamos de uma característica de *fase linear*. A fase não é apenas função de ω, mas também deve cruzar a origem em $\omega = 0$. Na prática, vários sistemas possuem uma característica de fase que pode ser apenas aproximadamente linear. Uma forma conveniente de julgar a linearidade da fase é obter o gráfico da inclinação de $\angle H(\omega)$ em função da frequência. Essa inclinação, a qual é uma constante para um sistema ideal de fase linear (IFL), é uma função de ω no caso geral e pode ser descrita por

$$t_g(\omega) = -\frac{d}{d\omega}\angle H(\omega) \qquad (7.57)$$

Se $t_g(\omega)$ for constante, todas as componentes serão atrasadas pelo mesmo intervalo de tempo t_g. Mas se a inclinação não for constante, o atraso de tempo t_g varia com a frequência. Essa variação significa que componentes de frequência diferentes sofrerão atrasos de tempo diferentes e, consequentemente, a forma de onda de saída não será uma réplica da forma de onda de entrada. Como veremos, $t_g(\omega)$ possui um importante papel em sistema passa faixa, sendo chamado de *atraso de grupo* ou atraso de *envelope*. Observe que t_d constante [Eq. (7.56b)] implica t_g constante. Note que $\angle H(\omega) = \phi_0 - \omega t_g$ também possui uma constante t_g. Logo, um atraso constante de grupo é uma condição mais relaxada.

Geralmente se pensa (erroneamente) que somente uma resposta em amplitude $|H(\omega)|$ plana pode garantir a qualidade do sinal. Um sistema que possui uma resposta em amplitude plana ainda pode distorcer um sinal deixando-o irreconhecível se sua resposta de fase não for linear (t_d constante).

NATUREZA DA DISTORÇÃO EM SINAIS DE ÁUDIO E VÍDEO

Falando genericamente, o ouvido humano pode facilmente perceber a distorção de amplitude mas é relativamente insensível à distorção de fase. Para que a distorção de fase se torne perceptível, a variação no atraso [variação na inclinação de $\angle H(\omega)$] deve ser comparável à duração do sinal (ou a duração fisicamente perceptível, no caso do próprio sinal ser longo). No caso de sinais de áudio, cada sílaba pronunciada pode ser considerada um sinal individual. A duração média de uma sílaba pronunciada é da ordem de grandeza de 0,01 a 0,1 segundo. Os sistemas de áudio podem possuir fases não lineares, mas mesmo assim podem resultar em distorções não perceptíveis porque em sistemas de áudio práticos, a variação máxima na inclinação de $\angle H(\omega)$ é apenas uma pequena fração de milissegundos. Essa é a verdade sob a afirmativa de que "o ouvido humano é relativamente insensível à distorção de fase."[3] Como resultado, os fabricantes de equipamentos de áudio disponibilizam apenas $|H(\omega)|$, a característica de resposta em amplitude de seus sistemas.

Para sinais de vídeo, por outro lado, a situação é exatamente a oposta. O olho humano é sensível à distorção de fase, mas relativamente insensível à distorção de amplitude. A distorção de amplitude em sinais de televisão se manifesta como a destruição parcial dos valores de meio tom relativos da figura resultante, mas esse efeito geralmente não é aparente ao olho humano. A distorção de fase (fase não linear), por outro lado, causa atrasos de tempo diferentes em elementos diferentes da figura. O resultado é uma figura borrada, e seu efeito é facilmente percebido pelo olho humano. A distorção de fase é muito importante em sistemas de comunicação digital porque a características de fase não linear do canal resulta em uma dispersão do pulso (espalhamento), o que, por sua vez, resulta na interferência de pulsos vizinhos. Essa interferência entre pulsos pode causar um erro na amplitude do pulso no receptor: o binário **1** pode ser entendido como **0**, e vice versa.

7.4-2 Sistemas Passa-Faixa e Atraso de Grupo

As condições de transmissão sem distorção [Eqs (7.56)] podem ser um pouco relaxadas para sistemas passa-faixa. Para sistemas passa-baixas, as características de fase devem ser não apenas lineares dentro da faixa de interesse, mas também devem cruzar a origem. Para sistemas passa-faixa, as características de fase devem ser lineares dentro da faixa de interesse, mas não precisam passar na origem.

Considere um sistema LIT com características de amplitude e fase como mostrado na Fig. 7.29, na qual o espectro de amplitude é uma constante G_0 e a fase é $\phi_0 - \omega t_g$ na faixa 2W centrada na frequência ω_c. Dentro dessa faixa, podemos descrever $H(\omega)$ por[†]

$$H(\omega) = G_0 e^{j(\phi_0 - \omega t_g)} \qquad \omega \geq 0 \qquad (7.58)$$

A fase de $H(\omega)$ na Eq. (7.58), mostrada em pontilhado na Fig. 7.29b, é linear, mas não cruza a origem.

Considere o sinal de entrada modulado $z(t) = x(t) \cos \omega_c t$. Esse é um sinal passa-faixa, cujo espectro está centrado em $\omega = \omega_c$. O sinal $\cos \omega_c t$ é a portadora e o sinal $x(t)$, o qual é um sinal passa-baixa de largura de faixa W (veja a Fig. 7.25) é o *envelope* de $z(t)$.[‡] Iremos mostrar como a transmissão de $z(t)$ através de $H(\omega)$ resulta em uma transmissão sem distorção do envelope $x(t)$. Entretanto, a fase da portadora muda por ϕ_0. Para mostrar isso, considere uma entrada $\hat{z}(t) = x(t)e^{j\omega_c t}$ e a saída correspondente $\hat{y}(t)$. A partir da Eq. (7.39), $\hat{Z}(\omega) = X(\omega - \omega_c)$, o espectro de saída $\hat{Y}(\omega)$ correspondente é dado por

$$\hat{Y}(\omega) = H(\omega)\hat{Z}(\omega) = H(\omega)X(\omega - \omega_c)$$

Lembre que a largura de faixa de $X(\omega)$ é W, tal que a largura de faixa de $X(\omega - \omega_c)$ é 2W, centrado em ω_c. Nessa faixa, $H(\omega)$ é dado pela Eq. (7.58). Logo,

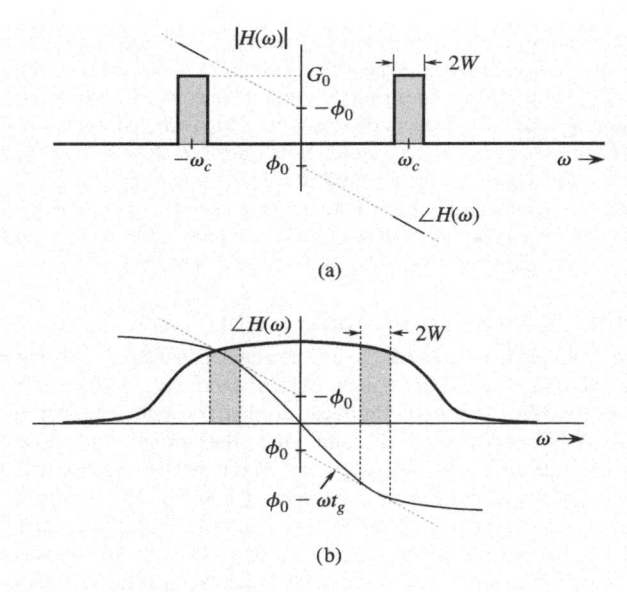

Figura 7.29 Características generalizadas de fase linear.

[†] Como a função de fase é uma função ímpar de ω, se $\angle H(\omega) = \phi_0 - \omega t_g$ para $\omega \geq 0$, na faixa 2W (centrada em ω_c), então $\angle H(\omega) = -\phi_0 - \omega t_g$ para $\omega < 0$, na faixa 2W (centrada em $-\omega_c$), como mostrado na Fig. 7.29a.
[‡] O envelope de um sinal passa-faixa é bem definido apenas quando a largura de faixa do envelope está abaixo da frequência da portadora ω_c (W $\ll \omega_c$).

CAPÍTULO 7   ANÁLISE DE SINAIS NO TEMPO CONTÍNUO: A TRANSFORMADA DE FOURIER   637

$$\hat{Y}(\omega) = G_0 X(\omega - \omega_c) e^{j(\phi_0 - \omega t_g)} = G_0 e^{j\phi_0} X(\omega - \omega_c) e^{-\omega t_g}$$

Usando as Eqs. (7.37a) e (7.39), obtemos $\hat{y}(t)$ dado por

$$\hat{y}(t) = G_0 e^{j\phi_0} x(t - t_g) e^{j\omega_c(t - t_g)} = G_0 x(t - t_g) e^{j[\omega_c(t - t_g) + \phi_0]}$$

Essa é a resposta do sistema a entrada $\hat{z}(t) = x(t)e^{j\omega_c t}$, a qual é um sinal complexo. Na realidade estamos interessados em obter a resposta a entrada $z(t) = x(t) \cos \omega_c t$, a qual é a parte real de $\hat{z}(t) = x(t)e^{j\omega_c t}$. Logo, utilizamos a propriedade (2.40) para obtermos $y(t)$, a resposta do sistema a entrada $z(t) = x(t) \cos \omega_c t$, como

$$y(t) = G_0 x(t - t_g) \cos [\omega_c(t - t_g) + \phi_0)] \qquad (7.59)$$

na qual t_g, o atraso de *grupo* (ou *envelope*), é o negativo da inclinação de $\angle H(\omega)$ em ω_c.[†] A saída $y(t)$ é basicamente a entrada atrasada $z(t - t_g)$, exceto pelo fato de a portadora de saída ganhar uma fase extra ϕ_0. O envelope de saída $x(t - t_g)$ é a versão atrasada do envelope de entrada $x(t)$, não sendo afetado pela fase ϕ_0 extra da portadora. Em um sinal modulado, tal como $x(t) \cos \omega_c t$, a informação geralmente está no envelope $x(t)$. Logo, a transmissão é considerada sem distorção se o envelope $x(t)$ permanecer sem distorção.

Grande parte dos sistemas práticos satisfaz as condições (7.58), ao menos para uma faixa muito pequena. A Fig. 7.29b mostra um caso típico no qual esta condição é satisfeita para uma pequena faixa W centrada na frequência ω_c.

Um sistema na Eq. (7.58) é dito ter *fase linear generalizada* (FLG), como ilustrado na Fig. 7.29. A característica de fase linear ideal (FLI) é mostrada na Fig. 7.28. Para a transmissão sem distorção de sinais passa-faixa, o sistema precisa satisfazer a Eq. (7.58) apenas na largura de faixa do sinal passa-faixa.

Cuidado. Lembre-se de que a resposta de fase associada à resposta de amplitude pode conter saltos de descontinuidade quando a resposta de amplitude se torna negativa. Descontinuidades também aparecem em função do uso do valor principal para a fase. Em tais condições, para calcular o atraso de grupo [Eq. (7.57)], devemos ignorar as descontinuidades.

EXEMPLO 7.19

(a) Um sinal $z(t)$ mostrado na Fig. 7.30b, é dado por

$$z(t) = x(t) \cos \omega_c t$$

na qual $\omega_c = 2000\pi$. O pulso $x(t)$ (Fig. 7.30a) é um pulso passa-baixa de duração de 0,1 segundo e com largura de faixa aproximada de 10 Hz. Esse sinal é passado através de um filtro cuja resposta em frequência é mostrada na Fig. 7.30c (mostrada apenas para ω positivo). Obtenha e trace a saída $y(t)$ do filtro.

(b) Obtenha a resposta do filtro de $\omega_c = 4000\pi$.

(a) O espectro de $Z(\omega)$ é uma faixa estreita de 20 Hz centrada na frequência $f_0 = 1$ kHz. O ganho na frequência central (1 kHz) é 2. O atraso de grupo, o qual é o negativo da inclinação do gráfico de fase, pode ser obtido desenhando-se tangentes em ω_c, como mostrado na Fig. 7.30c. O negativo da inclinação da tangente representa t_g e a interseção com o eixo vertical pela tangente representa ϕ_0 naquela frequência. A partir das tangentes em ω_c, obtemos t_g, o atraso de grupo, dado por

---

[†] A Eq. (7.59) também pode ser descrita por

$$y(t) = G_o x(t - t_g) \cos \omega_c(t - t_{ph})$$

na qual t_{ph}, chamado de *atraso de fase* em ω_c, é dado por $t_{ph}(\omega_c) = (\omega_c t_g - \phi_0)/\omega_c$. Geralmente, t_{ph} varia com ω e podemos escrever

$$t_{ph}(\omega) = \frac{\omega t_g - \phi_0}{\omega}$$

Lembre também que o próprio t_g varia com ω.

$$t_g = \frac{2{,}4\pi - 0{,}4\pi}{2000\pi} = 10^{-3}$$

O eixo vertical é interceptado em $\phi_0 = -0{,}4\pi$. Logo, usando a Eq. (7.59) com ganho $G_0 = 2$, obtemos

$$y(t) = 2x(t - t_g)\cos[\omega_c(t - t_g) - 0{,}4\pi] \qquad \omega_c = 2000\pi \quad t_g = 10^{-3}$$

A Fig. 7.30d mostra a saída $y(t)$, a qual é constituída pelo envelope de pulso $x(t)$ modulado atrasado por 1 ms e pela fase a portadora alterada por $-0{,}4\pi$. A saída não mostra distorção no envelope $x(t)$, apenas o atraso. A mudança de fase da portadora não afeta a forma do envelope. Logo, a transmissão é considerada sem distorção.

(b) A Fig. 7.30c mostra que quando $\omega_c = 4000\pi$, a inclinação de $\angle H(\omega)$ é nula, logo $t_g = 0$. Além disso, o ganho é $G_0 = 1{,}5$ e a interseção da tangente com o eixo vertical é $\phi_0 = -3{,}1\pi$. Logo,

$$y(t) = 1{,}5x(t)\cos(\omega_c t - 3{,}1\pi)$$

Essa também é uma transmissão sem distorção pelos mesmos motivos do caso (a).

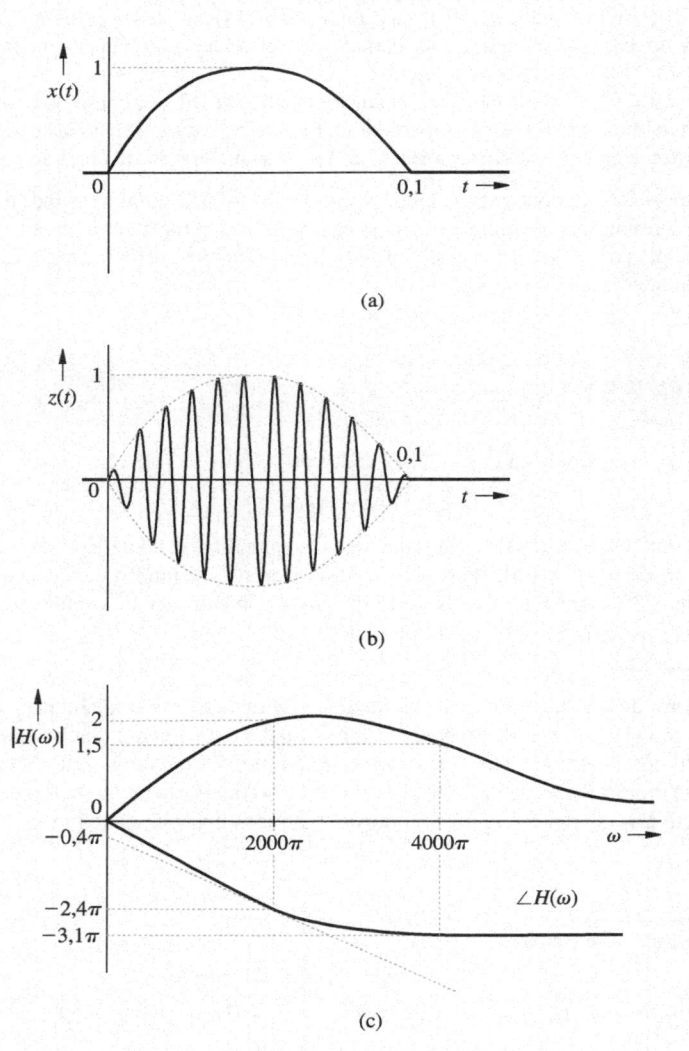

Figura 7.30

(d)

Figura 7.30 Continuação.

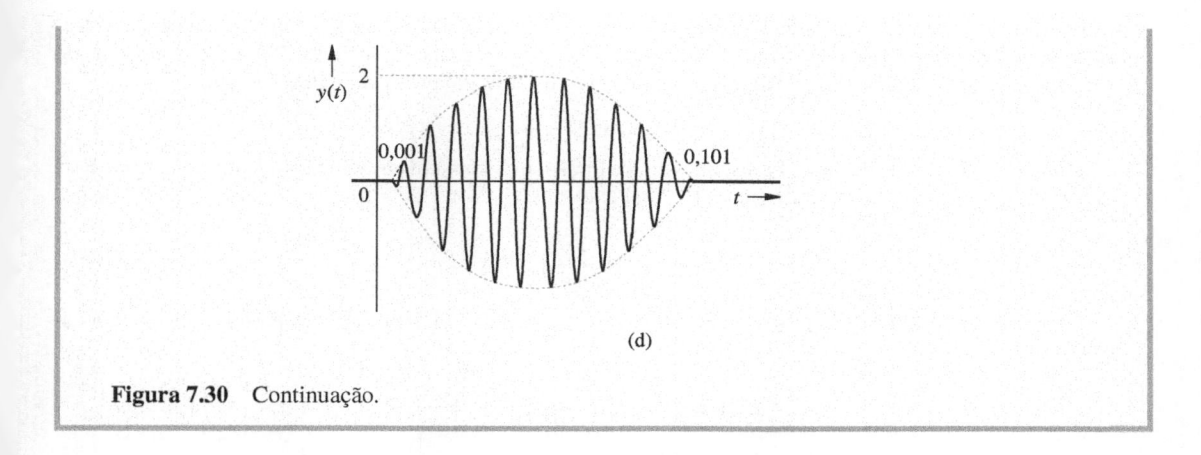

7.5 FILTROS IDEAIS E PRÁTICOS

Filtros ideais permitem a transmissão sem distorção de certas faixas de frequência enquanto suprimem completamente as frequências restantes. Um filtro ideal passa-baixas (Fig. 7.31), por exemplo, permite que todas as componentes abaixo de $\omega = W$ rad/s passem sem distorção e suprime todas as outras componentes acima de $\omega = W$ rad/s. A Fig. 7.32 apresenta as características de um filtro ideal passa-altas e passa-faixa.

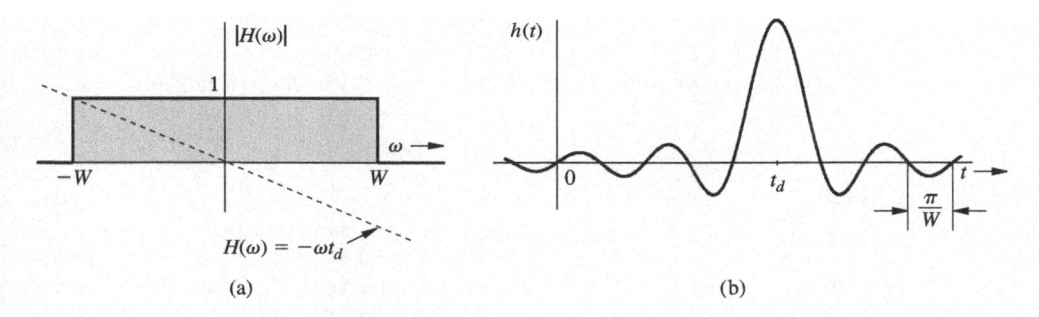

Figura 7.31 Filtro passa-baixas ideal: **(a)** resposta em frequência e **(b)** resposta ao impulso.

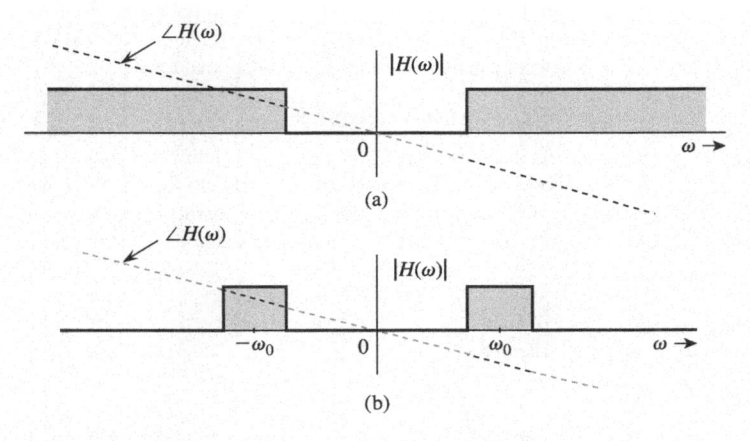

Figura 7.32 Respostas de um filtro ideal **(a)** passa-altas e **(b)** passa-faixa.

O filtro passa-baixas ideal da Fig. 7.31a possui uma fase linear de inclinação $-t_d$, a qual resulta em um atraso de tempo de t_d segundos para todas as componentes de entrada abaixo de W rad/s. Portanto, se um sinal de entrada $x(t)$ é limitado em faixa a W rad/s, a saída $y(t)$ é $x(t)$ atrasado por t_d segundos, ou seja,

$$y(t) = x(t - t_d)$$

O sinal $x(t)$ é transmitido por esse sistema sem distorção, mas com um atraso de tempo de t_d segundos. Para esse filtro, $|H(\omega)| = \text{ret}\,(\omega/2W)$ e $\angle H(j\omega) = e^{-j\omega t_d}$, tal que

$$H(\omega) = \text{ret}\left(\frac{\omega}{2W}\right) e^{-j\omega t_d} \tag{7.60a}$$

A resposta $h(t)$ ao impulso unitário desse filtro é obtida do par 18 (Tabela 7.1) e da propriedade de deslocamento no tempo

$$h(t) = \mathcal{F}^{-1}\left[\text{ret}\left(\frac{\omega}{2W}\right) e^{-j\omega t_d}\right]$$

$$= \frac{W}{\pi}\,\text{sinc}\,[W(t - t_d)] \tag{7.60b}$$

Lembre-se de que $h(t)$ é a resposta do sistema ao impulso de entrada $\delta(t)$, o qual é aplicado em $t = 0$. A Fig. 7.31b mostra um fato curioso: a resposta $h(t)$ começa mesmo antes da entrada ser aplicada (em $t = 0$). Claramente, o filtro é não causal e, portanto, não pode ser fisicamente realizado. Similarmente, pode-se mostrar que outros filtros ideais (tais como os filtros passa-altas e passa-faixa ideais mostrados na Fig. 7.32) também não são fisicamente realizáveis.

Para um sistema fisicamente realizável, $h(t)$ deve ser causal, ou seja,

$$h(t) = 0 \quad \text{para } t < 0$$

No domínio da frequência, essa condição é equivalente ao conhecido *critério de Paley-Wiener*, o qual afirma que a condição necessária e suficiente para que a resposta de amplitude $|H(\omega)|$ seja realizável é[†]

$$\int_{-\infty}^{\infty} \frac{|\ln|H(\omega)||}{1+\omega^2}\,d\omega < \infty \tag{7.61}$$

Se $H(\omega)$ não satisfizer essa condição, ela não será realizável. Note que se $|H(\omega)| = 0$ em qualquer faixa finita, $|\ln|H(\omega)|| = \infty$ naquela faixa e a condição (7.61) será violada. Se, entretanto, $H(\omega) = 0$ em uma única frequência (ou em um conjunto de frequências discretas), a integral da Eq. (7.61) pode ainda ser finita mesmo que o integrando seja infinito em algumas frequências discretas. Portanto, para um sistema fisicamente realizável, $H(\omega)$ pode ser zero em algumas frequências discretas, mas não pode ser zero em qualquer faixa finita. Além disso, se $|H(\omega)|$ decai exponencialmente (ou em uma taxa mais alta) com ω, a integral em (7.61) tende para o infinito e $|H(\omega)|$ não poderá ser realizado. Obviamente, $|H(\omega)|$ não pode cair rápido demais com ω. De acordo com esse critério, as características de um filtro ideal (Figs. 7.31 e 7.32) não podem ser realizadas.

A resposta $h(t)$ ao impulso da Fig. 7.31 não é realizável. Uma abordagem prática no projeto de filtros é cortar a cauda de $h(t)$ para $t < 0$. A resposta causal resultante ao impulso, dada por

$$\hat{h}(t) = h(t)u(t)$$

será fisicamente realizável porque ela é causal (Fig. 7.33). Se t_d for suficientemente grande, será uma aproximação próxima de $\hat{h}(t)$ e o filtro resultante será uma boa aproximação de um filtro ideal. Essa realização de um filtro ideal é obtida devido ao alto valor do atraso de tempo t_d. Essa observação significa que o preço de uma boa realização é um grande atraso na saída. Essa situação é comum em sistemas não causais. Teoricamente, é claro,

---

[†] Estamos assumindo que $|H(\omega)|$ é quadrática integrável, ou seja,

$$\int_{-\infty}^{\infty} |H(\omega)|^2\,d\omega < \infty$$

Note que o critério de Paley-Wiener é um critério para que a resposta em amplitude $|H(\omega)|$ seja realizável.

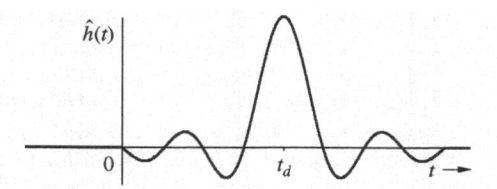

Figura 7.33 Realização aproximada de um filtro passa-baixas ideal obtida pelo truncamento de sua resposta ao impulso.

um atraso de $t_d = \infty$ é necessário para realizar as características ideais. Mas um rápido vislumbre da Fig. 7.31b mostra que um atraso t_d de três ou quatro vezes π/W fará com que $\hat{h}(t)$ seja uma razoável aproximação de $h(t - t_d)$. Por exemplo, um filtro de áudio deve trabalhar com frequências até 20 kHz ($W = 40.000\pi$). Neste caso, um t_d de aproximadamente 10^{-4} (0,1 ms) seria uma escolha adequada. A operação de truncagem (corte da cauda de $h(t)$ para torná-la causal), entretanto, cria alguns problemas inesperados. Iremos discutir esses problemas e suas soluções na Seção 7.8.

Na prática, podemos realizar uma grande variedade de características de filtros que se aproximam do ideal. Características práticas (realizáveis) de filtros são graduais, sem descontinuidades na resposta em amplitude.

EXERCÍCIO E7.12

Mostre que um filtro com resposta em frequência Gaussiana $H(\omega) = e^{-\alpha\omega^2}$ é não realizável. Demonstre esse fato de duas formas: primeiro mostrando que essa resposta ao impulso é não causal e, depois, mostrando que $|H(\omega)|$ viola o critério de Paley-Wiener. [Dica: use o par 22 da Tabela 7.1.]

PENSANDO NOS DOMÍNIOS DO TEMPO E DA FREQUÊNCIA: UM PONTO DE VISTA BIDIMENSIONAL DE SINAIS E SISTEMAS

Tanto sinais quanto sistemas possuem personalidades duais, o domínio do tempo e o domínio da frequência. Para uma perspectiva mais profunda, devemos examinar e compreender as duas identidades, pois elas oferecem visões complementares. Um sinal exponencial, por exemplo, pode ser especificado por sua descrição no domínio do tempo tal como $e^{-2t}u(t)$ ou por sua transformada de Fourier (sua descrição no domínio da frequência) $1/(j\omega + 2)$. A descrição no domínio do tempo mostra a forma de onda do sinal. A descrição no domínio da frequência apresenta a composição espectral [amplitudes relativas de suas componentes senoidais (ou exponenciais) e suas fases]. Para o sinal e^{-2t}, por exemplo, a descrição no domínio do tempo mostra um sinal exponencialmente decrescente com constante de tempo 0,5. A descrição no domínio da frequência o caracteriza como um sinal passa-baixa, o qual pode ser sintetizado por senoides com amplitudes decrescentes por, aproximadamente, $1/\omega$ com a frequência.

Um sistema LCIT também pode ser descrito ou especificado no domínio do tempo por sua resposta $h(t)$ ao impulso ou no domínio da frequência por sua resposta em frequência $H(\omega)$. Na Seção 2.7, foi estudado intuitivamente o comportamento do sistema em função da resposta ao impulso, a qual é constituída dos modos característicos do sistema. Simplesmente por motivos qualitativos, vimos que o sistema responde bem a sinais que são similares aos modos característicos e que responde fracamente a sinais muito diferentes desses modos. Também vimos que a forma da resposta $h(t)$ ao impulso determina a constante de tempo do sistema (velocidade de resposta) e a dispersão de pulso (espalhamento), a qual, por sua vez, determina a taxa de transmissão de pulsos.

A resposta em frequência $H(\omega)$ especifica a reposta do sistema a entrada exponencial ou senoidal de várias frequências. Esta é precisamente a característica de filtragem do sistema.

Engenheiros eletricistas com experiência instintivamente pensam nos dois domínios (no tempo e na frequência) sempre que possível. Quando olham para um sinal, eles consideram sua forma de onda, a largura do sinal (duração) e a taxa na qual a forma de onda decai. Isso é basicamente uma perspectiva no domínio do tempo. Eles também pensam no sinal em termos de seu espectro de frequência, ou seja, em termos de suas componentes senoidais e de suas amplitudes e fases relativas, se o espectro é passa-baixa, passa-faixa, passa-alta e assim por diante. Essa é uma perspectiva no domínio da frequência. Quando eles pensam em um sistema, pensam na resposta $h(t)$ ao impulso do sistema. A largura de $h(t)$ indica a constante de tempo (tempo de resposta), ou seja, quão rápido o sistema é capaz de responder a uma entrada, e quanta dispersão (espalhamento) ele irá causar. Essa é uma perspectiva no domínio do tempo. Da perspectiva no domínio da frequências, esses engenheiros veem o sistema como um filtro, o qual transmite seletivamente certas componentes de frequência e suprimem outras [resposta em frequência $H(\omega)$]. Conhecendo o espectro do sinal de entrada e a resposta em frequência do sistema, eles criam uma imagem mental do espectro de saída do sinal. Esse conceito é precisamente expresso por $Y(\omega) = X(\omega)H(\omega)$.

Podemos analisar sistemas LIT por técnicas no domínio do tempo ou por técnicas no domínio da frequência. Por que, então, aprender os dois? A razão é que os dois domínios oferecem uma visão complementar do comportamento do sistema. Alguns aspectos são facilmente compreendidos em um domínio, enquanto que outros aspectos podem ser mais facilmente visto em outro domínio. Tanto os métodos no domínio do tempo quanto no da frequência são tão essenciais no estudo de sinais e sistemas quanto os dois olhos são essenciais ao ser humano para a correta percepção visual da realidade. Uma pessoa pode ver com cada um dos olhos, mas para a percepção adequada da realidade tridimensional, os dois olhos são essenciais.

É importante manter os dois domínios separados e não misturar as entidades dos dois domínios. Se estivermos usando o domínio da frequência para determinar a resposta do sistema, devemos trabalhar com todos os sinais em termos de seus espectros (transformadas de Fourier) e todos os sistemas em termos de suas respostas em frequência. Por exemplo, para determinar a resposta $y(t)$ do sistema a uma entrada $x(t)$, podemos primeiro converter o sinal de entrada em sua descrição $X(\omega)$ no domínio da frequência. A descrição do sistema também deve estar no domínio da frequência, ou seja, a resposta em frequência $H(\omega)$. O espectro do sinal de saída será $Y(\omega) = X(\omega)H(\omega)$. Portanto, o resultado (saída) também estará no domínio da frequência. Para determinar a resposta final $y(t)$, devemos obter a transformada inversa de $Y(\omega)$.

7.6 Energia do Sinal

A energia E_x do sinal $x(t)$ foi definida no Capítulo 1 como sendo

$$E_x = \int_{-\infty}^{\infty} |x(t)|^2 \, dt \tag{7.62}$$

A energia do sinal pode ser relacionada com o espectro $X(\omega)$ do sinal pela substituição da Eq. (7.8b) na Eq. (7.62):

$$E_x = \int_{-\infty}^{\infty} x(t)x^*(t) \, dt = \int_{-\infty}^{\infty} x(t) \left[\frac{1}{2\pi} \int_{-\infty}^{\infty} X^*(\omega) e^{-j\omega t} \, d\omega \right] dt$$

Nesta equação, usamos o fato de que $x^*(t)$, sendo o conjugado de $x(t)$, pode ser expressa como o conjugado do lado direito da Eq. (7.8b). Alterando, agora, a ordem da integração, obtemos

$$E_x = \frac{1}{2\pi} \int_{-\infty}^{\infty} X^*(\omega) \left[\int_{-\infty}^{\infty} x(t) e^{-j\omega t} \, dt \right] d\omega$$

$$= \frac{1}{2\pi} \int_{-\infty}^{\infty} X(\omega) X^*(\omega) \, d\omega$$

$$= \frac{1}{2\pi} \int_{-\infty}^{\infty} |X(\omega)|^2 \, d\omega \tag{7.63}$$

Consequentemente,

$$E_x = \int_{-\infty}^{\infty} |x(t)|^2 \, dt = \frac{1}{2\pi} \int_{-\infty}^{\infty} |X(\omega)|^2 \, d\omega \tag{7.64}$$

Este é o enunciado do conhecido *Teorema de Parseval* (para a transformada de Fourier). Um resultado similar foi obtido nas Eqs. (6.40) e (6.41) para um sinal periódico e sua série de Fourier. Esse resultado nos permite determinar a energia do sinal a partir da especificação $x(t)$ no domínio do tempo de ou da correspondente especificação $X(\omega)$ no domínio da frequência.

A Eq. (7.63) pode ser interpretada como sendo a energia do sinal $x(t)$ que resulta das contribuições das energias de todas as componentes espectrais do sinal $x(t)$. A energia total do sinal é a área sob $|X(\omega)|^2$ (dividida por 2π). Se considerarmos uma pequena faixa $\Delta\omega$ ($\Delta\omega \to 0$), como ilustrado na Fig. 7.34, a energia ΔE_x das componentes espectrais nessa faixa é a área sob $|X(\omega)|^2$ nessa faixa (dividida por 2π).:

$$\Delta E_x = \frac{1}{2\pi}|X(\omega)|^2 \Delta\omega = |X(\omega)|^2 \Delta f \qquad \frac{\Delta\omega}{2\pi} = \Delta f \text{ Hz} \qquad (7.65)$$

Portanto, a contribuição de energia pelas componentes nesta faixa de Δf (em hertz) será $|X(\omega)|^2 \Delta f$. A energia total do sinal é a soma das energias de todas as faixas, sendo indicada pela área sob $|X(\omega)|^2$ como na Eq. (7.63). Assim sendo, $|X(\omega)|^2$ é a *densidade espectral de energia* (por unidade de largura de faixa em hertz).

Para sinais reais, $X(\omega)$ e $X(-\omega)$ são conjugados e $|X(\omega)|^2$ é uma função par de ω porque

$$|X(\omega)|^2 = X(\omega)X^*(\omega) = X(\omega)X(-\omega)$$

Logo, a Eq. (7.63) pode ser descrita por[†]

$$E_x = \frac{1}{\pi}\int_0^\infty |X(\omega)|^2 \, d\omega \qquad (7.66)$$

A energia E_x do sinal, a qual resulta das contribuições de todas as componentes em frequência de $\omega = 0$ a ∞, é dada por ($1/\pi$ vezes) a área sob $|X(\omega)|^2$ de $\omega = 0$ a ∞. A energia contribuída pelas componentes espectrais de frequências entre ω_1 e ω_2 é

$$\Delta E_x = \frac{1}{\pi}\int_{\omega_1}^{\omega_2} |X(\omega)|^2 \, d\omega \qquad (7.67)$$

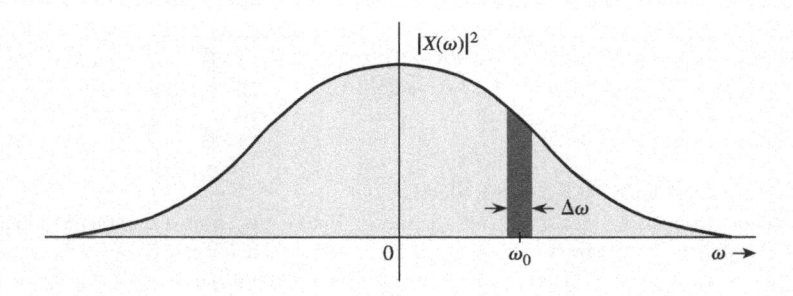

Figura 7.34 Interpretação da densidade espectral de energia de um sinal.

EXEMPLO 7.20

Determine a energia do sinal $x(t) = e^{-at}u(t)$. Determine a frequência W (rad/s) tal que a energia contribuída pelas componentes espectrais de todas as frequências abaixo de W seja 95% da energia E_x do sinal.

Temos

$$E_x = \int_{-\infty}^{\infty} x^2(t)\, dt = \int_0^\infty e^{-2at}\, dt = \frac{1}{2a} \qquad (7.68)$$

[†] Na Eq. (7.66), assumimos que $X(\omega)$ não contém um impulso em $\omega = 0$. Se tal impulso existir, ele deve ser integrado em separado com um fator de ganho de $1/2\pi$, em vez de $1/\pi$.

Podemos verificar esse resultado pelo teorema de Parseval. Para este sinal

$$X(\omega) = \frac{1}{j\omega + a}$$

e

$$E_x = \frac{1}{\pi}\int_0^\infty |X(\omega)|^2\,d\omega = \frac{1}{\pi}\int_0^\infty \frac{1}{\omega^2+a^2}\,d\omega = \frac{1}{\pi a}\tan^{-1}\frac{\omega}{a}\Big|_0^\infty = \frac{1}{2a}$$

A faixa $\omega = 0$ a $\omega = W$ contém 95% da energia do sinal, ou seja, $0{,}95/2a$. Portanto, da Eq. (7.67), com $\omega_1 = 0$ e $\omega_2 = W$, obtemos

$$\frac{0{,}95}{2a} = \frac{1}{\pi}\int_0^W \frac{d\omega}{\omega^2+a^2} = \frac{1}{\pi a}\tan^{-1}\frac{\omega}{a}\Big|_0^W = \frac{1}{\pi a}\tan^{-1}\frac{W}{a}$$

ou

$$\frac{0{,}95\pi}{2} = \tan^{-1}\frac{W}{a} \implies W = 12{,}706a \text{ rad/s} \tag{7.69}$$

Esse resultado indica que as componentes espectrais de $x(t)$ na faixa de 0 (cc) a $12{,}706a$ rad/s ($2{,}02a$ Hz) contribuem com 95% do total da energia do sinal. As componentes espectrais restantes (na faixa de $12{,}706a$ rad/s a ∞) contribuem apenas com 5% da energia do sinal.

EXERCÍCIO E7.13

Utilize o teorema de Parseval para mostrar que a energia do sinal $x(t) = 2a/(t^2 + a^2)$ é $2\pi/a$. [Dica: obtenha $X(\omega)$ usando o par 3 da Tabela 7.1 e a propriedade da dualidade.]

Largura de Faixa Essencial de um Sinal

O espectro de todos os sinais práticos se estende ao infinito. Entretanto, como a energia de qualquer sinal prático é finita, o espectro do sinal deve aproximar de 0 quando $\omega \to \infty$. A maior parte da energia do sinal está contida dentro de uma certa faixa de B Hz e a energia contribuída pelas componentes além de B Hz pode ser negligenciada. Podemos, portanto, suprimir o espectro do sinal além de B Hz com pouco efeito na forma e energia do sinal. A largura de faixa B é chamada de *largura de faixa essencial* do sinal. O critério para a seleção de B depende da tolerância de erro em uma aplicação particular. Podemos, por exemplo, selecionar B para ser a faixa que contém 95% da energia do sinal.[†] Essa figura pode ser maior ou menor do que 95%, dependendo da precisão requerida. Usando esse critério, podemos determinar a largura de faixa essencial de um sinal. A largura de faixa essencial B para o sinal $e^{-at}u(t)$, usando o critério de 95% da energia, foi obtida no Exemplo 7.20 como sendo $2{,}02a$ Hz.

A supressão de todas as componentes espectrais de $x(t)$ além da largura de faixa essencial resulta em um sinal $\hat{x}(t)$, o qual é uma boa aproximação de $x(t)$. Se utilizarmos os critério de 95% para a largura de faixa essencial, a energia do erro (a diferença) $x(t) - \hat{x}(t)$ é 5% de E_x.

7.7 Aplicação em Comunicações: Modulação em Amplitude

A *modulação* causa um deslocamento espectral no sinal, sendo utilizada para ganhar certas vantagens mencionadas em nossa discussão da propriedade de deslocamento na frequência. Falando genericamente, existem duas classes de modulação: modulação em amplitude (linear) e modulação em ângulo (não linear). Nesta seção, iremos discutir algumas formas práticas de modulação em amplitude.

[†] Para sinais passa-baixa, a largura de faixa essencial também pode ser definida como sendo a frequência na qual o valor do espectro de amplitude é uma pequena fração (aproximadamente 1%) do seu valor de pico. No Exemplo 7.20, por exemplo, o valor de pico, o qual ocorrem em $\omega = 0$ é $1/a$.

7.7-1 Modulação em Faixa Lateral Dupla, Portadora Suprimida (DSB-SC)*

Na modulação em amplitude, a amplitude A da portadora $A\cos(\omega_c t + \theta_c)$ é variada de alguma forma com o sinal *banda-base* (mensagem)† $m(t)$ (chamado de *sinal modulante*). A frequência ω_c e a fase θ_c são constantes. Podemos assumir $\theta_c = 0$ sem perda de generalidade. Se a amplitude da portadora A for diretamente proporcional ao sinal modulante $m(t)$, o sinal modulado será $m(t)\cos\omega_c t$ (Fig. 7.35). Como indicado anteriormente [Eq (7.41)], esse tipo de modulação simplesmente desloca o espectro de $m(t)$ para a frequência da portadora (Fig. 7.35c). Portanto, se

$$m(t) \iff M(\omega)$$

então

$$m(t)\cos\omega_c t \iff \tfrac{1}{2}[M(\omega + \omega_c) + M(\omega - \omega_c)] \tag{7.70}$$

Lembre-se de que $M(\omega - \omega_c)$ é $M(\omega)$ deslocado para a direita por ω_c e $M(\omega + \omega_c)$ é $M(\omega)$ deslocado para a esquerda por ω_c. Portanto, o processo de modulação desloca o espectro do sinal modulante para a esquerda e di-

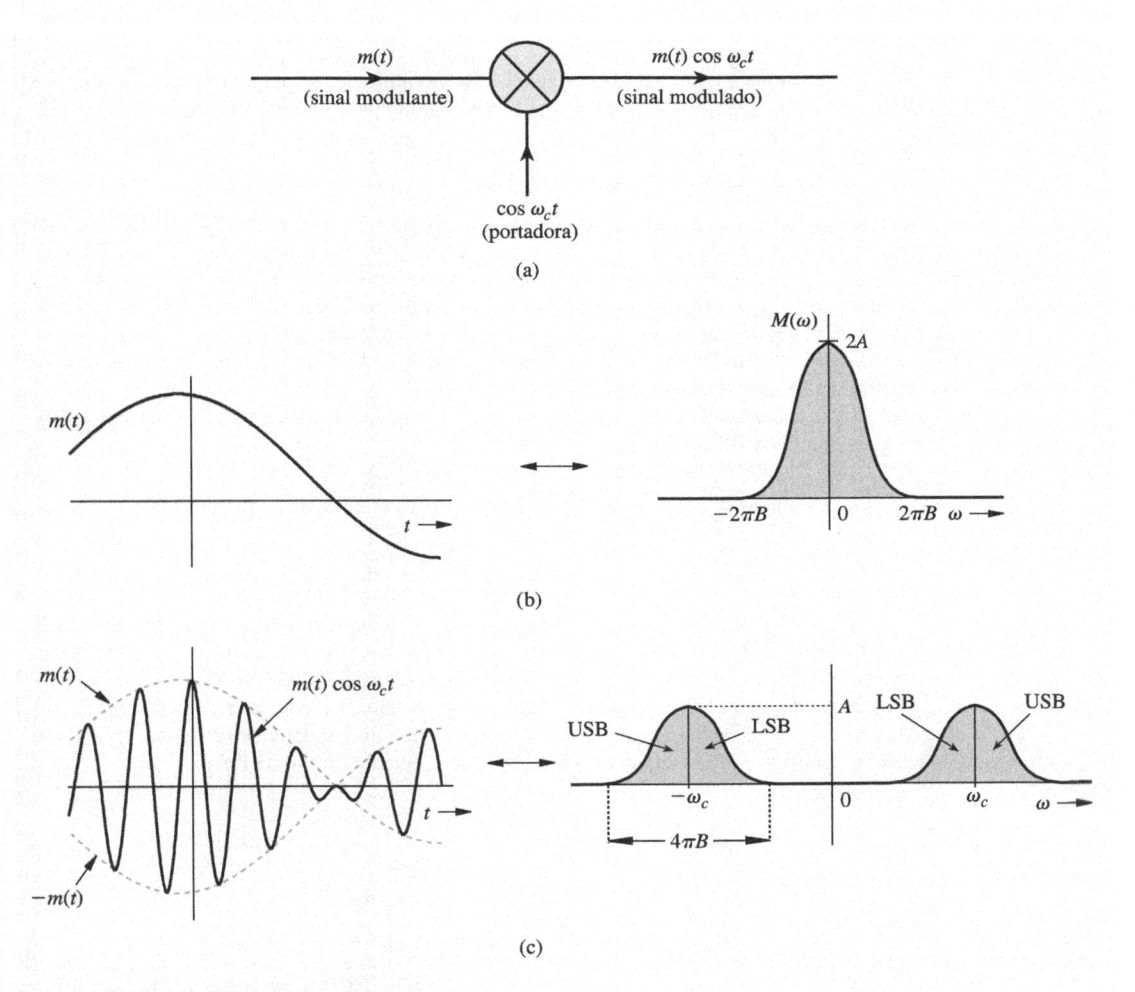

Figura 7.35 Modulação DSB-SC.

---

* N. de T.: *Double-Sideband, Suppressed-Carrier*.
† O termo *banda-base* é utilizado para designar a faixa de frequências do sinal entregue por alguma fonte ou um transdutor de entrada.

reita por ω_c. Observe também que se a largura de faixa de $m(t)$ é B Hz, então, como indicado na Fig. 7.35c, a largura do sinal modulado será $2B$ Hz. Note também que o espectro do sinal modulado está centrado em ω_c, sendo composto por duas partes: uma parte que está acima de ω_c, chamada de *faixa lateral superior* (USB*) e uma parte que está abaixo de ω_c, chamada de *faixa lateral inferior* (LSB**). Similarmente, o espectro centrado em $-\omega_c$ possui faixas laterais superior e inferior. Essa forma de modulação é chamada de modulação em *faixa lateral dupla* (DSB) por razões óbvias.

A relação de B com ω_c é de interesse. A Fig. 7.35c mostra que $\omega_c \geq 2\pi B$ para evitar a sobreposição do espectro centrado em $\pm\omega_c$. Se $\omega_c < 2\pi B$, o espectro será sobreposto e a informação de $m(t)$ será perdida no processo de modulação, uma perda que tornará impossível a recuperação de $m(t)$ do sinal modulado $m(t) \cos \omega_c t$.[†]

EXEMPLO 7.21

Para um sinal banda-base $m(t) = \cos \omega_m t$, determine o sinal DSB e trace seu espectro. Identifique as faixas laterais superior e inferior.

Iremos trabalhar neste problema no domínio da frequência e no domínio do tempo para clarear os conceitos básicos de modulação DSB-SC. No domínio da frequência, trabalhamos com o espectro do sinal. O espectro do sinal banda-base $m(t) = \cos \omega_m t$ é dado por

$$M(\omega) = \pi[\delta(\omega - \omega_m) + \delta(\omega + \omega_m)]$$

O espectro é constituído por dois impulsos localizados em $\pm\omega_m$, como mostrado na Fig. 7.36a. O espectro DSB-SC (modulado), como indicado na Eq. (7.70), é o espectro do sinal banda-base da Fig. 7.36a deslocado para a direita e para a esquerda por ω_c (vezes 0,5), como mostrado na Fig. 7.36b. Esse espectro é constituído por impulsos em $\pm(\omega_c - \omega_m)$ e $\pm(\omega_c + \omega_m)$. O espectro além de ω_c é a faixa lateral superior (USB) e o abaixo de ω_c é a faixa lateral inferior (LSB). Observe que o espectro DSB-SC não contém como componente a frequência da portadora ω_c. Esse é o motivo para o termo *faixa lateral dupla, portadora suprimida* (DSB-SC) ser utilizado nesse tipo de modulação.

No domínio do tempo, trabalhamos diretamente com os sinais no domínio do tempo. Para o sinal banda-base $m(t) = \cos \omega_m t$, o sinal DSB-SC $\varphi_{\text{DSB-SC}}(t)$ é

$$\begin{aligned}\varphi_{\text{DSB-SC}}(t) &= m(t) \cos \omega_c t \\ &= \cos \omega_m t \cos \omega_c t \\ &= \tfrac{1}{2}[\cos(\omega_c + \omega_m)t + \cos(\omega_c - \omega_m)t]\end{aligned} \quad (7.71)$$

Esse resultado mostra que quando o sinal banda-base (mensagem) é uma senoide única de frequência ω_m, o sinal modulado é constituído por duas senoides, a componente de frequência $\omega_c + \omega_m$ (faixa lateral superior), e a componente de frequência $\omega_c - \omega_m$ (faixa lateral inferior). A Fig. 7.36b ilustra precisamente o espectro de $\varphi_{\text{DSB-SC}}(t)$. Portanto, cada componente de frequência ω_m no sinal modulante resulta em duas componentes de frequências $\omega_c + \omega_m$ e $\omega_c - \omega_m$ no sinal modulado. Sendo uma modulação DSB-SC (portadora suprimida), não existe componente na frequência ω_c da portadora no lado direito da Eq. (7.71).[‡]

---

* N. de T.: *Upper SideBand.*
** N. de T.: *Lower SideBand.*
[†] Fatores práticos podem impor restrições adicionais a ω_c. Por exemplo, em aplicações de *broadcast*, uma antena de irradiação pode irradiar apenas em uma faixa estreita sem distorção. Essa restrição implica que para evitar a distorção causada pela antena de irradiação, $\omega_c/2\pi B \gg 1$. A transmissão de rádio AM, por exemplo, com $B = 5$ kHz e a faixa de 550 – 1600 kHz para a frequência de portadora, resulta em uma razão de $\omega_c/2\pi B$ aproximadamente na faixa de 100 – 300.
[‡] O termo *portadora suprimida* não necessariamente significa a ausência do espectro na frequência da portadora. "Portadora suprimida" simplesmente indica que não existe componente discreta da frequência da portadora. Como não existe componente discreta, o espectro DSB-SC não possui impulsos em $\pm\omega_c$, implicando que o sinal modulado $m(t) \cos \omega_c t$ não contém um termo na forma $k \cos \omega_c t$ [considerando que $m(t)$ possui um valor médio nulo].

Figura 7.36 Exemplo de modulação DSB-SC.

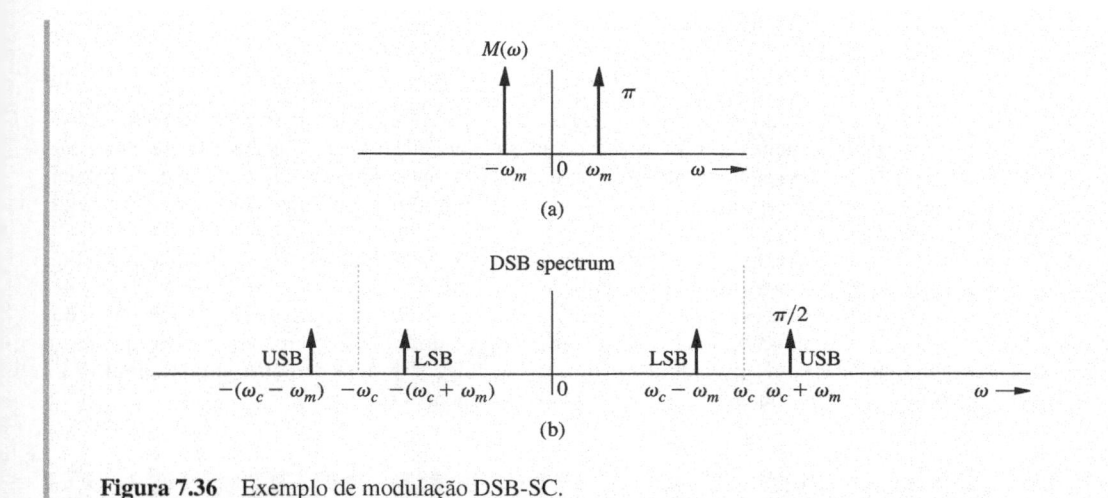

DEMODULAÇÃO DE SINAIS DSB-SC

A modulação DSB-SC translada ou desloca o espectro de frequência para a esquerda ou direita por ω_c (isto é, para $+\omega_c$ e $-\omega_c$), como visto na Eq. (7.70). Para recuperar o sinal original $m(t)$ do sinal modulado, devemos transladar novamente o espectro para sua posição original. O processo de recuperação do sinal de mensagem do sinal modulado (deslocando novamente o espectro para sua posição original) é chamado de *demodulação*, ou *detecção*. Observe que, se o espectro do sinal modulado da Fig. 7.35c for deslocado para a esquerda e para a direita por ω_c (e dividido pela metade), obteremos o espectro ilustrado na Fig. 7.37b, o qual contém o espectro banda-base desejado e um espectro indesejado em $\pm 2\omega_c$. Esse espectro indesejado pode ser removido por um filtro passa-baixas. Portanto, a demodulação, a qual é quase idêntica à modulação, consiste na multiplicação do sinal modulado de entrada $m(t)\cos\omega_c t$ pela portadora $\cos\omega_c t$ seguido por um filtro passa-baixas, como mostrado na Fig. 7.37a. Podemos verificar essa conclusão diretamente no domínio do tempo observando que o sinal $e(t)$ da Fig. 7.37a é

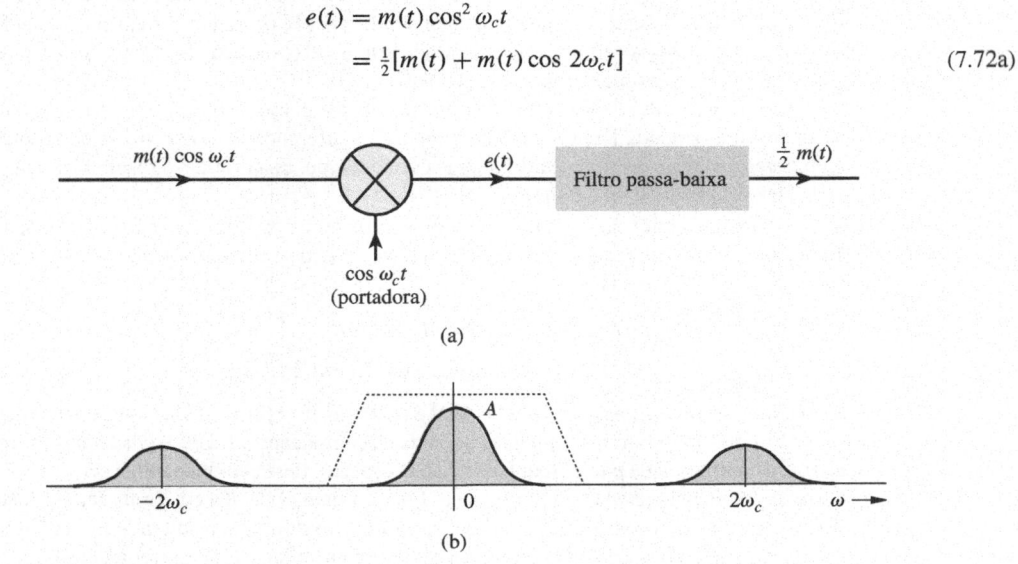

$$e(t) = m(t)\cos^2\omega_c t$$
$$= \tfrac{1}{2}[m(t) + m(t)\cos 2\omega_c t] \qquad (7.72a)$$

Figura 7.37 Demodulação de DSB-SC: (a) demodulador e (b) espectro de $e(t)$.

Portanto, a transformada de Fourier do sinal $e(t)$ é

$$E(\omega) = \tfrac{1}{2}M(\omega) + \tfrac{1}{4}[M(\omega + 2\omega_c) + M(\omega - 2\omega_c)] \tag{7.72b}$$

Logo, $e(t)$ é constituído por duas componentes: $(1/2)m(t)$ e $(1/2)m(t)\cos 2\omega_c t$, com seu espectro apresentado na Fig. 7.37b. O espectro da segunda componente, sendo um sinal modulado com frequência de portadora $2\omega_c$, está centrado em $\pm 2\omega_c$. Logo, essa componente é suprimida pelo filtro passa-baixas da Fig. 7.37a. A componente desejada $(1/2)M(\omega)$, sendo um espectro passa-baixa (centrado em $\omega = 0$), passará inalterado pelo filtro, resultando na saída $(1/2)m(t)$.

Uma possível forma para a característica do filtro passa-baixas é mostrada (em pontilhado) na Fig. 7.37b. Neste método de recuperação do sinal banda-base, chamado de *detecção síncrona*, ou *detecção coerente*, usamos uma portadora com exatamente a mesma frequência (e fase) da portadora utilizada na modulação. Portanto, para a demodulação, precisamos gerar uma portadora local ao receptor com frequência e fase coerentes (sincronizada) com a portadora utilizada no modulador. Iremos demonstrar no exemplo 7.22 que tanto o sincronismo de fase quanto frequência são extremamente críticos.

EXEMPLO 7.22

Discuta o efeito da falta de coerência (sincronismo) de fase e frequência entre as portadoras do modulador (transmissor) e demodulador (receptor) na modulação DSB-SC.

Considere a portadora do modulador igual a $\cos \omega_c t$ (Fig. 7.35a). Para o demodulador da Fig. 7.37a, iremos considerar dois casos: portadora $\cos (\omega_c t + \theta)$ (erro de fase de θ) e portadora $\cos (\omega_c + \Delta\omega)t$ (erro de frequência $\Delta\omega$).

(a) Com a portadora do demodulador igual a $\cos (\omega_c t + \theta)$ (em vez de $\cos \omega_c t$) na Fig. 7.37a, a saída multiplicada será $e(t) = m(t) \cos \omega_c t \cos (\omega_c t + \theta)$ em vez de $m(t) \cos^2 \omega_c t$. Usando identidades trigonométricas, obtemos

$$e(t) = m(t) \cos \omega_c t \, \cos (\omega_c t + \theta)$$
$$= \tfrac{1}{2} m(t)[\cos \theta + \cos (2\omega_c t + \theta)]$$

O espectro da componente $(1/2)m(t) \cos (2\omega_c t + \theta)$ é centrado em $\pm 2\omega_c$. Consequentemente, ele será filtrado pelo filtro passa-baixas da saída. A componente $(1/2)m(t) \cos \theta$ é o sinal $m(t)$ multiplicado pela constante $(1/2) \cos \theta$. O espectro dessa componente é centrado em $\omega = 0$ (espectro passa-baixa) e irá passar pelo filtro passa-baixas de saída, resultando na saída $(1/2)m(t) \cos \theta$.

Se θ for uma constante, a falta de sincronismo de fase simplesmente resultará em uma saída atenuada (por um fator $\cos \theta$). Infelizmente, na prática, θ geralmente é a diferença de fase entre as portadoras geradas por dois geradores distantes e varia aleatoriamente com o tempo. Essa variação resultará em uma saída cujo ganho varia aleatoriamente com o tempo.

(b) No caso de erro de frequência, a portadora do demodulador é $\cos (\omega_c + \Delta\omega)t$. Essa situação é muito similar ao erro de fase causado na parte (a) com θ substituído por $(\Delta\omega)t$. Seguindo a análise da parte (a), podemos expressar o produto $e(t)$ do demodulador por

$$e(t) = m(t) \cos \omega_c t \, \cos (\omega_c + \Delta\omega)t$$
$$= \tfrac{1}{2} m(t)[\cos (\Delta\omega)t + \cos (2\omega_c + \Delta\omega)t]$$

O espectro da componente $(1/2)m(t) \cos (2\omega_c + \Delta\omega)t$ é centrado em $\pm(2\omega_c + \Delta\omega)$. Consequentemente, esta componente será filtrada pelo filtro passa-baixas da saída. A componente $(1/2)m(t) \cos (\Delta\omega)t$ é o sinal $m(t)$ multiplicado por uma portadora de baixa frequência $\Delta\omega$. O espectro dessa componente é centrado em $\pm\Delta\omega$. Na prática, o erro de frequência $(\Delta\omega)$ é muito pequeno. Logo, o sinal $(1/2)m(t) \cos (\Delta\omega)t$ (cujo espectro está centrado em $\pm\Delta\omega$) é um sinal passa-baixa e irá passar pelo filtro de saída, resultando na saída $(1/2)m(t) \cos (\Delta\omega)t$. A saída é o sinal desejado $m(t)$ multiplicado por uma senoide de baixa frequência $\cos (\Delta\omega)t$. A saída, nesse caso, não é simplesmente uma réplica atenuada do sinal desejado $m(t)$, mas representa $m(t)$ multiplicado por um ganho variante no tempo cos $(\Delta\omega)t$. Se, por exemplo, as frequências do transmissor e receptor forem diferentes por apenas 1 Hz, a saída será o sinal desejado $m(t)$ multiplicado por um sinal variante no tempo cujo ganho vai do máximo a 0 a cada meio seguindo. Isso é como uma incansável criança brincando com o botão de volume do receptor, indo do volume máximo ao volume zero a cada meio segundo. Esse tipo de distorção (chamado de *efeito de batimento*) está além de qualquer recuperação.

7.7-2 Modulação em Amplitude (AM)

Para o esquema de portadora suprimida, discutido anteriormente, o receptor deve gerar uma portadora com sincronismo de fase e frequência com a portadora do transmissor que pode estar localizado a centenas ou milhares de quilômetros de distância. Essa situação requer um receptor sofisticado, o qual provavelmente deve ser muito caro. Uma alternativa é o transmissor transmitir a portadora $A \cos \omega_c t$ [juntamente com o sinal modulado $m(t) \cos \omega_c t$] de tal forma que não exista a necessidade de gerar uma portadora no receptor. Nesse caso, o transmissor precisa transmitir muita potência, um procedimento caro. Em comunicações ponto-a-ponto, nas quais há apenas um transmissor para cada receptor, a substancial complexidade no sistema receptor pode ser justificada, desde que haja uma economia substancial em equipamentos caros de transmissão de alta potência. Por outro lado, para um sistema de radiodifusão com vários receptores para cada transmissor, é mais econômico ter um único transmissor de alta potência e receptores mais simples, mais baratos. A segunda opção (transmissão da portadora juntamente com o sinal modulado) é a escolha óbvia neste caso. Esta é a modulação em amplitude (AM), na qual o sinal transmitido $\varphi_{AM}(t)$ é

$$\varphi_{AM}(t) = A \cos \omega_c t + m(t) \cos \omega_c t \qquad (7.73a)$$

$$= [A + m(t)] \cos \omega_c t \qquad (7.73b)$$

Lembre-se de que o sinal DSB-SC é $m(t) \cos \omega_c t$. A partir da Eq. (7.73b), vemos que o sinal AM é idêntico ao sinal DSB-SC com $A + m(t)$ como sendo o sinal modulante [em vez de $m(t)$]. Portanto, para traçar $\varphi_{AM}(t)$, traçamos $A + m(t)$ e $-[A + m(t)]$ como envelopes e preenchemos com a senoide da frequência da portadora. Dois casos são considerados na Fig. 7.38. No primeiro caso, A é suficientemente grande, tal que $A + m(t) \geq 0$ (não negativo) para todos os valores de t. No segundo caso, A não é suficientemente grande para satisfazer essa condição. No primeiro caso, o envelope (Fig. 7.38d) possui a mesma forma que $m(t)$ (apesar de possuir uma magnitude cc igual a A). No segundo caso, a forma do envelope não é $m(t)$, pois em algumas partes ele fica retificado (Fig. 7.38e). Portanto, podemos detectar o sinal desejado $m(t)$ detectando o envelope no primeiro caso. No segundo caso, tal detecção não é possível. Iremos ver que a detecção de envelope é uma operação extremamente simples e barata, a qual não necessita da geração de uma portadora local para a demodulação. Mas, como observado, o envelope de AM possui a informação de $m(t)$ somente se o sinal AM $[A + m(t)] \cos \omega_c t$ satisfizer a condição $A + m(t) \geq 0$ para todo t. Portanto, a condição para a detecção de envelope de um sinal AM é

$$A + m(t) \geq 0 \quad \text{para todo } t \qquad (7.74)$$

Se m_p é o pico de amplitude (positiva ou negativa) de $m(t)$, então a condição (7.74) é equivalente a[†]

$$A \geq m_p \qquad (7.75)$$

Portanto, a amplitude mínima da portadora necessária para a viabilidade da detecção por envelope é m_p. Esse ponto é claramente ilustrado na Fig. 7.38.

Definimos o *índice de modulação* μ por

$$\mu = \frac{m_p}{A} \qquad (7.76)$$

no qual A é a amplitude da portadora. Note que m_p é uma constante do sinal $m(t)$. Como $A \geq m_p$ e como não existe limite superior para A, temos que

$$0 \leq \mu \leq 1 \qquad (7.77)$$

como condição necessária para a viabilidade de demodulação de AM por detector de envelope.

[†] No caso dos picos de amplitude positiva e negativa não serem idênticos, m_p da condição (7.75) é o pico de amplitude negativo absoluto.

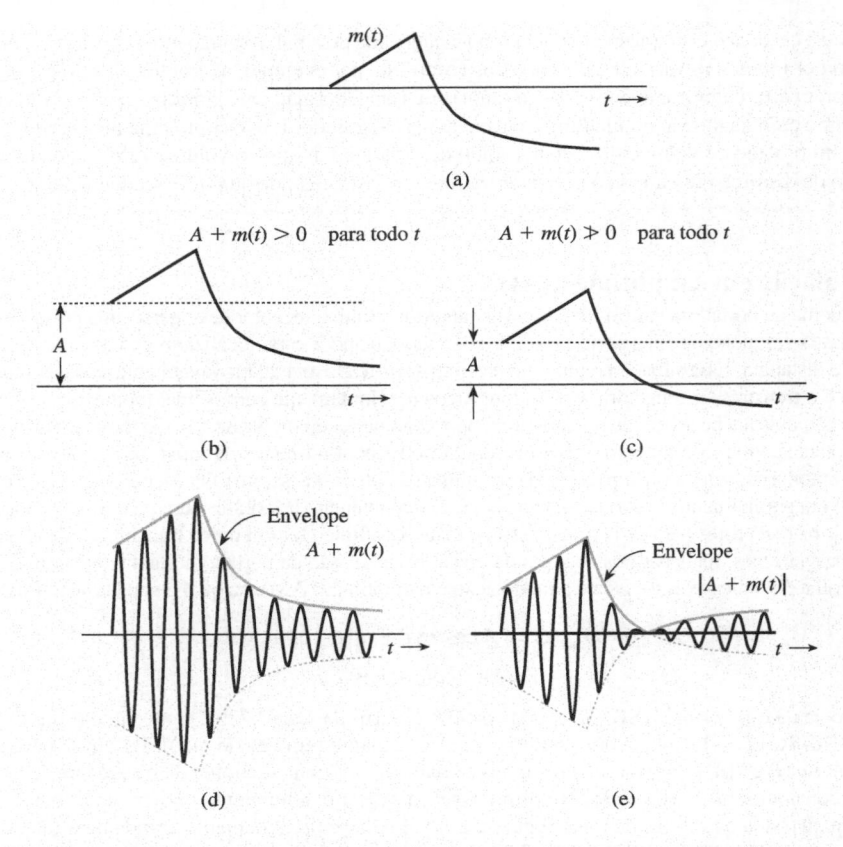

Figura 7.38 Um sinal AM (a) para dois valores de A (b, c) e seus respectivos envelopes (d, e).

Quando $A < m_p$, a Eq. (7.76) mostra que $\mu > 1$ (sobremodulação, mostrada na Fig. 7.38e). Neste caso, a opção de detecção de envelope não é mais viável. Precisaremos, então, utilizar a demodulação síncrona. Note que a demodulação síncrona pode ser utilizada para qualquer valor de μ (veja o Prob. 7.7-6). O detector de envelope, o qual é consideravelmente mais simples e mais barato do que o detector síncrono só pode ser utilizado quando $\mu \leq 1$.

EXEMPLO 7.23

Trace $\varphi_{AM}(t)$ para índices de modulação $\mu = 0{,}5$ (50% de modulação) e $\mu = 1$ (100% de modulação) quando $m(t) = B \cos \omega_m t$. Esse caso é referenciado como *modulação de tom* porque o sinal de modulação é uma senoide pura (ou tom).

Neste caso, $m_p = B$ e o índice de modulação, de acordo com a Eq. (7.76), é

$$\mu = \frac{B}{A}$$

Logo, $B = \mu A$ e

$$m(t) = B\cos\omega_m t = \mu A \cos\omega_m t$$

Portanto,

$$\varphi_{AM}(t) = [A + m(t)]\cos\omega_c t = A[1 + \mu\cos\omega_m t]\cos\omega_c t \qquad (7.78)$$

Os sinais modulados correspondentes a $\mu = 0{,}5$ e $\mu = 1$ aparecem na Fig. 7.39a e 7.39b, respectivamente.

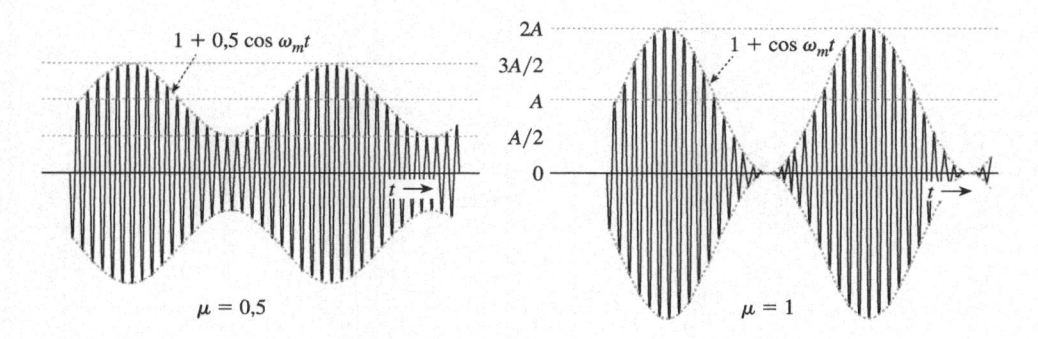

Figura 7.39 AM modulado por tom: **(a)** $\mu = 0{,}5$ e **(b)** $\mu = 1$.

DEMODULAÇÃO DE AM: DETECTOR DE ENVELOPE

O sinal AM pode ser demodulado coerentemente por uma portadora gerada localmente (veja o Prob. 7.7-6). Como, entretanto, a demodulação coerente ou síncrona de AM (com $\mu \le 1$) vai contra o propósito do AM, ela geralmente não é utilizada na prática. Iremos considerar um dos métodos não coerentes de demodulação AM, a *detecção de envelope*.[†]

Em um detector de envelope, a saída do detector segue o envelope do sinal de entrada (modulado). O circuito apresentado na Fig. 7.40a funciona como um detector de envelope. Durante o ciclo positivo do sinal de entrada, o diodo conduz e o capacitor de carrega até a tensão de pico do sinal de entrada (Fig. 7.40b). Quando o sinal de entrada cai abaixo desse valor de pico, o diodo é cortado, porque a tensão do capacitor (a qual é muito próxima do valor de pico) é maior do que a tensão de entrada, uma circunstância que causa a abertura do diodo. O capacitor, agora, descarrega através do resistor R com uma taxa lenta (constante de tempo RC). Durante o próximo ciclo positivo, o mesmo drama se repete. Quando o sinal de entrada se torna maior do que a tensão do capacitor, o diodo volta a conduzir. O capacitor se carrega novamente até o valor de pico deste (novo) ciclo. Quando a tensão de entrada cai abaixo do novo pico, o diodo fica novamente cortado e o capacitor se descarrega lentamente durante o período de corte, um processo que altera a tensão do capacitor lentamente.

Dessa forma, durante cada ciclo positivo, o capacitor se carrega até a tensão de pico do sinal de entrada e, então, decai lentamente até o próximo ciclo positivo. Portanto, a tensão de saída $v_c(t)$ segue o envelope da entrada. O capacitor descarrega entre dois picos positivos, entretanto, causando um sinal de ripple de frequência ω_c na saída. Esse ripple pode ser reduzido aumentando-se a constante de tempo RC, de tal forma que a descarga do capacitor seja mínima entre dois picos positivos ($RC \gg 1/\omega_c$). Tornar RC muito grande, entretanto, pode fazer com que seja impossível que a tensão do capacitor siga o envelope (veja a Fig. 7.40b). Portanto, RC deve ser grande em comparação a $1/\omega_c$ mas pequeno em comparação com $1/2\pi B$, na qual B é a mais alta frequência em $m(t)$. Incidentalmente, essas duas condições também requerem que $\omega_c \gg 2\pi B$, uma condição necessária para um envelope bem definido.

[†] Existem outros métodos para a detecção não coerente. O detector retificador consiste em um retificador seguido por um filtro passa-baixas. Esse método é tão simples e quase sem custo quanto o detector de envelope.[4] O detector não linear, apesar de simples e barato, resulta em uma saída distorcida.

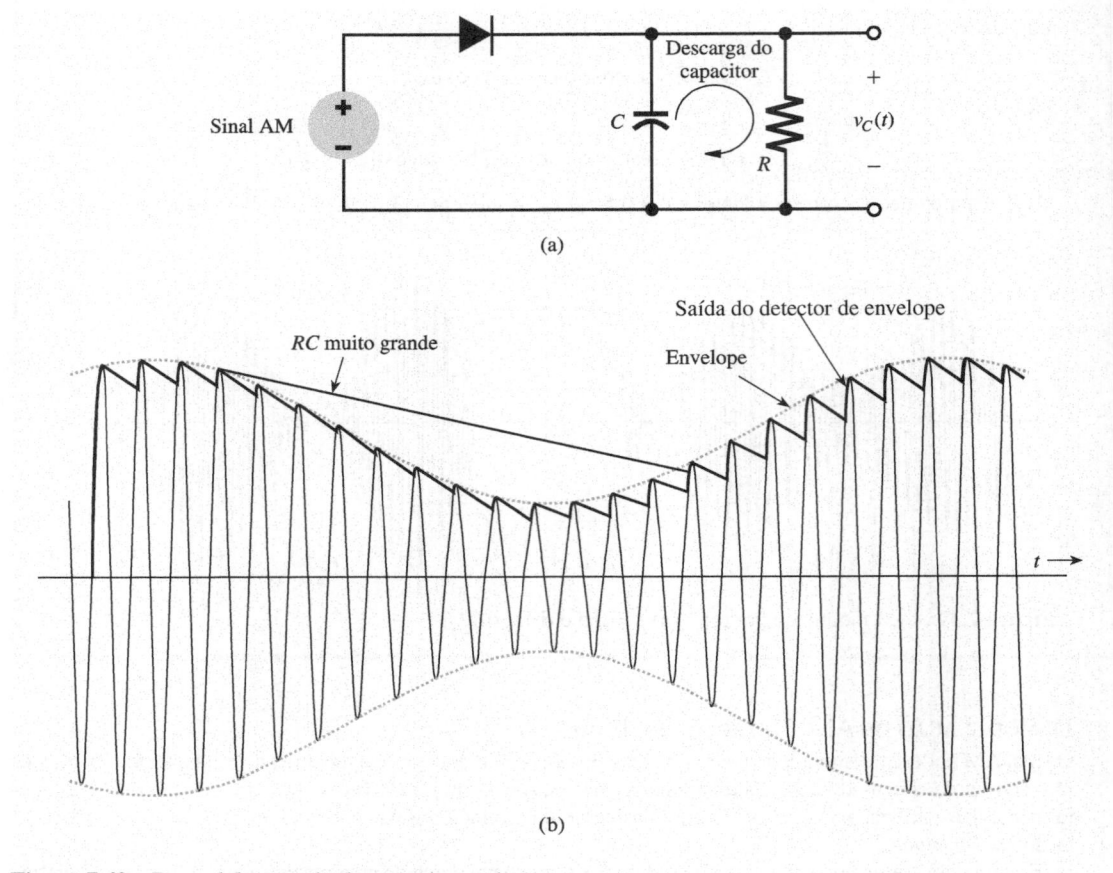

Figura 7.40 Demodulação pelo detector de envelope.

A saída $v_C(t)$ do detector de envelope é $A + m(t)$ mais um ripple de frequência ω_c. O termo cc A pode ser bloqueado por um capacitor ou por um filtro RC passa-altas simples. O ripple é reduzido por outro filtro RC (passa-baixas). No caso de sinais de áudio, os alto-falantes funcionam como filtros passa-baixas, o que aumenta ainda mais a supressão do ripple de alta frequência.

7.7-3 Modulação em Faixa Lateral Simples (SSB)

Considere, agora, o espectro banda-base $M(\omega)$ (Fig. 7.41a) e o espectro do sinal modulado DSB-SC $m(t) \cos \omega_c t$ (Fig. 7.41b). O espectro DSB da Fig. 7.41b possui duas faixas laterais: a faixa superior e a inferior (USB e LSB), as duas contendo a informação completa de $M(\omega)$ [veja as Eqs. (7.11)]. Obviamente, é redundante transmitir as duas faixas laterais, um processo que requer o dobro da largura de faixa do sinal banda-base. Um esquema no qual apenas uma faixa lateral é transmitida é chamado de *transmissão faixa lateral simples* (SSB), a qual requer apenas metade da largura de faixa do sinal DSB. Portanto, transmitimos apenas as faixas laterais superior (Fig. 7.41c) ou apenas as faixas laterais inferior (Fig. 7.41d).

Um sinal SSB pode ser demodulado coerentemente (demodulação síncrona). Por exemplo, a multiplicação de um sinal USB (Fig. 7.41c) por $2 \cos \omega_c t$ desloca seu espectro para a esquerda e direita por ω_c, resultando no espectro da Fig. 7.41e. A filtragem usando um filtro passa-baixas desse sinal resulta no sinal banda base desejado. O caso é similar com um sinal LSB. Logo, a demodulação de sinais SSB é idêntica a sinais DSB-SC, e o demodulador síncrono da Fig. 7.37a pode demodular sinais SSB. Note que estamos falando de sinais SSB sem a portadora, logo, eles são sinais de portadora suprimida (SSB-SC).

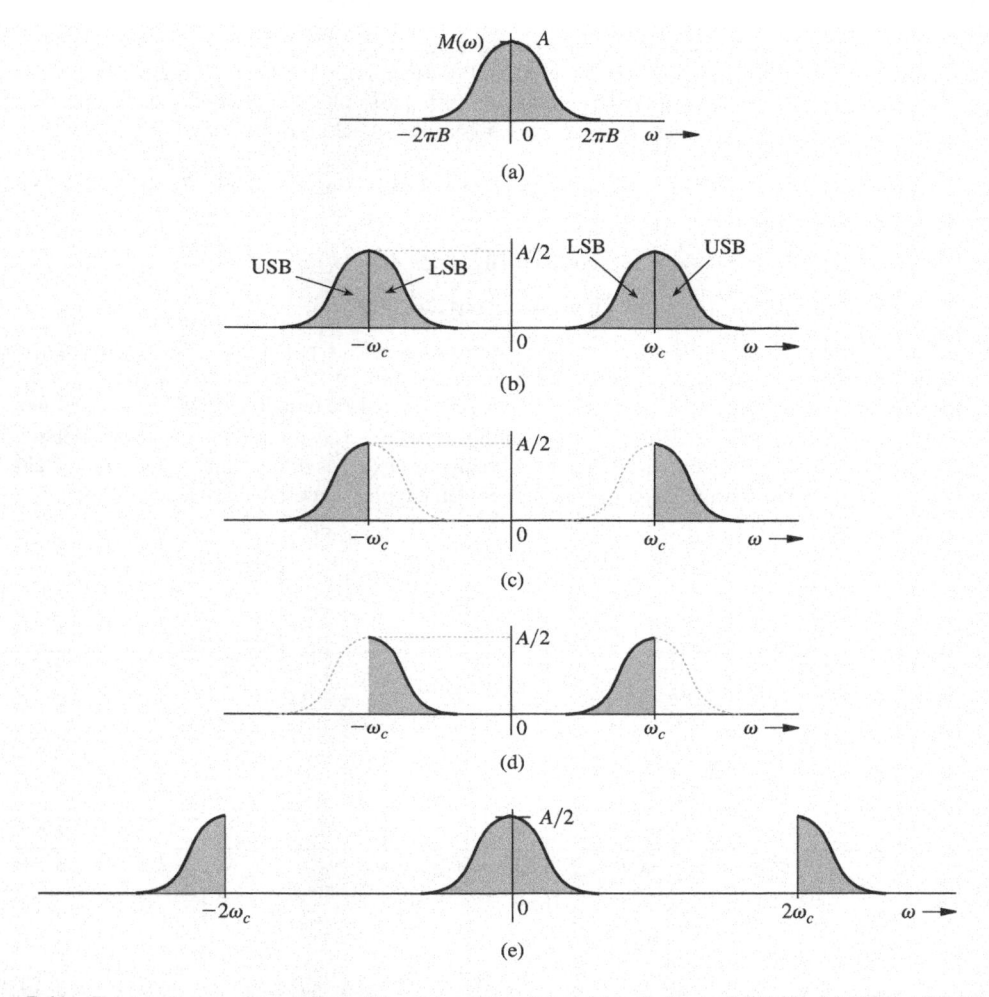

Figura 7.41 Espectro para a transmissão faixa lateral simples: **(a)** banda-base, **(b)** DSB, **(c)** USB, **(d)** LSB e **(e)** sinal demodulado usando demodulação síncrona.

EXEMPLO 7.24

Determine os sinais USB (faixa lateral superior) e LSB (faixa lateral inferior) quando $m(t) = \cos \omega_m t$. Trace seus espectros e mostre que esses sinais SSB podem ser demodulados usando o demodulador síncrono da Fig. 7.37a.

O sinal DSB-SC para esse caso é

$$\varphi_{\text{DSB-SC}}(t) = m(t) \cos \omega_c t$$
$$= \cos \omega_m t \cos \omega_c t$$
$$= \tfrac{1}{2}[\cos (\omega_c - \omega_m)t + \cos (\omega_c + \omega_m)t] \quad (7.79)$$

Como mostrado no exemplo 7.21, os termos $(1/2) \cos (\omega_c + \omega_m)t$ e $(1/2) \cos (\omega_c - \omega_m)t$ representam as faixas laterais superior e inferior, respectivamente. O espectro dessas faixas laterais é mostrado na Fig. 7.42a e 7.42b. Observe que esses espectros podem ser obtidos do espectro DSB-SC da Fig. 7.36b usando um filtro adequado para suprimir a faixa lateral indesejada. Por exemplo, o sinal USB da Fig. 7.42a pode ser obtido filtrando o sinal DSB-SC (Fig. 7.36b) usando um filtro passa-altas com frequência de corte ω_c. Similarmente, o sinal LSB na Fig. 7.42b pode ser obtido passando o sinal DSB-SC por um filtro passa-baixa de uma frequência de corte de ω_c.

Se aplicarmos o sinal LSB (1/2) cos $(\omega_c - \omega_m)t$ ao demodulador síncrono da Fig. 7.37a, a saída do multiplicador será

$$e(t) = \tfrac{1}{2} \cos(\omega_c - \omega_m)t \cos \omega_c t$$
$$= \tfrac{1}{4}[\cos \omega_m t + \cos(2\omega_c - \omega_m)t]$$

O termo (1/4) cos $(2\omega_c - \omega_m)t$ é suprimido por um filtro passa-baixas, produzindo a saída desejada (1/4) cos $\omega_m t$ [o qual é $m(t)/4$]. O espectro deste termo é $\pi[\delta(\omega - \omega_m) + \delta(\omega - \omega_m)]/4$, como mostrado na Fig. 7.42c. Da mesma forma, podemos mostrar que o sinal USB pode ser demodulado usando o demodulador síncrono.

No domínio da frequência, a demodulação (multiplicação por cos $\omega_c t$) representa o deslocamento do espectro LSB (Fig. 7.42b) para a esquerda e para a direita por ω_c (vezes 0,5) e, então, suprimindo a alta frequência, como ilustrado na Fig. 7.42c. O espectro resultante representa o sinal desejado (1/4)$m(t)$.

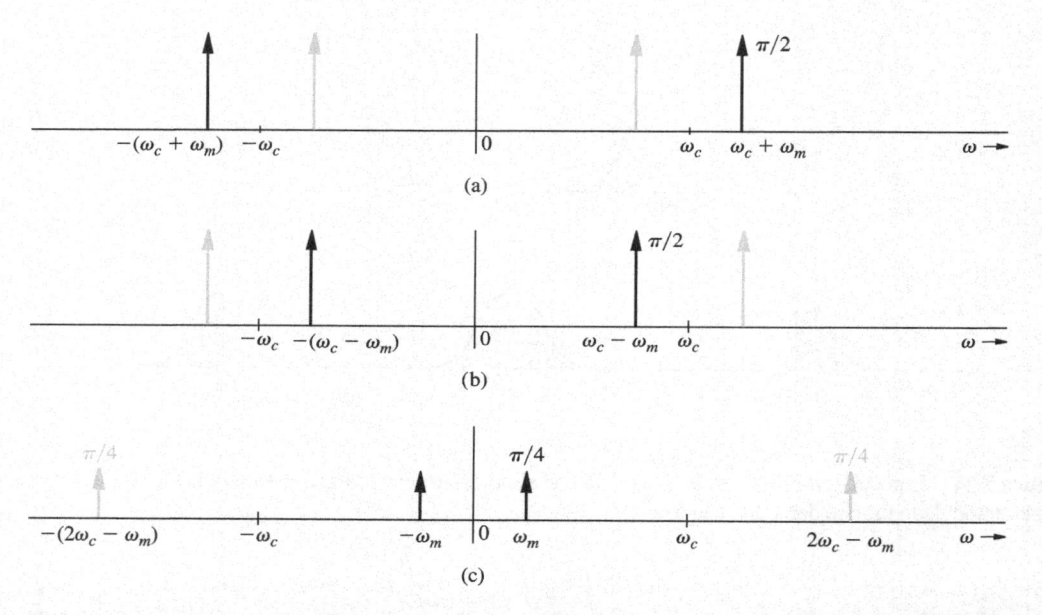

Figura 7.42 Espectro de faixa lateral simples para $m(t) = \cos \omega_m t$; **(a)** USB, **(b)** LSB, **(c)** sinal LSB demodulado por demodulador síncrono.

GERAÇÃO DE SINAIS SSB*

Dois métodos são geralmente utilizados para gerar sinais SSB. O *método de filtragem seletiva* utiliza filtros com corte abrupto para eliminar a faixa lateral indesejada, e o segundo método utiliza circuitos de deslocamento de fase[4] para atingir o mesmo objetivo.[†]

A filtragem seletiva é o método mais utilizado de geração de sinais SSB. Nesse método, o sinal DSB-SC passa por um filtro com característica de corte muito íngreme para eliminar a faixa lateral indesejada.

---

* N. de T.: *Single SideBand*.
[†] Outro método, chamado de Método de Weaver, também é utilizado para gerar sinais SSB.

Para obter o USB, o filtro deve passar todas as componentes acima de ω_c inalteradas, e suprimir completamente todas as componentes abaixo de ω_c. Tal operação requer um filtro ideal, o qual não é realizável. Entretanto, podemos realizar uma boa aproximação do filtro se existir alguma separação entre a faixa passante e a faixa filtrada. Felizmente, o sinal de voz fornece essa condição, pois seu espectro mostra pouco conteúdo de potência na origem (Fig. 7.43). Além disso, testes de articulação para sinais da fala mostram que componentes abaixo de 300 Hz não são importantes. Em outras palavras, podemos suprimir todas as componentes da fala abaixo de 300 Hz sem afetar apreciavelmente a inteligibilidade.[†] Portanto, a filtragem da faixa lateral indesejada se torna relativamente simples para sinais de fala porque temos uma transição de 600 Hz ao redor da frequência de corte ω_c. Para alguns sinais, nos quais temos uma considerável potência em baixas frequências (ao redor de $\omega = 0$), técnicas SSB causam uma distorção considerável. Esse é o caso de sinais de vídeo. Consequentemente, para sinais de vídeo, em vez de SSB, utilizamos outra técnica, a *faixa lateral vestigial* (VSB*), a qual é um compromisso entre SSB e DSB. Ela herda as vantagens de SSB e DSB mas evita suas desvantagens ao custo de um pequeno acréscimo de largura de faixa. Sinais VSB são relativamente simples de serem gerados e suas larguras de faixa são apenas um pouco maior (tipicamente 25%) do que sinais SSB. Em sinais VSB, em vez de rejeitar uma faixa lateral completamente (tal como em SSB), aceitamos um corte gradual de uma faixa lateral.[4]

7.7-4 Multiplexação por Divisão na Frequência

A multiplexação de sinais permite a transmissão de vários sinais em um mesmo canal. Posteriormente, no Capítulo 8 (Seção 8.2-2), iremos discutir a multiplexação por divisão no tempo (TDM), na qual vários sinais compartilham no tempo o mesmo canal, tal com um cabo ou fibra óptica. Na multiplexação por divisão na frequência (FDM**), o uso da modulação, como ilustrado na Fig. 7.44, faz com que vários sinais compartilhem a banda de um mesmo canal. Cada sinal é modulado por uma frequência de portadora diferente. As várias portadoras são adequadamente separadas para evitar a sobreposição (ou interferência) entre os espectros dos vários sinais modulados. Essas portadoras são chamadas de *subportadoras*. Cada sinal pode utilizar um tipo diferente de modulação, por exemplo, DSB-SC, AM., SSB-SC, VSB-SC ou mesmo outras formas de modulação não discutidas [Tal como FM (modulação em frequência) ou PM (modulação em fase)]. O espectro do sinal modulado pode ser separado por um pequeno guarda banda para evitar a interferência e para facilitar a separação do sinal pelo receptor.

Quando todos os espectros dos sinais modulados são adicionados, temos um sinal composto que pode ser considerado como um novo sinal banda-base. Algumas vezes, esse sinal banda-base composto pode ser utilizado para modular uma portadora de alta frequência (frequência de rádio, ou RF) para a transmissão.

No receptor, o sinal de entrada é inicialmente demodulado pela portadora RF, obtendo o sinal banda-base composto, o qual, então, é filtrado por passa-faixas para separar os sinais modulados. Cada sinal modulado é, então, individualmente demodulado pela subportadora adequada para obtemos todos os sinais banda-base básicos.

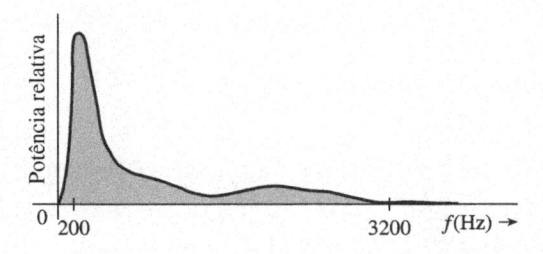

Figura 7.43 Espectro de voz.

[†] Similarmente, a supressão de componentes do sinal da fala acima de 3500 Hz não resulta em uma mudança apreciável na inteligibilidade.
* N. de T.: *Vestigial SideBand*.
** N. de T.: *Frequency-division multiplexing*.

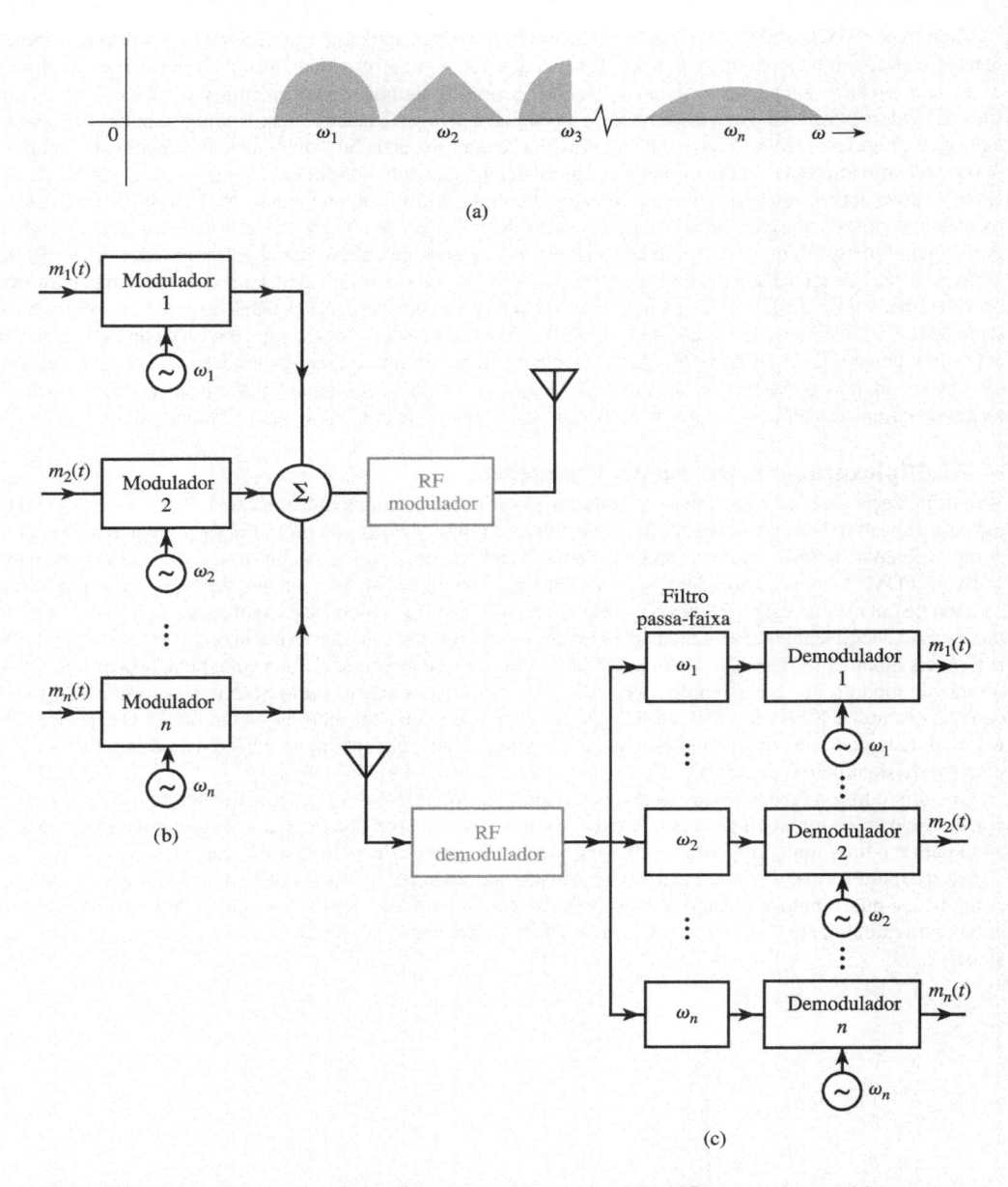

Figura 7.44 Multiplexação por divisão em frequência: (a) espectro FDM, (b) transmissor e (c) receptor.

7.8 Truncagem de Dados: Funções de Janela

Geralmente precisamos truncar dados em diversas situações, desde cálculos numéricos até projeto de filtros. Por exemplo, se precisarmos calcular numericamente a transformada de Fourier de algum sinal, digamos $e^{-t}u(t)$, teremos que desprezar o sinal $e^{-t}u(t)$ além de algum valor suficientemente grande de t (tipicamente acima de cinco constantes de tempo). A razão é que, em cálculos numéricos, devemos trabalhar com dados de duração finita. Similarmente, a resposta ao impulso $h(t)$ de um filtro passa-baixas ideal é não causal e aproxima-se de zero assintoticamente quando $|t| \to \infty$. Em um projeto prático, podemos querer desprezar $h(t)$ além de um valor suficientemente grande de $|t|$ para tornar $h(t)$ causal e de duração finita. Na amostragem de sinal, para eliminar o *aliasing*, devemos utilizar um filtro anti-*aliasing* para desprezar o espectro do sinal além da frequência $\omega_s/2$. Novamente, podemos querer sintetizar um sinal periódico somando as n primeiras harmônicas e desprezando todas as outras harmônicas mais altas. Esses exemplos mostram que a truncagem de dados pode ocorrer tanto no domínio do tempo quanto no domínio da frequência. Superficialmente, a truncagem parece ser um problema simples de desprezar dados a partir de um ponto no qual os valores são julgados como sendo suficientemente pequenos. Infelizmente, esse não é o caso. A truncagem simples pode causar alguns problemas inesperados.

Funções de Janela

A operação de truncagem pode ser imaginada como a multiplicação de um sinal de largura grande por uma função janela de largura menor (finita). A truncagem simples representa a utilização de uma *janela retangular* $w_R(t)$ (mostrada posteriormente na Fig. 7.47a) na qual associamos peso unitário a todos os dados dentro da largura da janela ($|t| < T/2$) e associamos peso zero a todos os dados fora da janela ($|t| > T/2$). Também é possível utilizar uma janela na qual o peso associado ao dado dentro da janela não seja constante. Na *janela triangular* $w_T(t)$, por exemplo, o peso associado ao dado diminui linearmente dentro da largura da janela (mostrado posteriormente na Fig. 7.47b).

Considere um sinal $x(t)$ e uma função janela $w(t)$. Se $x(t) \Leftrightarrow X(\omega)$ e $w(t) \Leftrightarrow W(\omega)$, e se a função após a aplicação da janela $x_w(t) \Leftrightarrow X_w(\omega)$, então

$$x_w(t) = x(t)w(t) \quad \text{e} \quad X_w(\omega) = \frac{1}{2\pi} X(\omega) * W(\omega)$$

De acordo com a propriedade de largura da convolução, temos que a largura de $X_w(\omega)$ e igual a soma das largura de $X(\omega)$ e $W(\omega)$. Portanto, a truncagem do sinal aumenta sua largura de faixa pelo total da largura de faixa de $w(t)$. Claramente, a truncagem de um sinal faz com que seu espectro se espalhe (difunda) pelo total da largura de faixa de $w(t)$. Lembre-se de que a largura de faixa do sinal é inversamente proporcional à duração do sinal (largura). Logo, quando mais larga a janela, melhor sua largura de faixa e menor o *espalhamento espectral*. Esse resultado é previsível porque uma janela mais larga significa que estamos aceitando mais dados (aproximação melhor), a qual resultaria em menor distorção (menos espalhamento espectral). Uma largura da janela menor (aproximação pior), causa mais espalhamento espectral (mais distorção). Além disso, como $W(\omega)$ não é realmente estritamente limitada em faixa e seu espectro $\to 0$ apenas assintoticamente, o espectro de $X_w(\omega) \to 0$ assintoticamente na mesma taxa que $W(\omega)$, mesmo se $X(\omega)$ for de fato estritamente limitada em faixa. Portanto, a aplicação de uma janela faz com que o espectro de $X(\omega)$ se espalhe na faixa na qual ela deveria ser zero. Esse efeito é chamado de *vazamento*. O exemplo a seguir irá mostrar estes efeitos gêmeos, o espalhamento espectral e o vazamento.

Vamos considerar $x(t) = \cos \omega_0 t$ e a janela retangular $w_R(t) = \text{ret}(t/T)$, ilustrado na Fig. 7.45b. A razão para selecionar uma senoide para $x(t)$ é que seu espectro é constituído por linhas espectrais de largura zero (Fig. 7.45a). Logo, essa escolha fará com que o efeito do espalhamento espectral e do vazamento se tornem mais visíveis. O espectro do sinal truncado $x_w(t)$ é a convolução dos dois impulsos de $X(\omega)$ com o espectro sinc da função de janela. Como a convolução de qualquer função com o impulso é a função propriamente dita (deslocada para a posição do impulso), o espectro resultante do sinal truncado é $1/2\pi$ vezes os dois pulsos sinc em $\pm \omega_0$, como mostrado na Fig. 7.45c (veja também a Fig. 7.26). A comparação do espectro de $X(\omega)$ e $X_w(\omega)$ mostra os efeitos da truncagem:

1. As linhas espectrais de $X(\omega)$ possuem largura zero, mas o sinal truncado é espalhado por $2\pi/T$ em cada linha espectral. O total de espalhamento é igual à largura do lóbulo principal do espectro da janela. Um efeito deste *espalhamento espectral* (ou difusão) é que se $x(t)$ possui duas componentes espectrais de frequências distintas por menos do que $4\pi/T$ rad/s ($2/T$ Hz), elas não poderão ser distinguidas no sinal truncado. O resultado é perda de resolução espectral. Obviamente, queremos que esse espalhamento espectral [largura do lóbulo principal de $X(\omega)$] seja o menor possível.

2. Além do espalhamento do lóbulo principal, o sinal truncado possui lóbulos laterais, os quais decaem lentamente com a frequência. O espectro de $x(t)$ é zero em todo lugar exceto em $\pm \omega_0$. Por outro lado, o espectro do sinal truncado $X_w(\omega)$ é zero em lugar algum devido aos lóbulos laterais. Esses lóbulos laterais decaem assintoticamente com $1/\omega$. Portanto, a truncagem resulta no *vazamento* espectral na faixa na qual o espectro do sinal $x(t)$ seria zero. A magnitude de pico do lóbulo lateral é 0,217 vezes a magnitude do lóbulo principal (13,3 dB abaixo da magnitude do lóbulo principal). Além disso, os lóbulos laterais decaem a uma taxa de $1/\omega$, a qual é -6 dB/oitava (ou -20 dB/década). Essa é a taxa de *rolloff* dos ló-

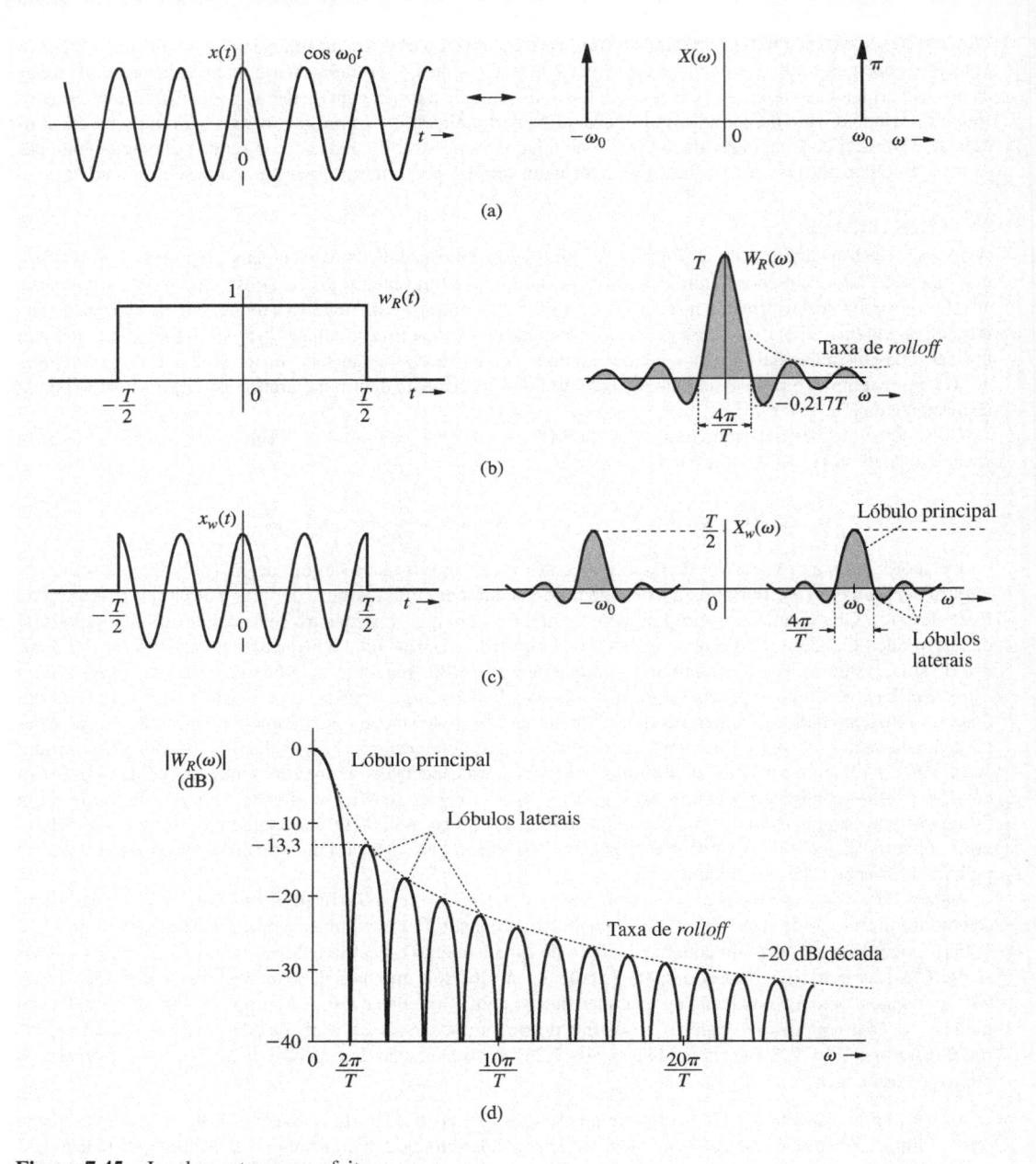

Figura 7.45 Janelamento e seus efeitos.

bulos laterais. Obviamente, queremos lóbulos laterais menores com uma taxa de decaimento mais rápida (alta taxa de *rolloff*). A Fig. 7.45d, a qual apresenta $|W_R(\omega)|$ em função de ω, mostra claramente as características de lóbulo principal e lóbulos laterais, com a amplitude do primeiro lóbulo lateral –13,3 dB abaixo da amplitude do lóbulo principal e os lóbulos laterais decaindo a uma taxa de –6 dB/oitava (ou –20 dB/década).

Até este momento, discutimos os efeitos no espectro do sinal truncado (truncagem no domínio do tempo). Devido à dualidade tempo-frequência, o efeito da truncagem espectral (truncagem no domínio da frequência) na forma do sinal é similar.

Soluções para os Efeitos Colaterais da Truncagem

Para melhores resultados, devemos tentar minimizar os efeitos gêmeos da truncagem: espalhamento espectral (largura do lóbulo principal) e vazamento (lóbulos laterais). Vamos considerar cada um desses problemas.

1. O espalhamento espectral (largura do lóbulo principal) do sinal truncado é igual à largura de faixa da função de janela $w(t)$. Sabemos que a largura do sinal é inversamente proporcional à largura (duração) do sinal. Logo, para reduzir o espalhamento espectral (largura do lóbulo principal), precisamos aumentar a largura da janela.

2. Para melhorar o comportamento do vazamento, devemos procurar pela causa do lento decaimento dos lóbulos laterais. No Capítulo 6, vimos que o espectro de Fourier decai com $1/\omega$ para um sinal com descontinuidade, decai com $1/\omega^2$ para um sinal contínuo cuja primeira derivada é descontínua e assim por diante.[†] A suavidade de um sinal é medida pelo número de derivadas contínuas que ele possui. Quanto mais suave o sinal, maior a taxa de decaimento de seu espectro. Portanto, podemos obter um dado comportamento de vazamento selecionando uma janela adequadamente suave.

3. Para uma dada largura de janela, os remédios para os dois efeitos são incompatíveis. Se tentarmos melhorar um, o outro será deteriorado. Por exemplo, dentre todas as janelas de uma dada largura, a janela retangular possui o menor espalhamento espectral (largura do lóbulo principal), mas seus lóbulos laterais possuem um alto nível e decaem lentamente. Uma janela amortecida (suave) de mesma largura possui lóbulos laterais menores e com decaimento mais rápido, mas um lóbulo principal mais largo.[‡] Mas podemos compensar o aumento da largura do lóbulo principal alargando a janela. Portanto, podemos remediar os dois efeitos da truncagem selecionando uma janela adequadamente suave de largura suficiente.

Existem várias funções conhecidas de janela amortecida, tais como Bartlett (triangular), Hanning (von Hann), Hamming, Blackman e Kaiser, as quais truncam os dados gradualmente. Estas janelas oferecem diferentes compromissos com relação ao espalhamento espectral (largura do lóbulo principal), a magnitude do pico do lóbulo lateral e a taxa de *rolloff* de vazamento, como indicado na Tabela 7.3.[5,6] Observe que todas as janelas são simétricas com relação a origem (função pares de t). Devido a essa característica, $W(\omega)$ é uma função real de ω, ou seja, $\angle W(\omega)$ é 0 ou π. Logo, a função de fase do sinal truncado possui uma quantidade mínima de distorção.

A Fig. 7.46 mostra duas conhecidas funções de janela amortecida, a janela von Hann (ou Hanning) $w_{HAN}(x)$ e a janela de Hamming $w_{HAM}(x)$. Utilizamos intencionalmente a variável independente x porque o janelamento pode ser executado no domínio do tempo ou no domínio da frequência, dessa forma, x pode ser t ou ω, dependendo da aplicação.

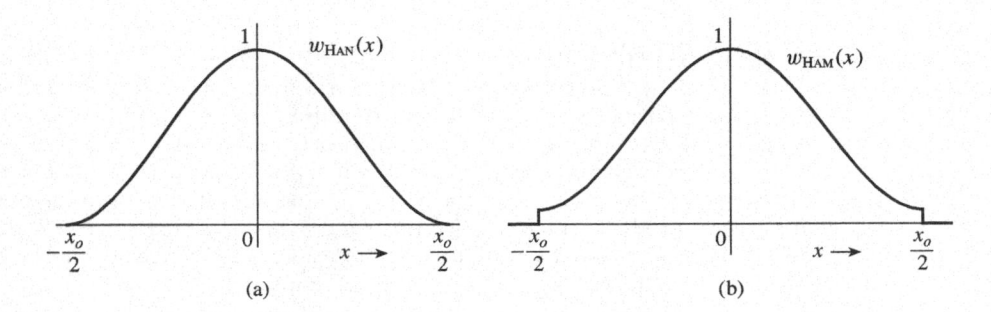

Figura 7.46 Janelas (a) Hanning e (b) Hamming.

[†] Esse resultado foi demonstrado para sinais periódicos. Entretanto, ele também se aplica a sinais não periódicos. Isso ocorre porque, como mostramos no começo deste capítulo, se $x_{T_0}(t)$ é um sinal periódico formado pela extensão periódica de um sinal não periódico $x(t)$, então o espectro de $x_{T_0}(t)$ é ($1/T_0$ vezes) as amostras de $X(\omega)$. Portanto, o que é válido para a taxa de decaimento do espectro de $x_{T_0}(t)$ também é válido para a taxa de decaimento de $X(\omega)$.

[‡] Uma janela amortecida resulta em um lóbulo principal mais largo porque o efeito da largura de uma janela amortecida é melhor do que para uma janela retangular. Veja a Seção 2.7-2 [Eq. (2.67)] para a definição de largura efetiva. Portanto, da reciprocidade da largura do sinal com sua largura de faixa, temos que o lóbulo principal da janela retangular é mais estreito do que o de uma janela amortecida.

Existem centenas de janelas, todas com características diferentes, mas a escolha depende da aplicação particular. A janela retangular possui o lóbulo principal mais estreito. A janela de Bartlett (triangular, também chamada de Fejer ou Cesaro) é inferior à janela de Hanning em todos os critérios. Por essa razão ela raramente é utilizada na prática. Hanning é preferida à Hamming na análise espectral porque ela possui um decaimento dos lóbulos laterais mais rápido. Para aplicações de filtragem, por outro lado, a janela de Hamming é escolhida porque ela possui a menor magnitude do lóbulo lateral para uma dada largura de lóbulo principal. A janela de Hamming é, geralmente, a mais utilizada como janela de uso geral. A janela de Kaiser, a qual utiliza $I_0(\alpha)$, a função de Bessel de ordem zero modificada, é mais versátil e mais ajustável. A seleção de um valor adequado de α ($0 \le \alpha \le 10$) permite ao projetista ajustar a janela para uma aplicação particular. O parâmetro α controla o compromisso lóbulo principal-lóbulo lateral. Quando $\alpha = 0$, a janela de Kaiser é a janela retangular. Para $\alpha = 5,4414$, ela é a janela de Hamming e quando $\alpha = 8,885$, ela é a janela de Blackman. Quando α aumenta, a largura do lóbulo principal aumenta e o nível do lóbulo lateral diminui.

Tabela 7.3 Algumas funções de janela e suas características

Nº	Janela $w(t)$	Largura do lóbulo principal	Taxa de *rolloff* (dB/oct)	Nível do pico do lóbulo lateral (dB)
1	Retangular: $\text{ret}\left(\dfrac{t}{T}\right)$	$\dfrac{4\pi}{T}$	-6	$-13,3$
2	Bartlett: $\Delta\left(\dfrac{t}{2T}\right)$	$\dfrac{8\pi}{T}$	-12	$-26,5$
3	Hanning: $0,5\left[1 + \cos\left(\dfrac{2\pi t}{T}\right)\right]$	$\dfrac{8\pi}{T}$	-18	$-31,5$
4	Hamming: $0,54 + 0,46\cos\left(\dfrac{2\pi t}{T}\right)$	$\dfrac{8\pi}{T}$	-6	$-42,7$
5	Blackman: $0,42 + 0,5\cos\left(\dfrac{2\pi t}{T}\right) + 0,08\cos\left(\dfrac{4\pi t}{T}\right)$	$\dfrac{12\pi}{T}$	-18	$-58,1$
6	Kaiser: $\dfrac{I_0\left[\alpha\sqrt{1 - 4\left(\dfrac{t}{T}\right)^2}\right]}{I_0(\alpha)} \quad 0 \le \alpha \le 10$	$\dfrac{11,2\pi}{T}$	-6	$-59,9\ (\alpha = 8,168)$

7.8-1 Usando Janelas no Projeto de Filtros

Iremos projetar um filtro passa-baixas ideal de largura de faixa W rad/s com resposta em frequência $H(\omega)$, como mostrado na Fig. 7.47e ou 7.47f. Para esse filtro, a resposta ao impulso $h(t) = (W/\pi)\,\text{sinc}\,(Wt)$ (Fig. 7.47c) é não causal e, portanto, não realizável. A truncagem de $h(t)$ por uma janela adequada (Fig. 7.47a) o torna realizável, apesar de o filtro resultante ser, agora, uma aproximação do filtro ideal desejado.[†] Iremos utilizar a janela retangular $w_R(t)$ e a janela triangular $w_T(t)$ (Bartlett) para truncar $h(t)$ e, então, examinaremos os filtros resultantes. As respostas ao impulso truncadas $h_R(t) = h(t)w_R(t)$ e $h_T(t) = h(t)w_T(t)$ são mostradas na Fig. 7.47d. Logo, a resposta em frequência do filtro janelado é a convolução de $H(\omega)$ com a transformada de Fourier da janela, como ilustrado na Fig. 7.47e e 7.47f. Podemos fazer as seguintes observações:

1. O espectro do filtro janelado mostra *espalhamento espectral* nas bordas e, em vez de um chaveamento repentino, existe uma transição gradual da faixa passante para a faixa filtrada do filtro. A faixa de transição é menor ($2\pi/T$ rad/s) para o caso retangular do que para o caso triangular ($4\pi/T$ rad/s).

2. Apesar de $H(\omega)$ ser limitado em faixa, os filtros janelados não são, mas o comportamento da faixa filtrada do caso triangular é superior ao do caso retangular. Para a janela retangular, o vazamento na faixa filtrada diminui lentamente ($1/\omega$) em comparação com a janela triangular ($1/\omega^2$). Além disso, o caso retangular possui um pico maior da amplitude do lóbulo lateral do que para a janela triangular.

[†] Além da truncagem, precisamos atrasar a função truncada por $T/2$ para torná-la causal. Entretanto, o atraso de tempo apenas adiciona uma fase linear ao espectro, sem alterar o espectro de amplitude. Portanto, para simplificar nossa discussão, iremos ignorar o atraso.

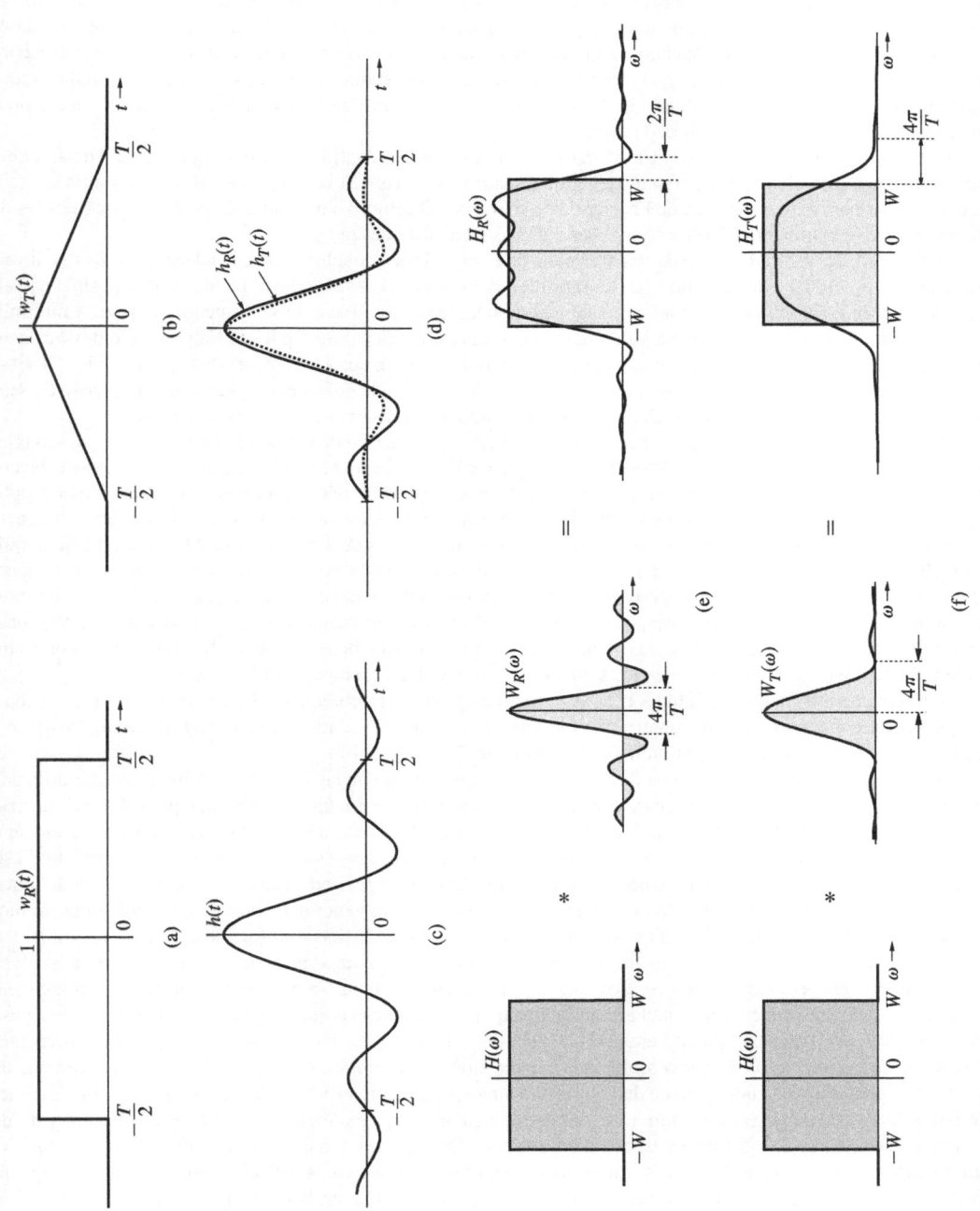

Figura 7.47

7.9 RESUMO

No Capítulo 6, representamos sinais periódicos como sendo a soma de senoides ou exponenciais (de duração infinita) (série de Fourier). Neste capítulo, estendemos esse resultado para sinais não periódicos, os quais são representados pela integral de Fourier (em vez da série de Fourier). Um sinal não periódico $x(t)$ pode ser imaginado como um sinal periódico com período $T_0 \to \infty$, tal que a integral de Fourier é basicamente a série de Fourier com frequência fundamental tendendo a zero. Portanto, para sinais não periódicos, o espectro de Fourier é contínuo. Essa continuidade significa que o sinal é representado pela soma de senoides (ou exponenciais) de todas as frequências em um intervalo contínuo de frequência. A transformada de Fourier $X(\omega)$, portanto, é a densidade espectral (por unidade de largura de faixa em hertz).

Um aspecto sempre presente na transformada de Fourier é sua dualidade entre tempo e frequência, a qual também implica dualidade entre o sinal $x(t)$ e sua transformada $X(\omega)$. Essa dualidade é devida às quase simétricas equações para a transformada de Fourier direta e inversa. O princípio da dualidade possui consequências de longo alcance e resulta em várias informações valiosas na análise de sinais.

A propriedade de escalamento da transformada de Fourier leva à conclusão de que a largura de faixa é inversamente proporcional à duração do sinal (comprimento do sinal). O deslocamento no tempo de um sinal não altera o espectro de amplitude, mas adiciona uma componente de fase linear ao seu espectro de fase. A multiplicação de um sinal por uma exponencial $e^{j\omega_0 t}$ desloca o espectro para a direita por ω_0. Na prática, o deslocamento espectral é obtido multiplicando o sinal por uma senoide, tal com $\cos \omega_0 t$ (em vez da exponencial $e^{j\omega_0 t}$). Esse processo é chamado de modulação em amplitude. A multiplicação de dois sinais resulta na convolução de seus espectros, enquanto que a convolução de dois sinais resulta na multiplicação de seus espectros.

Para um sistema LCIT com resposta em frequência $H(\omega)$, o espectro de entrada e saída $X(\omega)$ e $Y(\omega)$ são relacionados pela equação $Y(\omega) = X(\omega)H(\omega)$. Essa equação é válida somente para sistemas assintoticamente estáveis. Ela também se aplicada a sistemas marginalmente estáveis se a entrada não contiver nenhuma senoide de amplitude finita na frequência natural do sistema. Para sistemas assintoticamente instáveis, a resposta em frequência $H(\omega)$ não existe. Para a transmissão sem distorção de um sinal através de um sistema LCIT, a resposta em amplitude $|H(\omega)|$ do sistema deve ser constante e a resposta em fase $\angle H(\omega)$ deve ser uma função linear de ω na faixa de interesse. Filtros ideais, os quais permitem a transmissão sem distorção de uma certa faixa de frequências e suprimem todas as frequências restantes, são fisicamente não realizáveis (não causais). De fato, é impossível construir um sistema físico com ganho zero $[H(\omega) = 0]$ em uma faixa finita de frequências. Tais sistemas (os quais incluem filtros ideais) podem ser realizados somente com um atraso de tempo infinito na resposta.

A energia de um sinal $x(t)$ é igual a $1/2\pi$ vezes a área sob $|X(\omega)|^2$ (teorema de Parseval). A energia contribuída pelas componentes espectrais dentro de uma faixa Δf (em hertz) é dada por $|X(\omega)|^2 \Delta f$. Portanto, $|X(\omega)|^2$ é a densidade espectral de energia por unidade de largura de faixa (em hertz).

O processo de modulação desloca o espectro do sinal para frequências diferentes. A modulação é utilizada por várias razões: para transmitir várias mensagens simultaneamente em um mesmo canal para efeito de utilização da grande largura de faixa do canal, para irradiar eficazmente potência em um *link* de rádio, para deslocar o espectro do sinal para frequências mais altas para superar dificuldades associadas com o processamento de sinal em baixas frequências e para efetuar a permuta entre largura de faixa de transmissão e a potência de transmissão necessária para transmitir dados em uma certa taxa. Falando genericamente, existem dois tipos de modulação, modulação em amplitude e em ângulo. Cada classe possui diversas sub-classes.

Na prática, geralmente precisamos truncar dados. A truncagem é como ver os dados através de uma janela, a qual permite que apenas certas porções dos dados sejam vistas, ocultando (suprimindo) o restante. A truncagem abrupta de dados resulta em uma janela retangular, a qual associa peso unitário ao dado dentro da janela e peso zero para os dados restantes. Janelas amortecidas, por outro lado, reduzem o peso gradualmente de 1 a 0. A truncagem de dados pode causar alguns problemas inesperados. Por exemplo, na determinação da transformada de Fourier, o janelamento (truncagem de dados) resulta um espalhamento espectral (difusão espectral) que é característica da função de janela utilizada. Uma janela retangular resulta em menos espalhamento, mas ao custo de um grande e oscilatório vazamento espectral para fora da faixa do sinal, o qual decai lentamente com $1/\omega$. Em comparação à janela retangular, janelas amortecidas geralmente possuem um espalhamento espectral maior (difusão), mas o vazamento espectral é menor e decai mais rapidamente com a frequência. Se tentarmos reduzir o vazamento espectral usando uma janela mais suave, o espalhamento espectral aumenta. Felizmente, o espalhamento espectral pode ser reduzido aumentando a largura da janela. Portanto, podemos obter uma dada combinação de espalhamento espectral (largura de faixa de transição) e características de vazamento escolhendo uma função de janela amortecida adequada com uma largura T suficientemente grande.

REFERÊNCIAS
1. Churchill, R. V., and J. W. Brown. *Fourier Series and Boundary Value Problems*, 3rd ed. McGraw-Hill, New York, 1978.
2. Bracewell, R. N. *Fourier Transform and Its Applications*, rev. 2nd ed. McGraw-Hill, New York, 1986.
3. Guillemin, E. A. *Theory of Linear Physical Systems*. Wiley, New York, 1963.
4. Lathi, B. P. *Modern Digital and Analog Communication Systems*, 3rd ed. Oxford University Press, New York, 1998.
5. Hamming, R. W. *Digital Filters*, 2nd ed. Prentice-Hall, Englewood Cliffs, NJ, 1983.
6. Harris, F. J. On the use of windows for harmonic analysis with the discrete Fourier transform. *Proceedings of the IEEE*, vol. 66, no. 1, pp. 51–83, January 1978.

MATLAB Seção 7: Tópicos sobre Transformada de Fourier

O MATLAB é muito útil na investigação de uma variedade de tópicos da transformada de Fourier. Nesta seção, um pulso retangular é utilizado para investigar a propriedade de escalamento, teorema de Parseval, largura de faixa essencial e amostragem espectral. As funções de janela de Kaiser também são investigadas.

M7.1 A Função sinc e a Propriedade de Escalamento

Como mostrado no Exemplo 7.2, a transformada de Fourier de $x(t) = \text{ret}(t/\tau)$ é $X(\omega) = \tau \,\text{sinc}\,(\omega\tau/2)$. Para representar $X(\omega)$ no MATLAB, devemos, primeiro, criar a função sinc.[†]

```
function [y] = MS7P1(x);
% MS7P1.m: MATLAB Seção 7, Programa 1
% Arquivo.m de função para calcular a função sinc, y = sen(x)/x.

y = ones(size(x)); i = find(x~=0);
y(i) = sin(x(i))./x(i);
```

A simplicidade computacional de sinc $(x) = \text{sen}\,(x)/x$ pode iludir: sen $(0)/0$ resulta em um erro de divisão por zero. Portanto, o programa MS7P1 associa sinc $(0) = 1$ e calcula os valores restantes de acordo com a definição. Observe que MS7P1 não pode ser diretamente substituído por um objeto *inline*. Objetos *inline* proíbem a definição de uma expressão tendo múltiplas linhas, usando outros objeto *inline* ou usando certos comandos tais como =, if ou for. Arquivos.m, entretanto, podem ser utilizados para definir um objeto *inline*. Por exemplo, MS7P1 ajuda a representar $X(\omega)$ como um objeto *inline*.

```
>> X = inline('tau*MS7P1(omega*tau/2)','omega','tau');
```

Uma vez que tenhamos definido $X(\omega)$, é fácil investigar os efeitos de escalonar a largura do pulso τ. Considere três casos: $\tau = 1{,}0$, $\tau = 0{,}5$ e $\tau = 2{,}0$.

```
>> omega = linspace(-4*pi,4*pi,200);
>> plot(omega,X(omega,1),'k-',omega,X(omega,0.5),'k:',omega,X(omega,2),'k--');
>> grid; axis tight; xlabel('\omega'); ylabel('X(\omega)');
>> legend('Referência (\tau = 1)','Comprimida (\tau = 0.5)',...
         'Expandida (\tau = 2.0)');
```

A Fig. M7.1 confirma a relação recíproca entre a duração do sinal e sua largura de faixa espectral: a compressão no tempo resulta em uma expansão espectral e a expansão no tempo causa a compressão espectral. Adicionalmente, as amplitudes espectrais são diretamente relacionadas com a energia do sinal. Quando um sinal é comprimido, a energia do sinal e, portanto, a magnitude espectral, diminui. O efeito oposto ocorre quando o sinal é expandido.

[†] A função sinc(x) do toolbox de processamento de sinais, a qual calcula (sen $(\pi x))/\pi x$ também funciona, desde que a entrada seja escalonada por $1/\pi$.

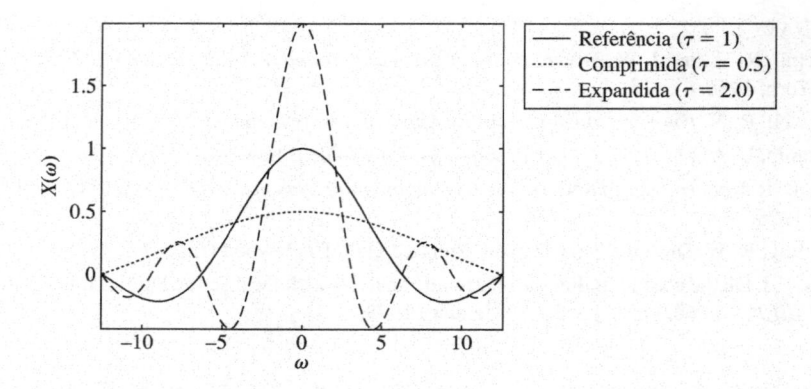

Figura M7.1 Espectro do pulso para $\tau = 1.0$, $\tau = 0.5$ e $\tau = 2.0$.

M7.2 Teorema de Parseval e Largura de Faixa Essencial

O teorema de Parseval relaciona concisamente a energia entre o domínio do tempo e o domínio da frequência:

$$\int_{-\infty}^{\infty} |x(t)|^2 \, dt = \frac{1}{2\pi} \int_{-\infty}^{\infty} |X(\omega)|^2 \, d\omega$$

Isso também é facilmente verificado com o MATLAB. Por exemplo, um pulso $x(t)$ com amplitude unitária e duração τ possui energia $E_x = \tau$. Portanto,

$$\int_{-\infty}^{\infty} |X(\omega)|^2 \, d\omega = 2\pi\tau$$

Fazendo $\tau = 1$, a energia de $X(\omega)$ é calculada usando a função quad.

```
>> X_squared = inline('(tau*MS7P1(omega*tau/2)).^2','omega','tau');
>> quad(X_squared,-1e6,1e6,[],[],1)
ans = 6.2817
```

Apesar de não ser perfeito, o resultado da integração numérica é consistente com o valor esperado de $2\pi \approx 6{,}2832$. Para quad, o primeiro argumento é a função a ser integrada, os dois próximos argumentos são os limites da integração, o colchete vazio indica valores padrões para opções especiais e o último argumento é a entrada secundária τ para a função inline X_squared. Mais detalhes sobre o formato de quad são disponibilizados usando as facilidades do *help* do MATLAB.

Um problema mais interessante envolve a determinação da largura de faixa essencial de um sinal. Considere, por exemplo, a determinação da largura de faixa essencial W, em radianos por segundo, que contém uma fração β da energia do pulso quadrado $x(t)$. Ou seja, queremos determinar W tal que

$$\frac{1}{2\pi} \int_{-W}^{W} |X(\omega)|^2 \, d\omega = \beta\tau$$

O programa MS7P2 utiliza um método de tentativa e erro para obter W.

```
function [W,E_W] = MS7P2(tau,beta,tol)
% MS7P2.m : MATLAB Seção 7, Programa 2
% Arquivo.m de função para calcular a largura de faixa essencial W para o
% pulso quadrado.
% Entradas:      tau = largura do pulso
%                beta = fração da energia do sinal desejada em W
%                tol = tolerancia do erro da energia relativa
% Saídas:        W = largura de faixa essencial [rad/s]
%                E_W = Energia contida na largura de faixa W
W = 0; step = 2*pi/tau; % tentativa inicial e valores de passo
```

```
X_squared = inline('(tau*MS7P1(omega*tau/2)).^2','omega', 'tau');
E = beta*tau; % Energia desejada em W
relerr = (E - 0)/E; % O erro relativo inicial é 100 porcento
while (abs(relerr) > tol),
            if (relerr>0), % W é muito pequeno
                W = W+step; % Aumenta W por step
            elseif (relerr<0), % W é muito grande
                step = step/2; W = W-step; % diminui o passo e, então, W.
            end
            E_W = 1/(2*pi)*quad(X_squared,-W,W,[],[],tau);
            relerr = (E - E_W)/E;
end
```

Apesar desse método de tentativa e erro não ser o mais eficiente, ele é relativamente simples de compreender: MS7P2 ajusta interativamente W até que o erro relativo esteja dentro da tolerância. O número de interações necessárias para convergir para uma solução depende de vários fatores e não é conhecido de antemão. O comando while é ideal para estas situações:

```
while expressao
        comandos;
end
```

Enquanto expressao for verdadeira, os comandos serão continuamente repetidos.

Para demonstrar MS7P2, considere a largura de faixa essencial W de 90% para um pulso de um segundo de duração. Digitando [W,E_W]=MS7P2(1,0.9,0.001) teremos a largura de faixa $W = 5{,}3014$ que contém 89,97% da energia. Reduzindo a tolerância de erro, melhoramos a estimativa. MS7P2(1, 0.9,0.00005) retorna uma largura de faixa essencial $W = 5{,}3321$ que contém 90,00% da energia. Esses cálculos para a largura de faixa essencial são consistentes com as estimativas apresentadas após o Exemplo 7.2.

M7.3 Amostragem Espectral

Considere um sinal de duração finita τ. Um sinal periódico $x_{T_0}(t)$ é construído repetindo $x(t)$ a cada T_0 segundos, sendo que $T_0 \geq \tau$. A partir da Eq. (7.4), podemos escrever os coeficientes de Fourier de $x_{T_0}(t)$ como sendo $D_n = (1/T_0)X(n2\pi/T_0)$. Colocando de outra forma, os coeficientes de Fourier são obtidos amostrando-se o espectro $X(\omega)$.

Usando a amostragem espectral, é simples determinar os coeficientes da série de Fourier para um sinal periódico de pulso quadrado com ciclo de trabalho arbitrário.* O pulso quadrado $x(t) = $ ret (t/τ) possui espectro $X(\omega) = \tau$ sinc $(\omega\tau/2)$. Portanto, o n-ésimo coeficiente de Fourier da extensão periódica $x_{T_0}(t)$ é $D_n=(\tau/T_0)$ sinc $(n\pi\tau/T_0)$. Tal como no Exemplo 6.4, $\tau = \pi$ e $T_0 = 2\pi$ fornece um sinal periódico de pulso quadrado. Os coeficientes de Fourier são determinados por

```
>> tau = pi; T_0 = 2*pi; n = [0:10];
>> D_n = tau/T_0*MS7P1(n*pi*tau/T_0);
>> stem(n,D_n); xlabel('n'); ylabel('D_n');
>> axis([-0.5 10.5 -0.2 0.55]);
```

Esses resultados, mostrados na Fig. M7.2, confirmam a Fig. 6.5b. Dobrando o período $T_0 = 4\pi$ efetivamente dobra a amostragem espectral, como mostrado na Fig. M7.3.

Quando T_0 aumenta, a amostragem espectral fica progressivamente mais fina. Uma evolução da série de Fourier em direção a integral de Fourier pode ser vista permitindo que o período T_0 fique muito grande. A Fig. M7.4 mostra o resultado para $T_0 = 50\pi$.

Se $T_0 = \tau$, o sinal x_{T_0} será uma constante e o espectro deve concentrar energia em cc. Nesse caso, a função sinc é amostrada nos cruzamentos com zero e $D_n = 0$ para todo n diferente de 0. Apenas a amostra correspondente a $n = 0$ é não nula, indicando um sinal cc, como esperado. Para verificar esse caso, podemos simplesmente modificar o código anterior.

---

* N. de T.: Ciclo de trabalho, ou *duty-cicle*, pode ser definido como sendo o percentual de tempo no qual o sinal está ativo em um período.

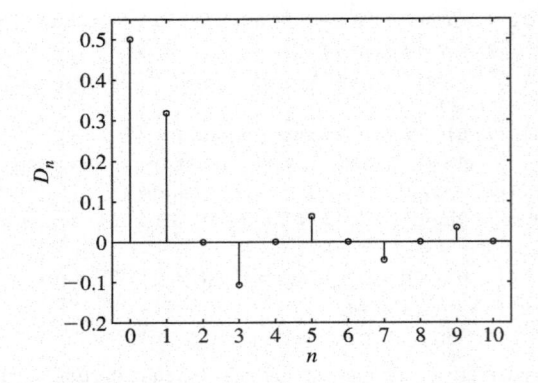

Figura M7.2 Espectro de Fourier para $\tau = \pi$ e $T_0 = 2\pi$.

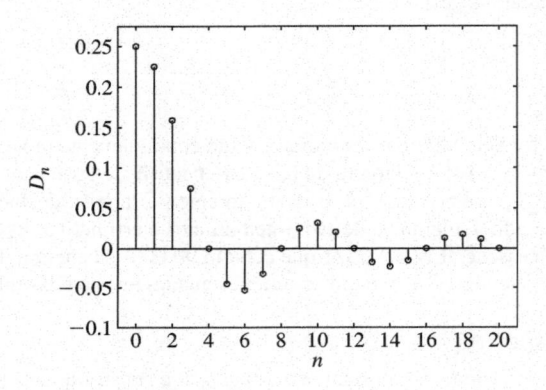

Figura M7.3 Espectro de Fourier para $\tau = \pi$ e $T_0 = 4\pi$.

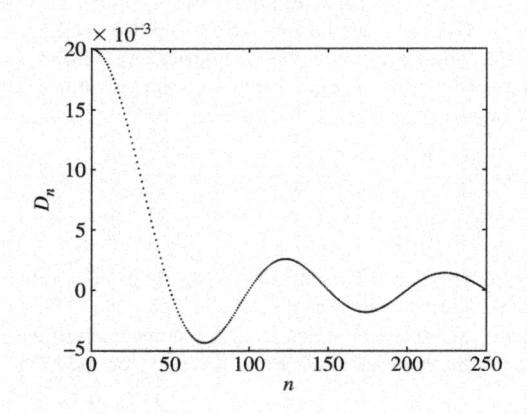

Figura M7.4 Espectro de Fourier para $\tau = \pi$ e $T_0 = 50\pi$.

M7.4 Funções de Janela de Kaiser

Uma função de janela é útil somente se ela puder ser facilmente calculada e aplicada a um sinal. A janela de Kaiser, por exemplo, é flexível mas pode parecer intimidadora:

$$w_K(t) = \begin{cases} \dfrac{I_0\left(\alpha\sqrt{1-4(t/T)^2}\right)}{I_0(\alpha)} & |t| < T/2 \\ 0 & \text{caso contrário} \end{cases}$$

Felizmente, o latido da janela de Kaiser é pior do que sua mordida! A função $I_0(x)$, uma função de Bessel modificada de primeiro tipo, pode ser calculada de acordo com

$$I_0(x) = \sum_{k=0}^{\infty} \left(\dfrac{x^k}{2^k k!}\right)^2$$

ou, mais simplesmente, usando a função `besseli(0,x)` do MATLAB. De fato, o MATLAB suporta uma grande variedade de funções de Bessel, incluindo funções de Bessel de primeiro e segundo tipo (`besselj` e `bessely`), funções de Bessel modificadas de primeiro e segundo tipo (`besseli` e `besselk`), funções Hankel (`besselh`) e funções Airy (`airy`).

O programa MS7P3 calcula janelas de Kaiser para tempos t usando os parâmetros T e α.

```
function [w_K] = MS7P3(t,T,alpha)
% MS7P3.m: MATLAB Seção 7, Programa 3
% Arquivo.m de função que calcula uma janela de Kaiser de largura T usando o
% o parâmetro alpha. Alpha também pode ser uma string identificadora:
% 'retangular','Hamming' ou 'Blackman'.
% Entradas:       t = variável independente da função de janela
%                 T = largura da janela
%                 alpha = parâmetro de Kaiser ou string identificadora
% Saídas:         w_K = função da janela de Kaiser
if strncmpi(alpha,'retangular',1),
    alpha = 0;
elseif strncmpi(alpha,'Hamming',3),
    alpha = 5.4414;
elseif strncmpi(alpha,'Blackman',1),
    alpha = 8.885;
elseif isa(alpha,'char')
    disp('Identificador de string não reconhecido.')return
end
w_K = zeros(size(t)); i = find(abs(t)<T/2);
w_K(i) = besseli(0,alpha*sqrt(1-4*t(i).^2/(T^2)))/besseli(0,alpha);
```

Lembre-se de que $\alpha = 0$, $\alpha = 5{,}4414$ e $\alpha = 8{,}885$ correspondem a janelas retangular, Hamming e Blackman, respectivamente. MS7P3 foi escrito para permitir que esses casos especiais da janela de Kaiser sejam identificados pelo nome, em vez de pelo valor α. Apesar de desnecessária, essa característica conveniente é obtida com a ajuda do comando `strncmpi`.

O comando `strncmpi(S1,S2,N)` compara os primeiros N caracteres das *strings* S1 e S2, ignorando maiúsculo ou minúsculo. De forma mais completa, o MATLAB possui quatro variantes de comparação de *strings*: `strcmp`, `strcmpi`, `strncmp` e `strncmpi`. As comparações são restritas aos N primeiros caracteres quando n estiver presente; maiúsculo e minúsculo é ignorado quando i estiver presente. Portanto, MS7P3 identifica qualquer *string* `alpha` que começa com a letra r ou R como janela retangular. Para evitar a confusão com a janela Hanning, os três primeiros caracteres devem coincidir para identificar a janela Hamming. O comando `isa(alpha,'char')` determina se `alpha` é uma *string* de caracteres. Os documentos de ajuda do MATLAB apresentam as outras classes que o comando `isa` pode identificar. Em MS7P3, `isa` é utilizado para terminar a execução se uma *string* identificadora `alpha` não for reconhecida como um dos três casos especiais.

A Fig. M7.5 mostra os três casos especiais de janelas de Kaiser de duração unitária geradas por

```
>> t = [-0.6:.001:0.6]; T = 1;
>> plot(t,MS7P3(t,T,'r'),'k-',t,MS7P3(t,T,'ham'),'k:',t,MS7P3(t,T,'b'),'k--');
>> axis([-0.6 0.6 -.1 1.1]); xlabel('t'); ylabel('w_K(t)');
>> legend('Retangular','Hamming','Blackman');
```

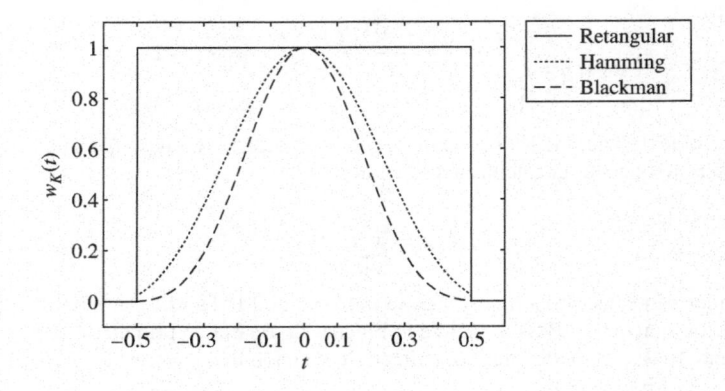

Figura M7.5 Caso especial, janelas de Kaiser de duração unitária.

PROBLEMAS

7.1-1 Mostre que se $x(t)$ é uma função par de t, então

$$X(\omega) = 2\int_0^\infty x(t)\cos\omega t\, dt$$

e se $x(t)$ for uma função ímpar de t, então

$$X(\omega) = -2j\int_0^\infty x(t)\sin\omega t\, dt$$

Logo, prove que se $x(t)$ for real e uma função par de t, então $X(\omega)$ é real e uma função par de ω. Além disto, se $x(t)$ for real e uma função ímpar de t, então $X(\omega)$ é imaginário e uma função ímpar de ω.

7.1-2 Mostre que para $x(t)$ real, a Eq. (7.8b) pode ser expressa por

$$x(t) = \frac{1}{\pi}\int_0^\infty |X(\omega)|\cos[\omega t + \angle X(\omega)]\, d\omega$$

Essa é a forma trigonométrica da integral de Fourier. Compare essa equação com a série trigonométrica compacta de Fourier.

7.1-3 Um sinal $x(t)$ pode ser descrito pela soma de componentes par e ímpar (veja a Seção 1.5-2):

$$x(t) = x_e(t) + x_o(t)$$

(a) se $x(t) \Leftrightarrow X(\omega)$, mostre que para $x(t)$ real,

$$x_e(t) \Longleftrightarrow \text{Re}[X(\omega)]$$

e

$$x_o(t) \Longleftrightarrow j\,\text{Im}[X(\omega)]$$

(b) Verifique esses resultados obtendo a transformada de Fourier das componentes par e ímpar dos seguintes sinais **(i)** $u(t)$ e **(ii)** $e^{-at}u(t)$.

7.1-4 A partir da definição (7.8a), obtenha as transformadas de Fourier dos sinais $x(t)$ da Fig. P7.1-4.

7.1-5 A partir da definição (7.8a), obtenha as transformadas de Fourier dos sinais mostrados na Fig. P7.1-5.

7.1-6 A partir da definição (7.8b), obtenha as transformadas de Fourier inversas do espectro da Fig. P7.1-6.

7.1-7 A partir da definição (7.8b), obtenha as transformadas de Fourier inversas do espectro da Fig. P7.1-7.

7.1-8 Se $x(t) \Leftrightarrow X(\omega)$, então mostre que

$$X(0) = \int_{-\infty}^\infty x(t)\, dt$$

e

$$x(0) = \frac{1}{2\pi}\int_{-\infty}^\infty X(\omega)\, d\omega$$

Mostre também que

$$\int_{-\infty}^\infty \text{sinc}(x)\, dx = \int_{-\infty}^\infty \text{sinc}^2(x)\, dx = \pi$$

7.2-1 Trace as seguintes funções:
(a) $\text{ret}(t/2)$
(b) $\Delta(3\omega/100)$
(c) $\text{ret}((t-10)/8)$
(d) $\text{sinc}(\pi\omega/5)$

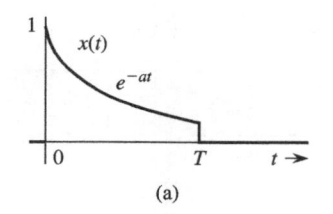

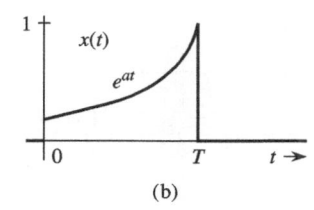

Figura P7.1-4

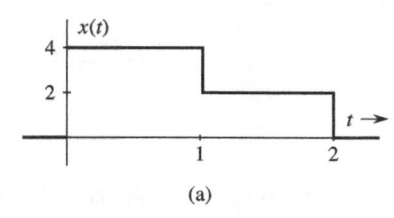

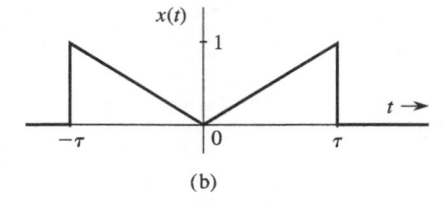

(a) $x(t) = e^{-at}$ between 0 and T
(b) $x(t) = e^{at}$ between 0 and T

Figura P7.1-5

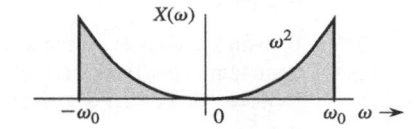

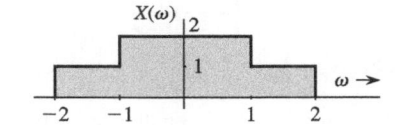

(a) Staircase: $x(t)=4$ for $0<t<1$, $x(t)=2$ for $1<t<2$
(b) Triangular $x(t)$ with peaks at $\pm\tau$, value 1, zero at 0

Figura P7.1-6

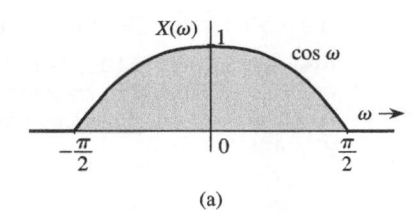

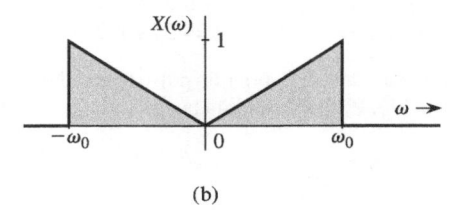

(a) $X(\omega) = \omega^2$ on $[-\omega_0, \omega_0]$
(b) $X(\omega)$: stepped, value 1 on $[-2,-1]\cup[1,2]$, value 2 on $[-1,1]$

Figura P7.1-7

(a) $X(\omega) = \cos\omega$ on $[-\pi/2, \pi/2]$
(b) $X(\omega)$: triangular, peak 1 at $\pm\omega_0$, zero at 0

(e) $\operatorname{sinc}((\omega/5) - 2\pi)$

(f) $\operatorname{sinc}(t/5)\operatorname{ret}(t/10\pi)$

7.2-2 A partir da definição (7.8b), mostre que a transformada de Fourier de ret $(t - 5)$ é sinc $(\omega/2)e^{-j5\omega}$. trace o espectro de amplitude e fase resultante.

7.2-3 A partir da definição (7.8b), mostre que a transformada de Fourier inversa de ret $((\omega - 10)/2\pi)$ é sinc $(\pi t)e^{j10t}$.

7.2-4 Obtenha a transformada de Fourier inversa de $X(\omega)$ para o espectro ilustrado na Fig. P7.2-4. [Dica: $X(\omega) = |X(\omega)|e^{j\angle X(\omega)}$. Este problema ilustra como espectros de fase diferentes (com o mesmo espectro de amplitude) representam sinais totalmente diferentes.]

7.2-5 (a) Você pode obter a transformada de Fourier de $e^{at}u(t)$ quando $a > 1$ fazendo $s = j\omega$ na transformada de Fourier de $e^{at}u(t)$? Explique.

(b) Obtenha a transformada de Fourier de $x(t)$ mostrado na Fig. P7.2-5. Você pode obter a transformada de Fourier de $x(t)$ fazendo $s = j\omega$ nessa transformada de Fourier? Explique. Verifique sua resposta determinando as transformadas de Fourier e Laplace de $x(t)$.

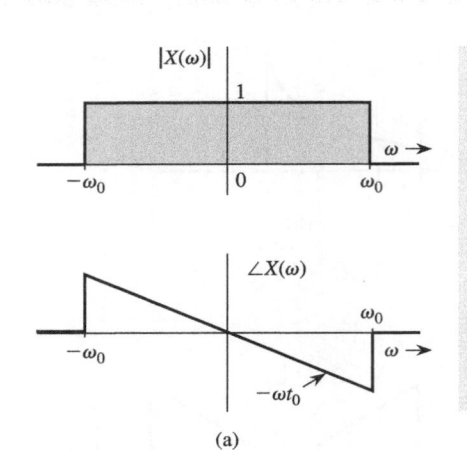

Figura P7.2-4

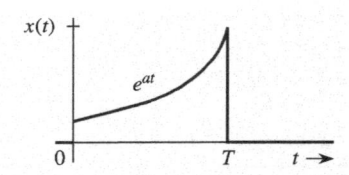

(a) / (b)

Figura P7.2-5

7.3-1 Aplique a propriedade da dualidade ao par apropriado da Tabela 7.1 para mostrar que

(a) $\frac{1}{2}[\delta(t) + j/\pi t] \iff u(\omega)$
(b) $\delta(t+T) + \delta(t-T) \iff 2\cos T\omega$
(c) $\delta(t+T) - \delta(t-T) \iff 2j\,\text{sen}\,T\omega$

7.3-2 A transformada de Fourier do pulso triangular $x(t)$ da Fig. P7.3-2 é descrita por

$$X(\omega) = \frac{1}{\omega^2}(e^{j\omega} - j\omega e^{j\omega} - 1)$$

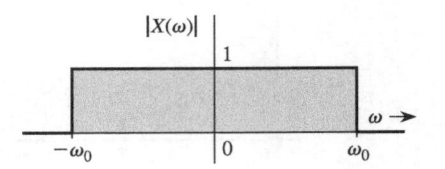

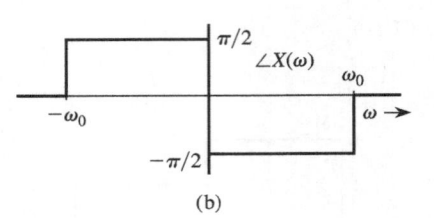

Utilize essa informação e as propriedades de deslocamento no tempo e escalamento no tempo para obter as transformadas de Fourier dos sinais $x_i(t)$ ($i = 1, 2, 3, 4, 5$) mostrados na Fig. P7.3-2.

7.7-3 Usando apenas a propriedade de deslocamento no tempo e a Tabela 7.1, obtenha as transformadas de Fourier dos sinais mostrados na Fig. P7.3-3.

7.3-4 Utilize a propriedade de deslocamento no tempo para mostrar que se $x(t) \iff X(\omega)$, então

$$x(t+T) + x(t-T) \iff 2X(\omega)\cos T\omega$$

Essa equação é dual à Eq. (7.41). Utilize esse resultado e a Tabela 7.1 para obter as transformadas de Fourier dos sinais mostrados na Fig. P7.3-4.

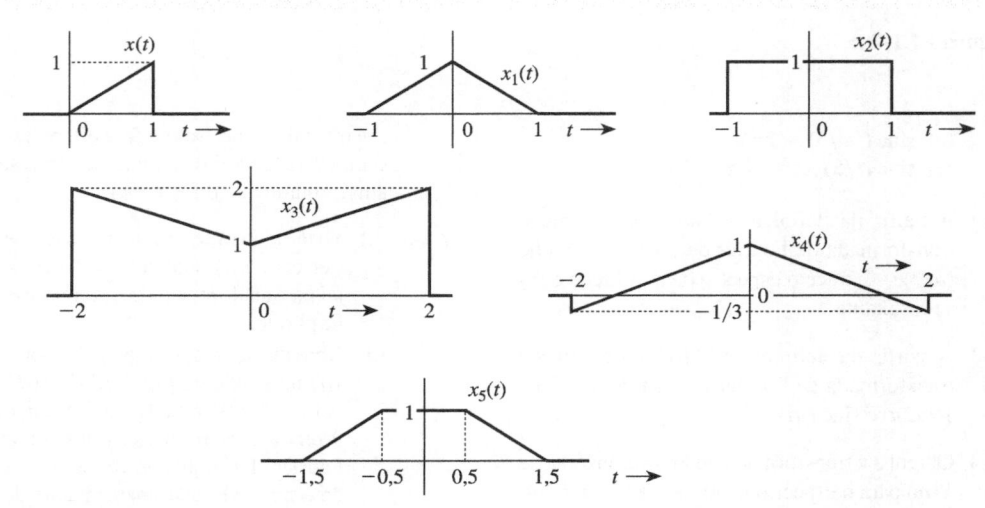

Figura P7.3-2

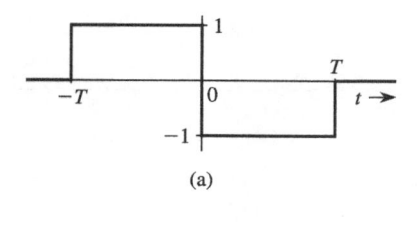

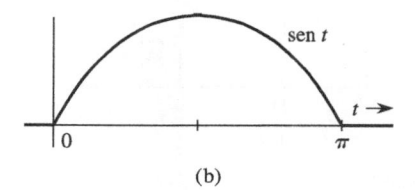

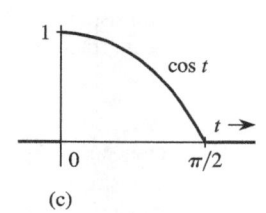

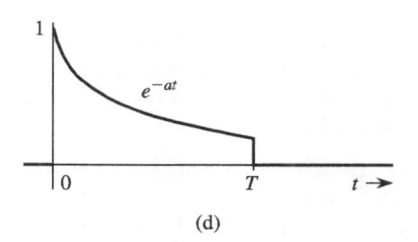

Figura P7.3-3

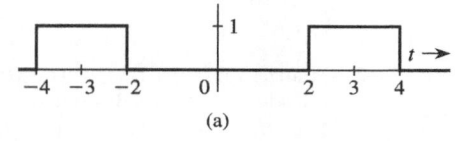

Figura P7.3-4

7.3-5 Prove os seguintes resultados, os quais são duais um do outro:

$$x(t)\operatorname{sen}\omega_0 t \iff \frac{1}{2j}[X(\omega - \omega_0) - X(\omega + \omega_0)]$$

$$\frac{1}{2j}[x(t+T) - x(t-T)] \iff X(\omega)\operatorname{sen} T\omega$$

Utilize o último resultado e a Tabela 7.1 para determinar a transformada de Fourier do sinal da Fig. P7.3-5

7.3-6 Os sinais da Fig. P7.3-6 são sinais modulados com portadora cos $10t$. Obtenha a transformada de Fourier desses sinais usando as propriedades apropriadas da transformada de Fourier e a Tabela 7.1. Trace o espectro de amplitude e fase para a Fig. P7.3-6a e P7.3-6b.

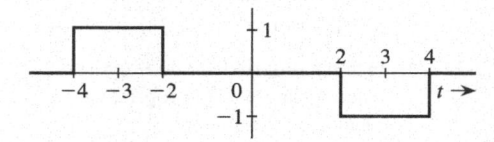

Figura P7.3-5

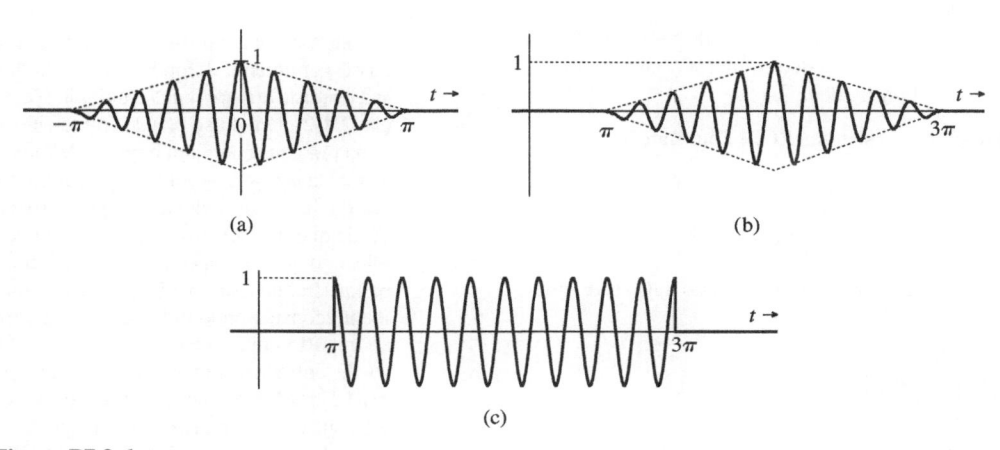

Figura P7.3-6

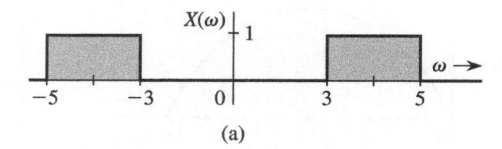

Figura P7.3-7

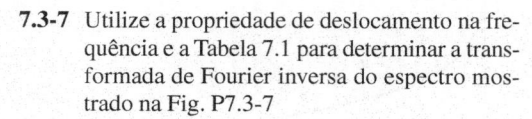

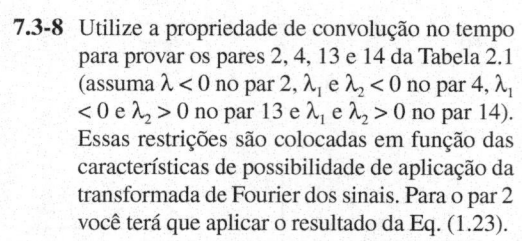

7.3-7 Utilize a propriedade de deslocamento na frequência e a Tabela 7.1 para determinar a transformada de Fourier inversa do espectro mostrado na Fig. P7.3-7

7.3-8 Utilize a propriedade de convolução no tempo para provar os pares 2, 4, 13 e 14 da Tabela 2.1 (assuma $\lambda < 0$ no par 2, λ_1 e $\lambda_2 < 0$ no par 4, $\lambda_1 < 0$ e $\lambda_2 > 0$ no par 13 e λ_1 e $\lambda_2 > 0$ no par 14). Essas restrições são colocadas em função das características de possibilidade de aplicação da transformada de Fourier dos sinais. Para o par 2 você terá que aplicar o resultado da Eq. (1.23).

7.3-9 Um sinal $x(t)$ é limitado em faixa a B Hz. Mostre que o sinal $x^n(t)$ é limitado em faixa a nB Hz.

7.3-10 Obtenha a transformada de Fourier do sinal da Fig. P7.3-3a por três métodos diferentes:
(a) pela integração direta usando a definição (7.8a)
(b) Usando apenas o par 17 (Tabela 7.1) e a propriedade de deslocamento no tempo.
(c) Usando as propriedades de diferenciação no tempo e deslocamento no tempo, além do fato de que $\delta(t) \Leftrightarrow 1$.

7.3-11 (a) prove a propriedade de diferenciação na frequência (dual da propriedade de diferenciação no tempo):

$$-jtx(t) \Longleftrightarrow \frac{d}{d\omega}X(\omega)$$

(b) Utilize essa propriedade e o par 1 (Tabela 7.10) para determinar a transformada de Fourier de $te^{-at}u(t)$.

7.4-1 Para um sistema LCIT com função de transferência

$$H(s) = \frac{1}{s+1}$$

obtenha a resposta (de estado nulo) se a entrada $x(t)$ for
(a) $e^{-2t}u(t)$
(b) $e^{-t}u(t)$
(c) $e^{t}u(-t)$
(d) $u(t)$

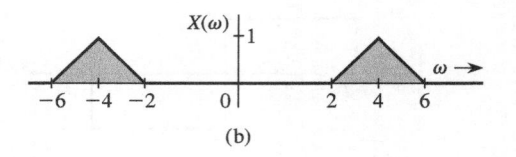

7.4-2 Um sistema LCIT é especificado pela resposta em frequência

$$H(\omega) = \frac{-1}{j\omega - 2}$$

Obtenha a resposta ao impulso desse sistema e mostre que ele é um sistema não causal. Obtenha a resposta (estado nulo) desses sistema se a entrada $x(t)$ for

(a) $e^{-t}u(t)$
(b) $e^{t}u(-t)$

7.4-3 Os sinais $x_1(t) = 10^4$ ret $(10^4 t)$ e $x_2(t) = \delta(t)$ são aplicados às entradas dos filtros passa-baixas ideais $H_1(\omega) = $ ret $(\omega/40.000\pi)$ e $H_2(\omega) = $ ret $(\omega/20.000\pi)$ (Fig. P7.4-3). As saídas $y_1(t)$ e $y_2(t)$ desses filtros são multiplicadas para obter o sinal $y(t) = y_1(t)y_2(t)$.
(a) Trace $X_1(\omega)$ e $X_2(\omega)$.
(b) Trace $H_1(\omega)$ e $H_2(\omega)$.
(c) Trace $Y_1(\omega)$ e $Y_2(\omega)$.
(d) Obtenha as larguras de faixa de $y_1(t)$, $y_2(t)$ e $y(t)$.

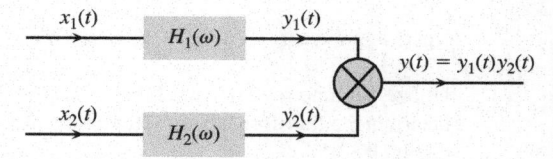

Figura P7.4-3

7.4-4 A constante de tempo de um sistema passa-baixas é geralmente definida como a largura de sua resposta $h(t)$ ao impulso unitário (veja a Seção 2.7-2). Um pulso $p(t)$ de entrada nesse sistema funciona como um impulso de força igual a área de $p(t)$ se a largura de $p(t)$ for muito menor do que a constante de tempo do sistema, e desde que $p(t)$ seja um pulso passa-baixa, implicando que seu espectro seja concentrado em baixas frequências. Verifique esse comportamento considerando um sistema cuja resposta ao impulso unitário é $h(t) = $ ret $(t/10^{-3})$. O pulso de entrada é um pulso triangular $p(t) = \Delta(t/10^{-6})$. Mostre que a resposta do sistema a esse pulso é muito próxima da resposta ao impulso $A\delta(t)$, na qual A é a área sob o pulso $p(t)$.

7.4-5 A constante de tempo de um sistema passa-baixas geralmente é definida como a largura de sua resposta $h(t)$ ao impulso unitário (veja a Seção 2.7-2). Um pulso $p(t)$ de entrada nesse sistema passa praticamente sem distorção se a largura de $p(t)$ for muito maior do que a constante de tempo do sistema e desde que $p(t)$ seja um pulso passa-baixa, implicando que seu espectro seja concentrado em baixas frequências. Verifique esse comportamento considerando um sistema cuja resposta ao impulso unitário é $h(t)$ = ret $(t/10^{-3})$. O pulso de entrada é um pulso triangular $p(t) = \Delta(t)$. Mostre que a resposta do sistema a esse pulso é muito próxima a $kp(t)$, na qual k é o ganho do sistema ao sinal cc, ou seja, $k = H(0)$.

7.4-6 Um sinal causal $h(t)$ possui transformada de Fourier $H(\omega)$. Se $R(\omega)$ e $X(\omega)$ são as partes real e imaginária de $H(\omega)$, ou seja, $H(\omega) = R(\omega) + jX(\omega)$, então mostre que

$$R(\omega) = \frac{1}{\pi} \int_{-\infty}^{\infty} \frac{X(y)}{\omega - y} dy$$

e

$$X(\omega) = -\frac{1}{\pi} \int_{-\infty}^{\infty} \frac{R(y)}{\omega - y} dy$$

assumindo que $h(t)$ não possui impulsos na origem. Esse par de integrais define a *transformada de Hilbert*. [Dica: seja $h_e(t)$ e $h_o(t)$ as componentes par e ímpar de $h(t)$. Use os resultados do Prob. 7.1-3. Veja a Fig. 1.24 para a relação entre $h_e(t)$ e $h_o(t)$.]

Este problema estabelece uma importante propriedade de sistemas causais: as partes real e imaginária da resposta em frequência de um sistema causal são relacionadas. Se a parte real é especificada, a parte imaginária não pode ser especificada independentemente. A parte imaginária é predeterminada pela parte real e vice-versa. Esse resultado também leva à conclusão de que a magnitude e ângulo de $H(\omega)$ são relacionados desde que os polos e zeros de $H(\omega)$ estejam no SPE.

7.5-1 Considere um filtro com resposta em frequência

$$H(\omega) = e^{-(k\omega^2 + j\omega t_0)}$$

Mostre que esse filtro é fisicamente não realizável usando o critério no domínio do tempo [$h(t)$ não causal] e o critério no domínio da frequência (Paley-Wiener). Esse filtro pode ser aproximadamente realizável escolhendo t_0 suficientemente grande? Utilize seu próprio (razoável) critério e determine t_0 de forma a realizar a aproximação desse filtro [Dica: utilize o par 22 da Tabela 7.1].

7.5-2 Mostre que um filtro com resposta em frequência

$$H(\omega) = \frac{2(10^5)}{\omega^2 + 10^{10}} e^{-j\omega t_0}$$

é não realizável. Esse filtro pode ser aproximadamente realizável escolhendo t_0 suficientemente grande? Utilize seu próprio (razoável) critério e determine t_0 de forma a realizar a aproximação desse filtro.

7.5-3 Determine se os filtros com as seguintes respostas em frequência $H(\omega)$ são fisicamente realizáveis. Se eles não forem realizáveis, eles podem ser aproximadamente realizados permitindo um atraso de tempo finito na resposta?

(a) 10^{-6} sinc $(10^{-6}\omega)$
(b) $10^{-4} \Delta (\omega/40.000\pi)$
(c) $2\pi \delta(\omega)$

7.6-1 Mostre que a energia de um pulso Gaussiano

$$x(t) = \frac{1}{\sigma\sqrt{2\pi}} e^{-t^2/2\sigma^2}$$

é $1/(2\sigma\sqrt{\pi})$. Verifique esse resultado usando o teorema de Parseval para obter a energia E_x de $X(\omega)$. [Dica: use o par 22 da Tabela 7.1. Usa o fato de que $\int_{-\infty}^{\infty} e^{-x^2/2} dx = \sqrt{2\pi}$.]

7.6-2 Utilize o teorema de Parseval (7.64) para mostrar que

$$\int_{-\infty}^{\infty} \text{sinc}^2 (kx) dx = \frac{\pi}{k}$$

7.6-3 Um sinal passa-baixa $x(t)$ é aplicado a um dispositivo que calcula o quadrado da entrada. A saída $x^2(t)$ é aplicada a um filtro passa-baixas com largura de faixa Δf (em hertz) (Fig. P7.6-3). Mostre que se Δf for muito pequeno ($\Delta f \to 0$), então a saída do filtro é um sinal cc $y(t) \approx 2E_x\Delta f$. [Dica: se $x^2(t) \Leftrightarrow A(\omega)$, então mostre que $Y(\omega) \approx [4\pi A(0)\Delta f]\delta(\omega)$ se $\Delta f \to 0$. Mostre, depois, que $A(0) = E_x$.]

7.6-4 Generalize o teorema de Parseval para mostrar que para sinais reais transformáveis em Fourier $x_1(t)$ e $x_2(t)$

$$\int_{-\infty}^{\infty} x_1(t)x_2(t) dt$$

$$= \frac{1}{2\pi} \int_{-\infty}^{\infty} X_1(-\omega)X_2(\omega) d\omega$$

$$= \frac{1}{2\pi} \int_{-\infty}^{\infty} X_1(\omega)X_2(-\omega) d\omega$$

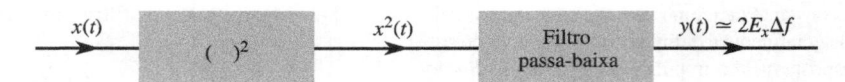

Figura P7.6-3

7.6-5 Mostre que

$$\int_{-\infty}^{\infty} \text{sinc}(Wt - m\pi) \text{sinc}(Wt - n\pi) \, dt$$

$$= \begin{cases} 0 & m \neq n \\ \dfrac{\pi}{W} & m = n \end{cases}$$

[Dica: reconheça que

$$\text{sinc}(Wt - k\pi) = \text{sinc}\left[W\left(t - \dfrac{k\pi}{W}\right)\right]$$

$$\Longleftrightarrow \dfrac{\pi}{W} \text{ret}\left(\dfrac{\omega}{2W}\right) e^{-jk\pi\omega/W}$$

Utilize esse fato e o resultado do Prob. 7.6-4.]

7.6-6 Para o sinal

$$x(t) = \dfrac{2a}{t^2 + a^2}$$

determine a largura de faixa essencial B (em hertz) de $x(t)$ tal que a energia contida nas componentes espectrais de $x(t)$ de frequências abaixo de B Hz seja 99% da energia E_x do sinal.

7.7-1 Para cada um dos seguintes sinais banda-base, (i) $m(t) = \cos 1000t$, (ii) $m(t) = 2 \cos 1000t + \cos 2000t$ e (iii) $m(t) = \cos 1000t \cos 3000t$:
(a) Trace o espectro de $m(t)$.
(b) Trace o espectro do sinal DSB-SC $m(t) \cos 10.000t$.
(c) Identifique o espectro da faixa lateral superior (USB) e da faixa lateral inferior (LSB).
(d) Identifique as frequências na banda-base e as frequências correspondentes no espectro DBS-SC, USB e LSB. Explique a natureza do deslocamento de frequência em cada caso.

7.7-2 Você deve projetar um modulador DSB-SC para gerar um sinal modulado $km(t) \cos \omega_c t$, no qual $m(t)$ é um sinal limitado em faixa a B Hz (Fig. P7.7-2a). A Fig. P7.7-2 mostra um modulador DSB-SC disponível no almoxarifado. O filtro passa-banda é sintonizado para ω_c e possui largura de faixa de $2B$ Hz. O gerador de portadora disponível não gera cos $\omega_c t$, mas $\cos^3 \omega_c t$.
(a) Explique se você poderá ou não gerar o sinal desejado usando apenas este equipamento. Se sim, qual é o valor de k?
(b) Determine o espectro do sinal nos pontos b e c e indique as faixas de frequência ocupadas por estes espectros.
(c) Qual é o menor valor possível para ω_c?
(d) Esse esquema funcionaria se a saída do gerador de portadora fosse $\cos^2 \omega_c t$? Explique.
(e) Esse esquema funcionaria se a saída do gerador de portadora fosse $\cos^n \omega_c t$ para qualquer inteiro $n \geq 2$?

7.7-3 Na prática, a operação de multiplicação analógica é difícil e cara. Por essa razão, em moduladores de amplitude, é necessário encontrar alguma alternativa para a multiplicação de $m(t)$ por cos $\omega_c t$. Felizmente, para esse propósito, podemos substituir a multiplicação pela operação de chaveamento. Uma observação similar se aplica aos demoduladores. No esquema mostrado na Fig. P7.7-3a, o período do pulso retangular $x(t)$ mostrado na Fig. P7.7-3b é $T_0 = 2\pi/\omega_c$. O filtro passa-faixa é centrado em $\pm\omega_c$ e possui largura de fai-

(a)

(b)

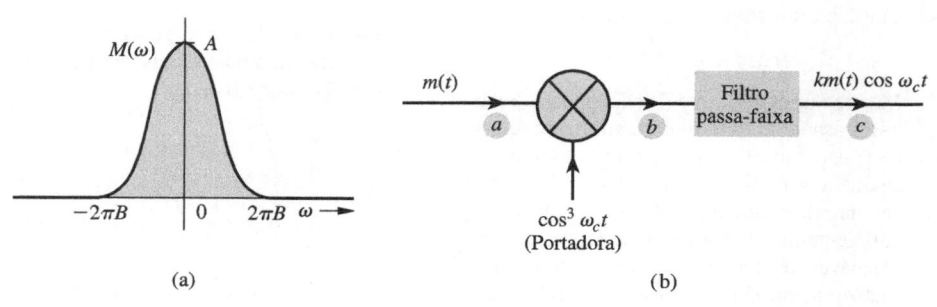

Figura P7.7-2

xa de 2B Hz. Note que a multiplicação por um pulso quadrado periódico $x(t)$ na Fig. P7.7-3 resulta em um chaveamento liga/desliga de $m(t)$, o qual é limitado em faixa a B Hz. Tal operação de chaveamento é relativamente simples e barata.

Mostre que esse esquema pode gerar um sinal modulado em amplitude $k \cos \omega_c t$. Determine o valor de k. Mostre que o mesmo esquema também pode ser utilizado na demodulação, desde que o filtro da Fig. P7.7-3 seja substituído por um filtro passa-baixas (ou banda-base).

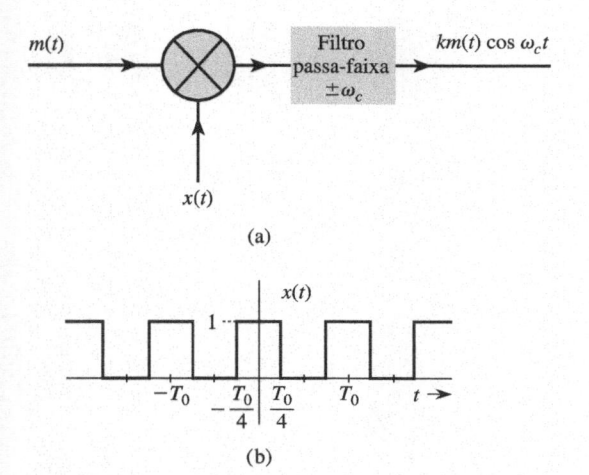

Figura P7.7-3

7.7-4 A Fig. P7.7-4 mostra um esquema para transmitir dois sinais $m_1(t)$ e $m_2(t)$ simultaneamente no mesmo canal (sem causar interferência espectral). Tal esquema, o qual transmite mais do que um sinal, é chamado de *multiplexação* de sinal. Neste caso, transmitimos múltiplos sinais dividindo uma faixa espectral disponível no canal e, portanto, este é um exemplo de *multiplexação por divisão na frequência*. O sinal no ponto b é o sinal multiplexado, o qual, agora, modula uma portadora de frequência 20.000 rad/s. O sinal modulado no ponto c é transmitido no canal.

(a) Trace o espectro nos pontos a, b e c.
(b) Qual deve ser a largura de faixa mínima do canal?
(c) Projete um receptor para recuperar os sinais $m_1(t)$ e $m_2(t)$ do sinal modulado no ponto c.

7.7-5 O sistema mostrado na Fig. P7.7-5 é utilizado para misturar sinais de áudio. A saída $y(t)$ é a versão misturada da entrada $m(t)$.

(a) Obtenha o espectro do sinal misturado $y(t)$.
(b) Sugira um método para recuperar o sinal misturado $y(t)$, obtendo $m(t)$.

Uma versão um pouco modificada desse misturador foi inicialmente utilizada comercialmente no circuito de rádio-telefone de 40 km conectando Los Angeles à Ilha Santa Catalina.

7.7-6 A Fig. P7.7-6 apresenta um esquema para a demodulação coerente (síncrona). Mostre que esse esquema pode demodular o sinal AM $[A + m(t)] \cos \omega_c t$, independente do valor de A.

7.7-7 Trace o sinal AM $[A + m(t)] \cos \omega_c t$ para o sinal triangular periódico $m(t)$ ilustrado na Fig. P7.7-7 correspondente aos seguintes índices de modulação:

(a) $\mu = 0,5$
(b) $\mu = 1$
(c) $\mu = 2$
(d) $\mu = \infty$

Como você interpreta o caso $\mu = \infty$?

7.M-1 Considere o sinal $x(t) = e^{-at}u(t)$. Modifique MS7P2 para calcular as seguintes larguras de faixa essenciais:

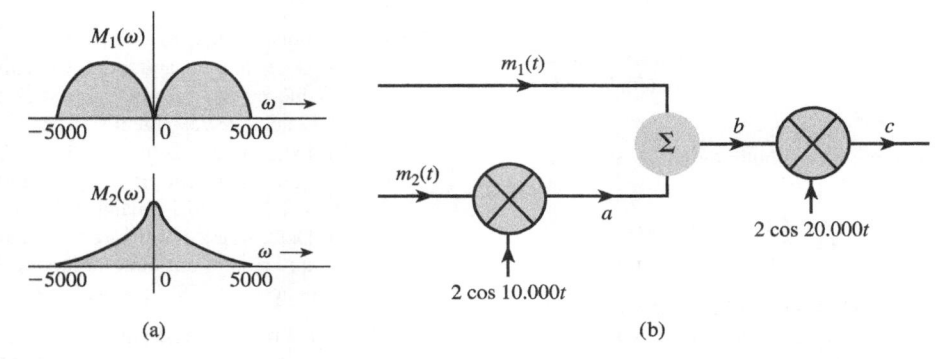

Figura P7.7-4

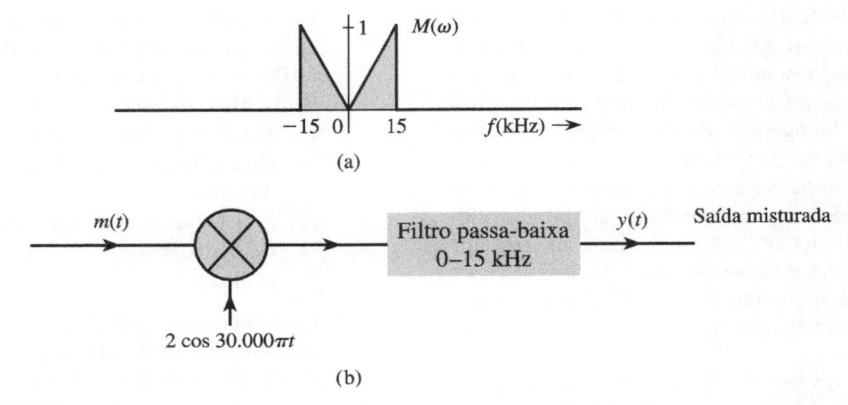

Figura P7.7-5

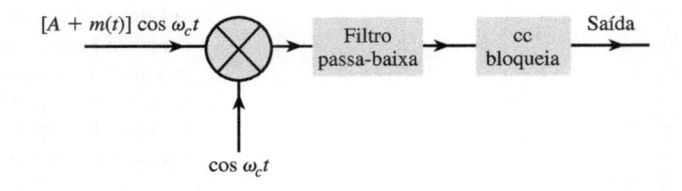

Figura P7.7-6

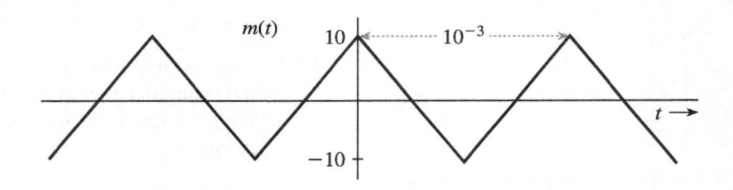

Figura P7.7-7

(a) Fazendo $a = 1$, determine a largura de faixa essencial W_1 que contém 95% da energia do sinal. Compare esse valor com o valor teórico apresentado no Exemplo 7.20.

(b) Fazendo $a = 2$, determine a largura de faixa essencial W_2 que contém 90% da energia do sinal.

(c) Fazendo $a = 3$, determine a largura de faixa essencial W_3 que contém 75% da energia do sinal.

7.M-2 Um pulso de amplitude unitária de duração τ é definido por

$$x(t) = \begin{cases} 1 & |t| \leq \tau/2 \\ 0 & \text{caso contrário} \end{cases}$$

(a) Determine a duração τ_1 que resulta em uma largura de faixa essencial de 95% igual a 5 Hz.

(b) Determine a duração τ_2 que resulta em uma largura de faixa essencial de 90% igual a 10 Hz.

(c) Determine a duração τ_3 que resulta em uma largura de faixa essencial de 75% igual a 20 Hz.

7.M-3 Considere o sinal $x(t) = e^{-at}u(t)$.

(a) Determine o parâmetro de decaimento a_1 que resulta em uma largura de faixa essencial de 95% igual a 5 Hz.

(b) Determine o parâmetro de decaimento a_2 que resulta em uma largura de faixa essencial de 90% igual a 10 Hz.

(c) Determine o parâmetro de decaimento a_3 que resulta em uma largura de faixa essencial de 75% igual a 20 Hz.

7.M-4 Utilize o MATLAB para determinar as larguras de faixa essenciais de 95, 90 e 75%

de uma função triangular de um segundo com amplitude de pico igual a um. Lembre-se de que a função triangular pode ser construída pela convolução de dois pulsos retangulares.

7.M-5 Um sinal $x(t)$ de pulso quadrado com ciclo de trabalho de 1/3 e período T_0 é descrito por

$$x(t) = \begin{cases} 1 & -T_0/6 \leq t \leq T_0/6 \\ 0 & T_0/t \leq |t| \leq T_0/2 \\ x(t+T_0) & \forall t \end{cases}$$

(a) Utilize a amostragem espectral para determinar os coeficientes D_n da série de Fourier de $x(t)$ para $T_0 = 2\pi$. Calcule e trace D_n para ($0 \leq n \leq 10$).

(b) Utilize a amostragem espectral para determinar os coeficientes D_n da série de Fourier de $x(t)$ para $T_0 = \pi$. Calcule e trace D_n para ($0 \leq n \leq 10$). Como esse resultado se compara com sua resposta da parte (a)? O que pode ser dito sobre a relação de T_0 e D_n para o sinal $x(t)$, o qual possui um ciclo de trabalho fixo de 1/3?

7.M-6 Determine a transformada de Fourier do pulso Gaussiano definido por $x(t) = e^{-t^2}$. Trace tanto $x(t)$ quanto $X(\omega)$. Como as duas curvas podem ser comparadas? [Dica:

$$\frac{1}{\sqrt{2\pi}} \int_{-\infty}^{\infty} e^{-(t-a)^2/2} dt = 1$$

para qualquer a real ou imaginário.]

CAPÍTULO 8

AMOSTRAGEM: A PONTE ENTRE CONTÍNUO E DISCRETO

Um sinal em tempo contínuo pode ser processado, a partir de suas amostras, por um sistema que opere em tempo discreto. Para isso, é importante manter a taxa de amostragem do sinal suficientemente alta para permitir a reconstrução sem erro (ou com um erro dentro de uma dada tolerância) do sinal original. O fundamento quantitativo necessário para esse propósito é fornecido pelo teorema da amostragem apresentado na Seção 8.1.

O teorema da amostragem é a ponte entre os mundos de tempo contínuo e de tempo discreto. A informação inerente em um sinal em tempo contínuo amostrado é equivalente à de um sinal em tempo discreto. Um sinal em tempo contínuo amostrado é uma sequência de impulsos, enquanto que um sinal em tempo discreto apresenta a mesma informação em uma sequência de números. Essas são basicamente duas formas de representar o mesmo dado. Claramente, todos os conceitos da análise de sinais amostrados se aplicam a sinais em tempo discreto. Não devemos ficar surpresos ao ver que o espectro de Fourier dos dois tipos de sinais é o mesmo (sendo diferentes por uma constante multiplicativa).

8.1 TEOREMA DA AMOSTRAGEM

Mostraremos, agora, que um sinal real cujo espectro é limitado em faixa a B Hz [$X(\omega) = 0$ para $|\omega| > 2\pi B$] pode ser reconstruído exatamente (sem qualquer erro) de suas amostras tomadas uniformemente a uma taxa de $f_s > 2B$ amostras por segundo. Em outras palavras, a menor frequência de amostragem é $f_s = 2B$ Hz.[†]

Para provar o teorema da amostragem, considere um sinal $x(t)$ (Fig. 8.1a) cujo espectro é limitado em B Hz (Fig. 8.1b).[‡] Por conveniência, o espectro é mostrado como funções de ω e f (hertz). A amostragem de $x(t)$ em uma taxa de f_s Hz (f_s amostras por segundo) pode ser realizada multiplicando $x(t)$ por um trem de impulsos $\delta_T(t)$ (Fig. 8.1c), constituído por impulsos unitários periodicamente repetidos a cada T segundos, sendo $T = 1/f_s$. O esquemático de um amostrador é mostrado na Fig. 8.1d. O sinal amostrado resultante é mostrado na Fig. 8.1e. O sinal amostrado é constituído de impulsos espaçados a cada T segundos (o intervalo de amostragem). O n-ésimo pulso, localizado em $t = nT$, possui força $x(nT)$, o valor de $x(t)$ em $t = nT$.

$$\bar{x}(t) = x(t)\delta_T(t) = \sum_n x(nT)\delta(t - nT) \qquad (8.1)$$

Como o trem de impulso $\delta_T(t)$ é um sinal periódico de período T, ele pode ser descrito por uma série trigonométrica de Fourier tal com a já obtida no Exemplo 6.7 [Eq. (6.39)]

$$\delta_T(t) = \frac{1}{T}[1 + 2\cos\omega_s t + 2\cos 2\omega_s t + 2\cos 3\omega_s t + \cdots] \qquad \omega_s = \frac{2\pi}{T} = 2\pi f_s \qquad (8.2)$$

[†] O teorema apresentado aqui (e provado posteriormente) se aplica a sinais passa-baixa. Um sinal passa-banda cujo espectro existe em uma faixa de frequência $f_c - (B/2) < |f| < f_c + (B/2)$ possui largura de faixa de B Hz. Tal sinal é unicamente determinado por $2B$ amostras por segundo. Em geral, o esquema de amostragem é um pouco mais complexo neste caso. Ele utiliza dois trens de amostragem entrelaçados, cada um a uma taxa de B amostras por segundo. Veja, por exemplo, Linden.[1]

[‡] O espectro $X(\omega)$ da Fig. 8.1b é mostrado como sendo real, por conveniência. Entretanto, nossos argumentos são válidos também para $X(\omega)$ complexo.

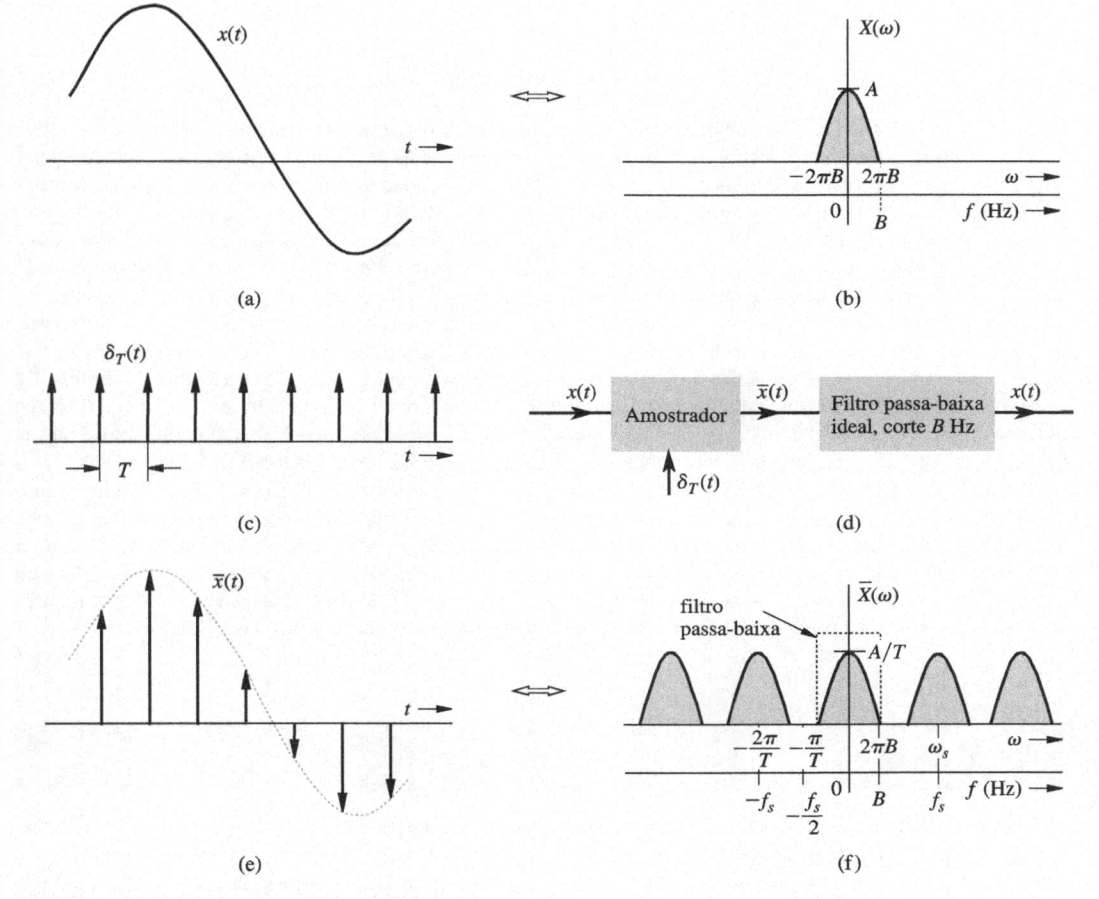

Figura 8.1 Sinal amostrado e seu espectro de Fourier.

Portanto,

$$\overline{x}(t) = x(t)\delta_T(t) = \frac{1}{T}[x(t) + 2x(t)\cos\omega_s t + 2x(t)\cos 2\omega_s t + 2x(t)\cos 3\omega_s t + \cdots] \tag{8.3}$$

Para obter $\overline{X}(\omega)$, a transformada de Fourier de $\overline{x}(t)$, obtemos a transformada de Fourier do lado direito da Eq. (8.3), termo por termo. A transformada do primeiro termo dentro dos colchetes é $X(\omega)$. A transformada do segundo termo $2x(t)\cos\omega_s t$ é $X(\omega - \omega_s) + X(\omega + \omega_s)$ [veja a Eq. (7.41)]. Este termo representa o espectro $X(\omega)$ deslocado por ω_s e $-\omega_s$. Similarmente, a transformada do terceiro termo $2x(t)\cos 2\omega_s t$ é $X(\omega - 2\omega_s) + X(\omega + 2\omega_s)$, o qual representa o espectro $X(\omega)$ deslocado por $2\omega_s$ e $-2\omega_s$, e assim por diante, até o infinito. Esse resultado significa que o espectro $\overline{X}(\omega)$ consiste em $X(\omega)$ repetido periodicamente com período $\omega_s = 2\pi/T$ rad/s, ou $f_s = 1/T$ Hz, como mostrado na Fig. 8.1f. Também existe uma constante multiplicativa $1/T$ na Eq. (8.3). Portanto,

$$\overline{X}(\omega) = \frac{1}{T}\sum_{n=-\infty}^{\infty} X(\omega - n\omega_s) \tag{8.4}$$

Se quisermos reconstruir $x(t)$ de $\overline{x}(t)$, devemos ser capazes de recuperar $X(\omega)$ de $\overline{X}(\omega)$. Essa recuperação é possível se não existir sobreposição entre ciclos sucessivos de. A Fig. 8.1f indica que para isso precisamos que

$$f_s > 2B \tag{8.5}$$

Além disso, o intervalo de amostragem é $T = 1/f_s$. Portanto,

$$T < \frac{1}{2B} \tag{8.6}$$

Dessa forma, desde que a frequência de amostragem f_s seja duas vezes maior do que a largura de faixa B do sinal (em hertz), $\overline{X}(\omega)$ será constituído de repetições não sobrepostas de $X(\omega)$. A Fig. 8.1f mostra que o intervalo entre duas repetições espectrais adjacentes é $f_s - 2B$ Hz, e $x(t)$ pode ser recuperado de suas amostras passando o sinal amostrado através de um filtro passa-baixas ideal com largura de faixa de qualquer valor entre B e $f_s - B$ Hz. A menor taxa de amostragem, $f_s = 2B$, necessária para recuperar $x(t)$ de suas amostras $\overline{x}(t)$ é chamada de *taxa de Nyquist* para $x(t)$, e o intervalo de amostragem correspondente $T = 1/2B$ é chamado de *intervalo de Nyquist* para $x(t)$. Amostras de um sinal tomadas na taxa de Nyquist são *amostras de Nyquist* do sinal.

Estamos dizendo que a taxa de Nyquist de $2B$ Hz é a menor taxa de amostragem necessária para preservar a informação de $x(t)$. Isso contradiz a Eq. (8.5), na qual mostramos que para preservar a informação de $x(t)$, a taxa de amostragem f_s precisa ser maior do que $2B$ Hz. Falando estritamente, a Eq. (8.5) é a afirmação correta. Entretanto, se o espectro $X(\omega)$ não contiver nenhum impulso ou suas derivadas na frequência mais alta de B Hz, então a menor taxa de amostragem de $2B$ Hz é adequada. Na prática, é raro observar $X(\omega)$ com um impulso ou suas derivadas na mais alta frequência. Se a situação contrária ocorrer, devemos utilizar a Eq. (8.5).[†]

O teorema da amostragem provado utiliza amostras tomadas em intervalos uniformes. Essa condição não é necessária. As amostras podem ser tomadas arbitrariamente em qualquer instante, desde que os instantes de amostragem sejam armazenados e que exista, na média, $2B$ amostras por segundo.[2] A essência do teorema da amostragem era conhecida dos matemáticos na forma da *fórmula da interpolação* [que será vista posteriormente, Eq. (8.11)]. A origem do teorema da amostragem foi atribuída por H. S. Black a Cauchy em 1841. A ideia essencial do teorema da amostragem foi redescoberta na década de 1920 por Carson, Nyquist e Hartley.

EXEMPLO 8.1

Neste exemplo, iremos examinar os efeitos da amostragem de um sinal na taxa de Nyquist, abaixo da taxa de Nyquist (subamostragem) e acima da taxa de Nyquist (superamostragem). Considere o sinal $x(t) = \text{sinc}^2(5\pi t)$ (Fig. 8.2a), cujo espectro é $X(\omega) = 0{,}2\,\Delta(\omega/20\pi)$ (Fig. 8.2b). A largura de faixa desse sinal é 5 Hz (10π rad/s). Consequentemente, a taxa de Nyquist é 10 Hz, ou seja, devemos amostrar o sinal a uma taxa não inferior a 10 amostras/s. O intervalo de Nyquist é $T = 1/2B = 0{,}1$ segundo.

Lembre-se de que o espectro do sinal amostrado é constituído por $(1/T)X(\omega) = (0{,}2/T)\Delta(\omega/20\pi)$ repetindo periodicamente com um período igual à frequência de amostragem f_s Hz. Apresentamos essa informação na Tabela 8.1 para três taxas de amostragem: $f_s = 5$ Hz (subamostragem), 10 Hz (taxa de Nyquist) e 20 Hz (super-amostragem).

No primeiro caso (subamostragem), a taxa de amostragem é 5 Hz (5 amostras/s), e o espectro $(1/T)X(\omega)$ se repete a cada 5 Hz (10π rad/s). Os espectros sucessivos se sobrepõem, como mostrado na Fig. 8.2d e o espectro $X(\omega)$ não pode ser recuperado de $\overline{X}(\omega)$, ou seja, $x(t)$ não pode ser reconstruído de suas amostras $\overline{x}(t)$ na Fig. 8.2c. No segundo caso, usamos a taxa de amostragem de Nyquist de 10 Hz (Fig. 8.2e). O espectro

---

[†] Uma observação interessante é que se o impulso for devido a um termo em cosseno, a taxa de amostragem de $2B$ Hz é adequada. Entretanto, se o impulso for devido a um termo em seno, então a taxa deve ser maior do que $2B$ Hz. Isso pode ser interpretado do fato de que amostras de sen $2\pi Bt$ usando $T = 1/2B$ são sempre zero porque sen $2\pi Bnt =$ sen $\pi n = 0$. Mas, amostras de cos $2\pi Bt$ são cos $2\pi Bnt =$ cos $\pi n = (-1)^n$. Podemos reconstruir cos $2\pi Bt$ dessas amostras. Esse comportamento peculiar ocorre porque no espectro do sinal amostrado correspondente ao sinal cos $2\pi Bt$, os impulsos, os quais ocorrem nas frequências $(2n \pm 1)B$ Hz ($n = 0, \pm 1, \pm 2,...$) interagem construtivamente, enquanto que no caso de sen $2\pi Bt$, os impulsos, devido a suas fases opostas ($e^{\pm j\pi/2}$) interagem destrutivamente e se cancelam no espectro do sinal amostrado. Logo, sen $2\pi Bt$ não pode ser reconstruído de suas amostras a uma taxa de $2B$ Hz. Uma situação similar existe para o sinal cos $(2\pi Bt + \theta)$, o qual contém uma componente na forma sen $2\pi Bt$. Por essa razão, é aconselhável manter uma taxa de amostragem acima de $2B$ Hz se uma componente de amplitude finita de uma senoide de frequência B Hz estiver presente no sinal.

$\overline{X}(\omega)$ é constituído de repetições não sobrepostas, lado a lado, de $(1/T)X(\omega)$, repetindo a cada 10 Hz. Logo, $X(\omega)$ pode ser recuperado de $\overline{X}(\omega)$ usando um filtro passa-baixas ideal de largura de faixa 5 Hz (Fig. 8.2f). Finalmente, no último caso de superamostragem (taxa de amostragem de 20 Hz), o espectro $\overline{X}(\omega)$ é constituído de repetições não sobrepostas de $(1/T)X(\omega)$ (repetindo a cada 20 Hz) com faixas vazias entre ciclos sucessivos (Fig. 8.2h). Logo, $X(\omega)$ pode ser recuperado de $\overline{X}(\omega)$ usando um filtro passa-baixas ideal ou mesmo um filtro passa-baixas prático (mostrado em pontilhado na Fig. 8.2h).[†]

Tabela 8.1

Frequência de amostragem f_s (Hz)	Intervalo de amostragem T (segundos)	$\dfrac{1}{T}X(\omega)$	Comentários
5	0,2	$\Delta\left(\dfrac{\omega}{20\pi}\right)$	Subamostragem
10	0,1	$2\Delta\left(\dfrac{\omega}{20\pi}\right)$	Taxa de Nyquist
20	0,05	$4\Delta\left(\dfrac{\omega}{20\pi}\right)$	Superamostragem

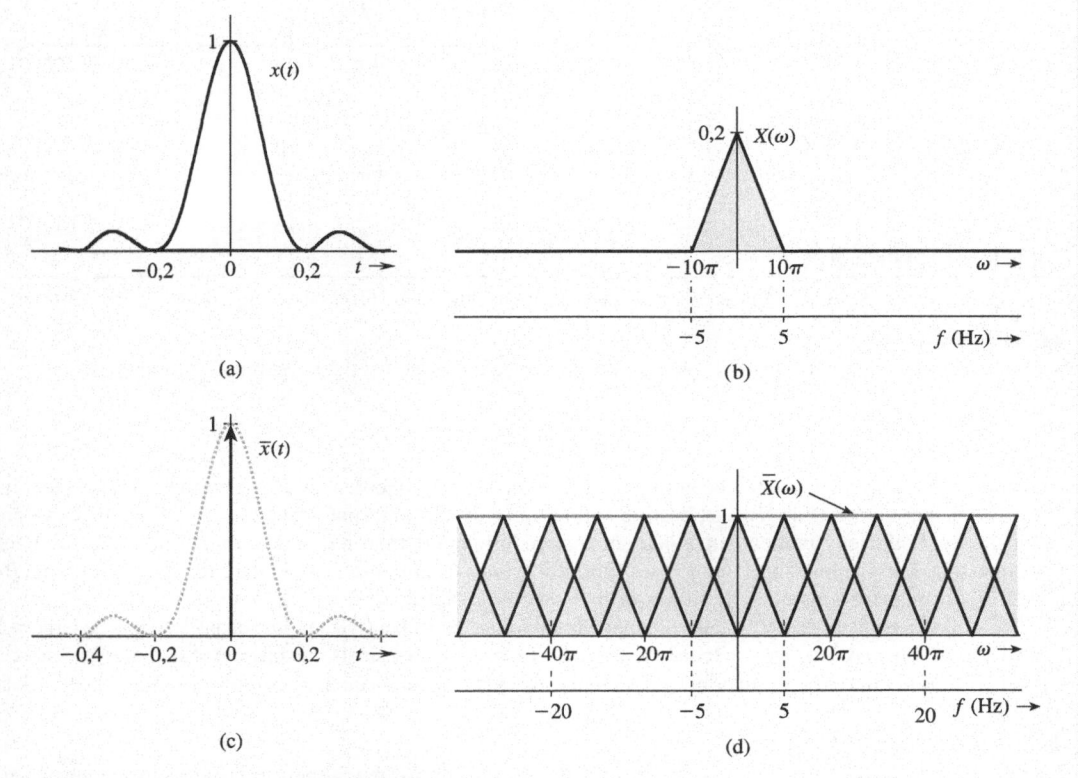

Figura 8.2 Efeitos da subamostragem e superamostragem.

[†] O filtro deve ter um ganho constante entre 0 e 5 Hz e ganho zero além de 10 Hz. Na prática, o ganho além de 10 Hz será um valor negligenciavelmente pequeno, mas não nulo.

Figura 8.2 Continuação.

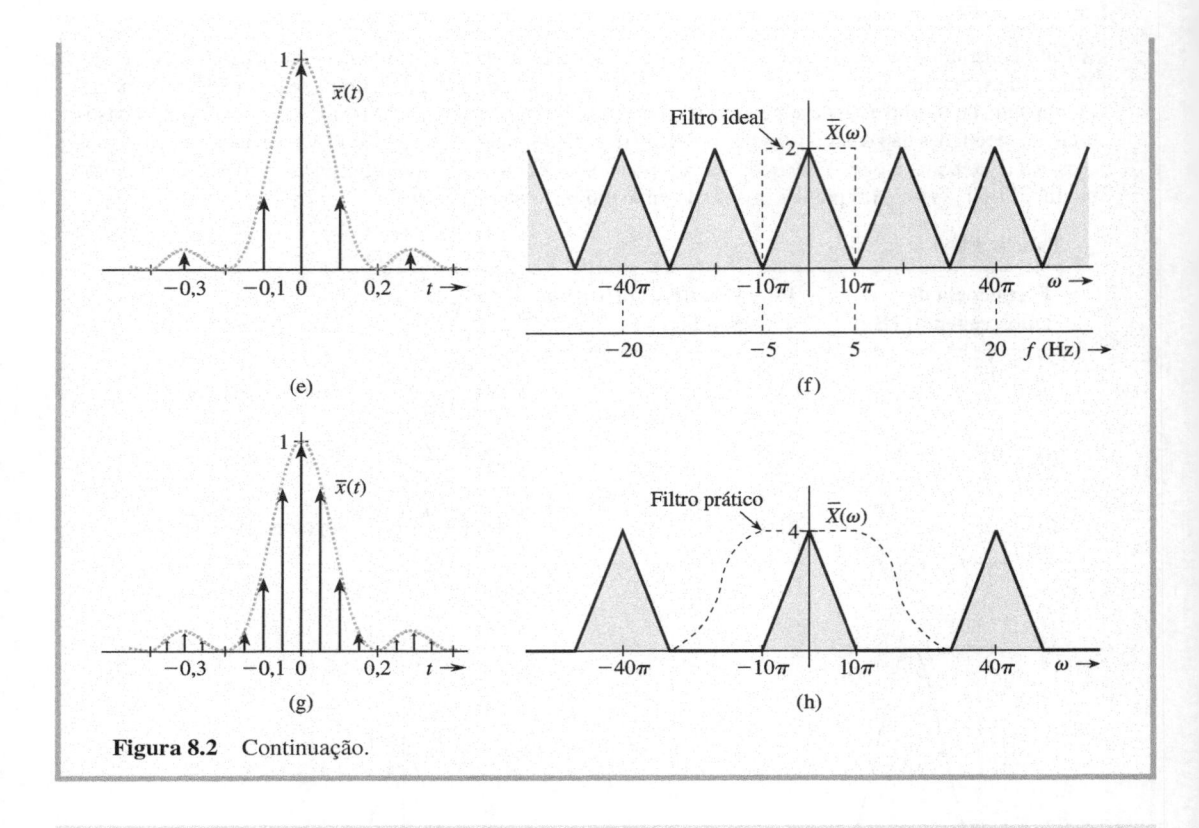

EXERCÍCIO E8.1
Determine a taxa de Nyquist e o intervalo de Nyquist para os sinais sinc $(100\pi t)$ e sinc $(100\pi t)$ + sinc $(50\pi t)$.

RESPOSTA
O intervalo de Nyquist é 0,01 segundo e a taxa de amostragem de Nyquist é 100 Hz para os dois sinais.

APENAS PARA OS CÉTICOS

Raro é o leitor que, ao primeiro encontro, não fica cético quanto ao teorema da amostragem. Pode parecer impossível que as amostras de Nyquist possam definir um, e apenas um, sinal que passa através daqueles valores amostrados. Podemos facilmente imaginar um número infinito de sinais passando através de um dado conjunto de amostras. Entretanto, dentre todos esses (infinitos) sinais, apenas um possui a largura de faixa mínima $B \le 1/2T$ Hz, na qual T é o intervalo de amostragem. Veja o Prob. 8.2-9.

Resumindo, para um dado conjunto de amostras tomadas a uma taxa f_s Hz, existe apenas um sinal de largura de faixa $B \le f_s/2$ que passa através de todas as amostras. Todos os outros sinais que passam através dessas amostras possuem uma largura de faixa superior a $f_s/2$ e as amostras são amostras a uma taxa subNyquist para aqueles sinais.

8.1-1 Amostragem Prática

Na prova do teorema da amostragem, consideramos amostras ideais obtidas pela multiplicação de um sinal $x(t)$ por um trem de impulso que é fisicamente não realizável. Na prática, multiplicamos o sinal $x(t)$ por um trem de pulsos de largura finita, mostrado na Fig. 8.3c. O amostrador é mostrado na Fig. 8.3d. O sinal amostrado $\bar{x}(t)$ é ilustrado na Fig. 8.3e. O que gostaríamos de saber é se realmente é possível recuperar ou reconstruir $x(t)$ desse $\bar{x}(t)$. Surpreendentemente, a resposta é afirmativa, desde que a taxa de amostragem não seja inferior à taxa de Nyquist. O sinal $x(t)$ pode ser recuperado passando em um filtro passa-baixas $\bar{x}(t)$ como se ele tivesse sido amostrado por um trem de impulsos.

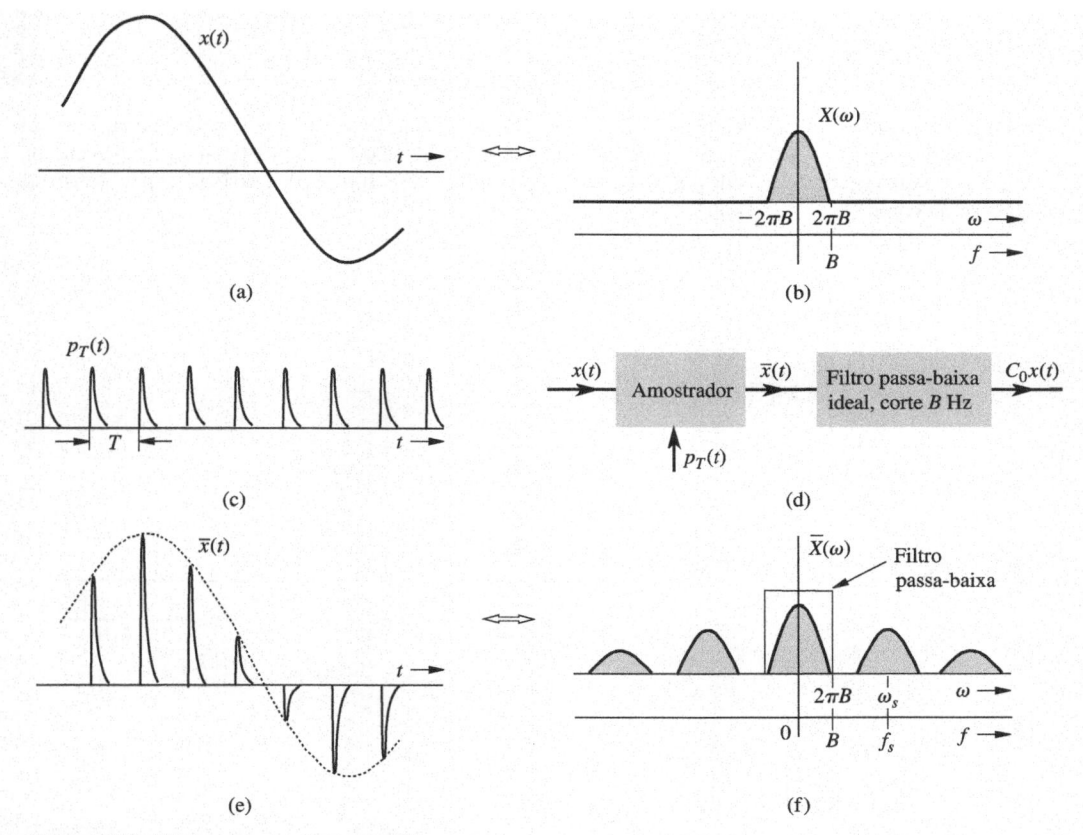

Figura 8.3 Efeito da amostragem prática.

A razão desse resultado se torna aparente quando consideramos o fato de que a reconstrução de $x(t)$ requer o conhecimento dos valores das amostras de Nyquist. Essa informação está disponível ou embutida no sinal $\bar{x}(t)$ amostrado na Fig. 8.3e porque a força do n-ésimo pulso é $x(nT)$. Para provar analiticamente esse resultado, observamos que o trem de pulsos amostrado $p_T(t)$ mostrado na Fig. 8.3c, sendo um sinal periódico, pode ser descrito por uma série trigonométrica de Fourier

$$p_T(t) = C_0 + \sum_{n=1}^{\infty} C_n \cos(n\omega_s t + \theta_n) \qquad \omega_s = \frac{2\pi}{T}$$

e

$$\bar{x}(t) = x(t) p_T(t) = x(t) \left[C_0 + \sum_{n=1}^{\infty} C_n \cos(n\omega_s t + \theta_n) \right]$$

$$= C_0 x(t) + \sum_{n=1}^{\infty} C_n x(t) \cos(n\omega_s t + \theta_n)$$

(8.7)

O sinal amostrado $\bar{x}(t)$ é constituído por $C_0 x(t)$, $C_1 x(t) \cos(\omega_s t + \theta_1)$, $C_2 x(t) \cos(2\omega_s t + \theta_2)$,... Note que o primeiro termo $C_0 x(t)$ é o sinal desejado e todos os outros termos são sinais modulados com espectro centrado em $\pm\omega_s$, $\pm 2\omega_s$, $\pm 3\omega_s$,... como ilustrado na Fig. 8.3f. Claramente, o sinal $x(t)$ pode ser recuperado por um filtro passa-baixas $\bar{x}(t)$, como mostrado na Fig. 8.3d. Como antes, é necessário que $\omega_s > 4\pi B$ (ou $f_s > 2B$).

EXEMPLO 8.2

Para demonstrar a amostragem prática, considere o sinal $x(t) = \text{sinc}^2(5\pi t)$ amostrado pela sequência de pulsos retangulares $p_T(t)$, apresentada na Fig. 8.4c. O período de $p_T(t)$ é 0,1 segundo, tal que a frequência fundamental (a qual é a frequência de amostragem) é 10 Hz. Logo, $\omega_s = 20\pi$. A série de Fourier para $p_T(t)$ pode ser descrita como

$$p_T(t) = C_0 + \sum_{n=1}^{\infty} C_n \cos n\omega_s t$$

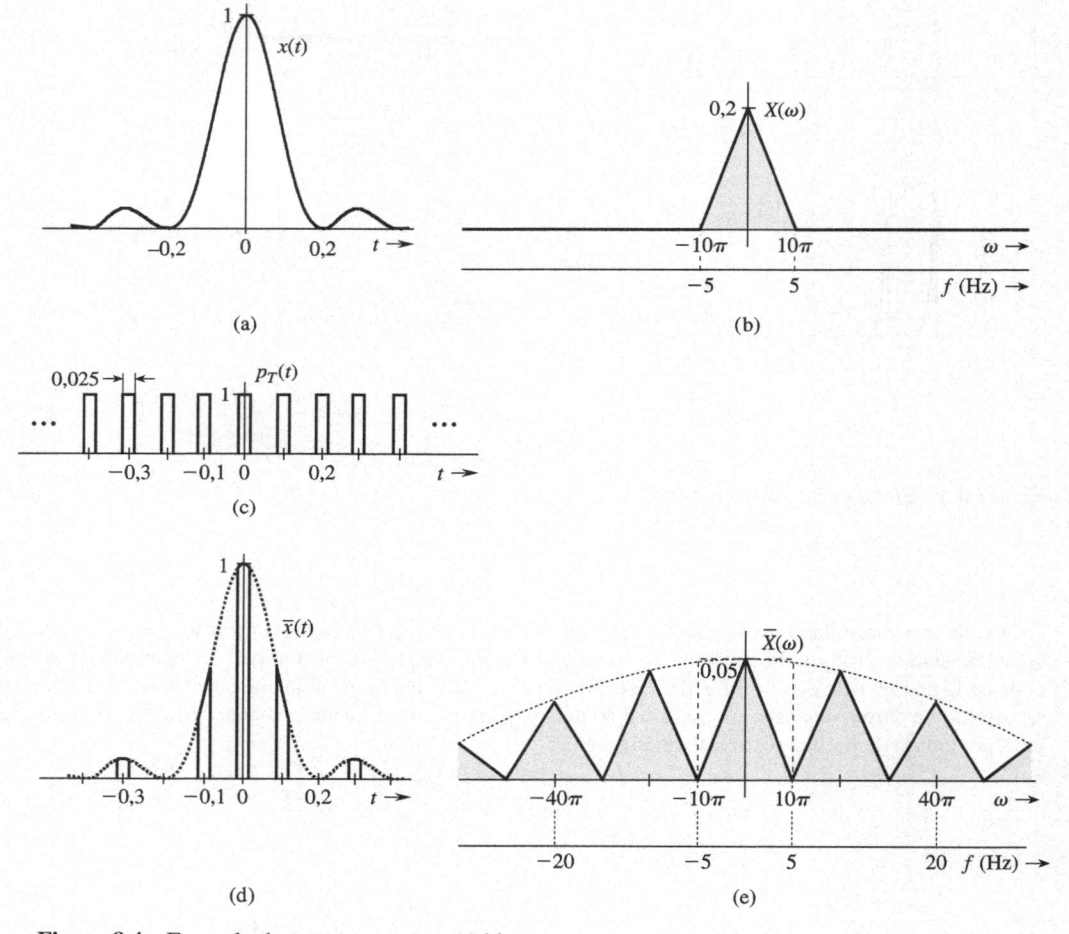

Figura 8.4 Exemplo de uma amostragem prática.

Logo,

$$\overline{x}(t) = x(t) p_T(t)$$
$$= C_0 x(t) + C_1 x(t) \cos 20\pi t + C_2 x(t) \cos 40\pi t + C_3 x(t) \cos 60\pi t + \cdots$$

Utilizando as Eqs. (6.8) obtemos $C_0 = \frac{1}{4}$ e $C_n = \frac{2}{n\pi} \text{sen}\left(\frac{n\pi}{4}\right)$. Consequentemente, temos

$$\overline{x}(t) = x(t)p_T(t)$$
$$= \tfrac{1}{4}x(t) + C_1 x(t)\cos 20\pi t + C_2 x(t)\cos 40\pi t + C_3 x(t)\cos 60\pi t + \cdots$$

e

$$\overline{X}(\omega) = \frac{1}{4}X(\omega) + \frac{C_1}{2}[X(\omega - 20\pi) + X(\omega + 20\pi)] + \frac{C_2}{2}[X(\omega - 40\pi)$$
$$+ X(\omega + 40\pi)] + \frac{C_3}{2}[X(\omega - 60\pi) + X(\omega + 60\pi)] + \cdots$$

na qual $C_n = (2/n\pi)$ sen $(n\pi/4)$. O espectro é constituído por $X(\omega)$ repetindo periodicamente a cada 20π rad/s (10 Hz). Dessa forma, não existe sobreposição entre os ciclos e $X(\omega)$ pode ser recuperado usando um filtro passa-baixas ideal com largura de faixa de 5 Hz. Um filtro passa-baixas ideal de ganho unitário (e largura de faixa de 5 Hz) irá permitir que apenas o primeiro termo do lado direito da equação anterior passe completamente, suprimindo todos os outros termos. Logo, a saída $y(t)$ será

$$y(t) = \tfrac{1}{4}x(t)$$

EXERCÍCIO E8.2

Mostre que o pulso básico $p(t)$ utilizado no trem de pulsos de amostragem da Fig. 8.4c não pode ter área zero se quisermos reconstruir $x(t)$ filtrando (filtro passa-baixas) o sinal amostrado.

8.2 RECONSTRUÇÃO DO SINAL

O processo de reconstrução de um sinal em tempo contínuo $x(t)$ a partir de suas amostras também é chamado de *interpolação*. Na Seção 8.1, vimos que um sinal $x(t)$ limitado em faixa a B Hz pode ser exatamente reconstruído (interpolado) de suas amostras se a frequência de amostragem f_s exceder $2B$ Hz ou o intervalo de amostragem T for menor do que $1/2B$. Essa reconstrução é feita passando o sinal amostrado através de um filtro passa-baixas ideal de ganho T e com largura de faixa de qualquer valor entre B e $f_s - B$ Hz. Do ponto de vista prático, uma boa escolha é o valor médio $f_s/2 = 1/2T$ Hz ou π/T rad/s. Esse valor permite pequenos desvios nas características do filtro ideal em qualquer lado da frequência de corte. Com essa escolha de frequência de corte e o ganho T, o filtro passa-baixas ideal necessário para a reconstrução (ou interpolação) é

$$H(\omega) = T \text{ ret}\left(\frac{\omega}{2\pi f_s}\right) = T \text{ ret}\left(\frac{\omega T}{2\pi}\right) \tag{8.8}$$

O processo de interpolação aqui descrito é expresso no domínio da frequência como uma operação de filtragem. Iremos examinar esse processo do ponto de vista do domínio do tempo.

DOMÍNIO DO TEMPO: UMA SIMPLES INTERPOLAÇÃO

Considere o sistema de interpolação mostrado na Fig. 8.5a. Começamos com um simples filtro de interpolação, cuja resposta ao impulso é ret (t/T), mostrado na Fig. 8.5b. Essa resposta é um pulso de porta centrada na origem, tendo altura unitária e largura T (o intervalo de amostragem). Iremos determinar a saída desse filtro quando a entrada é o sinal amostrado $\overline{x}(t)$, constituído de um trem de impulso com o n-ésimo impulso em $t = nT$ com força $x(nT)$. Cada amostra em $\overline{x}(t)$, sendo um impulso, produz na saída um pulso de porta de altura igual a força da amostra. Por exemplo, a n-ésima amostra é um impulso de força $x(nT)$ localizado em $t = nT$ e pode ser descrito por $x(nT)\delta(t - nT)$. Quando esse impulso passa através do filtro, ele produz na saída um pulso de porta de altura $x(nT)$, centrado em $t = nT$ (sombreado na Fig. 8.5c). Cada amostra em $\bar{x}(t)$ irá gerar um pulso de porta correspondente, resultando na saída filtrada que é uma aproximação em degrau de $x(t)$, como mostrado em pontilhado na Fig. 8.5c. Esse filtro, portanto, fornece uma forma simples de interpolação.

A resposta em frequência $H(\omega)$ deste filtro é a transformada de Fourier da resposta ao ret (t/T) ao impulso.

$$h(t) = \text{ret}\left(\frac{t}{T}\right) \tag{8.9a}$$

e

$$H(\omega) = T\,\text{sinc}\left(\frac{\omega T}{2}\right) \tag{8.9b}$$

A resposta em amplitude $|H(\omega)|$ desse filtro, ilustrada na Fig. 8.5d, explica a simplicidade da interpolação. Esse filtro, também chamado de filtro *retentor de ordem zero* (ROZ), é uma forma pobre de um filtro passa-baixas ideal (sombreado na Fig. 8.5d), necessário para uma interpolação exata.[†]

Podemos melhorar o filtro ROZ usando um filtro *retentor de primeira ordem*, o qual resulta em uma interpolação linear, em vez de uma interpolação em degrau. O interpolador linear, cuja resposta ao impulso é o pulso triangular $\Delta(t/2T)$, resulta em uma interpolação na qual os topos das amostras sucessivas são conectados por um segmento de linha reta (veja o Prob. 8.2-3).

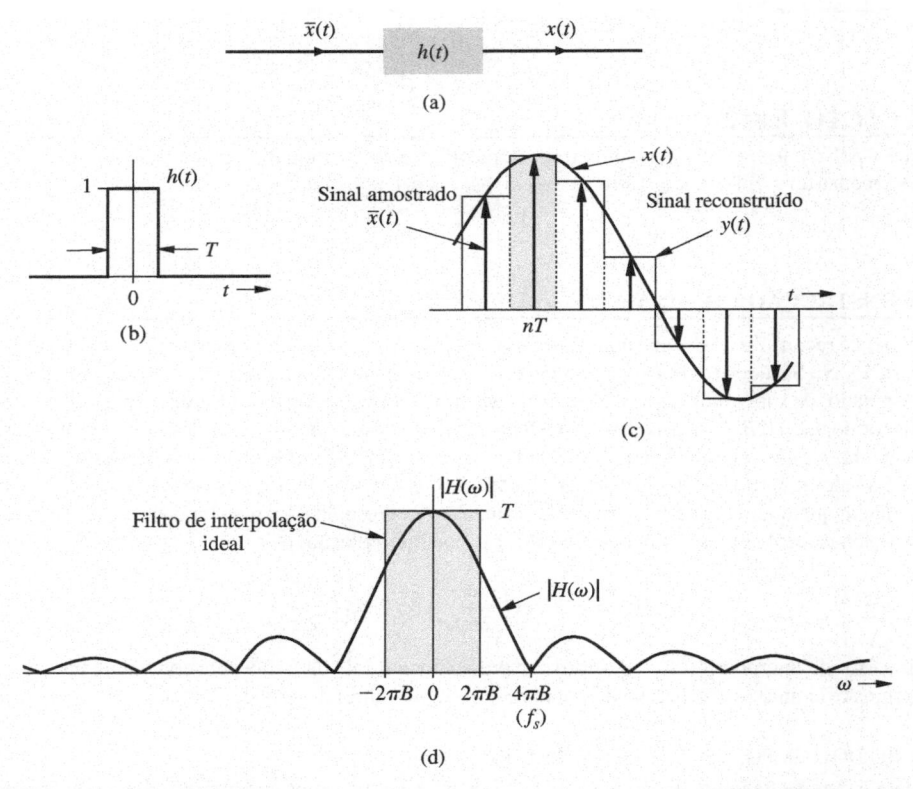

Figura 8.5 Interpolação simples usando um circuito retentor de ordem zero (ROZ). **(a)** Interpolador ROZ. **(b)** Resposta ao impulso de um circuito ROZ. **(c)** Reconstrução do sinal pelo ROZ, como vista no domínio do tempo. **(d)** Resposta em frequência do ROZ.

[†] A Fig. 8.5d mostra que a resposta ao impulso desse filtro é não causal e esse filtro é não realizável. Na prática, podemos torná-lo realizável atrasando a resposta ao impulso por $T/2$. Isso simplesmente atrasa a saída do filtro por $T/2$.

DOMÍNIO DO TEMPO: UMA INTERPOLAÇÃO IDEAL

A resposta em frequência do filtro de interpolação ideal obtida na Eq. (8.8) é ilustrada na Fig. 8.6a. A resposta ao impulso desse filtro, a transformada de Fourier inversa de $H(\omega)$, é

$$h(t) = \text{sinc}\left(\frac{\pi t}{T}\right) \tag{8.10a}$$

Para a taxa de amostragem de Nyquist, $T = 1/2B$, e

$$h(t) = \text{sinc}(2\pi B t) \tag{8.10b}$$

Este $h(t)$ é apresentado na Fig. 8.6b. Observe o interessante fato de $h(t) = 0$ em todos os instantes de amostragem de Nyquist ($t = \pm n/2B$) exceto em $t = 0$. Quando o sinal amostrado $\bar{x}(t)$ é aplicado à entrada desse filtro, a saída é $x(t)$. Cada amostra em $\bar{x}(t)$, sendo um impulso, gera um pulso sinc de altura igual à força da amostra, como ilustrado na Fig. 8.6c. O processo é idêntico ao mostrado na Fig. 8.5c, exceto que $h(t)$ é um pulso sinc, em vez de um pulso de porta. A soma dos pulsos sinc gerados por todas as amostras resulta em $x(t)$. A n-ésima amostra da entrada $\bar{x}(t)$ é o impulso $x(nT)\delta(t - nT)$ e a saída do filtro para essa amostra é $x(nT)h(t - nT)$. Logo, a saída do filtro a $\bar{x}(t)$, a qual é $x(t)$, pode ser expressa como o somatório

$$\begin{aligned} x(t) &= \sum_n x(nT)h(t - nT) \\ &= \sum_n x(nT)\,\text{sinc}\left[\frac{\pi}{T}(t - nT)\right] \end{aligned} \tag{8.11a}$$

Para o caso da taxa de amostragem de Nyquist, $T = 1/2B$, a Eq. (8.11a) pode ser simplificada para

$$x(t) = \sum_n x(nT)\,\text{sinc}(2\pi B t - n\pi) \tag{8.11b}$$

A Eq. (8.11b) é a *fórmula de interpolação*, a qual resulta nos valores de $x(t)$ entre amostras como sendo o somatório ponderado de todos os valores amostrados.

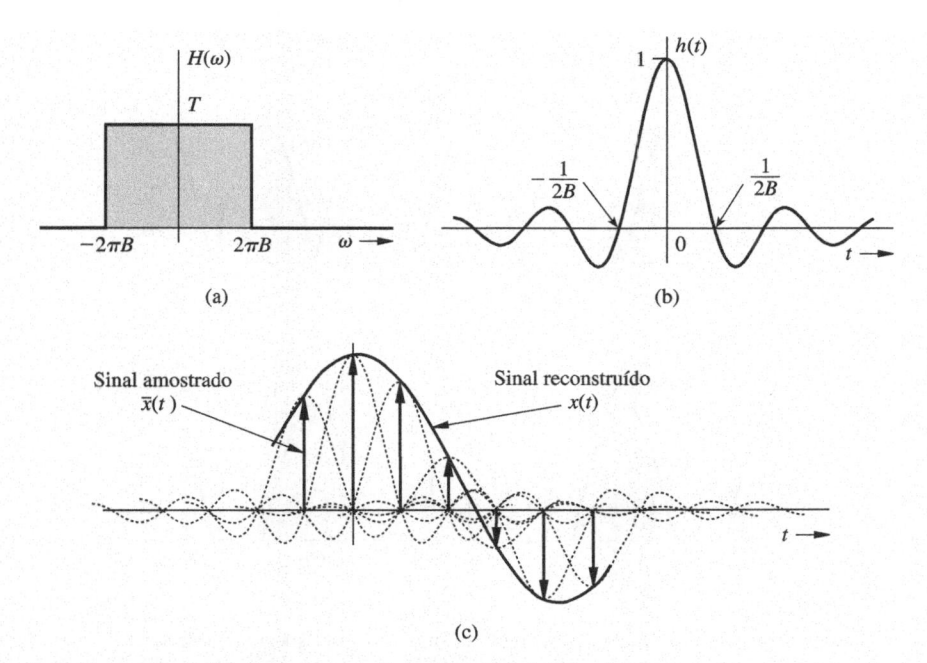

Figura 8.6 Interpolação ideal para a taxa de amostragem de Nyquist.

EXEMPLO 8.3

Obtenha o sinal $x(t)$ limitado em faixa a B Hz e cujas amostras são

$$x(0) = 1 \quad \text{e} \quad x(\pm T) = x(\pm 2T) = x(\pm 3T) = \cdots = 0$$

sendo que o intervalo de amostragem T é o intervalo de Nyquist para $x(t)$, ou seja, $T = 1/2B$.

Como temos os valores de amostras de Nyquist, usamos a fórmula de interpolação (8.11b) para construir $x(t)$ de suas amostras. Como apenas uma amostra de Nyquist é diferente de zero, teremos apenas um termo (correspondente a $n = 0$) no somatório do lado direito da Eq. (8.11b). Portanto,

$$x(t) = \text{sinc}\,(2\pi Bt) \qquad (8.12)$$

Esse sinal é apresentado na Fig. 8.6b. Observe que esse é o único sinal que possui largura de faixa B Hz e valores amostrados $x(0) = 1$ e $x(nT) = 0$ ($n \neq 0$). Nenhum outro sinal satisfaz essas condições.

8.2-1 Dificuldades Práticas na Reconstrução do Sinal

Considere o procedimento de reconstrução do sinal ilustrado na Fig. 8.7a. Se $x(t)$ é amostrado na taxa de Nyquist $f_s = 2B$ Hz, o espectro $\overline{X}(\omega)$ consiste em repetições de $X(\omega)$ sem qualquer espaçamento entre ciclos sucessivos, como indicado na Fig. 8.7b. Para recuperar $x(t)$ de $\overline{x}(t)$, precisamos passar o sinal amostrado $\overline{x}(t)$ através de um filtro passa-baixas ideal, mostrado em pontilhado na Fig. 8.7b. Como visto na Seção 7.5, tal fil-

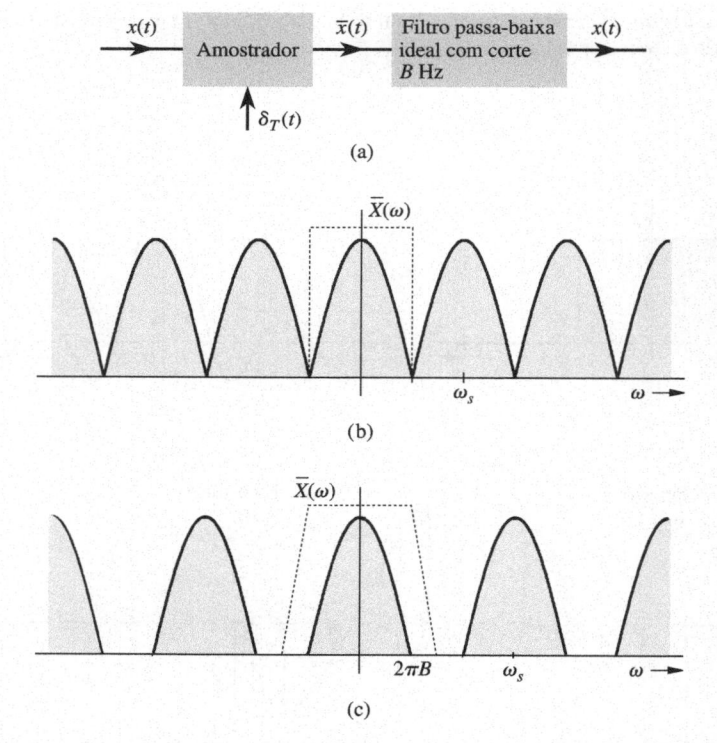

Figura 8.7 (a) Reconstrução do sinal a partir de suas amostras. (b) espectro do sinal amostrado na taxa de Nyquist. (c) espectro do sinal amostrado acima da taxa de Nyquist.

tro é não realizável, podendo ser aproximado apenas com um atraso de tempo infinito. Em outras palavras, podemos recuperar o sinal $x(t)$ de suas amostras com atraso de tempo infinito. Uma solução prática para esse problema é amostrar o sinal a uma taxa superior a taxa de Nyquist ($f_s > 2B$ ou $\omega_s > 4\pi B$). O resultado $\overline{X}(\omega)$ é constituído de repetições de $X(\omega)$ com um intervalo entre ciclos sucessivos, como ilustrado na Fig. 8.7c. Podemos, agora, recuperar $X(\omega)$ de $\overline{X}(\omega)$ usando um filtro passa-baixas com uma característica de corte gradual, mostrada em pontilhado na Fig. 8.7c. Mas mesmo neste caso, se o espectro indesejado deve ser suprimido, o ganho do filtro deve ser zero além de alguma frequência (veja a Fig. 8.7c). De acordo com o critério de Paley-Wiener [Eq. (7.61)], é impossível realizar até mesmo esse filtro. A única vantagem, neste caso, é que o filtro requerido pode ser aproximado com um atraso de tempo menor. Tudo isso significa que é impossível recuperar exatamente, na prática, um sinal $x(t)$ limitado em faixa a partir de suas amostras, mesmo se a taxa de amostragem for maior do que a taxa de Nyquist. Entretanto, quando a taxa de amostragem aumenta, o sinal recuperado se aproxima mais do sinal desejado.

A Traição do *Aliasing*

Existe outra dificuldade prática fundamental na reconstrução de um sinal a partir de suas amostras. O teorema da amostragem foi provado considerando que o sinal $x(t)$ é limitado em faixa. *Todos os sinais práticos são limitados no tempo*, ou seja, eles são de duração ou largura finita. Podemos demonstrar (veja o Prob. 8.2-14) que um sinal não pode ser limitado no tempo e limitado em faixa simultaneamente. Se um sinal é limitado no tempo, ele não pode ser limitado em faixa, e vice versa (mas ele pode ser simultaneamente não limitado no tempo e não limitado em faixa). Claramente, todos os sinais práticos, os quais são necessariamente limitados no tempo, são não limitados em faixa, como mostrado na Fig. 8.8a. Eles possuem uma largura de faixa infinita, e o espectro $\overline{X}(\omega)$ é constituído por ciclos sobrepostos de $X(\omega)$ repetindo a cada f_s Hz (a frequência de amostragem), como ilustrado na Fig. 8.8b.[†] Devido à largura de faixa infinita neste caso, a sobreposição espectral é inevitável, independente da taxa de amostragem. Amostrar em taxas mais altas reduz, mas não elimina, a sobreposição entre ciclos espectrais repetidos. Devido à sobreposição das caudas, $\overline{X}(\omega)$ não possui mais a informação completa de $X(\omega)$, não sendo mais possível, mesmo teoricamente, recuperar exatamente $x(t)$ do sinal amostrado $\overline{x}(t)$. Se o sinal amostrado passar através de um filtro passa-baixas ideal com frequência de corte $f_s/2$ Hz, a saída não será $X(\omega)$ mas $X_a(\omega)$ (Fig. 8.8c), o qual é uma versão de $X(\omega)$ distorcida em função de duas causas separadas:

1. Perda da cauda de $X(\omega)$ além de $|f| > f_s/2$ Hz.

2. Reaparecimento de sua cauda invertida, ou dobrada, para dentro do espectro. Note que o espectro cruza na frequência $f_s/2 = 1/2T$ Hz. Essa frequência é chamada de frequência de *dobra* (ou frequência de dobramento). O espectro pode ser visto como se a cauda perdida fosse, na realidade, dobrada de volta para dentro do espectro, na frequência de dobra. Por exemplo, a componente de frequência $(f_s/2) + f_x$ aparece "personificada" como uma componente de frequência mais baixa $(f_s/2) - f_x$ no sinal reconstruído. Portanto, as componentes de frequência acima de $f_s/2$ reaparecem como componentes de frequências abaixo de $f_s/2$. Essa inversão da cauda, conhecida como *dobramento espectral* ou *aliasing*, é mostrada em sombreado na Fig. 8.8b e também na Fig. 8.8c. No processo de *aliasing*, não somente existe a perda de todas as componentes de frequência acima da frequência de dobra $f_s/2$ Hz, como também essas mesmas frequências reaparecem com componentes de frequência mais baixa, como mostrado na Fig. 8.8b ou 8.8c. Tal *aliasing* destrói a integridade das componentes de frequência abaixo da frequência de dobra $f_s/2$, como indicado na Fig. 8.8c.

O problema de *aliasing* é análogo ao de um exército com um pelotão que secretamente desertou para o lado inimigo. O pelotão é, entretanto, ostensivamente leal ao exército. O exército está em um risco duplo. Primeiro, o exército perdeu seu pelotão enquanto força de ataque. Além disso, durante uma batalha, o exército terá que enfrentar a sabotagem dos traidores e terá que encontrar outro pelotão leal para neutralizar os traidores. Portanto, o exército perdeu dois pelotões em uma atividade não produtiva.

[†] A Fig. 8.8b mostra que, de um número infinito de ciclos repetidos, apenas os ciclos espectrais vizinhos se sobrepõem. Essa é uma figura, de alguma forma, simplificada. Na realidade, todos os ciclos se sobrepõem e interagem com os outros ciclos, devido à largura infinita de todos os espectros dos sinais práticos. Felizmente, todos os espectros práticos também devem decair para altas frequências. Isso resulta em uma interferência total insignificante dos ciclos que não os vizinhos imediatos. Quando tal consideração não é justificada, os cálculos de *aliasing* de tornam um pouco mais complicados.

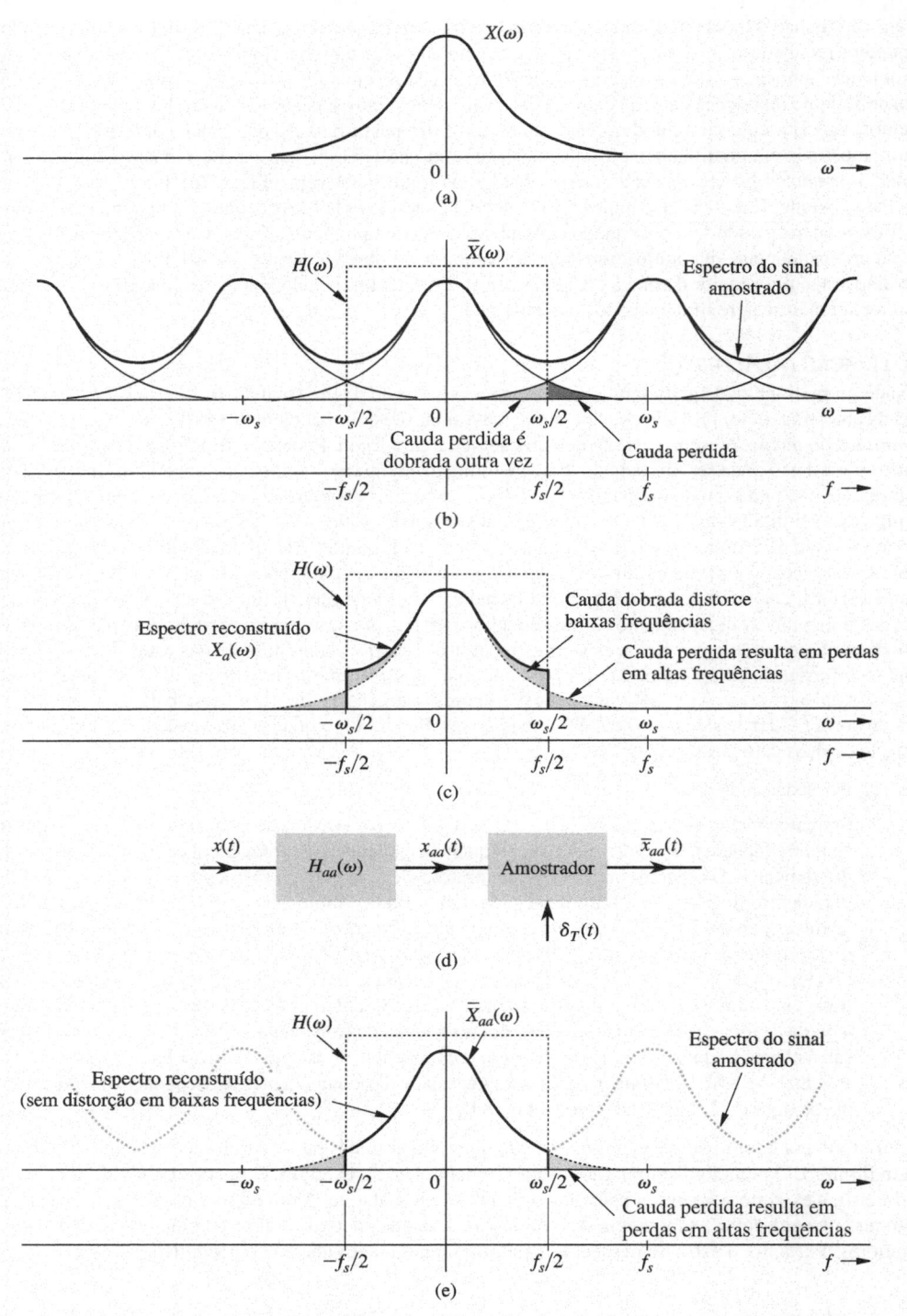

Figura 8.8 Efeito do *aliasing*. (a) Espectro de um sinal prático $x(t)$. (b) Espectro do sinal amostrado $x(t)$. (c) Espectro do sinal reconstruído. (d) Esquema de amostragem usando filtro *antialiasing*. (e) Espectro do sinal amostrado (pontilhado) e espectro do sinal reconstruído (sólido) quando o filtro *antialiasing* é utilizado.

Traidores Eliminados: O filtro Antialiasing

Se você fosse o comandante do exército traído, a solução para o problema seria óbvia. Assim que o comandante soubesse da traição, ele teria incapacitado, por qualquer forma possível, o pelotão traidor *antes que a batalha começasse*. Dessa forma, ele teria perdido apenas um batalhão (o de traidores). Essa é uma solução parcial do risco duplo da traição e sabotagem, uma solução que parcialmente retifica o problema e reduz as perdas pela metade.

Iremos seguir exatamente o mesmo procedimento. Os possíveis traidores são todas as componentes de frequência acima da frequência de dobra $f_s/2 = 1/2T$ Hz. Devemos, portanto, eliminar (suprimir) essas componentes de $x(t)$ antes de amostrar $x(t)$. Tal supressão de altas frequências pode ser feita por um filtro passa-baixas ideal com frequência de corte $f_s/2$ Hz, como mostrado na Fig. 8.8d. Esse filtro é chamado de *filtro antialiasing*. A Fig. 8.8d também mostra que a filtragem *antialiasing* é executada antes da amostragem. A Fig. 8.8e mostra o espectro do sinal amostrado (em pontilhado) e o sinal reconstruído $X_{aa}(\omega)$ quando o esquema *antialiasing* é utilizado. Um filtro *antialiasing* essencialmente limita em faixa o sinal $x(t)$ a $f_s/2$ Hz. Dessa forma, perdemos apenas as componentes acima da frequência do dobramento $f_s/2$ Hz. Essas componentes suprimidas não podem reaparecer para corromper as componentes de frequência abaixo da frequência de corte. Claramente, a utilização de um filtro *antialiasing* resulta no espectro do sinal reconstruído $X_{aa}(\omega) = X(\omega)$ para $|f| < f_s/2$. Portanto, apesar de termos perdido o espectro além de $f_s/2$ Hz, o espectro de todas as frequências abaixo de $f_s/2$ permanecem intactos. A distorção de *aliasing* efetiva é cortada pela metade em função da eliminação do dobramento. Reforçamos novamente que a operação de *antialiasing* deve ser executada *antes de o sinal ser amostrado*.

Um filtro *antialiasing* também ajuda a reduzir o ruído. O ruído geralmente possui um espectro de faixa larga e sem o *antialiasing*, o próprio fenômeno de *aliasing* faria com que o ruído que fica fora da faixa desejada aparecesse dentro da faixa do sinal. O *antialiasing* suprime todo o espectro do ruído além da frequência $f_s/2$.

O filtro *antialiasing*, sendo um filtro ideal, é não realizável. Na prática, utilizamos um filtro com corte em degrau, o qual deixa um espectro muito atenuado além da frequência de dobra $f_s/2$.

A Amostragem Força Sinais Não Limitados em Faixa a Parecerem como Limitados em Faixa

A Fig. 8.8b mostra o espectro do sinal $x(t)$ constituído por ciclos sobrepostos de $X(\omega)$. Isso significa que $\bar{x}(t)$ são amostras sub-Nyquist de $x(t)$. Entretanto, também podemos analisar o espectro da Fig. 8.8b como sendo o espectro $X_a(\omega)$ (Fig. 8.8c), repetindo periodicamente a cada f_s Hz, sem sobreposição. O espectro $X_a(\omega)$ é limitado em faixa a $f_s/2$ Hz. Logo, essas amostras (sub-Nyquist) de $x(t)$ são, na realidade, amostras de Nyquist do sinal $x_a(t)$. Concluindo, a amostragem de um sinal $x(t)$ não limitado em faixa, na taxa f_s Hz, faz com que as amostras pareçam com amostras de Nyquist de algum sinal $x_a(t)$, limitado em faixa a $f_s/2$ Hz. Em outras palavras, a amostragem faz com que um sinal não limitado em faixa pareça ser um sinal $x_a(t)$ limitado em faixa com largura de faixa $f_s/2$. Uma conclusão similar se aplica se $x(t)$ for limitado em faixa, mas amostrado a uma taxa sub-Nyquist.

Verificação do *Aliasing* em Senoides

Mostramos, na Fig. 8.8b, como a amostragem de um sinal a uma taxa abaixa de Nyquist causa o *aliasing*, o qual faz com que as frequências superiores do sinal $(f_s/2) + f_z$ Hz sejam mascaradas como frequências mais baixas $(f_s/2) - f_z$ Hz. A Fig. 8.8b demonstra esse resultado no domínio da frequência. Vamos, agora, verificar esse efeito no domínio do tempo para termos um sentimento melhor sobre o *aliasing*.

Podemos provar nossa proposição mostrando que amostras de senoides de frequências $(\omega_s/2) + \omega_z$ e $(\omega_s/2) - \omega_z$ são idênticas quando a frequência de amostragem é $f_s = \omega_s/2\pi$ Hz.

Para a senoide $x(t) = \cos \omega t$, amostrada em intervalos de T segundos, $x(nT)$, a n-ésima amostra (em $t = nT$) é

$$x(nT) = \cos \omega nT \quad n \text{ inteiro}$$

Logo, as amostras das senoides de frequência $\omega = (\omega_s/2) \pm \omega_z$ são[†]

$$\begin{aligned}
x(nT) &= \cos\left(\frac{\omega_s}{2} \pm \omega_z\right) nT \\
&= \cos\left(\frac{\omega_s}{2}\right) nT \cos \omega_z nT \mp \text{sen}\left(\frac{\omega_s}{2}\right) nT \, \text{sen} \, \omega_z nT
\end{aligned} \tag{8.13}$$

[†] Neste caso, ignoramos o aspecto da fase da senoide. Versões amostradas da senoide $x(t) = \cos(\omega t + \theta)$ com duas frequências diferentes $(\omega_s/2) \pm \omega_z$ possuem frequência idêntica, mas os sinais da fase podem ser invertidos dependendo do valor de ω_z.

Reconhecendo que $\omega_s T = 2\pi f_s T = 2\pi$ e sen $(\omega_s/2)nT = $ sen $\pi n = 0$ para todo n inteiro, obtemos

$$x(nT) = \cos\left(\frac{\omega_s}{2}\right) nT \cos \omega_z nT$$

Claramente, as amostras de uma senoide de frequência $(f_s/2) + f_z$ são idênticas às amostras da senoide $(f_s/2) - f_z$.[†] Por exemplo, quando uma senoide de frequência 100 Hz é amostrada a uma taxa de 120 Hz, a frequência aparente da senoide resultante da reconstrução das amostras é 20 Hz. Isso segue do fato de que, neste caso, $100 = (f_s/2) + f_z = 60 + f_z$, tal que $f_z = 40$. Logo, $(f_s/2) - f_z = 20$. Essa deve ser exatamente a conclusão vinda da Fig. 8.8b.

Essa discussão mostra, novamente, que o *aliasing* da amostragem de uma senoide de frequência f pode ser evitado se a taxa de amostragem for $f_s > 2f$ Hz.

$$0 \leq f < \frac{f_s}{2} \quad \text{ou} \quad 0 \leq \omega < \frac{\pi}{T} \tag{8.14}$$

A violação dessa condição leva ao *aliasing*, implicando que as amostras pareçam como sendo aquelas de um sinal de mais baixa frequência. Devido a essa perda de identidade, é impossível reconstruir fielmente o sinal de suas amostras.

CONDIÇÃO GERAL PARA *ALIASING* EM SENOIDES

Podemos generalizar o resultado anterior mostrando que as amostras de uma senoide de frequência f_0 são idênticas às de uma senoide de frequência $f_0 + mf_s$ Hz (m inteiro), na qual f_s é a frequência de amostragem. As amostras de $\cos 2\pi(f_0 + mf_s)t$ são

$$\cos 2\pi(f_0 + mf_s)nT = \cos(2\pi f_0 nT + 2\pi mn) = \cos 2\pi f_0 nT$$

Esse resultado é obtido porque mn é um inteiro e $f_s T = 1$. Esse resultado mostra que senoides de frequências que diferem por um múltiplo inteiro de f_s resultam em um conjunto idêntico de amostras. Em outras palavras, as amostras de senoides separadas pela frequência f_s Hz são idênticas. Isso implica que amostras de senoides em qualquer faixa de frequência de f_s Hz são únicas, ou seja, não existem duas senoides nessa faixa que possuam o mesmo conjunto de amostras (quando amostradas a uma taxa f_s Hz). Por exemplo, as frequências na faixa de $-f_s/2$ a $f_s/2$ possuem amostras únicas (na taxa de amostragem de f_s). Essa faixa é chamada de *faixa fundamental*. Lembre-se, também, de que $f_s/2$ é a frequência de dobra.

Da discussão até este momento, concluímos que se um sinal em tempo contínuo de frequência f Hz é amostrado a uma taxa de f_s Hz (amostras/s), as amostras resultantes podem parecer como amostras de uma senoide em tempo contínuo de frequência f_a na faixa fundamental, na qual

$$f_a = f - mf_s \quad -\frac{f_s}{2} \leq f_a < \frac{f_s}{2} \quad m \text{ um inteiro} \tag{8.15a}$$

A frequência f_a está na faixa fundamental de $-f_s/2$ a $f_s/2$. A Fig. 8.9a mostra o gráfico de f_a em função de f, na qual f é a frequência real e f_a é a frequência correspondente na faixa fundamental, cujas amostras são idênticas às da senoide de frequência f, quando a taxa de amostragem é f_s Hz.

Lembre-se, entretanto, de que a mudança de sinal da frequência não altera a frequência real da forma de onda. Isso ocorre porque

$$\cos(-\omega_a t + \theta) = \cos(\omega_a t - \theta)$$

Claramente, a *frequência aparente* da senoide de frequência $-f_a$ também é f_a. Entretanto, sua fase apresenta uma mudança de sinal. Isso significa que a frequência aparente de qualquer senoide amostrada está na faixa de 0 a $f_s/2$ Hz. Resumindo, se uma senoide em tempo contínuo de frequência f Hz for amostrada a uma taxa de f_s Hz (amostras/segundo), as amostras resultantes aparecerão como amostras de uma senoide em tempo contínuo de frequência $|f_a|$ que está dentro da faixa de 0 a $f_s/2$. De acordo com a Eq. (8.15a)

[†] O leitor é encorajado a verificar este resultado graficamente, traçando o espectro de uma senoide de frequência $(\omega_s/2) + \omega_z$ (impulsos em $\pm[(\omega_s/2) + \omega_z]$ e sua repetição periódica em intervalos ω_s. Apesar de o resultado ser válido para todos os valores de ω_z, considere o caso de $\omega_z < \omega_s/2$ para simplificar o gráfico.

CAPÍTULO 8 AMOSTRAGEM: A PONTE ENTRE CONTÍNUO E DISCRETO   693

(a)

(b)

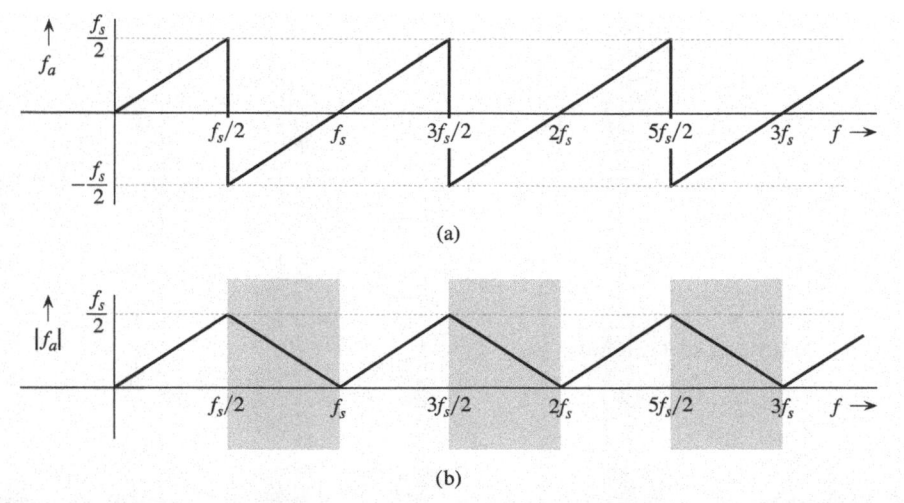

Figura 8.9 Frequências aparentes de uma senoide amostrada: (a) f_a em função de f e (b) $|f_a|$ em função de f.

$$|f_a| = |f - mf_s| \qquad |f_a| \leq \frac{f_s}{2} \qquad m \text{ um inteiro} \qquad (8.15b)$$

O gráfico da frequência aparente $|f_a|$ em função de f é mostrado na Fig. 8.9b.[†] Como esperado, a frequência aparente $|f_a|$ de qualquer senoide amostrada, independente de sua frequência, está sempre na faixa de 0 a $f_s/2$ Hz. Entretanto, quando f_a é negativo, a fase da senoide aparente sofre uma mudança de sinal. As frequências nas quais essa mudança de fase ocorre estão mostradas sombreadas na Fig. 8.9b.

Considere, por exemplo, a senoide $\cos(2\pi ft + \theta)$ com $f = 8000$ Hz, amostrada a uma taxa $f_s = 3000$ Hz. Usando a Eq. (8.15a), obtemos $f_a = 8000 - 3 \times 3000 = -1000$. Logo, $|f_a| = 1000$. As amostras aparecerão como se tivessem vindo de uma senoide $\cos(2000\pi t - \theta)$. Observe a mudança de sinal na fase em função de f_a ser negativo.[‡]

À luz do desenvolvimento anterior, vamos considerar a senoide de frequência $f = (f_s/2) + f_z$ amostrada a uma taxa de f_s Hz. De acordo com a Eq. (8.15a),

$$f_a = \frac{f_s}{2} + f_z - (1 \times f_s) = -\frac{f_s}{2} + f_z$$

Logo, a frequência aparente é $|f_a| = (f_s/2) - f_z$, confirmando nosso resultado anterior. Entretanto, a fase da senoide irá sobre uma mudança de sinal porque f_a é negativo.

A Fig. 8.10 mostra como senoides com duas frequências diferentes (amostradas na mesma taxa) geram conjuntos idênticos de amostras. As duas senoides são amostradas na taxa $f_s = 5$ Hz ($T = 0,2$ segundo). As frequências das duas senoides, 1 Hz (período 1) e 6 Hz (período 1/6), diferem por $f_s = 5$ Hz.

A razão para o *aliasing* pode ser vista claramente na Fig. 8.10. A raiz do problema é a taxa de amostragem, a qual pode ser adequada para a senoide de frequência mais baixa, mas é obviamente inadequada para a senoide de frequência mais alta. A figura mostra claramente que entre amostras sucessivas da senoide de mais alta frequência, existem oscilações, as quais são ignoradas, não sendo representadas nas amostras, indicando uma taxa sub-Nyquist de amostragem. A frequência do sinal aparente $x_a(t)$ é sempre a menor frequência possível que está dentro da faixa $|f| \leq f_s/2$. Portanto, a frequência aparente das amostras deste exemplo é 1 Hz. Se essas amostras forem escolhidas para reconstruir um sinal usando um filtro com largura de faixa de $f_s/2$, iremos obter a senoide de frequência igual a 1 Hz.

[†] Os gráficos das Figs. 8.9 e Fig. 5.16 são idênticos. Isso ocorre porque a senoide amostrada é basicamente uma senoide em tempo discreto.

[‡] Para a mudança do sinal da fase, estamos assumindo o sinal na forma $\cos(2\pi ft + \theta)$. Se a forma for $\sin(2\pi ft + \theta)$, a regra muda um pouco. É deixado como exercício para o leitor mostrar que quando $f_a < 0$, essa senoide aparece como $-\sin(2\pi|f_a|t - \theta)$. Portanto, além da mudança da fase, a amplitude também muda de sinal.

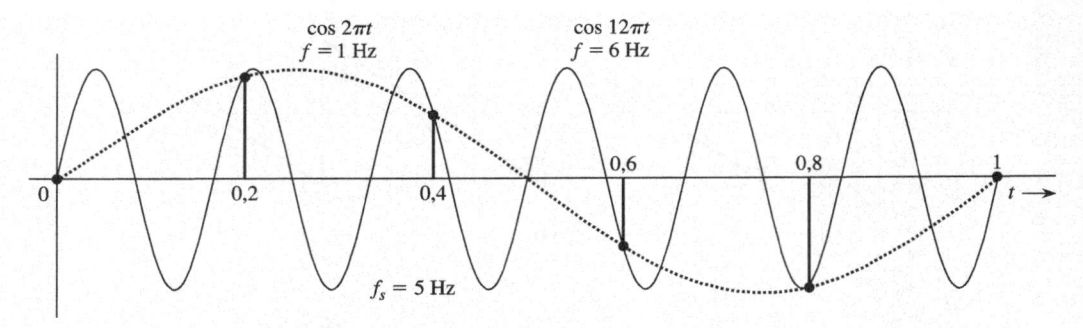

$$\cos 2\pi t \quad f = 1\,\text{Hz}$$
$$\cos 12\pi t \quad f = 6\,\text{Hz}$$
$$f_s = 5\,\text{Hz}$$

Figura 8.10 Demonstração do *aliasing*.

EXEMPLO 8.4

Uma senoide em tempo contínuo cos $(2\pi ft + \theta)$ é amostrada a uma taxa $f_s = 1000\,\text{Hz}$. Determine a senoide aparente das amostras resultantes se a frequência f do sinal de entrada for:

(a) 400 Hz
(b) 600 Hz
(c) 1000 Hz
(d) 2400 Hz

A frequência de dobra é $f_s/2 = 500$. Logo, as senoides abaixo de 500 Hz (frequência dentro da faixa fundamental) não sofrerão *aliasing* e as senoides acima de 500 Hz sofrerão *aliasing*.

(a) $f = 400$ Hz é menor do que 500 Hz e, portanto, não haverá *aliasing*. A senoide aparente é cos $(2\pi ft + \theta)$ com $f = 400$.

(b) $f = 600$ Hz pode ser expressada por $600 = -400 + 1000$, logo $f_a = -400$. Dessa forma, a frequência após o *aliasing* será de 400 Hz e com uma mudança no ângulo de fase. Assim sendo, a senoide aparente é cos $(2\pi ft - \theta)$ com $f = 400$.

(c) $f = 1000$ Hz pode ser descrita por $1000 = 0 + 1000$, logo $f_a = 0$. A frequência após o *aliasing* é 0 Hz (cc) e não há mudança no sinal da fase. Logo, a senoide aparente é $y(t) = \cos(0\pi t \pm \theta) = \cos(\theta)$. Este é um sinal cc com valor de amostra constante para todo n.

(d) $f = 2400$ Hz pode ser descrito por $2400 = 400 + (2 \times 1000)$ logo, $f_a = 400$. Dessa forma, a frequência após o *alias* é de 400 Hz sem mudança de sinal na fase. A senoide aparente é cos $(2\pi ft + \theta)$ com $f = 400$.

Poderíamos ter obtido essas respostas diretamente da Fig. 8.9b. Por exemplo, para o caso b, lemos $|f_a| = 400$ correspondente a $f = 600$. Além disso, $f = 600$ está na faixa sombreado. Logo, existe uma mudança no sinal da fase.

EXERCÍCIO E8.3

Mostre que as amostras das senoides com frequência de 90 Hz e 110 Hz na forma cos ωt são idênticas quando amostradas a uma taxa de 200 Hz.

EXERCÍCIO E8.4

Uma senoide de frequência f_0 Hz é amostrada a uma taxa de 100 Hz. Determine a frequência aparente das amostras se f_0 for

(a) 40 Hz
(b) 60 Hz
(c) 140 Hz
(d) 160

RESPOSTA
40 Hz para todos os casos

8.2-2 Algumas Aplicações do Teorema da Amostragem

O teorema da amostragem é muito importante na análise, processamento e transmissão de sinais porque ele nos permite substituir um sinal em tempo contínuo por uma sequência discreta de números. O processamento de um sinal em tempo contínuo é, portanto, equivalente ao processamento de uma sequência discreta de números. Tal processamento nos leva diretamente à área de filtragem digital. Na área de comunicação, a transmissão de uma mensagem em tempo contínuo é reduzida para a transmissão de uma sequência de números por trens de pulso. O sinal $x(t)$ em tempo contínuo é amostrado e os valores amostrados são utilizados para modificar certos parâmetros de um trem de pulso periódico. Podemos querer variar a amplitude, (Fig. 8.11b), largura (Fig. 8.11c) ou posição (Fig. 8.11d) dos pulsos proporcionalmente aos valores das amostras do sinal $x(t)$. Dessa forma, teremos a *modulação em amplitude de pulso* (PAM*), *modulação por largura de pulso* (PWM**) ou *modulação por posição de pulso* (PPM***). A forma mais importante de modulação de pulso, atualmente, é a *modulação por código de pulso* (PCM****), discutida na Seção 8.3 em conexão com a Fig. 8.14b. Em todos esses casos, em vez de transmitirmos $x(t)$, transmitimos o sinal modulado em pulso correspondente. No receptor, lemos a informação do sinal modulado em pulso e reconstruímos o sinal analógico $x(t)$.

Uma vantagem da utilização da modulação de pulso é que ela permite a transmissão simultânea de diversos sinais usando uma divisão no tempo – *multiplexação por divisão no tempo* (TDM*****). Como o sinal modulado em pulso ocupa apenas uma parte do tempo do canal, podemos transmitir diversos sinais modulados em pulso no mesmo canal entrelaçando-os. A Fig. 8.12 mostra a TDM de dois sinais PAM. Dessa forma, podemos multiplexar diversos sinais em um mesmo canal reduzindo a largura dos pulsos.[†]

Sinais digitais também oferecem uma vantagem na área de comunicações, na qual os sinais devem viajar por longas distâncias. A transmissão de sinais digitais é mais robusta do que de sinais analógicos, porque sinais digitais podem resistir mais ao ruído do canal e à distorção desde que o ruído e a distorção estejam dentro de certos limites. Um sinal analógico pode ser convertido em uma forma digital binária através da amostragem e quantização (arredondamento), como explicado na próxima seção. A mensagem digital (binária) da Fig. 8.13a é distorcida pelo canal, como ilustrado na Fig. 8.13b. Mesmo assim, se a distorção permanecer dentro de certos limites, podemos recuperar os dados sem erro porque precisamos tomar apenas uma simples decisão binária: o pulso recebido é positivo ou negativo? A Fig. 8.13c mostra o mesmo dado com distorção e ruído de canal. Novamente, o dado pode ser recuperado desde que a distorção e o ruído estejam dentro de certos limites. Isso não ocorre com mensagens analógicas. Qualquer distorção ou ruído, não importa quão pequenos sejam, irá distorcer o sinal recebido.

---

* N. de T.: *Pulse-amplitude modulation*.
** N. de T.: *Pulse-width modulation*.
*** N. de T.: *Pulse-position modulation*.
**** N. de T.: *Pulse-code modulation*.
***** N. de T.: *Time-division multiplexing*.
[†] Outro método de transmissão de diversos sinais banda-base simultaneamente é a multiplexação por divisão na frequência (FDM), discutida na Seção 7.7-4. Na FDM, vários sinais são multiplexados dividindo a largura de faixa do canal. O espectro de cada mensagem é deslocado para uma faixa específica não ocupada por nenhum outro sinal. A informação dos vários sinais é localizada em faixas de frequências do canal que não se sobrepõem (Fig. 7.44). De certa forma, TDM e FDM são duais uma da outra.

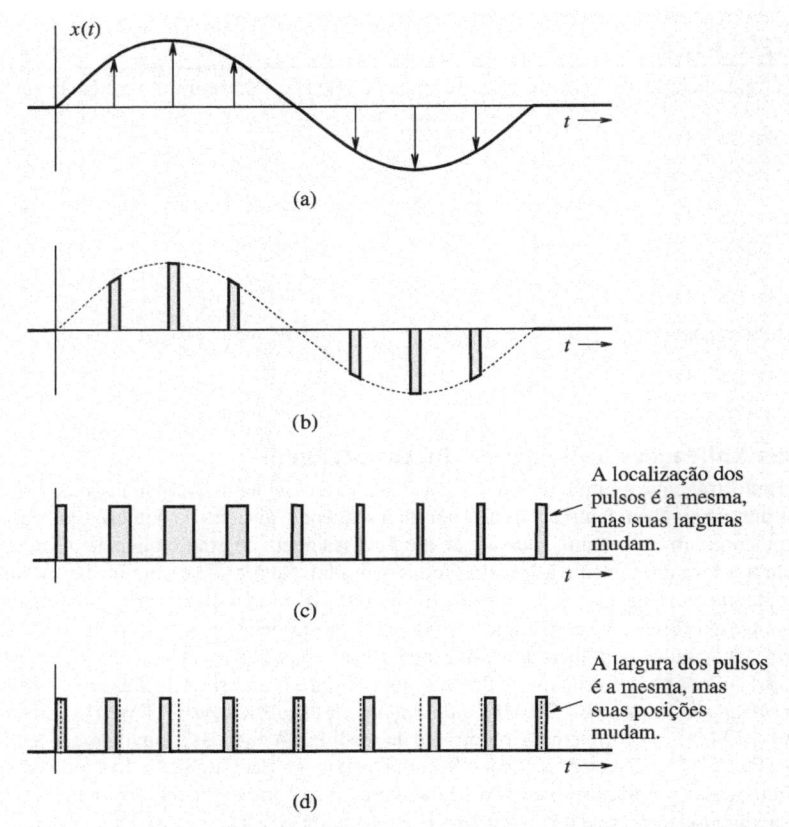

Figura 8.11 Sinais modulados em pulso. (a) O sinal. (b) O sinal PAM. (c) O sinal PWM (PDM). (d) O sinal PAM.

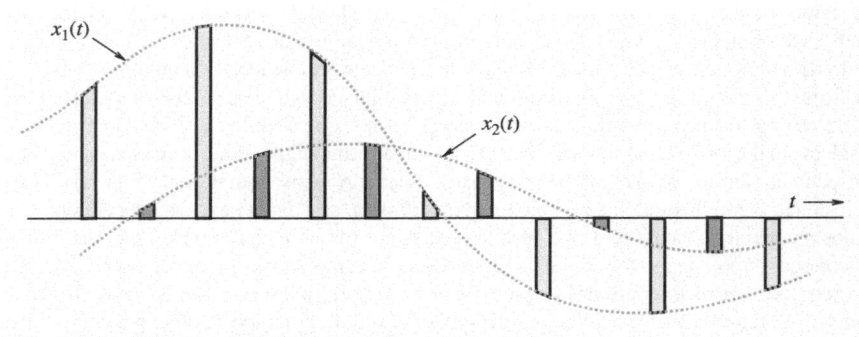

Figura 8.12 Multiplexação por divisão no tempo de dois sinais.

A grande vantagem da comunicação digital sobre a comunicação analógica, entretanto, é a possibilidade de repetidoras regenerativas. Em sistemas de transmissão analógica, o sinal de mensagem se torna progressivamente mais fraco à medida que ele viaja ao longo do canal (caminho da transmissão), enquanto que o ruído do canal e a distorção do sinal, sendo acumulativos, se tornam progressivamente mais fortes. Em última instância, o sinal, superado pelo ruído e pela distorção, ficará mutilado. A amplificação é de pouca ajuda, pois ela irá aumentar o sinal e o ruído na mesma proporção. Consequentemente, a distância na qual a mensagem analógica pode ser transmitida é limitada pela potência transmitida. Se o caminho de transmissão for suficien-

(a) $A/2$
$-A/2$

(b)

(c)

(d)

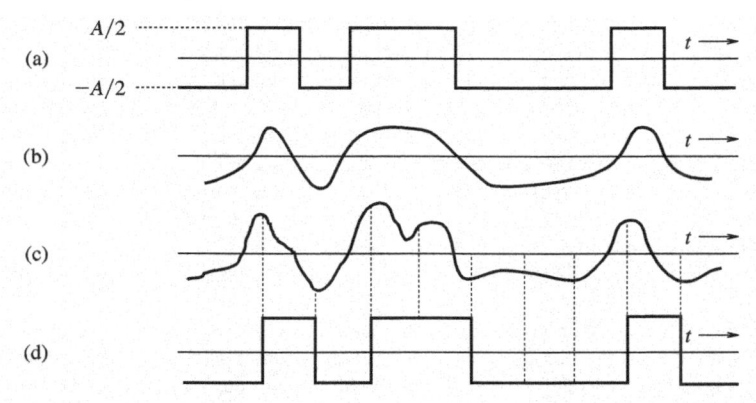

Figura 8.13 Transmissão de sinal digital: **(a)** no transmissor, **(b)** sinal distorcido recebido (sem ruído), **(c)** sinal distorcido recebido (com ruído) e **(d)** sinal regenerado no receptor.

temente grande, a distorção do canal e o ruído serão suficientemente acumulados para se sobreporem até mesmo a um sinal digital. O truque é colocar repetidoras ao longo do caminho de transmissão em distâncias pequenas o suficiente para permitir a detecção dos pulsos do sinal antes que o ruído e a distorção tenham a chance de se acumularem suficientemente. Em cada repetidora, os pulsos são detectados e pulsos novos e limpos são transmitidos para a próxima repetidora, a qual, por sua vez, repetirá o mesmo procedimento. Se o ruído e a distorção permanecerem dentro de certos limites (o que é possível devido às repetidoras adequadamente espaçadas), os pulsos podem ser corretamente detectados.[†] Assim, mensagens digitais podem ser transmitidas por longas distâncias com uma grande confiabilidade. Por outro lado, mensagens analógicas não podem ser limpas periodicamente, e sua transmissão é, portanto, menos confiável. O erro mais significativo em sinais digitalizados vem da quantização (arredondamento). Esse erro, discutido na Seção 8.3, pode ser reduzido para um valor desejado aumentando o número de níveis de quantização, ao custo do aumento da largura de faixa da mídia de transmissão (canal).

8.3 Conversão Analógico para Digital (A/D)

Um sinal *analógico* é caracterizado pelo fato de sua amplitude poder assumir qualquer valor em uma faixa contínua. Logo, a amplitude de um sinal analógico pode assumir infinitos valores. Por outro lado, a amplitude de um sinal *digital* só pode assumir um número finito de valores. Um sinal analógico pode ser convertido em um sinal digital através da amostragem e *quantização* (arredondamento). A amostragem de apenas um sinal analógico não irá resultar em um sinal digital, pois a amostra de um sinal analógico pode assumir, ainda, qualquer valor em uma faixa contínua. Ele é digitalizado pelo arredondamento de seu valor para o valor mais próximo possível dos números possíveis permitidos (ou *níveis de quantização*), como ilustrado na Fig. 8.14a, a qual representa um possível esquema de quantização. As amplitudes do sinal analógico $x(t)$ estão na faixa $(-V, V)$. Essa faixa é particionada em L sub-intervalos, cada um com magnitude $\Delta = 2V/L$. A seguir, cada amostra de amplitude é aproximada pelo valor médio do intervalo no qual a amostra se encontra (veja a Fig. 8.14a para $L = 16$). Dessa forma, fica claro que cada amostra é aproximada para um dos L números. Portanto, o sinal é digitalizado com amostras quantizadas assumindo um dos L valores. Esse é um sinal L-ário digital (veja a Seção 1.3-2). Cada amostra pode, agora, ser representada por um dos L pulsos distintos.

Do ponto de vista prático, trabalhar com uma quantidade muito grande de pulsos distintos é muito difícil. Prefere-se utilizar a menor quantidade possível de pulsos distintos, sendo o menor número possível igual a dois. Um sinal digital utilizando apenas dois símbolos ou valores é o sinal binário. Um sinal digital binário (um sinal que só pode assumir dois valores) é muito desejável, devido à sua simplicidade, economia e facilidade de trabalho. Podemos converter um sinal L-ário em um sinal binário utilizando codificação de pulso. A Fig. 8.14b mostra um tipo desse código para o caso de $L = 16$. Esse código, formado pela representação binária de 16 dí-

---
[†] O erro na detecção do pulso pode ser negligenciado.

gitos decimais, de 0 a 15, é chamado de *código binário natural* (CBN). Para L níveis de quantização, precisamos de um mínimo de b dígitos do código binário, tal que $2^b = L$ ou $b = log_2 L$.

A cada um dos 16 níveis é associada uma palavra de código de quatro dígitos. Portanto, cada amostra nesse exemplo é codificada por quatro dígitos binários. Para transmitir ou processar digitalmente o dado binário, precisamos associar um pulso elétrico distinto a cada um dos dois estados binários. Uma forma possível é associar um pulso negativo para o binário **0** e um pulso positivo para o binário **1**, tal que cada amostra é, agora, representada por um grupo de quatro pulsos binários (código de pulso), como indicado na Fig. 8.14b. O sinal binário resultante é um sinal digital obtido do sinal analógico $x(t)$ através da conversão A/D. No jargão de comunicações, tal sinal é chamado de sinal modulado por código de pulso (PCM).

A conveniente contração de *"dígito binário"* (*binary digit*) para *bit* se tornou uma abreviação padrão na indústria e será adotada neste livro.

A largura de faixa do sinal de áudio é aproximadamente 15 kHz, mas testes subjetivos mostram que a articulação (inteligibilidade) do sinal não é afetada se todas as componentes acima de 3400 Hz forem suprimidas.[3] Como objetivo da comunicação via telefone é a inteligibilidade, em vez da alta fidelidade, as componentes acima de 3400 Hz são eliminadas por um filtro passa-baixas.[†] O sinal resultante é, então, amostrado a uma taxa de 8000 amostras/s (8 kHz). Essa taxa é intencionalmente maior do que a taxa de Nyquist de 6,8 kHz para evitar filtros não realizáveis necessários para a reconstrução do sinal. Cada amostra é finalmente quantizada em 256 níveis ($L = 256$), o que requer um grupo de oito pulsos binários para codificar cada amostra ($2^8 = 256$). Portanto, um sinal digitalizado de telefone consiste em um total de $8 \times 8000 = 64.000$ ou 64 kbits/s, necessitando de 64.000 pulsos binários por segundo para a sua transmissão.

O *compact disc* (CD), uma aplicação recente de alta fidelidade da conversão A/D, requer uma largura de faixa do sinal de áudio de 20 kHz. Apesar de a taxa de amostragem de Nyquist ser de apenas 40 kHz, uma taxa de amostragem real de 44,1 kHz é utilizada pela mesma razão mencionada anteriormente. O sinal é quantizado em um número de níveis ainda maior ($L = 65.536$) para reduzir o erro de quantização. As amostras codificadas em binário são, agora, gravadas no CD.

(a)

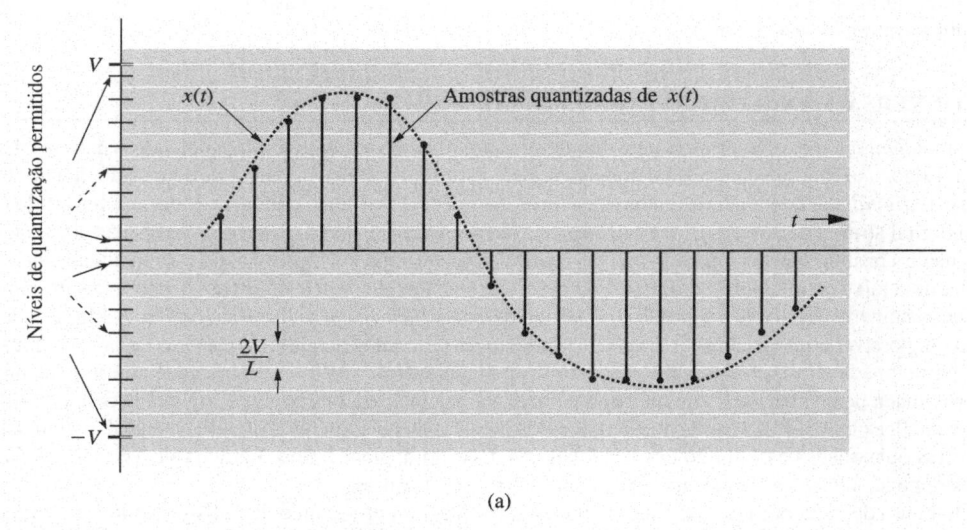

Figura 8.14 Conversão analógico para digital (A/D) de um sinal: **(a)** quantização e **(b)** codificação de pulso.

[†] Componentes abaixo de 300 Hz também podem ser suprimidas sem afetar a articulação.

Dígito	Equivalente binário	Forma de onda do pulso codificado
0	0000	
1	0001	
2	0010	
3	0011	
4	0100	
5	0101	
6	0110	
7	0111	
8	1000	
9	1001	
10	1010	
11	1011	
12	1100	
13	1101	
14	1110	
15	1111	

(b)

Figura 8.14 continuação.

NOTA HISTÓRICA

O sistema binário de representação de qualquer número usando **1**s e **0**s foi inventado por Pingala (200 d.C.) na Índia. Ele foi novamente trabalhado independentemente no oeste por Gottfried Wilhelm Leibniz (1646-1716), o qual imaginou um significado espiritual para sua descoberta. Raciocinando que o **1**, representando a unidade, era obviamente um símbolo para Deus, enquanto que o **0** representava o vazio, ele concluiu que, como todos os números podem ser representados simplesmente usando **1** e **0**, isso com certeza prova que Deus criou o universo do nada!

EXEMPLO 8.5

Um sinal $x(t)$ limitado em faixa a 3 kHz é amostrado a uma taxa $33\frac{1}{3}\%$ mais alta do que a taxa de Nyquist. O erro máximo aceitável na amplitude da amostra (o erro máximo devido à quantização) é 0,5% do pico da amplitude V. As amostras quantizadas são codificadas em binário. Obtenha a taxa de amostragem necessária, o número de bits necessário para codificar cada amostra e a taxa de bits do sinal PCM resultante.

A taxa de amostragem de Nyquist é $f_{Nyq} = 2 \times 3000 = 6000$Hz (amostras/s). A taxa real de amostragem é $f_A = 6000 \times (1\frac{1}{3}) = 8000$ Hz.

O passo de quantização é Δ, e o erro máximo de quantização é $\pm\Delta/2$, no qual $\Delta = 2V/L$. O erro máximo devido à quantização, $\Delta/2$, não deve ser maior do que 0,5% da amplitude V de pico do sinal. Portanto,

$$\frac{\Delta}{2} = \frac{V}{L} = \frac{0,5}{100}V \implies L = 200$$

Para o código binário, L deve ser uma potência de 2. Logo, o próximo valor mais alto de L que é uma potência de 2 é $L = 256$. Como $\log_2 256 = 8$, precisamos de 8 bits para codificar cada amostra. Dessa forma, a taxa de bit do sinal PCM é

$$8000 \times 8 = 64.000 \text{ bits/s}$$

EXERCÍCIO E8.5

O *American Standard Code for Information Interchange* (ASCII) possui 128 caracteres, os quais são codificados em binário. Um certo computador gera 100.000 caracteres por segundo. Mostre que
(a) São necessários 7 bits (dígitos binários) para codificar cada caractere.
(b) 700.000 bits/s são necessários para transmitir a saída do computador.

8.4 DUAL DA AMOSTRAGEM NO TEMPO: AMOSTRAGEM ESPECTRAL

Tal como em outros casos, o teorema da amostragem possui seu dual. Na Seção 8.1, discutimos o teorema da amostragem no tempo e mostramos que um sinal limitado em faixa a B Hz pode ser reconstruído das amostras do sinal tomadas a uma taxa de $f_s > 2B$ amostras/s. Note que o espectro do sinal existe na faixa de frequência (em hertz) de $-B$ a B. Portanto, $2B$ é a largura espectral (não a largura de faixa, a qual é B) do sinal. Esse fato significa que um sinal $x(t)$ pode ser reconstruído das amostras tomadas na taxa f_s > largura espectral de $X(\omega)$ em hertz ($f_s > 2B$).

Iremos provar, agora, o dual do teorema da amostragem no tempo, o *teorema da amostragem espectral*, o qual se aplica a sinais limitados no tempo (o dual de sinais limitados em faixa). Um sinal limitado no tempo $x(t)$ existe somente em um intervalo finito de τ segundos, como mostrado na Fig. 8.15a. Geralmente, um sinal limitado no tempo é caracterizado por $X(t) = 0$ para $t < T_1$ e $t > T_2$ (assumindo $T_2 > T_1$). A largura ou duração do sinal é $\tau = T_2 - T_1$ segundos.

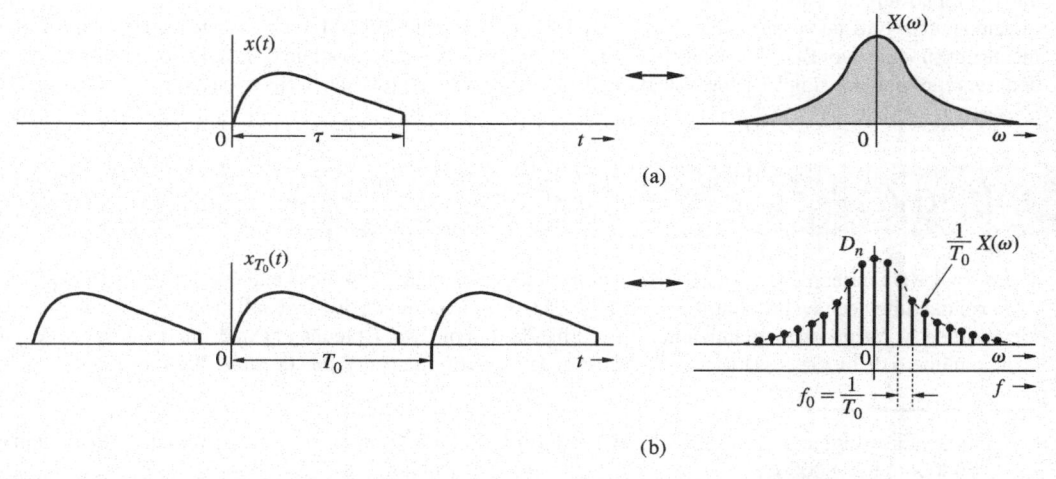

Figura 8.15 A repetição periódica de um sinal resulta na amostragem de seu espectro.

O teorema da amostragem espectral afirma que o espectro $X(\omega)$ de um sinal $x(t)$ limitado no tempo de duração τ segundos pode ser reconstruído das amostras de $X(\omega)$ tomadas a uma taxa R amostras/Hz, em $R > \tau$ (a largura ou duração do sinal), em segundos.

A Fig. 8.15a mostra um sinal limitado no tempo $x(t)$ e sua transformada de Fourier $X(\omega)$. Apesar de $X(\omega)$ geralmente ser complexo, é adequado para nossa linha de raciocínio mostrar $X(\omega)$ como uma função real.

$$X(\omega) = \int_{-\infty}^{\infty} x(t) e^{-j\omega t} dt = \int_0^{\tau} x(t) e^{-j\omega t} dt \qquad (8.16)$$

Construímos, agora, $x_{T_0}(t)$, um sinal periódico formado pela repetição de $x(t)$ a cada T_0 segundos ($T_0 > \tau$), como mostrado na Fig. 8.15b. Esse sinal periódico pode ser descrito pela seguinte série exponencial de Fourier:

$$x_{T_0}(t) = \sum_{n=-\infty}^{\infty} D_n e^{jn\omega_0 t} \qquad \omega_0 = \frac{2\pi}{T_0}$$

na qual (assumindo $T_0 > \tau$)

$$D_n = \frac{1}{T_0} \int_0^{T_0} x(t) e^{-jn\omega_0 t} dt = \frac{1}{T_0} \int_0^{\tau} x(t) e^{-jn\omega_0 t} dt$$

A partir da Eq. (8.16), temos que

$$D_n = \frac{1}{T_0} X(n\omega_0)$$

Esse resultado indica que os coeficientes das séries de Fourier para $x_{T_0}(t)$ são ($1/T_0$) vezes os valores das amostras do espectro de $X(\omega)$ tomadas a intervalos de ω_0. Isso significa que o espectro do sinal periódico $x_{T_0}(t)$ é o espectro $X(\omega)$ amostrado, como ilustrado na Fig. 8.15b. Desde que $T_0 > \tau$, os ciclos sucessivos de $x(t)$ que aparecem em $x_{T_0}(t)$ não se sobrepõem e $x(t)$ pode ser recuperado de $x_{T_0}(t)$. Tal recuperação implica indiretamente que $X(\omega)$ pode ser reconstruído de suas amostras. Essas amostras são separadas pela frequência fundamental $f_0 = 1/T_0$ Hz do sinal periódico $x_{T_0}(t)$. Logo, a condição para a recuperação é $T_0 > \tau$, ou seja,

$$f_0 < \frac{1}{\tau} \text{ Hz}$$

Portanto, para sermos capazes de reconstruir o espectro $X(\omega)$ das amostras de $X(\omega)$, as amostras devem ser tomadas em intervalos de frequência $f_0 < 1/\tau$ Hz. Se R é a taxa de amostragem (amostras/Hz), então

$$R = \frac{1}{f_0} > \tau \text{ amostras/Hz} \qquad (8.17)$$

Interpolação Espectral

Considere um sinal limitado no tempo a τ segundos e centrado em T_c. Iremos mostrar, agora, que o espectro $X(\omega)$ de $x(t)$ pode ser reconstruído das amostras de $X(\omega)$. Para esse caso, usando o dual da abordagem utilizada para obtermos a fórmula de interpolação da Eq. (8.11b), obtemos a fórmula de interpolação espectral[†]

$$X(\omega) = \sum_{n=-\infty}^{\infty} X(n\omega_0) \text{sinc}\left(\frac{\omega T_0}{2} - n\pi\right) e^{-j(\omega - n\omega_0) T_c} \qquad \omega_0 = \frac{2\pi}{T_0} \qquad T_0 > \tau \qquad (8.18)$$

Para o caso da Fig. 8.15, $T_c = T_0/2$. Se o pulso $x(t)$ estiver centrado na origem, então $T_c = 0$ e o termo exponencial do extremo direito da Eq. (8.18) desaparece. Nesse caso, a Eq. (8.18) fica sendo o dual exato da Eq. (8.11b).

[†] Essa fórmula pode ser obtida observando que a transformada de Fourier de $x_{T_0}(t)$ é $2\pi \sum_n D_n \delta(\omega - n\omega_0)$ [veja a Eq. (7.26)]. Podemos recuperar $x(t)$ de $x_{T_0}(t)$ multiplicando este último por ret $(t - T_c)/T_0$, cuja transformada de Fourier é $T_0 \text{ sinc}(\omega T_0/2) e^{-j\omega T_c}$. Logo, $X(\omega)$ é $1/2\pi$ vezes a convolução dessas duas transformadas de Fourier, o que resulta na Eq. (8.18).

EXEMPLO 8.6

O espectro $X(\omega)$ de um sinal $x(t)$ de duração unitária, centrada na origem, é amostrado a intervalos de 1 Hz ou 2π rad/s (taxa de Nyquist). As amostras são:

$$X(0) = 1 \quad \text{e} \quad X(\pm 2\pi n) = 0 \quad n = 1, 2, 3, \ldots$$

Obtenha $x(t)$.

Utilizaremos a fórmula de interpolação (8.18) (com $T_c = 0$) para construir $X(\omega)$ de suas amostras. Como todas as amostras de Nyquist são zero, exceto uma, teremos apenas um termo (correspondente a $n = 0$) no somatório do lado direito da Eq. (8.18). Portanto, com $X(0) = 1$ e $\tau = T_0 = 1$, obtemos

$$X(\omega) = \text{sinc}\left(\frac{\omega}{2}\right) \quad \text{e} \quad x(t) = \text{ret}(t) \tag{8.19}$$

Para um sinal de duração unitária, este é o único espectro com valores de amostra $X(0) = 1$ e $X(2\pi n) = 0$ ($n \neq 0$). Nenhum outro espectro satisfaz essas condições.

8.5 Cálculo Numérico da Transformada de Fourier: a Transformada Discreta de Fourier (TDF)

Cálculos numéricos da transformada de Fourier de $x(t)$ necessitam dos valores amostrados de $x(t)$, pois um computador digital pode trabalhar somente com dados discretos (sequência de números). Além disso, um computador pode calcular $X(\omega)$ apenas para alguns valores discretos de ω [amostras de $X(\omega)$]. Portanto, precisamos relacionar as amostras de $X(\omega)$ com as amostras de $x(t)$. Essa tarefa pode ser realizada usando os resultados dos dois teoremas de amostragem desenvolvidos nas Seções 8.1 e 8.4.

Começamos com um sinal limitado no tempo $x(t)$ (Fig. 8.16a) e seu espectro $X(\omega)$ (Fig. 8.16b). Como $x(t)$ é limitado no tempo, $X(\omega)$ não é limitado em faixa. Por conveniência, iremos mostrar que todo espectro em função da variável de frequência f (hertz), em vez de ω. De acordo com o teorema da amostragem, o espectro $\overline{X}(\omega)$ do sinal amostrado $\overline{x}(t)$ é constituído de $X(\omega)$ repetindo a cada f_s Hz, sendo $f_s = 1/T$, como indicado na Fig. 8.16d.[†] No passo seguinte, o sinal amostrado da Fig. 8.16c é repetido periodicamente a cada T_0 segundos, como ilustrado na Fig. 8.16e. De acordo com o teorema de amostragem espectral, tal operação resulta na amostragem do espectro a uma taxa de T_0 amostras/Hz. Essa taxa de amostragem significa que as amostras são separadas por $f_0 = 1/T_0$ Hz, como indicado na Fig. 8.16f.

A discussão anterior mostra que quando um sinal $x(t)$ é amostrado e, então, periodicamente repetido, o espectro correspondente também é amostrado e periodicamente repetido. Nosso objetivo é relacionar as amostras de $x(t)$ com as amostras de $X(\omega)$.

Número de Amostras

Uma observação interessante da Fig. 8.16e e 8.16f é que N_0, o número das amostras do sinal da Fig. 8.16e em um período é T_0 é idêntico a N_0', o número de amostras do espectro da Fig. 8.16f em um período f_s. A razão é

$$N_0 = \frac{T_0}{T} \quad \text{e} \quad N_0' = \frac{f_s}{f_0} \tag{8.20a}$$

[†] Existe uma constante multiplicativa de $1/T$ para o espectro da Fig. 8.16d [veja a Eq. (8.4)], mas isso é irrelevante nesta discussão.

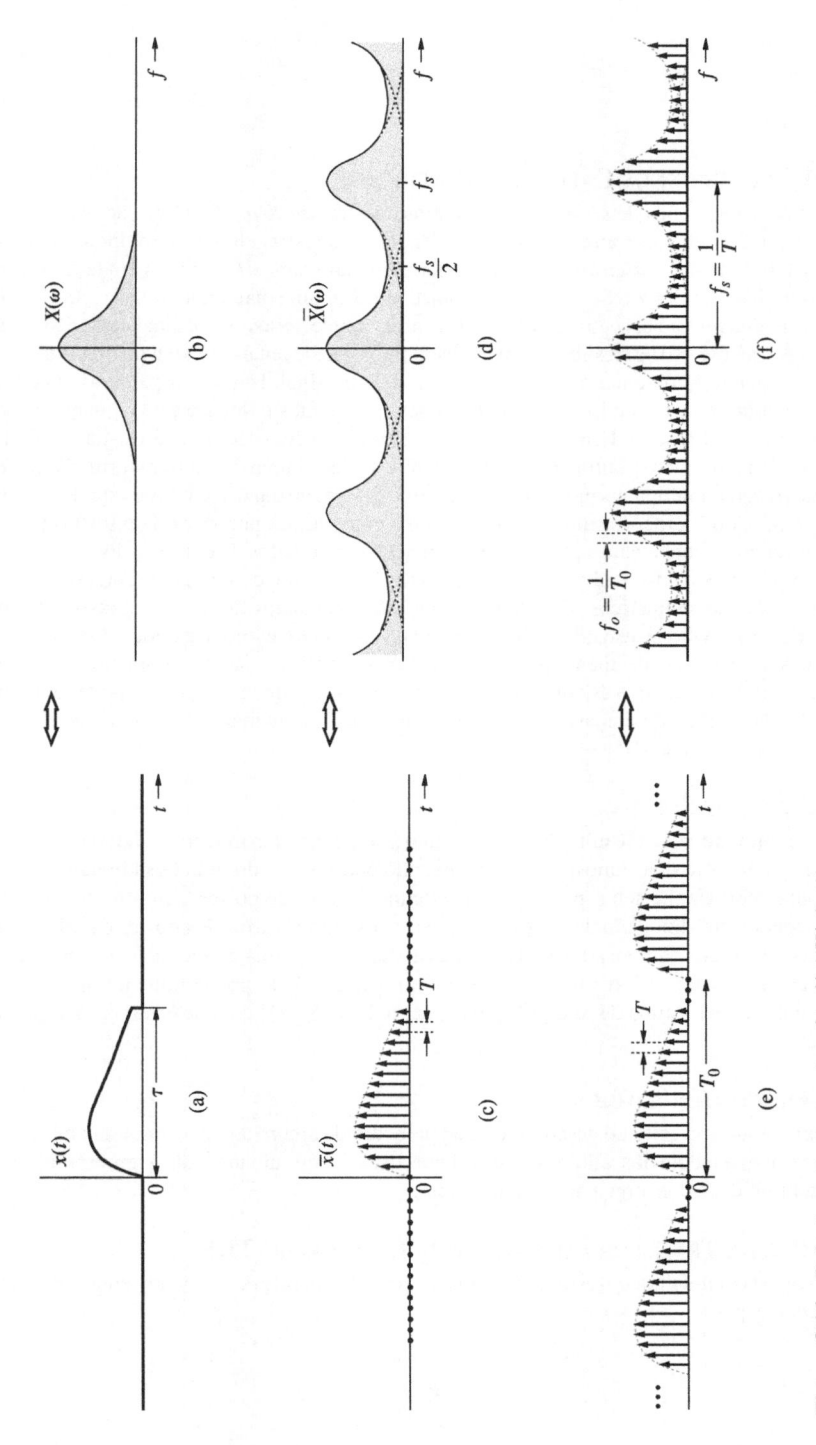

Figura 8.16 Relação entre as amostras de $x(t)$ e $X(\omega)$.

Mas, como

$$f_s = \frac{1}{T} \quad \text{e} \quad f_0 = \frac{1}{T_0} \quad (8.20b)$$

$$N_0 = \frac{T_0}{T} = \frac{f_s}{f_0} = N_0' \quad (8.20c)$$

ALIASING E VAZAMENTO NOS CÁLCULOS NUMÉRICOS

A Fig. 8.16f mostra a presença de *aliasing* nas amostras do espectro $X(\omega)$. Esse erro de *aliasing* pode ser reduzido o tanto quanto for desejado aumentando a frequência de amostragem f_s (diminuindo o intervalo de amostragem $T = 1/f_s$). Entretanto, o *aliasing* nunca pode ser eliminado para $x(t)$ limitado em tempo, porque o espectro $X(\omega)$ é não limitado em faixa. Se tivéssemos começado com um sinal tendo um espectro $X(\omega)$ limitado em faixa, não haveria *aliasing* no espectro da Fig. 8.16f. Infelizmente, esse tipo de sinal seria não limitado no tempo e sua repetição (na Fig. 8.16e) resultaria em uma sobreposição do sinal (*aliasing* no domínio do tempo). Nesse caso, teríamos que nos contentar com erros nas amostras do sinal. Em outras palavras, na determinação da transformada de Fourier, direta ou inversa, numericamente, podemos reduzir o erro o quanto quisermos, mas o erro nunca poderá ser eliminado. Isso é válido para o cálculo numérico das transformadas de Fourier direta ou inversa, independente do método utilizado. Por exemplo, se determinarmos a transformada de Fourier diretamente pela integração numérica, usando a Eq. (7.8a), existirá um erro porque o intervalo de integração Δt nunca poderá ser zero. Considerações similares se aplicam à computação numérica da transformada inversa. Portanto, devemos ter em mente a natureza desse erro em nossos resultados. Em nossas discussões (Fig. 8.16), assumimos que $x(t)$ é um sinal limitado em tempo. Se $x(t)$ não for limitado em tempo, precisaremos limitá-lo no tempo porque os cálculos numéricos só podem ser realizados em dados finitos. Além disso, essa truncagem de dados resulta em erro devido ao espalhamento espectral e vazamento, como discutido na Seção 7.8. O vazamento também causa *aliasing*. O vazamento pode ser reduzido usando uma janela amortecida para a truncagem do sinal. Mas essa escolha aumenta o espalhamento espectral. O espalhamento espectral pode ser reduzido aumentando o tamanho da janela (isto é, mais dados), o que aumenta T_0, reduzindo f_0 (aumentando a *resolução espectral* ou *resolução em frequência*).

EFEITO DE CERCA DE POSTES

O método de cálculo numérico resulta apenas em valores em amostras uniformes de $X(\omega)$. Os picos ou vales de $X(\omega)$ podem estar entre duas amostras, permanecendo ocultos, dando uma falsa imagem da realidade. Ver amostras é como ver o sinal e seu espectro por trás de uma "cerca de postes", com postes muito altos e muito largos e colocados próximos um dos outros. O que está escondido atrás dos postes é muito mais do que podemos ver. Tais resultados equivocados podem ser evitados usando uma quantidade de amostras, N_0, suficientemente grande para aumentar a resolução. Também podemos utilizar preenchimento nulo (que será discutido posteriormente) ou a fórmula de interpolação espectral [Eq. (8.18)] para determinar os valores de $X(\omega)$ entre as amostras.

PONTOS DE DESCONTINUIDADE

Se $x(t)$ ou $X(\omega)$ possuir um salto de descontinuidade no ponto de amostragem, o valor da amostra deve ser considerado como sendo a média dos valores dos dois lados da descontinuidade, pois a representação de Fourier no ponto de descontinuidade converge para o valor médio.

DETERMINAÇÃO DA TRANSFORMADA DISCRETA DE FOURIER (TDF)

Se $x(nT)$ e $X(r\omega_0)$ são a n-ésima e r-ésima amostras de $x(t)$ e $X(\omega)$, respectivamente, então definimos novas variáveis x_n e X_r dadas por

$$\begin{aligned} x_n &= Tx(nT) \\ &= \frac{T_0}{N_0} x(nT) \end{aligned} \quad (8.21a)$$

e

$$X_r = X(r\omega_0) \tag{8.21b}$$

na qual

$$\omega_0 = 2\pi f_0 = \frac{2\pi}{T_0} \tag{8.21c}$$

Iremos mostrar que x_n e X_r estão relacionadas pelas seguintes equações:[†]

$$X_r = \sum_{n=0}^{N_0-1} x_n e^{-jr\Omega_0 n} \tag{8.22a}$$

$$x_n = \frac{1}{N_0} \sum_{r=0}^{N_0-1} X_r e^{jr\Omega_0 n} \qquad \Omega_0 = \omega_0 T = \frac{2\pi}{N_0} \tag{8.22b}$$

Essas equações definem as *transformadas de Fourier Discretas* direta e inversa, com X_r, a transformada discreta de Fourier (TDFD) direta de x_n, e x_n a transformada discreta de Fourier inversa (TDFI) de X_r. A notação

$$x_n \iff X_r$$

também é utilizada para indicar que x_n e X_r são um par TDF. Lembre que x_n é T_0/N_0 vezes a n-ésima amostra de $x(t)$ e X_r é a r-ésima amostra de $X(\omega)$. Conhecendo os valores das amostras de $x(t)$, podemos utilizar a TDF para calcular os valores das amostras de $X(\omega)$ – e vice versa. Note, entretanto, que x_n é uma função de n (n = 0, 1, 2,..., N_0 – 1), em vez de t e que X_r é uma função de r (r = 0, 1, 2,..., N_0 – 1), em vez de ω. Entretanto, tanto x_n quanto X_r são sequências periódicas de período N_0 (Fig. 9.16e e 8.16f). Tais sequências são chamadas sequências periódicas N_0. A prova do relacionamento TDF na Eq. (8.22) segue diretamente dos resultados do teorema da amostragem. O sinal amostrado $\overline{x}(t)$ (Fig. 8.16c) pode ser descrito por

$$\overline{x}(t) = \sum_{n=0}^{N_0-1} x(nT)\delta(t - nT) \tag{8.23}$$

Como $\delta(t - nT) \iff e^{-jn\omega T}$, a transformada de Fourier da Eq. (8,23) resulta em

$$\overline{X}(\omega) = \sum_{n=0}^{N_0-1} x(nT) e^{-jn\omega T} \tag{8.24}$$

Mas da Fig. 8.1f [ou Eq. (8.4)], fica claro que no intervalo $|\omega| \leq \omega_s/2$, $\overline{X}(\omega)$, a transformada de Fourier de $\overline{x}(t)$ é $X(\omega)/T$, assumindo um *aliasing* negligenciável. Logo,

$$X(\omega) = T\overline{X}(\omega) = T \sum_{n=0}^{N_0-1} x(nT) e^{-jn\omega T} \qquad |\omega| \leq \frac{\omega_s}{2}$$

e

$$X_r = X(r\omega_0) = T \sum_{n=0}^{N_0-1} x(nT) e^{-nkr\omega_0 T} \tag{8.25}$$

Se fizermos $\omega_0 T = \Omega_0$, então, das Eqs. (8.20a) e (8.20b)

$$\Omega_0 = \omega_0 T = 2\pi f_0 T = \frac{2\pi}{N_0} \tag{8.26}$$

[†] Nas Eqs. (8.22a) e (8.22b), o somatório é calculado e 0 a N_0 – 1. É mostrado na Seção 9.1-2 [Eqs. (9.12) e (9.13)] que o somatório pode ser calculado em qualquer N_0 valores sucessivos de n ou r.

Além disso, da Eq. (8.21a),

$$Tx(nT) = x_n$$

Portanto, a Eq. (8.25) se torna

$$X_r = \sum_{n=0}^{N_0-1} x_n e^{-jr\Omega_0 n} \qquad \Omega_0 = \frac{2\pi}{N_0} \qquad (8.27)$$

A relação de transformação inversa (8.22b) pode ser obtida usando um procedimento similar com os papéis de t e ω trocados, mas iremos utilizar uma prova mais direta. Para provar a relação inversa da Eq. (8.22b), multiplicamos os dois lados da Eq. (8.27) por $e^{jm\Omega_0 r}$ e somamos em r, como

$$\sum_{r=0}^{N_0-1} X_r e^{jm\Omega_0 r} = \sum_{r=0}^{N_0-1} \left[\sum_{n=0}^{N_0-1} x_n e^{-jr\Omega_0 n} \right] e^{jm\Omega_0 r}$$

Alterando a ordem dos somatórios do lado direito, temos

$$\sum_{r=0}^{N_0-1} X_r e^{jm\Omega_0 r} = \sum_{n=0}^{N_0-1} x_n \left[\sum_{r=0}^{N_0-1} e^{j(m-n)\Omega_0 r} \right]$$

Podemos facilmente mostrar que o somatório mais interno do lado direito é zero para $n \neq m$, e que o somatório é N_0 quando $n = m$. Para evitar a quebra do raciocínio, essa prova é apresentada na nota de rodapé abaixo.[†]

Portanto, o somatório externo terá apenas um termo não nulo quando $n = m$, e será $N_0 x_n = N_0 x_m$. Dessa forma,

$$x_m = \frac{1}{N_0} \sum_{r=0}^{N_0-1} X_r e^{jm\Omega_0 r} \qquad \Omega_0 = \frac{2\pi}{N_0}$$

Como X_r possui período N_0, precisamos determinar os valores de X_r em qualquer período. Geralmente determinamos X_r na faixa $(0, N_0 - 1)$, em vez da faixa de $(-N_0/2, (N_0/2) - 1)$.[‡]

Escolha de T e T_0

No cálculo da TDF, precisamos, primeiro, selecionar valores adequados para N_0 e T ou T_0. Para isso precisamos decidir o valor de B, a largura de faixa essencial (em hertz) do sinal. A frequência de amostragem f_s deve ser, ao menos, $2B$, ou seja,

$$\frac{f_s}{2} \geq B \qquad (8.29a)$$

[†] Mostramos que

$$\sum_{n=0}^{N_0-1} e^{jk\Omega_0 n} = \begin{cases} N_0 & k = 0, \pm N_0, \pm 2N_0, \ldots \\ 0 & \text{caso contrário} \end{cases} \qquad (8.28)$$

Lembre-se de que $\Omega_0 N_0 = 2\pi$. Logo, $e^{jk\Omega_0 n} = 1$ quando $k = 0, \pm N_0, \pm 2N_0,\ldots$ Logo, o somatório do lado direito da Eq. (8.28) é N_0. Para calcular o somatório para outros valores de k, observamos que o somatório do lado direito da Eq. (8.28) é uma progressão geométrica com razão $\alpha = e^{jk\Omega_0}$. Portanto, (veja a Seção B.7-4)

$$\sum_{n=0}^{N_0-1} e^{jk\Omega_0 n} = \frac{e^{jk\Omega_0 N_0} - 1}{e^{jk\Omega_0} - 1} = 0 \qquad (e^{jk\Omega_0 N_0} = e^{j2\pi m} = 1)$$

[‡] As equações (8.22) da TDF representam uma transformada por elas mesmas, sendo exatas. Não existe aproximação. Entretanto, x_n e X_r, uma vez obtidos, são apenas aproximações das amostras reais do sinal $x(t)$ e de sua transformada de Fourier $X(\omega)$.

Além disso, o intervalo de amostragem $T = 1/f_s$ [Eq (8.20b)] e,

$$T \le \frac{1}{2B} \qquad (8.29b)$$

Uma vez determinado B, podemos escolher T de acordo com a Eq. (8.29b). Além disso,

$$f_0 = \frac{1}{T_0} \qquad (8.30)$$

na qual f_0 é a *resolução de frequência* [separação entre amostras de $X(\omega)$]. Logo, se f_0 for dada, podemos escolher T_0 de acordo com a Eq. (8.30). Conhecendo T_0 e T, determinamos N_0 usando

$$N_0 = \frac{T_0}{T}$$

PREENCHIMENTO NULO

Lembre-se de que observar X_r é como observar seu espectro $X(\omega)$ através de uma cerca de postes. Se o intervalo de amostragem em frequência f_0 não for suficientemente pequeno, poderemos perder alguns detalhes significativos, obtendo uma figura ilusória. Para obtermos um número maior da amostras, precisamos reduzir f_0. Como $f_0 = 1/T_0$, um número maior de amostras requer um aumento no valor de T_0, o período de repetição de $x(t)$. Essa opção aumenta N_0, o número de amostras de $x(t)$, pela adição de amostras falsas de valor 0. Essa adição de amostras falsas é chamada de *preenchimento nulo*. Portanto, o preenchimento nulo aumenta o número de amostras e pode nos ajudar a obter uma figura melhor do espectro $X(\omega)$ a partir de suas amostras X_r. Para continuarmos com nossa analogia com a cerca de postes, o preenchimento nulo é como utilizar mais postes, porém mais finos.

PREENCHIMENTO NULO NÃO MELHORA A PRECISÃO OU RESOLUÇÃO

Na realidade, não estamos observando $X(\omega)$ através de uma cerca de postes. Estamos observando uma versão distorcida de $X(\omega)$ resultante da truncagem de $x(t)$. Logo, devemos ter em mente que se a cerca fosse transparente, veríamos a realidade distorcida pelo *aliasing*. Ver através de uma cerca de postes simplesmente nos fornece uma visão imperfeita da realidade representada imperfeitamente. O preenchimento nulo nos permite enxergar mais amostras da realidade imperfeita. Ele nunca pode reduzir a imperfeição que está atrás da cerca. A imperfeição, causada pelo *aliasing*, pode ser apenas diminuída pela redução do intervalo de amostragem T. Observe que, reduzindo T, aumenta-se N_0, o número de amostras e, consequentemente, aumenta-se também o número de postes e reduz-se suas larguras. Mas, neste caso, a realidade atrás da certa também é melhorada, além de vermos mais dela.

EXEMPLO 8.7

Um sinal $x(t)$ possui duração de 2 ms e largura de faixa essencial de 10 kHz. É desejável uma resolução de frequência de 100 Hz na TDF ($f_0 = 100$). Determine N_0.

Para termos $f_0 = 100$ Hz, a duração T_0 efetiva do sinal deve ser

$$T_0 = \frac{1}{f_0} = \frac{1}{100} = 10 \text{ ms}$$

Como a duração do sinal é de apenas 2 ms, precisamos de um preenchimento nulo por 8 ms. Além disso, $B = 10.000$. Logo, $f_s = 2B = 20.000$ e $T = 1/f_s = 50 \ \mu s$. Logo,

$$N_0 = \frac{f_s}{f_0} = \frac{20.000}{100} = 200$$

O algoritmo da *Transformada rápida de Fourier* (TRF ou FFT*) (discutido posteriormente, na Seção 8.6) é utilizado para calcular a TDF, sendo conveniente (apesar de não ser necessário) selecionar N_0 como sendo uma potência de 2, ou seja, $N_0 = 2^n$ (n inteiro). Vamos escolher $N_0 = 256$. O aumento de N_0 de 200 para 256 pode ser utilizado para reduzir o erro de *aliasing* (pela redução de T), para melhorar a resolução (aumentando T_0 usando preenchimento nulo) ou pela combinação dos dois:

(i) **Redução do erro de *aliasing*.** Mantemos o mesmo T_0 tal que $f_0 = 100$. Logo,

$$f_s = N_0 f_0 = 256 \times 100 = 25.600 \qquad e \qquad T = \frac{1}{f_s} = 39\,\mu s$$

Portanto, aumentar N_0 de 200 para 256 nos permite reduzir o intervalo de amostragem T de 50 μs para 39 μs, ao mesmo tempo que mantemos a mesma resolução de frequência ($f_0 = 100$).

(ii) **Melhora da resolução.** Neste caso, mantemos o mesmo $T = 50\,\mu s$, o que resulta em

$$T_0 = N_0 T = 256(50 \times 10^{-6}) = 12,8 \text{ ms} \qquad e \qquad f_0 = \frac{1}{T_0} = 78,125 \text{ Hz}$$

Portanto, o aumento de N_0 de 200 para 256 pode melhorar a resolução de frequência de 100 para 78,125 Hz, enquanto mantemos o mesmo erro de *aliasing* ($T = 50\,\mu s$).

(iii) **Combinação das duas opções.** Podemos escolher $T = 45\,\mu s$ e $T_0 = 11,5$ ms, tal que $f_0 = 86,96$ Hz.

EXEMPLO 8.8

Utilize a TDF para calcular a transformada de Fourier de $e^{-2t}u(t)$. Trace o espectro de Fourier resultante.

Determinamos, primeiro, T e T_0. A transformada de Fourier de $e^{-2t}u(t)$ é $1/(j\omega + 2)$. Esse sinal passa-baixa não é limitado em faixa. Na Seção 7.6, utilizamos o critério da energia para calcular a largura de faixa essencial de um sinal. Neste exemplo, iremos apresentar uma alternativa mais simples ao critério de energia. A largura de faixa essencial de um sinal será tomada na frequência na qual $|X(\omega)|$ cai para 1% do seu valor de pico (veja a nota de rodapé da página 644). Neste caso, o valor de pico ocorre em $\omega = 0$, na qual $|X(0)| = 0,5$. Observe que

$$|X(\omega)| = \frac{1}{\sqrt{\omega^2 + 4}} \approx \frac{1}{\omega} \qquad \omega \gg 2$$

Além disso, 1% do valor de pico é $0,01 \times 0,5 = 0,005$. Logo, a largura de faixa essencial B está em $\omega = 2\pi B$, na qual

$$|X(\omega)| \approx \frac{1}{2\pi B} = 0,005 \quad \Rightarrow \quad B = \frac{100}{\pi} \text{ Hz}$$

e da Eq. (8.29),

$$T \leq \frac{1}{2B} = \frac{\pi}{200} = 0,015708$$

Se tivéssemos utilizado o critério de 1% da energia para determinarmos a largura de faixa essencial, segundo o procedimento do Exemplo 7.20, teríamos obtido $B = 20,26$ Hz, o que é um pouco menor do que o valor obtido usando o critério de 1% da amplitude.

---

* N. de T.: *Fast Fourier Transform*.

O segundo passo é determinar T_0. Como o sinal não é limitado no tempo, devemos truncá-lo em T_0, tal que $x(T_0) \ll 1$. Uma escolha razoável é $T_0 = 4$, pois $x(4) = e^{-8} = 0{,}000335 \ll 1$. O resultado é $N_0 = T_0/T = 254{,}6$, o que não é uma potência de 2. Logo, escolhemos $T_0 = 4$ e $T = 0{,}015625 = 1/64$, resultando em $N_0 = 256$, o que é uma potência de 2.

Observe que existe uma grande flexibilidade na escolha de T e T_0, dependendo da precisão desejada e da capacidade computacional disponível. Poderíamos, por exemplo, ter escolhido $T = 0{,}03125$, resultando em $N_0 = 128$, apesar dessa escolha resultar em um erro de *aliasing* um pouco maior.

Como o sinal possui um salto de descontinuidade em $t = 0$, a primeira amostra (em $t = 0$) é 0,5, a média dos valores dos dois lados da descontinuidade. Calculamos X_r (a TDF) das amostras de $e^{-2t}u(t)$ usando a Eq. (8.22a). Note que X_r é a r-ésima amostra de $X(\omega)$, e que essas amostras estão espaçadas por $f_0 = 1/T_0 = 0{,}25$ Hz. ($\omega_0 = \pi/2$ rad/s.)

Como X_r é periódica com período N_0, $X_r = X_{(r+256)}$, tal que $X_{256} = X_0$. Logo, precisamos traçar X_r no intervalo $r = 0$ a 255 (e não 256). Além disso, devido à sua periodicidade, $X_{-r} = X_{(-r+256)}$, e os valores de X_r no intervalo de $r = -127$ a -1 são idênticos aos do intervalo $r = 129$ a 255. Logo, $X_{-127} = X_{129}$, $X_{-126} = X_{130},\ldots, X_{-1} = X_{255}$. Mais ainda, devido à propriedade de simetria de conjugado da transformada de Fourier, $X_{-r} = X_r^*$, segue que $X_{-1} = X_1^*$, $X_{-2} = X_2^*, \ldots, X_{-128} = X_{128}^*$. Logo, precisamos de X_r somente na faixa de $r = 0$ a $N_0/2$ (128 neste caso).

A Fig. 8.17 mostra os gráficos calculados de $|X_r|$ e $\angle X_r$. O espectro exato é mostrado pela curva contínua para efeito de comparação. Note o casamento quase perfeito entre os dois conjuntos de espectros. Mostramos o gráfico para apenas os primeiros 28 pontos, em vez de todos os 128 pontos, o que teria tornado a figura muito densa, dificultando a comparação. Os pontos estão em intervalos de $1/T_0 = 1/4$ Hz ou $\omega_0 = 1{,}5708$ rad/s. As 28 amostras, portanto, mostram o gráfico na faixa de $\omega = 0$ a $\omega = 28(1{,}5708) \approx 44$ rad/s ou 7 Hz.

Neste exemplo, já conhecíamos $X(\omega)$ de antemão e, portanto, pudemos fazer uma escolha adequada de B (ou da frequência de amostragem f_s). Na prática, geralmente não conhecemos $X(\omega)$ de antemão. De fato, essa é a grandeza que tentamos determinar. Nesses casos, devemos tentar adivinhar inteligentemente B ou f_s a partir de evidências circunstanciais. Devemos, então, continuar a reduzir o valor de T e recalcular a transformada até que o resultado se estabilize dentro de um número de dígitos significativos. O programa do MATLAB, o qual implementa a TDF usando o algoritmo da FFT, é apresentado no Exemplo de Computador C8.1.

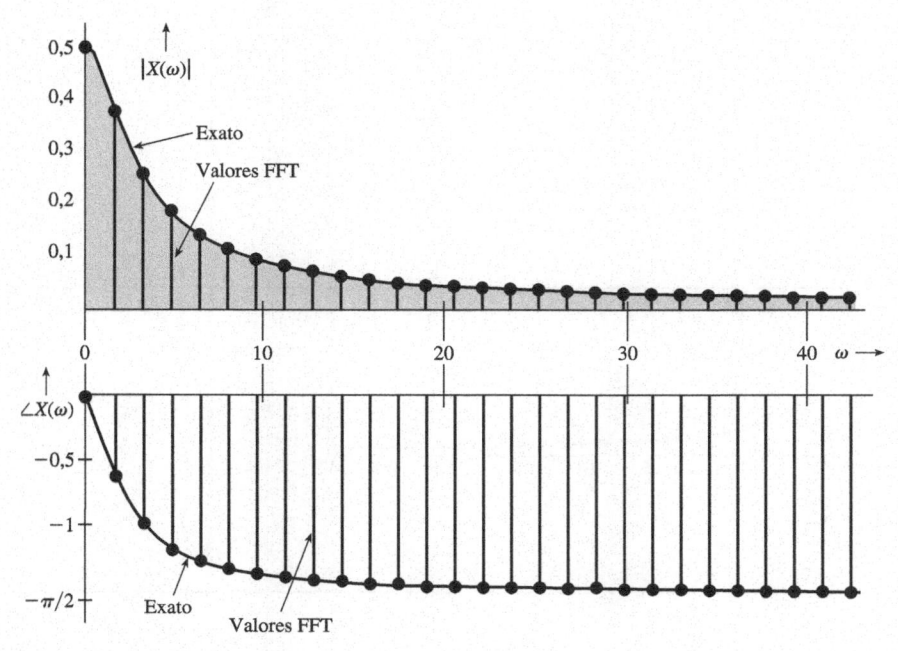

Figura 8.17 Transformada discreta de Fourier de um sinal exponencial $e^{-2t}u(t)$.

EXEMPLO DE COMPUTADOR C8.1

Usando o MATLAB, repita o Exemplo 8.8.

Inicialmente utilizamos o comando `fft` do MATLAB para calcular a TDF.

```
>> T_0 = 4; N_0 = 256;
>> T = T_0/N_0; t = (0:T:T*(N_0-1))';
>> x = T*exp(-2*t); x(1) = T*(exp(-2*T_0)+1)/2;
>> X_r = fft(x); r = [-N_0/2:N_0/2-1]'; omega_r = r*2*pi/T_0;
```

A transformada de Fourier verdadeira também é calculara para efeito de comparação.

```
>> omega = linspace(-pi/T,pi/T,4097); X = 1./(j*omega+2);
```

Por simplicidade de comparação, mostramos o espectro para uma faixa restrita de frequência.

```
>> subplot(211);
>> plot(omega,abs(X),'k',omega_r,fftshift(abs(X_r)),'ko');
>> xlabel('\omega'); ylabel('|X(\omega)|')
>> axis([-0.01 40 -0.01 0.51]);
>> legend('True FT',['DFT with T_0 = ',num2str(T_0),...
>>          ', N_0 = ',num2str(N_0)],0);
>> subplot(212);
>> plot(omega,angle(X),'k',omega_r,fftshift(angle(X_r)),'ko');
>> xlabel('\omega'); ylabel('\angle X(\omega)')
>> axis([-0.01 40 -pi/2-0.01 0.01]);
>> legend('TF verdadeira',['TDF com T_0 = ',num2str(T_0),...
>>          ', N_0 = ',num2str(N_0)],0);
```

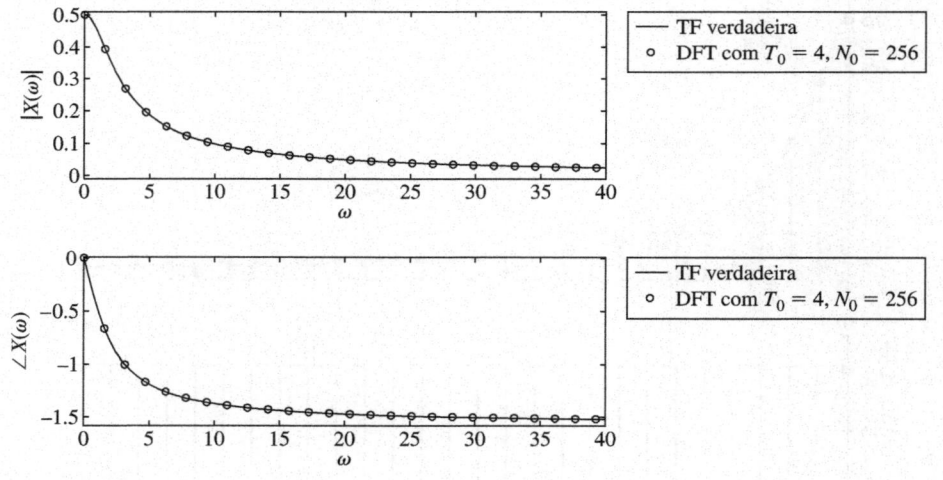

Figura C8.1

CAPÍTULO 8   AMOSTRAGEM: A PONTE ENTRE CONTÍNUO E DISCRETO   711

EXEMPLO 8.9

Utilize a TDF para calcular a transformada de Fourier de 8 ret (t).

Esta função de porta e sua transformada de Fourier são mostradas na Fig. 8.18a e 8.18b. Para determinar o valor do intervalo de amostragem T, devemos obter a largura de faixa essencial B. Na Fig. 8.18b, vemos que $X(\omega)$ decai lentamente com ω. Logo, a largura de faixa essencial B é maior. Por exemplo, para $B = 15{,}5$ Hz (97,39 rad/s), $X(\omega) = -0{,}1643$, o qual é aproximadamente 2% do valor de pico em $X(0)$. Logo, a largura de faixa essencial está muito acima de 16 Hz se utilizarmos o critério de 1% do valor de pico da amplitude para a determinação da largura de faixa essencial. Entretanto, iremos adotar, deliberadamente $B = 4$ por duas razões: para mostrar o efeito de *aliasing* e porque a utilização de $B > 4$ resultaria em uma enorme quantidade de amostras, as quais não poderíamos mostrar na página sem perdermos de vista os pontos essenciais. Portanto, iremos, intencionalmente, aceitar a aproximação para exemplificarmos graficamente os conceitos da TDF.

A escolha de $B = 4$ resulta em um intervalo de amostragem $T = 1/2B = 1/8$. Olhando novamente o espectro da Fig. 8.18b, vemos que a escolha de uma resolução de frequência igual a $f_0 = 1/4$ Hz é razoável. Tal escolha nos fornecerá quatro amostras em cada lóbulo de $X(\omega)$. Neste caso, $T_0 = 1/f_0 = 4$ segundos e $N_0 = T_0/T = 32$. A duração de $x(t)$ é de apenas 1 segundo. Devemos repeti-lo a cada 4 segundos ($T_0 = 4$), como mostrado na Fig. 8.18c, e tomarmos amostras a cada 1/8 segundo. Essa escolha resulta em 32 amostras ($N_0 = 32$). Além disso,

$$x_n = Tx(nT)$$
$$= \tfrac{1}{8}x(nT)$$

Como $x(t) = 8$ ret (t), os valores de x_n são 1, 0 ou 0,5 (nos pontos de descontinuidade), como apresentado na Fig. 8.18c, na qual x_n é mostrada como uma função tanto de t quanto de n, por conveniência.

Na obtenção da TDF, consideramos que $x(t)$ começa em $t = 0$ (Fig. 8.16a) e, então, tomamos N_0 amostras no intervalo (0, T_0). No caso atual, entretanto, $x(t)$ começa em $-1/2$. Essa dificuldade é facilmente resolvida quando percebemos que a TDF obtida por esse procedimento é, na realidade, a TDF de x_n repetindo periodicamente a cada T_0 segundos. A Fig. 8.18c indica claramente a repetição periódica do segmento x_n no intervalo de -2 a 2 segundos, resultando no mesmo sinal que a repetição periódica do segmento x_n no intervalo de 0 a 4 segundos. Logo, a TDF das amostras tomadas de -2 a 2 segundos é a mesma das amostras tomadas de 0 a 4 segundos. Portanto, independente de onde $x(t)$ começa, podemos sempre tomar as amostras de $x(t)$ e de suas extensões periódicas no intervalo de 0 a T_0. No caso atual, os valores das 32 amostras são

$$x_n = \begin{cases} 1 & 0 \le n \le 3 \quad \text{e} \quad 29 \le n \le 31 \\ 0 & 5 \le n \le 27 \\ 0{,}5 & n = 4, 28 \end{cases}$$

Observe que a última amostra está em $t = 31/8$, e não em 4, porque a repetição do sinal começa em $t = 4$ e a amostra em $t = 4$ é a mesma da amostra em $t = 0$. Temos, agora, $N_0 = 32$ e $\Omega_0 = 2\pi/32 = \pi/16$. Portanto, [veja a Eq. (8.22a)]

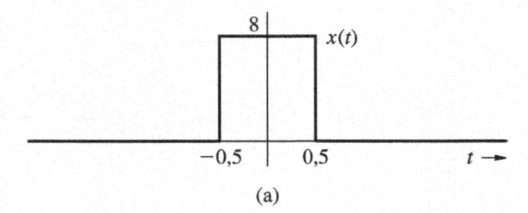

(a)

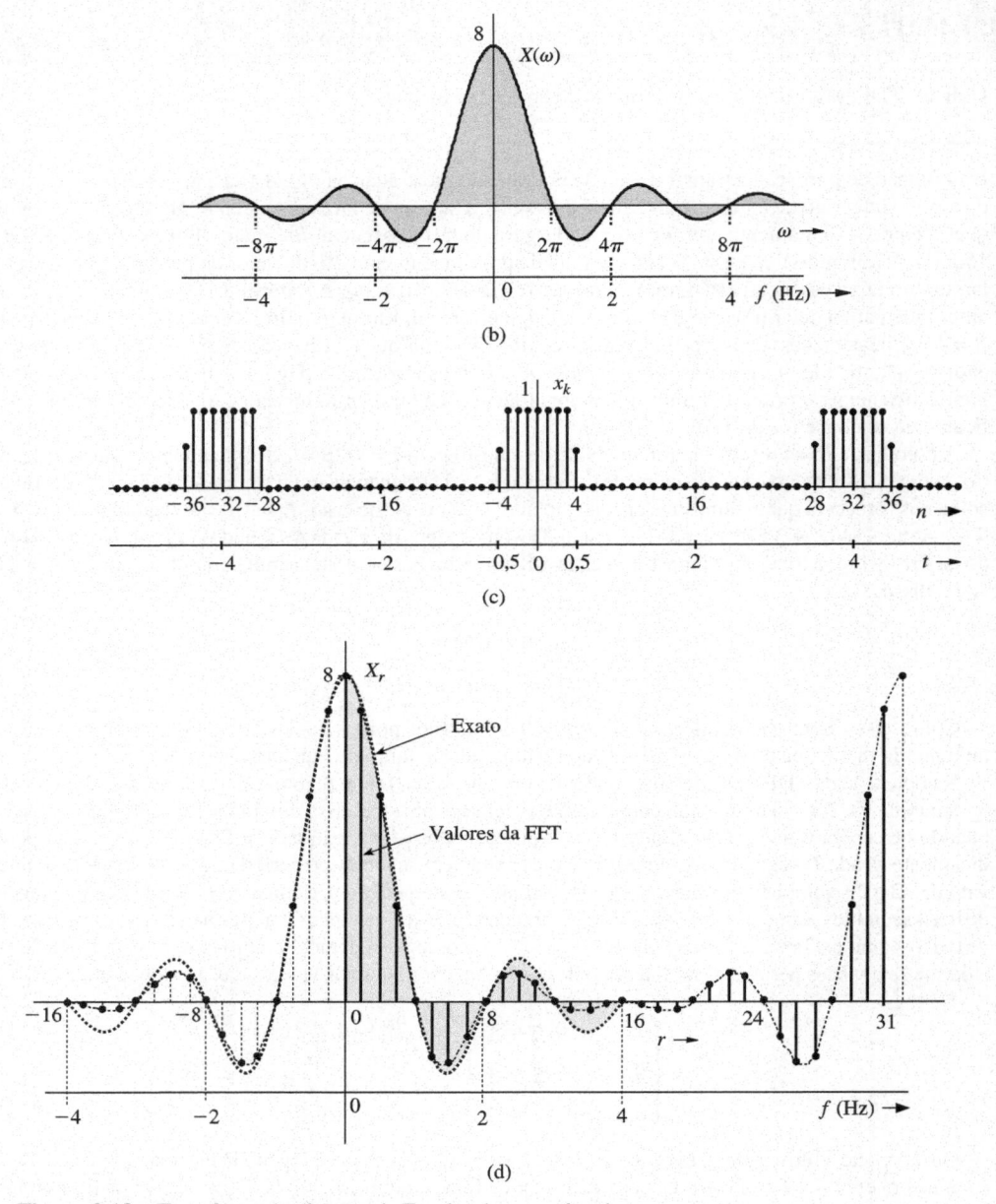

Figura 8.18 Transformada discreta de Fourier de um pulso de porta.

$$X_r = \sum_{n=0}^{31} x_n e^{-jr(\pi/16)n}$$

Os valores de X_r são calculados de acordo com essa equação e mostrados na Fig 8.18d.

As amostras X_r estão separadas por $f_0 = 1/T_0$ Hz. Neste caso, $T_0 = 4$, logo, a resolução de frequência f_0 é 1/4 Hz, como desejado. A frequência de dobra é $f_s/2 = B = 4$ Hz, correspondendo a $r = N_0/2 = 16$. Como X_r é periódico de período N_0 ($N_0 = 32$), os valores de X_r para $r = -16$ a $n = -1$ são os mesmos para $r = 16$ a $n = 31$. Por exemplo, $X_{17} = X_{-15}$, $X_{18} = X_{-14}$, e assim por diante. A TDF nos fornece as amostras do espectro $X(\omega)$.

Para efeito de comparação, a Fig. 8.18d também mostra a curva sombreada 8 sinc $(\omega/2)$, a qual é a transformada de Fourier de 8 ret (t). Os valores de X_r calculados da equação da TDF mostram um erro de *aliasing*, o qual é claramente visto na comparação dos dois gráficos sobrepostos. O erro em X_2 é aproximadamente 1,3%. Entretanto, o erro de *aliasing* aumenta rapidamente com r. Por exemplo, o erro em X_6 é aproximadamente 12% e o erro em X_{10} é 33%. O erro em X_{14} são assustadores 72%. O erro percentual aumenta rapidamente próximo da frequência de dobra ($r = 16$) porque $x(t)$ possui um salto de descontinuidade, o que faz com que $X(\omega)$ decaia lentamente com $1/\omega$. Logo, próximo da frequência de dobra, a cauda invertida (devido ao *aliasing*) é muito próxima do próprio $X(\omega)$. Além disso, os valores finais são a diferença entre os valores exatos e os valores dobrados (os quais são muito próximos dos valores exatos). Logo, o erro percentual próximo à frequência de dobra ($r = 16$, neste caso) é muito alto, apesar do erro absoluto ser muito pequeno. Claramente, para sinais com saltos de descontinuidade, o erro de *aliasing* próximo à frequência de dobra sempre será alto (em termos percentuais), independente da escolha de N_0. Para garantir um erro de *aliasing* negligenciável em qualquer valor r, devemos garantir que $N_0 \gg r$. Essa observação é válida para todos os sinais com saltos de descontinuidade.

EXEMPLO DE COMPUTADOR C8.2

Usando o MATLAB, repita o Exemplo 8.9.

Inicialmente, usamos o comando `fft` do MATLAB para calcular a TDF.

```
>> T_0 = 4; N_0 = 32; T = T_0/N_0;
>> x_n = [ones(1,4) 0.5 zeros(1,23) 0.5 ones(1,3)]';
>> X_r = fft(x_n); r = [-N_0/2:N_0/2-1]'; omega_r = r*2*pi/T_0;
```

A transformada de Fourier verdadeira também é calculada para comparação.

```
>> omega = linspace(-pi/T,pi/T,4097); X = 8*sinc(omega/(2*pi));
```

A seguir, o espectro é apresentado

```
>> figure(1); subplot(2,1,1);
>> plot(omega,abs(X),'k',omega_r,fftshift(abs(X_r)),'ko');
>> xlabel('\omega'); ylabel('|X(\omega)|'); axis tight
>> legend('TF verdadeira',['T_0 = ',num2str(T_0),...
>>         ', N_0 = ',num2str(N_0)],0);
>> subplot(2,1,2);
>> plot(omega,angle(X),'k',omega_r,fftshift(angle(X_r)),'ko');
>> xlabel('\omega'); ylabel('\angle X(\omega)'); axis([-25 25 -.5 3.5]);
```

Observe que a aproximação da TDF não segue perfeitamente a transformada de Fourier verdadeira, especialmente em altas frequências. Tal como no Exemplo 8.9, isso ocorre em função do parâmetro B ter sido deliberadamente escolhido muito pequeno.

Figura C8.2

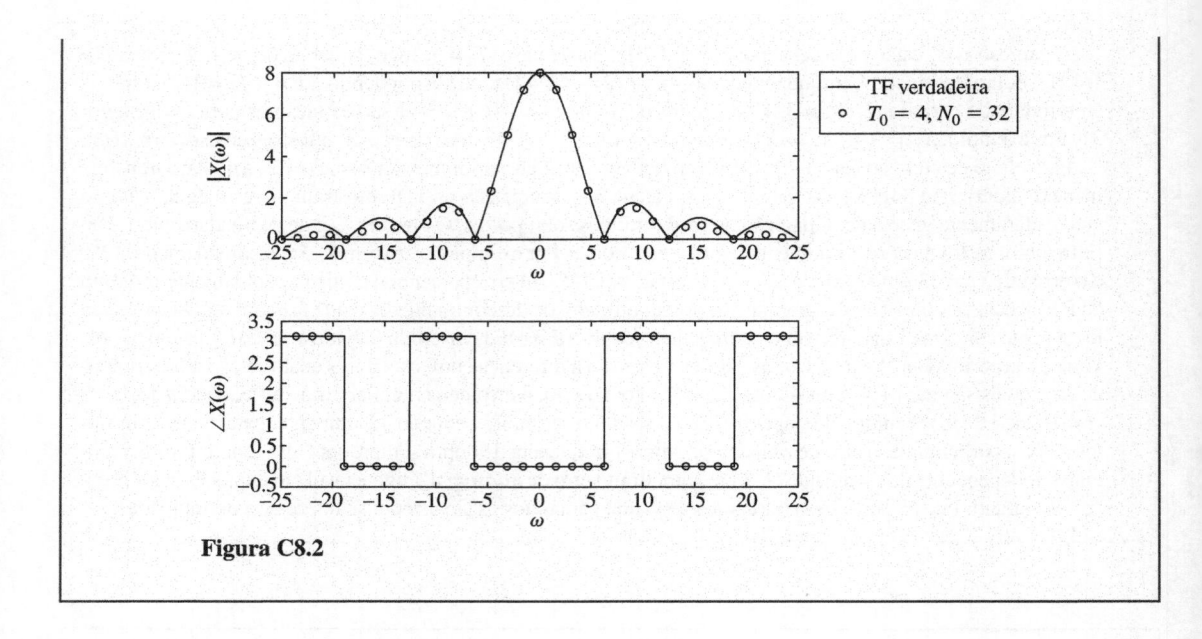

8.5-1 Algumas Propriedades da TDF

A transformada discreta de Fourier é basicamente a transformada de Fourier de um sinal amostrado periodicamente repetida. Logo, as propriedades apresentadas anteriormente para a transformada de Fourier também se aplicam para a TDF.

Linearidade
Se $x_n \Leftrightarrow X_r$ e $g_n \Leftrightarrow G_r$, então

$$a_1 x_n + a_2 g_n \Longleftrightarrow a_1 X_r + a_2 G_r \tag{8.31}$$

A prova é trivial.

Simetria de Conjugado
Da propriedade de conjugação $x^*(t) \Leftrightarrow X^*(-\omega)$, temos que

$$x_n^* \longleftrightarrow X_{-r}^* \tag{8.32a}$$

A partir dessa equação e da propriedade de reversão no tempo, obtemos

$$x_{-n}^* \longleftrightarrow X_r^* \tag{8.32b}$$

Quando $x(t)$ é real, então a propriedade de simetria de conjugado afirma que $X^*(\omega) = X(-\omega)$. Logo, para x_n real,

$$X_r^* = X_{-r}$$

Além disso, X_r é periódica com período N_0, logo

$$X_r^* = X_{N_0 - r} \tag{8.32c}$$

Devido a essa propriedade, precisamos calcular apenas metade das TDFs para x_n real. A outra metade é o conjugado.

Deslocamento no Tempo (Deslocamento Circular)[†]

$$x_{n-k} \Longleftrightarrow X_r e^{-jr\Omega_0 k} \tag{8.33}$$

Prova. Usamos, inicialmente, a Eq. (8.22b) para determinar a TDF inversa de $X_r e^{-jr\Omega_0 k}$ dada por

$$\frac{1}{N_0} \sum_{r=0}^{N_0-1} X_r e^{-jr\Omega_0 k} e^{jr\omega_0 n} = \frac{1}{N_0} \sum_{r=0}^{N_0-1} X_r e^{jr\Omega_0 (n-k)} = x_{n-k}$$

DESLOCAMENTO NA FREQUÊNCIA

$$x_n e^{jn\Omega_0 m} \iff X_{r-m} \tag{8.34}$$

Prova. Esta prova é idêntica à da propriedade de deslocamento no tempo, exceto por começarmos com a Eq. (8.22a).

CONVOLUÇÃO PERIÓDICA

$$x_n \circledP g_n \iff X_r G_r \tag{8.35a}$$

e

$$x_n g_n \iff \frac{1}{N_0} X_r \circledP G_r \tag{8.35b}$$

Para duas sequências x_n e g_n de período N_0, a convolução periódica é definida por

$$x_n \circledP g_n = \sum_{k=0}^{N_0-1} x_k g_{n-k} = \sum_{k=0}^{N_0-1} g_k x_{n-k} \tag{8.36}$$

Para provar a condição (8.35a), determinamos a TDF de uma convolução periódica $x_n \circledP g_n$, dada por

$$\sum_{n=0}^{N_0-1} \left(\sum_{k=0}^{N_0-1} x_k g_{n-k} \right) e^{-jr\omega_0 n} = \sum_{k=0}^{N_0-1} x_k \left(\sum_{n=0}^{N_0-1} g_{n-k} e^{-jr\omega_0 n} \right)$$

$$= \sum_{k=0}^{N_0-1} x_k (G_r e^{-jr\Omega_0 k}) = X_r G_r$$

A Eq. (8.35b) pode ser provada da mesma forma.

Para sequências periódicas, a convolução pode ser visualizada em termos de duas sequências, com uma sequência fixa e a outra invertida e se movendo passando pela sequência fixa, um dígito por vez. Se as duas sequências possuem período N_0, a mesma configuração irá se repetir após N_0 deslocamentos da sequência. Claramente, a convolução $x_n \circledP g_n$ é periódica e com período N_0. Tal convolução pode ser convenientemente visualizada em termos de N_0 sequências, como ilustrado na Fig. 8.19, para o caso de $N_0 = 4$. A sequência x_n interna com N_0 pontos está no sentido horário e fixa. A sequência g_n externa com N_0 pontos é invertida, ficando no sentido anti-horário. Essa sequência é, então, rotacionada no sentido horário uma unidade por vez. Multiplicamos os números sobrepostos e adicionamos. Por exemplo, o valor de $x_n \circledP g_n$ para $n = 0$ (Fig. 8.19) é

$$x_0 g_0 + x_1 g_3 + x_2 g_2 + x_3 g_1$$

e o valor de $x_n \circledP g_n$ para $n = 1$ é (Fig. 8.19)

$$x_0 g_1 + x_1 g_0 + x_2 g_3 + x_3 g_2$$

e assim por diante.

[†] Também chamada de *deslocamento circular* porque o deslocamento pode ser interpretado como um deslocamento circular de N_0 amostras no primeiro ciclo $0 \le n \le N_0 - 1$.

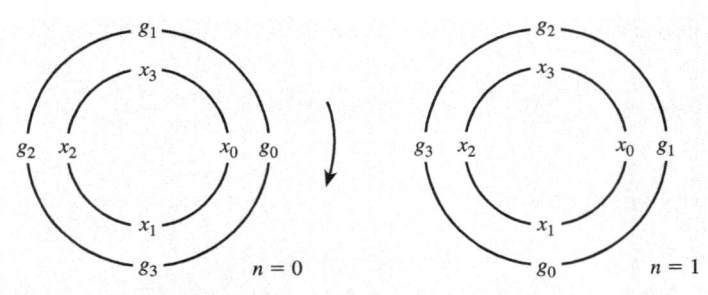

Figura 8.19 Descrição gráfica da convolução periódica.

8.5-2 Algumas Aplicações da TDF

A TDF é útil não apenas no cálculo da transformada de Fourier direta e inversa, mas também em outras aplicações, tais como convolução, correlação e filtragem. O uso do eficiente algoritmo de FFT, discutido brevemente (Seção 8.6), a torna particularmente interessante.

Convolução Linear

Seja $x(t)$ e $g(t)$ dois sinais a serem convoluídos. Em geral, esses sinais podem ter diferentes durações no tempo. Para convoluir esses sinais usando suas amostras, eles devem ser amostrados na mesma taxa (não abaixo da taxa de Nyquist para qualquer dos sinais). Seja x_n ($0 \le n \le N_1 - 1$) e g_n ($0 \le n \le N_2 - 1$) serem as sequências discretas correspondentes que representam essas amostras. Agora,

$$c(t) = x(t) * g(t)$$

e se definirmos três sequências como $x_n = Tx(nT)$, $g_n = Tg(nT)$ e $c_n = Tc(nT)$, então[†]

$$c_n = x_n * g_n$$

na qual definimos o somatório de convolução linear de duas sequências discretas x_n e g_n por

$$c_n = x_n * g_n = \sum_{k=-\infty}^{\infty} x_k g_{n-k}$$

Devido à propriedade da largura da convolução, c_n existe para $0 \le n \le N_1 + N_2 - 1$. Para sermos capazes de utilizar a técnica de convolução periódica da TDF, devemos garantir que a convolução periódica resulte no mesmo resultado da convolução linear. Em outras palavras, o sinal resultante da convolução periódica deve ter o mesmo tamanho ($N_1 + N_2 - 1$) do sinal resultante da convolução linear. Esse passo pode ser obtido adicionando $N_2 - 1$ amostras falsas de valor zero a x_n e $N_1 - 1$ amostras falsas de valor zero a g_n (preenchimento nulo). Esse procedimento altera o tamanho de x_n e g_n para $N_1 + N_2 - 1$. A convolução periódica é, agora, idêntica à convolução linear, exceto pelo fato de ela se repetir periodicamente com período $N_1 + N_2 - 1$. Um pouco de reflexão irá mostrar que, neste caso, o procedimento de convolução circular da Fig. 8.19 em um ciclo ($0 \le n \le N_1 + N_2 - 1$) é idêntico à convolução linear das duas sequências x_n e g_n. Podemos utilizar a TDF para calcular a convolução $x_n * g_n$ em três passos, mostrados a seguir:

1. Obtenha as TDFs X_r e G_r, correspondentes aos sinais x_n e g_n adequadamente preenchidos.
2. Multiplique X_r por G_r.
3. Determine a TDFI de $X_r G_r$. Esse procedimento de convolução, quando implementado pelo algoritmo de transformada rápida de Fourier (discutida posteriormente) é chamado de *convolução rápida*.

[†] Podemos mostrar que[4] $c_n = lim_{T \to 0} x_n * g_n$. Como $T \ne 0$ na prática, existirá algum erro nessa equação. Esse erro é inerente a vários métodos numéricos utilizados para calcular a convolução de sinais em tempo contínuo.

Filtragem

Geralmente, pensamos na filtragem em termos de alguma solução orientada a *hardware* (notadamente, construindo um circuito com componentes *RLC* e amplificadores operacionais). Entretanto, a filtragem também possui uma solução orientada a *software* [um algoritmo de computador que resulta no sinal filtrado $y(t)$ para uma dada entrada $x(t)$]. Esse objetivo pode ser convenientemente atingido usando a TDF. Se $x(t)$ é o sinal a ser filtrado, então X_r, a TDF de x_n, é obtida. O espectro X_r é, então, formatado (filtrado) como desejado, pela multiplicação de X_r por H_r, na qual H_r são as amostras de $H(\omega)$ para o filtro [$H_r = H(r\omega_0)$]. Finalmente, calculamos a TDFI de X_rH_r para obter a saída filtrada y_n [$y_n = Ty(nT)$]. Esse procedimento é demonstrado no exemplo a seguir.

EXEMPLO 8.10

O sinal $x(t)$ da Fig. 8.20a é passado através de um filtro passa-baixas ideal com resposta em frequência $H(\omega)$ mostrada na Fig. 8.20b. Utilize a TDF para obter a saída do filtro.

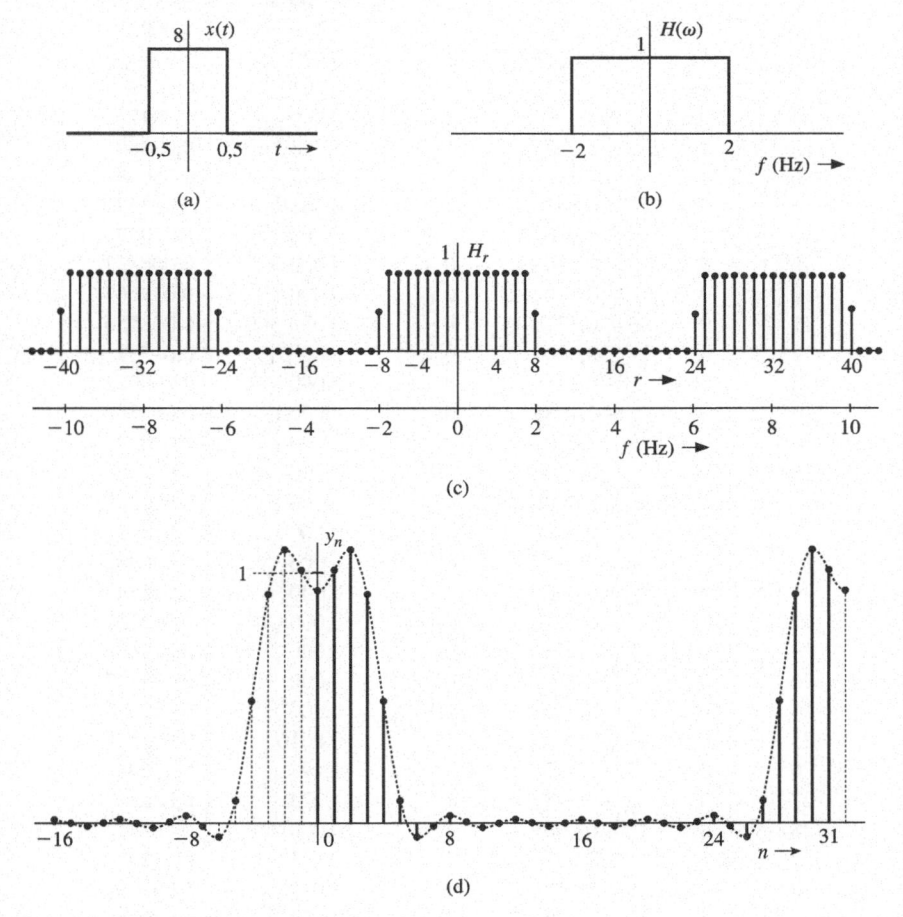

Figura 8.20 Solução pela TDF da filtragem de $x(t)$ através de $H(\omega)$.

Já obtivemos 32 pontos da TDF de $x(t)$ (veja a Fig. 8.18d). A seguir, multiplicamos X_r por H_r. Para obtermos H_r, utilizamos o mesmo valor de $f_0 = 1/4$ utilizado na determinação dos 32 pontos da TDF de $x(t)$. Como X_r possui período 32, H_r também deve ter período 32 com amostras separadas por 1/4 Hz. Esse fato significa que H_r deve ser repetido a cada 8 Hz ou 16π rad/s (veja a Fig. 8.20c). As 32 amostras resultantes de H_r no intervalo ($0 \le \omega \le 16\pi$) são mostradas a seguir:

$$H_r = \begin{cases} 1 & 0 \le r \le 7 \quad \text{e} \quad 25 \le r \le 31 \\ 0 & 9 \le r \le 23 \\ 0{,}5 & r = 8, 24 \end{cases}$$

Multiplicamos X_r por H_r. As amostras do sinal desejado y_n são obtidas pela TDF inversa de $X_r H_r$. O sinal de saída resultante é ilustrado na Fig. 8.20d. A Tabela 8.2 apresenta o valor das amostras de x_n, X_r, H_r, Y_r e y_n.

Tabela 8.2

Nº	x_k	X_r	H_r	$X_r H_r$	y_k
0	1	8,000	1	8,000	0,9285
1	1	7,179	1	7,179	1,009
2	1	5,027	1	5,027	1,090
3	1	2,331	1	2,331	0,9123
4	0,5	0,000	1	0,000	0,4847
5	0	−1,323	1	−1,323	0,08884
6	0	−1,497	1	−1,497	−0,05698
7	0	−0,8616	1	−0,8616	−0,01383
8	0	0,000	0,5	0,000	0,02933
9	0	0,5803	0	0,000	0,004837
10	0	0,6682	0	0,000	−0,01966
11	0	0,3778	0	0,000	−0,002156
12	0	0,000	0	0,000	0,01534
13	0	−0,2145	0	0,000	0,0009828
14	0	−0,1989	0	0,000	−0,01338
15	0	−0,06964	0	0,000	−0,0002876
16	0	0,000	0	0,000	0,01280
17	0	−0,06964	0	0,000	−0,0002876
18	0	−0,1989	0	0,000	−0,01338
19	0	−0,2145	0	0,000	0,0009828
20	0	0,000	0	0,000	0,01534
21	0	0,3778	0	0,000	−0,002156
22	0	0,6682	0	0,000	−0,01966
23	0	0,5803	0	0,000	0,004837
24	0	0,000	0,5	0,000	0,03933
25	0	−0,8616	1	−0,8616	−0,01383
26	0	−1,497	1	−1,497	−0,05698
27	0	−1,323	1	−1,323	0,08884
28	0,5	0,000	1	0,000	0,4847
29	1	2,331	1	2,331	0,9123
30	1	5,027	1	5,027	1,090
31	1	7,179	1	7,179	1,009

EXEMPLO DE COMPUTADOR C8.3

Resolva o Exemplo 8.10 usando o MATLAB.

```
>> T_0 = 4; N_0 = 32; T = T_0/N_0; n = (0:N_0-1); r = n;
>> x_n = [ones(1,4) 0.5 zeros(1,23) 0.5 ones(1,3)]'; X_r = fft(x_n);
>> H_r = [ones(1,8) 0.5 zeros(1,15) 0.5 ones(1,7)]';
>> Y_r = H_r.*X_r; y_n = ifft(Y_r);
>> figure(1); subplot(2,2,1); stem(n,x_n,'k');
>> xlabel('n'); ylabel('x_n'); axis([0 31 -.1 1.1]);
>> subplot(2,2,2); stem(r,real(X_r),'k');
>> xlabel('r'); ylabel('X_r'); axis([0 31 -2 8]);
>> subplot(2,2,3); stem(n,real(y_n),'k');
>> xlabel('n'); ylabel('y_n'); axis([0 31 -.1 1.1]);
>> subplot(2,2,4); stem(r,X_r.*H_r,'k');
>> xlabel('r'); ylabel('Y_r = X_RH_r'); axis([0 31 -2 8]);
```

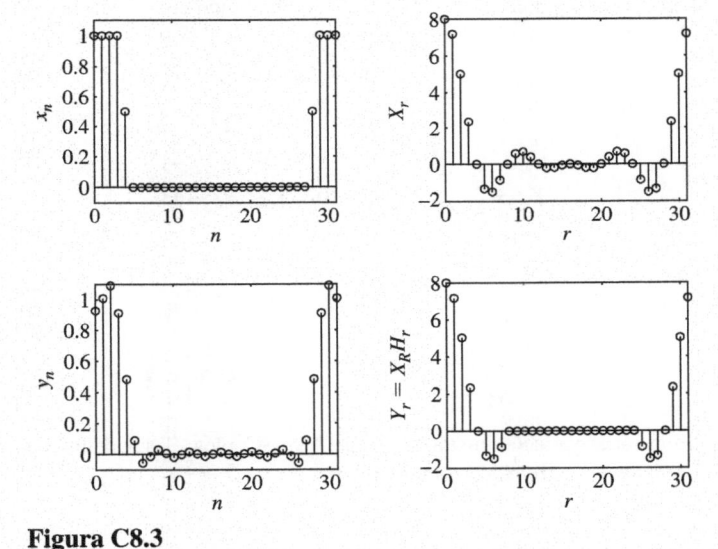

Figura C8.3

8.6 A Transformada Rápida de Fourier (FFT)

O número de cálculos necessários para executar a TDF foi drasticamente reduzido por um algoritmo desenvolvido por Cooley e Tukey em 1965.[5] Esse algoritmo, chamado de *transformada rápida de Fourier* (TRF ou FFT), reduz o número de cálculos da ordem de N_0^2 para $N_0 \log N_o$. Para calcular uma mostra X_r da Eq. (8.22a), precisamos de N_0 multiplicações complexas e $N_0 - 1$ somas complexas. Para calcular N_0 valores destes (X_r para $r = 0, 1,..., N_0 - 1$), precisamos de um total de N_0^2 multiplicações complexas e $N_0(N_0 - 1)$ somas complexas. Para um N_0 grande, esses cálculos podem consumir muito tempo, sendo proibitivos, mesmo em um computador muito rápido. O algoritmo de FFT é o que torna a transformada de Fourier acessível para o processamento digital de sinais.

Como a FFT Reduz o Número de Cálculos?

É fácil entender a mágica da FFT. O segredo está na linearidade da transformada de Fourier e, também, da TDF. Devido à linearidade, podemos calcular a transformada de Fourier de um sinal $x(t)$ como a soma das transformadas de Fourier de segmentos de $x(t)$ de duração mais curta. O mesmo princípio se aplica ao cálculo da TDF. Considere um sinal de comprimento $N_0 = 16$ amostras. Como visto anteriormente, o cálculo da TDF dessa sequência requer $N_0^2 = 256$ multiplicações e $N_0(N_0 - 1) = 240$ adições. Podemos dividir essa sequência em sequências mais curtas, cada uma de tamanho 8. Para calcular a TDF de cada um desses segmentos, precisamos de 64 multiplicações e 56 adições. Portanto, precisamos de um total de 128 multiplicações e 112 adições. Suponha que tenhamos dividido a sequência original em quatro segmentos de tamanho 4 cada um. Para calcular a TDF de cada segmento, precisaríamos de 16 multiplicações e 12 adições. Logo, precisaríamos de um total de 64 multiplicações e 48 adições. Se dividirmos a sequência em oito segmentos de tamanho 2, precisaremos de 4 multiplicações e 2 adições para cada segmento, totalizando 32 multiplicações e 8 adições. Portanto, fomos capazes de reduções o número de multiplicações de 256 para 32 e o número de adições de 240 para 8. Além disso, algumas dessas multiplicações são por 1 ou –1. Toda essa fantástica economia em número de cálculos é realizada pela FFT sem qualquer aproximação! Os valores obtidos pela FFT são idênticos aos obtidos pela TDF. Neste exemplo, iremos considerar um valor relativamente pequeno de $N_0 = 16$. A redução em número de cálculos é muito mais drástica para altos valores de N_0.

O algoritmo de FFT é simplificado se escolhermos N_0 como sendo uma potência de 2, apesar de tal escolha não ser essencial. Por conveniência, definimos

$$W_{N_0} = e^{-(j2\pi/N_0)} = e^{-j\Omega_0} \qquad (8.37)$$

tal que

$$X_r = \sum_{n=0}^{N_0-1} x_n W_{N_0}^{nr} \qquad 0 \le r \le N_0 - 1 \qquad (8.38a)$$

e

$$x_n = \frac{1}{N_0} \sum_{r=0}^{N_0-1} X_r W_{N_0}^{-nr} \qquad 0 \le n \le N_0 - 1 \qquad (8.38b)$$

Apesar de existirem várias variações do algoritmo de Tukey-Cooley, eles podem ser agrupados em dois tipos básicos: *decimação em tempo* e *decimação em frequência*.

O Algoritmo de Decimação em Tempo

Neste caso, dividimos a sequência de dados x_n com N_0 pontos em duas sequências de $(N_0/2)$ pontos constituídas de amostras de números pares e ímpares, respectivamente, como mostrado a seguir:

$$\underbrace{x_0, x_2, x_4, \ldots, x_{N_0-2}}_{\text{sequência } g_n}, \underbrace{x_1, x_3, x_5, \ldots, x_{N_0-1}}_{\text{sequência } h_n}$$

Então, da Eq. (8.38a),

$$X_r = \sum_{n=0}^{(N_0/2)-1} x_{2n} W_{N_0}^{2nr} + \sum_{n=0}^{(N_0/2)-1} x_{2n+1} W_{N_0}^{(2n+1)r} \qquad (8.39)$$

Além disso, como

$$W_{N_0/2} = W_{N_0}^2 \qquad (8.40)$$

temos

$$X_r = \sum_{n=0}^{(N_0/2)-1} x_{2n} W_{N_0/2}^{nr} + W_{N_0}^r \sum_{n=0}^{(N_0/2)-1} x_{2n+1} W_{N_0/2}^{nr} \quad (8.41)$$

$$= G_r + W_{N_0}^r H_r \quad 0 \leq r \leq N_0 - 1$$

na qual G_r e H_r são as TDFs de $(N_0/2)$ pontos das sequências de números pares e ímpares, g_n e h_n, respectivamente. Além disso, G_r e H_r, sendo TDFs com $(N_0/2)$ pontos, possuem período $(N_0/2)$. Logo,

$$G_{r+(N_0/2)} = G_r \quad (8.42)$$
$$H_{r+(N_0/2)} = H_r$$

Além disso,

$$W_{N_0}^{r+(N_0/2)} = W_{N_0}^{N_0/2} W_{N_0}^r = e^{-j\pi} W_{N_0}^r = -W_{N_0}^r \quad (8.43)$$

A partir das Eqs. (8.41), (8.42) e (8.43), obtemos

$$X_{r+(N_0/2)} = G_r - W_{N_0}^r H_r \quad (8.44)$$

Essa propriedade pode ser utilizada para reduzir o número de cálculos. Podemos calcular os primeiros $N_0/2$ pontos $(0 \leq n \leq (N_0/2) - 1)$ de X_r usando a Eq. (8.41) e os últimos $N_0/2$ pontos usando a Eq. (8.44) como

$$X_r = G_r + W_{N_0}^r H_r \quad 0 \leq r \leq \frac{N_0}{2} - 1 \quad (8.45a)$$

$$X_{r+(N_0/2)} = G_r - W_{N_0}^r H_r \quad 0 \leq r \leq \frac{N_0}{2} - 1 \quad (8.45b)$$

Portanto, uma TDF de N_0 pontos pode ser calculada combinando as duas TDFs de $(N_0/2)$ pontos, pelas Eqs. (8.45). Essas equações podem ser representadas convenientemente pelo gráfico de *fluxo de sinal* mostrado na Fig. 8.21. Essa estrutura é conhecida como *borboleta*. A Fig. 8.22a mostra a implementação das Eqs. (8.42) para o caso de $N_0 = 8$.

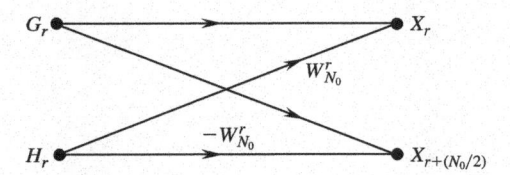

Figura 8.21 Gráfico borboleta do fluxo de sinal.

O próximo passo é calcular as TDFs de $(N_0/2)$ pontos, G_r e H_r. Repetimos o mesmo procedimento dividindo g_n e h_n em duas sequências de $(N_0/4)$ pontos correspondentes às amostras de números pares e ímpares. Continuamos, então, esse processo até termo alcançado a TDF de um ponto. Esses passos para o caso de $N_0 = 8$ estão mostrados nas Figs. 8.22a, 8.22b e 8.22c. A Fig. 8.22c mostra que a TDF de dois pontos não precisa de multiplicação.

Para contar o número de cálculos necessários no primeiro passo, presuma que G_r e H_r são conhecidas. As Eqs. (8.45) mostram claramente que para calcular todos os N_0 pontos de X_r precisamos de N_0 adições complexas e $N_0/2$ multiplicações complexas[†] (correspondente a $W_{N_0}^r H_r$).

No segundo passo, para calcular a TDF, G_r de $(N_0/2)$ pontos a partir da TDF de $(N_0/4)$ pontos, precisamos de $N_0/2$ adições complexas e $N_0/4$ multiplicações complexas. Precisamos de um número igual para o cálculo de H_r. Logo, no segundo passo, serão necessárias N_0 adições complexas e $N_0/2$ multiplicações complexas. O número de cálculos necessário permanece o mesmo em cada passo. Como um total de $\log_2 N_0$ passos são ne-

---

[†] Na realidade, $N_0/2$ é uma métrica conservadora, porque algumas multiplicações correspondentes aos casos de $W_{N_0}^r = 1, j$, e assim por diante, são eliminadas.

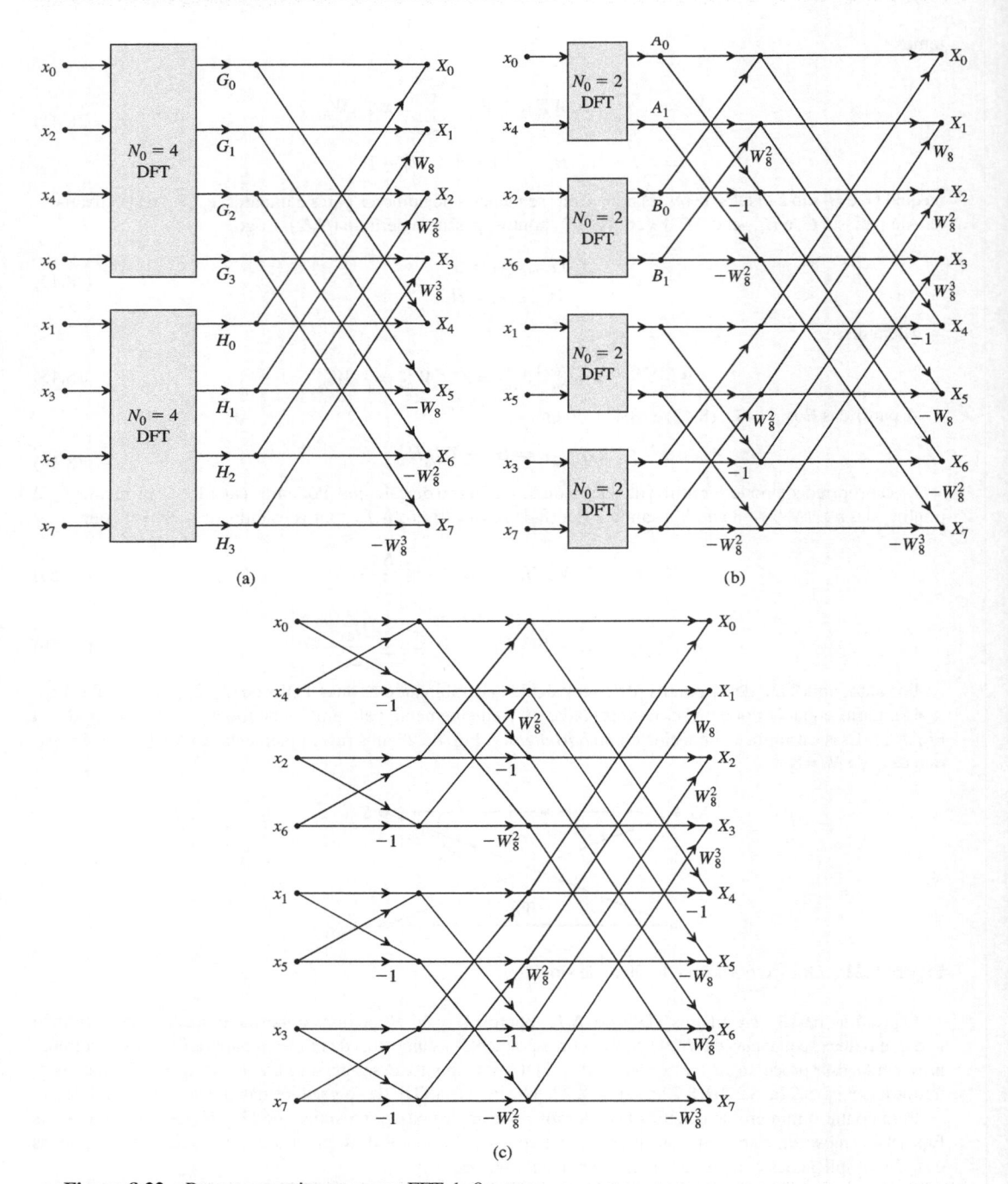

Figura 8.22 Passos sucessivos em uma FFT de 8 pontos.

cessários para chegarmos à TDF de um ponto, serão necessários, conservadoramente, um total de $N_0 \log_2 N_0$ adições complexas e $(N_0/2) \log_2 N_0$ multiplicações complexas para calcular a TDF de N_0 pontos. Na realidade, como a Fig. 8.22c mostra, muitas multiplicações são multiplicações por 1 ou -1, o que reduz ainda mais o número de cálculos.

O procedimento para a obtenção da TDFI é idêntico ao utilizado para obter a TDF, exceto por $W_{N_0} = e^{j(2\pi/N_0)}$ em vez de $e^{-j(2\pi/N_0)}$ (além da adição do multiplicador $1/N_0$). Outro algoritmo de FFT, o algoritmo de *decimação em* frequência, é similar ao algoritmo de decimação no tempo. A única diferença é que, em vez de dividir x_n em duas sequências de amostras de número par e ímpar, dividimos x_n em duas sequências formadas pelos primeiros $N_0/2$ e últimos $N_0/2$ dígitos, procedendo da mesma forma até que a TDF de um único ponto seja alcançada em $\log_2 N_0$ passos. O número total de cálculos nesse algoritmo é o mesmo do algoritmo de decimação no tempo.

8.7 Resumo

Um sinal limitado em faixa a B Hz pode ser reconstruído exatamente de suas amostras se a taxa de amostragem for $f_s > 2B$ Hz (teorema da amostragem). Tal reconstrução, apesar de teoricamente possível, resulta em problemas práticos, tais como a necessidade de filtros ideais, os quais são não realizáveis ou realizáveis com um atraso infinito. Portanto, na prática, sempre existe um erro na reconstrução do sinal a partir de suas amostras. Além disso, sinais práticos não são limitados em faixa, o que causa um erro adicional (erro de *aliasing*) na reconstrução a partir de suas amostras. Quando um sinal é amostrado a uma frequência f_s Hz, amostras da senoide de frequência $(f_s/2) + x$ Hz aparecem como amostras de uma frequência mais baixa $(f_s/2) - x$ Hz. Esse fenômeno, no qual frequências mais altas aparecem como frequências mais baixas, é chamado de *aliasing*. O erro de *aliasing* pode ser reduzido limitando em faixa o sinal a $f_s/2$ Hz (metade da frequência de amostragem). Tal limitação em faixa, realizada antes da amostragem, é feita por um filtro *antialising*, que é um filtro passa-baixas ideal com frequência de corte $f_s/2$ Hz.

O teorema da amostragem é muito importante na análise, processamento e transmissão de sinais, pois ele nos permite substituir um sinal em tempo contínuo por uma sequência discreta de números. O processamento de um sinal em tempo contínuo é, então, equivalente ao processamento de uma sequência discreta de números. Isso nos leva diretamente à área de filtragem digital (sistemas em tempo discreto). Na área de comunicações, a transmissão de mensagens em tempo contínuo se reduz para a transmissão de uma sequência de números. Isso abre portas para várias novas técnicas de comunicação de sinais em tempo contínuo por trens de pulso.

O dual do teorema da amostragem afirma que para um sinal limitado em tempo a τ segundos, seu espectro $X(\omega)$ pode ser reconstruído das amostras de $X(\omega)$ tomadas a intervalos uniformes não maiores do que $1/\tau$ Hz. Em outras palavras, o espectro deve ser amostrado a uma taxa não menor do que τ amostras/Hz.

Para calcular a transformada de Fourier direta ou inversa, numericamente, utilizamos a relação entre as amostras de $x(t)$ e $X(\omega)$. O teorema da amostragem e seu dual fornecem tal relação quantitativa na forma da transformada discreta de Fourier (TDF). Os cálculos da TDF são muito facilitados pelo algoritmo da transformada rápida de Fourier (FFT), o qual reduz o número de cálculos de algo na ordem de N_0^2 para $N_0 \log N_0$.

Referências

1. Linden, D. A. A discussion of sampling theorem. *Proceedings of the IRE,* vol. 47, pp. 1219–1226, July 1959.
2. Siebert, W. M. *Circuits, Signals, and Systems.* MIT–McGraw-Hill, New York, 1986.
3. Bennett, W. R. *Introduction to Signal Transmission.* McGraw-Hill, New York, 1970.
4. Lathi, B. P. *Linear Systems and Signals.* Berkeley-Cambridge Press, Carmichael, CA, 1992.
5. Cooley, J. W., and J. W. Tukey. An algorithm for the machine calculation of complex fourier series. *Mathematics of Computation,* vol. 19, pp. 297–301, April 1965.

MATLAB Seção 8: Transformada Discreta de Fourier

Como ideia, a transformada discreta de Fourier (TDF) é conhecida há centenas de anos. Os dispositivos práticos de computação, entretanto, são responsáveis por trazer a TDF para o uso comum. O MATLAB é capaz de fazer cálculos de TDF que teriam sido impraticáveis não muito tempo atrás.

M8.1 Cálculo da Transformada Discreta de Fourier

O comando `fft(x)` do MATLAB calcula a TDF de um vetor x definido em ($0 \leq n \leq N_0 - 1$). (O Prob. 8.M-1 considera como escalonar a TDF para acomodar sinais que não começam em $n = 0$.) Tal como o nome sugere, a função `fft` utiliza o algoritmo da transformada rápida de Fourier, computacionalmente mais eficiente, quando é apropriado. A TDF inversa é facilmente calculada usando a função `ifft`.

Para ilustrar a capacidade da TDF do MATLAB, considere 50 pontos de uma senoide de 10 Hz amostrada a $f_s = 50$ Hz e escalonada por $T = 1/f_s$.

```
>> T = 1/50; N_0 = 50; n = (0:N_0-1);
>> x = T*cos(2*pi*10*n*T);
```

Neste caso, o vetor x contém exatamente 10 ciclos da senoide. O comando `fft` calcula a TDF.

```
>> X = fft(x);
```

Como a TDF é tanto discreta quanto periódica, a `fft` precisa retornar apenas N_0 valores discretos contidos em um único período ($0 \leq f < f_s$).

Apesar de X_r poder ser traçado como uma função de r, é mais conveniente traçar a TDF como uma função da frequência f. O valor de frequência, em hertz, é criado usando N_0 e T.

```
>> f = (0:N_0-1)/(T*N_0);
>> stem(f,abs(X),'k'); axis([0 50 -0.05 0.55]);
>> xlabel('f [Hz]'); ylabel('|X(f)|');
```

Como esperado, a Fig. M8.1 mostra conteúdo de frequência em 10 Hz. Como o sinal no domínio do tempo é real, $X(f)$ é simétrico conjugado. Portanto, o conteúdo em 10 Hz implica um igual conteúdo em –10 Hz. O conteúdo visível em 40 Hz é uma imagem (*alias*) do conteúdo em –10 Hz.

Geralmente é preferível traçar a TDF na faixa de frequência principal ($-f_s/2 \leq f < f_s/2$). A função do MATLAB `fftshift` reorganiza adequadamente a saída da `fft` para este caso.

```
>> stem(f-1/(T*2),fftshift(abs(X)),'k'); axis([-25 25 -0.05 0.55]);
>> xlabel('f [Hz]'); ylabel('|X(f)|');
```

quando usando `fftshift`, a simetria de conjugado que acompanha a TDF de um sinal real se torna mais aparente, como mostrado na Fig. M8.2.

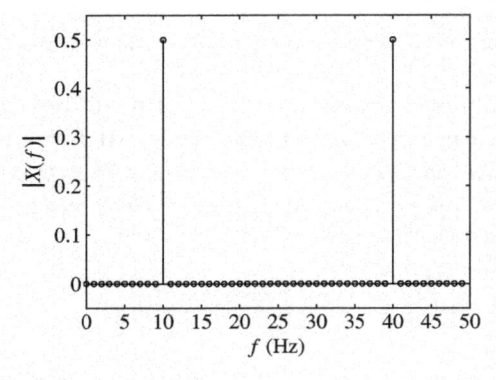

Figura M8.1 $|X(f)|$ calculada em ($0 \leq f < 50$) usando `fft`.

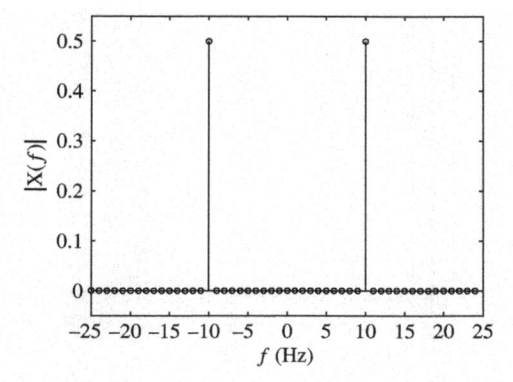

Figura M8.2 $|X(f)|$ mostrado entre $(-25 \leq f < 25)$ usando `fftshift`.

Como as TDFs geralmente são valores complexos, os gráficos de magnitude das Figs. M8.1 e M8.2 mostram apenas metade da figura. O espectro de fase do sinal, mostrado na Fig. M8.3, completa o quadro.

```
>> stem(f-1/(T*2),fftshift(angle(X)),'k'); axis([-25 25 -1.1*pi 1.1*pi]);
>> xlabel('f [Hz]'); ylabel('∠ X(f)');
```

Como o sinal é real, o espectro de fase necessariamente possui simetria ímpar. Adicionalmente, a fase em ±10 Hz é zero, como esperado para uma função cosseno de fase nula. Mais interessante ainda, entretanto, são os valores de fase obtidos nas frequências restantes. Um simples cosseno realmente possuir tal característica de fase tão complicada? A resposta, obviamente, é não. O gráfico de magnitude da Fig. M8.2 ajuda a identificar o problema. Existe conteúdo nulo em frequências diferentes de ±10 Hz. O cálculo da fase não é realizável em pontos nos quais a resposta em magnitude é nula. Uma forma de remediar esse problema é associar uma fase nula quando a resposta em magnitude é igual (ou próxima) de zero.

M8.2 Melhorando o Quadro com Preenchimento Nulo

Os gráficos de magnitude de fase da TDF apresentam um quadro do espectro de um sinal. Algumas vezes, entretanto, o quadro pode ser mal entendido. Dada uma frequência da amostragem $f_s = 50$ Hz e um intervalo de amostragem $T = 1/f_s$, considere o sinal

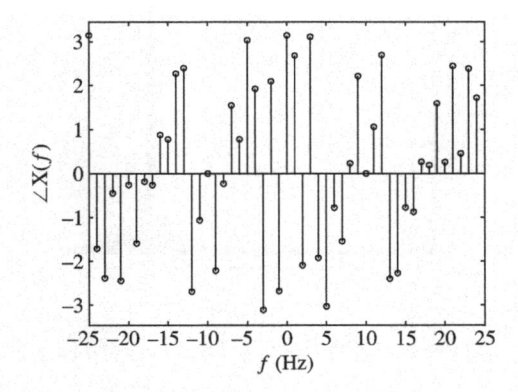

$$y[n] = Te^{j2\pi(10\frac{1}{3})nT}$$

Figura M8.3 $\angle X(f)$ mostrado entre $(-25 \leq f < 25)$.

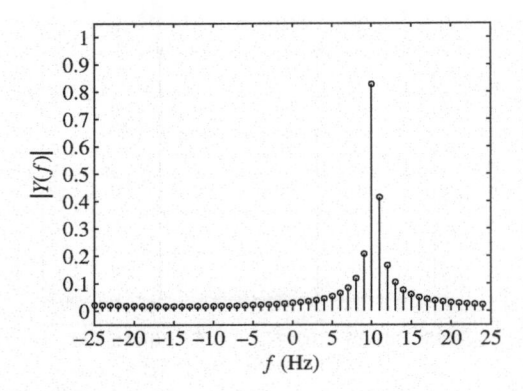

Figura M8.4 $|Y(f)|$ usando 50 pontos de dados.

Esse sinal periódico, de valor complexo, contém uma única frequência positiva em $10\frac{1}{3}$ Hz. Vamos calcular a TDF do sinal usando 50 amostras.

```
>> y = T*exp(j*2*pi*(10+1/3)*n*T); Y = fft(y);
>> stem(f-25,fftshift(abs(Y)),'k'); axis([-25 25 -0.05 1.05]);
>> xlabel('f [Hz]'); ylabel('|Y(f)|');
```

Neste caso, o vetor y contém um número não inteiro de ciclos. A Fig. M8.4 mostra o significativo vazamento de frequência que resulta. Como $y[n]$ não é real, também observamos que a TDF não é conjugada simétrica.

Neste exemplo, as frequências discretas da TDF não incluem a frequência real de $10\frac{1}{3}$ Hz do sinal. Portanto, é difícil determinar a frequência do sinal a partir da Fig. M8.4. Para melhorar a figura, o sinal é preenchido com zeros para 12 vezes seu tamanho original.

```
>> y_pn = [y,zeros(1,11*length(y))]; Y_pn = fft(y_pn);
>> f_pn = (0:12*N_0-1)/(T*12*N_0);
>> stem(f_pn-25,fftshift(abs(Y_pn)),'k.'); axis([-25 25 -0.05 1.05]);
>> xlabel('f [Hz]'); ylabel('|Y_{pn}(f)|');
```

A Fig. M8.5 mostra corretamente o pico de frequência em $10\frac{1}{3}$ Hz e representa melhor o espectro do sinal.

É importante ter em mente que o preenchimento nulo não aumenta a resolução ou precisão da TDF. Para retornar à analogia com a cerca de postes, o preenchimento nulo aumenta a quantidade de postes mais finos em

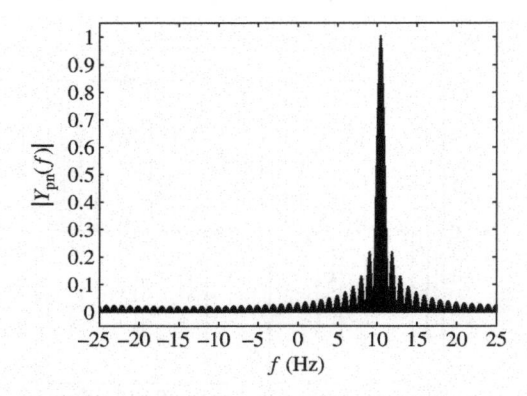

Figura M8.5 $|Y_{pn}(f)|$ usando 50 pontos de dados preenchidos com 550 zeros.

nossa cerca, mas não pode alterar o que está atrás de cerca. Mais formalmente, as características da função sinc, como a largura do lóbulo principal e níveis dos lóbulos leterais, depende da largura fixa do pulso, e não do número de zeros que seguem. Adicionar zeros não altera as características da função sinc e, portanto, não altera a resolução ou precisão da TDF. A adição de zeros simplesmente permite que a função sinc seja amostrada de forma melhor.

M8.3 Quantização

Um conversor analógico-para-digital (CAD) de b bits amostra um sinal analógico e quantiza suas amplitudes usando 2^b níveis discretos. Essa quantização resulta em uma distorção do sinal que é particularmente observável para b pequeno. Tipicamente, a quantização é classificada como simétrica ou assimétrica. Tal como discutido anteriormente, a quantização assimétrica utiliza o zero como nível de quantização, o que pode ajudar a suprimir ruído de baixo nível.

O programa `MS8P1` quantiza um sinal usando a quantização simétrica ou assimétrica. Se disponível, a função uencode e udecode do toolbox de processamento de sinais também pode ser utilizada para a quantização simétrica, mas não para a quantização assimétrica.

```
function [xq] = MS8P1(x, xmax, b, metodo);
% MS8P1.m: MATLAB seção 8, programa 1
% Arquivo.m de função para quantizar x na faixa (-xmax, xmax) usando 2^b níveis.
% tanto a quantização simétrica quanto assimétrica são suportadas
% Entradas:   x = sinal de entrada
%             xmax = amplitude máxima do sinal a ser quantizado
%             b = número de bits de quantização
%             metodo = padrão 'sym' para simétrico, 'asym' para assimétrico
% Saídas:     xq = sinal quantizado
if (nargin<3),
    disp('Número insuficiente de entradas.'); return
elseif (nargin==3),
    method = 'sym';
elseif (nargin>4),
    disp('Muitas entradas.'); return
end

switch lower(metodo)
    case 'asym'
        offset = 1/2;
    case 'sym'
        offset = 0;
    otherwise
        disp('Método de quantização desconhecido.'); return
end
q = floor(2^b*((x+xmax)/(2*xmax))+offset);
i = find(q>2^b-1); q(i) = 2^b-1;
i = find(q<0); q(i) = 0;
xq = (q-(2^(b-1)-(1/2-offset)))*(2*xmax/(2^b));
```

Vários comandos do MATLAB precisam ser discutidos. Inicialmente, a função nargin retorna o número de argumentos de entrada. Neste programa, nargin foi utilizado para garantir que o número correto de entradas fosse fornecido. Se o número de entradas fornecido for incorreto, uma mensagem de erro é mostrada e a função é terminada. Se apenas três argumentos de entrada forem detectados, o tipo de quantização não é explicitamente especificado e o programa associa o método simétrico como padrão.

Tal como em várias linguagens de alto nível, como o C, o MATLAB suporta uma estrutura geral de switch/case:[†]

```
switch expressão-do-switch
case expressão-do-case,
    comandos;
...
otherwise,
    comandos;
end
```

O `MS8P1` chaveia entre os casos da *string* `metodo`. Dessa forma, parâmetros específicos do métodos são facilmente associados. O comando `lower` é utilizado para converter uma *string* para caracteres minúsculos. Dessa forma, *strings* como SYM, Sym e sym possuem mesmo significado. Similar ao `lower`, o comando `upper` do MATLAB converte uma *string* para caracteres maiúsculos.

A quantização é realizada pelo escalamento e deslocamento apropriado da entrada e, então, arredondando o resultado. O comando `floor(q)` arredonda os elementos de q para o inteiro mais próximo na direção de menos infinito. Matematicamente, ela calcula $\lfloor q \rfloor$. Para acomodar tipos diferentes de arredondamento, o MATLAB fornece três outros comandos de arredondamento: `ceil`, `round` e `fix`. O comando `ceil(q)` arredonda os elementos de q para os inteiros mais próximos em direção ao infinito, ($\lceil q \rceil$); o comando `round(q)` arredonda os elementos de q em direção ao inteiro mais próximo; o comando `fix(q)` arredonda os elementos de q para o inteiro mais próximo em direção a zero. Por exemplo, se `q = [-0.5 0.5];`, `floor(q)` resulta em `[-1 0]`, `ceil(q)` retorna `[0 1]`, `round(q)` retorna `[-1 1]` e `fix(q)` retorna `[0 0]`. O aspecto final da quantização em `MS8P1` é obtido através do comando `find`, o qual é utilizado para identificar valores fora da faixa máxima permitida de saturação.

Para verificar a operação, `MS8P1` é utilizado para determinar as características de transferência de um quantizador simétrico de 3 bits operando na faixa (−10, 10).

```
>> x = (-10:.0001:10);
>> xsq = MS8P1(x,10,3,'sym');
>> plot(x,xsq,'k'); grid;
>> xlabel('Entrada do quantizador'); ylabel('Saída do quantizador');
```

A Fig. M8.6 mostra os resultados. A Fig. M8.7 mostra as características de transferência de um quantizador assimétrico de 3 bits. O quantizador assimétrico inclui o zero como nível de quantização, mas pagando um preço: o erro de quantização excede $\Delta/2 = 1{,}25$ para valores de entrada maiores do que 8,75.

Não há dúvida quanto ao fato de a quantização poder alterar um sinal. Consequentemente, o espectro de um sinal quantizado também pode mudar. Apesar de essas mudanças serem difíceis de serem caracterizadas matematicamente, elas são fáceis de serem investigadas usando o MATLAB. Considere um cosseno de 1 Hz amostrado com $f_s = 50$ Hz durante 1 segundo.

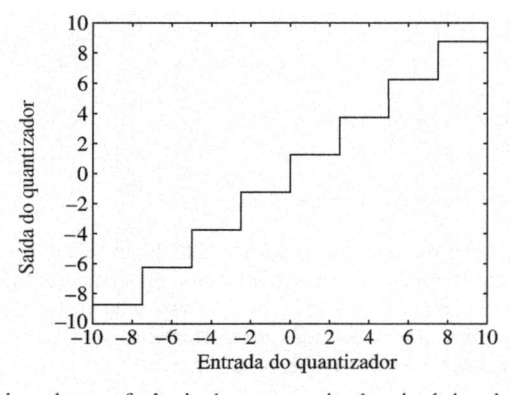

Figura M8.6 Características de transferência de um quantizador simétrico de 3 bits.

[†] Uma estrutura de função equivalente pode ser escrita usando os comandos `if`, `elseif` e `else`.

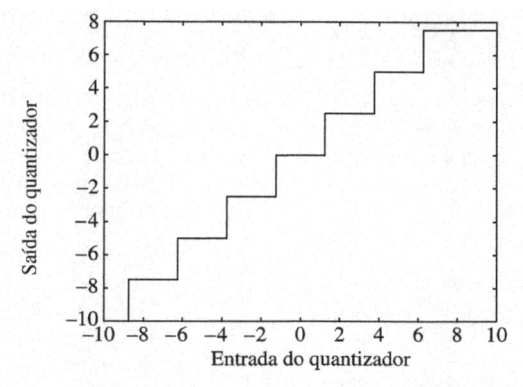

Figura M8.7 Características de transferência de um quantizador assimétrico de 3 bits.

```
>> x = cos(2*pi*n*T); X = fft(x);
```

Utilizando a quantização realizada por um quantizador assimétrico de 2 bits, tanto o sinal quanto o espectro são substancialmente alterados.

```
>> xaq = MS8P1(x,1,2,'asym'); Xaq = fft(xaq);
>> subplot(2,2,1); stem(n,x,'k'); axis([0 49 -1.1 1.1]);
>> xlabel('n');ylabel('x[n]');
>> subplot(2,2,2); stem(f-25,fftshift(abs(X)),'k'); axis([-25,25 -1 26])
>> xlabel('f');ylabel('|X(f)|');
>> subplot(2,2,3); stem(n,xaq,'k');axis([0 49 -1.1 1.1]);
>> xlabel('n');ylabel('x_{aq}[n]');
>> subplot(2,2,4); stem(f-25,fftshift(abs(fft(xaq))),'k'); axis([-25,25 -1 26]);
>> xlabel('f');ylabel('|X_{aq}(f)|');
```

Os resultados estão mostrados na Fig. M8.8. O sinal original $x[n]$ aparece como senoidal e possui um conteúdo espectral puro em ± 1 Hz. O sinal assimetricamente quantizado $x_{aq}[n]$ é significativamente distorcido. O espectro de magnitude $|X_{aq}(f)|$ correspondente é espalhado em uma ampla faixa de frequências.

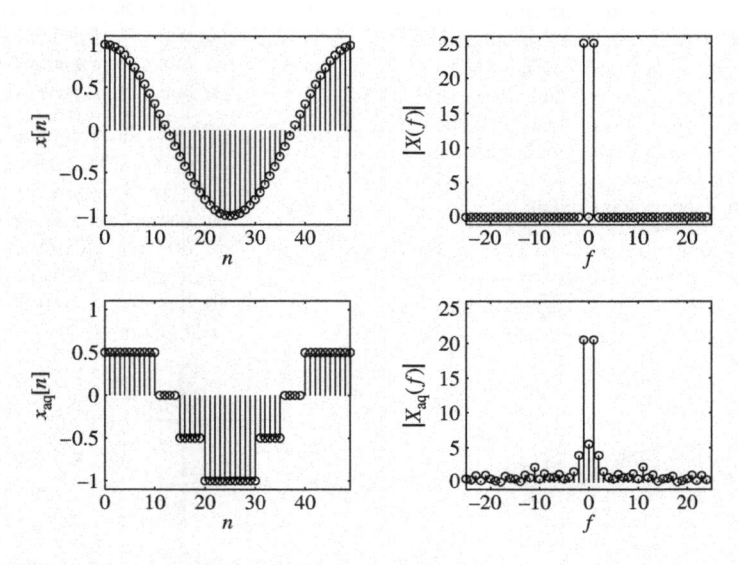

Figura M8.8 Efeitos da quantização no sinal e em seu espectro.

PROBLEMAS

[Nota: Em vários problemas, os gráficos do espectro são mostrados como funções da frequência f Hz por conveniência, apesar de os rótulos dos eixos serem em funções de ω, como em $X(\omega)$, $Y(\omega)$, etc.]

8.1-1 A Fig. P8.1-1 mostra o espectro de Fourier dos sinais $x_1(t)$ e $x_2(t)$. Determine a taxa de amostragem de Nyquist para os sinais $x_1(t)$, $x_2(t)$, $x_1^2(t)$, $x_2^3(t)$ e $x_1(t)x_2(t)$.

8.1-2 Determine a taxa de amostragem de Nyquist e o intervalo de amostragem de Nyquist para os sinais
(a) $\text{sinc}^2(100\pi t)$
(b) $0{,}01 \, \text{sinc}^2(100\pi t)$
(c) $\text{sinc}(100\pi t) + 3\,\text{sinc}^2(60\pi t)$
(d) $\text{sinc}(50\pi t)\,\text{sinc}(100\pi t)$

8.1-3 (a) Trace $|X(\omega)|$, o espectro de amplitude do sinal $x(t) = 3\cos 6\pi t + \text{sen}\,18\pi t + 2\cos(28-\epsilon)\pi t$, na qual ϵ é um número muito pequeno $\to 0$. Determine a taxa de amostragem mínima necessária para sermos capazes de reconstruir $x(t)$ dessas amostras.
(b) Trace o espectro de amplitude do sinal amostrado quando a taxa de amostragem é 25% acima da taxa de Nyquist (mostre apenas o espectro de frequência na faixa de ±50 Hz). Como você reconstruiria $x(t)$ dessas amostras?

8.1-4 (a) Obtenha o teorema da amostragem considerando o fato de que um sinal amostrado $\overline{x}(t) = x(t)\delta_T(t)$ e usando a propriedade de convolução no tempo da Eq. (7.43).
(b) Para um trem a amostragem constituído de impulsos unitários deslocados instantes $nT + \tau$ em vez de em nT (para valores inteiros positivos e negativos de n), determine o espectro do sinal amostrado.

8.1-5 Um sinal é limitado em faixa a 12 kHz. A faixa entre 10 e 12 kHz foi tão corrompida por ruído que a informação nessa banda não pode ser recuperada. Determine a menor taxa de amostragem para esse sinal de forma que a porção não corrompida da faixa possa ser recuperada. Se tivermos que filtrar o espectro corrompido antes da amostragem, qual seria a menor taxa de amostragem?

8.1-6 Um sinal $x(t) = \Delta((t-1)/2)$, em tempo contínuo, é amostrado com três taxas: 10, 2 e 1 Hz. Trace os sinais amostrados resultantes. Como $x(t)$ é limitado no tempo, sua largura de faixa é infinita. Entretanto, grande parte de sua energia está concentrada em uma pequena faixa. Você pode determinar a menor taxa de amostragem razoável que irá permitir a reconstrução deste sinal com um pequeno erro? A resposta não é única. Faça uma consideração razoável do que você define como sendo um erro "negligenciável" ou "pequeno".

8.1-7 (a) Um sinal $x(t) = 5\,\text{sinc}^2(5\pi t) + \cos 20\pi t$ é amostrado a uma taxa de 10 Hz. Obtenha o espectro do sinal amostrado. Pode $x(t)$ ser reconstruído pela filtragem passa-baixas do sinal amostrado?
(b) Repita a parte (a) para uma frequência de amostragem de 20 Hz. Você pode reconstruir o sinal de suas amostras? Explique.
(c) Se $x(t) = 5\,\text{sinc}^2(5\pi t) + \text{sen}\,20\pi t$, você pode reconstruir $x(t)$ das amostras de $x(t)$ a uma taxa de 20 Hz? Explique sua resposta com a(s) representação(ões) espectral(is).
(d) Para $x(t) = 5\,\text{sinc}^2(5\pi t) + \text{sen}\,20\pi t$, você pode reconstruir $x(t)$ das amostras de $x(t)$ a uma taxa de 21 Hz? Explique sua resposta com a(s) representação(ões) espectral(is). Comente seus resultados.

8.1-8 (a) A mais alta frequência no espectro $X(\omega)$ (Fig. P8.1-8a) do sinal passa-faixa $x(t)$ é 30 Hz. Logo, a menor frequência de amostragem necessária para amostrar $x(t)$ é 60 Hz. Mostre o espectro do sinal amostrado a uma taxa de 60 Hz. você pode reconstruir $x(t)$ a partir dessas amostras? Como?

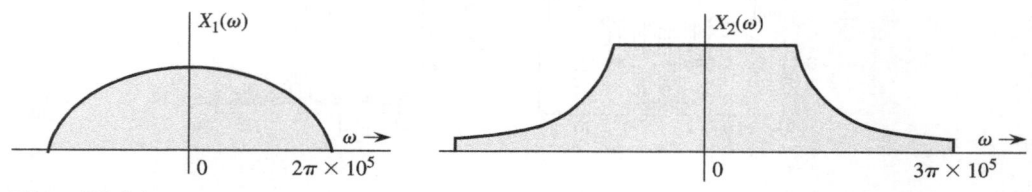

Figura P8.1-1

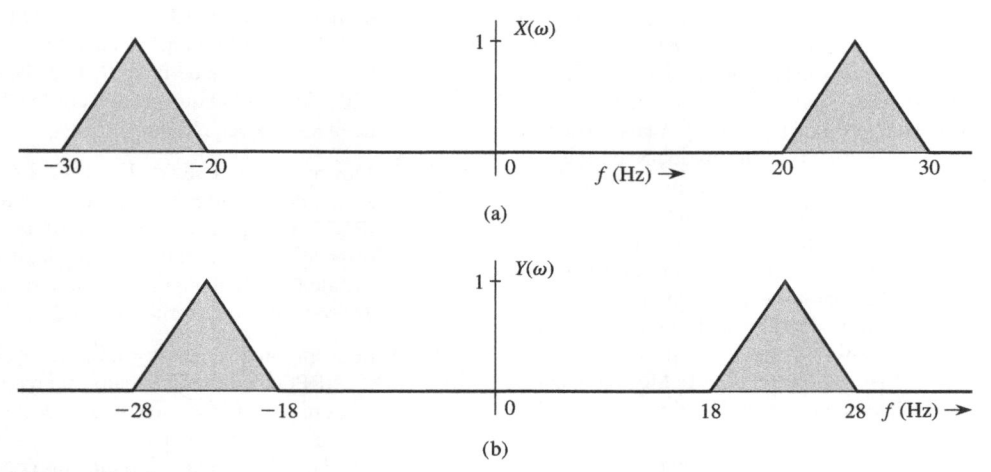

Figura P8.1-8

(b) Um certo estudante atarefado olhou para $X(\omega)$ e concluiu que sua largura de faixa na realidade é 10 Hz, e decidiu que a taxa de amostragem de 20 Hz é adequada para amostrar $x(t)$. Trace o espectro do sinal amostrado a taxa de 20Hz. Ele pode reconstruir $x(t)$ a partir dessas amostras?

(c) O mesmo estudante, usando o mesmo raciocínio, olhou para $Y(\omega)$ da Fig. P8.1-8b, o espectro de outro sinal passa-faixa $y(t)$, e concluiu que ele pode utilizar uma taxa de amostragem de 20 Hz para amostrar $y(t)$. Trace o espectro do sinal $y(t)$ amostrado a uma taxa de 20 Hz. Ele pode reconstruir $y(t)$ a partir dessas amostras?

8.1-9 Um sinal $x(t)$ cujo espectro $X(\omega)$ é mostrado na Fig. P8.1-9, é amostrado a uma frequência $f_s = f_1 + f_2$ Hz. Obtenha os valores amostrados de $x(t)$ pela simples inspeção de $X(\omega)$.

8.1-10 Na transmissão digital de dados em um canal de comunicação, é importante conhecer o limite superior teórico da taxa de pulsos digitais que pode ser transmitida em um canal com largura de faixa B Hz. Na transmissão digital, a forma relativa do pulso não é importante. Estamos interessados em conhecer somente a amplitude representada pelo pulso. Por exemplo, na comunicação binária, estamos interessados em saber se a amplitude do pulso recebido é 1 ou –1 (positivo ou negativo). Portanto, cada pulso representa uma informação. Considere um valor de amplitude independente (não necessariamente binário) como uma informação. Mostre que $2B$ informações independentes por segundo podem ser transmitidas corretamente (presumindo ausência de ruído) em um canal de largura de faixa B Hz. Esse importante princípio na teoria de comunicação afirma que um hertz de largura de faixa pode transmitir duas informações independentes por segundo. Isso representa a taxa superior de transmissão de pulsos em um canal sem erro na recepção na ausência de ruído. [Dica: de acordo com a fórmula de interpolação [Eq. 8.11], um sinal em tempo contínuo de largura de faixa B Hz pode ser construído de $2B$ informações/segundo.]

8.1-11 Esse exemplo é uma das situações interessantes que nos leva a um resultado curioso na categoria de definição de gravidade. A função sinc

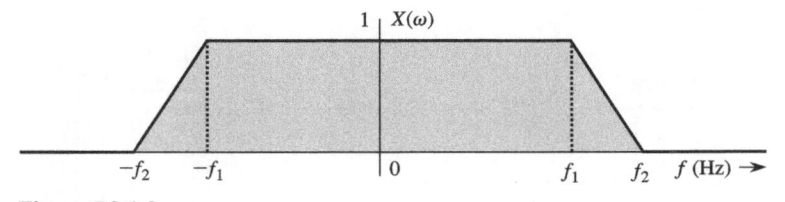

Figura P8.1-9

pode ser recuperada de suas amostras tomadas em frequências extremamente baixas em aparente desafio ao teorema da amostragem. Considere o pulso sinc $x(t) = \text{sinc}(4\pi t)$ para o qual $X(\omega) = (1/4)\,\text{ret}(\omega/8\pi)$. A largura de faixa de $x(t)$ é $B = 2$ Hz e sua taxa de Nyquist é 4 Hz.

(a) Amostre $x(t)$ a uma taxa de 4 Hz e trace o espectro do sinal amostrado.
(b) Para recuperar $x(t)$ de suas amostras, passamos o sinal amostrado através de um filtro passa-baixas ideal com largura de faixa $B = 2$ Hz e ganho $G = T = 1/4$. Trace esse sistema e mostre que, para ele, $H(\omega) = (1/4)\,\text{ret}(\omega/8\pi)$. Mostre, também, que quando a entrada é $x(t)$ amostrado a uma taxa de 4 Hz, a saída desse sistema é de fato $x(t)$, como esperado.
(c) Amostre, agora, $x(t)$ na metade da taxa de Nyquist, em 2 Hz. Aplique esse sinal amostrado na entrada do filtro passa-baixas utilizado na parte (b). Obtenha a saída.
(d) Repita a parte (c) para uma taxa de amostragem de 1 Hz.
(e) Mostre que a saída do filtro passa-baixas da parte (b) é $x(t)$ para $x(t)$ amostrado se a taxa de amostragem for $4/N$, na qual N é qualquer inteiro positivo. Isso significa que podemos recuperar $x(t)$ de suas amostras tomadas a taxas arbitrariamente pequenas, fazendo $N \to \infty$.
(f) O mistério pode ser desvendado examinando o problema no domínio do tempo. Obtenha as amostras de $x(t)$ quando a taxa de amostragem for $2/N$ (N inteiro).

8.2-1 Um sinal $x(t) = \text{sinc}(200\pi t)$ é amostrado (multiplicado) por um trem de pulso periódico $p_T(t)$, representado na Fig. P8.2-1. Obtenha e trace o espectro do sinal amostrado. Explique se você será capaz ou não de reconstruir $x(t)$ a partir dessas amostras. Obtenha a saída filtrada se o sinal amostrado passar por um filtro passa-baixas ideal com largura de faixa de 100 Hz e ganho unitário. Qual é a saída do filtro se sua largura de faixa B Hz estiver entre 100 e 150 Hz? O que acontecerá se a largura de faixa exceder 150 Hz?

8.2-2 Mostre que o circuito da Fig. P8.2-2 é a realização do circuito retentor de ordem zero (ROZ). Você pode fazer isso mostrando que a resposta $h(t)$ ao impulso unitário desse circuito é de fato igual à da Eq. (8.9a) atrasada por $T/2$ segundos para torná-lo causal.

8.2-3 (a) Um circuito retentor de primeira ordem (RPO) pode ser utilizado para reconstruir um sinal $\bar{x}(t)$ de suas amostras. A resposta ao impulso desse circuito é $h(t) = \Delta(t/2T)$, na qual T é o intervalo de amostragem. Considere um típico sinal amostrado $\bar{x}(t)$ e mostre que esse circuito executa a interpolação linear. Em outras palavras, a saída do filtro é constituída pelos topos das amostras conectadas por segmentos de linha reta. Siga o procedimento discutido na Seção 8.2 (Fig. 8.5c).
(b) Determine a resposta em frequência desse filtro e sua resposta em amplitude e compare com:
   (i) o filtro ideal necessário para a reconstrução do sinal
   (ii) O circuito ROZ.
(c) Esse filtro, sendo não causal, não é realizável. Através do atraso de sua resposta ao impulso, o filtro pode ser realizado. Qual é o menor atraso necessário para torná-lo realizável? Como esse atraso irá afetar o sinal reconstruído e a resposta em frequência do filtro?
(d) Mostre que o circuito causal RPO da parte (c) pode ser realizado pelo circuito ROZ mostrado na Fig. P8.2-2 seguido por um filtro idêntico em cascata.

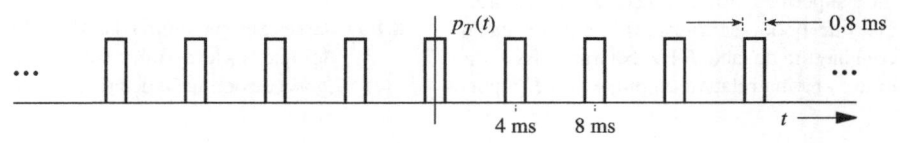

Figura P8.2-1

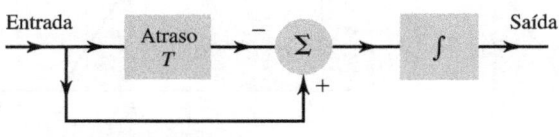

Figura P8.2-2

8.2-4 No texto, para efeito de amostragem, utilizamos pulsos estreitos limitados no tempo, tal como impulsos ou pulsos retangulares de largura menor do que o intervalo de amostragem T. Mostre que não é necessário restringir a largura do pulso de amostragem. Podemos utilizar pulsos de amostragem com duração arbitrariamente grande e, ainda assim, sermos capazes de reconstruir o sinal $x(t)$ desde que a taxa de pulsos não seja menor do que a taxa de Nyquist para $x(t)$.

Considere $x(t)$ como sendo limitado em faixa a B Hz. O pulso de amostragem a ser utilizado é a exponencial $e^{-at}u(t)$. Multiplicamos $x(t)$ por um trem periódico de pulsos exponenciais na forma $e^{-at}u(t)$ espaçados T segundos. Obtenha o espectro do sinal amostrado e mostre que $x(t)$ pode ser reconstruído a partir desse sinal amostrado desde que a taxa de amostragem não seja menor do que $2B$ Hz, ou $T < 1/2B$. Explique como você reconstruiria $x(t)$ do sinal amostrado.

8.2-5 No Exemplo 8.2, a amostragem do sinal $x(t)$ foi realizada multiplicando o sinal por um trem de pulsos $p_T(t)$, resultando no sinal amostrado mostrado na Fig. 8.4d. Esse procedimento é chamado de *amostragem natural*. A Fig. P8.2-5 mostra a chamada *amostragem de topo plano* do mesmo sinal $x(t) = \text{sinc}^2(5\pi t)$.

(a) Mostre que o sinal $x(t)$ pode ser recuperado das amostras de topo plano se a taxa de amostragem não for menor do que a taxa de Nyquist.

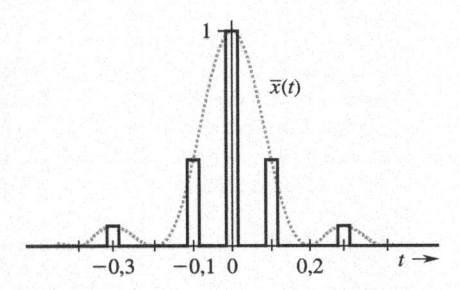

Figura P8.2-5 Amostras de topo plano.

(b) Explique como você recuperaria $x(t)$ das amostras de topo plano.
(c) Obtenha a expressão para o espectro do sinal amostrado $\overline{X}(\omega)$ e obtenha um rascunho dela.

8.2-6 Uma senoide de frequência f_0 Hz é amostrada a uma taxa $f_s = 20$ Hz. Obtenha a frequência aparente do sinal amostrado se f_0 for

(a) 8 Hz
(b) 12 Hz
(c) 20 Hz
(d) 22 Hz
(e) 32 Hz

8.2-7 Uma senoide de frequência f_0 desconhecida é amostrada a uma taxa de 60 Hz. A frequência aparente das amostras é 20 Hz. Determine f_0 se soubermos que f_0 está na faixa

(a) 0–30 Hz
(b) 30–60 Hz
(c) 60–90 Hz
(d) 90–120 Hz

8.2-8 Um sinal $x(t) = 3\cos 6\pi t + \cos 16\pi t + 2\cos 20\pi t$ é amostrada a uma taxa 25% acima da taxa de Nyquist. Trace o espectro do sinal amostrado. Como você reconstruiria $x(t)$ a partir destas amostras? Se a frequência de amostragem for 25% abaixo da taxa de Nyquist, quais serão as frequências das senoides presentes na saída do filtro cuja frequência de corte é igual à frequência de dobra? Não escreva a saída, simplesmente forneça as frequências das senoide presentes na saída.

8.2-9 (a) Mostre que o sinal $x(t)$, reconstruído de suas amostras $x(nT)$, usando a Eq. (8.11a) possui largura de faixa $B \leq 1/2T$ Hz.
(b) Mostre que $x(t)$ é o sinal de menor largura de faixa que passa através das amostras $x(nT)$. [Dica: utilize o método *reductio ad absurdum*.]

8.2-10 Em sistemas de comunicação digital, o uso eficiente da largura de faixa do canal é garantido pela transmissão de dados digitais codificados através de pulsos de largura de faixa limitada. Infelizmente, pulsos de largura de faixa limitada não são limitados no tempo, ou seja, eles possuem duração infinita, o que faz com que pulsos representando dígitos sucessivos interfiram e causem erros na leitura do valor verdadeiro do pulso. Essa dificuldade pode ser resolvida formatando um pulso $p(t)$ de tal forma que ele seja limitado em faixa e, mesmo assim, cause interferência zero nos instantes de amostragem. Para transmitir R pulsos por segundo, precisamos de uma largura de faixa de, no mínimo, $R/2$ Hz (veja o Prob. 8.1-10). A largura de faixa de $p(t)$ deve ser $R/2$ Hz e suas amostras, de forma a não causarem interferência em todos os outros instantes de amostragem, devem satisfazer a condição

$$p(nT) = \begin{cases} 1 & n = 0 \\ 0 & n \neq 0 \end{cases} \quad T = \frac{1}{R}$$

Como a taxa de pulso é R pulsos por segundo, os instantes de amostragem estão localizados em intervalos de $1/R$ segundos. Logo, a condição anterior garante que qualquer pulso não irá interferir com a amplitude de qualquer outro pulso em seu centro. Obtenha $p(t)$. Tal $p(t)$ é único, no sentido de que nenhum outro pulso satisfaz a condição dada?

8.2-11 O problema de interferência de pulso em transmissão digital de dados foi apresentado no Prob. 8.2-10, no qual obtivemos uma forma de pulso $p(t)$ para eliminar a interferência. Infelizmente, o pulso obtido é não apenas não causal (e não realizável), mas também possui um sério problema: devido ao seu lento decaimento (por $1/t$), ele tende a severas interferências devido a pequenos desvios paramétricos. Para fazê-lo decair rapidamente, Nyquist propôs relaxar a condição de largura de faixa de $R/2$ Hz para $kR/2$ Hz, com $1 \leq k \leq 2$. O pulso ainda deve atender a propriedade de não interferência com outros pulsos, por exemplo,

$$p(nT) = \begin{cases} 1 & n = 0 \\ 0 & n \neq 0 \end{cases} \quad T = \frac{1}{R}$$

Mostre que essa condição é satisfeita somente se o espectro $P(\omega)$ do pulso possui simetria ímpar com relação ao conjunto de eixos pontilhados como mostrado na Fig. P8.2-11. A largura de faixa de $P(\omega)$ é $kR/2$ Hz ($1 \leq k \leq 2$).

8.2-12 As amostras de Nyquist de um sinal $x(t)$ limitado em faixa a B Hz são

$$x(nT) = \begin{cases} 1 & n = 0, 1 \\ 0 & \text{todo } n \neq 0, 1 \end{cases} \quad T = \frac{1}{2B}$$

Mostre que

$$x(t) = \frac{\text{sinc}(2\pi Bt)}{1 - 2Bt}$$

Esse pulso, chamado de *pulso duobinário*, é utilizado em aplicações de transmissão digital.

8.2-13 Um sinal limitado em faixa a B Hz é amostrado a uma taxa $f_s = 2B$ Hz. Mostre que

$$\int_{-\infty}^{\infty} x(t)\, dt = T \sum_{-\infty}^{\infty} x(nT)$$

$$\int_{-\infty}^{\infty} |x(t)|^2 \, dt = T \sum_{-\infty}^{\infty} |x(nT)|^2$$

[Dica: utilize a propriedade de ortogonalidade da função sinc do Prob. 7.6-5.]

8.2-14 Prove que um sinal não pode ser simultaneamente limitado no tempo e limitado em faixa. [Dica: mostre que a consideração contrária leva a uma contradição. Presuma que um sinal possa ser simultaneamente limitado no tempo e limitado em faixa, tal que $X(\omega) = 0$ para $|\omega| \geq 2\pi B$. Neste caso, $X(\omega) = X(\omega)$ ret $(\omega/4\pi B')$ para $B' > B$. Esse fato significa que $x(t)$ é igual a $x(t) * 2B'$ sinc $(2\pi B't)$, o qual não pode ser limitado no tempo porque a função sinc se estende ao infinito.]

8.3-1 Um *compact disc* (CD) grava sinais de áudio digitalmente através de um código binário. Presuma que a largura de faixa do sinal de áudio é de 15 kHz.
(a) Qual é a taxa de Nyquist?
(b) Se as amostras de Nyquist forem quantizadas em 65.536 níveis ($L = 65.536$) e, então, codificadas em binário, qual o número de dígitos binários necessários para codificar uma amostra?

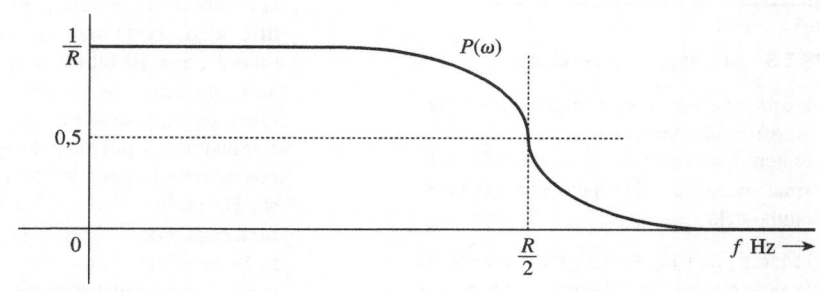

Figura P8.2-11

(c) Determine o número de dígitos binários por segundo (bits/s) necessários para codificar o sinal de áudio.

(d) Por motivos práticos discutidos no texto, sinais são amostrados a uma taxa bem acima da taxa de Nyquist. Na prática, os CDs utilizam 44.100 amostras/s. Se $L = 65.536$, determine o número de pulsos por segundo necessários para codificar o sinal.

8.3-2 Um sinal de TV (vídeo e áudio) possui largura de faixa de 4,5 MHz. Esse sinal é amostrado, quantizado e codificado em binário.
(a) Determine a taxa de amostragem se o sinal for amostrado a uma taxa 20% acima da taxa de Nyquist.
(b) Se as amostras forem quantizadas em 1024 níveis, qual o número de pulsos binário necessário para codificar cada amostra?
(c) Determine a taxa de pulsos binários (bits/s) do sinal codificado.

8.3-3 (a) Um certo esquema A/D possui 16 níveis de quantização. Forneça um possível código binário e um possível código quaternário (4-ário) Para o código quaternário, utilize **0**, **1**, **2** e **3** para os quatro símbolos. Utilize o menor número de dígitos em seu código.
(b) Para representar um dado número L de níveis de quantização, precisamos de no mínimo b_M dígitos para um código M-ário. Mostre que a razão do número de dígitos em um código binário com o número de dígitos em um código quaternário (4-ário) é 2, ou seja, $b_2/b_4 = 2$.

8.3-4 Cinco sinais de telemetria, cada um com largura de faixa de 1 kHz, são quantizados e codificados em binário. Esses sinais são multiplexados por divisão no tempo (bits do sinal entrelaçados). Escolha o número de níveis de quantização que tal forma que o erro máximo nas amplitudes amostradas não seja superior a 0,2% do pico do sinal de amplitude. O sinal deve ser amostrado ao menos a 20% acima da taxa de Nyquist. Determine a taxa de dados (bits por segundo) do sinal multiplexado.

8.4-1 A transformada de Fourier de um sinal $x(t)$, limitado em faixa a B Hz, é $X(\omega)$. O sinal $x(t)$ é repetido periodicamente a intervalos T, sendo $T = 1,25/B$. O sinal $y(t)$ resultante é

$$y(t) = \sum_{-\infty}^{\infty} x(t - nT)$$

Mostre que $y(t)$ pode ser descrito por

$$y(t) = C_0 + C_1 \cos(1,6\pi Bt + \theta_1)$$

na qual

$$C_0 = \frac{1}{T} X(0)$$

$$C_1 = \frac{2}{T} \left| X\left(\frac{2\pi}{T}\right) \right|$$

e

$$\theta_1 = \angle X\left(\frac{2\pi}{T}\right)$$

Lembre que um sinal limitado em faixa não é limitado no tempo e, logo, possui duração infinita. As repetições periódicas são todas sobrepostas.

8.5-1 Para um sinal $x(t)$ limitado no tempo a 10 ms e com largura de faixa essencial de 10 kHz, determine N_0, o número de amostras do sinal necessário para calcular uma FFT de potência de 2 com uma frequência de resolução f_0 de pelo menos 50 Hz. Explique se o preenchimento nulo será necessário.

8.5-2 Para calcular a TDF do sinal $x(t)$ da Fig. P8.5-2, escreva a sequência x_n (para $n = 0$ até $N_0 - 1$) se a resolução de frequência f_0 for ao menos 0,25 Hz. Presuma que a largura de faixa essencial (frequência de dobramento) de $x(t)$ seja no mínimo 3Hz. Não calcule a TDF, apenas escreva a sequência apropriada x_n.

8.5-3 Escolha os valores apropriados de N_0 e T e calcule a TDF do sinal $e^{-t}u(t)$. Utilize dois critérios diferentes para a determinação da largura de faixa efetiva de $e^{-t}u(t)$. Como largura de faixa, utilize a frequência na qual a amplitude da resposta cai para 1% de seu valor de pico (em $\omega = 0$). A seguir, utilize o critério de 99% da energia para a determinação da largura de faixa (veja o Exemplo 7.20).

8.5-4 Repita o Prob. 8.5-3 para o sinal

$$x(t) = \frac{2}{t^2 + 1}$$

8.5-5 Para os sinais $x(t)$ e $g(t)$ representado na Fig. P8.5.5, escreva as sequências x_n e g_n apropriadas para a determinação da convolução de $x(t)$ e $g(t)$ usando a TDF. Utilize $T = 1/8$.

8.5-6 Para este problema, interprete a TDF de N pontos como uma função de r com período N. Para ressaltar esse fato, iremos mudar a notação de X_r para $X(r)$. Os seguintes sinais no domínio da frequência são TDFs válidas? Responda sim ou não. Para cada TDF válida, determine o tamanho N da TDF e informe se o sinal no domínio do tempo é real.

(a) $X(r) = j - \pi$
(b) $X(r) = \text{sen}\,(r/10)$
(c) $X(r) = \text{sen}\,(\pi r/10)$
(d) $X(r) = \left[(1+j)/\sqrt{2}\right]^r$
(e) $X(r) = \langle r + \pi \rangle_{10}$ na qual, $\langle \cdot \rangle_N$ representa a operação de módulo N.

8.M-1 O comando `fft` do MATLAB calcula a TDF de um vetor x assumindo que a primeira amostra ocorre no tempo $n = 0$. Dado que X = fft(x) já foi calculado, obtenha um método para corrigir X para refletir um tempo inicial arbitrário $n = n_0$.

8.M-2 Considere um sinal complexo composto por duas exponenciais complexas muito próximas: $x_1[n] = e^{j2\pi n 30/100} + e^{j2\pi n 33/100}$. Para cada um dos seguintes casos, trace a magnitude da TDF de tamanho N em função da frequência f_r, na qual $f_r = r/N$.

(a) Calcule e trace o gráfico da TDF de $x_1[n]$ usando 10 amostras ($0 \le n \le 9$). A partir desse gráfico, as duas exponenciais podem ser identificadas? Por quê?
(b) Faça o preenchimento nulo do sinal da parte (a) com 490 zeros e, então, calcule e trace a TDF de 500 pontos. Isso melhora a figura da TDF? Explique.
(c) Calcule a trace a TDF de $x_1[n]$ usando 100 amostras ($0 \le n \le 99$). A partir desse gráfico, as duas exponenciais podem ser identificadas? Por quê?
(d) Faça o preenchimento nulo do sinal da parte (c) com 400 zeros e, então, calcule e trace a TDF de 500 pontos. Isso melhora a figura da TDF? Explique.

8.M-3 Repita o Prob. 8.M-2 usando o sinal complexo $x_2[n] = e^{j2\pi n 30/100} + e^{j2\pi n 31,5/100}$.

8.M-4 Considere um sinal complexo composto por um termo cc e duas exponenciais complexas $y_1[n] = 1 + e^{j2\pi n 30/100} + 0,5 * e^{j2\pi n 43/100}$. Para cada um dos seguintes casos, trace a magnitude da TDF de tamanho N em função da frequência f_r, na qual $f_r = r/N$.

(a) Utilize o MATLAB para calcular e traçar o gráfico da TDF de $y_1[n]$ usando 20 amostras ($0 \le n \le 19$). A partir desse gráfico, você pode identificar as duas exponenciais? Dada a relação de amplitude entre as duas, o pico de frequência mais baixa deve ser duas vezes maior do que o pico de frequência mais alta. Isso ocorre? Explique.
(b) Faça o preenchimento nulo do sinal da parte (a) para um total de 500 pontos. Isso melhora a localização das duas componentes exponenciais? O pico de frequência mais baixa é duas vezes maior do que o pico de frequência mais alta? Explique.
(c) A função `window` do toolbox de processamento de sinais do MATLAB permite que funções de janela sejam facilmente geradas. Gere uma janela de Hanning de tamanho 20 e aplique-a a $y_1[n]$. Usando a função janelada, repita as partes (a) e (b).

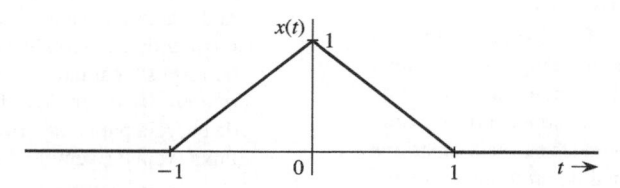

Figura P8.5-2

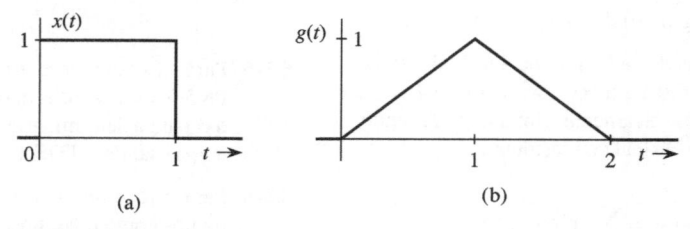

Figura P8.5-5
(a)
(b)

Comente se a função de janela ajudou ou atrapalhou a análise.

8.M-5 Repita o Prob. 8.M-4 usando o sinal complexo $y_2[n] = 1 + e^{j2\pi n 30/100} + 0{,}5e^{j2\pi n 38/100}$.

8.M-6 Este problema investiga a ideia de preenchimento nulo aplicado no domínio da frequência. Quando solicitado, trace a magnitude da TDF de tamanho N em função da frequência f_r, na qual $f_r = r/N$.

(a) No MATLAB, crie um vetor x que contém um período da senoide $x[n] = \cos((\pi/2)n)$. Trace o resultado. Quão "senoidal" o sinal parece ser?

(b) Utilize o comando fft para calcular a TDF X do vetor x. Trace a magnitude dos coeficientes da TDF. Eles fazem sentido?

(c) Preencha com zeros o vetor da TDF para obter um vetor total de tamanho 100, inserindo o número apropriado de zeros no meio do vetor X. Chame essa sequência preenchida com zeros de Y. Por que os zeros são inseridos no meio, em vez de no fim? Calcule a TDF inversa de Y e trace o resultado. Quais similaridades existem entre o novo sinal y e o sinal original x? Quais são as diferenças entre x e y? Qual o efeito do preenchimento nulo no domínio da frequência? Quão similar é esse tipo de preenchimento nulo ao preenchimento nulo no domínio do tempo?

(d) Obtenha uma modificação genérica ao procedimento de preenchimento nulo no domínio da frequência para garantir que a amplitude do sinal resultante no domínio do tempo fique inalterado.

(e) Considere um período da onda quadrada descrita pelo vetor de tamanho 8 e igual a [1 1 1 1 –1 –1 –1 –1]. Preencha com zeros a TDF desse vetor de tal forma que o tamanho fique sendo 100 e chame o resultado de S. Escalone S de acordo com a parte (d), calcule a TDF inversa e trace o resultado. O novo sinal $s[n]$ no domínio do tempo se parece com uma onda quadrada? Explique.

CAPÍTULO 9

ANÁLISE DE FOURIER DE SINAIS EM TEMPO DISCRETO

Nos Capítulos 6 e 7, estudamos as formas de representação de sinais contínuos no tempo pela soma de senoides ou exponenciais. Neste capítulo, iremos discutir um desenvolvimento similar para sinais em tempo discreto. Nossa abordagem é similar à utilizada para sinais contínuos no tempo. Representamos, primeiro, um sinal periódico $x[n]$ como uma série de Fourier formada por exponenciais (ou senoides) em tempo discreto e suas harmônicas. Posteriormente, estenderemos essa representação para um sinal $x[n]$ não periódico, considerando $x[n]$ como o caso limite de um sinal periódico com período tendendo ao infinito.

9.1 Série de Fourier em Tempo Discreto (SFTD)

Um sinal $\cos \omega t$, em tempo contínuo, é um sinal periódico independente do valor de ω. Entretanto, isso não acontece para a senoide $\cos \Omega n$ (ou a exponencial $e^{j\Omega n}$) em tempo discreto. A senoide $\cos \Omega n$ é periódica somente se $\Omega/2\pi$ for um número racional. Isso pode ser provado observando-se que, se a senoide tiver período N_0, então

$$\cos \Omega (n + N_0) = \cos \Omega n$$

Isso é possível somente se

$$\Omega N_0 = 2\pi m \qquad m \text{ inteiro}$$

Neste caso, tanto m e N_0 são inteiros. Logo, $\Omega/2\pi = m/N_0$ é um número racional. Portanto, uma senoide $\cos \Omega n$ (ou a exponencial $e^{j\Omega n}$) será periódica somente se

$$\frac{\Omega}{2\pi} = \frac{m}{N_0} \qquad \text{um número racional} \tag{9.1a}$$

Quando essa condição ($\Omega/2\pi$ um número racional) é satisfeita, o período N_0 da senoide $\cos \Omega n$ é dada por [Eq. (9.1a)]

$$N_0 = m \left(\frac{2\pi}{\Omega} \right) \tag{9.1b}$$

Para calcular N_0, precisamos escolher o menor valor de m que fará com que $m(2\pi/\Omega)$ seja um inteiro. Por exemplo, se $\Omega = 4\pi/17$, então o menor valor de m que fará com que $m(2\pi/\Omega) = m(17/2)$ seja um inteiro é 2. Portanto,

$$N_0 = m \left(\frac{2\pi}{\Omega} \right) = 2 \left(\frac{17}{2} \right) = 17$$

Entretanto, a senoide $\cos (0,8n)$ não é um sinal periódico, porque $0,8/2\pi$ não é um número racional.

9.1-1 Representação de um Sinal Periódico pela Série de Fourier em Tempo Discreto

Um sinal em tempo contínuo de período T_0 pode ser representado por uma série trigonométrica de Fourier constituída por uma senoide de frequência fundamental $\omega_0 = 2\pi/T_0$ e todas as suas harmônicas. A forma exponencial da série de Fourier é constituída pelas exponenciais e^{j0t}, $e^{\pm j\omega_0 t}$, $e^{\pm j2\omega_0 t}$, $e^{\pm j3\omega_0 t}$,...

Um sinal periódico em tempo discreto pode ser representado pela série de Fourier em tempo discreto usando um desenvolvimento similar. Lembre-se de que um sinal periódico $x[n]$ com período N_0 é caracterizado por

$$x[n] = x[n + N_0] \quad (9.2)$$

O menor valor de N_0 para o qual esta equação é válida é o *período fundamental*. A *frequência fundamental* é $\Omega_0 = 2\pi/N_0$ rad/amostra. Um sinal $x[n]$ de período N_0 pode ser representado pela série de Fourier em tempo discreto constituída por uma senoide de frequência fundamental $\Omega_0 = 2\pi/N_0$ e suas harmônicas. Tal como no caso em tempo contínuo, podemos utilizar a forma trigonométrica ou exponencial da série de Fourier. Devido à sua forma compacta e à facilidade de manipulação matemática, a forma exponencial é a preferida. Por essa razão, não iremos desenvolver a forma trigonométrica e passaremos direto para a forma exponencial da série de Fourier em tempo discreto.

A série exponencial de Fourier é constituída pelas exponenciais e^{j0n}, $e^{\pm j\Omega_0 n}$, $e^{\pm j2\Omega_0 n}$,..., $e^{\pm jn\Omega_0 n}$,..., e assim por diante. Existiria um número infinito de harmônicas, mas, pela propriedade apresentada na Seção 5.5-1, exponenciais em tempo discreto cujas frequências são separadas por 2π (ou múltiplos inteiros de 2π) são idênticas, pois

$$e^{j(\Omega \pm 2\pi m)n} = e^{j\Omega n} e^{\pm 2\pi mn} = e^{j\Omega n} \quad m \text{ inteiro}$$

A consequência desse resultado é que a r-ésima harmônica é idêntica a $(r + N_0)$-ésima harmônica. Para demonstrar esse fato, seja g_n a n-ésima harmônica $e^{jn\Omega_0 n}$. Então,

$$g_{r+N_0} = e^{j(r+N_0)\Omega_0 n} = e^{j(r\Omega_0 n + 2\pi n)} = e^{jr\Omega_0 n} = g_r$$

e

$$g_r = g_{r+N_0} = g_{r+2N_0} = \cdots = g_{r+mN_0} \quad m \text{ inteiro} \quad (9.3)$$

Portanto, a primeira harmônica é idêntica a $(N_0 + 1)$-ésima harmônica, a segunda harmônica é idêntica à $(N_0 + 2)$-ésima harmônica e assim por diante. Em outras palavras, existem apenas N_0 harmônicas independentes e suas frequências estão em um intervalo 2π (porque as harmônicas estão separadas por $\Omega_0 = 2\pi/N_0$). Isso significa que, ao contrário do caso em tempo contínuo, a série de Fourier em tempo discreto possui apenas um número finito (N_0) de termos. Esse resultado é consistente com nossa observação da Seção 5.5-1 de que todos os sinais em tempo discreto são limitados na faixa de $-\pi$ a π. Como as harmônicas são separadas por $\Omega_0 = 2\pi/N_0$, existem apenas N_0 harmônicas nessa faixa. Também vimos que essa faixa pode ser considerada de 0 a 2π ou em qualquer outra faixa contínua com largura 2π. Isso significa que podemos escolher N_0 harmônicas independentes $e^{jr\Omega_0 n}$ em $0 \le r \le N_0 - 1$, ou em $-1 \le r \le N_0 - 2$ ou em $1 \le r \le N_0$, ou em qualquer outra escolha adequada. Cada um desses conjuntos conterá as mesmas harmônicas, apesar de elas estarem em ordem diferente.

Vamos considerar a primeira escolha, a qual corresponde às exponenciais $e^{jr\Omega_0 n}$ para $r = 0, 1, 2,..., N_0 - 1$. A série de Fourier para um sinal $x[n]$ com período N_0 é constituída por apenas essas N_0 harmônicas, e pode ser descrita por

$$x[n] = \sum_{r=0}^{N_0-1} \mathcal{D}_r e^{jr\Omega_0 n} \quad \Omega_0 = \frac{2\pi}{N_0} \quad (9.4)$$

Para calcular os coeficientes $\mathcal{D}_r$ da série de Fourier (9.4), multiplicamos os dois lados de (9.4) por $e^{-jm\Omega_0 n}$ e somamos em n de $n = 0$ até $(N_0 - 1)$.

$$\sum_{n=0}^{N_0-1} x[n] e^{-jm\Omega_0 n} = \sum_{n=0}^{N_0-1} \sum_{r=0}^{N_0-1} \mathcal{D}_r e^{j(r-m)\Omega_0 n} \quad (9.5)$$

A soma do lado direito, após alterarmos a ordem dos somatórios, resulta em

$$\sum_{r=0}^{N_0-1} \mathcal{D}_r \left[\sum_{n=0}^{N_0-1} e^{j(r-m)\Omega_0 n} \right] \quad (9.6)$$

O somatório interno, de acordo com a Eq. (8.28) na Seção 8.5, é zero para todos os valores de $r \neq m$. Ele é não nulo e igual a N_0 somente quando $r = m$. Esse fato significa que o somatório externo possui apenas o termo $\mathcal{D}_m N_0$ (correspondente a $r = m$). Portanto, o lado direito da Eq. (9.5) é igual a $\mathcal{D}_m N_0$ e

$$\sum_{n=0}^{N_0-1} x[n]e^{-jm\Omega_0 n} = \mathcal{D}_m N_0$$

e

$$\mathcal{D}_m = \frac{1}{N_0} \sum_{n=0}^{N_0-1} x[n]e^{-jm\Omega_0 n} \tag{9.7}$$

Temos, agora, a representação da série de Fourier em tempo discreto (SFTD) de um sinal $x[n]$ com período N_0, dada por

$$x[n] = \sum_{r=0}^{N_0-1} \mathcal{D}_r e^{jr\Omega_0 n} \tag{9.8}$$

na qual

$$\mathcal{D}_r = \frac{1}{N_0} \sum_{n=0}^{N_0-1} x[n]e^{-jr\Omega_0 n} \qquad \Omega_0 = \frac{2\pi}{N_0} \tag{9.9}$$

Observe que as equações (8.9) e (9.9) da SFTD são idênticas (a menos de uma constante de escala) às equações (8.22b) e (8.22a) da TDF.[†] Portanto, podemos utilizar um algoritmo de FFT eficiente para calcular os coeficientes da SFTD.

9.1-2 Espectro de Fourier de um Sinal Periódico $x[n]$

A série de Fourier é constituída por N_0 componentes

$$\mathcal{D}_0, \mathcal{D}_1 e^{j\Omega_0 n}, \mathcal{D}_2 e^{j2\Omega_0 n}, \ldots, \mathcal{D}_{N_0-1} e^{j(N_0-1)\Omega_0 n}$$

As frequências dessas componentes são $0, \Omega_0, 2\Omega_0, \ldots, (N_0 - 1)\Omega_0$, na qual $\Omega_0 = 2\pi/N_0$. A contribuição da r-ésima harmônica é $\mathcal{D}_r$. Podemos traçar esta contribuição $\mathcal{D}_r$ (o coeficiente de Fourier) como uma função do índice r ou da frequência Ω. Esse gráfico, chamado de *espectro de Fourier* de $x[n]$, nos fornece, em uma rápida análise, um quadro gráfico das contribuições das várias harmônicas de $x[n]$.

Em geral, os coeficientes de Fourier $\mathcal{D}_r$ são complexos e podem ser representados na forma polar por

$$\mathcal{D}_r = |\mathcal{D}_r|e^{j\angle \mathcal{D}_r} \tag{9.10}$$

O gráfico de $|\mathcal{D}_r|$ em função de Ω é chamado de espectro de amplitude e o de $\angle \mathcal{D}_r$ em função de Ω é chamado de espectro de ângulo (ou fase). Esses dois gráficos, juntos, formam o espectro de frequência de $x[n]$. Conhecendo esse espectro, podemos reconstruir ou sintetizar $x[n]$ de acordo com a Eq. (9.8). Portanto, o espectro de Fourier (ou de frequência), o qual é uma forma alternativa de descrever o sinal periódico $x[n]$, é, de todas as formas, equivalente (em termos de informação) ao gráfico de $x[n]$ em função de n. O espectro de Fourier de um sinal constitui a descrição no *domínio da frequência* de $x[n]$, em contraste com a descrição no domínio do tempo, no qual $x[n]$ é especificado em função do índice n (representando o tempo).

Os resultados são muito similares à representação de um sinal periódico em tempo contínuo pela série exponencial de Fourier, exceto pelo fato de que, em geral, a largura de faixa do espectro de um sinal em tempo contínuo é infinita e constituída por um número infinito de componentes exponenciais (harmônicas). O espectro do sinal periódico em tempo discreto, por outro lado, é limitado em faixa e possui, no máximo, N_0 componentes.

[†] Se fizermos $x[n] = N_0 x_k$ e $\mathcal{D}_r = X_r$, as Eqs. (9.8) e (9.9) serão idênticas às Eqs. (8.22b) e (8.22a), respectivamente.

EXTENSÃO PERIÓDICA DO ESPECTRO DE FOURIER

Iremos mostrar aqui que, se $\phi[r]$ é uma função de r com período N_0, então

$$\sum_{r=0}^{N_0-1} \phi[r] = \sum_{r=\langle N_0 \rangle} \phi[r] \tag{9.11}$$

na qual $r = \langle N_0 \rangle$ indica o somatório em quaisquer N_0 valores consecutivos de r. Como $\phi[r]$ possui período N_0, os mesmos valores de repetem a cada período N_0. Logo, a soma de qualquer conjunto de N_0 valores consecutivos de $\phi[r]$ deve ser a mesma, não importa o valor de r com o qual começamos o somatório. Basicamente, isso representa a soma em um ciclo.

Para aplicar esse resultado à SFTD, observe que $e^{-jr\Omega_0 n}$ possui período N_0, porque

$$e^{-jr\Omega_0(n+N_0)} = e^{-jr\Omega_0 n} e^{-j2\pi r} = e^{-jr\Omega_0 n}$$

Portanto, se $x[n]$ possuir período N_0, $x[n]e^{-jr\Omega_0 n}$ também possuirá período N_0. Logo, a partir da Eq. (9.9), temos que $\mathcal{D}_r$ também possuirá período N_0, tal como $\mathcal{D}_r e^{jr\Omega_0 n}$. Agora, devido à propriedade (9.11), podemos expressar as Eqs. (9.8) e (9.9) por

$$x[n] = \sum_{r=\langle N_0 \rangle} \mathcal{D}_r e^{jr\Omega_0 n} \tag{9.12}$$

e

$$\mathcal{D}_r = \frac{1}{N_0} \sum_{n=\langle N_0 \rangle} x[n] e^{-jr\Omega_0 n} \tag{9.13}$$

Se traçarmos o gráfico de $\mathcal{D}_r$ para todos os valores de r (em vez de somente para $0 \le r \le N_0 - 1$), então o espectro $\mathcal{D}_r$ é periódico com período N_0. Além disso, a Eq. (9.12) mostra que $x[n]$ pode ser sintetizado não somente pelas N_0 exponenciais correspondentes a $0 \le r \le N_0 - 1$, mas por quaisquer N_0 exponenciais sucessivas nesse espectro, começando em qualquer valor de r (positivo ou negativo). Por essa razão, geralmente se mostra o espectro $\mathcal{D}_r$ para todos os valores de r (não somente no intervalo $0 \le r \le N_0 - 1$). *Mesmo assim, devemos lembrar que para sintetizar $x[n]$ usando esse espectro, precisamos somar apenas N_0 componentes consecutivas.* Todas essas observações são consistentes com a nossa discussão do Capítulo 5, no qual foi mostrado que uma senoide de uma dada frequência é equivalente a infinitas senoides, todas separadas por um múltiplo inteiro de 2π na frequência.

Ao longo do eixo Ω, $\mathcal{D}_r$ se repete a cada intervalo de 2π, ao longo do eixo r, $\mathcal{D}_r$ se repete a cada intervalo de N_0. As Eqs. (9.12) e (9.13) mostram que tanto $x[n]$ quanto seu espectro $\mathcal{D}_r$ possui período N_0 e possuem exatamente o mesmo número de componentes (N_0) em um período.

A Eq. (9.13) mostra que $\mathcal{D}_r$ é, geralmente, complexo e $\mathcal{D}_{-r}$ é o conjugado de $\mathcal{D}_r$ se $x[n]$ é real. Portanto,

$$|\mathcal{D}_r| = |\mathcal{D}_{-r}| \qquad \text{e} \qquad \angle \mathcal{D}_r = -\angle \mathcal{D}_{-r} \tag{9.14}$$

de tal forma que o espectro de amplitude $|\mathcal{D}_r|$ é uma função par e $\angle \mathcal{D}_r$ é uma função ímpar de r (ou Ω). Todos esses conceitos ficarão mais claros nos exemplos a seguir. O primeiro exemplo é trivial e serve principalmente para familiarizar o leitor com os conceitos básicos da SFTD.

EXEMPLO 9.1

Obtenha a série de Fourier em tempo discreto (SFTD) para $x[n] = \operatorname{sen} 0,1\pi n$ (Fig. 9.1a). Trace o espectro de amplitude e fase.

Neste caso, a senoide sen $0,1\pi n$ é periódica porque $\Omega/2\pi = 1/20$ é um número racional e o período N_0 é [veja a Eq. (9.1b)]

$$N_0 = m\left(\frac{2\pi}{\Omega}\right) = m\left(\frac{2\pi}{0,1\pi}\right) = 20m$$

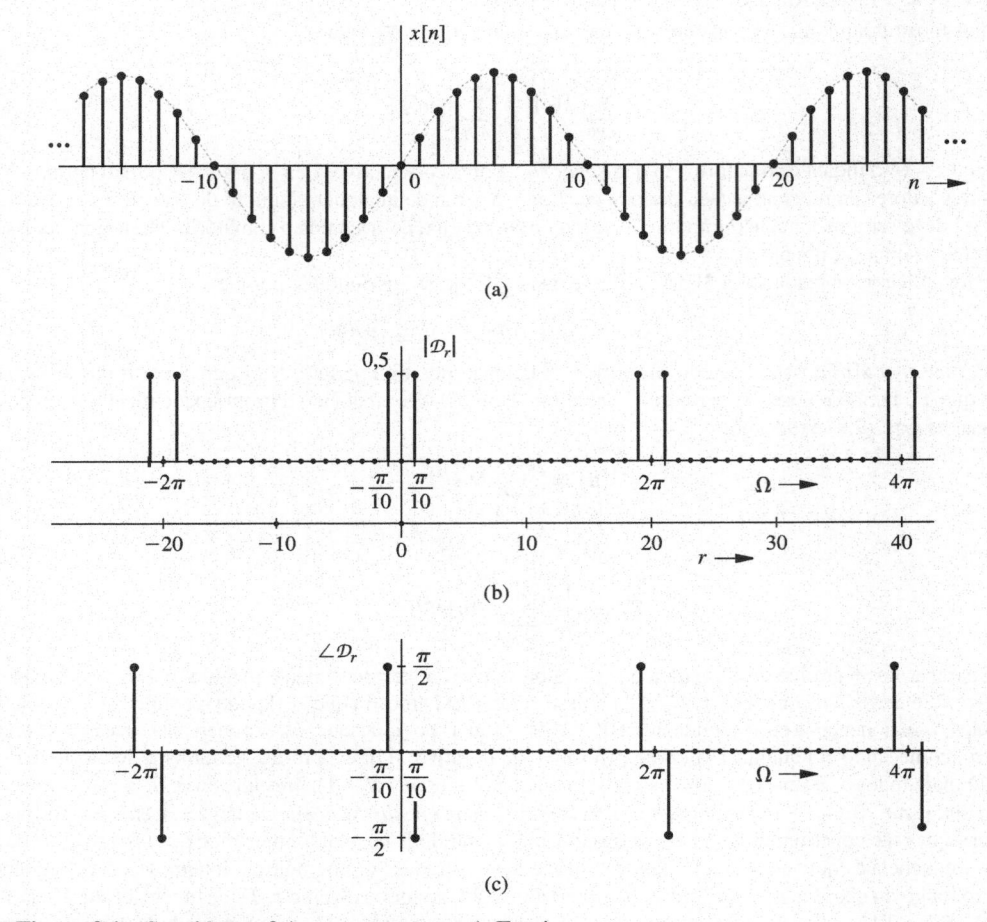

Figura 9.1 Senoide sen $0,1\pi n$ e seu espectro de Fourier.

O menor valor de m que faz com que $20m$ seja um inteiro é $m = 1$. Portanto, o período é $N_0 = 20$, tal que $\Omega_0 = 2\pi/N_0 = 0,1\pi$ e da Eq. (9.12),

$$x[n] = \sum_{r=(20)} \mathcal{D}_r e^{j0,1\pi rn}$$

na qual o somatório é calculado para quaisquer 20 valores consecutivos de r. Iremos selecionar a faixa $-10 \leq r < 10$ (valores de r de -10 a 9). Essa escolha corresponde a sintetizar $x[n]$ usando as componentes espectrais na faixa fundamental de frequência de ($-\pi \leq \Omega < \pi$). Logo,

$$x[n] = \sum_{r=-10}^{9} \mathcal{D}_r e^{j0,1\pi rn}$$

na qual, de acordo com a Eq. (9.13),

$$\mathcal{D}_r = \frac{1}{20} \sum_{n=-10}^{9} \operatorname{sen} 0{,}1\pi n \, e^{-j0{,}1\pi rn}$$

$$= \frac{1}{20} \sum_{n=-10}^{9} \frac{1}{2j} (e^{j0{,}1\pi n} - e^{-j0{,}1\pi n}) e^{-j0{,}1\pi rn}$$

$$= \frac{1}{40j} \left[\sum_{n=-10}^{9} e^{j0{,}1\pi n(1-r)} - \sum_{n=-10}^{9} e^{-j0{,}1\pi n(1+r)} \right]$$

Nesses somatórios, r assume todos os valores entre -10 e 9. Usando a Eq. (8.28), temos que o primeiro somatório do lado direito é zero para todos os valores de r, exceto em $r = 1$, quando o somatório é igual a $N_0 = 20$. Similarmente, o segundo somatório é zero para todos os valores de r exceto em $r = -1$, quando ele é igual a $N_0 = 20$. Portanto,

$$\mathcal{D}_1 = \frac{1}{2j} \quad \text{e} \quad \mathcal{D}_{-1} = -\frac{1}{2j}$$

e todos os outros coeficientes são zero. A série de Fourier correspondente é dada por

$$x[n] = \operatorname{sen} 0{,}1\pi n = \frac{1}{2j}(e^{j0{,}1\pi n} - e^{-j0{,}1\pi n}) \tag{9.15}$$

Na qual a frequência fundamental é $\Omega_0 = 0{,}1\pi$ e existem apenas duas componentes não nulas:

$$\mathcal{D}_1 = \frac{1}{2j} = \frac{1}{2} e^{-j\pi/2}$$

$$\mathcal{D}_{-1} = -\frac{1}{2j} = \frac{1}{2} e^{j\pi/2}$$

Portanto,

$$|\mathcal{D}_1| = |\mathcal{D}_{-1}| = \tfrac{1}{2}$$

$$\angle \mathcal{D}_1 = -\frac{\pi}{2} \quad \text{e} \quad \angle \mathcal{D}_{-1} = \frac{\pi}{2}$$

Os gráficos de $\mathcal{D}_r$ no intervalo ($-10 \le r < 10$) são mostrados na Fig. 9.1b e 9.1c. De acordo com a Eq. (9.15), existem apenas duas componentes correspondentes a $r = 1$ e $r = -1$. Os 18 coeficientes restantes são iguais a zero. A r-ésima componente $\mathcal{D}_r$ é a amplitude da frequência $r\Omega_0 = 0{,}1r\pi$. Portanto, o intervalo de frequência correspondente a $-10 \le r < 10$ é $-\pi \le \Omega < \pi$, como mostrado na Fig. 9.1b e 9.1c. Esse espectro na faixa $-10 \le r < 10$ (ou $-\pi \le \Omega < \pi$) é suficiente para especificar a descrição no domínio da frequência (série de Fourier), e podemos sintetizar $x[n]$ somando essas componentes espectrais. Devido à propriedade de periodicidade discutida na seção 9.1-2, o espectro D_r é uma função periódica de r com período $N_0 = 20$. Por essa razão, repetimos o espectro com período $N_0 = 20$ (ou $\Omega = 2\pi$), como ilustrado na Fig. 9.1b e 9.1c, as quais são extensões periódicas do espectro na faixa $-10 \le r < 10$. Observe que o espectro de amplitude é uma função par e o espectro de ângulo ou fase é uma função ímpar de r (ou Ω), como esperado.

O resultado (9.15) é uma identidade trigonométrica e poderia ter sido obtida imediatamente sem a formalidade de se obter os coeficientes de Fourier. Intencionalmente escolhemos esse exemplo trivial para apresentar gentilmente o leitor ao novo conceito da série de Fourier em tempo discreto e sua natureza periódica. A série de Fourier é uma forma de expressar um sinal periódico $x[n]$ em termos de exponenciais na forma $e^{jr\Omega_0 n}$ e suas harmônicas. O resultado da Eq. (9.15) é simplesmente a afirmativa do fato (óbvio) de que sen $0{,}1\pi n$ pode ser descrito pela soma de duas exponenciais $e^{j0{,}1\pi n}$ e $e^{-j0{,}1\pi n}$.

Devido à periodicidade das exponenciais $e^{jr\Omega_0 n}$ em tempo discreto, as componentes da série de Fourier podem ser selecionadas em qualquer faixa de tamanho $N_0 = 20$ (ou $\Omega = 2\pi$). Por exemplo, se selecionarmos a faixa de frequência $0 \le \Omega < 2\pi$ (ou $0 \le r < 20$), teríamos obtido a série como

$$x[n] = \operatorname{sen} 0{,}1\pi n = \frac{1}{2j}(e^{j0{,}1\pi n} - e^{j1{,}9\pi n}) \tag{9.16}$$

Essa série é equivalente à da Eq. (9.15) porque as duas exponenciais $e^{j1{,}9\pi n}$ e $e^{-j0{,}1\pi n}$ são equivalentes. Isso decorre do fato de que $e^{j1{,}9\pi n} = e^{j1{,}9\pi n} \times e^{-j2\pi n} = e^{-j0{,}1\pi n}$.

Poderíamos ter selecionado o espectro em qualquer outra faixa de largura $\Omega = 2\pi$ na Fig. 9.1b e 9.1c como uma série de Fourier em tempo discreto válida. O leitor deve verificar esse fato provando que um espectro começando em qualquer posição (e com largura $\Omega = 2\pi$) é equivalente às mesmas duas componentes do lado direito da Eq. (9.15).

EXERCÍCIO E9.1

A partir do espectro da Fig. 9.1, escreva a série de Fourier correspondente ao intervalo $-10 \ge r > -30$ (ou $-\pi \ge \Omega > -3\pi$). Mostre que essa série de Fourier é equivalente a da Eq. (9.15).

EXERCÍCIO E9.2

Obtenha o período e a SFTD de

$$x[n] = 4\cos 0{,}2\pi n + 6\operatorname{sen} 0{,}5\pi n$$

para o intervalo $0 \le r \le 19$. Utilize a Eq. (9.9) para calcular D_r.

RESPOSTAS

$N_0 = 20$

$x[n] = 2e^{j0{,}2\pi n} + (3e^{-j\pi/2})e^{j0{,}5\pi n} + (3e^{j\pi/2})e^{j1{,}5\pi n} + 2e^{j1{,}8\pi n}$

EXERCÍCIO E9.3

Obtenha os períodos fundamentais N_0, se existirem, para as seguintes senoides.

(a) $\operatorname{sen}(301\pi n/4)$

(b) $\cos 1{,}3n$

RESPOSTAS

(a) $N_0 = 8$

(b) N_0 não existe porque a senoide não é periódica.

EXEMPLO 9.2

Obtenha a série de Fourier em tempo discreto para a função de porta periódica amostrada mostrada na Fig. 9.2a.

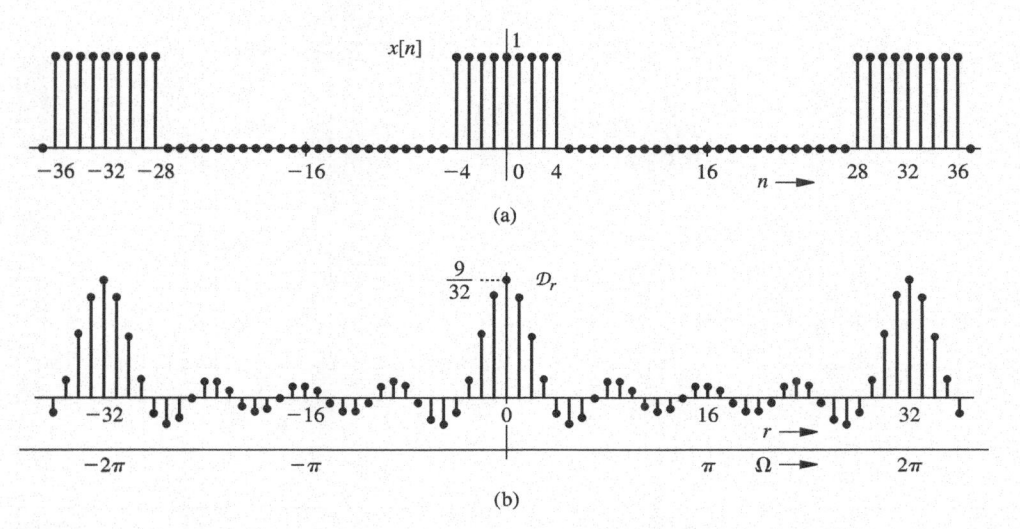

Figura 9.2 (a) Função de porta periódica amostrada e (b) seu espectro de Fourier.

Neste caso, $N_0 = 32$ e $\Omega_0 = 2\pi/32 = \pi/16$. Portanto,

$$x[n] = \sum_{r=\langle 32 \rangle} \mathcal{D}_r e^{jr(\pi/16)n} \qquad (9.17)$$

na qual

$$\mathcal{D}_r = \frac{1}{32} \sum_{n=\langle 32 \rangle} x[n] e^{-jr(\pi/16)n} \qquad (9.18\text{a})$$

Por conveniência, iremos escolher o intervalo $-16 \leq n \leq 15$ para o somatório (9.18a), apesar de qualquer intervalo de mesma largura (32 pontos) levar ao mesmo resultado.[†]

$$\mathcal{D}_r = \frac{1}{32} \sum_{n=-16}^{15} x[n] e^{-jr(\pi/16)n}$$

Agora, $x[n] = 1$ para $-4 \leq n \leq 4$ e zero para todos os outros valores de n. Portanto,

$$\mathcal{D}_r = \frac{1}{32} \sum_{n=-4}^{4} e^{-jr(\pi/16)n} \qquad (9.18\text{b})$$

[†] Neste exemplo, utilizamos as mesmas equações para a TDF do Exemplo 8.9, com uma constante de escalamento. Neste exemplo, os valores de $x[n]$ para $n = 4$ e $n = -4$ são considerados como 1 (valor completo), enquanto que no Exemplo 8.9, esses valores são 0,5 (metade do valor). Essa é a razão da pequena diferença no espectro da Fig. 9.2b e Fig. 8.18d. Ao contrário de sinais contínuos no tempo, a descontinuidade é um conceito que perde seu sentido em sinais em tempo discreto.

Esta equação é uma progressão geométrica com razão comum $e^{-j(\pi/16)r}$. Portanto [veja a Seção (B.7-4)],

$$\mathcal{D}_r = \frac{1}{32}\left[\frac{e^{-j(5\pi r/16)} - e^{j(4\pi r/16)}}{e^{-j(\pi r/16)} - 1}\right]$$

$$= \left(\frac{1}{32}\right)\frac{e^{-j(0,5\pi r/16)}}{e^{-j(0,5\pi r/16)}}\frac{\left[e^{-j(4,5\pi r/16)} - e^{j(4,5\pi r/16)}\right]}{\left[e^{-j(0,5\pi r/16)} - e^{j(0,5\pi r/16)}\right]}$$

$$= \left(\frac{1}{32}\right)\frac{\operatorname{sen}\left(\dfrac{4,5\pi r}{16}\right)}{\operatorname{sen}\left(\dfrac{0,5\pi r}{16}\right)}$$

$$= \left(\frac{1}{32}\right)\frac{\operatorname{sen}(4,5r\Omega_0)}{\operatorname{sen}(0,5r\Omega_0)} \qquad \Omega_0 = \frac{\pi}{16}$$

(9.19)

Este espectro (com sua extensão periódica) é mostrado na Fig. 9.2b.[†]

EXEMPLO DE COMPUTADOR C9.1

Repita o Exemplo 9.2 usando o MATLAB.

```
>> N_0 = 32; n = (0:N_0-1);
>> x_n = [ones(1,5) zeros(1,23) ones(1,4)];
>> for r = 0:31,
>>     X_r(r+1) = sum(x_n.*exp(-j*r*2*pi/N_0*n))/32;
>> end
>> subplot(2,1,1); r = n; stem(r,real(X_r),'k');
>> xlabel('r'); ylabel('X_r'); axis([0 31 -.1 0.3]);
>> legend('SFTD por cálculo direto',0);
>> X_r = fft(x_n)/N_0;
>> subplot(2,1,2); stem(r,real(X_r),'k');
>> xlabel('r'); ylabel('X_r'); axis([0 31 -.1 0.3]);
>> legend('SFTD pela FFT',0);
```

[†] Estritamente falando, a fórmula de somatório de progressão geométrica se aplica somente se a razão comum $e^{-j(\pi/16)r} \neq 1$. Quando $r = 0$, essa razão é unitária. Logo, a Eq. (9.19) é válida para valores de $r \neq 0$. Para o caso de $r = 0$, o somatório da Eq. (9.18b) é dado por

$$\tfrac{1}{32}\sum_{n=-4}^{4} x[n] = \tfrac{9}{32}$$

Felizmente, o valor de $\mathcal{D}_0$ calculado a partir da Eq. (9.19) também é 9/32. Logo, a Eq. (9.19) é válida para todo r.

Figura C9.1

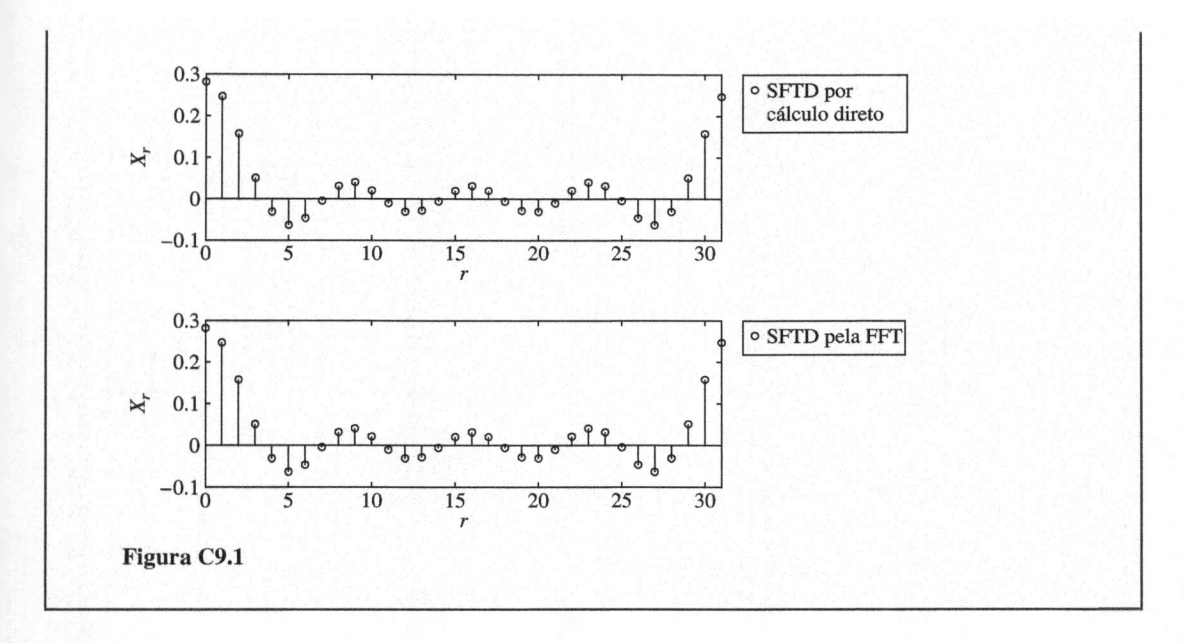

9.2 REPRESENTAÇÃO DE SINAL NÃO PERIÓDICO PELA INTEGRAL DE FOURIER

Na Seção 9.1, representamos sinais periódicos pela soma de exponenciais (de duração infinita). Nesta seção, iremos estender esta representação para sinais não periódicos. O procedimento é conceitualmente idêntico ao utilizado no Capítulo 7 para sinais contínuos no tempo.

Aplicando o processo de limite, podemos mostrar que um sinal não periódico $x[n]$ pode ser descrito pela soma contínua (integral) de exponenciais de duração infinita. Para representar um sinal não periódico $x[n]$, tal como o mostrado na Fig. 9.3a, por sinais exponenciais de duração infinita, vamos construir um novo sinal periódico $x_{N_0}[n]$ formado pela repetição do sinal $x[n]$ a cada N_0 unidades, como mostrado na Fig. 9.3b. O período N_0 é feito grande o suficiente para evitar a sobreposição entre os ciclos repetidos ($N_0 \geq 2N + 1$). O sinal periódico $x_{N_0}[n]$ pode ser representado pela série exponencial de Fourier. Se fizermos $N_0 \to \infty$, o sinal $x[n]$ se repetirá após um intervalo infinito e, portanto,

$$\lim_{N_0 \to \infty} x_{N_0}[n] = x[n]$$

Logo, a série de Fourier representando $x_{N_0}[n]$ também irá representar $x[n]$ no limite $N_0 \to \infty$. A série exponencial de Fourier para $x_{N_0}[n]$ é dada por

$$x_{N_0}[n] = \sum_{r=\langle N_0 \rangle} \mathcal{D}_r e^{jr\Omega_0 n} \qquad \Omega_0 = \frac{2\pi}{N_0} \qquad (9.20)$$

na qual

$$\mathcal{D}_r = \frac{1}{N_0} \sum_{n=-\infty}^{\infty} x[n] e^{-jr\Omega_0 n} \qquad (9.21)$$

Os limites para o somatório do lado direito da Eq. (9.21) devem ser de $-N$ a N. Mas, como $x[n] = 0$ para $|n| > N$, não há problema se os limites forem de $-\infty$ a ∞.

É interessante observar como a natureza do espectro muda quando N_0 aumenta. Para compreender este comportamento, vamos definir $X(\Omega)$, uma função contínua de Ω, como

$$X(\Omega) = \sum_{n=-\infty}^{\infty} x[n] e^{-j\Omega n} \qquad (9.22)$$

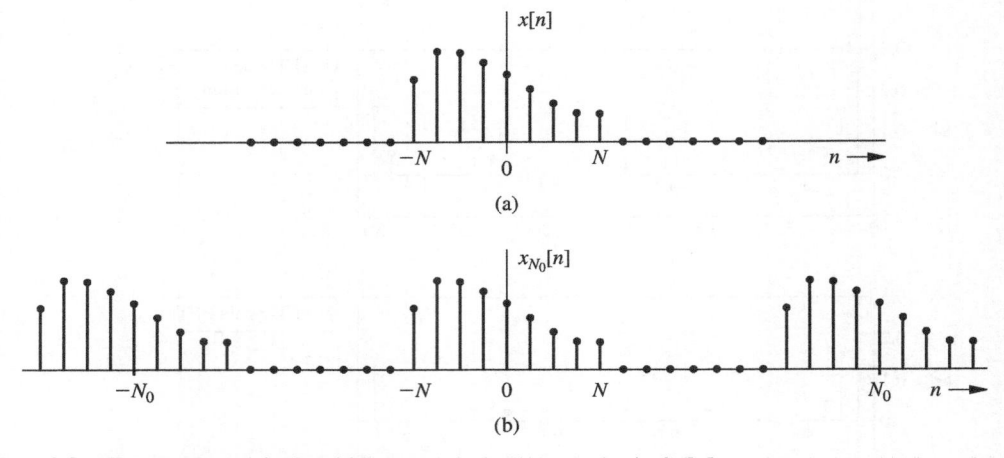

Figura 9.3 Geração de um sinal periódico a partir da extensão do sinal $x[n]$.

A partir dessa definição e da Eq. (9.21), temos

$$\mathcal{D}_r = \frac{1}{N_0} X(r\Omega_0) \qquad (9.23)$$

Esse resultado mostra que os coeficientes de Fourier $\mathcal{D}_r$ são $1/N_0$ vezes as amostras de $X(\Omega)$ tomadas a cada Ω_0 rad/s.[†] Portanto, $(1/N_0)X(\Omega)$ é o envelope dos coeficientes $\mathcal{D}_r$. Fazemos, agora, $N_0 \to \infty$ dobrando N_0 sucessivamente. Dobrando N_0, reduzimos pela metade a frequência fundamental Ω_0, e, por consequência, o espaçamento das componentes espectrais (harmônicas) sucessivas é dividido pela metade, além de termos duas vezes mais componentes (amostras) no espectro. Ao mesmo tempo, dobrando N_0, o envelope de coeficientes $\mathcal{D}_r$ é dividido pela metade, como visto na Eq. (9.23). Se continuarmos nesse processo de dobrar N_0 repetidamente, o número de componentes irá dobrar a cada passo, o espectro progressivamente se tornará mais denso e a magnitude $\mathcal{D}_r$ se tornará menor. Observe, entretanto, que a forma relativa do envelope permanecerá a mesma [proporcional a $X(\Omega)$, na Eq. (9.22)]. No limite, quando $N_0 \to \infty$, a frequência fundamental $\Omega_0 \to 0$ e $\mathcal{D}_r \to 0$. A separação entre harmônicas sucessivas, igual a Ω_0, tenderá a zero (infinitesimal) e o espectro se tornará tão denso que parecerá contínuo. Mas, enquanto o número de harmônicas aumenta indefinidamente, as amplitudes $\mathcal{D}_r$ das harmônicas desaparecerão (infinitesimal). Discutimos uma situação idêntica na Seção 7.1.

Seguimos o procedimento da Seção 7.1 e fazemos $N_0 \to \infty$. De acordo com a Eq. (9.22),

$$X(r\Omega_0) = \sum_{n=-\infty}^{\infty} x[n] e^{-jr\Omega_0 n} \qquad (9.24)$$

Usando as Eqs. (9.23), podemos descrever a Eq. (9.20) por

$$x_{N_0}[n] = \frac{1}{N_0} \sum_{r=\langle N_0 \rangle} X(r\Omega_0) e^{jr\Omega_0 n} \qquad (9.25a)$$

$$= \sum_{r=\langle N_0 \rangle} X(r\Omega_0) e^{jr\Omega_0 n} \left(\frac{\Omega_0}{2\pi}\right) \qquad (9.25b)$$

No limite, quando $N_0 \to \infty$, $\Omega_0 \to 0$ e $x_{N_0}[n] \to x[n]$. Portanto,

$$x[n] = \lim_{\Omega_0 \to 0} \sum_{r=\langle N_0 \rangle} \left[\frac{X(r\Omega_0)\Omega_0}{2\pi}\right] e^{jr\Omega_0 n} \qquad (9.26)$$

[†] Por simplicidade, assumimos $\mathcal{D}_r$ e $X(\Omega)$ como sendo reais. O argumento, entretanto, também é válido para $\mathcal{D}_r$ complexo [ou $X(\Omega)$].

Como Ω_0 é infinitesimal, é apropriado substituir Ω_0 por uma notação infinitesimal $\Delta\Omega$:

$$\Delta\Omega = \frac{2\pi}{N_0} \qquad (9.27)$$

A Eq. (9.29) pode ser descrita por

$$x[n] = \lim_{\Delta\Omega \to 0} \frac{1}{2\pi} \sum_{r=\langle N_0 \rangle} X(r\Delta\Omega) e^{jr\Delta\Omega n} \Delta\Omega \qquad (9.28)$$

A faixa $r = \langle N_0 \rangle$ implica o intervalo de N_0 harmônicas, o qual é $N_0 \Delta\Omega = 2\pi$, de acordo com a Eq. (9.27). No limite, o lado direito da Eq. (9.28) se torna a integral

$$x[n] = \frac{1}{2\pi} \int_{2\pi} X(\Omega) e^{jn\Omega} d\Omega \qquad (9.29)$$

na qual $\int_{2\pi}$ indica a integração em qualquer intervalo contínuo de 2π. O espectro $X(\Omega)$ é dado por [Eq. (9.22)]

$$X(\Omega) = \sum_{n=-\infty}^{\infty} x[n] e^{-j\Omega n} \qquad (9.30)$$

A integral do lado direito da Eq. (9.29) é chamada de *integral de Fourier*. Dessa forma, obtivemos sucesso na representação de um sinal não periódico $x[n]$ pela integral de Fourier (em vez da série de Fourier). Essa integral é basicamente s série de Fourier (no limite) com frequência fundamental $\Delta\Omega \to 0$, como visto na Eq. (9.28). O total de contribuição da exponencial $e^{jr\Delta\Omega n}$ é $X(r\Delta\Omega)\Delta\Omega/2\pi$. Portanto, a função $X(\Omega)$ dada pela Eq. (9.30) atua como uma função espectral, a qual indica a contribuição relativa das várias componentes exponenciais de $x[n]$.

Chamamos $X(\Omega)$ de transformada (direta) de Fourier no tempo discreto (TFTD) de $x[n]$ e $x[n]$ de transformada inversa de Fourier no tempo discreto (TIFTD) de $X(\Omega)$. Essa nomenclatura pode ser representada por

$$X(\Omega) = \text{TFTD}\{x[n]\} \quad \text{e} \quad x[n] = \text{TIFTD}\{X(\Omega)\}$$

A mesma informação está contida na afirmativa de $x[n]$ e $X(\Omega)$ serem um par transformada de Fourier (tempo discreto). Simbolicamente, essa informação é descrita por

$$x[n] \iff X(\Omega)$$

A transformada de Fourier $X(\Omega)$ é a descrição no domínio da frequência de $x[n]$.

9.2-1 Natureza do Espectro de Fourier

Iremos discutir, agora, importantes características da transformada de Fourier em tempo discreto e o espectro associado a ela.

O Espectro de Fourier É Função Contínua de Ω

Apesar de $x[n]$ ser um sinal em tempo discreto, $X(\Omega)$, a TFTD é uma função contínua de Ω pela simples razão de Ω ser uma variável contínua, a qual pode assumir qualquer valor em um intervalo contínuo, de $-\infty$ a ∞.

O Espectro de Fourier É uma Função Periódica de Ω com Período 2π

A partir da Eq. (9.30), temos que

$$X(\Omega + 2\pi) = \sum_{n=-\infty}^{\infty} x[n] e^{-j(\Omega + 2\pi)n} = \sum_{n=-\infty}^{\infty} x[n] e^{-j\Omega n} e^{-j2\pi n} = X(\Omega) \qquad (9.31)$$

Claramente, o espectro $X(\Omega)$ é uma função contínua de Ω, periódica, com período 2π. Devemos lembrar, entretanto, que para sintetizar $x[n]$ precisamos utilizar o espectro em um intervalo de frequências de apenas 2π, começando em qualquer valor de Ω [Eq. (9.29)]. Simplesmente por conveniência, devemos escolher este intervalo na faixa de frequência fundamental $(-\pi, \pi)$. Portanto, não é necessário mostrar o espectro do sinal em tempo discreto além da faixa fundamental, apesar de geralmente fazermos isto.

A razão para o comportamento periódico de $X(\Omega)$ foi discutida no Capítulo 5, no qual mostramos que, em um sentido básico, a frequência em tempo discreto Ω é limitada a $|\Omega| \leq \pi$, pois todas as senoides em tempo discreto com frequências separadas por um múltiplo inteiro de 2π são idênticas. Este é o motivo pelo qual o espectro possui período 2π.

SIMETRIA DE CONJUGADO DE $X(\Omega)$

A partir da Eq. (9.30), obtemos que a TFTD de $x^*[n]$ é

$$\text{DTFT}\{x^*[n]\} = \sum_{n=-\infty}^{\infty} x^*[n]e^{-j\Omega n} = X^*(-\Omega) \tag{9.32a}$$

Em outras palavras,

$$x^*[n] \iff X^*(-\Omega) \tag{9.32b}$$

Para $x[n]$ real, a Eq. (9.32b) se reduz a $x[n] \Leftrightarrow X^*(-\Omega)$, o que implica que, para $x[n]$ real

$$X(\Omega) = X^*(-\Omega)$$

Portanto, para $x[n]$ real, $X(\Omega)$ e $X(-\Omega)$ são conjugados. Como $X(\Omega)$ é geralmente complexo, temos tanto o espectro de amplitude quanto fase

$$X(\Omega) = |X(\Omega)|e^{j\angle X(\Omega)}$$

Devido à simetria de conjugado de $X(\Omega)$, temos que para $x[n]$ real:

$$|X(\Omega)| = |X(-\Omega)|$$

$$\angle X(\Omega) = -\angle X(-\Omega)$$

Portanto, o espectro de amplitude $|X(\Omega)|$ é uma função par de Ω e o espectro de fase $\angle X(\Omega)$ é uma função ímpar de Ω para $x[n]$ real.

APRECIAÇÃO FÍSICA DA TRANSFORMADA DE FOURIER EM TEMPO DISCRETO

Para compreender vários aspectos da transformada de Fourier, devemos lembrar que a representação de Fourier é uma forma de expressar o sinal $x[n]$ como a soma de exponenciais (ou senoides) de duração infinita. O espectro de Fourier de um sinal indica as amplitudes e fases relativas das exponenciais (ou senoides) necessárias para sintetizar $x[n]$.

Uma explicação detalhada da natureza de tal somatório em uma faixa contínua de frequências é apresentada na Seção 7.1-1.

EXISTÊNCIA DA TFTD

Como $|e^{-j\Omega n}| = 1$, a partir da Eq. (9.30), temos que a existência de $X(\Omega)$ é garantida se $x[n]$ for absolutamente somável, ou seja,

$$\sum_{n=-\infty}^{\infty} |x[n]| < \infty \tag{9.33a}$$

Isso mostra que a condição de ser absolutamente somável é uma condição suficiente para a existência da representação da TFTD. Essa condição também garante sua convergência uniforme. A desigualdade

$$\left[\sum_{n=-\infty}^{\infty} |x[n]|\right]^2 \geq \sum_{n=-\infty}^{\infty} |x[n]|^2$$

mostra que a energia de uma sequência absolutamente somável é finita. Entretanto, nem todos os sinais de energia finita são absolutamente somáveis. O sinal $x[n] = \text{sinc}(n)$ é um exemplo. Para tais sinais, a TFTD converge, não uniformemente, mas na média.[†]

Resumindo, $X(\Omega)$ existe para uma condição fraca

$$\sum_{n=-\infty}^{\infty} |x[n]|^2 < \infty \tag{9.33b}$$

Garante-se que a TFTD para esta condição converge para a média. Portanto, a TFTD do sinal exponencialmente crescente $\gamma^n u[n]$ não existe quando $|\gamma| > 1$ porque o sinal viola as condição (9.33a) e (9.33b). Mas a TFTD

[†] Isso significa

$$\lim_{M \to \infty} \int_{-\pi}^{\pi} \left| X(\Omega) - \sum_{n=-M}^{M} x[n]e^{-j\Omega n} \right|^2 d\Omega = 0$$

existe para o sinal *sinc* (*n*), o qual viola (9.33a), mas satisfaz (9.33b) (veja o exemplo 9.6). Além disso, se o uso de $\delta(\Omega)$, a função impulso em tempo contínuo, for permitido, podemos obter a TFTD de alguns sinais que violam tanto (9.33a) quanto (9.33b). Tais sinais não são absolutamente somáveis e não possuem energia finita. Por exemplo, como visto nos pares 11 e 12 da Tabela 9.1, a TFTD de $x[n] = 1$ para todo n e $x[n] = e^{j\Omega_0 n}$ existem, apesar desta funções violarem as condição (9.33a) e (9.33b).

Tabela 9.1 Tabela curta de transformadas de Fourier em tempo discreto

Nº	$x[n]$	$X(\Omega)$	
1	$\delta[n-k]$	$e^{-jk\Omega}$	k inteira
2	$\gamma^n u[n]$	$\dfrac{e^{j\Omega}}{e^{j\Omega} - \gamma}$	$|\gamma| < 1$
3	$-\gamma^n u[-(n+1)]$	$\dfrac{e^{j\Omega}}{e^{j\Omega} - \gamma}$	$|\gamma| > 1$
4	$\gamma^{|n|}$	$\dfrac{1 - \gamma^2}{1 - 2\gamma \cos\Omega + \gamma^2}$	$|\gamma| < 1$
5	$n\gamma^n u[n]$	$\dfrac{\gamma e^{j\Omega}}{(e^{j\Omega} - \gamma)^2}$	$|\gamma| < 1$
6	$\gamma^n \cos(\Omega_0 n + \theta) u[n]$	$\dfrac{e^{j\Omega}[e^{j\Omega}\cos\theta - \gamma\cos(\Omega_0 - \theta)]}{e^{j2\Omega} - (2\gamma\cos\Omega_0)e^{j\Omega} + \gamma^2}$	$|\gamma| < 1$
7	$u[n] - u[n-M]$	$\dfrac{\text{sen}(M\Omega/2)}{\text{sen}(\Omega/2)} e^{-j\Omega(M-1)/2}$	
8	$\dfrac{\Omega_c}{\pi} \text{sinc}(\Omega_c n)$	$\displaystyle\sum_{k=-\infty}^{\infty} \text{ret}\left(\dfrac{\Omega - 2\pi k}{2\Omega_c}\right)$	$\Omega_c \leq \pi$
9	$\dfrac{\Omega_c}{2\pi} \text{sinc}^2\left(\dfrac{\Omega_c n}{2}\right)$	$\displaystyle\sum_{k=-\infty}^{\infty} \Delta\left(\dfrac{\Omega - 2\pi k}{2\Omega_c}\right)$	$\Omega_c \leq \pi$
10	$u[n]$	$\dfrac{e^{j\Omega}}{e^{j\Omega} - 1} + \pi \displaystyle\sum_{k=-\infty}^{\infty} \delta(\Omega - 2\pi k)$	
11	1 para todo n	$2\pi \displaystyle\sum_{k=-\infty}^{\infty} \delta(\Omega - 2\pi k)$	
12	$e^{j\Omega_0 n}$	$2\pi \displaystyle\sum_{k=-\infty}^{\infty} \delta(\Omega - \Omega_0 - 2\pi k)$	
13	$\cos \Omega_0 n$	$\pi \displaystyle\sum_{k=-\infty}^{\infty} \delta(\Omega - \Omega_0 - 2\pi k) + \delta(\Omega + \Omega_0 - 2\pi k)$	
14	$\text{sen}\,\Omega_0 n$	$j\pi \displaystyle\sum_{k=-\infty}^{\infty} \delta(\Omega + \Omega_0 - 2\pi k) - \delta(\Omega - \Omega_0 - 2\pi k)$	
15	$(\cos \Omega_0 n)\, u[n]$	$\dfrac{e^{j2\Omega} - e^{j\Omega}\cos\Omega_0}{e^{j2\Omega} - 2e^{j\Omega}\cos\Omega_0 + 1} + \dfrac{\pi}{2} \displaystyle\sum_{k=-\infty}^{\infty} \delta(\Omega - 2\pi k - \Omega_0) + \delta(\Omega - 2\pi k + \Omega_0)$	
16	$(\text{sen}\,\Omega_0 n)\, u[n]$	$\dfrac{e^{j\Omega}\sin\Omega_0}{e^{j2\Omega} - 2e^{j\Omega}\cos\Omega_0 + 1} + \dfrac{\pi}{2j} \displaystyle\sum_{k=-\infty}^{\infty} \delta(\Omega - 2\pi k - \Omega_0) - \delta(\Omega - 2\pi k + \Omega_0)$	

EXEMPLO 9.3

Obtenha a TFTD de $x[n] = \gamma^n u[n]$.

$$X(\Omega) = \sum_{n=0}^{\infty} \gamma^n e^{-j\Omega n}$$

$$= \sum_{n=0}^{\infty} (\gamma e^{-j\Omega})^n$$

Esta função é uma série geométrica infinita com razão comum $\gamma e^{-j\Omega}$. Portanto (veja a Seção B.7-4),

$$X(\Omega) = \frac{1}{1 - \gamma e^{-j\Omega}}$$

desde que $|\gamma e^{-j\Omega}| < 1$. Mas como $|e^{-j\Omega}| = 1$, esta condição implica em $|\gamma| < 1$. Logo,

$$X(\Omega) = \frac{1}{1 - \gamma e^{-j\Omega}} \qquad |\gamma| < 1 \tag{9.34a}$$

Se $|\gamma| > 1$, $X(\Omega)$ não converge. Este resultado está em conformidade com a condição (9.33). A partir da Eq. (9.34a)

$$X(\Omega) = \frac{1}{1 - \gamma \cos \Omega + j\gamma \, \text{sen} \, \Omega} \tag{9.34b}$$

tal que

$$|X(\Omega)| = \frac{1}{\sqrt{(1 - \gamma \cos \Omega)^2 + (\gamma \, \text{sen} \, \Omega)^2}}$$

$$= \frac{1}{\sqrt{1 + \gamma^2 - 2\gamma \cos \Omega}} \tag{9.35a}$$

$$\angle X(\Omega) = -\tan^{-1}\left[\frac{\gamma \, \text{sen} \, \Omega}{1 - \gamma \cos \Omega}\right] \tag{9.35b}$$

A Fig. 9.4 mostra $x[n] = \gamma^n u[n]$ e seu espectro para $\gamma = 0,8$. Observe que os espectros de frequência são funções contínuas e periódicas, com período 2π. Como explicado anteriormente, precisamos deste espectro somente em um intervalo de frequência de 2π. Geralmente selecionamos este intervalos na faixa de frequência fundamental $(-\pi, \pi)$.

O espectro de amplitude $|X(\Omega)|$ é uma função par e o espectro de fase $\angle X(\Omega)$ é uma função ímpar de Ω.

(a)

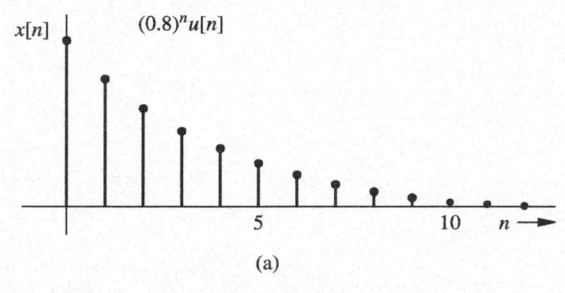

Figura 9.4 Exponencial $\gamma^n u[n]$ e seu espectro de frequência.

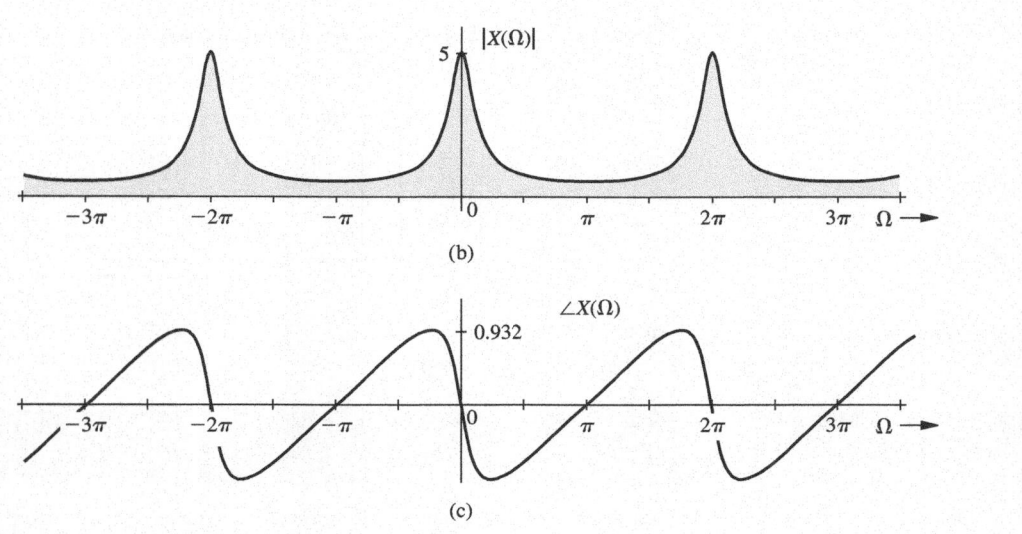

Figura 9.4 Continuação.

EXEMPLO 9.4

Obtenha a TFTD de $\gamma^n u[-(n+1)]$, mostrado na Fig. 9.5.

$$X(\Omega) = \sum_{n=-\infty}^{\infty} \gamma^n u[-(n+1)]e^{-j\Omega n} = \sum_{n=-1}^{-\infty} (\gamma e^{-j\Omega})^n = \sum_{n=-1}^{-\infty} \left(\frac{1}{\gamma}e^{j\Omega}\right)^{-n}$$

Fazendo $n = -m$, temos

$$x[n] = \sum_{m=1}^{\infty} \left(\frac{1}{\gamma}e^{j\Omega}\right)^m = \frac{1}{\gamma}e^{j\Omega} + \left(\frac{1}{\gamma}e^{j\Omega}\right)^2 + \left(\frac{1}{\gamma}e^{j\Omega}\right)^3 + \cdots$$

Esta função é uma série geométrica com razão comum $e^{j\Omega}/\gamma$. Portanto, a partir da Seção B.7-4,

$$X(\Omega) = \frac{1}{\gamma e^{-j\Omega} - 1} \qquad |\gamma| > 1 \tag{9.36}$$

$$= \frac{1}{(\gamma \cos \Omega - 1) - j\gamma \operatorname{sen} \Omega}$$

Portanto,

$$|X(\Omega)| = \frac{1}{\sqrt{1 + \gamma^2 - 2\gamma \cos \Omega}}$$

$$\angle X(\Omega) = \tan^{-1}\left[\frac{\gamma \operatorname{sen} \Omega}{\gamma \cos \Omega - 1}\right] \tag{9.37}$$

Exceto pela mudança de sinal, esta transformada de Fourier (e seu espectro de Fourier correspondente) é idêntica a de $x[n] = \gamma^n u[n]$. Mesmo assim não há ambiguidade na determinação da TIFTD de $X(\Omega) = 1/(\gamma e^{-j\Omega}$

– 1) devido às restrições no valor de γ em cada caso. Se $|\gamma| < 1$, então a transformada inversa é $x[n] = \gamma^n u[n]$. Se $|\gamma| > 1$, a transformada inversa é $x[n] = \gamma^n u[-(n + 1)]$.

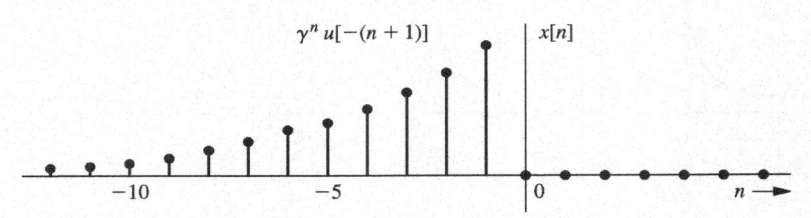

Figura 9.5 Exponencial $\gamma^n u[-(n + 1)]$.

EXEMPLO 9.5

Obtenha a TFTD do pulso retangular em tempo discreto mostrado na Fig. 9.6a. Este pulso também é chamado de função janela retangular de 9 pontos.

$$X(\Omega) = \sum_{n=-\infty}^{\infty} x[n] e^{-j\Omega n}$$

$$= \sum_{n=-(M-1)/2}^{(M-1)/2} (e^{-j\Omega})^n \quad M = 9 \tag{9.38}$$

Esta função é uma progressão geométrica com razão comum $e^{-j\Omega}$ e (veja a Seção B.7-4)

$$X(\Omega) = \frac{e^{-j[(M+1)/2]\Omega} - e^{j[(M-1)/2]\Omega}}{e^{-j\Omega} - 1}$$

$$= \frac{e^{-j\Omega/2} \left(e^{-j(M/2)\Omega} - e^{j(M/2)\Omega} \right)}{e^{-j\Omega/2} (e^{-j\Omega/2} - e^{j\Omega/2})}$$

$$= \frac{\operatorname{sen}\left(\dfrac{M}{2}\Omega\right)}{\operatorname{sen}(0,5\Omega)} \tag{9.39}$$

$$= \frac{\operatorname{sen}(4,5\Omega)}{\operatorname{sen}(0,5\Omega)} \quad \text{para } M = 9 \tag{9.40}$$

A Fig. 9.6b mostra o espectro $X(\Omega)$ para $M = 9$.

(a)

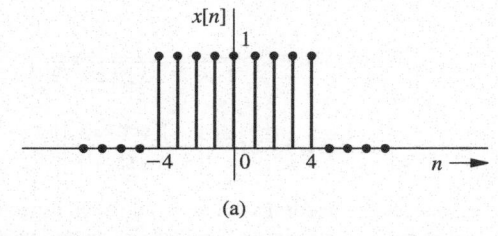

Figura 9.6 (a) Pulso de porta em tempo discreto e (b) seu espectro de Fourier.

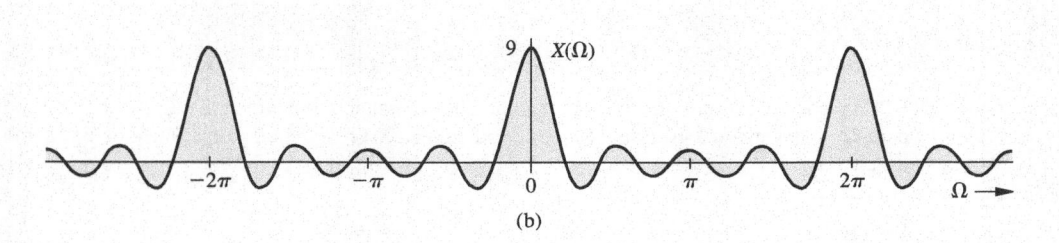

Figura 9.6 Continuação

EXEMPLO DE COMPUTADOR C9.2

Repita o Exemplo 9.5 usando o MATLAB

```
>> syms Omega n M
>> X = simplify(symsum(exp(-j*Omega*n),n,-(M-1)/2,(M-1)/2))

X =

1/(-1+exp(i*Omega))*(-exp(-1/2*i*Omega*(M-1))+exp(1/2*i*Omega*(M+1)))
        % Calcula a expressão simbólica X(Omega) para M = 9:
>> Omega = linspace(-pi,pi,1000); M = 9*ones(size(Omega)); X = subs(X);
>> subplot(2,1,1); plot(Omega,abs(X),'k'); axis([-pi pi 0 9]);
>> xlabel('\Omega'); ylabel('X(\Omega)');
>> legend('TFTD pelo cálculo simbólico', 0);
        % Calcula as amostras de X(Omega) usando a FFT:
>> N = 512; M = 9;
>> x = [ones(1,(M+1)/2) zeros(1,N-M) ones(1,(M-1)/2)];
>> X = fft(x); Omega = (-N/2:N/2-1)*2*pi/N;
>> subplot(2,1,2); plot(Omega,fftshift(abs(X)),'k.'); axis([-pi pi 0 9]);
>> xlabel('\Omega'); ylabel('X(\Omega)');
>> legend('amostras da TFTD pela FTT',0);
```

Figura C9.2

EXEMPLO 9.6

Obtenha a TFTD inversa do espectro de pulso retangular descrito na faixa fundamental ($|\Omega| \le \pi$) por $X(\Omega) =$ ret $(\Omega/2\Omega_c)$ para $\Omega_c \le \pi$. Devido à propriedade de periodicidade, $X(\Omega)$ se repete a intervalos de 2π, como mostrado na Fig. 9.7a.

De acordo com a Eq. (9.29)

$$x[n] = \frac{1}{2\pi} \int_{-\pi}^{\pi} X(\Omega) e^{jn\Omega}\, d\Omega = \frac{1}{2\pi} \int_{-\Omega_c}^{\Omega_c} e^{jn\Omega}\, d\Omega$$

$$= \frac{1}{j2\pi n} e^{jn\Omega} \bigg|_{-\Omega_c}^{\Omega_c} = \frac{\text{sen}(\Omega_c n)}{\pi n} = \frac{\Omega_c}{\pi} \text{sinc}(\Omega_c n)$$

(9.41)

O sinal $x[n]$ é mostrado na Fig. 9.7b (para o caso de $\Omega_c = \pi/4$).

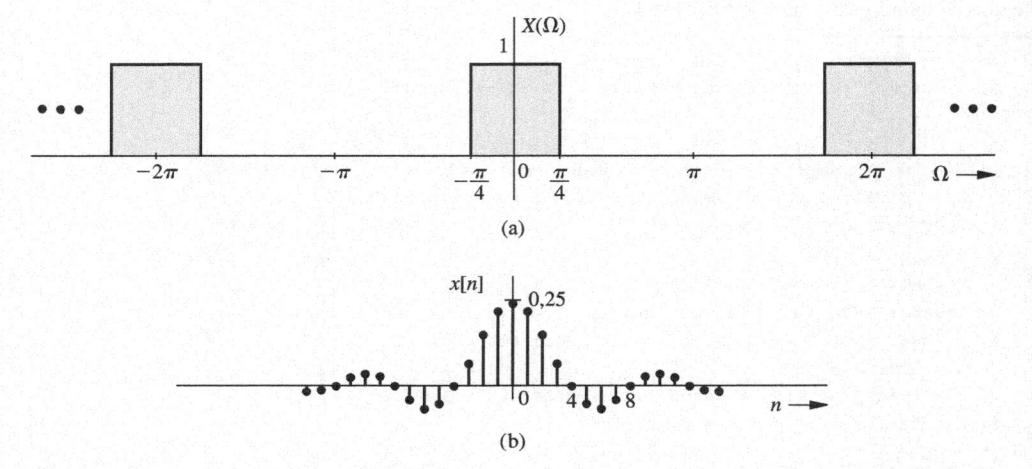

Figura 9.7 Transformada inversa de Fourier em tempo discreto de um espectro de porta periódico.

EXERCÍCIO E9.4

Obtenha e trace o espectro de amplitude e fase da TFTD do sinal $x[n] = \gamma^{|n|}$ com $|\gamma| < 1$.

RESPOSTA

$$X(\Omega) = \frac{1 - \gamma^2}{1 - 2\gamma \cos \Omega + \gamma^2}$$

EXERCÍCIO E9.5

Obtenha e trace o espectro de amplitude e fase da TFTD do sinal $x[n] = \delta[n+1] - \delta[n-1]$.

RESPOSTA

$|X(\Omega)| = 2|\text{sen}\,\Omega|$

$\angle X(\omega) = (\pi/2)[1 - \text{sgn}(\text{sen}\,\Omega)]$

9.2-2 Conexão entre a TFTD e a Transformada z

A conexão entre a transformada z (bilateral) e a TFTD é similar a existente entre a transformada de Laplace e a transformada de Fourier. A transformada z de $x[n]$, de acordo com a Eq. (5.1) é

$$X[z] = \sum_{n=-\infty}^{\infty} x[n]z^{-n} \tag{9.42a}$$

Fazendo $z = e^{j\Omega}$ nesta equação, obtemos

$$X[e^{j\Omega}] = \sum_{n=-\infty}^{\infty} x[n]e^{-j\Omega n} \tag{9.42b}$$

O somatório do lado direito define $X(\Omega)$, a TFTD de $x[n]$. Isto significa que a TFTD pode ser obtida da transformada z correspondente, fazendo $z = e^{j\Omega}$? Em outras palavras, é válido afirmar que $X[e^{j\Omega}] = X(\Omega)$? Sim, é válido na maioria dos casos. Por exemplo, quando $x[n] = a^n u[n]$, sua transformada z é $z/(z-a)$, e $X[e^{j\Omega}] = e^{j\Omega}/(e^{j\Omega} - a)$, a qual é igual a $X(\Omega)$ (assumindo $|a| < 1$). Entretanto, para a função degrau unitário $u[n]$, a transformada z é $z/(z-1)$, e $X[e^{j\Omega}] = e^{j\Omega}/(e^{j\Omega} - 1)$. Como observado na Tabela 9.1, par 10, isto não é igual a $X(\Omega)$ neste caso.

Obtemos $X[e^{j\Omega}]$ fazendo $z = e^{j\Omega}$ na Eq. (9.42a). Isto significa que o somatório do lado direito da Eq. (9.42a) converge para $z = e^{j\Omega}$, o que significa que o círculo unitário (caracterizado por $z = e^{j\Omega}$) está na região de convergência de $X[z]$. Logo, a regra geral é que somente quando a RDC de $X[z]$ inclui o círculo unitário é que $z = e^{j\Omega}$ em $X[z]$ resulta na TFTD $X(\Omega)$. Isto se aplica a todo $x[n]$ absolutamente somável. Se a RDC de $X[z]$ exclui o círculo unitário, $X[e^{j\Omega}] \neq X(\Omega)$. Isto se aplica a todo $x[n]$ exponencialmente crescente ou que seja constante ou oscile com uma amplitude constante.

A razão para este comportamento peculiar tem algo a ver com a natureza da convergência da transformada z e da TFTD.[†]

Esta discussão mostra que, apesar da TFTS poder ser considerada um caso especial da transformada z, precisamos restringir este escopo. Este aviso é ratificado pelo fato de um sinal periódico possuir TFTD, apesar da sua transformada z não existir.

9.3 Propriedades da TFTD

Na próxima seção, iremos observar uma conexão entre a TFTD e a TFTC (transformada de Fourier em tempo contínuo). Por esta razão, as propriedades da TFTD são muito similares às da TFTC, como as seguintes discussões mostram.

Linearidades da TFTD
Se

$$x_1[n] \iff X_1(\Omega) \quad \text{e} \quad x_2[n] \iff X_2(\Omega)$$

então

$$a_1 x_1[n] + a_2 x_2[n] \iff a_1 X_1(\Omega) + a_2 X_2(\Omega) \tag{9.43}$$

A prova é trivial. O resultado pode ser estendido para qualquer soma finita.

[†] Para explicar este ponto, considere a função degrau unitário $u[n]$ e suas transformadas. Tanto a transformada z quando a TFTD sintetizam $x[n]$ usando exponenciais de duração infinita na forma z^n. O valor de z pode estar em qualquer lugar no plano complexo z para a transformada z, mas ele deve estar restrito ao círculo unitário ($z = e^{j\Omega}$) para o caso da TFTD. A função degrau unitário é facilmente sintetizada pela transformada z com um espectro relativamente simples de $X[z] = z/(z-1)$, através da escolha de z fora do círculo unitário (a RDC de $u[n]$ é $|z| > 1$). Na TFTD, entretanto, estamos limitados a valores de z somente dentro do círculo unitário ($z = e^{j\Omega}$). A função $u[n]$ ainda pode ser sintetizada por valores de z no círculo unitário, mas o espectro é mais complicado do que se estivéssemos livres para escolher z em qualquer lugar, incluindo a região fora do círculo unitário. Por outro lado, quando $x[n]$ é absolutamente somável, a região de convergência da transformada z influi o círculo unitário, e podemos sintetizar $x[n]$ usando z ao longo do círculo unitário nas duas transformadas. Isto resulta em $X[e^{j\Omega}] = X(\Omega)$.

Simetria de Conjugado de $X(\Omega)$

Na Eq. (9.32b), provamos a *propriedade de conjugação*

$$x^*[n] \iff X^*(-\Omega) \qquad (9.44)$$

Também mostramos que como consequência, quando $x[n]$ é real, $X(\Omega)$ e $X(-\Omega)$ são conjugados, ou seja,

$$X(-\Omega) = X^*(\Omega) \qquad (9.45)$$

Esta é a propriedade da *simetria de conjugado*. Como $X(\Omega)$ geralmente é complexo, temos tanto o espectro de amplitude quanto de ângulo (ou fase)

$$X(\Omega) = |X(\Omega)|e^{j\angle X(\Omega)} \qquad (9.46)$$

Logo, para $x[n]$ real, temos que

$$|X(\Omega)| = |X(-\Omega)| \qquad (9.47a)$$

$$\angle X(\Omega) = -\angle X(-\Omega) \qquad (9.47b)$$

Portanto, para $x[n]$ real, o espectro de amplitude $|X(\Omega)|$ é uma função par de Ω e o espectro de fase $\angle X(\Omega)$ é uma função ímpar de Ω.

Reversão no Tempo e na Frequência

$$x[-n] \iff X(-\Omega) \qquad (9.48)$$

A partir da Eq. (9.30), a TFTD de $x[-n]$ é

$$\text{DTFT}\{x[-n]\} = \sum_{n=-\infty}^{\infty} x[-n]e^{-j\Omega n} = \sum_{m=-\infty}^{\infty} x[m]e^{j\Omega m} = X(-\Omega)$$

EXEMPLO 9.7

Utilize a propriedade de reversão tempo-frequência (9.48) e o par 2 da Tabela 9.1 para obter o par 4 da Tabela 9.1.

O par 2 afirma que

$$\gamma^n u[n] = \frac{e^{j\Omega}}{e^{j\Omega} - \gamma} \qquad |\gamma| < 1 \qquad (9.49a)$$

Logo, da Eq. (9.48)

$$\gamma^{-n} u[-n] = \frac{e^{-j\Omega}}{e^{-j\Omega} - \gamma} \qquad |\gamma| < 1 \qquad (9.49b)$$

Além disto, $\gamma^{|n|}$ pode ser descrito pela soma de $\gamma^n u[n]$ e $\gamma^{-n} u[-n]$, exceto pelo impulso em $n = 0$ o qual é contado duas vezes (uma vez para cada uma das exponenciais). Logo,

$$\gamma^{|n|} = \gamma^n u[n] + \gamma^{-n} u[-n] - \delta[n]$$

Portanto, usando as Eqs. (9.49a) e (9.49b) e invocando a propriedade da linearidade, podemos escrever

$$\text{TFTD}\{\gamma^{|n|}\} = \frac{e^{j\Omega}}{e^{j\Omega} - \gamma} + \frac{e^{-j\Omega}}{e^{-j\Omega} - \gamma} - 1 = \frac{1 - \gamma^2}{1 - 2\gamma \cos \Omega + \gamma^2} \qquad |\gamma| < 1$$

a qual confirma o par 4 da Tabela 9.1.

EXERCÍCIO E9.6
Na Tabela 9.1, obtenha o par 13 do par 15 usando a propriedade de reversão tempo-frequência (9.48).

MULTIPLICAÇÃO POR n: DIFERENCIAÇÃO NA FREQUÊNCIA

$$nx[n] \iff j\frac{dX(\Omega)}{d\Omega} \tag{9.50}$$

O resultado segue diretamente da diferenciação, com relação a Ω, dos dois lados da Eq. (9.30).

EXEMPLO 9.8

Utilize a propriedade da Eq. (9.50) [multiplicação por n] e o par 2 da Tabela 9.1 para obter o par 5 da Tabela 9.1.

O par 2 afirma que

$$\gamma^n u[n] = \frac{e^{j\Omega}}{e^{j\Omega} - \gamma} \qquad |\gamma| < 1 \tag{9.51}$$

Logo, da Eq. (9.50),

$$n\gamma^n u[n] = j\frac{d}{d\Omega}\left\{\frac{e^{j\Omega}}{e^{j\Omega} - \gamma}\right\} = \frac{\gamma e^{j\Omega}}{(e^{j\Omega} - \gamma)^2} \qquad |\gamma| < 1$$

a qual confirma o par 5 da Tabela 9.1.

PROPRIEDADE DE DESLOCAMENTO NO TEMPO
Se

$$x[n] \iff X(\Omega)$$

então

$$x[n - k] \iff X(\Omega)e^{-jk\Omega} \qquad \text{para } k \text{ inteiro} \tag{9.52}$$

Esta propriedade pode ser provada pela substituição direta na equação que define a transformação direta. A partir da Eq. (9.30), obtemos

$$x[n - k] \iff \sum_{n=-\infty}^{\infty} x[n-k]e^{-j\Omega n} = \sum_{m=-\infty}^{\infty} x[m]e^{-j\Omega[m+k]}$$

$$= e^{-j\Omega k} \sum_{n=-\infty}^{\infty} x[m]e^{-j\Omega m} = e^{-jk\Omega} X(\Omega)$$

Este resultado mostra que *atrasar um sinal por k amostras não altera seu espectro de amplitude. O espectro de fase, entretanto, é alterado por* $-k\Omega$. Esta fase adicionada é uma função linear de Ω com inclinação $-k$.

EXPLICAÇÃO FÍSICA DA FASE LINEAR
O atraso de tempo em um sinal resulta em um deslocamento linear de fase em seu espectro. A explicação heurística para este resultado é semelhante à utilizada para sinais contínuos no tempo, mostrada na Seção 7.3 (veja a Fig. 7.22).

EXEMPLO 9.9

Obtenha a TFTD de $x[n] = (1/4)\,\text{sinc}\,(\pi(n-2)/4)$, mostrada na Fig. 9.8a.

No Exemplo 9.6, determinamos

$$\frac{1}{4}\,\text{sinc}\left(\frac{\pi n}{4}\right) \iff \sum_{m=-\infty}^{\infty} \text{ret}\left(\frac{\Omega - 2\pi m}{\pi/2}\right)$$

Utilizando a propriedade de deslocamento no tempo [Eq. (9.52)], obtemos (para k inteiro)

$$\frac{1}{4}\,\text{sinc}\left(\frac{\pi(n-2)}{4}\right) \iff \sum_{m=-\infty}^{\infty} \text{ret}\left(\frac{\Omega - 2\pi m}{\pi/2}\right) e^{-j2\Omega} \qquad (9.53)$$

O espectro do sinal deslocado é mostrado na Fig. 9.8b.

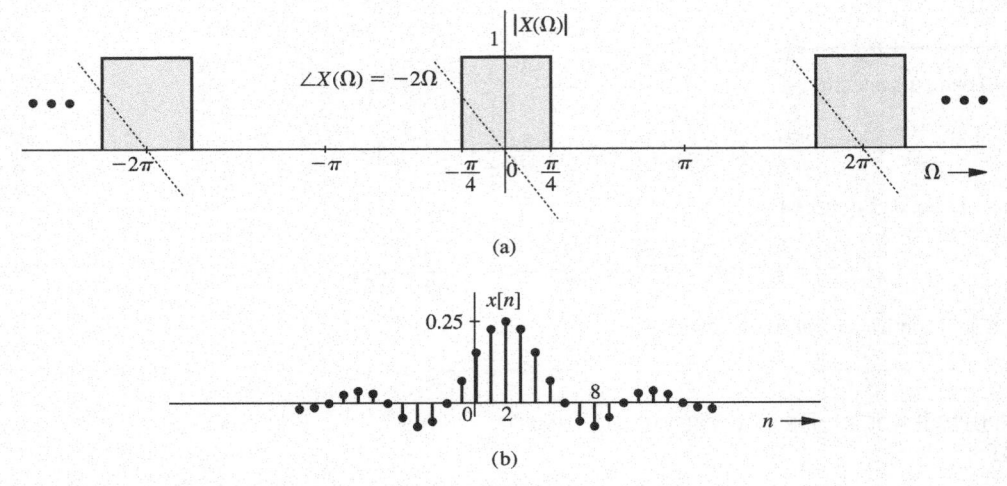

Figura 9.8 Deslocamento de $x[n]$ por k unidades altera a fase de $X(\Omega)$ por $k\,\Omega$.

EXERCÍCIO E9.7

Verifique o resultado da Eq. (9.40) a partir do par 7 da Tabela 9.1 e da propriedade de deslocamento de tempo da TFTD.

PROPRIEDADE DE DESLOCAMENTO NA FREQUÊNCIA
Se

$$x[n] \iff X(\Omega)$$

então

$$x[n]e^{j\Omega_c n} \iff X(\Omega - \Omega_c) \qquad (9.54)$$

Esta propriedade é dual à propriedade de deslocamento no tempo. Para provar a propriedade de deslocamento na frequência, temos, a partir da Eq. (9.30),

$$x[n]e^{j\Omega_c n} \iff \sum_{n=-\infty}^{\infty} x[n]e^{j\Omega_c n}e^{-j\Omega n} = \sum_{n=-\infty}^{\infty} x[n]e^{-j(\Omega-\Omega_c)n} = X(\Omega - \Omega_c)$$

Usando este resultado obtemos

$$x[n]e^{-j\Omega_c n} \iff X(\Omega + \Omega_c)$$

Somando esta par ao par da Eq. (9.54),

$$x[n]\cos(\Omega_c n) \iff \tfrac{1}{2}\{X(\Omega - \Omega_c) + X(\Omega + \Omega_c)\} \tag{9.55}$$

Esta é a *propriedade da modulação*.
Multiplicando os dois lados do par (9.54) por $e^{j\theta}$, obtemos

$$x[n]e^{j(\Omega_c n+\theta)} \iff X(\Omega - \Omega_c)e^{j\theta} \tag{9.56}$$

Usando este par, podemos generalizar a propriedade da modulação por

$$x[n]\cos(\Omega_c n + \theta) \iff \tfrac{1}{2}\{X(\Omega - \Omega_c)e^{j\theta} + X(\Omega + \Omega_c)e^{-j\theta}\} \tag{9.57}$$

EXEMPLO 9.10

Um sinal $x[n]$ = sinc $(\pi n/4)$ modula uma portadora cos $\Omega_c n$. Obtenha e trace o espectro do sinal modulado $x[n]\cos\Omega_c n$ para
(a) $\Omega_c = \pi/2$
(b) $\Omega_c = 7\pi/8 = 0{,}875\pi$

(a) Para $x[n]$ = sinc $(\pi n/4)$, obtemos (Tabela 9.1, par 8)

$$X(\Omega) = 4 \sum_{m=-\infty}^{\infty} \text{ret}\left(\frac{\Omega - 2\pi m}{\pi/2}\right)$$

A Fig. 9.9a mostra a TFTD de $X(\Omega)$. A partir da propriedade da modulação (9.55), temos

$$x[n]\cos(0{,}5\pi n) \iff 2 \sum_{m=-\infty}^{\infty} \text{ret}\left(\frac{\Omega - 0{,}5\pi - 2\pi m}{0{,}5\pi}\right) + \text{ret}\left(\frac{\Omega + 0{,}5\pi - 2\pi m}{0{,}5\pi}\right)$$

A Fig. 9.9b mostra metade de $X(\Omega)$ deslocado por $\pi/2$ e a Fig. 9.9c mostra $X(\Omega)$ deslocado por $-\pi/2$. O espectro do sinal modulado é obtido somando estes dois espectros deslocados e multiplicando por, como mostrado na Fig. 9.9d.

(b) A Fig. 9.10a mostra $X(\Omega)$, a qual é a mesma da parte a. Para $\Omega_c = 7\pi/8 = 0{,}875\pi$, a propriedade da modulação (9.55) resulta em

$$x[n]\cos(0{,}875\pi n) \iff 2 \sum_{m=-\infty}^{\infty} \text{ret}\left(\frac{\Omega - 0{,}875\pi - 2\pi m}{0{,}5\pi}\right) + \text{ret}\left(\frac{\Omega + 0{,}875\pi - 2\pi m}{0{,}5\pi}\right)$$

A Fig. 9.10b mostra $X(\Omega)$ deslocado por $7\pi/8$ e a Fig. 9.10c mostra $X(\Omega)$ deslocado por $-7\pi/8$. O espectro do sinal modulado é obtido somando-se estes dois espectros deslocados e multiplicando por $\tfrac{1}{2}$, como mostrado na Fig. 9.10d. Neste caso, os dois espectros deslocados se sobrepõem. Logo, a operação de modulação resulta em *aliasing*, não alcançando o efeito desejado de deslocamento espectral. Neste exemplo, para obtemos o deslocamento espectral sem *aliasing*, devemos ter $\Omega_c \leq 3\pi/4$.

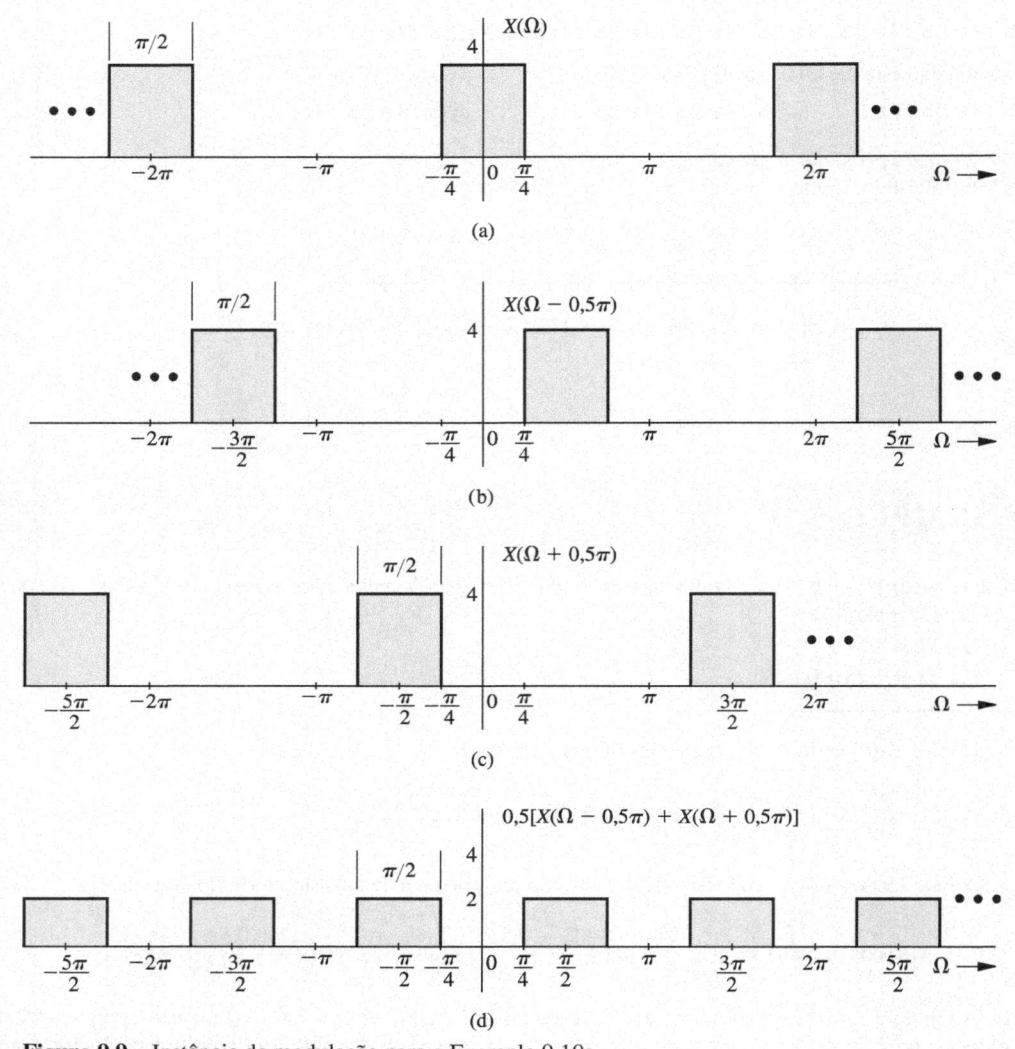

Figura 9.9 Instância de modulação para o Exemplo 9.10a.

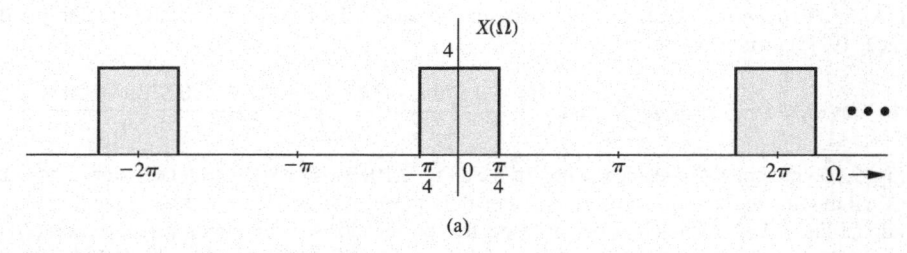

Figura 9.10 Instância de modulação para o Exemplo 9.10b.

Figura 9.10 Continuação

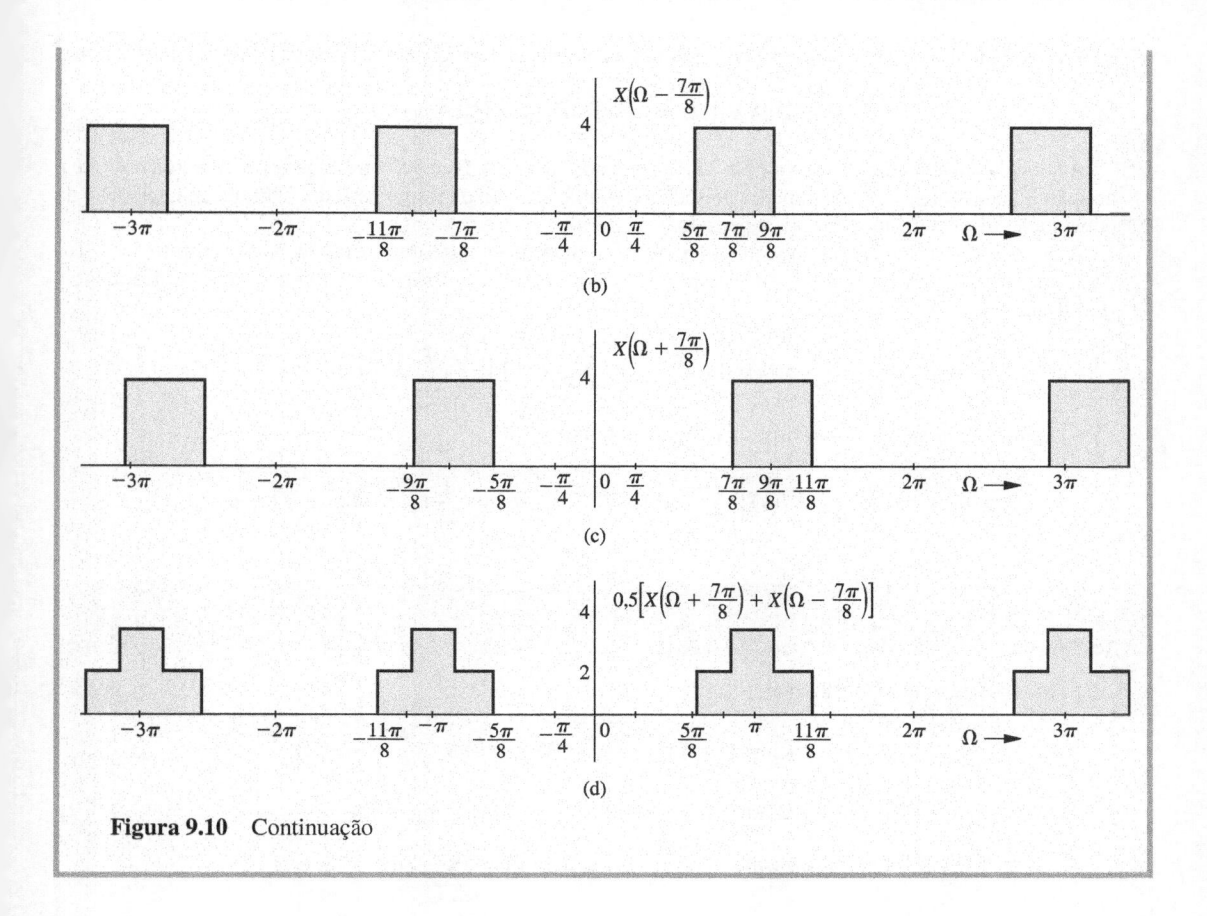

EXERCÍCIO E9.8
Na Tabela 9.1, obtenha os pares 12 e 13 do par 11 e das propriedades de deslocamento na frequência e modulação.

PROPRIEDADE DA CONVOLUÇÃO NO TEMPO E NA FREQUÊNCIA
Se
$$x_1[n] \iff X_1(\Omega) \quad \text{e} \quad x_2[n] \iff X_2(\Omega)$$
então
$$x_1[n] * x_2[n] \iff X_1(\Omega) X_2(\Omega) \tag{9.58a}$$
e
$$x_1[n] x_2[n] \iff \frac{1}{2\pi} X_1(\Omega) \circledast X_2(\Omega) \tag{9.58b}$$
na qual
$$x_1[n] * x_2[n] = \sum_{m=-\infty}^{\infty} x_1[m] x_2[n-m]$$

Para dois sinais contínuos, periódicos, definimos a convolução periódica, representada pelo símbolo $\circledP$ como[†]

$$X_1(\Omega) \circledP X_2(\Omega) = \frac{1}{2\pi} \int_{2\pi} X_1(u) X_2(\Omega - u) \, du$$

A convolução aqui não é a convolução *linear* utilizada até então. Esta é a convolução *periódica* (ou *circular*), aplicável à convolução de duas funções periódicas, contínuas, com o mesmo período. O limite de integração na convolução se estende por apenas um período.

A prova da propriedade da convolução no tempo é idêntica à apresentada na Seção 5.2 [Eq. (5.18)]. Tudo o que precisamos fazer é substituir z por $e^{j\Omega}$. Para provar a propriedade de convolução na frequência (9.58b), temos

$$x_1[n]x_2[n] \iff \sum_{n=-\infty}^{\infty} x_1[n]x_2[n]e^{-j\Omega n} = \sum_{n=-\infty}^{\infty} x_2[n] \left[\frac{1}{2\pi} \int_{2\pi} X_1(u)e^{-jnu} \, du\right] e^{-j\Omega n}$$

Alterando a ordem do somatório e da integral, obtemos

$$x_1[n]x_2[n] \iff \frac{1}{2\pi} \int_{2\pi} X_1(u) \left[\sum_{n=-\infty}^{\infty} x_2[n]e^{-j(\Omega-u)n}\right] du = \frac{1}{2\pi} \int_{2\pi} X_1(u) X_2(\Omega - u) \, du$$

EXEMPLO 9.11

Se $x[n] \iff X(\Omega)$, então mostre que

$$\sum_{k=-\infty}^{n} x[k] \iff \pi X(0) \sum_{k=-\infty}^{\infty} \delta(\Omega - 2\pi k) + \frac{e^{j\Omega}}{e^{j\Omega} - 1} X(\Omega) \qquad (9.59)$$

Observe que a soma do lado direito da Eq. (9.59) é $x[n] * u[n]$, porque

$$x[n] * u[n] = \sum_{k=-\infty}^{\infty} x[k]u[n-k] = \sum_{k=-\infty}^{n} x[k]$$

Na obtenção desse resultado, utilizamos o fato de que

$$u[n-k] = \begin{cases} 1 & k \leq n \\ 0 & k > n \end{cases}$$

Logo, da propriedade da convolução no tempo (9.58a) e do par 10 da Tabela 9.1, temos que

$$\sum_{k=-\infty}^{n} x[k] \iff X(\Omega) \left(\pi \sum_{k=-\infty}^{\infty} \delta(\Omega - 2\pi k) + \frac{e^{j\Omega}}{e^{j\Omega} - 1}\right)$$

devido à periodicidade de 2π, $X(0) = X(2\pi k)$. Além disso, $X(\Omega)\delta(\Omega - 2\pi k) = X(2\pi k)\delta(\Omega - 2\pi k) = X(0)\delta(\Omega - 2\pi k)$. Logo,

$$\sum_{k=-\infty}^{n} x[k] \iff \pi X(0) \sum_{k=-\infty}^{\infty} \delta(\Omega - 2\pi k) + \frac{e^{j\Omega}}{e^{j\Omega} - 1} X(\Omega)$$

EXERCÍCIO E9.9

Na Tabela 9.1, obtenha o par 9 do par 8, assumindo $\Omega_c \leq \pi/2$. Utilize a propriedade de convolução no tempo.

[†] Na Eq. (8.36), definimos a convolução periódica para duas sequências discretas, periódicas, de forma diferente. Apesar de estarmos utilizando o mesmo símbolo $\circledP$ para o caso discreto e contínuo, o significado ficará claro a partir do contexto.

TEOREMA DE PARSEVAL
Se
$$x[n] \iff X(\Omega)$$
então E_x, a energia de $x[n]$, é dada por

$$E_x = \sum_{n=-\infty}^{\infty} |x[n]|^2 = \frac{1}{2\pi} \int_{2\pi} |X(\Omega)|^2 \, d\Omega \qquad (9.60)$$

Para provar essa propriedade, temos, da Eq. (9.44),

$$X^*(\Omega) = \sum_{n=-\infty}^{\infty} x^*[n] e^{j\Omega n} \qquad (9.61)$$

Agora,

$$\sum_{n=-\infty}^{\infty} |x[n]|^2 = \sum_{n=-\infty}^{\infty} x^*[n] x[n] = \sum_{n=-\infty}^{\infty} x^*[n] \left[\frac{1}{2\pi} \int_{2\pi} X(\Omega) e^{j\Omega n} \, d\Omega \right]$$

$$= \frac{1}{2\pi} \int_{2\pi} X(\Omega) \left[\sum_{n=-\infty}^{\infty} x^*[n] e^{j\Omega n} \right] d\Omega$$

$$= \frac{1}{2\pi} \int_{2\pi} X(\Omega) X^*(\Omega) \, d\Omega = \frac{1}{2\pi} \int_{2\pi} |X(\Omega)|^2 \, d\Omega$$

EXEMPLO 9.12

Obtenha a energia de $x[n] = \text{sinc}(\Omega_c n)$, assumindo $\Omega_c < \pi$.

Do par 8, Tabela 9.1, o espectro na faixa fundamental de $x[n]$ é

$$\text{sinc}(\Omega_c n) \iff \frac{\pi}{\Omega_c} \text{ret}\left(\frac{\Omega}{2\Omega_c}\right) \qquad |\Omega| \le \pi$$

Logo, do teorema de Parseval da Eq. (9.60), temos

$$E_x = \frac{1}{2\pi} \int_{-\pi}^{\pi} \frac{\pi^2}{\Omega_c^2} \left[\text{ret}\left(\frac{\Omega}{2\Omega_c}\right)\right]^2 d\Omega$$

Observando que ret $(\Omega/2\Omega_c) = 1$ para $|\Omega| \le \Omega_c$ e zero caso contrário, a integral anterior resulta em

$$E_x = \frac{1}{2\pi} \left(\frac{\pi^2}{\Omega_c^2}\right) (2\Omega_c) = \frac{\pi}{\Omega_c}$$

A Tabela 9.2 resume todas as propriedades da TFTD vistas até este momento.

Tabela 9.2 Propriedades da TFTD

Operação	$x[n]$	$X(\Omega)$
Linearidade	$a_1 x_1[n] + a_2 x_2[n]$	$a_1 X_1(\Omega) + a_2 X_2(\Omega)$
Conjugação	$x^*[n]$	$X^*(-\Omega)$

Tabela 9.2 Continuação

Multiplicação escala	$ax[n]$	$aX(\Omega)$
Multiplicação por	$nx[n]$	$j\dfrac{dX(\Omega)}{d\Omega}$
Reversão no tempo	$x[-n]$	$X(-\Omega)$
Deslocamento no tempo	$x[n-k]$	$X(\Omega)e^{-jk\Omega}$ k inteiro
Deslocamento na frequência	$x[n]e^{j\Omega_c n}$	$X(\Omega - \Omega_c)$
Convolução no tempo	$x_1[n] * x_2[n]$	$X_1(\Omega)X_2(\Omega)$
Convolução na frequência	$x_1[n]x_2[n]$	$\dfrac{1}{2\pi}\displaystyle\int_{2\pi} X_1[u]X_2[\Omega - u]\,du$
Teorema de Perseval	$E_x = \displaystyle\sum_{n=-\infty}^{\infty} |x[n]|^2$	$E_x = \dfrac{1}{2\pi}\displaystyle\int_{2\pi} |X(\Omega)|^2\,d\Omega$

9.4 Análise de Sistema LIT em Tempo Discreto pela TFTD

Considere um sistema linear, invariante e em tempo discreto, com resposta $h[n]$ ao impulso unitário. Devemos determinar a resposta $y[n]$ do sistema (estado nulo) para a entrada $x[n]$. Seja

$$x[n] \Longleftrightarrow X(\Omega) \qquad y[n] \Longleftrightarrow Y(\Omega) \qquad \text{e} \qquad h[n] \Longleftrightarrow H(\Omega)$$

Como

$$y[n] = x[n] * h[n] \tag{9.62}$$

De acordo com a Eq. (9.58a), temos que

$$Y(\Omega) = X(\Omega)H(\Omega) \tag{9.63}$$

Esse resultado é similar ao obtido para sistemas contínuos no tempo. Vamos examinar o papel de $H(\Omega)$, a TFTD da resposta $h[n]$ ao impulso unitário.

A Eq. (9.63) é válida somente para sistemas BIBO estáveis e também para sistemas marginalmente estáveis se a entrada não contiver os modos naturais do sistema. Nos outros casos, a resposta cresce com n, não possuindo transformada de Fourier.[†] Além disso, a entrada $x[n]$ também precisa possuir a transformada de Fourier. Para os casos nos quais a Eq. (9.63) não se aplica, podemos utilizar a transformada z para a análise do sistema.

A Eq. (9.63) mostra que o espectro de frequência do sinal de saída é o produto do espectro de frequência do sinal de entrada pela resposta em frequência do sistema. A partir dessa equação, obtemos

$$|Y(\Omega)| = |X(\Omega)||H(\Omega)| \tag{9.64}$$

e

$$\angle Y(\Omega) = \angle X(\Omega) + \angle H(\Omega) \tag{9.65}$$

Esse resultado mostra que o espectro de amplitude de saída é o produto do espectro de amplitude de entrada pela resposta em amplitude do sistema. O espectro de fase de saída é a soma do espectro de fase de entrada e a resposta de fase do sistema.

Também podemos interpretar a Eq. (9.63) em termos do ponto de vista do domínio da frequência, no qual vemos o sistema em termos de sua resposta em frequência (resposta do sistema a várias componentes exponenciais ou senoidais). O domínio da frequência enxerga o sinal como a soma de várias componentes exponenciais ou se-

---

[†] Ela não é válida para sistemas assintoticamente instáveis cuja resposta $h[n]$ ao impulso não possui TFTD. No caso do sistema ser marginalmente estável e a entrada não conter termos de modos do sistema, a resposta não cresce com n e, portanto, possui transformada de Fourier.

noidais. A transmissão do sinal através de um sistema (linear) é vista como a transmissão de várias componentes exponenciais ou senoidais do sinal de entrada através do sistema. Esse conceito pode ser entendido mostrando as relações entrada-saída por setas direcionais, como mostrado a seguir:

$$e^{j\Omega n} \implies H(\Omega)e^{j\Omega n}$$

a qual mostra que a resposta do sistema a $e^{j\Omega n}$ é $H(\Omega)e^{j\Omega n}$ e

$$x[n] = \frac{1}{2\pi}\int_{2\pi} X(\Omega)e^{j\Omega n}\, d\Omega$$

a qual mostra $x[n]$ como a soma de componentes exponenciais de duração infinita. Utilizando a propriedade da linearidade, obtemos

$$y[n] = \frac{1}{2\pi}\int_{2\pi} X(\Omega)H(\Omega)e^{j\Omega n}\, d\Omega$$

a qual fornece $y[n]$ como a soma das respostas a todas componentes de entrada, sendo equivalente à Eq. (9.63). Portanto, $X(\Omega)$ é o espectro de entrada e $Y(\Omega)$ é o espectro de saída, dado por $X(\Omega)H(\Omega)$.

EXEMPLO 9.13

Um sistema LDIT é especificado pela equação
$$y[n] - 0{,}5y[n-1] = x[n] \tag{9.66}$$

Obtenha $H(\Omega)$, a resposta em frequência desses sistema. Determine a resposta $y[n]$ (estado nulo) se a entrada for $x[n] = (0{,}8)^n u[n]$.

Seja $x[n] \Leftrightarrow X(\Omega)$ e $y[n] \Leftrightarrow Y(\Omega)$. A TFTD dos dois lados da Eq. (9.66) resulta em
$$(1 - 0{,}5e^{-j\Omega})Y(\Omega) = X(\Omega)$$

De acordo com a Eq. (9.63),
$$H(\Omega) = \frac{Y(\Omega)}{X(\Omega)} = \frac{1}{1 - e^{-j\Omega}} = \frac{e^{j\Omega}}{e^{j\Omega} - 0{,}5}$$

Além disso, $x[n] = (0{,}8)^n u[n]$. Logo,

$$X(\Omega) = \frac{e^{j\Omega}}{e^{j\Omega} - 0{,}8}$$

e

$$Y(\Omega) = X(\Omega)H(\Omega) = \frac{2e^{j\Omega}}{(e^{j\Omega} - 0{,}8)(e^{j\Omega} - 0{,}5)}$$

Podemos expressar o lado direito como a soma de dois termos de primeira ordem (expansão em frações parciais modificado, como discutido na Seção B.5-6), como mostrado a seguir:[†]

$$\frac{Y(\Omega)}{e^{j\Omega}} = \frac{e^{j\Omega}}{(e^{j\Omega} - 0{,}5)(e^{j\Omega} - 0{,}8)}$$

$$= \frac{-\frac{5}{3}}{e^{j\Omega} - 0{,}5} + \frac{\frac{8}{3}}{e^{j\Omega} - 0{,}8}$$

[†] Na qual $Y(\Omega)$ é uma função da variável $e^{j\Omega}$. Logo, $x = e^{j\Omega}$ para a comparação com a expressão da Seção B.5-6.

Consequentemente,

$$Y(\Omega) = -\left(\frac{5}{3}\right)\frac{e^{j\Omega}}{e^{j\Omega} - 0,5} + \left(\frac{8}{3}\right)\frac{e^{j\Omega}}{e^{j\Omega} - 0,8}$$

$$= -\left(\frac{5}{3}\right)\frac{1}{1 - 0,5e^{-j\Omega}} + \left(\frac{8}{3}\right)\frac{1}{1 - 0,8e^{-j\Omega}}$$

De acordo com a Eq. (9.34a), a TFTD inversa dessa equação é

$$y[n] = \left[-\tfrac{5}{3}(0,5)^n + \tfrac{8}{3}(0,8)^n\right] u[n] \qquad (9.67)$$

Este exemplo demonstra o procedimento de utilização da TFTD para a determinação da resposta de sistemas LDIT. O procedimento é similar ao método da transformada de Fourier na análise de sistemas LCIT. Tal como no caso da transformada de Fourier, este método pode ser utilizado somente se o sistema for assintoticamente ou BIBO estável e se o sinal de entrada possuir TFTD.[†] Não iremos explicar extensivamente este método por ele não ser tão elegante e ser mais restritivo do que o método da transformada z discutida no Capítulo 5.

9.4-1 Transmissão sem Distorção

Em várias aplicações, sinais digitais são passados através de sistemas LIT, e precisamos que a forma de onda de saída seja uma réplica da forma de onda da entrada. Tal como no caso em tempo contínuo, a transmissão é dita ser sem distorção se a entrada $x[n]$ e a saída $y[n]$ satisfizerem a condição

$$y[n] = G_0 \, x[n - n_d] \qquad (9.68)$$

Na qual n_d, o atraso (em amostras) é considerado como sendo inteiro. A transformada de Fourier da Eq. (9.68) resulta em

$$Y(\Omega) = G_0 \, X(\Omega) \, e^{-j\Omega n_d}$$

Mas

$$Y(\Omega) = X(\Omega) \, H(\Omega)$$

Portanto,

$$H(\Omega) = G_0 \, e^{-j\Omega n_d}$$

Esta é a resposta em frequência necessária para a transmissão sem distorção. A partir dessa equação, temos que

$$|H(\Omega)| = G_0 \qquad (9.69a)$$
$$\angle H(\Omega) = -\Omega n_d \qquad (9.69b)$$

Portanto, para a transmissão sem distorção, a resposta em amplitude $|H(\Omega)|$ deve ser constante e a resposta em fase $\angle H(\Omega)$ deve ser uma função linear de Ω, com inclinação $-n_d$, na qual n_d é atraso em número de amostras com relação à entrada (Fig. 9.11). Essas são precisamente as características de um atraso ideal de n_d amostras com ganho G_0 [veja a Eq. (9.52)].

MEDIDA DA VARIAÇÃO DO ATRASO

Para a transmissão sem distorção, precisamos de uma característica de *fase linear*. Na prática, vários sistemas possuem uma característica que pode ser apenas aproximadamente linear. Uma forma conveniente de

---

[†] Ele também pode ser aplicado a sistemas marginalmente estáveis se a entrada não contiver nenhum modo natural do sistema.

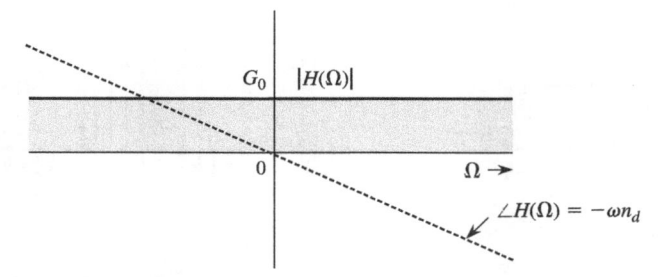

Figura 9.11 Resposta em frequência do sistema LIT para a transmissão sem distorção.

julgar a linearidade de fase é traçar a inclinação de $\angle H(\Omega)$ em função da frequência. Essa inclinação é constante para um sistema de fase linear ideal (FLI), mas pode variar com Ω no caso geral. A inclinação pode ser expressa por

$$n_g(\Omega) = -\frac{d}{d\Omega}\angle H(\Omega) \qquad (9.70)$$

Se $n_g(\Omega)$ for constante, todas as componentes são atrasadas por n_g amostras. Mas se a inclinação não for constante, o atraso n_g pode variar com a frequência. Essa variação significa que componentes de frequências diferentes sofrerão um total de atraso diferente e, consequentemente, a forma de onda de saída não será uma réplica da forma de onda de entrada. Tal como no caso de sistemas LCIT, $n_g(\Omega)$, como definido na Eq. (9.70), possui um importante papel em sistemas passa-faixa, sendo chamado de *atraso de grupo* ou *envelope de atraso*. Observe que n_d constante implica n_g constante. Note que $\angle H(\Omega) = \phi_0 - \Omega n_d$ também possui n_g constante. Logo, um atraso de grupo constante é uma condição mais relaxada.

TRANSMISSÃO SEM DISTORÇÃO EM SISTEMAS PASSA-FAIXA

Tal como no caso de sistemas contínuos no tempo, as condições de transmissão sem distorção podem ser relaxadas para sistemas passa-faixa em tempo discreto. Para sistema passa-baixa, a característica de fase deve não somente ser linear na faixa de interesse, mas também deve passar através da origem [condição (9.69b)]. Para sistemas passa-faixa, a característica de fase deve ser linear na faixa de interesse, mas não precisa passar na origem (n_g deve ser constante). A resposta em amplitude deve ser constante na faixa passante. Portanto, para a transmissão sem distorção em um sistema passa-faixa, a resposta em frequência para uma faixa positiva de Ω é da forma[†]

$$H(\Omega) = G_0 e^{j(\phi_0 - \Omega n_g)} \qquad \Omega \geq 0$$

A prova é idêntica ao caso em tempo contínuo, na Seção 7.4-2, e não será repetida. Na utilização da Eq. (9.70) para a determinação de n_g, devemos ignorar saltos de descontinuidade na função de fase.

9.4-2 Filtros Ideais e Práticos

Filtros ideais permitem a transmissão sem distorção de certas faixas de frequências e suprimem todas as frequências restantes. O filtro passa-baixas ideal genérico mostrado na Fig. 9.12 para $|\Omega| \leq \pi$ permite que todas as componentes abaixo da frequência de corte $\Omega = \Omega_c$ passem sem distorção e suprime todas as componentes acima de Ω_c. A Fig. 9.13 ilustra as características dos filtros passa-altas e passa-faixa ideais.

O filtro passa-baixas ideal da Fig. 9.12a possui fase linear com inclinação $-n_d$, o que resulta em um atraso de n_d amostras para todas as componentes de entrada com frequências abaixo de Ω_c rad/amostras. Portanto, se a entrada for um sinal $x[n]$ limitado a Ω_c, a saída $y[n]$ será $x[n]$ atrasada por n_d, ou seja,

$$y[n] = x[n - n_d]$$

[†] Como a função de fase é uma função ímpar de Ω, se $\angle H(\Omega) = \phi_0 - \Omega n_g$ para $\Omega \geq 0$, na faixa 2W (centrada em Ω_c), então $\angle H(\Omega) = -\phi_0 - \Omega n_g$ para $\Omega < 0$ na faixa 2W (centrada em $-\Omega_c$).

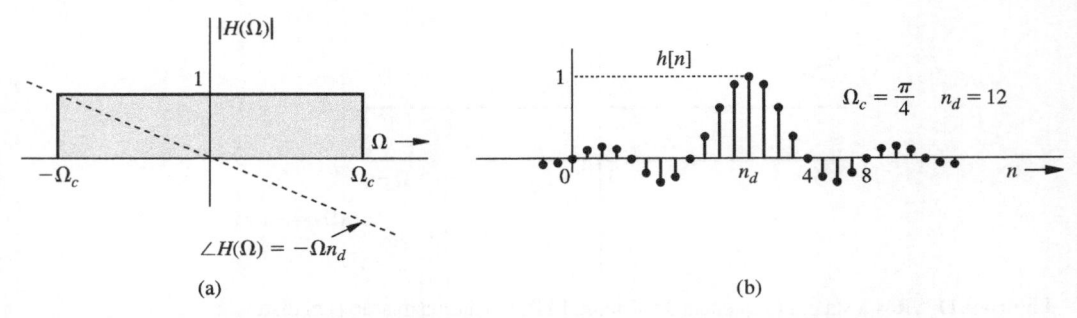

Figura 9.12 Filtro passa-baixas ideal: sua resposta em frequência e resposta ao impulso.

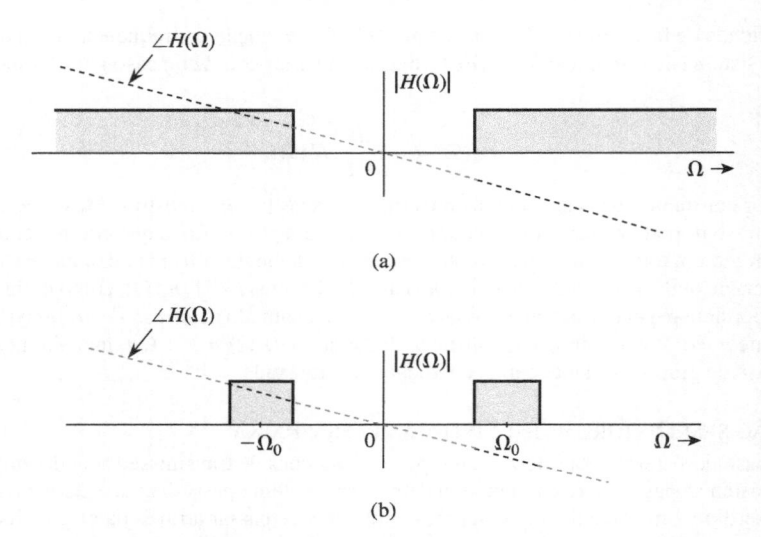

Figura 9.13 Resposta em frequência para os filtros ideais passa-altas e passa-faixa.

O sinal $x[n]$ é transmitido pelo sistema sem distorção, mas com um atraso de n_d amostras. Para esse filtro,

$$H(\Omega) = \sum_{m=-\infty}^{\infty} \text{ret}\left(\frac{\Omega - 2\pi m}{2\Omega_c}\right) e^{-j\Omega n_d} \qquad (9.71a)$$

A resposta $h[n]$ ao impulso unitário desse filtro é obtida do par 8 (Tabela 9.1) e da propriedade de deslocamento no tempo,

$$h[n] = \frac{\Omega_c}{\pi} \text{sinc}\left[\Omega_c(n - n_d)\right] \qquad (9.71b)$$

Como $h[n]$ é a resposta do sistema à entrada impulso $\delta[n]$, a qual é aplicada em $n = 0$, ele deve ser causal (isto é, não pode começar antes de $n = 0$) para um sistema realizável. A Fig. 9.12b mostra $h[n]$ para $\Omega_c = \pi/4$ e $n_d = 12$. Essa figura também mostra que $h[n]$ é não causal e, portanto, não realizável. Similarmente, pode-se mostrar que os outros filtros ideais (tal como os filtros ideais passa-altas e passa-faixas mostrados na Fig. 9.13) também são não causais e, portanto, fisicamente não realizáveis.

Uma abordagem prática para realizar por aproximação um filtro passa-baixas ideal é a truncagem das duas caldas (positiva e negativa) de $h[n]$, de tal forma que $h[n]$ tenha tamanho finito e, posteriormente, atrasando-o suficientemente para torná-lo causal (Fig. 9.14). Podemos, agora, sintetizar um sistema com essa resposta ao impulso truncada (e atrasada). Para uma aproximação melhor, a janela de truncagem deve ser correspondentemente larga. O atraso necessário também será correspondentemente maior. Portanto, o preço para uma realização mais próxima da ideal é um grande atraso na saída, essa situação é comum em sistemas não causais.

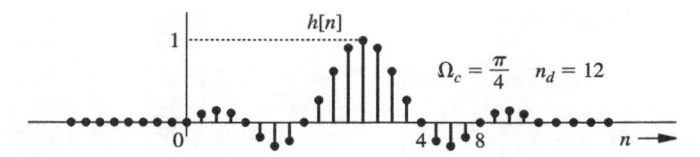

Figura 9.14 Realização aproximada de um filtro passa-baixas ideal pela truncagem de sua resposta ao impulso.

9.5 Conexão da TFTD com a TFTC

Considere um sinal em tempo contínuo $x_c(t)$ (Fig. 9.15a) com transformada de Fourier $X_c(\omega)$ limitada em faixa a B Hz (Fig. 9.15b). Esse sinal é amostrado com um intervalo de amostragem T. A taxa de amostragem é igual à taxa de Nyquist, ou seja, $T \le 1/2B$. O sinal $\overline{x}_c(t)$ amostrado (Fig. 9.15c) pode ser descrito por

$$\overline{x}_c(t) = \sum_{n=-\infty}^{\infty} x_c(nT)\,\delta(t-nT)$$

A transformada de Fourier em tempo contínuo da equação anterior é

$$\overline{X}_c(\omega) = \sum_{n=-\infty}^{\infty} x_c(nT)\,e^{-jnT\omega} \qquad (9.72)$$

Na Seção 8.1 (Fig. 8.1f), mostramos que $\overline{X}_c$ é $X_c(\omega)/T$ repetindo periodicamente com um período $\omega_s = 2\pi/T$, como ilustrado na Fig. 9.15d. Vamos construir um sinal $x[n]$ em tempo discreto tal que sua n-ésima amostra seja igual ao valor da n-ésima amostra de $x_c(t)$, como mostrado na Fig. 9.15e, ou seja,

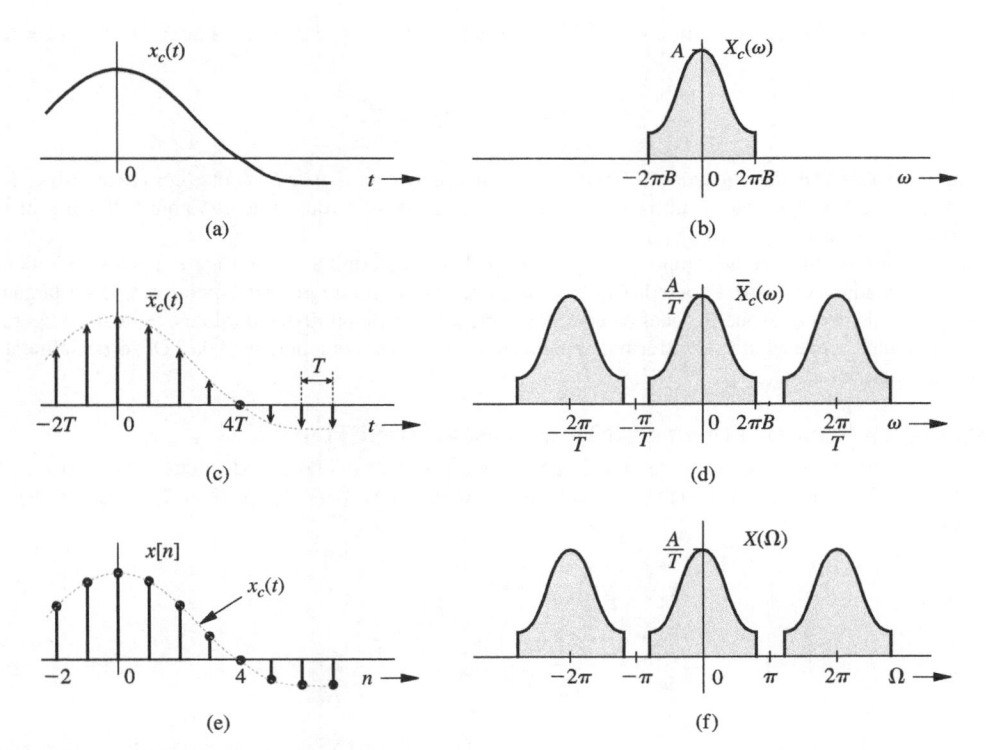

$$x[n] = x_c(nT) \qquad (9.73)$$

Figura 9.15 Conexão entre a TFTD e a transformada de Fourier.

Agora, $X(\Omega)$, a TFTD de $x[n]$, é dada por

$$X(\Omega) = \sum_{n=-\infty}^{\infty} x[n] e^{-jn\Omega} = \sum_{n=-\infty}^{\infty} x_c(nT) e^{-jn\Omega} \qquad (9.74)$$

Comparando as Eqs. (9.74) e (9.72), vemos que fazendo $\omega T = \Omega$ em $\overline{X}_c(\omega)$ obtemos $X(\Omega)$, ou seja,

$$X(\Omega) = \overline{X}_c(\omega)|_{\omega T=\Omega} \qquad (9.75)$$

Alternativamente, $X(\Omega)$ pode ser obtido $\overline{X}_c(\omega)$ de substituindo ω por Ω/T, ou seja,

$$X(\Omega) = \overline{X}_c\left(\frac{\Omega}{T}\right) \qquad (9.76)$$

Portanto, $X(\Omega)$ é idêntico a $\overline{X}_c(\omega)$, escalonado na frequência pelo fator T, como mostrado na Fig. 9.15f. Logo, $\omega = 2\pi/T$ na Fig. 9.15d corresponde a $\Omega = 2\pi$ na Fig. 9.15f.

9.5-1 Utilização da TDF e FFT para o Cálculo Numérico da TFTD

A transformada discreta de Fourier (TDF), discutida no Capítulo 8, é uma ferramenta para o cálculo de amostras da transformada de Fourier em tempo contínuo (TFTC). Devido à forte conexão entre a TFTC e a TFTD, visto na Eq. (9.76), podemos utilizar essa mesma TDF para calcular amostras da TFTD.

No Capítulo 8, as Eqs. (8.22a) e (8.22b) relacionam uma sequência x_n de N_0 pontos com outra sequência X_r de N_0 pontos. Alterando a notação de x_n para $x[n]$, nessas equações, obtemos

$$X_r = \sum_{n=0}^{N_0-1} x[n] e^{-jr\Omega_0 n} \qquad (9.77a)$$

$$x[n] = \frac{1}{N_0} \sum_{r=0}^{N_0-1} X_r e^{jr\Omega_0 n} \qquad \Omega_0 = \frac{2\pi}{N_0} \qquad (9.77b)$$

Comparando a Eq. (9.30) com a Eq. (9.77a), percebemos que X_r é a amostra de $X(\Omega)$ para $\Omega = r\Omega_0$, ou seja,

$$X_r = X(r\Omega_0) \qquad \Omega_0 = \frac{2\pi}{N_0}$$

Logo, o par da TDF das equações (9.77) relaciona uma sequência $x[n]$ de N_0 pontos com as amostras da $X(\Omega)$ correspondente. Podemos, agora, utilizar o eficiente algoritmo de FFT (discutido no Capítulo 8) para calcular X_r de $x[n]$ e vice versa.

Se $x[n]$ não for limitado no tempo, mesmo assim podemos determinar valores aproximados de X_r dentro de uma janela adequada de $x[n]$. Para reduzir o erro, a janela deve diminuir gradativamente e deve ser larga o suficiente para satisfazer as especificações de erro, Na prática, o cálculo numérico de sinais, os quais são geralmente não limitados, é executado dessa forma, em função da economia computacional da TDF, especialmente para sinais de longa duração.

CÁLCULO DA SÉRIE DE FOURIER EM TEMPO DISCRETO (SFTD)

As equações (9.8) e (9.9) da série de Fourier em tempo discreto (SFTD) são idênticas às equações (8.22b) e (8.22a) da TDF, com uma constante N_0 de escalamento. Se fizermos $x[n] = N_0 x_n$ e $\mathcal{D}_r = X_r$ nas Eqs. (9.9) e (9.8), obteremos

$$X_r = \sum_{n=0}^{N_0-1} x_n e^{-jr\Omega_0 n}$$

$$x_n = \frac{1}{N_0} \sum_{r=0}^{N_0-1} X_r e^{jr\Omega_0 n} \qquad \Omega_0 = \frac{2\pi}{N_0} \qquad (9.78)$$

Esse é precisamente o par TDF das Eqs. (8.22). Por exemplo, para calcular a SFTD para o sinal periódico da Fig. 9.2a, utilizamos os seguintes valores de $x_n = x[n]/N_0$

$$x_n = \begin{cases} \frac{1}{32} & 0 \leq n \leq 4 \quad \text{e} \quad 28 \leq n \leq 31 \\ 0 & 5 \leq n \leq 27 \end{cases}$$

Cálculos numéricos em modernos processamentos digitais de sinais são convenientemente executados pela transformada discreta de Fourier, apresentada na Seção 8.5. Os cálculos da TDF podem ser eficientemente executados usando o algoritmo da transformada rápida de Fourier (FFT), discutido na Seção 8.6. A TDF é, de fato, o burro de carga de modernos processamentos digitais de sinais. A transformada de Fourier em tempo discreto (TFTD) e a transformada inversa de Fourier em tempo discreto (TIFTD) podem ser calculadas usando a TDF. Para um sinal $x[n]$ com N_0 pontos, sua TDF resulta em exatamente N_0 amostras de $X(\Omega)$ em intervalos de frequência de $2\pi/N_0$. Podemos obter um número maior de amostras de $X(\Omega)$ preenchendo $x[n]$ com um número suficiente de amostras com valor zero. A TDF com N_0 pontos de $x[n]$ fornece valores exatos das amostras da TFTD se $x[n]$ possuir um tamanho finito N_0. Se o tamanho de $x[n]$ for infinito, precisaremos utilizar uma função janela apropriada para truncar $x[n]$.

Devido à propriedade da convolução, podemos utilizar a TDF para calcular a convolução de dois sinais $x[n]$ e $h[n]$, como discutido na Seção 8.5. Esse procedimento, chamado de convolução rápida, requer o preenchimento dos dois sinais com um número adequado de zeros, tornando a convolução linear dos dois sinais idêntica à convolução circular (ou periódica) dos sinais preenchidos. Grandes blocos de dados podem ser processados seccionando os dados em blocos menores e processando estes blocos menores em sequência. Tal procedimento requer menos memória e reduz o tempo de processamento.[1]

9.6 Generalização da TFTD para a Transformada z

Sistemas LDIT podem ser analisados usando a TFTD. Esse método, entretanto, possui as seguintes limitações:

1. A existência da TFTD é garantida somente para sinais absolutamente somáveis. A TFTD não existe para sinais com crescimento exponencial ou mesmo linear. Isso significa que o método da TFTD é aplicável a somente uma classe limitada de entradas.

2. Além disso, esse método pode ser aplicado somente sistemas assintoticamente estáveis ou BIBO estáveis, ele não pode ser utilizado para sistemas instáveis ou mesmo marginalmente estáveis.

Essas são sérias limitações ao estudo da análise de sistemas LDIT. Na realidade, a primeira limitação também é a causa da segunda limitação. Como a TFTD é incapaz de lidar com sinais crescentes, ela é incapaz de lidar com sistemas instáveis ou marginalmente estáveis.[†] Nosso objetivo é, portanto, estender o conceito da TFTD de forma que ela possa trabalhar com sinais exponencialmente crescentes.

Gostaríamos de saber o que causa essa limitação à TFTD, tornando-a incapaz de trabalhar com sinais exponencialmente crescentes. Lembre-se de que na TFTD estamos utilizando senoides ou exponenciais na forma $e^{j\Omega n}$ para sintetizar um sinal $x[n]$ arbitrário. Esses sinais são senoides com amplitudes constantes. Eles são incapazes de sintetizar sinais exponencialmente crescentes, não importa quantas componentes sejam somadas. Nossa esperança, portanto, está em tentar sintetizar $x[n]$ usando exponenciais ou senoides exponencialmente crescentes. Esse objetivo é alcançado generalizando a variável de frequência de $j\Omega$ para $\sigma + j\Omega$, ou seja, usando exponenciais na forma $e^{(\sigma+j\Omega)n}$ em vez de exponenciais $e^{j\Omega n}$. O procedimento é praticamente o mesmo utilizado para estender a transformada de Fourier para a transformada de Laplace.

Vamos definir uma nova variável $\hat{X}(j\Omega) = X(\Omega)$. Logo

$$\hat{X}(j\Omega) = \sum_{n=-\infty}^{\infty} x[n] e^{-j\Omega n} \tag{9.79}$$

e

$$x[n] = \frac{1}{2\pi} \int_{-\pi}^{\pi} \hat{X}(j\Omega) e^{j\Omega n} d\Omega \tag{9.80}$$

[†] Lembre-se de que a saída de um sistema instável cresce exponencialmente. Além disso, a saída de um sistema marginalmente estável a entradas em modo característicos cresce com o tempo.

Considere, agora, a TFTD de $x[n]e^{-\sigma n}$ (σ real)

$$\text{DTFT}\{x[n]e^{-\sigma n}\} = \sum_{n=-\infty}^{\infty} x[n]e^{-\sigma n} e^{-j\Omega n} \tag{9.81}$$

$$= \sum_{n=-\infty}^{\infty} x[n]e^{-(\sigma+j\Omega)n} \tag{9.82}$$

Temos, a partir da Eq. (9.79), que a soma na Eq. (9.82) é $\hat{X}(\sigma + j\Omega)$. Portanto,

$$\text{DTFT}\{x[n]e^{-\sigma n}\} = \sum_{n=-\infty}^{\infty} x[n]e^{-(\sigma+j\Omega)n} = \hat{X}(\sigma + j\Omega) \tag{9.83}$$

Logo, a TFTD inversa de $\hat{X}(\sigma + j\Omega)$ é $x[n]e^{-\sigma n}$. Logo,

$$x[n]e^{-\sigma n} = \frac{1}{2\pi} \int_{-\pi}^{\pi} \hat{X}(\sigma + j\Omega) e^{j\Omega n} d\Omega \tag{9.84}$$

Multiplicando os dois lados da Eq. (9.84) por $e^{\sigma n}$, obtemos,

$$x[n] = \frac{1}{2\pi} \int_{-\pi}^{\pi} \hat{X}(\sigma + j\Omega) e^{(\sigma+j\Omega)n} d\Omega \tag{9.85}$$

Vamos definir uma nova variável z, tal que

$$z = e^{\sigma+j\Omega} \quad \text{tal que} \quad \ln z = \sigma + j\Omega \quad \text{e} \quad \frac{1}{z} dz = j \, d\Omega \tag{9.86}$$

Como $z = e^{\sigma+j\Omega}$ é complexo, podemos expressá-la por $z = re^{j\Omega}$, na qual $r = e^{\sigma}$. Logo, z está em um círculo de raio r e quando Ω varia de $-\pi$ a π, z percorre um caminho ao longo desse círculo, completando exatamente uma rotação no sentido anti-horário, como ilustrado na Fig. 9.16. Trocando para a variável z na Eq. (9.85), obtemos

$$x[n] = \frac{1}{2\pi j} \oint \hat{X}(\ln z) z^{n-1} dz \tag{9.87a}$$

e da Eq. (9.83), temos

$$\hat{X}(\ln z) = \sum_{n=-\infty}^{\infty} x[n] z^{-n} \tag{9.87b}$$

na qual a integral $\oint$ indica uma integral de contorno ao longo do círculo de raio r na direção anti-horária.

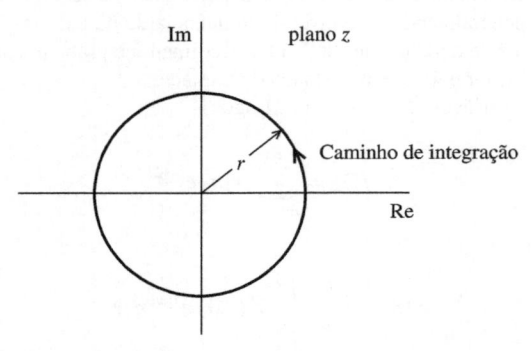

Figura 9.16 Contorno da integração para a transformada z.

As Eqs. (9.87a) e (9.87b) são as extensões desejadas. Elas são, entretanto, uma forma deselegante. Para efeito de conveniência, iremos fazer outra mudança de notação observando que $\hat{X}(\ln z)$ é uma função de z. Vamos representar isso pela notação mais simples $X[z]$. Portanto, as Eqs. (9.87) se tornam

$$x[n] = \frac{1}{2\pi j} \oint X[z] z^{n-1} dz \qquad (9.88)$$

e

$$X[z] = \sum_{n=-\infty}^{\infty} x[n] z^{-n} \qquad (9.89)$$

Este é o par transformada z (bilateral). A Eq. (9.88) descreve $x[n]$ através da soma contínua de exponenciais na forma $z^n = e^{(\sigma+j\Omega)n} = r^n e^{j\Omega n}$. Portanto, selecionando o valor adequado de r (ou σ), podemos obter o crescimento (ou decaimento) exponencial em qualquer taxa exponencial que quisermos.

Se fizermos $\sigma = 0$, temos $z = e^{j\Omega}$ e

$$X[z]|_{z=e^{j\Omega}} = \hat{X}(\ln z)|_{z=e^{j\Omega}} = \hat{X}(j\Omega) = X(\Omega) \qquad (9.90)$$

Portanto, a familiar TFTD é somente um caso especial da transformada z, $X[z]$, obtida fazendo $z = e^{j\Omega}$ e assumindo que a soma do lado direito da Eq. (9.89) converge quando $z = e^{j\Omega}$, implicando, também, que a RDC da $X[z]$ inclui o círculo unitário.

9.7 RESUMO

Este capítulo trabalha com a análise e o processamento de sinais em tempo discreto. Para a análise, nossa abordagem é semelhante à utilizada como sinais em tempo contínuo. Primeiro, representamos um sinal periódico $x[n]$ pela série de Fourier formada por uma exponencial em tempo discreto e suas harmônicas. Posteriormente, estendemos esta representação para um sinal não periódico $x[n]$ considerando $x[n]$ como um caso limite de um sinal periódico cujo período tende ao infinito.

Sinais periódicos são representados pela série de Fourier em tempo discreto (SFTD), sinais não periódicos são representados pela integral de Fourier em tempo discreto. O desenvolvimento, apesar de similar ao de sinais em tempo contínuo, também revela algumas diferenças significativas. A diferença básica nos dois casos aparece porque uma exponencial $e^{j\omega t}$ em tempo contínuo possui uma única forma de onda para todo valor de ω na faixa de $-\infty$ a ∞. Por outro lado, uma exponencial $e^{j\Omega n}$ em tempo discreto possui uma única forma de onda somente para valores de Ω em um intervalo contínuo de 2π. Portanto, se Ω_0 é a frequência fundamental, então ao menos $2\pi/\Omega_0$ exponenciais na série de Fourier são independentes. Consequentemente, a série exponencial de Fourier em tempo discreto possui apenas $N_0 = 2\pi/\Omega_0$ termos.

A transformada de Fourier em tempo discreto (TFTD) de um sinal não periódico é uma função contínua e Ω, periódica, com período 2π. Podemos sintetizar $x[n]$ das componentes espectrais de $X(\Omega)$ em qualquer faixa de largura 2π. Em um sentido básico, a TFTD possui uma largura espectral finita de 2π, o que a torna limitada em faixa a π radianos.

Sistemas lineares, discretos e invariantes no tempo (LDIT) podem ser analisados através da TFTD se os sinais de entrada possuírem transformada discreta de Fourier e se o sistema for estável. A análise de sistemas instáveis (ou marginalmente estáveis) e/ou entradas exponencialmente crescentes pode ser feita pela transformada z, a qual é a TFTD generalizada. A relação da TFTD com a transformada z é similar à da transformada de Fourier com a transformada de Laplace. Apesar da transformada z ser superior à TFTD para a análise de sistemas LDIT, a TFTD é preferível na análise de sinais.

Se $H(\Omega)$ é a TFTD da resposta $h[n]$ ao impulso do sistema, então $|H(\Omega)|$ é a resposta em amplitude e $\angle H(\Omega)$ é a resposta em fase do sistema. Além disso, se $X(\Omega)$ e $Y(\Omega)$ são as TFTDs da entrada $x[n]$ e da saída $y[n]$ correspondentes, então $Y(\Omega) = H(\Omega)X(\Omega)$. Portanto, o espectro de saída é o produto do espectro de entrada e da resposta em frequência do sistema.

Devido à similaridade entre as relações da TDF e da TFTD, cálculos numéricos da TFTD de sinais de tamanho finito podem ser feitos usando a TDF e a FFT, apresentadas nas Seções 8.5 e 8.6. Para sinais de duração infinita, utilizamos uma janela de tamanho adequado para truncar o sinal, de tal forma que o resultado possua um erro que esteja dentro faixa de tolerância.

Referência

1. Mitra, S. K. *Digital Signal Processing: A Computer-Based Approach*, 2nd ed. McGraw-Hill, New York, 2001.

MATLAB Seção 9: Trabalhando com a SFTD e a TFTD

Esta seção investiga vários métodos para calcular a série de Fourier em tempo discreto (SFTD). A performance desses métodos é avaliada usando o cronômetro do MATLAB e funções de perfil. Além disso, a transformada de Fourier em tempo discreto (TFTD) é aplicada ao importante assunto de projeto de filtros de resposta finita ao impulso (FIR*).

M9.1 Calculando a Série de Fourier em Tempo Discreto

Dentro de um fator de escala, a SFTD é idêntica à TDF. Portanto, métodos para calcular a TDF podem ser facilmente utilizados para calcular a SFTD. Especificamente, a SFTD é a TDF escalonada por $1/N_0$. Como exemplo, considere uma senoide de 50 Hz amostrada 1000 Hz em um décimo de segundo.

```
>> T = 1/1000; N_0 = 100; n = (0:N_0-1)';
>> x = cos(2*pi*50*n*T);
```

A SFTD é obtida escalonando a TDF.

```
>> X = fft(x)/N_0; f = (0:N_0-1)/(T*N_0);
>> stem(f-500,fftshift(abs(X)),'k'); axis([-500 500 -0.1 0.6]);
>> xlabel('f [Hz]'); ylabel('|X(f)|');
```

A Fig. M9.1 mostra um pico de magnitude de 0,5 em ±50 Hz. Esse resultado é consistente com a representação de Euler.

$$\cos(2\pi 50nT) = \frac{e^{j2\pi 50nT} + e^{-j2\pi 50nT}}{2}$$

Esquecendo desse fator de escala de $1/N_0$, a TDF teria um pico de amplitude 100 vezes maior. A SFTD inversa é obtida escalonando a TDF inversa por N_0.

```
>> x_hat = real(ifft(X)*N_0);
>> stem(n,x_hat,'k'); axis([0 99 -1.1 1.1]);
>> xlabel('n'); ylabel('x_{hat}[n]');
```

A Fig. M9.2 confirma que a senoide $x[n]$ é adequadamente recuperada. apesar de o resultado ser teoricamente real, erros de arredondamento do computador produzem uma pequena componente imaginária, removida pelo comando `real`.

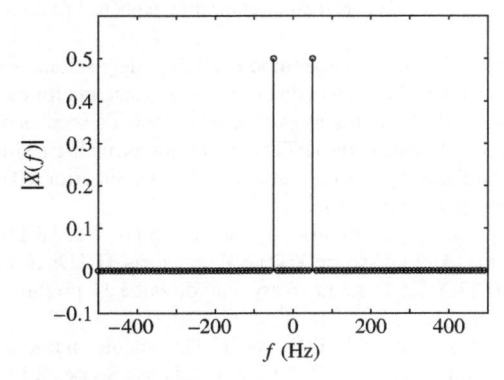

Figura M9.1 SFTD calculada escalonando a TDF.

---

* N. de T.: *Finite Impulse Response*.

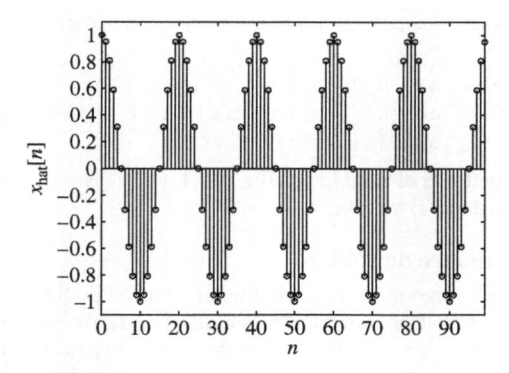

Figura M9.2 SFTD inversa calculada escalonando a TDF inversa.

Apesar da `fft` fornecer um método eficiente para o cálculo da SFTD, também existe outro método computacional. A abordagem baseada em matriz é uma forma popular de implementar a Eq. (9.9). Apesar de não ser tão eficiente quanto o algoritmo baseado na FFT, a abordagem matricial possibilita uma percepção melhor da SFTD e serve como um excelente modelo para a resolução de problemas com estrutura similar.

Para começar, definimos $W_{N_0} = e^{j\Omega_0}$, a qual é constante para um dado N_0. Substituindo W_{N_0} na Eq. (9.9), obtemos

$$\mathcal{D}_r = \frac{1}{N_0} \sum_{n=0}^{N_0-1} x[n] W_{N_0}^{-nr}$$

O produto interno dos dois vetores calcula $\mathcal{D}_r$.

$$\mathcal{D}_r = \frac{1}{N_0} \begin{bmatrix} 1 & W_{N_0}^{-r} & W_{N_0}^{-2r} & \cdots & W_{N_0}^{-(N_0-1)r} \end{bmatrix} \begin{bmatrix} x[0] \\ x[1] \\ x[2] \\ \vdots \\ x[N_0-1] \end{bmatrix}$$

Listando os resultados para todo r, temos:

$$\begin{bmatrix} \mathcal{D}_0 \\ \mathcal{D}_1 \\ \mathcal{D}_2 \\ \vdots \\ \mathcal{D}_{N_0-1} \end{bmatrix} = \frac{1}{N_0} \begin{bmatrix} 1 & 1 & 1 & \cdots & 1 \\ 1 & W_{N_0}^{-1} & W_{N_0}^{-2} & \cdots & W_{N_0}^{-(N_0-1)} \\ 1 & W_{N_0}^{-2} & W_{N_0}^{-4} & \cdots & W_{N_0}^{-2(N_0-1)} \\ \vdots & \vdots & \vdots & \cdots & \vdots \\ 1 & W_{N_0}^{-(N_0-1)} & W_{N_0}^{-2(N_0-1)} & \cdots & W_{N_0}^{-(N_0-1)^2} \end{bmatrix} \begin{bmatrix} x[0] \\ x[1] \\ x[2] \\ \vdots \\ x[N_0-1] \end{bmatrix} \quad (M9.1)$$

Na notação matricial, a Eq. (M9.1) é escrita de forma compacta por

$$\mathcal{D} = \frac{1}{N_0} \mathbf{W}_{N_0} \mathbf{x}$$

Como ela também é utilizada para calcular a TDF, a matriz $\mathbf{W}_{N_0}$ geralmente é chamada de matriz TDF.
O programa `MS9P1` calcula a matriz TDF $N_0 \times N_0$, $\mathbf{W}_{N_0}$. Embora de não ser utilizada aqui, a função `dftmtx` do toolbox de processamento de sinais calcula a mesma matriz TDF, apesar de em uma forma menos óbvia, mas mais eficiente.

```
function [W] = MS9P1(N_0);
% MS9P1.m: MATLAB Seção 9, programa 1
% Arquivo.m de função que calcula a matriz TDF W, N_0 x N_0
W = (exp(-j*2*pi/N_0)).^((0:N_0:1)'*(0:N_0-1));
```

Apesar de menos eficiente do que os métodos baseados na FFT, a abordagem matricial calcula corretamente a SFTD.

```
>> W = MS9P1(100); X = W*x/N_0;
>> stem(f-500,fftshift(abs(X)),'k'); axis([-500 500 -0.1 0.6]);
>> xlabel('f [Hz]'); ylabel('|X(f)|');
```

O gráfico resultante não pode ser distinguido da Fig. M9.1. O Problema 9.M-1 investiga a abordagem matricial para calcular a Eq. (9.8), a SFTD inversa.

M9.2 Medindo a Performance do Código

Escrever um código eficiente é importante, particularmente se o código for frequentemente utilizado, necessitar de operações complicadas, trabalhar com grandes conjuntos de dados ou operar em tempo real. O MATLAB possui diversas ferramentas para avaliar a performance do código. Quando adequadamente utilizada, a função `profile` fornece estatísticas detalhadas que ajudam a avaliar a performance do código. O *help* do MATLAB descreve completamente a utilização do sofisticado comando `profile`.

Um método mais simples de avaliar a eficiência do código é medir o tempo de execução e compará-lo com uma referência. O comando `tic` do MATLAB dispara um cronômetro. O comando `toc` lê o cronômetro. Dessa forma, podemos obter o tempo gasto com instruções colocando-as entre `tic` e `toc`. Por exemplo, o tempo de execução dos cálculos da SFTD de 100 pontos baseada em matriz é:

```
>> tic; W*x/N_0; toc
elapsed_time = 0
```

Máquinas diferentes operam em velocidades diferentes com sistemas operacionais diferentes e com tarefas em *background* diferentes. Portanto, o tempo gasto medido pode variar consideravelmente de uma máquina para outra e de uma execução para outra. Neste caso particular, entretanto, um resultado diferente do que zero é reportado apenas por máquinas relativamente lentas. O tempo de execução é tão curto que o MATLAB reporta tempos não confiáveis ou simplesmente falha ao registrar o tempo.

Para aumentar o tempo gasto e, portanto, a precisão da medida do tempo, um laço é utilizado para repetir o cálculo.

```
>> tic; for i=1:1000, W*x/N_0; end; toc
elapsed_time = 0.4400
```

Esse tempo gasto sugere que cada cálculo da SFTD de 100 pontos utiliza aproximadamente meio milissegundo. O que isso significa, exatamente? O tempo gasto só possui sentido quando relativo a alguma referência. Considere o tempo necessário para calcular a mesma SFTD utilizando a abordagem baseada na FFT.

```
>> tic; for i=1:1000, fft(x)/N_0; end; toc
elapsed_time = 0.1600
```

Com isso como referência, os cálculos baseados em matriz se revelam várias vezes mais lentos do que os cálculos baseados na FFT. Essa diferença é mais drástica quando N_0 aumenta. Como os dois métodos fornecem resultados idênticos, existe pouco incentivo a utilizar a abordagem matricial mais lenta, e o algoritmo da FFT geralmente é preferido. Mesmo assim, a FFT pode exibir um comportamento curioso: o acréscimo de alguns pontos de dados, mesmos das amostras artificiais introduzidas pelo preenchimento nulo, pode aumentar ou diminuir drasticamente o tempo de execução. Os comandos `tic` e `toc` ilustram esse estranho resultado. Considere o cálculo, 1000 vezes, da SFTD de 1015 pontos aleatórios.

```
>> y1 = rand(1015,1);
>> tic; for i=1:1000; fft(y1)/1015; end; T1=toc
T1 = 1.9800
```

A seguir, preenchendo a sequência com quatro zeros.

```
>> y2 = [y1;zeros(4,1)];
>> tic; for i=1:1000; fft(y2)/1019; end; T2=toc
T2 = 8.3000
```

A razão dos dois tempos gastos indica que a adição de quatro pontos a uma sequência longa aumenta o tempo de cálculo por um fator de 4. A seguir, a sequência é preenchida com zeros até um tamanho de $N_0 = 1024$.

```
>> y3 = [y2;zeros(5,1)];
>> tic; for i=1:1000; fft(y3)/1024; end; T3=toc
T3 = 0.9900
```

Nesse caso, a adição de dados diminui o tempo de execução original por um fator de 2 e o segundo tempo de execução por um fator de 8! Esses resultados são particularmente surpreendentes quando percebemos que os tamanhos de y1, y2 e y3 diferem por menos de 1%.

Como mostrado, a eficiência do comando fft depende dos fatores de N_0. Com o comando factor, 1015 = (5)(7)(29), 1019 é primo e 1024 = $(2)^{10}$. O tamanho mais fatorável, 1024, resulta em uma execução mais rápida, enquanto que o tamanho menos fatorável, 1019, resulta em uma execução mais lenta. Para garantir a melhor capacidade de fatoração e a operação mais rápida, os tamanhos dos vetores são, idealmente, potências de 2.

M9.3 Projeto de Filtro FIR por Amostragem de Frequência

Filtros digitais com resposta ao impulso finita (FIR) são flexíveis, sempre estáveis e relativamente fáceis de serem implementados. Essas qualidades tornam os filtros FIR a escolha mais popular entre os projetistas de filtros digitais. A equação diferença de tamanho N de um filtro FIR causal pode ser convenientemente descrita por

$$y[n] = h_0 x[n] + h_1 x[n-1] + \cdots + h_{N-1} x[n-(N-1)] = \sum_{k=0}^{N-1} h_k x[n-k]$$

Os coeficientes do filtro, ou pesos de batimento, como eles são algumas vezes chamados, são expressados usando a variável h para enfatizar que os próprios coeficientes representam a resposta ao impulso do filtro.

A resposta em frequência do filtro é

$$H(\Omega) = \frac{Y(\Omega)}{X(\Omega)} = \sum_{k=0}^{N-1} h_k e^{-j\Omega k}$$

Como $H(\Omega)$ é uma função com período 2π da variável contínua Ω, é suficiente especificar $H(\Omega)$ em um único período ($0 \leq \Omega < 2\pi$).

Em várias aplicações de filtragem, a resposta em magnitude desejada $|H_d(\Omega)|$ é conhecida, mas não os coeficientes $h[n]$ do filtro. A questão é, então, determinar os coeficientes do filtro da resposta em magnitude desejada. Considere o projeto de um filtro passa-baixas com frequência de corte $\Omega_c = \pi/4$. Uma função *inline* representa a resposta em frequência ideal desejada.

```
>> H_d = inline('(mod(Omega,2*pi)<pi/4)+(mod(Omega,2*pi)>2*pi-pi/4)');
```

Como a TFTD inversa de $H_d(\Omega)$ é uma função sinc amostrada, é impossível obter perfeitamente a resposta desejada com um filtro FIR, causal, de duração finita. Um filtro FIR realizável é necessariamente uma aproximação, e existe um número infinito de possíveis soluções. Pensando de outra forma, $H_d(\Omega)$ especifica um número infinito de pontos, mas o filtro FIR só possui N coeficientes desconhecidos. Em geral, esperamos que um filtro de tamanho N coincida com os N pontos da resposta desejada em ($0 \leq \Omega < 2\pi$). Quais frequências devem ser escolhidas?

Um método simples e lógico é selecionar N frequências uniformemente espaçadas no intervalo ($0 \leq \Omega < 2\pi$), (0, $2\pi/N$, $4\pi/N$, $6\pi/N$,..., $(N-1)2\pi/N$). Escolhendo amostras de frequências uniformemente espaçadas, a TDF inversa de N pontos pode ser utilizada para determinar os coeficientes $h[n]$. O programa MS9P2 ilustra esse procedimento.

```
function [n] = MS9P2(N, H_d);
% MS9P2.m: MATLAB Seção 9, Programa 2
% Arquivo.m de função para projetar um filtro FIR de tamanho N pela amostra-
% gem da resposta em magnitude H desejada. A fase das amostras de magnitude são
% mantidas em zero.
% Entradas:    N = tamanho do filtro FIR desejado
%
%              H_d = função inline que define a resposta em magnitude desejada
% Saídas:      h = resposta ao impulso (coeficientes do filtro FIR)

% Cria as N amostras de frequência igualmente espaçadas:
Omega = linspace(0,2*pi*(1-1/N),N)';
% Amostra a resposta em magnitude desejada e cria h[n]:
H = 1.0*H_d(Omega); h = real(ifft(H));
```

Para completar o projeto, o tamanho do filtro deve ser especificado. Valores pequenos de N reduzem a complexidade do filtro, mas também reduzem a qualidade da resposta do filtro. Valores grandes de N melhoram a aproximação de $H_d(\Omega)$, mas também aumentam a complexidade. Um balanço é necessário. Podemos escolher um valor intermediário de $N = 21$ para utilizarmos MS9P2 para projetar o filtro.

```
>> N = 21; h = MS9P2(N,H_d);
```

Para avaliar a qualidade do filtro, a resposta em frequência é calculada através do programa MS5P1.

```
>> Omega = linspace(0,2*pi,1000); samples = linspace(0,2*pi*(1-1/N),N)';
>> H = MS5P1(h,1,Omega);
>> subplot(2,1,1); stem([0:N-1],h,'k'); xlabel('n'); ylabel('h[n]');
>> subplot(2,1,2);
>> plot(samples,H_d(samples),'ko',Omega,H_d(Omega),'k:',Omega,abs(H),'k');
>> axis([0 2*pi -0.1 1.6]); xlabel('\Omega'); ylabel('|H(\Omega)|');
>> legend('Amostras','Desejado','Real',0);
```

Como mostrado na Fig. M9.3, a resposta em frequência do filtro coincide com a resposta desejada nos valores amostrados de $H_d(\Omega)$. A resposta total, entretanto, possui um ripple significativo entre os pontos amostrados, praticamente inviabilizando a utilização do filtro. Aumentar o tamanho do filtro não diminui o problema do ripple. A Fig. M9.4 mostra a resposta do filtro para $N = 41$.

Para entender o comportamento pobre de filtros projetados com MS9P2, lembre-se de que a resposta ao impulso de um filtro passa-baixas ideal é a função sinc com pico centrado em zero. Pensando de outra forma, o pico da função sinc é centrado em $n = 0$, pois a fase de $H_d(\Omega)$ é zero. Limitada a ser causal, a resposta ao impulso do filtro projetado ainda possui um pico em $n = 0$, mas não pode incluir valores para n negativo. Como resultado, a função sinc é espalhada de maneira não natural com fortes descontinuidades nos dois lados de $h[n]$. Descontinuidades fortes no domínio do tempo aparecem como oscilações de alta frequência no domínio da frequência, o que explica o motivo pelo qual $H(\Omega)$ apresenta um ripple significativo.

Para melhorar o comportamento do filtro, o pico da função sinc é movido para $n = (N-1)/2$, o centro da resposta do filtro de tamanho N. Dessa forma, o pico não é espalhado, grandes descontinuidades não estão presentes e o ripple da resposta em frequência é, consequentemente, reduzido. Com as propriedades da TDF, um deslocamento cíclico de $(N-1)/2$ no domínio do tempo requer um fator de escala de $e^{-j\Omega(N-1)/2}$ no domínio da frequência.[†] Observe que o fator de escala $e^{-j\Omega(N-1)/2}$ afeta apenas a fase, não a magnitude, resultando em um filtro de fase linear. O programa MS9P3 implementa o procedimento.

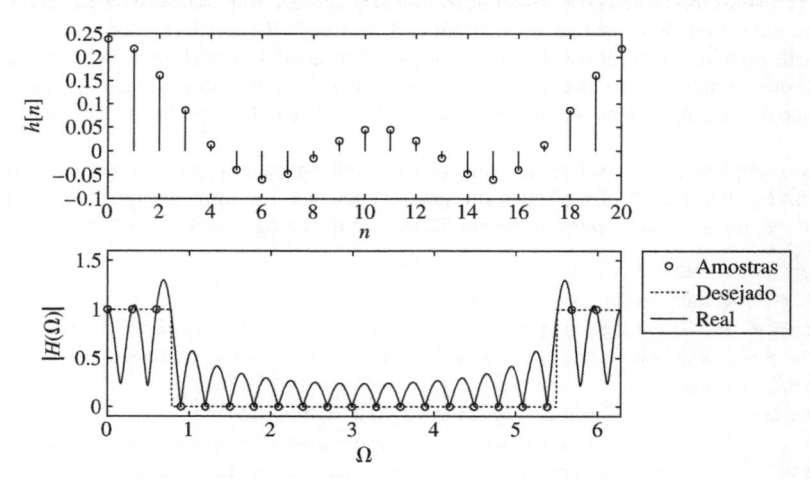

Figura M9.3 Filtro FIR passa-baixas de tamanho 21 usando fase zero.

[†] Tecnicamente, a propriedade de deslocamento requer que $(N-1)/2$ seja inteiro, o que ocorre somente para filtros de tamanho ímpar. A penúltima linha do programa MS9P3 implementa um fator de correção, necessário para acomodar o deslocamento fracionário desejado para filtros de tamanho par. A obtenção matemática dessa correção não é trivial e não será apresentada aqui. Aqueles que estiverem hesitantes em utilizar esse fator de correção podem utilizar uma forma alternativa: simplesmente arredondar $(N-1)/2$ para o inteiro mais próximo. Apesar do deslocamento arredondado ser um pouco diferente do centro para filtros de tamanho par, praticamente não existirá diferença na característica do filtro. Mesmo assim, o centro verdadeiro é desejado porque a resposta ao impulso resultante é simétrica, o que reduz pela metade o número de multiplicações necessárias para implementar o filtro.

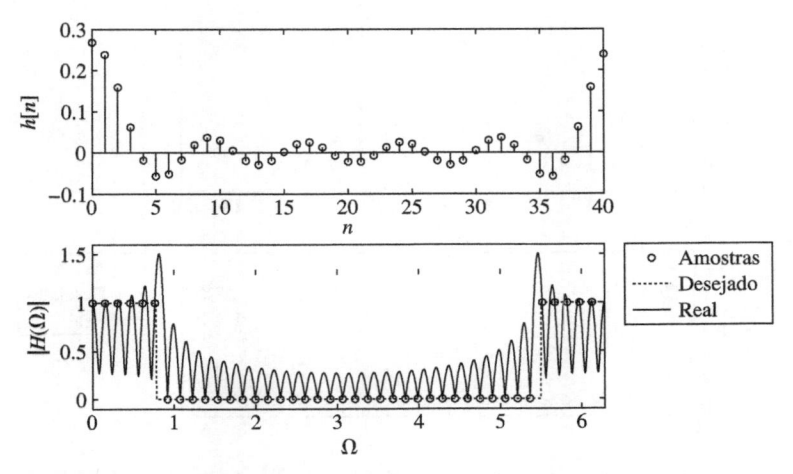

Figura M9.4 Filtro FIR passa-baixas de tamanho 41 usando fase zero.

```
function [h] = MS9P3(N,H_d);
% MS9P3.m: MATLAB Seção 9, Programa 3
% Arquivo.m de função para projetar um filtro FIR de tamanho N pela amostragem
% da resposta em magnitude H desejada. A fase é definida para o deslocamento de
% h[n] por (N-1)/2.
% Entradas:      N = tamanho do filtro FIR desejado
%                H_d = função inline que define a resposta em magnitude desejada
% Saídas:        h = resposta ao impulso (coeficientes do filtro FIR)

% Cria as N amostras de frequência igualmente espaçadas:
Omega = linspace(0, 2*pi*(1-1/N), N)';
% Amostra a resposta em magnitude desejada:
H = H_d(Omega);
% Define a fase para o deslocamento de h[n] por (N-1)/2:
H = H.*exp(-j*Omega*((N-1)/2));
H(fix(N/2)+2:N,1) = H(fix(N/2)+2:N,1)*((-1)^(N-1));
h = real(ifft(H));
```

A Fig. M9.5 mostra o resultado para $N = 21$ usando MS9P3 para calcular $h[n]$. Como esperado, a resposta ao impulso parece como a função sinc com o pico centrado em $n = 10$. Além disso, o ripple da resposta em frequência é muito reduzido. Com MS9P3, aumentando-se N, melhora-se a qualidade do filtro, como mostrado na Fig. M9.6 para o caso de $N = 41$. Apesar de a resposta em magnitude ser necessária para estabelecer a forma geral da resposta do filtro, é a seleção adequada da fase que garante a aceitabilidade do comportamento do filtro.

Para ilustrar a flexibilidade do método de projeto, considere um filtro passa-faixa com faixa passante em ($\pi/4 < |\Omega| < \pi/2$).

```
>> H_d = inline(['(mod(Omega,2*pi)>pi/4)&(mod(Omega,2*pi)<pi/2)+',...
                 '(mod(Omega,2*pi)>3*pi/2)&(mod(Omega,2*pi)<7*pi/4)']);
```

A Fig M9.7 ilustra o resultado para $N = 50$. Note que esse filtro de tamanho par utilizar um deslocamento fracionário, sendo simétrico com relação a $n = 24,5$.

Apesar de o projeto de filtros FIR através da amostragem na frequência ser muito flexível, ele nem sempre é apropriado. Cuidados extremos são necessários para filtros, tais como diferenciadores digitais e elementos para o cálculo da transformada de Hilbert, que necessitam de características de fase especiais para a operação adequada. Além disso, se a amostragem de frequência ocorrer próxima a pontos de descontinuidades de $H_d(\Omega)$, erros de arredondamento podem, em casos raros, corromper a simetria desejada da resposta em magnitude desejada. Tais casos são corrigidos ajustando a posição dos saltos de descontinuidade problemáticos ou alterando o valor de N.

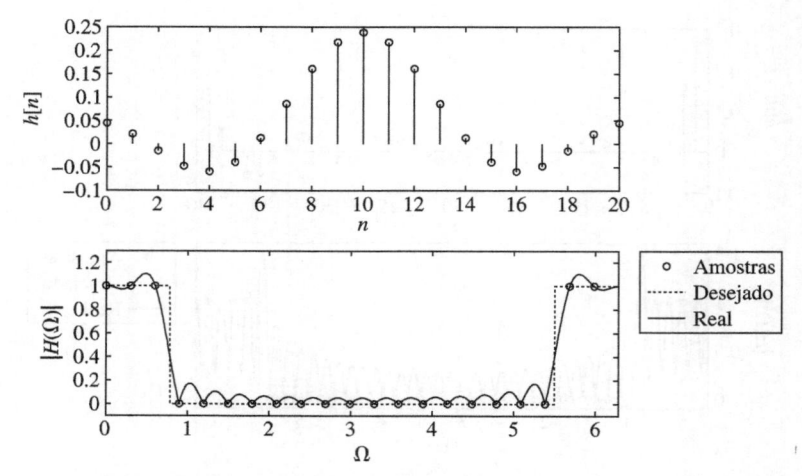

Figura M9.5 Filtro FIR passa-baixas de tamanho 21 usando fase linear.

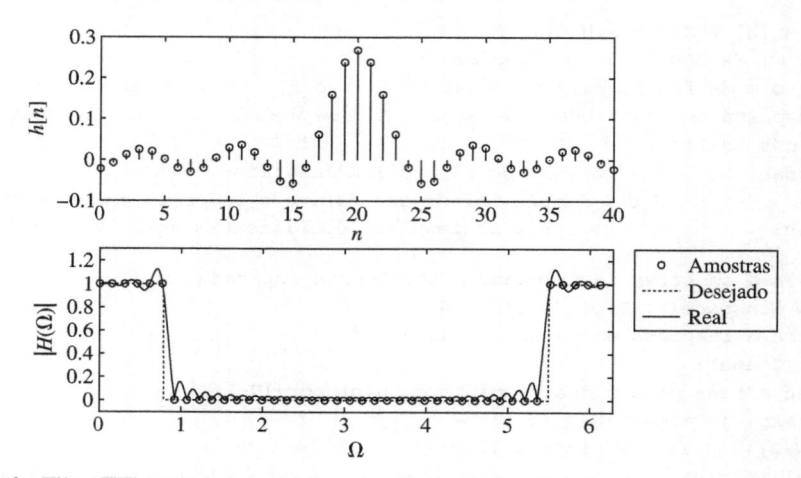

Figura M9.6 Filtro FIR passa-baixas de tamanho 41 usando fase linear.

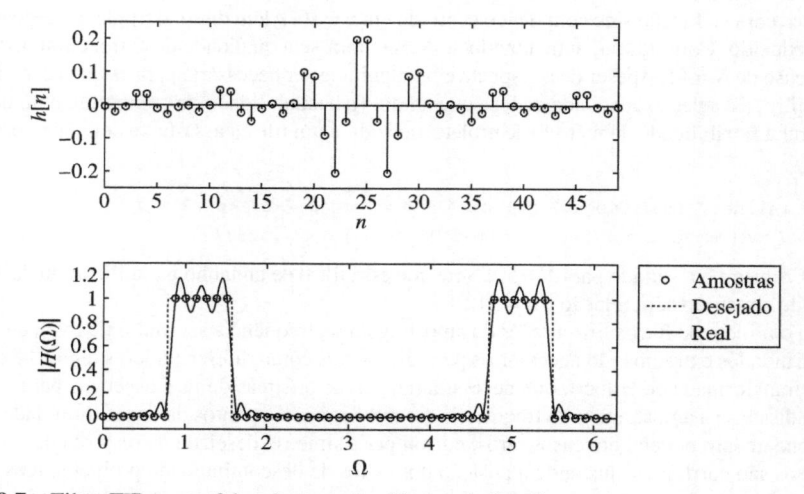

Figura M9.7 Filtro FIR passa-faixa de tamanho 50 usando fase linear.

PROBLEMAS

9.1-1 Obtenha a série de Fourier em tempo discreto (SFTD) e trace seu espectro $|\mathcal{D}_r|$ e $\angle \mathcal{D}_r$ para $0 \leq r \leq N_0 - 1$ para o seguinte sinal periódico:
$$x[n] = 4\cos 2,4\pi n + 2 \operatorname{sen} 3,2\pi n$$

9.1-2 Repita o Prob. 9.1-1 para $x[n] = \cos 2,2\pi n \cos 3,3\pi n$.

9.1-3 Repita o Prob. 9.1-1 para $x[n] = 2\cos 3,2\pi(n-3)$.

9.1-4 Obtenha a série de Fourier em tempo discreto e o correspondente espectro de amplitude e fase para o $x[n]$ mostrado na Fig. P9.1-4.

9.1-5 Repita o Prob. 9.1-4 para $x[n]$ mostrado na Fig. P9.1-5

9.1-6 Repita o Prob. 9.1-4 para $x[n]$ mostrado na Fig. P9.1-6

9.1-7 Um sinal periódico $x[n]$, com período N_0, é representado por sua SFTD na Eq. (9.8). Prove o teorema de Parseval (para a SFTD), o qual afirma que

$$\frac{1}{N_0} \sum_{n=\langle N_0 \rangle} |x[n]|^2 = \sum_{r=\langle N_0 \rangle} |\mathcal{D}_r|^2$$

No texto [Eq. (9.60)], obtivemos o teorema de Parseval para a TFTD. [Dica: se w é complexo, então $|w|^2 = ww^*$ e utilize a Eq. (8.28).]

9.1-8 Responda sim ou não e justifique suas respostas com um exemplo apropriado ou prova.
(a) A soma de sequências não periódicas em tempo discreto é sempre periódica?
(b) A soma de sequências periódicas em tempo discreto é sempre não periódica?

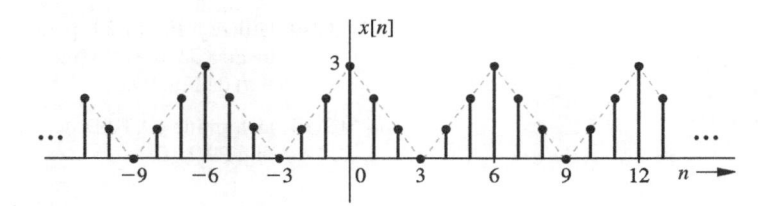

Figura P9.1-4

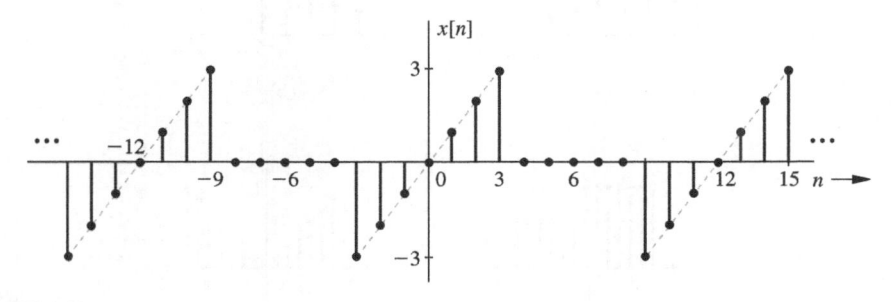

Figura P9.1-5

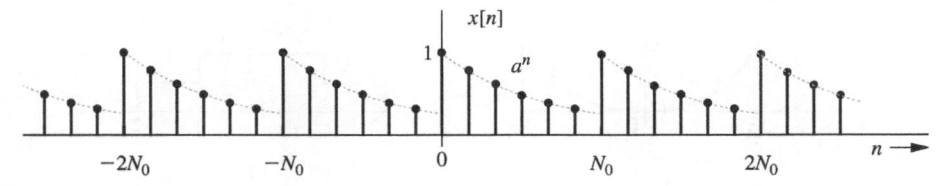

Figura P9.1-6

9.2-1 Mostre que para um $x[n]$ real, a Eq. (9.29) pode ser descrita por

$$x[n] = \frac{1}{\pi}\int_0^\pi |X(\Omega)|\cos(\Omega n + \angle X(\Omega))\,d\Omega$$

Essa é a forma trigonométrica da TFTD.

9.2-2 Um sinal $x[n]$ pode ser descrito pela soma de componentes par e ímpar (Seção 1.5-1):

$$x[n] = x_e[n] + x_o[n]$$

(a) Se $x[n] \Leftrightarrow X(\Omega)$, mostre que para $x[n]$ real,

$$x_e[n] \Longleftrightarrow \mathrm{Re}[X(\Omega)]$$

e

$$x_o[n] \Longleftrightarrow j\,\mathrm{Im}[X(\Omega)]$$

(b) Verifique esses resultados determinando a TFTD das componentes par e ímpar do sinal $(0{,}8)^n u[n]$.

9.2-3 Para os seguintes sinais, obtenha a TFTD diretamente, utilizando a definição da Eq. (9.30). Assuma $|\gamma| < 1$.
(a) $\delta[n]$
(b) $\delta[n-k]$
(c) $\gamma^n u[n-1]$
(d) $\gamma^n u[n+1]$
(e) $(-\gamma)^n u[n]$
(f) $\gamma^{|n|}$

9.2-4 Utilize a Eq. (9.29) para determinar a TFTD inversa dos seguintes espectros, dado apenas o intervalo $|\Omega| \le \pi$. Assuma Ω_c e $\Omega_0 < \pi$.
(a) $e^{jk\Omega}$ $\quad k$ inteiro
(b) $\cos k\Omega$ $\quad k$ inteiro
(c) $\cos^2(\Omega/2)$
(d) $\Delta\left(\dfrac{\Omega}{2\Omega_c}\right)$
(e) $2\pi\delta(\Omega - \Omega_0)$
(f) $\pi[\delta(\Omega - \Omega_0) + \delta(\Omega + \Omega_0)]$

9.2-5 Usando a Eq. (9.29), mostre que a TFTD inversa de $\mathrm{ret}((\Omega - \pi/4)/\pi)$ é $0{,}5\,\mathrm{sinc}\,(\pi n/2)e^{j\pi n/4}$.

9.2-6 A partir da definição (9.30), determine a TFTD dos sinais $x[n]$ mostrados na Fig. P9.2-6.

9.2-7 A partir da definição (9.30), determine a TFTD dos sinais mostrados na Fig. P9.2-7.

9.2-8 Utilize a Eq. (9.29) para determinar a TFTD inversa do espectro da Fig. P9.2-8 (mostrados apenas para $|\Omega| \le \pi$).

9.2-9 Utilize a Eq. (9.29) para determinar a TFTD inversa do espectro (mostrado apenas para $|\Omega| \le \pi$) da Fig. P9.2-9.

9.2-10 Determine a TFTD dos sinais mostrados na Fig. P9.2-10.

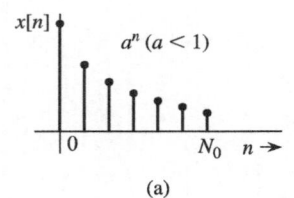

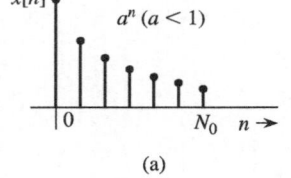

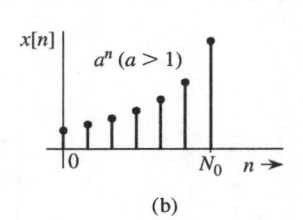

Figura P9.2-6

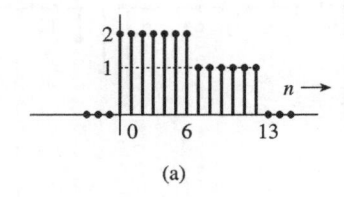

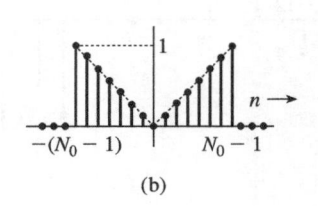

Figura P9.2-7

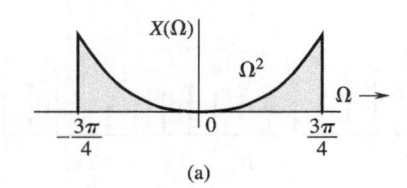

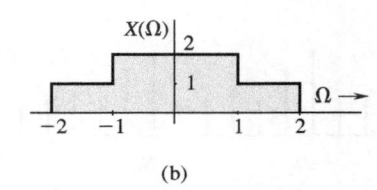

Figura P9.2-8

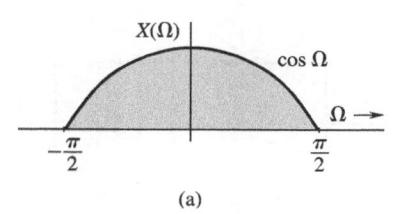

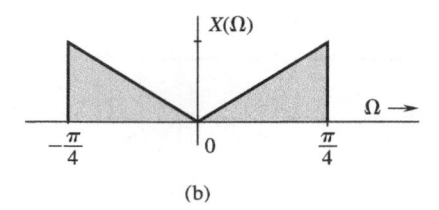

Figura P9.2-9

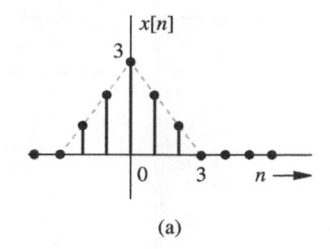

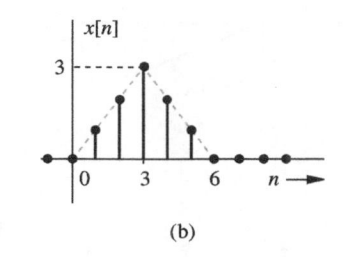

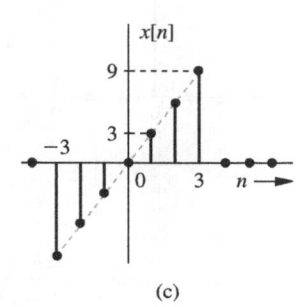

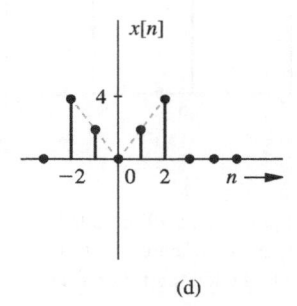

Figura P9.2-10

9.2-11 Determine a TFTD inversa de $X(\Omega)$ (mostrado apenas para $|\Omega| \leq \pi$) para o espectro ilustrado na Fig. P9-2.11. [Dica: $X(\Omega) = |X(\Omega)|e^{j\angle X(\Omega)}$. Este problema ilustra como espectros de fase diferentes (com o mesmo espectro de amplitude) representam sinais totalmente diferentes.]

9.2-12 (a) Mostre que o sinal expandido no tempo $x_e[n]$ na Eq. (3.4) também pode ser descrito por

$$x_e[n] = \sum_{k=-\infty}^{\infty} x[k]\delta[n - Lk]$$

(b) Obtenha a TFTD de $x_e[n]$ determinando a TFTD do lado direito da equação da parte (a).
(c) Utilize o resultado da parte (b) e a Tabela 9.1 para determinar a TFTD de $z[n]$, mostrado na Fig. P9.2-12.

9.2-13 (a) Uma rápida olhada na Eq. (9.29) mostra que a equação da TFTD inversa é idêntica à transformada de Fourier inversa (tempo contínuo), Eq. (7.8b), para um sinal $x(t)$ limitado em faixa a π rad/s. Logo, devemos ser capazes de utilizar a Tabela 7.1 de transformada de Fourier em tempo contínuo para determinarmos os pares da TFTD que correspondem aos pares das transformadas em tempo contínuo para sinais limitados em faixa. Utilize esse fato para obter os pares 8, 9, 11, 12, 13 e 14 da TFTD da Tabela 9.1 através dos pares apropriados da Tabela 7.1.
(b) Este método pode ser utilizado para obter os pares 2, 3, 4, 5, 6, 7, 10, 15 e 16 da Tabela 9.1? Justifique sua resposta com razões específicas.

9.2-14 Os seguintes sinais no domínio da frequência são TFTDs válidas? Responda sim ou não e justifique sua resposta.
(a) $X(\Omega) = \Omega + \pi$
(b) $X(\Omega) = j + \pi$
(c) $X(\Omega) = \text{sen}(10\Omega)$
(d) $X(\Omega) = \text{sen}(\Omega/10)$
(e) $X(\Omega) = \delta(\Omega)$

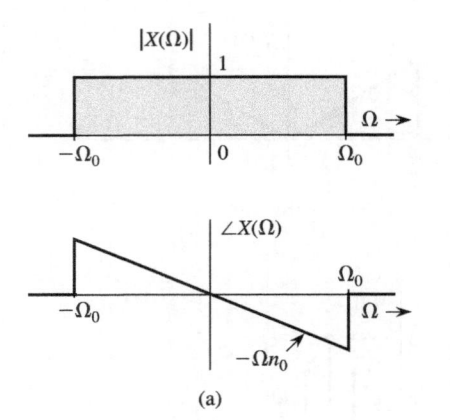

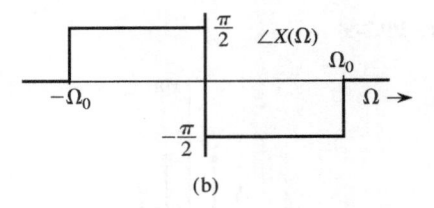

Figura P9.2-11

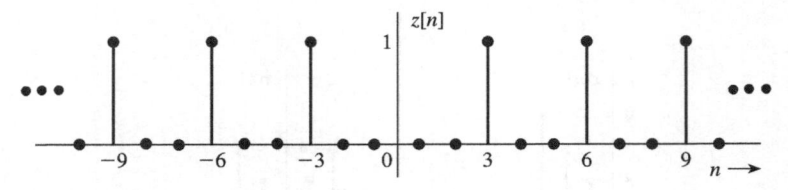

Figura P9.2-12

9.3-1 Usando apenas os pares 2 e 5 (Tabela 9.1) e a propriedade de deslocamento no tempo (9.52), obtenha a TFTD dos seguintes sinais, assumindo $|a| < 1$.
(a) $u[n] - u[n-9]$
(b) $a^{n-m}u[n-m]$
(c) $a^{n-3}(u[n] - u[n-10])$
(d) $a^{n-m}u[n]$
(e) $a^n u[n-m]$
(f) $(n-m)a^{n-m}u[n-m]$
(g) $(n-m)a^n u[n]$
(h) $na^{n-m}u[n-m]$

9.3-2 O pulso triangular $x[n]$ mostrado na Fig. P9.3-2a é dado por

$$X(\Omega) = \frac{4e^{j6\Omega} - 5e^{j5\Omega} + e^{j\Omega}}{(e^{j\Omega} - 1)^2}$$

Utilize essa informação e as propriedades da TFTD para determinar a TFTD dos sinais $x_1[n]$, $x_2[n]$, $x_3[n]$ e $x_4[n]$ mostrados na Fig. P9.3-2b, P9.3-2c, P9.3-2d e P9.3-2e, respectivamente.

9.3-3 Mostre que a convolução periódica $X(\Omega) \circledP Y(\Omega) = 2\pi X(\Omega)$ se

$$X(\Omega) = \sum_{k=0}^{4} a_k e^{-jk\Omega}$$

e

$$Y(\Omega) = \frac{\text{sen}(5\Omega/2)}{\text{sen}(\Omega/2)} e^{-j2\Omega}$$

na qual a_k é um conjunto de constantes arbitrárias.

9.3-4 Usando apenas o par 2 (Tabela 9.1) e as propriedades da TFTD, determine a TFTD dos seguintes sinais, assumindo $|a| < 1$ e $\Omega_0 < \pi$.
(a) $a^n \cos \Omega_0 n u[n]$
(b) $n^2 a^n u[n]$
(c) $(n-k)a^{2n}u[n-m]$

9.3-5 Utilize o par 10 da Tabela 9.1 e alguma propriedade ou propriedades adequadas da TFTD, para obter os pares 11, 12, 13, 14, 15 e 16.

9.3-6 Utilize a propriedade de deslocamento no tempo para mostrar que

$$x[n+k] + x[n-k] \iff 2X(\Omega) \cos k\Omega$$

Utilize esse resultado para obter a TFTD dos sinais mostrados na Fig. P9.3-6.

9.3-7 Utilize a propriedade de deslocamento no tempo para mostrar que

$$x[n+k] - x[n-k] \iff 2jX(\Omega) \text{sen } k\Omega$$

Utilize esse resultado para determinar a TFTD do sinal mostrado na Fig. P9.3-7.

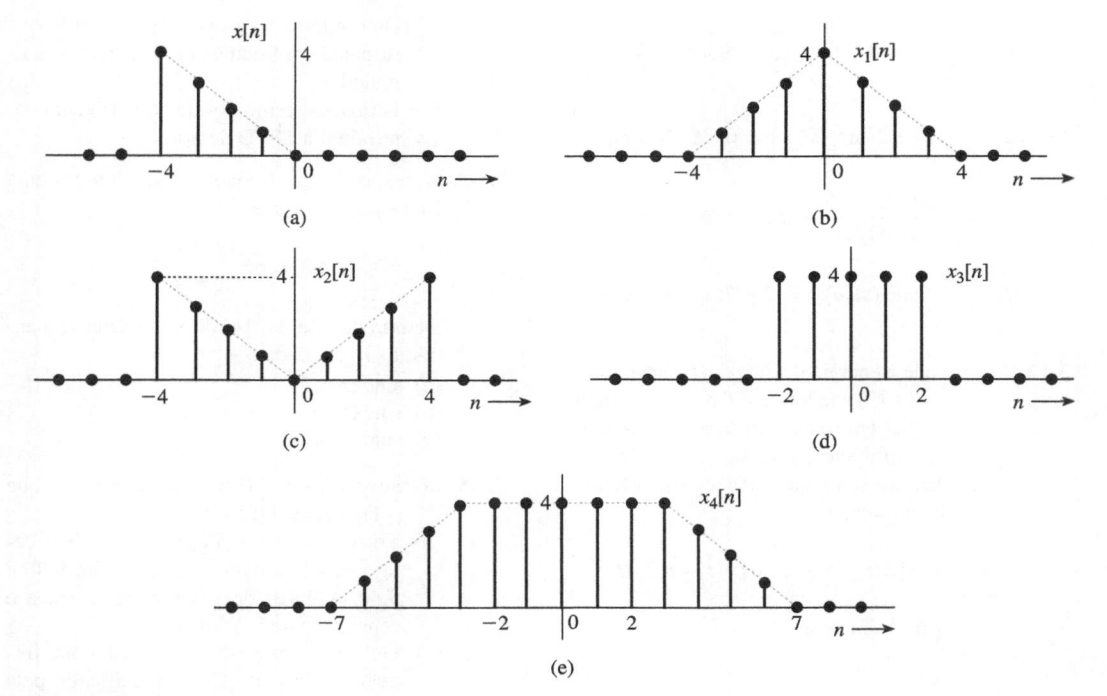

Figura P9.3-2

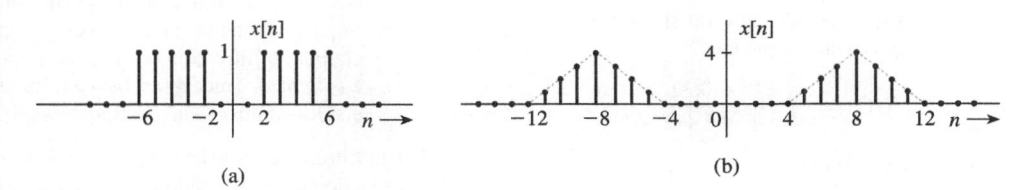

Figura P9.3-6

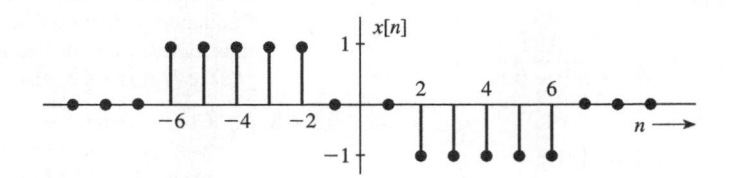

Figura P9.3-7

9.3-8 Usando apenas o par 2 da Tabela 9.1 e a propriedade da convolução, obtenha a TFTD inversa de $X(\Omega) = e^{2j\Omega}/(e^{j\Omega} - \gamma)^2$.

9.3-9 Na Tabela 9.1, você tem o par 1. A partir dessa informação e utilizando alguma propriedade(s) adequada(s) da TFTD, obtenha os pares 2, 3, 4, 5, 6 e 7. Por exemplo, começando com o par 1, obtenha o par 2. Do par 2, utilize propriedades adequadas da TFTD para obter o par 3, dos pares 2 e 3, obtenha o par 4, e assim por diante.

9.3-10 Do par $e^{j(\Omega_0/2)n} \Leftrightarrow 2\pi\delta(\Omega - (\Omega_0/2))$, dentro da faixa fundamental, e da propriedade da convolução, obtenha a TFTD de $e^{j\Omega_0 n}$. Assuma $\Omega_0 < \pi/2$.

9.3-11 A partir da definição e das propriedades da TFTD, mostre que

(a) $\displaystyle\sum_{n=-\infty}^{\infty} \text{sinc}\,(\Omega_c n) = \frac{\pi}{\Omega_c} \quad \Omega_c < \pi$

(b) $\displaystyle\sum_{n=-\infty}^{\infty} (-1)^n \text{sinc}\,(\Omega_c n) = 0 \quad \Omega_c < \pi$

(c) $\sum_{n=-\infty}^{\infty} \text{sinc}^2(\Omega_c n) = \dfrac{\pi}{\Omega_c}$ $\Omega_c < \pi/2$

(d) $\sum_{n=-\infty}^{\infty} (-1)^n \text{sinc}^2(\Omega_c n) = 0$ $\Omega_c < \pi/2$

(e) $\displaystyle\int_{-\pi}^{\pi} \dfrac{\text{sen}(M\Omega/2)}{\text{sen}(\Omega/2)} = 2\pi$ ímpar M

(f) $\sum_{n=-\infty}^{\infty} |\text{sinc}(\Omega_c n)|^4 = 2\pi/3\Omega_c$ $\Omega_c < \pi/2$

9.3-12 Mostre que a energia do sinal $x_c(t)$ especificado na Eq. (9.73) é idêntica a T vezes a energia do sinal $x[n]$ em tempo discreto, assumindo que $x_c(t)$ é limitado em faixa a $B \le 1/2T$ Hz. [Dica: lembre-se de que funções sinc são ortogonais, ou seja,

$$\int_{-\infty}^{\infty} \text{sinc}\,[\pi(t-m)]\,\text{sinc}\,[\pi(t-n)]\,dt$$

$$= \begin{cases} 0 & m \ne n \\ 1 & m = n \end{cases}$$

9.4-1 Utilize o método da TFTD para obter a resposta $y[n]$ de estado nulo do sistema causal com resposta em frequência

$$H(\Omega) = \dfrac{e^{j\Omega} + 0{,}32}{e^{j2\Omega} + e^{j\Omega} + 0{,}16}$$

e entrada dada por

$$x[n] = (-0{,}5)^n u[n]$$

9.4-2 Repita o Prob. 9.4-1 para

$$H(\Omega) = \dfrac{e^{j\Omega} + 0{,}32}{e^{j2\Omega} + e^{j\Omega} + 0{,}16}$$

e entrada

$$x[n] = u[n]$$

9.4-3 Repita o Prob. 9.4-1 para

$$H(\Omega) = \dfrac{e^{j\Omega}}{e^{j\Omega} - 0{,}5}$$

e

$$x[n] = 0{,}8^n u[n] + 2(2)^n u[-(n+1)]$$

9.4-4 Um sistema acumulador possui a propriedade de que uma entrada $x[n]$ resulta em uma saída

$$y[n] = \sum_{k=-\infty}^{n} x[k]$$

(a) Determine a resposta $h[n]$ ao impulso e a resposta em frequência $H(\Omega)$ para o acumulador.

(b) Utilize os resultados na parte (a) para determinar a TFTD de $u[n]$.

9.4-5 A resposta em frequência de um sistema LDIT para $|\Omega| \le \pi$ é

$$H(\Omega) = \text{ret}\left(\dfrac{\Omega}{\pi}\right) e^{-j2\Omega}$$

Determine a saída $y[n]$ desse sistema se a entrada $x[n]$ for dada por

(a) $\text{sinc}\,(\pi n/2)$
(b) $\text{sinc}\,(\pi n)$
(c) $\text{sinc}^2\,(\pi n/4)$

9.4-6 (a) Se $x[n] \Leftrightarrow X(\Omega)$, então, mostre que $(-1)^n x[n] \Leftrightarrow X(\Omega - \pi)$.

(b) Trace $\gamma^n u[n]$ e $(-\gamma)^n u[n]$ para $\gamma = 0{,}8$. Veja o espectro para $\gamma^n u[n]$ na Fig. 9.4b e 9.4c. A partir desses espectros, trace o espectro para $(-\gamma)^n u[n]$.

(c) Um filtro passa-baixas ideal com frequência de corte Ω_c é especificado pela resposta em frequência $H(\Omega)$ = ret $(\Omega/2\Omega_c)$. Determine sua resposta $h[n]$ ao impulso. Obtenha a resposta em frequência para o filtro cuja resposta ao impulso é $(-1)^n h[n]$. Trace a resposta em frequência desse filtro. Qual é o tipo desse filtro?

9.4-7 Um filtro cuja resposta $h[n]$ ao impulso é modificado como mostrado na Fig. P9.4-7. Determine a resposta $h_1[n]$ ao impulso do filtro resultante. Determine, também, a resposta em frequência $H_1(\Omega)$ do filtro resultante em termos da resposta em frequência $H(\Omega)$. Como $H(\Omega)$ e $H_1(\Omega)$ estão relacionados?

9.4-8 (a) Considere um sistema LDIT S_1, especificado por uma equação diferença na forma das Eqs. (3.17a), (3.17b) ou (3.24) no Capítulo 3. Construímos outro sistema S_2 substituindo os coeficientes a_i ($i = 0, 1, 2, \ldots, N$) pelos coeficientes $(-1)^i a_i$ e substituindo todos os coeficientes b_i ($i = 0, 1, 2, \ldots, N$) por coeficientes $(-1)^i b_i$. Como as respostas em frequência dos dois sistemas estão relacionadas?

(b) Se S_1 representa um filtro passa-baixas, qual o tipo de filtro especificado por S_2?

(c) Qual o tipo de filtro (passa-baixas, passa-altas, etc.) especificado pela equação diferença

$$y[n] - 0{,}8y[n-1] = x[n]$$

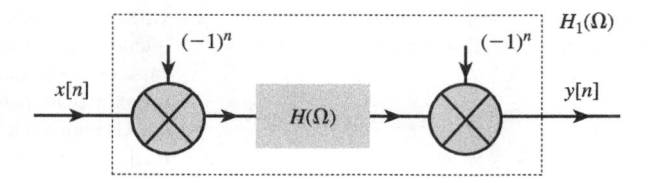

Figura P9.4-7

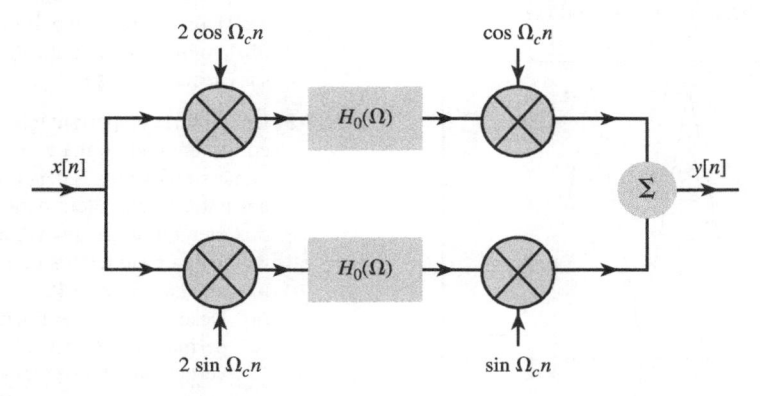

Figura P9.4-9

Qual o tipo de filtro especificado pela equação diferença

$$y[n] + 0,8y[n-1] = x[n]$$

9.4-9 (a) O sistema mostrado na Fig. P9.4-9 contém dois filtros LDIT idênticos com resposta em frequência $H_0(\Omega)$ e correspondentes respostas $h_0[n]$ ao impulso. É fácil ver que o sistema é linear. Mostre que esse sistema também é invariante no tempo. Faça isso determinando a resposta do sistema à entrada $\delta[n-k]$ em termos de $h_0[n]$.
  (b) Se $H_0(\Omega) = $ ret ($\Omega/2W$) na faixa fundamental e $\Omega_c + W \leq \pi$, determine $H(\Omega)$, a resposta em frequência desse sistema. Qual é o tipo desse filtro?

9.M-1 Este problema utiliza a abordagem baseada em matriz para investigar o cálculo da SFTD inversa.
  (a) Implemente a Eq. (9.8), a SFTD inversa, usando a abordagem matricial.
  (b) Compare a velocidade de execução da abordagem matricial com a abordagem baseada na IFFT para vetores de entrada com tamanhos 10, 100 e 1000.
  (c) Qual é o resultado da multiplicação da matriz $\mathbf{W}_{N_0}$ da TDF pela matriz da SFTD inversa? Discuta seu resultado.

9.M-2 Um filtro digital IIR passa-altas, de primeira ordem, estável, possui função de transferência

$$H(z) = \left(\frac{1+\alpha}{2}\right)\left(\frac{1-z^{-1}}{1-\alpha z^{-1}}\right)$$

  (a) Obtenha a expressão relacionando α com a frequência de corte de 3 dB Ω_c.
  (b) Teste sua expressão da parte (a) da seguinte maneira. Primeiro calcule α para obter uma frequência de corte de 3 dB de 1 kHz, assumindo uma taxa de amostragem de $\mathcal{F}_s = 5$ kHz. Determine a equação diferença que descreve o sistema e verifique que o sistema é estável. A seguir, calcule e trace a resposta em magnitude do filtro resultante. Verifique a o filtro é passa-altas e que possui a frequência de corte correta.
  (c) Mantendo α constante, o que acontece com a frequência de corte Ω_c quando $\mathcal{F}_s$ aumenta para 50 kHz? O que acontece com a frequência de corte f_c quando $\mathcal{F}_s$ aumenta para 50 kHz?
  (d) Existe um filtro inverso para $H(z)$ bem comportado? Explique.
  (e) Determine α para $\Omega_c = \pi/2$. Comente o filtro resultante, particularmente $h[n]$.

9.M-3 A Fig. P9.M-3 fornece a resposta em magnitude $|H(\Omega)|$ desejada para um filtro real. Matematicamente,

$$|H(\Omega)| = \begin{cases} 4\Omega/\pi & 0 \leq \Omega < \pi/4 \\ 2 - 4\Omega/\pi & \pi/4 \leq \Omega < \pi/2 \\ 0 & \pi/2 \leq \Omega \leq \pi \end{cases}$$

como o filtro digital é real, $|H(\Omega)| = |H(-\Omega)|$ e $|H(\Omega)| = |H(\Omega + 2\pi)|$ para todo Ω.

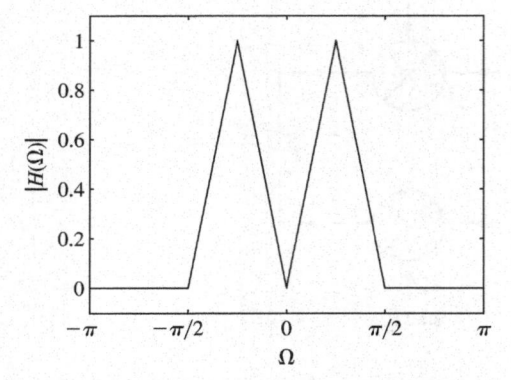

Figura P9.M-3 Resposta em magnitude $|H(\Omega)|$ desejada.

(a) Um filtro realizável pode ter exatamente essa resposta em magnitude? Explique.

(b) Utilize o método de amostragem em frequência para projetar um filtro FIR com esta resposta em magnitude (um uma aproximação razoável). Utilize o MATLAB para traçar a resposta em magnitude do seu filtro.

9.M-4 A resposta em magnitude de um filtro FIR combinado deve ser $|H(\Omega)| = [0, 3, 0, 3, 0, 3, 0, 3]$ para $\Omega = [0, \pi/4, \pi/2, 3\pi/4, \pi, 5\pi/4, 3\pi/2, 7\pi/4]$, respectivamente. Forneça uma resposta $h[n]$ ao impulso de um filtro que atenda a essas especificações.

9.M-5 Uma matriz de permutação **P** possui um único um em cada linha e coluna com todos os demais elementos iguais a zero. Matrizes de permutação são úteis para o reordenamento dos elementos de um vetor. A operação **Px** reordena os elementos de um vetor coluna **x** baseado na forma de **P**.

(a) Descreva completamente uma matriz de permutação $N_0 \times N_0$ chamada $\mathbf{R}_{N_0}$ que inverta a ordem dos elementos de um vetor coluna **x**.

(b) Data a matriz TDF $\mathbf{W}_{N_0}$, verifique que $(\mathbf{W}_{N_0})(\mathbf{W}_{N_0}) = \mathbf{W}_{N_0}^2$ produz uma matriz de permutação escalonada. Como $\mathbf{W}_{N_0}^2\mathbf{x}$ ordena os elementos de **x**?

(c) Qual o resultado de $(\mathbf{W}_{N_0}^2)(\mathbf{W}_{N_0}^2)\mathbf{x} = \mathbf{W}_{N_0}^4\mathbf{x}$?

CAPÍTULO 10

ANÁLISE NO ESPAÇO DE ESTADOS

Na Seção 1.10, as notações básicas de *variáveis de estado* foram apresentadas. Neste capítulo, iremos discutir esse assunto com mais detalhes.

Grande parte deste livro trabalha com a descrição externa (entrada-saída) de sistemas. Como ressaltado no Capítulo 1, tal descrição pode ser inadequada em alguns casos e precisamos de uma forma sistemática de obter a *descrição interna* do sistema. A análise por espaço de estados preenche essa necessidade. Nesse método, inicialmente selecionamos um conjunto de variáveis chave, chamadas de *variáveis de estado*, do sistema. Cada possível sinal ou variável no sistema em qualquer instante t pode ser descrita em termos das variáveis de estado e da(s) entrada(s) naquele instante. Se conhecermos todas as variáveis de estado em função de t, podemos determinar todo possível sinal ou variável do sistema em qualquer instante através de uma relação relativamente simples. A descrição do sistema nesse método consiste em duas partes:

1. Um conjunto de equações relacionando as variáveis de estado com as entradas (a *equação de estado*).
2. Um conjunto de equações relacionando as saídas com as variáveis de estados e entradas (a *equação de saída*).

O procedimento de análise, portanto, consiste em resolver, primeiro, a equação de estado e, então, resolver a equação de saída. A descrição de espaço de estado é capaz de determinar toda possível variável do sistema (ou saída) a partir do conhecimento da entrada e do estado (condição) inicial do sistema. Por essa razão, ela é uma *descrição interna* do sistema.

Devido à sua natureza, a análise por variável de estado é eminentemente adequada para sistemas de múltiplas entradas, múltiplas saídas (MIMO*). Um sistema de entrada única, saída única (SISO**) é um caso especial de sistemas MIMO. Além disso, as técnicas de espaço de estado são úteis por diversas outras razões, mencionadas na Seção 1.10, e repetidas aqui:

1. Equações de estado de um sistema fornecem um modelo matemático de grande generalidade que pode descrever não somente sistemas lineares, mas também sistemas não lineares; não somente sistemas invariantes no tempo, mas também sistemas com parâmetros variantes no tempo; não somente sistemas SISO, mas também sistemas MIMO. De fato, equações de estado são idealmente adequadas para análise, síntese e otimização de sistemas MIMO.

2. A notação matricial compacta e as poderosas técnicas de álgebra linear facilitam muito as manipulações complexas. Sem tais características, muitos resultados importantes da moderna teoria de sistemas teriam sido difíceis de serem obtidos. Equações de estado podem resultar em uma grande quantidade de informação sobre um sistema, mesmo quando elas não são explicitamente resolvidas.

3. Equações de estado resultam em uma fácil situação para a simulação em computadores digitais de sistemas complexos de alta ordem, lineares ou não e com múltiplas entradas e saídas.

4. Para sistemas de segunda ordem ($N = 2$), um método gráfico chamado de *análise no plano de fase* pode ser utilizado nas equações de estado, sejam elas lineares ou não.

---

* N. de T.: *Multiple-input, multiple-output.*
** N. de T.: *Single-input, single-output.*

10.1 INTRODUÇÃO

A partir das discussões do Capítulo 1, sabemos que para determinarmos a(s) resposta(s) do sistema em qualquer instante t, precisamos conhecer as entradas do sistema durante todo o passado, de $-\infty$ a t. Se as entradas forem conhecidas somente para $t > t_0$, ainda podemos determinar a(s) saída(s) do sistema para qualquer $t > t_0$, desde que conheçamos certas condições iniciais do sistema para $t = t_0$. Essas condições iniciais são coletivamente chamadas de *estado inicial* do sistema (para $t = t_0$).

As *variáveis de estado* $q_1(t)$, $q_2(t)$,..., $q_N(t)$ são a menor quantidade possível de variáveis do sistema tal que seus valores iniciais no instante t_0 são suficientes para determinar o comportamento do sistema para todo tempo $t \geq t_0$ quando a(s) entrada(s) do sistema for(em) conhecida(s) para $t \geq t_0$. Essa afirmativa implica que uma saída do sistema em qualquer instante é determinada completamente a partir do conhecimento dos valores do estado do sistema e da entrada em qualquer instante.

As condições iniciais de um sistema podem ser especificadas por diversas formas. Consequentemente, o estado do sistema também pode ser especificado por diversas formas. Isso significa que as variáveis de estado não são únicas.

Essa discussão também é válida para sistemas de múltiplas entradas, múltiplas saídas (MIMO), nos quais cada possível saída do sistema em qualquer instante t é determinada completamente do conhecimento do estado do sistema e da(s) entrada(s) no instante t. Essas ideias devem ficar mais claras no exemplo a seguir de um circuito *RLC*.

EXEMPLO 10.1

Obtenha a descrição por espaço de estados do circuito *RLC* mostrado na Fig. 10.1. Verifique que todas as possíveis saídas do sistema, em algum instante t, podem ser determinadas do conhecimento do estado do sistema e da entrada no instante t.

É sabido que correntes de indutor e tensões de capacitor em um circuito *RLC* podem ser utilizadas como uma possível escolha de variáveis de estado. Por essa razão, iremos escolher q_1 (a tensão do capacitor) e q_2 (a corrente do indutor) como nossas variáveis de estado.

A equação do nó intermediário é

$$i_3 = i_1 - i_2 - q_2$$

mas $i_3 = 0{,}2\dot{q}_1$, $i_1 = 2(x - q_1)$, $i_2 = 3q_1$. Logo,

$$0{,}2\dot{q}_1 = 2(x - q_1) - 3q_1 - q_2$$

ou

$$\dot{q}_1 = -25q_1 - 5q_2 + 10x \tag{10.1}$$

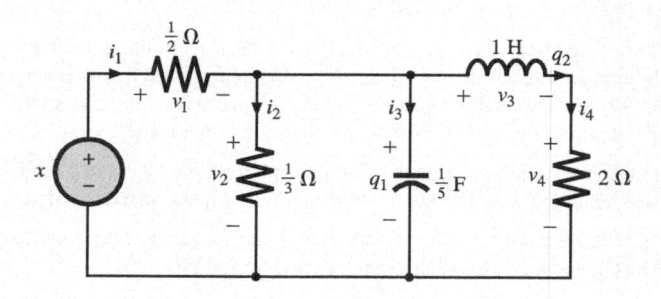

Figura 10.1

Essa é a primeira equação de estado. Para obter a segunda equação de estado, somamos as tensões na malha mais a direita, formada por C, L e o resistor de 2 Ω, tal que a tensão seja igual a zero.

$$-q_1 + \dot{q}_2 + 2q_2 = 0$$

ou

$$\dot{q}_2 = q_1 - 2q_2 \qquad (10.2)$$

Portanto, as duas equações de estado são

$$\dot{q}_1 = -25q_1 - 5q_2 + 10x \qquad (10.3a)$$
$$\dot{q}_2 = q_1 - 2q_2 \qquad (10.3b)$$

Cada possível saída pode, agora, ser descrita como uma combinação linear de q_1 e q_2 e x. A partir da Fig. 10.1, temos que

$$v_1 = x - q_1$$
$$i_1 = 2(x - q_1)$$
$$v_2 = q_1$$
$$i_2 = 3q_1$$
$$i_3 = i_1 - i_2 - q_2 = 2(x - q_1) - 3q_1 - q_2 = -5q_1 - q_2 + 2x$$
$$i_4 = q_2$$
$$v_4 = 2i_4 = 2q_2$$
$$v_3 = q_1 - v_4 = q_1 - 2q_2 \qquad (10.4)$$

Esse conjunto de equações é chamado de *equação de saída* do sistema. Fica claro nesse conjunto que cada possível saída em algum instante t pode ser determinada a partir do conhecimento de $q_1(t)$, $q_2(t)$ e $x(t)$, o estado do sistema, e a entrada, no instante t. Uma vez que tenhamos resolvido as equações de estado (10.3) para obter $q_1(t)$ e $q_2(t)$, poderemos determinar cada possível saída para qualquer entrada $x(t)$.

Para sistemas contínuos no tempo, as equações de estado são N equações diferenciais simultâneas de primeira ordem com N variáveis de estado $q_1, q_2,..., q_N$ na forma

$$\dot{q}_i = g_i(q_1, q_2, \ldots, q_N, x_1, x_2, \ldots, x_j) \qquad i = 1, 2, \ldots, N \qquad (10.5)$$

na qual $x_1, x_2,..., x_j$ são as j entradas do sistema. Para um sistema linear, essas equações se reduzem a uma forma linear mais simples

$$\dot{q}_i = a_{i1}q_1 + a_{i2}q_2 + \cdots + a_{iN}q_N + b_{i1}x_1 + b_{i2}x_2 + \cdots + b_{ij}x_j \qquad i = 1, 2, \ldots, N \qquad (10.6a)$$

Se existirem k saídas $y_1, y_2,..., y_k$, as k equações de saída estarão na forma

$$y_m = c_{m1}q_1 + c_{m2}q_2 + \cdots + c_{mN}q_N + d_{m1}x_1 + d_{m2}x_2 + \cdots + d_{mj}x_j \qquad m = 1, 2, \ldots, k \qquad (10.6b)$$

As N equações de estado simultâneas de primeira ordem também são chamadas de equações *forma normal*. Essas equações podem ser escritas, mais convenientemente, na forma matricial:

$$\underbrace{\begin{bmatrix} \dot{q}_1 \\ \dot{q}_2 \\ \vdots \\ \dot{q}_N \end{bmatrix}}_{\dot{q}} = \underbrace{\begin{bmatrix} a_{11} & a_{12} & \cdots & a_{1N} \\ a_{21} & a_{22} & \cdots & a_{2N} \\ \vdots & \vdots & \cdots & \vdots \\ a_{N1} & a_{N2} & \cdots & a_{NN} \end{bmatrix}}_{A} \underbrace{\begin{bmatrix} q_1 \\ q_2 \\ \vdots \\ q_N \end{bmatrix}}_{q} + \underbrace{\begin{bmatrix} b_{11} & b_{12} & \cdots & b_{1j} \\ b_{21} & b_{22} & \cdots & b_{2j} \\ \vdots & \vdots & \cdots & \vdots \\ b_{N1} & b_{N2} & \cdots & b_{Nj} \end{bmatrix}}_{B} \underbrace{\begin{bmatrix} x_1 \\ x_2 \\ \vdots \\ x_j \end{bmatrix}}_{x} \qquad (10.7a)$$

e

$$\begin{bmatrix} y_1 \\ y_2 \\ \vdots \\ y_k \end{bmatrix} = \begin{bmatrix} c_{11} & c_{12} & \cdots & c_{1N} \\ c_{21} & c_{22} & \cdots & c_{2N} \\ \vdots & \vdots & \cdots & \vdots \\ c_{k1} & c_{k2} & \cdots & c_{kN} \end{bmatrix} \begin{bmatrix} q_1 \\ q_2 \\ \vdots \\ q_N \end{bmatrix} + \begin{bmatrix} d_{11} & d_{12} & \cdots & d_{1j} \\ d_{21} & d_{22} & \cdots & d_{2j} \\ \vdots & \vdots & \cdots & \vdots \\ d_{k1} & d_{k2} & \cdots & d_{kj} \end{bmatrix} \begin{bmatrix} x_1 \\ x_2 \\ \vdots \\ x_j \end{bmatrix} \qquad (10.7b)$$

ou

$$\dot{\mathbf{q}} = \mathbf{Aq} + \mathbf{Bx} \qquad (10.8a)$$

$$\mathbf{y} = \mathbf{Cq} + \mathbf{Dx} \qquad (10.8b)$$

A Eq. (10.8a) é a equação de estado e a Eq. (10.8b) é a equação de saída; **q**, **y** e **x** são chamados de vetor de estado, vetor de saída e vetor de entrada, respectivamente.

Para sistemas em tempo discreto, as equações de estado são N equações diferença, simultâneas, de primeira ordem. Sistemas em tempo discreto são discutidos na Seção 10.6.

10.2 Procedimento Sistemático para a Determinação das Equações de Estado

Iremos discutir, agora, um procedimento sistemático para a determinação da descrição por espaço de estados de sistemas lineares invariantes no tempo. Em particular, iremos considerar sistemas de dois tipos: (1) Circuitos *RLC* e (2) sistemas especificados pelo diagrama em blocos ou funções de transferência de ordem N.

10.2-1 Circuitos Elétricos

O método utilizado no exemplo 10.1 é eficiente na maioria dos casos simples. Os passos a serem seguidos são:

1. Escolha todas as tensões independentes de capacitores e correntes independentes de indutores como variáveis de estado.

2. Escolha um conjunto de correntes de malha. Expresse as variáveis de estado e suas derivadas primeiras em termos destas correntes de malha.

3. Escreva as equações de tensão de malha e elimine todas as variáveis que não sejam as variáveis de estado (se suas derivadas primeiras) das equações obtidas nos passos 2 e 3.

EXEMPLO 10.2

Escreva as equações de estado para o circuito mostrado na Fig. 10.2.

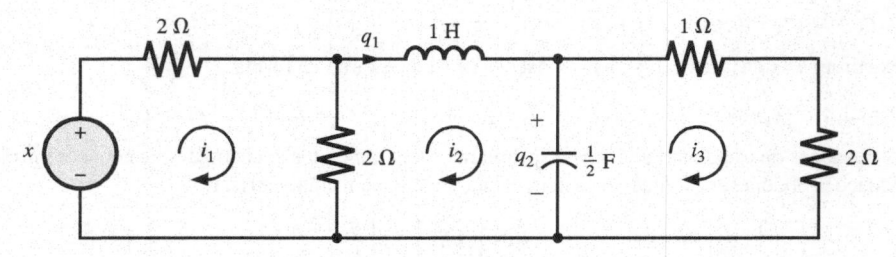

Figura 10.2

Passo 1. Existe um indutor e um capacitor no circuito. Portanto, iremos escolher a corrente q_1 do indutor e a tensão q_2 do capacitor como variáveis de estado.

Passo 2. A relação entre as correntes de malha e as variáveis de estado podem ser obtidas por inspeção:

$$q_1 = i_2 \tag{10.9a}$$
$$\tfrac{1}{2}\dot{q}_2 = i_2 - i_3 \tag{10.9b}$$

Passo 3. As equações de malha são

$$4i_1 - 2i_2 = x \tag{10.10a}$$
$$2(i_2 - i_1) + \dot{q}_1 + q_2 = 0 \tag{10.10b}$$
$$-q_2 + 3i_3 = 0 \tag{10.10c}$$

Eliminamos, agora, i_1, i_2 e i_3 das Eqs. (10.9) e (10.10) como mostrado a seguir. A partir da Eq. (10.10b), temos

$$\dot{q}_1 = 2(i_1 - i_2) - q_2$$

Podemos eliminar i_1 e i_2 dessa equação usando as Eqs. (10.9a) e (10.10a) para obter

$$\dot{q}_1 = -q_1 - q_2 + \tfrac{1}{2}x$$

A substituição das Eqs. (10.9a) e (10.10c) na Eq. (10.9b) resulta em

$$\dot{q}_2 = 2q_1 - \tfrac{2}{3}q_2$$

Essas são as equações de estado desejadas. Podemos expressá-las na forma matricial como

$$\begin{bmatrix} \dot{q}_1 \\ \dot{q}_2 \end{bmatrix} = \begin{bmatrix} -1 & -1 \\ 2 & -\tfrac{2}{3} \end{bmatrix} \begin{bmatrix} q_1 \\ q_2 \end{bmatrix} + \begin{bmatrix} \tfrac{1}{2} \\ 0 \end{bmatrix} x \tag{10.11}$$

A obtenção das equações de estado a partir das equações de malha é consideravelmente facilitada pela escolha de malhas de tal forma que apenas uma corrente de malha passe através de cada indutor ou capacitor.

PROCEDIMENTO ALTERNATIVO

Também podemos determinar as equações de estado através do seguinte procedimento:

1. Escolha todas as tensões independentes dos capacitores e correntes independentes dos indutores como variáveis de estado.

2. Substitua cada capacitor por uma fonte de tensão igual à tensão do capacitor e substitua cada indutor por uma fonte de corrente igual à corrente do indutor. Este passo irá transformar o circuito *RLC* em um circuito constituído apenas por resistores, fontes de corrente e fontes de tensão.

3. Obtenha a corrente através de cada capacitor e iguale-as a $C\dot{q}_i$, na qual q_i é a tensão do capacitor. Similarmente, obtenha a tensão em cada indutor e iguale-a a $L\dot{q}_j$, na qual q_j é a corrente do indutor.

EXEMPLO 10.3

Utilize esse procedimento alternativo de três passos para escrever as equações de estado do circuito da Fig. 10.2.

No circuito da Fig. 10.2, substituímos o indutor por uma fonte de corrente com corrente q_1 e o capacitor por uma fonte de tensão com tensão q_2, como mostrado na Fig. 10.3. O circuito resultante é constituído por quatro resistores, duas fontes de tensão e uma fonte de corrente. Podemos determinar a tensão v_L do indutor e a corrente i_c do capacitor usando o princípio da superposição. Este passo pode ser realizado por inspeção. Por exemplo, v_L possui três componentes vindas de três fontes. Para calcular a componente devido a x, assumimos que $q_1 = 0$ (circuito aberto) e $q_2 = 0$ (curto-circuito). Com essas condições, todo o circuito do lado direito do resistor de 2Ω ficará aberto e a componente de v_L devido a x é a tensão no resistor de 2Ω. Essa tensão é, claramente, $(1/2)x$. Similarmente, para obtermos a componente de v_L devido a q_1, curto-circuitamos x e q_2. A fonte q_1 enxerga um resistor equivalente de $1\ \Omega$, e, logo, $v_L = -q_1$. Continuando nesse processo, verificamos que a componente de v_L devido a q_2 é $-q_2$. Logo,

$$v_L = \dot{q}_1 = \tfrac{1}{2}x - q_1 - q_2 \qquad (10.12a)$$

Usando o mesmo procedimento, obtemos

$$i_c = \tfrac{1}{2}\dot{q}_2 = q_1 - \tfrac{1}{3}q_2 \qquad (10.12b)$$

Essas equações são idênticas às equações de estado (10.11) obtidas anteriormente.[†]

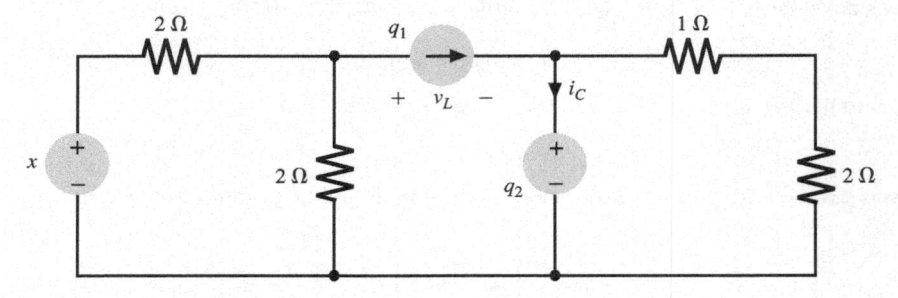

Figura 10.3   Diagrama equivalente ao circuito da Fig 10.2.

10.2-2 Equações de Estado a partir da Função de Transferência

É relativamente simples determinar as equações de estado de um sistema especificado por sua função de transferência.[‡] Considere, por exemplo, um sistema de primeira ordem com função de transferência

$$H(s) = \frac{1}{s+a} \qquad (10.13)$$

A realização do sistema aparece na Fig. 10.4. A saída q do integrador serve como variável de estado natural, pois, na realização prática, as condições iniciais são colocadas na saída do integrador. A entrada do integral é naturalmente $\dot{q}$. Da Fig. 10.4, temos

---

[†] Esse procedimento requer modificações se o sistema contiver conjuntos unidos somente com capacitores e fontes de tensão ou conjuntos unidos somente com indutores e fontes de corrente. No caso de conjuntos unidos somente com capacitores e fontes de tensão, todas as tensões dos capacitores não podem ser independentes. Uma tensão de capacitor pode ser expressa em termos das outras tensões dos capacitores e a da(s) fonte(s) de tensão no conjunto. Consequentemente, uma das tensões dos capacitores não pode ser utilizada como variável de estado, e o capacitor não deve ser substituído por uma fonte de tensão. Similarmente, em um conjunto unido somente com indutores e fontes de corrente, um indutor não pode ser substituído por uma fonte de corrente. Se houver conjuntos com somente capacitores unidos ou somente indutores unidos, não haverá nenhuma outra complicação. Em conjuntos com somente capacitores e fontes de tensão unidos e/ou conjuntos somente com indutores e fontes de corrente unidas, temos dificuldades adicionais nos termos envolvendo as derivadas da entrada. Esse problema pode ser solucionado redefinindo as variáveis de estado. As variáveis de estado finais não serão as tensões dos capacitores ou as correntes dos indutores.

[‡] Implicitamente, presumimos que o sistema é controlável e observável. Isso implica que não existem cancelamentos de polos/zeros na função de transferência. Se tais cancelamentos existirem, a descrição por variáveis de estado representa apenas a parte do sistema que é controlável e observável (a parte do sistema que acopla a saída à entrada). Em outras palavras, a descrição interna representada pelas equações de estado não é melhor do que a descrição externa representada pela equação de entrada-saída.

CAPÍTULO 10   ANÁLISE NO ESPAÇO DE ESTADOS   797

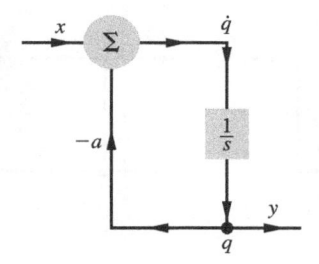

Figura 10.4

$$\dot{q} = -aq + x \tag{10.14a}$$
$$y = q \tag{10.14b}$$

Na Seção 4.6, mostramos que uma dada função de transferência pode ser realizada de diversas formas. Consequentemente, devemos ser capazes de obter diferentes descrições no espaço de estados do mesmo sistema usando diferentes realizações. Essa consideração ficará mais clara pelo exemplo a seguir.

EXEMPLO 10.4

Determine a descrição no espaço de estados do sistema especificado pela função de transferência

$$H(s) = \frac{2s + 10}{s^3 + 8s^2 + 19s + 12} \tag{10.15a}$$

$$= \left(\frac{2}{s+1}\right)\left(\frac{s+5}{s+3}\right)\left(\frac{1}{s+4}\right) \tag{10.15b}$$

$$= \frac{\frac{4}{3}}{s+1} - \frac{2}{s+3} + \frac{\frac{2}{3}}{s+4} \tag{10.15c}$$

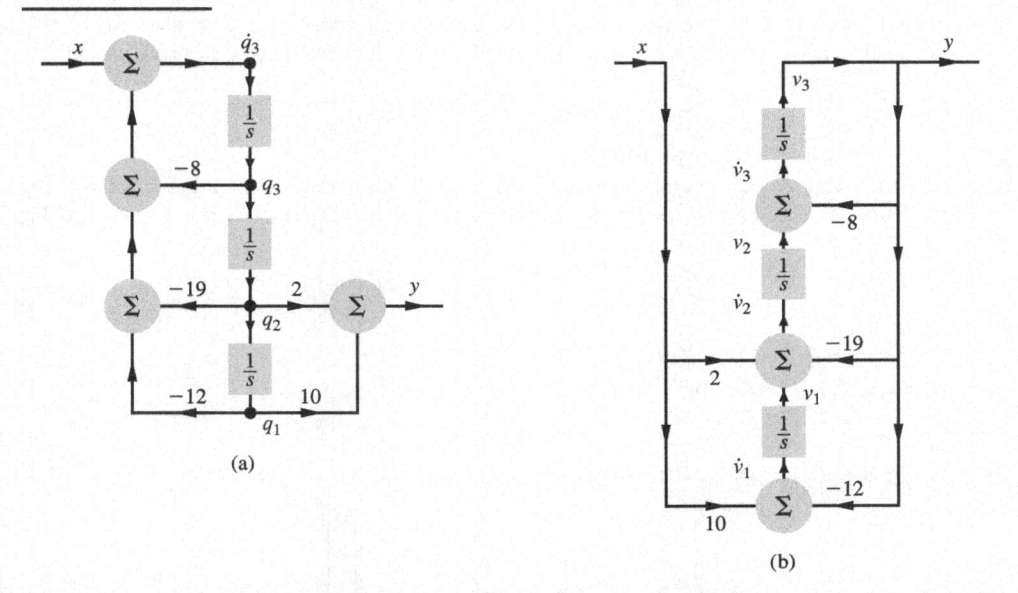

Figura 10.5 Realizações do sistema na forma (a) canônica, (b) transposta, (c) cascata e (d) paralela.

(c)

(d)

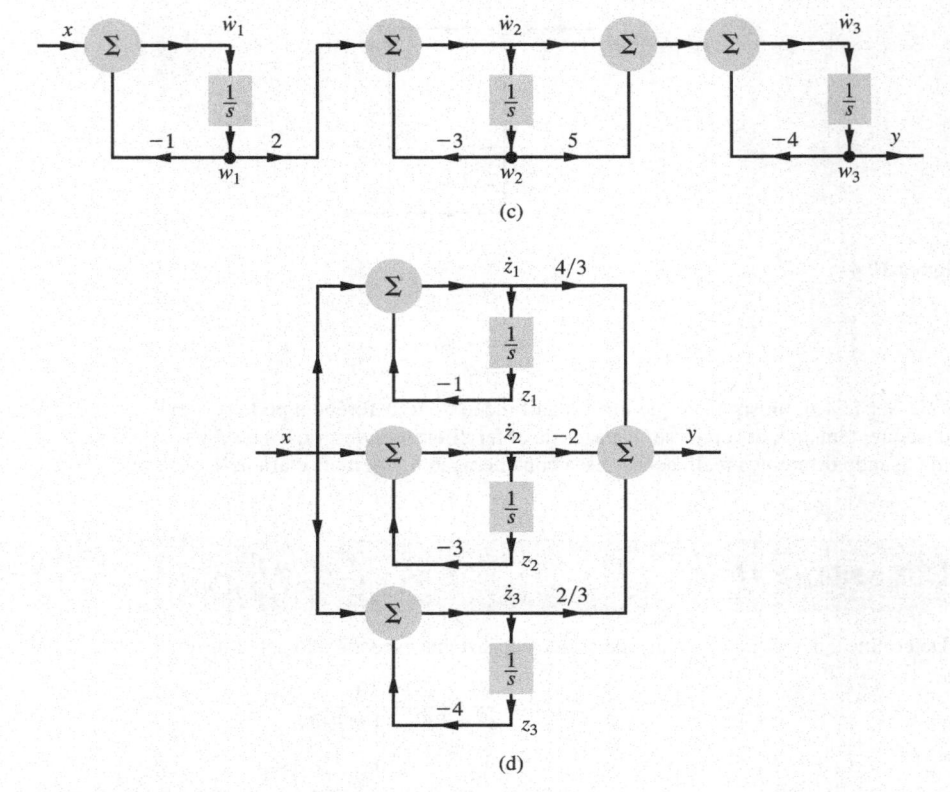

Figura 10.5 Continuação.

Iremos utilizar o procedimento desenvolvido na Seção 4.6 para realizar $H(s)$ da Eq. (10.15) por quatro formas: (i) a forma direta II (FDII) e (ii) a transposta da FDII [Eq. (10.15a)], (iii) a realização em cascata [Eq. (10.15b)] e (iv) a realização paralela [Eq. (10.15c)]. Essas realizações estão mostradas na Fig. 10.5. Como mencionado anteriormente, a saída de cada integrador é, naturalmente, uma variável de estado.

FORMA DIRETA II E SUA TRANSPOSTA

Iremos realizar o sistema usando a forma canônica (forma direta II e sua transposta) discutida na Seção 4.6. Se escolhermos as variáveis de estado como sendo as saídas dos três integradores, q_1, q_2 e q_3, então, de acordo com a Fig. 10.5,

$$\dot{q}_1 = q_2$$
$$\dot{q}_2 = q_3 \qquad (10.16a)$$
$$\dot{q}_3 = -12q_1 - 19q_2 - 8q_3 + x$$

Além disso, a saída y é dada por

$$y = 10q_1 + 2q_2 \qquad (10.16b)$$

As Eqs. (10.16a) são as equações de estado, e a Eq. (10.16b) é a equação de saída. Na forma matricial obtemos

$$\begin{bmatrix} \dot{q}_1 \\ \dot{q}_2 \\ \dot{q}_3 \end{bmatrix} = \underbrace{\begin{bmatrix} 0 & 1 & 0 \\ 0 & 0 & 1 \\ -12 & -19 & -8 \end{bmatrix}}_{\mathbf{A}} \begin{bmatrix} q_1 \\ q_2 \\ q_3 \end{bmatrix} + \underbrace{\begin{bmatrix} 0 \\ 0 \\ 1 \end{bmatrix}}_{\mathbf{B}} x \qquad (10.17a)$$

e

$$\mathbf{y} = \underbrace{[10 \quad 2 \quad 0]}_{\mathbf{C}} \begin{bmatrix} q_1 \\ q_2 \\ q_3 \end{bmatrix} \quad (10.17b)$$

Podemos realizar, também, $H(s)$ usando a transposta da forma FDII, como mostrado na Fig. 10.5b. Se chamarmos as saídas dos três integradores de v_1, v_2 e v_3, as variáveis de estado, então, de acordo com a Fig. 10.5b,

$$\dot{v}_1 = -12v_3 + 10x$$
$$\dot{v}_2 = v_1 - 19v_3 + 2x \quad (10.18a)$$
$$\dot{v}_3 = v_2 - 8v_3$$

e a saída y será dada por

$$y = v_3 \quad (10.18b)$$

Logo,

$$\begin{bmatrix} \dot{v}_1 \\ \dot{v}_2 \\ \dot{v}_3 \end{bmatrix} = \underbrace{\begin{bmatrix} 0 & 0 & -12 \\ 1 & 0 & -19 \\ 0 & 1 & -8 \end{bmatrix}}_{\hat{\mathbf{A}}} \begin{bmatrix} v_1 \\ v_2 \\ v_3 \end{bmatrix} + \underbrace{\begin{bmatrix} 10 \\ 2 \\ 0 \end{bmatrix}}_{\hat{\mathbf{B}}} x \quad (10.19a)$$

e

$$\mathbf{y} = \underbrace{[0 \quad 0 \quad 1]}_{\hat{\mathbf{C}}} \begin{bmatrix} v_1 \\ v_2 \\ v_3 \end{bmatrix} \quad (10.19b)$$

Observe atentamente a relação entre a descrição no espaço de estados de $H(s)$ obtida pela realização FDII [Eqs. (10.17)] e a obtida pela transposta da FDII [Eqs. (10.19)]. As matrizes **A** dos dois casos são uma a transposta da outra, além disso, **B** de um é a transposta de **C** da outra, e vice-versa. Logo,

$$(\mathbf{A})^T = \hat{\mathbf{A}}$$
$$(\mathbf{B})^T = \hat{\mathbf{C}} \quad (10.20)$$
$$(\mathbf{C})^T = \hat{\mathbf{B}}$$

Isso não é uma coincidência. Essa relação de dualidade geralmente é verdadeira.[1]

REALIZAÇÃO EM CASCATA

As saídas dos três integradores, w_1, w_2 e w_3, da Fig. 10.5c são as variáveis de estado. As equações de estado são

$$\dot{w}_1 = -w_1 + x \quad (10.21a)$$
$$\dot{w}_2 = 2w_1 - 3w_2 \quad (10.21b)$$
$$\dot{w}_3 = 5w_2 + \dot{w}_2 - 4w_3 \quad (10.21c)$$

e a equação de saída é

$$y = w_3 \quad (10.22)$$

Através da eliminação de da Eq. (10.21c) utilizando a Eq. (10.21b), convertemos essas equações para a forma desejada de estado

$$\begin{bmatrix} \dot{w}_1 \\ \dot{w}_2 \\ \dot{w}_3 \end{bmatrix} = \begin{bmatrix} -1 & 0 & 0 \\ 2 & -3 & 0 \\ 2 & 2 & -4 \end{bmatrix} \begin{bmatrix} w_1 \\ w_2 \\ w_3 \end{bmatrix} + \begin{bmatrix} 1 \\ 0 \\ 0 \end{bmatrix} x \quad (10.23a)$$

e

$$y = [0 \quad 0 \quad 1] \begin{bmatrix} w_1 \\ w_2 \\ w_3 \end{bmatrix} \qquad (10.23b)$$

Realização em Paralelo (Representação Diagonal)
As saídas dos três integradores, z_1, z_2 e z_3, da Fig. 10.5d são as variáveis de estado. As equações de estado são

$$\begin{aligned} \dot{z}_1 &= -z_1 + x \\ \dot{z}_2 &= -3z_2 + x \\ \dot{z}_3 &= -4z_3 + x \end{aligned} \qquad (10.24a)$$

e a equação de saída é

$$y = \tfrac{4}{3}z_1 - 2z_2 + \tfrac{2}{3}z_3 \qquad (10.24b)$$

Portanto, as equações na forma matricial são

$$\begin{bmatrix} \dot{z}_1 \\ \dot{z}_2 \\ \dot{z}_3 \end{bmatrix} = \begin{bmatrix} -1 & 0 & 0 \\ 0 & -3 & 0 \\ 0 & 0 & -4 \end{bmatrix} \begin{bmatrix} z_1 \\ z_2 \\ z_3 \end{bmatrix} + \begin{bmatrix} 1 \\ 1 \\ 1 \end{bmatrix} x \qquad (10.25a)$$

$$y = \begin{bmatrix} \tfrac{4}{3} & -2 & \tfrac{2}{3} \end{bmatrix} \begin{bmatrix} z_1 \\ z_2 \\ z_3 \end{bmatrix} \qquad (10.25b)$$

EXEMPLO DE COMPUTADOR C10.1

Utilize o MATLAB para determinar a primeira forma canônica (FDI) para o sistema dado no Exemplo 10.4. [Cuidado: A convenção do MATLAB para representar as variáveis de estado $q_1, q_2, ..., q_n$ em um diagrama de blocos, tal como o mostrado na Fig. 10.5a, é invertida. Ou seja, o MATLAB chama q_1 de q_n, q_2 de q_{n-1}, e assim por diante.]

```
>> num = [2 10]; den = [1 8 19 12];
>> [A,B,C,D] = tf2ss(num,den)

A =     -8     -19    -12
         1       0      0
         0       1      0

B =      1
         0
         0

C =      0       2     10

D =      0
```

Também é possível determinar a função de transferência da representação por espaço de estados.
Inserir Equação T- 8

```
>> [num,den] = ss2tf(A,B,C,D);
>> tf(num,den)


Transfer function:
4.441e-015 s^2 + 2 s + 10
-------------------------
  s^3 + 8 s^2 + 19 s + 12
```

UM CASO GERAL

Ficou claro que um sistema possui diversas descrições por espaço de estados. Dentre as possíveis opções, é notável as variáveis obtidas pela FDII, sua transposta e as variáveis diagonalizadas (realização em paralelo). As equações de estado nessas formas podem ser escritas imediatamente por inspeção da função de transferência. Considere uma função de transferência de ordem N, genérica,

$$H(s) = \frac{b_0 s^N + b_1 s^{N-1} + \cdots + b_{N-1}s + b_N}{s^N + a_1 s^{N-1} + \cdots + a_{N-1}s + a_N} \qquad (10.26a)$$

$$= \frac{b_0 s^N + b_1 s^{N-1} + \cdots + b_{N-1}s + b_N}{(s - \lambda_1)(s - \lambda_2) \cdots (s - \lambda_N)}$$

$$= b_0 + \frac{k_1}{s - \lambda_1} + \frac{k_2}{s - \lambda_2} + \cdots + \frac{k_N}{s - \lambda_N} \qquad (10.26b)$$

As realizações de $H(s)$ obtidas usando a forma direta II [Eq. (10.26a)] e a forma paralela [Eq. (10.26b)] são mostradas na Fig. 10.6a e 10.6b, respectivamente.

As saídas dos N integradores, $q_1, q_2, \ldots, q_N$, da Fig. 10.6a são as variáveis de estado. Por inspeção dessa figura, obtemos

$$\begin{aligned} \dot{q}_1 &= q_2 \\ \dot{q}_2 &= q_3 \\ &\vdots \\ \dot{q}_{N-1} &= q_N \\ \dot{q}_N &= -a_N q_1 - a_{N-1} q_2 - \cdots - a_2 q_{N-1} - a_1 q_N + x \end{aligned} \qquad (10.27a)$$

e a saída y é

$$y = b_N q_1 + b_{N-1} q_2 + \cdots + b_1 q_N + b_0 \dot{q}_N \qquad (10.27b)$$

Podemos eliminar $\dot{q}_N$ usando a última equação do conjunto (10.27a), obtendo

$$\begin{aligned} y &= (b_N - b_0 a_N)q_1 + (b_{N-1} - b_0 a_{N-1})q_2 + \cdots + (b_1 - b_0 a_1)q_N + b_0 x \\ &= \hat{b}_N q_1 + \hat{b}_{N-1} q_2 + \cdots + \hat{b}_1 q_N + b_0 x \end{aligned} \qquad (10.27c)$$

Na qual $\hat{b}_i = b_i - b_0 a_i$.

ou

$$\begin{bmatrix} \dot{q}_1 \\ \dot{q}_2 \\ \vdots \\ \dot{q}_{N-1} \\ \dot{q}_N \end{bmatrix} = \begin{bmatrix} 0 & 1 & 0 & \cdots & 0 & 0 \\ 0 & 0 & 1 & \cdots & 0 & 0 \\ \vdots & \vdots & \vdots & \cdots & \vdots & \vdots \\ 0 & 0 & 0 & \cdots & 0 & 1 \\ -a_N & -a_{N-1} & -a_{N-2} & \cdots & -a_2 & -a_1 \end{bmatrix} \begin{bmatrix} q_1 \\ q_2 \\ \vdots \\ q_{N-1} \\ q_N \end{bmatrix} + \begin{bmatrix} 0 \\ 0 \\ \vdots \\ 0 \\ 1 \end{bmatrix} x \qquad (10.28a)$$

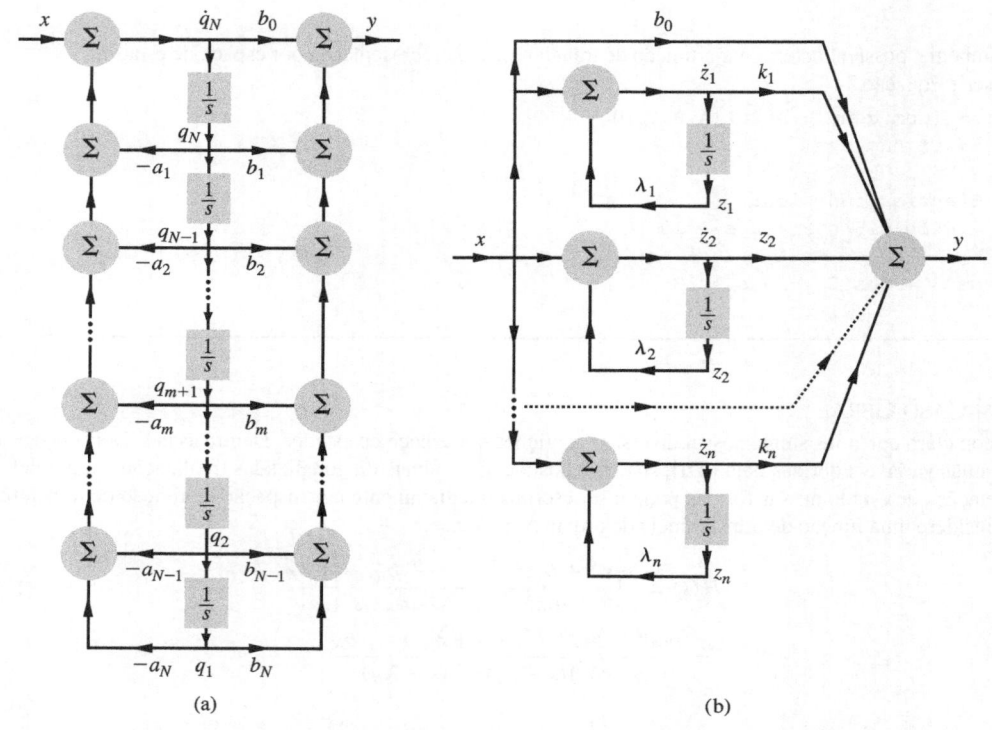

Figura 10.6 Realizações de um sistema LCIT de ordem N na (a) forma direta II e (b) na forma paralela.

e

$$y = [\hat{b}_N \quad \hat{b}_{N-1} \quad \cdots \quad \hat{b}_1] \begin{bmatrix} q_1 \\ q_2 \\ \vdots \\ q_N \end{bmatrix} + b_0 x \tag{10.28b}$$

Na Fig. 10.6b, as N saídas dos integradores, $z_1, z_2, ..., z_N$, são as variáveis de estado. Por inspeção dessa figura, obtemos

$$\begin{aligned} \dot{z}_1 &= \lambda_1 z_1 + x \\ \dot{z}_2 &= \lambda_2 z_2 + x \\ &\vdots \\ \dot{z}_N &= \lambda_N z_N + x \end{aligned} \tag{10.29a}$$

e

$$y = k_1 z_1 + k_2 z_2 + \cdots + k_N z_N + b_0 x \tag{10.29b}$$

ou

$$\begin{bmatrix} \dot{z}_1 \\ \dot{z}_2 \\ \vdots \\ \dot{z}_{N-1} \\ \dot{z}_N \end{bmatrix} = \begin{bmatrix} \lambda_1 & 0 & \cdots & 0 & 0 \\ 0 & \lambda_2 & \cdots & 0 & 0 \\ \vdots & \vdots & \cdots & \vdots & \vdots \\ 0 & 0 & \cdots & \lambda_{N-1} & 0 \\ 0 & 0 & \cdots & 0 & \lambda_N \end{bmatrix} \begin{bmatrix} z_1 \\ z_2 \\ \vdots \\ z_{N-1} \\ z_N \end{bmatrix} + \begin{bmatrix} 1 \\ 1 \\ \vdots \\ 1 \\ 1 \end{bmatrix} x \tag{10.30a}$$

e

$$y = \begin{bmatrix} k_1 & k_2 & \cdots & k_{N-1} & k_N \end{bmatrix} \begin{bmatrix} z_1 \\ z_2 \\ \vdots \\ z_{N-1} \\ z_N \end{bmatrix} + b_0 x \qquad (10.30\text{b})$$

Observe que a forma diagonalizada da matriz de estado [Eq. (10.30a)] possui os polos da função de transferência como os elementos de sua diagonal. A presença de polos repetidos em $H(s)$ irá modificar um pouco o procedimento. A forma de trabalhar com esses casos é discutida na Seção 4.6.

Fica claro a partir da discussão anterior que a descrição por espaço de estados não é única. Para qualquer realização de $H(s)$ obtida de integradores, multiplicadores escalares e somadores podemos encontrar uma descrição por espaço de estados. Como existem incontáveis possíveis realizações para $H(s)$, existem incontáveis possíveis descrições por espaço de estados.

10.3 Solução de Equações de Estado

As equações de estado de um sistema linear são N equações diferenciais simultâneas de primeira ordem. Estudamos técnicas para a resolução de equações lineares nos Capítulos 2 e 4. As mesmas técnicas podem ser aplicadas para as equações de estado sem qualquer modificação. Entretanto, é mais conveniente obtermos uma solução utilizando diretamente a notação matricial.

Essas equações podem ser resolvidas tanto no domínio do tempo quanto no domínio da frequência (transformada de Laplace). É relativamente mais fácil trabalhar do domínio da frequência do que no domínio do tempo. Por essa razão, iremos considerar primeiro a solução pela transformada de Laplace.

10.3-1 Solução pela Transformada de Laplace de Equações de Estado

A i-ésima equação de estado [Eq. (10.6a)] possui a forma

$$\dot{q}_i = a_{i1}q_1 + a_{i2}q_2 + \cdots + a_{iN}q_N + b_{i1}x_1 + b_{i2}x_2 + \cdots + b_{ij}x_j \qquad (10.31\text{a})$$

iremos obter a transformada de Laplace desta equação. Seja,

$$q_i(t) \Longleftrightarrow Q_i(s)$$

tal que

$$\dot{q}_i(t) \Longleftrightarrow sQ_i(s) - q_i(0)$$

Além disso, seja

$$x_i(t) \Longleftrightarrow X_i(s)$$

A transformada de Laplace da Eq. (10.31a) resulta em

$$sQ_i(s) - q_i(0) = a_{i1}Q_1(s) + a_{i2}Q_2(s) + \cdots + a_{iN}Q_N(s) + b_{i1}X_1(s) \\ + b_{i2}X_2(s) + \cdots + b_{ij}X_j(s) \qquad (10.31\text{b})$$

Obtendo as transformadas de Laplace de todas as N equações de estado, obtemos

$$s\underbrace{\begin{bmatrix} Q_1(s) \\ Q_2(s) \\ \vdots \\ Q_N(s) \end{bmatrix}}_{\mathbf{Q}(s)} - \underbrace{\begin{bmatrix} q_1(0) \\ q_2(0) \\ \vdots \\ q_N(0) \end{bmatrix}}_{\mathbf{q}(0)} = \underbrace{\begin{bmatrix} a_{11} & a_{12} & \cdots & a_{1N} \\ a_{21} & a_{22} & \cdots & a_{2N} \\ \vdots & \vdots & \cdots & \vdots \\ a_{N1} & a_{N2} & \cdots & a_{NN} \end{bmatrix}}_{\mathbf{A}} \underbrace{\begin{bmatrix} Q_1(s) \\ Q_2(s) \\ \vdots \\ Q_N(s) \end{bmatrix}}_{\mathbf{Q}(s)} \qquad (10.32\text{a})$$

$$+ \underbrace{\begin{bmatrix} b_{11} & b_{12} & \cdots & b_{1j} \\ b_{21} & b_{22} & \cdots & b_{2j} \\ \vdots & \vdots & \cdots & \vdots \\ b_{N1} & b_{N2} & \cdots & b_{Nj} \end{bmatrix}}_{\mathbf{B}} \underbrace{\begin{bmatrix} X_1(s) \\ X_2(s) \\ \vdots \\ X_j(s) \end{bmatrix}}_{\mathbf{X}(s)} \qquad (10.32a)$$

Definindo os vetores, como indicado, temos

$$s\mathbf{Q}(s) - \mathbf{q}(0) = \mathbf{AQ}(s) + \mathbf{BX}(s)$$

ou

$$s\mathbf{Q}(s) - \mathbf{AQ}(s) = \mathbf{q}(0) + \mathbf{BX}(s)$$

e

$$(s\mathbf{I} - \mathbf{A})\mathbf{Q}(s) = \mathbf{x}(0) + \mathbf{BX}(s) \qquad (10.32b)$$

Na qual $\mathbf{I}$ é a matriz identidade $N \times N$. A partir da Eq. (10.32b), temos

$$\mathbf{Q}(s) = (s\mathbf{I} - \mathbf{A})^{-1}[\mathbf{q}(0) + \mathbf{BX}(s)] \qquad (10.33a)$$
$$= \mathbf{\Phi}(s)[\mathbf{q}(0) + \mathbf{BX}(s)] \qquad (10.33b)$$

na qual

$$\mathbf{\Phi}(s) = (s\mathbf{I} - \mathbf{A})^{-1} \qquad (10.34)$$

Portanto, da Eq. (10.33b),

$$\mathbf{Q}(s) = \mathbf{\Phi}(s)\mathbf{q}(0) + \mathbf{\Phi}(s)\mathbf{BX}(s) \qquad (10.35a)$$

e

$$\mathbf{q}(t) = \underbrace{\mathcal{L}^{-1}[\mathbf{\Phi}(s)]\mathbf{q}(0)}_{\text{componente de entrada nula}} + \underbrace{\mathcal{L}^{-1}[\mathbf{\Phi}(s)\mathbf{BX}(s)]}_{\text{componente de estado nulo}} \qquad (10.35b)$$

A Eq. (10.35b) fornece a solução desejada. Observe as duas componentes da solução. A primeira componente resulta em $\mathbf{q}(t)$ quando a entrada é $x(t) = 0$. Logo, a primeira componente é a componente de entrada nula. De forma semelhante, vemos que a segunda componente é a componente de estado nulo.

EXEMPLO 10.5

Obtenha o vetor de estado $\mathbf{q}(t)$ para o sistema cuja equação de estado é dada por

$$\dot{\mathbf{q}} = \mathbf{Aq} + \mathbf{Bx}$$

Na qual

$$\mathbf{A} = \begin{bmatrix} -12 & \frac{2}{3} \\ -36 & -1 \end{bmatrix} \qquad \mathbf{B} = \begin{bmatrix} \frac{1}{3} \\ 1 \end{bmatrix} \qquad \mathbf{x}(t) = u(t)$$

e as condições iniciais são $q_1(0) = 2$, $q_2(0) = 1$.

A partir da Eq. (10.33b), temos

$$\mathbf{Q}(s) = \mathbf{\Phi}(s)[\mathbf{q}(0) + \mathbf{BX}(s)]$$

Vamos, primeiro, obter $\mathbf{\Phi}(s)$. Temos

$$(s\mathbf{I} - \mathbf{A}) = s\begin{bmatrix} 1 & 0 \\ 0 & 1 \end{bmatrix} - \begin{bmatrix} -12 & \frac{2}{3} \\ -36 & -1 \end{bmatrix} = \begin{bmatrix} s+12 & -\frac{2}{3} \\ 36 & s+1 \end{bmatrix}$$

e

$$\boldsymbol{\Phi}(s) = (s\mathbf{I} - \mathbf{A})^{-1} = \begin{bmatrix} \frac{s+1}{(s+4)(s+9)} & \frac{2/3}{(s+4)(s+9)} \\ \frac{-36}{(s+4)(s+9)} & \frac{s+12}{(s+4)(s+9)} \end{bmatrix} \quad (10.36a)$$

Agora, $\mathbf{q}(0)$ é dado por

$$\mathbf{q}(0) = \begin{bmatrix} 2 \\ 1 \end{bmatrix}$$

Além disso, $X(s) = 1/s$ e

$$\mathbf{B}X(s) = \begin{bmatrix} \frac{1}{3} \\ 1 \end{bmatrix} \frac{1}{s} = \begin{bmatrix} \frac{1}{3s} \\ \frac{1}{s} \end{bmatrix}$$

Portanto,

$$\mathbf{q}(0) + \mathbf{B}X(s) = \begin{bmatrix} 2 + \frac{1}{3s} \\ 1 + \frac{1}{s} \end{bmatrix} = \begin{bmatrix} \frac{6s+1}{3s} \\ \frac{s+1}{s} \end{bmatrix}$$

e

$$\mathbf{Q}(s) = \boldsymbol{\Phi}(s)[\mathbf{q}(0) + \mathbf{B}X(s)]$$

$$= \begin{bmatrix} \frac{s+1}{(s+4)(s+9)} & \frac{2/3}{(s+4)(s+9)} \\ \frac{-36}{(s+4)(s+9)} & \frac{s+12}{(s+4)(s+9)} \end{bmatrix} \begin{bmatrix} \frac{6s+1}{3s} \\ \frac{s+1}{s} \end{bmatrix}$$

$$= \begin{bmatrix} \frac{2s^2+3s+1}{s(s+4)(s+9)} \\ \frac{s-59}{(s+4)(s+9)} \end{bmatrix}$$

$$= \begin{bmatrix} \frac{1/36}{s} - \frac{21/20}{s+4} + \frac{136/45}{s+9} \\ \frac{-63/5}{s+4} + \frac{68/5}{s+9} \end{bmatrix}$$

A transformada de Laplace inversa dessa equação resulta em

$$\begin{bmatrix} q_1(t) \\ q_2(t) \end{bmatrix} = \begin{bmatrix} \left(\frac{1}{36} - \frac{21}{20}e^{-4t} + \frac{136}{45}e^{-9t}\right)u(t) \\ \left(-\frac{63}{5}e^{-4t} + \frac{68}{5}e^{-9t}\right)u(t) \end{bmatrix} \quad (10.36b)$$

EXEMPLO DE COMPUTADOR C10.2

Repita o Exemplo 10.5 usando o MATLAB. [Cuidado: veja o cuidado no Exemplo de Computador C10.1.]

```
>> syms s
>> A = [-12 2/3;-36 -1]; B = [1/3; 1]; q0 = [2;1]; X = 1/s;
>> q = ilaplace(inv(s*eye(2)-A)*(q0+B*X))
q =

[ 136/45*exp(-9*t)-21/20*exp(-4*t)+1/36]
[         68/5*exp(-9*t)-63/5*exp(-4*t)]
```

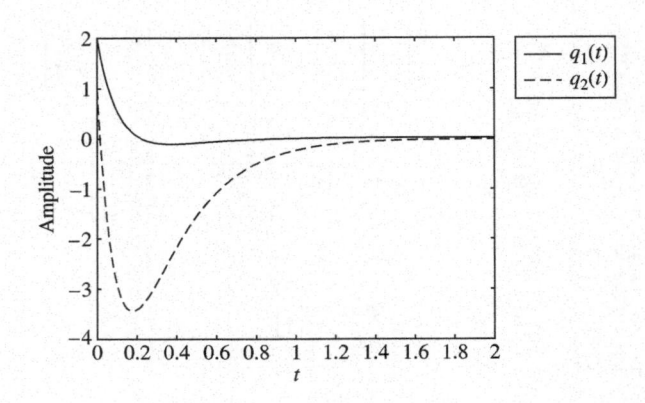

Figura C10.2

A seguir, o gráfico é gerado do vetor de estado.
```
>> t = (0:.01:2)'; q = subs(q);
>> q1 = q(1:length(t)); q2 = q(length(t)+1:end);
>> plot(t,q1,'k',t,q2,'k--'); xlabel('t'); ylabel('Amplitude');
>> legend('q_1(t)','q_2(t)');
```
O gráfico é mostrado na Fig. C10.2.

A SAÍDA

A equação de saída é dada por

$$y = Cq + Dx$$

e

$$Y(s) = CQ(s) + DX(s)$$

Substituindo a Eq. (10.33b) nessa equação, temos

$$Y(s) = C\{\Phi(s)[q(0) + Bx\,X(s)]\} + DX(s)$$
$$= \underbrace{C\Phi(s)q(0)}_{\text{resposta de entrada nula}} + \underbrace{[C\Phi(s)B + D]X(s)}_{\text{resposta de estado nulo}} \quad (10.37)$$

A resposta de estado nulo [isto é, $Y(s)$ quando $q(0) = 0$] é dada por

$$Y(s) = [C\Phi(s)B + D]X(s) \quad (10.38a)$$

Note que a função de transferência de um sistema é definida para a condição de estado nulo [veja a Eq. (4.32)]. A matriz $C\Phi(s)B + D$ é a *matriz da função de transferência* $H(s)$ do sistema, a qual relaciona as respostas $y_1, y_2,..., y_k$ com as entradas $x_1, x_2,..., x_j$:

$$H(s) = C\Phi(s)B + D \quad (10.38b)$$

e a resposta de estado nulo é

$$Y(s) = H(s)X(s) \quad (10.39)$$

A matriz $H(s)$ é uma matriz $k \times j$ (k é o número de saídas e j é o número de entradas). O ij-ésimo elemento $H_{ij}(s)$ de $H(s)$ é a função de transferência que relaciona a saída $y_i(t)$ com a entrada $x_j(t)$.

EXEMPLO 10.6

Vamos considerar um sistema com equação de estado

$$\begin{bmatrix} \dot{q}_1 \\ \dot{q}_2 \end{bmatrix} = \begin{bmatrix} 0 & 1 \\ -2 & -3 \end{bmatrix} \begin{bmatrix} q_1 \\ q_2 \end{bmatrix} + \begin{bmatrix} 1 & 0 \\ 1 & 1 \end{bmatrix} \begin{bmatrix} x_1 \\ x_2 \end{bmatrix} \quad (10.40a)$$

e equação de saída

$$\begin{bmatrix} y_1 \\ y_2 \\ y_3 \end{bmatrix} = \begin{bmatrix} 1 & 0 \\ 1 & 1 \\ 0 & 2 \end{bmatrix} \begin{bmatrix} q_1 \\ q_2 \end{bmatrix} + \begin{bmatrix} 0 & 0 \\ 1 & 0 \\ 0 & 1 \end{bmatrix} \begin{bmatrix} x_1 \\ x_2 \end{bmatrix} \quad (10.40b)$$

Neste caso,

$$\mathbf{A} = \begin{bmatrix} 0 & 1 \\ -2 & -3 \end{bmatrix} \quad \mathbf{B} = \begin{bmatrix} 1 & 0 \\ 1 & 1 \end{bmatrix} \quad \mathbf{C} = \begin{bmatrix} 1 & 0 \\ 1 & 1 \\ 0 & 2 \end{bmatrix} \quad \mathbf{D} = \begin{bmatrix} 0 & 0 \\ 1 & 0 \\ 0 & 1 \end{bmatrix} \quad (10.40c)$$

e

$$\mathbf{\Phi}(s) = (s\mathbf{I} - \mathbf{A})^{-1} = \begin{bmatrix} s & -1 \\ 2 & s+3 \end{bmatrix}^{-1} = \begin{bmatrix} \frac{s+3}{(s+1)(s+2)} & \frac{1}{(s+1)(s+2)} \\ \frac{-2}{(s+1)(s+2)} & \frac{s}{(s+1)(s+2)} \end{bmatrix} \quad (10.41)$$

Logo, a matriz $\mathbf{H}(s)$ de função de transferência é dada por

$$\mathbf{H}(s) = \mathbf{C}\mathbf{\Phi}(s)\mathbf{B} + \mathbf{D}$$

$$= \begin{bmatrix} 1 & 0 \\ 1 & 1 \\ 0 & 2 \end{bmatrix} \begin{bmatrix} \frac{s+3}{(s+1)(s+2)} & \frac{1}{(s+1)(s+2)} \\ \frac{-2}{(s+1)(s+2)} & \frac{s}{(s+1)(s+2)} \end{bmatrix} \begin{bmatrix} 1 & 0 \\ 1 & 1 \end{bmatrix} + \begin{bmatrix} 0 & 0 \\ 1 & 0 \\ 0 & 1 \end{bmatrix}$$

$$= \begin{bmatrix} \frac{s+4}{(s+1)(s+2)} & \frac{1}{(s+1)(s+2)} \\ \frac{s+4}{s+2} & \frac{1}{s+2} \\ \frac{2(s-2)}{(s+1)(s+2)} & \frac{s^2+5s+2}{(s+1)(s+2)} \end{bmatrix} \quad (10.42)$$

e a resposta de estado nulo é

$$\mathbf{Y}(s) = \mathbf{H}(s)\mathbf{X}(s)$$

Lembre-se de que o *ij*-ésimo elemento da matriz de função de transferência da Eq. (10.42) representa a função de transferência que relaciona a saída $y_i(t)$ com a entrada $x_j(t)$. Por exemplo, a função de transferência que relaciona a saída y_3 com a entrada x_2 é $H_{32}(s)$,

$$H_{32}(s) = \frac{s^2 + 5s + 2}{(s+1)(s+2)}$$

EXEMPLO DE COMPUTADOR 10.3

Repita o Exemplo 10.6 usando o MATLAB.

```
>> A = [0 1;-2 -3]; B = [1 0;1 1];
>> C = [1 0;1 1;0 2]; D = [0 0;1 0;0 1];
>> syms s; H = simplify(C*inv(s*eye(2)-A)*B+D)

H =

[      (s+4)/(s^2+3*s+2),            1/(s^2+3*s+2) ]
[           (s+4)/(s+2),                  1/(s+2) ]
[   2*(-2+s)/(s^2+3*s+2), (5*s+s^2+2)/(s^2+3*s+2) ]
```

As funções de transferência relacionando uma entrada particular com uma saída particular podem ser obtidas usando a função `ss2tf`.

```
>> disp('Função de transferência relacionando y_3 e x_2:')
>> [num,den] = ss2tf(A,B,C,D,2); tf(num(3,:),den)

Função de transferência relacionando y_3 e x_2:

Transfer function:
s^2 + 5 s + 2
-------------
s^2 + 3 s + 2
```

RAÍZES CARACTERÍSTICAS (AUTOVALORES) DE UMA MATRIZ

É interessante observar que o denominador de cada função de transferência da Eq. (10.42) é $(s + 1)(s + 2)$, exceto para $H_{21}(s)$ e $H_{22}(s)$, nas quais o fator $(s + 1)$ é cancelado. Isso não é uma coincidência. Vimos que o denominador de todo elemento de $\Phi(s)$ é $|s\mathbf{I} - \mathbf{A}|$ pois $\Phi(s) = (s\mathbf{I} - \mathbf{A})^{-1}$, e a inversa de uma matriz possui o seu determinante no denominador. Como $\mathbf{C}$, $\mathbf{B}$ e $\mathbf{D}$ são matrizes com elementos constantes, vimos na Eq. (10.38b) que o denominador de $\Phi(s)$ também será o denominador de $\mathbf{H}(s)$. Logo, o denominador de cada elemento de $\mathbf{H}(s)$ é $|s\mathbf{I} - \mathbf{A}|$, exceto para possíveis cancelamentos de fatores mencionados anteriormente. Em outras palavras, os zeros do polinômio $|s\mathbf{I} - \mathbf{A}|$ também são os polos de todas as funções de transferência do sistema. *Portanto, os zeros do polinômio $|s\mathbf{I} - \mathbf{A}|$ são as raízes características do sistema.* Logo, as raízes características do sistema são as raízes da equação

$$|s\mathbf{I} - \mathbf{A}| = 0 \qquad (10.43a)$$

Como $|s\mathbf{I} - \mathbf{A}|$ é um polinômio em s de ordem N, com N zeros $\lambda_1, \lambda_2, ..., \lambda_N$, podemos escrever a Eq. (10.43a) como

$$|s\mathbf{I} - \mathbf{A}| = s^N + a_1 s^{N-1} + \cdots + a_{N-1} s + a_N$$
$$= (s - \lambda_1)(s - \lambda_2) \cdots (s - \lambda_N) = 0 \qquad (10.43b)$$

Para o sistema do Exemplo 10.6,

$$|s\mathbf{I} - \mathbf{A}| = \begin{vmatrix} s & 0 \\ 0 & s \end{vmatrix} - \begin{vmatrix} 0 & 1 \\ -2 & -3 \end{vmatrix}$$

$$= \begin{vmatrix} s & -1 \\ 2 & s+3 \end{vmatrix} \qquad (10.44a)$$

$$= s^2 + 3s + 2$$
$$= (s + 1)(s + 2) \qquad (10.44b)$$

Logo,

$$\lambda_1 = -1 \quad \text{e} \quad \lambda_2 = -2$$

A Eq. (10.43a) é chamada de *equação característica da matriz* $\mathbf{A}$ e $\lambda_1, \lambda_2, ..., \lambda_N$ são as raízes características de $\mathbf{A}$. O termo *autovalor*, significando "valor característico" em alemão, também é geralmente utilizado na literatura. Portanto, mostramos que as raízes características de um sistema são os autovalores (valores característicos) da matriz $\mathbf{A}$.

Neste ponto, o leitor irá lembrar que $\lambda_1, \lambda_2, ..., \lambda_N$ são os polos da função de transferência, então a resposta de entrada nula é da forma

$$y_0(t) = c_1 e^{\lambda_1 t} + c_2 e^{\lambda_2 t} + \cdots + c_N e^{\lambda_N t} \tag{10.45}$$

Esse fato também é óbvio pela Eq. (10.37). O denominador de todo elemento da resposta de entrada nula da matriz $\mathbf{C\Phi}(s)\mathbf{q}(0)$ é $|s\mathbf{I} - \mathbf{A}| = (s - \lambda_1)(s - \lambda_2)...(s - \lambda_N)$. Portanto, a expansão por frações parciais e a subsequente transformada de Laplace inversa irá resultar na componente de entrada nula na forma da Eq. (10.45).

10.3-2 Solução no Domínio do Tempo de Equações de Estado

A equação de estado é

$$\dot{\mathbf{q}} = \mathbf{Aq} + \mathbf{Bx} \tag{10.46}$$

Mostramos, agora, que a solução da equação diferencial vetorial (10.46) é

$$\mathbf{q}(t) = e^{\mathbf{A}t}\mathbf{q}(0) + \int_0^t e^{\mathbf{A}(t-\tau)}\mathbf{Bx}(\tau)\,d\tau \tag{10.47}$$

Antes de prosseguirmos, devemos definir a exponencial da matriz que aparece na Eq. (10.47). Uma exponencial de uma matriz é definida por uma série infinita idêntica à utilizada na definição da exponencial de um escalar. Devemos definir

$$e^{\mathbf{A}t} = \mathbf{I} + \mathbf{A}t + \frac{\mathbf{A}^2 t^2}{2!} + \frac{\mathbf{A}^3 t^3}{3!} + \cdots + \frac{\mathbf{A}^n t^n}{n!} + \cdots \tag{10.48a}$$

$$= \sum_{k=0}^{\infty} \frac{\mathbf{A}^k t^k}{k!} \tag{10.48b}$$

Por exemplo, se

$$\mathbf{A} = \begin{bmatrix} 0 & 1 \\ 2 & 1 \end{bmatrix}$$

então

$$\mathbf{A}t = \begin{bmatrix} 0 & 1 \\ 2 & 1 \end{bmatrix} t = \begin{bmatrix} 0 & t \\ 2t & t \end{bmatrix} \tag{10.49}$$

e

$$\frac{\mathbf{A}^2 t^2}{2!} = \begin{bmatrix} 0 & 1 \\ 2 & 1 \end{bmatrix}\begin{bmatrix} 0 & 1 \\ 2 & 1 \end{bmatrix}\frac{t^2}{2} = \begin{bmatrix} 2 & 1 \\ 2 & 3 \end{bmatrix}\frac{t^2}{2} = \begin{bmatrix} t^2 & \frac{t^2}{2} \\ t^2 & \frac{3t^2}{2} \end{bmatrix} \tag{10.50}$$

e assim por diante.

Podemos mostrar que a série infinita da Eq. (10.48a) é absoluta e uniformemente convergente para todo valor de t. Consequentemente, ela pode ser diferenciada ou integrada termo a termo. Portanto, para obtermos $(d/dt)e^{\mathbf{A}t}$, diferenciamos a série do lado direito da Eq. (10.48a) termo a termo:

$$\frac{d}{dt}e^{\mathbf{A}t} = \mathbf{A} + \mathbf{A}^2 t + \frac{\mathbf{A}^3 t^2}{2!} + \frac{\mathbf{A}^4 t^3}{3!} + \cdots \tag{10.51a}$$

$$= \mathbf{A}\left[\mathbf{I} + \mathbf{A}t + \frac{\mathbf{A}^2 t^2}{2!} + \frac{\mathbf{A}^3 t^3}{3!} + \cdots\right]$$
$$= \mathbf{A}e^{\mathbf{A}t} \tag{10.51b}$$

A série infinita do lado direito da Eq. (10.51a) também pode ser descrita por

$$\frac{d}{dt}e^{\mathbf{A}t} = \left[\mathbf{I} + \mathbf{A}t + \frac{\mathbf{A}^2 t^2}{2!} + \frac{\mathbf{A}^3 t^3}{3!} + \cdots + \cdots\right]\mathbf{A}$$
$$= e^{\mathbf{A}t}\mathbf{A}$$

logo

$$\frac{d}{dt}e^{\mathbf{A}t} = \mathbf{A}e^{\mathbf{A}t} = e^{\mathbf{A}t}\mathbf{A} \qquad (10.52)$$

Observe, também, que da definição (10.48a), temos que

$$e^{\mathbf{0}} = \mathbf{I} \qquad (10.53a)$$

na qual

$$\mathbf{I} = \begin{bmatrix} 1 & 0 \\ 0 & 1 \end{bmatrix}$$

Se pré-multiplicarmos ou pós-multiplicarmos a série infinita para $e^{\mathbf{A}t}$ [Eq. (10.48a)] por uma série infinita para $e^{-\mathbf{A}t}$, obtemos

$$(e^{-\mathbf{A}t})(e^{\mathbf{A}t}) = (e^{\mathbf{A}t})(e^{-\mathbf{A}t}) = \mathbf{I} \qquad (10.53b)$$

Na Seção B.6-3, mostramos que

$$\frac{d}{dt}(\mathbf{UV}) = \frac{d\mathbf{U}}{dt}\mathbf{V} + \mathbf{U}\frac{d\mathbf{V}}{dt}$$

Usando essa relação, observamos que

$$\frac{d}{dt}[e^{-\mathbf{A}t}\mathbf{q}] = \left(\frac{d}{dt}e^{-\mathbf{A}t}\right)\mathbf{q} + e^{-\mathbf{A}t}\dot{\mathbf{q}}$$
$$= -e^{-\mathbf{A}t}\mathbf{A}\mathbf{q} + e^{-\mathbf{A}t}\dot{\mathbf{q}} \qquad (10.54)$$

Pré-multiplicamos, agora, os dois lados da Eq. (10.46) por $e^{-\mathbf{A}t}$ para obter

$$e^{-\mathbf{A}t}\dot{\mathbf{q}} = e^{-\mathbf{A}t}\mathbf{A}\mathbf{q} + e^{-\mathbf{A}t}\mathbf{B}\mathbf{x} \qquad (10.55a)$$

ou

$$e^{-\mathbf{A}t}\dot{\mathbf{q}} - e^{-\mathbf{A}t}\mathbf{A}\mathbf{q} = e^{-\mathbf{A}t}\mathbf{B}\mathbf{x} \qquad (10.55b)$$

Um rápido vislumbre na Eq. (10.54) mostra que o lado esquerdo da Eq. (10.55b) é

$$\frac{d}{dt}[e^{-\mathbf{A}t}]$$

Logo

$$\frac{d}{dt}[e^{-\mathbf{A}t}] = e^{-\mathbf{A}t}\mathbf{B}\mathbf{x}$$

A integração dos dois lados dessa equação, de 0 a t, resulta em

$$e^{-\mathbf{A}t}\mathbf{q}\Big|_0^t = \int_0^t e^{-\mathbf{A}\tau}\mathbf{B}\mathbf{x}(\tau)\,d\tau \qquad (10.56a)$$

ou

$$e^{-\mathbf{A}t}\mathbf{q}(t) - \mathbf{q}(0) = \int_0^t e^{-\mathbf{A}\tau}\mathbf{B}\mathbf{x}(\tau)\,d\tau \qquad (10.56b)$$

Logo,

$$e^{-\mathbf{A}t}\mathbf{q} = \mathbf{q}(0) + \int_0^t e^{-\mathbf{A}\tau}\mathbf{B}\mathbf{x}(\tau)\,d\tau \qquad (10.56c)$$

Pré-multiplicando a Eq. (10.56c) por $e^{\mathbf{A}t}$ e usando a Eq. (10.53b), temos

$$\mathbf{q}(t) = \underbrace{e^{\mathbf{A}t}\mathbf{q}(0)}_{\text{componente de entrada nula}} + \underbrace{\int_0^t e^{\mathbf{A}(t-\tau)}\mathbf{B}\mathbf{x}(\tau)\,d\tau}_{\text{componente de estado nulo}} \qquad (10.57a)$$

Essa é a solução desejada. O primeiro termo do lado direito representa $q(t)$ quando a entrada é $x(t) = 0$. Logo, essa é a componente de entrada nula. O segundo termo, usando um argumento similar, é a componente de estado nulo.

Os resultados da Eq. (10.57a) podem ser expressos mais convenientemente em termos da convolução matricial. Podemos definir a convolução de duas matrizes de forma semelhante à multiplicação de duas matrizes, exceto pelo fato de que a multiplicação de dois elementos é substituída pela convolução dos elementos.
Por exemplo,

$$\begin{bmatrix} x_1 & x_2 \\ x_3 & x_4 \end{bmatrix} * \begin{bmatrix} g_1 & g_2 \\ g_3 & g_4 \end{bmatrix} = \begin{bmatrix} (x_1 * g_1 + x_2 * g_3) & (x_1 * g_2 + x_2 * g_4) \\ (x_3 * g_1 + x_4 * g_3) & (x_3 * g_2 + x_4 * g_4) \end{bmatrix}$$

Usando essa definição de convolução matricial, podemos descrever a Eq. (10.57a) por

$$\mathbf{q}(t) = e^{\mathbf{A}t}\mathbf{q}(0) + e^{\mathbf{A}t} * \mathbf{B}\mathbf{x}(t) \qquad (10.57b)$$

Note que os limites da integral de convolução [Eq. (10.57a)] são de 0 a t. Logo, todos os elementos de $e^{\mathbf{A}t}$ no termo da convolução da Eq. (10.57b) são implicitamente considerados como tendo sido multiplicados por $u(t)$.

O resultado das Eqs. (10.57) pode ser facilmente generalizado para qualquer valor inicial de t. É deixado como um exercício para o leitor mostrar que a solução da equação de estado pode ser descrita por

$$\mathbf{q}(t) = e^{\mathbf{A}(t-t_0)}\mathbf{q}(t_0) + \int_{t_0}^{t} e^{\mathbf{A}(t-\tau)}\mathbf{B}\mathbf{x}(\tau)\, d\tau \qquad (10.58)$$

DETERMINANDO $e^{\mathbf{A}t}$

A exponencial $e^{\mathbf{A}t}$ necessária nas Eqs. (10.57) pode ser calculada a partir da definição da Eq. (10.48a). Infelizmente, essa é uma série infinita e seu cálculo é muito trabalhoso. Além disso, podemos não conseguir uma expressão fechada para a resposta. Existem vários métodos eficientes para a determinação de $e^{\mathbf{A}t}$ em uma forma fechada. Foi mostrado na Seção B.6-5 que para uma matriz $\mathbf{A}$, $N \times N$,

$$e^{\mathbf{A}t} = \beta_0 \mathbf{I} + \beta_1 \mathbf{A} + \beta_2 \mathbf{A}^2 + \cdots + \beta_{N-1}\mathbf{A}^{N-1} \qquad (10.59a)$$

na qual

$$\begin{bmatrix} \beta_0 \\ \beta_1 \\ \vdots \\ \beta_{N-1} \end{bmatrix} = \begin{bmatrix} 1 & \lambda_1 & \lambda_1^2 & \cdots & \lambda_1^{N-1} \\ 1 & \lambda_2 & \lambda_2^2 & \cdots & \lambda_2^{N-1} \\ \vdots & \vdots & \vdots & \cdots & \vdots \\ 1 & \lambda_N & \lambda_N^2 & \cdots & \lambda_N^{N-1} \end{bmatrix}^{-1} \begin{bmatrix} e^{\lambda_1 t} \\ e^{\lambda_2 t} \\ \vdots \\ e^{\lambda_N t} \end{bmatrix}$$

e $\lambda_1, \lambda_2, ..., \lambda_N$ são os N valores característicos (autovalores) de $\mathbf{A}$.

Também podemos determinar $e^{\mathbf{A}t}$ comparando as Eqs. (10.57a) e (10.35b). Fica claro que

$$\mathbf{\Phi}(s) \quad e^{\mathbf{A}t} = \mathcal{L}^{-1}[\mathbf{\Phi}(s)] \qquad (10.59b)$$
$$= \mathcal{L}^{-1}[(s\mathbf{I} - \mathbf{A})^{-1}] \qquad (10.59c)$$

Portanto, $e^{\mathbf{A}t}$ e $\mathbf{\Phi}(s)$ são um par transformada de Laplace. Para ser consistente com a notação de transformada de Laplace, $e^{\mathbf{A}t}$ é geralmente representado por $\boldsymbol{\phi}(t)$, a matriz de transição de estado (MTE):

$$e^{\mathbf{A}t} = \boldsymbol{\phi}(t)$$

EXEMPLO 10.7

Utilize o método do domínio do tempo para obter a solução do Problema do Exemplo 10.5.

Para este caso, as raízes características são dadas por

$$|s\mathbf{I} - \mathbf{A}| = \begin{vmatrix} s+12 & -\frac{2}{3} \\ 36 & s+1 \end{vmatrix} = s^2 + 13s + 36 = (s+4)(s+9) = 0$$

As raízes são $\lambda_1 = -4$ e $\lambda_2 = -9$, logo,

$$\begin{bmatrix} \beta_0 \\ \beta_1 \end{bmatrix} = \begin{bmatrix} 1 & -4 \\ 1 & -9 \end{bmatrix}^{-1} \begin{bmatrix} e^{-4t} \\ e^{-9t} \end{bmatrix} = \frac{1}{5}\begin{bmatrix} 9e^{-4t} - 4e^{-9t} \\ e^{-4t} - e^{-9t} \end{bmatrix}$$

e

$$e^{\mathbf{A}t} = \beta_0 \mathbf{I} + \beta_1 \mathbf{A}$$

$$= \left(\tfrac{9}{5}e^{-4t} - \tfrac{4}{5}e^{-9t}\right)\begin{bmatrix} 1 & 0 \\ 0 & 1 \end{bmatrix} + \left(\tfrac{1}{5}e^{-4t} - \tfrac{1}{5}e^{-9t}\right)\begin{bmatrix} -12 & \tfrac{2}{3} \\ -36 & -1 \end{bmatrix}$$

$$= \begin{bmatrix} \left(\tfrac{-3}{5}e^{-4t} + \tfrac{8}{5}e^{-9t}\right) & \tfrac{2}{15}(e^{-4t} - e^{-9t}) \\ \tfrac{36}{5}(-e^{-4t} + e^{-9t}) & \left(\tfrac{8}{5}e^{-4t} - \tfrac{3}{5}e^{-9t}\right) \end{bmatrix} \quad (10.60)$$

A componente de entrada nula é dada por [veja a Eq. (10.57a)]

$$e^{\mathbf{A}t}\mathbf{q}(0) = \begin{bmatrix} \left(-\tfrac{3}{5}e^{-4t} + \tfrac{8}{5}e^{-9t}\right) & \tfrac{2}{15}(e^{-4t} - e^{-9t}) \\ \tfrac{36}{5}(-e^{-4t} + e^{-9t}) & \left(\tfrac{8}{5}e^{-4t} - \tfrac{3}{5}e^{-9t}\right) \end{bmatrix} \begin{bmatrix} 2 \\ 1 \end{bmatrix}$$

$$= \begin{bmatrix} \left(\tfrac{-16}{15}e^{-4t} + \tfrac{46}{15}e^{-9t}\right)u(t) \\ \left(\tfrac{-64}{5}e^{-4t} + \tfrac{69}{5}e^{-9t}\right)u(t) \end{bmatrix} \quad (10.61a)$$

Note a presença de $u(t)$ na Eq. (10.61a) indicando que a resposta começa em $t = 0$.
A componente de estado nulo é $e^{\mathbf{A}t} * \mathbf{Bx}$ [veja a Eq. (10.57b)], na qual

$$\mathbf{Bx} = \begin{bmatrix} \tfrac{1}{3} \\ 1 \end{bmatrix} u(t) = \begin{bmatrix} \tfrac{1}{3}u(t) \\ u(t) \end{bmatrix}$$

e

$$e^{\mathbf{A}t} * \mathbf{Bx}(t) = \begin{bmatrix} \left(\tfrac{-3}{5}e^{-4t} + \tfrac{8}{5}e^{-9t}\right)u(t) & \tfrac{2}{15}(e^{-4t} - e^{-9t})u(t) \\ \tfrac{36}{5}(-e^{-4t} + e^{-9t}u(t)) & \left(\tfrac{8}{5}e^{-4t} - \tfrac{3}{5}e^{-9t}\right)u(t) \end{bmatrix} * \begin{bmatrix} \tfrac{1}{3}u(t) \\ u(t) \end{bmatrix}$$

Note novamente a presença do temo $u(t)$ em cada elemento de $e^{\mathbf{A}t}$. Isso ocorre porque os limites da integral de convolução são de 0 a t [Eqs. (10.56)]. Portanto,

$$e^{\mathbf{A}t} * \mathbf{Bx}(t) = \begin{bmatrix} \left(-\tfrac{3}{5}e^{-4t} + \tfrac{8}{5}e^{-9t}\right)u(t) * \tfrac{1}{3}u(t) & \tfrac{2}{15}(e^{-4t} - e^{-9t})u(t) * u(t) \\ \tfrac{36}{5}(-e^{-4t} + e^{-9t})u(t) * \tfrac{1}{3}u(t) & \left(\tfrac{8}{5}e^{-4t} - \tfrac{3}{5}e^{-9t}\right)u(t) * u(t) \end{bmatrix}$$

$$= \begin{bmatrix} -\tfrac{1}{15}e^{-4t}u(t) * u(t) + \tfrac{2}{5}e^{-9t}u(t) * u(t) \\ -\tfrac{4}{5}e^{-4t}u(t) * u(t) + \tfrac{9}{5}e^{-9t}u(t) * u(t) \end{bmatrix}$$

A substituição das integrais de convolução da equação anterior utilizando a tabela de convolução (Tabela 2.1) resulta em

$$e^{At} * \mathbf{Bx}(t) = \begin{bmatrix} -\frac{1}{60}(1 - e^{-4t})u(t) + \frac{2}{45}(1 - e^{-9t})u(t) \\ -\frac{1}{5}(1 - e^{-4t})u(t) + \frac{1}{5}(1 - e^{-9t})u(t) \end{bmatrix}$$

$$= \begin{bmatrix} \left(\frac{1}{36} + \frac{1}{60}e^{-4t} - \frac{2}{45}e^{-9t}\right)u(t) \\ \frac{1}{5}(e^{-4t} - e^{-9t})u(t) \end{bmatrix} \quad (10.61b)$$

A soma das duas componentes [Eq. (10.61a) e Eq. (10.61b)] fornece a solução desejada para $\mathbf{q}(t)$:

$$\mathbf{q}(t) = \begin{bmatrix} q_1(t) \\ q_2(t) \end{bmatrix} = \begin{bmatrix} \left(\frac{1}{36} - \frac{21}{20}e^{-4t} + \frac{136}{45}e^{-9t}\right)u(t) \\ \left(\frac{-63}{5}e^{-4t} + \frac{68}{5}e^{-9t}\right)u(t) \end{bmatrix} \quad (10.61c)$$

Esse resultado confirma a solução obtida pelo método no domínio da frequência [veja a Eq. (10.36b)]. Uma vez que as variáveis de estado q_1 e q_2 tenham sido obtidas para $t \geq 0$, todas as demais variáveis podem ser determinadas utilizando a equação de saída.

A Saída

A equação de saída é dada por

$$\mathbf{y}(t) = \mathbf{Cq}(t) + \mathbf{Dx}(t)$$

A substituição da solução de $\mathbf{q}$ [Eq. (10.57B)] nesta equação resulta em

$$\mathbf{y}(t) = \mathbf{C}[e^{At}\mathbf{q}(0) + e^{At} * \mathbf{Bx}(t)] + \mathbf{Dx}(t) \quad (10.62a)$$

Como os elementos de $\mathbf{B}$ são constantes,

$$e^{At} * \mathbf{Bx}(t) = e^{At}\mathbf{B} * \mathbf{x}(t)$$

Com esse resultado, a Eq. (10.62a) se torna

$$\mathbf{y}(t) = \mathbf{C}[e^{At}\mathbf{q}(0) + e^{At}\mathbf{B} * \mathbf{x}(t)] + \mathbf{Dx}(t) \quad (10.62b)$$

Lembre-se, agora, de que a convolução de $x(t)$ com um impulso unitário $\delta(t)$ resulta em $x(t)$. Vamos definir uma matriz diagonal $\boldsymbol{\delta}(t)$, $j \times j$, tal que os termos de sua diagonal sejam funções de impulso unitário. Dessa forma, fica óbvio que

$$\boldsymbol{\delta}(t) * \mathbf{x}(t) = \mathbf{x}(t)$$

e a Eq. (10.62b) pode ser descrita por

$$\mathbf{y}(t) = \mathbf{C}[e^{At}\mathbf{q}(0) + e^{At}\mathbf{B} * \mathbf{x}(t)] + \mathbf{D}\boldsymbol{\delta}(t) * \mathbf{x}(t) \quad (10.63a)$$

$$= \mathbf{C}e^{At}\mathbf{q}(0) + [\mathbf{C}e^{At}\mathbf{B} + \mathbf{D}\boldsymbol{\delta}(t)] * \mathbf{x}(t) \quad (10.63b)$$

Com a notação $\boldsymbol{\phi}(t)$ para e^{At}, a Eq. (10.63b) pode ser expressa por

$$\mathbf{y}(t) = \underbrace{\mathbf{C}\boldsymbol{\phi}(t)\mathbf{q}(0)}_{\text{resposta de entrada nula}} + \underbrace{[\mathbf{C}\boldsymbol{\phi}(t)\mathbf{B} + \mathbf{D}\boldsymbol{\delta}(t)] * \mathbf{x}(t)}_{\text{resposta de estado nulo}} \quad (10.63c)$$

A resposta de estado nulo, ou seja, a resposta quando $\mathbf{q}(0) = 0$ é

$$\mathbf{y}(t) = [\mathbf{C}\boldsymbol{\phi}(t)\mathbf{B} + \mathbf{D}\boldsymbol{\delta}(t)] * \mathbf{x}(t) \quad (10.64a)$$

$$= \mathbf{h}(t) * \mathbf{x}(t) \tag{10.64b}$$

na qual

$$\mathbf{h}(t) = \mathbf{C}\boldsymbol{\phi}(t)\mathbf{B} + \mathbf{D}\boldsymbol{\delta}(t) \tag{10.65}$$

A matriz $\mathbf{h}(t)$ é uma matriz $k \times j$ chamada de *matriz de resposta ao impulso*. A razão para esse nome é óbvia. O ij-ésimo elemento de $\mathbf{h}(t)$ é $h_{ij}(t)$, o qual representa a resposta de estado nulo y_i quando a entrada é $x_j(t) = \delta(t)$ e quando todas as outras entradas (e todas as condições iniciais) são zero. Também podemos observar da Eq. (10.39) e (10.64b) que

$$\mathcal{L}[\mathbf{h}(t)] = \mathbf{H}(s)$$

EXEMPLO 10.8

Para o sistema descrito pelas Eqs. (10.40a) e (10.40b), utilize a Eq. (10.59b) para determinar $e^{\mathbf{A}t}$:

$$\boldsymbol{\phi}(t) = e^{\mathbf{A}t} = \mathcal{L}^{-1}\boldsymbol{\Phi}(s)$$

Este problema foi resolvido anteriormente com técnicas do domínio da frequência. A partir da Eq. (10.41), temos

$$\boldsymbol{\phi}(t) = \mathcal{L}^{-1}\begin{bmatrix} \frac{s+3}{(s+1)(s+2)} & \frac{1}{(s+1)(s+2)} \\ \frac{-2}{(s+1)(s+2)} & \frac{s}{(s+1)(s+2)} \end{bmatrix}$$

$$= \mathcal{L}^{-1}\begin{bmatrix} \frac{2}{s+1} - \frac{1}{s+2} & \frac{1}{s+1} - \frac{1}{s+2} \\ \frac{-2}{s+1} + \frac{2}{s+2} & \frac{-1}{s+1} + \frac{2}{s+2} \end{bmatrix}$$

$$= \begin{bmatrix} 2e^{-t} - e^{-2t} & e^{-t} - e^{-2t} \\ -2e^{-t} + 2e^{-2t} & -e^{-t} + 2e^{-2t} \end{bmatrix}$$

O mesmo resultado é obtido no Exemplo B.13 (Seção B.6-5) usando a Eq. (10.59a) [veja a Eq. (B.84)]. Além disso, $\boldsymbol{\delta}(t)$ é uma matriz diagonal $j \times j$, ou 2×2:

$$\boldsymbol{\delta}(t) = \begin{bmatrix} \delta(t) & 0 \\ 0 & \delta(t) \end{bmatrix}$$

Substituindo as matrizes $\boldsymbol{\phi}(t)$, $\boldsymbol{\delta}(t)$, $\mathbf{C}$, $\mathbf{D}$ e $\mathbf{B}$ [Eq. (10.40c)] na Eq. (10.65), temos

$$\mathbf{h}(t) = \begin{bmatrix} 1 & 0 \\ 1 & 1 \\ 0 & 2 \end{bmatrix}\begin{bmatrix} 2e^{-t} - e^{-2t} & e^{-t} - e^{-2t} \\ -2e^{-t} + 2e^{-2t} & -e^{-+2} + e^{-2t} \end{bmatrix}\begin{bmatrix} 1 & 0 \\ 1 & 1 \end{bmatrix} + \begin{bmatrix} 0 & 0 \\ 1 & 0 \\ 0 & 1 \end{bmatrix}\begin{bmatrix} \delta(t) & 0 \\ 0 & \delta(t) \end{bmatrix}$$

$$= \begin{bmatrix} 3e^{-t} - 2e^{-2t} & e^{-t} - e^{-2t} \\ \delta(t) + 2e^{-2t} & e^{-2t} \\ -6e^{-t} + 8e^{-2t} & \delta(t) - 2e^{-2t} + 4e^{-2t} \end{bmatrix} \tag{10.66}$$

O leitor pode verificar que a matriz de função de transferência $\mathbf{H}(s)$ da Eq. (10.42) é a transformada de Laplace da matriz de resposta ao impulso unitário $\mathbf{h}(t)$ da Eq. (10.66).

10.4 TRANSFORMAÇÃO LINEAR DO VETOR DE ESTADO

Na Seção 10.1, vimos que o estado de um sistema pode ser especificado de diversas formas. Os conjuntos de todas as possíveis variáveis de estado são relacionados – em outras palavras, se tivermos um determinado conjunto de variáveis de estado, somos capazes de relacioná-lo como outro conjunto. Estamos particularmente interessados em um tipo linear de relação. Sejam $q_1, q_2, ..., q_N$ e $w_1, w_2, ..., w_N$ dois conjuntos diferentes de variáveis de estado especificando o mesmo sistema. Esses conjuntos são relacionados por uma equação linear por

$$w_1 = p_{11}q_1 + p_{12}q_2 + \cdots + p_{1N}q_N$$
$$w_2 = p_{21}q_1 + p_{22}q_2 + \cdots + p_{2N}q_N$$
$$\vdots$$
$$w_N = p_{N1}q_1 + p_{N2}q_2 + \cdots + p_{NN}q_N$$

(10.67a)

ou

$$\underbrace{\begin{bmatrix} w_1 \\ w_2 \\ \vdots \\ w_N \end{bmatrix}}_{\mathbf{w}} = \underbrace{\begin{bmatrix} p_{11} & p_{12} & \cdots & p_{1N} \\ p_{21} & p_{22} & \cdots & p_{2N} \\ \vdots & \vdots & \ddots & \vdots \\ p_{N1} & p_{N2} & \cdots & p_{NN} \end{bmatrix}}_{\mathbf{P}} \underbrace{\begin{bmatrix} q_1 \\ q_2 \\ \vdots \\ q_N \end{bmatrix}}_{\mathbf{q}}$$

(10.67b)

Definindo o vetor **w** e a matriz **P** como mostradas acima, podemos escrever a Eq. (10.67) como

$$\mathbf{w} = \mathbf{Pq}$$ (10.67c)

e

$$\mathbf{q} = \mathbf{P}^{-1}\mathbf{w}$$ (10.67d)

Portanto, o vetor de estados **q** é transformado em outro vetor de estado **w** através da transformação linear da Eq. (10.67c).

Se conhecermos **w**, poderemos determinar **q** usando a Eq. (10.67d), desde que $\mathbf{P}^{-1}$ exista. Isso é equivalente a dizer que **P** é uma matriz não singular[†] ($|\mathbf{P}| \neq 0$). Portanto, se **P** é uma matriz não singular, o vetor **w** definido pela Eq. (10.67c) também é um vetor de estado. Considere a equação de estado de um sistema

$$\dot{\mathbf{q}} = \mathbf{Aq} + \mathbf{Bx}$$ (10.68a)

Se

$$\mathbf{w} = \mathbf{Pq}$$ (10.68b)

então

$$\mathbf{q} = \mathbf{P}^{-1}\mathbf{w}$$

e

$$\dot{\mathbf{q}} = \mathbf{P}^{-1}\dot{\mathbf{w}}$$

Logo, a equação de estado (10.68) se torna

$$\mathbf{P}^{-1}\dot{\mathbf{w}} = \mathbf{AP}^{-1}\mathbf{w} + \mathbf{Bx}$$

ou

$$\dot{\mathbf{w}} = \mathbf{PAP}^{-1}\mathbf{w} + \mathbf{PBx}$$ (10.68c)

$$= \hat{\mathbf{A}}\mathbf{w} + \hat{\mathbf{B}}\mathbf{x}$$ (10.68d)

[†] Essa condição é equivalente a dizer que todas as N equações da Eq. (10.67a) são linearmente independentes, ou seja, nenhuma das N equações pode ser expressa como a combinação linear das equações restantes.

EXEMPLO 10.9

As equações de estado de um certo sistema são dadas por

$$\begin{bmatrix} \dot{q}_1 \\ \dot{q}_2 \end{bmatrix} = \begin{bmatrix} 0 & 1 \\ -2 & -3 \end{bmatrix} \begin{bmatrix} q_1 \\ q_2 \end{bmatrix} + \begin{bmatrix} 1 \\ 2 \end{bmatrix} x(t) \tag{10.70a}$$

Obtenha as equações de estado para esse sistema quando as novas variáveis de estados w_1 e w_2 são

$$w_1 = q_1 + q_2$$
$$w_2 = q_1 - q_2$$

ou

$$\begin{bmatrix} w_1 \\ w_2 \end{bmatrix} = \begin{bmatrix} 1 & 1 \\ 1 & -1 \end{bmatrix} \begin{bmatrix} q_1 \\ q_2 \end{bmatrix} \tag{10.70b}$$

De acordo com a Eq. (10.68d), a equação de estado para a variável de estado **w** é dada por

$$\dot{\mathbf{w}} = \hat{\mathbf{A}}\mathbf{w} + \hat{\mathbf{B}}\mathbf{x}$$

na qual [veja as Eqs. (10.69)]

$$\hat{\mathbf{A}} = \mathbf{PAP}^{-1} = \begin{bmatrix} 1 & 1 \\ 1 & -1 \end{bmatrix} \begin{bmatrix} 0 & 1 \\ -2 & -3 \end{bmatrix} \begin{bmatrix} 1 & 1 \\ 1 & -1 \end{bmatrix}^{-1}$$

$$= \begin{bmatrix} 1 & 1 \\ 1 & -1 \end{bmatrix} \begin{bmatrix} 0 & 1 \\ -2 & -3 \end{bmatrix} \begin{bmatrix} \frac{1}{2} & \frac{1}{2} \\ \frac{1}{2} & -\frac{1}{2} \end{bmatrix}$$

$$= \begin{bmatrix} -2 & 0 \\ 3 & -1 \end{bmatrix}$$

e

$$\hat{\mathbf{B}} = \mathbf{PB} = \begin{bmatrix} 1 & 1 \\ 1 & -1 \end{bmatrix} \begin{bmatrix} 1 \\ 2 \end{bmatrix} = \begin{bmatrix} 3 \\ -1 \end{bmatrix}$$

Portanto,

$$\begin{bmatrix} \dot{w}_1 \\ \dot{w}_2 \end{bmatrix} = \begin{bmatrix} -2 & 0 \\ 3 & -1 \end{bmatrix} \begin{bmatrix} w_1 \\ w_2 \end{bmatrix} + \begin{bmatrix} 3 \\ -1 \end{bmatrix} x(t)$$

Essa é a equação de estado desejada para o vetor de estado **w**. A solução dessa equação requer o conhecimento do estado inicial **w**(0), o qual pode ser obtido do estado inicial **q**(0) fornecido, usando a Eq. (10.70b).

EXEMPLO DE COMPUTADOR C10.4

Repita o Exemplo 10.9 usando o MATLAB.

```
>> A = [0 1;-2 -3]; B = [1; 2];
>> P = [1 1;1 -1];
>> Ahat = P*A*inv(P), Bhat = P*B

Ahat =      -2       0
             3      -1

Bhat =       3
            -1
```
Portanto,
$$\begin{bmatrix} \dot{w}_1 \\ \dot{w}_2 \end{bmatrix} = \begin{bmatrix} -2 & 0 \\ 3 & -1 \end{bmatrix} \begin{bmatrix} w_1 \\ w_2 \end{bmatrix} + \begin{bmatrix} 3 \\ -1 \end{bmatrix} x(t)$$

na qual

$$\hat{\mathbf{A}} = \mathbf{PAP}^{-1} \tag{10.69a}$$

e

$$\hat{\mathbf{B}} = \mathbf{PB} \tag{10.69b}$$

A Eq. (10.68d) é a equação de estado do mesmo sistema, mas expressada em termos do vetor de estado **w**. A equação de saída também é modificada. Seja a equação original de saída igual a

$$\mathbf{y} = \mathbf{Cq} + \mathbf{Dx}$$

Em termos da nova variável de estado **w**, essa equação se torna

$$\mathbf{y} = \mathbf{C}(\mathbf{P}^{-1}\mathbf{w}) + \mathbf{Dx}$$
$$= \hat{\mathbf{C}}\mathbf{w} + \mathbf{Dx}$$

na qual

$$\hat{\mathbf{C}} = \mathbf{CP}^{-1} \tag{10.69c}$$

Invariância dos Autovalores

Vimos que os polos de todas as possíveis funções de transferência de um sistema são os autovalores da matriz **A**. Se transformarmos o vetor de estado de **q** para **w**, as variáveis $w_1, w_2, ..., w_N$ serão as combinações lineares de $q_1, q_2, ..., q_N$ e, portanto, podem ser consideradas como as saídas. Logo, os polos das funções de transferência relacionando $w_1, w_2, ..., w_N$ com as várias entradas também devem ser os autovalores da matriz **A**. Por outro lado, o sistema também é especificado pela Eq. (10.68d). Isso significa que os polos das funções de transferência devem ser os autovalores de **Â**. Portanto, os autovalores da matriz **A** permanecem inalterados para a transformação linear das variáveis, representada pela Eq. (10.67), e os autovalores da matriz **A** e da matriz **Â** ($\hat{\mathbf{A}} = \mathbf{PAP}^{-1}$) são idênticos. Consequentemente, as equações características de **A** e **Â** também são idênticas. Esse resultado também pode ser provado alternativamente como mostrado a seguir.

Considere a matriz $\mathbf{P}(s\mathbf{I} - \mathbf{A})\mathbf{P}^{-1}$. Temos

$$\mathbf{P}(s\mathbf{I} - \mathbf{A})\mathbf{P}^{-1} = \mathbf{P}s\mathbf{IP}^{-1} - \mathbf{PAP}^{-1} = s\mathbf{PIP}^{-1} - \hat{\mathbf{A}} = s\mathbf{I} - \hat{\mathbf{A}}$$

Obtendo o determinante dos dois lado,

$$|\mathbf{P}||s\mathbf{I} - \mathbf{A}||\mathbf{P}^{-1}| = |s\mathbf{I} - \hat{\mathbf{A}}|$$

Os determinantes de $|\mathbf{P}|$ e $|\mathbf{P}^{-1}|$ são recíprocos um do outro. Logo,

$$|s\mathbf{I} - \mathbf{A}| = |s\mathbf{I} - \hat{\mathbf{A}}| \tag{10.71}$$

Esse é o resultado desejado. Mostramos que as equações características de **A** e **Â** são idênticas. Logo, os autovalores de **A** e **Â** são idênticos.

No Exemplo 10.9, a matriz **A** é dada por

$$\mathbf{A} = \begin{bmatrix} 0 & 1 \\ -2 & -3 \end{bmatrix}$$

A equação característica é

$$|s\mathbf{I} - \mathbf{A}| = \begin{vmatrix} s & -1 \\ 2 & s+3 \end{vmatrix} = s^2 + 3s + 2 = 0$$

Além disso,

$$\hat{\mathbf{A}} = \begin{bmatrix} -2 & 0 \\ 3 & -1 \end{bmatrix}$$

e

$$|s\mathbf{I} - \hat{\mathbf{A}}| = \begin{bmatrix} s+2 & 0 \\ -3 & s+1 \end{bmatrix} = s^2 + 3s + 2 = 0$$

Esse resultado confirma que as equações características de **A** e **Â** são idênticas.

10.4-1 Diagonalização da Matriz A

Por diversas razões, é desejável tornarmos a matriz **A** diagonal. Se **A** não for diagonal, podemos transformar as variáveis de estado de tal forma que a matriz resultante **Â** seja diagonal.[†] Pode ser mostrado que para qualquer matriz **A** diagonal os elementos da diagonal dessa matriz são necessariamente $\lambda_1, \lambda_2, ..., \lambda_N$ (os autovalores) da matriz. Considere a matriz diagonal **A**:

$$\mathbf{A} = \begin{bmatrix} a_1 & 0 & 0 & \cdots & 0 \\ 0 & a_2 & 0 & \cdots & 0 \\ \vdots & \vdots & \vdots & \cdots & \vdots \\ 0 & 0 & 0 & \cdots & a_N \end{bmatrix}$$

A equação característica é dada por

$$|s\mathbf{I} - \mathbf{A}| = \begin{bmatrix} (s-a_1) & 0 & 0 & \cdots & 0 \\ 0 & (s-a_2) & 0 & \cdots & 0 \\ \vdots & \vdots & \vdots & \cdots & \vdots \\ 0 & 0 & 0 & \cdots & (s-a_N) \end{bmatrix} = 0$$

ou

$$(s - a_1)(s - a_2) \cdots (s - a_N) = 0$$

Logo, os autovalores de **A** são $a_1, a_2, ..., a_N$. Os elementos não nulos (diagonal) da matriz diagonal são, portanto, os autovalores $\lambda_1, \lambda_2, ..., \lambda_N$. Iremos representar a matriz diagonal por um símbolo especial, Λ:

$$\Lambda = \begin{bmatrix} \lambda_1 & 0 & 0 & \cdots & 0 \\ 0 & \lambda_2 & 0 & \cdots & 0 \\ \vdots & \vdots & \vdots & \cdots & \vdots \\ 0 & 0 & 0 & \cdots & \lambda_N \end{bmatrix}$$

(10.72)

Vamos, agora, considerar a transformação do vetor de estado **A** tal que a matriz **Â** resultante seja a matriz diagonal Λ.

[†] Nessa discussão, presumimos autovalores distintos. Se os autovalores não forem distintos, podemos reduzir a matriz para uma forma diagonalizada modificada (Jordan).

Considere o sistema

$$\dot{q} = Aq + Bx$$

Iremos assumir que $\lambda_1, \lambda_2, ..., \lambda_N$, os autovalores de A são distintos (sem raízes repetidas). Vamos transformar o vetor de estado q em um novo vetor de estado z, usando a transformação

$$z = Pq \qquad (10.73a)$$

então, após o desenvolvimento da Eq. (10.68c), temos

$$\dot{z} = PAP^{-1}z + PBx \qquad (10.73b)$$

Procuramos uma transformação tal que PAP^{-1} seja a matriz diagonal Λ, dada pela Eq. (10.72), ou seja,

$$\dot{z} = \Lambda z + \hat{B}x \qquad (10.73c)$$

Logo,

$$\Lambda = PAP^{-1} \qquad (10.74a)$$

ou

$$\Lambda P = PA \qquad (10.74b)$$

Conhecemos Λ e A. Logo, a Eq. (10.74b) pode ser resolvida para determinarmos P.

EXEMPLO 10.10

Obtenha a forma diagonalizada da equação de estado para o sistema do Exemplo 10.9.

Neste caso,

$$A = \begin{bmatrix} 0 & 1 \\ -2 & -3 \end{bmatrix}$$

Com essa matriz, obtemos $\lambda_1 = -1$ e $\lambda_2 = -2$. Logo,

$$\Lambda = \begin{bmatrix} -1 & 0 \\ 0 & -2 \end{bmatrix}$$

e a Eq. (10.74) se torna

$$\begin{bmatrix} -1 & 0 \\ 0 & -2 \end{bmatrix} \begin{bmatrix} p_{11} & p_{12} \\ p_{21} & p_{22} \end{bmatrix} = \begin{bmatrix} p_{11} & p_{12} \\ p_{21} & p_{22} \end{bmatrix} \begin{bmatrix} 0 & 1 \\ -2 & -3 \end{bmatrix}$$

Igualando os quatro elementos dos dois lados, temos

$$-p_{11} = -2p_{12} \qquad (10.75a)$$
$$-p_{12} = p_{11} - 3p_{12} \qquad (10.75b)$$
$$-2p_{21} = -2p_{22} \qquad (10.75c)$$
$$-2p_{22} = p_{21} - 3p_{22} \qquad (10.75d)$$

O leitor irá perceber imediatamente que as Eqs. (10.75a) e (10.75b) são idênticas. Similarmente, as Eqs. (10.75c) e (10.75d) são idênticas. Logo, duas equações podem ser descartadas, deixando apenas duas equações [Eqs. (10.75a) e (10.75c)] e quatro incógnitas. Essa observação significa que não existe uma única solução. Existe, na verdade, um número infinito de soluções. Podemos associar qualquer valor a p_{11} e p_{21} para obtermos uma possível solução.† Se $p_{11} = k_1$ e $p_{21} = k_2$, então, a partir das Eqs. (10.75a) e (10.75c), temos $p_{12} = k_1/2$ e $p_{22} = k_2$:

$$\mathbf{P} = \begin{bmatrix} k_1 & \frac{k_1}{2} \\ k_2 & k_2 \end{bmatrix} \tag{10.75e}$$

Podemos associar quaisquer valores a k_1 e k_2. Por conveniência, iremos fazer $k_1 = 2$ e $k_2 = 1$. Essa substituição resulta em

$$\mathbf{P} = \begin{bmatrix} 2 & 1 \\ 1 & 1 \end{bmatrix} \tag{10.75f}$$

As variáveis transformadas [Eq. (10.73a)] são

$$\begin{bmatrix} z_1 \\ z_2 \end{bmatrix} = \begin{bmatrix} 2 & 1 \\ 1 & 1 \end{bmatrix} \begin{bmatrix} q_1 \\ q_2 \end{bmatrix} = \begin{bmatrix} 2q_1 + q_2 \\ q_1 + q_2 \end{bmatrix} \tag{10.76}$$

Portanto, as novas variáveis de estado z_1 e z_2 são relacionadas com q_1 e q_2 pela Eq. (10.76). A equação do sistema com **z** como vetor de estado é dada por [veja a Eq. (10.73c)]

$$\dot{\mathbf{z}} = \Lambda \mathbf{z} + \hat{\mathbf{B}}\mathbf{x}$$

na qual

$$\hat{\mathbf{B}} = \mathbf{PB} = \begin{bmatrix} 2 & 1 \\ 1 & 1 \end{bmatrix} \begin{bmatrix} 1 \\ 2 \end{bmatrix} = \begin{bmatrix} 4 \\ 3 \end{bmatrix}$$

Logo

$$\begin{bmatrix} \dot{z}_1 \\ \dot{z}_2 \end{bmatrix} = \begin{bmatrix} -1 & 0 \\ 0 & -2 \end{bmatrix} \begin{bmatrix} z_1 \\ z_2 \end{bmatrix} + \begin{bmatrix} 4 \\ 3 \end{bmatrix} x \tag{10.77a}$$

ou

$$\dot{z}_1 = -z_1 + 4x$$
$$\dot{z}_2 = -2z_2 + 3x \tag{10.77b}$$

Note a natureza distinta dessas equações de estado. Cada equação de estado utiliza apenas uma variável e, portanto, pode ser resolvida por ela mesma. Uma equação de estado genérica possui a derivada de uma variável de estado igual à combinação linear de todas as outras variáveis de estado. Isso não ocorre quando utilizamos a matriz diagonalizada Λ. Cada variável de estado z_i é escolhida de tal forma que ela fique desacoplada das demais variáveis. Assim, um sistema com N autovalores é dividido em N sistemas desacoplados, cada um com uma equação na forma

$$\dot{z}_i = \lambda_i z_i + \text{(termos de entrada)}$$

Esse fato também pode ser facilmente observado na Fig. 10.7a, a qual é a realização do sistema representado pela Eq. (10.77). Por outro lado, considere as equações de estado originais [veja a Eq. (10.70a)]

$$\dot{q}_1 = q_2 + x(t)$$
$$\dot{q}_2 = -2q_1 - 3q_2 + 2x(t)$$

---

† Se, entretanto, quisermos que as equações de estado estejam na forma diagonalizada, tal como na Eq. (10.30a), na qual todos os elementos da matriz $\hat{\mathbf{B}}$ são unitários, existe uma única solução. A razão é que a equação $\hat{\mathbf{B}} = \mathbf{PB}$, na qual todos os elementos de $\hat{\mathbf{B}}$ são unitário, impõe restrições adicionais. No exemplo atual, essa condição irá resultar em $p_{11} = 1/2$, $p_{12} = 1/4$, $p_{21} = 1/3$ e $p_{22} = 1/3$. A relação entre **z** e **q** é, então,

$$z_1 = \tfrac{1}{2}q_1 + \tfrac{1}{4}q_2 \quad \text{e} \quad z_2 = \tfrac{1}{3}q_1 + \tfrac{1}{3}q_2$$

A realização dessas equações está mostrada na Fig. 10.7b. Pode ser visto na Fig. 10.7a que os estados z_1 e z_2 são desacoplados, enquanto que os estados q_1 e q_2 (Fig. 10.7b) estão acoplados. Deve ser ressaltado que a Fig. 10.7a e 10.7b são realizações do mesmo sistema.[†]

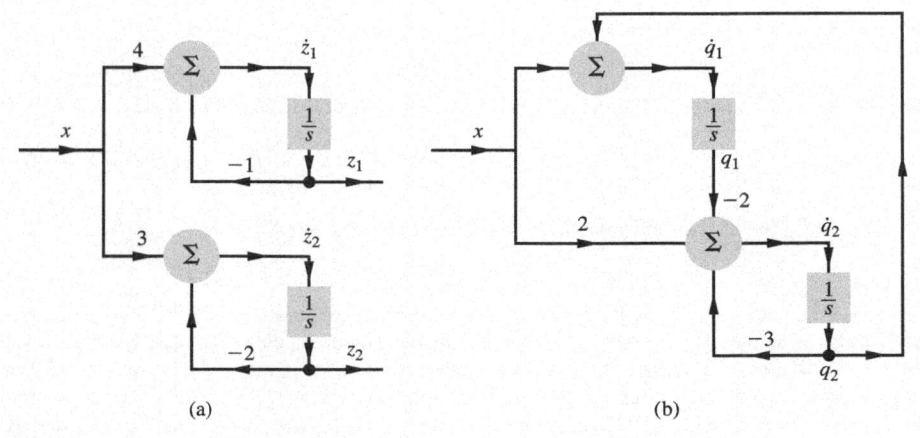

Figura 10.7 Duas realizações de um sistema de segunda ordem.

EXEMPLO DE COMPUTADOR C10.5

Repita o Exemplo 10.10 usando o MATLAB. [Cuidado: **P** e **B̂** não são únicas.]

```
>> A = [0 1;-2 -3]; B = [1; 2];
>> [V, Lambda] = eig(A);
>> P = inv(V), Lambda, Bhat = P*B

P =     2.8284    1.4142
        2.2361    2.2361

Lambda =    -1     0
             0    -2

Bhat =  5.6569
        6.7082
```
Portanto,

$$\mathbf{z} = \begin{bmatrix} z_1 \\ z_2 \end{bmatrix} = \begin{bmatrix} 2.8284 & 1.4142 \\ 2.2361 & 2.2361 \end{bmatrix} \begin{bmatrix} q_1 \\ q_2 \end{bmatrix} = \mathbf{Pq}$$

e

$$\dot{\mathbf{z}} = \begin{bmatrix} \dot{z}_1 \\ \dot{z}_2 \end{bmatrix} = \begin{bmatrix} -1 & 0 \\ 0 & -2 \end{bmatrix} \begin{bmatrix} z_1 \\ z_2 \end{bmatrix} + \begin{bmatrix} 5.6569 \\ 6.7082 \end{bmatrix} x(t) = \Lambda \mathbf{z} + \hat{\mathbf{B}} \mathbf{x}$$

[†] Neste caso, temos apenas as equações de estado simuladas. As saídas não estão mostradas. As saídas são combinações lineares das variáveis de estado (e entradas). Logo, a equação de saída pode ser facilmente incorporada nesses diagramas.

10.5 Controlabilidade e Observabilidade

Considere a seguinte descrição de espaço de estado diagonalizada de um sistema

$$\dot{\mathbf{z}} = \Lambda \mathbf{z} + \hat{\mathbf{B}}\mathbf{x} \qquad (10.78a)$$

e

$$\mathbf{Y} = \hat{\mathbf{C}}\mathbf{z} + \mathbf{D}\mathbf{x} \qquad (10.78b)$$

Iremos presumir que todos os N autovalores $\lambda_1, \lambda_2, ..., \lambda_N$ são distintos. As equações de estado (10.78a) são da forma

$$\dot{z}_m = \lambda_m z_m + \hat{b}_{m1} x_1 + \hat{b}_{m2} x_2 + \cdots + \hat{b}_{mj} x_j \qquad m = 1, 2, \ldots, N$$

Se $\hat{b}_{m1}, \hat{b}_{m2}, ..., \hat{b}_{mj}$ (a m-ésima linha da matriz $\hat{\mathbf{B}}$) são iguais a zero, então

$$\dot{z}_m = \lambda_m z_m$$

e a variável z_m é não controlável porque z_m não estará acoplada a nenhuma entrada. Além disso, z_m estará desacoplada de todas as demais ($N-1$) variáveis de estado devido à natureza diagonalizada das variáveis. Logo, não existe acoplamento direto ou indireto de z_m com qualquer entrada e o sistema será não controlável. Por outro lado, se ao menos um elemento da m-ésima linha de $\hat{\mathbf{B}}$ for diferente de zero, z_m estará acoplado ao menos com uma entrada e, portanto, será controlável. *Logo, um sistema com um estado diagonalizado [Eqs.(10.78)] é completamente controlável se a matriz $\hat{\mathbf{B}}$ não possuir uma linha de elementos iguais a zero.*

As saídas [Eqs. (10.78b)] são da forma

$$y_i = \hat{c}_{i1} z_1 + \hat{c}_{i2} z_2 + \cdots + \hat{c}_{iN} z_N + \sum_{m=1}^{j} d_{im} x_m \qquad i = 1, 2, \ldots, k$$

Se $\hat{c}_{im} = 0$, então o estado z_m não irá aparecer na expressão de y_i. Como todos os estados são desacoplados devido à natureza diagonalizada das equações, o estado z_m não pode ser observado diretamente ou indiretamente (através dos outros estados) na saída y_i. Logo, o m-ésimo modo $e^{\lambda_m t}$ não será observado na saída y_i. Se $\hat{c}_{1m}, \hat{c}_{2m}, ..., \hat{c}_{xm}$ (a m-ésima coluna da matriz $\hat{\mathbf{C}}$) são iguais a zero, o estado z_m não será observável em nenhuma das k saídas e o estado z_m será não observável. Por outro lado, se ao menos um elemento da m-ésima coluna de $\hat{\mathbf{C}}$ for diferente de zero, z_m é observável ao menos em uma saída. *Portanto, um sistema com equações diagonalizadas na forma da Eq. (10.78) é completamente observável se e somente se a matriz $\hat{\mathbf{C}}$ não possuir uma coluna de elementos nulos.* Nesta discussão, presumimos autovalores distintos. Para autovalores repetidos, o critério modificado por ser encontrado na literatura.[1,2]

Se a descrição em espaço de estado não estiver na forma diagonalizada, ela pode ser convertida na forma diagonalizada usando o procedimento do Exemplo 10.10. Também é possível testar a controlabilidade e observabilidade mesmo se a descrição no espaço de estados estiver na forma não diagonalizada.[1,2]

EXEMPLO 10.11

Investigue a controlabilidade e observabilidade dos sistemas da Fig. 10.8.

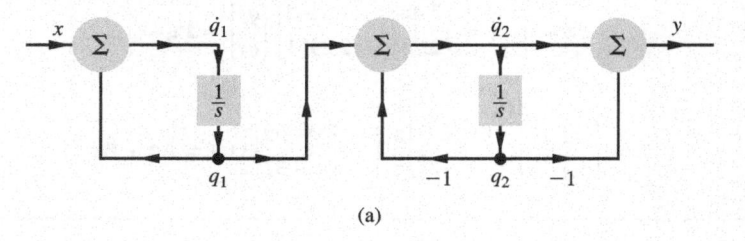

Figura 10.8

(b)

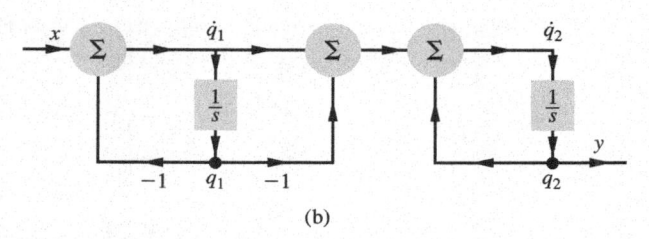

Figura 10.8 Continuação

Nos dois casos, as variáveis de estados são identificadas como sendo as saídas dos dois integradores, q_1 e q_2. As equações de estado para o sistema da Fig. 10.8a são

$$\dot{q}_1 = q_1 + x$$
$$\dot{q}_2 = q_1 - q_2 \qquad (10.79)$$

e

$$y = \dot{q}_2 - q_2 = q_1 - 2q_2$$

Logo,

$$\mathbf{A} = \begin{bmatrix} 1 & 0 \\ 1 & -1 \end{bmatrix} \qquad \mathbf{B} = \begin{bmatrix} 1 \\ 0 \end{bmatrix} \qquad \mathbf{C} = [1 \ -2] \qquad \mathbf{D} = 0$$

$$|s\mathbf{I} - \mathbf{A}| = \begin{vmatrix} s-1 & 0 \\ -1 & s+1 \end{vmatrix} = (s-1)(s+1)$$

Portanto

$$\lambda_1 = 1 \qquad e \qquad \lambda_2 = -1$$

e

$$\mathbf{\Lambda} = \begin{bmatrix} 1 & 0 \\ 0 & -1 \end{bmatrix} \qquad (10.80)$$

Iremos utilizar o procedimento da Seção 10.4-1 para diagonalizarmos esse sistema. De acordo com a Eq. (10.74b), temos

$$\begin{bmatrix} 1 & 0 \\ 0 & -1 \end{bmatrix} \begin{bmatrix} p_{11} & p_{12} \\ p_{21} & p_{22} \end{bmatrix} = \begin{bmatrix} p_{11} & p_{12} \\ p_{21} & p_{22} \end{bmatrix} \begin{bmatrix} 1 & 0 \\ 1 & -1 \end{bmatrix}$$

A solução para essa equação é

$$p_{12} = 0 \qquad e \qquad -2p_{21} = p_{22}$$

Escolhendo $p_{11} = 1$ e $p_{21} = 1$, temos

$$\mathbf{P} = \begin{bmatrix} 1 & 0 \\ 1 & -2 \end{bmatrix}$$

e

$$\hat{\mathbf{B}} = \mathbf{PB} = \begin{bmatrix} 1 & 0 \\ 1 & -2 \end{bmatrix} \begin{bmatrix} 1 \\ 0 \end{bmatrix} = \begin{bmatrix} 1 \\ 1 \end{bmatrix} \qquad (10.81a)$$

Todas as linhas de são diferentes de zero, logo o sistema é controlável. Além disso

$$\mathbf{Y} = \mathbf{Cq}$$
$$= \mathbf{CP}^{-1}\mathbf{z} \qquad (10.81\text{b})$$
$$= \hat{\mathbf{C}}\mathbf{z}$$

e

$$\hat{\mathbf{C}} = \mathbf{CP}^{-1} = \begin{bmatrix} 1 & -2 \end{bmatrix} \begin{bmatrix} 1 & 0 \\ 1 & -2 \end{bmatrix}^{-1} = \begin{bmatrix} 1 & -2 \end{bmatrix} \begin{bmatrix} 1 & 0 \\ \frac{1}{2} & -\frac{1}{2} \end{bmatrix} = \begin{bmatrix} 0 & 1 \end{bmatrix} \qquad (10.81\text{c})$$

A primeira coluna de $\hat{\mathbf{C}}$ é zero. Dessa forma, o modo z_1 (correspondente a $\lambda_1 = 1$) é não observável. O sistema é, portanto, controlável mas não observável. Chegamos a essa mesma conclusão realizando o sistema com variáveis de estado diagonalizadas z_1 e z_2, cujas equações de estado são

$$\dot{\mathbf{z}} = \Lambda\mathbf{z} + \hat{\mathbf{B}}x$$
$$y = \hat{\mathbf{C}}\mathbf{z}$$

De acordo com as Eqs. (10.80) e (10.81), temos

$$\dot{z}_1 = z_1 + x$$
$$\dot{z}_2 = -z_2 + x$$

e

$$y = z_2$$

A Fig. 10.9a mostra a realização dessas equações. Fica claro que os dois modos são controláveis, mas o primeiro modo (correspondente a $\lambda_1 = 1$) é não observável na saída.

As equações de estado para o sistema da Fig. 10.8b são

$$\dot{q}_1 = -q_1 + x$$
$$\dot{q}_2 = \dot{q}_1 - q_1 + q_2 = -2q_1 + q_2 + x \qquad (10.82)$$

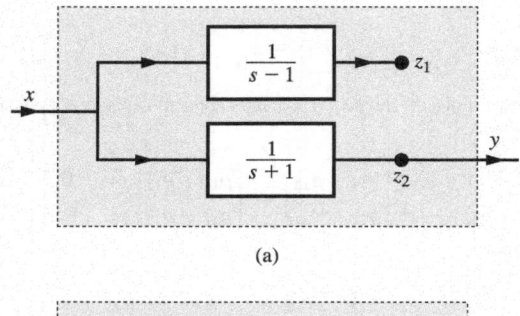

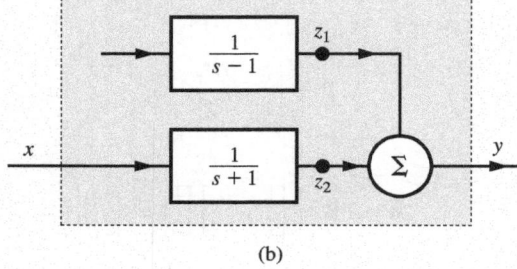

Figuras 10.9 Equivalentes dos sistemas da Fig. 10.8.

e
$$y = q_2$$
Logo
$$\mathbf{A} = \begin{bmatrix} -1 & 0 \\ -2 & 1 \end{bmatrix} \quad \mathbf{B} = \begin{bmatrix} 1 \\ 1 \end{bmatrix} \quad \mathbf{C} = \begin{bmatrix} 0 & 1 \end{bmatrix} \quad \mathbf{D} = 0$$

$$|s\mathbf{I} - \mathbf{A}| = \begin{vmatrix} s+1 & 0 \\ -1 & s-1 \end{vmatrix} = (s+1)(s-1)$$

tal que $\lambda_1 = -1$ e $\lambda_2 = 1$, e

$$\Lambda = \begin{bmatrix} -1 & 0 \\ 0 & 1 \end{bmatrix} \tag{10.83}$$

Diagonalizando a matriz, temos

$$\begin{bmatrix} 1 & 0 \\ 0 & -1 \end{bmatrix} \begin{bmatrix} p_{11} & p_{12} \\ p_{21} & p_{22} \end{bmatrix} = \begin{bmatrix} p_{11} & p_{12} \\ p_{21} & p_{22} \end{bmatrix} \begin{bmatrix} -1 & 0 \\ -2 & 1 \end{bmatrix}$$

A solução para essa equação resulta em $p_{11} = -p_{12}$ e $p_{22} = 0$. Escolhendo $p_{11} = -1$ e $p_{21} = 1$, obtemos

$$\mathbf{P} = \begin{bmatrix} -1 & 1 \\ 1 & 0 \end{bmatrix}$$

e

$$\hat{\mathbf{B}} = \mathbf{P}\mathbf{B} = \begin{bmatrix} -1 & 1 \\ 1 & 0 \end{bmatrix} \begin{bmatrix} 1 \\ 1 \end{bmatrix} = \begin{bmatrix} 0 \\ 1 \end{bmatrix} \tag{10.84a}$$

$$\hat{\mathbf{C}} = \mathbf{C}\mathbf{P}^{-1} = \begin{bmatrix} 0 & 1 \end{bmatrix} \begin{bmatrix} 0 & 1 \\ 1 & 1 \end{bmatrix} = \begin{bmatrix} 1 & 1 \end{bmatrix} \tag{10.84b}$$

A primeira linha de $\hat{\mathbf{B}}$ é zero. Logo, o modo correspondente a $\lambda_1 = 1$ não é controlável. Entretanto, como nenhuma das colunas de $\hat{\mathbf{C}}$ é nula, os dois modos são observáveis na saída. Dessa forma, o sistema é observável mas não controlável.

Obtemos a mesma conclusão realizando o sistema com as variáveis de estado diagonalizadas z_1 e z_2. As duas equações de estado são

$$\dot{\mathbf{z}} = \Lambda \mathbf{z} + \hat{\mathbf{B}} x$$
$$y = \hat{\mathbf{C}} \mathbf{z}$$

A partir das Eqs. (10.83) e (10.84), temos

$$\dot{z}_1 = z_1$$
$$\dot{z}_2 = -z_2 + x$$

e, portanto,

$$y = z_1 + z_2 \tag{10.85}$$

A Fig. 10.9b mostra a realização dessas equações. Claramente, os dois modos são observáveis na saída, mas o modo correspondente a $\lambda_1 = 1$ não é controlável.

EXEMPLO DE COMPUTADOR C10.6

Repita o Exemplo 10.11 usando o MATLAB.

(a) Sistema da Fig. 10.8b
```
>> A = [1 0;1 -1]; B = [1; 0]; C = [1 -2];
>> [V, Lambda] = eig(A); P=inv(V);
>> disp('Parte (a):'), Bhat = P*B, Chat = C*inv(P)
Parte (a):

Bhat =    -0.5000
           1.1180

Chat =    -2     0
```
Como todas as linhas de Bhat ($\hat{B}$) são diferentes de zero, o sistema é controlável. Entretanto, uma coluna de Chat ($\hat{C}$) é zero, logo um modo é não observável.

(b) Sistema da Fig. 10.8b
```
>> A = [-1 0;-2 1]; B = [1; 1]; C = [0 1];
>> [V, Lambda] = eig(A); P=inv(V);
>> disp('Parte (b):'), Bhat = P*B, Chat = C*inv(P),
Parte (b):

Bhat =         0
           1.4142

Chat =    1.0000    0.7071
```
Uma das linhas de Bhat ($\hat{B}$) é zero, logo um modo é não controlável. Como todas as colunas de Chat ($\hat{C}$) são diferentes de zero, o sistema é observável.

10.5-1 Incapacidade da Descrição por Função de Transferência de um Sistema

O Exemplo 10.11 demonstra a incapacidade da função de transferência em descrever um sistema LIT genérico. Os sistemas da Fig. 10.8a e 10.8b possuem a mesma função de transferência

$$H(s) = \frac{1}{s+1}$$

Mesmo assim, os dois sistemas são diferentes. Sua verdadeira natureza é revelada na Fig. 10.9a e 10.9b, respectivamente. Os dois sistemas são instáveis, mas suas funções de transferência $H(s) = 1/(s + 1)$ não dão uma única dica disso. E os sistemas são diferentes do ponto de vista de controlabilidade e observabilidade. O sistema da Fig. 10.8a é controlável mas não observável, enquanto que o sistema da Fig. 10.8b é observável mas não controlável.

A descrição por função de transferência de um sistema olha para o sistema apenas dos terminais de entrada e saída. Consequentemente, a descrição por função de transferência pode especificar apenas a parte do sistema que acopla os terminais de entrada aos terminais de saída. A partir da Fig. 10.9a e 10.9b, vemos que nos dois casos, apenas a parte do sistema que possui função de transferência $H(s) = 1/(s + 1)$ acopla a entrada à saída. Esse é o motivo pelo qual os dois sistemas possuem a mesma função de transferência $H(s) = 1/(s + 1)$.

A descrição por variável de estado [Eqs. (10.79) e (10.82)], por outro lado, contém toda a informação sobre esses sistemas, descrevendo-os completamente. A razão é que a descrição por variáveis de estado é uma descrição interna, e não a descrição externa obtida do comportamento do sistema nos terminais externos.

Aparentemente, a função de transferência falha ao descrever completamente esses sistemas, pois as funções de transferência desses sistemas possuem um fator comum $s - 1$ no numerador e no denominador. Esse

CAPÍTULO 10   ANÁLISE NO ESPAÇO DE ESTADOS   827

fator comum é cancelado no sistema na Fig. 10.8, com a consequente perda de informação. Tal situação ocorre quando um sistema é não controlável ou não observável. Se um sistema for tanto controlável quanto observável (o qual é o caso na maioria dos sistemas práticos), a função de transferência descreverá completamente o sistema. Em tais casos, as descrições interna e externa são equivalentes.

10.6 Análise por Espaço de Estados de Sistemas em Tempo Discreto

Mostramos que uma equação diferencial de ordem N pode ser descrita em termos de N equações diferenciais de primeira ordem. No procedimento análogo a seguir, veremos que uma equação diferença genérica de ordem N pode ser descrita em termos de N equações diferença de primeira ordem.

Considere a função de transferência em z

$$H[z] = \frac{b_0 z^N + b_1 z^{N-1} + \cdots + b_{N-1} z + b_N}{z^N + a_1 z^{N-1} + \cdots + a_{N-1} z + a_N} \tag{10.86a}$$

A entrada $x[n]$ e a saída $y[n]$ desse sistema estão relacionadas pela equação diferença

$$(E^N + a_1 E^{N-1} + \cdots + a_{N-1} E + a_N) y[n]$$
$$= (b_0 E^N + b_1 E^{N-1} + \cdots + b_{N-1} E + b_N) x[n] \tag{10.86b}$$

A realização na FDII dessa equação está apresentada na Fig. 10.10. Os sinais que aparecem nas saídas dos N elementos de atraso são representadas por $q_1[n]$, $q_2[n]$,..., $q_N[n]$. A entrada do primeiro atraso é $q_N[n+1]$. Podemos escrever N equações, uma para cada entrada de cada atraso:

$$q_1[n+1] = q_2[n]$$
$$q_2[n+1] = q_3[n]$$
$$\vdots \tag{10.87}$$
$$q_{N-1}[n+1] = q_N[n]$$
$$q_N[n+1] = -a_N q_1[n] - a_{N-1} q_2[n] - \cdots - a_1 q_N[n] + x[n]$$

e

$$y[n] = b_N q_1[n] + b_{N-1} q_2[n] + \cdots + b_1 q_N[n] + b_0 q_{N+1}[n]$$

Podemos eliminar $q_{N+1}[n]$ dessa equação usando a última equação do conjunto (10.87), obtendo

$$y[n] = (b_N - b_0 a_N) q_1[n] + (b_{N-1} - b_0 a_{N-1}) q_2[n] + \cdots + (b_1 - b_0 a_1) q_N[n] + b_0 x[n]$$
$$= \hat{b}_N q_1[n] + \hat{b}_{N-1} q_2[n] + \cdots + \hat{b}_1 q_N[n] + b_0 x[n] \tag{10.88}$$

na qual $\hat{b}_i = b_i - b_0 a_i$.

As Eqs. (10.87) são N equações diferença de primeira ordem com N variáveis $q_1[n]$, $q_2[n]$,..., $q_N[n]$. Essas variáveis são imediatamente reconhecidas como variáveis de estado, pois a especificação dos seus valores iniciais na Fig. 10.10 irá determinar unicamente a resposta $y[n]$ para um dado $x[n]$. Portanto, as Eqs. (10.87) representam as equações de estado, e a Eq. (10.88) é a equação de saída. Na forma matricial, podemos escrever essas equações por

$$\underbrace{\begin{bmatrix} q_1[n+1] \\ q_2[n+1] \\ \vdots \\ q_{N-1}[n+1] \\ q_N[n+1] \end{bmatrix}}_{\mathbf{q}[n+1]} = \underbrace{\begin{bmatrix} 0 & 1 & 0 & \cdots & 0 & 0 \\ 0 & 0 & 1 & \cdots & 0 & 0 \\ \vdots & \vdots & \vdots & \cdots & \vdots & \vdots \\ 0 & 0 & 0 & \cdots & 0 & 1 \\ -a_N & -a_{N-1} & -a_{N-2} & \cdots & -a_2 & -a_1 \end{bmatrix}}_{\mathbf{A}} \underbrace{\begin{bmatrix} q_1[n] \\ q_2[n] \\ \vdots \\ q_{N-1}[n] \\ q_N[n] \end{bmatrix}}_{\mathbf{q}[n]} + \underbrace{\begin{bmatrix} 0 \\ 0 \\ \vdots \\ 0 \\ 1 \end{bmatrix}}_{\mathbf{B}} x[n] \tag{10.89a}$$

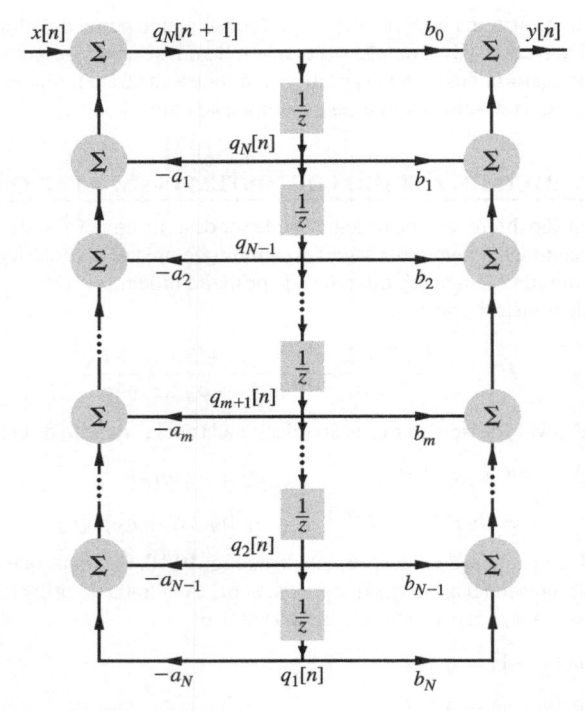

Figura 10.10 Realização na forma direta II de um sistema em tempo discreto de ordem N.

e

$$\mathbf{y}[n] = \underbrace{\begin{bmatrix} \hat{b}_N & \hat{b}_{N-1} & \cdots & \hat{b}_1 \end{bmatrix}}_{\mathbf{C}} \begin{bmatrix} q_1[n] \\ q_2[n] \\ \vdots \\ q_N[n] \end{bmatrix} + \underbrace{b_0}_{\mathbf{D}} x[n] \qquad (10.89\text{b})$$

Em geral,

$$\mathbf{q}[n+1] = \mathbf{A}\mathbf{q}[n] + \mathbf{B}x[n] \qquad (10.90\text{a})$$
$$\mathbf{y}[n] = \mathbf{C}\mathbf{q}[n] + \mathbf{D}x[n] \qquad (10.90\text{b})$$

Neste caso, representamos um sistema em tempo discreto com equações de estado para a forma FDII. Existem várias outras possíveis representações, como discutido na Seção 10.2. Podemos, por exemplo, utilizar a forma em cascata, paralela ou a transposta da FDII para realizar o sistema, ou, então, podemos utilizar alguma transformação linear do vetor de estado para realizar outras formas. Em todos os casos, a saída de cada elemento de atraso é uma variável de estado. Escrevemos, então, a equação da entrada de cada elemento de atraso. As N equações obtidas são as N equações de estado.

10.6-1 Solução no Espaço de Estados

Considere a equação de estado

$$\mathbf{q}[n+1] = \mathbf{A}\mathbf{q}[n] + \mathbf{B}x[n] \qquad (10.91)$$

A partir dessa equação, temos que

$$\mathbf{q}[n] = \mathbf{A}\mathbf{q}[n-1] + \mathbf{B}x[n-1] \qquad (10.92\text{a})$$

e

$$\mathbf{q}[n-1] = \mathbf{Aq}[n-2] + \mathbf{Bx}[n-2] \quad (10.92b)$$
$$\mathbf{q}[n-2] = \mathbf{Aq}[n-3] + \mathbf{Bx}[n-3] \quad (10.92c)$$
$$\vdots$$
$$\mathbf{q}[1] = \mathbf{Aq}[0] + \mathbf{Bx}[0]$$

Substituindo a Eq. (10.92b) na Eq. (10.92a), obtemos

$$\mathbf{q}[n] = \mathbf{A}^2\mathbf{q}[n-2] + \mathbf{ABx}[n-2] + \mathbf{Bx}[n-1]$$

Substituindo a Eq. (10.92c) nessa equação, temos

$$\mathbf{q}[n] = \mathbf{A}^3\mathbf{q}[n-3] + \mathbf{A}^2\mathbf{Bx}[n-3] + \mathbf{ABx}[n-2] + \mathbf{Bx}[n-1]$$

Continuando dessa forma, obtemos

$$\mathbf{q}[n] = \mathbf{A}^n\mathbf{q}[0] + \mathbf{A}^{n-1}\mathbf{Bx}[0] + \mathbf{A}^{n-2}\mathbf{Bx}[1] + \cdots + \mathbf{Bx}[n-1]$$
$$= \mathbf{A}^n\mathbf{q}[0] + \sum_{m=0}^{n-1} \mathbf{A}^{n-1-m}\mathbf{Bx}[m] \quad (10.93a)$$

O limite superior do somatório da Eq. (10.93a) é não negativo. Logo, $n \geq 1$, e o somatório é reconhecido como a soma de convolução

$$\mathbf{A}^{n-1}u[n-1] * \mathbf{Bx}[n]$$

Consequentemente

$$\mathbf{q}[n] = \underbrace{\mathbf{A}^n\mathbf{q}[0]}_{\text{entrada nula}} + \underbrace{\mathbf{A}^{n-1}u[n-1] * \mathbf{Bx}[n]}_{\text{estado nulo}} \quad (10.93b)$$

e

$$\mathbf{y}[n] = \mathbf{Cq} + \mathbf{Dx}$$
$$= \mathbf{CA}^n\mathbf{q}[0] + \sum_{m=0}^{n-1} \mathbf{CA}^{n-1-m}\mathbf{Bx}[m] + \mathbf{Dx} \quad (10.94a)$$
$$= \mathbf{CA}^n\mathbf{q}[0] + \mathbf{CA}^{n-1}u[n-1] * \mathbf{Bx}[n] + \mathbf{Dx} \quad (10.94b)$$

Na Seção B.6-5, mostramos que

$$\mathbf{A}^n = \beta_0\mathbf{I} + \beta_1\mathbf{A} + \beta_2\mathbf{A}^2 + \cdots + \beta_{N-1}\mathbf{A}^{N-1} \quad (10.95a)$$

na qual (assumindo N autovalores distintos de $\mathbf{A}$)

$$\begin{bmatrix} \beta_0 \\ \beta_1 \\ \vdots \\ \beta_{N-1} \end{bmatrix} = \begin{bmatrix} 1 & \lambda_1 & \lambda_1^2 & \cdots & \lambda_1^{N-1} \\ 1 & \lambda_2 & \lambda_2^2 & \cdots & \lambda_2^{N-1} \\ \vdots & \vdots & \vdots & \cdots & \vdots \\ 1 & \lambda_N & \lambda_N^2 & \cdots & \lambda_N^{N-1} \end{bmatrix}^{-1} \begin{bmatrix} \lambda_1^n \\ \lambda_2^n \\ \vdots \\ \lambda_N^n \end{bmatrix} \quad (10.95b)$$

e $\lambda_1, \lambda_2, \ldots, \lambda_N$ são os N autovalores de $\mathbf{A}$.

Também podemos determinar $\mathbf{A}^n$ pela fórmula da transformada z, a qual será obtida posteriormente, na Eq. (10.102):

$$\mathbf{A}^n = \mathcal{Z}^{-1}[(\mathbf{I} - z^{-1}\mathbf{A})^{-1}] \quad (10.95c)$$

EXEMPLO 10.12

Dada a descrição por espaço de estados do sistema da Fig. 10.11. Obtenha a saída $y[n]$ se a entrada for $x[n] = u[n]$ e as condições iniciais forem $q_1[0] = 2$ e $q_2[0] = 3$.

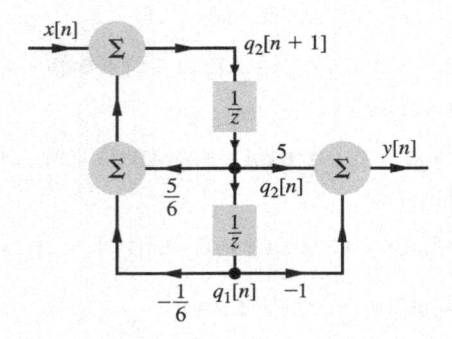

Figura 10.11

Reconhecendo que $q_2[n] = q_1[n + 1]$, as equações de estados são [veja a Eq. (10.89)]

$$\begin{bmatrix} q_1[n+1] \\ q_2[n+1] \end{bmatrix} = \begin{bmatrix} 0 & 1 \\ -\frac{1}{6} & \frac{5}{6} \end{bmatrix} \begin{bmatrix} q_1[n] \\ q_2[n] \end{bmatrix} + \begin{bmatrix} 0 \\ 1 \end{bmatrix} x \quad (10.96a)$$

e

$$y[n] = \begin{bmatrix} -1 & 5 \end{bmatrix} \begin{bmatrix} q_1[n] \\ q_2[n] \end{bmatrix} \quad (10.96b)$$

Para determinar a solução [Eq. (10.94)], devemos, primeiro, determinar $\mathbf{A}^n$. A equação característica de $\mathbf{A}$ é

$$|\lambda \mathbf{I} - \mathbf{A}| = \begin{vmatrix} \lambda & -1 \\ \frac{1}{6} & \lambda - \frac{5}{6} \end{vmatrix} = \lambda^2 - \frac{5}{6}\lambda + \frac{1}{6} = \left(\lambda - \frac{1}{3}\right)\left(\lambda - \frac{1}{2}\right) = 0$$

Logo, $\lambda_1 = 1/3$ e $\lambda_2 = 1/2$ são os autovalores de $\mathbf{A}$ e [veja a Eq. (10.95a)]

$$\mathbf{A}^n = \beta_0 \mathbf{I} + \beta_1 \mathbf{A}$$

na qual [veja a Eq. (10.95b)]

$$\begin{bmatrix} \beta_0 \\ \beta_1 \end{bmatrix} = \begin{bmatrix} 1 & \frac{1}{3} \\ 1 & \frac{1}{2} \end{bmatrix}^{-1} \begin{bmatrix} \left(\frac{1}{3}\right)^n \\ \left(\frac{1}{2}\right)^n \end{bmatrix} = \begin{bmatrix} 3 & -2 \\ -6 & 6 \end{bmatrix} \begin{bmatrix} (3)^{-n} \\ (2)^{-n} \end{bmatrix} = \begin{bmatrix} 3(3)^{-n} - 2(2)^{-n} \\ -6(3)^{-n} + 6(2)^{-n} \end{bmatrix}$$

e

$$\mathbf{A}^n = [3(3)^{-n} - 2(2)^{-n}] \begin{bmatrix} 1 & 0 \\ 0 & 1 \end{bmatrix} + [-6(3)^{-n} + 6(2)^{-n}] \begin{bmatrix} 0 & 1 \\ -\frac{1}{6} & \frac{5}{6} \end{bmatrix}$$

$$= \begin{bmatrix} 3(3)^{-n} - 2(2)^{-n} & -6(3)^{-n} + 6(2)^{-n} \\ (3)^{-n} - (2)^{-n} & -2(3)^{-n} + 3(2)^{-n} \end{bmatrix} \quad (10.97)$$

Podemos, agora, determinar o vetor de estados $\mathbf{q}[n]$ a partir da Eq. (10.93b). Como estamos interessados na saída $y[n]$, iremos utilizar a Eq. (10.94) diretamente. Note que

$$\mathbf{CA}^n = [-1 \quad 5]\mathbf{A}^n = [2(3)^{-n} - 3(2)^{-n} \quad -4(3)^{-n} + 9(2)^{-n}] \qquad (10.98)$$

e a resposta de entrada nula é $\mathbf{CA}^n\mathbf{q}[n]$, com

$$\mathbf{q}[0] = \begin{bmatrix} 2 \\ 3 \end{bmatrix}$$

Logo, a resposta de entrada nula é

$$\mathbf{CA}^n\mathbf{q}[0] = -8(3)^{-n} + 21(2)^{-n} \qquad (10.99a)$$

A componente de estado nulo é dada pela soma de convolução de $\mathbf{CA}^{n-1}u[n-1]$ com $\mathbf{B}x[n]$. Podemos utilizar a propriedade de deslocamento da soma de convolução [Eq. (9.46)] para obtermos a componente de estado nulo através da determinação da soma de convolução de $\mathbf{CA}^n u[n]$ e $\mathbf{B}x[n]$ e, então, substituindo n por $n-1$ no resultado. Utilizamos esse procedimento porque as somas de convolução estão listadas na Tabela 3.1 para funções do tipo $x[n]u[n]$, em vez de $x[n]u[n-1]$.

$$\mathbf{CA}^n u[n] * \mathbf{B}x[n] = [2(3)^{-n} - 3(2)^{-n} \quad -4(3)^{-n} + 9(2)^{-n}] * \begin{bmatrix} 0 \\ u[n] \end{bmatrix}$$

$$= -4(3)^{-n} * u[n] + 9(2)^{-n} * u[n]$$

Usando a Tabela 3.1 (par 4), obtemos

$$\mathbf{CA}^n u[n] * \mathbf{B}x[n] = -4 \left[\frac{1 - 3^{-(n+1)}}{1 - \frac{1}{3}} \right] u[n] + 9 \left[\frac{1 - 2^{-(n+1)}}{1 - \frac{1}{2}} \right] u[n]$$

$$= \lceil 12 + 6(3^{-(n+1)}) - 18(2^{-(n+1)}) \rceil u[n]$$

A resposta desejada (estado nulo) é obtida substituindo n por $n-1$, logo

$$\mathbf{CA}^n u[n] * \mathbf{B}x[n-1] = [12 + 6(3)^{-n} - 18(2)^{-n}]u[n-1] \qquad (10.99b)$$

Dessa forma, temos

$$y[n] = [-8(3)^{-n} + 21(2)^{-n}]u[n] + [12 + 6(3)^{-n} - 18(2)^{-n}]u[n-1] \qquad (10.100a)$$

Essa é a resposta procurada. Podemos simplificar essa resposta observando que $12 + 6(3)^{-n} - 18(2)^{-n} = 0$ para $n = 0$. Logo, $u[n-1]$ pode ser substituído por $u[n]$ na Eq. (10.99b) e

$$y[n] = [12 - 2(3)^{-n} + 3(2)^{-n}]u[n] \qquad (10.100b)$$

EXEMPLO DE COMPUTADOR C10.7

Utilize o MATLAB para obter uma solução gráfica do Exemplo 10.12.

```
>> A = [0 1;-1/6 5/6]; B = [0; 1]; C = [-1 5]; D = 0;
>> sys = ss(A,B,C,D,-1); % Modelo em tempo discreto do espaço de estados
>> N = 25; x = ones(1,N+1); n = (0:N); q0 = [2;3];
>> [y,q] = lsim(sys,x,n,q0); % Saída simulada e vetor de estado
>> clf; stem(n,y,'k'); xlabel('n'); ylabel('y[n]'); axis([-.5 25.5 11.5 13.5]);
```

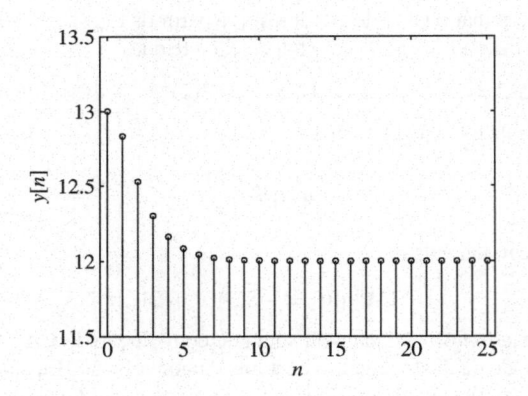

Figura C10.7

EXEMPLO DE COMPUTADOR C10.8

Utilize o MATLAB para traçar a resposta de estado nulo do sistema do Exemplo 10.12.

```
>> A = [0 1;-1/6 5/6]; B = [0; 1]; C = [-1 5]; D = 0;
>> N = 25; x = ones(1,N+1); n = (0:N);
>> [num,den] = ss2tf(A,B,C,D);
>> y = filter(num,den,x);
>> clf; stem(n,y,'k'); xlabel('n'); ylabel('y[n] (ZSR)');
>> axis([-.5 25.5 -0.5 12.5]);
```

Similar ao Exemplo de Computador C10.7, também é possível calcular a saída usando:

```
>> A = [0 1;-1/6 5/6]; B = [0; 1]; C = [-1 5]; D = 0;
>> N = 25; x = ones(1,N+1); n = (0:N);
>> sys = ss(A,B,C,D,-1); y = lsim(sys,x,n);
>> clf; stem(n,y,'k'); xlabel('n'); ylabel('y[n] (ZSR)');
>> axis([-.5 25.5 -0.5 12.5]);
```

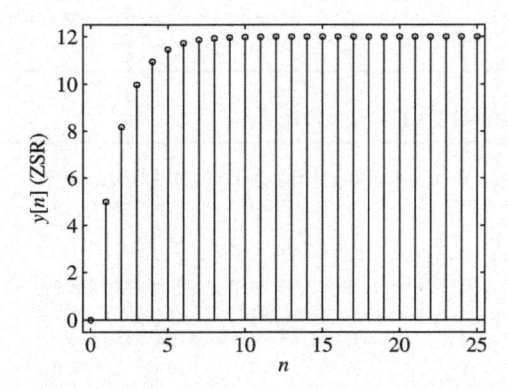

Figura C10.8

10.6-2 Solução pela Transformada z

A transformada z da Eq. (10.91) é dada por

$$z\mathbf{Q}[z] - z\mathbf{q}[0] = \mathbf{A}\mathbf{Q}[z] + \mathbf{B}\mathbf{X}[z]$$

Portanto,

$$(z\mathbf{I} - \mathbf{A})\mathbf{Q}[z] = z\mathbf{q}[0] + \mathbf{B}\mathbf{X}[z]$$

e

$$\begin{aligned}\mathbf{Q}[z] &= (z\mathbf{I} - \mathbf{A})^{-1}z\mathbf{q}[0] + (z\mathbf{I} - \mathbf{A})^{-1}\mathbf{B}\mathbf{X}[z] \\ &= (\mathbf{I} - z^{-1}\mathbf{A})^{-1}\mathbf{q}[0] + (z\mathbf{I} - \mathbf{A})^{-1}\mathbf{B}\mathbf{X}[z]\end{aligned} \qquad (10.101\text{a})$$

Logo

$$\mathbf{q}[n] = \underbrace{\mathcal{Z}^{-1}[(\mathbf{I} - z^{-1}\mathbf{A})^{-1}]\mathbf{q}[0]}_{\text{componente de entrada nula}} + \underbrace{\mathcal{Z}^{-1}[(z\mathbf{I} - \mathbf{A})^{-1}\mathbf{B}\mathbf{X}[z]]}_{\text{componente de estado nulo}} \qquad (10.101\text{b})$$

Comparando a Eq. (10.101b) com a Eq. (10.93b), observamos que

$$\mathbf{A}^n = \mathcal{Z}^{-1}[(\mathbf{I} - z^{-1}\mathbf{A})^{-1}] \qquad (10.102)$$

A equação de saída é dada por

$$\begin{aligned}\mathbf{Y}[z] &= \mathbf{C}\mathbf{Q}[z] + \mathbf{D}\mathbf{X}[z] \\ &= \mathbf{C}[(\mathbf{I} - z^{-1}\mathbf{A})^{-1}\mathbf{q}[0] + (z\mathbf{I} - \mathbf{A})^{-1}\mathbf{B}\mathbf{X}[z]] + \mathbf{D}\mathbf{X}[z] \\ &= \mathbf{C}(\mathbf{I} - z^{-1}\mathbf{A})^{-1}\mathbf{q}[0] + [\mathbf{C}(z\mathbf{I} - \mathbf{A})^{-1}\mathbf{B} + \mathbf{D}]\mathbf{X}[z] \\ &= \underbrace{\mathbf{C}(\mathbf{I} - z^{-1}\mathbf{A})^{-1}\mathbf{q}[0]}_{\text{resposta de entrada nula}} + \underbrace{\mathbf{H}[z]\mathbf{X}[z]}_{\text{resposta de estado nulo}}\end{aligned} \qquad (10.103\text{a})$$

na qual

$$\mathbf{H}[z] = \mathbf{C}(z\mathbf{I} - \mathbf{A})^{-1}\mathbf{B} + \mathbf{D} \qquad (10.103\text{b})$$

Note que $\mathbf{H}[z]$ é a matriz de função de transferência do sistema e $H_{ij}[z]$, o ij-ésimo elemento de $\mathbf{H}[z]$, é a função de transferência que relaciona a saída $y_i[n]$ com a entrada $x_j[n]$. Se definirmos $\mathbf{h}[n]$ por

$$\mathbf{h}[n] = \mathcal{Z}^{-1}[\mathbf{H}[z]]$$

então $\mathbf{h}[n]$ representa a matriz de resposta à função impulso do sistema. Logo, $h_{ij}[n]$, o ij-ésimo elemento de $\mathbf{h}[n]$, representa a resposta $y_i[n]$ de estado nulo quando a entrada é $x_j[n] = \delta[n]$ e todas as demais entradas são nulas.

EXEMPLO 10.13

Utilize a transformada z para obter a resposta $y[n]$ do sistema do Exemplo 10.12.

De acordo com a Eq. (10.103a)

$$\mathbf{Y}[z] = \begin{bmatrix} -1 & 5 \end{bmatrix} \begin{bmatrix} 1 & -\frac{1}{z} \\ \frac{1}{6z} & 1 - \frac{5}{6z} \end{bmatrix}^{-1} \begin{bmatrix} 2 \\ 3 \end{bmatrix} + \begin{bmatrix} -1 & 5 \end{bmatrix} \begin{bmatrix} z & -1 \\ \frac{1}{6} & z - \frac{5}{6} \end{bmatrix}^{-1} \begin{bmatrix} 0 \\ \frac{z}{z-1} \end{bmatrix}$$

$$= \begin{bmatrix} -1 & 5 \end{bmatrix} \begin{bmatrix} \frac{z(6z-5)}{6z^2-5z+1} & \frac{6z}{6z^2-5z+1} \\ \frac{-z}{6z^2-5z+1} & \frac{6z^2}{6z^2-5z+1} \end{bmatrix} \begin{bmatrix} 2 \\ 3 \end{bmatrix} + \begin{bmatrix} -1 & 5 \end{bmatrix} \begin{bmatrix} \frac{z}{(z-1)\left(z^2 - \frac{5}{6}z + \frac{1}{6}\right)} \\ \frac{z^2}{(z-1)\left(z^2 - \frac{5}{6}z + \frac{1}{6}\right)} \end{bmatrix}$$

$$= \frac{13z^2 - 3z}{z^2 - \frac{5}{6}z + \frac{1}{6}} + \frac{(5z-1)z}{(z-1)\left(z^2 - \frac{5}{6}z + \frac{1}{6}\right)}$$

$$= \frac{-8z}{z - \frac{1}{3}} + \frac{21z}{z - \frac{1}{2}} + \frac{12z}{z - 1} + \frac{12z}{z - 1} + \frac{6z}{z - \frac{1}{3}} - \frac{18z}{z - \frac{1}{2}}$$

Portanto,

$$y[n] = [\underbrace{-8(3)^{-n} + 21(2)^{-n}}_{\text{resposta de entrada nula}} + \underbrace{12 + 6(3)^{-n} - 18(2)^{-n}}_{\text{resposta de estado nulo}}]u[n]$$

Transformação Linear, Controlabilidade e Observabilidade

O procedimento para transformação linear é semelhante ao utilizado no caso em tempo contínuo (Seção 10.4). Se **w** é o vetor de estado transformado, dado por

$$\mathbf{w} = \mathbf{Pq}$$

então

$$\mathbf{w}[n+1] = \mathbf{PAP}^{-1}\mathbf{w}[n] + \mathbf{PBx}$$

e

$$\mathbf{y}[n] = (\mathbf{CP}^{-1})\mathbf{w} + \mathbf{Dx}$$

A controlabilidade e observabilidade podem ser investigadas diagonalizando a matriz, como explicado na Seção 10.4-1.

10.7 Resumo

Um sistema de ordem N pode ser descrito em termos de N variáveis chave – as variáveis de estado do sistema. As variáveis de estado não são únicas, pelo contrário, elas podem ser selecionadas por diversas formas. Cada possível saída do sistema pode ser descrita como a combinação linear das variáveis de estado e das entradas. Portanto, as variáveis de estados descrevem todo o sistema, não somente a relação entre certa(s) entrada(s) e saída(s). Por essa razão, a descrição por variáveis de estados é uma descrição interna do sistema. Tal descrição é, portanto, a descrição mais geral do sistema e contém a informação das descrições externas, tais como resposta ao impulso e função de transferência. A descrição por variável de estado também pode ser estendida para sistemas com parâmetros variantes no tempo e sistemas não lineares. Uma descrição externa de um sistema pode não caracterizar completamente o sistema.

As equações de estado de um sistema podem ser escritas diretamente do conhecimento da estrutura do sistema, das equações do sistema ou da representação em diagrama de blocos do sistema. As equações de estado são constituídas de um conjunto de N equações diferenciais de primeira ordem e podem ser resolvidas pelos métodos no domínio do tempo ou no domínio da frequência. Existem procedimentos adequados para transformar um dado conjunto de variáveis de estado em outro conjunto. Como o conjunto de variáveis de estado não é único, podemos ter uma quantidade infinita de descrições em espaço de estados para o mesmo sistema. A utilização de uma transformação apropriada nos permite ver claramente quais dos estados do sistema são controláveis e quais são observáveis.

REFERÊNCIAS

1. Kailath, Thomas. *Linear Systems*. Prentice-Hall, Englewood Cliffs, NJ, 1980.
2. Zadeh, L., and C. Desoer. *Linear System Theory*. McGraw-Hill, New York, 1963.

MATLAB Seção 10: Toolboxes e Análise por Espaço de Estados

As seções anteriores do MATLAB forneceram uma introdução abrangente do ambiente básico do MATLAB. Entretanto, o MATLB também oferece uma grande quantidade de toolboxes que executam tarefas especializadas. Uma vez instalado, as funções do toolbox funcionam de forma igual às funções ordinárias do MATLAB. Apesar de os toolboxes serem comprados, representando um curso extra, eles economizam tempo e oferecem funções convenientes e pré-definidas. Seria necessário um grande esforço para duplicar a funcionalidade de um toolbox através da adição de programas definidos pelo usuário.

Três toolboxes são particularmente apropriados para o estudo de sinais e sistemas: o toolbox de sistemas de controle (*control system*), o toolbox de processamento de sinais (*signal processing*) e o toolbox de matemática simbólica (*symbolic math*). As funções destes toolboxes já foram utilizadas ao longo do texto nos Exemplos de Computador e em certos problemas. Esta seção é utilizada para uma introdução mais formal de uma seleção de funções, tanto padrões quanto de toolboxes, que são apropriadas para problemas em espaço de estados.

M10.1 Soluções pela Transformada z de Sistemas em Espaço de Estados em Tempo Discreto

Tal como em sistemas em tempo contínuo, geralmente é mais conveniente resolver sistemas em tempo discreto no domínio da transformada, em vez do domínio do tempo. Tal como no Exemplo 10.12, considere a descrição no espaço de estados do sistema mostrado na Fig. 10.11.

$$\begin{bmatrix} q_1[n+1] \\ q_2[n+1] \end{bmatrix} = \begin{bmatrix} 0 & 1 \\ -\frac{1}{6} & \frac{5}{6} \end{bmatrix} \begin{bmatrix} q_1[n] \\ q_2[n] \end{bmatrix} + \begin{bmatrix} 0 \\ 1 \end{bmatrix} x[n]$$

e

$$y[n] = \begin{bmatrix} -1 & 5 \end{bmatrix} \begin{bmatrix} q_1[n] \\ q_2[n] \end{bmatrix}$$

Estamos interessados na saída $y[n]$ em resposta à entrada $x[n] = u[n]$, com condições iniciais $q_1[0] = 2$ e $q_2[0] = 3$. Para descrever esse sistema, as matrizes de estado **A**, **B**, **C** e **D** são inicialmente definidas.

```
>> A = [0 1;-1/6 5/6]; B = [0; 1]; C = [-1 5]; D = 0;
```

Além disso, o vetor de condições iniciais é definido.

```
>> q_0 = [2;3];
```

No domínio da transformada, a solução da equação de estado é

$$\mathbf{Q}[z] = (\mathbf{I} - z^{-1}\mathbf{A})^{-1}\mathbf{q}[0] + (z\mathbf{I} - \mathbf{A})^{-1}\mathbf{B}X[z] \quad \text{(M10.1)}$$

A solução é separada em duas partes: a componente de entrada nula e a componente de estado nula.
O toolbox de matemática simbólica do MATLAB possibilita a representação simbólica da Eq. (M10.1). Inicialmente, a variável simbólica z precisa ser definida.

```
>> z = sym('z');
```

O comando `sym` é utilizado para construir variáveis, objetos e números simbólicos. Digitar `whos` confirma que z é de fato um objeto simbólico. O comando `syms` é um atalho para a construção de objetos simbólicos. Por exemplo, `syms z s` é equivalente às duas instruções

```
z = sym('z');es = sym('s');
```

A seguir, a expressão simbólica para $X[z]$ precisa ser construída para a entrada em degrau unitário, $x[n] = u[n]$. A transformada z é calculada através do comando `ztrans`.

```
>> X = ztrans(sym('1'))
X = z/(z-1)
```

Vários comentários são necessários. Primeiro, o comando `ztrans` assume um sinal causal. Para $n \geq 0$, $u[n]$ possui um valor constante igual a um. Segundo, o argumento de `ztrans` precisa ser uma expressão simbólica, mesmo se a expressão for constante. Portanto, um número um simbólico, obtido por `sym('1')`, é necessário. Além disso, note que sistemas em tempo contínuo utilizam transformadas de Laplace no lugar de transformadas z. Em tais casos, o comando `laplace` substitui o comando `ztrans`.

A construção de $\mathbf{Q}[z]$ é, agora, trivial.

```
>> Q = inv(eye(2)-z^(-1)*A)*q_0 + inv(z*eye(2)-A)*B*X
Q =
[  2*(6*z-5)*z/(6*z^2-5*z+1)+18*z/(6*z^2-5*z+1)+6*z/(z-1)/(6*z^2-5*z+1)]
[  -2*z/(6*z^2-5*z+1)+18/(6*z^2-5*z+1)+z^2+6*z^2/(z-1)/(6*z^2-5*z+1)]
```

Infelizmente, nem todas as funções do MATLAB funcionam com objetos simbólicos. Mesmo assim, o toolbox de simbólico redefine várias funções padrões do MATLAB, tais como `inv`, para trabalhar com objetos simbólicos. Lembre-se de que as funções redefinidas possuem nomes idênticos, mas comportamento diferente, a seleção da função apropriada é tipicamente determinada pelo contexto.

A expressão de Q é, de alguma forma, incômoda. O comando `simplify` utiliza várias técnicas algébricas para simplificar o resultado.

```
>> Q = simplify(Q)
Q =
[  2*z*(6*z^2-2*z-1)/(z-1)/(6*z^2-5*z+1)]
[  2*z*(-7*z+1+9*z^2)/(z-1)/(6*z^2-5*z+1)]
```

A expressão resultante é matematicamente equivalente à original, mas com uma notação mais compacta. Como $\mathbf{D} = 0$, a saída $Y[z]$ é dada por $Y[z] = \mathbf{CQ}[z]$.

```
>> Y = simplify(C*Q)
Y = 6*z*(13*z^2-11*z+2)/(z-1)/(6*z^2-5*z+1)
```

A expressão correspondente no domínio do tempo é obtida usando o comando da transformada z inversa, `iztrans`.

```
>> y = iztrans(Y)
y = 12+3*(1/2)^n-2*(1/3)^n
```

Tal como `ztrans`, `iztrans` assume um sinal causal, de tal forma que o resultado é, implicitamente, multiplicado pelo degrau unitário. Ou seja, a saída do sistema é $y[n] = (12 + 3(1/2)^n - 2(1/3)^n)u[n]$, a qual é equivalente a Eq. (10.100b) obtida no Exemplo 10.12. Sistemas em tempo contínuo utilizam a transformada inversa de Laplace, em vez da transformada z inversa. Em tais casos, o comando `ilaplace` substitui o comando `iztrans`.

Seguindo um procedimento similar, é muito fácil calcular a resposta de entrada nula, $y_0[n]$:

```
>> y_0 = iztrans(simplify(C*inv(eye(2)-z^(-1)*A)*q_0))
y_0 = 21*(1/2)^n-8*(1/3)^n
```

A resposta de estado nulo é dada por

```
>> y-y_0
ans = 12-18*(1/2)^n+6*(1/3)^n
```

A digitação de `iztrans(simplify(C*inv(z*eye(2)-A)*B*X))` produz o mesmo resultado.

As funções de gráfico do MATLAB, tais como `plot` e `stem`, não suportam diretamente expressões simbólicas. Entretanto, utilizando o comando `subs`, podemos facilmente substituir uma variável simbólica por um vetor de valores desejados.

```
>> n = [0:25]; stem(n,subs(y,n),'k'); xlabel('n'); ylabel('y[n]');
```

A Fig. M10.1 mostra o resultado, o qual é equivalente aos resultados obtidos usando o programa CE10(7). Apesar de existirem comandos para traçar gráficos no toolbox de matemática simbólica, tais como ezplot, que traça uma expressão simbólica, essas rotinas de gráfico não possuem a flexibilidade necessária para traçar satisfatoriamente funções em tempo discreto.

M10.2 Funções de Transferência a partir de Representações por Espaço de Estados

Uma função de transferência de um sistema fornece uma abundância de informações úteis. A partir da Eq. (10.103b), a função de transferência para o sistema descrito no Exemplo 10.12 é:

```
>> H = simplify(C*inv(z*eye(2)-A)*B+D)
H = 6*(-1+5*z)/(6*z^2-5*z+1)
```

Também é possível determinar os coeficientes do numerador e denominador da função de transferência a partir do modelo em espaço de estados usando a função ss2tf do toolbox de processamento de sinais.

```
>> [num,den] = ss2tf(A,B,C,D)
num = 0      5.0000    -1.0000
den = 1.0000   -0.8333     0.1667
```

O denominador de $H[z]$ fornece o polinômio característico

$$\gamma^2 - \tfrac{5}{6}\gamma + \tfrac{1}{6}$$

De forma equivalente, o polinômio característico é o determinante de $(z\mathbf{I} - \mathbf{A})$.

```
>> syms gamma; char_poly = subs(det(z*eye(2)-A),z,gamma)
char_poly = gamma^2-5/6*gamma+1/6
```

Neste caso, o comando subs substitui a variável simbólica z pela variável simbólica gamma desejada.

O comando roots não trabalha com expressões simbólicas. Portanto, o comando sym2poly converte a expressão simbólica em um vetor de coeficientes polinomiais adequado para o comando root.

```
>> roots(sym2poly(char_poly))
ans = 0.5000
      0.3333
```

Determinando a transformada z inversa de $H[z]$, obtemos a resposta ao impulso $h[n]$.

```
>> h = iztrans(H)
h = -6*charfcn[0](n)+18*(1/2)^n-12*(1/3)^n
```

Como sugerido pelas raízes características, os modos característicos do sistema são $(1/2)^n$ e $(1/3)^n$. Observe que o toolbox de matemática simbólica representa $\delta[n]$ por charfnc[0](n). Em geral, $\delta[n-a]$ é representado por charfnc[a](n). Essa notação é frequentemente encontrada. Considere, por exemplo, atrasar a entrada $x[n]$

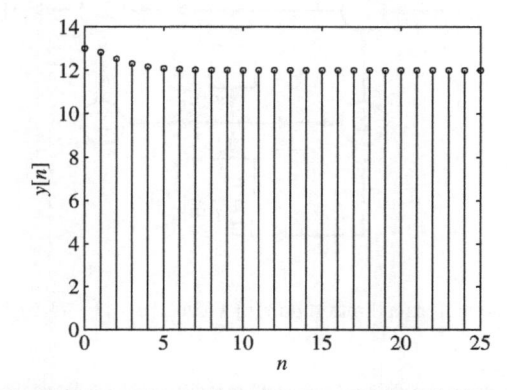

Figura M10.1 Saída $y[n]$ calculada usando o toolbox de matemática simbólica.

$= u[n]$ por 2, resultando em $x[n-2] = u[n-2]$. No domínio da transformada, isso é equivalente a $z^{-2}X[z]$. Obtendo a transformada z inversa de $z^{-2}X[z]$, temos:

```
>> iztrans(z^(-2)*X)
ans = -charfcn[1](n)-charfcn[0](n)+1
```

Ou seja, o MATLAB representa a função degrau unitário atrasada $u[n-2]$ por $(-\delta[n-1] - \delta[n-0] + 1)u[n]$.

A função de transferência também permite o cálculo da resposta de estado nulo.

```
>> iztrans(H*X)
ans = -18*(1/2)^n+6*(1/3)^n+12
```

M10.3 Controlabilidade e Observabilidade de Sistemas em Tempo Discreto

Na questão de controlabilidade e observabilidade, sistemas em tempo discreto são análogos a sistemas em tempo contínuo. Por exemplo, considere o sistema LDIT descrito pela equação diferença com coeficientes constantes

$$y[n] + \tfrac{5}{6}y[n-1] + \tfrac{1}{6}y[n-2] = x[n] + \tfrac{1}{2}x[n-1]$$

A Fig. M10.2 ilustra a realização pela forma direta II (FDII) desse sistema. A entrada do sistema é $x[n]$, a saída o sistema é $y[n]$ e as saídas dos blocos de atraso são consideradas como as variáveis de estado $q_1[n]$ e $q_2[n]$.

As equações de estado e de saída correspondentes (veja o Prob. 10.M-1) são

$$\mathbf{Q}[n+1] = \begin{bmatrix} q_1[n+1] \\ q_2[n+1] \end{bmatrix} = \begin{bmatrix} 0 & 1 \\ -\tfrac{1}{6} & -\tfrac{5}{6} \end{bmatrix} \begin{bmatrix} q_1[n] \\ q_2[n] \end{bmatrix} + \begin{bmatrix} 0 \\ 1 \end{bmatrix} x[n] = \mathbf{AQ}[n] + \mathbf{B}x[n]$$

e

$$y[n] = \begin{bmatrix} -\tfrac{1}{6} & -\tfrac{1}{3} \end{bmatrix} \begin{bmatrix} q_1[n] \\ q_2[n] \end{bmatrix} + 1x[n] = \mathbf{CQ}[n] + \mathbf{D}x[n]$$

Para descrever esse sistema no MATLAB, as matrizes de estado $\mathbf{A}$, $\mathbf{B}$, $\mathbf{C}$ e $\mathbf{D}$ são, inicialmente, definidas.

```
>> A = [0 1;-1/6 -5/6]; B = [0; 1]; C = [-1/6 -1/3]; D = 1;
```

Para avaliar a controlabilidade e observabilidade desse sistema, a matriz de estado $\mathbf{A}$ precisa ser diagonalizada.[†] Como mostrado na Eq. (10.74b), isso requer uma matriz $\mathbf{P}$ de transformação tal que

$$\mathbf{PA} = \mathbf{\Lambda P} \tag{M10.2}$$

na qual $\mathbf{\Lambda}$ é a matriz diagonal contendo os autovalores distintos de $\mathbf{A}$. Lembre-se de que a matriz $\mathbf{P}$ de transformação não é única.

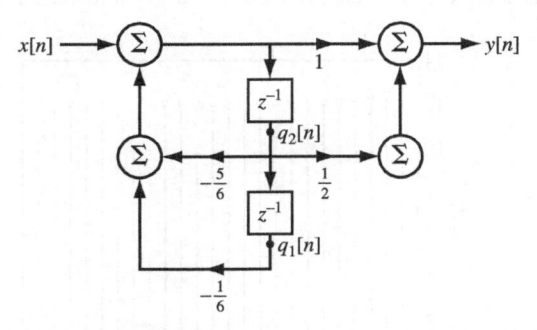

Figura M10.2 Realização na forma direta II de $y[n] + (5/6)y[n-1] + (1/6)y[n-2] = x[n] + (1/2)x[n-1]$.

[†] Essa abordagem requer que a matriz de estado $\mathbf{A}$ possua autovalores distintos. Sistemas com raízes repetidas requerem que a matriz de estado $\mathbf{A}$ seja modificada em uma forma diagonal modificada, também chamada de forma de Jordan. A função `jordan` do MATLAB é utilizada nesses casos.

Para determinar a matriz **P**, é interessante rever o problema de autovalores. Matematicamente, a decomposição em autovalores/autovetores de **A** é descrita por

$$\mathbf{AV} = \mathbf{V\Lambda} \tag{M10.3}$$

na qual **V** é a matriz de autovetores de **Λ** é a matriz diagonal de autovalores. Pré e pós-multiplicando os dois lados da Eq. (M10.3) por $\mathbf{V}^{-1}$, resulta em

$$\mathbf{V}^{-1}\mathbf{AVV}^{-1} = \mathbf{V}^{-1}\mathbf{V\Lambda V}^{-1}$$

Simplificando, temos

$$\mathbf{V}^{-1}\mathbf{A} = \mathbf{\Lambda V}^{-1} \tag{M10.4}$$

Comparando as Eqs. (M10.2) e (M10.4), vemos que uma matriz **P** de transformação adequada é dada pela inversa da matriz de autovetores, $\mathbf{V}^{-1}$.

O comando `eig` é utilizado para verificar que **A** possui autovalores distintos, além de calcular a matriz **V** de autovetores necessária.

```
>> [V,Lambda] = eig(A)
V =
    0.9487   -0.8944
   -0.3162    0.4472
Lambda =
   -0.3333        0
        0   -0.5000
```

Como os elementos da diagonal de `Lambda` são distintos, a matriz de transformação **P** é dada por:

```
>> P = inv(V);
```

As matrizes de estado transformadas $\hat{\mathbf{A}} = \mathbf{PAP}^{-1}$, $\hat{\mathbf{B}} = \mathbf{PB}$ e $\hat{\mathbf{C}} = \mathbf{CP}^{-1}$ são facilmente calculadas usando a matriz **P** de transformação. Observe que a matriz **D** permanece inalterada pela transformação de variáveis de estado.

```
>> Ahat = P*A*inv(P), Bhat = P*B, Chat = C*inv(P)
Ahat =
   -0.3333   -0.0000
    0.0000   -0.5000
Bhat =

    6.3246
    6.7082
Chat =
   -0.0527   -0.0000
```

A operação adequada de **P** é verificada pela diagonalização correta de **A**, $\hat{\mathbf{A}} = \mathbf{\Lambda}$. Como nenhuma linha de $\hat{\mathbf{B}}$ é nula, o sistema é controlável. Entretanto, como uma coluna de $\hat{\mathbf{C}}$ é zero, o sistema é não observável. Essas características não são coincidências. A realização FDII, a qual é, de forma mais descritiva, chamada de forma canônica do controlador, é sempre controlável, mas nem sempre observável.

Como um segundo exemplo, considere o mesmo sistema realizado usando a transposta da forma direta II (TFDII), mostrada na Fig. M10.3. A entrada do sistema é $x[n]$, a saída do sistema é $y[n]$ e as saídas dos blocos de atraso são as variáveis de estado $v_1[n]$ e $v_2[n]$.

As equações de estado e saída correspondentes (veja o Prob. 10.M-2) são

$$\mathbf{V}[n+1] = \begin{bmatrix} v_1[n+1] \\ v_2[n+1] \end{bmatrix} = \begin{bmatrix} 0 & -\frac{1}{6} \\ 1 & -\frac{5}{6} \end{bmatrix} \begin{bmatrix} v_1[n] \\ v_2[n] \end{bmatrix} + \begin{bmatrix} -\frac{1}{6} \\ -\frac{1}{3} \end{bmatrix} x[n] = \mathbf{AV}[n] + \mathbf{B}x[n]$$

e

$$y[n] = \begin{bmatrix} 0 & 1 \end{bmatrix} \begin{bmatrix} v_1[n] \\ v_2[n] \end{bmatrix} + 1x[n] = \mathbf{CV}[n] + \mathbf{D}x[n]$$

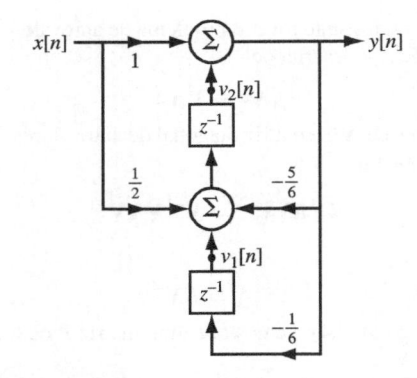

Figura M10.3 Realização pela transposta da forma direta II de $y[n] + (5/6)y[n-1] + (1/6)y[n-2] = x[n] + (1/2)x[n-1]$.

Para descrever esse sistema no MATLAB, inicialmente definimos as matrizes **A, B, C** e **D**.

```
>> A = [0 -1/6;1 -5/6]; B = [-1/6; -1/3]; C = [0 1]; D = 1;
```

Para diagonalizar **A**, a matriz **P** de transformação é criada.

```
>> [V,Lambda] = eig(A)
V =
    0.4472    0.3162
    0.8944    0.9487
Lambda =
   -0.3333         0
         0   -0.5000
```

Os modos característicos do sistema não dependem da implementação, logo, os autovalores das realizações FDII e TFDII são os mesmos. Entretanto, os autovetores das duas realizações são bem diferentes. Como a matriz **P** de transformação depende dos autovetores, realizações diferentes irão possuir características de observabilidade de controlabilidade diferentes.

Usando a matriz **P** de transformação, as matrizes de estado transformadas $\hat{\mathbf{A}} = \mathbf{PAP}^{-1}$, $\hat{\mathbf{B}} = \mathbf{PB}$ e $\hat{\mathbf{C}} = \mathbf{CP}^{-1}$ são calculadas.

```
>> P = inv(V);
>> Ahat = P*A*inv(P), Bhat = P*B, Chat = C*inv(P)
Ahat =
   -0.3333         0
    0.0000   -0.5000
Bhat =
   -0.3727
   -0.0000
Chat =
    0.8944    0.9487
```

Novamente, a operação adequada de **P** é verificada pela correta diagonalização de **A**, $\hat{\mathbf{A}} = \mathbf{\Lambda}$. Como nenhuma coluna de $\hat{\mathbf{C}}$ é nula, o sistema é observável. Entretanto, ao menos uma linha de $\hat{\mathbf{B}}$ é nula e, portanto, o sistema é não controlável. A realização TFDII, a qual é, de forma mais descritiva, chamada de forma canônica do observador, é sempre observável, mas nem sempre controlável. É interessante notar que as propriedades de controlabilidade e observabilidade são influenciadas pela realização particular do sistema.

M10.4 Potenciação de Matriz e a Exponencial de Matriz

A potenciação de matriz é importante em diversos problemas, incluindo a solução de equações de espaço em tempo discreto. A Eq. (10.93b), por exemplo, mostra que a resposta do estado necessita de uma potenciação de matriz, $\mathbf{A}^n$. Para uma matriz quadrada $\mathbf{A}$ e um n específico, o MATLAB retorna $\mathbf{A}^n$ através do operador ^. A partir do sistema do exemplo 10.12 e $n = 3$, temos

```
>> A = [0 1;-1/6 5/6]; n = 3; A^n
ans =
   -0.1389    0.5278
   -0.0880    0.3009
```

O mesmo resultado também é obtido digitando A*A*A.

Geralmente, é útil resolver $\mathbf{A}^n$ simbolicamente. Observando que $\mathbf{A}^n = \mathcal{Z}^{-1}[(\mathbf{I} - z^{-1}\mathbf{A})^{-1}]$, o toolbox simbólico pode produzir uma expressão simbólica para $\mathbf{A}^n$.

```
>> syms z n; An = simplify(iztrans(inv(eye(2)-z^(-1)*A)))
An =
[ -2^(1-n)+3^(1-n),  6*2^(-n)-6*3^(-n)]
[ -2^(-n)+3^(-n),    3*2^(-n)-2*3^(-n)]
```

Observe que esse resultado é idêntico à Eq. (10.97), obtida anteriormente. A substituição do caso $n = 3$ em An fornece um resultado idêntico ao obtido com o comando A^n utilizado anteriormente.

```
>> subs(An,n,3)
ans =
   -0.1389    0.5278
   -0.0880    0.3009
```

Para sistemas em tempo contínuo, a exponencial de Matriz $e^{\mathbf{A}t}$ geralmente é necessária. O comando expm pode calcular a exponencial da matriz simbolicamente. Usando o sistema do exemplo 10.7, temos:

```
>> syms t; A = [-12 2/3;-36 -1]; eAt = simplify(expm(A*t))
eAt =
[   -3/5*exp(-4*t)+8/5*exp(-9*t), -2/15*exp(-9*t)+2/15*exp(-4*t)]
[ 36/5*exp(-9*t)-36/5*exp(-4*t),     8/5*exp(-4*t)-3/5*exp(-9*t)]
```

Esse resultado é idêntico ao resultado apresentado pela Eq. (10.60). Similar ao caso em tempo discreto, um resultado idêntico é obtido digitando syms s; simplify(ilaplace(inv(s*eye(2)-A))).

Para um t específico, a exponencial de matriz também é facilmente calculada, seja por substituição ou manipulação direta. Considere o caso de $t = 3$.

```
>> subs(eAt,t,3)
ans = 1.0e-004 *
   -0.0369    0.0082
   -0.4424    0.0983
```

O comando expm(A*3) produz o mesmo resultado.

PROBLEMAS

10.1-1 Converta cada uma das seguintes equações diferenciais de segunda ordem em um conjunto de equações diferenciais de primeira ordem (equações de estado). Informe qual desses conjuntos representa equações não lineares.
(a) $\ddot{y} + 10\dot{y} + 2y = x$
(b) $\ddot{y} + 2e^y \dot{y} + \log y = x$
(c) $\ddot{y} + \phi_1(y)\dot{y} + \phi_2(y)y = x$

10.2-1 Escreva as equações de estado para o circuito RLC da Fig. P10.2-1.

10.2-2 Escreva as equações de estado e saída para o circuito da Fig. P10.2-2.

10.2-3 Escreva as equações de estado e de saída para o circuito da Fig. P10.2-3.

10.2-4 Escreva as equações de estado e de saída para o circuito elétrico da Fig. P10.2-4.

10.2-5 Escreva as equações de estado e de saída para o circuito da Fig. P10.2-5.

10.2-6 Escreva as equações de estado e de saída para o sistema mostrado na Fig. P10.2-6.

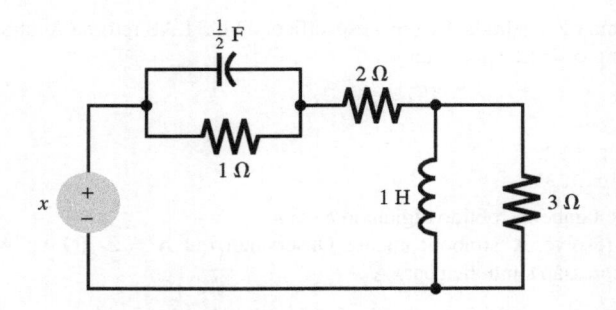

Figura P10.2-1

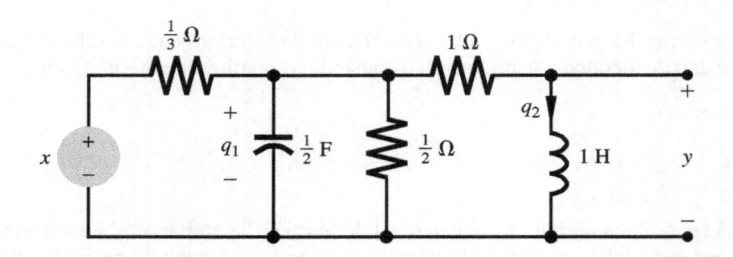

Figura P10.2-2

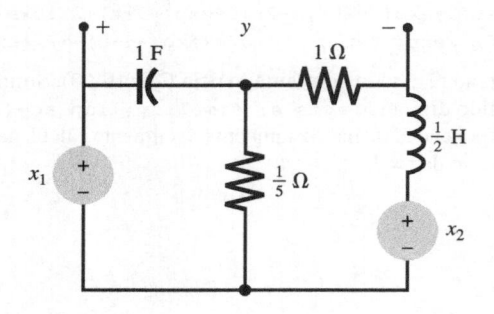

Figura P10.2-3

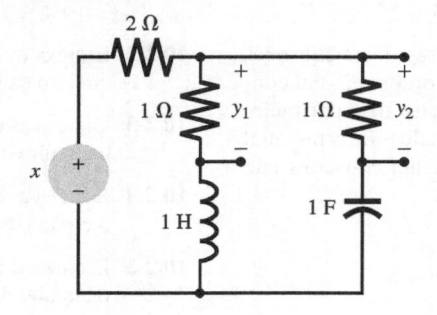

Figura P10.2-4

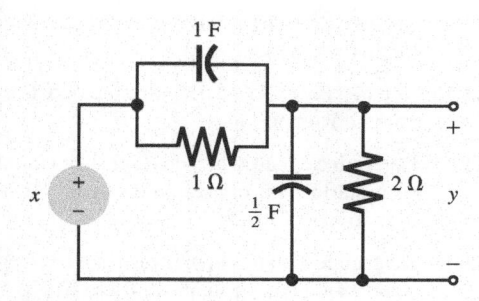

Figura 10.2-5

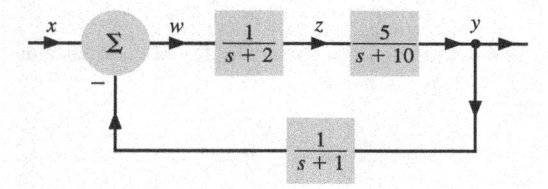

Figura 10.2-6

10.2-7 Escreva as equações de estado e de saída para o sistema mostrado na Fig. P10.2-7.

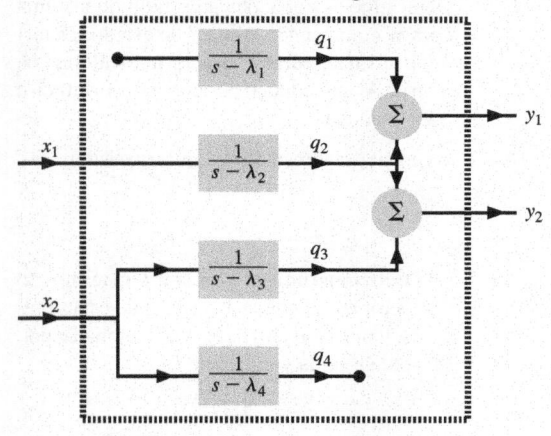

Figura P10.2-7

10.2-8 Para um sistema especificado pela função de transferência

$$H(s) = \frac{3s + 10}{s^2 + 7s + 12}$$

escreva o conjunto de equações de estado para a realização pela FDII, sua transposta, forma em cascata e forma em paralelo. Além disso, escreva as equações correspondentes de saída.

10.2-9 Repita o Prob. 10.2-8 para
(a)
$$H(s) = \frac{4s}{(s+1)(s+2)^2}$$

(b)
$$H(s) = \frac{s^3 + 7s^2 + 12s}{(s+1)^3(s+2)}$$

10.3-1 Obtenha o vetor de estado $\mathbf{q}(t)$ usando o método da transformada de Laplace se

$$\dot{\mathbf{q}} = \mathbf{A}\mathbf{q} + \mathbf{B}\mathbf{x}$$

na qual

$$\mathbf{A} = \begin{bmatrix} 0 & 2 \\ -1 & -3 \end{bmatrix} \quad \mathbf{B} = \begin{bmatrix} 0 \\ 1 \end{bmatrix}$$

$$\mathbf{q}(0) = \begin{bmatrix} 2 \\ 1 \end{bmatrix} \quad x(t) = 0$$

10.3-2 Repita o Prob. 10.3-1 para

$$\mathbf{A} = \begin{bmatrix} -5 & -6 \\ 1 & 0 \end{bmatrix} \quad \mathbf{B} = \begin{bmatrix} 1 \\ 0 \end{bmatrix}$$

$$\mathbf{q}(0) = \begin{bmatrix} 5 \\ 4 \end{bmatrix} \quad x(t) = \text{sen } 100t$$

10.3-3 Repita o Prob. 10.3-1 para

$$\mathbf{A} = \begin{bmatrix} -2 & 0 \\ 1 & -1 \end{bmatrix} \quad \mathbf{B} = \begin{bmatrix} 1 \\ 0 \end{bmatrix}$$

$$\mathbf{q}(0) = \begin{bmatrix} 0 \\ -1 \end{bmatrix} \quad x(t) = u(t)$$

10.3-4 Repita o Prob. 10.3-1 para

$$\mathbf{A} = \begin{bmatrix} -1 & 1 \\ 0 & -2 \end{bmatrix} \quad \mathbf{B} = \begin{bmatrix} 1 & 1 \\ 0 & 1 \end{bmatrix}$$

$$\mathbf{q}(0) = \begin{bmatrix} 1 \\ 2 \end{bmatrix} \quad \mathbf{x} = \begin{bmatrix} u(t) \\ \delta(t) \end{bmatrix}$$

10.3-5 Utilize o método da transformada de Laplace para obter a resposta y para

$$\dot{\mathbf{q}} = \mathbf{A}\mathbf{q} + \mathbf{B}\mathbf{x}(t)$$
$$y = \mathbf{C}\mathbf{q} + \mathbf{D}\mathbf{x}(t)$$

na qual

$$\mathbf{A} = \begin{bmatrix} -3 & 1 \\ -2 & 0 \end{bmatrix} \quad \mathbf{B} = \begin{bmatrix} 1 \\ 0 \end{bmatrix}$$

$$\mathbf{C} = \begin{bmatrix} 0 & 1 \end{bmatrix} \quad \mathbf{D} = 0$$

e

$$x(t) = u(t) \quad \mathbf{q}(0) = \begin{bmatrix} 2 \\ 0 \end{bmatrix}$$

10.3-6 Repita o Prob. 10.3-5 para

$$\mathbf{A} = \begin{bmatrix} -1 & 1 \\ -1 & -1 \end{bmatrix} \quad \mathbf{B} = \begin{bmatrix} 0 \\ 1 \end{bmatrix}$$

$$\mathbf{C} = [1 \quad 1] \quad \mathbf{D} = 1$$

$$x(t) = u(t) \quad \mathbf{q}(0) = \begin{bmatrix} 2 \\ 1 \end{bmatrix}$$

10.3-7 A função de transferência $H(s)$ no Prob. 10.2-8 é realizada como a cascata de $H_1(s)$ seguida por $H_2(s)$, na qual

$$H_1(s) = \frac{1}{s+3}$$

$$H_2(s) = \frac{3s+10}{s+4}$$

Sejam as saídas desses subsistemas as variáveis de estado q_1 e q_2, respectivamente. Escreva as equações de estado e a equação de saída para esse sistema e verifique que $\mathbf{H}(s) = \mathbf{C}\boldsymbol{\phi}(s)\mathbf{B} + \mathbf{D}$.

10.3-8 Determine a matriz $\mathbf{H}(s)$ de função de transferência para o sistema do Prob. 10.3-5.

10.3-9 Determine a matriz $\mathbf{H}(s)$ de função de transferência para o sistema do Prob. 10.3-6.

10.3-10 Determine a matriz $\mathbf{H}(s)$ de função de transferência para o sistema

$$\dot{\mathbf{q}} = \mathbf{A}\mathbf{q} + \mathbf{B}\mathbf{x}$$
$$\mathbf{y} = \mathbf{C}\mathbf{q} + \mathbf{D}\mathbf{x}$$

na qual

$$\mathbf{A} = \begin{bmatrix} 0 & 1 \\ -1 & -2 \end{bmatrix} \quad \mathbf{B} = \begin{bmatrix} 0 & 1 \\ 1 & 0 \end{bmatrix} \quad \mathbf{x} = \begin{bmatrix} x_1(t) \\ x_2(t) \end{bmatrix}$$

$$\mathbf{C} = \begin{bmatrix} 1 & 2 \\ 4 & 1 \\ 1 & 1 \end{bmatrix} \quad \mathbf{D} = \begin{bmatrix} 0 & 0 \\ 0 & 0 \\ 1 & 0 \end{bmatrix}$$

10.3-11 Repita o Prob. 10.3-1 usando o método do domínio do tempo.

10.3-12 Repita o Prob. 10.3-2 usando o método do domínio do tempo.

10.3-13 Repita o Prob. 10.3-3 usando o método do domínio do tempo.

10.3-14 Repita o Prob. 10.3-4 usando o método do domínio do tempo.

10.3-15 Repita o Prob. 10.3-5 usando o método do domínio do tempo.

10.3-16 Repita o Prob. 10.3-6 usando o método do domínio do tempo.

10.3-17 Determine a matriz $\mathbf{h}(t)$ de resposta ao impulso unitário para o sistema do Prob. 10.3-7, usando a Eq. (10.65).

10.3-18 Determine a matriz $\mathbf{h}(t)$ de resposta ao impulso unitário para o sistema do Prob. 10.3-6.

10.3-19 Determine a matriz $\mathbf{h}(t)$ de resposta ao impulso unitário para o sistema do Prob. 10.3-10.

10.4-1 As equações de estado de um certo sistema são dadas por

$$\dot{q}_1 = q_2 + 2x$$
$$\dot{q}_2 = -q_1 - q_2 + x$$

Defina um novo vetor de estado w tal que

$$w_1 = q_2$$
$$w_2 = q_2 - q_1$$

Determine as equações de estado do sistema com w como sendo o vetor de estado. Determine as raízes características (autovalores) da matriz **A** nas equações de estado original e transformada.

10.4-2 As equações de estado de um certo sistema são

$$\dot{q}_1 = q_2$$
$$\dot{q}_2 = -2q_1 - 3q_2 + 2x$$

(a) Determine um novo vetor **w** (em termos do vetor **q**) tal que as equações de estado resultantes estejam na forma diagonalizada.
(b) para a saída **y** dada por

$$\mathbf{y} = \mathbf{C}\mathbf{q} + \mathbf{D}\mathbf{x}$$

na qual

$$\mathbf{C} = \begin{bmatrix} 1 & 1 \\ -1 & 2 \end{bmatrix} \quad \mathbf{D} = 0$$

determine a saída **y** em termos do novo vetor de estado **w**.

10.4-3 Dado um sistema

$$\dot{\mathbf{q}} = \begin{bmatrix} 0 & 1 & 0 \\ 0 & 0 & 1 \\ 0 & -2 & -3 \end{bmatrix} \mathbf{q} + \begin{bmatrix} 0 \\ 0 \\ 1 \end{bmatrix} x$$

Determine um novo vetor **w** tal que as equações de estado sejam diagonalizadas.

10.4-4 As equações de estado de um certo sistema são dadas na forma diagonalizada por

$$\dot{\mathbf{q}} = \begin{bmatrix} -1 & 0 & 0 \\ 0 & -3 & 0 \\ 0 & 0 & -2 \end{bmatrix} \mathbf{q} + \begin{bmatrix} 1 \\ 1 \\ 1 \end{bmatrix} x$$

A equação de saída é dada por

$$y = \begin{bmatrix} 1 & 3 & 1 \end{bmatrix} \mathbf{q}$$

Determine a saída y para

$$\mathbf{q}(0) = \begin{bmatrix} 1 \\ 2 \\ 1 \end{bmatrix} \quad x(t) = u(t)$$

10.5-1 Escreva as equações de estado para o sistema mostrado na Fig. P10.5-1. Determine um novo vetor **w** tal que as equações de estado resultantes estejam na forma diagonalizada. Escreva a saída **y** em termos de **w**. Determine em cada caso se o sistema é controlável e observável.

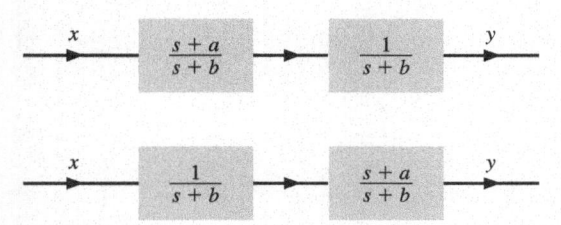

Figura 10.5-1

10.6-1 Um sistema LIT em tempo discreto é especificado por

$$\mathbf{A} = \begin{bmatrix} 2 & 0 \\ 1 & 1 \end{bmatrix} \quad \mathbf{B} = \begin{bmatrix} 0 \\ 1 \end{bmatrix}$$

$$\mathbf{C} = \begin{bmatrix} 0 & 1 \end{bmatrix} \quad \mathbf{D} = \begin{bmatrix} 1 \end{bmatrix}$$

e

$$\mathbf{q}(0) = \begin{bmatrix} 2 \\ 1 \end{bmatrix} \quad x[n] = u[n]$$

(a) Determine a saída $y[n]$, usando o método do domínio do tempo.
(b) Determine a saída $y[n]$, usando o método do domínio da frequência.

10.6-2 Um sistema LIT em tempo discreto é especificado pela equação diferença

$$y[n+2] + y[n+1] + 0,16y[n] = x[n+1] + 0,32x[n]$$

(a) Mostre as realizações desse sistema pela FDII, sua transposta, cascata e paralela.
(b) Escreva as equações de estado e saída a partir dessas realizações, usando a saída de cada elemento de atraso como variável de estado.

10.6-3 Repita o Prob. 10.6-2 para

$$y[n+2] + y[n+1] - 6y[n] = 2x[n+2] + x[n+1]$$

10.M-1 Verifique as equações de estado e saída para o sistema LDIT mostrado na Fig. M.10-2.

10.M-2 Verifique as equações de estado e saída para o sistema LDIT mostrado na Fig. M.10-3.

ÍNDICE

A

Abscissa de convergência, 312
Aceleração angular, 117
Adição
   de matrizes, 50
   de números complexos, 26-27
   de senoides, 31-35
Aditividade, 102-104
Álgebra
   de números complexos, 20-30
   matriz, 50-54
Algoritmo de decimação na frequência, 719-723
Algoritmo de decimação no tempo, 719-723
Aliasing, 483-485, 688-694, 704, 721-723
   condição geral em senoides, 692-694
   definição, 483
   traição do, 688-691
   verificação de em senoides, 691-692
Amortecedor
   linear, 115-116
   torsional ou de torsão, 116, 117
Amostragem, 678-737
   espectral, 665-667, 699-702
   prática, 681-685
   propriedades da, 94-95, 126
   reconstrução do sinal e, 685-697
   Veja também Transformada Discreta de Fourier; Transformada rápida de Fourier
Amostras de Nyquist 679-680, 691-692
Amplificadores de malha direta, 374-401
Amplificadores não inversores, 354-355
Amplificadores operacionais, 354-355, 369-373, 417-418
Amplitude, 30
Análise no domínio da frequência, 307, 340-342, 632-634, 740-741
   da série de Fourier, 532-533, 535-536
   de circuitos elétricos, 345-350
   Veja também Transformada de Laplace
   visão bidimensional, e 641-642
Análise no domínio do tempo, 632-634
   da interpolação, 685-688
   da série de Fourier, 532-533, 535-536
   de sistemas discretos no tempo, 224-306
   de sistemas em tempo contínuo, 145-223
   solução de equação de estado no, 808-814
   visão bidimensional, 641-642
Análise no plano de fase, 124-125, 791-792
Análise por espaço de estado, 791-845
   controlabilidade/observabilidade em, 821-827, 833-834
   de sistemas em tempo discreto, 826-837
   no MATLAB, 834-842
Ângulos
   calculadoras eletrônicas na determinação de, 22-27
   valor principal de, 24-25
Arquivos M, 208-214
   função, 209-211
   script, 208-211

Ars Magna (Cardano), 17-20
Atraso de envelope. *Veja* Atraso de grupo
Atraso de grupo, 635-638, 768-769
Atraso de tempo, variação com a frequência, 635
Atraso ideal, 342-343, 384-385
Atraso unitário, 466-469
Autofunções, 182-183
Autovalores. *Veja* Raízes características
Autovetores, 55

B

Bhaskar, 17-18
Bôcher, M., 552-553
Bombelli, Raphael, 19-20
Bonaparte, Napoleão, 322-323, 544-545

C

Caixa preta, 100-101, 119-121
Calculadoras eletrônicas, 22-27
Camadas da atmosfera de Kennelly-Heaviside, 323-324
Cardano, Gerolamo, 17-20
Casamento de impulso, 157-159
Circuito Sallen-Key, 354-355, 423
Circuitos ativos, 354-357
Circuitos *RLC*, 791-796
Código binário natural (CBN), 697-698
Coeficiente de amortecimento, 115-116
Compact disc (CD), 697-698
Condição de dominância, 341-342
Condições auxiliares, 147-148
   e equação diferença, 278
   e solução da equação diferencial, 154-155, 185-186, 189, 192-193
Condições de Dirichlet, 545-547, 604
Condições iniciais, 101-103, 311-312
   em 0^- e 0^+, 336-338
   geradores de, 347-349
   sistemas em tempo contínuo e, 152-155
   solução clássica e, 187-188
Condições internas
   resposta de sistema em tempo contínuo a, 145-156
   resposta de sistema em tempo discreto a, 224-256
Conexão de realimentação, 365-366
Conjugação, 602-603, 617
Conjunto ortonormal, 572-573
Constante de tempo
   de exponenciais, 35-37
   de sistemas em tempo contínuo, 199-204, 207-208
   dispersão de pulso e, 202-203
   filtragem e, 201-203
   taxa de transmissão de informação e, 202-204
   tempo de subida e, 201
Constantes, 61, 96-97, 126, 388

Controlabilidade/observabilidade, 120-124, 126-127
  de sistemas em tempo contínuo, 194-197, 207-208
  de sistemas em tempo discreto, 284-285, 837-841
  na análise por espaço de estados, 821-827, 833-834
Convergência
  abscissa de, 312
  da série de Fourier, 545-547
  para a média, 545-547
  região de. *Veja* Região de convergência
Conversão analógico para digital (A/D), 695-700
Convolução
  com um impulso, 261-262
  da transformada de Fourier, 627-630
  da transformada z bilateral, 505
  em tempo discreto, 291-293
  linear, 716-717
  rápida, 716-717, 773-774
  tabela de, 166-167
Convolução circular. *Veja* Convolução periódica
Convolução em frequência
  da transformada de Fourier, 627-630
  da transformada de Fourier em tempo discreto, 763-765
  da transformada de Laplace, 332
  da transformada de Laplace bilateral, 414-415
Convolução no tempo
  da transformada de Fourier, 627-630
  da transformada de Fourier em tempo discreto, 763-765
  da transformada de Laplace, 332
  da transformada de Laplace bilateral, 414-415
  da transformada z, 457-458
Convolução periódica
  transformada de Fourier em tempo discreto, 714-717
  transformada discreta de Fourier, 763-764
Cooley, J. W, 719-720
Coordenadas polares, 20-21
Correntes de malha
  sistema em tempo contínuo e, 152-156, 185, 191-192
  transformada de Laplace e, 347-348
Critério de invariância ao impulso no projeto de filtro, 493-494
Critério de Paley-Wiener, 407-408, 640, 688-689

D

Décadas, 388-389
Decibel, 388
Decimação, 227-230
Decomposição, 103-104, 106, 145-146
Definição de Dirac de um impulso, 95, 126
Demodulação, 626-627
  da modulação em amplitude, 650-653
  de sinais DSB-SC, 646-649
  síncrona, 647-648, 650-655
Densidade espectral, 605-606
Densidade espectral de energia, 642-643
Descartes, René, 17-18
Descrição de um sistema por espaço de estado, 121-125
Descrição entrada-saída, 112-119
Descrição externa de um sistema, 119-121, 126-127
Descrição interna de um sistema, 119-121, 126-127, 791.
  Veja também Descrição de um sistema por espaço de estado
Deslocamento
  da integral de convolução, 162-164
  da soma de convolução, 261
  da transformada z bilateral, 505
  de sinais em tempo discreto, 226-227
  Veja também Deslocamento na frequência; Deslocamento no tempo
Deslocamento na frequência
  da transformada de Fourier, 625-626
  da transformada de Fourier em tempo discreto, 760-763
  da transformada de Laplace, 327-328
  da transformada de Laplace bilateral, 413-414
  da transformada discreta de Fourier, 714-715
Deslocamento no tempo, 86-87, 125-126
  da integral de convolução, 169
  da transformada de Fourier, 621-622
  da transformada de Fourier em tempo discreto, 759-760
  da transformada de Laplace, 324-326
  da transformada de Laplace bilateral, 413-414
  da transformada discreta de Fourier, 714-715
  da transformada z, 453-457, 460-461
  descrição, 80-83
Deslocamento para a direita, 81-82, 125-126, 454-456, 460-462
Deslocamento para a esquerda, 81-82, 125-126, 455-456, 460-462
Detecção. *Veja* Demodulação
Detector de envelope, 649-653
Diagramas de bloco, 357-360, 374-375, 469
Diagramas de Bode, 386-400
  de constante, 388
  polo de primeira ordem e, 389-393
  polo de segunda ordem e, 391-400
  polo na origem e, 388-390
Diferenciação em frequência, 758-759
Diferenciação no tempo
  da transformada de Fourier, 629-631
  da transformada de Laplace, 328-330
  da transformada de Laplace bilateral, 414-415
Diferenciadores
  digital, 240241-242
  ideal, 343-345, 384-385
Dirac, P.A.M., 93-94
Dispersão de pulso, 202-203
Distorção do sinal, 633-636
Distorção harmônica, 562-563
Divisão, 26-28
Dobramento espectral. *Veja Aliasing*
Dualidade, 617-619
Dualidade tempo-frequência, 616-617, 633-634, 662

E

Efeito de batimento, 648-649
Efeito de cerca de poste, 704
Einstein, Albert, 323-324
Elasticidade
  de uma mola de torsão, 117
  de uma mola linear, 115-116
Eliminação de frações, 39-41, 45-46, 318-319
Energia do sinal, 75-78, 125-126, 132-133, 641-645, 662. *Veja também* Sinais de energia
Entrada, 75
  complexa, 168-169, 265-266
  constante, 189, 279
  em degrau, 376-379
  em sistemas lineares, 102-103
  exponencial, 188-189, 279-281
  múltiplas, 168-169, 266
Entrada externa
  resposta de um sistema em tempo contínuo, 160-185
  resposta de um sistema em tempo discreto, 259-275

Entrada senoidal
    resposta em frequência e, 380-385
    sistemas em tempo contínuo e, 189, 201-203
    sistemas em tempo discreto e, 279
Entrada senoidal causal
    em sistemas em tempo contínuo, 385-387
    em sistemas em tempo discreto, 475
Equação cúbica reduzida, 61
Equação diferença, 242-243, 245-251
    condição de causalidade em, 246-247
    formas recursiva e não recursiva de, 242-243
    ordem da, 243
    relação com equação diferencial, 242-243
    solução clássica de, 274-281, 287-288
    solução pela transformada z de, 442, 460-468, 507-508
    solução recursiva de, 246-250
Equação forma normal, 793-794
Equação integro-diferenciais, 334-346, 417-418, 442
Equação quadrática, 61
Equações características
    de sistemas em tempo contínuo, 147-149
    de sistemas em tempo discreto, 252-253
    de uma matriz, 55-57, 808-809
Equações cúbicas, 17-20, 61
Equações de estado, 121-125, 791-793, 834-835
    para o vetor de estado, 816
    procedimento sistemático para a determinação, 793-803
    solução de, 802-815
Equações de saída, 121-124, 791, 792-794, 806-807, 812-815
Equações diferenciais, 154-155
    condição de dominância em, 341-342
    relação com equação diferença, 242-243
    solução clássica de, 185-193, 206-207
    solução pela transformada de Laplace de, 334-346
Equilíbrio estável, 193-194
Equilíbrio instável, 193-194
Equilíbrio neutro, 193-194
Erro de *aliasing*, 582-583, 707-708
Erro de regime permanente, 378-381
Escalamento, 102-104
    da transformada de Fourier, 620-621, 662-664
    da transformada de Laplace, 331
Escalamento no tempo, 86-87
    da transformada de Laplace bilateral, 414
    descrição, 83-85
Espaço de sinais ortogonais, 572-574
Espaço de vetores ortogonais, 571-573
Espalhamento espectral, 656-660, 662-663, 704
Espectro de amplitude, 532-533, 535-536, 547-549, 583-584, 621-622, 740-741
Espectro de fase, 532-533, 535-536, 549-550, 583-584, 621-622, 740-741
    MATLAB, 586-590
    usando valores principais, 623-624
Espectro de Fourier, 532-541, 678
    de um sinal periódico, 740-747
    exponencial, 556-562, 584
    natureza do, 748-751
Espectro de frequência, 532-533, 535-536
Estabilidade
    BIBO. *Veja* Estabilidade entrada limitada/saída limitada
    da transformada de Laplace, 343-346
    da transformada z, 467-468
    de sistemas em tempo contínuo, 192-198
    de sistemas em tempo discreto, 245-246, 280-288
    marginal. *Veja* Sistemas marginalmente estáveis

Estabilidade assintótica. *Veja* Estabilidade interna
Estabilidade entrada limitada/saída limitada (BIBO), 111-112, 126-127, 245-246
    da transformada de Laplace, 344-346
    da transformada z, 467-468
    de sistemas em tempo contínuo, 192-198, 207-208
    de sistemas em tempo discreto, 280-288, 474, 475
    relação de estabilidade interna com, 195-198, 283-287
    resposta de frequência e, 380-383
    resposta em regime permanente e, 386-387
    transmissão de sinais e, 631-632
Estabilidade externa. *Veja* Estabilidade entrada limitada/saída limitada
Estabilidade interna, 111-112, 126-127, 245-246
    da transformada de Laplace, 344-346
    da transformada z, 468
    de sistemas em tempo contínuo, 194-198, 204-205, 207-208
    de sistemas em tempo discreto, 280-288, 474, 475
    relação BIBO com, 195-198, 283-287
Estados de equilíbrio, 193-194
Euler, Leonhard 17-20
Exemplo de conta bancária, 237-239
Exemplo de diferenciador digital, 240-242
Exemplo de estimativa de venda, 239
Expansão polinomial, 420-421
Exponenciação de matriz, 840-842
Exponenciais
    cálculo da matriz, 56-58
    complexas em tempo discreto, 236-237
    matriz, 840-842
    monotônica, 35-37, 96-98, 126
    senoides descritas por, 34-35
    senoides variantes, 36-38, 96-97, 126
    tempo discreto, 232-234
Exponenciais de duração infinita
    série de Fourier e, 563-564, 566
    sistemas em tempo contínuo e, 179, 182-185, 206-207
    sistemas em tempo discreto e, 273-274, 287-288
    transformada de Fourier e, 605
    transformada de Laplace e, 340-342
Exposition du Système du monde (Laplace), 322-323
Extensão periódica
    do espectro de Fourier, 740-746
    propriedades da, 88-90

F

Faixa fundamental, 480-484, 692-693
Faixa lateral, 655
Faixa lateral dupla, portadora suprimida (DSB-SC), modulação, 644-655
Faixa lateral inferior (LSB), 646-647, 651-655
Faixa lateral superior (USB), 646-647, 651-655
Faixa lateral vestigial (VSB), 655
Falha da ponte de Tacoma Narrows, 205
Fase linear
    descrição física da, 621-624
    explicação física da, 759-760
    transmissão sem distorção e, 635, 768-769
Fase linear generalizada, 637-638
Fase linear ideal, 635, 637-638
Fasores, 31-34
Fatores complexos de $Q(x)$, 42-43
Fatores de primeira ordem, método dos, 450-451
Fatores distintos de $Q(x)$, 40-41

Fatores quadráticos, 42-44
  para a transformada de Laplace, 316-318
  para a transformada z, 451
Fatores repetidos de $Q(s)$, 44-45
Fenômeno da ressonância, 155-156, 198-200, 203-205, 286-287
Fenômeno Gibbs, 546-547, 549-553, 584-587
Filtragem
  constante de tempo e, 201-203
  MATLAB em, 288-292
  seletiva, 654-655
  transformada discreta de Fourier, 716-718
Filtros
  analógico, 243-244
  antialiasing, 484-485, 689-692, 721-723
  Chebyshev, 404-405, 424-428
  corte abrupto, 654-655
  critério de invariância ao impulso de, 493-494
  digital, 110-111, 224-225, 243-244
  em tempo contínuo, 418-428
  ideal, 639-642, 662, 685-691, 769-771
  janelas no projeto de, 660
  notch, 404-407, 485-487, 491-492
  passa-altas, 407-408, 487, 639-640, 770-771
  polos e zeros de $H(s)$ e, 400-408
  práticos, 406-408, 769-771
  RC em cascata, 420-421
  rejeita-faixa, 407-408, 487-489. *Veja também* Filtros Notch
  resposta em frequência de, 380-383
  resposta finita ao impulso (FIR), 472-473, 778-782
  resposta infinita ao impulso (IIR), 472-473, 508-516
  retentor de ordem zero (ROZ), 686-687
  retentor de primeira ordem, 686-687
Filtros de Butterworth, 404-405, 495-798
  no MATLAB, 421-425
  transformação de, 513-515
Filtros de corte agudo, 654-655
Filtros Notch, 404-407, 485-487, 491-492. *Veja também* Filtros rejeita-faixa
Filtros passa-baixas, 407-408, 487
  ideal, 639-640, 685-691, 769-771
  polos e zeros de, 659-660
Filtros passa-faixa, 407-408, 487-491, 655, 768-770
  e atraso de grupo, 635-638
  ideal, 639-640, 770-771
  polos e zeros de $H(s)$, 404-405
Forma cartesiana, 20-29
Forma polar, 22-29
  operações aritméticas na, 26-29
  senoides e, 31-33
Fórmula de derivada, 60-61
Fórmula de Euler, 20-21, 34-35, 236-237
Fórmula de interpolação, 680-681, 687-688
Fourier, Barão Jean-Baptiste-Joseph, 543-546
Frações, 17
  eliminação, 39-41, 45-46, 318-319
Frações parciais
  expansão de, 39-49, 70-71
  modificado, 47-49, 448-450
  transformada de Laplace e, 315, 317-319
  transformada z e, 448-450
Frequência
  aparente, 481-482, 692-694
  canto, 390-391
  complexa, 96-98
  corte, 201-202
  de senoides, 30
  dobra, 689-693

fundamental, 528-529, 542-544, 738-739
  negativa, 556-558
  neperiana, 96-97
  radianos, 30-31, 96-97, 528-529
  redução em faixa, 481-482
  variação do atraso de tempo com, 635
Frequências harmonicamente relacionadas, 542-543
Função de interpolação, 607-608
Função de porta unitário, 606-607
Função degrau unitário, 90-94
  de sistemas em tempo discreto, 231
  operadores relacionais e, 128-131
Função delta de Kronecker, 230-231
Função impulso unitário, 126
  com função generalizada, 95-97
  de sistemas em tempo discreto, 230-231, 287-288
  propriedades da, 93-97
Função indicadora. *Veja* Operadores relacionais
Função sinc, 662-664
Função triângulo unitário, 606-607
Funções
  característica, 182-183
  contínua, 748-749
  de quadrado de matrizes, 55-57
  exponencial, 96-98, 126
  ímpar, 97-101, 126
  imprópria, 39-40, 46-47
  inline, 126-129
  interpolação, 607-608
  MATLAB em, 126-133
  matriz, 55-57
  par, 97-101, 126
  própria, 39-41
  racional, 39-42, 314
  singularidade, 95-96
Funções de janela, 656-660, 662-663
Funções de transferência
  da representação por espaço de estado, 837-838
  da resposta em frequência, 400
  de sistemas em tempo contínuo, 182-184, 206-207
  de sistemas em tempo discreto, 273-274, 464-468, 507-508
  diagramas de bloco e, 357-360
  equações de estado a partir de 793-794, 796-803
  incapacidade para a descrição do sistemas, 826-827
  realização de filtro analógico com, 493-495
  realização de, 359-370, 469-471
Funções periódicas
  espectro de Fourier como, 748-749
  MATLAB e, 584-587

G

Gauss, Karl, Friedrich, 19-20
Gibbs, Josiah Willard, 549-550, 552-553
Gráfico de fluxo de sinal em borboleta, 720-721
Gráfico de polos-zeros, 508-510
Gráficos de barra, 288-289

H

$H(s)$
  projeto de filtros e, 400-408
  realização de, 493-495
  Veja também Função de transferência
Heaviside, Oliver, 322-324, 545
Homogeneidade. *Veja* Escalamento

I

Identidades trigonométricas, 58-60
Impedância, 346-350, 354-355
Impulso atrasado, 160
Inércia, momento de, 116, 118-119
Integração no tempo
    da transformada de Fourier, 629-631
    da transformada de Laplace, 330-331
    da transformada de Laplace bilateral, 414-415
Integradores
    digital, 241-243
    ideal 343-344, 384-386
    realização do sistema e, 370-371
Integral
    de matrizes, 53-55
    indefinida, 59-61
Integral de convolução, 162-163, 206-207, 261, 287-288, 632-633
    compreensão gráfica da, 168-180, 212-214
    explicação de uso, 179-180
    propriedades da, 162-164
Integral de Fourier, 632-633
    em tempo discreto, 747-757
    sinal não periódico, 599-607, 662
Interpolação, 685-688
    de sinais em tempo discreto, 227-231
    espectral, 701-702
    ideal, 686-688
    simples, 685-687
Interpretação gráfica
    da integral de convolução, 168-180, 212-214
    da soma de convolução, 266-271
Intervalo de amostragem, 494-798
Intervalo de Nyquist, 679-681
Inversão
    frequência, 620-621
    matriz, 52-54
Inversão no tempo, 620-621

J

Janela de Bartlett, 659-660
Janela de Blackman, 659-660, 667
Janela de Kaiser, 659-660, 666-667
Janela Hamming, 659-660, 667
Janela Hanning, 659-660
Janela triangular, 656-657. *Veja também* Janela de Bartlett
Janelas amortecidas, 659-660, 662-663, 704
Janelas retangulares, 656-657, 660, 662-663, 667

K

Kelvin, Lord, 323-324

L

Laços For, 210-213
Lagrange, Luis de, 322-323, 545-546
Laplace, Marquis Pierre-Simon de, 321-323, 544-546
Largura
    da integral de convolução, 163-164, 178
    da soma de convolução, 261-262
Largura de faixa, 558
    e sistemas em tempo contínuo, 201-204
    e transformada de Fourier, 609-610, 620-621, 662
    e truncagem de dados, 656-659
    essencial, 644-645, 663-666
Lei de Weber-Fechner, 388
Leibniz, Gorrfried Wilhelm, 699-700
Leis de Kirchhoff, 100-101
    corrente (LKC), 112, 208-209, 346-347
    tensão (LTK), 112, 346-347
Linearidade
    conceito de, 102-104
    da transformada de Fourier, 604-605, 719-720
    da transformada de Fourier em tempo discreto, 757
    da transformada de Laplace, 307-308
    da transformada de Laplace bilateral, 413-414
    da transformada discreta de Fourier, 713-714, 719-720
    da transformada z, 442-443
    da transformada z bilateral, 505
    de sistemas em tempo discreto, 244-245

M

Magnitude logarítmica, 388-393
Maior fator comum de frequências, 542-544
Massa ideal, 115-116
Massa rotacional. *Veja* Momento de inércia
MATLAB
    análise por espaço de estados no, 442-409
    aplicações de séries de Fourier no, 584-590
    arquivos M no, 208-215
    expansão em frações parciais no, 70-71
    filtros de resposta infinita ao impulso no, 508-516
    filtros em tempo contínuo no, 418-428
    funções no, 126-133
    gráficos simples no, 65-67
    operações de calculadora no, 62-65
    operações elementares no, 62-71
    operações matriciais no, 67-71
    operações vetoriais no, 64-65
    séries e transforma da Fourier em tempo discreto no, 775-782
    sinais/sistemas em tempo discreto no, 288-293
    tópicos de transformada de Fourier no, 662-668
    transformada discreta de Fourier no, 723-730
Matriz nula, 49
Matriz unitária, 49
Matrizes, 48-58
    álgebra de, 50-54
    definições e propriedades de 49-50
    derivadas e integrais de, 53-55
    diagonal, 49
    diagonalização de, 817-819
    equação característica de, 55-57, 808-809
    funções de, 55-57
    identidade, 49
    igual, 49
    inversão de, 52-54
    não singular, 53-54
    operações do MATLAB, 67-71
    quadrada, 48-49, 52-57
    raízes características de, 807-809
    resposta ao impulso, 813-814
    simétrica, 49
    transição de estado (MTE), 811-812
    transposta, 50
    zero, 49
Método de filtragem seletiva, 654-655
Método de Heaviside, 40-47, 317-319, 450
Método do deslocamento de fita, 268-271

Método dos resíduos, 40-41
Métodos dos coeficientes indeterminados, 185-189
Michelson, Albert, 551-553
Modelos matemáticos de sistemas, 100-101
Modos característicos
  de sistemas em tempo contínuo, 147-149, 155-158, 162, 185, 194-195, 198-201, 203-207
  de sistemas em tempo discreto, 251-252, 256-259, 274-275, 281-282, 286-288
Modos naturais. *Veja* Modos característicos
Modulação, 626-628, 644-656
  amplitude de pulso (PAM), 695
  amplitude, 625-626, 644-645, 648-653, 662
  ângulo, 644-645, 662
  código de pulso (PCM), 695, 697-698
  da transformada de Fourier em tempo discreto, 761-763
  faixa lateral dupla, portadora suprimida, 644-655
  faixa lateral única (SSB), 651-655
  largura de pulso (PWM), 695
  posição de pulso (PPM), 695
Molas
  linear, 115-116
  torsional, 116, 117
Momento de inércia, 116, 118-119
Múltiplas entradas, 168-169, 266
Multiplexação por divisão em frequência (FDM), 626-627, 655
Multiplexação por divisão no tempo (TDM), 655, 696-697
Multiplicação
  da função por um impulso, 94-95
  de números complexos, 26-28
  escalar, 50-51, 369-371, 458
  matriz, 50-52
  transformada de Fourier em tempo discreto, 758-759
  transformada z e, 458-459
  transformada z bilateral e, 505-506

N

Não unicidade, 480-481
Newton, Sir Isaac, 17-18, 322-323
Níveis de quantização, 697-698
Nós de derivação, 180, 238-239, 366-367
Números complexos, 17-30, 58-59
  álgebra de, 20-30
  conjugado de, 22
  identidade úteis, 22-23
  logaritmos de, 30
  nota histórica, 17-18
  operações aritméticas para, 26-29
  origens de, 17-21
Números imaginários, 17-21
Números irracionais, 17-18
Números naturais, 17
Números negativos, 17-20
Números ordinários, 19-21
Números reais, 19-21

O

Observabilidade. *Veja* Controlabilidade/observabilidade
Oitava, 388-389
Operadores relacionais, 128-131
Ortogonalidade, 553
Osciladores, 198

P

Par transformada de Fourier, 601-602
Par transformada de Laplace bilateral, 307-308
Pares transformada de Laplace, 307-308, 309-310
Passa-faixa, 404-405, 407-408, 654-655
Percepção intuitiva
  da transformada de Laplace, 340-342
  em sistemas em tempo contínuo, 179-180, 198-205
  em sistemas em tempo discreto, 286-287
Períodos
  fundamental, 87-88, 125-126, 226-227, 528-530, 738-739
  senoide, 30-31
Pingala, 699-700
Pitágoras, 17-18
Polinômio característicos
  da transformada de Laplace, 343-345
  da transformada z, 467-468
  de sistemas em tempo contínuo, 147-150, 205
  de sistemas em tempo discreto, 251-254, 257-258, 312, 286-287
  de uma matriz, 55
Polos
  aumento do ganho pelo, 401-403
  complexo, 365-366, 450, 472-473
  controlando o ganho pelos, 485-487
  $H(s)$, projeto de filtro e, 400-408
  na origem, 388-390
  no semiplano direito, 399-400
  parede de, 404-405, 487
  primeira ordem, 389-393
  repetidos, 365-367, 472-473, 802-803
  segunda ordem, 391-400
Posição angular, 116-117
Posição de polos-zeros, 485-493
Potência
  matriz, 56-58
  números complexos, 26-29
Potência do sinal, 75-81, 77-78, 125-126. *Veja também* Sinais de potência
Preece, Sir Willliam, 323-324
Preenchimento nulo, 706-708, 725-727
Pré-warping, 512-514
Processamento digital de sinais analógicos, 492-798
Propriedade associativa, 162-163, 261
Propriedade comutativa
  da integral de convolução, 162-164, 171-172, 180-182
  da soma de convolução, 261
Propriedade distributiva, 162-163, 261
Pupin, M., 322-323

Q

Quantização, 697-698, 727-730

R

Raízes
  complexa, 148-150, 252-254
  de números complexos, 26-29
  não repetidas 195-196, 207-208, 281-284
  polinomial, 514-515
Raízes características
  de sistemas em tempo contínuo, 147-150, 194-196, 198-201, 203-205, 207-208
  de sistemas em tempo discreto, 251-253, 279, 281-288

de uma matriz, 55-56, 807-809
invariância de, 816-818
Raízes quadradas de números negativos, 17-20
Raízes repetidas, 195-196, 207-208, 281-284
   de sistemas em tempo contínuo, 147-149, 184-185, 195-196, 207-208
   de sistemas em tempo discreto, 252-253, 273-274, 281-284
Rascunhando sinais, 35-38
Razão de potência sinal/ruído, 76-77
Realimentação negativa, 375-376
Realimentação positiva, 375-376
Realização de sistema, 359-373, 417-418, 469-474, 508-509
   cascata, 363-367, 469, 472-473, 797-800
   de polos complexos conjugados, 365-366
   diferenças na performance, 473-474
   direta. *Veja* Realização pela forma direta I; Realização pela forma direta II
   hardware, 75, 100-101, 125-126
   software, 75, 100-101, 125-126
Realização direta canônica. *Veja* Realização na forma direta II
Realização paralela, 363-367, 469, 472-473, 797-801
Realização pela forma direta I (FDI)
   transformada de Fourier e, 360-363, 365
   transformada z e, 469
Realização pela forma direta II (FDII), 797-801, 826-829, 837-841
   transformada de Laplace e, 361-365
   transformada z e, 469-474
   Veja também Realização pela transposta da forma direta II
Realização pela transposta da forma direta II (TFDII), 366-369, 839-841
   equações de estado e, 797-801
   transformada z e, 469-474
Reconstrução do sinal, 685-697. *Veja também* Interpolação
Região de convergência (RDC)
   para a transformada de Laplace, 307-313, 407-408, 410-416
   para a transformada z, 442-445, 501-507
   para sinais de duração finita, 309-310
   para sistemas em tempo contínuo, 182-184
Regra de Cramer, 37-39, 52-53, 351, 357
Regra de L'Hôpital, 57-58, 203-204, 607-608
Rejeita-faixa, 404-405, 407-408, 654-655
Resolução de frequência, 704, 706-707
Resolução espectral, 704
Resposta ao impulso unitário
   convolução com, 163-164
   de sistemas em tempo contínuo, 155-160, 162, 179-183, 205-207, 641
   de sistemas em tempo discreto, 255-260, 271-273, 286-287
   determinação, 205-206
Resposta de estado nulo, 106
   causalidade e, 163-164
   da transformada de Laplace, 336-340
   da transformada z, 463-464
   de sistemas em tempo contínuo, 145-146, 154-155, 160-185, 206-207, 464-468
   de sistemas em tempo discreto, 259-275, 278, 287-288
   descrição, 103-105
   independência da resposta de entrada nula com, 154-155
Resposta de regime permanente
   de sistemas em tempo contínuo, 385-387
   de sistemas em tempo discreto, 475
Resposta em amplitude, 381-388
Resposta em entrada nula, 106
   da transformada de Laplace, 336-338
   da transformada z, 463-464
   de sistemas em tempo contínuo, 145-156, 184-185, 198-199, 206-207
   de sistemas em tempo discreto, 250-256, 278, 281-282
   descrição, 103-105
   em osciladores, 198
   independência da resposta de estado nulo com, 154-155
   percepção do comportamento de, 155-156
Resposta em fase, 382-399
Resposta em frequência, 634
   da posição dos polos-zeros, 485-493
   de sistemas em tempo contínuo, 380-386, 641-642
   de sistemas em tempo discreto, 474-485
   diagramas de Bode e, 387-388
   função de transferência, 400
   gráfico de polos-zeros e, 508-510
   MATLAB na, 418-420, 508-510
   natureza periódica da, 479-483
   polos e zeros de $H(s)$ e, 400-404
Resposta em magnitude. *Veja* Resposta em amplitude
Resposta forçada
   equações diferença e, 274-281, 287-288
   equações diferenciais e, 185-189, 206-207
Resposta natural
   equação diferença e, 274-278, 287-288
   equação diferencial e, 185-186, 206-207
Resposta total
   de sistemas em tempo contínuo, 184-185
   de sistemas em tempo discreto, 273-275
Reversão em frequência, 758-759
Reversão na frequência, 620-621
Reversão no tempo, 125-126
   da integral de convolução, 169, 171-172
   da transformada de Fourier em tempo discreto, 758-759
   da transformada de Laplace bilateral, 414-415
   da transformada z, 459-460
   da transformada z bilateral, 505-506
   de sinais em tempo discreto, 226-228
   descrição, 85-86
Ruído, 76-77, 156-157, 344-345, 384-385, 691-692, 696-697

S

Saída, 102-103
Semiplano direito (SPD), 97-98, 194-196, 399-400
Semiplano esquerdo (SPE), 97-98, 194, 195, 400
Senoides, 30-35, 96-98, 126
   condição geral para aliasing em, 692-694
   em tempo contínuo, 235-236, 483-485
   em tempo contínuo amostrada, 475-479
   em tempo discreto, 234-236, 480-483
   em termos exponenciais, 34-35
   variando exponencialmente, 36-38, 96-97, 126
   verificação de *aliasing* em, 691-692
Sequência de lado direito, 502
Sequências de lado esquerdo, 502
Série convergente no ponto, 545-546
Série de Fourier em tempo discreto (SFTD), 738-747
   cálculo da, 772-774
   MATLAB na, 775-782
   sinais periódicos e, 738-740, 774-775
Série de Fourier, 528-598
   cálculo dos coeficientes da, 529-531
   existência da, 545-546
   forma compacta da, 532-533, 536-540
   formatação da onda na, 547-553

generalizada, 566-582, 584
Legendre, 579-580
limitações do método de análise, 566
Série de Fourier exponencial, 552-563, 584, 700-702
    efeito da simetria na, 560-561
    entradas periódicas e, 563-566
    razões de utilização, 565-566, 581-582
Série de Maclaurin 21, 57-58
Série de potência, 57-58
Série de Taylor, 57-58
Série trigonométrica de Fourier, 557-559, 561-562, 565-566, 580-582, 584
    amostragem e, 678-679, 683
    efeito da simetria na, 541-542
    sinais periódicos e, 528-544, 583-584
Série uniformemente convergente, 545-546
Simetria
    série exponencial de Fourier e, 560-561
    série trigonométrica de Fourier e, 541-542
Simetria de conjugado, 714-715
    da transformada de Fourier, 602-603, 617
    da transformada de Fourier em tempo discreto, 748-751, 758
    da transformada discreta de Fourier, 714-715
Simetria de meia onda, 542
Sinais 75-101, 125-126
    aleatórios, 90, 125-126
    anticausais, 89-90
    áudio, 635-636, 654-655
    banda base, 644-647, 651-654
    causais, 89-90, 125-126
    classificação de, 86-90, 125-126
    como vetores, 566-582
    comparação e componentes de, 567-570
    de base, 574-575, 584
    de duração finita, 309-310
    de duração infinita, 89-90, 125-126
    de energia, 90, 125-126, 224-227. *Veja também* Energia do sinal
    de potência, 90, 125-126, 225-227. *Veja também* Potência do sinal
    definição, 75
    determinísticos, 90, 125-126
    erro, 574-576
    fantasmas de, 179
    limitado em faixa, 480-481, 688-692, 721-723
    limitados no tempo, 688-691, 702, 704
    modelos úteis, 90-98
    modulação, 625-626, 644-647
    não causal, 89-90
    não limitado em faixa, 691-692
    operações úteis, 80-87
    rascunhando sinais, 35-38
    tamanho do, 75-81, 125-126
    vídeo, 635-636, 655
    visão bi-dimensional de, 641-642
Sinais analógicos, 125-126
    definição, 86-87
    processamento digital de, 492-798
    propriedades de, 86-88
Sinais digitais, 125-126, 695-697
    binário, 697-700
    definição, 86-87
    L-ário, 697-698
    propriedades de, 86-88
    vantagens de, 243-244
    Veja também Conversão analógico para digital

Sinais em tempo contínuo, 125-126
    definição, 86-87
    série de Fourier e, 528-598
    sistemas em tempo discreto e, 224-225
    transformada de Fourier e, 599-677
Sinais em tempo discreto, 125-126, 224-237
    análise de Fourier de, 738-790
    definição, 86-87
    inerentemente limitado em faixa, 480-481
    modelos úteis, 230-237
    operações úteis, 226-231
    tamanho de, 224-227
Sinais não periódicos, 125-126
    integral de Fourier e, 599-607, 662
    integral de Fourier em tempo discreto e, 747-757
    propriedades de, 87-90
Sinais ortogonais, 567-568, 584
    energia da soma de, 571
    representação de sinal por um conjunto de, 571-582
Sinais periódicos, 125-126
    espectro de Fourier de, 740-747
    propriedades de, 87-90
    se em tempo discreto e, 738-740, 774-775
    série exponencial de Fourier e, 563-566
    série trigonométrica de Fourier e, 528-544, 583-584
    sistemas em tempo contínuo, 563-566
    transformada de Fourier de, 612-613
Sistema de controle automático de posição, 375-376
Sistema de diferença para trás, 241-242, 271-273, 468, 510-511
Sistemas, 100125-126
    acumuladores, 242-243, 271-273, 468
    amortecimento crítico, 378-379
    analógicos, 110-111, 126-127, 243-244
    cascata, 180-182, 357-358
    classificação de, 102-112, 126-127
    dados para o cálculo da resposta, 101-103
    definição, 75
    descrição entrada-saída, 112-119
    diferença atrasada, 241-242, 271-273, 468, 510-511
    digitais, 110-111, 126-127, 243-244
    dinâmicos, 106-108, 126, 245-246
    eletromecânicos, 118-119
    entrada única, saída única, 103-104, 124-125, 791
    estáveis, 111-112, 245-246
    fantasmas de, 181-182
    fase mínima, 400
    identidade, 111-112, 181-182, 244-245
    instantâneos, 106-108, 126, 245-246
    instáveis, 111-112, 245-246
    inversíveis, 111-112, 126-127, 244-246
    linear. *Veja* Sistemas lineares
    mecânicos, 115-119
    memória finita, 106-108
    modelos matemáticos de, 100-101
    múltiplas entrada, múltiplas saídas, 103-104, 124-125, 791
    não inversíveis, 111-112, 126-127, 244-246
    não lineares, 102-107, 126
    paralelo, 180, 357-358
    rotacionais, 115-119
    subamortecidos, 378
    superamortecidos, 378-379
    translacional, 115-116
    visão bidimensional, 641-642
Sistemas antecipativos. *Veja* Sistemas não causais

Sistemas causais, 108-110, 126, 244-245
  propriedades de, 108-109
  resposta de estado nulo e, 163-164, 261-262
Sistemas com parâmetros constantes. *Veja* Sistemas invariantes no tempo
Sistemas de controle, 373-381
  análise de, 375-381
  entrada em degrau e, 376-379
  especificações de projeto, 380-381
Sistemas de memória finita, 106-108
Sistemas de múltiplas entradas/múltiplas saídas (MIMO), 103-104, 124-125, 791
Sistemas elétricos, 112-115
  análise pela transformada de Laplace de, 346-357, 417-418
  equações de estado para, 794-797
Sistemas em malha fechada. *Veja* Sistemas realimentados
Sistemas em tempo contínuo, 126, 145-223
  análise pela transformada de Laplace, 307-441
  condições internas, resposta a, 145-156
  entrada externa, resposta a, 160-185
  entradas periódicas e, 563-566
  equações de estado para, 793-794
  equações diferenciais de, 154-155, 185-193, 206-207
  estabilidade de, 192-206
  percepção intuitiva de, 179-180, 198-205
  propriedades da, 110-111
    transmissão de sinais através, 631-639
  resposta em frequência de, 380-386, 641-642
  sistemas analógicos comparados com, 243-244
  sistemas em tempo discreto comparado com, 224-225
Sistemas em tempo contínuo, invariantes no tempo (LCIT). *Veja* Sistemas em tempo contínuo
Sistemas em tempo discreto, 126, 224-306
  análise pela transformada de Fourier em tempo discreto de, 766-771
  análise por espaço de estados, 826-837
  análise por transformada z, 442-527
  classificação de, 243-246
  condições internas, resposta a, 250-256
  controlabilidade/observabilidade de, 284-285, 837-841
  entrada externa, resposta a, 259-275
  equações diferença de, 242-243, 245-251, 274-281, 287-288
  estabilidade de, 245-246, 280-288
  exemplos de, 236-246
  percepção intuitiva de, 286-287
  propriedades de, 110-111
  resposta em frequência de, 474-485
Sistemas em tempo discreto, invariantes no tempo (LDIT). *Veja* Sistemas em tempo discreto
Sistemas entrada única, saída única (SISO), 103-104, 124-125, 791
Sistemas físicos. *Veja* Sistemas causais
Sistemas interconectados
  em tempo contínuo, 180-183
  em tempo discreto, 271-273
Sistemas invariantes no tempo, 126
  em temo discreto, 244-245
  linear. *Veja* Sistemas lineares invariantes no tempo
  propriedades de, 106-108
Sistemas inversos em tempo contínuo 181-183
Sistemas inversos em tempo discreto, 792-794
Sistemas lineares, 102-107, 126
  compreensão heurística de, 632-634
  resposta de, 103-105
Sistemas lineares invariantes no tempo (LIT), 106-108, 183-185
Sistemas lineares variantes no tempo, 106-108

Sistemas marginalmente estáveis
  tempo contínuo, 194-196, 198, 204-205, 207-208
  tempo discreto, 281-284, 287-288
  transformada de Laplace, 345
  transformada z, 468
  transmissão de sinal e, 631-632
Sistemas não antecipativos. *Veja* Sistemas causais
Sistemas não causais, 108-110, 126, 244-245
  propriedades de, 108-109
  razões para o estudo de, 109-110
Sistemas realimentados
  transformada de Laplace e, 357-358, 365-366, 373-381
  transformada z e, 469
Sistemas sem memória. *Veja* Sistemas instantâneos
Sistemas variantes no tempo, 126
  em tempo discreto, 244-245
  linear 106-108
  propriedades de, 106-108
Sobre-sinal percentual (SP), 378-379
Soma. *Veja* Soma de convolução
Soma de convolução, 261-265, 287-288
  de uma tabela, 262-264
  procedimento gráfico para, 266-271
  propriedades da, 261-262
Somadores, 370-371
Subamostragem, 227-230
Subportadora, 655
Superposição, 103-104, 106, 126
  de sistemas em tempo contínuo e, 160, 162
  de sistemas em tempo discreto, 266

T

Taxa de amostragem, 227-231, 483-485
Taxa de Nyquist, 679-681, 686-689, 691-694, 697-698, 716-717
Taxa de *rolloff*, 657-660
Taxa de transmissão de informação, 202-204
Tempo de pico, 378-379
Tempo de subida, 201, 378, 380-381
Tempo real, 108-109
Teorema da amostragem, 484-485, 678-685, 721-723
  aplicações da, 695-697
  espectral, 700-701
Teorema de Cayley-Hamilton, 55-57
Teorema de Norton, 346-347
Teorema de Parseval, 561-562, 575-576, 642-643, 663-666, 764-766
Teorema de Thévenin, 346-347, 351
Teorema do valor final, 333-335, 460-461
Teorema do valor inicial, 333-335, 460-461
Théorie Analytique de la chaleur (Fourier), 545
Torque, 116-119
Traité de mécanique céleste (Laplace), 322-323
Transformação bilinear, 511-514
Transformação linear de vetores, 48-49, 814-822, 833-834
Transformada de Fourier bilateral, 307-308, 311-312, 407-417, 418-419
  na análise de sistemas lineares, 414-417
  propriedades da, 413-415
Transformada de Fourier, 599-677, 679-680, 677
  apreciação física da, 605-607
  direta, 601-602, 616-617, 662
  em tempo contínuo, 757, 770-774
  existência da, 603-604
  funções úteis da, 606-616
  interpolação e, 685-686

inversa, 601-602, 616-617, 662, 686-687
propriedades da, 616-631
rápida. *Veja* Transformada rápida de Fourier
Transformada de Fourier em Tempo contínuo (TFTC), 757, 770-774
Transformada de Fourier em tempo discreto (TFTD), 748-775
  apreciação física da, 750-751
  conexão da transformada z com, 756-757, 773-776
  existência da, 750-751
  inversa, 772-773
  MATLAB na, 775-782
  propriedades da, 757-766
  tabela de, 751
  transformada de Fourier em tempo contínuo e, 770-774
Transformada de Fourier em tempo discreto inversa (TFTDI), 772-773
Transformada de Laplace, 159, 307-441, 631-632
  análise de circuito elétrico e, 345-357, 417-418
  bilateral. *Veja* Transformada de Laplace bilateral
  conexão com a transformada de Fourier, 615-616, 756-757
  conexão da transformada z com, 442-445, 411-414, 508-509
  estabilidade de, 343-346
  existência da, 312-313
  interpretação intuitiva, 340-342
  propriedades da, 324-335
  realização de sistema e, 359-373, 417-418
  solução de equação de estado pela, 802-809
  solução de equação diferencial e, 334-346
  unilateral, 307-313, 407-410, 417-418
Transformada de Laplace bilateral, 307-308, 311-312, 407-419
  na análise do sistema linear, 414-417
  propriedades da, 413-415
Transformada de Laplace inversa, 307, 309-312, 345-346, 493-494
  obtenção, 314-322
Transformada discreta de Fourier (TDF), 581-582, 702-723
  aliasing e vazamento e, 704
  aplicações da, 715-719
  direta, 704-705, 747-748
  efeito de certa de posta e, 704
  inversa, 704-705, 721-723, 747-748
  MATLAB na, 723-730
  obtenção da, 704-707
  pontos de descontinuidade e, 704
  preenchimento nulo e, 706-708, 725-727
  propriedades da, 713-716
  transformada de Fourier em tempo discreto e, 771-776
Transformada rápida de Fourier (FFT), 582-583, 707-708, 716-717, 719-721-724
  cálculos reduzidos pela, 719-720
  série de Fourier em tempo discreto e, 739-740
  transformada de Fourier em tempo discreto e, 771-776
Transformada z, 442-527
  análise por espaço de estados e, 829-830, 833-834
  direta, 442-443
  estabilidade da, 467-468

existência da, 443-447
propriedades da, 452-461
realização de sistemas e, 469-474, 508-509
soluções da equação diferença da, 442, 460-468, 507-508
transformada de Fourier em tempo discreto e, 756-757, 773-776
unilateral, 442-445, 508-509
Transformada z bilateral, 442-445, 500-509
  na análise de sistemas em tempo discreto, 505-506
  propriedades da, 505-506
Transformada z inversa 442-445, 468, 505
  obtenção, 448-453
Transmissão de sinal, 631-639
Transmissão sem distorção, 634, 635, 639-640, 662, 768-770
  medida da variação do atraso, 768-769
  sistemas passa-baixa e, 635-638, 768-770
Transposta de uma matriz, 50
Trem de impulso unitário, 612-613
Truncagem de dados, 656-660, 662-663
Tukey, J. W., 719-720

U

Unicidade, 312

V

Valor principal
  de ângulo, 24-25
  espectro de fase usando, 623-624
Valores característicos. *Veja* Raízes características
Variáveis de estado, 121-122, 126-127, 791-792, 833-834
Vazamento, 656-660, 662-663, 704
Velocidade angular, 116
Vetores, 48-49
  base, 572-573
  característico, 55
  coluna, 48-49
  componentes de, 566-568
  erro, 567-568
  espaço ortogonal, 571-573
  estado, 814-822, 833-834
  linha, 48-49
  multiplicação de matriz por, 51-52
  operações no MATLAB, 64-65
  sinais como, 566-582

Z

Zeros
  controlando o ganho por, 485-487
  de segunda ordem, 391-400
  $H(s)$, projeto de filtro e, 400-408
  na origem, 388-390
  primeira ordem, 389-393
  supressão de ganho por, 402-404